空天飞行导论（第7版）
Introduction to Flight (Seventh Edition)

［美］ John D. Anderson, Jr. 著

张为华 李健 向敏 译

国防工业出版社

·北京·

著作权合同登记　图字：军-2012-175 号

图书在版编目(CIP)数据

空天飞行导论：第 7 版/(美)安德森
(Anderson, J. D.)著；张为华，李健，向敏译. —北京：国防工业出版社，2022.7 重印
书名原文：Introduction to flight：Seventh Edition
ISBN 978-7-118-09221-9

Ⅰ.①空… Ⅱ.①安… ②张… ③李… ④向… Ⅲ.①航空—飞行—研究②航天—飞行—研究 Ⅳ.①V323②V52

中国版本图书馆 CIP 数据核字(2014)第 038917 号

Introduction to Flight (Seventh Edition) by John D. Anderson Jr. . ISBN：0-07-338024-5
Copyright © 2012 by McGraw-Hill Education.
All Rights reserved. No part of this publication may be reproduced or transmitted in any form or by any means, electronic or mechanical, including without limitation photocopying, recording, taping, or any database, information or retrieval system, without the prior written permission of the publisher.
This authorized Chinese translation edition is jointly published by McGraw-Hill Education (Asia) and National Defence Industry Press. This edition is authorized for sale in the People's Republic of China only, excluding Hong Kong, Macao SAR and Taiwan.
Copyright © 2013 by McGraw-Hill Education (Asia), a division of McGraw-Hill Education (Singapore) Pte. Ltd. and National Defense Industry Press.

版权所有。未经出版人事先书面许要，对本出版物的任何部分不得以任何方式或途径复制或传播，包括但不限于复印、录制、录音，或通过任何数据库、信息或可检索的系统。
本授权中文简体字翻译版由麦格劳-希尔(亚洲)教育出版公司和国防工业出版社合作出版。此版本经授权仅限在中华人民共和国境内(不包括香港特别行政区、澳门特别行政区和台湾)销售。
版权 © 2013 由麦格劳-希尔(亚洲)教育出版公司与国防工业出版社所有。
本书封面贴有 McGraw-Hill Education 公司防伪标签，无标签者不得销售。

※

*国防工业出版社*出版发行
(北京市海淀区紫竹院南路 23 号　邮政编码 100048)
北京虎彩文化传播有限公司印刷
新华书店经售

*

开本 787×1092　1/16　印张 41¼　字数 1082 千字
2022 年 7 月第 1 版第 3 次印刷　印数 3001—3800 册　定价 286.00 元

(本书如有印装错误，我社负责调换)

国防书店：(010)88540777	书店传真：(010)88540776
发行业务：(010)88540717	发行传真：(010)88540762

关 于 作 者

小约翰.D.安德森(John D. Anderson, Jr.)于1937年10月1日出生于宾夕法尼亚州的兰开斯特市。1959年以优异的成绩毕业于佛罗里达大学,获得航空工程学士学位。1959—1962年,任莱特-帕特森空军基地航空航天实验室中尉兼见习研究员。1962—1966年,在美国国家科学基金会和NASA奖学金的资助下,进入俄亥俄州立大学学习,并以航空航天工程学博士学位毕业。1966年,进入美国海军军械实验室,任高超声速组组长。1973年,任马里兰大学航空航天工程系系主任,并自1980年起在该校航空航天工程系任教授,1982年被该校授予"杰出学者/教师"称号。1986—1987年,安德森博士在学校公休日担任史密森尼学会美国国家航空航天博物馆(National Air and Space Museum of the Smithsonian Institution)查尔斯·林德伯格(Charles Lindbergh)馆馆长,后又兼任该博物馆空气动力学馆馆长。在马里兰大学期间,除了担任航空航天工程学教授外,他还在1993年被聘为科学史与科学哲学委员会全职教师,并被聘为历史系教师。1999年他从马里兰大学退休,并获"荣誉退休教授"称号。

安德森博士先后出版了10本书籍:《气动激光器导论》(美国学术出版社,1976)、《空气动力学史及其对飞行器的影响》(剑桥大学出版社,1997)、《飞机:技术发展历程》(美国航空航天学会,2003)、《飞行器的发明》(约翰·霍普金斯大学出版社,2004)以及麦克劳希尔公司出版的《飞行导论》第6版(2009)、《现代可压缩流》第3版(2003)、《空气动力学基础》第4版(2007)、《高超声速与高温气体动力学》(1989)、《计算流体力学入门》(1995)、《飞行器性能与设计》(1999)。他还发表了120多篇有关辐射气体动力学、再入空气热力学、气体动力激光器与化学激光器、计算流体动力学、应用空气动力学、高超声速流以及空气动力学史的论文。安德森博士被收录至《美国名人录》,是美国国家工程学院成员,同时也是美国航空航天学会(AIAA)与英国皇家航空协会的荣誉院士。此外,他还是美国科学院院士、美国国家工程学荣誉学会、美国机械工程荣誉学会、美国公共事务与行政荣誉学会、美国新生荣誉学会、美国工程教育协会(AS-EE)、美国技术史学会与美国科学史学会会员,曾荣获AIAA与ASEE李·阿特伍德空天工程教育优秀奖、AIAA彭德里空天文学奖、AIAA冯·卡门奖以及AIAA加德纳·拉塞尔历史文学奖。

译者序

2010年，本书主要的翻译者李健博士作为国家公派访问学者留学英国时，针对美英一流大学空天工程专业的本科生课程与教材开展了调研，发现John Anderson教授编著、美国McGraw-Hill出版社出版的《Introduction to Flight》一书作为空天工程领域经典教材，被众多大学选做教学参考书。2011年3月，该书的最新一版（第7版）得以出版，更新了高超声速飞行器等空天科技发展前沿的相关内容。为把这本与时俱进的经典教材介绍给国内读者，李健博士于2011年11月将该书最新版带回国内，并于2012年中促成国防工业出版社与美国McGraw-Hill出版社就该书的翻译出版事宜达成一致，本书翻译工作由此展开。

分析本书的特点，可以发现其具有以下特色和优点：

一、本书作为空天工程的导论性教材，将国内传统上相对独立的航空与航天二大工程领域教学内容融会贯通、形成一体，既反映了未来空天一体的科技发展趋势，又有助于读者从总体上把握航空与航天领域的内在联系。

二、作者作为美国科学院院士、美国技术史学会与科学史学会的会员，对于航空航天科技发展史的研究全面而深入，因此本书对空天工程领域的重要事件和人物进行了较为详尽而生动的介绍。作者文学底蕴深厚，曾荣获AIAA彭德里空天文学奖和AIAA加德纳拉塞尔历史文学奖，其科技史的内容文字流畅、图文并茂、引人入胜。

三、作者曾先后担任史密森尼学会美国国家航空航天博物馆查尔斯·林德伯格馆馆长和空气动力学馆馆长，在相关图文资料的收集方面具有得天独厚的优势，因此，本书大量珍贵而具有历史意义的照片和插图，为读者更好地理解和掌握相关知识提供了很好的参考。

四、本书在内容编排上注重理论联系实际，编写了大量的例题与习题，并独具匠心地在每章安排了"设计板块"，强调培养学生的分析和解决问题的能力，这些特点深受读者欢迎，多所一流大学相关课程选用本书作为教学参考书。

本书作为一部多次再版的经典教材，具有广泛影响力，为此，本书翻译工作得到了"国防工业译著出版基金"的全额资助。在此，向国防工业出版社领导、出版基金委员会和责任编辑辛俊颖女士表示诚挚的感谢！

本书4-6章由向敏博士翻译，其余部分由李健博士翻译，张为华教授对全书进行了审阅和修订。此外，黄霓讲师在本书的初校和初统等方面也做了大量工作。本书的翻译出版工作，还得到了国防科技大学航天科学与工程学院机关和相关专家的支持，在此一并表示感谢。

这是一本既适合专业人员精读、也适合初学者入门的空天工程领域经典教材，相信一定会带给您专业知识的收获和阅读的乐趣！这也正是我们所追求的目标！

译 者

2013.12 于长沙

第 7 版前言

本版与前 6 版均旨在尽可能地以最清晰、最简单与最具激励性的方式来介绍空天工程入门的基本原理。为了使读者在享受本书带来乐趣的同时,也能理解本书所述内容,我已尽力确保正文清晰、可读。考虑到初读者的实际水平,对本书主题的选择与组织、主题的介绍顺序以及如何对这些概念进行解释都经过了认真的计划。由于本书是作为大学一年级、二年级学生的自学教材,所以我避免了冗长乏味的细节信息和大量"手册"资料。相反,我以尽可能简单、轮廓鲜明的方式对基本概念进行介绍与讨论,确信本书能对那些希望在课外学习本学科相关内容的人员提供帮助。

国内外学生、教师与专家对本书以前各版本的反响都很好,这使我感到非常高兴。更令人感到高兴的是,使用本书的人员喜欢本书对空天工程这一吸引人、充满挑战性、有时亦能引起人敬畏的学科的处理方式。

由于反响良好,所以将第 6 版的内容引入第 7 版,仅做稍许改动。本书的特点在于使用了专门设计的部分以加强读者对材料的理解。尤其是将第 6 版的以下特点引入本书:

1. 路线图:置于各章节开始处,用于帮助指导读者了解材料的逻辑流程。
2. 设计板块:讨论基本材料中有趣且重要的应用,这些内容用方框与其他内容隔开。
3. 预览板块:置于章节内容开始处,使读者对各章节所述内容一目了然,并了解材料重要的原因。我希望使"预览板块"更具有激励性,以引起读者的兴趣与求知欲,从而更加关注章节内容。这些"预览板块"叙述风格不同于正文,有助于将读者精力集中在正文内容上。这些"预览板块"的内容定会给读者带来乐趣。

秉承同一精神,第 7 版也包含了能够加强读者学习兴趣的新材料:

1. 在之前的版本中,总结段落仅在各章节结尾处列出本章节介绍与讨论的重要公式,本版将其扩展为"总结与回顾"段落。在这些新段落中,先不列出公式,而是对各章节所述的重要理念与概念进行回顾,以使读者回忆起相关材料的物理方面内容,并提供公式产生的知识背景,然后在段落结尾处对公式进行总结。
2. 对无人飞行器(第 6.20 节)的章节进行扩展,包括无人飞行器设计的基本方法,并对其扩展应用进行了更详细的描述。
3. 新增第 6.21 节"微型飞行器",对微型飞行器与其任务进行了简要描述。本节也讨论了这种小型飞行器会遇到而普通飞行器不会出现的低雷诺数空气动力学问题。
4. 其他附加实例进一步帮助读者了解如何对他们所阅读到的内容加以应用。
5. 多数章节结尾处都附加了作业题。本版新增练习答案,部分作业题答案可在本书结尾处找到。

上述新增材料使《空天飞行导论》一书内容更加完善。

为在第7版中新增上述新材料,而不致大幅增加本书篇幅,新版中已将"飞行器结构与材质"这一章(第6版第10章)移除,放置在本书网站www.mhhe.com/anderson上。

在马里兰大学,本书为航空航天工程专业大学二年级学生入门课程用书。在此基础上,本人的第二本书《空气动力学基础》第5版(麦克劳希尔公司,2011年)成为大学三年级下学期与四年级上学期两个学期的空气动力学课程用书。第二本书又为供高年级本科生与研究生一年级学生课程使用的《用历史的观点来看现代可压缩流》第3版(麦克劳希尔公司,2003年)提供基础。这三本书的目的在于为学生提供一个通用的以及在空气动力学方面特殊的空天工程相关合理技术与历史观点。

非常感谢苏姗·坎宁安(Susan Cunningham)夫人,她出色地完成了手稿录入工作。我非常幸运地得到了一位最优秀打字员的无私帮助。我也非常感谢陪伴了我50年的妻子萨拉·艾伦,是她鼓励并促使了本书的完成。

我还要感谢以下评论家,感谢他们有价值的反馈:

朱莉·艾伯森(Julie Albertson),科罗拉多大学科罗拉多泉分校
罗恩·布莱克韦尔德(Ron Blackwelder),南加州大学
格茨·布拉梅斯费尔德(Goetz Bramesfeld),圣路易斯大学
艾琳·克瑞德(Erin Crede),弗吉尼亚理工大学
约翰.F. 丹内恩霍弗尔(John F. Dannenhoffer),雪城大学
基思·科尼格(Keith Koenig),密西西比州立大学
布鲁斯.D. 科斯曼,宾夕法尼亚大学
小托马斯.N. 麦克耐特(Thomas N. McKnight, Jr.),特拉华州立大学
戴维·米克罗索维克(David Miklosovic),美国海军学院
小理查德.B. 米恩德克(Richard B. Mindek, Jr.),西新英格兰学院
布莱恩·莫拉维茨(Brian Moravec),俄勒冈理工学院
M·G·纳格蒂(M. G. Nagati),威奇塔州立大学
长和·纳姆(Changho Nam),亚利桑那州立大学理工学院
凯谱斯昂·罗(Kapseong Ro),西密歇根大学
杰勒德.E. 塞德拉克(Gerard E. Sedlak),沃恩学院
布鲁斯·斯莱克(Bruce Slack),安柏瑞德航空大学
詹姆斯.E. 斯特伊克(James E. Steck),威奇塔州立大学
托马斯·威廉·斯特格纳克(Thomas William Strganac),德州农工大学
希瓦·桑格姆(Siva Thangam),史蒂文斯科技学院

航空航天工程专业的研究、理解与实践是人类努力的方向,我的目的在于向学生逐渐灌输对本学科的热情、奉献精神与热爱,最后我只想对广大读者说:学海无涯,乐在其中。

小约翰·D·安德森

第1版前言

本书从技术与历史的角度对空天工程进行了介绍。本书专为下列人员编写:(1)想要全面了解其专业的航空航天工程专业大学一年级或大学二年级学生;(2)想要了解空天工程的高中高年级学生;(3)想要在空天工程荣誉、知识需求与技术成熟等方面获得更广泛了解的大学本科生与研究生;(4)仅想要牢固掌握为其专业奠定基础的基本概念与历史传统的专业工程师。

作为空天工程导论,本书至少在以下三个方面具有独特性:

第一,绝大多数空天工程专业人员与学生对历史传统以及与他们几乎每天都会使用的技术的相关背景知之甚少。为填补这一空白,在空天工程技术讨论中,本书列举了同期标志性历史情况。例如对以下问题做出回答:伯努利(Bernoulli)是谁? 全压管起源于何处? 风洞是怎样形成的? 真正的空天工程领域先驱有哪些人? 机翼与翼面是如何研发的? 本书作者强烈认为所有空天工程师的背景知识都应涵盖此类材料。

第二,本书采用了国际单位制与英国工程单位制。当代航空航天工程专业的学生必然是双语学习——一方面,他们必须全面了解并习惯使用国际单位制——因为多数现代及所有将来的文献中均采用国际单位制;另一方面,他们必须能够阅读并适应主要采用工程单位的大量现有文献。本书虽强调国际单位制,但也确实做出努力以使读者适应并理解这两种单位制。为此,部分示例问题采用国际单位制解答,而另一部分采用英制单位解答。

第三,作者认为技术类图书在表述上不应该枯燥乏味。相反,本书用非正式文体与读者对话。本书的目的在于成为读者用于自学、自我调节学习速度以基本了解空天工程的有力工具。

本书是数年来在马里兰大学教授空天工程入门课程的经验结晶。这些年以来,学生们一直鼓励作者写一本有关本学科的书,他们的再三鼓励功不可没。本书的成功出版部分归功于这些学生。

著作这样一本书籍需要时间和长期努力作为保证,就这一点而言,本书的成功出版要归功于我的妻子萨拉·艾伦和我的两个女儿凯瑟琳与伊丽莎白,是她们牺牲了大量与丈夫及父亲相处的时间,我才成功著成本书。对于她们,我在此说声感谢并再次致以问候。同时,本书的成功出版也归功于细心录入手稿的埃德约兄弟(Edna Brothers)。另外,本作者也要感谢理查德·哈莱恩(Richard Hallion)博士与托马斯·克劳奇(Thomas Crouch)博士——史密森尼学会国家航空航天博物馆馆长,感谢他们对本手稿历史段落的有益评注,尤其要感谢迪克·哈莱恩(Dick Hallion),向作者提供博物馆众多案卷,便于作者进行历史研究。也非常感谢本手稿的评论家们:塔尔萨大学(University of Tulsa)的 J. J. 阿扎尔(J. J. Azar)教授、衣阿华州立大学(Iowa State University)的 R. F. 布罗茨基(R. F. Brodsky)博士、锡布利机械与航空航天工程学院(Sibley School of Mechanical and Aerospace Engineering)的戴维·考菲(David Caughey)博士与北卡罗来纳州立大学(North Carolina State University)的弗朗西斯．J. 黑尔(Francis J. Hale)教授；他们的评论非常具有建设性，尤其是考菲博士与黑尔教授的评论。最后，作者非常感谢本专业的许多同事，他们就构成空天工程导论的要素展开了激烈讨论。作者希望本书能够就此问题作出合理解答。

小约翰．D. 安德森

目 录

第1章 空天工程领域先驱 ……… 1
1.1 引言 ……… 1
1.2 早期发展 ……… 2
1.3 乔治·凯利爵士(1773—1857)——真正的飞行器鼻祖 ……… 3
1.4 停滞期——1853—1891 ……… 8
1.5 奥托·利林塔尔(1848—1896)——滑翔机之父 ……… 10
1.6 柏西·皮尔彻(1867—1899)——继承衣钵者 ……… 12
1.7 美国航空学萌芽 ……… 12
1.8 韦尔伯·莱特(1867—1912)与奥维尔·莱特(1871—1948)——实用飞行器之父 ……… 16
1.9 航空三杰——兰利、莱特兄弟与格伦·柯蒂斯 ……… 22
1.10 推进技术难题 ……… 27
1.11 飞得更快更高 ……… 28
1.12 总结与回顾 ……… 30

第2章 基本原理 ……… 33
2.1 流动气体基本物理量 ……… 35
  2.1.1 压力 ……… 35
  2.1.2 密度 ……… 36
  2.1.3 温度 ……… 36
  2.1.4 流速与流线 ……… 37
2.2 空气动力之源 ……… 38
2.3 理想气体状态方程 ……… 39
2.4 物理单位探讨 ……… 40
2.5 比容 ……… 44
2.6 飞行器结构剖析 ……… 51
2.7 航天器结构剖析 ……… 59
2.8 历史事记：NACA与NASA ……… 65
2.9 回顾与总结 ……… 67

参考文献 ……… 68
作业题 ……… 68

第3章 标准大气理论 ……… 71
3.1 高度的定义 ……… 72
3.2 流体静力方程 ……… 72
3.3 位势高度与几何高度的关系 ……… 73
3.4 标准大气的定义 ……… 74
3.5 气压高度、温度高度与密度高度 ……… 79
3.6 历史事记：标准大气 ……… 81
3.7 总结与回顾 ……… 83

参考文献 ……… 84
作业题 ……… 84

第4章 空气动力学基础 ……… 86
4.1 连续性方程 ……… 88
4.2 不可压缩流和可压缩流 ……… 89
4.3 动量方程 ……… 91
4.4 评述 ……… 93
4.5 热力学基础 ……… 98
4.6 等熵流 ……… 102
4.7 能量方程 ……… 106
4.8 方程小结 ……… 111
4.9 声速 ……… 112
4.10 低亚声速风洞 ……… 117
4.11 空速的测定 ……… 121
  4.11.1 不可压缩流 ……… 123
  4.11.2 亚声速可压缩流 ……… 127
  4.11.3 超声速流 ……… 132
  4.11.4 小结 ……… 136
4.12 概念附加说明 ……… 136
  4.12.1 可压缩流 ……… 136
  4.12.2 等值空速 ……… 137
4.13 超声速风洞和火箭发动机 ……… 138

4.14 压缩性探讨 …… 146
4.15 黏性流导论 …… 147
4.16 层流边界层分析 …… 152
4.17 湍流边界层分析 …… 155
4.18 表面摩擦的压缩性效应 …… 158
4.19 过渡 …… 160
4.20 分离流 …… 162
4.21 阻力的黏性效应小结 …… 165
4.22 历史事记:伯努利与欧拉 …… 166
4.23 历史事记:总压管 …… 167
4.24 历史事记:第一个风洞 …… 169
4.25 历史事记:奥斯本·雷诺与雷诺数 …… 173
4.26 历史事记:普朗特与边界层概念的发展 …… 175
4.27 总结与回顾 …… 177
参考文献 …… 180
作业题 …… 180

第5章 翼型、机翼与其他空气动力学装置 …… 186

5.1 引言 …… 186
5.2 翼型术语 …… 187
5.3 升力、阻力与力矩系数 …… 190
5.4 翼型数据 …… 194
5.5 无限翼展机翼与有限翼展机翼 …… 203
5.6 压力系数 …… 204
5.7 根据 C_P 获取升力系数 …… 208
5.8 升力系数的压缩性修正 …… 210
5.9 临界马赫数与临界压力系数 …… 212
5.10 阻力发散马赫数 …… 219
5.11 超声速下的激波阻力 …… 225
5.12 翼型阻力小结 …… 232
5.13 有限翼展机翼 …… 233
5.14 诱导阻力计算 …… 236
5.15 升力斜率的变化 …… 242
5.16 后掠翼 …… 248
5.17 襟翼——提高升力的结构 …… 257
5.18 柱面与球面的空气动力学 …… 261
5.19 升力的产生——与此相关的几种解释 …… 265
5.20 历史事记:翼型与机翼 …… 270
　5.20.1 莱特兄弟 …… 271
　5.20.2 英国翼型与美国翼型(1910—1920) …… 271
　5.20.3 1920—1930 …… 272
　5.20.4 早期NACA4位数翼型 …… 272
　5.20.5 后期NACA翼型 …… 273
　5.20.6 现代翼型工程 …… 273
　5.20.7 有限翼展机翼 …… 274
5.21 历史事记:恩斯特·马赫与马赫数 …… 275
5.22 历史事记:首次载人超声速飞行 …… 277
5.23 历史事记:X-15——首架载人高超声速飞行器并向航天飞机迈进 …… 280
5.24 总结与回顾 …… 282
参考文献 …… 284
作业题 …… 284

第6章 影响飞行器性能诸要素 …… 288

6.1 引言:升阻系数曲线 …… 288
6.2 运动方程 …… 292
6.3 水平非加速飞行所需推力 …… 294
6.4 现有推力与最大速度 …… 300
6.5 水平非加速飞行所需动力 …… 301
6.6 现有动力与最大速度 …… 305
　6.6.1 往复式发动机与螺旋桨组合 …… 305
　6.6.2 喷气式发动机 …… 306
6.7 高度对所需动力与现有动力的影响 …… 307
6.8 爬升率 …… 314
6.9 滑翔飞行 …… 319
6.10 绝对升限与实用升限 …… 321
6.11 爬升时间 …… 325
6.12 航程与续航时间:螺旋桨

　　　　飞机 ·················· 326
　　6.12.1　物理因素 ·············· 327
　　6.12.2　定量公式 ·············· 327
　　6.12.3　布拉奎特公式
　　　　　　（螺旋桨飞机）·········· 329
6.13　航程与续航时间：喷气式
　　　　飞机 ·················· 332
　　6.13.1　物理因素 ·············· 332
　　6.13.2　定量公式 ·············· 333
6.14　$C_{D,0}$ 与 $C_{D,i}$ 之间的关系 ········ 335
6.15　起飞性能 ·················· 342
6.16　着陆性能 ·················· 346
6.17　转弯飞行与 $V-n$ 图表 ········ 348
6.18　加速爬升率（能量法）········ 353
6.19　超声速飞行器专题探讨 ······ 357
6.20　无人飞行器 ················ 359
6.21　微型飞行器 ················ 365
6.22　概念飞行器设计原理 ········ 367
6.23　评述 ······················ 369
6.24　历史事记：减少阻力——NACA
　　　　整流罩与整流片 ·········· 369
6.25　历史事记：飞行器性能的
　　　　早期预测 ················ 372
6.26　历史事记：布拉奎特及其
　　　　航程公式 ················ 373
6.27　历史事记：飞行器设计——演变
　　　　与革新 ·················· 373
6.28　总结与回顾 ················ 377
参考文献 ························ 380
作业题 ·························· 380

第7章　稳定与控制原理 ············ 384
7.1　引言 ······················ 384
7.2　稳定与控制的定义 ·········· 388
　　7.2.1　静态稳定性 ············ 388
　　7.2.2　动态稳定性 ············ 388
　　7.2.3　控制 ·················· 389
　　7.2.4　偏导数 ················ 390
7.3　飞行器所受力矩 ············ 390
7.4　绝对攻角 ·················· 391

7.5　静态纵向稳定性标准 ········ 392
7.6　定量讨论：机翼对 M_{cg} 的影响 ··· 396
7.7　机尾对 M_{cg} 的影响 ·········· 398
7.8　重力中心的总俯仰力矩 ······ 400
7.9　静态纵向稳定性方程 ········ 402
7.10　中性点 ···················· 403
7.11　静态稳定裕度 ·············· 404
7.12　静态纵向控制概念 ·········· 407
7.13　升降舵角调整计算 ·········· 410
7.14　固定驾驶杆静态稳定性与
　　　自由驾驶杆静态稳定性 ······ 411
7.15　升降舵铰链力矩 ············ 412
7.16　自由驾驶杆静态纵向稳定性 ··· 413
7.17　航向静态稳定性 ············ 416
7.18　横向静态稳定性 ············ 417
7.19　评述 ······················ 419
7.20　历史事记：莱特兄弟与欧洲
　　　稳定及控制理论 ············ 419
7.21　历史事记：飞行控制的发展 ··· 420
7.22　历史事记："高速自动俯冲
　　　趋势"难题 ················ 421
7.23　总结与回顾 ················ 422
参考文献 ························ 423
问题 ···························· 423

第8章　空天飞行理论（航天学）···· 424
8.1　引言 ······················ 424
8.2　微分方程 ·················· 428
8.3　拉格朗日方程 ·············· 429
8.4　轨道方程 ·················· 431
　　8.4.1　受力与能量 ············ 431
　　8.4.2　运动方程 ·············· 432
8.5　空天飞行器轨迹——基本
　　　介绍 ······················ 434
8.6　开普勒定律 ················ 439
8.7　活力（能量）方程 ·········· 442
8.8　轨道机动 ·················· 446
　　8.8.1　平面变化 ·············· 446
　　8.8.2　轨道转移：单脉冲转移与
　　　　　　霍曼转移 ············ 450

XIII

- 8.9 行星际轨道 ⋯⋯⋯⋯⋯⋯⋯ 456
  - 8.9.1 双曲线轨道 ⋯⋯⋯⋯ 456
  - 8.9.2 影响范围 ⋯⋯⋯⋯⋯ 457
  - 8.9.3 日心轨道 ⋯⋯⋯⋯⋯ 457
  - 8.9.4 圆锥曲线拼接法 ⋯⋯ 458
  - 8.9.5 引力辅助飞行轨道 ⋯ 458
- 8.10 地月转移 ⋯⋯⋯⋯⋯⋯⋯⋯ 461
- 8.11 航天器姿态控制 ⋯⋯⋯⋯⋯ 463
- 8.12 地球与行星进入简介 ⋯⋯⋯ 463
- 8.13 指数大气 ⋯⋯⋯⋯⋯⋯⋯⋯ 465
- 8.14 大气进入运动基本方程 ⋯⋯ 465
- 8.15 弹道式进入应用 ⋯⋯⋯⋯⋯ 467
- 8.16 进入加热 ⋯⋯⋯⋯⋯⋯⋯⋯ 471
- 8.17 利用升力进入大气层——应用于航天飞机 ⋯⋯⋯⋯⋯⋯⋯ 476
- 8.18 历史事记:开普勒 ⋯⋯⋯⋯ 479
- 8.19 历史事记:牛顿与重力定律 ⋯ 480
- 8.20 历史事记:拉格朗日 ⋯⋯⋯ 481
- 8.21 历史事记:无人航天器 ⋯⋯ 482
- 8.22 历史事记:载人航天器 ⋯⋯ 485
- 8.23 总结与回顾 ⋯⋯⋯⋯⋯⋯⋯ 486
- 参考文献 ⋯⋯⋯⋯⋯⋯⋯⋯⋯⋯⋯ 488
- 作业题 ⋯⋯⋯⋯⋯⋯⋯⋯⋯⋯⋯⋯ 489

第9章 推进理论 491
- 9.1 引言 ⋯⋯⋯⋯⋯⋯⋯⋯⋯⋯⋯ 491
- 9.2 螺旋桨 ⋯⋯⋯⋯⋯⋯⋯⋯⋯⋯ 493
- 9.3 往复式发动机 ⋯⋯⋯⋯⋯⋯⋯ 497
- 9.4 喷气推进理论——推力方程 ⋯ 503
- 9.5 涡轮喷气发动机 ⋯⋯⋯⋯⋯⋯ 506
  - 9.5.1 大推力涡轮喷气发动机 ⋯⋯⋯⋯⋯⋯⋯ 509
- 9.6 涡轮风扇发动机 ⋯⋯⋯⋯⋯⋯ 511
- 9.7 冲压式喷气发动机 ⋯⋯⋯⋯⋯ 512
- 9.8 火箭发动机 ⋯⋯⋯⋯⋯⋯⋯⋯ 515
- 9.9 火箭推进剂——简介 ⋯⋯⋯⋯ 519
  - 9.9.1 液体推进剂 ⋯⋯⋯⋯ 519
  - 9.9.2 固体推进剂 ⋯⋯⋯⋯ 521
  - 9.9.3 评述 ⋯⋯⋯⋯⋯⋯⋯ 522
- 9.10 火箭方程 ⋯⋯⋯⋯⋯⋯⋯⋯ 523
- 9.11 火箭分级 ⋯⋯⋯⋯⋯⋯⋯⋯ 524
- 9.12 航天器轨迹机动推进剂要求 ⋯ 527
- 9.13 电推进 ⋯⋯⋯⋯⋯⋯⋯⋯⋯ 529
  - 9.13.1 电离子推进器 ⋯⋯⋯ 529
  - 9.13.2 磁等离子流体动力推进器 ⋯⋯⋯⋯⋯⋯ 529
  - 9.13.3 电弧推进器 ⋯⋯⋯⋯ 530
  - 9.13.4 评述 ⋯⋯⋯⋯⋯⋯⋯ 530
- 9.14 历史事记:早期推进器的发展 ⋯⋯⋯⋯⋯⋯⋯⋯⋯⋯ 531
- 9.15 历史事记:航空用内燃机的早期发展 ⋯⋯⋯⋯⋯⋯⋯⋯ 532
- 9.16 历史事记:早期喷气机发明者 ⋯⋯⋯⋯⋯⋯⋯⋯⋯⋯ 534
- 9.17 历史事记:火箭发动机的早期历史 ⋯⋯⋯⋯⋯⋯⋯⋯ 536
- 9.18 总结与回顾 ⋯⋯⋯⋯⋯⋯⋯ 539
- 参考文献 ⋯⋯⋯⋯⋯⋯⋯⋯⋯⋯⋯ 540
- 作业题 ⋯⋯⋯⋯⋯⋯⋯⋯⋯⋯⋯⋯ 541

第10章 高超声速飞行器 543
- 10.1 引言 ⋯⋯⋯⋯⋯⋯⋯⋯⋯⋯ 543
- 10.2 高超声速流的物理属性 ⋯⋯ 545
  - 10.2.1 薄激波层 ⋯⋯⋯⋯⋯ 545
  - 10.2.2 熵层 ⋯⋯⋯⋯⋯⋯⋯ 546
  - 10.2.3 黏性干扰效应 ⋯⋯⋯ 547
  - 10.2.4 高温效应 ⋯⋯⋯⋯⋯ 547
  - 10.2.5 低密度流 ⋯⋯⋯⋯⋯ 549
  - 10.2.6 概括 ⋯⋯⋯⋯⋯⋯⋯ 550
- 10.3 高超声速流中体现的牛顿定律 ⋯⋯⋯⋯⋯⋯⋯⋯⋯ 550
- 10.4 关于高超声速飞行器的评述 ⋯ 554
- 10.5 总结与回顾 ⋯⋯⋯⋯⋯⋯⋯ 558
- 参考文献 ⋯⋯⋯⋯⋯⋯⋯⋯⋯⋯⋯ 559
- 习题 ⋯⋯⋯⋯⋯⋯⋯⋯⋯⋯⋯⋯⋯ 559

附录1 标准大气压,国际单位制 ⋯ 561
附录2 标准大气压,英国工程单位制 ⋯⋯⋯⋯⋯⋯⋯⋯⋯⋯ 575
附录3 单位符号和换算因数 ⋯⋯ 585
附录4 翼型数据 ⋯⋯⋯⋯⋯⋯⋯ 586
作业题答案 ⋯⋯⋯⋯⋯⋯⋯⋯⋯⋯ 600
中英文对照 ⋯⋯⋯⋯⋯⋯⋯⋯⋯⋯ 602

第1章　空天工程领域先驱

无人能飞翔千年！

1901年韦尔伯·莱特沮丧时所书

周四上午四次成功试飞逆风风速21英里仅用发动机动力从地面起飞空中平均速度31英里最长飞行时间57秒请告知家乡媒体圣诞快乐。

奥维尔·莱特

奥维尔·莱特致其父的电报，保留了原始印刷错误

1903年12月17日

1.1　引　言

场景：北卡罗来纳州基蒂霍克以南4英里，风中的杀魔丘。

时间：1903年12月17日，周四上午10:35。

人物：奥维尔、韦尔伯·莱特及五位当地目击者。

行动：一架看起来脆弱且外形奇特的机器已经就位，准备创造历史。该机器有一对（一上一下）由云杉木和布做成的机翼、机翼前支柱上的水平升降舵和机翼后的垂直方向舵（图1.1）。下机翼的顶面、中间稍偏右的位置装有12hp的引擎。引擎左边卧着一个人——奥维尔·莱特——他俯卧在

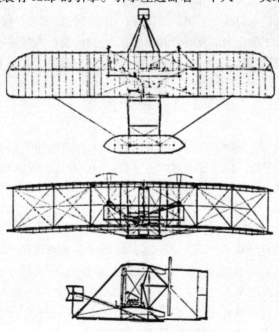

图1.1　"莱特飞行者一号"三视图，1903年

下机翼上,面朝着12月的凛冽寒风。身后是两个略显笨拙的螺旋桨(推进器),由连接到同一个引擎的链条与滑轮组驱动。机器开始沿着长60英尺的发射滑轨前进。韦尔伯跟着机器在右边奔跑,支撑着翼尖以防其拖到沙子里。靠近发射滑轨末端时,机器升空了。此时,杀魔丘救生站的约翰·丹尼尔斯(John Daniels)拍照记录下了航空史上永远最具历史意义的一刻(图1.2)。机器颠簸飞行,骤然上升至约10英尺后便快速往下坠落。这一不稳定的飞行仅仅持续了12秒,最后一头栽进了沙子。坠落地点与滑轨上的起飞点相距120英尺。奥维尔自己是这样描述这次飞行的:"历史上第一次载人机器通过其机载动力上升到空中并一直没有减速地向前飞行,最后降落到与起飞地点同样高度的地方。"

图1.2　历史上第一次机体重于空气的飞行:1903年12月17日,由奥维尔·莱特控制的"莱特飞行者一号"
[来源:美国国家航空航天博物馆]

这架机器就是如图1.1和图1.2所示的"莱特飞行者一号",现保存在哥伦比亚特区华盛顿史密森尼学会的航空航天博物馆内。寒冷的12月17日这天的飞行具有非常重要的意义:实现了人类几个世纪以来的梦想并诞生了一种新的生活方式。这是真正意义上的机体重于空气的动力飞行。凭此,以及凭借之后五年进一步取得的成就,莱特兄弟成为当之无愧的空天工程先驱。

然而,恰恰与人们普遍观点相反的是,莱特兄弟并没有真正发明飞机,他们只是代表了之前一个世纪以来航空研究和发展的成果。20世纪初期,动力飞行时代即已来临。而莱特兄弟的创造力、贡献精神和坚持不懈的勇气让他们获得了第一的荣誉。本章将回顾动力飞行成功之前的年代,并介绍一部分可称作真正的空天工程先驱的发明者和思想家。这样,我们在接下来的章节中学习和研究飞行技术理念时,能对这些奠定现代空天工程基础的传统和先驱事迹有更深了解。

1.2　早期发展

自人类智力开化之初,人们就幻想像鸟儿一样自由飞行。古希腊神话中代达罗斯与他的儿子伊卡洛斯体现了人类的这一梦想。代达罗斯和伊卡洛斯被囚禁在地中海的克里特岛上,代达罗斯用蜡将羽翼固定在他和儿子身上,飞到了空中。但是,伊卡洛斯不顾父亲的警告,飞得太靠近太阳,蜡融化了,因此坠海身亡。

人类早期的飞行愿望全部寄托在对鸟类飞行的模仿上。古代和中世纪有些名不见经传的人们将翅膀缚在身上,使劲扑棱着翅膀从塔上或屋顶上跳下来,结果是灾难性的,也是不可能成功的。于是,人们马上摒弃了在手臂上绑缚一对翅膀进行飞行的想法,取而代之的是通过人类手臂、腿或身体运动带动机械装置上下扇动翅膀的理念。这样的机械装置就叫扑翼机。近期历史研究发现列奥纳多·达·芬奇也沉迷于人类飞行的梦想。在15世纪末期,他设计了一系列的扑翼机。在其现存手稿中,有超过35000个词和500份草图是关于飞行的。图1.3所示是达·芬奇在1486—1490年设计的一款扑翼机的手绘草图。关于达·芬奇是否制造或测试过他设计的飞行器人们不得而知。不过,通过扑翼的人力飞行注定是要失败的。因此,达·芬奇的努力对飞行技术的进步并没有特别重要的贡献。

人类飞行的尝试中,真正离开地面是在 1783 年 11 月 21 日。一只气球载着彼拉特尔·德·罗其埃(Pilatre de Rozier)和马奎斯·杜·阿兰德斯(Marquis d'Arlandes)上升到空中并穿过巴黎漂移了 5 英里。气球下方柳条编织的吊篮中燃烧的火焰产生的热气将气球膨胀并提升。气球的设计和制造者是孟高尔费(Montgolfier)兄弟:约瑟夫(Joseph)和艾蒂安(Etienne)。1782 年,约瑟夫·孟高尔费盯着他的壁炉,冒出了利用火焰产生的热空气的"上升力量"将人提升离开地面的想法。兄弟俩立刻着手行动。他们用纸和亚麻做的袋子套住从火焰上升腾的热空气。经过几次不载人的公开演示后(其中包括提升装有一只羊、一只公鸡和一只鸭子的笼子进行的一次 8 分钟的旅程),孟高尔费兄弟做好了更进一步的准备。1783 年 11 月 21 日下午 1:54,第一次载人飞行庄严升空,并在空中持续停留了 25 分钟(图 1.4)。这是历史上第一次人类离开地面并提升到空中停留一段时间。之后不久,法国著名物理学家 J. A. C. 查尔斯(J. A. C. Charles)(物理学中有查尔斯气体定律)制造了氢气球,并于 1783 年 12 月 1 日从巴黎的杜伊勒理宫花园(Tuileries Gardens)进行了放飞。

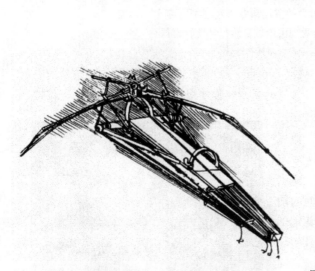 

图 1.3 达芬奇于 1486—1490 年设计的扑翼机　　图 1.4 历史上第一次空中航行:1783 年 11 月 21 日,巴黎附近孟高尔费热气球升空

人类终于离开了地面!气球,或如孟高尔费弟兄所称的"悬空机器"虽然对人类重于空气飞行并没有真正的技术贡献,但它们激发了人们对空中飞行的兴趣,是人类可以离开地面的活生生的证明,并且使人类进入了在此之前独属于鸟类的领域。而且在今后将近 100 年间,气球还是人类唯一的飞行方式。

1.3　乔治·凯利爵士(1773—1857)——真正的飞行器鼻祖

现代飞行器的原始设计由乔治·凯利在 1799 年提出。他最先提出利用固定翼产生升力、用单独的机械装置进行推进(凯利预想的桨叶)、通过水平和纵向的尾翼来保持平衡的理念。凯利将其想法刻在了银质的圆盘上(可能是想使之永久保存),见图 1.5。圆盘的另一面是一个斜面上(机翼)的升力阻力图。该圆盘现保存在伦敦自然科学博物馆。在此之前,人们对机械飞行的构想一直以扑翼飞行为导向，因为人们认为扑翼既能产生升力又能产生推进力。（达·芬奇设计的扑翼机的扑翼能同时往下和往后扇动以产生升力和推进力）。凯利打破了这一错误思路。他将提升和推进进行了分离，以此开启了一个世纪的航空发展运动，而1903年莱特兄弟的成功将其推至顶点。乔治·凯利是航空史上的巨人：其是现代航空之父，是提出现代飞行器基本配置的第一人。现在让我们对他进行更加详细的了解。

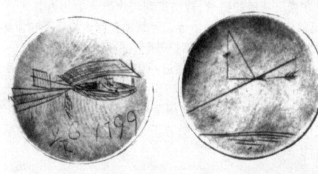

图1.5 1799年凯利雕刻其飞行器固定翼理念的银盘。这是历史上该理论的首次提出。银盘的另一面是机翼上升力和阻力的空气动力合力，表明了凯利对固定翼功能的充分理解。该银盘现由伦敦自然科学博物馆保存

[来源：伦敦自然科学博物馆]

1773年12月27日，凯利出生在英格兰约克郡（Yorkshire）的斯卡伯勒（Scarborough）。他曾在约克郡和诺丁汉（Nottingham）求学。后来跟随几位著名的家庭教师学习化学和电气，成为了一位博学的男爵。凯利一生大部分时间都在家族的庄园布朗普顿（Brompton）度过。图1.6是凯利的肖像。他保养得甚好，智慧超群且思想开放。在凯利的84岁有生之年内，他在众多领域都非常活跃。1825年，凯利发明了履带式拖拉机，它是所有现代履带车辆的前身。此外，他还是国会成员、约克郡辉格党俱乐部（Whig Club of York）主席、地面排水方面的权威领导人物，创办了约克郡哲学学会（Yorkshire Philosophical of Science）(1821)、联合创办了英国科学促进会（British Association for the Advancement of Science）(1831)。他发表了一系列关于光学和铁路安全装置的论文。而且，他还有很强的社会道德感，曾呼吁帮助约克郡的工业困境，并进行捐款。

然而，目前为止，凯利对人类的最主要、最永恒的贡献还是在航空领域。从1796年用直升机模型进行实验后，凯利于1799年将固定翼这一革命性理念刻在了银盘上（图1.5）。随后，他进行了为期10年集中的空气动力开发。1804年，他为测试翼型制造了如图1.7所示的旋转臂装置。该装置只是安装在一根长杆一端的升力面（机翼），以一定速度旋转从而在翼型上产生气流。现代空天工程中，风洞实现了这一

图1.6 亨利·佩罗内特·布里格斯（Henry Perronet Briggs）作于1841年的乔治·凯利爵士肖像画，现悬挂于伦敦的国家肖像画廊（National Portrait Gallery）

[来源：伦敦国家肖像画廊]

功能。但是在凯利生活的时代,旋转臂是进行气动力测量和升力面压力中心测量的重要发展。当然,这种测量并不十分精确。因为臂旋转数次后,周围的空气会开始跟着装置一起旋转。尽管如此,这仍然是在气动测试方面迈出的第一步。(旋转臂并不是凯利的发明。该项荣誉应属于1742年英国军事工程师本杰明·罗宾斯。)1804年凯利设计、制造并飞行了一架小型滑翔机模型,如图1.8所示。在今天看来那也许只是小事一桩,甚至是我们小时候就能完成的事情;但在1804年,它代表的是历史上第一架现代配置的飞行器,配有一固定翼、一可调整的纵向和横向尾翼。(凯利在飞行他的滑翔机时,让尾翼处在一个正倾角,如图1.8他所画的草图所示。)现在,伦敦自然博物馆展示的是当时滑翔机的全尺寸复制品,模型长度仅约1米。

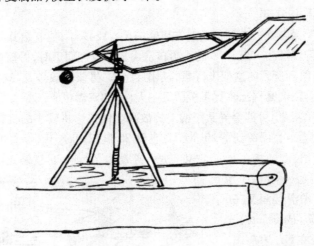

图1.7　乔治·凯利为测试机翼制造的旋转臂装置

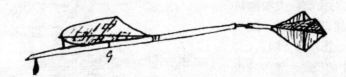

图1.8　历史上第一架现代配置飞行器:1804年凯利的模型滑翔机

凯利第一次公开其航空研究成果是在1809—1810年间发表的名为《论空中航行》(On Aerial Navigation)的论文,分别于1809年11月、1810年2月和1810年3月分三次发表在尼克尔森(Nicholson)的《自然哲学期刊》(Journal of Natural Philosophy)上。该文献是历史上最重要的航空成果之一(注意历史上"自然哲学"一词等于自然科学)。凯利听到最近雅克布·德根(Jacob Degen)在维也纳飞行了一台机械设备后,萌生了撰写论文的想法。德根的设备是由气球提升的,其实毫无意义。但是凯利不知道详细情况。为了让人们知道他的研究活动,凯利在他分三次发表的论文里介绍了空气动力学的方方面面。这是历史上首次发表的关于空气动力学理论和应用的论文。凯利在论文中详细阐述了关于分离升力和推力、运用固定翼产生升力的原理。他提出飞行器的基本原理是"给一个面提供对抗空气阻力的动力,使之在空中支撑一定的重量",并指出使该面朝运动方向倾斜一定角度能产生升力,而且弯曲的面比平面更能有效做到这点。他还在历史上第一次指出升力通过机翼表面上部的低压区域产生。本书第4章和第5章将从现代技术角度对这些现象进行详细的分析与说明。而在1809—1810期间,凯利提出的这些现象是非常新颖独特的。凯利在论文中还论述了飞行控制的问题,也第一次讨论了横向和纵向尾翼在飞行器稳定性方面的作用。有意思的是,凯利竟然大相径庭地讨论了用扑翼产生推力的方法。请注意凯利在银盘(图1.5)上的机翼后方刻有一些桨叶。从1799年直到他去世的1857年,凯利一直坚信这种扑翼对航空推进力的作用,相反,他对螺旋桨的关注甚少;实际上,凯利似乎反感所有类型的旋转机械,但这丝毫不影响他所做的众多积极贡献。凯利在他的论文中还描述了历史上首架成功的全尺寸滑翔机,他在1809年完成制造并进行了载人飞行。但是,后人已找不到任何有关其结构配置的线索。

奇怪的是,1810—1843年这段时间,凯利在航空领域可谓静如止水。他可能在忙于各种其他兴趣和活动。这段时间,凯利表露了他对飞艇(受控气球)的浓厚兴趣,而非重于空气的机器。他预言:"气球航空能够轻易地得到实现,甚至可能在人们能有效安全地日常使用机械飞行之前成功。"凯利说对了。1852年,由法国工程师亨利·吉法尔制造的、蒸汽发动机推进的飞艇在巴黎飞行成功,比第一架成功的飞机早51年。

1848—1854年,凯利第二次公布了他的航空研究结果。1849年,他制造并测试了一架全尺寸飞行器。几次测试中,飞行器搭载一个10岁的小男孩从山丘上滑翔而下时,男孩被提升离开地面几米的距离。图1.9所示是凯利所画的这架飞行器的草图,称作"男孩运载号"。这是一架三翼飞机(三叶机翼依次上下排列)。凯利是提出多翼飞机的第一人(例如双翼机和三翼飞机),主要是因为他考虑到单个庞大的机翼(单翼机)可能会导致结构上的故障。他认为将较小的机翼较紧凑地上下排列会更有效。他的这一理念一直保留到了20世纪。直到20世纪30年代,单翼机才成了飞机配置的主流。从图1.9可以看出,严格意义上讲,它其实是一架动力飞行器,也就是说它装有推进扑翼。

凯利最重要的论文之一《乔治·凯利爵士的可控降落伞式滑翔机》(*Sir George Cayley's Governable Parachute*)于1852年9月25日发表在《力学杂志》(*Mechanics' Magazine*)上,当时他已有79岁高龄了!该论文对大型载人滑翔机进行了全方位的描述,几乎涵盖了现代飞行器的所有特征。图1.10复制了《力学杂志》原版期刊中的插图。该滑翔机包含:(1)主翼,带提升入射角和保持横向稳定性的反角;(2)为保持纵向和航向稳定性的可调整的十字形尾翼;(3)飞行员操控的升降舵和方向舵;(4)带驾驶员座椅和三轮起落架的车形机身;

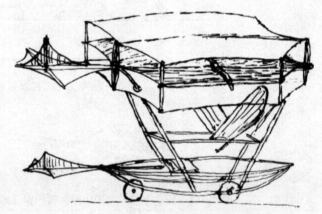

图1.9　1849年凯利的三翼飞机——"男孩运载号",注意横向和纵向的尾翼表面以及像扑翼一样的推进装置

(5)管形梁和箱形梁构造。这样的结构特征直到20世纪初莱特兄弟的设计之前再也没有出现过。让人难以置信的是,尽管《力学杂志》有很大的发行量,凯利1852年所作的这篇论文最终并没有引起很大关注。直到1960年,英国杰出的航空历史学家查尔斯·H·吉布斯-史密斯(Charles H. Gibbs-Smith)才重新发现这篇论文,并在当年6月13日的《泰晤士报》(*The Times*)上将其重新发表。

1853年的某一天(具体日期未知),乔治·凯利制造了世界上第一架载人滑翔机。对于其配置人们不得而知。但是,根据吉布斯·史密斯的说法,它与之前的三翼飞机"男孩运载号"(图1.9)极其相似。而且机翼的平面图(俯视图)与图1.10中的滑翔机形状类似。几位目击者说,滑翔机载着凯利的马车夫穿过布朗普顿的山谷滑翔飞行了几百码,它的着陆很不平稳。挣扎着跳下滑翔机后,惊魂未定的马车夫说:"拜托了,乔治爵士,请您注意,我是雇来赶车的,不是飞的。"最近,英国广播公司(BBC)在制作关于凯利人生的特别节目时重现了凯利马车夫的这次飞行。本书作者印象深刻地记得,1975年8月参观伦敦自然科学博物馆时看到凯利滑翔机的复制品(不包含马车夫)悬挂在博物馆的入口处。

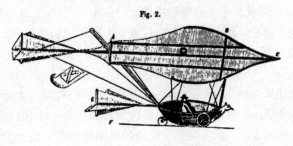

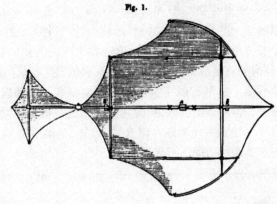

图1.10　乔治·凯利的载人滑翔机,摘自《力学杂志》,1852年

1857年12月15日,乔治·凯利在布朗普顿去世。在将近84年的有生之年里,他奠定了一切实用航空的基础。1846年,威廉·塞缪尔·亨森(William Samuel Henson)将他称作"空中航行之父"。然而,不知什么原因,在他去世之后,乔治·凯利这个名字就退居到了幕后。19世纪下半叶,几乎所有的航空爱好者对他的作品都知之甚少。这真让人难以置信且不可原谅,因为他的论文是发表在知名杂志上的。很显然,之后很多发明家在继续他们自己的想法之前并没有花很大功夫来查找文献。(这也是今天许多工程师共同的问题,尽管自第二次世界大战以后有大量的技术论文,他们却也疏于查找。)直到20世纪,多亏几位现代历史学家,凯利的成果才得以重见光明。其中著名的有C·H·吉布斯－史密斯(C. H. Gibbs-Smith)。他所著的《乔治·凯利爵士的航空学》(*Sir George Cayley's Aeronautics*)(1962)一书的1.3节收集了大部分材料。吉布斯－史密斯说,如果凯利的成果及时被其他航空先驱发扬光大,如果他们将凯利1809—1810年和1852年两篇论文中的想法完全领悟、融会贯通,那么动力飞行极有可能在19世纪90年代就取得成功。诚然如此!

最后,我们引用1923年法国航空历史学家查尔斯·多富士(Charles Dollfus)所说的一段话再一次缅怀乔治·凯利:

飞行器为英国发明:乔治·凯利,这位伟大的英国工程师,通过其19世纪上半叶的研究和探索,已对飞行器的基本要素进行了构想。即使在他的祖国,人们对凯利这个名字也是知之甚少。这位令人钦佩的人、这位伟大的航空天才,他的作品却鲜为人知。研究他发表的论文让人对他的创造力、逻辑和常识充满敬佩。在第二帝国期间，这位伟大的工程师不仅仅发明了完整的飞机(现在依然存在)，而且还认识到研究航空问题必须将理论研究与实际测试分开——凯利进行了第一个以航空为目的的空气动力试验——研究属于动力飞行器的滑翔机也同样如此。

1.4 停滞期——1853—1891

与之前50年相比，凯利搭载马车夫的滑翔机成功后的半个世纪内，航空技术领域并没有取得多大进展。如第1.3节所述，除了少数专注的调查者，鲜有人熟悉凯利的成果。但是，当时仍然涌现了(有时是盲目地)一些从不同角度来征服大气的想法，我们接下来将介绍的一部分，仅为这个时代稍微增色。

威廉·塞缪尔·亨森(William Samuel Henson)(1812—1888)与凯利生活在同一时代。1843年4月，他发布了一份固定翼飞行器的设计，飞行器以蒸汽发动机带动两个螺旋桨为动力，称为"空中蒸汽运载器"。19世纪，因为出版了一系列关于该设计的说明性版画并销往全球，所以该设计一直都受到广泛关注。这可以说是一项麦迪逊大道(Madison Avenue)都会引以为傲的宣传运动。图1.11是其中的一幅画，从中可以看出一些现代飞行器的特征：发动机在封闭机身内传动两个螺旋桨；三轮起落架；较大展弦比的单个长方形机翼(第五章将讨论这类机翼的气动特征)。亨森的设计其实就是乔治·凯利航空理念和研究的直接成果。虽然空中蒸汽运载器没有从图画变成现实，但是这份设计以及广泛发表的图画，将乔治·凯利的固定翼理念深深地刻在了之后航空工作者的脑海中。因此，就算凯利发表的论文在他去世后烟消云散，他的主要理念还是被后代发明家所理解吸收并永远流传(虽然大部分发明家并不知道这些理念源自何人)。这样，虽然亨森的"空中蒸汽运载器"从未飞翔，但它仍不失为历史上最具影响力的飞行器之一。

图1.11 亨森的"空中蒸汽运载器",1842—1843
[来源:美国国家航空航天博物馆]

约翰·斯特林费洛(John Stringfellow)是亨森的朋友，他曾进行过数次尝试，想把亨森的设计变为实际成果。他制造了数台小型蒸汽发动机，试图带动单翼机模型起飞。他离成功仅一步之遥。不过，斯特林费洛最有名的成就是蒸汽动力三翼飞机。1868年，航空学会(Aeronautical Society)在伦敦水晶宫(Crystal Palace)举办了一次航空展览会，展出了斯特林费洛的飞行器模型。图1.12是斯特林费洛三翼飞机的照片。虽然该飞机也没有获得成功，但是得益于全世界的广泛宣传，它产生了极大的影响。19世纪末期出现了该三翼飞机的插画。吉布斯-史密斯在他的《航空:从起源至第二次世界大战末的历史调查》(*Aviation: An Historical Survey from Its Origins to the End of World War II*)一书中写道,这些插画对后来的奥克塔夫·沙尼特(Octave Chanute)产生了重大影响,又通过沙尼特影响了莱特兄弟,而且还强调了叠加翼的理念。斯特林费洛的三翼飞机是乔治·凯利的航空理念与现代双翼机的主要桥梁。

图 1.12　第一届航天展览会上斯特林费洛的三翼飞机模型,1868
[来源:美国国家航空航天博物馆]

这一时期,其实第一架动力飞行器已经离开地面,但仅仅只是跳跃了几下而已。1857—1858年,法国海军军官、工程师菲利克斯·杜·坦普尔(Felix Du Temple)飞行了历史上第一架成功的动力飞行器模型:一架装有前掠翼的单翼机,以发条装置为动力!接着,1874 年,杜·坦普尔实现了世界上第一架有人驾驶的全尺寸飞行器的起飞。该飞行器同样装备有前掠翼,但由某种热气发动机(具体类型未知)提供动力。图 1.13 是杜·坦普尔全尺寸飞行器的草图。该飞行器由一位年轻的水手驾驶,最后在法国布雷斯特(Brest)一个斜坡上着陆。它离开了地面一会儿,但是没有达到可以称作持续飞行的状态。第二架动力飞行器由亚历山大 . F. 莫扎伊斯基(Alexander F. Mozhaiski)设计,如图 1.14 所示,它是一架蒸汽动力单翼机。1884 年 7 月,在俄国圣彼得堡附近,它将飞行员摔到了地上。莫扎伊斯基的设计是对亨森"空中蒸汽运载器"的继承,甚至也是使用英国的蒸汽发动机。飞行员 I. N. 哥卢别耶(I. N. Golubev)驾驶飞行了几秒钟后降落在滑雪用的斜坡上。与杜·坦普尔的飞行器一样,它也没有实现持续飞行。在几段不同的时间

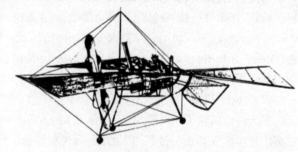

图 1.13　1874 年,杜·坦普尔的飞行器:第一架进行动力飞行但只是辅助动力起飞的飞行器

图 1.14　第二架进行辅助动力起飞的飞行器:1884 年俄国莫扎伊斯基的飞行器

内,俄国人将莫扎伊斯基视为历史上实现动力飞行的第一人,但是显然他要获得这一称号还不够资格。只能说杜·坦普尔和莫扎伊斯基分别在历史上第一次和第二次用辅助动力成功起飞,但是他们两人都没有成功地进行持续飞行。C·H·吉布斯-史密斯在他的《世界最早飞行器的飞行》(*The World's First Aeroplane Flights*)(1965)一书中记录了航空历史学家用来判断动力飞行成功与否的标准:

一架传统飞行器要合格地完成一次单纯的持续动力飞行,它必须在横向或上升飞行轨迹上自由维持自身稳定——其空速不能下降——超出受离开地面之前产生的势能影响的点,否则其表现只能算作一次动力跳跃。也就是说其没能实现自行推进飞行,而只是因为其螺旋桨的推力和作用在机翼上的气动力使之沿抛物线轨迹运动。另外,飞行器还必须恰当地保持平衡。虽然单纯的动力飞行不需要完美的控制,但是飞行时维持适当的平衡是进行持续飞行的必要条件。

根据这些标准,任何一位航空历史学家都可以毫无疑问地判定第一次动力飞行是在 1903 年由莱特兄弟实现的。只是,上述两次"跳跃",使航空发展在 19 世纪更进了两个台阶。

这一段时间内,特别值得一提的是 1866 年大不列颠航空学会(Aeronautical Society of Great Britain)在伦敦成立。在此之前,许多科学家和工程师对"空中航行"(乔治·凯利杜撰的词)不屑一顾。他们认为它不符合常理,不应该予以严肃对待。航空学会很快吸引了科学家们的高度重视。人们以更有秩序、更符合逻辑的方式承担起了解决机械飞行问题的任务。航空学的氛围也变得更为严肃而有意义。该学会通过定期召开会议和发行技术期刊,为展示和帮助人们领会航空工程成就提供了一个科学的衔接平台。该学会即为现在知名的皇家航空学会(Royal Aeronautical Society),仍然在蓬勃发展。而且,该学会还是 20 世纪美国火箭学会(American Rocket Society)和美国航空科学协会(Institute of Aeronautical Sciences in the United States)的模范。1964 年,这两个学会合并成了美国航空航天协会(American Institute of Aeronautics and Astronautics)(AIAA),成为了今天空天工程信息交流最具影响力的渠道。

1866 年 6 月 27 日,大不列颠航空学会举行了第一届会议。会上,弗朗西斯·H·温汉姆(Francis H. Wenham)阅读了一篇题为《空中运动》(Aerial Locomotion)的论文。该篇论文是航空工程文学的经典之一。温汉姆是一位航海工程师,后来在学会取得了杰出的成就。他设计并制造了历史上第一个风洞(见 4.24 节)。温汉姆在学会年度报告上发表了一篇论文,文中他第一次指出大部分机翼的升力产生于前缘部分。他还证明了大展弦比的机翼能最有效地产生升力(原因见第 5 章)。

在之前介绍斯特林费洛的内容里,我们提到 1868 年航空学会在水晶宫举办了第一届航空展览会。那时学会才成立两年,刚刚开始成型。这次展览会吸引了各种各样的机器和气球。它有史以来第一次将人类为征服大气取得的最新成果展现在了普通大众眼前。拨开层层兴趣盎然的观众,可以看到那架三翼飞机由系在展厅天花板上的绳子吊在空中穿梭(图 1.12)。然而,它并没有成功进行持续飞行。其实,1868 年的展览会并没有从技术角度推动航空发展;但它仍然不失为一项吸引公众注意的明智之举。

1.5 奥托·利林塔尔(1848—1896)——滑翔机之父

尽管过去人们做出了种种努力,但直到 1891 年,人类才借助一种受控机翼飞跃到了空中。实现这一成就的是奥托·利林塔尔(Otto Lilienthal),航空工程(广义上讲就是航天)的巨人之一。他成功设计并飞行了历史上第一架受控滑翔机。他在航空领域与凯利和莱特兄弟有着同等重要的地位。下面我们来更进一步了解他的贡献。

1848 年 5 月 23 日,利林塔尔出生在德国普鲁士安克拉姆(Anklam)。其在波茨坦(Potsdam)和柏林的职业学校受到了良好的技术教育,于1870年毕业于柏林技术学院,获得机械工程学位。因普法战争中服役而暂停一年后,他开始在自己的工厂里进行机械设计。但是,从小他的兴趣还是在飞行上。利林塔尔童年时就进行了一些不太成熟的扑翼机实验。到19世纪80年代,他的研究和兴趣趋于成熟,最终转向到固定翼滑翔机。

1889年,利林塔尔出版了《鸟类飞行——航空基础》(Der Vogelflug als Grundlage der Fliegekunst)一书。这是航空工程领域的又一早期经典:他不仅研究了鸟类翅膀的结构和类型,还将空气动力研究成果运用在机械飞行器的设计上。这本书还提供了一些当时最详细的空气动力数据。后来莱特兄弟读到了部分翻译的章节,1900年和1901年他们设计第一架滑翔机时便利用了其中一些数据。

1889年,利林塔尔得到一个富有哲理的结论,对后20年航空发展产生了重要影响。他总结道:要真正了解实用空气动力学,必须飞至空中亲身体验。其原话是:

> 只有通过切实的飞行实验才能真正理解飞行的实质……只有人亲自飞到空中才能体验不规则的风在空中翻卷升腾……人类飞行快速发展的唯一途径是系统而积极地进行切实的飞行实验。

言出必行。1889年和1890年,利林塔尔分别设计了一架滑翔机,但都以失败告终。终于,1891年利林塔尔第一架成功的滑翔机从德国德尔维茨(Derwitz)天然山丘上起飞。(后来他在柏林郊区菲尔德附近建造了一座高50英尺的人工山丘。这是座

图1.15　利林塔尔单翼悬挂式滑翔机,1894年
[来源:美国国家航空航天博物馆]

圆锥形的山丘,无论风从哪个方向吹来,滑翔机都可以从一个方向迎风起飞。)利林塔尔单翼机的基本配置见图1.15,图片中的飞行员即为利林塔尔。机翼形状很像鸟类翅膀。利林塔尔采用有弧度(弯曲)的翼形并在后方装有纵向和横向尾翼以保持稳定性。这类飞行器被称为悬挂式滑翔机,是现代体育用飞行器的前身。通过移动滑翔机下方飞行员的重心来控制飞行。

在利林塔尔之前,有些想成为飞行员的人持有与其飞行哲学相悖的观点。19世纪的大部分时间里,人们都以一种不理性的方式看待动力飞行:制造一台能驱动飞行器的发动机,再将它随便安装在能承担重量并产生升力的机身上,然后你大概就可以飞到空中了。至于飞到空中之后的事情只是简单地在空中操纵飞行器的方向就可以了,就像在地面上驾驶马车或汽车一样——至少这是当时的普遍看法。吉布斯-史密斯将持这种观点的人归为"司机派",与司机派相对的是"飞行员派"——利林塔尔为该派第一人——他们意识到在用发动机驱动飞行器之前应该驾驶滑翔机在空中飞行,从而获得对飞行器的"感觉"。"司机派"主要关注的是推进和提升,而"飞行员派"更注重空中飞行的控制。最终"飞行员派"成功实现了动力飞行,而"司机派"以失败告终。

利林塔尔成功进行了2000多次滑翔机飞行。他所获得的空气动力数据公布在论文中,在世界范围内发行。其实,利林塔尔进行航空研究的时期恰逢摄影和印刷产业兴起之时。1871年,阴图干版技术发明,到1890年,人们可以通过拍照清晰地"捕捉"运动中的物体。将照片印刷到书籍和期刊上的网版法也发展了起来。因此,利林塔尔的飞行被广泛传播;实际上,其可谓是第一个在飞行器上拍照的人(图1.15)。利林塔尔研究成果的广泛宣传也激励了其他空天先驱。莱特兄弟也是在1894年第一次读到利林塔尔的论文后才明确了他们对飞行的兴趣。

1896年8月9日,星期天,利林塔尔从德国史多伦(Stollen)附近的格伦伯格(Gollenberg)出发滑翔。那是一个天气晴好的夏日,然而,突如其来的一阵风刮停了利林塔尔驾驶的单翼滑翔机,导致它

失速且坠落到地上。只有机翼被扭弯了，滑翔机其他部分都丝毫未损。但是利林塔尔因脊椎骨折而被抬走。第二天，他在柏林伯格曼医院（Bergmann Clinic）与世长辞。利林塔尔在世时曾多次说道"必须做出牺牲"。这句话被作为他的墓志铭刻在了其位于利特菲尔德公墓（Lichterfelde Cemetery）的墓碑上。

有些人认为如果利林塔尔不这么早过世，他可能要比莱特兄弟捷足先登。1893年，他制造了一台动力机；不过采用的原动力是碳酸气发动机，用它扭转每个翼尖上的六个缝翼——显然是一种扑翼机的想法，来模仿鸟类飞行推动力这一自然形态。1895年春，他制造了第二台同类动力机，但比之前那台更大。两架搭载这种动力的飞行器都未能成功飞行。本书作者认为这种推进方式是注定要失败的。如果利林塔尔没有在那次事故中遇难，他有没有可能后来改用汽油发动机推进，而在1903年之前实现动力飞行呢？这是一个很好的话题。

1.6　柏西·皮尔彻（1867—1899）——继承衣钵者

1890年6月，奥托·利林塔尔在柏林招待了一位年轻而热情的到访者——柏西·皮尔彻（Percy Pilcher）。他是一位爱尔兰人，居住在格拉斯哥（Glasgow），而且已经制造出了他自己的第一架滑翔机。在利林塔尔的指导下，皮尔彻在那座人工山丘上进行了几次滑翔。这次访问使皮尔彻对航空的兴趣更上一层楼。他回到不列颠群岛并在接下来的四年多时间里成功制造了一系列滑翔机。他最有名的机器是于1896年制造的"老鹰号"（*Hawk*）（图1.16）。皮尔彻用它的悬挂式滑翔机进行的实验使他成为自乔治·凯利以来最著名的英国航空工程师。皮尔彻属于"飞行员派"。他和利林塔尔一起强调了给飞行器安装发动机之前了解空中飞行实际特点的重要性。

然而，皮尔彻还是将目光锁定在了动力飞行上。1897年，他经过计算得出用一台4hp、重不超过40lb的发动机驱动直径5ft的螺旋桨足以将他的"老鹰号"送上天空。因当时买不到这样的发动机，于是皮尔彻（当时为经培训的航海工程师）在1898年花费了大部分时间设计构造了一台，1899年年中完成后进行了台架实验。后来，正如命运的摆布给许多历史时期画上句号一样，皮尔彻在英格兰莱斯特郡（Leicestershire）布

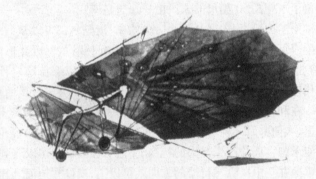

图1.16　皮尔彻的"老鹰号"悬挂式滑翔，1896年

雷黑庄园（Lord Braye）展示他的"老鹰号"滑翔机时不幸身亡。当时天公不作美，第一次试飞时滑翔机就已经被完全浸湿了。第二次试飞时，由于湿透而变重的尾翼断裂，皮尔彻被摔到地上。与利林塔尔一样，他在事故第二天便去世了。因此，英格兰和世界都失去了除利林塔尔以外唯一一位可能在莱特兄弟之前成功实现动力飞行的人。

1.7　美国航空学萌芽

留意一下1.2节～1.6节所述航空领域早期发展的地理分布可以发现，法国孟高尔费的热气球出现后，直到19世纪50年代，重于空气飞行器的进展主要在英格兰，如凯利、亨森、斯特林费洛。这也恰好与这一时期英格兰发生工业革命的事实相符。接着，发展中心转移到了欧洲大陆，那里有

杜·坦普尔、莫扎伊斯基、利林塔尔等。后来,在英国又有一段短暂的发展,例如温汉姆和航空学会。与之相反的是这段时间美国却没取得过什么重要的进展。这个羽翼初丰的国家正在忙于巩固新政府和扩展边疆,而没有全力进行航空研究的精力和兴趣。

芝加哥一位法裔土木工程师奥克塔夫·沙尼特(Octave Chanute)(1832—1910)打破了这一空白。他在1875年左右对机械飞行产生了兴趣。在后来的35年中,沙尼特收集并吸收了他能找到的一切航空信息。最终,他于1894年出版了《飞行器进展》(Progress in Flying Machines)一书,与利林塔尔的《航空学基础——鸟类的飞行》并列为空天领域重要经典。沙尼特的著作全面总结了到当时为止航空学取得的重要进展,这样说来,他是第一位正式的航空历史学家。沙尼特还为动力飞行未来的方向提出了积极建议。莱特兄弟热心地阅读了该书,后来在1900年找到了沙尼特。他们之间建立了密切的关系并经常交流想法。他们的朋友关系延伸到不同程度,直到1910年沙尼特去世。

沙尼特属于"飞行员派"。遵循这一派的理念,他在1896年学习利林塔尔的方式开始设计悬挂式滑翔机。他对航空领域最主要的贡献是如图1.17所示的一架成功双翼滑翔机,它有效地采用了普拉特桁架方法。后来的莱特兄弟受到了沙尼特这一双翼滑翔机的影响。从这个意义上讲,沙尼特为斯特林费洛的三翼飞机(1868)和第一次成功的动力飞行(1903)之间搭起了一座天然桥梁。

哥伦比亚特区华盛顿往东500英里,美国莱特之前第二有名的航空工程师已经开始了他的工作。史密森尼学会(Smithsonian Institution)秘书塞缪尔·皮尔蓬·兰利(Samuel Pierpont Langley)(1834—1906)正在不知疲倦地设计和制造一系列动力飞行器,最终在1903年尝试了两次载人飞行,这仅在12月17日莱特兄弟成功的数周前。

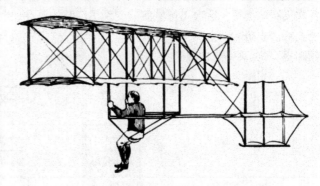

图1.17 沙尼特的悬挂式滑翔机,1896年
[来源:美国国家航空航天博物馆]

1834年8月22日,兰利出生于马萨诸塞州罗克斯伯里(Roxbury, Massachusetts)。他高中毕业后再没有接受其他正规教育,但从童年开始对航天的兴趣驱使他进行了终身自学。在他的职业生涯初期,兰利当了13年的工程师和建筑师。后来,在欧洲各个天文台游历一番后,1865年,他在哈佛大学天文台(Harvard Observatory)担任助理。接着,他又任职美国海军学院(U. S. Naval Academy)数学教授、匹兹堡大学(University of Pittsburgh)物理和天文学教授、匹兹堡阿勒格尼天文台(Allegheny Observatory)主任。由于他的众多科学成就,1887年兰利被任命为史密森尼协会秘书。

同年,兰利开始着手研究动力飞行,当时其已是享有国际声誉的科学家。依据凯利的例子,他也制造了一架由蒸汽发动机驱动的大型旋转臂,用来对机翼进行测力试验。接着,他制造了将近100种不同类型的橡筋动力飞行器模型。1892年,这些模型升级为蒸汽动力模型。但是,直到1896年,兰利的动力飞行器模型才首次取得成功:5月6日,他的其中一架飞行器自由飞行了3300ft,11月28日,另一架飞行了3/4英里。这些"空中旅行者"(兰利创造的词)都是双主翼飞行器,由机翼之间的螺旋桨推进,由兰利自己设计的1hp蒸汽发动机提供动力。(不过兰利曾受到约翰·斯特林费洛的小型航空蒸汽发动机的影响,这一发动机于1889年赠与了史密森尼学会。兰利研究了这一架历史性的机器后开始着手设计更先进的发动机。)

兰利对于他自己在1896年取得的成果比较满意。他意识到继续研制载人飞行器将需要花费大量的金钱和时间,于是他"坚定地表明决心,将不会制造大型的载人飞行器。"(请注意正是这一年,莱特兄弟对动力飞行产生了兴趣——自然科学和工程学领域又一系列连续性的理念和发展。实际上,韦尔伯和奥维尔直接受到了兰利动力飞行器成功的影响。而且毕竟已经有相信机械飞行最终能变成现实的受人尊敬的科学家在采取行动了。)

因此,1898年之前,兰利的航空工作经历了一段平静时期。后来,受美西战争影响,美国陆军部得到麦金莱总统个人的支持,提供50000美元的经费邀请兰利制造客运飞行器。兰利同意了。

兰利正确地决定采用汽油燃料发动机而非早期的蒸汽发动机作为飞行器的原动力。他首先任命纽约的史蒂芬·巴采尔(Stephan Balzer)生产这类发动机,但结果不尽如人意。后来兰利让其助手查尔斯·曼利(Charles Manly)重新设计了动力装置。最后制造出来的发动机功率为52.4hp,重量仅为208lb,在当时是一项惊人的成果。1901年6月,兰利采用更小型的1.5hp汽油燃料发动机成功飞行了一架1/4比例模型飞行器,并在1903年更成功地飞行了一架搭载3.2hp发动机的模型。

受这次成功的鼓舞,兰利开始直接迈入全尺寸飞行器的研制。图1.18是他的全尺寸飞行器俯视图和侧视图。兰利将其双主翼飞行器安装在弹射器上,用来辅助起飞。飞行器和弹射器都置于波托马克河(Potomac River)的游艇上(图1.19)。1903年10月7日,由曼利控制,该飞行器做好了进行首次飞行的准备。这次飞行早前就受到了广泛的关注,当天许多媒体到场,大家对这次可能成为历史上首次成功的动力飞行拭目以待。图1.20是"空中旅行者"弹射后的一刻。以下是第二天"华盛顿邮报"对试飞结果的报道:

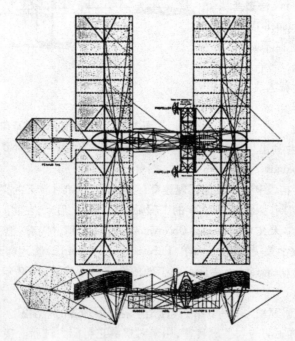

图1.18　兰利全尺寸"空中旅行者"图
[来源:美国国家航空航天博物馆]

游艇几码开外的地方是记者们已经在水面驻留了三个月的船只。新闻记者们挥动手臂,曼利俯视着投以微笑。接着,他脸色变得严肃起来,抖擞精神准备飞行了,这将是他不成功便成仁的时刻。距他头部上方1ft的地方,螺旋桨以1000转/分的转速呼呼作响。随着两声炮响,拖船做出了"嘟嘟,嘟嘟"的回应。机械师弯腰割断了拉住弹射器的绳索,只听到剧烈的摩擦声——兰利的飞行器被游艇的边缘绊翻,最后消失在河中,栽入水下16ft,简直像一把泥浆洒入水中。

图 1.19　兰利全尺寸"空中旅行者"从游艇上弹射,1903 年
[来源:美国国家航空航天博物馆]

图 1.20　1903 年 10 月 7 日,兰利的全尺寸"空中旅行者"第一次起飞
[来源:美国国家航空航天博物馆]

曼利并没有受伤。兰利认为这次失败是由发射装置导致的,于是在 1903 年 12 月 8 日又进行了一次尝试。图 1.21 也是起飞后那一刻的照片,从中可以看出"空中旅行者"尾翼已完全断裂,并形成了一个 90°的攻角。"空中旅行者"再一次栽入了水中,曼利也再一次获救,且没有受伤。这次失败的原因并不明确,于是又归咎于弹射器。但有些专家认为尾桁架断裂是由其结构缺陷导致的。(从美国国家航空航天博物馆退休的霍华德·沃尔克博士(Dr. Howard Wolko)最近的结构分析证明兰利的大型"空中旅行者"的结构明显不完善。)不管怎样,这是兰利最后的尝试。陆军部放弃了,并声明"我们离最终目标(人类飞行)还很遥远。"议会成员和媒体对兰利进行了恶毒的不公正攻击(当时还有许多人嘲笑人类飞行的尝试)。受到这些嘲讽的压力,兰利退出了航空舞台。1906 年 2 月 27 日,他在绝望中撒手人寰。

与沙尼特和莱特兄弟不同的是,兰利属于"司机派"。许多现代专家认为,即使兰利的"空中旅行者"成功起飞也不可能实现连续平稳飞行。兰利从未用载人滑翔机做过实验,没有到空中去感觉过大气。他完全忽视了飞行控制的重要性。曼利连一秒钟的飞行经验都没有,他就想用动力飞行器将曼利送上空中。但是,兰利的航空工作也不是毫无意义,因为他将自己受人敬仰的技术声望投入到了机械飞行事业,他的"空中旅行者"也鼓舞了其他人。

图1.21 1903年12月8日,兰利的全尺寸"空中旅行者"第二次起飞
[来源:美国国家航空航天博物馆]

兰利失败9天后,莱特"飞行者一号"便从杀魔丘起飞。

1.8 韦尔伯·莱物(1867—1912)与奥维尔·莱特(1871—1948)——实用飞行器之父

现在将场景转向莱特兄弟——仅乔治·凯利堪与之媲美的历史上最重要的航空工程师。第1.1节中已经介绍了20世纪初期,动力飞行的时机已经成熟。下面的章节将证明这一论断的众多历史性事件,莱特兄弟吸收利用了当时已有的遗产,它们同时也是如今空天工程师可以学习吸收的遗产。

1867年4月16日,韦尔伯·莱特出生在印第安纳州米尔维尔一个小农场。四年后的1871年8月19日,奥维尔出生在俄亥俄州代顿。莱特兄弟是马萨诸塞州一个古老家族的后裔。两兄弟从家庭的知识氛围受益颇多。他们父亲是联合兄弟会教堂(United Brethren Church)的主教,而母亲只差三个月就完成了大学学习。她是一位有非常丰富的机械能力的女人,这得益于曾经呆在她父亲的马车店里的时光。她后来设计并制造了一些简单的家用设备,包括给儿子们的玩具。莱特兄弟的权威传记作家汤姆·克劳奇(Tom Crouch)说:"两兄弟总是向他们母亲寻求机械方面的建议或帮助。"而对于他们的父亲,克劳奇说:"是那种连钉子都钉不直的男人。"[见 T·克劳奇.《主教之子》(*The Bishop's Boys*).纽约:诺顿出版公司,1989.]韦尔伯和奥维尔都没有正式获得高中学历;韦尔伯懒得去参加毕业典礼,而奥维尔高二时参加了一系列特殊课程,使他没能拿到正规学位,甚至连高三都没有读。后来,两兄弟立即开始涉足商界。1889 年,他们第一次在一家出版社的 4 开周报上发表了他们的设计。而且,奥维尔骑自行车还曾获奖,这又促使两兄弟于 1892 年在代顿成立了自行车行和修理店。三年后,他们开始采用自制的工具生产自行设计的自行车。他们从这些业务获得了很好的收益,从而为后来的航空研究工作奠定了经济基础。

1896 年,奥托·利林塔尔在滑翔机飞行时意外遇难(见第 1.5 节),消息公之于众后,对莱特兄弟自小就有的航空兴趣产生了推动力。之前我们提到利林塔尔滑翔机飞行的照片在世界范围内广泛传播,莱特兄弟一心一意地践行着利林塔尔的飞行道路。1894 年,一期《麦克卢尔杂志》(*McClure's Magazine*)上关于利林塔尔的文章第一次触发了韦尔伯成熟的兴趣;直到 1896 年,韦尔伯才正式开始思考人类飞行。

与之前几位先驱一样,韦尔伯也将研究鸟类飞行作为通往机械飞行的途径,因此,(多次长时间观察鸟类飞行后)他于 1899 年得出结论,鸟类"在遇到阵风而倾斜时靠扭动翅尖来重新获得横向平衡。"这一结论是航空历史上最重要的发展之一:横向(滚转)运动时运用扭转翼控制飞行器。现代飞行器上的副翼用处即在于此,其原理也是一样。(与扭翘翼和副翼相关的空气动力学基础将在第五章和第七章讨论。)1903 年,沙尼特描述莱特兄弟的工作时创造了"扭翘翼"一词,该术语后来被接受,但导致了一些法律上的混淆。

韦尔伯渴望继续对扭翘翼进行研究和实验,于是 1899 年 5 月写信给史密森尼学会,希望能得到关于航空研究的论文和书籍。他收到了一份简明的飞行参考书目,包括沙尼特和兰利的作品。其中最重要的是沙尼特的《飞行器发展进程》(见 1.7 节)。与此同时,奥维尔与其兄一样对飞行也热情高涨。他们一起充分阅读和学习了一切能找到的航空文献。1899 年 8 月,他们制造了第一架飞行器:翼展 5ft 的双翼风筝。该机器是用来测试扭翘翼理念的一项设计,由四根连接地面的控制绳索实现。实验证明该理念是有效的!

受到这次成功的鼓舞,1900 年,韦尔伯将他们最初的但有成效的进展写信告知了沙尼特。这封信为莱特兄弟和沙尼特之间亲密的朋友关系拉开了序幕,而这一关系让双方都获益匪浅。根据正宗的"飞行员派"理论,莱特兄弟坚信在给飞行器安装动力之前必须先积累空中经验。他们写信咨询美国气象局后,得知了进行滑翔试验的理想地方:北卡莱罗纳州基蒂霍克附近,那里常刮强劲恒定的大风。1900 年 10 月,两兄弟就已经准备好了一架全尺寸的双翼滑翔机,10 月在基蒂霍克试飞。图 1.22 是"莱特兄弟一号"滑翔机的照片。其翼展有 17ft,机翼前带有水平升降舵,而且由地面的几根绳索牵着飞行。它仅进行了几次简短的载人飞行。

图 1.22 北卡莱罗纳州基蒂霍克"莱特兄弟一号"滑翔机,1900 年

[来源:国家航天航空博物馆]

取得一定成功后,韦尔伯和奥维尔继续

制作了他们的第二号滑翔机(图1.23)。1901年7月和8月间,他们将行动基地搬到了距基蒂霍克4英里的杀魔丘,在那里测试了二号滑翔机。这些大部分都是载人飞行,如图1.23所示,韦尔伯俯卧在下方机翼上,面朝风向。(1901年间,韦尔伯完成了少数几次飞行,一年后,奥维尔进行了他的第一次飞行。)这次的新型滑翔机较为庞大,有22ft的翼展。与莱特其他飞行器一样,在机翼前也有水平升降舵。两兄弟还认为装一个前向升降舵除了可以实现其他功能外,还能预防利林塔尔因之而丧生的飞行器致命俯冲。

图1.23　沙魔丘"莱特兄弟二号"滑翔机,1901年
[来源:美国国家航空航天博物馆]

在7月和8月试飞期间,奥克塔夫·沙尼特到访了莱特兄弟的大本营。沙尼特对他的所见感到非常震惊。于是他邀请韦尔伯去芝加哥演讲。1901年9月18日的演讲稿中,韦尔伯公开了他们包括滑翔机的设计和扭翘翼理论在内的经验。沙尼特描述韦尔伯的演讲为"一次妙极了的演讲,将来定会被广泛引用"。沙尼特又一次充分发挥了他作为航空信息收集者和传播者的作用。

但是,莱特兄弟并没有满足于目前的成就。1901年测试完二号滑翔机返回代顿后,两兄弟开始质疑航空文献内现有的数据。在此之前,他们一直坚信利林塔尔和兰利得出的详细航空信息。现在,他们开始怀疑它们的准确性。韦尔伯写道:"刚开始我们对现有的科学数据坚信不疑,现在我们开始逐个质疑。最终,两年的实验后,我们决定摒弃这些数据,完全依靠我们自己的调查结果。"他们果然说到做到! 1901年9月至1902年8月,莱特兄弟进行了航空研究的一个主要项目。他们在代顿的自行车店制造了一个风洞(见第四章),测试了200多种翼型。他们还设计了测力平衡仪,准确测量升力和阻力。这一时期的研究在航空发展早期达到了一个相当高的水平。莱特兄弟收获颇丰,这最终也是全世界的收获。这些收获和成就仅从马文·W. 麦克法兰(Marvin W. McFarland)编辑的《莱特兄弟论文集》(The Papers of Wilbur and Orville Wright)中可见一斑。根据这一时期的研究,莱特兄弟最终制造出他们的三号滑翔机,并于1902年试飞。莱特兄弟取得了非常大的成功。奥维尔写道:"我们通过风洞得出的气压表让我们可以提前计算飞行器性能。"风洞测试对已有飞行器的飞行发展产生了重要影响,这在历史上还是第一例,而在20世纪,这一影响对主流的飞行器出现。(最近,安德森在《空气动力学历史及其对飞行器的影响》(A History of Aerodynamics and Its Impact on Flying Machines)(剑桥大学出版社,1977)中提到利林塔尔的数据是合理的,只是莱特兄弟误解了它们。因为对数据运用不当,莱特1900年和1901年的滑翔机获得的是错误的结果。不过这些都无关紧要,因为莱特后来继续去探索正确的结果。)

三号滑翔机成就了经典,于1902年8~9月间制造完成,1902年9月20日在沙魔丘第一次试飞。它是一架双翼滑翔机,翼展32英尺又1英寸,是莱特当时最大的滑翔机。三号滑翔机如图1.24所示。几次调整后,莱特兄弟在机翼后方安装了垂直方向舵。该方向舵可以随扭翘翼一起运动,使三号滑翔机可以平稳地进行倾斜转弯。方向舵和扭翘翼(后来的副翼)的联合运用是莱特兄弟对航空领域、特别是飞行控制方面的又一重大贡献。

所以,莱特兄弟当时已经拥有了空前实用和成功的滑翔机。1902年间,他们进行了1000多次完美的飞行,创造了飞行距离和飞行持续时间的记录,分别为622.5ft和26s。同时,韦尔伯和奥维尔都训练成了技术高超的飞行员——后来为世人所钦羡。

莱特兄弟确信,动力飞行已是唾手可得!又一次受到成功的鼓舞,他们返回到代顿准备面对最终的遗留问题:推进。与之前兰利一样,他们也没有物色到合适的发动机。于是,1903年冬,他们自己设计和制造了一台12 hp重200 lb的发动机。另外,根据他们自己的研究结果,莱特设计了一个有效的螺旋桨。人类探寻一个多世纪

图1.24 莱特兄弟的三号滑翔机,1902年
[来源:美国国家航空航天博物馆]

都没能取得的成就,却在莱特兄弟这里如泉水一般喷涌而出。

1903年夏天,莱特兄弟克服了重重阻碍,从零开始制造了"莱特飞行者一号"。它与三号滑翔机极为相似,不过翼展40ft4in,并分别在机翼后方和前方装有两个方向舵和两个升降舵。当然还搭载了不凡的汽油燃料莱特发动机,通过自行车式的链条驱动两个推式螺旋桨。图1.1和图1.2分别是"莱特飞行者一号"的三视图和照片。

从9月23日到25日,"飞行者一号"被运送到了杀魔丘。到那里后,莱特兄弟发现他们的大本营已经破损了,而且过了一个冬天后他们的三号滑翔机也有些损坏,于是莱特做了些维修,之后他们花了几个星期用三号滑翔机进行练习。12月12日,终于万事俱备。但是,这次存在天气干扰:天气不好使"莱特飞行者一号"的试飞推迟到12月14日。当天,莱特邀请了几位目击者到他们的大本营,用抛硬币的方法决定谁当第一个飞行员。韦尔伯胜出。"莱特飞行者一号"由自身的动力沿发射滑轨移动,加速至飞行速度。离开发射滑轨起飞时还算顺利,但是突然大角度上升、失速,接着狠狠地摔到了地上。这是第一次有记录的动力飞行飞行员人为错误:韦尔伯承认他将升降舵推得太过,机头升得太高了。

经过稍作修补后,12月17日,又一个天气适宜的日子,"莱特飞行者一号"准备再次试飞了。这次轮到奥维尔控制。发射滑轨再一次铺设在水平沙面上。照相机也就位准备在飞机离开轨道那一刻抓拍照片。发动机开足马力、牵引绳松开、飞行器开始移动。接下来的就是本章开篇所描述的历史性事迹了。

任何人在读到或记录这一划时代的大事时,都不禁为之激动无比。当时韦尔伯仅36岁,而奥维尔只有32岁,他们已经取得了空前的成就。凭借坚持不懈的努力、详尽彻底的研究和精湛的工程,莱特兄弟在世界上第一次取得了重于空气飞行的成功。他们重于空气飞行满足航空历史学家定下的一切必要标准。12月17日奥维尔第一次飞行后,当天上午还进行了另外三次飞行。最后一次飞行了853ft,并留空59s。飞行领域——同时还有航空工程领域——自此诞生了!

值得一提的是,虽然媒体得知了奥维尔发给他父亲的这份电报(见本章引言),但几乎没有什么消息出现在公众眼前,即使代顿的报纸也没有报道这一事件。这也证明了九天前兰利在世人面前的惨败后公众对飞行的怀疑和冷漠。直到1904年,阿莫斯.I.卢特(Amos I. Root)才注意到莱特的飞行,并在他主编的《养蜂集锦》杂志(*Gleanings in Bee Culture*)(1905年1月1日发行)上发表了一番激动人心的描述,这是关于莱特兄弟成功的第一次详细描述。但是,这篇文章没有产生什么影响。

莱特兄弟并没有止步于"莱特飞行者一号"。1904年5月,他们的第二架动力飞行器"莱特飞行

者二号"已经准备就绪。它的机翼弯度(翼型曲率)较小,装有更大功率更有效的发动机。在外形方面与1903年的飞行器基本相似。1904年间,"莱特飞行者二号"在代顿以东80英里、占地90英亩的荷夫曼牧场(Huffman Prairie)进行了80多次简短的飞行。[荷夫曼机场今天仍然存在,位于莱特－帕特森空军基地(Wright-Patterson Air Force Base),该基地是为纪念莱特兄弟而以其名命名的大航空研发中心。]这些测试还包括第一次圆圈飞行——9月20日由韦尔伯控制。最长的一次飞行持续了5min4s,飞行了2.75英里。

他们在1905年取得了更大的成功。6月,"莱特飞行者三号"已经准备就绪。翼展比"莱特飞行者二号"稍窄,而机翼弯度增加到与1903年时一样。该双翼机的升降舵更大,且安装在机翼更往前的位置。两个方向舵也更大,在机翼更往后的位置。他们还采用更先进的新型螺旋桨。"莱特飞行者三号"是历史上首架实用飞行器。1905年间它飞行了40多次。最长的一次飞行了38min3s,24英里,基本都是在汽油用完后飞行才被迫停止。关于"莱特飞行者三号",C·H·吉布斯－史密斯是这样描述的:"它结构坚固,可以稳定地起飞和着陆;它能倾斜、转弯、飞8字形;它能留空(毫无问题)半个多小时,因此它当之无愧是世界上第一架实用动力飞行器。"

在此之前,莱特兄弟的研究工作是完全对外公开的,但是此后,他们变得保密起来。他们没有去试图说服美国政府购买他们的飞行器,但当时已经有很多人和公司开始仿制莱特的设计。1902年,莱特为他们联合使用扭翘翼和方向舵的理念申请了专利,但到1906年才批准下来。所以,从1905年10月16日到1908年5月6日之间,韦尔伯和奥维尔都没有飞行,他们也不允许任何人看到他们的飞行器。但他们的航空工程并未停止。这段时间他们至少制造了3台新发动机,还设计了一台新型飞行器,后成为标准莱特A型机,如图1.25所示。这架飞行器与"莱特飞行者三号"类似,但是其搭载的是40hp发动机,机翼间允许两人直坐。它还代表了对基本已获成功的设计的持续改进,也是一直沿用至今的飞行器理念。

1908年,莱特兄弟终于以盛大的方式将其研究公之于众。这年2月,莱特兄弟与美国陆军签订了合同;同年3月,又与一家法国公司签约。之后,莱特兄弟终于揭开了他们的神秘面纱。5月,韦尔伯前赴法国,并在勒阿弗尔(Le Havre)取走了自1907年就在此的装有A型机的板条箱,并在勒芒(Le Mans)一位朋友的车间里完成了组装。韦尔伯信心十足地提前宣布了公开飞行的

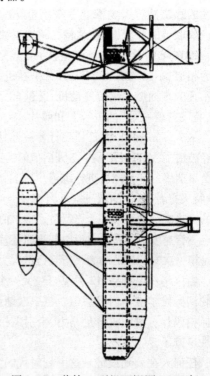

图1.25 莱特A型机两视图,1908年

消息——将于1908年8月8日飞行。听到过关于莱特兄弟1903年以来取得的成功的航空先驱们、各报社记者和大批群众都聚集到了勒芒5英里以外的Hunaundières赛马场。那天,韦尔伯驾驶飞行器起飞,进行了将近2min的转圈飞行后着陆,震慑全场。这简直就是一场革命。自1896年利林塔尔去世后,航空学在欧洲便受尽冷落,现在突然变得生气蓬勃起来。法国的路易斯·布莱里奥(Louis Bleriot)因第一个飞过英吉利海峡而一举成名,他说:"在我们法国和其他所有地方,机械飞行的新时代已经到来——太了不起了。"法国的报纸曾经对莱特兄弟是否能成功怀疑了数年,现在将莱特的飞行称为"应用科学历史上最激动人心的盛大场面之一。"利昂·德拉格兰奇(Leon Delagrange)所说的话深切反映了许多想与莱特兄弟竞争第一次动力飞行的法国飞行员的失落之情,他说:"唉,我

们失败了。就当我们从未存在过吧。"随后,1908 年末之前,韦尔伯又进行了 104 次飞行。本该 1903 年就属于莱特兄弟的喝彩与荣誉终于到来了。

奥维尔在美国也取得了同样的成功。1908 年 9 月 3 日,他在哥伦比亚特区华盛顿附近的迈尔斯堡(Fort Myers)向美国陆军做了一系列的展示。到 9 月 17 日之前,他驾驶 A 型机进行了 10 次飞行,最久的一次持续了 1h14min。17 日当天,螺旋桨出现故障导致飞行器坠落,奥维尔自己也严重受伤,乘客 Lt·托马斯. E. 塞尔弗里奇(Lt. Thomas E. Selfridge)丧生。这是第一次动力飞行坠机事件。但这并没有影响到奥维尔和陆军部。奥维尔迅速康复并于 1909 年重返飞行——陆军部也买下了飞行器。

韦尔伯 1908 年在法国的飞行使欧洲的飞行员们感到无比震惊。欧洲的飞行器设计师们立即采用了莱特飞行器上两项最重要的技术特征:横向控制和螺旋桨。1908 年以前,欧洲的飞行器爱好者们对于横向控制(飞行器滚转——见 7.1 节)的重要性完全没有概念,自然没有实现横向控制的机制;而莱特兄弟则通过应用其扭翘翼创新理念实现了横向控制。然而,1909 年,法国人亨利·法曼(Henri Farman)设计了名为"亨利·法曼三号"的双翼机。在靠近翼尖的后缘处装有襟翼形副翼;副翼很快便成为非常受欢迎的横向控制机械装置,并沿用至今。同样,欧洲的设计师很快采用了莱特的狭长型桨叶轮,它与当时常用的形状宽似划桨的桨叶轮不同。旧式桨叶轮的螺旋桨效率(6.6.1 节定义)较低,通常只有 40% ~ 50%。1909 年,柏林的一位工程师测得莱特的螺旋桨效率竟然高达 76%。近期 NASA 兰利研究中心的风洞实验结果[2002 年由奥多明尼昂大学(Old Dominion University)的研究人员进行]表明莱特的桨叶轮效率更是惊人地高达 84%。这两项技术特征——重视横向控制和达到横向控制的机械装置,以及高效率的桨叶轮——是莱特兄弟留给后世飞行器的两项最重要的遗产,欧洲的设计师们马上利用了它们。[更多详细内容见安德森《飞机:技术发展历程》(The Airplane: A History of Its Technology),美国航空航天学会,2002。]

莱特兄弟取得了不朽的成就。他们的事业在 1908—1910 年达到了顶峰。之后,欧洲的航空学直追而上并在技术赛跑中处于领先地位。其主要原因是从第一架滑翔机开始的所有莱特飞行器都是静态不稳定的(见第七章)。这意味着莱特飞行器不能"靠自己"飞行,而是需要飞行员每时每刻不断地进行控制。相反,欧洲的发明者们相信可以实现固有稳定性的飞行器。法国和英格兰的航空工作者们听过韦尔伯在 1908 年的演讲后,开始迅速地研发可控但稳定的飞行器。这样的飞行器能飞得更安全更稳定。这个世纪,静态稳定性的理念已经运用到了所有飞行器的设计上。[值得一提的是,新型军用战斗机的设计是静态不稳定的,例如洛克希德-马丁公司 F-22 战斗机(Lockheed-Martin F-22)。这是回归莱特设计理念的表现。不过,与"莱特飞行者"不同,这些新型的飞行器时刻都通过电气装置、"电传操纵飞行控制系统"的新理念来实现持续飞行。]

最后该结束莱特兄弟的故事了。1912 年 5 月 30 日,韦尔伯因为伤寒症英年早逝。在他的墓志铭里,其父写道:"今日凌晨 3:15,韦尔伯去世了,年仅 45 岁 1 个月零 14 天,这是短暂却辉煌的一生。他智慧超群、沉着冷静、自强不息而谦虚谨慎。他认准了正确的目标并坚定地追求,度过了不平凡的有生之年。"

奥维尔于 1948 年 2 月 30 日去世。第一次世界大战期间,他被任命为美国陆军通信兵航空处(Signal Corps Aviation Service)上校。虽然于 1915 年出售了他在莱特公司的产权并"退休",但他后来在自己的车间里还进行了系列研究。其于 1920 年发明了机翼的分裂式襟翼,并在之后多年一直都成果丰富。

最后补充一个关于这两位伟人的故事:奥维尔和史密森尼学会就动力飞行的历史专利问题产生了分歧。于是,奥维尔在 1928 年将具有历史意义的"莱特飞行者一号"的原件发往了伦敦科学博物馆。它一直保存在那里,躲避了第二次世界大战的枪林弹雨。直到 1948 年,博物馆又将其发送至了史密森尼。现保存在美国国家航空航天博物馆,并陈列在展廊的中间位置。

1.9　航空三杰——兰利、莱特兄弟与格伦·柯蒂斯

1903年——莱特兄弟首次成功实现动力飞行,对于他们来说是里程碑似的一年——奥维尔和韦尔伯面临着来自强劲对手塞缪尔·P·兰利的挑战。如1.7节所述,兰利时任史密森尼学会秘书,也是美国最受人敬仰的科学家之一。从1886年开始,兰利凭借史密森尼学会和后来美国陆军部的资源集中开展了空气动力研发项目。他将饱满的热情全身心地投入到这些项目中,与之后莱特兄弟表现出的热情不相上下。兰利的努力最后凝聚成图1.18和图1.19中的全尺寸"空中旅行者"。1903年10月,"空中旅行者"在全国媒体的关注下进行了第一次试飞。

莱特兄弟十分清楚兰利的进展。1903年夏秋在杀魔丘筹备"莱特飞行者"时,奥维尔和韦尔伯通过报纸时刻关注着兰利的消息。他们已经敏锐地觉察到了这次竞争。此时,关于莱特兄弟的报道显示他们表现出了不安情绪,因为兰利极有可能在他们有机会测试"莱特飞行者"之前就实现成功的动力飞行。而相反,兰利完全没有感觉到来自莱特兄弟的竞争压力。虽然莱特兄弟在美国和欧洲一些航空爱好者的圈子里也为人所知——主要是由于奥克塔夫·沙尼特对他们工作的报道——但是,他们的活动并没被正眼看待。兰利1903年10月7日第一次试飞时对位于杀魔丘沙丘上的"莱特飞行者"一无所知,更不用说欣赏莱特兄弟在航空领域的造诣了。结果,如1.7节所述,10月7日和12月8日兰利的有人驾驶飞行均以完全失败而告终。图1.26是10月7日兰利"空中旅行者"在波托马克河上严重受损的照片。之后,韬光养晦的莱特兄弟再也不需担心来自兰利的竞争压力了。

图1.26　1903年10月7日第一次试飞失败后,兰利的"空中旅行者"
漂在波托马克河上。飞行员查尔斯·曼利被救起,所幸没有受伤
[来源:美国国家航空航天博物馆]

然而,莱特兄弟5年后与另外一位空天先驱开始的竞争则远不止于此,他就是格伦·柯蒂斯(Glenn Curtiss)。1908年——莱特兄弟又一里程碑似的一年,他们在法国和美国展示了当时精彩绝伦的飞行——两兄弟面临来自柯蒂斯的严峻挑战和竞争。后来竟演变成了激烈的法律诉讼事件,成为了莱特兄弟形象的一个污点,也抑制了美国早期的航空发展。1910年,格伦·柯蒂斯这个名字在全世界的知名度与莱特兄弟不相上下,而且柯蒂斯制造的飞行器比莱特的更受欢迎、更便于飞行。

这种情况是如何发生的?到底谁是格伦·柯蒂斯?他与莱特兄弟的关系如何?柯蒂斯对早期航空发展产生了一些什么影响?他的成果和兰利以及莱特兄弟相比如何?他们的研究成果又是怎么结合的?美国的航空发展史可以用一个三角形来说明。莱特兄弟位于三角形顶端,兰利第二,柯

蒂斯第三。该"航空三角"如图1.27所示。此三分之势的本质到底是什么？本节将揭开这个问题和其他问题的答案，也为本章描述的空天工程发展总体历史做一个恰当的总结。

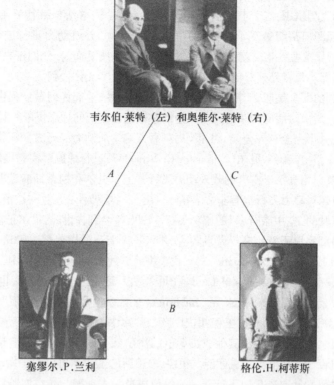

图1.27 "航空三角"，1886年至1916年美国早期航空发展关系图
[来源：美国国家航空航天博物馆]

我们首先介绍格伦·柯蒂斯。1878年5月21日，柯蒂斯出生于纽约哈蒙德斯伯特(Hammondspot)。当时哈蒙德斯伯特还只是个小镇(人口不足1000)，与纽约北部芬格湖群(Finger Lakes)的库克湖(Keuka Lake)相邻。(后来柯蒂斯充分利用库克湖研发了水陆两用飞行器——其标志性发明之一。)他父亲是个马具制造商，在柯蒂斯5岁时就去世了。柯蒂斯由他母亲和祖母养大。他们家前院的小葡萄园是家庭收入的唯一来源。他的正规教育只到八年级。之后便搬到了罗契斯特市(Rochester)，在伊士曼干版公司(后来的柯达公司)干着在胶片底片上印制编号的工作。1900年，他回到哈蒙德斯伯特并接管了一家自行车修理店(莱特兄弟的影子)。此时，格伦·柯蒂斯展现出一份可能要穷尽他毕生心血的激情——对速度的追求。他积极参加自行车赛，很快就获得了冠军的荣誉。1901年，他为自行车安装了发动机，由此变成了热心的摩托车赛车手。到了1902年，他已经声名鹊起，而且装有他自主设计的发动机的摩托车订单纷至沓来。1903年，柯蒂斯在哈蒙德斯伯特成立了摩托车工厂，并从事当时最好的(最高的马力重量比)发动机的设计与制造。1904年1月，柯蒂斯在佛罗里达奥蒙德海岸一条10英里长的直线跑道上创造了陆上车辆速度的世界纪录——67英里/h——这项纪录一直保持了7年。

后来柯蒂斯"回归"到了航空领域。1904年夏天，他接到一份来自加利福尼亚气球飞行家托马斯·鲍尔温(Thomas Baldwin)的订单，其要购买一台双缸发动机。鲍尔温当时正在研发动力气球——飞艇。采用柯蒂斯发动机的鲍尔温飞艇很快便闻名全国。为了靠近发动机供应源，鲍尔温于1906年将他的制造设施搬到了哈蒙德斯伯特。鲍尔温和柯蒂斯之间形成了终身的友谊与合作关系。柯蒂斯为鲍尔温的动力气球充当了几次飞行员,从而给他提供了第一次航空体验。

1906年8月,鲍尔温前往俄亥俄州代顿展览会进行为期一周的飞艇飞行展示。柯蒂斯为给他的发动机进行私人保养,也与鲍尔温一同前往。莱特兄弟也出席了这次展览会——专程去看托马斯·鲍尔温的展示。鲍尔温的飞艇飘得太远时,莱特还帮忙寻找。这是柯蒂斯与莱特兄弟第一次面对面的交会。那个星期,鲍尔温和柯蒂斯参观了莱特兄弟的自行车车间,并就动力飞行进行了一次促膝长谈。回顾1.8节可知,莱特兄弟在一年前就已中断了飞行。与柯蒂斯见面时,他们正在吸引美国、英格兰和法国购买他们的飞行器。莱特兄弟对他们的飞行器十分保密,不允许任何人参观。柯蒂斯和鲍尔温也不例外。但是,在代顿的那个星期,莱特对柯蒂斯相对比较慷慨,他们为柯蒂斯提供动力飞行的信息和技术建议。若干年后,这次对话成为莱特兄弟认为柯蒂斯剽窃他们的理念谋取私利的根源。

莱特兄弟的说法并不完全有失公允,因为当时柯蒂斯确实从动力飞行方面获得了既得利益。几个月前,他为亚历山大·格拉汉姆·贝尔(Alexander Graham Bell)进行螺旋桨实验提供了一台15 hp的发动机,希望最终能将其运用到重于空气的载人动力飞行器上。贝尔和柯蒂斯有着非常重要的联系。因发明电话而闻名的贝尔对动力飞行也有非常浓厚的兴趣。他与塞缪尔·兰利是密友,而且1896年也到场观看了兰利无人驾驶的"空中旅行者"的成功飞行。1906年兰利去世时,贝尔正在位于新斯科舍沿海(Nova Scotia Coastal)的家里积极地进行风筝实验,并在长筏上测试螺旋桨。1907年夏天,贝尔成立了航空实验协会(Aerial Experiment Association),正式宣誓他们的目标是"飞到空中"。该协会成员包括:贝尔本人、道格拉斯·麦科迪(Douglas McCurdy)(贝尔私人秘书之子、摄影师,也是很亲近的家族朋友)、弗雷德里克·W·鲍尔温(Frederick W. Baldwin)(来自多伦多的刚毕业的机械工程师、麦科迪的好友)、托马斯·E·塞尔弗里奇(航空工程知识广泛的陆军中尉)和格伦·柯蒂斯。柯蒂斯对航空实验协会的重要性从贝尔支付给他高于其他成员5倍的津贴就可以看出。贝尔邀请柯蒂斯入会是因为柯蒂斯优秀的发动机设计和超群的机械才能。很快,柯蒂斯的工作不再仅限于发动机设计。协会计划大量开展动力飞行的研发并制造5架飞行器——每位成员一人一架。航空实验协会制造的第一架飞行器"红翼号",由塞尔弗里奇任总设计师。1908年3月12日,"红翼号"在哈蒙德斯伯特第一次飞行,由鲍尔温驾驶。飞行距离达319ft,并被标榜为美国"第一次公开飞行"。

前面提到莱特兄弟1903—1905年间的重大成就都不为世人所知,主要是因为当时报社的漠不关心,并且莱特在向美国政府出售飞行器前对他们的飞行器产生了保密意识。不过,从韦尔伯写给《美国科学人》(Scientific American)编辑的信可以看出,"红翼号"飞行后,莱特因航空实验协会的宣传活动日益忧虑:

1904年和1905年,我们每隔几天就沿着从代顿到斯普林菲尔德的马路和电车线路飞行。几百名乘客和居民都目睹了机器的飞行。任何人只要想看都能看到。只是我们没有在报纸上广而告之而已。

1908年3月17日,"红翼号"在第二次飞行中坠落,并受到严重损坏。航空实验协会因此放弃了"红翼号",取而代之出台了新设计——由鲍尔温担任总设计师的"白翼号"。协会成员都清楚地知道用扭翘翼进行横向控制是莱特的专利,而且贝尔特别声明他的学会一定不会盗用他人的专利。因此,"白翼号"没有采用扭翘翼,而是采用了延伸到该双翼机两个翼尖以外的可移动三角形面。1908年5月18日,由多个协会成员驾驶的"白翼号"进行了一系列成功的飞行。塞尔弗里奇将其中一次由格伦·柯蒂斯控制的飞行报道给了美联社:

下午6:47,柯蒂斯制造公司(Curtiss Manufacturing Company)的G·H·柯蒂斯驾驶鲍威尔的"白翼号"分两次跳跃飞行了339码。第一次跳跃后飞行了205码,落地后又立即上升继续飞行134码,最后降落在一块耕地上。飞行器从始至终处在完美的控制状态,首先操纵向右飞行,着陆前向左飞行。19s的时间飞行了339ft,即37英里/小时。

两天后,"白翼号"由经验不足的麦科迪驾驶而坠落,之后再也没有飞行。

然而,此时莱特兄弟对航空实验协会的忧虑已演变为对其成员的怨恨。韦尔伯和奥维尔都感觉协会剽窃了他们的理念以借此获得经济收益。例如,1908年6月7日,奥维尔致信韦尔伯(那个夏天韦尔伯在法国勒芒准备他们的第一次亮相——见1.8节):"我在报纸上看到贝尔以每架5000美元的价格出售"红翼号"。他们还真不害臊。"6月28日,他又联系韦尔伯:"柯蒂斯等人在使用我们的专利,我是知道的。现在《美国科学人》(*Scientific American*)杂志上说他们又以5000美元的单价出售飞行器。他们脸皮可真厚。"

莱特兄弟与航空实验协会的紧张关系——特别是与柯蒂斯——在1908年7月4日再度恶化,那天协会取得了它最大的成功。他们完成一台新飞行器的制造——"金甲虫号"——由柯蒂斯担任总设计师。前几年,《美国科学人》通过美国航空俱乐部(Aero Club of America)设立了一个3000美元的奖项,用来奖励第一个完成1km(3281ft)直线飞行的飞行员。1908年独立日(7月4日),纽约哈蒙德斯伯特,格伦·柯蒂斯驾驶着"金甲虫号"已经跃跃欲试。航空俱乐部派出22名代表列席,发令员正是兰利的助手、悲剧的"空中旅行者"驾驶员查尔斯·曼利(见第1.7节和图1.26)。晚上7:30,柯蒂斯起飞,并用1min40s的时间飞行了1英里多,毫不费力地赢得《美国科学人》提供的奖金。图1.28是"金甲虫号"历史性飞行的照片。

图1.28　1908年7月4日,格伦·柯蒂斯驾驶"金甲虫号",
朝《美国科学人》为首次超过1km的公开飞行而设立的奖项前进
[来源:美国国家航空航天博物馆]

其实莱特本可以比柯蒂斯更早轻松赢得《美国科学人》的奖金,只是他们选择保持低调。6月4日,《美国科学人》出版商查尔斯. A. 穆恩(Charles A. Munn)致信奥维尔说他们可推迟柯蒂斯的申请,而让奥维尔第一个尝试冲击奖金。6月30日,莱特兄弟拒绝了。他们当时已在全力准备即将在法国和美国迈尔斯堡进行的试飞。不过,柯蒂斯的成功更激起了莱特的敌对情绪。奥维尔回忆起他们和柯蒂斯在1906年的那次长谈,他7月19日在给韦尔伯的信中写道:

我一直想写信给柯蒂斯。我还想请《美国科学人》注意这些事实:柯蒂斯的飞行器只是对我们的剽窃;我们曾经告知柯蒂斯我们老式飞行器的结构;他们非常接近地仿照了我们的飞行器结构,但是在他们的文字中从未提及这点。

柯蒂斯7月的公开飞行因韦尔伯1908年8月8日开始在法国的公开飞行和奥维尔1908年9月3日开始在迈尔斯堡军队试飞所取得的惊人成功而变得黯然失色。迈尔斯堡试飞期间,莱特与航空实验协会的关系发生了具有讽刺意味的戏剧性转折。陆军部指派观察奥维尔飞行的评审团成员中就有Lt.托马斯·塞尔弗里奇。塞尔弗里奇曾经被陆军部正式指派至航空实验协会任职,现在回到了陆军部继续担任陆军部的主要航空专家。作为正式评估标准的一部分,奥维尔必须在飞行时带上塞尔弗里奇作为乘客。9月17日的飞行中,一片桨叶破裂变形,飞行器失去推力,从而导致另一个螺旋桨失去平衡,割断了尾部一根控制绳。绳索立刻卷进桨叶轮然后"咔擦"一声将其折断了。莱特A型机失去控制最终坠毁。塞尔弗里奇因此丧生,而奥维尔则身受重伤。他住了一个半月院。这次事故给他留下了后遗症,导致奥维尔以后只能跛行。

航空实验协会对塞尔弗里奇的悲剧非常震惊,而且1908年的事故后协会被迅猛发展的航空学赶超,因此协会于1909年3月31日解散。亚历山大·格拉汉姆·贝尔写道:"航空实验协会已经成为历史。但是它在航空历史上画下了浓墨重彩的一笔,它的成果将永垂不朽。"

协会解散后,柯蒂斯开始独闯航空界。他在哈蒙德斯伯特成立了飞机厂,并在"金甲虫号"的基础上设计和制造了一架新飞行器,名为"金色飞行者号"。1909年8月,法国兰斯(Reims)举行的大型航空展吸引了大批观众,甚至包括欧洲的王储们。戈登·贝内特奖(Gordon Bennett Trophy)历史上首次授予了实现最快飞行的格伦·柯蒂斯。他驾驶"金色飞行者号"以75.7km/h(47.09英里/小时)的速度飞行在20km的航线上,击败了其他驾驶莱特飞行器的飞行员,从此开启了柯蒂斯作为一位冒进飞行员和成功飞行器制造商的昙花一现的事业。他在哈蒙德斯伯特的摩托车工厂完全投入飞行器制造。当时,柯蒂斯的飞行器很受飞行员的欢迎,因为它们都是静态稳定的,而莱特兄弟有意将他们的飞行器设计成静态不稳定(见第7章),所以柯蒂斯的飞行器比莱特兄弟的操作起来更简单安全。到1910年,航空界和公众将柯蒂斯和莱特兄弟推崇至同等重要的地位。图1.27的右下方是当时柯蒂斯的照片。他帽子上的螺旋桨装饰是他在飞行时佩戴的吉祥物。1911年,柯蒂斯的飞行器从船上起飞并降落在船上。同年,柯蒂斯还开发出第一架成功的水上飞机,并与美国海军形成了持久的合作关系。鉴于柯蒂斯在美国成功实现了第一次公开飞行,美国航空俱乐部于1911年6月将第一份官方飞行员证颁发给了柯蒂斯——否则是属于莱特兄弟的荣誉。

1909年9月,莱特兄弟对柯蒂斯的侵权行为提起诉讼,提出他们1906年的扭翘翼专利广义上覆盖了所有形式的横向控制,包括柯蒂斯使用的副翼。这引发了长达5年的集中法律行动,从而消磨了双方大量的精力。无独有偶,被起诉的还不止柯蒂斯一人。这段时间莱特兄弟还起诉了美国和欧洲若干初出茅庐的飞行器设计师。这些官司转移了韦尔伯的注意力,特别是阻碍了他成为一个在航空技术发展方面卓越的人。航空历史学家一致认为这不是莱特兄弟最光辉的时期。这些法律活动不仅打击了他们自己的设计和制造,而且严重抑制了其他的航空发展,特别是美国。(众所周知,1914年第一次世界大战开始,美国已成为航空学的诞生地,却在航空技术方面远远落后于欧洲。)最后,1914年1月,法院判决莱特兄弟胜诉,柯蒂斯必须向莱特支付版权税。(1912年韦尔伯感染伤寒症,此时已经不在人世。)

站在莱特兄弟的角度来说,他们认为柯蒂斯屡次侵权并剽窃他们的理念,并用来获得个人巨大的经济利益,这与莱特兄弟坚定的道德观念格格不入。相反,站在柯蒂斯的角度来说,他已经在非常努力地避免侵犯莱特兄弟的专利,而且有证据证明柯蒂斯一直在竭力想修复与莱特兄弟的关系。而本书作者认为,1908年航空突然出现在世界舞台,那段令人激动浮躁的时间后,双方都卷入了纷繁复杂的事件,我们不应该去挑剔柯蒂斯与莱特的这些所作所为。这些仅仅是历史上不太辉煌的时期但却是早期航空发展重要的一章。

关于图1.27所示的兰利、莱特和柯蒂斯的三角形关系图还需要补充一点重要的说明。1.7节和1.8节已经介绍了兰利和莱特的关系,以及1903年第一次公开飞行之前的情况,这就是图1.27三角形的一条边A。本节中我们了解到柯蒂斯与兰利的事业之间的紧密联系。这一联系通过兰利的好友和航空实验协会创始人亚历山大·格拉汉姆·贝尔实现。而航空实验协会给了柯蒂斯开始航空的机会。我们知道兰利的助手查尔斯·曼利是柯蒂斯赢得《美国科学人》奖项那次飞行的发令人。这一关系形成图1.27三角形中的边B。最后,如我们所了解的,莱特与柯蒂斯之间的关系,虽然有点紧张不快,但形成了图1.27三角形中的边C。

图 1.29　1914 年改进后的"空中旅行者"飞行在库克湖上空
[来源:美国国家航空航天博物馆]

1914 年发生了一件涉及到图 1.27 中三方的事情。1903 年兰利的"空中旅行者"又一次失败后（见图 1.21），飞机的残骸保存在史密森尼学会弃用的一间屋子里。1906 年兰利去世后，查尔斯. D. 沃尔科特博士（Dr. D. Walcott）接替他担任史密森尼学会秘书。接下来几年，沃尔科特一直认为应该让兰利的"空中旅行者"进行第三次尝试。终于，1914 年，史密森尼学会出资 2000 美元对兰利的"空中旅行者"进行维修，而维修者不是别人，正是格伦·柯蒂斯。"空中旅行者"被运送到了位于哈蒙德斯伯特的柯蒂斯工厂，它不但在那里进行了维修，而且进行了 93 处有关空气动力、结构和发动机的技术改装。柯蒂斯聘请了查尔斯·曼利协助他完成了这些修复和改装。

柯蒂斯在兰利"空中旅行者"上增加了浮筒。1914 年 5 月 28 日，他亲自驾驶改装后的飞行器在库克湖上空飞行了 150ft。图 1.29 是兰利的"空中旅行者"在湖面上空优美飞行的照片。后来"空中旅行者"被运回史密森尼学会，学会小心保存了其原始配置，并于 1918 年在旧艺术和工业大厦展出（Arts and Industries Building）。它下方的说明是："1903 年，兰利飞行器原件。世界上第一架载人持续自由飞行的飞行器。"说明并没有交代清楚"空中旅行者"是在经过 1914 年柯蒂斯的 93 处改造后才能进行持续飞行的。所以奥维尔·莱特对这件事感到非常不平也就不足为奇。这也是 1903 年的"莱特飞行者"直到 1948 奥维尔去世那年才提交给史密森尼学会的主要原因。此前，1928—1948 年，飞行者一直保存在伦敦自然博物馆。

最后，结束本节之前还有两件极具讽刺意味的事情。1915 年，奥维尔将莱特航空公司出售给了一伙纽约商人。20 世纪 20 年代，该公司在航空领域变得失意。最终，1929 年 6 月 26 日，在纽约办事处，莱特航空公司（Wright Aeronautical Corporation）与崛起的柯蒂斯飞机与发动机公司（Curtiss Aeroplane and Motor Corporation）合并，成为柯蒂斯 - 莱特公司（Curtiss - Wright Corporation）。因此，谁也没料到在之前那些纷争的岁月后，柯蒂斯与莱特的名字最终会走到一起。柯蒂斯 - 莱特公司后来继续生产了大量著名的飞行器，最有名的应该要数第二次世界大战中的 P - 40。不幸的是，公司在第二次世界大战后不景气的年月没能坚持下来，于 1948 年停产并停止了飞行器研发。这又引发了第二个讽刺：虽然动力飞行的基础大部分由莱特兄弟与柯蒂斯奠定，但今天没有一种飞机的生产或操作标准是以莱特或柯蒂斯的名字命名的。

1.10　推进技术难题

19 世纪，大量理想主义者预测：只要开发出将飞行器送上空中的合适动力，重于空气的载人飞行就势必会实现。所以只是发明出马力充足、质量轻巧的发动机的问题,即发明有高马力重量比的发动机。其实这也是斯特林费洛、杜·坦普尔和莫扎伊斯基等人的瓶颈:蒸汽发动机不符合标准。1860 年,法国人简·约瑟夫·艾蒂安·勒努瓦(Jean Joseph Etienne Lenoir)制造了第一台实用内燃机。这是台单缸发动机,燃烧普通的照明用煤气作燃料。1865 年,400 台勒努瓦发动机在巴黎各地进行着零零碎碎的工作。这类内燃发动机的改进很快就到来了。

1876 年,德国人 N. A. 奥托(N. A. Otto)和 E. 兰根(E. Langen)发明了四冲程发动机(所有现代汽车发动机的前身),也是采用煤气作燃料。1885 年,德国的戈特利布·戴姆勒(Gottlieb Daimler)和卡尔·本茨(Karl Benz)同时独立开发出四冲程汽油发动机。本茨和戴姆勒都将他们的发动机装到汽车上,从此汽车产业迅猛生长。1896 年法国和英国允许这些"不用马拉的车"合法上路后,汽车产业更是快速扩展。后来,汽车产业为航空发展提供了许多技术并培训了一批机械工程师。

汽油燃料内燃机的发展是航空事业的天赐良机。19 世纪 90 年代,航空事业发展势头强劲。最终分析得出,1903 年 12 月那个重要的日子,正是莱特兄弟自行专门设计和制作的汽油发动机将他们的"飞行者一号"从沙魔丘送上了空中。合适的航空推进装置终于得以实现。

值得一提的是,汽车和飞行器产业的联系一直持续到当代。例如,1926 年 6 月福特引进了一款非常成功的搭载三个发动机的高翼运输机——福特 4 - AT 三引擎飞机。第二次世界大战期间,几乎所有汽车公司都生产飞机发动机和机身。通用汽车的飞机发动机分部——位于印第安纳州印第安纳波利斯(Indianapolis)的阿里逊分部(Allison Division)——存在了几十年,并以涡轮螺旋桨发动机设计而闻名。现在阿里逊分部归劳斯莱斯所有,为其北美分公司的组成部分。再后来,汽车设计师都转向进行空气动力流线和风洞测试来减小阻力,从而更节省燃料。所以,飞机与汽车在过去一个世纪里齐头并进地发展是互利共赢的。

可以说,推进技术的提高促进了每一次飞行器的提速。当然,汽油发动机的到来揭开了第一次成功动力飞行的序幕。接着,发动机功率从 1903 年莱特设计的 12hp 发动机上升到 1945 年 2200hp 的星形发动机,飞机速度相应从 28 英里/小时上升到 500 英里/小时。而今天喷气式飞机和火箭的发动机能推动至几千英里每小时的速度——声速的好几倍。所以,在载人飞行历史中,推进技术可以说是打开飞得更快更高之门的钥匙。

1.11 飞得更快更高

1908 年莱特兄弟公开展示飞行后,广义上的航空(狭义上航空工程)开始迅猛发展,并一直持续到现在。虽然本书范围有限,不能详尽每一个发展细节,但历史上具有技术重要性的闪光点将贯穿本书的第 2 章 ~ 第 11 章中的工程描述。希望接下来几章有关空天工程基础及其历史来源的内容会让读者对这一专业领域的技术遗产有所了解。

最后要说明的一点是,自 1903 年以来,航空进步的驱动理念是飞得更快更高。图 1.30 清楚地说明了这一点。该图按时间顺序给出了典型飞行器的飞行速度。注意是喷气式发动机实现了多年以来速度的持续增长和近年来突飞猛进的增长。图中单独列出了 1913—1931 年间施耐德杯的获奖者(第二次世界大战期间暂停)。施耐德杯由法国人雅克·施耐德(Jacques Schneider)发起,旨在为了鼓励高速水上飞机的发展。它促进了早期高速飞机的发展。图中的虚线标出了施耐德杯赢家,以便与当时的标准飞行器相比较。1931 年赢得最后一届施耐德比赛的是超级马林 S. 6B(竞速机)(*Supermarine S. 6B*),它是第二次世界大战期间著名的"喷火"战斗机(Spitfire)的前身。当然,今天的最大飞行速度已被推到了极限,即"阿波罗号"月球飞船 36000ft/s 的脱离速度。

值得注意的一点是,1903—1970 年间速度的快速增长在近些年却没有得到继续。从图 1.30 可

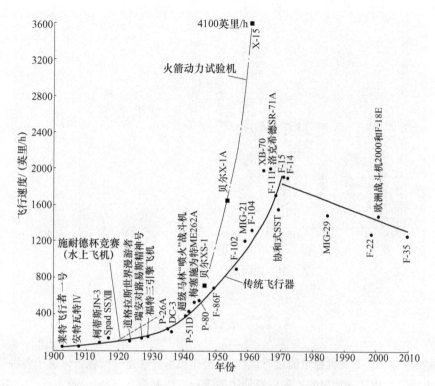

图 1.30 随时间变化的飞行速度

看出现代军用战斗机的最大速度从 1970 年开始下降。这并非由技术下降导致,而是反映了飞行器其他性能参数(而非速度)在主导着设计走向。例如,能以高超声速飞行进行空对空战斗的战斗机的飞行速度很快下降为声速或近声速飞行,因为低速飞行能增强操作性。今天的战斗机都为适应低速战场而进行了优化。从经济角度讲,很多客机,包括最新的(写作本书的时间)波音 787,都是亚声速飞机。唯一的一种超声速客机是英法"协和式"超声速运输机(Anglo-French Concorde),曾经广泛投入使用。该超声速客机采用 20 世纪 60 年代的技术设计而成,仅能容纳数量相对较少的乘客,故效益不高,于 2003 年退役。写作本书时,尚无哪个国家声称将制作第二代超声速客机。但美国 NASA 在进行大量研究项目,意图开发制造经济的高速超声速客机的基础技术。即使能设计出经济上可行的超声速客机,其速度也会局限在马赫 2.2 或以下。若超过此极限,气动加热加剧,铝制飞机外壳和一些内部结构需要用钛代替。钛非常昂贵而且难以加工,所以不是新超声速客机的首选。综合考虑以上原因,图 1.30 中的速度曲线不太可能会因新超声速飞机而往上走。

与速度相对应,图 1.31 按时间顺序给出了典型的载人飞行器的最大飞行高度。可清楚看出,也是在 1903—1970 年的几十年间高度达到最大值,到目前为止其纪录是 1969 年登月。从图 1.31 同样可看出,飞行高度与速度一样,1970 年以后基本呈稳定状态。

因此,20 世纪驱动航空发展的"更快更高"理念受到了实际约束。在此基础上,我们还应加上"更安全、更经济、更可靠、更安静和更环保"。因此,21 世纪高超声速飞行器(马赫数大于 5)的最终前景是让人兴奋和期待的。高超声速飞行器将来会成为新的航空尖端领域。关于高超声速的内容见第 11 章。

本章我们只是简单地介绍了航空发展史上一些重要的事件和人物。为了内容的简洁性,还有很多其他地方、人物和成就无法一一提及。因此,强烈建议读者查询本章后的参考文献,阅读关于航空历史的现代书籍。

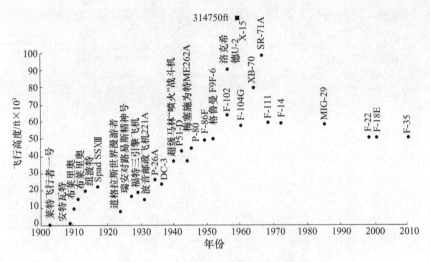

图1.31 随时间变化的典型飞行高度

1.12 总结与回顾

下次你抬头看到一架飞机掠空而过时,请驻足稍作思考。这是一架综合体现了各种物理定律的飞行器,它由懂得运用这些定律的人采用经证明的工程方法制造,用来完成特定任务。对于1903年的莱特兄弟(图1.2),其任务就是受控离开地面飞到空中并持续一段时间;对于1927年查尔斯·林德伯格(Charles Lindbergh)的"圣路易斯精神号"(Spirit of St. Louis)来说,其任务是加满一次燃料后从纽约出发安全飞越大西洋到达巴黎;对于1935年的道格拉斯DC-3(图1.33)来说,其任务是以比当时任何航线更高的速度且更低的成本安全而舒适地运送更多乘客;对于1950年左右的洛克希德F-104(图1.34)来说,其任务是成为第一架以马赫数2(2倍声速)巡航的超声速喷气式战斗机。各种各样更多的任务还将继续下去。

图1.32 查尔斯·林德伯格的"圣路易斯精神号"(1927),悬挂于美国国家航空航天博物馆
[照片来自《约翰·安德森集》]

空天工程就是了解这些(实际上是所有)飞行器怎样和为什么飞行并运用这些知识设计新的飞行器的工作。从20世纪50年代,空天工程的领域扩展到太空飞行器。你即将开启一项空天工程的

学习之旅。随着你一页页阅读本书,随着对飞行科学技术理解的逐步加深和成熟,让自己开始体验这门学科的乐趣吧!

图 1.33　道格拉斯 DC – 3(1935),悬挂于美国国家航空航天博物馆
[照片来自《约翰·安德森集》]

图 1.34　洛克希德 F – 104(1956),悬挂于美国国家航空航天博物馆二楼阳台旁边
[照片来自《约翰·安德森集》]

最后,当你仰视上空的飞机时,请回想下本章讲述的历史。飞机是几个世纪以来人们为探索飞行的科学原理、设计飞行器所做出的努力而凝结成的成果。本章简略介绍了奠定现代空天工程基础的历史先驱事迹。以下是可控的、重于空气的载人动力飞行发展历程中的几次重要事件:

1. 列奥纳多·达·芬奇构想了扑翼机,并留下了其于 1486—1490 年间所绘的 500 多份设计图。然而,接下来的几个世纪证明这种飞行方法是不可行的。

2. 1783 年 11 月 21 日,孟高尔费的热气球飘到了巴黎上空。这是历史上第一次人类被提升到空中并持续了一段时间。

3. 1799 年,航空发展的重要一年。那年英格兰的乔治·凯利爵士在银盘上刻下了他关于机身、固定翼、水平和垂直尾翼的理念。他是提出将产生升力和推进力的机械装置分离的第一人。他是现代飞行器之父。

4. 法国人菲利克斯·杜·坦普尔和俄国人亚历山大.F. 莫扎伊斯基分别于 1874 年和 1884 年实现了历史上的第一次和第二次动力起飞,但这并不是真正的可控持续飞行。

5. 奥托·利林塔尔成功设计了历史上最早的滑翔机。1891—1896 年间,他进行了 2000 多次成

功的滑翔机飞行。如果没有在1896年的事故中遇难,他很可能在莱特兄弟之前实现动力飞行。

6. 1896年,史密森尼学会秘书塞缪尔·皮尔蓬·兰利凭借其小型"空中旅行者"实现了历史上第一次重于空气的无人驾驶持续动力飞行。他的载人飞行却以失败而告终,最后一次失败在1903年12月8日——莱特兄弟惊人成就9天之前。

7. 1903年12月17日,航空史上另一个重要的日子,实际上也是人类历史重要的日子。莱特兄弟在北卡莱罗纳州的杀魔丘实现了历史上第一次可控、持续的、重于空气的载人动力飞行。这次飞行在20世纪使人们的生活产生了革命性的变化。

8. 1908年,继莱特兄弟在欧洲和美国的公开展示后,航空领域开始呈现迅猛发展。格林·柯蒂斯和莱特的工作与兰利早期的工作形成了第一次世界大战前重要的航空发展三分之势。

本书的其他部分将在介绍20和21世纪空天工程技术发展的同时继续描述空天领域的历史先驱事迹。希望这些历史性说明能帮助你扩展对空天技术的理解。

参考文献

Anderson, John D., Jr. *A History of Aerodynamics and Its Impact on Flying Machines,* Cambridge University Press, New York, 1997.

———. *The Airplane: A History of Its Technology.* American Institute of Aeronautics and Astronautics, Reston, VA, 2002.

———. *Inventing Flight: The Wright Brothers and Their Predecessors.* Johns Hopkins University Press, Baltimore, 2004.

Angelucci, E. *Airplanes from the Dawn of Flight to the Present Day.* McGraw-Hill, New York, 1973.

Combs, H. *Kill Devil Hill.* Houghton Mifflin, Boston, 1979.

———. *A Dream of Wings.* Norton, New York, 1981.

Crouch, T. D. *The Bishop's Boys.* Norton, New York, 1989.

Gibbs-Smith, C. H. *Sir George Cayley's Aeronautics 1796–1855.* Her Majesty's Stationery Office, London, 1962.

———. *The Invention of the Aeroplane (1799–1909).* Faber, London, 1966.

———. *Aviation: An Historical Survey from Its Origins to the End of World War II.* Her Majesty's Stationery Office, London, 1970.

———. *Flight through the Ages.* Crowell, New York, 1974.

The following are a series of small booklets prepared for the British Science Museum by C. H. Gibbs-Smith, published by Her Majesty's Stationery Office, London:

The Wright Brothers, 1963
The World's First Aeroplane Flights, 1965
Leonardo da Vinci's Aeronautics, 1967
A Brief History of Flying, 1967
Sir George Cayley, 1968

Jakab, Peter L. *Visions of a Flying Machine.* Smithsonian Institution Press, Washington, 1990.

Josephy, A. M., and A. Gordon. *The American Heritage History of Flight.* Simon and Schuster, New York, 1962.

Kinney, Jeremy R. *Airplanes: The Life Story of a Technology,* Greenwood Press, Westport, Conn., 2006.

McFarland, Marvin W. (ed.). *The Papers of Wilbur and Orville Wright.* McGraw-Hill, New York.

Roseberry, C. R. *Glenn Curtiss: Pioneer of Flight.* Doubleday, Garden City, NY, 1972.

Taylor, J. W. R., and K. Munson. *History of Aviation.* Crown, New York, 1972.

第2章 基本原理

工程学:"科学原理的实际应用。"源自拉丁语"ingenium",意为天生的才华、技能和创造力。

美国传统英语字典(1969年版)

工程学和自然科学的语言是逻辑的集合体,也是众多符号、定义、公式和概念的延伸。这一门语言对于人们而言是非常晦涩难懂的。当你成为一名实践工程师后,不要指望在餐桌前跟你的另一半谈论你了不起的技术成就。因为很有可能他或她对你所说的话完全不知所云(除非你的另一半的工作恰好也和工程领域相关)。这门语言主要用于传递物理理念。它是我们在观察周围的世界时用来描述自然现象的方式。它至少已经演化了2500年。例如,公元前400年,古希腊哲学家德谟克利特(Democritus)创造了原子一词及其概念,即:不能分割的最小物质。本章的目的是介绍空天工程师日常使用的语言,这些语言将贯穿本书其他部分。

本书中有许多路线图,用来引导读者领会组成本空天飞行导论的理念与知识。请经常参阅这些路线图,这样就能清楚地知道你学到了什么地方、已经学习了哪些内容以及下一步将学习什么内容。例如图2.1是全书的一份总路线图,通过这份路线图我们可以获得对空天飞行导论这本书的总体印象。首先我们将介绍一些必要的预备知识——本书其他部分要用到的一些基本原理,这也是本章的中心内容。因为飞行器几乎所有的时间或者至少一部分时间都在大气中工作,所以接下来我们要讨论大气的属性,也就是第3章的内容。(飞机的所有工作时间都在大气中。而航天飞行器则必须穿过大气层,上升到大气层以外的太空;而且如果它们载人或搭载其他有效载荷,还必须返回地球,空天飞行器就必须以相当高的速度穿过大气层返回。)现在请想象一架飞行器在大气层中飞行。首先呈现在脑海中的是在飞行器上有一股强劲气流。该气流会产生一种作用在飞行器的力——气动力,这就是第4章和第5章的主要内容。飞行器不仅承受空气动力,还有重力——源自其自身的重量。如果飞行器以某种方式驱动,它还会承受动力装置产生的力(称作推力)。飞行器在这些力的影响下运动。有关飞行器运动的研究就是飞行动力学,它可以进一步分为对飞行器性能(第6章)和稳定与控制(第7章)的探讨。与在大气中飞行的飞行器相反的是,在宇宙空间中运动的空天飞行器实际上只受重力影响(它所搭载的推进其所携带的推进器进行轨迹调整时除外),于是第8章将讨论飞行器因万有引力在太空中的运动。

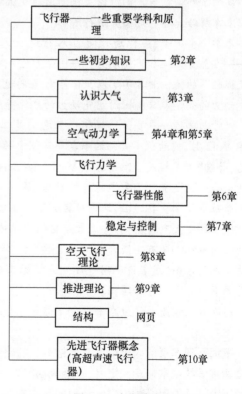

图2.1 本书路线图

请再次考虑飞行器在大气中的运动,必须有东西推它——让其保持运动,这就是发动机的功能。发动机能产生推力从而让飞行器保持运动。空天飞行器也需要发动机将它们推进至运行轨道或深空中,或在深空中进行轨迹中段修正。第9章的主要内容是推进,其中介绍了发动机和发动机产生推力的原理。另外,飞行器受到多种作用力而运动时,其物理结构还受到很多应力与应变的影响。它必须有坚固的结构才能保证在这些应力和应变的影响下不会变得四分五裂;但同时它又不能太重,以免降低飞行器的效率。本书的网页上还特别用一节介绍了飞行器结构的某些部分。所有这些主要的学科——空气动力学、飞行动力学、推进和结构——都融合在飞行器的设计中。完美的飞行器设计实际上是大部分空天研发的最终目的。在本书合适的位置将穿插一些关于飞行器设计的内容。这些内容将突出安排在设计板块中,这样读者在阅读本书时就不会遗漏这些内容。最后,我们展望未来,在第10章讨论了一些先进的飞行器理念。图2.1概括了以上所有内容,它是本书的一个总路线图。读者在学习本书时可以经常回过头来看看图2.1,从而了解自己正在学习的内容在整个学习大纲中处在什么位置。

预览板块

本章的目的是帮助读者作好学习后面内容的准备。万事开头难,对于我们大部分人来说,进行一项工作或完成一项目标时最重要的其实就是开始——着手去干——而且要朝正确的方向开始。本章将通过一些基本原理帮助读者开始飞机和空天飞行器的学习。

例如,我们必须首先介绍一些基本定义,这样才能保证我们在描述、讨论、分析、设计飞机和空天飞行器时使用一致的语言。当我们讨论波音777飞行时周围的气流压力时,我们知道压力的意义吗?真的了解吗?当我们讨论飞机周围的气流速度时,我们了解它的真正意义吗?因为其重要性,所以本章将给出各种定义并进行解释。

再举一个例子:当你逆风走在人行道上,逆风风速为40英里/h,你会感觉到风将你推来推去——在你身上施加了气动力。每一架在空气中运动的飞行器都会受到气动力影响。风是怎样掠过又抓住你的呢?波音747以500英里/h的速度在35000ft的高空飞行时,大自然又是怎样对它施加气动力的呢?本章将探讨空气动力的来源并解答这些问题。

尺寸与单位——多么枯燥啊!但它们是工程学与科学极为重要的主题,必须予以正确使用。1999年12月,因为位于丹佛的承包商与位于帕萨迪纳的喷气推进实验室之间关于英尺和米的错误传达,导致"火星极地登陆者号"(Mars Polar Lander)在进入火星大气时丢失,白白花费了空天计划大量的金钱而且还丢失了重要的科学数据(更不用提有多难堪、造成了多坏的公共影响了)。因此尺寸和单位是非常重要的,本章将对其进行详细介绍。

飞机和空天飞行器:有些读者是它们的狂热爱好者,他们一眼就能认出这些飞行器甚至说出它们的性能特征。还有些读者却不太了解他们所看到的飞行器,也不熟悉它们的特征。为了使所有读者达到相同基础(或者说相同进度),本章结束时将简单地对飞机和飞行器进行结构剖析——介绍飞行器多个组成部分和特征。

现在我们首先要学习在本书余下部分也会遇到的一些最基本的概念。请继续阅读并享受学习过程吧!

下面回到本章的内容。图2.2是本章的路线图。本章将介绍两个方面的内容。图2.2左边一栏是物理学的基本概念和定义,包括流动气体的物理量的定义,即探讨空气动力学和推进时需要使用的语言。另外还会讨论空气动力的基本来源——气动力是如何施加在飞行器上的。然后将介绍与物理量有关的方程以及这些物理量的一般(基本的)单位。最后,将转移到图2.2的右边一栏,介绍飞行器本身的基本情况,了解典型飞机与空天飞行器的结构剖析。

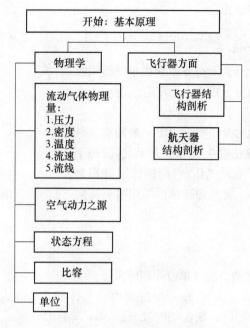

图2.2 第2章路线图

2.1 流动气体基本物理量

在阅读本书的过程中,读者很快就会了解飞行器表面的空气流就是升力或持续力的基本来源,而升力或持续力能支持重于空气的飞行器飞行。实际上,飞行器外形的设计应有助于其表面的气流最有效地产生更大的升力。(另外还将了解到飞行器的设计其实是在许多不同要求之间进行折中,气动升力的产生就是其中之一。)与空气流(或就此而言,任何气流)有关的科学就是空气动力学。研究这门学科的人就是空气动力学家。气流的研究在许多空天应用上都非常重要,如火箭与喷气式发动机的设计、螺旋桨或推进器、飞行器从太空进入行星大气层、风洞、火箭与射弹结构,甚至全球大气的运动和烟囱的排放物都属于空气动力学的范畴,其应用几乎是无穷无尽的。

空气动力学中的4种基本量是压力、密度、温度和速度。下面将对它们逐一进行介绍。

2.1.1 压力

坐车时,将手伸到窗外,手掌正对着迎面而来的气流的话,你会感觉到空气的压力,这股力量将你的手沿气流方向向后推。你手掌上的单位面积受力即为压力。产生压力的根本原因是空气分子(氧分子与氮分子)冲击到手掌上,从而在表面上产生了一定的动量。更精确地说:压力是指由于气体分子动量的时间变化率,是在一个面上施加的单位面积的法向力。

需要注意的一点是,虽然压力的定义规定其为单位面积上的力(例如 N/m^2,或 lb/ft^2),但是讨论压力时并不需要一个面积实际为 $1m^2$ 或 $1ft^2$ 的面。实际上,压力通常是根据气体或一个面上的一点来定义的,而且各点处的压力也可能不同。这一点用微分学的语言来解释会更清楚。如图2.3所示,我们设 B 点为气体体积中的一点。令

$dA = B$ 周围的面积微元

dF = 压力在 dA 的一面施加的力

气体内 B 点的压力 p 表示为

$$p = \lim\left(\frac{dF}{dA}\right) dA \to 0 \qquad (2.1)$$

方程(2.1)说明,事实上压力 p 是 B 点周围相关面积收缩至零时单位面积受力的极限形式。由此可见,p 是一个点属性,气体内不同点的 p 值不同。

我们很快就可以发现压力是空气动力学里最基本和最重要的变量。压力的常见单位有牛顿每平方米、达因每平方厘米、磅每平方英尺和标准大气压,它们的缩写分别为 N/m^2、dyn/cm^2、lb/ft^2 和 atm。常见物理单位的缩写表见附录3。

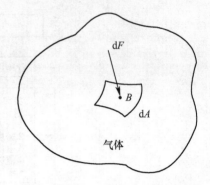

图2.3 压力的定义

2.1.2 密度

物质(包括气体)的密度指该物质单位体积的质量。

密度可以用符号 ρ 表示。例如,设一个房间内空气体积为 $250m^3$。若房间内空气的重量为 306.25kg,并且在空间内平均分布,则 $\rho = 306.25kg/250m^3 = 1.225kg/m^3$,且房间内每一点上的密度都一样。

与之前的压力一样,定义密度并不需要一个实际为 $1m^3$ 或 $1ft^3$ 的体积。ρ 也是一个点属性,其定义如下。如图2.4所示,设 B 点在单位体积气体内。令

dv = B 点周围体积微元

dm = dv 内的气体质量

则 B 点的 ρ 为

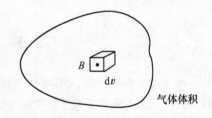

图2.4 密度的定义

$$\rho = \lim\left(\frac{dm}{dv}\right) dv \to 0 \qquad (2.2)$$

因此,密度 ρ 是 B 点周围相关体积收缩至零时单位体积的质量。气体内不同点的 ρ 值不同。密度常见的单位缩写为 kg/m^3、$slug/ft^3$、g/cm^3 和 lb_m/ft^3。(磅质量 lb_m 将在2.4节进行介绍。)

2.1.3 温度

气体是分子和原子的集合,这些粒子处在持续运动的状态,在空间内运动并偶尔与其他粒子碰撞。因为每个粒子都在不断地运动,所以它们都有动能。如果对单颗粒子与周围粒子的大量碰撞进行长时间的观察,就可以得出这段较长时间内粒子的平均动能。如果粒子的运动非常迅速,它的动能比运动缓慢时要高。气体温度 T 与平均分子动能成正比,温度 T 的定义如下:

温度是气体中粒子的平均动能的量度。设 KE 为平均分子动能,那么温度由 $KE = \frac{3}{2}kT$ 表示,其中 k 为波尔兹曼常数。

k 的值是 1.38×10^{-23} J/K,其中 J 是焦耳的缩写,K 是开尔文的缩写。

因此,可以肯定地得出结论:高温气体的粒子无规则运动的速度较快,低温气体粒子的无规则运动速度则较慢。我们很快会知道,研究超声速与高超声速飞行的空气动力学时,温度是一个重要的量。常见的温度单位是开尔文(K)、摄氏度(℃)、兰氏度(°R)和华氏度(°F)。

2.1.4 流速与流线

速度的概念众所周知:某物体在单位时间内移动的距离。例如,我们都知道以 55 英里/h 的速度在公路上行驶是什么意思。但是,流动气体的速度这一概念要模糊得多。首先,速度包含方向和速率,如汽车在水平面以 55 英里/h 的速率向正北行驶。指定速度时,必须同时考虑速率和方向。对于气流来说,还应考虑气体的每一部分速度并不一定相同,即气体的速率和方向会因为气流中点的不同而不同。因此,流速与 p、ρ 和 T 一样都是点属性。

为更清楚地说明这一问题,想象一下翼面上的气流或穿过火箭发动机的燃烧气体,如图 2.5 所示。为确定自身方位,可将视线锁定在气体里一个特定的、无限小的质量元素上,并观察它随时间的移动。该元素在气体中从点到点地移动时,它的速度和方向都会发生改变。现在将视线固定在气流内的一个特定固定点上,如图 2.5 中的 B 点。我们可以将流速定义如下:

流动气体内任意固定点 B 的速率即无限小的流体元素掠过 B 点的速率。

再次强调,速率是点属性,且因流体内点的不同而不同。

从图 2.5 可以看出,只要气流稳定(只要它不随时间波动),移动的流体元素在空间内会形成一条固定路径。流体元素的这一路径就叫气流的流线。画出流场内的流线是将气体运动形象化的重要方式。例如,图 2.5 中机翼周围的气流流线清楚地表现了气体的运动方向。图 2.6 是低亚声速风洞中翼型模型周围流线的真实照片。从模型上游注入烟雾丝,可以使流线显现出来;注入的烟雾丝会跟随气流的流线移动。图 2.7 是采用另外一种流场可视化技术拍摄出来的气流照片。模型上涂了一层拌有白色颜料的矿物油,从而使表层流线显现出来。很显然,气流流线可视化是空气动力学研究的辅助方法。

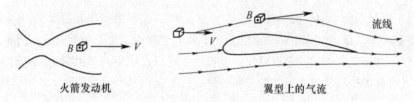

图 2.5 流速与流线

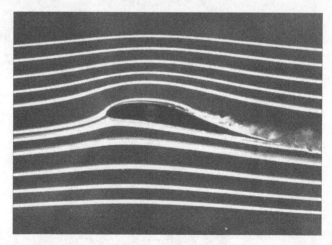

图 2.6 利萨曼 7769 呈 10°攻角时的低速流烟雾照片。基于翼弦的雷诺
数为 150000。图中所示为"飘忽秃鹰"式人力飞机所用翼型

[该照片由巴黎圣母院空天工程教授 T.J.·穆勒博士(T. J. Mueller)摄于美国圣母大学的烟风洞,此处由穆勒博士友情提供]

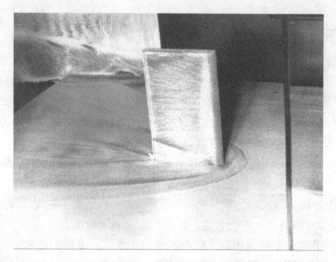

图2.7 油污条痕照片,展示了超声速流内平板上鳍状物的表层流线图形。因为鳍状物前的弓形激波和分离流的作用,鳍状物的前方形成了一条抛物线。注意即使在复杂的气流形式中流线也能清晰地显示。气流方向是从左至右。马赫数为5,雷诺数为6.7×10^6

[美国马里兰大学和海军水面武器中心的艾伦.E. 温克尔曼(Allen E. Winkelmann)友情提供]

2.2 空气动力之源

上文探讨了空气动力学中气流的四个基本量:p、ρ、T 和 V,其中 V 代表速度,既有大小又有方向。也就是说速度是一个矢量。气流中每一点的 p、ρ、T 和 V 完整地定义了一个流场。例如,假设气流流向一个尖头圆锥,如图2.8 所示。可以建立一个笛卡儿坐标三维空间,远在椎体前方的速度 V_∞ 与 x 轴方向一致,且椎体的中轴线也与 x 轴的方向一致。此时以下几个量完整地定义了流场:

$$p = p(x,y,z)$$
$$\rho = \rho(x,y,z)$$
$$T = T(x,y,z)$$
$$V = V(x,y,z)$$

(事实上,直圆锥的流场更适宜用柱面坐标进行描述,但此处只考虑一般思路。)

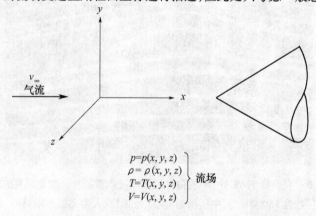

图2.8 流场参数

理论与实验空气动力学家会对多种类型的流场进行计算和测量。为什么呢？流场的知识又能为飞行器和火箭发动机形状的设计提供什么样的实用信息呢？本书前5章的大部分内容都是在回答这几个问题。但是，这些问题的根本答案还是在接下来探讨的内容中。

应该说气流通过某物体的实际结果是会对该物体施加一个力，即气动力，正如汽车正在行驶时将手伸出窗外所感觉到的一样。接下来的几章会探讨空气动力的本质和影响。本节的目的是说明气流会在飞行器、导弹上产生气动力，并说明空气动力的两个基本来源：

1. 表面上的压力分布。
2. 表面上的剪切应力（摩擦力）。

之前我们已经探讨过压力。从图2.9可以看出，气体施加在固体表面的压力总是垂直于表面的，如图中箭头方向所示。箭头的长度代表物体表面上每个局部点上的压力大小。注意不同的位置表面压力不同。表面上压力分布的净不平衡产生了气动力，这便是第一个来源。第二个来源是表面的剪切应力，其来源是气流在物体周围移动时"摩擦"表面而产生的摩擦效应。剪切应力 τ_w 的定义是由于摩擦力使表面上产生的沿切线的单位面积受力，如图2.9所示。它同

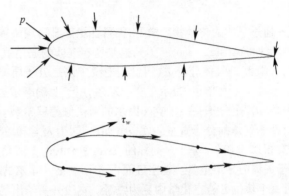

图2.9　压力和剪切应力分布

样也具有点属性，且在表面各个地方变化不一；表面剪切应力分布的净不平衡也会向物体施加气动力。不论流场或物体形状有多复杂，大自然对固体或表面上施加空气动力的唯一方式是通过表面上的压力和剪切应力施加。它们是所有空气动力的最基本来源。压力和剪切应力分布是大自然的一双手，用来控制物体，并在物体上施加一种力——气动力。

最后，我们可以得出理论与实践空气动力学的主要作用是预测与测量物体上的气动力。许多情况下需要预测与测量给定表面上的 p 和 τ_w。另外，需要对物体周围的流场有完整的了解才能频繁地预测表面上的 p 和 τ_w。这就回答了之前提出的一个问题，即流场的知识能提供什么样的实用信息。

2.3　理想气体状态方程

温度和压力都处在正常状态的空气，其性质接近理想气体，比如在大气中亚声速与超声速飞行时遇到的空气。通过分子图像可获得对理想气体定义的最佳理解。气体是无规则运动的粒子（分子、原子、电子等）的集合，其中每一个粒子与相邻的粒子之间都有一段较长的距离。每一个分子都有与之相关的分子间力场，它是因电子与原子核电磁性能复杂的相互作用而产生的。给定粒子的分子间力场会在空间里延伸较长的距离，并从近距离的强排斥力转变为远距离的弱吸引力。给定粒子的分子间力场向外延伸并影响到周围的粒子。一方面，如果周围的粒子与之距离较远，它们只会感受到末端的弱吸引力，此时它对周围粒子运动的影响可以忽略不计。另一方面，如果周围粒子与之距离较近，分子间力场将会对它们的运动造成较大的影响。因为气体的压力和温度是源自粒子运动的有形量，所以 p 和 T 直接受到分子间受力的影响，尤其是分子紧密地填塞在一起时（如密度较大时）。因此可以得出，理想气体的定义为：

分子间受力可以忽略不计的气体就叫理想气体。

以上内容清楚地告诉我们,自然中的气体如果它的粒子分布疏散(密度低),那么它接近理想气体。我们所处房间里的空气就是这种情况:每颗粒子都是分离的,而且平均距离超过 10 倍分子直径。因此,标准条件的空气接近理想气体。亚声速与超声速飞行器所遭遇的气流也是如此。故而在本书中进行空气动力计算时考虑的都是理想气体。

气体 p、ρ 和 T 的关系被称为状态方程,理想气体的状态方程为

$$p = \rho RT \tag{2.3}$$

式中:R 代表个别气体常数,其值随气体种类而变化。标准空气的 R 为

$$R = 287 \frac{J}{(kg)(K)} = 1716 \frac{ft \cdot lb}{(slug)(°R)}$$

通过早期的化学物理学习,你可能更熟悉通用气体常数 $\mathscr{R}$,$\mathscr{R} = 8314 J/(kg \cdot mol \cdot K) = 4.97 \times 10^4 (ft \cdot lb)/(slug \cdot mol \cdot °R)$,这是所有气体的通用值。特定和通用气体常数可以通过 $R = \mathscr{R}/M$ 关联,式中 M 是气体分子量(更恰当地说应该是分子质量)。空气的 $M = 28.96 kg/(kg \cdot mol)$。注意 $kg \cdot mol$ 是一个单位,表示千克·摩尔,用于明确摩尔类型(而非千克乘以摩尔)。1 千克·摩尔含有 6.02×10^{26} 个分子——千克·摩尔的阿伏伽德罗常数。1 千克·摩尔是指气体的质量(以千克为单位)等于气体的分子重量。就空气而已,因为 $M = 28.96$,所以,1 千克·摩尔的空气质量为 $28.96 kg$,含有 6.02×10^{26} 个分子。同样的,$1 slug \cdot mol$,即 1 斯勒格·摩尔是指气体的质量(以斯勒格为单位)等于气体的分子重量。就空气而言,1 斯勒格·摩尔的质量为 $28.96 slug$。克·摩尔也表示同样的意思,这个单位可能在化学中更为熟悉。本段开头给出的空气的 R 值是由以下过程得出的:

$$R = \mathscr{R}/M = \frac{8314 J/(kg \cdot mol \, K)}{28.96 kg/(kg \cdot mol)} = 287 \frac{J}{(kg)(K)}$$

和

$$R = \mathscr{R}/M = \frac{4.97 \times 10^4 (ft \cdot lb)/(slug \cdot mol \cdot °R)}{28.96 slug/(slug \cdot mol)} = 1716 \frac{ft \cdot lb}{(slug)(°R)}$$

值得一提的是,与理想气体性质有偏差的实际气体可以用变形的贝特洛状态方程近似地表示:

$$\frac{p}{\rho RT} = 1 + \frac{ap}{T} - \frac{bp}{T^3}$$

式中:a 和 b 是气体常数。因此 p 越小 T 越大时,偏差越小。这是说得通的,因为 p 越高,分子越紧密,分子间力场影响越大,气体的表现与理想气体偏离也就越大。相反,T 越高,分子运动就越快,平均分离也就越大,分子间力场与每个分子的惯性力相比,影响就越小,气体的表现也就越接近理想气体。

同时也要注意,房间内周围的空气如果加热到 2500K,氧分子会开始分解(拆散)为氧原子,温度达到 4000K 以上时,氮开始分解。在这些温度下,空气变为了发生化学反应的气体,以致于它的化学成分成为了 p 和 T 的函数,即它不再是标准空气。因此,方程(2.3)中的 R 成为了一个变量——$R = R(p,T)$——原因只是气体成分发生了变化。除了 R 不再是常量时外,理想气体方程(2.3)仍然适用于此种情况。超高速飞行时就可能遇到这种情况——例如,"阿波罗"太空舱再入大气时,流场的局部温度可达 11000K。

本书中仍把空气看做理想气体,符合方程(2.3),常数 $R = 287 J/(kg)(K)$ 或 $1716 ft \cdot lb/(slug)(°R)$。

2.4 物理单位探讨

物理单位对工程语言至关重要。在最终分析时,大多数工程计算或测量的结果都是代表某些物

理量的数字,如压力、速率或受力。这些数字后要加单位,如 $10^5 N/m^2$、300m/s 或 5N,其中牛顿、米和秒就是单位(见附录3)。

历史上,工程学的许多分支都演化出适应各自需求的单位并偏好使用自己的单位。这些"工程学"单位通常在分支内部都各不相同,而且也不同于公制单位,公制单位多年来一直受物理学家与化学家的偏爱。而在现代技术领域中,科学与工程学在几乎所有技术前沿相互交织,这些不统一的单位也因此造成了不必要的麻烦。现在,公制单位是美国以外大部分国家的科学和工程学领域所接受的规范。更重要的是 1960 年第十一届国际度量衡大会正式确定和发布了国际单位制,36 个与会国包括美国都采用了该单位制度。自此以后,美国开始主动在工程领域推行国际单位制。例如美国国家航空航天局(NASA)规定技术报告中的结果必须全部采用国际单位制,不过可以另外再制作一份工程单位的副本。美国航空航天学会(AIAA)鼓励所有发表在科技期刊上的论文使用国际单位。很显然未来几十年内,美国和世界上所有其他国家都将几乎只使用国际单位。实际上,为了拓展产品的国际市场,美国的航空航天与汽车行业都只采用国际单位。

所以就会出现这样一种情况。美国和英国过去的许多工程文献采用的都是工程单位,而许多当今的成果采用的是国际单位。而其他地方一直并且将继续采用国际单位作为规范单位。因此现代的工程学学生必须同时熟悉这两种单位。只有熟知工程单位,才能阅读、理解大量采用工程单位的现有文献。同时,还必须知道国际单位,这样才能进行当前和未来的工作。总之,工程学学生在单位方面应该具备"双语能力"。

为了提高对工程单位和国际单位的熟知度,本书将同时使用这两种单位。对这两种单位都形成一种自然的感觉是非常重要的,比如,也许你对压力单位磅每平方英尺(psi)非常熟练了,但仍然应该非常熟练自如地运用牛顿每平方米(帕斯卡)。经验丰富的工程师的标志是对于带他所熟知的单位的物理量,能正确感觉到其量级。所以,从现在开始培养对工程和国际单位的感觉,这点很重要。本书的目的之一就是帮助读者形成对这两种单位的自如感觉。因为国际单位在世界范围的广泛运用,将较多地强调国际单位。

国际单位实际上就是米、千克、秒和开尔文基础上的公制系统,它们分别是长度、质量、时间和温度的基本单位。它是一组一致的或统一的单位。采用这样的统一单位后,基本公式中物理关系的书写不需要带"换算因数"。例如,用统一单位,牛顿第二定律可以写成

$$F = m \times a$$
$$受力 = 质量 \times 加速度$$

用国际单位,则写成

$$F = ma$$
$$1 \text{ 牛顿} = (1 \text{ 千克})(1 \text{ 米}/\text{秒}^2) \tag{2.4}$$

1 牛顿即为使质量 1 千克的物体的加速度为 1 米/秒² 时所需要的力。

英国的工程单位制是另外一组统一单位。质量、长度、时间和温度的基本单位分别为斯勒格、英尺、秒和兰氏度。采用该单位制时,

$$F = ma$$
$$1 \text{ 磅} = (1 \text{ 斯勒格})(1 \text{ 英尺}/\text{秒}^2) \tag{2.5}$$

1 磅即为使质量 1 斯勒格的物体的加速度为 1 英尺/秒² 时所需要的力。注意两种单位制度中牛顿第二定律都写为 $F = ma$,右边没有换算因数。

相反,如果力和质量的单位不统一,则牛顿第二定律的公式中必须带换算因数或常数:

$$F = \frac{1}{g_c} \times m \times a$$

↑　　　↑　　　↑　　　↑
受力　换算因数　质量　加速度

以前的机械工程师经常使用非统一的单位制度,包括磅力、磅质量、英尺和秒:

$$g_c = 32.2(\text{lb}_m)(\text{ft})/(\text{s}^2)(\text{lb}_f)$$

$$F = \frac{1}{g_c} \quad m \times a$$

↑　　↑　　↑　　↑

$\text{lb}_f \quad \frac{1}{32.2} \quad \text{lb}_m \quad \text{ft/s}^2$ (2.6)

在这个非统一系统中,质量单位是磅质量 lb_m。比较方程(2.5)和方程(2.6),可以看出 1slug = 32.2lb_m。1 斯勒格代表的质量较大,而磅代表的质量较小,需加入 32.2 这一换算因数。图 2.10 对此进行了说明。

$$g_c = 9.8(\text{kg})(\text{m})/(\text{s}^2)(\text{kg}_f)$$

$$F = \frac{1}{g_c} \quad m \times a$$

↑　　↑　　↑　　↑

$\text{kg}_f \quad \frac{1}{9.8} \quad \text{kg} \quad \text{m/s}^2$ (2.7)

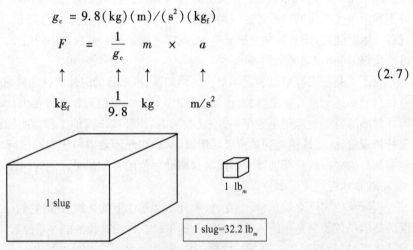

图 2.10 斯勒格和磅质量的比较

国际工程界采用的另一种非统一单位是千克力、千克质量、米和秒:

在这个非统一系统中,力的单位是千克力,kg_f。

人们使用这些非统一单位磅质量(lb_m)和千克质量(kg_f)的原因其实也很好理解。因为它们必须与重量相关。根据定义,物体的重量 W 为

$$W = mg \tag{2.8}$$

式中:g 代表重力加速度,它是取决于所在地球位置(实际上是宇宙位置)的变量。在地球标准海平面,g 的标准值是 9.8m/s^2 或 32.2ft/s^2。方程(2.8)采用的是统一单位,其实它就是牛顿第二定律的表述,只是方程(2.4)中的加速度 a,在这里变成了重力加速度 g。拿着 1kg 的巧克力糖时,如果你所处位置的重力加速度为标准值 9.8m/s^2,那 1"kg"的糖重量为

$$W = mg = (1\text{kg})(9.8 \text{ m/s}^2) = 9.8\text{N}$$

1kg 的糖重量为 9.8N,也就是说糖在拿它的手上施加了 9.8N 的力。而如果用方程(2.7)中的非统一单位制度计算手的受力,可得出

$$F = \frac{ma}{g_c} = \frac{(1)(9.8)}{(9.8)} = 1 \text{ kg}_f$$

1"kg"的糖重量为 1kg_f;作用在手上的力为 1kg_f。这就相当方便:手的受力 kg_f 与以 kg 为单位的质量数值一样,因此可以立刻将千克力用到工程工作中。与之前类似,再一次想象你拿着 1 磅的巧克力。在美国的商店,可以从货架上选择一盒 1"磅"的糖。你的手就受到了磅力,根据方程(2.8),糖的质量为

$$m = \frac{W}{g} = \frac{1 \text{ lb}}{32.2 \text{ ft}/(\text{s}^2)} = 0.031 \text{ slug}$$

但是,如果到商店去问服务员要一盒"0.031 斯勒格"的糖,想想他/她会怎么回答你吧。相反,如果采用非统一单位 lb_m 的方程(2.6),1lb 的一盒糖质量为

$$m = \frac{Fg_c}{a} = \frac{(1 \text{ lb})(32.2)}{(32.2)} = 1 \text{ lb}_m$$

由于手中的质量与以 lb_m 为单位的数值相同,我们可以再一次体会到它的便利性。可以立刻将磅质量用到工程工作中,这在日常生活中是很有意义的。而在工程计算的技术领域,因为使用带非统一单位 kg 的方程(2.7)或带非统一单位 lb_m 的方程(2.6),许多方程都需要加上 g_c。这并不是大自然的安排,引入 g_c 是人类有意地创造。事实上,牛顿第二定律的单纯公式为 $F = ma$,而不是 $F = 1/g_c(ma)$。为了使用单纯的公式,必须始终采用统一单位,这样,g_c 就不会出现在任何方程中,也就不会造成任何换算因数计算方面的混乱——非常简单,因为完全不需要任何换算因数。

综合以上原因,本书将始终采用成套统一的单位。我们不但会使用方程(2.4)的国际单位,还会使用方程(2.5)中的工程单位。正如前面所说,在现有的文献资料中经常会遇到工程单位,而在将来的文献中会越来越频繁地遇到国际单位。因此,必须熟悉两种单位制度。总之,我们将采用英国工程单位制(lb、slug、ft、s、°R)和国际单位制(N、kg、m、s、K)。

回到状态方程(2.3),其中 $p = \rho RT$,单位如下所示:

	英国工程单位制	国际单位制
p	lb/ft^2	N/m^2
ρ	slug/ft^3	kg/m^3
T	°R	K
R (空气)	1716ft·lb/(slug)(°R)	287 J/(kg)(K)

关于单位还有最后两点需要说明。第一,仅从牛顿第二定律可以看出,物理量的单位可以用多种组合方式来表现。牛顿定律中,N、kg、m 和 s 之间的关系是

$$F = ma$$
$$\text{N} = \text{kg} \cdot \text{m}/\text{s}^2$$

因此,如量 $R = 287\text{J}/(\text{kg})(\text{K})$ 同样可以转换为

$$R = 287 \frac{\text{J}}{(\text{kg})(\text{K})} = 287 \frac{\text{N} \cdot \text{m}}{(\text{kg})(\text{K})} = 287 \frac{\text{kg} \cdot \text{m}}{\text{s}^2} \frac{\text{m}}{(\text{kg})(\text{K})} = 287 \frac{\text{m}^2}{(\text{s}^2)(\text{K})}$$

R 同样也可以用速度的二次方除以温度得出,其形式与上式相同:

$$R = 1716 \frac{\text{ft} \cdot \text{lb}}{(\text{slug})(°\text{R})} = 1716 \frac{\text{ft}^2}{(\text{s}^2)(°\text{R})}$$

第二,在状态方程(2.3)中,T 始终是绝对温度,其中零度是绝对最低温度。K 和 °R 都是绝对温标,其中 0°R = 0 K = 几乎所有分子的平移运动理论上停止时的温度。而为大众所熟知的华氏度

(°F)和摄氏度(°C)却不是绝对温标。

$$0°F = 460°R$$
$$0°C = 273\ K = 32°F$$

例如，90°F 等于 460 + 90 = 550 °R (2.9)

而且 10°C 等于 273 + 10 = 283K (2.10)

请记住：方程(2.3)中的 T 必须为绝对温度，即开尔文或兰氏度。

2.5 比 容

密度 ρ 是单位体积的质量。空气动力学中也经常用到一个与之相反的量，即比容 v，其定义是单位质量的体积，根据定义

$$v = \frac{1}{\rho}$$

因此，根据状态方程，得出

$$p = \rho RT = \frac{1}{v}RT$$

可得出

$$pv = RT \tag{2.11}$$

v 的单位缩写是 m^3/kg 和 $ft^3/slug$。

例 2.1

波音 747 机翼上某点的气压与密度分别是 $1.10 \times 10^5 N/m^2$ 和 $1.20 kg/m^3$。该点的温度是多少？

解

根据方程(2.3)，$p = \rho RT$；所以 $T = p/(\rho R)$，代入得出

$$T = \frac{1.10 \times 10^5\ N/m^2}{(1.20\ kg/m^3)[287\ J/(kg \cdot K)]} = 319\ K$$

例 2.2

超声速风洞中高压储气罐的体积为 $1000 ft^3$。若空气储存压力和温度分别为 30atm 和 530°R，储气罐中储存气体重量为多少斯勒格？多少磅质量？

解

压力单位 atm 不是统一单位。换算为英国工程单位制：

$$1\ atm = 2116\ lb/ft^2$$

因此 $p = (30)(2116) lb/ft^2 = 6.348 \times 10^4 lb/ft^2$。同样根据方程(2.3)，$p = \rho RT$，因此 $\rho = (p/RT)$ 或

$$\rho = \frac{6.348 \times 10^4\ lb/ft^2}{[1716\ ft \cdot lb/(slug)(°R)](530°R)} = 6.98 \times 10^{-2}\ slug/ft^3$$

以上得出的是密度，即单位体积重量。储气罐内体积为 V 的气体的总质量 M 为

$$M = \rho V = (6.98 \times 10^{-2}\ slug/ft^3)(1000\ ft^3) = 69.8\ slug$$

回顾可知 $1\ slug = 32.2\ lb_m$。所以，

$$M = (69.8)(32.2) = 2248\ lb_m$$

例 2.3

风洞中高速空气流的压力和温度分别为 0.3atm 和 -100℃。请计算空气密度和比容。

解

再一次提醒,压力单位 atm 在此不是统一单位,需换算为国际单位制:

$$1 \text{atm} = 1.01 \times 10^5 \text{ N/m}^2$$

所以,

$$p = (0.3)(1.01 \times 10^5) = 0.303 \times 10^5 \text{ N/m}^2$$

注意 $T = -100°C$ 不是绝对温度,因此

$$T = -100 + 273 = 173 \text{ K}$$

根据方程(2.3),$p = \rho RT$,因此 $\rho = p/(RT)$ 或

$$\rho = \frac{0.303 \times 10^5 \text{ N/m}^2}{[287 \text{ J/(kg)(K)}](173 \text{ K})} = 0.610 \text{ kg/m}^3$$

$$v = \frac{1}{\rho} = \frac{1}{0.610} = 1.64 \text{ m}^3/\text{kg}$$

注意:必须记住

$$1 \text{ atm} = 2116 \text{ lb/ft}^2$$
$$1 \text{ atm} = 1.01 \times 10^5 \text{ N/m}^2$$

例2.4

注意:例2.1~例2.3中,进行运算时每个数字都带有单位,这是为了让读者练习考虑单位。从本例开始,本书余下所有的例题中,除非为了描述清晰起见,都将省略单位。因为在方程中始终采用统一单位,所以运算时不必时刻担心单位的一致性。如果运算一开始就使用带统一单位的数字,一系列的内部数学运算(加、减、乘、微分、积分、除等)之后,所得出的答案也一定是带合适的统一单位的数字。

设"协和式"超声速运输机以2倍于声速的速度在16km的高度飞行。机翼上某一点金属表面温度为362K,与机翼上该点接触的邻近空气层温度也为362K,压力为 $1.04 \times 10^4 \text{N/m}^2$。计算该点的空气密度。

解

根据方程(2.3)

$$\rho = \frac{p}{RT}, \text{其中} R = 287 \frac{\text{J}}{\text{(kg)(K)}}$$

已给出的压力和温度单位为统一的国际单位,因此,

$$\rho = \frac{1.04 \times 10^4}{(287)(362)} = 0.100 \text{ kg/m}^3$$

答案的单位肯定是千克/米³,因为它就是国际单位制中密度的统一单位。因此不需要在运算中转换单位,直接写下 0.100kg/m^3 即可。

例2.5

解答本例题需要在两种单位制度之间进行换算。

机翼负载是飞机的一个重要设计特点,其定义是飞机重量 W 除以机翼平面形状面积 S(从上往下看飞机时所看到的机翼投射面积)。(机翼负载 W/S 的重要性将在第6章详细探讨。)如图2.11所示为洛克希德-马丁F-117A隐身战斗机。现代国际航空出版物中,机翼负载的单位一般为 kg_f/m^2。F-117A的机翼负载为 $280.8 \text{kg}_f/\text{m}^2$。试将机翼负载换算为 lb/ft^2 单位。

解

要将 kg_f 换算成 lb,m^2 换算成 ft^2,要用到附录3中的换算因数,即

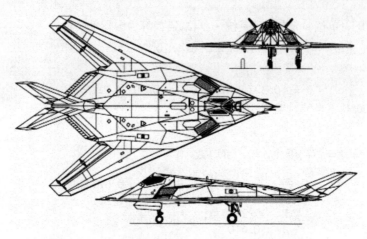

图 2.11　洛克希德-马丁 F-117A 隐身战斗机三视图

$$1 \text{ ft} = 0.3048 \text{ m}$$
$$1 \text{ lb} = 4.448 \text{ N}$$

另外,根据方程(2.7),质量1kg的物体重量为 1 kg_f;根据方程(2.8),1kg的质量重9.8N。因此我们还可以得出一个额外的换算因数:

$$1 \text{ kg}_f = 9.8 \text{ N}$$

建议采用如下方法简单准确地换算单位,即考虑其比例(1 ft/0.3048m)。因为 1 英尺恰好是 0.3048米的长度,这就是"相同事物"的比例;因此,理论上可以看出这一比例就像"单位元素"(尽管 1 除以 0.3048 的实际结果显然不是1)。同样,也可将该比例形象地表示为

$$\left(\frac{1 \text{ ft}}{0.3048 \text{ m}}\right), \left(\frac{1 \text{ lb}}{4.448 \text{ N}}\right), \left(\frac{1 \text{ kg}_f}{9.8 \text{ N}}\right)$$

与"单位元素"相似,要将以 kg_f/m^2 为单位的机翼负载换算成 lb/ft^2 单位,只要用 kg_f/m^2 单位的机翼负载乘以这些"单位元素"即可,其他单位都可以约去,最后只剩下 lb/ft^2。即

$$\frac{W}{S} = 280.8 \frac{\text{kg}_f}{\text{m}^2}\left(\frac{9.8\text{N}}{1 \text{ kg}_f}\right)\left(\frac{1 \text{ lb}}{4.448\text{N}}\right)\left(\frac{0.3048 \text{ m}}{1 \text{ ft}}\right)^2 \quad (2.12)$$

根据方程(2.12),W/S 的定量数值是

$$\frac{W}{S} = \frac{(280.8)(9.8)(0.3048)^2}{4.448} = 57.3$$

方程(2.12)中可约去分子分母里相同的单位,即得出

$$\frac{W}{S} = 280.8 \frac{\text{kg}_f}{\text{m}^2}\left(\frac{9.8 \text{ N}}{1 \text{ kg}_f}\right)\left(\frac{1 \text{ lb}}{4.448 \text{ N}}\right)\left(\frac{0.3048 \text{ m}}{1 \text{ ft}}\right)^2 = 57.3 \frac{\text{lb}}{\text{ft}^2}$$

例 2.6

本示例也涉及到单位换算。

在美国,日常生活中经常用英里每小时表达速率,汽车的车速表都是按英里每小时校准的(尽管有些新车型的刻度盘上也显示小字体的千米每小时速度)。众多普及的航空文献关于飞行器速度都是采用英里每小时为单位。(1903 年 12 月 17 日,莱特兄弟飞行成功后,奥维尔给家里发的电报上说"莱特飞行者"的速度是 31 英里每小时。从那时起,人们就以英里每小时作飞行速度单位。)但是英里每小时不是统一单位,甚至连单独的英里和小时都不是统一单位。为了采用统一单位正确

进行计算,必须将英里每小时换算成英尺每秒或米每秒。

图2.21(a)是"小熊"轻型飞机,一款小型、轻型的普通航空飞机。它的设计可以追溯到第二次世界大战前,并且许多"小熊"轻型飞机今天还在使用。当飞机以60英里/h的速度飞行时,计算这时它以(a)ft/s 和(b)m/s为单位的速率。

解

回顾以下常见的换算因数:

$$1 \text{ 英里} = 5280 \text{ ft}$$
$$1\text{h} = 3600\text{s}$$

根据附录3,

$$1 \text{ ft} = 0.3048 \text{ m}$$

(a)
$$V = \left(60 \frac{\text{英里}}{\text{h}}\right)\left(\frac{1\text{ h}}{3600\text{s}}\right)\left(\frac{5280 \text{ ft}}{1 \text{ 英里}}\right)$$

$$V = 88.0 \frac{\text{ft}}{\text{s}}$$

图2.12(a) "小熊轻型飞机",著名的轻型普通航空飞行器之一。

[来源:哈尔·安德鲁斯(Hal Andrews)和大卫·奥斯特洛夫斯基(David Ostrowski)的收藏]

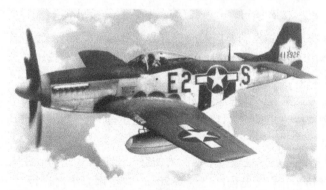

图2.12(b) 第二次世界大战中著名的北美 P–51D"野马"战斗机

[来源:哈尔·安德鲁斯的收藏]

该题的答案提供了一个非常有用的转换因数,非常简单而且容易记忆:
$$60 \text{ 英里}/h = 88 \text{ ft/s}$$

例如,设第二次世界大战时的北美 P-51D"野马"战斗机以 400 英里/h 的速率飞行,很容易可以将速率转化为 ft/s:
$$V = 400\left(\frac{88 \text{ ft/s}}{60 \text{ 英里}/s}\right) = 586.7 \text{ft/s}$$

(b)
$$V = \left(\frac{\text{英里}}{h}\right)\left(\frac{1h}{3600s}\right)\left(\frac{5280\text{ft}}{1 \text{ 英里}}\right)\left(\frac{0.3048\text{m}}{1\text{ft}}\right)$$
$$V = 26.82 \text{m/s}$$

因此,
$$60 \text{ 英里}/h = 26.82 \text{ m/s}$$

例 2.7

接下来三道例题将继续阐明如何运用合适的统一单位解决工程设计问题。

如图 2.11 所示,例 2.5 中的洛克希德-马丁 F-117A 的机翼平面形状面积为 913ft²。运用例 2.5 的结果,计算 F-117A 直线飞行时使其加速度为 g 的 1/3(标准重力加速度的 1/3)时所需的合力大小。

解

根据例 2.5,得出的机翼负载由英国工程单位表示为 $W/S = 57.3 \text{lb/ft}^2$。可算出 F-117A 的重量为
$$W = \left(\frac{W}{S}\right)S = \left(57.3 \frac{\text{lb}^2}{\text{ft}}\right)(913 \text{ ft}^2) = 52315 \text{ lb}$$

使某物体达到某加速度所需的力根据牛顿第二定律可以得出
$$F = ma$$

由方程(2.8)得出的 F-117A 的质量可表示为
$$m = \frac{W}{g}$$

式中:$g = 32.2 \text{ft/s}^2$。所以,
$$m = \frac{52315}{32.2} = 1624.7 \text{ slug}$$

因此,使 F-117A 的加速度为 g 的 1/3——1/3(32.2) = 10.73ft/s²——所需的合力为
$$F = ma = (1624.7)(10.73) = 17438 \text{ lb}$$

水平飞行中,飞机的合力是发动机向前的推力和向后的气动阻力之差(该问题是第 6 章的中心内容)。F-117A 有两个涡轮喷气发动机,海平面上最大推力能达到 21600 lb。当气动阻力不大于 21600 - 17438 = 4612 lb 时,F-117A 在海平面的加速度能达到 g 的 1/3。

本例题突出了英国工程单位制中质量的统一单位(即斯勒格)在牛顿第二定律中的运用。另外,运用方程(2.8)中单位为 lb 的 F-117A 的重量我们还得出了它以 slug 为单位的重量。

例 2.8

设在一定高度飞行的喷气式运输机增压舱内的空气压力为 0.9 atm,温度为 15°C。任何时间舱内空气的总体积都为 1800m³。若舱内的空气每 20min 在空调系统内进行完全循环,计算系统内空气的质量流为多少 kg/s。

解

空气密度的计算方式已由状态方程(2.3)给出:

$$\rho = \frac{p}{RT}$$

国际单位制中,压力和温度的统一单位分别为 N/m² 和 K。(记住方程(2.3)中的温度 T 应为绝对温度。)通过例 2.3 可知 $1\text{atm} = 1.01 \times 10^5 \text{ N/m}^2$。因此

$$p = (0.9\text{atm})(1.01 \times 10^5) = 0.909 \times 10^5 \text{ N/M}^2$$

且

$$T = 273 + 15 = 288 \text{ K}$$

所以,

$$\rho = \frac{p}{RT} = \frac{0.909 \times 10^5}{(287)(288)} = 1.1 \text{ kg/m}^3$$

任何时间舱内空气总质量 M 即等于 ρV,其中 V 是舱的体积,题中给出为 1800m^3,代入得

$$M = \rho V = (1.1)(1800) = 1980 \text{ kg}$$

该质量的空气每 20min 即每 1200s 在空调系统总循环一次,因此,质量流 m 为

$$m = \frac{1980}{1200} = 1.65 \text{ kg/s}$$

例 2.9

对于例 2.8 中同一个机舱,现在要通过泵入额外的空气来进行增压。设任何时间舱内的空气温度保持在 288K。舱内压力的时间增加率为 0.02atm/min,计算密度的每秒变化率。

解

根据状态方程:

$$p = \rho RT$$

针对时间 t 将方程变形,设 T 保持恒定,得出

$$\frac{\mathrm{d}p}{\mathrm{d}t} = RT\frac{\mathrm{d}\rho}{\mathrm{d}t}$$

或

$$\frac{\mathrm{d}\rho}{\mathrm{d}t} = \frac{1}{RT}\left(\frac{\mathrm{d}p}{\mathrm{d}t}\right)$$

$\mathrm{d}p/\mathrm{d}t$ 的统一单位是 N/m²s。根据题中的信息,得出

$$\frac{\mathrm{d}p}{\mathrm{d}t} = 0.02 \text{ atm/min}$$

换算为统一单位,注意 $1\text{atm} = 1.01 \times 10^5 \text{N/m}^2$,1min 为 60s,可得出

$$\frac{\mathrm{d}p}{\mathrm{d}t} = 0.02 \frac{\text{atm}}{\text{min}}\left(\frac{1.01 \times 10^5 \text{ N/m}^2}{1 \text{ atm}}\right)\left(\frac{1 \text{ min}}{60 \text{ s}}\right) = 33.67 \frac{\text{N}}{\text{m}^2\text{s}}$$

因此,

$$\frac{\mathrm{d}p}{\mathrm{d}t} = \frac{1}{RT}\left(\frac{\mathrm{d}p}{\mathrm{d}t}\right) = \frac{33.67}{(287)(288)} = 4.07 \times 10^{-4} \frac{\text{kg}}{\text{m}^3\text{s}}$$

例 2.10

飞行器的性能(第 6 章)很大程度上取决于发动机的功率。比如汽车或许多螺旋桨飞机上的往复式发动机,其功率都是用马力表示,这是个严重不统一的单位。马力这一单位是英国的詹姆斯·瓦特(James Watt)创造的。1775 年瓦特发明了第一台实用蒸汽机。为了给他的蒸汽机寻求市场,他

将蒸汽机的功率输出与马的功率做比较。经过观察,瓦特发现一匹马可以在一小时内以12ft的半径、180 lb的力将磨坊水车轮拉动114圈。功率 P 的定义是物体在单位时间内所做的功。功即力 F 乘以距离 d,马的功率输出则为

$$P = \frac{Fd}{t} = \frac{(180)[(144)(2\pi)(12)]}{60\min} = 32572 \frac{\text{ft} \cdot \text{lb}}{\min}$$

瓦特将这一数字约成了整数33000ft·lb/min,即现在所指的 1 马力的功。换算成统一单位 ft·lb/s,得到

$$1\text{hp} = \frac{33000}{60} = 550 \text{ft} \cdot \text{lb/s}$$

这就是英国工程单位制中1马力的统一单位,请据此将1马力换算成国际单位。

解

国际单位制中,功(力×距离)的统一单位是 N·m,因此功率的统一单位是(力×距离)/时间 = N·m/s。为了纪念詹姆斯·瓦特,此功率单位就叫瓦特,其缩写为 W。根据附录3可知:

$$1\text{ft} = 0.3048\text{m}$$
$$1\text{lb} = 4.448\text{N}$$

因此,

$$1 \text{ hp} = 550 \frac{\text{ft} \cdot \text{lb}}{\text{s}} = 550 \left(\frac{0.3048 \text{ m}}{1 \text{ ft}}\right)\left(\frac{4.448 \text{ N}}{1 \text{ lb}}\right)$$
$$= 746 \text{ W}$$
$$= 746 \frac{\text{N} \cdot \text{m}}{\text{s}} = 746 \text{ W}$$

此即国际单位制中 1hp 的统一单位,即

$$1\text{hp} = 550 \frac{\text{ft} \cdot \text{lb}}{\text{s}} = 746\text{W}$$

第6章将用到这一单位。

例 2.11

飞行器最重要的性能特征之一是其最大爬升率,即高度上升的时间变化率。如6.8节所述,爬升率 R/C 与发动机最大功率和飞行器克服气动阻力所需的功率之差成正比,该差就称为过剩功率。6.8节中也会提到:

$$R/C = \frac{\text{excess power}}{W}$$

式中:W 是飞行器的重量。运用此方程,计算重9000kg_f 的飞行器飞行中过剩功率为47000hp 时其 R/C 为多少 ft/min。注意题中所有的单位 ft/min、kg_f 和 hp 都是非统一单位;但是 R/C 方程必须采用统一单位。(此题给出的数据与第6章中探讨的双喷气式发动机行政勤务运输机的数据接近。)

解

根据例2.10的结果,1 hp = 746W,因此,在国际单位制中:

$$\text{过剩功率} = (4700\text{hp})(746) = 3.506 \times 10^6 \text{W}$$

在地球表面附近(见2.4节),飞行器质量的 kg 数和重量 kg_f 数一致,因此飞行器的重量为

$$W = \text{mg} = (9000\text{kg})(9.8\text{m/s}^2)$$

$$W = 8.82 \times 10^4 \text{N}$$

现在即得出了以国际单位制表示的计算爬升率的方程所需的每一项：

$$R/C = \frac{\text{excess power}}{W} = \frac{3.506 \times 10^6 \text{W}}{8.82 \times 10^4 \text{N}}$$

$$R/C = 39.75 \text{m/s}$$

因为方程采用的国际单位制，所有 R/C 的统一单位是 m/s。但是文献资料中的爬升率单位通常采用分钟而不是秒，所以，

$$R/C = 39.75 \left(\frac{\text{m}}{\text{s}}\right)\left(\frac{60\text{s}}{1\text{min}}\right) = 2385 \frac{\text{m}}{\text{min}}$$

本题要求计算 R/C 为多少 ft/min，这是美国的单位规范。根据附录 3：

$$1\text{ft} = 0.3048\text{m}$$

因此，

$$R/C = \left(2385 \frac{\text{m}}{\text{s}}\right)\left(\frac{1\text{ft}}{0.3048\text{m}}\right) = 7824 \text{ ft/min}$$

2.6 飞行器结构剖析

关于本章基本原理这一主题，还有必要介绍一些与空天飞行器相关的基本命名法——飞行器本身的名称。本节将介绍飞行器；2.7 节则将介绍空天飞行器。

传统飞行器的主要部件如图 2.13 所示。机身是飞行器主体的中间部分，飞行器的可用容积都处于这一部分。机身将运载人、行李、其他载荷、仪器、燃料和飞行器设计师所安排的其他一切事物。机翼是飞行器产生升力的主要部件；飞行器的左翼和右翼以人在飞行器内部面朝前方确定。机翼的内部容积可以用作油箱和用于储存收起后的主起落架（机轮和支架）。水平安定面和垂直安定面的位置和尺寸能保持飞行器飞行时的稳定性（第 7 章将讨论稳定性），这些面有时称为水平尾翼和垂直尾翼，或鳍。如图 2.13 所示，当发动机安装在机翼根部时，一般封装在叫做短舱的护罩内。根据历史记载，19 世纪末和 20 世纪初，法国人在飞行器方面做出了很多的努力，因此现在传统飞行器的命名都来自法语。机身（Fuselage）就是法语单词，意为"纺锤"状。同样短舱（nacelle）也来自法语，意为"小舟"。

襟翼和控制面如图 2.14 突出部分所示，为铰链式面，通常处在机翼和尾翼的后缘（后方边缘）并可以上下旋转。襟翼的功能是增加飞行器的升力，第 5.17 节中将详细探讨襟翼。有些飞行器机翼的前缘（前方边缘）和后缘都设计有襟翼。图 2.14 中没有前缘襟翼。副翼则是控制飞行器绕机身进行滚转运动的控制面。例如，当左副翼向下偏而右副翼向上偏时，左翼的升力下降而右翼的升力增加，从而使飞行器向右滚转。升降舵是控制机头上下俯仰运动的控制面，升降舵向下偏时，尾部的升力增加，使机尾抬升而机头下降。方向舵是控制机头左右转向（称为偏航）的控制面。第 7 章将更详细地介绍这些控制面的性质和功能。

航空学中，通常使用如图 2.11 和 2.15 所示的三视图表现飞行器的形状。图 2.15 中是朝鲜战争时期著名的喷气式战斗机北美 F-86H，从上到下分别是它的前视图、顶视图和侧视图。因为三视图可以精确表现飞行器的形状和尺寸，所以它在新型飞行器的设计流程中尤为重要。

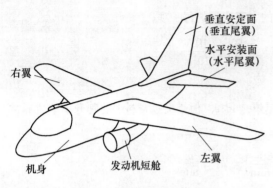

图 2.13 飞行器基本组成部分

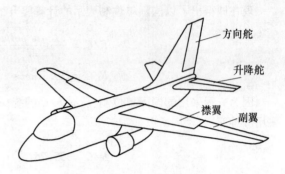

图 2.14 控制面和襟翼

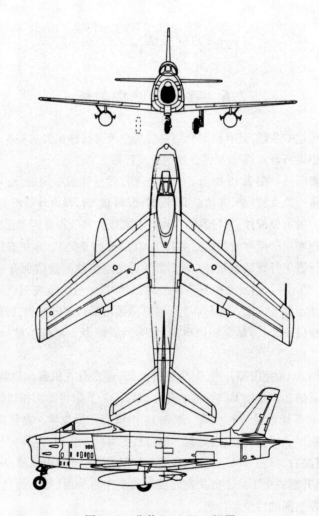

图 2.15 北美 F-86H 三视图

飞行器的内部结构通常通过图 2.17 所示的剖面图来展示,这是第二次世界大战中著名的波音 B-17 轰炸机。去掉它的一部分外壳,可以看到其内部结构。虽然 B-17 采用的是 20 世纪 30 年代的设计,但是我们之所以选取它的照片是因为它是传统飞行器结构的典型代表。图2.18是洛克希德－马丁F-117A隐形战斗机的剖面图。它是一架现代飞行器,不过其内部结构与2.17中的B-17不尽相同。剖面图通常包含有关飞行器内部结构和组装的详细信息。

设计板块

这是本书众多设计板块中的第一个。这些设计板块突出说明了与正文内容有关的飞行器的设计理念、流程与细节。设计板块的目的是反映不同的内容对飞行器设计的启示。虽然本书并不是关于设计的书籍,但是本书的基本内容当然可以运用到设计中。设计板块的目的就是引起读者对这些应用的注意。设计是工程学最重要的作用——实际上通常是工程学的最终目的。设计板块也能帮助读者更为深刻地理解空天工程。

本设计板块与飞行器剖析和三视图相关。图2.16是更为详细的三视图,它是第二次世界大战期间著名的海军战斗机沃特公司F4U"海盗式"战斗机。该图是飞行器设计流程中构型布局的示例。我们不仅可以从中看到飞行器的前视图、侧视图、顶视图和底视图,还可以看到机身不同位置的详细尺寸和横截面形状、不同位置的翼形、起落架细节以及各种灯、收音机天线等。(关于构型布局作用的探讨可参阅安德森的《飞行性能与设计》,麦克劳希尔出版社,纽约,1999。)

航空学专业的学生都知道飞行器的设计有各式各样的形状和构型。一般情况是形式服从功能,而且飞行器设计师要使飞行器构型满足特定的要求。但是,飞行器设计是个开放性的问题——实现设计目标并没有唯一的"正确方式"或"正确构型"。而且飞行器设计必须要进行折中;要实现一项良好的飞行器性能,其他方面的性能可能要有部分牺牲。例如,设计为可以进行高速飞行的飞行器其着陆和起飞性能可能不佳。而要充分优化气动特征的设计特点则可能会使结构设计过度复杂。要使发动机的位置便利的话可能又会影响飞行器的气动力……。因此,飞行器大小不一和形状各异。在此就不一一列举飞行器的不同种类和构型了。在你学习和工作的过程中迟早会有机会碰到所有这些类型的飞行器。不过,在此还是要提到几种经典的飞行器构型。

第一种是常见构型,如图2.13～2.17所示。这里我们看到的是飞行器后方有水平和垂直尾翼的单翼机(只有一组机翼)。它可能是如图2.13、图2.14、图2.16和图2.17所示的直翼,或者是如图2.15所示的后掠翼。后掠翼是飞行速度达到或超过声速时降低气动阻力的设计特征,这也就是今天大部分高速飞行器都设计为不同种类的后掠翼的原因。不过后掠翼的理念可以追溯到1935年。5.16节将更为详细地探讨后掠翼。

图2.15是一架后掠翼飞行器。机翼前掠也能达到同样的气动效果。图2.19是带前掠翼的X-29型研究机的三视图。前掠翼并不是一个新理念。但是,前掠翼由于其空气动力学的特点和结构特点,容易造成机翼扭曲和结构故障,因此大部分有掠翼的飞行器都选择后掠翼。不过如果采用今天的高强度复合材料,前掠翼也可以足够坚固,从而避免这一问题;X-29A的前掠翼就是采用的复合材料机翼。前掠翼有一定的气动优势,第5.16节将予以探讨。比较图2.15与图2.19,注意带前掠翼的飞行器其机翼与机身的结合处比后掠翼的更靠近机身后方。在后掠翼飞行器的机翼和机身结合处有一个额外的结构(穿过机身的类似翼梁的结构)会干扰机身内部的组装。而前掠翼的构型,因其机身和机翼结合处在靠近机身后方的位置,可方便设计师更为灵活地安排内部的结构组装。尽管前掠翼飞行器具有这一优势,在作者写作本书之时没有任何民用运输机或军用飞机采用了前掠翼设计。

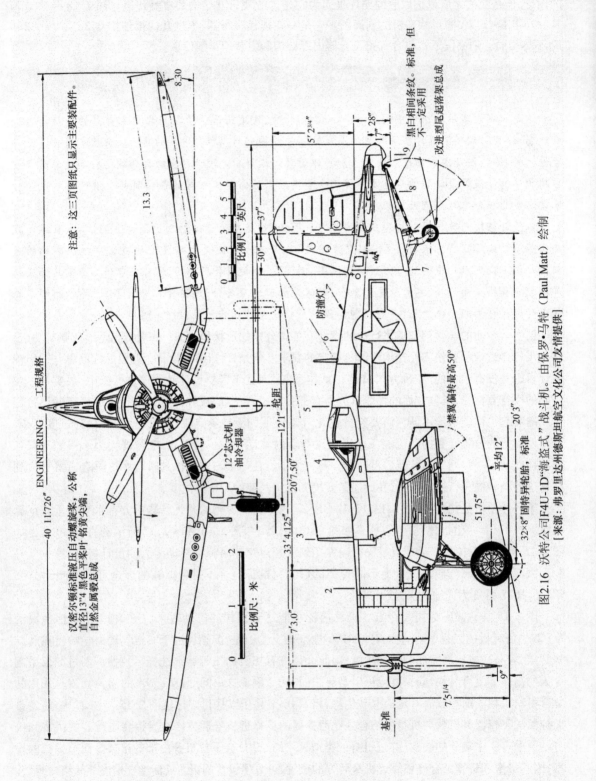

图2.16 沃特公司F4U-1D"海盗式"战斗机。由保罗·马特（Paul Matt）绘制
[来源：弗罗里达州德斯迪航空文化公司友情提供]

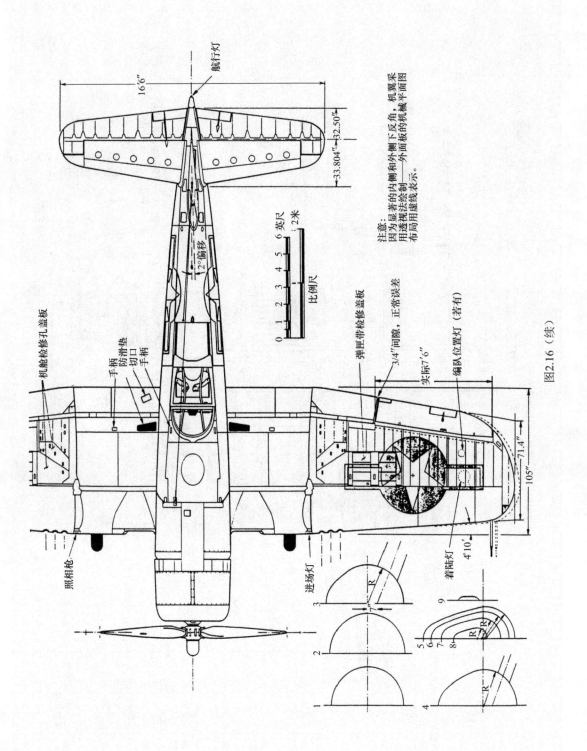

图2.16（续）

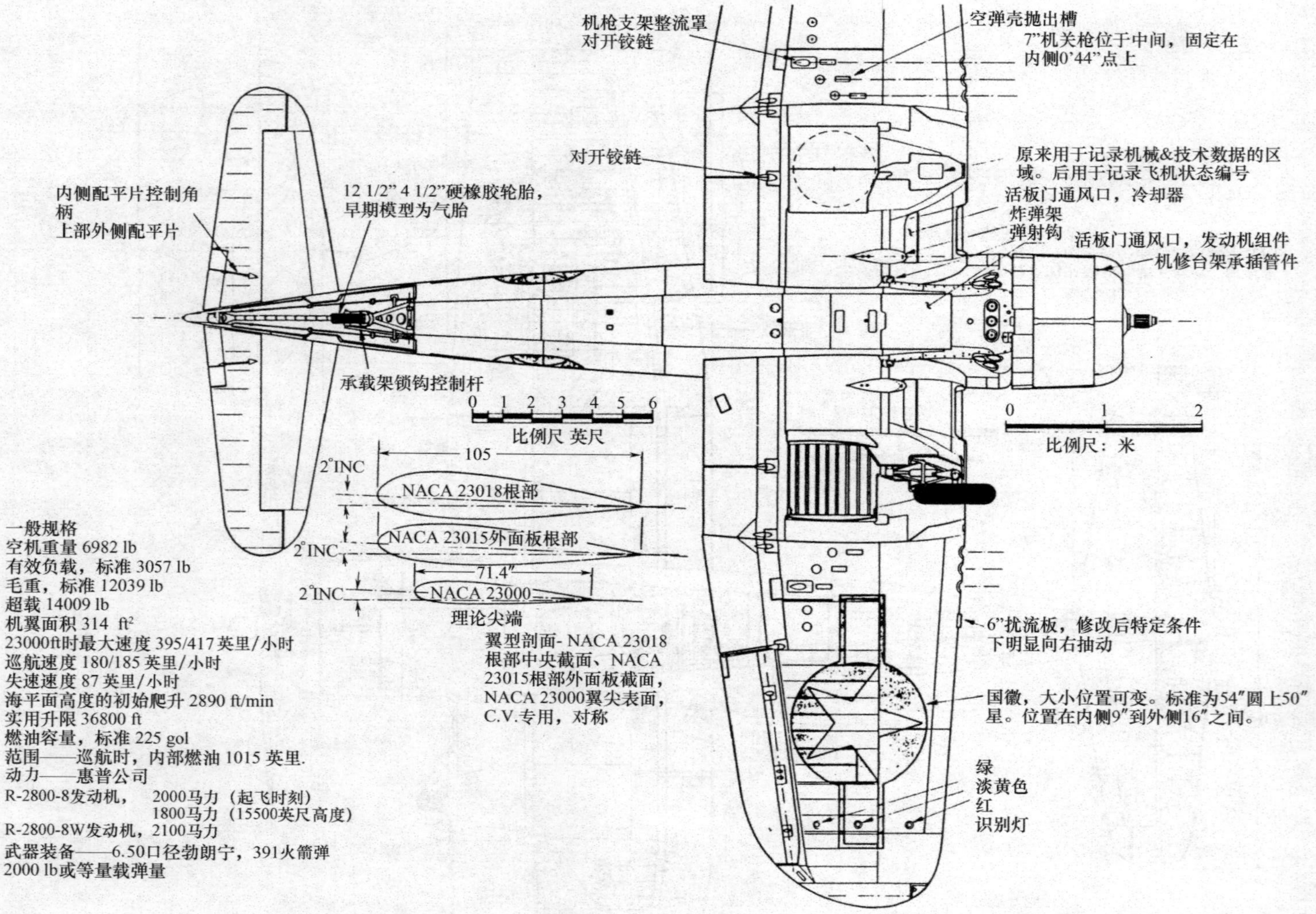

机枪支架整流罩
对开铰链
空弹壳抛出槽
7”机关枪位于中间，固定在
内侧0’44”点上
对开铰链
原来用于记录机械&技术数据的区
域。后用于记录飞机状态编号
活板门通风口，冷却器
炸弹架
弹射钩
活板门通风口，发动机组件
机修台架承插管件
内侧配平片控制角
柄
上部外侧配平片
12 1/2” 4 1/2”硬橡胶轮胎，
早期模型为气胎
承载架锁钩控制杆
0 1 2 3 4 5 6
比例尺 英尺
0 1 2
比例尺：米
105
2°INC
NACA 23018根部
NACA 23015外面板根部
71.4”
NACA 23000
理论尖端
翼型剖面- NACA 23018
根部中央截面、NACA
23015根部外面板截面，
NACA 23000翼尖表面，
C.V.专用，对称
6”扰流板，修改后特定条件
下明显向右抽动
国徽，大小位置可变。标准为54″圆上50″
星。位置在内侧9″到外侧16″之间。
绿
淡黄色
红
识别灯
一般规格
空机重量 6982 lb
有效负载，标准 3057 lb
毛重，标准 12039 lb
超载 14009 lb
机翼面积 314 ft²
23000ft时最大速度 395/417 英里/小时
巡航速度 180/185 英里/小时
失速速度 87 英里/小时
海平面高度的初始爬升 2890 ft/min
实用升限 36800 ft
燃油容量，标准 225 gol
范围——巡航时，内部燃油 1015 英里.
动力——惠普公司
R-2800-8发动机， 2000马力（起飞时刻）
1800马力（15500英尺高度）
R-2800-8W发动机，2100马力
武器装备——6.50口径勃朗宁，391火箭弹
2000 lb或等量载弹量

图2.16（完）

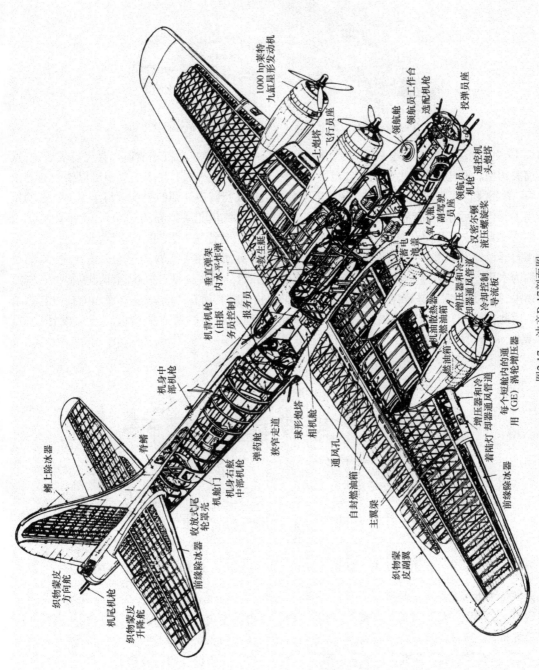

图2.17 波音B-17剖面图

[来源：比尔·刚斯顿（Bill Gunston），《经典二战飞机剖面图》（*Classic World War II Aircraft Cutaways*），英国伦敦：鱼鹰出版社，1995。]

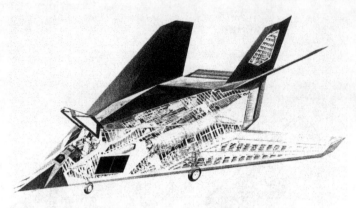

图 2.18　洛克希德－马丁 F－117A 隐形战斗机剖面图

图 2.19 中的 X－29A 还有另一个非传统特征：其水平安定面安装在机翼前而不是飞行器后方，这就是前翼构型。而这个位置上的水平安定面就称为前翼面。从图 1.1 和图 1.2 中可以清楚地看出 1903 年"莱特飞行者"就是前翼构型的设计。莱特之后的飞行器设计师们很快就将水平安定面的位置改到了飞行器后方。（有证据证明他们这样做是为了避免侵犯莱特兄弟的专利，而不是技术原因。）水平尾翼的位置则是传统飞行器的构型特点之一，自"莱特飞行者"以来它就被广泛运用在主要的飞行器设计上。其中一个原因是有些设计师认为前翼面会在飞行器上产生失稳效应（将前翼构型称为水平"安定面"可能是用词不当）。但是，合理设计的前翼构型可以达到和常见构型一样的稳定效果，第 7 章将对此进行详细探讨。事实上，前翼构型有其固有的优势，第 7 章将对此进行简单介绍。因此，近年来私人、普通航空飞行器到军用、高性能战斗机的前翼构型飞行器设计出炉。（"前翼"（canard）一词源于意为"鸭子"的法语单词）。

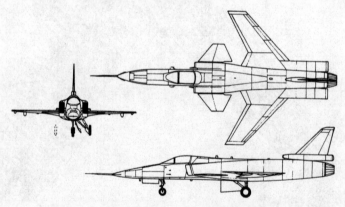

图 2.19　格鲁曼公司 X－29A 型研究机三视图

再回过头去看看图 1.1 和图 1.2 中的"莱特飞行者"，它有两组上下相叠的机翼。莱特将之称为双翼构型，几年后，该构型改名为双翼机，这一名称一直沿用至今。与之不同，只有一组机翼的飞行器叫单翼机，图 2.13～图 2.19 都是单翼机，它后来成为了飞行器的常见构型，但 20 世纪 30 年代时它还不是，1935 年之前双翼机才是常见构型。图 2.20 是 1935 年设计的格鲁曼公司 F3F－2 双翼机的三视图，它作为美国海军的最后一架双翼战斗机，1940 年之前都一直随海军战斗在前线。早期双翼机比单翼机更受欢迎是因为两个束在一起的较短机翼比起单个翼展较长的机翼，其结构强度更为大。但是，1915 年雨果·容克斯（Hugo Junkers）提出的旋臂翼设计逐渐为世人所接受后，技术上已经没有理由去使用双翼机了。但是一些老习惯是很难改变的，双翼机还是流行了好长一段时间，远远超出了技术原因可以影响的范围。今天,双翼机在体育用飞行器的特技飞行和农用喷洒飞机方面也还具备其自身的优势,因此双翼机设计也一直保留了下来。

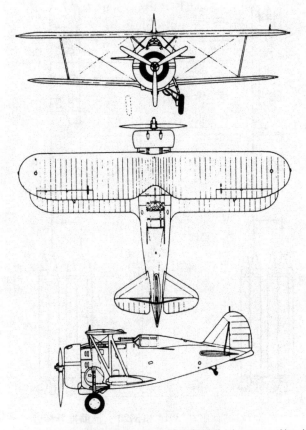

图 2.20　美国海军最后的双翼战斗机格鲁曼公司 F3F-2 的三视图

2.7　航天器结构剖析

在 2.6 节中我们探讨了传统飞行器的构型,而要定义"传统"航天器构型却是相当难的。航天器的形状、大小和装置都是由特定的任务决定的,有多少种任务就有多少种(或者更多种)航天器的构型。本节将探讨部分著名的航天器。尽管远远不能涵盖所有航天器,但还是提供了一些航天器的结构剖析。

迄今为止,所有的人造航天器都是由火箭助推器发射到太空中。一种比较传统的助推器是图 2.21 中的"德尔它"三级火箭,它由麦道公司(McDonnell - Douglas)(现已与波音合并)制造,其设计和发展演化耗时较长,可以追溯到 20 世纪 50 年代"托尔"中程弹道导弹之时。把要发射至太空的航天器封装在助推器顶部的整流罩内,助推器穿出地球大气层后它便会与助推器分离。火箭助推器实际上就是三级火箭串联。9.11 节将详细探讨使用多级助推器(而不是单级火箭)的原因。第 9 章还将探讨推动助推器的火箭发动机的原理。

如图 2.22 所示的空中发射火箭"飞马座"的助推器为非传统型。"飞马座"是由飞机运载到空中的三级火箭。达到可感知大气中的某一高度后飞机将发射助推器。"飞马座"的第一级有机翼,可帮助其在空中将火箭推得更高。

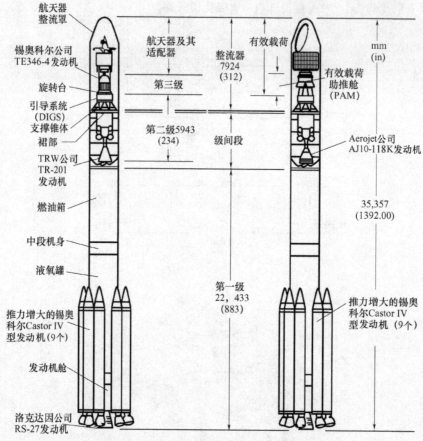

图 2.21 "德尔它"3914 和 3920 火箭助推器构型

[来源：M·D·格里芬(M. D. Griffin)和 J. R. 法兰奇(J. R. French)，《空天飞行器设计》(Space Vehicle Desing)，弗吉尼亚州雷斯顿：AIAA，1991.]

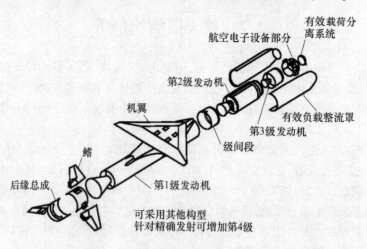

图 2.22 轨道科学公司"飞马座"火箭，空中发射火箭助推器

[来源：C. H. 埃尔德雷德，等,《未来空天运输系统与发射》(Future Space Transportation Systems and Launch)，《未来航空与空天系统》(Future Aeronautical and Space Systems)，A·K·努尔(A. K. Noor)和 S·L·贝内拉(S. L. Vennera)编辑，AIAA,《航天与航空研究进展》(Progress in Astronautics and Aeronautics)，第 172 卷,1997.]

图 2.21 中的德尔它火箭和图 2.22 中的"飞马座"火箭都是一次性使用运载火箭,也就是说不能将它们的任何一部分进行回收并重复使用。如果助推器的某些部分(即使不是全部)能回收并重复使用,当然要经济很多。因此,现在人们对于这样的可回收运载火箭有浓厚的兴趣。如图 2.23 所示的实验性 X-34 就是其中一例。它根本上是一架有机翼的助推器,能在发射完有效载荷后安全返回地面并能再一次进行发射。

某种意义上讲,航天飞机是部分可重复使用的系统。航天飞机一部分是飞机,一部分是航天器。航天飞机的飞行系统如图 2.24 所示。航天飞机轨道飞行器安装在火箭助推器一旁,其构型与飞机类似。该系统由两个固体火箭助推器(SRBs)驱动,在飞行的前 2min 它们就燃尽并被抛弃。SRB 可以回收并在重新装备后重复利用。外部燃料箱装载有主推进系统的液态氧和液态氢。主推进系统还包括轨道飞行器上的火箭发动机。系统进入轨道之前会抛弃外部燃料箱,燃料箱掉回大气层坠毁,而轨道飞行器则继续其在太空中的任务。任务完成后,轨道飞行器再入大气后滑行至地面,与传统无动力飞行器一样水平着陆。

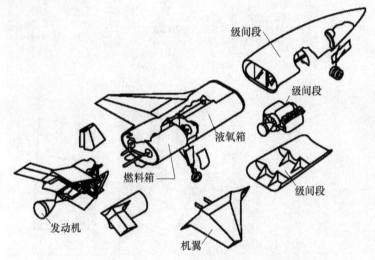

图 2.23 轨道科学公司 X-34 小型可重复使用火箭助推器
[来源:埃尔德雷德等人]

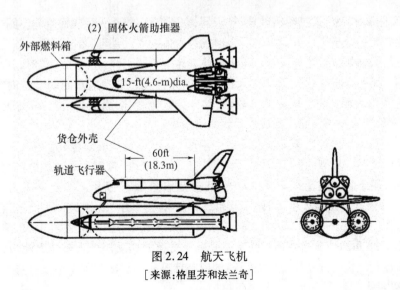

图 2.24 航天飞机
[来源:格里芬和法兰奇]

现在我们再来剖析有效载荷本身——功能性的航天器，它们有可能是地球轨道内的卫星或前往其他星球或前往太阳的深空探测器。前面提到这些航天器是为不同的特定任务而设计的，因此很难界定航天器的常见构型。不过还是可以通过剖析一些典型设计来了解它们本质。

图 2.25 所示为通信卫星，它是由 TRW 公司为美国海军所研制的舰队卫星通信系统航天器。它处在同步轨道中，该轨道与赤道在同一平面，轨道周期（环绕一周所需的时间）为 24 h。因此，任何时间同步轨道中的卫星都处在地球同一地点的上方——通信卫星的理想特征。第 8 章将探讨航天器的轨道与轨迹。该卫星主要为铝制结构。卫星中间上下安装的两个六边形舱室（本体）中包含了控制与通信所需的所有工程子系统。卫星本体顶上向外伸展的两根天线始终指向地球。本体两侧伸出的两块基于 ARM 的光伏阵列（太阳能电池板）不断地旋转，始终朝向太阳。太阳能电池板为航天器仪器的运行提供动力。

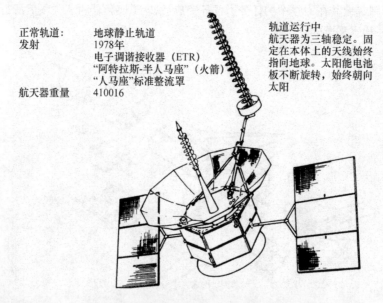

图 2.25　TRW 舰队卫星通信系统
［来源：格里芬和法兰奇］

图 2.26 和图 2.27 为"火星探路者号"航天器，它于 1997 年在火星表面着陆。图 2.27 是最后进入火星大气层装置的分解图。减速伞和后壳形成进入体的气动外形，着陆器则折叠在内部。该进入体的功能是在航天器接近火星表面时产生阻力使其速度下降，并防止进入大气时其内部装置受到气动加热的影响。第 8 章将探讨航天器进入行星大气和进入时气动加热的动力学内容。图 2.26 是"探路者号"在火星表面部署完毕后的着陆器，其自行装置、太阳能电池板、高增益天线与低增益天线、用来拍摄和传送火星表面照片的成像器如图所示。

还有的航天器仅仅设计用于飞经太阳系中星球（而不在星球表面着陆），拍摄照片并将详细的科学数据传送回地球。典型的例子是"水手 6 号"和"水手 7 号"探测器。这两架完全相同的航天器发射于 1969 年，用于研究火星的表面和大气，其构型如图 2.28 所示。1969 年 7 月 28 日，"水手 6 号"以 3429km 的最近点飞经火星，而同年 8 月 5 日，"水手 7 号"以 3430km 的最近点从火星掠过。两架航天器都发回了关于火星的重要信息，包括火星大气成分、压力和温度以及布满坑洞的火星表面图像。从图 2.28 可以看到由八边形镁制中段机身支撑的四块矩形太阳能电池板；中段机身封装了能不受地面控制干扰的独立控制"水手号"的控制计算机和程序装置。中段机身上还连有两台电视摄像机，可以对火星表面进行广角与窄角扫描。

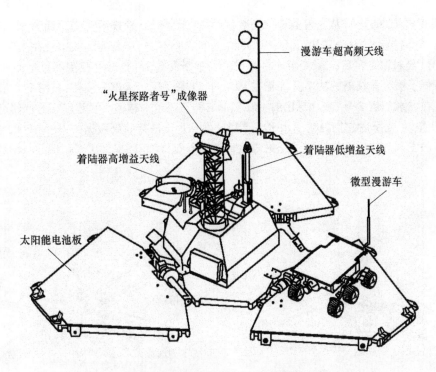

图 2.26 火星表面的"火星探路者号"
[来源:M.K.奥尔森(M. K. Olsen)等,《太阳系统探索航天器》
(Spacecraft for Solar System Exploration),《未来航空与空天系统》
(Future Aeronautical and Space Systems),A·K·努尔和S·L·贝内拉编辑,AIAA,
《航天与航空研究进展》(Progress in Astronautics and Aeronautics),第172卷,1997.]

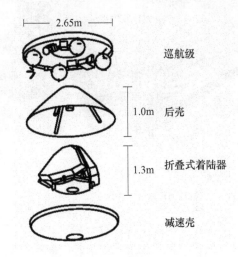

图 2.27 "火星探路者号"空天飞行器部件
[来源:奥尔森等人]

如图2.29所示的"旅行者2号"毫无疑义是一架最惊人、最成功的深空探测器。它发射于1977年8月20日,用于探索太阳系外行星。1979年4月它开始传送木星及其卫星的照片。接着"旅行者2号"开始加速接近土星并于1981年8月采集了土星光环与卫星的照片。它圆满完成了探索两大行星的基本任务之后,NASA喷气推进实验室的任务规划人员又将其送往天王星,并于1986年1月

24日到达最近点71000km。从它发回地球的数据中,科学家们新发现了天王星的10颗卫星。进行中段修正后,"旅行者号"从海王星云顶上方4500km的高度掠过,接着便转入了通往太阳系以外的。"旅行者2号"经过海王星后,NASA正式将整个项目重新命名为"旅行者探测器星际使命",并为节约能量而调低了航天器仪器的功率。接着在1998年11月关闭了大部分仪器,只留7个最主要的仪器工作。现在,"旅行者2号"离地球已有100亿km,而且还越来越远。尽管现有的仪器可以提供数据直到2020年,但是那时它们的功率水平将下降到地球上无法接收到数据的程度。2003年初,喷气推进实验室的工程师终于还是切断了开关,"旅行者2号"已经超额提供了开拓性的科学数据。

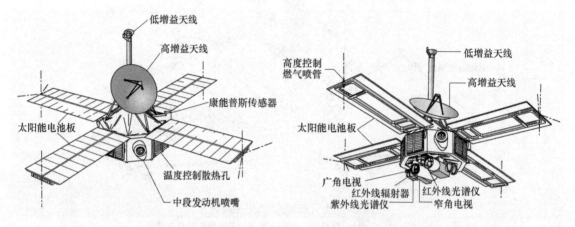

图2.28　1969年飞经火星的两架相同航天器——"水手6号"和"水手7号"的双视图

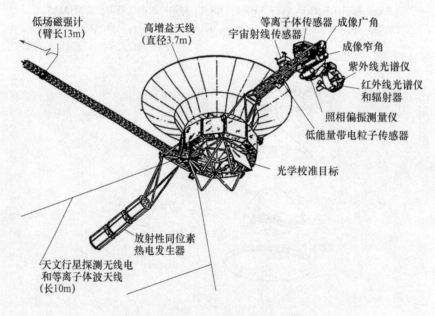

图2.29　"旅行者2号"航天器

观察图2.29中的"旅行者2号"的构型,可发现它采用的是典型的航天器配置。因为要对多个行星进行近距离飞掠探测,所以不论行星处在航天器哪个位置,图2.29中的各个科学仪器对行星都必须有无阻挡视界。因此它的仪器台设计为如图2.29所示航天器右侧的铰接式仪器台。通过操作"旅行者号"使图2.29顶部所示的高增益天线指向地球。

总之,有多少种太空任务就有多少种空天飞行器的构型。空天飞行器在接近真空的环境飞行,几乎不受任何气动力,无升力或阻力的影响。因此,空天飞行器设计师可以随心所欲地进行外部构型。而大气飞行器则不然。大气飞行器的外部结构(机身、机翼等)决定飞行器上的气动升力和阻力,飞行器设计师必须优化构型使飞行器在大气中有效飞行,因此大气飞行器剖析部分占据的篇幅比空天飞行器多。而空天飞行器的构型则是五花八门。本节只是列举了空天飞行器几种不同的构型,让读者对其设计形成一定的感觉。

2.8 历史事记:NACA 与 NASA

NASA——四个字母意义却涵盖了整个世界。自从 1958 年创立以来,美国国家航空航天局就经常出现在头版新闻中。有时是好新闻,有时却不尽如人意。这些新闻涉及"阿波罗"太空飞行探月计划、航天飞机、宇宙空间站等。1958 年以来,NASA 就负责开发飞行器的新技术,包括飞得更远、更快、更安全和更经济的技术。简而言之,空天工程专业领域发展的动力就是 NASA 的研究工作。20 世纪上半叶,NASA 成立之前,美国国家航空咨询委员会(NACA)推动着飞行技术的进步。在继续进行本空天飞行导论的学习之前,还应该了解 NACA 与 NASA 的历史支柱作用,并了解这两大机构对空天工程的影响。鉴于 NACA 和 NASA 对飞行技术的根本和重要作用,我们在基本原理这章特别穿插了这一历史事记。

现在让我们再续第 1 章中空天工程的历史。1908 年奥维尔和韦尔伯在美国和欧洲的公开展示获得举世瞩目的成就后,航空学开始蓬勃发展。而航空的快速发展又需要气动、推进、结构和飞行控制等技术研究新成就的带动。需要注意的是,不论是当时还是现在,空天研究花费巨大,始终需要高素质的人才,有时还需要大型试验设备。有些研究工作超出了私营产业的财政能力,或太过特殊而超过了私营产业可以承受的范围。因此,20 世纪,不得不由国家政府进行基础研究从而加速空天科技发展。值得一提的是,早在 1817 年,乔治·凯利(见第 1 章)就呼吁"发行公债",以承担飞艇的发展费用。80 年后,英国政府回应了这一呼吁,在英格兰法恩伯勒(Farnborough)成立了气球和军事风筝飞行学校。1910 年,皇家飞机制造厂(Royal Aircraft Factory,RAF)在法恩伯勒投产,著名的杰弗里·德·哈维兰(Geoffrey de Havilland)出任了第一任飞机设计师和试飞员。这是历史上第一所政府创办的主要航空机构,后来演化为皇家航空研究院(RAE),并在近一个世纪的时间里为英国政府进行了切实可行的空天科技研究。

1910 年之后,美国的飞行器发展和空天科技研究有所放缓。随后的 10 年,美国的空天科技发展尴尬地落后于欧洲。这就为美国政府创办正式机制,走出空天"黑暗时代"提供了动力。1915 年 3 月 3 日,根据一项国会法案,美国成立了国家航空咨询委员会(NACA),初步拨款五年内每年 5000 美元。它开始是一个真正的委员会,由 12 位在航空领域颇有造诣的著名成员组成。1915 年的创始成员包括美国约翰·霍普金斯大学的约瑟夫.S. 埃姆斯(Joseph S. Ames)教授(后来担任约翰·霍普金斯的校长)和美国斯坦福大学的威廉.F. 杜兰德(William F. Durand)教授。动力飞行的前半个世纪,两位教授都在航空科技研究方面占有一席之地。最初该咨询委员会 NACA 在"每年 10 月第三个星期的星期四"在哥伦比亚特区华盛顿召开年会,并应主席号召随时举行特别会议,其目的在于向政府提出航空研究和发展方面的建议,并增加美国境内这类活动的凝聚力。

委员会很快意识到要使美国航空学重焕生机仅仅 12 位成员还不够。这一点从 1915 年 NACA 提交的第一份年度报告中可以看出,报告中有下面两段话:

如今,航空学的实际问题形式不定,以至于难以解决。以本委员会之见,委员会工作最重要的第一步是获得相关的必需品、飞机场、飞行器以及全尺寸飞行器约束飞行和自由飞行时测定其受力用的测试仪表。为此,提交的预算中包含了增加技术、操作人员和进行全尺寸实验所需适当设备等项目。

这些实际问题当然会越来越多,因此很明显最终还需要一所装备精良的实验室用于专门解决这些问题。但是这次安排的实验室设备可能在不久的将来便不能满足新的需求,我们认为这些必需品必须跟上发展步伐。

因此咨询委员会的第一项行动便是呼吁主要政府机构进行航空研发工作。欧洲的战争硝烟———一年前爆发了第一次世界大战——使他们的要求变得更加迫切。1917年,美国卷入战争后,委员会的要求有了回应。在NACA的第三份年度报告中我们发现了如下内容:

委员会成立时和战争爆发以来,规划了一些非常重要的高科技特殊调查研究,而进行这些研究的设施已不复存在或只以某种有限的程度存在,为继续进行此类研究,委员会承包了位于弗吉尼亚州汉普顿兰利机场的美国陆军通信兵试验站的一所研究实验室。

该报告接下来还描述了一座两层的实验大楼,其中设有物理、化学与结构测试实验室。大楼建筑合同价格 $ 80900,实际施工始于1917年。计划在"不久以后"建两个风洞和一台发动机试验台。考虑到卫生条件、太接近华盛顿可能导致的问题、东部的工业中心、海上攻击防卫、气候条件和地皮价格等条件,最后选址弗吉尼亚州汉普顿以北4英里。

兰利纪念航空研究实验室就此诞生了。在此后的20年,它一直是NACA唯一的实验室,也是美国唯一的类型全面的实验室。实验室以塞缪尔·皮尔蓬·兰利(见1.7节)命名,一直在风洞和飞行研究方面处于领先地位。特别值得一提的是20世纪20~30年代在兰利纪念航空研究实验室进行的翼型和机翼研究。学习第5章关于翼型的内容时,请注意附录4中的翼型数据就是在兰利纪念航空研究实验室中得出的。凭借兰利实验室的丰硕成果,美国的航空发展领先于世界。伴随着系统的翼型测试,实验室还取得了一系列成就,比较显著的有NACA发动机整流罩(见第6.19节),它是一个位于星形活塞发动机周围的气动整流罩,能大大减小这类发动机的气动阻力。

1936年,当时NACA的空天研究主任乔治·路易斯(George Lewis)(1924—1947年在职),游历了欧洲各主要的实验室。他意识到NACA正在快速失去空天研究的领先地位,特别是被德国取得的进展赶超。第二次世界大战接近尾声时,NACA清楚地意识到他们急需两所新实验室:一所进行高速(甚至超声速)飞行的先进空气动力学实验室和一所重要的发动机测试实验室。应NACA的要求,最终建成了加利福尼亚州山景城附近莫菲特场(Moffett Filed)的艾姆斯航空实验室(Ames Aeronautical Laboratory)(1939年授权建设)和俄亥俄州克利夫兰的路易斯发动机研究实验室(Lewis Engine Research Laboratory)(1941年授权建设)。这两所NACA新实验室与兰利实验室一道将美国再次推到了20世纪40年代和50年代空天科技研发的前沿。

1957年10月4日,空天时代迎来了它的黎明,那天,苏联发射了"斯普特尼克一号"(Sputnik I),地球轨道上第一颗人造卫星。于是美国放下了那几份尴尬的骄傲,开始迅速投入到空天竞争中。1958年7月29日,美国颁布了另外一项国会法案(公法85-568),成立了美国国家航空航天局(NASA),此时,NACA也走到了尽头,其项目、人员和设施立刻转到了NASA。NASA是一个比旧NACA更大型的组织,它还额外吸收了众多空军、海军和陆军的空天项目。NASA成立两年后,又增设了4个主要部分:将阿拉巴马州亨茨维尔原有的陆军机构改名为乔治.C. 马歇尔航天中心(George C. Marshall Space Flight Center);马里兰州格林贝尔特的戈达德太空飞行中心(Goddard Space Flight Center);德克萨斯州休斯敦的载人航天器中心(Manned Spacecraft Center)[现为约翰逊航天器中心(Johnson Spacecraft Center)];佛罗里达州卡纳维拉尔角的发射操作中心(Launch Operations Center)[现为约翰.F. 肯尼迪航天中心(John F. Kennedy Space Center)]。这些机构和现存的但名称稍有调整的兰利、艾姆斯和路易斯研究中心组成了NASA的支柱。因此,NACA取得的空天专业成就为

NASA 的发展埋下了种子,此后不久,NASA 就成为了世界空天技术发展的一股重要力量。

之所以基本原理这一章中简单介绍 NACA 和 NASA 的历史根源,是因为没有哪位美国空天工程的学生或实践者是不受 NACA 或 NASA 的数据和结果的影响或指导的,第 5 章中对翼型的延伸探讨就是其中一例。因为 NACA 和 NASA 对空天工程原理研究有至关重要的作用,所以对这两大组织的历史根源形成一定的印象是非常必要的。作者希望这一历史记事对这一印象的形成有所帮助。去图书馆看看自 1915 年 NACA 的第一份报告以来的 NACA 和 NASA 的技术报告也有助于更深入了解这两大组织,这样就能对多年来的空天研究情况有全面了解。

2.9 回顾与总结

本章介绍了开始空天工程学习之前必须掌握的基本原理。正如画家开始画画之前要在调色盘上将各种颜色进行配色,之后才能在帆布或画板上形成一幅艺术品一样,本章将各种原理都展示在空天工程的调色盘上,然后它们将在我们的脑海中、文章中或电脑中形成一幅工程艺术品。

本章探讨的唯一一个方程是状态方程(2.3),它涉及到气体压力、密度和温度,是分析高速流的基本方程。以该方程为跳板,本章还用较长篇幅对单位进行了介绍。单位极其重要,在进行正确定量计算前必须掌握。

强烈建议在计算时始终使用统一单位。统一单位本身适合自然方程的纯物理形式,方程中不需换算因数。使用统一单位时,牛顿第二定律始终都可以写成 $F = ma$,不需加任何换算因数 g_c。方程 $F = ma$ 是自然方程,使用统一单位。反之,$F = \left(\dfrac{1}{g_c}\right)$ 是人造方程,因使用非统一单位而造成了不必要的麻烦。如果使用自然方程的基本形式和相应的统一单位,得出的结果自然也是统一单位,计算时也就不需要详细追踪单位。状态方程(2.3)就是其中一例:

$$p = \rho RT$$

这是一个自然方程,不含人造换算因数。将带统一单位的数字直接代入方程,得出的结果单位也是统一的。

然而,事实并非人愿,在过去几个世纪的工程发展历史中,出现了许多人造的非统一单位。想要得到正确的计算结果,处理这些单位往往是一个挑战。为了避免单位不匹配引起的错误,请大家在方程中始终运用统一单位。本书采用两个统一单位制:国际单位制,其中力、质量、长度、时间和温度的单位分别为 N、kg、m、s 和 K;英国工程单位制,使用 lb、slug、ft、s 和 °R 为主要单位。目前,国际单位制是世界上使用范围最广泛的单位制。而 20 世纪,英国工程单位制在英国和美国是主要的单位制,现在在这两个国家也逐渐被国际单位制取代。但是,由于大量过去的工程文献都是采用英国工程单位制,而且仍然有工程师采用该单位制,因此有必要掌握并能得心应手地运用这两种单位制。这也是本书中有些计算使用一种单位制而另外一些使用另一种单位制的原因。(有些现代工程学课本仅仅只采用国际单位制,而本书作者认为在本书中这样做对读者完全是有害无利的。不论读者是来自只使用国际单位制的国家还是继续沿用或至少部分沿用英国工程单位制的国家,在这个国际化的世界里,都应该能熟练流利地运用这两种单位制。)

本章中最重要的基本原理之一是所有气动力的来源。如第 2.2 节所述,凡是有气流或液体流经某物体时,该物体都会受到气动力。该力往往可分为两种力:升力,与流向垂直;阻力,与流向平行。第 2.2 节还强调,所有情况下,不论物体的构型和方向如何,不论流体流经物体的速度的快慢,作用在物体上的净气动力,即升力和阻力,仅仅取决于物体与气流接触的总表面上的压力和剪切应力的分布。压力和剪切应力分布就是大自然的一双手,用于产生一种力并施加在流场中的物体上,仅此而已。开始学习空天工程时认清并理解这一点能避免以后学习和工作上的许多困扰。

本章要点简单总结如下：

1. 空气动力学语言包括压力、密度、温度和速率，可通过描画气流流线使速度场形象化。
2. 物体上气动力的来源是表面上压力和剪切应力的分布。
3. 分子间力场可以忽略不计的气体叫理想气体。理想气体的 p、ρ 和 T 的方程是

$$p = \rho RT \tag{2.3}$$

式中：R 是气体常数。

4. 为避免基本方程中出现混淆、错误和许多不必要的换算因数，应始终采用统一单位。本书中采用国际单位制（牛顿、千克、米、秒）和英国工程单位制（磅、斯勒格、英尺、秒）。

参考文献

Anderson, John D., Jr. *Aircraft Performance and Design.* WCB/McGraw-Hill, New York, 1999.

Gray, George W. *Frontiers of Flight.* Knopf, New York, 1948.

Griffin, Michael D., and James R. French. *Space Vehicle Design.* 2nd ed. American Institute of Aeronautics and Astronautics, Reston, VA, 2004.

Hartman, E. P. *Adventures in Research: A History of Ames Research Center 1940–1965,* NASA SP-4302. 1970.

Mechtly, E. A. *The International System of Units.* NASA SP-7012, 1969.

作 业 题

2.1 航天飞机着陆前进行低速飞行，机头空气的压力和温度分别为 1.2atm 和 300K，那么密度和比容分别是多少？

2.2 有重 1 kg、温度 500K 的氦，假设氦的总内能是每个原子平均动能的总和，计算该气体的内能。提示：氦的平均分子量是 4。回顾可知化学中所学平均分子量是指每摩尔气体的质量，即 1mol 氦质量为 4kg。而且，1 mol 任何气体含有 6.02×10^{23} 个分子或原子（阿伏伽德罗常数）。

2.3 设标准大气压和温度分别为 2116 lb/ft^2 和 59°F，计算一间长 20ft、宽 15ft、高 8ft 的房间内的气体重量（以磅为单位）。

2.4 与作业题 2.3 相比，假设房间内空气压力保持在 2116 lb/ft^2 不变，设空气温度下降到 −10°F（寒冷的冬天）时房间内空气总重量的变化率。

2.5 将 1500 lb$_m$ 的空气泵入容积为 900ft^3 的空储存罐内，且罐内空气温度均匀且为 70°F，大气环境中罐内空气压力是多少？

2.6 作业题 2.5 中，假设空气泵入储存罐的速度为 0.5 lb$_m$/s，设想罐中泵入了 1000 lb$_m$ 空气的一刻，假设此时空气温度均匀且为 50 °F，并以 1°F/min 的速度上升，计算此时的压力变化率。

2.7 设"协和式"超声速运输机机翼上一点空气温度为 10°C，气压为 1.7×10^4 N/m^2。计算该点的空气密度。

2.8 在超声速风洞测试段某点气压为 0.5×10^5 N/m^2，温度为 240K。计算比容。

2.9 设气动流内有一个平面（例如风洞内的平侧壁），平面的尺寸为气动流方向（x 方向）长 3ft，气动流垂直方向（y 方向）长 1ft。设压力分布（磅每平方英尺）为 $p = 2116 - 10x$ 且不受 y 影响，再设剪切应力分布（磅每平方英尺）为 $\tau_w = 90/(x+9)^{1/2}$，也不受 y 影响，如下图所示。计算平面上气动合力的大小和方向。

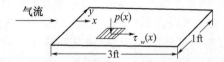

2.10 棒球投球手以85英里/h的速度投出球。棒球以85英里/h的速度飞过静止空气形成的流场与气流以85英里/h速度流经静止的棒球而形成的流场一样。(这是风洞实验原理,将在第4章探讨。)以下给出了气流经过静止物体的图形。忽略摩擦力,球体(如棒球)表面上的气流速度理论上可表示为 $V = \frac{3}{2} V_\infty \sin\theta$。式中 V_∞ 为气流速率(远在球体前方的自由流速率)。由球体半径和球面相交确定任意一点,θ 为半径的角位置,此半径从自由流方向上穿过球体中心的直线开始测得(即球面上正前方和正后方的点分别符合 $\theta = 0°$ 和 $\theta = 180°$)(见下图)。速率 V 是球面上任意点的流速。计算球面上的最大和最低速率,并找出最大和最低速率点的位置。

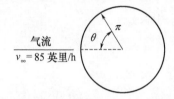

2.11 设一个普通的充氦派对气球体积为 2.2 ft³。外界空气对气球的升力是气球外表面上压力分布的净合力。根据这一事实,由阿基米德原理可以推断出气球所受的向上力等于被气球挤开的空气质量。假设气球处在海平面,空气密度为 0.002377 slug/ft³,计算气球可以吊起的最大重量。提示:空气分子量为28.8,氦分子量为4。

2.12 四冲程往复式内燃机是大部分汽车和小型普通航空飞行器的动力源。油气混合物在活塞顶端和汽缸顶端之间燃烧(第9章将探讨往复式发动机)。活塞运动到压缩行程末端(称为上止点),气体被压缩到高压状态并在活塞顶部和汽缸顶部之间压缩成很小体积时,气体混合物才被点燃。活塞往下运动开始做功行程之前燃烧便发生。因此燃烧过程中气体的体积是恒定的,即燃烧过程定容。设燃烧开始时气体密度和温度分别为 11.3 kg/m³ 和 625 K,定容燃烧过程结束时气体温度为 4000K。计算定容燃烧过程结束时的气体压力。假设油气混合物的气体常数与纯净空气一样。

2.13 对于作业题2.12中的燃烧,计算(a)燃烧开始时和(b)燃烧结束时气体作用在活塞顶部的力。圆形活塞面的直径为9 cm。

2.14 气涡轮喷气发动机中,进入的空气经过压缩机后压力增加,然后空气进入燃烧室。燃烧室近似长罐状(有时称为罐状燃烧室)。油注入燃烧室中与空气一起燃烧,接着燃烧后的油气混合物排出燃烧室,其温度比进入燃烧室的空气高。(第9章将探讨气涡轮喷气发动机)。经过燃烧室的气流压力是恒定的,即燃烧过程处于定压状态。设进入燃烧室的空气压力和温度分别为 4×10^6 N/m² 和 900K,排出燃烧室的气体温度为 1500K。计算(a)进入燃烧室和(b)排出燃烧室的气体密度。假设油气混合物的气体常数与纯净空气一样。

2.15 本书中经常用英里每小时表示速率。英国工程单位制和国际单位制中速率单位分别为 ft/s 和 m/s。那么 60m/h 的速率换算为 ft/s 和 m/s 分别是多少?

2.16 作业题2.15的答案很好记。如果记得的话,就能快速地将速率由 m/h 换算成 ft/s 或 m/s。例如,运用作业题2.15中根据速率 60m/h 计算出的答案,将 F-86H 在海平面的最大飞行速度(见图2.15)692m/h 快速换算成 ft/s 和 m/s。

2.17 假设一块面积为 $2m^2$ 的静止薄平板与气流方向垂直。平板正面(朝气流的一面)的压力为 $1.0715 \times 10^5 N/m^2$,且恒定不变。平板背面(背朝气流的一面)的压力为 $1.01 \times 10^5 N/m^2$,也恒定不变。计算平板上的气动力(以磅为单位)。提示:此情况下剪切应力作用可忽略不计。

2.18 图 2.12b 中北美航空公司 P-51"野马式"战斗机重 10100lb,其机翼平面形状面积为 $233ft^2$。用英国工程单位制和国际单位制计算其机翼负载。同时用非统一单位 kg_f 表述其机翼负载。

2.19 图 2.12b 中 P-51 在 25000ft 的高度最大速率可达 437m/h。将速率换算为 km/h,高度换算为 km。

2.20 火箭助推器燃尽时,航天飞机(图 2.24)的速率为 26000ft/s,换算成 km/s 是多少?

2.21 根据图 2.16 中 F4U-1D"海盗式"战斗机的比例图,计算螺旋桨毂梢到机身末端的长度,并计算翼展(两机翼翼尖之间的直线距离)(以米为单位)。

第3章 标准大气理论

时而温柔,时而任性,时而可怕,从未有两个相同的时刻;如人类般热情,如心灵般柔和,如神灵般无穷。

约翰·罗斯金(John Ruskin),《天空》(The Sky)

空天飞行器可以分为两种基本类型:如飞机和直升机这类总是在可感知大气范围内飞行的大气飞行器,以及如人造卫星、"阿波罗号"登月飞船和深空探测器这类在可感知大气以外的范围内运行的航天器。然而,航天器在从地球表面升空及完成计划后的再入和回收过程中会接触到大气。如果该飞行器为星际探测器,便可能会接触到金星、火星、木星等星球的大气。所以,设计和操作任何空天飞行器时,必须考虑到大气的特性。

地球大气是一种动力变化系统,时常处于流动的状态。大气的压力和温度取决于高度、地球上的位置(经纬度)、一天中的时间、季节甚至是太阳黑子活动的情况。在考虑飞行器的设计和性能时,想要将所有这些变化情况列入考虑范围是不切实际的。因此,标准大气的定义是为了将飞行试验、风洞结果以及一般飞行器设计性能联系到共同参考坐标上。标准大气给出了压力、温度、密度的均值,以及作为高度函数的其他特性;这些值来源于结合了大气数学模型的试验气球和探测火箭的测量值。在合理程度上,标准大气反映了平均的大气条件,但这不是其主要价值。其主要功能是为各地空天工程师提供一种有组织形式的共同参考条件表。本章的目的是让读者了解标准大气及其在空天飞行器分析中的应用。

预览板块

在跳入陌生的水塘或是潜入不熟悉的游泳池时,你可能想了解一些事情:水温如何?是否干净?水有多深?所有这些都可能影响到你在水中游泳的表现,甚至是你游泳的决定。同样,在研究空中高速飞行的飞行器的性能前,我们还需要了解大气其本身的一些信息。设想一下飞入大气内的飞机,或发射至大气的空天飞行器,或者是从太空中穿过大气返回的飞行器。所有这些情况下,飞行器的性能都将在某种程度上由大气性能——大气的温度、密度及压力来支配。

大气的特性是什么?我们知道大气随高度而变化,但它是如何变化的?如何发现这些变化?本章将对这些重要问题一一解答。在进一步深入学习飞行器前,需了解大气情况。详情请见正文。

有人可能会问:那么什么是标准大气呢?本书结尾处的附录1和附录2给出了一个巧妙答案。请看这两个附表,它们编制出了不同高度的温度、压力和密度。附录1采用国际单位制,附录2采用英国工程单位制。这些数字从何而来?是遥远时代某个人凭空想象出的吗?绝对不是。这些表中的数字是在合理的、科学的基础上得到的。本章的目的之一是完善该合理依据,另一目的是介绍这些表的使用方法。

本章的路线图如图3.1所示。我们将首先沿着路线图的左边向下,确定一些创建标准大气表中数字所必需工具的定义和一个基础物理学公式(流体静力方程)。然后回到路线图的右边,讨论表中数字的实际来源。另外还将详细介绍标准大气的结构。最后,我们定义了衍生于表中数字的一些术语——压力高度、密度高度与温度高度——这些都是在航空学中常用的术语。

请注意,本章的讨论重点是地球标准大气的定义。附录1和附录2是针对地球大气编制的。然而,本章所讨论的物理原理和技术同样适用于构建其他行星(如金星、火星和木星)的大气模型,因此本章不仅仅适用于地球。

值得一提的是,存在几种不同的标准大气,由不同机构在不同时间编制,每一种在模型中使用的实验数据都稍有差异。实际上,在30km(100000ft)以下,差异微不足道,这是当代飞机的主要活动区域。常用的标准大气为1959年ARDC大气模型。(ARDC代表美国空军的前大气研究发展司令部,即现在的美国空军研究实验室。)本书中的大气表采用的是1959年ARDC大气模型。

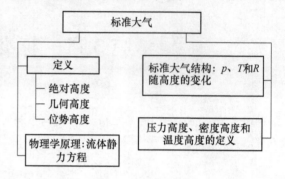

图3.1 第3章路线图

3.1 高度的定义

直观地说,我们都知道"高度"的含义,即地面以上的距离。但是,和其他许多一般术语一样,必须对其进行更精确的定义以便于工程学上的定量使用。事实上,在后续章节中,我们将定义并使用6种不同的高度定义:绝对高度、几何高度、位势高度、压力高度、温度高度以及密度高度。

首先想象我们处在美国佛罗里达州的代托纳比奇,其地面处于海平面。如果能够乘坐直升机笔直直飞并将卷尺垂至地面,卷尺所测得的结果,在定义上被称作几何高度 h_G——即几何海拔高度。

如果穿过地表钻孔至地球中心,然后拉出卷尺,直至卷尺到达地球中心,这样在卷尺上得到的测量结果在定义上被称作绝对高度 h_a。如果 r 为地球的半径,则 $h_a = h_G + r$,如图3.2所示。

绝对高度很重要,特别是对于航天器,因为当地重力加速度 g 随 h_a 变化。根据牛顿万有引力定律,g 与至地球中心距离的平方成反比。设 g_0 为海平面的重力加速度,则给定绝对高度 h_a 处的当地重力加速度 g 为

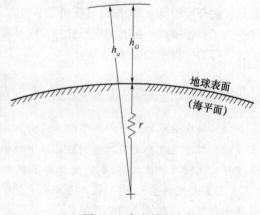

图3.2 高度的定义

$$g = g_0 \left(\frac{r}{h_a}\right)^2 = g_0 \left(\frac{r}{r + h_G}\right)^2 \tag{3.1}$$

处理大气的数学模型时,必须要考虑到随高度而变化的 g,这点将在后续章节进行讨论。

3.2 流体静力方程

现在,让我们开始拼凑出一个模型,以便计算作为高度函数的 p、ρ 和 T 的变化量。该模型的基础是流体静力方程,也就是静止流体元上的力平衡。设想如图3.3所示的小空气静止流体元。为方

便起见,选择了有矩形面的流体元,其顶面和底面由单位长度边组成,且侧面高度 dh_G 极小。底面承受着压力 p,引起施加在流体元上的向上力 $p×1×1$。顶面略微高一点(高出 dh_G),而且由于压力随高度变化,顶面上的压力会与底面上压力存在由极小值 dp 表示的微小不同。因此,顶面上承受的压力为 $p+dp$,它在流体元上引起向下力 $(p+dp)(1)(1)$。而且,流体元的体积为 $(1)(1)dh_G = dh_G$;又因为 ρ 为单位体积质量,流体元的质量为 $\rho(1)(1)dh_G = \rho dh_G$。若当地重力加速度为 g,则流体元的重量为 $g\rho dh_G$,如图 3.3 所示。图 3.3 所示的三种力——顶部和底部的压力以及重力——必须保持平衡,因为流体元没有运动。因此,

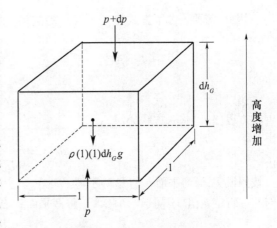

图 3.3 流体静力方程受力图

$$p = p + dp + \rho g dh_G$$

因此,
$$dp = -\rho g dh_G \qquad (3.2)$$

方程(3.2)为流体静力方程,适用于任何密度为 ρ 的流体,例如,海洋中的水和大气中的空气。

严格地说,方程(3.2)是微分方程;也就是说,它将压力的极小改变量 dp 与相应的高度极小改变量 dh_G 联系在一起,用微分学的语言来说,dp 和 dh_G 是微分。注意 g 在方程(3.2)中是一个变量,取决于方程(3.1)给出的 h_G。

为使方程(3.2)适用,应将其求积分以得出:压力随高度的变化 $p = p(h_G)$。为了简化积分,我们假设 g 在大气中是恒定的,等于其在海平面的值 g_0。这有点像航空学的历史惯例。

因此可以将方程(3.2)写成

$$dp = -\rho g_0 dh \qquad (3.3)$$

然而,为使方程(3.2)和方程(3.3)数值相同,方程(3.3)中的高度 h 必须与方程(3.2)中的 h_G 稍微不同,以弥补 g 与 g_0 稍微不同的事实。由此就定义出了一个新高度 h,称为位势高度,与几何高度不同。为了更好地理解位势高度的概念,设想在给定几何高度 h_G 处的压力值为 p,然后将几何高度增加一个极小量 dh_G,使得新几何高度达到 $h_G + dh_G$。在此新高度,气压为 $p+dp$,其中 dp 的值由方程(3.2)得出。此时将此相同 dp 值代入方程(3.3)。用方程(3.2)除以方程(3.3),得出

$$1 = \left(\frac{g_0}{g}\right)\left(\frac{dh}{dh_G}\right)$$

明显地,由于 g_0 与 g 不同,dh 与 dh_G 一定不同。也就是说,对应于相同压力变化 dp 的 dh 与 dh_G 的数值不同。因此,对应于大气中相同的实际物理位置 h 与 h_G 的数值不同。

实际上,位势高度是一个"虚构的"高度,由方程(3.3)出于便于将来计算的目的而定义。然而,许多标准大气表都以位势高度来表示结果,必须小心做出区分。同时,也可以将位势高度看做在物理上与 $g = $ 常数 $= g_0$ 的假设对应的虚构高度。

3.3 位势高度与几何高度的关系

继续推导 p 随几何高度的变化 $p = p(h_G)$。然而,如果使用方程(3.3)计算,反而会得出 $p = $

$p(h)$。因此,需要按如下方式建立 h 与 h_G 的关系。用方程(3.2)除以方程(3.3),可得出

$$1 = \frac{g_0}{g}\frac{\mathrm{d}h}{\mathrm{d}h_G}$$

或

$$\mathrm{d}h = \frac{g}{g_0}\mathrm{d}h_G \tag{3.4}$$

将方程(3.1)代入方程(3.4):

$$\mathrm{d}h = \frac{r^2}{(r+h_G)^2}\mathrm{d}h_G \tag{3.5}$$

按照惯例,设海平面 h 与 h_G 等于零。现在考虑大气中已知的一点,该点位于某一几何高度 h_G,并与某一特定 h 值(不同于 h_G)相关。将海平面和给定点之间的方程(3.5)求积分,可得出

$$\int_0^h \mathrm{d}h = \int_0^{h_G}\frac{r^2}{(r+h_G)^2}\mathrm{d}h_G = r^2\int_0^{h_G}\frac{\mathrm{d}h_G}{(r+h_G)^2}$$

$$h = r^2\left(\frac{-1}{r+h_G}\right)_0^{h_G} = r^2\left(\frac{-1}{r+h_G}+\frac{1}{r}\right) = r^2\left(\frac{-r+r+h_G}{(r+h_G)r}\right)$$

因此,

$$h = \frac{r}{r+h_G}h_G \tag{3.6}$$

式中:h 为位势高度;h_G 为几何高度。上式为这两个高度之间的预期关系。得出 $p = p(h)$ 的关系后,可以使用方程(3.6)建立 p 与 h_G 的关系。

使用方程(3.6)的快速计算表明,低海拔时,h 与 h_G 几乎没有什么差别。对于这种情况,$h_G << r$,$r/(r+h_G) \approx 1$;因此 $h \approx h_G$。用数字表示,即 $r = 6.356766\times10^6$ m(纬度为45°),并且若 $h_G = 7$ km(约23000 ft),那么根据方程(3.6),h 对应的值为 $h = 6.9923$ km——大约1‰的差别! 只有在超过65km(213000ft)的海拔高度,这种差异才会超过1%。(注意65 km 是使 NASA 航天飞行器从太空再入地球大气时气动加热变得重要的高度。)

3.4 标准大气的定义

现在可以为标准大气求得 p、T 和 ρ 关于 h 的函数。标准大气的要旨是 T 随高度的以实验证据为基础的确定变化。这种变化如图 3.4 所示。注意它由一系列直线组成,还有一些垂直线(称为恒温区或等温区)和其他斜线(称为梯度区)。考虑到图 3.4 定义的 $T = T(h)$,可由物理定律推断得出 $p = p(h)$ 和 $\rho = \rho(h)$,如下所示。

首先再次考虑方程(3.3):

$$\mathrm{d}p = -\rho g_0 \mathrm{d}h$$

除以状态方程(2.3):

$$\frac{\mathrm{d}p}{p} = -\frac{\rho g_0 \mathrm{d}h}{\rho RT} = -\frac{g_0}{RT}\mathrm{d}h \tag{3.7}$$

首先考虑标准大气的等温(恒温)层,如图 3.4 的垂直线以及图 3.5 的简图所示。图 3.5 所示的等温层底部温度、压力和密度分别为 T_1、p_1 和 ρ_1。底部位于给定的位势高度 h_1。现在考虑底部上面等温层上给定一点,高度为 h。可以通过将 h_1 与 h 之间的方程(3.7)求积分得出 h 处的压力 p:

$$\int_{p_1}^p \frac{\mathrm{d}p}{p} = -\frac{g_0}{RT}\int_{h_1}^h \mathrm{d}h \tag{3.8}$$

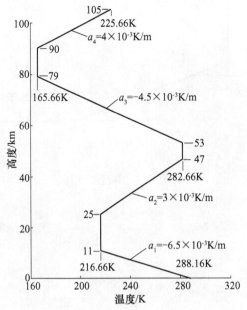

图 3.4 标准大气的温度分布

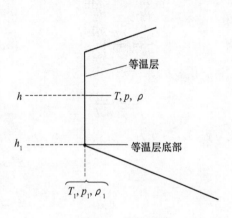

图 3.5 等温层

注意 g_0、R 和 T 为可以从积分中单独取出的常数。(这便清楚地证明了通过假设 $g = g_0 = $ 常数可以简化问题,且因此可以在分析中处理位势高度 h。)求方程(3.8)的积分,可得出

$$\ln\frac{p}{p_1} = -\frac{g_0}{RT}(h - h_1)$$

或

$$\frac{p}{p_1} = e^{-[g_0/(RT)](h-h_1)} \tag{3.9}$$

根据状态方程,

$$\frac{p}{p_1} = \frac{\rho T}{\rho_1 T_1} = \frac{\rho}{\rho_1}$$

因此,

$$\frac{\rho}{\rho_1} = e^{-[g_0/(RT)](h-h_1)} \tag{3.10}$$

方程(3.9)和方程(3.10)给出了 p 与 ρ 相对于标准大气等温层位势高度的变化。

考虑图 3.6 中的梯度层,可发现温度变化是线性的,且在几何学上可以表示为

$$\frac{T - T_1}{h - h_1} = \frac{dT}{dh} \equiv a$$

式中:a 为从图 3.4 确定的温度变化得出的每层指定常数。对于梯度层,a 的值有时被称为直减率。

$$a \equiv \frac{dT}{dh}$$

因此,

$$dh = \frac{1}{a}dT$$

将该结果代入方程(3.7):

$$\frac{dp}{p} = -\frac{g_0}{aR}\frac{dT}{T} \tag{3.11}$$

将梯度层(图3.6)底部和高度 h 上某一点(也在梯度层上)求积分,方程(3.11)变为

$$\int_{p_1}^{p} \frac{dp}{p} = -\frac{g_0}{aR} \int_{T_1}^{T} \frac{dT}{T}$$

$$\ln \frac{p}{p_1} = -\frac{g_0}{aR} \ln \frac{T}{T_1}$$

因此,
$$\frac{p}{p_1} = \left(\frac{T}{T_1}\right)^{-g_0/(aR)} \quad (3.12)$$

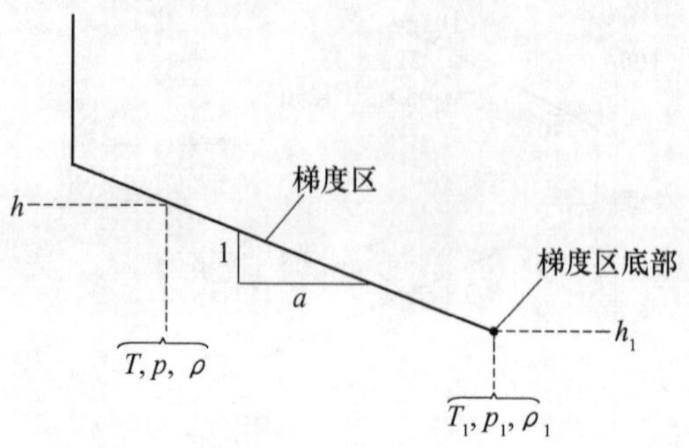

图3.6 梯度层

根据状态方程,

$$\frac{p}{p_1} = \frac{\rho T}{\rho_1 T_1}$$

因此方程(3.12)变为

$$\frac{\rho T}{\rho_1 T_1} = \left(\frac{T}{T_1}\right)^{-g_0/(aR)}$$

$$\frac{\rho}{\rho_1} = \left(\frac{T}{T_1}\right)^{-[g_0/(aR)]-1}$$

或
$$\frac{\rho}{\rho_1} = \left(\frac{T}{T_1}\right)^{-\{[g_0/(aR)]+1\}} \quad (3.13)$$

回顾一下 T 的变化是与海拔高度的线性关系,且可用如下指定关系表示:

$$T = T_1 + a(h - h_1) \quad (3.14)$$

方程(3.14)针对梯度层给出了关系 $T = T(h)$;将其代入方程(3.12),可得到 $p = p(h)$;同样地,根据方程(3.13),可得出 $p = p(h)$。

现在我们可以看到标准大气是怎么组成的。参看图3.4,从海平面($h=0$)开始,此处的压力、密度和温度的标准海平面值 p_s、ρ_s 和 T_s 分别是

$$p_s = 1.01325 \times 10^5 \text{N/m}^2 = 2116.2 \text{lb/ft}^2$$

$$\rho_s = 1.2250 \text{kg/m}^3 = 0.002377 \text{slug/ft}^3$$

$$T_s = 288.16 \text{K} = 518.69°\text{R}$$

这些是第一梯度区的基值。使用方程(3.14)求得 $T=216.66\text{K}$($h=11.0\text{km}$ 时发生)之前 T 作为 h 的函数时的值。根据这些 T 值,使用方程(3.12)和方程(3.13)求出 p 和 ρ 在第一梯度层的对应值。然后,以 $h=11.0\text{km}$ 为第一等温区(见图3.4)的底部,从此开始使用方程(3.9)和方程(3.10)计算 p 和 ρ 相对于 h($h=25\text{km}$,为第二梯度区的底部)的值。以这种方式,并根据图3.4和方程(3.9)~方程(3.10)以及方程(3.12)~方程(3.14),可以创建标准大气值的表格。

此类表格见附录1(国际单位制)和附录2(英国工程单位制)。仔细观察并熟悉这些表。它们列出的是标准大气。第1列是几何高度,第2列是从方程(3.6)获得的相应位势高度。第3~5列分别为根据上文所述得出的每个高度相应的温度、压力和密度标准值。

设计板块

新飞行器的设计流程第一步是为新飞行器确定一套规范或要求。这些规范可能包括一些性能方面,如在给定高度的规定最大速度或在给定高度的最大爬升率。这些性能参数取决于飞行器的气动特性,如升力和阻力。反过来,升力和阻力取决于大气的特性。

这些规范规定给定高度的某一性能时,该高度便被视作表中的标准高度。因此,在飞行器的初步设计中,设计师使用标准大气表来明确给定高度的压力、温度和密度。如此一来,飞行器初步设计时进行的许多计算都包含了标准高度表的信息。

再次强调,标准大气只是参考大气,肯定不能预测存在于给定时间和地点的实际大气特性。例如,根据附录1,在3km高度(几何高度)处,$p = 0.70121 \times 10^5 \text{N/m}^2$,$T = 268.67\text{K}$,且$\rho = 0.90926 \text{kg/m}^3$。实际上,如果能从当前所在位置飘浮至海拔3km处,你很可能会感觉到与附录1不同的p、T与ρ值。从后续章节可以看出,标准大气只是一种可以简化数据和计算并获得了一致同意的参考值。

评述:回顾几何高度和位势高度 现在我们可以更好地理解几何高度h_G和位势高度h的意义和重要性。标准大气特性的变化可根据方程(3.9)~方程(3.14)算出。这些方程是使用"重力加速度常数值等于其在海平面的值"这一简化的假设推导出的,即$g=$ 常数值 $= g_0$。因此,根据定义,这些方程中出现的高度为位势高度h。再次观察这些方程,可发现其中使用的是g_0和h而非g和h_G。通过假设g为常数值进行简化是定义位势高度的唯一原因。这是本书中唯一使用位势高度之处,目的在于计算附录1和附录2中的数字。而且,由于h与h_G通过方程(3.6)建立了关系,可以始终求得相对于位势高度h给定值的几何高度h_G。几何高度h_G是实际海拔高度,因此更实用。这就是为什么附录1和附录2的第1列是h_G,且条目在h_G的偶数间隔内。第2列给出了h的相应值,这些值用于通过方程(3.9)~方程(3.14)求出p、ρ和T的相应值。

在本书后面章节中,任何涉及使用附录1和附录2中标准大气表的与高度有关的关系都会用几何高度h_G表达。例如,若提及5km的"标准高度",就表示几何高度$h_G = 5$km。既然已经介绍了标准大气表是如何产生的,后续章节将不会对位势高度进行讨论。

现在读者应该对第3.2节末尾的声明(由方程(3.3)定义的位势高度只是"虚构的"高度,目的在于简化随后的推导过程)有了更好的理解。

例3.1

计算位势高度为14 km时,T、p与ρ的标准大气值。

解

回顾一下,T是定义的标准大气变化。因此,可以立即参考图3.4并得出$h = 14$km时,

$$T = 216.66 \text{ K}$$

为了求得p和ρ,必须使用方程(3.9)~方程(3.14),将从海平面到相关给定高度的不同区域拼凑起来。从海平面开始,第一区域(根据图3.4)为从$h = 0$到$h = 11.0$的梯度区。直减率为

$$a = \frac{dT}{dh} = \frac{216.66 - 288.16}{11.0 - 0} = -6.5 \text{ K/km}$$

或

$$a = -0.0065 \text{K/m}$$

因此,使用表示梯度区(该区底部为海平面,所以$p_1 = 1.01 \times 10^5 \text{N/m}^2$且$\rho_1 = 1.23 \text{kg/m}^3$)的方程(3.12)和方程(3.13),可发现$h = 11.0$km时,

$$p = p_1 \left(\frac{T}{T_1}\right)^{-g_0/(aR)} = (1.01 \times 10^5) \left(\frac{216.66}{288.16}\right)^{-9.8/[-0.0065(287)]}$$

式中:$g_0 = 9.8 \text{m/s}^2$(国际单位制)。因此$p(h = 11.0\text{km}$时$) = 2.26 \times 10^4 \text{N/m}^2$。

$$\rho = \rho_1 \left(\frac{T}{T_1}\right)^{-[g_0/(aR)+1]}$$

$$= (1.23) \left(\frac{216.66}{288.16}\right)^{-\{9.8/[-0.0065(287)]+1\}}$$

$$= 0.367 \text{ kg/m}^3 \quad (h = 11.0 \text{ km时})$$

现在 p 与 ρ 的这些值构成了第一等温区(见图3.4)的基值。等温区的方程为方程(3.9)和方程(3.10),其中 $p_1 = 2.26 \times 10^4 \text{N/m}^2, \rho_1 = 0.367 \text{kg/m}^3$。对于 $h = 14\text{km}$ 时,$h - h_1 = 14 - 11 = 3\text{km} = 3000\text{m}$。根据方程(3.9),

$$p = p_1 \mathrm{e}^{-[g_0/(RT)](h-h_1)} = (2.26 \times 10^4) \mathrm{e}^{-[9.8/287(216.66)](3000)}$$

$$p = 1.41 \times 10^4 \text{N/m}^2$$

根据方程(3.10),

$$\frac{\rho}{\rho_1} = \frac{p}{p_1}$$

因此,

$$\rho = \rho_1 \frac{p}{p_1} = 0.367 \frac{1.41 \times 10^4}{2.26 \times 10^4} = 0.23 \text{ kg/m}^3$$

这些值(在舍入误差内)与附录1给出的值相符合。注:该示例说明了附录1和附录2中的数字是怎样得来的。

对于飞行器性能的近似、闭式工程设计计算(第6章),密度随高度的变化的简单方程是适用的。用 ρ_0 表示标准海平面密度,密度随高度 h 的近似指数变化可写成

$$\frac{\rho}{\rho_0} = \mathrm{e}^{-nh} \tag{3.15}$$

式中:n 为常数。

(a) 推导出 n 的值,以使方程(3.15)给出 $h = 36000\text{ft}$(11km,是图3.4所示的第一梯度区上边界)时的精确密度。

(b) 利用该 n 值,根据方程(3.15)计算 5000ft、10000ft、20000ft、30000ft 和 40000ft 处的密度,并将结果与附录2的精确数值比较。

解

(a) 根据附录2,36000 ft 处 $\rho = 7.1028 \times 10^{-4} \text{slug/ft}^3$。将 $h = 36000\text{ft}$ 代入方程(3.15),

$$\frac{7.1028 \times 10^{-4}}{2.3769 \times 10^{-3}} = \mathrm{e}^{-36000n}$$

$$0.2988 = \mathrm{e}^{-36000n}$$

$$\ln(0.2988) = -36000n$$

$$n = \frac{-1.208}{-36000} = 3.3555 \times 10^{-5}$$

因此,

$$\frac{\rho}{\rho_0} = \mathrm{e}^{-3.3555 \times 10^{-5} h}$$

或

$$\frac{\rho}{\rho_0} = \mathrm{e}^{\frac{-h}{29800}} \tag{3.16}$$

式中:h 的单位是英尺。

(b) 将方程(3.16)结果与附录2的精确结果比较,可得出

$h/(\text{ft})$	ρ 方程(3.16)/$\left(\dfrac{\text{slug}}{\text{ft}^3}\right)$	ρ(附录2)/$\left(\dfrac{\text{slug}}{\text{ft}^3}\right)$	差别
5000	0.00201	0.00205	2%
10000	0.00170	0.00176	3.4%
20000	0.00121	0.00127	4.7%
30000	0.000869	0.000891	2.5%
40000	0.000621	0.000587	-5.8%

评述:从海平面到40000 ft,方程(3.16)给出的大气密度误差在5.8%以内,甚至更小。这些结果足以精确到可用于近似工程计算。方程(3.16)在例6.12中用于飞行器绝对升限的近似计算。

在标准大气的梯度区和等温区,压力随着高度的增加而减小。问:压力在梯度区还是等温区下降得更快?

解

设一个极小的高度增量 dh。对应的压力极小变化为 dp,由方程(3.7)给出:

$$\frac{dp}{p} = -\frac{g_0}{RT}dh \tag{3.7}$$

为了解释方程(3.7)给出的微分关系物理意义,考虑压力为 p 时的给定高度 h。若将高度增加一个极小的量 dh,相应压力的极小变化为 dp。比率 dp/p 是压力的微小变化。(也可以将其解释为压力的"百分比变化",它实际上是用 100(dp/p) 表示。)该分数相对于高度变化 dh 的变化率由从方程(3.7)获得的下式表示:

$$\frac{\frac{dp}{p}}{dh} = -\frac{g_0}{RT} \tag{3.17}$$

要正确回答本示例提出的问题,需要求出等温区和梯度区 $\frac{\left(\frac{dp}{p}\right)}{dh}$ 的值。明显地,根据方程(3.17),该值只取决于给定高度 h 的局部温度。因此,可得出下列结论:

在第一梯度区,T 随高度降低(见图3.4),$\frac{\left(\frac{dp}{p}\right)}{dh}$ 的绝对值因 h 增加而变大(即压力以更快的速率减小)。例如,在第一梯度区底部,$h=0$ 且 $T=288.16$K,根据方程(3.17)可得出

$$\frac{\frac{dp}{p}}{dh} = \frac{g_0}{RT} = -\frac{9.8}{(287)(288.16)} = -1.185 \times 10^4/m$$

在第一梯度区顶部,$h=11$km 且 $T=216.66$K,可得出

$$\frac{\frac{dp}{p}}{dh} = \frac{g_0}{RT} = -\frac{9.8}{(287)(216.66)} = -1.576 \times 10^{-4}/m$$

很明显,在第一梯度区,压力随 h 增加而以更快的速率减小。相反,在等温区,由于此区 T 不变,压力以与高度变化同样的速率减小;即从 $h=11$km 到 $h=25$km,$\frac{dp}{p}/dh = -1.576 \times 10^{-4}/m$ 的值,它不随海拔高度而变化。然而,观察图3.4的第二梯度区,T 随 h 增加而增加,压力随 h 增加以更慢的速率减小。

结论:本示例提出的问题没有合适的答案。压力在任一高度相对于高度的微小变化率只取决于该高度 T 的值。

3.5 气压高度、温度高度与密度高度

根据附录1和附录2的表格,可以定义三个新的"高度"——气压高度、温度高度与密度高度。最好用示例进行定义。想象你处于飞行在某一真实的、几何高度的飞行器内,你的实际高度值在此讨论中不重要。然而,在此高度,测量出的实际外部气压为 $6.16 \times 10^4 N/m^2$。根据附录1,可得出对

应于 $6.16 \times 10^4 \text{N/m}^2$ 这一气压值的标准高度为 4km。因此，根据定义，你可以说自己在 4km 的气压高度飞行。同时，你测得实际外部气温为 265.4K。根据附录1，可得出对应 265.4K 的温度的标准高度为 3.5km。根据定义，你可以说自己在 3.5km 的温度高度飞行。因此，你同时在 4km 的气压高度和 3.5km 的温度高度飞行，虽然你的实际几何高度却是一个不同的值。密度高度的定义方式与之相同。这些量——气压高度、温度高度与密度高度——只是通过附录1或附录2与你飞行所在实际高度的实际 p、T 与 ρ 值关联的方便数字。

例 3.4

若飞行器飞行于实际压力和实际温度分别为 $4.72 \times 10^4 \text{N/m}^2$ 和 255.7K 的高度，那么气压高度、温度高度与密度高度分别是多少？

解

对于气压高度，在附录1中查找对应于 $p = 4.72 \times 10^4 \text{N/m}^2$ 的标准高度值。该高度为 6000m。因此，

$$\text{气压高度} = 6000\text{m} = 6\text{km}$$

对于温度高度，在附录1中查找对应于 $T = 255.7\text{K}$ 的标准高度值。该高度为 5000m。因此，

$$\text{温度高度} = 5000\text{m} = 5\text{km}$$

对于密度高度，首先必须根据状态方程计算 ρ：

$$\rho = \frac{p}{RT} = \frac{4.72 \times 10^4}{287(255.7)} = 0.643 \text{ kg/m}^3$$

在附录1中查找并在 6.2~6.3km 之间插入一个值，可发现 $\rho = 0.643 \text{kg/m}^3$ 对应的标准高度值是大约 6240m。因此，

$$\text{密度高度} = 6240\text{m} = 6.24\text{km}$$

注意温度高度不是唯一值。由于高度与温度的函数具有多值性，温度高度的答案同样可以是 5.0km、38.2km 或 59.5km。在本节中，只使用温度高度最低值。

例 3.5

给定飞行器的飞行试验数据涉及在某一高度进行的最大速度水平飞行，该高度同时对应一个 30000ft 的气压高度和一个 28500ft 的密度高度。计算飞行器飞行试验所在高度的气温。

解

根据附录2：

气压高度 = 30000ft 时

$$p = 629.66 \text{ lb/ft}^2$$

密度高度 = 28500ft 时

$$\rho = 0.9408 \times 10^{-3} \text{ slug/ft}^3$$

这些是飞行器飞行所在高度同时存在的 p 值与 ρ 值。因此，根据状态方程，

$$T = \frac{p}{\rho R} = \frac{629.66}{(0.94082 \times 10^{-3})(1716)} = 390°\text{R}$$

假设飞行器在某一真实几何高度飞行，外部（周围）气压和温度分别为 $5.3 \times 10^4 \text{N/m}^2$ 和 253K。计算飞行器所在飞行高度的气压高度和密度高度。

解

先来考虑周围气压 $5.3 \times 10^4 \text{N/m}^2$。在附录1中，没有该数值的精确条目，它位于高度 $h_{G,1} = 5100\text{m}$ 时的 $p_1 = 5.331 \times 10^4 \text{N/m}^2$ 和高度 $h_{G,2} = 5200\text{m}$ 时的 $p_2 = 5.2621 \times 10^4 \text{N/m}^2$ 之间。我们至少有

两个选择。可以简单地使用表格中最接近的条目,那就是高度 $h_{G,2}$ =5100m 时,气压高度为5100m。只做近似计算也是可以接受的。然而,若需要更精确的值,可以在条目间插入数值。采用线性插值法,对应于 $p = 5.3 \times 10^4 \text{N/m}^2$ 的 h_G 值为

$$h_G = h_{G,1} + (h_{G,2} - h_{G,1})\left(\frac{p_1 - p}{p_1 - p_2}\right)$$

$$h_G = 5100 + (5200 - 5100)\left(\frac{5.331 - 5.3}{5.331 - 5.2621}\right)$$

$$= 5100 + 100(0.4662) = 5146.6 \text{m}$$

飞行器飞行所在气压高度为5146.6m。(注意在本示例和例3.4与例3.5中,表中高度这个词被解释为几何高度 h_G,而不是位势高度 h。这是为了方便计算,因为 h_G 在表内是取整数,与 h 一列形成对照。再次重申,在传统飞行高度,h_G 与 h 的差异不大。)

$$\rho = \frac{p}{RT} = \frac{5.3 \times 10^4}{(287)(253)} = 0.72992 \text{ kg/m}^3$$

为了获得密度高度,首先根据状态方程计算密度:

ρ 的值再一次落在了表格中两个条目之间,它位于 $\rho_1 = 0.73643 \text{kg/m}^3$ 时的 $h_{G,1}$ =5000m 与 ρ_2 = 0.72851kg/m³ 时的 $h_{G,2}$ =5100m 之间。(注意这些下标表示与本示例第一部分使用的数据位于表格不同行。最好不要被下标和符号所限制,只要记住这样做的意义。)我们可以取最接近条目,即高度 h_G =5100m,且可得出密度高度为5100m。然而,为了获得更精确值,可在两个条目之间进行线性插值:

$$h_G = h_{G,1} + (h_{G,2} - h_{G,1})\left(\frac{p_1 - p}{p_1 - p_2}\right)$$

$$= 5000 + (5100 - 5000)\left(\frac{0.73643 - 072992}{0.73643 - 072851}\right)$$

$$= 5000 + 100(0.82197) = 5082.2 \text{m}$$

飞行器飞行所在密度高度为5082.2m。

例3.7

飞行中的飞行器前面空气周围温度为240K。飞行器飞行所在温度高度为多少?

解

本示例旨在说明使用温度高度的模糊性。首先,观察图3.4。观察横坐标并找到 T = 240K 的点,然后往上看。在本图的数值范围内,温度为240K的高度有3处。使用附录1,可知这些高度为(取最接近值)7.4km、33km 和(回到图3.4)大约63km。当然,飞行器不可能同时处于这3个高度。由此可得出结论:温度高度定义的有效性是有限的。

3.6 历史事记:标准大气

随着1783年气球的出现(见第1章),人们突然开始对更深入地了解地面上空大气的特性产生了兴趣。然而,在20世纪重于空气的飞行器出现之前,尚无了解此类知识的令人信服的理由。正如我们将在后面章节中看到的,飞行器飞行性能取决于空气压力和密度之类的特性。因此,关于这些特性的知识,或者至少一些可供全世界参考的一致标准,对于智能航空工程是绝对必要的。

C·F·马文(C.F. Marvin)总结了1915年的情况,他是美国气象局局长和 NACA 负责调查并报

告大气数据和知识现状的小组委员会主席。在他的"关系到航空的大气问题初步报告"("Preliminary Report on the Problem of the Atmosphere in Relation to Aeronautics")(NACA 报告第 4 号报告,1915年)中,马尔文写道:

气象局已经拥有大量关于大气条件的数据,包括地球表面的风运动。此类信息无疑对航空操作具有独特价值,但是对它需要进行收集,并且变成满足航空要求的形式。

接下来的 4 年见证了收集和整理大气数据供航空工程师使用的努力。1920 年,法国人 A·杜塞(A. Toussaint),法国圣西尔-莱科勒空气动力实验室的负责人,提出下面这个表示温度随高度下降的公式:

$$T = 15 - 0.0065h$$

式中:T 的单位是摄氏度;h 是以米为单位的位势高度。杜塞公式被法国和意大利在"关于采用随高度增加温度减小定律的联盟间决议草案"(由陆军部、空军部、行业技术部于 1920 年 3 月发行)中采用。一年后,英国也采用了该公式。美国紧随其后。自从马尔文 1915 年提出上述报告以来,美国气象局编制了温度分布的测量值,并发现杜塞公式合理地表现了观测到的年平均值。因此,在 1921 年12 月 17 日的执行委员会会议上,NACA 通过以下声明表示采用以杜塞公式进行飞行器性能测试:"为确保不同国家的统一实践,空气动力学小组委员会建议采用杜塞公式测定 10km(33000 ft)以下的标准大气……"

许多支持杜塞公式的技术数据库记录在了 1922 年 NACA 第 147 号报告"标准大气"(威利斯·雷·格雷格所做)中。基于俄亥俄州代顿麦库克机场和弗吉尼亚州汉普顿兰利机场的自由飞行测试,哥伦比亚特区华盛顿的其他飞行测试,以及来自马里兰州阿伯丁、弗吉尼亚州达尔格伦的炮兵数据,还有内布拉斯加州奥马哈、密苏里州圣路易斯的探空气球观测,格雷格得以编制出年平均大气特性表。他的研究结果示例如下:

高度/m	美国年平均温度/K	根据杜塞公式得出的温度/K
0	284.5	288
1000	281.0	281.5
2000	277.0	275.0
5000	260.0	255.5
10000	228.5	223.0

明显地,杜塞公式简单并合理地表现了美国的年平均结果,这是格雷格 1922 年报告的主要信息。然而,该报告既未给出详尽表格,也未试图为工程应用提供文件。

因此,为航空应用提供标准大气的第一个实用表格的任务落到了沃尔特·S·迪尔(他后来成为了著名的空气动力学家和飞行器设计师,其职位为海军航空局上校)的身上。1925 年,在 NACA第 218 号技术报告(标题(再一次)为"标准大气")中,迪尔提供了以公制和英制单位表示的、标准大气特性的详尽表格。这些表格以 50m 为增量直到 10km 高度,然后以 100m 为增量直到 20km 高度。在英制单位表格中,以 100ft 为增量直到 32000ft,然后以 200ft 为增量直到 65000ft 的最大高度。考虑到当时的飞行器(参见图 1.31),这些表格数据肯定足够。而且,根据杜塞公式,T 值可达 10769m,然后假设 10769m 以上 T = 常数 = $-55°C$,迪尔得出了 p 与 ρ 的值,与本章前面几节描述的方式同样精确。

20 世纪 40 年代是火箭飞行的开端,德国 V-2 火箭和探空火箭问世,并且飞行器能比以前飞得更高。后来,随着20世纪50年代洲际弹道导弹和60年代航天器的出现,开始用几百英里而不是英尺表示高度。因此,创造了新的标准大气表,主要是将旧表扩展到了更大高度。众多表格中受欢迎的是"ARDC 1959年标准大气",具体参看本书附录1和附录2。对于所有实际用途,新表和旧表都表示高度是人们最大兴趣所在。确实,比较数值是有趣的,如下表所示:

高度/m	从1925年迪尔报告获得的 T/K	1959年从ARDC获得的 T/K
0	288	288.16
1000	281.5	281.66
2000	275.0	275.16
5000	255.5	255.69
10000	223.0	223.26
10800	218.0	218.03
11100	218.0	216.66
20000	218.0	216.66

迪尔1925年的标准大气表,高度至少可达20km,数值和今天的几乎一样准确。

3.7 总结与回顾

标准大气表(如本书中的附录1或附录2)将成为你的空天工程事业中最有用的参考之一,它对飞行器性能计算是很重要的,详见第6章。它对从不同来源获得的飞行试验数据的合理比较也很重要,同时还有助于把来自各个风洞设施的数据置于同一基础上。并且,用于编制标准大气表的方程可被编入便携式计算器,这样就不必阅读表格。然而,这些表格对进行工程封底计算特别有用。

莱特兄弟时期不存在标准大气表。他们不需要这种表格,因为他们所有的操作基本上都是在海平面进行的。然而,对于升力和阻力计算,他们确实需要周围空气密度值。他们通过现在已经过时的经验系数(称为"斯密顿系数")间接获得该值,该系数部分基于海平面密度值,还基于塞缪尔·兰利(Samuel Langley)在史密森尼学会测得的斯密顿系数合理精确值。(欲了解更多详情,参见约翰·安德森的著作《空气动力学历史及其对飞行器的影响》,剑桥大学出版社,纽约,1997。)然而,到第一次世界大战时,飞行器经常飞行于10000ft的高度甚至更高,而且缺乏大气特性随高度变化的标准表格,成为了飞行器设计师真正的绊脚石,这便大力推动了第3.6节所述的标准大气数据的编制。

用于编制大气标准高度表的方程,如本章所示,与用于计算外行星大气特性的方程一样。这应该是毫无疑问的,因为物理学是地球上大气特性计算的基础,同样适用于金星、木星等。因此,本章与空天飞行和空天飞行器的设计(第8章的主题)有关。

最后,再次强调附录1和附录2的标准大气表不只是从稀薄空气中获得的。表格中的数值是从物理学应用获得的,具体以流体静力方程和状态方程表示。为了帮助加强这一概念,下面列出了本章讨论的一些主要观点:

1. 标准大气是为了将飞行试验、风洞试验结果和一般飞行器设计与性能置于同一参考标准而定义的。

2. 标准大气特性的定义以随高度变化的给定温度变化为基础,表示为一个实验数据平均值。反过来,随高度变化的气压和密度变化是利用物理定律由此类实验温度变化得出的。其中一条定律是流体静力方程:

$$dp = -\rho g dh_G \tag{3.2}$$

3. 在标准大气的等温区,气压和密度变化由下式表示:

$$\frac{p}{p_1} = \frac{\rho}{\rho_1} = e^{-[g_0/(RT)](h-h_1)} \tag{3.9 和 3.10}$$

4. 在标准大气的梯度区,气压和密度变化分别由下式表示:

$$\frac{p}{p_1} = \left(\frac{T}{T_1}\right)^{-g_0/(aR)} \tag{3.12}$$

$$\frac{\rho}{\rho_1} = \left(\frac{T}{T_1}\right)^{-\{[g_0/(aR)]+1\}} \tag{3.13}$$

式中:$T = T_1 + a(h-h_1)$ 且 a 为给定直减率。

5. 气压高度是对应于飞行试验或实验室试验中遇到的实际周围气压的标准大气中的高度。例如,若无论气流在哪里或在做什么,其周围气压均为 393.12 lb/ft²,那么可以说该气流对应于 40000 ft (见附录2)的气压高度。定义密度高度和温度高度可采用同样的方法。

参考文献

Minzner, R. A., K. S. W. Champion, and H. L. Pond. *The ARDC Model Atmosphere, 1959,* Air Force Cambridge Research Center Report No. TR-59-267, U.S. Air Force, Bedford, MA, 1959.

作 业 题

3.1 在标准大气 12 km 处,气压、密度与温度分别为 $1.9399 \times 10^4 N/m^2$、$3.1194 \times 10^{-1} kg/m^3$ 和 216.66K。使用这些数值,计算高度为 18 km 时气压、密度与温度的标准大气值,并查一查标准高度表。

3.2 假设飞行器飞行于某一实际高度,外部气压和温度分别为 $2.65 \times 10^4 N/m^2$ 和 220K。气压高度和密度高度是多少?

3.3 在新飞行器的飞行试验中,飞行员用无线电通知地面她在 35000ft 的标准高度进行水平飞行。飞行器前面的周围气压是多少?

3.4 假设飞行器飞行于 33500ft 的气压高度和 32000ft 的密度高度。计算外部气温。

3.5 $h - h_G$ 之差为位势高度 h 的 2% 时,几何高度为多少?

3.6 使用杜塞公式,计算位势高度为 5 km 时的气压。

3.7 木星大气基本上是由氢(H_2)组成。对于 H_2,比气体常数为 4157J/(kg·K)。木星的重力加速度为 24.9m/s²。假设等温大气温度为 150K 且木星有一个可定义表面,计算表面上空气压为表面气压 1/2 处的高度。

3.8 F-15 超声速战斗机在迅速爬升。在它通过 25000 ft 的标准高度时,高度时间变化率(根据定义为爬升率,见第 6 章)为 500ft/s。对应于 25000ft 处爬升率的是周围气压时间变化率。计算该气压时间变化率,用磅/(英尺²·秒)表示。

3.9 假设乘海平面电梯上升。耳膜会对气压的每分钟变化很敏感。在这种情况下,感觉到每分钟气压减小 1%。计算电梯上升速度,用米/秒表示。

3.10 假设飞行器飞行于气压和温度分别为 530lb/ft² 和 390°R 对应的高度。计算飞行器所在气压高度和密度高度。

3.11 设想一个大矩形水槽,顶部朝大气打开,水槽深10ft,墙高都为30ft。将水槽注满直到顶部时,计算施加在与水接触的每个侧壁的力(单位:吨)。水槽位于海平面。(注:水的密度为 $62.4 \text{lb}_f/\text{ft}^3$,且 $1\text{t} = 2000\text{lb}_f$。)(提示:使用流体静力方程。)

3.12 第8章将会讨论空天飞行器在完成其在太空中的任务后进入地球大气。进入时大气的飞行器运动和气动加热的近似分析假定了一个近似大气模型,称为指数大气,其中假设空气密度随高度的变化为

$$\frac{\rho}{\rho_0} = e^{-g_0 h/(RT)}$$

式中:ρ_0 为海平面密度;h 为测得的海拔高度。该方程只是整个大气中密度随高度变化的近似值,但其一般式对近似分析有用。使用该方程,计算45km高度处的密度。将该结果与标准高度表中的密度实际值比较。在前面的方程中,假设 $T=240\text{K}$(合理表示的海平面与45km之间的温度值,可通过浏览标准大气表获得该值)。

3.13 附录1和附录2给出的标准高度条目是不同的、间隔规则的 h 值。为获得表中两个邻近条目的高度处气压、温度和密度值,可以使用线性插值法作为近似法。使用表格,求出3.035km的标准高度处的气压、密度和温度。

3.14 对于3.035km的标准高度,使用本章第3.4节的精确方程计算该处气压、密度和温度的精确值。将这些精确值与作业题3.13得到的近似值进行比较。

3.15 3.3节表明,只有在海拔65km以上,几何高度和位势高度之差才会超过1%。计算该差异恰好为1%时的几何高度精确值。

3.17 对于飞行器在地球大气中的飞行,通常忽略重力加速度随高度的变化。飞得最高的飞行器之一为洛克希德公司U-2侦察机(见图5.52),它设计用于在70000ft处巡航。该高度的重力加速度与海平面的值相差多少?

第4章 空气动力学基础

目前为止,数学在飞行方面的应用甚微。

引自英国航空协会第14次年度报告,1879年

研究发现源于纯理论数学家的纯数学理论适用于描述飞行器产生的气流,其精确度可直接应用于飞行器设计。

西奥多·冯·卡门,1954年

设想以112m/s(367ft/s 或 251英里/h)的速度飞行于3km(9840ft)高度的飞行器。在机翼上某给定位置,根据自然规律,压力和气流速度为特定值。空气动力学的研究目的之一在于解释这些规律并介绍计算流动特性的方法。反过来,可利用上述信息计算实际的量,例如飞行器的升力和阻力。另一例子是在特定尺寸和外形的火箭发动机中的气流。如果该发动机位于卡纳维拉尔角的发射台,点燃燃烧室内一定数量的燃料和氧化剂,按照自然规律,喷管出口的流速和压力也是特定的。根据空气动力学基本原理,可计算出口的流速和压力,进而推算出推力大小。基于上述原因,研究空气动力学对于全面掌握飞行原理至关重要。本章的目的在于介绍空气动力学基本原理和概念,并说明如何应用其解决实际问题。

预览板块

在第2章的开始部分,我们设想一架飞行器正在大气中飞行,由此首先想到的可能是飞行器上方存在一阵气流,该气流在飞行器上产生一种空气动力。这是空气动力产生作用的例子。接着我们将说明空气动力学是飞行器设计涉及的四大主要学科之一,其余三个学科为飞行动力学、推进技术和结构学。

什么是空气动力学?《美国传统英语字典》将空气动力学定义为"气体的动力学,尤其是与运动物体的大气相互作用的动力学"。如何理解该定义呢?动力学意味着运动。气体为黏性物质。空气动力学是指黏性物质的动力学吗?某种程度而言,是的。相比之下,本书就是一个实体,在房间内很容易捡起或投掷。由此,可以轻松记录经过空气的速度、加速度和路径。它涉及实物的动力学,基于以前的物理学习,你或许对此有所了解。尝试舀起一撮空气,并将其扔向房间的另一端。没有意义,不是吗?作为黏滞物质的空气,仅在你的指间流动,而不会流向任何地方。显而易见,气体(或常见流体)动力学与固体动力学存在差别。空气动力学需要一个全新的知识视角。本章将从全新的视角介绍空气动力学。

那么,如何使空气运动?显而易见,当一架飞行器从你身边疾驰而过,空气在飞行器上方流动,并且尽一切可能避开该飞行器。从另一角度考虑,设想你正坐在飞行器中,该飞行器以400英里/h的速度飞行。如果目视前方,你将看到大气层空气以400英里/h的速度向你迎面而来。它们在飞行器的上方、下方以及周围流动,当穿过机身、机翼、机尾以及发动机时局部不断加速和减速。不仅如此,空气还在飞行器表面产生压力分布和剪切应力分布,从而产生作用于飞行器上的气动升力和阻力(再次参见2.2节)。这说明空气发生了运动,那么重复我们的问题:如何使空气运动?继续阅读本章并找出答案。

众多工程师和科学家们倾其一生致力于空气动力学的研究,这说明空气动力学是非常重要的。此外,空气动力学包含甚广。这一章很长,是本书最长的章节之一,其原因有二:一是空气动力学知识丰富;二是空气动力学非常重要。空气动力是决定所有飞行器外部形状的主要特征。未认真考虑和理解空气动力学之前,你无法迈出涉足空天工程的第一步。本章的目的在于帮助你迈出这第一步并对空气动力学有所了解。本章你将学习如何使空气运动、如何预测作用于浸入气流中的机身表面的压力以及该压力与空气速度的关系;学习空气的高速流动,其速度大于声速(超声速流),以及在超声速流中频繁出现的激波;学习如何测定飞行中飞行器的飞行速度;学习火箭发动机喷管外形的设计因素(一切都是出于空气动力学考虑);还将学习空气动力学的诸多应用,但在涉及具体应用之前,需要学习一些基础知识——空气动力学的概念和方程——即本章的第一部分。基于所有上述原因,本章的重要性显而易见,请认真对待本章的学习。

提示:本章具有一定的挑战性,很可能涉及的内容与你之前的学习有所不同,其中包括许多新的概念、观点和考虑问题的方法。另外还引入了许多新的方程,帮助描述所有这些新内容。但是这些内容绝不会枯燥,若能掌握的话,还会十分有趣。满怀期待和热情地努力学习吧。继续阅读下去,你就能逐渐敲开空气动力学的大门。

本章的路线图见图4.1。为了更好地理解本章所介绍的空气动力学,下面我们大致浏览一下路线图。首先,我们将定义气流的两种基本类型:(1)无摩擦流(称为无黏性流);(2)有摩擦流(称为黏性流)。路线图上方附近的两个方框表示这两种类型的流。这是空气动力学中的一个重要特征。任何现实生活中的气流均存在作用于流场内流动微元的摩擦。然而,在许多实际空气动力学问题中,这种内部摩擦的影响非常小,因而可以忽略。假设此类气流没有摩擦,因此可作为无黏性流进行分析。这是一种理想化的假设,但对于很多问题而言,却是一种可取的设想。无需处理摩擦时,通常就简化了流动的分析过程。然而,对于某些流动,由于摩擦的影响显著,则必须在分析过程中予以考虑。通常,考虑摩擦后,流动的分析会变得更为复杂。

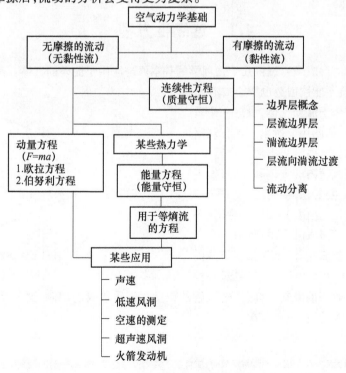

图4.1 第4章路线图

本章主要介绍基本原理。首先我们将介绍物理学的三大基本原理：

1. 质量守恒。
2. 牛顿第二定律（合外力 = 质量 × 加速度）
3. 能量守恒。

当这些基本原理应用于气流时，某些方程的结果即为该类原理的数学语言表述。我们将讨论这是如何实现的。我们将从质量守恒这一物理原理开始，得出一个被称为连续性方程的控制方程。图4.1的中间方框表示该方程。连续性方程用数学符号说明：气流中质量守恒。无论气流中包含摩擦与否，质量均守恒。因此，连续性方程同时适用于上述两种类型的流动，这正是其处于图4.1顶端两个方框下中间位置的原因。然后我们将介绍路线图左侧的内容，并假设为无黏性流。引用牛顿第二定律并得到无黏性流的动量方程，即欧拉（Euler's）方程（其发音类似于"加油工（oilers）"）。著名的伯努利方程是欧拉方程一个特定并且重要的形式。随后我们将引用能量守恒定律，得出气流的能量方程。然而，由于能量科学属于热力学范畴，因此首先需要介绍热力学的某些基本概念。

介绍完列举的基本方程后，我们将继续图4.1的左侧部分，介绍无黏性流的某些应用，其范围从声速到风洞和火箭发动机。

最后，将转向路线图右侧，讨论黏性流的一些重要概念。首先将介绍黏性边界层这一概念，它是与固体表面直接相邻的气流区域，其摩擦尤其显著。接着将探讨完全不同性质的两种类型的黏性流（层流和湍流）以及层流如何向湍流过渡。然后将讨论此类流动对机身气动阻力的影响。最后，将了解黏性气流在实际中如何从表面分离，即流动分离现象。

上文用相当长的篇幅介绍了这一略显复杂的路线图。然而，根据作者的经验，学习空气动力学基础的读者，有时会对其主题产生疑惑。事实上，空气动力学是一门编排有序的学科，路线图（图4.1）的设计在于避免可能产生的疑惑。学习本章时，经常返回该路线图寻求指导和方向是非常重要的。

4.1 连续性方程

空气动力学定律的形成是通过将几个物理学的基本原理应用于流动的气体。例如，

物理原理：质量既不能被创造也不能被消灭。①

为了将该原理应用于流动气体，设想一个垂直于流动方向的虚圆，如图4.2所示。现在观察经过圆周的所有流线。这些流线形成一个管子，称为流管。当我们随流管内的气体移动时，发现流管的截面积可能发生变化，换言之，从图4.2的位置1移动至位置2。然而，只要气流稳定（不随时间改变），流过位置1横截面的质量一定与流过位置2横截面的质量相等，因为根据流线的定义，没有任何气流可穿透流线。正如经过挠性

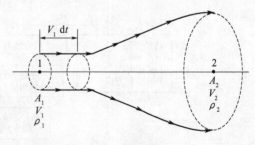

图4.2 质量守恒流管

花园软管的水流受软管壁的限制一样，经过流管的质量受流线边界的限制，这就是"从一端进入的必定等于从另一端出来的"的一种情况。

---

① 当然，爱因斯坦认为 $E = mc^2$，因此能量被释放时，质量就不再守恒。然而，如果质量出现任何显著变化，必定会释放大量能量，例如核反应。在实际的空气动力学中，我们一般不考虑上述情况。

令 A_1 为位置1流管的截面积,V_1 为位置1的流速。现在,在一个给定时间,设想所有流体元暂时处于 A_1 平面。一段时间 dt 后,所有这些相同的流体元移动了一个距离 $V_1 dt$,如图4.2所示。如此一来,这些流体元在位置1下游掠出了体积 $A_1 V_1 dt$,该体积内的气体质量 dm 等于密度乘以体积,即

$$dm = \rho_1(A_1 V_1 dt) \tag{4.1}$$

这是在时间间隔 dt 内掠过面积 A_1 的气体质量。

定义:通过面积 A 的质量流 $\dot{m}$ 是单位时间内通过 A 的质量。

因此,根据方程(4.1),对于截面 A_1,

$$质量流 = \frac{dm}{dt} \equiv \dot{m}_1 = \rho_1 A_1 V_1 \quad kg/s \text{ 或 } slug/s$$

同时,通过 A_2 的质量流率,受到经过 A_1 圆周的相同流线的限制,也是用同样方法求得,即

$$\dot{m}_2 = \rho_2 A_2 V_2$$

由于质量既不能创造也不能消灭,可得出 $\dot{m}_1 = \dot{m}_2$。因此,

$$\rho_1 A_1 V_1 = \rho_2 A_2 V_2 \tag{4.2}$$

这是稳定流体流动的连续性方程。该方程是一个简单的代数方程,将流管某一截面的密度、速度和面积的值与其他任何截面的相同量联系起来。

在前面的推导中存在一个不准确因素。在图4.2中,假设整个面积 A_1 的速度 V_1 相同。同样,假设整个面积 A_1 的密度 ρ_1 也相同。依此类推,假设整个面积 A_2 的 V_2 和 ρ_2 也是相同的。在现实中,这只是一个近似值,事实上,通过截面积 A 的 V 和 ρ 有所改变。然而,运用方程(4.2)时,我们假设 ρ 和 V 为通过截面积 A 的密度和速度的平均值。对于许多流体应用,这是相当合理的。以方程(4.2)形式的连续性方程是计算通过所有类型管道和管路(如风洞和火箭发动机)的主要方法。

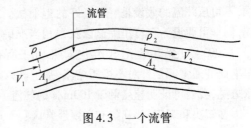

图4.3 一个流管

图4.2所示的流管不必受实体墙的限制。例如,设想通过翼型的流线,如图4.3所示。两条相邻流线的间隔就是流管,如图4.3中的阴影部分。方程(4.2)适用于图4.3中的流管,式中 ρ_1 和 V_1 是通过 A_1 的适当平均值,而 ρ_2 和 V_2 是通过 A_2 的适当值。

4.2 不可压缩流和可压缩流

在继续讨论前,有必要指出现实生活中的所有物质都具有或多或少的压缩性。换言之,如果取任一物质对其施加压力并使劲挤压,该物质的体积将减小。然而,它的质量却保持不变,见图4.4的图示说明。因此,当被挤压时,该物质密度 ρ 将发生改变。密度 ρ 的变化量取决于元素的成分性质和挤压程度,即压力大小。如果成分为固体,如钢,那么体积变化很小,并且密度 ρ 实际保持不变。如果成分为液体,如水,体积变化同样很小,并且 ρ 也基本保持不变。(尝试将一个盖紧的盖子挤压至一个液体容器内,你会发现液体的"结实"程度。)但是如果成分为气体,体积则很容易改变,并且 ρ 也是可变的。

通过之前的讨论,可将气流划分为两类:可压缩流和不可压缩流。

1. 可压缩流,指流体元密度随位置改变的流。参见方程(4.2),如果气流为可压缩流,则 $\rho_1 \neq \rho_2$。气流中密度的可变性在高速飞行时尤其重要,如对于高性能亚声速飞行器、所有超声速飞行器

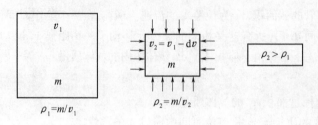

图 4.4 压缩性图解

和火箭发动机。严格地说,现实生活中的所有流体的确都是可压缩的。但是,在某些情况下,密度的改变很小。这些情况就产生了第二种定义。

2. 不可压缩流,指流体单元密度总是保持不变的流①。参见方程(4.2),如果气流为不可压缩流,则 $\rho_1 = \rho_2$;因此,

$$A_1 V_1 = A_2 V_2 \tag{4.3}$$

不可压缩流只是一个设想。如前文所述,实际上它从未存在。然而,对于那些 ρ 的实际变化很小的气流,为了方便起见,假设 ρ 不变,以简化我们的分析。(对现实物理系统进行理想化的假设,确实是工学和自然科学研究中常见的做法,以利于该类系统的分析。然而,必须总是注意在理想条件下获得的结果不能应用于实际问题,因为这些假设极其不精确或不适当)就液体流动而言,如水或油,不可压缩流的假设是一种极好的近似法。此外,对于 $V < 100 \mathrm{m/s}$(或 $V < 225$ 英里/h)的低速气流,同样可假设为不可压缩流以获得相当准确的近似值。浏览图 1.30,可以看出从"莱特飞行者一号"(1903 年)至 20 世纪 30 年代末期,几乎所有飞行器的速度都在此范围内。因此,空气动力学的早期研究通常都是针对不可压缩流,基于该原因,产生了大量与不可压缩流技术相关的文献。在本章末尾,我们可证明速度低于 100m/s 的气流一定可以假设为不可压缩流的原因。

在解决和观察气流时,有必要经常区别不可压缩流和可压缩流。由于这两种流之间存在一些明显的定量和定性差别,现在就开始养成这一习惯显得十分重要。

作为附加说明,对于不可压缩流,方程(4.3)说明了常见花园软管喷管制成收缩型外形的原因,如图 4.5 所示。根据方程(4.3),

$$V_2 = \frac{A_1}{A_2} V_1$$

如果 A_2 小于 A_1,则根据需求水流在喷管内逐渐增加流速。用于空气动力学测试的亚声速风洞的喷管设计也采用了相同的原理,这点将在第 4.10 节进行讨论。

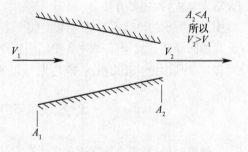

图 4.5 收缩管内的不可压缩流

例 4.1

设想收缩管的入口面积为 $A_1 = 5\mathrm{m}^2$。空气进入该收缩管的速度为 $V_1 = 10\mathrm{m/s}$,离开该收缩管的速度为 $V_2 = 30\mathrm{m/s}$。该收缩管出口的面积是多少?

解

由于流速小于 100m/s,可假设为不可压缩流。根据方程(4.3),

---

① 在更高级的空气动力学研究中,你会发现不可压缩流的定义是一个更为普遍的表述。在本书中,我们设想不可压缩流为一种密度不变的气流。

$$A_1V_1 = A_2V_2$$
$$A_2 = A_1\frac{V_1}{V_2} = (5m^2)\frac{10}{30} = 1.67m^2$$

例 4.2

设想收缩管的入口面积 $A_1 = 3\ ft^2$，出口面积为 $A_2 = 2.57ft^2$。空气进入该收缩管的速度为 $V_1 = 700ft/s$，密度 $\rho_1 = 0.002slug/ft^3$，空气离开出口时的速度为 $V_2 = 1070ft/s$。计算出口处的空气密度 ρ_2。

解

700ft/s 的入口速度是高速流，假设该流为可压缩流，表明 ρ_2 不同于 ρ_1。根据方程(4.2)，
$$\rho_1 A_1 V_1 = \rho_2 A_2 V_2$$

或
$$\rho_2 = \rho_1\frac{A_1V_1}{A_2V_2} = 0.002\frac{3(700)}{2.57(1070)} = 0.00153\ slug/ft^3$$

注：ρ_2 的值的确不同于 ρ_1，这清楚地表明该示例中的流体为可压缩流。如果该流体本质上是不可压缩流，那么根据方程(4.2)计算得出 ρ_2 的值应等于 ρ_1。但情况并非如此。应牢记方程(4.2)比方程(4.3)更一般化。方程(4.2)既可应用于可压缩流，也可应用于不可压缩流；而方程(4.3)仅适用于不可压缩流。

提示：该示例和本书涉及的所有实例，计算时使用了统一单位。由于答案也是相同的统一单位，因此无需再说明数学计算中不同条件下的单位。在本例中，计算时涉及连续性方程：A_1 和 A_2 的单位为 ft^2，V_1 和 V_2 的单位为 ft/s，而密度 ρ_1 单位为 $slug/ft^3$。因为在英国工程系统中密度的统一单位为 $slug/ft^3$，如果将这些数值代入方程中，可知答案中 ρ_2 的单位也是 $slug/ft^3$。

4.3 动量方程

连续性方程，即方程(4.2)，仅说明了部分问题。例如，未涉及气流中的压力；但仅凭直觉也可知压力是一个重要的流量变量。实际上，汽流中不同位置的压力差产生了作用于流体元的力，并驱使其流动。因此，压力和速度之间必定存在某种联系，本节将对这种关系进行探讨。

我们将再次提到物理学的一个基本原理，即牛顿第二定律。

物理原理：　　　　　　力 = 质量 × 加速度

或
$$F = ma \tag{4.4}$$

将该原理应用于流动气体，设想以速度 V 随流线流动的小流体元，如图4.6所示。在某一给定时刻，流体元定位在点 P。流体元沿 x 方向流动，x 轴与点 P 的流线平行。y 和 z 轴相互垂直于 x 轴。流体元极小。然而，通过放大镜，可见图4.6的右上角部分。作用于该流体元的是什么力？从物理角度来看，这个力是三种现象的结合：

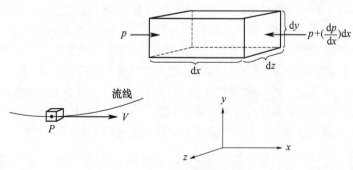

图4.6　动量方程的受力图

1. 作用于流体元所有6个面法线方向的压力。
2. 作用于流体元所有6个面切线方向的摩擦剪切力。
3. 作用于流体元内质量上的重力。

我们将暂时忽略摩擦力。此外,一般情况下重力仅占总力的很小一部分。因此,我们假设作用于流体元的唯一力源是压力。

为了计算该力,令流体元的长宽高分别为 dx、dy 和 dz,如图 4.6 所示。设想垂直于 x 轴的左侧面和右侧面。左侧面上的压力为 p,左侧面的面积为 $dydz$,因此左侧面上的力为 $p(dydz)$,该力处于 x 轴的正方向。现在回顾一下,压力在气流中随位置而变化。因此,每个单位长度内,压力均有所改变,用导数 dp/dx 表示。因而,如果从左侧面沿 x 轴移动一个 dx 的距离,压力变化为 $(dp/dx)dx$。右侧面的压力则为 $p+(dp/dx)dx$。右侧面的面积也为 $dydz$,因此右侧面上的力为 $[p+(dp/dx)dx](dydz)$,该力作用于 x 轴的负方向,如图 4.6 所示。x 方向的合力 F 为两个力之和:

$$F = p\,dy\,dz - \left(p + \frac{dp}{dx}dx\right)dy\,dz$$

或

$$F = -\frac{dp}{dx}(dx\ dy\ dz) \tag{4.5}$$

方程(4.5)给出了压力作用于流体元的力。为方便起见,选择 x 轴为沿气流方向,平行于流线面上的压力不会影响沿流线方向流体元的运动。

流体元的质量等于密度 ρ 乘以体积 $dx\,dy\,dz$:

$$m = \rho(dx\ dy\ dz) \tag{4.6}$$

同时,按照加速度的定义(速度的变化率),流体元的加速度 $a = dV/dt$。需注意,同样根据定义,$V = dx/dt$,由此得出

$$a = \frac{dV}{dt} = \frac{dV}{dx}\frac{dx}{dt} = \frac{dV}{dx}V \tag{4.7}$$

方程(4.5)~方程(4.7)分别给出了力、质量和加速度,根据牛顿第二定律——方程(4.4):

$$F = ma$$

$$-\frac{dp}{dx}(dx\ dy\ dz) = \rho(dx\ dy\ dz)V\frac{dV}{dx}$$

或

$$dp = -\rho V\,dV \tag{4.8}$$

方程(4.8)是欧拉方程。基本而言,它将动量的变化率和力联系起来,因此也被称为动量方程。务必牢记得到方程(4.8)所应用的假设:忽略了摩擦和重力。对于没有摩擦的气流,空气动力学家们有时也采用另一术语:无黏性流。方程(4.8)是无黏性(无摩擦)流的动量方程。此外,还假设流场是稳定的,即不随时间变化。

请注意方程(4.8)将压力和速度联系了起来(实际上,它将压力变化 dp 和速度变化 dV 联系起来)。方程(4.8)是一个微分方程,因此它描述的是图 4.6 所示点 P 附近极小区域的现象。现在设想点 1 和点 2,是气流中相距较远却在相同流线上的两个位置。将位置 1 的 p_1 和 V_1 与相距较远的位置 2 的 p_2 和 V_2 联系起来,方程(4.8)必须在位置 1 和位置 2 之间求积分,该积分因气流类型是否为可压缩流或不可压缩流而不同。欧拉方程(方程(4.8))本身适用于这两种情况。对于可压缩流,ρ 在方程(4.8)中是变量;对于不可压缩流,ρ 是常量。

首先考虑不可压缩流的情况。点 1 和点 2 位于给定的流线上,如图 4.7 所示翼型上的两点。根据方程(4.8),得出

$$dp + \rho V\,dV = 0$$

式中：ρ = 常量。通过求点 1 和点 2 之间的积分，得出

$$\int_{p_1}^{p_2} \mathrm{d}p + \rho \int_{V_1}^{V_2} V \mathrm{d}V = 0$$

$$p_2 - p_1 + \rho \left(\frac{V_2^2}{2} - \frac{V_1^2}{2} \right) = 0$$

$$p_2 + \rho \frac{V_2^2}{2} = p_1 + \rho \frac{V_1^2}{2} \quad (4.9\mathrm{a})$$

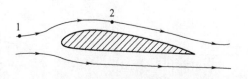

图 4.7 沿流线的不同位置的两点

$$p + \rho \frac{V^2}{2} = \text{沿流线的常量} \quad (4.9\mathrm{b})$$

方程(4.9a)或方程(4.9b)均为伯努利方程。从历史角度看，伯努利方程是流体力学中最基本的方程之一。

应注意以下重要几点：

1. 方程(4.9a)和方程(4.9b)仅适用于无黏性（无摩擦）的不可压缩流。
2. 方程(4.9a)和方程(4.9b)将沿流线不同点的特性联系起来。
3. 对于可压缩流，必须运用方程(4.8)，并将 ρ 视为变量。对于可压缩流，不能运用伯努利方程。
4. 请牢记，方程(4.8)、方程(4.9a)和方程(4.9b)表明对于流体流动 $F = ma$，本质上就是应用于流体动力学的牛顿第二定律。

回到图 4.7，如果最上游所有流线上 p 和 V 的值均相同（图 4.7 中最左边部分），那么伯努利方程中的常量对于所有流线均相同。例如，如果气流的最上游部分为均匀流（如穿过大气的飞行中所遇的气流和设计良好的风洞测试段的气流），将出现上述情况。在这些情况下，方程(4.9a)和方程(4.9b)不限于相同流线。相反，点 1 和点 2 可为气流中的任意位置，甚至可在不同流线中。

对于可压缩流的情况，欧拉方程，即方程(4.8)也可在点 1 和点 2 之间求积分；然而，由于 ρ 为变量，一般而言，必须在求积分之前，获得 ρ 是如何随 V 变化的附加信息。该信息是可获取的，但也可采用替代方法，即在处理可压缩流的诸多实际问题时，无需运用动量方程而采用更为简便的方法。在这种情况下，不会再求方程(4.8)的积分。

4.4 评 述

将状态方程(2.3)和连续性气流方程(4.2)以及动量方程(4.9a)的性质进行理性比较是非常重要的。状态方程将同一点 p、T 和 ρ 关联起来；相反，流动方程则将气流中某点的 ρ 和 V（如在连续性方程中）、p 和 V（如在伯努利方程中）与气流中另一点的相同量联系起来。这中间存在根本区别，解决空气动力学问题时应牢记于心。

例 4.3

设想气流中的一个翼型（机翼的横截面，如图 4.7 所示），在翼型最上方（上游），压力、速度和密度分别为 $2116\mathrm{lb/ft^2}$、100 英里/h 和 $0.002377\mathrm{slug/ft^3}$。翼型上的已知点 A 压力为 $2070\mathrm{lb/ft^2}$。求 A 点的速度。

解

首先必须保持单位统一，V_1 = 100 英里/h 不是统一单位。但是，要记住如下简便转换关系：60 英里/h = 88ft/s。因此，V_1 = 100(88/60) = 146.7ft/s。由于速度很低，可假定为不可压缩流。因此方程(4.9)的伯努利方程适用：

$$p_1 + \frac{\rho V_1^2}{2} = p_A + \frac{\rho V_A^2}{2}$$

所以
$$V_A = \left[\frac{2(p_1 - p_A)}{\rho} + V_1^2\right]^{1/2}$$
$$= \left[\frac{2(2116 - 2070)}{0.002377} + (146.7)^2\right]^{1/2}$$
$$V_A = 245.4 \text{ ft/s}$$

例 4.4

设相同收缩管和例 4.1 中的条件。如果入口处的空气压力和温度分别为 $p_1 = 1.2 \times 10^5 \text{N/m}^2$ 和 $T_1 = 330\text{K}$,计算出口处压力。

解

首先必须计算出密度。根据状态方程,
$$\rho_1 = \frac{p_1}{RT_1} = \frac{1.2 \times 10^5}{287(330)} = 1.27 \text{ kg/m}^3$$

仍然假定为不可压缩流,根据方程(4.9)得出
$$p_1 + \frac{\rho V_1^2}{2} = p_2 + \frac{\rho V_2^2}{2}$$

$$p_2 = p_1 + \frac{1}{2}\rho(V_1^2 - V_2^2) = 1.2 \times 10^5 + \left(\frac{1}{2}\right)(1.27)(10^2 - 30^2)$$

$$p_2 = 1.195 \times 10^5 \text{N/m}^2$$

注:从 10m/s 加速到 30m/s 的过程中,空气压力减少的量很小,少于 0.45%。这是非常低速气流的特征。

例 4.5

如图 4.8(a)所示,设想一个带半圆形横截面的长暗榫。暗榫浸入气流中,其轴垂直于气流,如图 4.8(a)所示。暗榫的圆形截面正对气流,如图 4.8(a)和图 4.8(b)所示。我们称这个圆形截面为暗榫的正面。半圆形截面的半径为 $R = 0.5\text{ft}$。暗榫最上方的气流速度(称为自由流)为 $V_\infty = 100$ ft/s。假定为无黏性流,即忽略摩擦作用。沿暗榫圆形正面表面的气流速度为该表面位置的函数,该位置以图 4.8(b)的 θ 角表示。因此,沿正面圆形表面,$V = V(\theta)$。该变量通过下式得出:

$$V = 2V_\infty \sin\theta \tag{E4.5.1}$$

作用于横截面表面的压力分布如图 4.8(c)所示。在正面,p 随表面位置变化,具体位置以 θ 角表示,即正面上 $p = p(\theta)$。在平直背面,以 p_B 表示的压力为常量。背面压力通过下式得出:

$$p_B = p_\infty - 0.7\rho_\infty V_\infty^2 \tag{E4.5.2}$$

式中:p_∞ 和 ρ_∞ 分别表示自由流中暗榫最上方的压力和密度。自由流密度设为 $\rho_\infty = 0.002378\text{slug/ft}^3$。计算暗榫 1ft 段通过表面压力分布[图 4.8(c)]产生的空气动力,如图 4.8(a)阴影部分所示。

解

解答本问题时,可参见第 2.2 和 4.3 节。观察图 4.8(c),由于半圆形横截面的对称性,上表面的压力分布是下表面压力分布的镜像,即 $0 \leq \theta \leq \pi/2$ 时 $p = p(\theta)$ 等同于 $0 \geq \theta \geq -\pi/2$ 时 $p = p(\theta)$。由于该对称性,垂直于自由流方向的横截面上没有任何合力,即上表面压力下推产生的力正好被下表面压力上推产生的大小相等方向相反的力抵消。因此,由于该对称性,气动合力与自由流方向平行,该气动合力以图 4.8(c)的箭头表示。

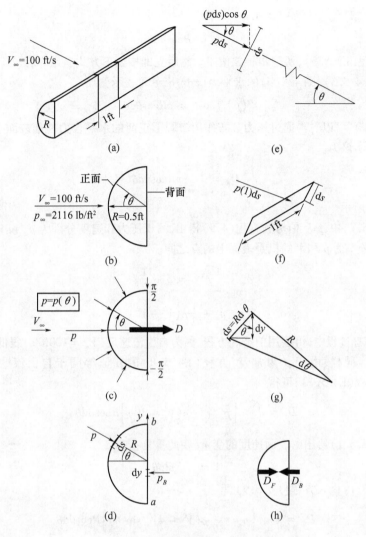

图 4.8 暗榫上的气动力形成示意图(例 4.5)

将数字代入计算前,根据 V_∞ 和 R,可得出 D 的如下分析公式。计算将按照以下逻辑步骤进行。

步骤一:计算因作用于正面的压力而产生的力。

这一步我们将求出正面表面积上压力分布的积分。设定作用于表面积上极小部分的压力的表达式,取水平流动方向上该力的分力(图 4.8 V_∞ 的方向),然后在正面表面积上求该表达式的积分。如图 4.8(d)所示,考虑局部作用于该段的表面 ds 和压力 p 的极小的弧长段,该部分的放大图如 4.8(e)所示。回顾图 4.8(a),需计算出暗榫 1ft 长度的气动力,如图 4.8(a)所示的阴影部分。作为阴影区的一部分,考虑暗榫倒弧角上一个宽度为 ds、长度为 1ft 的小条形区域,如图 4.8(f)所示,该切条的表面积为 1ds。在该面积上由于压力 p 产生的力为 $p(1)ds = pds$,该力如图 4.8(e)所示,垂直于段 ds。水平方向该力的分力为 $(pds)\cos\theta$,同样见图 4.8(e)。根据图 4.8(g)所示的几何构造,可得出

$$ds = Rd\theta \tag{E4.5.3}$$

以 dy 表示的 ds 的垂直投影由下式得出:

$$dy = ds\cos\theta \tag{E4.5.4}$$

将方程(E4.5.3)代入方程(E4.5.4),可得
$$dy = R\cos\theta d\theta \tag{E4.5.5}$$
暂时搁置方程(E4.5.5),留待步骤二使用。然后立即按如下方式运用方程(E4.5.3)。

根据方程(E.4.5.3),图4.8(e)的水平力$(pds)\cos\theta$可表示为
$$(pds)\cos\theta = pR\cos\theta d\theta \tag{E4.5.6}$$

回到图4.8(c),可以看出通过压力分布作用于圆形正面的水平合力是前表面上方程(E4.5.6)的积分。用D_F表示该力。
$$D_F = \int_{-\pi/2}^{\pi/2} pR\cos\theta d\theta \tag{E4.5.7}$$
该力如图4.8(h)所示。

在方程(E4.5.7)中,p从伯努利方程(4.9)得出,写于压力和速度分别为p_∞和V_∞的自由流上点以及压力和速度分别为p和V的机身表面上的点之间。
$$p_\infty + \frac{1}{2}\rho V_\infty^2 = p + \frac{1}{2}\rho V^2$$
或
$$p = p_\infty + \frac{1}{2}\rho(V_\infty^2 - V^2) \tag{E4.5.8}$$

注:在上述解答过程中,可运用伯努利方程,因为自由流速度($V_\infty = 100\text{ft/s}$)很低,并且可假定气流为不可压缩流。同样,由于$\rho$为常量,方程(E4.5.8)的$\rho$值等同于自由流中的$\rho_\infty$。将方程(E4.5.8)代入方程(E4.5.7),可得
$$D_F = \int_{-\pi/2}^{\pi/2} \left[p_\infty + \frac{1}{2}\rho(V_\infty^2 - V^2)\right] R\cos\theta d\theta \tag{E4.5.9}$$

回顾方程(E4.5.1)给出的表面速度的变量,在此重复:
$$V = 2V_\infty\sin\theta \tag{E4.5.1}$$
将方程(E4.5.1)代入方程(E4.5.9),可得
$$D_F = \int_{-\pi/2}^{\pi/2} \left[p_\infty + \frac{1}{2}\rho(V_\infty^2 - 4V_\infty^2\sin^2\theta)\right] R\cos\theta d\theta$$
或
$$D_F = \int_{-\pi/2}^{\pi/2} \left[p_\infty + \frac{1}{2}\rho V_\infty^2(1 - 4\sin^2\theta)\right] R\cos\theta d\theta \tag{E4.5.10}$$

将D_F的表达式搁置,稍后再做探讨。

步骤二:计算因作用于背面的压力而产生的力。

这一步我们将求出背面表面积上压力分布的积分。与步骤一类似,设定作用于表面积上极小部分的压力的表达式,然后在背面表面积上求该表达式的积分。

回到图4.8(c),现在把注意力放到横截面p_B背面的压力上。该压力对暗榫上的1ft长度段施加一个力D_B,如图4.8(h)所示。力D_B向左边产生作用,与D_F方向相反。压力p_B为背面上的常量。背面上1ft长度段的矩形面积为$(1)(2R)$。由于p_B是该背面上的常量,可直接得出
$$D_B = (1)(2R)p_B \tag{E4.5.11}$$

然而,由于横截面上的空气动力合力通过$D_F - D_B$得出,如图4.8(h)所示,并且在方程(E4.5.10)中D_F以积分形式表达,因此能很方便地用如下积分形式表达D_B。回到图4.8(d),考虑背面区域一个承受p_B作用的dy高度段。在暗榫上的一个1ft长度段内(在图4.8(d)垂直于页面),表面一个小条形区域的面积为$1dy$,且该区域上的力为$p_B(1)dy$。作用于背面的总力通过求y从a点至b点的积分得出,如图4.8(d)所示:

$$D_B = \int_a^b p_B(1)\mathrm{d}y \tag{E4.5.12}$$

但是,回顾方程(E4.5.5)可知 $\mathrm{d}y = R\cos\theta\mathrm{d}\theta$。因此,方程(E4.5.12)变为

$$D_B = \int_{-\pi/2}^{\pi/2} p_B R\cos\theta\mathrm{d}\theta \tag{E4.5.13}$$

请注意,对于 D_B,方程(E4.5.13)和方程(E4.5.11)均为有效表达式,两者只是形式不同。为证明这一点,求方程(E4.5.13)的积分,可得到方程(E4.5.11)的结果。再次回顾可知 p_B 由方程(E4.5.2)得出,在此重复(去掉 ρ 的下标∞,因为 ρ 为常量):

$$p_B = p_\infty - 0.7\rho V_\infty^2 \tag{E4.5.2}$$

因此,方程(E4.5.13)变成

$$D_B = \int_{-\pi/2}^{\pi/2} (p_\infty - 0.7\rho V_\infty^2) R\cos\theta\mathrm{d}\theta \tag{E4.5.14}$$

步骤三:计算气动合力

现在我们将合并步骤一和步骤二的结果。通过步骤一,得到作用于正面的压力表达式。通过步骤二,得到作用于背面的压力表达式。正面的力作用于一个方向,背面的力则作用于相反方向,如图4.8(h)所示,因而得出的净合力(气动合力)为上述两者的差值。

回到图4.8(h),可以看出气动合力 D 通过下式给出:

$$D = D_F - D_B \tag{E4.5.15}$$

将方程(E4.5.10)和方程(E4.5.14)代入方程(E4.5.15),可得

$$D = \int_{-\pi/2}^{\pi/2} \left[p_\infty + \frac{1}{2}\rho V_\infty^2 (1 - 4\sin^2\theta) \right] R\cos\theta\mathrm{d}\theta$$
$$- \int_{-\pi/2}^{\pi/2} (p_\infty - 0.7\rho V_\infty^2) R\cos\theta\mathrm{d}\theta \tag{E4.5.16}$$

合并方程(E4.5.16)的两个积分,并注意包含 p_∞ 的两项被抵消,得到

$$D = \int_{-\pi/2}^{\pi/2} \left[\left(\frac{1}{2}\rho + 0.7\rho \right) V_\infty^2 - 2\rho V_\infty^2 \sin^2\theta \right] R\cos\theta\mathrm{d}\theta$$

$$= 1.2\rho V_\infty^2 R \int_{-\pi/2}^{\pi/2} \cos\theta\mathrm{d}\theta - 2\rho V_\infty^2 R \int_{-\pi/2}^{\pi/2} \sin^2\theta\cos\theta\mathrm{d}\theta$$

$$= 2.4\rho V_\infty^2 R - 2\rho V_\infty^2 R \left[\frac{\sin^3\theta}{3} \right]_{-\pi/2}^{\pi/2}$$

$$= 2.4\rho V_\infty^2 R - 2\rho V_\infty^2 R \left(\frac{1}{3} + \frac{1}{3} \right) = 1.067\rho V_\infty^2 R$$

根据之前的结果,我们推导出暗榫单位长度的气动力 D 的如下分析表达式:

$$D = 1.067\rho V_\infty^2 R \tag{E4.5.17}$$

将问题中给出的数值代入式中,其中,$\rho = \rho_\infty = 0.002378\mathrm{slug/ft}^3$,$V_\infty = 100\mathrm{ft/s}$,$R = 0.5\mathrm{ft}$,从方程(E4.5.17)可得出

$$D = (1.067)(0.002377)(100)^2(0.5) = 12.68 \text{ lb 暗榫的每英尺长度}$$

例4.5的结果表明了飞行器设计时一般背景中的几个重要方面：

1. 强调了第2.2节的重点，即作用于浸入气流中任何物体上的气动合力仅因作用于整个机身表面的压力分布和剪切应力分布的净积分而产生。在例4.5中，我们假定气流为无黏性流；换言之，我们忽略了摩擦的作用。因此，气动合力仅因机身表面压力分布的积分效应而产生。这正是我们计算例4.5中作用于暗楔上的力的方法——求暗楔表面压力分布的积分。如果用波音747大型喷气式客机取代暗楔，道理也是相同的。在飞行器设计中，飞行器的形状受一种既能减小阻力又能同时产生必要升力的表面压力分布的设计思想影响。这一基本观点在全书中多次提及。

2. 方程(E4.5.17)表明机身上的气动力

(1) 与流体密度 ρ 成正比。

(2) 与自由流速度的平方 $D\alpha V_\infty^2$ 成正比。

(3) 与机身尺寸成正比，如半径 R 所示。

在例4.5中，这些结果并非专门针对暗楔，它们有着更为普遍的应用。在第5章中，我们可了解翼型、机翼和整个飞行器上的空气动力确实与 ρ_∞、V_∞^2 和机身尺寸成比例，该机身尺寸用表面积表示。[在方程(E4.5.17)中，R 确实代表一个与暗楔上计算空气动力的单位长度相等的面积 $R(1)$。] 有趣的是，方程(E4.5.17)不包含自由流压力 p_∞。事实上，p_∞ 在方程(E4.5.17)求导时被抵消，这不仅仅是用于例4.5中的一个暗楔特征。通常情况下，如第5章所述，计算飞行器上的空气动力时，不需要自由流压力的确切值，尽管空气动力本质上是因为（部分）表面上的压力分布而产生。在最终的结果中，总是自由流密度 ρ_∞ 的值出现在气动力的表达式中，而非 p_∞。

4.5　热力学基础

如前文所述，气流速度超过100 m/s时，气流不可被视为不可压缩流。稍后我们将根据马赫数重述这一准则。马赫数是流速与声速的比率。另外还将说明马赫数超过0.3时气流必须被视为可压缩流，这是当前绝大部分空气动力学应用面临的情况，因此对于可压缩流的学习相当重要。

高速气流也被称为高能流。高速流中流体元的动能大，并且必须予以考虑。当高速气流减速时，随之产生的动能减少使温度急剧升高。因此，高速流、可压缩性和巨大的能量变化之间存在相互关联。要学习可压缩流，首先必须了解气体中能量变化的一些基本原理以及这些能量变化带来的压力和温度变化，这些基本原理是热力学学科的基础。

本节假定读者对热力学不太了解。因此，本节的目的在于介绍进一步分析高速可压缩流所必不可少的热力学概念和成果。提示：4.5 ~4.7节的内容可能比较晦涩，如果你觉得比较难理解，不用担心，我会尽力帮助你。热力学是一门复杂、涵盖面广的学科，本书只会介绍一些基本的概念和方程。请将这些章节视为知识挑战，并虚心进行学习。

热力学的基础是一种被称为热力学第一定律的关系，是对自然现象的经验观察。这一关系的推导过程如下：假设一个可变边界内所包含气体的一个固定质量（为方便起见，称为单位质量），如图4.9所示。该质量被称为系统，边界外的一切称为环境。现在，如第2章所述，考虑组成系统的气体由来回随机运动的单个分子组成。该分子运动的能量，包括系统内的所有分子，被称为系统内能。用 e 表示气体单位质量的内能。仅可通过如下方式使 e 增加（或减少）：

1. 系统加热（或散热）。该热量源于环境中，并穿过边界使系统加热。令 δq 为对单位质量所增加的热量。

2. 对系统做功或由系统做功。该做功可由推进的系统边界(对系统做功)或推出的系统边界(由系统做功)表示。令 δw 为单位质量系统做功的增量。

同时,令 de 为单位质量内能的相应变化量。那么仅基于常识,并通过试验结果确认,可得

$$\delta q + \delta w = de \tag{4.10}$$

方程(4.10)被称为热力学第一定律。能量方程中所表述的内能变化量等于热量增加的总量和系统的做功。(需注意,在之前的讨论中 δ 和 d 均代表极小的量;然而 d 是一个"完整微分",但 δ 不是。)

方程(4.10)是一个基础性方程,但并非应用于空气动力学的实用形式,它是按照压力、速度及相似量表述的。为了得到热力学第一定律的更有用形式,首先必须按照如下方式,根据 p 和 v(比容)推导出 δw 的表达式:考虑图4.10所示的系统,令 dA 为边界所增加的表面积。假设系统上通过 dA 做功的 ΔW 被推进一段小距离 s,如图4.10所示。该功的定义为力乘以距离,因此可得

$$\Delta W = 力 \times 距离$$
$$\Delta W = (p\,dA)s \tag{4.11}$$

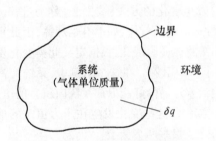

图4.9 单位质量系统

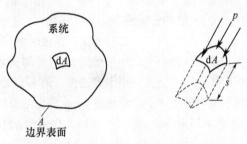

图4.10 通过压力对系统做功

现在假设图4.10所示类型的许多主要表面积均分布在边界的总表面积上,同时假定所有主要表面被同时移动一小段距离 s 至系统中。继而对系统内单位质量气体总的做功为整个边界上的每个主要表面的总和(积分)。换言之,根据方程(4.11),

$$\delta_w = \int_A (p\,dA)s = \int_A p \cdot s\,dA \tag{4.12}$$

假设 p 为系统内任意位置的常量(根据热力学术语,构成热力学平衡的状态),然后,根据方程(4.12),

$$\delta_w = p\int_A s\,dA \tag{4.13}$$

积分 $\int_A s\,dA$ 具有物理意义。从几何学而言,是系统内气体单位质量的体积变化,由内部移动的边界表面所造成。令 dv 为体积变化量。由于边界被推进,体积减小(dv 为一个负量)并且在气体上完成做功(因此在我们的推导过程中 δw 为一个正量),因此,

$$\int_A s\,dA \equiv -dv \tag{4.14}$$

将方程(4.14)代入方程(4.13),可得

$$\delta w = -p\,dv \tag{4.15}$$

方程(4.15)严格给出了以热力学变量 p 和 V 表示的做功关系。

当方程(4.15)代入方程(4.10)时,热力学第一定律变为

$$\delta q = de + pdv \tag{4.16}$$

方程(4.16)是热力学第一定律的另一表达形式。

根据该方程可轻松定义一个新的量,称为焓 h:

$$h = e + pv = e + RT \tag{4.17}$$

当 $pv = RT$ 时,假定为理想气体。然后,求方程(4.17)中定义的微分,可得

$$dh = de + pdv + vdp \tag{4.18}$$

将方程(4.18)代入方程(4.16),可得

$$\delta q = de + pdv = (dh - pdv - vdp) + pdv$$

$$\delta q = dh - vdp \tag{4.19}$$

方程(4.19)是热力学第一定律的另一种表达形式。

进一步学习前,应注意专业术语是科学和工程学的重要组成部分。在这一节,我们将介绍一些对于将来的空气动力学应用必不可少的热力学术语,并将发展相关术语。

图4.9和图4.10展示了增加了热量 δq 的系统和对其做功 δw 的系统。同时,δq 和 δw 可能引起系统压力、温度和密度的变化。系统热力学变量(p、T、ρ、v)发生变化的方式(或方法)称为过程。例如,图4.11的左侧表示定容过程。在该图中,该系统为刚性边界内的气体,如中空钢球体,因此系统的体积总是保持不变。如果热量 δq 被增加至系统,则 p 和 T 将改变。因此,根据定义此类变化发生在恒定体积中。这是一个定容过程。图4.11的右侧给出了另一示例。在这个示例中,系统为汽缸活塞系统内的气体。考虑热量 δq 被增加至系统,同时假定活塞运动恰好能保持系统内压力的恒定。当 δq 被增加至系统,则 T 和 v(因此也包括 ρ)将改变。根据定义,这些变化发生在压力恒定的情况下,这是一个定压过程。热力学涉及各种不同类型的过程,这里仅举两个例子。

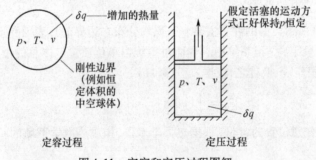

定容过程　　　　　　定压过程

图4.11　定容和定压过程图解

本节中介绍的最后一个概念是比热。考虑将增加少量热量 δq 的系统,额外 δq 将引起系统温度 dT 的轻微变化。根据定义,比热指系统单位温度改变所增加的热量。令 c 表示比热。因此

$$c \equiv \frac{\delta q}{dT}$$

然而,根据该定义,c 是多值的。换言之,对于一个定量 δq,根据所增加 δq 的过程类型,结果 dT 的值可能不同。反之,c 的值根据过程类型不同而不同。因此,一般而言,我们可为每种过程类型定义更精确的不同比热。这里仅讨论两类比热,一类为定容比热,另一类为定压比热。

如果增加的热量 δq 发生在定容情况下,并引起温度 dT 改变,则定容比热 c_v 定义为

$$c_v \equiv \left(\frac{\delta q}{dT}\right)_{定容}$$

或

$$\delta q = c_v dT (定容) \tag{4.20}$$

相反,如果增加的热量 δq 发生在定压情况下,并引起温度 dT 改变(其值与上述不同),则定压比热 c_p 定义为

$$c_p \equiv \left(\frac{\delta q}{dT}\right)_{定压}$$

或

$$\delta q = c_p dT \ (定压) \tag{4.21}$$

上述 c_v 和 c_p 定义与热力学第一定律结合时,产生了内能 e 与焓 h 之间的如下重要联系。首先考虑定容过程,根据定义 $dv=0$。因此,根据热力学第一定律的替代形式——方程(4.16),

$$\delta q = de + pdv = de + 0 = de \tag{4.22}$$

将定义 c_v 的方程(4.20)代入方程(4.22),得到

$$de = c_v dT \tag{4.23}$$

假定 c_v 为常量,对于正常状态的气体是合理的。当 $T=0$ 时设 $e=0$,可求方程(4.23)的积分,得出

$$e = c_v T \tag{4.24}$$

接下来考虑定压过程,根据定义 $dp=0$。根据热力学第一定律的替代形式——方程(4.19),

$$\delta q = dh - vdp = dh - 0 = dh \tag{4.25}$$

将定义 c_p 的方程(4.21)代入方程(4.25),得出

$$dh = c_p dT \tag{4.26}$$

再次假定 c_p 为常量,令 $T=0$ 时 $h=0$,由方程(4.26)可得

$$h = c_p T \tag{4.27}$$

方程(4.23)~方程(4.27)是非常重要的关系,它们都是从热力学第一定律推导出来的,并加入了比热的定义。仔细观察这些方程,它们仅将热力学变量(e 与 T 和 h 与 T)联系起来了,并且不会出现做功和热量。事实上,方程(4.23)~方程(4.27)都非常通用。尽管它们是通过定容和定压的例子得出,但只要气体为理想气体(无分子间作用力),它们就是通用的。因此,对于任何过程,

$$de = c_v dT$$
$$dh = c_p dT$$
$$e = c_v T$$
$$h = c_p T$$

由方程(4.23)~方程(4.27)到一般化的任何过程,可能看似不符合逻辑,并且很难接受;尽管如此,它却是有效的,这点可用本书范围外的适当热力学论据证明。在相关介绍的提示部分,我们将频繁运用这些方程,以建立内能和焓与温度之间的联系。

例 4.6

对于标准海平面条件下(a)国际单位制和(b)英国工程单位制的气体,计算内能、焓和单位质量。对于标准条件下的气体,$c_v = 720 \text{J}/(\text{kg}\cdot\text{K}) = 4290 (\text{ft}\cdot\text{lb})/(\text{slug}\cdot°\text{R})$,$c_p = 1008 \text{J}/(\text{kg}\cdot\text{K}) = 6006 \text{ft}\cdot\text{lb}/(\text{slug}\cdot°\text{R})$。

解

在标准海平面,空气温度为

$$T = 288 \text{ K} = 519°\text{R}$$

a. 根据方程(4.24)和方程(4.27),可得

$$e = c_v T = (720)(288) = 2.07 \times 10^5 \text{J/kg}$$

$$h = c_p T = (1008)(28) = 2.90 \times 10^5 \text{J/kg}$$

b. 同理,根据方程(4.24)和方程(4.27)

$$e = c_v T = (4290)(519) = 2.23 \times 10^6 \text{ft} \cdot \text{lb/slug}$$
$$h = c_p T = (6006)(519) = 3.12 \times 10^6 \text{ft} \cdot \text{lb/slug}$$

注:对于理想气体,如上例所强调的一样,e 和 h 仅为温度的函数。如果已知气体温度,可根据方程(4.24)和方程(4.27)直接计算 e 和 h,无需考虑气体是否经过定容过程、定压过程或任何其他过程。内能和焓为状态变量,也就是说,其特征仅取决于所述气体的局部状态。在本例中,取决于所给出的气体温度。

例 4.7

假设气体位于汽缸内,汽缸顶端有一个活塞。汽缸内气体的内能为 4×10^5 J。活塞在汽缸内的运动距离足以对系统做 2×10^5 J 的功。同时,增加 6×10^5 J 的热量至系统。计算做功和热量增加后的气体内能。

解

该例其实是不太重要的,只是为了说明热力学第一定律的用途。方程(4.10)用极小量的增加热量 δq 和做功 δw 表示。然而,对于任何大小的热量和做功,该方程均适用。令对系统做功总量为 ΔW,从外部环境中增加至系统的总热量为 ΔQ,内能产生的有限变化量为 ΔE。热力学第一定律——方程(4.10)可表示为

$$\Delta Q + \Delta W = \Delta E \tag{4.7.1}$$

在该例中,$\Delta Q = 6 \times 10^5$ J 且 $\Delta W = 2 \times 10^5$ J。因此,根据方程(4.7.1),

$$\Delta E = E_2 - E_1 = \Delta Q + \Delta W = 6 \times 10^5 + 2 \times 10^5 = 8 \times 10^5 \text{ J}$$

由于已知 $E_1 = 4 \times 10^5$ J,则

$$E_2 = E_1 + \Delta Q + \Delta W = 4 \times 10^5 + 8 \times 10^5 = 12 \times 10^5 \text{ J}$$

在该例中,未涉及系统上热量增加和做功的过程。因为已知做功和热量的值,则无需再指定过程。(后文我们会提到,为了计算系统中根据其他变化产生的 Δw 和 Δq,需要规定过程类型。Δw 和 Δq 均取决于过程。但在该例中,我们预先知道 ΔW 和 ΔQ 的值。这是根据热力学第一定律得出的,并且是获得内能变化所需的,$\Delta E = E_2 - E_1$。)

4.6 等熵流

在回到空气动力学之前,必须再介绍一个热力学概念——等熵流,因为它是热力学与可压缩空气动力学的纽带。

首先考虑三个定义:

绝热过程指热量未增加或减少的过程:$\delta q = 0$。
可逆过程指无摩擦或其他耗散作用发生的过程。
等熵过程指既绝热又可逆的过程。

因此,等熵过程指没有由于摩擦作用引起的热量交换或其他任何效应的过程。(等熵这个词源于另一个已定义的热力学变量"熵"。熵是等熵过程的常量。在本书中对于熵的讨论并非重点,因此,不做详细说明。)

在空气动力学中,等熵过程是非常重要的。例如,考虑如图 4.7 所示机翼的气体流动。设想沿其中一条流线运动的流体元,该流体元无热量增加或耗散。根据其流动物理特性,其他热交换机制,

如通过火焰加热、冰箱制冷或强辐射吸热等也不在考虑范围内。因此,沿流线的流体元流动是绝热的。同时,因为摩擦而作用于流体元表面的剪切应力通常很小,可忽略(非常接近表面的情况除外,后文将对此进行讨论)。因此,流动也是无摩擦的。[回顾一下,在得出动量方程(4.8)时,也使用了相同的假设。]因此,流体元的流动既绝热又可逆(无摩擦);也就是说,流动是等熵的。其他空气动力学气流也可视为等熵流,例如经过风洞喷管和火箭发动机的气流。

应注意即使气流是绝热的,温度也无需保持不变。事实上,流体元的温度在绝热、可压缩流中因位置不同而变化。这是因为流体元(一定质量)的体积沿流线移动至不同密度区域而变化;体积改变时,将做功[方程(4.15)],内能随之改变[方程(4.10)],温度也随之改变[方程(4.23)]。该说法仅适用于密度为变量的可压缩流。相反,对于 ρ = 常数的不可压缩流,一定质量流体元的体积不随沿流线的运动而变化,因此不会产生做功,也不会出现温度变化。如果图4.7所示的沿机翼流动为不可压缩流,则整个流场的温度保持不变。基于此原因,对于无摩擦的不可压缩流,温度不是一个重要的量。此外,当前关于等熵流的讨论仅与可压缩流相关,具体见后文说明。

等熵过程不仅仅是一个定义。它说明了沿给定流线两个不同点(例如图4.7中的点1和点2)的热力学变量 T、p 和 ρ 的重要关系。这些关系按如下方法获得。因为流动为等熵流(绝热和可逆流),$\delta q = 0$。因此,根据方程(4.16),

$$\delta q = de + pdv = 0$$
$$-pdv = de \tag{4.28}$$

将方程(4.23)代入方程(4.28):

$$-pdv = c_v dT \tag{4.29}$$

按相同方法,根据方程(4.19)中的 $\delta q = 0$,可得

$$\delta q = dh - vdp = 0$$
$$vdp = dh \tag{4.30}$$

将方程(4.26)代入方程(4.30):

$$vdp = c_p dT \tag{4.31}$$

将方程(4.29)除以方程(4.31):

$$\frac{-pdv}{vdp} = \frac{c_v}{c_p}$$

或

$$\frac{dp}{p} = -\frac{c_p}{c_v}\frac{dv}{v} \tag{4.32}$$

比热比 c_p/c_v 在可压缩流方程中频繁出现,因此用一个专门符号表示,通常是 γ,$c_p/c_v \equiv \gamma$。对于正常条件下用于本书所涉及应用的气体,c_p 和 c_v 均为常数,因此 γ = 常数 = 1.4(空气),且 $c_p/c_v \equiv \gamma$ = 1.4(正常条件的空气)。因此,方程(4.32)可写成

$$\frac{dp}{p} = -\gamma \frac{dv}{v} \tag{4.33}$$

参照图4.7,求点1和点2之间方程(4.33)的积分:

$$\int_{p_1}^{p_2}\frac{dp}{p} = -\gamma\int_{v_1}^{v_2}\frac{dv}{v}$$

$$\ln\frac{p_2}{p_1} = -\gamma\ln\frac{v_2}{v_1} \tag{4.34}$$

$$\frac{p_2}{p_1} = \left(\frac{v_2}{v_1}\right)^{-\gamma}$$

因为 $v_1 = 1/\rho_1$ 和 $v_2 = 1/\rho_2$，方程(4.34)变为

$$\frac{p_2}{p_1} = \left(\frac{\rho_2}{\rho_1}\right)^\gamma \quad \text{等熵流} \tag{4.35}$$

根据状态方程，可知 $\rho = p/(RT)$。因此，方程(4.35)变为

$$\frac{p_2}{p_1} = \left(\frac{p_2}{RT_2}\frac{RT_1}{p_1}\right)^\gamma$$

$$\left(\frac{p_2}{p_1}\right)^{1-\gamma} = \left(\frac{T_1}{T_2}\right)^\gamma = \left(\frac{T_2}{T_1}\right)^{-\gamma}$$

或

$$\frac{p_2}{p_1} = \left(\frac{T_2}{T_1}\right)^{\gamma/(\gamma-1)} \quad \text{等熵流} \tag{4.36}$$

合并方程(4.35)和方程(4.36)，可得

$$\frac{p_2}{p_1} = \left(\frac{\rho_2}{\rho_1}\right)^\gamma = \left(\frac{T_2}{T_1}\right)^{\gamma/(\gamma-1)} \quad \text{等熵流} \tag{4.37}$$

方程(4.37)给出的关系意义重大，说明了等熵流中流线上不同两点之间 p、T 和 ρ 的重要信息。此外，如果所有流线均源于最上游部分的均匀流(图4.7的最左边部分)，那么方程(4.37)适用于流动中的任意两点，不一定是在相同流线上的点。

我们再次强调方程(4.37)中等熵流的关系仅与可压缩流相关。相反，不可压缩流的假定(应记住无论如何不可压缩流只是一个设想)与推导方程(4.37)时的相同物理现象不一致。分析不可压缩流时，仅需运用连续性方程[例如，方程(4.3)]和动量方程[伯努利方程(4.9a)和方程(4.9b)]。分析可压缩流时，需运用连续性方程(4.2)和动量方程[欧拉方程，方程(4.8)]，以及即将推导出的能量方程。如果可压缩流为等熵流，那么可用方程(4.37)替换动量方程或能量方程。因为方程(4.37)更为简洁，比欧拉方程(4.8)这一微分方程具有更有用的代数关系，因此，本书中分析可压缩流时经常使用方程(4.37)代替方程(4.8)。

刚刚提到，为了完成可压缩流分析时基本关系的推导，必须考虑能量方程，这将在下一节讨论。

例4.8

一架飞行于标准海平面条件下的飞行器，机翼上某点的温度为250K。求该点的压力。

解

空气压力和温度分别为 p_1 和 T_1，机翼最上游部分相当于标准海平面。因此，$p_1 = 1.01 \times 10^5$ N/m² 且 $T_1 = 288.16$K。假设气流为等熵流(因此是可压缩流)，那么根据方程(4.37)可得出点1和点2之间的关系：

$$\frac{p_2}{p_1} = \left(\frac{T_2}{T_1}\right)^{\gamma/(\gamma-1)}$$

$$p_2 = p_1\left(\frac{T_2}{T_1}\right)^{\gamma/(\gamma-1)} = (1.01 \times 10^5)\left(\frac{250}{288.16}\right)^{1.4/(1.4-1)}$$

$$p_2 = 6.14 \times 10^4 \text{ N/m}^2$$

例4.9

在火箭发动机中，燃料和助燃剂均在燃烧室内燃烧，热气体经过喷管后膨胀，在发动机出口达到高速。(回头查看图4.32 火箭发动机喷管略图。)经过燃烧室火箭发动机喷管下游的流动是等熵流。设想燃烧室内燃烧气体的压力和温度分别为20atm和3500K。如果喷管出口的气体压力为0.5atm，计算出口的温度。注：燃烧气体不是空气，因此其 γ 值与空气的 γ 值不同；换言之，γ 不等于

1.4。对于该例中的燃烧气体,$\gamma = 1.15$。

解

根据方程(4.36)

$$\frac{p_2}{p_1} = \left(\frac{T_2}{T_1}\right)^{\gamma/(\gamma-1)}$$

式中我们指定燃烧室为条件1,喷管出口为条件2。因此,$p_1 = 20\text{atm}$,$T_1 = 3500\text{K}$ 且 $p_2 = 0.5\text{atm}$。重组方程(4.36),可得

$$T_2 = T_1\left(\frac{p_2}{p_1}\right)^{(\gamma-1)/\gamma} = 2500\left(\frac{0.5}{20}\right)^{(1.15-1)/1.15} = 3500(0.025)^{0.13} = 2167\text{ K}$$

问题:大气不是压力的统一单位。为何在并入方程(4.36)之前,我们未将 p_1 和 p_2 转化为N/m^2?答案是在之前的计算中,p_1 和 p_2 以比率的形式出现,即 p_1/p_2。只要分子和分母使用相同单位,根据所使用的单位,比率为相同的值。为证明该点,让我们将大气转化为统一单位 N/m^2。根据定义,一个大气压是指标准海平面的压力。根据第3.4节的海平面特性列表,可得

$$1\text{atm} = 1.01 \times 10^5 \text{ N/m}^2 (四舍五入为三位有效数字)$$

因此,

$$p_1 = 20(1.01 \times 10^5) = 2.02 \times 10^6 \text{ N/m}^2$$
$$p_2 = 0.5(1.01 \times 10^5) = 5.05 \times 10^4 \text{ N/m}^2$$

根据方程(4.36),

$$T_2 = T_1\left(\frac{p_2}{p_1}\right)^{(\gamma-1)/\gamma} = 3500\left(\frac{5.05 \times 10^4}{2.02 \times 10^6}\right)^{(1.15-1)/1.15} = 3500(0.025)^{0.13} = 2167\text{K}$$

答案和第一次得到的相同。

例4.10

如例4.7考虑的情况,带活塞的汽缸(活塞在汽缸内运动)是大部分汽车和许多小型通用航空飞机采用的往复式发动机中最基本的动力机制。往复式发动机的基本原理将在9.3节进行说明,四冲程发动机的循环原理见图9.11。撇开细节问题不谈(学习第9章时,你将可以领会和利用相关细节),只需注意四冲程分别为进气、压缩、做功和排气。尤其需仔细观察表示压缩行程的图9.11(b)。压缩行程开始时,活塞位于汽缸底部,汽缸内充满油气混合物,该混合物的体积用 V_2 表示。压缩行程结束时当活塞朝汽缸顶部移动最大距离时,活塞上方油气混合物的体积为 V_3。根据定义,在内燃机中,最为重要的压缩比为 V_2/V_3。考虑进气行程时标准海平面条件下燃油混合物进入汽缸的情况。设计的压缩比为10。假设压缩过程发生在等熵流中,计算压缩行程结束时汽缸内油气混合物的压力和温度。由于混合物中大部分为空气,只含少量燃油(典型的燃油—空气质量比为0.05),因此可假定 $\gamma = 1.4$。

解

压缩行程开始时的情况用下标2表示,压缩行程结束的情况用下标3表示。根据方程(4.37)和第2.5节中比容 v 的定义,可得

$$\frac{p_3}{p_2} = \left(\frac{\rho_3}{\rho_2}\right)^\gamma = \left[\frac{(1/v_3)}{(1/v_2)}\right]^\gamma = \left(\frac{v_2}{v_3}\right)^\gamma \quad (\text{E4.10.1})$$

比容指单位质量的体积。由于压缩行程中汽缸内的质量恒定,得出 $v_2/v_3 = V_2/V_3$。因此,根据方程(E4.10.1),得出

$$\frac{p_3}{p_2} = \left(\frac{V_2}{V_3}\right)^\gamma \tag{E4.10.2}$$

压缩比为10。压缩行程开始时油气混合物处于标准海平面条件下,即 $p_2 = 1.02 \times 10^5 \text{ N/m}^2$。根据方程(E4.10.2),

$$p_3 = p_2 \left(\frac{V_2}{V_3}\right)^\gamma = (1.02 \times 10^5)(10)^{1.4} = 25.6 \times 10^5 \text{ N/m}^2$$

注:由于目前讨论的是方程中的比率,对于压力,可使用不一致的大气单位,即 $p_2 = 1\text{atm}$,并且

$$p_3 = (1)(10)^{1.4} = 25.1 \text{atm}$$

验算:由于 $1\text{atm} = 1.02 \times 10^5 \text{N/m}^2$,因此

$$p_3 = (25.1)1.02 \times 10^5 = 25.6 \times 10^5 \text{ N/m}^2$$

与第一次得到的答案一致。

为了计算压缩行程结束时的温度,返回方程(4.37),得出

$$\left(\frac{\rho_3}{\rho_2}\right)^\gamma = \left(\frac{T_3}{T_2}\right)^{\gamma/(\gamma-1)}$$

或

$$\left(\frac{T_3}{T_2}\right) = \left(\frac{\rho_3}{\rho_2}\right)^{(\gamma-1)} = \left(\frac{V_2}{V_3}\right)^{(\gamma-1)}$$

在标准海平面条件下,$T_2 = 288\text{K}$。因此,

$$T_3 = T_2 \left(\frac{V_2}{V_3}\right)^{(\gamma-1)} = 288(10)^{0.4} = 723\text{K}$$

值得一提的是在等熵压缩过程中,压缩比为10,压力增加的倍数比温度增加的倍数大得多——压力增加25.1倍,而温度仅增加2.51倍。

评述 通过本节给出的完全不同的例子以及三种不同的实际应用,可以慢慢意识到一个系统中等熵流和等熵变化的重要性。这仅仅是开始;在继续讨论空气动力学和推进技术时,我们将遇到其他更多的等熵流应用。

4.7 能量方程

回顾可知流体流动基本方程的推导方法是陈述一个基本原理,然后用气流变量 p、T、ρ 和 V 描述该原理。同时,应注意可压缩流、高速流和能量变化是密切相关的。因此,我们必须考虑的最后一个基本物理原理如下:

物理原理:能量既不能被创造也不能被消灭,它只能改变形式。

在定量形式中,该原理就是热力学第一定律——方程(4.10)。为了将该定律应用到流体流中,设想一个沿流线运动的流体元,如图4.6所示。将热力学第一定律

$$\delta q + \delta w = de$$

应用于该流体元。回顾可知第一定律的替代形式为方程(4.19)

$$\delta q = dh - v dp$$

再次设想一个绝热流,其中 $\delta q = 0$。因此,根据方程(4.19)

$$dh - v dp = 0 \tag{4.38}$$

回顾欧拉方程(4.8)

$$dp = -\rho V dV$$

注意,本节 V 为速度。我们可合并方程(4.38)和方程(4.8),得出

$$dh + v\rho VdV = 0 \tag{4.39}$$

但是,$v = 1/\rho$;因此,方程(4.39)变成

$$dh + VdV = 0 \tag{4.40}$$

求沿流线两点的方程(4.40)的积分,得出

$$\int_{h_1}^{h_2} dh + \int_{V_1}^{V_2} VdV = 0$$

$$h_2 - h_1 + \frac{V_2^2}{2} - \frac{V_1^2}{2} = 0$$

$$h_1 + \frac{V_1^2}{2} = h_2 + \frac{V_2^2}{2}$$

$$h + \frac{V^2}{2} = 常数 \tag{4.41}$$

方程(4.41)是无摩擦、绝热流的能量方程。利用方程(4.27)$h = c_p T$,可用 T 表示方程(4.41),使其变成

$$c_p T_1 + \frac{1}{2}V_1^2 = c_p T_2 + \frac{1}{2}V_2^2$$

$$c_p T + \frac{1}{2}V^2 = 常数 \tag{4.42}$$

方程(4.42)将沿流线两点的温度和速度联系起来。如果所有流线均源于最上游部分的均匀流,那么方程(4.42)适用于流动中的任意两点,不一定是在相同流线上的点。此外,在分析可压缩流时,方程(4.42)如方程(4.37)一样高效和必要。

例 4.11

图 4.32 所示为一个超声速风洞。风洞储液罐的空气温度和压力分别为 $T_0 = 1000K$ 和 $p_0 = 10atm$。进气口和出口的静温分别为 $T^* = 833K$ 和 $T_e = 300K$。经过喷管的质量流量为 0.5kg/s。对于空气,$c_p = 1008J/(kg \cdot K)$。计算

a. 进气口速度 V^*;
b. 出口速度 V_e;
c. 进气口面积 A^*;
d. 出口面积 A_e。

解

由于问题与温度和速度相关,可采用能量方程。

a. 根据方程(4.42),写出储液罐与进气口之间的关系:

$$c_p T_0 + \frac{1}{2}V_0^2 = c_p T^* + \frac{1}{2}V^{*2}$$

然而,储液罐中,$V_0 \approx 0$。

$$V^* = \sqrt{2c_p(T_0 - T^*)}$$
$$= \sqrt{2(1008)(1000 - 833)} = 580 m/s$$

b. 根据方程(4.42),写出储液罐和出口之间的关系,

$$c_p T_0 = c_p T_e + \frac{1}{2}V_e^2$$

$$V_e = \sqrt{2c_p(T_0 - T_e)}$$
$$= \sqrt{2(1008)(1000-300)} = 1188 \text{m/s}$$

c. 处理质量流和面积的基本方程是连续性方程(4.2)。需注意由于速度足够大，可考虑为可压缩流，因此方程(4.2)比方程(4.3)更合适：

$$\dot{m} = \rho^* A^* V^*$$

或

$$A^* = \frac{\dot{m}}{\rho^* V^*}$$

在之前的讨论中，$\dot{m}$ 已给出，V^* 根据 a 部分已知。然而，按照要求，在计算 A^* 之前必须得出 ρ^*。为了得出 ρ^*，应注意，根据状态方程，

$$\rho_0 = \frac{p_0}{RT_0} = \frac{10(1.01 \times 10^5)}{287(1000)} = 3.52 \text{ kg/m}^3$$

假设喷管流动为等熵流，这和实际情况很相似。根据方程(4.37)，可得

$$\left(\frac{\rho^*}{\rho_0}\right) = \left(\frac{T^*}{T_0}\right)^{1/(\gamma-1)}$$

$$\rho^* = \rho_0 \left(\frac{T^*}{T_0}\right)^{1/(\gamma-1)} = (3.52)\left(\frac{833}{1000}\right)^{1/(1.4-1)} = 2.23 \text{ kg/m}^3$$

因此，

$$A^* = \frac{\dot{m}}{\rho^* V^*} = \frac{0.5}{(2.23)(580)} = 3.87 \times 10^{-4} \text{m}^2 = 3.87 \text{ cm}^2$$

d. 得出的 A_e 与之前的解 A^* 相似

$$\dot{m} = \rho_e A_e V_e$$

式中，对于等熵流，

$$\rho_e = \rho_0 \left(\frac{T_e}{T_0}\right)^{1/(\gamma-1)} = (3.52)\left(\frac{300}{1000}\right)^{1/(1.4-1)} = 0.174 \text{ kg/m}^3$$

则

$$A_e = \frac{\dot{m}}{\rho_e V_e} = \frac{0.5}{0.174(1188)} = 24.2 \times 10^{-4} \text{m}^2 = 24.2 \text{ cm}^2$$

例 4.12

设想一个空气流中的机翼，机翼(自由流)最前方部分的压力、速度和密度分别为 2116lb/ft²、500 英里/h 和 0.002377slug/ft³。机翼上给定点 A 的压力为 1497lb/ft²。求点 A 的速度。假设为等熵流。对于空气，$c_p = 6006(\text{ft} \cdot \text{lb})/(\text{slug} \cdot °\text{R})$。

解

该例与例 4.3 相同，但速度为 500 英里/h——速度足够大，可视为可压缩流，而例 4.3 中讨论的是不可压缩流。由于气流为等熵流，可运用涉及自由流和点 A 之间关系的方程(4.37)

$$\frac{p_A}{p_\infty} = \left(\frac{T_A}{T_\infty}\right)^{\gamma/(\gamma-1)}$$

或

$$\frac{T_A}{T_\infty} = \left(\frac{p_A}{p_\infty}\right)^{(\gamma-1)/\gamma} = \left(\frac{1497}{2116}\right)^{0.4/1.4} = (0.7075)^{0.286} = 0.9058$$

可从状态方程中找出 T_∞ 的值：

$$T_\infty = \frac{p_\infty}{\rho_\infty R} = \frac{2116}{0.002377(1716)} = 519°\text{R}$$

因此，

$$T_A = 0.9058(519) = 470.1°\text{R}$$

根据涉及自由流和点 A 之间关系的能量方程(4.42),可知 $V_\infty = 500(88/60) = 733.3\text{ft/s}$,由此得出

$$c_p T_\infty + \frac{V_\infty^2}{2} = c_p T_A + \frac{V_A^2}{2}$$

或

$$V_A = \sqrt{2c_p(T_\infty - T_A) + V_\infty^2}$$
$$= \sqrt{2(6006)(519 - 470.1) + (733.3)^2} = 1061 \text{ft/s}$$

注:本问题讨论的是可压缩流,其计算步骤与例 4.3 的步骤完全不同,因为例 4.3 中讨论的是不可压缩流。在例 4.3 中,可运用仅适用于不可压缩流的伯努利方程。不能运用伯努利方程解决本问题,因为这是一个可压缩流问题,而伯努利方程对于可压缩流是无效的。如果我们运用伯努利方程解决本问题,完全按照例 4.3 中的方法,则将得出点 A 的速度为 1029ft/s 这一错误答案。请自行验算。

例 4.13

假设空天飞行器(如图 2.24、图 8.6 和图 8.48 所示)在轨道完成使命并回到地球。对于穿过大气层的路径入口上的某点,在 60km 高度时速度为 6.4km/s。底面上某点,接近飞行器机头处,流速为零,定义该点为滞止点。滞止点通常是气流中温度最高的位置。源于自由流并经过滞止点的流线被称为滞止流线。沿该流线的气流以及整个流场是绝热的;流体元沿流线运动,未通过任何外部机制增加或损失任何热量。(除非当流体元的温度非常高,以至通过辐射失去大量能量,但是在空天飞行器再入大气时这种现象并不重要。)假定恒定比热为 $c_p = 1008 \text{J/(kg·K)}$,计算滞止点的空气温度。(对于该问题,假定比热恒定的合理度有多高?我们将在本例的最后部分进行讨论。)

解

在方程(4.42)中,令点 1 表示自由流,点 2 表示滞止点。根据附录 1 标准高度表得出自由流温度。需注意附录 1 高度表中的高度低于 60km。根据附录 1,$h = 59\text{km}$ 时 $T = 258.10\text{K}$,而 $h = 59.5\text{km}$ 时 $T = 255.89\text{K}$。根据线性外插法,当 $h = 60\text{km}$ 时,可得

$$T_1 = 255.89 - (258.10 - 255.89) = 253.68\text{K}$$

回到能量方程,

$$c_p T_1 + \frac{1}{2}V_1^2 = c_p T_2 + \frac{1}{2}V_2^2 \tag{4.42}$$

点 2 为滞止点,根据定义 $V_2 = 0$。因此点 2 的温度为滞止温度,用 T_0 表示。

$$c_p T_1 + \frac{1}{2}V_1^2 = c_p T_0$$

或

$$T_0 = T_1 + \frac{V_1^2}{2c_p} = 253.68 + \frac{(6.4 \times 10^3)^2}{2(1008)} = 20571\text{K}$$

这就是我们的答案,这个答案建立在采用比热恒定值的能量方程基础上。它给出了一个很高的温度,远远高于太阳表面温度的 3 倍。在此温度下,空气变为化学活性气体(见 10.2.4 节),并且比热恒定的假定对于此类气体无效。事实上,适当考虑化学反应时,滞止温度约为 6000K,仍然很高,但是比基于恒定比热计算的值小得多。因此我们发现,假定常量 c_p 的方程(4.42)对于该应用是无效的。相反,推导方程(4.41)时,未做此类假定,该方程通常适用于绝热流。化学活性流的计算不在本书讨论范围之内。(关于该类流及其计算方法的深度讨论,见安德森《高超声速和高温气体动力学》第二版,美国航空航天学会,雷斯顿,维吉尼亚州,2006。)

例 4.14

作者及其妻子体验了从纽约至伦敦的英法"协和式"超声速运输机(SST)的飞行(相比长于 6h

的传统亚声速喷气式飞机,这次飞行仅用了 3h)。SST 在 50000ft 的高度以 1936ft/s 的速度巡航。计算巡航时 SST 的滞止温度,假设空气的恒定比热为 6006(ft·lb)/(slug·°R)。(在例 4.13 中已经讨论了滞止温度的概念。)

解

根据方程(4.42),可得

$$c_p T_1 + \frac{1}{2}V_1^2 = c_p T_2 + \frac{1}{2}V_2^2 = c_p T_0$$

$$T_0 = T_1 + \frac{V_1^2}{2c_p}$$

根据附录 2,$h = 50000\text{ft}$ 时 $T_1 = 389.99°\text{R}$。因此,

$$T_0 = 389.99 + \frac{(1936)^2}{2(6006)} = 702°\text{R}$$

用华氏温度表示,该温度为

$$T_0 = 702 - 460 = 242°\text{F}$$

该温度比海平面处水的沸点温度高。事实上,SST 的表面温度非常高,以至于降落后飞机需冷却 0.5h 后,才可用手触摸表面。

注:根据 10.2.4 节,可知空气中首次出现化学反应的温度约为 2000K = 3600°R = 3140°F。对于该例中的温度,可假定 c_p 为一个常数值。事实上,低于 1000K 时空气比热基本保持不变,高于 1000K 时,氧气和氮气分子振动能量的激励将引起 c_p 的某些改变,但是相比化学反应的巨大变化,该变化是微不足道的。对于大部分的空气动力学应用,尤其是有关飞行器方面的应用,恒定比热的假定是非常合理的。该假设适用于本书中的所有应用。

例 4.15

设想一个热量增加的气流,为非绝热流。推导该气流的能量方程。

解

考虑沿流线运动的流体元。设 δq 为单位质量增加至流体元的热量。可运用方程(4.19)所示的热力学第一定律:

$$\delta q = \mathrm{d}h - v\mathrm{d}p \tag{4.19}$$

根据欧拉方程(4.8):

$$\mathrm{d}p = -\rho V \mathrm{d}V \tag{4.8}$$

方程(4.19)变为

$$\delta q = \mathrm{d}h - v(-\rho V \mathrm{d}V)$$

或

$$\delta q = \mathrm{d}h + V\mathrm{d}V \tag{E4.15.1}$$

求沿流线从点 1 到点 2 的方程(E4.15.1)的积分,得出

$$\int_1^2 \delta q = \int_{h_1}^{h_2} \mathrm{d}h + \int_{V_1}^{V_2} V\mathrm{d}V \tag{E4.15.2}$$

在方程(E4.15.2)中,从点 1 到点 2 的积分 δq 是点 1 与点 2 之间增加至流体元的单位质量的总热量。Q_{12} 表示增加的单位质量的总热量。因此方程(E4.15.2)可变为

$$Q_{12} = h_2 - h_1 + \frac{V_2^2}{2} - \frac{V_1^2}{2}$$

或
$$h_1 + Q_{12} + \frac{V_1^2}{2} = h_2 + \frac{V_2^2}{2} \tag{E4.15.3}$$

这是适用于非绝热流的能量方程形式。需注意它与方程(4.41)类似，但在左边包含了热量增加项 Q_{12}。

例 4.16

考虑位于涡轮喷气发动机内的燃烧室(燃烧器)。涡轮喷气飞机的原理将在9.5节进行讨论，燃烧室原理图见图 9.16、图 9.18 和图 9.19。(深入学习该例之前，有必要找到这些图进行短暂的学习。)假设空气穿过压缩器，以 1200°R 的温度进入燃烧室。当空气流经过燃烧室时，单位质量增加的热量是 $2.1 \times 10^7 \text{ ft} \cdot \text{lb/slug}$。入口至燃烧室的流速为 300ft/s，在燃烧室出口降低为 200ft/s。假设恒定比热 $c_p = 6006 (\text{ft} \cdot \text{lb})/(\text{slug} \cdot °R)$，计算出口处气流的温度。

解

使用具有热量增加项的能量方程(4.15.3)，该项是从例4.15推导出来的，假设恒定比热，使 $h = c_p T$，使用下标3和4分别表示与图9.16和图9.18一致的燃烧室的入口和出口，得出

$$c_p T_3 + Q_{34} + \frac{V_3^2}{2} = c_p T_4 + \frac{V_4^2}{2}$$

式中：$T_3 = 1200°R$，$Q_{34} = 2.1 \times 10^7 \text{ ft} \cdot \text{lb/slug}$，$V_3 = 300 \text{ft/s}$ 和 $V_4 = 200 \text{ft/s}$。因此，

$$T_4 = T_3 + \frac{Q_{34}}{c_p} + \frac{V_3^2 - V_4^2}{2 c_p} = 1200 + \frac{2.1 \times 10^7}{6006} + \left[\frac{(300)^2 - (200)^2}{2(6006)}\right] =$$
$$1200 + 3497 + 4 = 4701°R$$

4.8 方程小结

上文介绍了如何应用某些基本物理原理得出分析流动气体的方程。读者应注意不要混淆了各类方程，它们十分有用，也确实很必要，是学习和解决各类相关空气动力学问题的工具。对于工程师或科学家而言，认真对待这些方程，不仅了解其数学关系，并且掌握其物理关系是非常重要的。这些方程可传递消息，例如，方程(4.2)表明质量守恒；方程(4.42)表明绝热、无摩擦流的能量守恒；诸如此类。一定不能忽略这些方程的物理含义和限制。

为了帮助读者在脑海中确立这些方程，下面是对我们前面研究结果的简要总结：

1. 对于流管中不同面积处无摩擦流体的稳定不可压缩流，p 和 V(速度)是有意义的流变量；ρ 和 T 是流的常量。为了得出 p 和 V，使用

$$A_1 V_1 = A_2 V_2 \quad \text{连续性}$$

$$p_1 + \frac{1}{2}\rho V_1^2 = p_2 + \frac{1}{2}\rho V_2^2 \quad \text{伯努利方程}$$

2. 对于变截面流管中的稳定等熵(绝热和无摩擦)可压缩流，p、ρ、T 和 V(速度)均为变量。由下式得出：

$$\rho_1 A_1 V_1 = \rho_2 A_2 V_2 \quad \text{连续性}$$

$$\frac{p_1}{p_2} = \left(\frac{\rho_1}{\rho_2}\right)^\gamma = \left(\frac{T_1}{T_2}\right)^{\gamma/(\gamma-1)} \quad \text{等熵关系}$$

$$c_p T_1 + \frac{1}{2}V_1^2 = c_p T_2 + \frac{1}{2}V_2^2 \quad \text{能量}$$

$$p_1 = \rho_1 R T_1$$
$$p_2 = \rho_2 R T_2 \qquad \text{状态方程}$$

现在让我们应用上述关系学习一些基本的空气动力学现象和问题。

4.9 声 速

声波在空气中以特定的速度——声速传播。这是从自然观察中得出的显而易见的结论:看到远方的闪电时,片刻之后才能听到雷鸣。在诸多空气动力学问题中,声速发挥了关键作用。如何计算声速? 声速与哪些因素相关:压力、温度、密度还是都有? 为什么声速很重要? 本节将逐一解答。

首先让我们推导出一个计算声速的公式。假设声波进入滞止气体,如图 4.12 所示。该声波由某些声源产生,例如房间角落的一个小爆竹。房间内的空气是静止的,密度为 ρ,压力为 p,温度为 T。如果你站在房间中央,声波以速度 a m/s(ft/s 或其他单位)从你身旁扫过。声波本身在空气中形成一个稀薄干扰区,该区域内的压力、温度和密度均发生了轻微变化。(压力变化刺激你的耳膜,因此你能听到声波。)设想一下,现在你跃于声波之上,并随之移动。当你坐在移动的声波上时,注意图 4.12 左侧,即观察声波的移动方向。从声波上方的有利位置来看,声波似乎静止不动,声波前方的空气好像以速度 a 向你迎面而来;换言之,观察图 4.13,图中声波静止不动,声波前方的空气以速度 a 移动。现在暂时回到图 4.12。坐在声波上方并随其运动,观察右侧,即观察声波后面。从你的有利位置来看,空气好像从你身旁移开。图 4.13 展示了上述情况,图中声波保持静止不动,声波后面的空气移动至右侧,离开声波。然而,经过声波时,空气的压力、温度和密度均出现轻微改变,其变化量分别为 dp、dT 和 $d\rho$。根据之前的讨论,可以预计空速 a 也会发生轻微变化,设变化量为 da。因此,声波后面的空气以速度 $a+da$ 离开声波,如图 4.13 所示。图 4.12 和图 4.13 是完全类似的两张图,只是角度不同。图 4.12 是站在房间中央观察声波经过;图 4.13 是在声波上方观察空气经过。两个图片是一致的。由于图 4.13 易于处理,我们将对其进行重点说明。

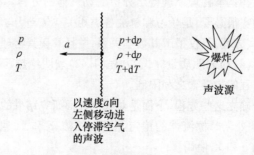

图 4.12 声波进入滞止空气建模

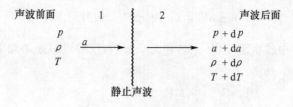

图 4.13 静止声波建模

现在将基本方程应用于图 4.13 所示的气流中。我们的目标在于获得有关 a 的方程,a 为声波速度,即声速。如图 4.13 所示,点 1 和点 2 分别表示声波的前面和后面。应用连续性方程(4.2),

可得
$$\rho_1 A_1 V_1 = \rho_2 A_2 V_2$$
或
$$\rho A_1 a = (\rho + d\rho)A_2(a + da) \tag{4.43}$$

因此，A_1 和 A_2 为经过声波的流管的面积。观察图 4.13，我们未发现流管经过声波时应改变面积的任何几何学方面的原因。事实上也并没有改变，流管的面积是不变的，因此 $A = A_1 = A_2 =$ 常量。（这是一维流或等截面流这种类型流的示例。）因此方程(4.43)变为

$$\rho a = (\rho + d\rho)(a + da)$$
或
$$\rho a = \rho a + a d\rho + \rho da + d\rho da \tag{4.44}$$

相比方程(4.44)中的其他量，$d\rho$ 和 da 两个量的值非常小，可以忽略。根据方程(4.44)，

$$a = -\rho \frac{da}{d\rho} \tag{4.45}$$

然后以欧拉方程(4.8)的形式运用动量方程：

$$dp = -\rho a \, da$$
或
$$da = -\frac{dp}{\rho a} \tag{4.46}$$

将方程(4.46)代入

$$a = \frac{\rho}{d\rho} \frac{dp}{\rho a}$$

或
$$a^2 = \frac{dp}{d\rho} \tag{4.47}$$

从物理角度来看，经过声波的气流不涉及热量增加，并且可忽略摩擦效应。因此，经过声波的气流为等熵流。根据方程(4.47)，声速通过下式表示：

$$a = \sqrt{\left(\frac{dp}{d\rho}\right)_{等熵}} \tag{4.48}$$

方程(4.48)是基础性的重要方程。然而，它并没有给出一个计算数值 a 的直接公式。我们必须进一步推导：

对于等熵流，方程(4.37)给出了

$$\frac{p_2}{p_1} = \left(\frac{\rho_2}{\rho_1}\right)^\gamma$$

或
$$\frac{p_2}{\rho_2^\gamma} = \frac{p_1}{\rho_1^\gamma} = 常数 = c \tag{4.49}$$

方程(4.49)表明比率 p/ρ^γ 与等熵流中每一点的常数值相同。因此，可得

$$\frac{p}{\rho^\gamma} = c \tag{4.50}$$

所以，
$$\left(\frac{dp}{d\rho}\right)_{等熵} = \frac{d}{d\rho} c\rho^\gamma = c\gamma \rho^{\gamma-1} \tag{4.51}$$

将方程(4.15)中的 c 代入方程(4.50)的比率，得出

$$\left(\frac{dp}{d\rho}\right)_{等熵} = \frac{p}{\rho^\gamma} \gamma \rho^{\gamma-1} = \frac{\gamma p}{\rho} \tag{4.52}$$

将方程(4.52)代入方程(4.48)：

$$a = \sqrt{\gamma \frac{p}{\rho}} \tag{4.53}$$

然而,对于理想气体,根据状态方程,p 和 ρ 是相互联系的:$p = \rho RT$,因此 $p/\rho = RT$。将该结果代入方程(4.53),得出

$$a = \sqrt{\gamma RT} \tag{4.54}$$

方程(4.48)、方程(4.53)和方程(4.54)是有关声速的重要结论;然而,方程(4.54)是最有用的。它同时还说明了一个基本结论:理想气体中的声速仅与气体温度相关。一开始你或许会对这个简单的结论感到惊讶。但是,从物理角度来看,这个结论是可以预见的。经过气体的声波传播由分子碰撞产生。再次以房间角落的小爆竹为例。当爆竹被引爆时,部分能量被转移至空气中邻近的气体分子中,因此增加了运动能量。相反,这些活动的气体分子的运动是随机的,碰撞邻近分子并将部分额外的能量转移到这些新分子上。因此,声波的能量通过空气中分子间的碰撞进行转移。每个分子运动速度不同,但如果大量分子聚集,可以确定分子运动的平均速度。因此,将聚集的分子视为一个整体,我们发现爆竹释放的能量将以接近平均分子速度的速度通过空气进行转移。回顾第2章可知温度是平均分子动能的量器,也是平均分子速度的量器,因此温度也是通过分子碰撞传播的声波速度的量器。方程(4.54)证明上述结论成立。

例如,假设空气在标准海平面的温度 $T_s = 288.16K$。根据方程(4.54),声速为 $a = \sqrt{\gamma RT} = \sqrt{1.4(287)(288.16)} = 340.3 \text{m/s}$。根据气体分子运动论的结论,可得出平均分子速度为 $\overline{V} = \sqrt{(8/\pi)RT} = \sqrt{(8/\pi)287(288.16)} = 458.9 \text{m/s}$。因此。声速与平均分子速度的量级相同,但是声速比平均分子速度大约小 26%。

需再次强调的是,声速是流动中的一个点属性,正如 T 也是点属性(如第2章所述)。同时,也是气体的热力学属性,见方程(4.48)~方程(4.54)的定义。一般而言,声速的值随气流中点的位置改变而改变。

声速还引出了高速气流的另一个定义——马赫数。考虑流场的点 B,B 处的流速为 V,声速为 a。根据定义,点 B 的马赫数 M 为流速除以声速:

$$M = \frac{V}{a} \tag{4.55}$$

M 是空气动力学中功能最强大的量之一。现在可运用马赫数定义3种不同类型的空气动力学气流:

1. 如果 $M < 1$,气流为亚声速流。
2. 如果 $M = 1$,气流为声速流。
3. 如果 $M > 1$,气流为超声速流。

每种类型的气流都因各自特殊的现象而不同,后续章节将对此进行讨论。此外,其他两种专门的空气动力学类型,通常被定义为:跨声速流,一般情况下 M 值处于稍小于 1 和稍大于 1 之间(例如,$0.8 \leq M \leq 1.2$);高超声速流,通常情况下 $M > 5$。根据 M 的大小定义亚声速流、声速流和超声速流是精确的;根据 M 的大小定义跨声速流和高超声速却不太精确,除了参考 M 值外,它们还涉及了许多特定的空气动力学现象。后续章节将对这一特性进行阐释。

例 4.17

一架喷气式运输机以 550 英里/h 的速度飞行于 30000ft 的标准高度。它的马赫数是多少?

解

根据附录2的标准大气表,高度为 30000ft 时,$T_\infty = 411.86°R$。因此,根据方程(4.54),

$$a_\infty = \sqrt{\gamma RT} = \sqrt{1.4(1716)(411.86)} = 995 \text{ft/s}$$

飞行器的速度为 $V_\infty = 550$ 英里/h；然而，为统一单位，请记住 $88\text{ft/s} = 60$ 英里/h，并得出

$$V_\infty = 550\left(\frac{88}{60}\right) = 807 \text{ft/s}$$

根据方程(4.55)，

$$M_\infty = \frac{V_\infty}{a_\infty} = \frac{807}{995} = 0.811$$

例 4.18

在例 4.11 所述的喷管流中，计算进气口气流的马赫数 M^* 和出口处的马赫数 M_e。

解

根据例 4.11，进气口处的 $V^* = 580\text{m/s}$ 且 $T^* = 833\text{K}$。因此，根据方程(4.54)，

$$a^* = \sqrt{\gamma RT^*} = \sqrt{1.4(287)(833)} = 580 \text{m/s}$$

根据方程(4.55)，

$$M^* = \frac{V^*}{a^*} = \frac{580}{580} = 1$$

注：进气口的气流为声速流。下文将证明超声速喷管流中进气口的马赫数总是等于声速流的马赫数(除非在特殊的非平衡高温流中，这种情况不在本书的讨论范围内)。

因此，

$$a_e = \sqrt{\gamma RT_e} = \sqrt{1.4(287)(300)} = 347 \text{m/s}$$

$$M_e = \frac{V_e}{a_e} = \frac{1188}{347} = 3.42$$

评述：例 4.17 和例 4.18 说明了马赫数的两种常用应用。飞行器的速度通常用马赫数表示。在例 4.17 中，已计算出喷气式运输机的马赫数，这里飞行器的马赫数是经过空气的飞行器速度与飞行器最上方环境空气声速的比值。马赫数的这种应用通常被称为自由流马赫数。在例 4.18 中，局部马赫数在流场的不同两点求得：喷管流的进气口和出口。在气流中的任意给定点，局部马赫数为该点的局部流速与该点局部声速值的比值。这里马赫数是作为流场的局部流特性，其值随气流中点位置的变化而变化，因为速度和局部声速(取决于局部温度)在整个气流中是变化的。

例 4.19

假设一个飞行器以 1000 m/s 速度飞行，穿过(a)空气和(b)氢气。双原子氢气的分子量(质量)为 $2\text{kg}/(\text{kg} \cdot \text{mol})$。计算(a)空气和(b)氢气中飞行器的马赫数。评论该结果的含义。

解

从化学角度来看，如 2.3 节所述，比气体常数 R 与通用气体常数 $\mathcal{R}$ 相关：

$$\text{R} = \mathcal{R}/M$$

式中：M 是气体的分子量；$\mathcal{R} = 8314\text{J}/(\text{kg} \cdot \text{mol} \cdot \text{K})$。

a. 空气：对于空气，$M = 28.97$。因此，

$$\text{R} = \frac{\mathcal{R}}{M} = \frac{8314}{28.97} = 287 \text{J}/(\text{kg} \cdot \text{K})$$

需注意在第 2.3 节首次给出了 $\text{R} = 287\text{J}/(\text{kg} \cdot \text{K})$，在随后的示例中我们使用了该值。这里我们根据 $\mathcal{R}$ 和 M 计算仅为了保持统一。

115

$$a = \sqrt{\gamma RT} = \sqrt{(1.4)(287)(300)} = 347.2 \text{ m/s}$$

$$M = \frac{V}{a} = \frac{1000}{3472} = 2.88$$

b. 氢气:对于 H_2,$M=2$。因此,

$$R = \frac{\mathscr{R}}{M} = \frac{8314}{2} = 4157 \text{J}/(\text{kg} \cdot \text{K})$$

对于所有双原子气体,比热比 $\gamma = 1.4$。因此,对于 $T = 300\text{K}$ 的 H_2,

$$a = \sqrt{\gamma RT} = \sqrt{(1.4)(4157)(300)} = 1321 \text{ m/s}$$

$$M = \frac{V}{a} = \frac{1000}{1321} = 0.757$$

评述:轻气体(如 H_2)的声速比重气体(如空气)的声速高得多。因此,物体以给定速度经过轻气体时的马赫数比经过较重气体时要低。事实上,在该例中,飞行器以 1000m/s 的速度移动,在空气中是超声速,在 H_2 中则是亚声速。这对于飞行器上的空气动力产生了重要效应。如第 4.11.3 节所述,超声速飞行器附近将出现激波,因此引起飞行器空气动力阻力大幅升高,升高的原因在于波阻,这点将在第 5.11 节说明。

评述:图 4.14 展示了例 4.19 中计算的一个潜在实际应用的结果。在图 4.14(a)中,一架飞行器正以 1000m/s 的速度飞行并穿过空气,其马赫数为超声速,等于 2.88。飞行器机头部分将出现一个弓形波,在飞行器上产生一个巨大的超声速波阻(如 5.11 节所述)。图 4.14(b)表示以相同速度 1000m/s 飞行的相同飞行器,但穿过的是装于管中的氢气,其马赫数为亚声速,等于 0.757。机身上无激波,也无波阻作用其上。因此,在管内推动飞行器以 1000m/s 的速度穿过氢气所需的推力将大大小于以 1000m/s 的速度穿过空气所需的推力。图 4.14(b)所示的飞行器相对于管外空气是超声速飞行,而相对于管内氢气是亚声速飞行。用于超声速运输机的氢气管飞行器的想法目前正在研究

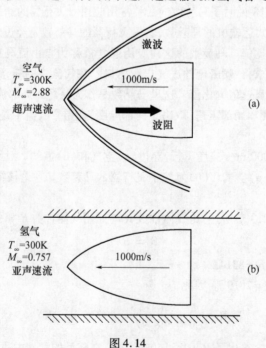

图 4.14

(a)飞行器在空气中以超声速飞行;(b)飞行器在氢气中以亚声速飞行,两种情况下速度相同。

中(例如,阿诺德·R·米勒(Arnold R. Miller),《用于超声速运输的充氢管飞行器:2.速度和能量》(Hydrogen Tube Vehicle for Supersonic Transport:2. Speed and Energy),《国际氢能期刊》(*International Journal of Hydrogen Energy*),第35卷(2010),第5745-5753页)。在有关飞行器基本原理的介绍中,本节中声速和马赫数的应用仅为一个"冷门"应用。

4.10 低亚声速风洞

在本书的剩余部分,之前得出的空气动力学原理和工具(方程)将应用于相关具体问题。首先将讨论低亚声速风洞。

什么是风洞?从最根本意义来讲,是指设计用于产生实验室之外模拟自然流动的气流(有时为其他气体)的陆基试验设备。对于大多数飞行器工程应用,风洞设计用于模拟飞行器、导弹或空天飞行器飞行中遇到的气流。由于这些气流涵盖了从早期"莱特飞行者一号"的27英里/h到"阿波罗"登月飞船的再入速度25000英里/h这一速度范围,因此实际飞行条件的实验模拟必须用到许多不同类型的风洞(从亚声速到高超声速)。然而,再次参考图1.30,我们发现流速小于或等于300英里/h是1940前盛行的飞行状态。因此,人类飞行的首个40年间,飞行器都是在设计用于模拟低亚声速飞行的风洞中进行试验和开发。这些风洞目前仍在使用,但增加了跨声速、超声速和高超声速风洞。

典型低亚声速风洞的原理如图4.15所示。压力为p_1的气流以低速V_1进入喷管,面积为A_1。喷管在试验区形成一个较小的面积A_2。由于我们讨论的是低速气流,通常情况马赫数小于0.3,可假定该气流为不可压缩流。因此,方程(4.3)表明流速随空气在渐缩喷管中流动而增加。那么根据方程(4.3),测试区的速度为

$$V_2 = \frac{A_1}{A_2}V_1 \tag{4.56}$$

流过空气动力模型后[可能是整个或部分飞行器(例如机翼、尾翼或发动机舱)的模型],空气经过称为扩散器的喇叭形管道,面积A_3增加而速度V_3减小。根据连续性,

$$V_3 = \frac{A_2}{A_3}V_2$$

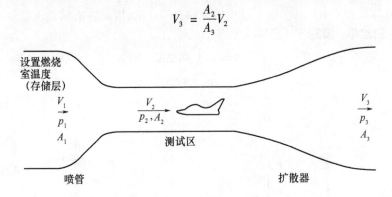

图4.15 亚声速风洞简单示意图

根据伯努利方程(4.9a),风洞中不同位置的压力与速度相关,对于不可压缩流:

$$p_1 + \frac{1}{2}\rho V_1^2 = p_2 + \frac{1}{2}\rho V_2^2 = p_3 + \frac{1}{2}\rho V_3^2 \tag{4.57}$$

根据方程(4.57),p随着V的增加而减小,因此$p_2 < p_1$;换言之,测试区的压力比喷管上游存储

器的压力小得多。在许多亚声速风洞中,整个或部分测试区对实验室中的空气开放或通风。在这种情况下,外部空气压力直接与测试区气流相通,并且 $p_2 = 1\text{atm}$。在测试区的下游,扩散器的喇叭形区域内,压力随速度的减小而增加。因此 $p_3 > p_2$。如果 $A_3 = A_1$,根据方程(4.56), $V_3 = V_1$;根据方程(4.57), $p_3 = p_1$。(注:在实际的风洞中,测试区模型上的气流产生的气动阻力会引起伯努利方程推导过程中未考虑的动量损失。因此,事实上,由于该损失, p_3 略微小于 p_1。)

实际运用该类风洞时,测试区的速度由压差 $p_1 - p_2$ 和如下所示的喷管面积比 A_2/A_1 控制。根据方程(4.57),

$$V_2^2 = \frac{2}{\rho}(p_1 - p_2) + V_1^2 \tag{4.58}$$

根据方程(4.56), $V_1 = (A_2/A_1)V_2$。将上式代入方程(4.58)右侧,可得

$$V_2^2 = \frac{2}{\rho}(p_1 - p_2) + \left(\frac{A_2}{A_1}\right)^2 V_2^2 \tag{4.59}$$

解 V_2 的方程(4.59)得

$$V_2 = \sqrt{\frac{2(p_1 - p_2)}{\rho[1 - (A_2/A_1)^2]}} \tag{4.60}$$

面积比 A_2/A_1 是给定设计中风洞的固定值。风洞的"控制按钮"控制 $p_1 - p_2$,允许风洞操作者通过方程(4.60)控制测试区速度 V_2 的值。

在亚声速风洞中,计算压差 $p_1 - p_2$ 的简便方法,也是通过方程(4.60)计算 V_2 的简便方法,就是使用压力计。如图4.16所示的U形管是压力计的基本类型。在该图中,U形管的左侧与压力 p_1 相连,而右侧与压力 p_2 相连,U形管两侧的流体高度差 Δh 是压差 $p_2 - p_1$ 的测量值。通过考虑由平面 $B-B$ 形成的两个横截面处U形管上流体的力平衡,可很快证明上述情况,如图4.16所示。平面 $B-B$ 与左侧流体圆柱的上方相切。如果 A 为U形管的横截面积,那么 p_1A 为作用于流体左侧圆柱上的力。平面 $B-B$ 右侧圆柱上的力是平面 $B-B$ 上的流体重量和压力 p_2A 产生力的和。平面 $B-B$ 右侧圆柱上的流体体积为 $A\Delta h$。流体比重(单位体积的重量)为 $w = \rho_l g$,其中 ρ_l 为流体密度而 g 为重力加速度。因此,平面 $B-B$ 上流体圆柱的总重等于比重乘以体积,即 $wA\Delta h$。平面 $B-B$ 右侧横截面上的总力为 $p_2A + wA\Delta h$。由于管中的流体是静止的,因此左右两侧横截面上的力一定平衡;换句话说,它们相等。因此,

$$p_1 A = p_2 A + wA\Delta h$$

或

$$p_1 - p_2 = w\Delta h \tag{4.61}$$

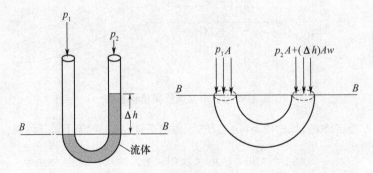

图4.16 压力计的受力图

如果U形管压力计的左侧与风洞中的储层相连(图4.15中的点1),而右侧和测试区(点2)相连,那么U形管的 Δh 可直接用于通过方程(4.61)和方程(4.60)测定测试区的气流速度。

在现代风洞中,压力计已被压力传感器和电子数字显示器所取代,用于读取压力和压差。然而,压力计的基本原理仍然是流体力学的学习内容,这正是我们为何在这里讨论的原因。

例4.20

在低亚声速风洞中,水银压力计的一侧与稳定段(储层)相连,另一侧与测试区相连。喷管的压缩比 A_2/A_1 等于 $\frac{1}{15}$。储层压力和温度分别为 $p_1 = 1.1 \text{atm}$ 和 $T_1 = 300\text{K}$。风洞运行时,水银两柱之间的高度差为10cm。液态水银的密度为 $1.36 \times 10^4 \text{kg/m}^3$。计算测试区 V_2 的气流速度。

解

$$\Delta h = 10\text{cm} = 0.1\text{m}$$

$$w_{(\text{水银柱})} = \rho_l g = (1.36 \times 10^4 \text{kg/m}^3)(9.8\text{m/s}^2)$$
$$= 1.33 \times 10^5 \text{N/m}^3$$

根据方程(4.61),

$$p_1 - p_2 = w\Delta h = (1.33 \times 10^5 \text{N/m}^3)(0.1\text{m}) = 1.33 \times 10^4 \text{N/m}^2$$

运用方程(4.60)得出速度 V_2。但是在方程(4.60)中,需已知密度 ρ 的值,该值可运用状态方程根据储层条件得出。(已知:$\text{atm} = 1.01 \times 10^5 \text{N/m}^2$。)

$$\rho_1 = \frac{p_1}{RT_1} = \frac{1.1(1.01 \times 10^5)}{287(300)} = 1.29 \text{kg/m}^3$$

由于讨论的是低亚声速流,假设 $\rho_1 = \rho = $ 常数。因此,根据方程(4.60),

$$V_2 = \sqrt{\frac{2(p_1 - p_2)}{\rho[1 - (A_2/A_1)^2]}} = \sqrt{\frac{2(1.33 \times 10^4)}{1.29[1 - (\frac{1}{15})^2]}} = 144\text{m/s}$$

注:该答案与测试区0.4的马赫数接近,比不可压缩流的临界值0.3稍高。因此,在该例中我们假设 $\rho = $ 常数是不准确的,误差约为8%。

例4.21

参考图4.15,设想一个低亚声速风洞,其储层截面积为 $A_1 = 2\text{m}^2$,测试区截面积为 $A_2 = 0.5\text{m}^2$。测试区的压力为 $p_2 = 1\text{atm}$。假设常数密度等于标准海平面密度。(a)计算在测试区达到 $V_2 = 40\text{m/s}$ 流速时储层所需的压力 p_1。(b)计算经过风洞的质量流。

解

a. 根据连续性方程(4.3),

$$A_1 V_1 = A_2 V_2$$

或

$$V_1 = V_2 \left(\frac{A_2}{A_1}\right) = (40)\left(\frac{0.5}{2.0}\right) = 10\text{m/s}$$

根据伯努利方程(4.9a),

$$p_2 + \rho \frac{V_2^2}{2} = p_1 + \rho \frac{V_1^2}{2}$$

运用统一单位,

$$p_2 = 1\text{atm} = 1.01 \times 10^5 \text{N/m}^2$$

并且在标准海平面,

$$\rho = 1.23 \text{kg/m}^3$$

得出

$$p_1 = p_2 + \frac{\rho}{2}(V_2^2 - V_1^2)$$

$$= 1.01 \times 10^5 + \frac{1.23}{2}[(40)^2 - (10)^2]$$

$$= 1.019 \times 10^5 \text{ N/m}^2$$

对该计算进行验算,将 $p_1 = 1.019 \times 10^5 \text{N/m}^2$ 代入方程(4.60),检验是否得出所需的值 $V_2 = 40\text{m/s}$。根据方程(4.60),

$$V_2 = \sqrt{\frac{2(p_1 - p_2)}{\rho\left[1 - \left(\frac{A_2}{A_1}\right)^2\right]}} = \sqrt{\frac{2(1.019 - 1.01) \times 10^5}{(1.23)\left[1 - \left(\frac{0.5}{2.0}\right)^2\right]}} = 40\text{m/s}$$

验算结果一致。

注:在测试区产生 40m/s 的速度所需的压差 $p_2 - p_1$ 是非常小的,等于 $1.019 \times 10^5 - 1.01 \times 10^5 = 900\text{N/m}^2$。在大气中为 $900/(1.01 \times 10^5) = 0.0089$ atm,小于大气压差的 1%。这是低速流的特征,在低速流中仅需较小压差即可产生较大流速。

b. 根据方程(4.2),质量流可根据风洞中任意位置得出的 ρAV 计算得出。选定测试区,其中 $A_2 = 0.5\text{m}^2$,$V_2 = 40\text{m/s}$ 且 $\rho = 1.23\text{kg/m}^3$。

$$\dot{m} = \rho A_2 V_2 = (1.23)(0.5)(40) = 24.6\text{kg/s}$$

也可仅选择储层对质量流进行评估,其中 $A_1 = 2\text{m}^2$,$V_1 = 10\text{m/s}$。

$$\dot{m} = \rho A_1 V_1 = (1.23)(2)(10) = 24.6\text{kg/s}$$

与测试区所得的结果一致。

例 4.22

对于例 4.21 中的风洞,(a)如果压差 $(p_1 - p_2)$ 增加 1 倍,计算测试区的流速。(b)比率 A_1/A_2 定义为风洞喷管的压缩比。如果压缩比增加 1 倍,保持例 4.21 中的压差不变,计算测试区的流速。

解

a. 根据方程(4.60),V_2 与压差的平方根成比例。

$$V_2 \propto \sqrt{p_\infty - p_1}$$

当例 4.21 中压差 $p_2 - p_1$ 的值增加 1 倍时,$V_2 = 40\text{m/s}$,那么,

$$V_2 = \sqrt{2}(40) = 56.6\text{m/s}$$

b. 例 4.21 中原来的压缩比为 $A_1/A_2 = 2.0/0.5 = 4$。将该值增加 1 倍,得出 $A_1/A_2 = 8$。原来的压差为 $p_2 - p_1 = 900\text{N/m}^2$。根据方程(4.60),得出

$$V_2 = \sqrt{\frac{2(p_1 - p_2)}{\rho\left[1 - \left(\frac{A_2}{A_1}\right)^2\right]}} = \sqrt{\frac{2(900)}{1.23\left[1 - \left(\frac{1}{8}\right)^2\right]}} = 38.6\text{m/s}$$

注:通过将压差增加 1 倍,测试区的速度将增加 42%。相反,仅将压缩比增加 1 倍时,测试区的速度将降低 3.5%。再次证明低速流中压差决定流速。同时,当压缩比增加而测试区速度降低时,保持压差不变似乎不太正常。喷管进一步"收缩"时,为何速度没有增加?为了解决这一明显的异常情况,需计算压缩比增加后储层的速度。根据连续性方程,$A_1 V_1 = A_2 V_2$。因此,

$$V_1 = \left(\frac{A_2}{A_1}\right)V_2 = \left(\frac{1}{8}\right)(38.6) = 4.83\text{m/s}$$

压缩比增加时,保持压差不变,储层速度的减小幅度甚至大于测试区的速度,从而引起喷管速度的大幅变化。对于例4.21中压缩比为4的情况,

$$V_2 - V_1 = 40 - 10 = 30 \text{m/s}$$

对于当前压缩比为8的情况,

$$V_2 - V_1 = 38.6 - 4.83 = 33.8 \text{m/s}$$

尽管喷管入口和出口的实际速度减小了,通过增加压缩比同时保持压差不变,仍可增加经过喷管的速度差。

4.11 空速的测定

在第4.10节,已经说明了可通过测试$p_1 - p_2$得出低速风洞(假设为不可压缩流)测试区的气流速度。然而,之前的分析中隐含假定经过风洞中气流任意给定横截面的气流特性是恒定的(称为准一维流)。如果某给定横截面的气流并非恒定,例如,如果测试区中间的气流速度比壁附近的速度高,则之前得出的V_2仅为测试区速度的平均值。基于这个原因,对于许多其他空气动力应用,在气流某给定空间位置某点进行速度测定非常重要。该测定可按下文所述采用全静压管进行。

首先必须补充空气动力学的定义。我们已详细讨论过气流中不同点的压力,如图4.7的点1和点2。然而,这些压力是一类特殊压力,被称为静压。给定点上的静压是沿气流上该点移动时可感受到的压力。静压是气体分子随机运动并将其动能转移至或跨过表面产生的,如第2章所述。如果更仔细地观察流动气体的分子,由于气流速度的原因,可以看到这些分子做完全的随机运动,叠加于某定向运动之上。静压是分子做完全随机运动的结果。当工程师或科学家使用压力这个词时,一般指静压,除非另有规定,这里的情况也是如此。在所有之前的讨论中,压力均指静压。

空气动力学中普遍使用的第二种压力:总压。为了定义和理解总压,再次考虑沿流线运动的流体元,如图4.6所示。该流体元中的气体压力是静压。但是,现在设想我们抓住该流体元,并降低其速度至零。此外,假设上述过程是等熵的。凭直觉,由于流体元处于静止状态,其热力学特性p、T和ρ将发生变化,符合本章之前所述的守恒定律。事实上,当流体元沿流线自由移动时,由于流体元被等熵静止,p、T和ρ比原来的值增大。流体元静止后的p、T和ρ的值称为总值,即总压p_0、总温T_0等。由此可得出如下精确定义:

气流中给定点的总压指该气流被等熵减速至零速度时的压力。

这里需明确一个概念。总压p_0是某给定点的气流特性。总压与气流本身相关。将流体元等熵静止的过程仅仅是定义总压的虚构心理过程,并不意味着在实际中我们也这么做。换句话说,如果再次考虑图4.7中的气流,点1、点2以及与各气流点相关的点上有两种压力需要考虑:静压p和总压p_0,其中$p_0 > p$。

对于气体不动时的特殊情况(即流体元在第一个位置没有速度),静压和总压是等同的:$p_0 = p$。本节讨论的是通常情况,例如室内的停滞空气和汽缸内的气体。

以下类比或许可以帮助进一步阐释静压和总压之间的差异。假设你正驾车以60英里/h的速度行驶于高速公路。汽车窗户全部关闭了。在汽车内,有一只苍蝇正在你周围做随机运动,发出嗡嗡声。由于你的平均速度是60英里/h,这只苍蝇也如此,以60英里/h的速度行驶于高速公路。但是,苍蝇还具有叠加于平均定向速度60英里/h之上的随机运动。对于汽车内的你,你看到的全是苍蝇的随机运动。如果这只苍蝇在做随机运动时触及你的皮肤,你会感到轻微碰撞。该轻微碰撞类似于流动气体中的静压,在流动气体中静压仅由分子的随机运动造成。现在假设你打开车窗,苍蝇

冲出车外。此时,一人正好沿公路一侧站立。如果刚刚冲出汽车的苍蝇击中此人,触碰的力度是相当大的(甚至会非常痛),因为苍蝇击中此人时,其速度为平均速度60英里/h加上任何可能的随机速度。该触碰的强度类似于气体中的总压。

有一种实际上用于测定气流中某点总压的空气动力仪器:总压管,其基本略图如图4.17所示。总压管由一个平行于气流的管子组成,一端对气流开放(点A),另一端闭合(点B)。现在设想气流首次被启动。气体在管内聚集。一段时间后,由于气体不能再向任何地方移动,管内将没有任何运动——一旦达到稳定静止状态,气体将停滞。实际上,气体在管内的任何地方均是停滞的,包括在点A处。因此,总压管的开口端(点A)是流场的一个障碍,当到达点A时,标记为C的沿流线运动的流体元只能停止。由于无热量交换,并且摩擦可以忽略,该过程是等熵的;也就是说,当出现总压管时,沿流线C运动的流体元将在点A处被等熵停止。因此,点A的压力实则为总压p_0。该压力在整个管传输;如果压力计置于点B,则实际所测为气流的总压。从这方面来说,总压管是测定气流总压的仪器。

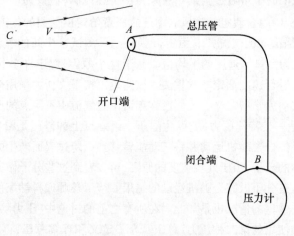

图4.17　总压管略图

考虑图4.18所示布置。该图展示了一个速度为V_1沿平行于气流的平整表面移动的均匀流。在点A的表面有一个小孔,称为静压测量孔。因为表面与气流平行,仅随机运动的气体分子可被表面感知。换言之,表面压力实际就是静压p,也就是点A处测量孔的压力。相反,如前文所述,图4.18中点B处的总压管可测试总压p_0。如果点A处的静压测试孔和点B处的总压管跨过压力计相连,如图4.18所示,则压力计可测定总压和静压之间的差值$p_0 - p$。

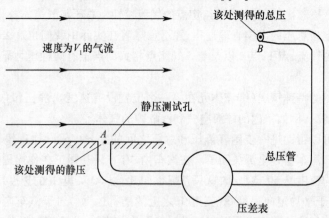

图4.18　全静压管测定原理图

现在开始讨论本节的主要问题。如图 4.18 所示,压差 p_0-p 的测量过程包含了气流速度 V_1 的测定。总压测定和静压测定的组合允许测定气流中给定点的速度。这两种测定都可在同一仪器——全静压管探头中进行,如图 4.19 所示。全静压管探头将测定探头突出部分的 p_0 和机头下游探头表面上某点的 p。压差 p_0-p 产生了速度 V_1,但定量公式因不同的气流类型[低速(不可压缩)、高亚声速或超声速]而不同。

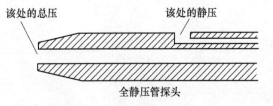

图 4.19 全静压管探头示意图

4.11.1 不可压缩流

再次考虑如图 4.18 所示的略图。在点 A 处,压力为 p,速度为 V_1。在点 B 处,压力为 p_0,速度为零。运用伯努利方程(4.9a),在点 A 和点 B 处,可得

$$p + \frac{1}{2}\rho V_1^2 = p_0 \tag{4.62}$$

静压　　动压　　总压

在方程(4.62)中,动压 q 被定义为

$$q \equiv \frac{1}{2}\rho V^2 \tag{4.63}$$

该定义在空气动力学中经常使用;组合 $\frac{1}{2}\rho V^2$ 是适用于所有气流类型(从不可压缩流到高超声速流)的动压。根据方程(4.62),

$$p_0 = p + q \tag{4.64}$$

上述关系仅适用于不可压缩流。总压等于静压和动压的总和。同样,根据方程(4.62),

$$V_1 = \sqrt{\frac{2(p_0-p)}{\rho}} \tag{4.65}$$

方程(4.65)是理想的结果;利用它,可根据从全静压管获得的 p_0-p 的测定值计算气流速度。再次强调,方程(4.65)仅适用于不可压缩流。

如图 4.20 所示,总压管可用于测定低速风洞中测试区不同点的气流速度。点 B 处的总压通过总压管探头测得;假设整个测试区的静压为恒定值,则点 B 处的静压也是通过封闭测试区壁上位于点 A 处的静压测试孔测得。对于亚声速风洞测试区,静压恒定的设想是十分可靠的,也是惯常做法。如果测试区向房间开放,如图 4.20 所示,那么测试区所有点的静压为 $p=1\text{atm}$。无论哪种情况,都可根据方程(4.65)计算点 A 处的速度。方程(4.65)的密度 ρ 为常数(不可压缩)。可通过测定风洞某处 p 和 T,并使用状态方程计算 $\rho=p/(RT)$ 得出密度 ρ 的值。这些测定通常在喷管储层上游进行。

无论是总压管还是全静压管均可用来测量飞行器的空速。此类测量管可视为从飞行器翼尖延伸出来,并朝向飞行方向,如图 4.21 所示。早在第一次世界大战时,总压管使用来测定空速,那时主要在英国使用。图 4.22 展示的是安装在索普维斯·斯奈普飞行器(产自 1917 年前后的飞行器)一个翼间支柱上的双重总压和静压管。图 4.23 展示了安装在产自 20 世纪 30 年代的洛克希德公司"织女星"飞机左翼前缘的前向总压管。回到图 2.16 所示的第二次世界大战的"海盗"战斗机,可以看到总压管从左翼延伸出来。这些飞行器是本节推导方程时涉及的低速飞行器的典型示例,同时假定不可压缩流适用于空速测定。

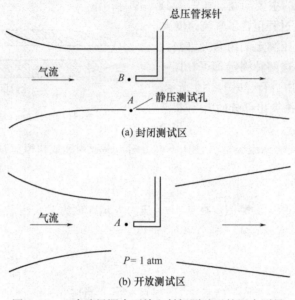

图 4.20 亚声速风洞中开放和封闭测试区的压力测量

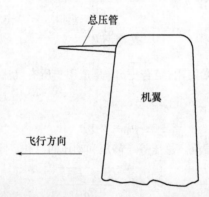

图 4.21 安装在机翼上的总压管探头略图

图 4.22 美国国家航空航天博物馆内第一次世界大战画廊的第一次世界大战索普维斯·斯奈普飞行器机翼的详图,展示了一个安装在翼间支柱上的全静压管

[图片来源:《约翰·安德森集》]

图4.23 产自20世纪30年代洛克希德公司的"织女星"飞机,左翼前缘伸出的总压管清晰可见
(来源:美国国家航空航天博物馆)

如果使用的是总压管而非全静压管,那么飞行器周围大气的环境静压可通过特别放置于飞行器表面的静压测试孔测得。静压测试孔将设置于表面压力与周围大气压力几乎相同的地方。可凭经验找到相应位置,通常为机身上机头与机翼之间的某位置。利用从翼尖总压管探头获得的 p_0 值和从表面静压测试孔获得的 p 值,可通过方程(4.65)计算经过空气的飞行器速度,前提是飞行器的速度足够低而使不可压缩流的假设成立,即速度小于300ft/s。在实际操作中, p_0 和 p 是通过以空速为刻度的压差计并运用方程(4.65)测定的。该空速表是位于驾驶员座舱内的刻度盘,刻度盘上的速度单位为英里/h。然而,读取刻度时[即读取给定 $p_0 - p$ 值的对应空速(英里/h)],工程师必须决定在方程(4.65)中使用哪个 ρ 值。如果 ρ 为真实值,即以某种方式在飞行器周围的实际空气中所测得的值,那么方程(4.65)将给出飞行器的真实空速:

$$V_{\text{true}} = \sqrt{\frac{2(p_0 - p)}{\rho}} \tag{4.66}$$

然而,测定直接位于飞行器位置的大气空气密度是有难度的。因此,基于实际应用的原因,低速飞行器的空速表使用方程(4.65)中的标准海平面 ρ_s 值进行校准。这里给出的速度值称为等值空速:

$$V_e = \sqrt{\frac{2(p_0 - p)}{\rho_s}} \tag{4.67}$$

等值空速 V_e 与 V_{true} 稍有不同,差别在于 $(\rho/\rho_s)^{1/2}$ 因子。海拔接近海平面时,该差别很小。

例4.23

在低速开塞斯纳150私人飞机上高度表的读数为5000ft。通过单独测定,外部空气温度为505°R。如果安装在机翼上的总压管测得压力为1818lb/ft²,那么飞行器的真实速度是多少?等值空速是多少?

解

采用高度计测定压力高度(见第3章相关介绍)。根据附录2的标准大气表,高度为5000ft, p = 1761lb/ft²。同时,采用总压管测得总压;因此,

$$p_0 - p = 1818 - 1761 = 57 \text{lb/ft}^2$$

真实空速可根据方程(4.66)获得;然而,还需从状态方程中获得 ρ。对于外部环境空气,

$$\rho = \frac{p}{RT} = \frac{1761}{1716(505)} = 2.03 \times 10^{-3} \text{ slug/ft}^3$$

根据方程(4.66),

$$V_{\text{true}} = \sqrt{\frac{2(p_0 - p)}{\rho}} = \sqrt{\frac{2(57)}{2.03 \times 10^{-3}}} = 237 \text{ft/s}$$

注:88ft/s = 60 英里/h,因此 $V_{\text{true}} = 237(60/88) = 162$ 英里/h。

等值空速(从驾驶员座舱内的空速表读取)根据方程(4.67)得出,其中 $\rho_s = 0.002377 \text{slug/ft}^3$(标准海平面值)。因此,根据方程(4.67),

$$V_e = \sqrt{\frac{2(p_0 - p)}{\rho_s}} = \sqrt{\frac{2(57)}{2.377 \times 10^{-3}}} = 219 \text{ft/s}$$

需注意 V_{true} 和 V_e 之间 7.6% 的差别。

例 4.24

在带封闭测试区[图 4.20(a)]的低亚声速风洞中,在风洞测试区壁上的静压取压孔测得的值为 0.98atm。测试区的空气温度为 80°F。将总压管插入测试区气流的中间位置,以测试气流速度。通过总压管测得的压力为 2200lb/ft²。计算测试区的气流速度。

解

首先我们将 atm 和 °F 的单位换算为统一的英国工程系统单位:

$$p = 0.98(2116) = 2074 \text{ lb/ft}^2$$
$$T = 80 + 460 = 540°R$$

因此,根据状态方程

$$\rho = \frac{p}{RT} = \frac{2074}{(1716)(540)} = 0.002238 \text{ slug/ft}^3$$

采用总压管测得总压:

$$p_0 = 2200 \text{ lb/ft}^2$$

根据方程(4.65),可得

$$V_1 = \sqrt{\frac{2(p_0 - p)}{\rho}} = \sqrt{\frac{2(2200 - 2074)}{0.002238}} = 335.6 \text{ ft/s}$$

风洞操作者有时喜欢采用英里/h 讨论空气速度。已知88ft/s = 60m/h,可得

$$V_1 = \left(\frac{60}{88}\right)(335.6) = 229 \text{ m/h}$$

例 4.25

设想一个带开放式测试区[图 4.20(b)]的低亚声速风洞。房间内的环境压力为 1atm,测试区的空气温度为 15℃。总压管安装在测试区内。风洞开启,测试区的空气速度调整为 110m/s。此后总压管的读数是多少?

解

换算为一致单位:

$$p = 1 \text{ atm} = (1.01 \times 10^5)(1) = 1.01 \times 10^5 \text{ N/m}^2$$
$$T = 15℃ = 273 + 15 = 288 \text{K}$$

因此,

$$\rho = \frac{p}{RT} = \frac{1.01 \times 10^5}{(287)(288)} = 1.22 \text{ kg/m}^3$$

根据方程(4.62),

$$p_0 = p + \frac{1}{2}\rho V^2 = 1.01 \times 10^5 + \frac{1}{2}(1.22)(110)^2$$

$$p_0 = 1.084 \times 10^5 \text{ N/m}^2$$

以空气为单位,可得

$$p_0 = \frac{1.084 \times 10^5}{1.01 \times 10^5} = 1.07 \text{ atm}$$

例 4.26

一架飞行器以 100 m/s 的速度飞行于海平面。计算自由流的动压和总压。

解

根据方程(4.63),动压定义为

$$q_\infty = \frac{1}{2}\rho_\infty V_\infty^2 = \frac{1}{2}(1.23)(100)^2 = 6.15 \times 10^3 \text{ N/m}^2$$

对于不可压缩流,通过求静压与动压之和[即方程(4.64)]可得出总压。自由流的总压为

$$p_0 = p_\infty + q_\infty = 1.01 \times 10^5 + 0.0615 \times 10^5 = 1.07 \times 10^5 \text{ N/m}^2$$

4.11.2 亚声速可压缩流

当 $M < 0.3$ 时,第 4.11.1 节的结果对于气流有效,即气流可合理假定为不可压缩流。这是小型活塞式引擎飞行器的飞行状态。对于更高速的气流,其马赫数仍小于 1(高速亚声速流)时,必须运用其他方程,这是商用喷气式运输机的飞行状态,如波音 747 和麦克唐纳·道格拉斯 DC-10 以及许多军用飞行器。对于这些情况,必须按下文所述考虑压缩性。

考虑焓的定义: $h = e + pv$。由于 $h = c_p T$ 且 $e = c_v T$,因此 $c_p T = c_v T + RT$,或

$$c_p - c_v = R \tag{4.68}$$

用方程(4.68)除以 c_p:

$$1 - \frac{1}{c_p/c_v} = \frac{R}{c_p}$$

$$1 - \frac{1}{\gamma} = \frac{\gamma - 1}{\gamma} = \frac{R}{c_p}$$

则

$$c_p = \frac{\gamma R}{\gamma - 1} \tag{4.69}$$

方程(4.69)适用于恒定比热的理想气体。如下文所述,它是能量方程应用的必要热力学关系。

再次考虑气流中的总压管,如图 4.17 和图 4.19 所示。假设气流速度 V_1 大到必须考虑压缩性。通常,气流在探头的滞止点处被等熵压缩为零速度。该点的停滞或全部压力和温度分别为 p_0 和 T_0。根据能量方程(4.42),即温度和速度分别为 T_1 和 V_1 的自由流上的点与速度为零且温度为 T_0 的滞止点之间的关系式,

$$c_p T_1 + \frac{1}{2} V_1^2 = c_p T_0$$

或

$$\frac{T_0}{T_1} = 1 + \frac{V_1^2}{2 c_p T_1} \tag{4.70}$$

将方程(4.69)中的 c_p 代入方程(4.70):

$$\frac{T_0}{T_1} = 1 + \frac{V_1^2}{2[\gamma R/(\gamma - 1)] T_1} = 1 + \frac{\gamma - 1}{2} \frac{V_1^2}{\gamma R T_1} \tag{4.71}$$

然而，根据适用于声速的方程(4.54)，

$$a_1^2 = \gamma RT_1$$

因此，方程(4.71)变为

$$\frac{T_0}{T_1} = 1 + \frac{\gamma-1}{2}\frac{V_1^2}{a_1^2} \tag{4.72}$$

因为马赫数 $M_1 = V_1/a_1$，方程(4.72)变为

$$\frac{T_0}{T_1} = 1 + \frac{\gamma-1}{2}M_1^2 \tag{4.73}$$

因为气体在图4.17和图4.18的总压管探头的突出部分是等熵压缩的，方程(4.37)适用于自由流和滞止点之间，即 $p_0/p_1 = (\rho_0/\rho_1)^\gamma = (T_0/T_1)^{\gamma/(\gamma-1)}$。因此，根据方程(4.73)，得出

$$\frac{p_0}{p_1} = \left(1 + \frac{\gamma-1}{2}M_1^2\right)^{\gamma/(\gamma-1)} \tag{4.74}$$

$$\frac{\rho_0}{\rho_1} = \left(1 + \frac{\gamma-1}{2}M_1^2\right)^{1/(\gamma-1)} \tag{4.75}$$

对于可压缩等熵流，方程(4.73)~方程(4.75)是基本且重要的关系。除总压管外，它们还应用于其他许多实际问题中。需注意方程(4.73)适用于绝热流，方程(4.74)和方程(4.75)则增加了无摩擦流(因此为等熵流)的假设。同时，从另一稍微不同的角度来看，方程(4.73)~方程(4.75)决定了气流的任意点处的、密度和压力——T_0、ρ_0 和 p_0，其中的静温、密度和压力分别为 T_1、ρ_1 和 p_1 并且马赫数为 M_1。换句话说，方程(4.73)~方程(4.75)给出了与压力、气温、密度和马赫数分别为 p_1、T_1、ρ_1 和 M_1 的气流上某点相关的 p_0、T_0 和 ρ_0 的值，反映了之前所讨论的有关总条件的定义。同时，这些方程表明在空气动力气流计算中马赫数的强大影响力。应注意比率 T_0/T_1、p_0/p_1 和 ρ_0/ρ_1 仅为 M_1 的函数(假设 γ 为已知；对于正常空气，$\gamma = 1.4$)。

回到测定空速这一目标，解出方程(4.74)的 M_1，可得

$$M_1^2 = \frac{2}{\gamma-1}\left[\left(\frac{p_0}{p_1}\right)^{(\gamma-1)/\gamma} - 1\right] \tag{4.76}$$

因此，对于亚声速可压缩流，总压与静压的比率 p_0/p_1 可对马赫数直接测定。因此，p_0 和 p_1 的单独测定连同方程(4.76)可用于校准飞行器驾驶员座舱内被称为马赫计的仪器，通过该仪器的刻度盘可直接读取飞行器的飞行马赫数。

计算实际飞行速度，已知 $M_1 = V_1/a_1$，方程(4.76)变为

$$V_1^2 = \frac{2a_1^2}{\gamma-1}\left[\left(\frac{p_0}{p_1}\right)^{(\gamma-1)/\gamma} - 1\right] \tag{4.77a}$$

方程(4.77a)可重新排列为另一代数方程：

$$V_1^2 = \frac{2a_1^2}{\gamma-1}\left[\left(\frac{p_0-p_1}{p_1}+1\right)^{(\gamma-1)/\gamma} - 1\right] \tag{4.77b}$$

方程(4.77a)和方程(4.77b)给出了飞行器的真实空速，然而，需已知 a_1 和 T_1。飞行器周围空气的静温很难测定，因此，所有高速(亚声速除外)空速表均根据方程(4.77b)校准，同时假设 a_1 等于标准海平面 $a_s = 340.3\text{m/s} = 1116\text{ft/s}$ 的值。此外，空速表设计用于检验方程(4.77b)中的实际压差 $p_0 - p_1$，而非压比 p_0/p_1，如方程(4.77a)所示。因此，用于定义校准空速的方程(4.77b)形式如下：

$$V_{\text{cal}}^2 = \frac{2a_s^2}{\gamma-1}\left[\left(\frac{p_0-p_1}{p_s}+1\right)^{(\gamma-1)/\gamma} - 1\right] \tag{4.78}$$

式中:a_s 和 p_s 分别为标准海平面声速和静压的值。

再次强调,必须当 $M_1 > 0.3$ 时才可利用方程(4.76)~方程(4.78)测定空速,即气流为可压缩流。基于伯努利方程的方程,如方程(4.66)和方程(4.67),在 $M_1 > 0.3$ 时是不适用的。

正如低速飞行器在不可压缩流状态下飞行的情况一样,可使用总压管测定高亚声速飞行器的空速。美国首架大规模生产的喷气式战斗机——洛克希德 P-80(后来设计为 F-80),在 1945 年投入使用,也是参与朝鲜战争(始于 1950 年)的美国首架喷气式战斗机。图 4.24 所示的 F-80 飞行器在垂直尾翼的前缘安装了总压管,详见图 4.25。同时,回到图 2.15,图中所示为北美 F-86——美国首架后掠翼喷气式战斗机,在朝鲜战争时被采用并取得巨大成功。注意右翼尖前方延伸出的总压管。F-86 是高亚声速飞行器,在俯冲时可超过声速。

图 4.24 洛克希德 F-80
(来源:美国国家航空航天博物馆)

例 4.27

麦克唐纳·道格拉斯 DC-10 高亚声速民航飞机飞行于 10km 的压力高度。翼尖总压管测得的压力为 $4.24 \times 10^4 \text{ N/m}^2$。计算飞行器飞行时的马赫数。如果环境空气温度为 230K,计算真实空速和校准空速。

解

根据附录 1 的标准气压表,高度为 10000m 时,$p = 2.65 \times 10^4 \text{N/m}^2$。因此,根据方程(4.76),

$$M_1^2 = \frac{2}{\gamma - 1}\left[\left(\frac{p_0}{p_1}\right)^{(\gamma-1)/\gamma} - 1\right] = \frac{2}{1.4 - 1}\left[\left(\frac{4.24 \times 10^4}{2.65 \times 10^4}\right)^{0.286} - 1\right]$$
$$= 0.719$$

因此, $M_1 = 0.848$

已知 $T_1 = 230\text{K}$,因此,

$$a_1 = \sqrt{\gamma RT_1} = \sqrt{1.4(287)(230)} = 304.0 \text{m/s}$$

图 4.25　露出总压管的 F-80 垂直尾翼详图。图中所示飞行器陈列于美国国家航空航天博物馆
［图片来源:《约翰·安德森集》］

根据方程(4.77),

$$V_1^2 = \frac{2a_1^2}{\gamma - 1}\left[\left(\frac{p_0}{p_1}\right)^{(\gamma-1)/\gamma} - 1\right] = \frac{2(304.0)^2}{1.4 - 1}\left[\left(\frac{4.24}{2.65}\right)^{0.286} - 1\right]$$

$$V_1 = 258 \text{m/s} \quad \text{真实空速}$$

注:进行验算时,根据马赫数的定义,

$$V_1 = M_1 a_1 = 0.848(304.0) = 258 \text{m/s}$$

校准空速可由方程(4.78)得出

$$V_{\text{cal}}^2 = \frac{2a_s^2}{\gamma - 1}\left[\left(\frac{p_0 - p_1}{p_s} + 1\right)^{(\gamma-1)/\gamma} - 1\right]$$

$$= \frac{2(340.3)^2}{1.4 - 1}\left[\left(\frac{4.24 \times 10^4 - 2.65 \times 10^4}{1.01 \times 10^5} + 1\right)^{0.286} - 1\right]$$

$$V_{\text{cal}} = 157 \text{m/s}$$

真实空速和校准空速之间的差别是 39%。注:仅仅出于好奇,让我们按错误的方法计算 V_1,即运用方程(4.66)进行计算,该方程是通过适用于不可压缩流的伯努利方程得出的。方程(4.66)不适用于该问题的高速情况,但不管怎样看看结果如何:

$$\rho = \frac{p_1}{RT_1} = \frac{2.65 \times 10^4}{287(230)} = 0.4 \text{ kg/m}^3$$

根据方程(4.66),

$$V_{\text{true}} = \sqrt{\frac{2(p_0 - p)}{\rho}} = \sqrt{\frac{2(4.24 - 2.65) \times 10^4}{0.4}} = 282 \text{m/s} \quad \text{错误答案}$$

与 $V_1 = 258 \text{m/s}$ 对比,通过使用不可压缩流的错误假设,在真实空速的校准中引起了 9.3% 的误差。如下一节所述,当马赫数越接近 1 时,该误差快速增大。

例 4.28

设想一架 F-80 飞行器(图4.24)以 594m/h 的速度飞行于标准海平面。(这是 F-80C 在海平面的最大速度。)计算飞行器机身上滞止点的压力和温度。

解

在标准海平面，$p_\infty = 2116 \text{lb/ft}^2$ 且 $T_\infty = 519°\text{R}$。

$$a_\infty = \sqrt{\gamma R T_\infty} = \sqrt{(1.4)(1716)(519)} = 1117 \text{ ft/s}$$

注：上述标准海平面的声速采用的是英国工程单位制。在4.9节，给出了国际单位中标准海平面的声速，即 $a_\infty = 340.3 \text{m/s}$。因此可以轻松得出海平面声速：

$$a_\infty = 340 \text{m/s} = 1117 \text{ ft/s} = 762 \text{m/h}$$

$$M_\infty = \frac{V_\infty}{a_\infty} = \frac{594}{762} = 0.78$$

注：因为马赫数是无量纲比，可使用非统一单位，如英里/h，只要分子和分母的单位相同。
根据方程(4.74)，可得出总压—滞止点处的压力：

$$\frac{p_0}{p_\infty} = \left(1 + \frac{\gamma-1}{2}M_\infty^2\right)^{\frac{\gamma}{\gamma-1}} = \left[1 + \frac{1.4-1}{2}(0.78)^2\right]^{\frac{1.4}{1.4-1}} = (1.122)^{3.5} = 1.496$$

$$p_0 = 1496 \, p_\infty = 1.496(2116) = 3166 \text{ lb/ft}^2$$

根据方程(4.73)，可得出总温—滞止点处的温度：

$$\frac{T_0}{T_\infty} = 1 + \frac{\gamma-1}{2}M_\infty^2 = 1 + (0.2)(0.78)^2 = 1.122$$

$$T_0 = 1.122 T_\infty = 1.122(519) = 582.3°\text{R}$$

注：通过计算第一次根据状态方程的滞止点密度，可验算这些答案的准确性：

$$\rho_0 = \frac{p_0}{RT_0} = \frac{3166}{(1716)(582.3)} = 3.168 \times 10^{-3} \text{ slug/ft}^3$$

然后，根据方程(4.75)，

$$\frac{\rho_0}{\rho_\infty} = \left(1 + \frac{\gamma-1}{2}M_\infty^2\right)^{\frac{1}{\gamma-1}} = [1 + 0.2(0.78)^2]^{\frac{1}{0.4}} = (1.1217)^{2.5} = 1.3326$$

$$\rho_0 = 1.3326 \rho_\infty = 1.3326(0.002377) = 3.168 \times 10^{-3} \text{ slug/ft}^3$$

验算结果一致。

例 4.29

在空气流场的给定点，马赫数、速度和密度分别为0.9、300m/s 和 1.2kg/m³。计算(a)该点的总压和(b)动压。

解

a. 首先，需知道静压的值，根据状态方程获得该值时，需已知温度值。

$$V = Ma = M\sqrt{\gamma RT}$$

$$T = \frac{V^2}{\gamma R M^2} = \frac{(300)^2}{(1.4)(287)(0.9)^2} = 276.5 \text{K}$$

因此

$$p = \rho RT = (1.2)(287)(276.5) = 0.952 \times 10^5 \text{ N/m}^2$$

根据方程(4.74)，

$$\frac{p_0}{p} = \left(1 + \frac{\gamma-1}{2}M^2\right)^{\frac{\gamma}{\gamma-1}} = [1 + 0.2(0.9)^2]^{3.5} = (1.162)^{3.5} = 1.691$$

$$p_0 = 1.691 p = 1.691(0.952 \times 10^5) = 1.61 \times 10^5 \text{ N/m}^2$$

b. 根据方程(4.63)，动压被定义为

$$q = \frac{1}{2}\rho V^2$$

$$q = \frac{1}{2}(1.2)(300)^2 = 5.4 \times 10^4 \text{ N/m}^2$$

重要注释:对于可压缩流,动压不等于总压和静压间的差值,仅当为不可压缩流时这一情况才成立。同时请注意,方程(4.64)仅适用于不可压缩流。在本示例中,已知 $p_0 = 1.61 \times 10^5 \text{N/m}^2$ 且 $p = 0.95222 \times 10^5 \text{N/m}^2$。因此,总压和静压的差值为

$$p_0 - p = (1.61 - 0.952) \times 10^5 = 6.58 \times 10^4 \text{ N/m}^2$$

该值与从上式得出的 $q = 5.4 \times 10^4 \text{N/m}^2$ 不相等。

4.11.3 超声速流

超声速流(即 $M > 1$)中的空速测定与亚声速流的空速测定存在定性差异。在超声速流中,在总压管的前方形成激波,如图4.26所示。激波是气流中非常轻薄的区域(如 10^{-4} cm),经过激波时气流特性将发生巨大变化。特别是当流体元经过激波时:

1. 马赫数减小。
2. 静压增加。
3. 静温增加。
4. 流速降低。
5. 总压 p_0 降低。
6. 理想气体的总温 T_0 保持不变。

经过激波时的这些变化如图4.27所示。

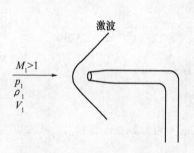 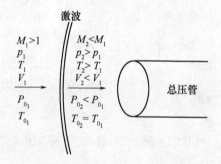

图4.26 超声速流中的总压管　　　　图4.27 经过超声速流中总压管前的激波时的变化

超声速流中激波是如何形成的?在超声速流中为何会形成激波?根据复杂程度不同,答案也是多样的。然而,基本情况如下。参见展示亚声速流中总压管的图4.17,与探针相撞的气体分子在气流中形成干扰。该干扰与气流的其他区域相连,通过以局部声速传播的微弱压力波(主要是声波)离开探针。如果流速 V_1 小于声速,如图4.17所示,那么压力干扰(以声速移动)将向上游移动,最终遍布气流的所有区域。反过来,则参考展示超声速流中总压管的图4.26,此时 V_1 大于声速。因此,形成于探针表面并以声速传播的压力干扰不能向上游运动。相反,这些干扰在探头的一段有限距离外合并,并形成一种自然现象,称为激波,如图4.26和图4.27所示。激波的气流上游(冲击左侧)不会感受到压力干扰;换句话说,总压管对冲击的气流上游没有影响,仅激波后面的气流区域会受到总压管的影响。激波是超声速流中的稀薄边界,经过该边界时气流特征将发生显著变化,并将未受干扰的气流上游区域与受干扰的气流下游区域分隔开来。

当超声速流中出现固体时,将出现激波。图4.28展示了几种不同类型气动形状的超声速流的

图片。一般情况下,激波肉眼不可见,图 4.28 通过特殊设计的光学系统(纹影系统)和阴影显像系统使其肉眼可见。(在高亚声速运输机如波音 707 的机翼上,有时激波肉眼可见。简单地来说,在机翼上表面存在局部超声速流区域,通常这些超声速区域伴随有微弱的激波。如果太阳几乎直接处于头顶时,沿机翼翼展向窗外看,有时你会看到这些机翼表面上激波的往复运动。)

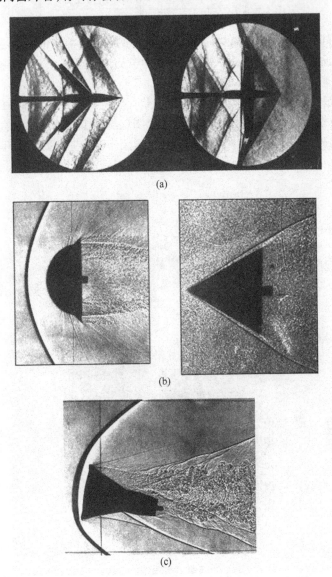

图 4.28

(a)后掠翼飞行器(左)和直翼飞行器(右)上的激波,摄于 NASA 艾姆斯研究中心超高声速风洞中的纹影图像;
(b)钝头体(左)和尖头体(右)的激波;(c)"双子星号"载人太空舱模型上的激波;(b)和(c)部分是气流的阴影图像。
[NASA 艾姆斯研究中心友情提供图片]

再次考虑超高声速气流中空速的测定。图 4.26 中激波的出现使测定变得复杂,因为经过激波的气流是不等熵的。在激波本身的轻薄结构内,出现了相当大的摩擦和热传导效应。因此,绝热流和无摩擦条件均不适用;那么,该气流是不等熵的。结果,方程(4.74)、方程(4.76)和方程(4.77a)不适用于激波。由此得出的一个主要推论是激波后的总压 p_0 小于前面的总压。因此,在超声速流中总压管探头突出位置测得的总压与自由流中的相关值,即与 M_1 相关的值不相同。因此,必须应用一个单独的激波理论将总压管测定值与 M_1 的值联系起来。该理论不在本书的讨论范围内,但为了完整起见,将给出生成的公式:

$$\frac{p_{0_2}}{p_1} = \left[\frac{(\gamma+1)^2 M_1^2}{4\gamma M_1^2 - 2(\gamma-1)}\right]^{\frac{\gamma}{\gamma-1}} \frac{1-\gamma+2\gamma M_1^2}{\gamma+1} \tag{4.79}$$

该方程被称为雷里总压管公式。它将激波后总压 p_{0_2} 的总压管测定值 p_{0_2} 和自由流静压的测定值(也是通过飞行器表面静压测试孔的某处得出)与自由流超声速马赫数 M_1 联系起来。通过这种方法,可利用测定结果 p_{0_2} 和 p_1 与方程(4.79)校准超声速飞行中的马赫计。

图 4.29 所示为带三角翼的超声速 F-102A 战斗机。尖机头前方突出部分是用于空速测定的总压管。与亚声速可压缩流相同,对于超声速流,总压管测定与自由流静压测定直接用于测定自由流马赫数。但飞行器驾驶员座舱马赫数的校准则是根据适用于亚声速飞行的方程(4.76)和适用于高超声速飞行的方程(4.79)进行的。这两种情况下,马赫数是可直接得出的量。如需得出速度,则需更多信息。

图 4.29 20 世纪五六十年代的康维尔 F-102A 超声速飞行器
[来源:美国空军]

例 4.30

一架试验型装有火箭发动机的飞行器以 3000 英里/h 的速度飞行于环境压力和温度分别为 151lb/ft^2 和 $390°\text{R}$ 的高度。飞行器机身上安装了一个总压管。总压管测得的压力是多少?

解

首先弄清楚气流是超声速还是亚声速,即 M_1 是多少。根据方程(4.54),

$$a_1 = \sqrt{\gamma R T_1} = \sqrt{1.4(1716)(390)} = 968.0 \text{ft/s}$$

$$V_1 = 3000\left(\frac{88}{60}\right) = 4400 \text{ft/s}$$

$$M_1 = \frac{V_1}{a_1} = \frac{4400}{968.0} = 4.54$$

因此，$M_1 > 1$，气流为超声速流。在总压管的前方有一个激波，因此用于等熵流的方程(4.74)不适用。相反，必须运用方程(4.79)：

$$\frac{p_{0_2}}{p_1} = \left[\frac{(\gamma+1)^2 M_1^2}{4\gamma M_1^2 - 2(\gamma-1)}\right]^{\gamma/(\gamma-1)} \frac{1-\gamma+2\gamma M_1^2}{\gamma+1}$$

$$= \left[\frac{(2.4)^2 (4.54)^2}{4(1.4)(4.54)^2 - 2(0.4)}\right]^{3.5} \frac{1-1.4+2(1.4)(4.54)^2}{2.4} = 27$$

因此，$\quad p_{0_2} = 27 p_1 = 27(151) = 4077 \text{ lb/ft}^2$

注：同样出于好奇，让我们按错误的方法计算答案。如果不考虑超声速总压管前方的激波，方程(4.74)变为

$$\frac{p_0}{p_1} = \left(1 + \frac{\gamma-1}{2} M_1^2\right)^{\gamma/(\gamma-1)} = \left[1 + \frac{0.4}{2}(4.54)^2\right]^{3.5} = 304.2$$

因此 $p_0 = 304.2 p_1 = 304.2(151) = 45931 \text{ lb/ft}^2$ 错误答案

需注意，错误答案的误差是 10 倍以上。

例 4.31

设想如图 4.29 所示的 F-102A。飞行器以超声速飞行于 8km 的标准高度。总压管测得的压力为 $9.27 \times 10^4 \text{ N/m}^2$。求飞行器飞行的马赫数。

解

根据附录 1，高度为 8km 时，$p = 3.5651 \times 10^4 \text{N/m}$。因此，在方程(4.79)中，

$$\frac{p_{0_2}}{p_1} = \frac{9.27 \times 10^4}{3.5651 \times 10^4} = 2.6$$

方程(4.79)对于 M_1 是一种隐含关系，很难将隐含的方程展示出来，而得出一个明确的分析关系 $M_1 = f(p_{02}/p_1)$。因此反复求方程(4.79)中的 M_1 解，通过假设 M_1 为不同的值，最后找出可得出 $(p_{02}/p_1) = 2.6$ 的值。重复方程 4.79，

$$\frac{p_{0_2}}{p_1} = \left[\frac{(\gamma+1)^2 M_1^2}{4\gamma M_1^2 - 2(\gamma-1)}\right]^{\bar{\gamma}^{-1}} \frac{1-\gamma+2\gamma M_1^2}{\gamma+1}$$

当 $\gamma = 1.4$ 时，该方程变为

$$\frac{p_{0_2}}{p_1} = \left[\frac{5.76 M_1^2}{5.6 M_1^2 - 0.8}\right]^{3.5} (-0.1667 + 1.1667 M_1^2)$$

根据该方程得出的结果如下所示：

M_1（假定值）	$\left[\dfrac{5.76 M_1^2}{5.6 M_1^2 - 0.8}\right]^{3.5}$	$(-0.1667 + 1.1667 M_1^2)$	$\dfrac{p_{0_2}}{p_1}$
1	1.893	1	1.893
1.1	1.713	1.245	2.133
1.2	1.591	1.513	2.408
1.3	1.503	1.805	2.71
1.25	1.544	1.656	2.557
1.26	1.535	1.686	2.587
1.27	1.527	1.715	2.619

将右栏中的值与给定值 $p_{02}/p_1 = 2.6$ 对比，约至 3 位有效数字时，$p_{02}/p_1 = 2.587$ 的值最为接近。该数值对应假定值 $M_1 = 1.26$。因此，该情况下 F - 102A 的马赫数为

$$M_1 = 1.26$$

4.11.4 小结

作为空速测定的小结，需注意不同结果适用于不同飞行状态：低速（不可压缩）、高亚声速和超声速。这些差异是基础性的，并且是上一节所讨论的空气动力学中不同定律的极佳应用示例。此外，如 4.12 节所述，本节推导出的许多公式还适用于其他实际问题。

4.12 概念附加说明

4.11 节包含的信息比空速测定的应用更为一般化。本节的目的在于更为详细地解释 4.11 节所讨论的某些观点和研究成果。

4.12.1 可压缩流

方程(4.73)~方程(4.75)建立了 T_0/T_1、p_0/p_1 和 ρ_0/ρ_1 的比率与部分马赫数 M_1 的关系，通常适用于所有等熵流。在推导过程中，我们说明了 T_0、p_0 和 ρ_0 的值在一个给定等熵流中是常数，但未加证明。结合方程(4.73)~方程(4.75)，该事实为等熵流的分析提供了有力支持。例如，再次考虑经过机翼的等熵流，该问题已在例 4.12 中解决。但是现在有了解答该问题的更多信息和更宽视野。

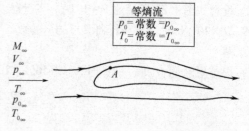

图 4.30 经过等熵流的总压和总温是常数

例 4.32

设想如图 4.30 所示的经过机翼的等熵流。自由流压力、速度和密度分别为 2116lb/ft²、500 英里/h 和 0.002377slug/ft³。在机翼给定点 A，压力为 1497lb/ft²。求点 A 的马赫数和速度。

解

该例与例 4.12 相同，只是增加了计算点 A 的马赫数这一要求。但本示例采用的解答步骤不同。首先，计算自由流的马赫数：

$$T_\infty = \frac{p_\infty}{\rho_\infty R} = \frac{2116}{0.002377(1716)} = 518.8°R$$

$$a_\infty = \sqrt{\gamma R T_\infty} = \sqrt{(1.4)(1716)(518.8)} = 1116.4 \text{ft/s}$$

$$V_\infty = 500 \text{mi/h} = 500\left(\frac{88}{60}\right) \text{ft/s} = 733.3 \text{ft/s}$$

$$M_\infty = \frac{V_\infty}{a_\infty} = \frac{733.3}{1116.4} = 0.6568$$

根据方程(4.73)，自由流总温为

$$\frac{T_{0_\infty}}{T_\infty} = 1 + \frac{\gamma - 1}{2} M_\infty^2 = 1 + 0.2(0.6568)^2 = 1.0863$$

$$T_{0_\infty} = 1.0863 T_\infty = 1.0863(518.8) = 563.6°R$$

根据方程(4.74),自由流总压为

$$\frac{p_{0_\infty}}{p_\infty} = \left(1 + \frac{\gamma-1}{2}M_\infty^2\right)^{\gamma/(\gamma-1)} = (1.0863)^{3.5} = 1.336$$

$$p_{0_\infty} = 1.336(2116) = 2827 \text{ lb/ft}^2$$

由于翼型上经过等熵流的点 A 的总温和总压是常数,和总压与自由流的值相同:

$$T_{0_A} = T_{0_\infty} = 563.6°R$$

$$p_{0_A} = p_{0_\infty} = 2827 \text{ lb/ft}^2$$

可通过点 A 的方程(4.74)解出点 A 的马赫数:

$$\frac{p_{0_A}}{p_A} = \left(1 + \frac{\gamma-1}{2}M_A^2\right)^{\gamma/\gamma-1}$$

$$\frac{2827}{1497} = (1 + 0.2M_A^2)^{3.5}$$

即

$$1 + 0.2M_A^2 = (1.888)^{1/3.5} = (1.888)^{0.2857} = 1.1991$$

则

$$M_A = \sqrt{\frac{1.1991-1}{0.2}} = 0.9977$$

注:基本上点 A 的马赫数是1,点 A 处的气流接近声速流。根据方程(4.73)可得出点 A 的静温:

$$\frac{T_{0_A}}{T_A} = 1 + \frac{\gamma-1}{2}M_A^2 = 1 + 0.2(0.9955)^2 = 1.1982$$

$$T_A = \frac{T_{0_A}}{1.1982} = \frac{563.6}{1.1982} = 470.4°R$$

(注:$TA = 470.4°R$ 的结果和例4.12中计算的470.1°R 值非常一致,存在差异是因为仅采用4位有效数字而产生的舍入误差并且作者计算时所采用的是手动计算器。)

按如下方法得出点 A 的速度:

$$a_A = \sqrt{\gamma RT_A} = \sqrt{1.4(1716)(470.4)} = 1063 \text{ft/s}$$

$$V_A = a_A M_A = 1063(0.9955) = 1058 \text{ft/s}$$

(注:这与例4.12计算的结果 $V_A = 1061 \text{ft/s}$ 非常一致。)

例4.32中采用的解答步骤比例4.12稍长。但是,相比于例4.12中所采用的步骤,这是更基本的方法。回到方程(4.12),注意需应用比热 c_p 的值解答该问题。但是,在当前的计算中,不需要 c_p 的值。事实上,在解决等熵可压缩流问题时,不必直接使用 c_p。相反,通过 γ 和 M 解该例。比热比 γ 和马赫数 M 是空气动力学中相似参数的示例。决定流体属性的相似参数的概念和作用是超出本书范畴的更深入的学习内容,因此这里只需说明马赫数是可压缩流中非常重要的控制参数,其结果取决于 γ 的值,对于给定气体,γ 通常是固定值(如在此,我们使用的空气,$\gamma = 1.4$)。例4.32表明通过 M 和 γ 解决可压缩流问题的作用。在后续的讨论中,会进一步了解 M 和 γ 的作用。

4.12.2 等值空速

在4.11.1节中介绍了等值空速,并用适用于气流被假定为不可压缩流的低速飞行的方程(4.67)表示。然而,如第4.11.1节所述,相比通过空速指示器表示的值,等值空速概念具有更为广泛的意义,空速指示器采用标准海平面密度决定其读数。

可通过以下示例介绍等值空速的一般定义。设想洛克希德·马丁公司 F-16 战斗机以300m/s的速度巡航于7km高度,自由流密度为0.59kg/m³,300m/s 为飞行器的真实空速。在这个速度和高度,动压为 $\frac{1}{2}\rho_\infty V_\infty^2 = \frac{1}{2}(0.50)(300)^2 = 2.655 \times 10^4 \text{N/m}^2$。强调动压是一个由量 $\frac{1}{2}\rho_\infty V_\infty^2$ 确定的定义非常重要。该定义适用于任何飞行状态(亚声速、超声速或任何其他状态),不论气流是不可压缩流或可压缩流。动压 q_∞ 的定义始终为

$$q_\infty \equiv \frac{1}{2}\rho_\infty V_\infty^2$$

现在设想飞行在标准海平面的 F-16,自由流密度为 1.23kg/m³。问题:F-16 在标准海平面的速度是多少才能达到以 300m/s 的速度飞行于 7km 高度时的相同动压? 答案很容易计算:

$$(q_\infty)_{\text{海平面}} = (q_\infty)_{7\text{km}}$$

$$\left(\frac{1}{2}\rho_\infty V_\infty^2\right)_{\text{海平面}} = \left(\frac{1}{2}\rho_\infty V_\infty^2\right)_{7\text{km}}$$

方便起见,去掉下标,得出

$$V_{\text{海平面}} = V_{7\text{km}}\left(\frac{\rho}{\rho_s}\right)^{1/2}$$

式中:ρ 为 7km 时的密度;ρ_s 为标准海平面的密度。代入数值,可得

$$V_{\text{海平面}} = 300\left(\frac{0.59}{1.23}\right)^{1/2} = 207.8\text{m/s}$$

因此,F-16 以 300m/s 的速度飞行于 7km 的高度时需以 207.8m/s 的速度飞行于标准海平面,才能达到相同的动压。根据定义,F-16 以 300m/s 的速度飞行于 7km 的高度时,等值空速为 207.8m/s。

这就引出了等值空速如下更为普遍的定义。设想一架以某一真实空速飞行于某一高度的飞行器。在该情况下,等值空速定义为飞行于标准海平面时达到相同动压所需的速度。之前得出的等值空速的方程简单易懂,如下所示:

$$V_e = V\left(\frac{\rho}{\rho_s}\right)^{1/2}$$

式中:V_e 为等值空速;V 为某高度的真实速度;ρ 为该高度的密度;ρ_s 为标准海平面密度。

回顾可知此处的论述与第 4.11.1 节中首次涉及 V_e 的论述一致;然而在第 4.11.1 节中,讨论的重点是不可压缩流中的空速测定。

等值空速的概念在学习包括飞行器气动升力和阻力的飞行器性能时非常有用。升力和阻力取决于动压 q_∞,见第 5 章。如前文所述,给出飞行器的等值空速与说明其动压是一样的。因此,为方便起见,有时会在报告和分析飞行器的性能数据时使用等值空速。

4.13 超声速风洞和火箭发动机

动能弹如子弹和炮弹以超声速射出的历史已超过了一个世纪。然而,在第二次世界大战后随着喷气式飞行器和火箭推进式导弹的出现,引发了对超声速流中空气动力的浓厚兴趣。结果,几乎每个空气动力学实验室均建立了超声速和高超声速风洞,模拟现代高速飞行。除实际作用外,超声速风洞还是空气动力学基本定律应用的极佳示例。经过火箭发动机喷管的气流是相同定律的另一示例。事实上,超声速风洞和火箭发动机的空气动力学原理是大体相同的,本节将对此进行讨论。

首先考虑流管中的等熵流,如图 4.2 所示。根据方程(4.2)的连续性方程,

$$\rho AV = \text{常数}$$

或
$$\ln\rho + \ln A + \ln V = \ln(\text{常数})$$

求微分,得出
$$\frac{d\rho}{\rho} + \frac{dA}{A} + \frac{dV}{V} = 0 \qquad (4.80)$$

回顾欧拉方程(4.8)的动量方程,可得
$$dp = -\rho V dV$$

因此,
$$\rho = -\frac{dp}{VdV} \qquad (4.81)$$

将方程(4.81)代入方程(4.80):
$$-\frac{d\rho V dV}{dp} + \frac{dA}{A} + \frac{dV}{V} = 0 \qquad (4.82)$$

因为气流为等熵流,
$$\frac{d\rho}{dp} = \frac{1}{dp/d\rho} \equiv \frac{1}{(dp/d\rho)_{\text{等熵}}} \equiv \frac{1}{a^2}$$

因此,方程(4.82)变为
$$-\frac{VdV}{a^2} + \frac{dA}{A} + \frac{dV}{V} = 0$$

变形后,可得
$$\frac{dA}{A} = \frac{VdV}{a^2} - \frac{dV}{V} = \left(\frac{V^2}{a^2} - 1\right)\frac{dV}{V}$$

即
$$\frac{dA}{A} = (M^2 - 1)\frac{dV}{V} \qquad (4.83)$$

方程(4.83)被称为掠面速度关系,包含了如图 4.2 所示流管中气流的大量信息。首先要注意这一数学惯例:增加的速度和增加的面积分别对应 dV 和 dA 的正值,反之减小的速度和减小的面积对应 dV 和 dA 的负值,这是微分学中对于差值的标准惯例。根据这一惯例,方程(4.83)产生以下物理现象:

1. 如果气流为亚声速流($M<1$),速度增加时(dV 为正值),面积一定减小(dV 为负值);换言之,当气流为亚声速流时,面积必须收缩以确保速度增加,如图 4.31(a)所示。对于不可压缩流,第 4.2 节也给出了相同结果。当然就某种意义而言,不可压缩流是亚声速流的一种特异情况,其 $M \to 0$。

2. 如果气流为超声速流($M>1$),速度增加时(dV 为正值),面积也一定增加(dV 为负值);换言之,当气流为超声速流时,面积必须收缩以确保速度增加,如图 4.31(b)所示。

3. 如果气流为声速流($M=1$),关于速度,方程(4.83)得出
$$\frac{dV}{V} = \frac{1}{M^2 - 1}\frac{dA}{A} = \frac{1}{0}\frac{dA}{A} \qquad (4.84)$$

乍一看或许认为 dV/V 的值无限大。然而,从物理角度来看,速度以及速度的变化 dV 必须始终为有限值,这是常识。因此,观察方程(4.84)可发现使 dV/V 为有限值的唯一方法是 d$A/A = 0$,因此,
$$\frac{dV}{V} = \frac{1}{0}\frac{dA}{A} = \frac{0}{0} = \text{有限值}$$

用微分学语言来说也就是,dV/V 是 $0/0$ 的未定式,因而是一个有限值。相反,如果 d$A/A = 0$,$M=1$ 时流管达到一个最小面积。该最小面积被称为进气口,如图 4.31(c)所示。

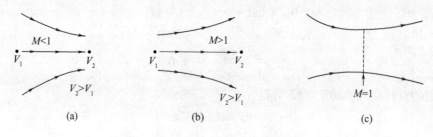

图 4.31　面积 – 速度关系的结果

因此,为使气体达到超声速,从储气室的滞止气体开始,如前文所述必须使用充分收缩——扩张型管道。图 4.32 展示了典型外形的超声速风洞喷管和火箭发动机喷管。这两种情况下,气流在储气室中的开始速度很低,$V \approx 0$,在收缩段增速至高亚声速,在进气口时马赫数达到 1,继而在进气口扩散段下游达到超声速。在超声速风洞中,通常要求喷管出口的气流平稳均匀,因此,应用了一个逐渐收缩和扩张的长喷管,如图 4.32 的上方所示。对于火箭发动机,出口处的气流质量并非十分重要,但是喷管的重量却意义重大。为了将重量降至最低,要尽量缩短发动机长度,从而产生快速收缩和钟状形的超声速区,如图 4.32 下方所示。典型火箭发动机的图片如图 4.33 所示。

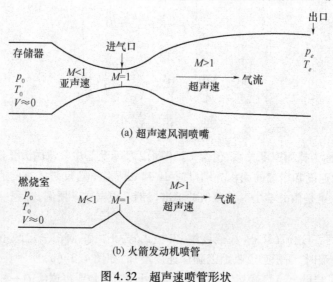

图 4.32　超声速喷管形状

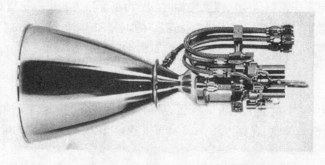

图 4.33　典型的火箭发动机。图中所示是由梅塞施米特 – 伯尔科 – 布洛姆为欧洲卫星发射设计的小型火箭发动机

[来源:《约翰·安德森集》]

经过喷管的真实气流,如图4.32所示,非常接近等熵流,因为经过喷管壁时少量或没有热量增加或流失,并且大部分的流体核心几乎是无摩擦的。因此,方程(4.73)~方程(4.75)适用于喷管流。这里的总压p_0和总温T_0在整个气流中保持不变,方程(4.73)~方程(4.75)可理解为将气流中任意点的条件与储滞室中的停滞条件相关联。例如,图4.32表示的储气室条件p_0和T_0,其中$V\approx 0$。考虑存储器任何横截面的下游,该区域的静温、密度和压力分别为T_1、ρ_1和p_1。如果已知该点的马赫数,那么根据方程(4.73)~方程(4.75),可知T_1、ρ_1和p_1分别为

$$T_1 = T_0 \left[1 + \frac{1}{2}(\gamma-1)M_1^2\right]^{-1} \tag{4.85}$$

$$\rho_1 = \rho_0 \left[1 + \frac{1}{2}(\gamma-1)M_1^2\right]^{-1/(\gamma-1)} \tag{4.86}$$

$$p_1 = p_0 \left[1 + \frac{1}{2}(\gamma-1)M_1^2\right]^{-\gamma/(\gamma-1)} \tag{4.87}$$

此外,方程(4.85)~方程(4.87)还说明了马赫数在空气动力学计算中的作用。经过喷管的马赫数变化正是横截面积和进气口面积比率A/A_t的函数,该关系可根据已讨论过的空气动力学基本原理推导出来,结果为

$$\left(\frac{A}{A_t}\right)^2 = \frac{1}{M^2}\left[\frac{2}{\gamma+1}\left(1+\frac{\gamma-1}{2}M^2\right)\right]^{(\gamma+1)/(\gamma-1)} \tag{4.88}$$

因此,经过喷管的等熵流分析是相对直接的,简要步骤如图4.34所示。考虑喷管外形(也就是A/A_t)如图4.34(a)所示。然后,根据方程(4.88),可(隐式)得出马赫数。马赫数的变化范围如图4.34(b)所示。由于M为经过喷管的已知量,方程(4.85)~方程(4.87)给出了T、ρ和p的变化范围,如图4.34(c)~图4.34(e)所示。应注意这些变化范围的方向非常重要。根据方程4.34,经过喷管的马赫数不断增加,从储气室接近0开始在进气口增加至$M=1$,再在进气口下游增加至超声速的值。相反,p、T和ρ在存储器从停滞值开始,在喷管出口逐渐减小至低值。因此,超声速喷管流是经过喷管时压力减小的膨胀过程。事实上,该压力减小为推动气流通过喷管提供了机械力。如果如图4.34(a)所示的喷管仅陈列在实验室中,显然不会有事,空气不会开始自动快速冲出喷管。相反,为建立如图4.34所示气流,必须在进气口提供一个高压源,和/或在出气口提供一个低压源,并确保压力比值正好合适,如方程(4.87)和图4.34(c)所示。

例4.33

要求设计一个超声速风洞,经过测试区标准海平面条件的马赫数为2。存储器压力和温度是多少?为了达到这些条件,比率A_e/A_t需达到多少?

解

根据标准海平面的条件,静压为$p_e = 1\text{atm} = 1.01\times10^5\text{N/m}^2$,静温为$T_e = 288.16\text{K}$。这是喷管出口处(测试区入口)的理想条件。根据方程(4.85)和方程(4.87),可得出必要的存储器条件:

$$\frac{T_0}{T_e} = 1 + \frac{\gamma-1}{2}M_e^2 = 1 + \frac{1.4-1}{2}(2^2) = 1.8$$

因此,
$$T_0 = 1.8T_e = 1.8(288.16) = 518.7\text{K}$$

$$\frac{p_0}{p_e} = \left(1 + \frac{\gamma-1}{2}M_e^2\right)^{\gamma/(\gamma-1)} = (1.8)^{3.5} = 7.82$$

因此,
$$p_0 = 7.82p_e = 7.82(1.01\times10^5) = 7.9\times10^5\text{N/m}^2$$

根据方程(4.88)得出面积比:

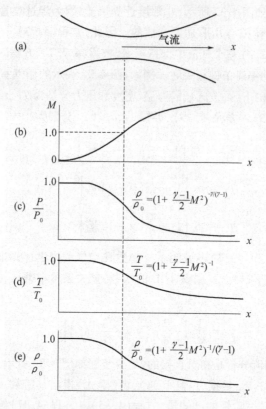

图4.34 经过超声速喷管的马赫数、压力、温度和密度的变化范围

$$\left(\frac{A_e}{A_t}\right)^2 = \frac{1}{M^2}\left[\frac{2}{\gamma+1}\left(1+\frac{\gamma-1}{2}M^2\right)\right]^{(\gamma+1)/(\gamma-1)}$$

$$= \frac{1}{2^2}\left[\frac{2}{2.4}\left(1+\frac{0.4}{2}2^2\right)\right]^{2.4/0.4} = 2.85$$

因此,
$$\frac{A_e}{A_t} = 1.69$$

例4.34

超声速风洞的存储器温度和压力分别为600°R和10atm,测试区气流的马赫数为3,如图4.28(b)左侧所示的钝头状模型被插入测试区气流。计算滞止点(机身机头)的压力、温度和密度。

解

测试区的气流条件和喷管出口的气流条件相同。因此,在测试区,根据方程(4.87)可得出出口压力,回顾可知 $1atm = 2116 lb/ft^2$:

$$p_e = p_0\left[1 + \frac{1}{2}(\gamma-1)M_e^2\right]^{-\gamma/(\gamma-1)}$$

$$= 10(2116)\left[1 + 0.5(0.4)(3)^2\right]^{-3.5}$$

$$= 576\ lb/ft^2$$

模型上滞止点的压力为波法线后的总压,因为停滞流线已横穿如图4.28(b)所示的弯曲弓形激波的常态位置,在激波和机身之间等熵压缩至零速度。这与超声速流中总压管管口的当前情况相同,如第4.11.3节所述。因此,根据方程(4.79)得出滞止点压力:

$$\frac{p_{0_2}}{p_1} = \frac{p_{\text{stag}}}{p_e} = \left[\frac{(\gamma+1)^2 M_e^2}{4\gamma M_e^2 - 2(\gamma-1)}\right]^{\gamma/(\gamma-1)} \frac{1 - \gamma + 2\gamma M_e^2}{\gamma+1}$$

$$\frac{p_{\text{stag}}}{p_e} = \left[\frac{2.4^2(3^2)}{4(1.4)(3^2) - 2(0.4)}\right]^{3.5} \frac{1 - 1.4 + 2(1.4)(3^2)}{2.4} = 12.06$$

$$p_{\text{stag}} = 12.06 p_e = 12.06(576) = 6947 \text{ lb/ft}^2$$

喷管出口处的总温（非静温）与存储器内温度相同：

$$T_{0,e} = T_0$$

因为经过喷管的气流为等熵流并且绝热。对于绝热流，总温不变，如方程（4.42）所示，其中绝热流中速度不同的两个不同点，如果气流是绝热流，并且这两点的速度均为零速度，可得出

$$c_p T_{0_1} = c_p T_{0_2}$$

因此，$T_{0_1} = T_{0_2}$；换言之，两个不同点的总温相同。在本示例中，与测试区气流相关的总温等于经过喷管膨胀的总温：$T_{0e} = T_0 = 600°\text{R}$。[注意根据方程（4.85）可得出测试区气流的静温是 214.3°R。]此外，气流经过时（见图4.27），总温没有变化；换言之，模型上激波后的总温也是 600°R（尽管激波后的静温低于 600°R）。最后，由于滞止点的气流等熵压缩至零速度，滞止点温度为总温，经过等熵压缩时温度保持不变。因此，滞止点的气体温度是

$$T_{\text{stag}} = T_0 = 600°\text{R}$$

根据状态方程，

$$\rho_{\text{stag}} = \frac{p_{\text{stag}}}{RT_{\text{stag}}} = \frac{6947}{1716(600)} = 0.0067 \text{ slug/ft}^3$$

例 4.35

在火箭发动机的燃烧室内，煤油和氧气燃烧，在燃烧室内产生灼热高压气体混合物，其条件和性能如下：$T_0 = 3144\text{K}$、$p_0 = 20\text{atm}$、$R = 378\text{J}/(\text{kg}\cdot\text{K})$ 和 $\gamma = 1.26$。火箭发动机出口处压力为 1atm，并且喷管的进气口面积为 0.1m^2。假设经过火箭喷管的是等熵流，计算（a）出口速度和（b）经过喷管的质量流。

解

a. 为了得出出口速度，首先需得知温度，然后是声速和马赫数，继而求得速度。燃烧室条件均为图 4.32 所示的"存储器"条件，这是燃烧室压力和温度分别用 p_0 和 T_0 表示的原因。由于气流为等熵流，根据方程（4.46），得出

$$\frac{p_e}{p_0} = \left(\frac{T_e}{T_0}\right)^{\gamma/\gamma-1}$$

$$T_e = T_0 \left(\frac{p_e}{p_0}\right)^{\gamma/\gamma-1} = (3144)\left(\frac{1}{20}\right)^{0.26/1.26} = 1694\text{K}$$

则

$$a_e = \sqrt{\gamma R T_e} = \sqrt{1.26(378)(1694)} = 898.2\text{m/s}$$

通过方程（4.73）得出出口处的马赫数：

$$\frac{T_0}{T_e} = 1 + \frac{\gamma-1}{2}M_e^2$$

或

$$M_e^2 = \frac{2}{\gamma-1}\left(\frac{T_0}{T_e} - 1\right) = \frac{2}{1.26-1}\left(\frac{3144}{1694} - 1\right) = 6.584$$

即

$$M_e = 2.566$$

因此，

$$V_e = M_e a_e = 2.566(898.2) = 2305\text{m/s}$$

b. 质量流可根据喷管任意横截面估算出的 ρAV 乘积得出。由于已知进气口面积，适合估算 ρAV 的明显位置是进气口，得出答案是

$$\dot{m} = \rho^* A^* V^*$$

式中：ρ^*、A^* 和 V^* 分别为进气口处的密度、面积和速度。运用进气口马赫数 $M^* = 1$ 的事实，通过方程(4.74)得出进气口压力 p^*：

$$\frac{p_0}{p^*} = \left(1 + \frac{\gamma - 1}{2} M^{*2}\right)^{\gamma/(\gamma-1)} = \left[1 + \frac{0.26}{2}(1^2)\right]^{1.26/0.26} = (1.13)^{4.846} = 1.808$$

因此，

$$p^* = \frac{p_0}{1.808} = \frac{20(1.01 \times 10^5)}{1.808} = 1.117 \times 10^6 \text{ N/m}^2$$

通过方程(4.73)得出进气口温度：

$$\frac{T_0}{T^*} = 1 + \frac{\gamma - 1}{\gamma} M^{*2} = 1.13$$

$$T^* = \frac{T_0}{1.13} = \frac{3144}{1.13} = 2782.3 \text{K}$$

$$a^* = \sqrt{\gamma R T^*} = \sqrt{1.26(378)(2782.3)} = 1151 \text{m/s}$$

$$\rho^* = \frac{p^*}{RT^*} = \frac{1.117 \times 10^6}{378(2782.3)} = 1.062 \text{ kg/m}^3$$

因为 $M^* = 1$，$V^* = a^* = 1151$ m/s。因此，

$$\dot{m} = \rho^* A^* V^* = 1.062(0.1)(1151) = 122.2 \text{kg/s}$$

例 4.36

图 4.35 是一个超声速风洞，其中不仅包括图 4.32 所示的纠缩—扩张喷管，也包括喷管测试区下游的恒定—面积和测试区下游的纠缩—扩张超声速扩散器。超声速扩散器的作用在于将测试区的超声速流减缓至扩散器出口的相对缓和的低速亚声速流。一个超声速风洞有两个位置的局部最小横截面积最小。在图 4.35 中，喷管中的位置 1 被称为首个进气口，面积为 $A_{t,1}$。如图 4.35 所示激波出现在扩散器入口处，并且其气流马赫数在气流经过这些激波时逐渐减小。同时，因为经过激波的总压减小，如第 4.11.3 节所述，在第二个进气口的扩散器上游存在的总压净损耗。该总压损耗的结果是，第二个进气口的面积 $A_{t,2}$ 必须大于第一个进气口的面积 $A_{t,1}$。根据第二个进气口的总压 p_{0_2} 和第一个进气口的总压 p_{0_1} 的函数推导比率 $A_{t,2}/A_{t,1}$ 的方程，以证明该结论。假定两个位置均为局部超声速流。

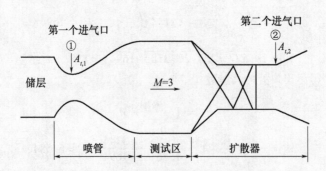

图 4.35 超声速风洞原理图，表示第一个和第二个进气口

解

经过风洞的质量流恒定不变,因此在第一个和第二个进气口,

$$\dot{m}_1 = \dot{m}_2 \tag{E4.36.1}$$

由于 $m = \rho AV$,方程(E4.36.1)变为

$$\rho_1 A_{t,1} V_1 = \rho_2 A_{t,2} V_2 \tag{E4.36.2}$$

第一个和第二个进气口是风洞中局部面积最小的位置,因此可假定局部马赫数为 $M_{t,1} = M_{t,2} = 1$。换言之,各进气口处的速度是声速。因此,根据方程(E4.36.2),

$$\rho_1 A_{t,1} a_1 = \rho_2 A_{t,2} a_2$$

或

$$\rho_1 A_{t,1} \sqrt{\gamma R T_1} = \rho_2 A_{t,2} \sqrt{\gamma R T_2} \tag{E4.36.3}$$

根据状态方程,$p = \rho RT$,方程(E4.36.3)可变成

$$\frac{p_1}{RT_1} A_{t,1} \sqrt{\gamma R T_1} = \frac{p_2}{RT_2} A_{t,2} \sqrt{\gamma R T_2}$$

或

$$\frac{p_1 A_{t,1}}{\sqrt{T_1}} = \frac{p_2 A_{t,2}}{\sqrt{T_2}} \tag{E4.36.4}$$

在第一个进气口,根据方程(4.73)和方程(4.74),其中 $M_{t,1}=1$,得出

$$\frac{T_{0,1}}{T_1} = 1 + \frac{\gamma-1}{2} M_{t,1}^2 = 1 + \frac{\gamma-1}{2} = \frac{\gamma+1}{2}$$

即

$$T_1 = \frac{2}{\gamma+1} T_{0,1} \tag{E4.36.5}$$

并且

$$\frac{p_{0,1}}{p_1} = \left(1 + \frac{\gamma-1}{2} M_{t,2}^2\right)^{\frac{\gamma}{\gamma-1}} = \left(\frac{\gamma+1}{2}\right)^{\frac{\gamma}{\gamma-1}}$$

即

$$p_1 = \left(\frac{\gamma+1}{2}\right)^{\frac{-\gamma}{\gamma-1}} p_{0,1} \tag{E4.36.6}$$

通过在第二个进气口的相似推导,并且 $M_{t,2}=1$,得出

$$T_2 = \frac{2}{\gamma+1} T_{0,2} \tag{E4.36.7}$$

并且

$$p_2 = \left(\frac{\gamma+1}{2}\right)^{\frac{-\gamma}{\gamma-1}} p_{0,2} \tag{E4.36.8}$$

将方程(E4.36.5)、方程(E4.36.6)、方程(E4.36.7)和方程(E4.36.8)代入方程(E4.36.4),得出

$$\frac{p_{0,1} A_{t,1}}{\sqrt{T_{0,1}}} = \frac{p_{0,2} A_{t,2}}{\sqrt{T_{0,2}}} \tag{E4.36.9}$$

图4.35中所示风洞的气流为绝热流,风洞中既无热量增加也无热量减少。这也适用于扩散器中的激波,经过激波的气流是绝热的(但不是等熵的)。如例4.34所示,绝热流中的总温恒定不变,因此,风洞中经过的气流总温保持不变。尤其是,

$$T_{0,1} = T_{0,2}$$

根据上式,得出

$$\frac{A_{t,2}}{A_{t,1}} = \frac{p_{0,1}}{p_{0,2}} \tag{E 4.36.10}$$

因为扩散器中存在总压损耗,因此 $p_{0,2} < p_{0,1}$,同时根据方程(E 4.36.10)可知第二个进气口大于第一个进气口。事实上,如果 $A_{t,2}$ 小于方程(E 4.36.10)所示的值,扩散器将不能通过来自于喷管的质量流;风洞中的气流将被分解,并且测试区的超声速流将变成亚声速流。这种情况下,可认为风洞被"堵塞"了。有关该问题的深入讨论超出了本书的范畴。更多详情,见安德森的《用历史的观点来看现代可压缩流》(*Modern Compressible Flow with Historical Perspective*),第三版,纽约:麦格劳希尔出版社,2003。

例 4.37

考虑如图 4.35 所示的超声速风洞。存储器压力为 5atm。第一个进气口(图 4.35 的位置1)的面积是 100cm²。第二个进气口(图 4.35 的位置2)墙内测压孔测得的静压为 0.87atm,第二个进气口的局部马赫数是 $M_{t,2}=1$。计算第二个进气口的面积 $A_{t,2}$。

解

根据例 4.36 的方程(E 4.36.10),得出

$$\frac{A_{t,2}}{A_{t,1}} = \frac{p_{0,1}}{p_{0,2}} \tag{E 4.36.10}$$

第一个进气口的总压等于存储器压力,因此,

$$p_{0,1} = 5\text{atm}$$

第二个进气口的局部马赫数 $M_{t,2}=1$,其总压 $p_{0,2}$ 可根据第二个进气口的已知静压 p_2 计算求得。根据方程(4.74),

$$\frac{p_{0,2}}{p_2} = \left(1 + \frac{\gamma-1}{2}M_{t,2}^2\right)^{\frac{\gamma}{\gamma-1}} = \left(\frac{\gamma+1}{2}\right)^{\frac{\gamma}{\gamma-1}} = (1.2)^{3.5} = 1.893$$

因此,$p_{0,2} = 1.893 p_2 = 1.893(0.87) = 1.6468$atm。将这些值代入方程(E 4.36.10),得出

$$A_{t,2} = A_{t,1}\left(\frac{p_{0,1}}{p_{0,2}}\right) = (100)\left(\frac{5}{1.6468}\right) = 303.6 \text{ cm}^2$$

4.14 压缩性探讨

前文一直在说气流中 $M<0.3$ 时,可基本视为不可压缩流;相反,如果气流中 $M \geq 0.3$,应视为可压缩流。现在我们来证明这个结论。

设静止的气体($V=0$)密度为 ρ_0,现在将该气体等熵加速至某一速度 V 和马赫数 M。显然,气体的热力学特性将改变,包括密度。事实上,密度变化可根据方程(4.75)中得出:

$$\frac{\rho_0}{\rho} = \left(1 + \frac{\gamma-1}{2}M^2\right)^{1/(\gamma-1)}$$

$\gamma=1.4$ 时,在图 4.36 中给出了该变化 ρ/ρ_0,注意 $M<0.3$,气流中的密度变化小于 5%,即 $M<0.3$ 时密度基本恒定不变,并且气流在实际应用中为不可压缩流。这样恰好证明了该结论的有效性:

$M<0.3$ 时,气流可视为不可压缩流。

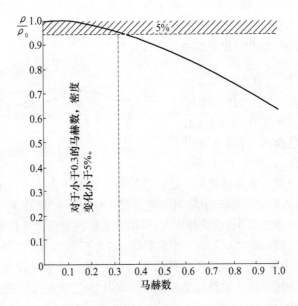

图4.36 当 $\gamma = 1.4$ 时,和马赫数相关的密度变化,展示了密度变化小于5%的区域

4.15 黏性流导论

现在再回头看看路线图4.1。路线图的左侧部分——无黏性流及其部分应用已介绍完毕。再次观察左侧的方框,确定已理解每个方框中的内容。在许多空气动力学应用中忽略摩擦是非常合理的,并且其中的无黏性流假定确保了结果有用且合理精确。

然而,在其他许多实际问题中,摩擦作用是显著的,现在要讨论的正是这类问题。这就组成了图4.1路线图的右边部分——黏性流,即有摩擦的气流。事实上,在某些气流中,基本行为受气流和固体表面间的摩擦控制。图4.37所示的是一个经典示例,展示的是经过球面的低速气流。左边表示如果气流为非黏性流时将存在的流场。对于这种理想的无摩擦流,流线是对称的。令人吃惊的是,球面上没有任何气动力。前表面上的压力分布与后表面的压力分布正好平衡,因此没有产生任何阻力(气流方向没有任何力)。然而,这种纯理论结果是违反常识的。在现实生活中,球面上存在阻碍球体运动的阻力。这种对阻力错误预测的理论给19世纪早期的空气动力学家带来了很多麻烦,它们甚至被称为:达朗贝尔悖论。出现问题的原因在于该理论没有考虑摩擦。图4.37右侧表示球面的真实气流。气流在球体的后表面分离,随后形成复杂气流,并造成后表面上的压力小于前表面的压力。因此,阻力作用于球体上,如图4.37的 D 所示。图4.37中两种气流的唯一区别是摩擦,但这个区别是非常显著的。

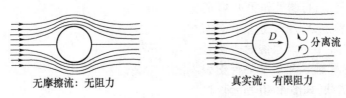

图4.37 理想无摩擦流和有摩擦的真实流对比

考虑经过固体表面的气流,例如图 4.38 所示翼型。根据前文有关无摩擦流的讨论,认为表面气流速度为一个有限值,如图 4.38 所示的 V_2;换言之,由于缺乏摩擦,表面正上方的流线滑过表面。事实上,如果气流为不可压缩流,即可根据伯努利方程计算 V_2。

$$p_1 + \frac{1}{2}\rho V_1^2 = p_2 + \frac{1}{2}\rho V_2^2$$

然而,在现实生活中,由于气体和固体物质间的摩擦,表面气流粘附在表面上;也就是说,表面上气流速度为零,并且表面附近存在一个减速流薄区,如图 4.39 所示。

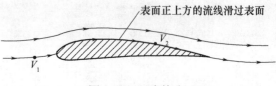

图 4.38　无摩擦流

因表面摩擦而减速的黏性流区被为边界层。边界层的内部边缘为固体表面本身,如图 4.39 中的点 a,其 $V=0$。用点 b 表示边界层的外部边缘,其气流速度一般为图 4.38 中 V_2 的值。换言之,图 4.39 中的点 b 基本等于图 4.8 中的点 2。以这种方式,可根据无摩擦流分析计算图 4.9 中边界层外部边缘的气流特性,如图 4.38 所示。由此引出一个重要的理论空气动力学概念要点:流场可切分为两个区域,一个区域中的摩擦非常显著(表面附近的边界层中),另外一个区域为无摩擦流(有时也称势流)区域。这一概念于 1904 年首次被路德维希·普朗特引用,它使现代理论空气动力学产生了革命性的变化。

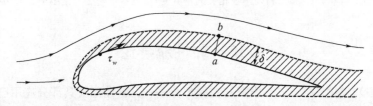

图 4.39　现实生活中有摩擦的气流。为清晰见,图中放大了边界层

从实验和理论上均能证明经过边界层的垂直于表面方向的压力恒定不变。换言之,如果假设 p_a 和 p_b 分别为图 4.39 中点 a 和点 b 的静压,那么 $p_a = p_b$。这是一个重要的现象,这也是多次根据无摩擦流(图 4.38)计算的表面压力分布能带来真实表面压力精确结果的原因。由于无摩擦计算给出了边界层外部边缘(点 b)的正确压力,并且这些压力是通过表面正下方边界层(点 a)外部施加的且恒定不变。对于细长气动力外形,如图 4.39 中的翼型,前述的说明是合理的;但这一点不适用于钝头体分离气流的区域,如之前的图 4.37 所示。第 4.20 节中对这些分离的气流进行了讨论。

再次参考图 4.39,当气流流经机身时,边界层厚度 δ 随之增加,即随着沿表面距离的增加,越来越多的气流受到摩擦的影响。此外,摩擦的出现会在表面产生剪切应力 τ_w。该剪切应力具有力/面积的量纲,并作用在与表面相切的方向。δ 和 τ_w 均为重要的量,大部分的边界层理论都被用于计算它们。正如下文所述,τ_w 的产生造成了表面摩擦阻力的出现,因此证实了 τ_w 的重要性。后续章节将给出用于计算 δ 和 τ_w 的方程。

进一步探讨边界层,可参见如图 4.40 所示的经过边界层的流速分布图。速度在表面从零开始并不断增加,在外部边缘时达到 V_2 的值。现在建立坐标轴 x 和 y,x 平行于表面,而 y 是曲面的法线,如图 4.40 所示。根据定义,流速分布图给出了作为 y 的函数的边界层中速度变化。一般而言,不同 x 位置

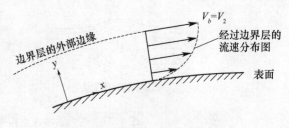

图 4.40　经过边界层的流速分布图

时流速分布图也不同。

壁面上流速分布图的斜率尤为重要,因为它能控制壁面的剪切应力。令$(dV/dy)_{y=0}$定义为壁面的速度梯度,那么壁面的剪切应力通过下式得出:

$$\tau_w = \mu \left(\frac{dV}{dy}\right)_{y=0} \tag{4.89}$$

式中:μ为气体的绝对黏度系数(或黏度)。根据方程(4.89)和牛顿第二定律可知黏度系数具有质量/(长度)(时间)量纲,它是流体的物理特性。对于不同气体和流体,μ也不同。同时,μ随T变化。对于流体,T增大时μ减小(众所周知温度升高时油变"薄")。但是对于气体,μ随T的增加而增加(温度升高时空气变"厚")。对于标准海平面温度下的空气,

$$\mu = 1.7894 \times 10^{-5} \text{kg}/(\text{m} \cdot \text{s})$$
$$= 3.7373 \times 10^{-7} \text{slug}/(\text{ft} \cdot \text{s})$$

图4.41展示了空气随温度变化的μ变化。

本节只会简单介绍边界层气流的基本概念,这些概念对于实际计算气动阻力是必不可少的,这点读者很快便能体会到。本着这一精神,现在要介绍另外一个重要的无量纲"数",一个和之前讨论的马赫数一样对空气动力学有重要影响的数——雷诺数。考虑边界层在表面

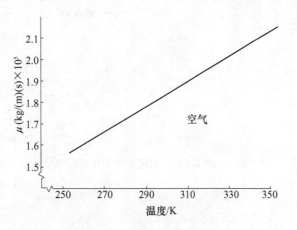

图4.41 黏度系数随温度的变化

(如图4.42所示平板)的发展,令x由前缘为起点,开始测量得到,即平板前端。令V_∞为平板最上游的气流速度。(下标∞通常用于表示一个流线型机身最上游的条件,即自由流条件。)雷诺数Re_x被定义为

$$Re_x = \frac{\rho_\infty V_\infty x}{\mu_\infty} \tag{4.90}$$

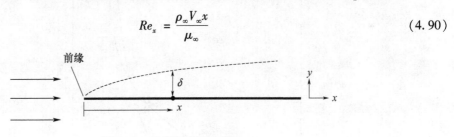

图4.42 边界层厚度的增加

注意Re_x是无量纲的,并且随x直线变化而变化。基于该原因,有时称Re_x为局部雷诺数,因为它基于局部坐标轴x。

至此,在本书的空气动力学讨论中,一直将空中的气流流线视为平滑规律的曲线。然而,在黏性流中,特别是边界层中,事情并非如此简单。黏性流分为两种基本类型:

1. 层流,流线平稳有规律,流体元沿流线平稳移动[图4.43(a)]。
2. 湍流,流线破碎,流体元以随机、无规律、弯曲的方式移动[图4.43(b)]。

层流和湍流区别显著,它们对空气动力学产生重大影响。例如,考虑经过边界层的流速分布图,如图4.44所示。根据气流是否是层流或湍流,分布图将不同。湍流分布图比层流分布图更"丰满"或饱满。对于湍流分布图,从外部边缘至表面附近的点,速度保持合理接近自由流速度,然后在表面上迅速减小至零。相反,层流的流速分布图从外部边缘至表面逐渐减小至零。现在考虑壁的速度梯度$(dV/dy)_{y=0}$,为图4.44中当$y=0$时曲线斜率的倒数。根据图4.44,可得出

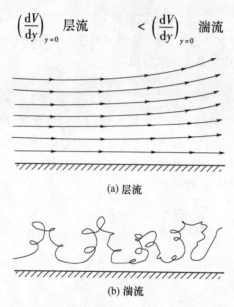

图 4.43 （a）层流中流体元的平稳运动；（b）湍流中流体元的弯曲不规则运动
（a）层流；（b）湍流。

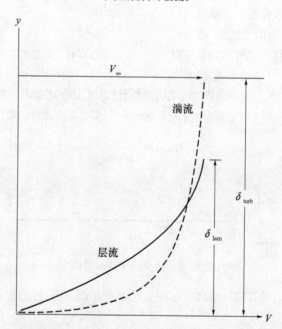

图 4.44 层流和湍流边界层的流速分布图。注意湍流边界层比层流边界层厚

回顾 τ_w 的方程(4.89)，可得出一个基本却非常重要的结论：层流的剪切应力小于湍流的剪切应力：

$$\tau_w \text{ 层流} < \tau_w \text{ 湍流}$$

显而易见，这意味着作用于飞行器机翼或机身的表面摩擦取决于表面上的边界层是层流还是湍流，层流产生的表面摩擦阻力较小。

似乎在自然界存在着这么一个普遍规律：系统越混乱越受欢迎。对于空气动力学，这意味着大部分的实际黏性流为湍流。大多数实用飞行器、导弹、船体等，其边界层都是湍流，前缘附近的小区域除外。因此,这些表面的表面摩擦为更高的湍流值。对于经常试图减小阻力的空气动力学家而言,这是不幸的。然而,对于细长形状,如机翼横截面(翼型)上的表面摩擦,可通过将形状设计为促进层流的形式将阻力减小。

图 4.45 展示了这点是如何实现的。图中展示了两种翼型;标准翼型[图 4.45(a)]在前缘附近

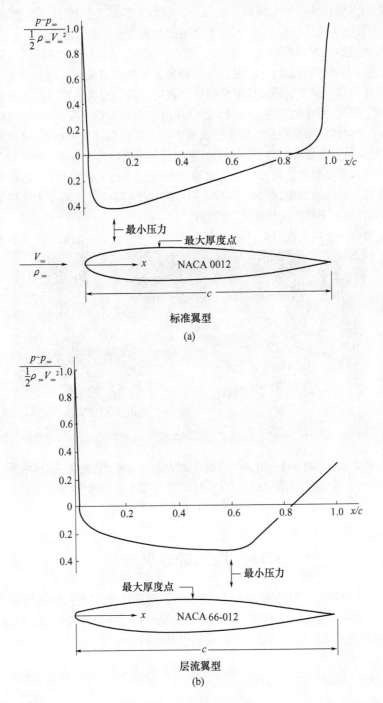

图 4.45　传统翼型和层流翼型对比

[图中所示压力分布是由 NACA 得出的理论性结果,攻角为 0°时适用。该翼型图按比例绘制]

的厚度最大,然而层流翼型[图4.45(b)]在翼型中间附近的厚度最大。图4.45中翼型上方表面的压力分布于翼型之上。注意对于标准翼型,最小压力出现在前缘附近,并且从这一点至机翼后缘延伸着一个不断增加的压力,这些不断增加的压力分布激发了湍流边界层。因此,标准翼型通常浸在很长区域的湍流中,其表面摩擦阻力较大。然而,注意对于层流翼型,最小压力出现在后缘附近,从前缘至最小压力的点延伸着一个不断减小的压力。这些不断减小的压力分布激发了层流边界层。因此,层流翼型可浸在很长区域的层流中,因而从减小的表面摩擦阻力中受益。

设计于第二次世界大战期间的北美 P-51"野马"(图4.46)是首架应用层流翼型的生产型飞机。然而,层流是一种敏感的现象,它容易变得不稳定并可能变成湍流。例如,由凸起的铆钉、机械加工的缺陷和故障点这类现实生活效应造成的翼型表面的最小粗糙度可引起在达到设计条件之前过早向湍流过渡。因此,用于生产型飞机的大部分层流翼型不会产生层流的延伸区域,此类区域在使用高度打磨、平滑表面翼型模型进行的受控试验中可获得。根据这个观点,早期的层流翼型并不是成功的。然而,从另一角度看,它们是成功的:它们具备极佳的高速特性,并在飞行马赫数更高、因激波造成阻力增大以及马赫数接近1时发生气流分离时仍保持上述特性。(这种高速效应将在第5.9节~5.11节进行讨论。)因此,在20世纪50~60年代,早期的层流翼型大规模地应用于喷气推进式飞行器,现在仍应用于某些现代高速飞行器。

假设表面上方有一个层流或湍流,如何实际计算表面摩擦阻力?后面两节将解答这一问题。

图4.46 北美航空公司 P-51"野马式"战斗机为首架机翼部分采用层流翼型的飞行器。图片为 P-51D"野马式"战斗机的后期模型
[来源:《哈尔·安德鲁斯集》]

4.16 层流边界层分析

再次考虑经过平板的边界层气流,如图4.42所示。假设气流为层流,相关的两个物理量为 x 位置的边界层厚度 δ 和剪切应力 τ_w。根据层流边界层理论可得出这些量的公式,但它们超出了本书的讨论范围。然而,通过实验证实的结果如下。层流边界层的厚度为

$$\delta = \frac{5.2x}{\sqrt{Re_x}} \quad \text{层流} \tag{4.91}$$

如方程(4.90)中的定义,式中 $Re_x = \rho_\infty V_\infty x / \mu_\infty$。值得注意的是一个与边界层发展同样复杂的并且至少受密度、速度、黏度和表面长度影响的现象居然能用如方程(4.91)这样简单的方程表示。在此背景下,方程(4.91)展现了雷诺数 Re_x 在空气动力学计算中的强大影响力。

注意,根据方程(4.91),层流边界层的厚度与雷诺数的平方根成反比。同时,由于 $Re_x = \rho_\infty V_\infty x/\mu_\infty$,根据方程(4.91),$\delta \propto x^{1/2}$,即层流边界层呈抛物线增长。

局部剪切应力 τ_w 也是 x 的函数,如图4.47所示。与其直接处理 τ_w,空气动力学家们发现定义局部表面摩擦系数 c_{fx} 更为方便:

$$c_{fx} \equiv \frac{\tau_w}{\frac{1}{2}\rho_\infty V_\infty^2} \equiv \frac{\tau_w}{q_\infty} \tag{4.92}$$

表面摩擦系数是无量纲的,其定义为局部剪切应力除以边界层外部边缘的动压。根据层流边界层理论,

$$c_{fx} = \frac{0.664}{\sqrt{Re_x}} \quad \text{层流} \tag{4.93}$$

式中,通常 $Re_x = \rho_\infty V_\infty x/\mu_\infty$。方程(4.93)展现了定义无量纲表面摩擦系数的简便性。一方面,量纲剪切应力 τ_w(图4.47)取决于多个量,例如 ρ_∞、V_∞ 和 Re_x;另一方面,根据方程(4.93),c_{fx} 仅是 Re_x 的函数。通过使用无量纲系数和数值实现的这种简便性贯穿于整个空气动力学中。无量纲量(如方程(4.93)所给出的量)之间的关系可通过量纲分析证明,第5.3节将对这一形式过程进行分析。

合并方程(4.92)和方程(4.93),根据下式得出 τ_w 的值

$$\tau_w = f(x) = \frac{0.664 q_\infty}{\sqrt{Re_x}} \tag{4.94}$$

注意根据方程(4.93)和方程(4.94),层流边界层的 c_{fx} 和 τ_w 随 $x^{-1/2}$ 变化,即 c_{fx} 和 τ_w 沿气流方向的表面减小,如图4.47所示。平板前缘附近的剪切应力大于后缘附近的剪切应力。

根据沿表面的局部剪切应力 τ_w 的变化,可计算出由经过气动外形的气流产生的总表面摩擦阻力。回顾第2.2节可知,任何机身上的净气动力基本上都是由表面压力和剪切应力分布产生的。很多情况下,产生的正是上述总气动力。例如,如果在风洞中安装一个平行于气流的平板,通过某种天平测定作用于平板的力,这并非是在测定局部剪切应力 τ_w,而是在测定作用于整个表面的表面摩擦产生的总阻力。该总表面摩擦阻力可通过以下方式获得。

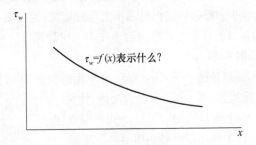

图4.47 沿表面距离的剪切应力的变化

设想一个平行于气流的长 L、单位宽度的平板,如图4.48所示。同时设想一个长 dx、单位宽度的板的极小表面元素,如图4.48所示。该元素上的局部剪切应力为 τ_x,是 x 的函数。因此,因表面摩擦而作用于该元素上的力为 $\tau_w dx(1) = \tau_w dx$。总表面摩擦阻力是作用于前缘至后缘的所有无穷小元素上力的和,也就是说,可通过求沿表面 τ_x 的积分得到总摩擦阻力 D_f:

$$D_f = \int_0^L \tau_w dx \tag{4.95}$$

合并方程(4.94)和方程(4.95),得出

$$D_f = 0.664 q_\infty \int_0^L \frac{dx}{\sqrt{Re_x}} = \frac{0.664 q_\infty}{\sqrt{\rho_\infty V_\infty/\mu_\infty}} \int_0^L \frac{dx}{\sqrt{x}}$$

$$D_f = \frac{1.328 q_\infty L}{\sqrt{\rho_\infty V_\infty L/\mu}} \tag{4.96}$$

将总表面摩擦阻力系数 C_f 定义为

$$C_f \equiv \frac{D_f}{q_\infty S} \tag{4.97}$$

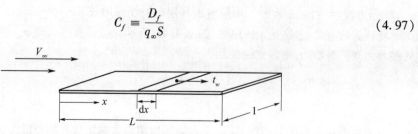

图 4.48 总阻力是经过表面的局部剪切应力的积分

式中：S 为板的总面积，$S = L(1)$。因此，根据方程(4.96)和方程(4.97)，

$$C_f = \frac{D_f}{q_\infty L(1)} = \frac{1.328 q_\infty L}{q_\infty L (\rho_\infty V_\infty L/\mu_\infty)^{1/2}}$$

或

$$C_f = \frac{1.328}{\sqrt{Re_L}} \text{层流} \tag{4.98}$$

式中：雷诺数以总长度 L 为基础，即 $Re_L \equiv \rho_\infty V_\infty L/\mu_\infty$。

不要混淆了方程(4.98)和方程(4.93)，它们是不同的量。方程(4.93)中的局部表面摩擦系数 c_{f_x} 以局部雷诺数 $Re_x = \rho_\infty V_\infty x/\mu_\infty$ 为基础，并且是 x 的函数。然而，总表面摩擦系数 C_f 是基于平板长度 L 的雷诺数：$Re_L = \rho_\infty V_\infty L/\mu_\infty$。

在此强调方程(4.91)、方程(4.93)和方程(4.98)仅适用于层流边界层；湍流的表达式不同。同时，这些方程仅适用于低速(不可压缩)流。然而，对于高速亚声速流，已证明这些方程合理精确。对于超声速和高超声速流，其边界层的速度梯度非常大且摩擦耗散在边界层内产生了非常高的温度，这些方程的形式仍可用于工程近似法；但必须在边界层内与气流密切相关的某些参考条件下对 ρ 和 μ 进行评估。这些内容不在本书讨论范围之内。

例 4.38

设想经过小平板的气流，该平板沿气流方向长为 5cm，宽为 1m。自由流条件相当于标准海平面，流速为 120m/s。假设为层流，计算

(a) 下游边缘(后缘)的边界层厚度。

(b) 作用于平板的阻力。

解

a. 在板的后缘上，$x = 5\text{cm} = 0.05\text{m}$，根据方程(4.90)，雷诺数为

$$Re_x = \frac{\rho_\infty V_\infty x}{\mu_\infty} = \frac{(1.225 \text{ kg/m}^3)(120\text{m/s})(0.05\text{m})}{1.789 \times 10^{-5}\text{kg/(m·s)}}$$

$$= 4.11 \times 10^5$$

根据方程(4.91)

$$\delta = \frac{5.2x}{Re_x^{1/2}} = \frac{5.2(0.05)}{(4.11 \times 10^5)^{1/2}} = 4.06 \times 10^{-4}\text{m}$$

注意边界层的薄度——后缘处仅为 0.0406cm。

b. 为了得出表面摩擦阻力，方程(4.98)给出

$$C_f = \frac{1.328}{Re_L^{1/2}} = \frac{1.328}{(4.11 \times 10^5)^{1/2}} = 2.07 \times 10^{-3}，\text{式中 } L = 0.05\text{m}。$$

已知 q_∞ 和 S 时，可根据表面摩擦阻力系数的定义，即方程(4.97)得出阻力，

$$q_\infty = \frac{1}{2}\rho_\infty V_\infty^2 = \frac{1}{2}(1.225)(120)^2 = 8820 \text{ N/m}^2$$

$$S = 0.05(1) = 0.05 \text{m}^2$$

因此,根据方程(4.97),板上一个表面(例如上表面)的阻力

$$\text{上表面 } D_f = q_\infty S C_f = 8820(0.05)(2.07 \times 10^{-3}) = 0.913\text{N}$$

由于上表面和下表面均暴露在气流外,总摩擦阻力将比以上结果增加 1 倍:

$$\text{总摩擦阻力} \quad D_f = 2(0.913) = 1.826\text{N}$$

例 4.39

对于例 4.38 中的平板,计算和比较在气流方向测得的平板前沿(前缘)位置 1 和 5 的局部剪切应力。

解

位置 $x = 1\text{cm}$ 接近平板前缘。在 $x = 1\text{cm} = 0.01\text{m}$ 的位置上,局部雷诺数为

$$Re_x = \frac{\rho_\infty V_\infty x}{\mu_\infty} = \frac{1.225(120)(0.01)}{1.789 \times 10^{-5}} = 8.217 \times 10^4$$

根据方程(4.93),

$$c_{fx} = \frac{0.664}{\sqrt{Re_x}} = \frac{0.664}{\sqrt{8.217 \times 10^4}} = \frac{0.664}{286.65} = 0.002316$$

根据方程(4.92)以及例 4.38 中得出的 $q_\infty = 8820\text{N/m}^2$,

$$\tau_w = q_\infty c_{fx} = 8820(0.002316) = 20.43 \text{ N/m}^2$$

在 $x = 5\text{cm} = 0.05\text{m}$ 的位置,局部雷诺数为

$$Re_x = \frac{\rho_\infty V_\infty x}{\mu_\infty} = \frac{1.225(120)(0.05)}{1.789 \times 10^{-5}} = 4.11 \times 10^5$$

(与例 4.38 中计算的值相同。)根据方程(4.93),

$$c_{fx} = \frac{0.664}{\sqrt{Re_x}} = \frac{0.664}{\sqrt{4.11 \times 10^5}} = 0.001036$$

根据方程(4.92),

$$\tau_w = q_\infty c_{fx} = 8820(0.001036) = 9.135 \text{ N/m}^2$$

通过对比,注意 $x = 5\text{cm}$ 时[即平板后沿(后缘)位置]的局部剪切应力小于前缘附近 $x = 1\text{cm}$ 时的局部剪切应力。这证实了如图 4.47 所示的趋势, τ_w 随沿平板的气流方向距离而减小。

验算计算值时,根据方程(4.94)可注意到 τ_w 和 $x^{1/2}$ 成反比。因此,只要计算出 $x = 1\text{cm}$ 时 $\tau_w = 20.43\text{N/m}^2$,根据比率可直接得出 $x = 5\text{cm}$ 时的 τ_w:

$$\frac{\tau_{w_2}}{\tau_{w_1}} = \sqrt{\frac{x_1}{x_2}}$$

将 $x = 1\text{cm}$ 时设为条件 1,$x = 5\text{cm}$ 时设为条件 2,得出

$$\tau_{w_2} = \tau_{w_1}\sqrt{\frac{x_1}{x_2}} = 20.43\sqrt{\frac{1}{5}} = 9.135 \text{ N/m}^2$$

上式验证了 $x = 5\text{cm}$ 时 τ_w 最初的计算结果。

4.17 湍流边界层分析

在相同气流条件下,湍流边界层比层流边界层厚,该对比如图 4.49 所示。与层流不同,对于湍

流边界层无法得出任何精确的理论结果。对于湍流的研究是当今流体动力学的主要努力方向；至今为止，湍流仍是一个未解决的理论难题，或许在一段时间内仍是如此。事实上，湍流是理论物理学中未解决的主要难题之一。因此，对于湍流边界层 δ 和 τ_w 的了解都必须依靠实验结果。这些结果产生了湍流的下述近似公式：

$$\delta = \frac{0.37x}{Re_x^{0.2}} \quad 湍流 \qquad (4.99)$$

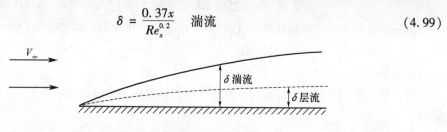

图 4.49 湍流边界层比层流边界层厚

注意根据方程(4.99)，湍流边界层近似随 $x^{4/5}$ 增长，这与层流边界层 $x^{1/2}$ 的较慢变化形成对比。因此，湍流边界层比层流边界层增长更快，厚度也更大。

经过平板的湍流局部表面摩擦系数可近似为

$$c_{f_x} = \frac{0.0592}{(Re_x)^{0.2}} \quad 湍流 \qquad (4.100)$$

总表面摩擦系数可近似表示为

$$C_f = \frac{0.074}{Re_L^{0.2}} \quad 湍流 \qquad (4.101)$$

注意，对于湍流，C_f 随 $L^{1/5}$ 变化，这与层流 $L^{1/2}$ 的变化形成对比。因此，C_f 对于湍流而言较大，这正好证实了 4.15 节的最后推断，即 τ_w (层流) $< \tau_w$ (湍流)。同时可注意到方程(4.101)中的 C_f 又是 Re_L 的函数。层流和湍流中 C_f 的值通常如图 4.50 所示。注意图 4.50 中所示数值的大小。在实际飞行情况下，Re_L 的值可能在 $10^5 \sim 10^8$ 之间变化或更高；C_f 的值通常比 1 小得多，近似为 $10^{-2} \sim 10^{-3}$。

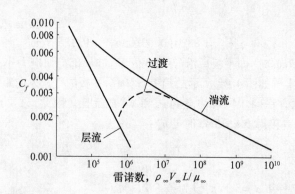

图 4.50 低速流中表面摩擦系数随雷诺数的变化。层流与湍流的对比

例 4.40

考虑例 4.38 中经过相同平板的相同气流；但是，假设边界层为完全的湍流。计算后缘边界层厚度和作用于平板上的阻力。

解

根据例 4.38，$Re_x = 4.11 \times 10^5$。根据方程(4.99)，对于湍流，

$$\delta = \frac{0.37x}{Re_x^{0.2}} = \frac{0.37(0.05)}{(4.11 \times 10^5)^{0.2}} = 1.39 \times 10^{-3} \text{m}$$

注:将该结果与例 4.38 中层流的结果对比:

$$\frac{\delta_{湍流}}{\delta_{层流}} = \frac{1.39 \times 10^{-3}}{4.06 \times 10^{-4}} = 3.42$$

注意湍流边界层后缘的厚度是层流边界层的 3.42 倍,这是一个相当大的倍数。根据方程(4.101),

$$C_f = \frac{0.074}{Re_L^{0.2}} = \frac{0.074}{(4.11 \times 10^5)^{0.2}} = 0.00558$$

在上表面上,

$$D_f = q_\infty S C_f = 8820(0.05)(0.00558) = 2.46 \text{N}$$

考虑上、下表面,得出

$$\text{Total } D_f = 2(2.46) = 4.92 \text{N}$$

注意湍流阻力是层流阻力的 2.7 倍。

例 4.41

重复例 4.39,但现在假设边界层是完全的湍流。

解

根据例 4.39,当 $x = 1$cm 时,$Re_x = 8.217 \times 10^4$。根据方程(4.100),该位置湍流的局部表面摩擦系数为

$$c_{fx} = \frac{0.0592}{Re_x^{0.2}} = \frac{0.0592}{(8.217 \times 10^4)^{0.2}} = 0.00616$$

根据例 4.39,$q_\infty = 8820 \text{N/m}^2$。因此

$$\tau_w = q_\infty c_{fx} = 8820(0.00616) = 54.33 \text{ N/m}^2$$

注:对比例 4.39 中层流的结果,湍流的剪切应力大于 54.33/20.43 = 2.7 倍。碰巧,这与例 4.39 中湍流和层流边界层间总阻力对比的比率相同。

当 $x = 5$cm 时,根据例 4.39,$Re_x = 4.11 \times 10^5$。根据方程(4.100),该位置湍流的局部表面摩擦系数为

$$c_{fx} = \frac{0.0592}{Re_x^{0.2}} = \frac{0.0592}{(4.11 \times 10^4)^{0.2}} = 0.00446$$

因此,
$$\tau_w = q_\infty c_{fx} = 8820(0.00446) = 39.34 \text{ N/m}^2$$

注:对比例 4.39 中层流的结果,当 $x = 5$cm 时,湍流的剪切应力大于 39.34/9.135 = 4.3 倍。

将当前的结果与例 4.39 中的结果对比,发现在平板的一个给定长度内,层流情况下剪切应力百分比降幅比湍流的降幅大。特别是,层流情况下(例 4.39)从 $x = 1$cm 至 $x = 5$cm 这个 4cm 的空间内,百分比降幅为

$$\text{减小量} = \frac{20.43 - 9.135}{20.43} \times 100 = 55.3\%$$

对于湍流情况(例 4.41),

$$\text{减小量} = \frac{54.33 - 39.34}{54.33} \times 100 = 27.6\%$$

4.18 表面摩擦的压缩性效应

再次观察通过方程(4.93)和方程(4.100)分别得出的层流和湍流表面摩擦系数的表达式。这些方程说明了 c_{f_x} 是雷诺数唯一函数的重要事实,即

$$层流 \quad c_{f_x} \alpha \frac{1}{\sqrt{Re_x}}$$

$$湍流 \quad c_{f_x} \alpha \frac{1}{Re_x^{0.2}}$$

从中可再次看出雷诺数在控制黏性流方面的作用。然而,这并未说明所有的问题。对于不可压缩层流中的平板边界层,方程(4.91)、方程(4.93)和方程(4.98)分别给出了 δ、c_{f_x} 和 C_f 的表达式。同样,对于不可压缩湍流中的平板边界层,方程(4.99)、方程(4.100)和方程(4.101)分别给出了 δ、c_{f_x} 和 C_f 的表达式。简洁起见,不强调将第4.16节和4.17节中的这些方程应用于不可压缩流。然而,现在讨论这些内容是为了引起读者注意。你或许正想回到这些方程,并在边缘处标记为"不可压缩"。

这里提出了一个问题:平板边界层上的可压缩性效应是什么?答案在马赫数中。在4.11节~4.13节中,我们已经知道马赫数是控制高速、可压缩无黏性流的重要参数。特别是,对于可压缩流中的平板边界层,δ、c_{f_x} 和 C_f 既是马赫数也是雷诺数的函数。马赫数的效应并非由一个精密、清楚的公式给出;恰恰相反,必须通过可压缩边界层的详细数值解进行评估,而这部分内容不在本书的讨论范围之内。这足以说明对于平板可压缩边界层,为什么采用取决于自由流马赫数的其他数值替代方程(4.93)中分子的常数0.664,使之变为

$$C_{f_x} = \frac{f_1(M_\infty)}{\sqrt{Re_x}} \quad 层流,可压缩 \tag{4.102}$$

同样,用取决于 M_∞ 值的一些其他数值替代方程(4.100)中分子的常数0.0592,使之变成

$$C_{f_x} = \frac{f_2(M_\infty)}{Re_x^{0.2}} \quad 湍流,可压缩 \tag{4.103}$$

这些变量如图4.51所示。该图展示了相同雷诺数情况下可压缩表面摩擦系数与不可压缩表面摩擦系数之比随层流与湍流中自由流马赫数变化的情况。请注意如图4.51所示的以下趋势:

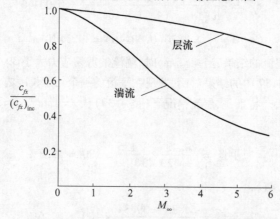

图4.51 层流和湍流平板表面摩擦系数上的可压缩性效应的近似理论结果

1. 雷诺数不变时，M_∞ 不断增长将造成 c_{fx} 减小。
2. 湍流中 C_{fx} 的减小量比层流显著得多。

例 4.42

洛克希德 F-104A"星际"战斗机的三视图见图 4.52。这是首架设计用于马赫数持续为 2 的战斗机。机翼截面非常薄，前缘很尖。假设机翼为一个无限薄的平板。设想 F-104 以 2 马赫飞行于 35000ft 的标准高度。假设经过机翼的边界层为湍流。估算前缘下游 2ft 处的剪切应力。

解

在 35000ft 时，根据附录 2，$\rho_\infty = 7.382 \times 10^{-4} \text{slug/ft}^3$ 并且 $T_\infty = 394.08°R$。为了计算雷诺数，需已知 V_∞ 和黏度系数 μ_∞。根据声速得出如下自由流速度：

$$a_\infty = \sqrt{\gamma R T_\infty} = \sqrt{1.4(1716)(394.08)} = 973 \text{ft/s}$$

$$V_\infty = a_\infty M_\infty = 973(2) = 1946 \text{ft/s}$$

根据图 4.41 得出 μ_∞，该图展示了 μ 随 T 的变化。注意用开尔文表示的环境温度是根据 394.08/1.8 = 219K 得出的。将图 4.41 中的线性曲线外推至温度为 219K 的情况，发现 $\mu_\infty = 1.35 \times 10^{-5} \text{kg/(m·s)}$。转化为英国工程单位制，注意到如第 4.15 节所述，在标准海平面，$\mu = 1.7894 \times 10^{-5} \text{kg/(m·s)} = 3.7373 \times 10^{-7} \text{slug/(ft·s)}$。这两个值相比即可得出一个转换因子，因此当 $T = 219K = 394.08°R$ 时，

$$\mu = [1.35 \times 10^{-5} \text{kg/(m·s)}] \frac{3.7373 \times 10^{-7} \text{slug/(ft·s)}}{1.7894 \times 10^{-5} \text{kg/(m·s)}}$$

$$= 2.82 \times 10^{-7} \text{slug/(ft·s)}$$

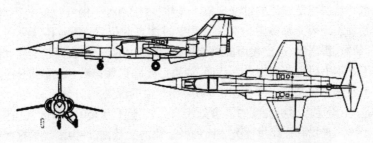

图 4.52 洛克希德公司 F-104 超声速战斗机的三视图

因此，

$$Re_x = \frac{\rho_\infty V_\infty x}{\mu_\infty} = \frac{(7.382 \times 10^{-4})(1946)(2)}{2.82 \times 10^{-7}} = 1.02 \times 10^7$$

根据方程(4.100)，不可压缩表面摩擦系数为

$$(c_{fx})_\text{inc} = \frac{0.0592}{Re_x^{0.2}} = \frac{0.0592}{1.02 \times 10^7} = 0.00235$$

根据图 4.51，对于 $M_\infty = 2$ 时的湍流边界层，

$$\frac{c_{fx}}{(c_{fx})_\text{inc}} = 0.74$$

因此，马赫数为 2 时 C_{fx} 的值为

$$C_{fx} = 0.74(0.00235) = 0.00174$$

动压为

$$q_\infty = \frac{1}{2}\rho_\infty V_\infty^2 = \frac{1}{2}(7.382 \times 10^{-4})(1946^2) = 1398 \text{ lb/ft}^2$$

因此，
$$\tau_w = q_\infty c_{fx} = 1398(0.00174) = 2.43 \text{ lb/ft}^2$$

4.19 过 渡

在4.16节中，我们讨论了气流全为层流情况下经过平板的气流。与之类似，在4.17节也假定气流全为湍流。事实上，层流中气流总是从前缘流出。然后，在前缘下游的某点，层流边界层变得不稳定，气流中开始出现小"爆炸"。最终，经过一个称为过渡区的区域，边界层变为完全的湍流。为进行分析，通常绘制出如图4.53所示的图，图中层流边界从平板前缘流出，向下游方向呈抛物线增长。随后，在过渡点变为以更快速率增长的湍流边界层，约占下游$x^{4/5}$。发生过渡的x值为临界值x_{cr}。反过来，x_{cr}可定义为过渡中的一个临界雷诺数。

$$Re_{x_{cr}} = \frac{\rho_\infty V_\infty x_{cr}}{\mu_\infty} \tag{4.104}$$

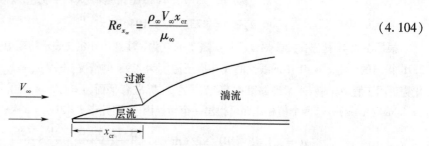

图4.53 从层流至湍流的过渡。清晰起见，放大了边界层厚度

大量文献记载了从层流至湍流的过渡现象。显然，由于两种不同气流的τ_w不同，确定发生过渡的表面位置对于精确预计表面摩擦阻力至关重要。过渡点的位置（事实上，是一个有限区域）取决于多个量，例如马赫数、雷诺数、进出表面的热传递、自由流中的湍流、表面粗糙度和压力梯度。关于过渡的综合讨论不在本书讨论范围之内。然而，如果已知临界雷诺数（通常根据针对一种已知类型气流的实验），可直接根据定义——方程(4.104)得出过渡的位置x_{cr}。

例如，假定有一个给定表面粗糙度的翼型处于自由流速度为150 m/s的气流中，希望预测过渡发生处与前缘的距离。查找有关经过此类表面的低速流的文献，或许会发现根据经验确定的临界雷诺数接近$Re_{x_{cr}} = 5 \times 10^5$。将该"经验"应用于这个问题，利用方程(4.104)，假设气流的热力学条件相当于标准海平面，得出

$$x_{cr} = \frac{\mu_\infty Re_{x_{cr}}}{\rho_\infty V_\infty} = \frac{[1.789 \times 10^{-5} \text{kg}/(\text{m}\cdot\text{s})](5 \times 10^5)}{(1.225 \text{ kg/m}^3)(150 \text{m/s})} = 0.047\text{m}$$

注意该例中层流的区域很小——前缘与过渡点之间仅4.7cm。如果将自由流速度增加1倍至300 m/s，过渡点仍由临界雷诺数$Re_{x_{cr}} = 5 \times 10^5$控制。因此，

$$x_{cr} = \frac{(1.789 \times 10^{-5})(5 \times 10^5)}{1.225(300)} = 0.0235\text{m}$$

因此，如果速度增加1倍，过渡点会向前缘移动1/2的距离。

总之，已知临界雷诺数时，便可根据方程(4.104)找出x_{cr}。然而，适用于具体问题的$Re_{x_{cr}}$的精确值必须从下述方面推导得出：实验、自由飞行或一些半经验理论，该值或许很难得出。这一情况在一定程度上说明了为何需要过渡和湍流的基础性研究，同时能帮助理解这些气流并将更多有效地推理应用至实际问题中有关过渡的预测。

例4.43

"莱特飞行者一号"双翼飞机的翼展为40ft 4in，每个机翼的平面形状面积为255ft²（见图1.1和

图 1.2)。假设机翼为长方形(显然不完全是这样,但大体如此),如图 4.54 所示。如果"飞行者"在标准海平面条件下以 30 英里/h 的速度飞行,计算机翼上的表面摩擦阻力。假设过渡雷诺数为 6.5×10^5。层流和湍流的面积分别用面积 A 和 B 表示,如图 4.54 所示。

解

一般求解过程如下:

a. 计算组合面积 $A + B$ 的 D_f,假定气流完全为湍流。

b. 通过计算面积 A 的湍流 D_f 并从步骤(a)的结果减去该部分,仅得出面积 B 的湍流 D_f。

c. 计算面积 A 的层流 D_f。

d. 将步骤(b)和(c)的结果与完整表面上 $A + B$ 的总阻力相加。

首先得出一些单位统一的有用数值:$b = 40$ ft 4 in $= 40.33$ ft。令 $S =$ 平面形状面积 $= A + B = 255$ ft^2。因此,$c = S/b = 255/40.33 = 6.32$ ft。在标准海平面,$\rho_\infty = 0.002377$ slug/ft^3 并且 $\mu_\infty = 3.7373 \times 10^{-7}$ slug/(ft·s)。同时,$V_\infty = 30$ 英里/h $= 30(88/60) = 44$ ft/s。因此,

$$Re_c = \frac{\rho_\infty V_\infty c}{\mu_\infty} = \frac{0.002377(44)(6.32)}{3.7373 \times 10^{-7}}$$
$$= 1.769 \times 10^6$$

这是后缘的雷诺数。为得出 x_{cr},

$$Re_{x_{cr}} = \frac{\rho_\infty V_\infty x_{cr}}{\mu_\infty}$$

$$x_{cr} = \frac{Re_{x_{cr}} \mu_\infty}{\rho_\infty V_\infty}$$

$$= \frac{(6.5 \times 10^5)(3.7373 \times 10^{-7})}{0.002377(44)} = 2.32 \text{ft}$$

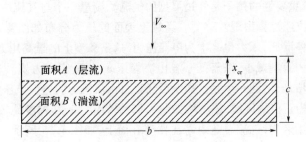

图 4.54 从层流至湍流过渡的表面平面图

现在可开始计算阻力。假定"莱特飞行者一号"的机翼足够薄,可应用平板公式。

a. 计算经过完整表面的湍流阻力 $S = A + B$ 时,使用方程(4.101):

$$C_f = \frac{0.074}{Re_L^{0.2}} = \frac{0.074}{(1.769 \times 10^6)^{0.2}} = 0.00417$$

$$q_\infty = \frac{1}{2}\rho_\infty V_\infty^2 = \frac{1}{2}(0.002377)(44^2) = 2.30 \text{lb/ft}^2$$

$$(D_f)_s = q_\infty S C_f = 2.30(255)(0.00417) = 2.446 \text{lb}$$

b. 仅对于面积 A,假定湍流,

$$C_f = \frac{0.074}{Re_{x_{cr}}^{0.2}} = \frac{0.074}{(6.5 \times 10^5)^{0.2}} = 0.00509$$

$$(D_f)_A = q_\infty A C_f = 2.30(2.32 \times 40.33)(0.00509) = 1.095 \text{lb}$$

因此,仅面积 B 上的湍流阻力为

$$(D_f)_B = (D_f)_s - (D_f)_A = 2.446 - 1.095 = 1.351 \text{lb}$$

c. 考虑面积 A 上的阻力——事实上为层流阻力,根据方程(4.98)得出

$$C_f = \frac{1.328}{Re_{x_\infty}^{0.5}} = \frac{1.328}{(6.5 \times 10^5)^{0.5}} = 0.00165$$

$$(D_f)_A = q_\infty A C_f = 2.30(2.32 \times 40.33)(0.00165) = 0.354 \text{lb}$$

d. 表面上的总阻力 D_f 为

$$D_f = (A \text{ 上的层流阻力}) + (B \text{ 上的层流阻力})$$
$$= 0.354 \text{lb} + 1.351 \text{lb} = 1.705 \text{lb}$$

这是一个表面上的阻力。每个机翼均有一个上、下表面,存在两个机翼。因此,作用于完全双翼飞机机翼结构的总表面摩擦阻力为

$$D_f = 4(1.705) = 6.820 \text{lb}$$

4.20 分离流

我们已经知道气流中的摩擦会导致机身表面出现剪切应力,这反过来造成了机身上的气动阻力:表面摩擦阻力。然而,摩擦也会引起另一被称为分离流的现象,该现象反过来产生了气动阻力的另一个力源——因分离而产生的压差阻力。图 4.37 所示球体的真实流场由后方表面上的分离流控制。因此,作用于后表面上的压力小于前表面上的压力,这种压力的不平衡造成了阻力,即术语因分离而产生的压差阻力。相比之下,作用于球体的表面摩擦阻力非常小。

另一个凸显分离流重要性的例子是经过翼型的气流。设想一个与气流成低攻角(低迎角)的翼型,如图 4.55 所示,气流经过翼型缓慢移动。经过上表面的压力分布如图 4.55 所示。应注意前缘的压力高;前缘是一个停滞区,压力也基本为停滞压力,这是翼型上的最高压力。随着气流扩散至翼型上表面周围,表面压力急剧减小,跌至低于自由流静压 p_∞ 的最小压力值。于是,随着气流向下游进一步移动,压力渐渐增加,达到一个稍微高于后缘处自由流压力的值。该压力增加区,称为逆压梯度区,其定义为 $\mathrm{d}p/\mathrm{d}x$ 为正值的区域,该区域如图 4.55 所确定。逆压梯度比较平滑,也就是说 $\mathrm{d}p/\mathrm{d}x$ 很小,并且在所有实际用途中,气流总是附着在翼型表面上,如图 4.55 所示。因此该翼型上的阻力主要为表面摩擦阻力 D_f。

现在考虑如图 4.56 所示相同翼型的大攻角情况。首先假设有一些总是附着在表面的虚拟流体———一种完全人为假设情形。如果情形属实,上表面的压力分布将与图 4.56 中的压力分布一致。压力将在前缘下游急剧下降一个远远低于自由流静压 p_∞ 的值。继续向下时,压力将迅速恢复至一个高于 p_∞ 的值。然而,在恢复过程中,逆压梯度将不再平滑,如图 4.55 所示。相反,在图 4.56 中,逆压梯度变化剧烈,也就是说 $\mathrm{d}p/\mathrm{d}x$ 较大。在这些情况下,真实流场趋向从表面分离。因此,在图 4.56 中,所示的真实流场包括经过翼型上表面的大片分离流区域。在这一真实分离流中,实线表示实际表面压力分布。与虚线比较时,可发现实际压力分布不会下降至压力最低值,并且后缘附近的压力不会恢复至 p_∞ 以上的值。这会导致两个结果,如图 4.57 所示。在该图中,较大攻角的翼型(因此存在分离流)与真实表面压力分布同时用实线箭头表示。压力总是垂直作用于表面,因此所有箭头均垂直于局部表面。箭头长度表示压力强度。从箭头底部绘出了一根实曲线,形成了一个"包络",从而使压力分布更加清晰可见。然而,如果气流不是分离流(即如果气流为附着流),那么压力

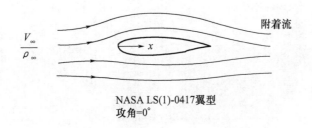

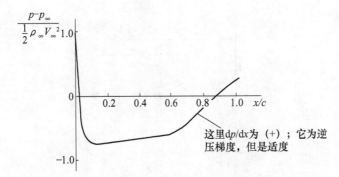

图 4.55 翼型附着流上表面的压力分布。现代 NASA 低速翼型的理论数据,来源:NASA 会议出版物 2046,《先进翼型研究技术》(Advanced Technology Airfoil Research),第二卷,1978 年 3 月,第 11 页
[来源:麦基(McChee),比斯利(Beasley),惠特科姆(Whitcomb)]

分布将由虚线箭头(虚线包络)表示。图 4.57 中的实线和虚线箭头定性等同于图 4.56 中的实线和虚线压力分布曲线。

应仔细观察图 4.57 中的实线和虚线箭头,它们解释了翼型上分离流的两个主要结果。第一个结果是升力耗损。气动升力(图 4.57 所示垂直力)由垂直方向压力分布的净分力产生。当下表面的压力大而上表面的压力小时,可获得较大升力。分离不会影响下表面的压力分布。然而,对比正好位于前缘下游上表面的实线和虚线箭头可发现实线箭头表示气流为分离流时的较高压力。这种较高压力向下推,因此减小了升力。如图 4.57 所示,接近前缘的翼型上表面部分近似水平,这种几何效应加剧了升力的减小。当气流被分离时,在翼型表面的这一部分会产生一个较大压力,压力作用的方向与垂直方向紧密对齐,因此升力可感知到已增加压力的全部效应。前缘附近上表面上的已增加压力的组合效应以及该部分表面近似水平的事实导致了气流分离时尤为显著的升力损耗。注意图 4.57 中,分离流(实线垂直箭头)的升力小于气流为附着流(虚线垂直箭头)时的升力。

现在把注意力集中到后缘附近的上表面部分。在翼型表面的该部分上,此时分离流的压力小于附着流的压力。此外,从几何层面而言,后缘附近的上表面倾斜于水平方向,事实上,是稍微面向水平方向。回顾一下,如图 4.57 所示阻力为水平方向。由于后缘附近上表面的趋势,作用于这一部分表面的压力在水平方向存在一个较大的分力。该分力的作用方向为左侧,趋向于抵消由作用于向右推进的翼型突出部分的高压产生的水平分力。翼型上的静压阻力是作用于向右推进的前方的力与作用于向左推进的后方的力之差。当气流被分离时,后方的压力低于气流为附着流时的情况。因此,对于分离流,向左推进的后方的力较少,因此作用于向右方向的净阻力随之增加。注意如图 4.57 所示,气流为分离流(实线水平箭头)时阻力大于气流为附着流(虚线水平箭头)的情况。

因此,翼型上的气流分离的两个主要后果为:

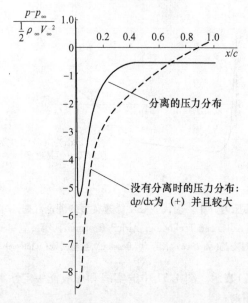

图4.56 翼型上分离流上表面的压力分布。现代 NASA 低速翼型的理论数据
[来源：NASA 会议出版物 2045,第一部分,《先进翼型研究技术》
(*Advanced Technology Airfoil Research*),第一卷,1978 年 3 月,第 380 页
(来源：朱姆沃尔特(Zumwalt)和纳克(Nack)]

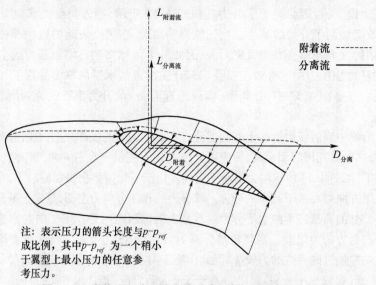

图4.57 附着流和分离流压力分布、升力和阻力的定性比较
（注意对于分离流，升力减小而阻力增加）

1. 升力大量损耗(失速)。
2. 因分离而产生的压差阻力导致阻力大幅增加。

当飞行器的机翼倾斜至一个较高的攻角时,机翼将失速,即可能发生突然的升力损耗。在前面的讨论中,已经说明了该失速现象的物理原因。关于失速的其他相关介绍,请见第5章。

在结束本节有关分离流的讨论之前,提出一个问题:为何气流会从表面分离?答案为逆压梯度(dp/dx 为正值)这一概念,以及如图4.44所示的经过边界层的流速分布图。如果 dp/dx 为正值,那么沿流线移动的流体元必须上升以阻止压力不断增加。因此,流体元在逆压梯度的影响下将降低速度。对于移出边界层的流体元,如果速度(以及相关的动能)很大,这就算不上很严重的问题了,流体元将继续向下游移动。考虑边界层内部深处的流体元,会发现情况有所不同。观察图4.44可知这类流体元的速度很小,因为受到了摩擦力的影响。流体元的逆压梯度相同,但是其速度太低因而不能应对不断增加的压力。因此,流体元在下游的某位置停止,然后转向。这些转向气流一般会造成流场从表面分离,如图4.56所示。这就是气流分离的物理过程。

再次回顾图4.44可发现湍流边界层的流速分布图更饱满。在距离表面一定距离(y 的已知值)处,湍流边界中流体元的速度高于层流边界中流体元的速度。因此,在湍流边界层中,在更接近表面的位置,存在更多的气流动能,并且更少的气流趋于分离。这引出了一个基本事实:层流边界层比湍流边界层更易分离。因此,湍流边界层的出现有助于防止流场分离。

4.21 阻力的黏性效应小结

我们已经知道气流中的摩擦将产生两个阻力源:
1. 由壁上剪切应力产生的表面摩擦阻力 D_f。
2. 由分离流产生的压差阻力 D_p,有时定义为形状阻力。

那么黏性效应引起的总压力为

$$D \qquad = \qquad D_f \qquad + \qquad D_p$$

由黏性效应产生的总阻力　　　由表面摩擦产生的阻力　　　由分离产生的阻力(压差阻力)

(4.105)

方程(4.105)包含了空气动力学的典型折中情况之一。在上一节中,我们指出了在保持表面上方的层流边界层可减小表面摩擦阻力。然而,在第4.20节的最后也指出湍流边界层会抑制气流分离,因此由分离产生的压差阻力因表面上建立的湍流边界层而减小。因此,在方程(4.105)中,得出以下折中式:

$$D \qquad = \qquad D_f \qquad + \qquad D_p$$

　　　　　　　　层流时较大,湍流时较小　　　层流时较大,湍流时较小

因此,如4.15节最后部分所述,不能笼统地说层流或湍流哪个更好,优先选择哪种边界层取决于于具体应用。一方面,对于如图4.37所示的钝头体机身,阻力主要为分离产生的压差阻力;湍流边界层减少了球体上的阻力,因此更受青睐。(在第5章将再次进行讨论。)另一方面,对于细长型机身,例如尖头细长锥体或相对气流攻角较小的薄翼型,阻力则主要为表面摩擦阻力,这种情况下层流边界层更受青睐。对于介于两者之间的情况,设计者的独创性和实际经验将帮助确定哪种折中方式最佳。

本节最后需要注意一点是,方程(4.105)给出的总压力 D 被称为剖面阻力,这是因为分离产生的表面摩擦阻力和压差阻力均与机身形状和尺寸(即机身的"剖面")相关。剖面阻力 D 是由黏性效

应作用于空气动力学装置上的总压力产生。然而,它并非一般情况下作用于机身的总气动阻力。另外还有一个阻力源——诱导阻力,将在第5章进行讨论。

例 4.44

考虑如图4.55所示的 NASA LS(1)-0417 翼型,安装于风洞中的测试区。气流方向上的模型长度(即5.2节定义的弦长)为0.6m,经过气流的宽度(即5.3节定义的翼展)为1.0m。模型尖端部分与风洞的垂直侧壁齐平。在这种情况下,诱导阻力(见第5.13节)为零,翼型模型上的总阻力为方程(4.105)中定义的剖面阻力 D。当风洞中测试区的气流在标准海平面条件时的速度为97m/s,攻角为0°时作用于翼型上的剖面阻力为34.7N。(a)在这些条件下,计算由于表面摩擦 D_f 而作用于翼型上的阻力。假设 D_f 与相同长度和宽度平板上的湍流表面摩擦阻力相同。(b)计算翼型上由分离流产生的压差阻力 D_p。(c)对比并评述结果。

解

a. 表面摩擦阻力取决于气流方向基于翼型长度 $L(0.6m)$ 的雷诺数。风洞中测试区的气流在标准海平面条件下的速度为97m/s。因此,

$$Re_L = \frac{\rho_\infty V_\infty L}{\mu_\infty} = \frac{(1.23)(97)(0.6)}{(1.7894 \times 10^{-5})} = 4 \times 10^6$$

方程(4.101)给出的湍流平板总表面摩擦阻力系数为

$$C_f = \frac{0.074}{Re_L^{0.2}} = \frac{0.074}{(4 \times 10^6)^{0.2}} = 3.539 \times 10^{-3}$$

平板一侧的总表面摩擦阻力为 $D_f = q_\infty S C_f$,其中平板一侧的表面积为长乘以宽:$S = (0.6)(1.0) = 0.6m^2$。因此,在平板一侧,

$$ND_f = q_\infty S C_f = \frac{1}{2}\rho_\infty V_\infty^2 S C_f = \frac{1}{2}(1.23)(97)^2(0.6)(3.539 \times 10^{-3}) = 12.29N$$

计算平板两侧的总表面摩擦阻力,得出

$$D_f = 2(12.29) = 24.6N$$

b. 通过方程((4.105)即可得出分离流产生的压差阻力:

$$D_p = D - D_f = 34.7 - 24.6 = 10.1N$$

c. 已知条件下 LS(1)-0417 翼型上的压差阻力与总剖面阻力的比率为 $10.1/34.7 = 0.29$,即压差阻力为总剖面阻力的29%,这对于下表面上带尖头后缘的较厚翼型(厚度为17%)是合理的。对于更薄更传统形状的翼型,压差阻力所占比例更小——低攻角时一般为剖面阻力的15%。

4.22　历史事记:伯努利与欧拉

方程(4.9)是流体动力学中最古老、作用最强大的方程之一。该方程的发明归功于18世纪的丹尼尔·伯努利(Daniel Bernoulli);不过伯努利也没有想到他的理念在20世纪航空领域会有如此广泛的运用。伯努利究竟是什么人,这一方程又是如何诞生的?下面我们将简单地回答这些问题,答案将会引出一个意想不到的结论。

丹尼尔·伯努利(1700—1782)于1700年1月29日出生于荷兰格罗宁根(Groningen),其家族声名显赫。丹尼尔·伯努利的父亲约翰·伯努利(Johann Bernoulli)是一位有名的数学家,曾对微积分做出了一定的贡献,后来成为了医学博士。约翰的哥哥(丹尼尔的伯父)雅克布·伯努利(Jakob Bernoulli)更有成就,他在微积分方面做出了重大的贡献,还创造了"integral"(积分)一词。雅克布和约

翰的儿子们包括丹尼尔也成为了著名的数学家和物理学家。他们一家都是瑞士人,住在瑞士巴塞尔,并在巴塞尔大学担任各种教授职位。因为丹尼尔的父亲在荷兰担任了10年的数学教授,所以丹尼尔不是出生在巴塞尔。有着这样的家族血统,丹尼尔不对数学做出贡献也难啊。

而且他确实也有所贡献。例如,他对空气动力学理论有着深刻的见解。他建立了空气是无规则运动的独立粒子集合这一理论,而且他正确地将空气温度上升与粒子能量上升联系起来。1738年他初次发表的这些理念使一个世纪后人们对空气的本质和热度形成了成熟的理解,并为空气动力学理论的完善奠定了基础。

丹尼尔关于空气动力学运动的理念发表在他的《流体动力学》(*Hydrodynamica*)(1738年)一书中。不过他的名字是因这本著作中关于流体力学的内容而被人们深刻铭记,而不是因为关于空气动力学理论的内容。1729年,当丹尼尔在俄国列宁格勒(Leningrad)(当时的圣彼得堡)担任数学教授时开始了这本书的创作。当时他就已经极具名气了;因为他解答了各种数学问题,巴黎皇家科学院曾10次授予他奖项。《流体动力学》(全部用拉丁文书写)一书涵盖了喷气推进、压力计和管流等主题。他还尝试建立压力和流速之间的联系,但是他的推导非常难懂。虽然人们通常认为伯努利方程(4.9)出自《流体动力学》这本著作,但事实并非如此。1743年丹尼尔的父亲约翰出版了一本《水力学》(*Hydraulica*)的书,使事情变得更为复杂。从这本著作可以看出父亲比儿子对伯努利定律理解得更为透彻:丹尼尔完全从压力计液柱高度的角度来考虑压力,而约翰对压力有更根本的理解,即压力是作用在液体上的力。但是,他们父子俩都没认识到压力是个点属性,后来还是雷奥哈德·欧拉(Leonhard Euler)发现了这一点。

雷奥哈德·欧拉(1707—1783)也是一位瑞士数学家。他于1707年4月15日出生在瑞士巴塞尔,比丹尼尔·伯努利小7岁。欧拉后来成为了历史上的数学巨人,但是我们这里着重要介绍他对流体动力学的贡献。欧拉与伯努利一家是亲近的朋友,他曾是约翰·伯努利在巴塞尔大学的学生。后来欧拉随丹尼尔一起到了圣彼得堡,成为了一位数学教授。在那里欧拉受到了伯努利的流体动力学工作的影响,不过约翰对他的影响比丹尼尔大。欧拉首次提出了作用在气体内某一点的压力这一概念。很快,他推导出了适用于压力梯度变化加速流的方程,与我们通过方程(4.8)推导出的方程一样。欧拉整合了微分方程并在历史上第一次推导出了伯努利的方程,即我们得出的方程(4.9)。因此,可以看出伯努利的方程(4.9)的命名其实是一个历史错误。归功于伯努利的这一方程其实也有欧拉一半的功劳。

4.23 历史事记:总压管

4.11节介绍了如何使用总压管测量空气速度。事实上,总压管在今天的空气动力实验室和飞行器上都相当常见,而且几乎被视作理所当然必需的装置。然而,关于这个简单的小小装置有一段有趣但模糊的历史。

皮托管(也叫总压管)是根据其发明者——亨利·皮托(Henri Pitot,1695—1771)命名的。1695年亨利·皮托出生在法国阿拉蒙(Aramon)。最开始皮托的职业是天文学家和数学家。他成果斐然,1724年被选入巴黎皇家科学院。大约就在这个时候,皮托对水力学特别是河流和运河中的水流产生了兴趣。但是,他并不满足当时通过测量漂浮在水面上物体的速度来得到水流速率的方法。因此,他设计了一种由两根管子组成的仪器。一根是一端开口的直管,使用时垂直于水面插入(测量静压)。另外一根的一端折为直角,开口端直接朝向水流(测量总压力)。1732年,皮托用他的仪器在巴黎塞纳河大桥的桥墩之间测量了水流的速率。1732年11月12日,皮托将总压管的发明和第一次运用情况报告给了学院。他还提交了一些关于水深度不同而速率不同的重要数据。当时基于一些意大利工程师实验的理论认为一定深度的流速与在它之上的质量成正比,即随着深度加深速率应该增大。皮托却提出了用他的仪器测得的惊人的(也是正确的)结果,即实际上深度加深则水流速率下降。所以总压管的发明是一件标新立异之事。

有趣的是皮托的发明很快就受到工程界的冷落。有些研究者试图仅仅只使用总压管,而不进行局部静压测量。还有部分人在不受控的条件下使用总压管,从而产生了一些错误的结果。而且仪器的开口做成了各种各样的形状,而不是单纯的管子。甚至对于总压管没有形成一致同意的合理理论。前面提到皮托在1732年发明了此仪器,比丹尼尔·伯努利出版《流体动力学》早6年,比4.22节中欧拉根据伯努利的理念推导出方程(4.9)更早。因此,皮托是用直觉而不是理论提出:他的仪器测出的压力差是局部流速的平方。当然,如4.11节所述,现在大家都清楚地知道全静压装置是用于测量总压力和静压的差以及不可压缩流总压力和静压的差。通过伯努利的方程可以将这项差与速率的平方联系起来,即根据方程(4.62),

$$p_0 - p = \frac{1}{2}\rho V^2$$

然而,皮托发明这件仪器150余年之后,许多工程师都将其解读成如下方程:

$$p_0 - p = \frac{1}{2}K\rho V^2$$

式中:K为经验常数,一般都不统一。争议一直持续到了1913年,当时密歇根大学的机械工程教授约翰·艾雷(John Airey)使用6种不同形状的总压管在水箱中进行了一系列良好的控制实验。这些总压管形状如图4.58所示。这些图摘自艾雷1913年4月17日发表在《工程新闻》(*Engineering News*)中名为"总压管说明"的论文。艾雷在该文中阐述不论管的形状如何,他测量的结果显示精确率1%之内,$K=1.0$。而且他还根据伯努利方程提出了一项合理的理论。匹兹堡一家离心泵公司的总工程师.A. E. 盖(A. E. Guy)在一篇题为《总压管起源与理论》(Origin and Theory of the Pitot Tube)的论文中对这些结果进行了进一步的评论,该论文于1913年6月5日发表在《工程新闻》上。这篇论文也为总压管奠定了更为坚实的基础。

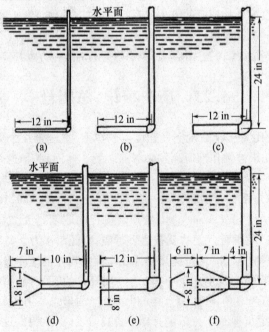

图4.58 约翰·艾雷测试的6种形式的总压管

(来源:《工程新闻》(Engineering News),第69卷16号,第783页,1913年4月)

有趣的是1913年的这两篇论文都没有提到应用总压管最为广泛的领域:飞行器和风洞的风速测量。1911年1月,也就是第一次动力飞行7年多之后,法国A·艾特夫上校(Captain A. Eteve)在飞行器上使用了第一种实用航速表——文氏管。1911年末,法恩伯勒英国皇家航空研究院的英国工程师们第一次将总压管运用到飞行器上。最终演化成测量飞行速度的原始仪器。

1915年,一个崭新的机构——美国国家航空咨询委员会在其第一份年度报告中写下这么一段话时,对于总压管的争议以及正确测量风速的需求仍然存在:"航空学一个普遍的重要问题是需要发明一种精确、可靠又耐用的空速表……美国标准局现在也参与了这类表的调查,该局的赫歇尔(Herschel)教授和帕金翰(Buckingham)博士关于总压管的报告也引起了人们的注意。"这两份报告即W. H. 赫歇尔所撰的NACA报告2号第1部分"飞行器总压管与气体风速计"以及E. 帕金翰所撰的第2部分"总压管与文氏管理论"。第2部分尤其有趣,这部分清晰地阐述了第4.11节中得出的关于总压管的理论,而且还第一次提出了可压缩亚声速流理论——在1915年这是极不凡的!帕金翰证明要通过不可压缩关系式达到0.5%的精确率,V_∞应不超过148英里/h=66.1m/s。他还继续阐明:"鉴于飞行器速度表的精确率很难高于1.0%,很明显对于所有飞行的普通速度都不需要进行压缩性纠正……"这对于当时"普通"飞行器来说当然是中肯的论述,而且对于20世纪30年代之前的飞行器它都是正确的。

回顾前文可知总压管发明于约250年以前,而且动力飞行诞生的第二个10年以前,它的使用都备受争议且晦涩模糊。1911—1915年"爆发"了一次技术进步。总压管在飞行器上找到了一席之地,而且最终也形成了合适的总压管使用理论。从那以后总压管就成为了一种司空见惯的仪器,而且也是实验室教学时向航空工程学生介绍的第一件空气动力学仪器。

4.24 历史事记:第一个风洞

空天工程特别是空气动力学是一门以经验为基础的学科。通过实验的方式进行探索和发现是它的命脉,这点可追溯至乔治·凯利时代(见第1章)。而风洞一直都主导着进行这些实验的重任,以至于现在大部分空天企业、政府和大学实验室都有从低亚声速到高超声速的一系列齐全的风洞。

简单回顾风洞的历史和演变过程是件有意思的事情,这段历史可以惊人地追溯到400多年以前。风洞测试的基本原理是由列奥纳多·达·芬奇在16世纪初提出的:

因为不论是物体在静止的介质中运动还是介质的粒子以同样的速度撞击静止的物体,介质在物体上的活动都是一样的;我们可以先假设物体是静止的,再研究运动的介质会对它作用什么样的推力。

气动物体以100英里/h的速度穿过静止的空气与空气以100英里/h的速度流经静止的物体时物体受到的升力和阻力一样,这在今天几乎是不言自喻的。这一理念是进行风洞测试最根本的基础。

历史上第一个真正的风洞是一百多年前由格林尼治的弗朗西斯·韦纳姆(Francis Wenham)在1871年制造的。前文1.4节提到过一次韦纳姆,是因他在大不列颠航空协会的活动而闻名。韦纳姆的风洞仅仅是一个长10ft的木盒,风洞横截面为边长18in的正方形。风洞前端设置了一台蒸汽驱动风扇,将空气吹入管道。风洞没有什么轮廓,因此也不会对气流进行空气动力控制和增强。飞行器的气动表面放置在木盒的气流末端,韦纳姆在这个位置用连接在模型上的秤杆测量升力和阻力。

13年后,英国人霍雷肖.F.菲利普(Horation F. Phillips)制造了历史上所知的第二个风洞。这次的流管也呈盒状,不过菲利普在测试段下游使用蒸汽喷射器(高速蒸汽喷嘴)吸出风洞中的空气。

菲利普还继续在他的风洞中进行了一些首创性翼型测试,详细情况请见5.20节。

1903年航空学的转折点到来之前还诞生了其他的风洞。例如,俄国的第一个风洞由莫斯科大学的尼古拉·茹科夫斯基(Nikolai Joukowski)制造于1891年(直径2 in)。1893年路德维希·马赫(Ludwig Mach)在奥地利制造了一个7 in×10 in的大型风洞。路德维希是著名的科学家和哲学家恩斯特·马赫(Ernst Mach)的儿子,马赫数就是根据恩斯特命名的。美国的第一个风洞则在1896年由阿尔弗雷德.J.威尔斯(Alfred J. Wells)制造于麻省理工学院,他用该风洞测量平板上的阻力以此来验证兰利采用旋转臂的测量结果(见第1.8节)。美国天主教大学的希伯来·扎姆(A. Heb Zahm)博士在1901年制造了美国的另一个风洞。显然19到20世纪之交,从这些活动可以看出,风洞中的气动力测试正在平稳发展,而且有着与飞行器本身的发展一样突飞猛进的势头。

可以恰当地说,负责让飞行器离开地面的两人同样也应负责进行一系列集中的风洞测试。如第1.8节所述,1901年末,莱特兄弟总结认为许多现存的气动力数据都是错误的。因此他们自己制造了一个长6 ft、面积为16 in^2、由连接到汽油发动机的两叶风扇驱动的风洞。图4.59为莱特兄弟风洞的复制品(风洞的原物已不复存在。)他们设计并制造了自己的天平来测量升力和阻力比。1901年9月到1902年8月之间,奥维尔和韦尔伯运用这一装置执行了一个重大的飞行研究项目。这段时间内,他们测试了200多种不同的钢制翼型,这些测试结果构成了风洞测试对成功制造飞行器的首次重大影响。第1.8节中奥维尔提到他们的成果时说道:"我们通过风洞得出的气压表让我们可以提前计算出飞行器的性能。"这是一个多么了不起的发展啊!这是风洞测试历史上的转折点,并且它对于空气动力学的影响就如同1903年12月17日的飞行对于飞行器的影响一般。

图4.59　莱特自行车店后面工作室中风洞的复制品,现保留在密歇根州迪尔伯恩格林菲尔德村
[来源:美国国家航空航天博物馆]

1903年后航空领域的迅猛发展也伴随着风洞在数量上和技术上的进步。例如,人们分别在以下时间和地点制造出了风洞:1903年,伦敦国家物理实验室;1903年,罗马;1905年,莫斯科;1908年,德国哥廷根(由流体动力学边界层理论创始人路德维希·普朗特制造);1909年,巴黎(包括因埃菲尔铁塔闻名的古斯塔夫·埃菲尔制造的两个);1910年和1912年,英国国家物理实验室。

这些风洞自然都是低速设备,但在当时具有开创性的意义。1915年NACA(见第2.8节)的成立给美国风洞设计的发展奠定了坚实基础。1920年NACA的第一个风洞在弗吉尼亚州汉普顿的兰利纪念航空研究实验室投入运作。风洞的试验段直径为5ft,足以容纳3.5ft宽的模型。1923年,为了模拟飞行的更高雷诺数,NACA制造了可变密度风洞,该风洞可以将气流增压到20atm从而使密度增加20倍,试验段的雷诺数也就相应增加。20世纪30~40年代,亚声速风洞越做越大。1931年NACA的一个30ft×60ft的风洞在兰利投入使用,其最大气流速率可达129英里/h。这是历史上第一个耗资百万的风洞。1944年,加利福尼亚莫菲特场的埃姆斯航空实验室使用了一个40ft×80ft、最大气流速率为265英里/h的风洞,它至今为止仍是世界上最大的风洞。该风洞的庞大在图4.60中可见一斑:试验段中可以装下整个飞机!

图4.60 可测试全尺寸飞行器的大型亚声速风洞——NASA兰利研究中心30ft×60ft风洞
(来源:NASA)

上述的风洞都是低速且本质上不可压缩流的风洞。直到20世纪30年代,它们都是航空测试的基石,现在依然是空气动力学的重要部分。然而,飞行器的速度正在日益上升,这就需要能产生更高速率的风洞。实际上,第一次提出对高速亚声速风洞的需求是因为螺旋桨:20世纪20和30年代,螺旋桨的直径和旋转速度都增加了,导致桨梢出现压缩性问题。于是,1927年NACA在兰利制造了一个直径12in的高速风洞。它可以产生765英里/h的试验段气流。为了跟上不断提升的飞行器速度,1936年,兰利制造了一个8ft的高速风洞,空速可达500英里/h,1945年还上升到了760英里/h。1941年,埃姆斯制造了一个重要设备:一个空速达到680英里/h的16ft风洞,其照片如图4.61所示,从中也可以看出该设备之大。

20世纪40年代初期,V-2火箭和喷气式发动机的出现使空天工程师们产生了超声速飞行的想法,很快这就成为对超声速风洞需求的一个主导因素。但是,超声速流在实验室和实践中运用的时间可追溯到这之前很久。1880年拉瓦尔制造了第一个超声速喷管,用于蒸汽轮机,这也就是现在的收敛喷管经常被称为拉瓦尔喷管的原因。1905年,普朗特在哥廷根造了一个1.5马赫的风洞,用来研究蒸汽轮机气流和(首先特别是)锯木厂周围锯木屑的运动。

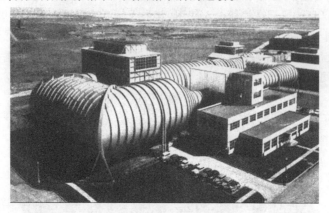

图 4.61　艾姆斯 16ft 高速亚声速风洞——与风洞综合设施配套的大型风洞
(NASA 艾姆斯研究中心友情提供)

20 世纪 30 年代,德国布伦瑞克(Braunschweig)的 A·布泽曼(A. Busemann)博士制造了进行气动力测试的第一个实用超声速风洞。布泽曼运用他于 1929 年提出的"特征线法"设计了第一个产生无激波等熵流的平滑超声速喷管轮廓,他在下游第二个进气口处装了一个扩散器来实现风洞的有效操作。布泽曼风洞的照片如图 4.62 所示,今天所有的超声速风洞外形看起来基本上都与之一样。

图 4.62　第一个实用超声速风洞,20 世纪 30 年代中叶,由 A·布泽曼制造
(A·布泽曼提供)

第二次世界大战期间,德国的工程师们根据布泽曼的风洞在佩内明德(Peenemünde)的研究中心制造了两个风洞,用于研发 V-2 火箭。战争结束后,这两个风洞被运至美国海军军械实验室(其中一台后来被运至马里兰大学),在那里一直工作到 20 世纪末。不过,美国的第一个超声速风洞是由加利福尼亚理工学院的西奥多·冯·卡门及其同事于 1944 年设计的,并根据与加利福尼亚理工学院的合同,在马里兰州阿伯丁的陆军弹道研究实验室制造。接下来 20 世纪 50 年代,超声速风洞取得了丰硕的发展成果,其中最大的一个成果是位于田纳西州阿诺德工程发展中心的空军的 16 ft × 16ft 连续运行风洞。

大约同一时间,洲际弹道导弹(ICBM)即将研制成功,随后 20 世纪 60 年代的空天项目也即将开展。飞行器在大气内的速率很快就达到了 36000ft/s——高超声速,由此也亟需高超声速风洞($M > 5$)。第一个高超声速风洞于 1947 年由 NACA 在兰利投入使用,其试验段为 $11in^2$,最高马赫数为 7。

3年后,另一高超声速风洞又在海军军械实验室投入使用。这些风洞与它们的"近亲"——超声速风洞很不一样。为了达到高超声速,气流必须膨胀从而导致温度降到空气的液化点。为了避免这点,所有高超声速风洞不论新旧,空气扩张流过喷管前,都要将储存的空气加热到远远高于常温。热传递是高速飞行器的一个问题,进行高速飞行器地面测试时也必须考虑加热问题。

总而言之,现代风洞设施可以满足从低亚声速到高超声速的所有飞行速率。这些设备是空天工程日常用品的一部分,本部分的简明历史事记介绍了它们的历史和发展。

4.25 历史事记:奥斯本·雷诺与雷诺数

4.15节和4.19节中我们探讨了雷诺数,根据方程(4.90),其定义为 $R_e = \rho_\infty V_\infty x / \mu_\infty$。它也是黏性流的控制参数。边界层厚度、表面摩擦阻力、向湍流过渡以及其他许多黏性流的特征都明确地取决于雷诺数。事实上,可以轻易证明雷诺数本身也有其物理意义:它与流体流动中惯性力与黏性力的比例成正比。很明显,雷诺数是流体动力学中一个非常重要的无量纲参数。雷诺数是怎么来的?它是什么时候、在什么情况下第一次提出的?雷诺数是根据人名——奥斯本·雷诺命名的。雷诺又是谁呢?本节将解答这些问题。

首先来看看奥斯本·雷诺本人。1842年10月23日,雷诺出生在爱尔兰贝尔法斯特(Belfast),在一个充满学术氛围的环境中长大。他的父亲是剑桥皇后学院的成员、贝尔法斯特大学学院校长、埃塞克斯迪德汉文法学校校长以及萨福克 Debach-with-Boulge 院长。担任英国圣公会牧师曾是雷诺家族的传统;除了他父亲外,他的祖父和曾祖父也都担任过 Debach 的院长。因为这样一种背景,奥斯本的早期教育是他父亲在迪德汉亲自进行的。奥斯本在他的青年时代就流露出从事力学研究的浓厚兴趣,而且在这方面他也极具天赋。19岁时,他做了一段短时间的机械工程学徒,一年之后便进了剑桥大学。雷诺是一名优秀的剑桥学生,以数学方面的最高荣誉毕业。1867年,他入选为剑桥皇后学院成员(早先授予他父亲的一项荣誉)。后来他在约翰·劳森(John Lawson)工作室当了一年的实习土木工程师。1868年,曼彻斯特欧文斯学院(后来的曼彻斯特大学)设立了工程学教授职位——英国大学中的第二例(第一例是伦敦大学学院1865年设立的土木工程教授职位)。雷诺申请了该职位,他在申请书中写道:

回忆往昔,我对机械学的基础——力学和物理定律一直有着不可抑制的兴趣。孩提时期,所幸有家父的引导。他也是一位力学爱好者,且在力学及其在物理学的应用方面取得了不平凡的成就。

尽管他还年轻,经验较为不足,雷诺还是被任命为曼彻斯特教授。此后的37年他一直担任该职,直到1905年退休。

在这37年间,雷诺因成为了历史上经典力学的领先实践者而声名显赫。在曼彻斯特的第一年,他忙于解决电力、磁学、太阳能电磁特性和彗星现象方面的问题。1873年以后,他开始集中研究流体力学这一他做出了持久贡献的领域。例如:(1)1874年提出了雷诺类比,即流体热传递和摩擦剪切应力的关系;(2)测量出了水结冰和沸腾时的平均比热,这是物理常数经典测量之一;(3)研究了河口的洋流和波浪;(4)开发了涡轮机和泵;(5)研究了声波在流体中的传播。不过他最重要的成果、也是诞生雷诺数概念的成果于1883年发表在《决定平行水槽中水流为直线或曲线运动的条件以及在平行水槽中的阻力定律的实验研究》(An Experimental Investigation of the Circumstances which Determine whether the Motion of Water in Parallel Channels Shall be Direct or Sinuous, and of the Law of Resistance in Parallel Channel)一文中,该文刊登在《皇家学会学报》(Proceedings of the Royal Society)上。雷诺的这篇论文首次阐述了从层流到湍流的过渡,并将这一过渡与一个无量纲参数临界值联系起来,即后来人们所知的雷诺数。雷诺研究了管中水流的这一现象。他的实验装置如图4.63所示,该图摘自他1883年的论文。(现代摄影技术产生之前,技术论文中的实验装置插图都是手绘的素描,例如图4.63。)雷诺用一根玻璃管通过喇叭形的入口在一个大容器中注满水。水流经玻璃管时,他将喇叭形入口处水流中间部分注入有色水。有色水的散开情况如图4.64所示,该图也摘自雷诺的论文原文。水流方向为从左到右。当水流速率较缓时,细颜色丝会平静有序地流向下游,有色水与清水可以明显地区分,如图4.64(a)所示。但是,当水流速率增加到一定值时,有色水变得很不稳定,会将整个玻璃管内的水都染上颜色,如图4.64(b)所示。雷诺明确指出,图4.64(a)中平静的有色水对应的是管中的层流,而图4.64(b)中有色水被完全搅拌扩散开是因为管中湍流的作用。雷诺还通过瞬时电火花照明直观地观察管中的湍流,而今天都会采用闪关灯照明。他观察到湍流中有许多明显的漩涡,如图4.64(c)所示。当由 $\rho VD/\mu$ 表示的参数超过特定临界值时,层流则会过渡为湍流,其中 ρ 为水的密度,V 为平均流速,μ 为速度系数,D 为玻璃管直径。由雷诺第一次提出的这个无量纲参数后来被称为雷诺数。雷诺测出该数的临界值为2300,超过该值则会产生湍流。雷诺的首创开启了层流到湍流过渡的研究,也是流体动力学研究的新领域——直到今天都还是最为重要的而且没有被彻底了解的空气动力学领域之一。

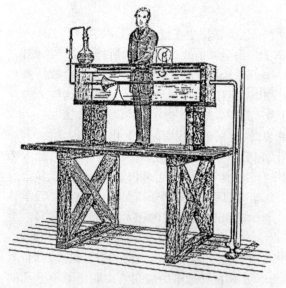

图4.63 奥斯本·雷诺著名的管流实验装置,该图摘自正文中提到过的他的论文原文

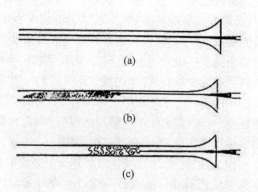

图4.64 雷诺观察并绘制的湍流出现过程,该图摘自正文中提到过的他的论文原文

雷诺是一位博学多才的人。当时工程学教育在英国的大学刚刚兴起,而雷诺对工程学教育的合适形式就有了一个明确的想法。他认为不管专业为何,所有的工程学学生都应该对数学、物理学特别是经典力学基础有一定的背景常识。他在曼彻斯特组织了包括土木和机械工程在内的系统的工程学课程。不过,虽然雷诺对教育兴趣浓厚,但作为课堂上的教授,他还不够完美。学生很难跟上他的课程,他上课的主题经常飘忽不定且几乎没有或根本没有联系。他出了名的喜欢在课堂上冒出一些新想法,然后利用余下的上课时间在黑板上进行计算或求证,似乎完全忽视了教室里学生的存在。也就是说,他并没有手把手地教学生。还有些学生更可怜,根本就不能通过他课程的考试。相反,那些优等生却很喜欢他的课,觉得它们激励人心。雷诺的许多优秀学生后来成为了著名的工程师和科学家,最有名的是 J.J. 汤姆森,后来成为剑桥大学的物理学卡文迪什教授;汤姆森因1897年第一次证明了电子的存在而闻名,还因此于1906年获得了诺贝尔奖。

关于雷诺的有趣的研究方法，1946年，他的学生也是同事兼朋友A·H·吉布森在他为英国文化委员会撰写的雷诺传记中写道：

雷诺采用的完全是个人主义研究方法。他开始从来不参阅别人对该问题的想法，而是首先就自己进行思考。由于问题解决方法新颖，他的某些论文很难读懂，特别是他晚年时期写的那些论文。不过，他所作的描述性的物理论文却很引人入胜并吸引了大量的读者，而且他的言辞是清晰阐述的典范。

世纪之交，雷诺的健康状况每况日下，最后不得不于1905年退休。在生命的最后几年，他的身体和精神都大大不如从前——对于一位如此卓越而成功的学者，这是一种非常令人难过的状态。1912年，他在英国萨姆赛特(Somerset)去世。历史上著名的流体动力学家之一、也是雷诺多年的同事——贺拉斯·兰姆(Horace Lamb)，在雷诺去世后写道：

雷诺人如其文，散发着强烈的个性。他深知自己工作的价值，但也不吝于留给科学世界作出成熟的评价。他对宣传毫无兴趣，对于那些过于自负的人，他只报以宽容的微笑。他慷慨地为学生提供和创造各种机会、分享合作，方便他们完成他交代的有价值的工作。对于严肃或私人的事情，他又有几分保守，辩论时却非常犀利且立场明确。他的生活人际关系普通，对朋友非常亲和友好。他有很强的幽默感，却又是矛盾的统一体，他可以用他惊人的才智和资源做到半认真半玩笑。最终，疾病迫使他退休，对他的学生、同事和全世界的朋友来说是一场令人悲痛的灾难。

本节的目的是介绍流体力学中雷诺数的历史来源。从现在开始，运用雷诺数时，除了一个功能强大的黏性流无量纲参数以外，还应将它视为其创始人——19世纪最著名的流体动力学家之一——的"荣誉证书"。

4.26 历史事记：普朗特与边界层概念的发展

现代空气动力科学的根源可以追溯到艾萨克·牛顿，他的著作《原理》(1687年)的第二本书整本都是关于流体动力学——特别是"阻力定律"的公式。他指出阻力是流体密度、速率和运动中物体形状的函数。但是他没能推导出正确的阻力方程，只推导出了倾斜物体上与攻角正弦平方成正比的阻力方程。后来，牛顿的正弦平方定律证明了"重于空气飞行的不可能性"，阻碍了19世纪飞行的进步。具有讽刺意味的是，牛顿为推导其正弦平方定律而使用的物理设想近似地反映了高超声速飞行的条件，而且20世纪50年代牛顿定律也被运用到高马赫数飞行器的设计之中。不过，牛顿还是正确地推断出了流体中剪切应力的原理。牛顿在《原理》一书的第9节中提出了如下假设："流体中某些部分因缺少润滑而产生的阻力与流体的这些部分相互分离的速度……成正比。"这是历史上第一条关于层流摩擦定律的论断，该论断具体体现在描述"牛顿流体"的方程(4.89)中。

下一位试图了解流体动力学阻力的人物是法国数学家让·勒朗·达朗贝尔(Jean le Rond d'Alembert)。将因提出偏量微分而闻名(促成了微分方程的数学计算)。1768年，达朗贝尔将运动方程运用到移动的流体中二维物体的不可压缩、非黏性流(无摩擦)中，发现没有阻力产生。他写道："我承认没有看到，那么怎么能令人满意地运用该原理解释流体阻力呢？正相反，在我看来，正是这一引人注意和研究的理论说明了至少在大多数情况下阻力完全为零；这是我留给几何学家们解释的一个奇怪的悖论。"达朗贝尔也清楚地认识到了阻力为零这一理论结果确实是一个悖论。达朗贝尔自己也曾进行过研究阻力的实验，也是第一批发现阻力与速率平方成正比的人之一，如5.3节推导过程以及方程(5.18)所示。

达朗贝尔悖论产生的原因是经典理论中忽略了摩擦力。直到一个世纪以后，M·纳维叶(M. Navier)(1785—1863年)和乔治·斯托克斯(George Stokes)爵士(1819—1903年)才把摩擦力影响计入了经典运动方程中。今天,所谓的纳维叶－斯托克斯方程仍是流体动力学的经典方程。不过,它们是非线性方程,很难解答。事实上,对于最终广泛运用于流场的纳维叶－斯托克斯方程,只有现代的强大数控数字计算机才能算出用于一般流场的纳维叶－斯托克斯方程的"准确"答案。同样也是在19世纪,奥斯本·雷诺(1842－1912年)进行了第一次层流到湍流过渡的实验,如第4.25节所述。在他1883年发表的题为《决定平行水槽中水流为直线或曲线运动的条件以及在平行水槽中的阻力定律的实验研究》的经典论文中,雷诺通过观察管流中的颜色丝发现从层流到湍流的过渡总是符合一个近似的无量纲数 $\rho VD/\mu$,其中 D 是水管的直径,这就是4.15节中定义、4.25节中详细探讨的雷诺数的来源。

因此,20世纪初,当莱特兄弟潜心研发第一次取得成功的飞行器时,理论流体动力学中仍然还未得出气动阻力的实际结果。正是在这样的环境下,1875年2月4日,路德维希·普朗特在德国巴伐利亚州的弗赖辛出生了。普朗特是位非常善于将复杂的物理现象提取成显要的几点然后将其组合成简单的数学形式的天才人物。普朗特接受的是物理学家的教育,1904年被任命为德国哥廷根大学的应用力学教授,并担任该职直到1953年去世。

1902—1904年,普朗特做出了对流体动力学最重要的贡献之一。通过设想流经物体的黏性流,他推断出表面的流速为零,而且如果雷诺数足够高,摩擦力的影响会限制在表面附近的薄层(普朗特首次称其为过渡层)。因此,对流场的研究可以分为两个明显的区域:一个靠近表面,包含摩擦力;另一个距表面较远,摩擦力可以忽略不计。1904年,普朗特在流体动力学最重要论文之一——《关于非常小摩擦下的流动》(Uber Flussigkeitsbewegung bei sehr kleiner Reibung)中将他的想法报告给了海德尔堡的第三届国际数学大会。在这篇论文中,他写道:

流体与固体之间边界层(Grenzschicht)中的物理过程可以通过假设流体附着在墙上,即设想流体和墙的相对速度为零来进行合理的解释。若速率很小而且沿着墙的流动路径很短,在离墙很短的距离内流速应该恢复到正常值。然而,在薄过渡层中,即使摩擦系数很小,速率的急剧变化也会带来明显的结果。

在同一论文中,普朗特的理论还运用到了分离流预测方面:

在给出的例子中,完全由外部条件决定的特定点中,流体流应该与墙分离。也就是说,应该有一层流体,因墙的摩擦而进行旋转,并潜入自由流体中,完完全全地改变后者的运动……

普朗特的边界层假说使简化纳维叶－斯托克斯方程成为可能。1908年,普朗特的学生H·柏拉修斯(H. Blasius)解出了简化的平板上湍流的边界层方程,因此产生了根据方程(4.91)和方程(4.93)得出的边界层厚度和表面摩擦阻力的方程。经过几个世纪的努力,人们最终得出了第一个合理描述流体动力阻力的阻力定律。

普朗特的研究堪称天才之举,而且是一场理论空气动力学的革命。然而,可能由于语言障碍,他的成果只在全世界的技术圈子内缓慢传播。直到20世纪20年代,边界层理论的正式研究工作才在英格兰和美国出现。当时,普朗特和他在哥廷根的学生就已经将边界层理论包括湍流的影响运用到各种空气动力学装置上了。

普朗特被称为空气动力学之父,诚然如此。他的贡献还远不止边界层理论,比如,他还率先发展了机翼的升力和阻力理论(见第5章)。而且他还对流体动力学以外的其他更多领域都有兴趣——他还对结构力学做出了若干重要的贡献。

至于普朗特的私人生活,他与许多伟人一样都有一个一心一意为之奋斗的目标。然而,普朗特对研究的全神贯注使他形成了一种有几分天真的人生观。普朗特最杰出的学生之一西奥多·冯·卡门说,普朗特宁愿在儿童玩具中寻找乐趣也不愿参与社交集会。接近不惑之年时,普朗特突然决定是时候该成家了,于是他写信给一位朋友,希望牵手他两位女儿中的一位——但竟不介意是哪一位！20世纪30年代到40年代早期,普朗特对当时的政治问题抱有非常复杂的情感。在希特勒纳粹政权的统治下,他仍然在哥廷根继续他的研究工作,但是他对事情的经过不甚了解。冯·卡门在他的自传中提到了普朗特:

> 纳粹投降后,我又一次也是最后一次见到了普朗特。他愁云满面。他哀叹道他在哥廷根的房屋屋顶被美国的炸弹炸毁了。他不知道为什么这一切会发生在自己身上！他也为德国的瓦解深深震撼。此后几年他便离开了人世。虽然他后来还参与了一些气象学的研究,不过我认为他是在绝望潦倒中去世的,临走之前都不能理解人类的行事方式。

1953年8月15日,普朗特在哥廷根去世。在历史上所有的流体动力学家或空气动力学家中,普朗特是最令人遗憾未能获得诺贝尔奖的一位。为什么最终他没有获得诺贝尔奖却不得而知。不过,只要有飞行器的存在,只要有人研究流体动力学,路德维希·普朗特的名字就会被代代铭记。

4.27 总结与回顾

稍作休息,放松一下,并回顾一下本节介绍的空气动力学基础概念。这一节首先将回顾这些知识概念,不再讨论各类方程,即进行一次"无公式的空气动力学"讨论。关于方程将在下一节进行复习。

曾经有一个教授告诉我,当我学习空气动力学时,"空气动力学很简单,仅需使用3个方程:连续性方程、动量方程和能量方程。"多年来,我越来越领悟了这句话的内涵。空气动力学的所有内容确实是基于3个基本原理:(1)质量守恒;(2)牛顿第二定律,即力等于质量乘以加速度;(3)能量守恒。本章最开始即引入这三大物理原理,并使用数学语言进行表达,即连续性、动量和能量方程。事实上本章所推导和讨论的其他方程都是源于连续性、动量和能量方程的某一形式。这正是花费时间和篇幅从这些基本原理推导出本章中表述和使用的几乎所有方程的原因。如果回顾这些推导出的方程,会发现它们都与连续性、动量和能量方程相关。

尽管空气动力学主要基于三大基本原理,但是将这些原理应用到几乎无限量的不同气流类型确实极具挑战性,这也正是空气动力学的趣味所在。这些应用给人的第一印象是能够推导出本章中几乎所有的不同方程。但是不要感到不知所措。图4.1路线图的目的之一在于帮助读者理顺不同概念,最终更好地学习所有不同的方程。此外,永远不要忽略物理现象,每一个方程都包含深刻的物理意义。

本章的另外一个重要方面,和本书的所有其他章节一样,就是定义。读者正处在一个扩大知识视角和增加专业词汇的过程中。定义是学习一门新学科不可缺少的部分。同样,在多数情况下,定义是固定不变的。定义的形式可为文字或为方程,或两者均有,但是表达的意思不变。定义是与其他懂得技术术语和这些定义的科学家和工程师交流的手段。本章提出的一些重要定义为:

1. 不可压缩流:密度不变的气流。
2. 可压缩流:密度变化的气流。
3. 质量流量:单位时间经过面积 A 的气流质量。
4. 绝热过程:无热量增加或损耗的过程。
5. 可逆过程:无摩擦或其他耗散产生的过程。
6. 等熵流:既绝热又可逆的气流。
7. 马赫数:速度除以声速。
8. 亚声速流:马赫数小于1的气流。
9. 声速流:马赫数等于1的气流。

10. 超声速流:马赫数大于1的气流。

11. 静压:如果随经过某点的气流移动,气流中该已知点上被感知的压力。静压是由分子随机运动而非直接运动产生。

12. 总压:如果某点处的气流等熵减速至零,气流中该已知点上存在的压力。(这里的关键词是"等熵"。)

13. 动压:$\frac{1}{2}\rho V^2$。

14. 等值空速:飞行于标准海平面给定高度而达到相同动压的飞行器的速度。

15. 雷诺数:$\rho V_x/\mu$。

16. 局部表面摩擦系数:τ_w/q_∞。

17. 总表面摩擦系数:$D_f/q_\infty S$。

18. 逆压梯度:压力随流动距离而增加的气流区域。

19. 顺压梯度:压力随流动距离而减小的气流区域。

注:本章中还涉及其他许多定义,以上列举的定义仅供回顾空气动力学基础引言中一些频繁出现的定义。

本章讨论了多种类型的气流,并对不同类型的气流进行了定义和归类。自然界并未对这些气流进行真正的区分,但是我们应该对其进行区分,以更好地学习和计算这些气流。在许多方面,不可压缩流是计算过程最为简单的气流,因为 ρ 是恒定不变的。通过伯努利方程,压力与速度直接相关。大多数的低速流,由于 $M<0.3$,可假定为不可压缩流。相反,由于伴随着显著的密度和温度变化,高速流必须视为可压缩流。对于可压缩流,气流中的 p、ρ、V 和 T 密切相关,并且对于这些气流,必须同时解出连续性方程、动量方程、能量方程以及状态方程。幸运的是,在许多真实的可压缩应用中,自然界创造的条件均非常可逆且绝热。因此,可假定这些气流为等熵流。等熵流中压力、密度和温度的特殊关系大大简化了对不可压缩流的分析。这有助于计算经过飞行器的喷管流、火箭发动机气流和亚声速可压缩流,以及使用总压管测量亚声速流的空速。相反,许多超声速流包含声波。声波不是等熵的,需要对其进行特殊分析。

本章最后补充了一个有关这些不同类型气流的问题:摩擦效应的重要性有多大?本章前面80%的内容在处理气流时,均假设摩擦效应可以忽略。这些气流被定义为非黏性流。然而,表面附近的气流区域摩擦作用是很重要的,摩擦可减缓气流速度。将该区域模拟为边界层,一个接近表面的较薄区域。如本章最后部分所述,边界层要求进行完全不同的分析。带摩擦的气流被定义为黏性流,例如不可压缩黏性流或可压缩黏性流。表面上表面摩擦的计算和分离流及其因气流分离产生的相关压差阻力的分析,要求将气流视为黏性流。

现在总结一些从刚才复习的概念中得出的重要方程。回顾图 4.1 中的路线图将会有所帮助。在脑海中快速回顾图中所示的所有内容,并做到对这些内容了然于胸。然后再继续本章的总结,将每个方程和每个概念置于与路线图相关的适当视角。

本章推导出的一些重要概念总结如下:

1. 下述推导形式的空气动力学基础方程:

$$\text{连续性} \quad \rho_1 A_1 V_1 = \rho_2 A_2 V_2 \tag{4.2}$$

$$\text{动量} \quad dp = -\rho V dV \tag{4.8}$$

$$\text{能量} \quad c_p T_1 + \frac{1}{2}V_1^2 = c_p T_2 + \frac{1}{2}V_2^2 \tag{4.42}$$

这些方程适用于可压缩流。对于非可压缩流,以下方程适用:

连续性 $A_1V_1 = A_2V_2$ (4.3)

动量 $p_1 + \rho\dfrac{V_1^2}{2} = p_2 + \rho\dfrac{V_2^2}{2}$ (4.9a)

方程(4.9a)被称为伯努利方程。

2. 等熵过程中两点间压力、密度和温度的变化通过下式给出：

$$\frac{p_2}{p_1} = \left(\frac{\rho_2}{\rho_1}\right)^{\gamma} = \left(\frac{T_2}{T_1}\right)^{\gamma/(\gamma-1)}$$

3. 声速通过下式给出：

$$a = \sqrt{\left(\frac{\mathrm{d}p}{\mathrm{d}\rho}\right)_{\text{等熵}}} \tag{4.48}$$

对于理想气体，可变为

$$a = \sqrt{\gamma RT} \tag{4.54}$$

4. 气流速度可通过总压管测得，其中总压管可测试总压 p_0。对于不可压缩流，

$$V_1 = \sqrt{\frac{2(p_0 - p_1)}{\rho}} \tag{4.66}$$

对于亚声速可压缩流，

$$V_1^2 = \frac{2a_1^2}{\gamma - 1}\left[\left(\frac{p_0}{p_1}\right)^{(\gamma-1)/\gamma} - 1\right] \tag{4.77a}$$

对于超声速流，总压管前方存在激波，必须用方程(4.79)替代方程(4.77a)，得出气流中的马赫数。

5. 等熵流中的面积—速度关系为

$$\frac{\mathrm{d}A}{A} = (M^2 - 1)\frac{\mathrm{d}V}{V} \tag{4.83}$$

根据这种关系，可注意到：(1)对于亚声速流，速度在收缩管中增加而在扩散管中减小；(2)对于超声速流，速度在扩散管中增加而在收缩管中减小；(3)仅在面积最小时气流为声速流。

6. 气体的等熵流由下列方程控制：

$$\frac{T_0}{T_1} = 1 + \frac{\gamma - 1}{2}M_1^2 \tag{4.74}$$

$$\frac{p_0}{p_1} = \left(1 + \frac{\gamma - 1}{2}M_1^2\right)^{\gamma/(\gamma-1)} \tag{4.73}$$

$$\frac{\rho_0}{\rho_1} = \left(1 + \frac{\gamma - 1}{2}M_1^2\right)^{1/(\gamma-1)} \tag{4.75}$$

这里 T_0、p_0 和 ρ_0 分别为总温、总压力和密度。对于等熵流，流场中 p_0 = 常数。类似地，ρ_0 = 常数并且 T_0 = 常数。

7. 黏性效应在气流中沿固体表面产生一个边界层。在该边界层中，气流缓慢移动，速度在右边表面降至零。壁上的剪切应力通过下式给出：

$$\tau_w = \mu\left(\frac{\mathrm{d}V}{\mathrm{d}y}\right)_{y=0} \tag{4.89}$$

湍流边界层的剪切应力比层流边界层的剪切应力大。

8. 对于不可压缩层流边界层，在平板上，

$$\delta = \frac{5.2x}{\sqrt{Re_x}} \tag{4.91}$$

并且，
$$C_f = \frac{1.328}{\sqrt{Re_L}} \tag{4.98}$$

式中:δ 为边界层的厚度;C_f 为总的表面摩擦阻力系数;Re 为雷诺数:

$$Re_x = \frac{\rho_\infty V_\infty x}{\mu_\infty} \quad \text{局部雷诺数}$$

$$Re_L = \frac{\rho_\infty V_\infty L}{\mu_\infty} \quad \text{平板雷诺数}$$

式中:x 为沿平板的行程长度;L 为平板的总长度。

9. 对于平板上的不可压缩湍流边界层，

$$\delta = \frac{0.37x}{Re_x^{0.2}} \tag{4.99}$$

$$C_f = \frac{0.074}{Re_L^{0.2}} \tag{4.101}$$

沿表面的任何真实气流最初为层流，但是后来改变为湍流。实际发生此过渡的点(事实上，过渡发生在有限长度内)被指定为 x_{cr}。反过来，过渡的临界雷诺数被定义为

$$Re_{x_{cr}} = \frac{\rho_\infty V_\infty x_{cr}}{\mu_\infty} \tag{4.104}$$

10. 任何时候边界层遇到反压梯度(气流方向不断增加压力的区域)时，边界层可从表面分离。在翼型或机翼上，这些气流分离会减小升力而增加阻力。

参考文献

Airey, J. "Notes on the Pitot Tube." *Engineering News*, vol. 69, no. 16, April 17, 1913, pp. 782–783.

Anderson, J. D., Jr. *A History of Aerodynamics and Its Impact on Flying Machines.* Cambridge University Press, New York, 1998.

——— *Fundamentals of Aerodynamics*, 5th ed. McGraw-Hill, New York, 2011.

——— "Ludwig Prandtl's Boundary Layer." *Physics Today*, vol. 58, no. 12, December 2005, pp. 42–48.

Goin, K. L. "The History, Evolution, and Use of Wind Tunnels." *AIAA Student Journal*, February 1971, pp. 3–13.

Guy, A. E. "Origin and Theory of the Pitot Tube." *Engineering News*, vol. 69, no. 23, June 5, 1913, pp. 1172–1175.

Kuethe, A. M., and C. Y. Chow. *Foundations of Aerodynamics,* 3rd ed. Wiley, New York, 1976.

Pope, A. *Aerodynamics of Supersonic Flight.* Pitman, New York, 1958.

von Karman, T. *Aerodynamics.* McGraw-Hill, New York, 1963.

作 业 题

4.1 考虑经过扩散管的不可压缩水流。入口速度和面积分别为 5ft/s 和 10ft^2。如果出口面积是入口面积的 4 倍，计算出口处的水流速度。

4.2 在作业题 4.1 中，计算出口和入口之间的压差，水的密度为 62.4 lb$_m$/ft^3。

4.3 设想一个以 60m/s 的速度飞行于 3km 标准高度的飞行器。在机翼上的某点,气流速度为 70m/s。计算该点的压力。假定为不可压缩流。

4.4 用于测量许多早期(主要是 1919—1930 年)低速飞行器空速的仪器是文氏管,这种简单的设备是一个敛散导管。(前面部分的横截面积 A 随气流方向减小,后面部分的横截面积随气流方向增大。导管入口和出口之间的某处,存在一个最小面积称为进气口。)见下图。令 A_1 和 A_2 分别表示入口和进气口的面积,p_1 和 p_2 分别为入口和进气口的压力。文氏管安装在飞行器上的特定位置(一般在机翼或机身前端附近),该处入口处速度 V_1 基本与自由流速度,即经过空气的飞行器速度相同。已知面积比 A_2/A_1 (固定的设计特征)和压差 $p_1 - p_2$ 的大小,则可确定飞行器的速度。例如,假设 $A_2/A_1 = \frac{1}{4}$ 且 $p_1 - p_2 = 80 \text{lb/ft}^2$。如果飞行器飞行于标准海平面,其速度是多少?

4.5 考虑经过敛散导管的气流,例如作业题 4.4 所述文氏管。入口、进气口和出口面积分别为 $3m^2$、1.5^2 和 $2m^2$。入口和出口压力分别为 $1.02 \times 10^5 \text{N/m}^2$ 和 $1.00 \times 10^5 \text{N/m}^2$。计算进气口处的气流速度。假定为不可压缩流,其密度为标准海平面密度。

4.6 设想一个以 130 英里/h 的速度飞行于 5000ft 标准高度的飞行器。机翼上某点的压力为 1750.0lb/ft^2。计算该点的速度,假定为不可压缩流。

4.7 假设已经设计一台低速飞行器,其在海平面处的最大速度为 90m/s。对于空速仪器,计划使用文氏管,面积比率为 1.3:1。驾驶舱内则使用航速表——连接测试文氏管压差 $p_1 - p_2$ 压力计的仪表并且根据速度恰当校准。预计压力计的最大压差是多少?

4.8 超声速喷管也是收缩—扩张导管,气流通过入口处较大的储箱流入该喷管。在喷管的储罐,压力和温度分别为 10atm 和 300K。在喷管出口,压力为 1atm。计算出口处气流的温度和密度。假定气流为等熵和(一定为)可压缩流。

4.9 推导一个以储罐与出口的压力比 p_0/p_e 以及储罐温度 T_0 表示的超声速喷管出口速度表达式。

4.10 设想一个以 270m/s 的速度飞行于 5km 标准高度的飞行器。在飞行器机翼上的某点,速度为 330m/s。计算该点的压力。

4.11 经过超声速喷管的空气的质量流为 $1.5 \text{lb}_m/\text{s}$。出口速度为 1500ft/s,储温度和压力分别为 1000°R 和 7atm。计算喷管出口的面积。对于空气,$c_p = 6000 \text{ ft} \cdot \text{lb}/(\text{slug} \cdot °\text{R})$。

4.12 一架超声速运输机以 1500 英里/h 的速度飞行于 50000ft 的标准高度,经过机翼的气流中某点的温度为 793.32°R。计算该点的气流速度。

4.13 对于作业题 4.12 中的飞行器,从入口至喷气式发动机的总横截面积为 20ft^2。假定进入入口的空气气流特性与飞行器前方的自由流气流特性相同。流过发动机的每磅气流有 0.05 lb 的燃料被注入发动机(即燃料—空气的质量比为 0.05)。计算从发动机出口出来的质量流(单位为 slug/s)。

4.14 计算作业题 4.11 中喷管出口处的马赫数。

4.15 设想一架波音 747 以 250m/s 的速度巡航于 13km 的标准高度。计算马赫数的大小。

4.16 一颗导弹飞行于标准海平面,马赫数为 3。求英里每小时的速度是多少?

4.17 计算作业题 4.12 中超声速运输机的飞行马赫数。

4.18 设想一个喷管压缩比为 1:20 的低亚声速风洞。水银压力计的一侧与稳定段相连,另一侧与测试区相连。测试区的压力和温度分别为 1 atm 和 300 K。当测试区的速度为 80 m/s 时,水银两柱之间的高度差是多少?

4.19 我们希望运行一个可使测试区的气流速度达到 200 英里/h 的低速亚声速风洞。考虑两种不同类型的风洞(见下述数据):(a)一个喷管和面积恒定的测试区,其中测试区出口处的气流仅排向周围大气(即无任何扩散器);(b)喷管、测试区和扩散器的常规排列,其中扩散器出口处的气流排向周围大气。对于(a)和(b)的风洞,计算运行风洞(a)和(b)所需的整个风洞的压差,以便得到测试区给定的气流条件。对于风洞(a),入口处的横截面积为 $20ft^2$,测试区的横截面积为 $4ft^2$。对于风洞(b),在(a)的基础上增压扩散器,其出口面积为 $18ft^2$。完成计算后,检查和比较风洞(a)和(b)的结果。哪个风洞需要更小的整体压差呢?根据上述结果,亚声速风洞中扩散器的值为多少?

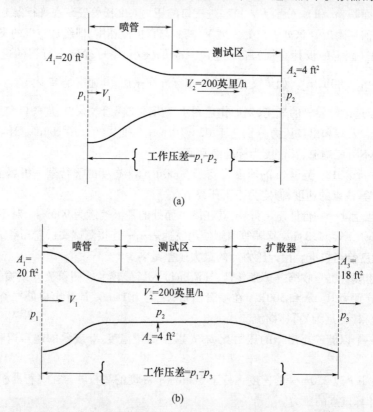

4.20 总压管安装在低亚声速风洞的测试区。测试区气流的速度、静压和温度分别为 150 英里/h、1atm 和 70°F。计算总压管测得的压力。

4.21 一架低速派珀阿兹台克上高度计的读数为 8000ft。安装在翼尖上的总压管测得的压力为 $1650lb/ft^2$。如果外部空气温度为 500°R。飞行器的真实速度是多少?等值空速是多少?

4.22 一个低速飞行器上高度计的读数为 2km,航速表的读数为 50m/s。如果外部空气温度为 280K,飞行器的真实速度是多少?

4.23 总压管安装在高亚声速风洞的测试区,气流压力和温度分别为 1atm 和 270K。如果气流速度为 250m/s,总压管测得的压力是多少?

4.24 一架高亚声速波音 777 民航客机飞行于 12km 的压力高度,垂直尾翼上的总压管测得的压力为 $2.96 \times 10^4 N/m^2$。飞行器飞行时的马赫数是多少?

4.25 一架高亚声速飞行器以 0.65 的马赫数飞行,翼尖上总压管测得的压力为 $2339 \ lb/ft^2$。高度计上读出的高度是多少?

4.26 一架高性能 F-16 战斗机以 0.96 的马赫数飞行于海平面。机翼前缘滞止点的空气温度是多少?

4.27 一架飞行器以 596 m/s 的速度飞行于 10 km 的压力高度,外部空气温度为 220 K。安装在飞行器机身上的总压管测得的压力是多少？

4.28 将动压定义为 $q = 0.5\rho V^2$。对于高速气流，由于频繁使用马赫数，根据压力 p 和马赫数 M，而非 ρ 和 V，可轻松表达出 q。推导出一个方程使得 $q = q(p, M)$。

4.29 航天飞机在绕地球的轨道上完成使命后，以很高的马赫数进入地球大气，在气动阻力的影响下，随着不断深入大气内部，速度变慢。（这些内容将在第8章进行讨论。）进入大气层时，假定航天飞机以相对于高度 h 的马赫数 M 飞行：

h/km	60	50	40	30	20
M	17	9.5	5.5	3	1

计算每个飞行路径点处自由流动压的相应值。建议：使用作业题4.28的结果。检验并说明当航天飞机进入大气时 q_∞ 的变化。

4.30 设想一个标准海平面条件下马赫数为2的气流。计算该气流的总压力。将该结果与（a）气流中钝头体机身出口处的停滞压力比较；（b）与伯努利方程中给出的错误结果比较，当然该结果没有应用于此。

4.31 考虑经过超声速喷管的气流。储层压力和温度分别为5atm和500K。如果喷管出口处的马赫数为3，计算出口处的压力、温度和密度。

4.32 考虑压力比 $p_e/p_0 = 0.2$ 的超声速喷管。计算出口面积与进气口面积的比率。

4.33 考虑经过收缩—扩张超声速喷管的空气膨胀。大体上，储层马赫数为0，而至出口时变化为2.0。在坐标纸上绘制动压与总压力间比率随马赫数的变化情况，即绘制 $M = 0$ 至 $M = 2.0$ 时 q/p_0 随 M 的变化。

4.34 费尔柴尔德公司A-10A双喷气式发动机近距空中支援飞机的机翼接近长方形，翼展（垂直于气流方向的长度）为17.5m并且翼弦（平行于气流方向的长度）为3m。飞行器以200m/s的速度飞行于标准海平面。如果将气流设想为完全的层流，计算后缘的边界层厚度和总的表面摩擦阻力。假定机翼近似于一个平板。假定为不可压缩流。

4.35 使用作业题4.34中的方法和数值，假定气流为湍流。计算后缘的边界层厚度和总的表面摩擦阻力。将这些湍流结果与作业题4.34中层流的结果对比。

4.36 如果过渡时的临界雷诺数为 10^6，计算作业题4.34中机翼的表面摩擦阻力。

4.37 回顾本章开始部分所讨论的流体运动的基本方程。有时这些方程使用微分方程表达；多数情况下，尽管可通过求微分方程的积分得出代数关系。然而，将微分形式看做控制气流上某点周围极小区域流场的关系式是很有益处的。(a)考虑无黏性流中的某点，其中局部密度为 1.1kg/m^3。当流体元扫过该点时，正经历以2%mm的速度发生的空间变化。如果该点的速度为 100 m/s，计算该点每毫米压力对应的空间变化。(b)重复计算该点上的速度为 1000 m/s 时的变化情况。通过对比(a)中低速流的结果与(b)中高速流的结果，能得出什么结论？

4.38 作业题4.3中的计算类型是针对低速不可压缩流的典型计算，即已知自由流压力和速度，以及气流上其他点的速度，计算该点的压力。在一个高速可压缩流中，马赫数比速度更为基础。设想一个以0.7的马赫数飞行于3 km标准高度的飞行器。在机翼上的某点，气流的马赫数为1.1。计算该点的压力。假定为等熵流。

4.39 设想一个以800ft/s的速度飞行于25000ft标准高度的飞行器。如需在海平面经历相同动压，那么飞行器的飞行速度必须达到多少？

4.40 在第4.9节中，将超声速流定义为马赫数为5或以上的气流。测试区马赫数为5或以上的风洞被称为超声速风洞。根据方程(4.88)，对于超声速出口的出口—进气口面积比，马赫数随着

183

出口马赫数的增加而增加。对于超声速马赫数,出口—进气口的比率变得非常大,因此超声速风洞设计为长条形高膨胀比喷管。在本作业题和后续的作业题中,将检查超声速风洞的一些特殊特性。假定希望设计一个马赫数为10,使用空气作为试验介质的超声速风洞。希望测试流的静压和温度与处于55km的标准高度时一样。计算:(a)出口—进气口面积比;(b)要求的储层压力(单位为atm);(c)要求的储层温度。验算这些结果。这些计算结果说明了有关超声速风洞的哪些特殊(有时为严格的)操作要求?

4.41 计算作业题4.40中高超声速风洞的出口速度。

4.42 通过增加一段具有必需膨胀比的更长喷管,将作业题4.40中风洞的出口马赫数增加1倍。保持与作业题4.40相同的储层特性,由此可得到马赫数为20的风洞,测试区的压力和温度比作业题4.40中的压力和温度小得多,即测试区气流不再等同于处于55 km标准高度时的条件。尽管如此,至少可将风洞中的马赫数增加1倍。计算:(a)马赫数为20的喷管的出口—进气口面积比;(b)出口处的速度。将这些值与作业题4.40和作业题4.41中马赫数为10时得出的值进行对比。谈谈你对这些差异的看法。尤其是,注意马赫数为10和马赫数为20的风洞中出口处的速度,你会发现区别并不是很大。出口处马赫数大幅增长的原因是什么?

4.43 例4.4中的结果表明作用于机身的气动力与自由流速度的平方成比例,这是完全正确的。然而,仅当气动力是由于作用于表面的压力和气流为不可压缩流时才成立。当气动力也受经过表面的摩擦剪切应力分布的影响和/或气流为可压缩流时,"速度平方"的定律不再完全适用。该问题的目的在于验算不可压缩流中作用于机身上的摩擦阻力是如何随自由流速度变化的。

设想一个与低速不可压缩流成零迎角的正方形平板,平板每侧的长度为4m。假定过渡雷诺数为5×10^5,并且自由流特性为标准海平面处的值。计算当自由流速度为(a)20m/s和(b)40m/s时平板上的摩擦阻力。(c)假定摩擦阻力D_f随V_∞^n速度变化,计算基于(a)和(b)结果的指数n的值。n与2相差多少,即摩擦阻力的值与符合速度平方律的值相差多少?

4.44 考虑经过平板的不可压缩黏性流。按作业题4.43中的内容,通过分析说明(a)完全的湍流、表面摩擦阻力随$V_\infty^{1.8}$的变化,以及(b)完全的层流,表面摩擦阻力随$V_\infty^{1.5}$的变化。

4.45 考虑经过作业题4.43中相同平板的可压缩黏性流。假定平板上为完全的湍流边界层。自由流特性为标准海平面条件下的特性。当(a)$M_\infty = 1$以及(b)$M_\infty = 3$时,计算平板上的摩擦阻力。(c)假定摩擦阻力D_f随V_∞^n速度变化,计算基于(a)和(b)结果的指数n的值。注:本作业题考查了可压缩性和摩擦对于"速度平方"定律的联合作用,和作业题4.43和作业题4.44相似,这两个作业题忽略了不可压缩流中摩擦的作用。

4.46 考虑标准海平面条件下充满空气的长管。令x为沿管测得的纵坐标。管内的空气是静止不动的,即管内任何位置的气流速度均为零。在管内$x=0$的轴向位置安装一个小鞭炮。当鞭炮被引爆时,在$x=0$处产生两个弱压力扰动(压力波)沿管子传播,一个传送至左侧,另一个传送至右侧。假定这些弱压分布以局部声速运动。使用 SI 单位,计算:(a)与管子相关的压力波的速度;(b)鞭炮引爆后0.2s每个压力波的x位置。

4.47 重复作业题4.46中的情况,管内的空气随气流速度沿着x轴正方向从左至右移动:(a)30m/s;(b)400m/s。

4.48 考虑1000m标准高度的标准大气中的空气元。假定以某种方式将这些少量空气等熵增加至2000m的标准高度,其中元在2000m的高度呈现出标准压力。计算该等熵增加的空气元的密度,并将之与邻近的等同于2000m处标准密度空气元对比。该情况说明了大气稳定性的什么问题?

注:标准大气的特性以静力学为基础,即一小部分的流体是静止不动的,其中压力变化是通过流

体静力学方程——方程(3.2)所示。一个等熵过程与标准大气的确立无关。事实上,本作业题的目的在于表示高度与等熵过程变化完全不同的大气特性的变化。

4.49 考虑贯穿全长(即风洞的每个截面积是宽度为2m的长方形)的恒定宽度为2m的低速风洞(见图4.15)。喷管入口和出口高度分别为4m和0.5m。测试区的气流速度为120m/h。计算入口至喷管的气流速度,单位为m/s。

4.50 作业题4.49中所考虑的风洞储层的气压为1atm。计算测试区压力,单位为N/m^2。假定风洞中的空气为标准海平面密度。

4.51 作业题4.49和作业题4.50中的风洞有一个扩散器,该扩散器在入口处稍稍为圆形(亚声速流中入口处的锐角将引起不良的气流分离),然后随直立的上下壁分散,每个风洞处于相对于水平的15°处。计算沿扩散器长度(忽略为圆形的入口)的与距离相关的面积变化率。注:这只是几何学问题,并非空气动力学问题。

4.52 考虑作业题4.49中经过风洞的气流。扩散器入口和出口的高度分别为0.5m和3.5m。扩散器入口和出口处的气流速度是多少?

4.53 考虑作业题4.49~作业题4.52所述的风洞和气流条件。计算:(a)扩散器入口和(b)扩散器出口的距离相关的速度变化的比率。

4.54 继续利用作业题4.49~作业题4.53所述的风洞,计算:(a)扩散器入口和(b)扩散器出口的距离相关的压力变化的比率。

4.55 计算作业题4.49~作业题4.54所述的风洞扩散器的长度。

4.56 风洞的扩散器或吸气式喷气发动机入口处的扩散器设计用于减缓气流。因此,根据欧拉方程——本书中的方程(4.8),压力总是沿扩散器的距离而增加。因此,根据4.20节的讨论,扩散器中的气流正经历一种反压梯度,该反压梯度促进边界层与扩散器的壁分离,因此导致了总压力损耗并减小了扩散器的气动效率。对于作业题4.49~作业题4.55所述风洞和气流条件,通过$x_s = 183 (dp/dx)^{-1}_{ave}$,可以得到大概预测沿扩散器壁的扩散器层流边界分离位置的标准,其中x_s是单位为m的分离位置,$(dp/dx)_{ave}$是假定无气流分离的扩散器入口和出口处的单位为N/m^3的压力梯度平均值。假定一个沿扩散器壁的层流边界层,计算扩散器中分离流的位置。

4.57 在作业题4.56所述条件下,但假定为湍流边界层,分离点的一个近似标准为$x_s = 506 (dp/dx)^{-1}_{ave}$,其中$x_s$的单位为m。计算沿扩散器壁的湍流边界层的分离流位置。

4.58 道格拉斯DC-3在7500ft高度的最大速度为229m/h。计算飞行器上的马赫数和飞行器上总压管测得的压力。

4.59 波音727(见图5.70)在25000ft高度的巡航速度为610m/h。计算飞行器上的马赫数和飞行器上总压管测得的压力。

4.60 在35000ft的高度,洛克希德F-104(见图1.34和图5.40)的最大速度为1328m/h。计算飞行器的马赫数以及飞行器上总压管测得的压力。

第5章 翼型、机翼与其他空气动力学装置

> 毫无疑问,通过机械方式进行的空中航行的真正原理是斜面。
>
> 乔治·凯利爵士(Sir George Cayley),1843年

5.1 引 言

今天我们熟知的现代飞机是由固定翼、垂直尾翼面与水平尾翼面等构成,值得一提的是早在200多年前的1799年乔治·凯利就已最先将其构想出来。如图1.5所示,凯利将其最初的构想刻在一个银盘上(可能是为了能将此构想永久保存下来)。同样值得一提的是凯利认为与平面相比曲面(如银盘上所示)可以产生更大的升力,在研制重于空气的飞行器方面,凯利的固定翼概念是一次真正的革命。在凯利之前的时代,航空爱好者们一直在竭尽全力地机械模仿鸟类的自然飞行,从而产生了一系列的人力扑翼设计(扑翼机),但均无任何实际可行性。事实上,在15世纪后半叶,甚至列奥纳多·达·芬奇也为设计各种各样的扑翼机付出了相当大的努力,而这当然也是徒劳无功的。在此类扑翼机设计中,人们想象可以通过机翼的拍打同时提供升力(将飞行器支撑在空中)与推进力(推进飞行器向前飞行)。凯利在引导人们不再思考模仿鸟类飞行、将升力与助推力这两种原理分离方面做出了重要贡献。他提出并论证了倾斜于气流方向的固定直翼可以提供升力,而一些独立的机制如短桨与螺旋桨则可以提供推进力。因为这一构想及他在空气动力学方面的其他见解与发明,乔治·凯利爵士被称为现代航空之父。本书第1章对凯利的贡献进行了更加详细的论述。然而,要强调的是本章讨论的许多技术可追溯到19世纪初,但最终取得技术成果的时间和地点则分别是1903年12月17日和北卡罗来纳州的基蒂霍克(Kitty Hawk)附近。

预览板块

本章阐述的是流线型机身——主要是翼型形状与机翼的升力和阻力。它们是真正意义上的空天工程应用,即将第1章~第4章的基本材料运用于工程实践领域。本章的学习要点如下:

1. 怎样计算翼型形状上的升力与阻力?
2. 怎样计算飞机整片机翼上的升力和阻力?
3. 为什么机翼的升力与阻力分别与组成机翼的翼型形状的升力与阻力不同?
4. 当翼型或机翼以接近或超过声速的速度飞行时,升力与阻力会发生什么变化?
5. 为什么有些飞行器是后掠翼,而另一些飞行器则是直翼?
6. 为什么有些飞行器的翼型薄,而另一些飞行器的翼型厚?
7. 为什么用于超声速飞行的最优翼型与用于亚声速飞行的最优翼型不同?

这些都是好的素材资料——空天工程的一些必备基本资料。本章读者将学习所有这些及其他更多的一些知识。例如:在史密森尼国家航空航天博物馆,游客们通常会问本书作者机翼是如何产生升力的——一个很自然却又非常天真的问题。遗憾的是,无法用一句俏皮话令人满意地回答这样

一个问题,甚至即使用一段话也还不够。继"莱特飞行者一号"发明100多年后,关于什么是升力产生的最基本的原理,不同的人持有不同的观点,一些人甚至以宗教般的热情将其观点强加于人。本章将用一整节(5.19节)论述升力是如何产生的、本书作者认为什么是最基本的解释及其与其他解释有何关联等问题。

从本章开始,我们将集中阐述飞机、如航天飞机一样的有翼空天飞行器以及在大气层中飞行的所有其他飞行器,从而大大加快介绍飞行的节奏。具体内容请见正文。

以下各节详尽阐述了翼型和机翼的部分术语及其空气动力学的基本原理。这些概念是飞行器飞行的核心内容,代表人们对航空工程的主要探索。本章路线图如图5.1所示。本章大体有三个主要论题,每一论题与一类几何装置(即翼型、机翼与普通机身装置)的气动特征有关。这三个论题如路线图顶部的三个方框所示。我们首先分析翼型的气动特征,然后介绍图5.1中左边一栏列出的各个方面。这一栏内容很多,但有些会留待机翼与机身部分论述。然后转向中间那一栏讨论有限翼展机翼,并介绍机翼的空气动力学与翼型的空气动力学之间存在的区别。无论是翼型还是机翼均可归入细长机身这一类。

相比之下,图5.1中的第3栏涉及了钝头机身的几个例子:圆柱体与球体。在此部分,我们将界定并分析细长气动装置与钝头气动装置之间的区别。最后,讨论气动升力是如何产生的。尽管前面几章曾略微提到该点,但是,在有关各种机身装置的空气动力学的这一章的结尾,结论性地讨论一下自然升力是如何产生的是恰如其分的。过去,人们已使用各种自然科学的解释方法阐述升力是如何产生的,文学作品也对哪种解释较严密或更基本进行了很多激烈的讨论,我们试图如图5.1底部方框所示,在本章末如实地阐述所有这些观点。深入阅读本章时,请务必时常查看路线图,这样读者会发现正文中讨论的详情与图5.1中列出的总提纲是一致的。

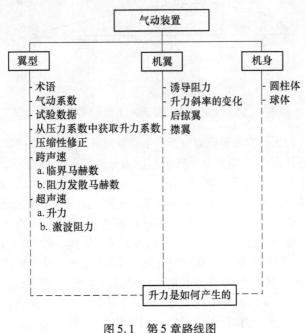

图5.1 第5章路线图

5.2 翼型术语

下面以图5.2中的飞机机翼为例进行分析。如图所示,我们将机翼与垂直平面相交产生的横截面形状称作翼型。图5.3是此翼型的略图,图中对一些基本的术语进行了图解说明。翼型的主要设计特征是中弧线,该线是由在与其本身垂直的位置测得的上下表面之间中间处各点的轨迹组成,位于中弧线最前端的点与最后端的点分别为前缘与后缘。连接前后缘的直线是翼型的翼弦线,我们将沿翼弦线测得的前后缘之间的准确距离简单地称作翼型的翼弦,并用符号 c 表示。弯度是中弧线与翼弦线之间的最大距离,它是在与翼弦线垂直的位置测得。弯度、中弧线外形以及在较小程度上翼型的厚度分布基本上控制了翼型的升力特征与力矩特征。

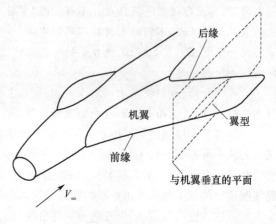

图5.2 机翼与翼型略图

更多定义的图解见图5.4(a),该图展示了一个与气流方向倾斜的翼型。自由流速度 V_∞ 是指翼型上游较远处气流的速度。我们将 V_∞ 的方向称作相对风。相对风与翼弦线之间的角是翼型的攻角 α。如第2章与第4章所述,机翼表面上方的压力与剪应力分布产生气动力,该合力用图5.4(a)中的矢量 R 表示。反之,气动力 R 可以分解成两个力,其中一个力与相对风平行,另一个力与相对风垂直。一般而言,我们总是将阻力 D 定义为与相对风平行的气动力分力,而将升力 L 定义为与相对风垂直的气动力分力。

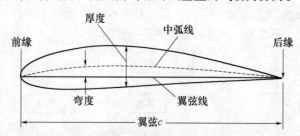

图5.3 翼型术语。该图所示装置为 NACA4415 翼型

除了升力与阻力外,表面压力与剪应力分布产生导致机翼旋转的力矩 M。为了更清楚地了解该力矩是如何产生的,下面我们以图5.5中翼型表面压力分布为例进行分析(本次讨论将忽略剪应力)。首先只考虑翼型上表面上的压力,该压力产生方向大体向下的净力 F_1,此外,F_1 通过翼弦线上的一个指定点(点1)起作用,该点可以通过求压力乘以表面上方距离的积分找到(以此类推可以根据积分找到压力的矩心或中心)。然后仅考虑翼型下表面的压力,该压力产生方向大体向上的净力 F_2,并通过点2起作用。翼型上的气动力是 F_1 与 F_2 的总和,当 $F_2 > F_1$ 时,将产生升力。然而,请注意:根据图5.5,F_1 与 F_2 将产生容易引起翼型旋转的力矩,该气动诱导力矩值的大小取决于选择在哪个点的周围获取该力矩。例如,如果选择在前缘周围获取力矩,就将气动力矩命名为 M_{LE}。就亚声速翼型而言,在距离前缘 $c/4$ 处的翼弦点,即图5.4(a)所示的1/4翼弦点的周围获取力矩更为常见。我们将1/4翼弦周围的这一力矩命名为 $M_{c/4}$。通常情况下,$M_{LE} \neq M_{c/4}$。直觉告诉我们机翼上的升力、阻力与力矩将随攻角 α 的变化而发生变化。

事实上,这些随 α 变化的气动量改变包含飞机设计者需要知道的一些最重要的信息,这一问题将在以下各节讨论。然而,需要指出的是尽管 M_{LE} 和 $M_{c/4}$ 两者均是 α 的函数,翼型上仍然会有某个点,其周围的力矩基本不会随 α 的变化而发生变化,我们将该点定义为气动力中心,而将气动中心周围的力矩命名为 M_{ac},根据定义,

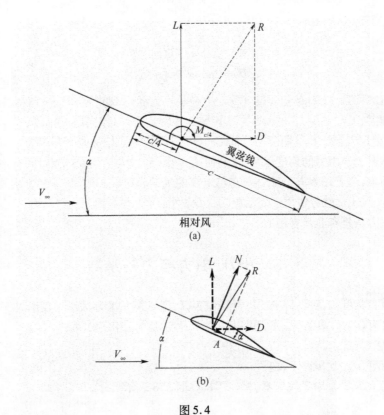

图 5.4

(a) 说明升力、阻力、力矩、攻角与相对风定义的略图;(b) 说明法向力与轴向力定义的略图。

$$M_{ac} = 常数$$

其不受攻角的约束。实际气动装置的气动力中心的位置可通过试验找出。对于低亚声速翼型,气动中心通常位于距离 1/4 翼弦点非常近的地方。

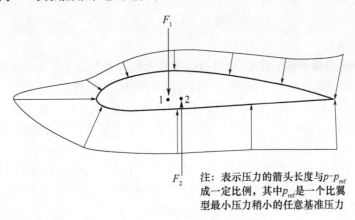

图 5.5 翼型上各力矩的物理起源

回顾图 5.4(a) 可知气动合力 R 可以分解成分别与相对风垂直和平行的两个分力——升力与阻力。此外,还有一种方法,即如图 5.4(b) 所示,将 R 分解成分别与翼弦线垂直和平行的两个分力,我们将它们对应地称作法向力与轴向力,分别用 N 和 A 表示,并用粗实线箭头表示。该图还描述了升力 L 与阻力 D,并用粗虚线箭头表示。根据图 5.4(b) 所示的几何图形,很容易用 N 与 A 表示出升力与阻力：

$$L = N\cos\alpha - A\sin\alpha \tag{5.1}$$
$$D = N\sin\alpha + A\cos\alpha \tag{5.2}$$

就翼型与机翼而言，使用 N 与 A 描述气动力最早可追溯到1889年奥托·利林塔尔的作品，这一年，他出版了《航空飞行的基础——鸟类飞行》一书（参见第1.5节）。确实，著名的"利林塔尔表"——莱特兄弟用于设计其早期滑翔机的表（参见1.8节）是与法向力和轴向力有关的表格。莱特兄弟更喜欢从升力与阻力的角度思考，他们使用方程(5.1)与方程(5.2)对利林塔尔的结果进行了修改。一般而言，今天用 N 与 A 描述翼型与机翼的气动力已经过时，L 与 D 体系成为了人们的惯常选择。然而，N 与 A 仍然经常用于表示旋转机身，例如导弹与射弹上的气动力。因此，熟悉机身气动力的两种表述方法是有非常有用的。

5.3 升力、阻力与力矩系数

再一次凭借直觉可知，对飞行中的飞行器而言，L、D 与 M 的实际大小不仅取决于 α，也取决于速度与高度是言之有理的。事实上，我们可以认为 L、D 与 M 的变化至少取决于：

1. 自由流速度 V_∞。
2. 自由流密度 ρ_∞（也就是 高度）。
3. 气动表面的尺寸。对于飞行器，将使用机翼面积 S 表示尺寸。
4. 攻角 α。
5. 翼型形状。
6. 黏度系数 μ_∞（因为气动力部分是由表面摩擦分布产生）。
7. 气流的压缩性。第4章我们论证了压缩效应受自由流马赫数值 $M_\infty = V_\infty/a_\infty$ 的支配。由于 V_∞ 已知，因此可将 a_∞ 称作压缩指数。

因此，对于指定攻角的指定翼型，

$$L = f(V_\infty, \rho_\infty, S, \mu_\infty, a_\infty) \tag{5.3}$$

并且 D 与 M 是相似函数。

原则上，对于指定攻角的指定翼型，可以通过进行无数次风洞试验发现 L 的变化，在这些试验中，V_∞、ρ_∞、S、μ_∞ 和 a_∞ 会单独发生变化，然后可以尝试从得出的大量数据中加以论证使之言之有理。这是一个较难的办法。那么有没有成组的数值 V_∞、ρ_∞、S、μ_∞、a_∞ 和 L 可以使方程(5.3)用更少的参数表示？答案是肯定的。在推导这一答案的过程中，我们将了解自然力在空气动力学应用方面的作用。

我们将使用的方法是一个更普通的被称为量纲分析理论方法的简单例子。让我们假设方程(5.3)为函数形式：

$$L = Z V_\infty^a \rho_\infty^b S^d a_\infty^e \mu_\infty^f \tag{5.4}$$

式中：Z、a、b、d、e 与 f 是无量纲常数。然而，无论这些常数的值是多少，根据物理事实，方程(5.4)左右边的量纲必须相等；也就是说，如果 L 是一个力（假设单位为牛），那么右边的所有指数与相乘的净结果也必须产生含一个力的量纲的结果。这种限制最终会为我们提供 a、b 等数值的信息。如果用 m、l 与 t 分别表示质量、长度与时间的基本量纲，那么不同物理量的量纲如下表所示：

物理量	量纲
L	ml/t² (根据牛顿第二定律)
V_∞	l/t
ρ_∞	m/l³
S	l²
A_∞	l/t
μ_∞	m/(lt)

因此,将方程(5.4)左右两边的量纲列成等式,可得出

$$\frac{ml}{t^2} = \left(\frac{l}{t}\right)^a \left(\frac{m}{l^3}\right)^b (l^2)^d \left(\frac{l}{t}\right)^e \left(\frac{m}{lt}\right)^f \tag{5.5}$$

下面分析质量 m。如果左边 m 的指数是 1,那么右边 m 的指数必须加至 1。从而得出

$$1 = b + f \tag{5.6}$$

以此类推,对于时间 t,可得出

$$-2 = -a - e - f \tag{5.7}$$

对于长度 l,得出

$$1 = a - 3b + 2d + e - f \tag{5.8}$$

求解方程(5.6)~方程(5.8)中的 a、b 与 d,用 e 与 f 表示,得出

$$b = 1 - f \tag{5.9}$$

$$a = 2 - e - f \tag{5.10}$$

$$d = 1 - \frac{f}{2} \tag{5.11}$$

将方程(5.9)~方程(5.11)代入方程(5.4)中,得出

$$L = Z(V_\infty)^{2-e-f} \rho_\infty^{1-f} S^{1-f/2} a_\infty^e \mu_\infty^f \tag{5.12}$$

重新调整方程(5.12),得出

$$L = Z\rho_\infty V_\infty^2 S \left(\frac{a_\infty}{V_\infty}\right)^e \left(\frac{\mu_\infty}{\rho_\infty V_\infty S^{1/2}}\right)^f \tag{5.13}$$

注意:$a_\infty/V_\infty = 1/M_\infty$,其中 M_∞ 是自由流马赫数。同时注意 S 的量纲是 l²,因此 $S^{1/2}$ 的量纲就是长度 l。按照惯例选择该长度作为弦长 c,这样就可在分析时,对 $\mu_\infty/(\rho_\infty V_\infty S^{1/2})$ 进行等量替换。

$$\frac{\mu_\infty}{\rho_\infty V_\infty c}$$

然而,$\mu_\infty/(\rho_\infty V_\infty c) \equiv 1/Re$,式中 Re 以弦长 c 为基础。因此,方程(5.13)变成

$$L = Z\rho_\infty V_\infty^2 S \left(\frac{1}{M_\infty}\right)^e \left(\frac{1}{Re}\right)^f \tag{5.14}$$

现在将一个新的称为升力系数 c_l 的量定义为

$$\frac{c_l}{2} \equiv Z \left(\frac{1}{M_\infty}\right)^e \left(\frac{1}{Re}\right)^f \tag{5.15}$$

于是,方程(5.14)变成

$$L = \frac{1}{2}\rho_\infty V_\infty^2 S c_l \tag{5.16}$$

回顾第 4 章可知:动压为 $q_\infty \equiv \frac{1}{2}\rho_\infty V_\infty^2$,因此方程(5.16)可转换成

$$L = q_\infty \times S \times c_l \tag{5.17}$$
$$\uparrow \quad \uparrow \quad \uparrow \quad \uparrow$$
升力　　动压　　机翼面积　　升力系数

注意现在发生了什么情况。方程(5.3)是凭直觉列出的,因而并无多大用处,但是现在它已经一级一级地演变成了方程(5.17)这一简单、直接却又包含了大量信息的形式。事实上,方程(5.17)是实用空气动力学中最重要的关系式之一,它说明升力与动压(因而也与速度的平方)成正比,同时也与机翼面积 S 以及升力系数 c_l 成正比。事实上,方程(5.17)可以反过来用作升力系数的定义:

$$c_l \equiv \frac{L}{q_\infty S} \tag{5.18}$$

也就是说,升力系数总是定义为气动升力除以动压与基准面积(就机翼而言,基准面积是指一直在使用的合适的基准面积 S)。

如方程(5.15)所示,升力系数是 M_∞ 与 Re 的函数。此外,由于 M_∞ 与 Re 是无量纲的,并且最初就已经假定 Z 为无量纲常数,因此根据方程(5.15)可知 c_l 是无量纲的。同理适用于方程(5.17)与方程(5.18)。同时记住我们是针对指定形状及指定攻角 α 的翼型进行推导。如果 α 发生变化,那么 c_l 也将发生变化。因此,对于指定翼型,

$$c_l = f(\alpha, M_\infty, Re) \tag{5.19}$$

该关系式非常重要。务必记住升力系数是有关攻角、马赫数和雷诺数的函数。

为了估算用方程(5.19)表示的关系式的值,可假定已经指定特定的气动外形,并且希望测得升力以及升力怎样随不同参数而发生变化。因此,我们进入实验室,进行一系列的风洞测试,以测量指定气动外形的升力。分析方程(5.3)可知指定气动外形在指定气流方向(攻角)时,其升力的大小取决于自由流速度、密度、基准面积、黏度系数以及声速。但是这样并不能确切知道 L 怎样随这些参数的变化而发生改变。我们希望找出这一答案。首先,进行一组风洞试验,测量在 V_∞ 发生变化,但 S、μ_∞ 与 a_∞ 保持不变的情况下,L 发生变化的情况。这为我们提供了一组风洞试验的数据,从中可以获得 L 随 V_∞ 发生变化的相互关系。下一步,再进行另一组风洞试验,在此次试验中,ρ_∞ 发生变化,但 V_∞、S、μ_∞ 与 a_∞ 保持不变。这为我们提供了另一组风洞试验数据,从中可以获得 L 随 ρ_∞ 发生变化的相互关系。然后,再进行第三组风洞试验,在该试验中,S 发生变化,其他一切均保持不变。这为我们提供了第三组风洞试验数据,从中可以获得 L 随 S 发生变化的相互关系。再将此试验过程重复两次,其中一次使 μ_∞ 保持不变,另一次使 a_∞ 保持不变。当试验完成时,最后会获得 5 组独立的风洞试验数据,从中可以(原则上)获得 L 随 V_∞、ρ_∞、S、μ_∞ 与 a_∞ 发生变化的确切情况,如方程(5.3)中的函数关系所示。读者可能已经意识到,上述方法意味着要花大量的人力、财力进行多次风洞试验。然而,如果使用从量纲分析中获得的知识,即方程(5.19),则可以节约大量的人力、财力与时间。与上文提到的在 5 组风洞试验中测量 L 不同,现在是要测定升力系数[根据 $c_l = L/(q_\infty S)$ 获得]。对于指定攻角的指定翼型形状,应密切关注方程(5.19),并进行一组风洞试验,在 M_∞ 发生变化但 Re 保持不变的情况下测量 c_l 的变化。这为我们提供了一组风洞试验数据,从中可以获得 c_l 随 M_∞ 变化的相互关系。然后再进行另一组风洞试验,在 Re 发生变化但 M_∞ 保持不变的情况下,测量 c_l 的变化。这为我们提供了另一组风洞试验数据,从中可以获得 c_l 随 Re 变化的相互关系。这些就是所需的全

部信息。现在我们知道对于指定攻角的指定形状,c_l怎样随M_∞与Re的变化而发生变化。有了c_l的值,就可根据方程(5.17)得出升力。通过对升力系数而非升力本身,以及对M_∞与Re而非ρ_∞、V_∞、S、μ_∞与a_∞进行分析讨论,我们只用2组、而非先前提到的5组风洞试验数据就得出了答案,显然,通过使用无量纲量c_l、M_∞与Re,大大精简了风洞试验所需的人力与时间。

然而该故事还有一层更深寓意。量纲分析表明:如方程(5.19)所示,c_l是有关马赫数与雷诺数的函数,而非仅仅是单个ρ_∞、V_∞、μ_∞、a_∞以及机身尺寸的函数。它是这些以有价值的M_∞与Re形式表示的物理变量的结合。马赫数与雷诺数是空气动力学中有重要作用的数值,我们将其称作相似参数,其具体原因将在本节末进行讨论。在第4章中,我们已经证明了M_∞控制可压缩流的力量。例如,观察方程(4.73)~方程(4.75)以及方程(4.79),可以看到仅马赫数与比热比出现在这些方程的右边。

从与方程(5.3)类似的关系式开始,对阻力和力矩进行相似的量纲分析,可发现

$$D = q_\infty S c_d \tag{5.20}$$

式中:c_d是指无量纲阻力系数。同时,

$$M = q_\infty S c c_m \tag{5.21}$$

式中:c_m是一个无量纲力矩系数。注意:由于方程(5.21)中含有弦长c,因此该方程与方程(5.17)和方程(5.20)稍有不同。这是因为L与D具有一个力的量纲,而M具有一个力与弦长乘积的量纲。

无论怎样强调方程(5.17)~方程(5.21)的重要性都不为过,它们是所有实用空气动力学的基础。通过量纲分析轻而易举地得出这些方程,量纲分析从根本上使我们从定义松散的函数关系[例如方程(5.3)]逐步转向定义明确的无量纲量之间的关系[方程(5.17)~方程(5.21)]。总而言之,就指定形状的翼型而言,无量纲升力、无量纲阻力与无量纲力矩系数的定义为

$$c_l = \frac{L}{q_\infty S}, c_d = \frac{D}{q_\infty S}, c_m = \frac{M}{q_\infty S c} \tag{5.22}$$

式中:

$$c_l = f_1(\alpha, M_\infty, Re), c_d = f_2(\alpha, M_\infty, Re), c_m = f_3(\alpha, M_\infty, Re) \tag{5.23}$$

稍加思考即可发现,空气动力学基本原理可能会有矛盾之处。一方面,第2章与第4章强调:气动外形上的升力、阻力和力矩源自表面各种复杂的压力和剪应力分布,并且测量和/或计算它们——尤其是复杂外形的压力与剪应力分布极其重要。另一方面,方程(5.22)的等式表明可以通过简单的公式快速得出升力、阻力与力矩。理所当然,这两种观点之间的桥梁是升力、阻力与力矩系数。气动机身周围流场的所有物理复杂性均隐含在c_l、c_d与c_m中。在利用方程(5.22)中的简单等式计算翼型、机翼与机身的升力、阻力与力矩之前,必须知道合适的气动系数。从这个角度而言,方程(5.22)的简单是一种假象。这些方程只是将气动精度的力由力与力矩本身转化成合适的相应系数而已,因而自然而然地又引出以下问题:怎样获取指定外形的c_l、c_d与c_m的值,这些值又是怎样随α、M_∞与Re的变化而发生变化的?以下各节对此将一一解答。

然而,在结束量纲分析的讨论之前,详细阐述为什么要将M_∞与Re称作相似参数的原因是非常重要的。假设两个机身上有两种不同的气流(假设一种是红色气流,另一种是绿色气流),这两个机身相对气流而言的几何特征相似但尺寸不同。红绿两种气流的V_∞、ρ_∞、μ_∞与a_∞的值各不相同,但M_∞与Re的值均相同。如果这两个气流的M_∞与Re值均相同,那么根据方程(5.23),即使红色气流和绿色气流属于不同的气流,但红绿气流中测得的c_l、c_d与c_m的值也均会分别相同。我们将这种情况下的红绿气流称作动态相似流,因而也将M_∞与Re称作相似参数。动态流相似的概念较为高深,大大超出了本书的讨论范围,这里之所以提及是因其对空气动力学具有很重要的意义。动态相似的概念使我们可以将小型飞行器模型的风洞试验中获得的测量数据应用于真实飞行器的自由飞行。

如果风洞试验(假设是红色气流)中的 M_∞ 与 Re 的值分别与自由飞行(假定是绿色气流)时真实飞行器的 M_∞ 与 Re 的值相等,那么风洞试验中测得的 c_l、c_d 与 c_m 的值将分别与自由飞行中的 c_l、c_d 与 c_m 的值完全相同。动态相似的概念对风洞试验而言是必不可少的。

在真实飞行器小型模型的大多数风洞试验中,人们不遗余力地模拟真飞行器在自由飞行时遇到的 M_∞ 与 Re 的值。不幸的是,根据风洞设计与运行的现实情况而言,这往往是不可能的。在这种情况下,必须根据风洞试验数据"推测"自由飞行时的状况。此类推测得出的往往是一个近似值,因此,当使用风洞试验数据描述大规模自由飞行的状况时,这些数据或多或少会存在一些错误。尽管风洞试验已经进行了将近 150 年,但是即使到了今天,不能在同一风洞中同时模拟自由飞行的不同 M_∞ 与 Re 值仍然是一个非常紧迫的问题。这就是为什么在世界各国不同的实验室里会有这么多不同风洞的原因之一。

5.4 翼型数据

理论空气动力学的目标是从自然科学的基本方程与概念中预测 c_l、c_d 与 c_m 的值,其中一些问题已经在前面几章进行了讨论。然而,若要简化计算,通常必须简化假设。因此,一般而言,人们获得的理论结果并不精确。现在使用高速数字计算机求解起支配作用的流动方程正在大大提高气动特征计算的精确性。但是,数值计算法本身仍然存在局限性,现有计算机的存储能力与速度能力仍然不够解决许多复杂的气动流问题。如此一来,实用派空气动力学家不得不依靠试验获取其相关特定机身的 c_l、c_d 与 c_m 的直接测量数据。

多年以来,绝大多数试验翼型数据均由美国国家航空咨询委员会(NACA)汇编,1958 年,美国国家航空航天局(NASA)在其成立时接收了这些数据。对于低亚声速风洞中的许多翼型,其升力、阻力与力矩系数均进行了系统的测量。这些测量均在平直的等弦机翼上进行,且机翼在风洞试验区的两面墙之间完全伸展开。在这种情形下,气流实质上"处于"无翼尖的机翼上,因而得出了"无限翼展机翼"的试验翼型数据。(在随后各节中,将区分无限翼展机翼与有限翼展机翼的差别。)此类翼型的测量结果见附录 4。附录 4 的第 1 页列出了 NACA 1408 翼型的 c_l 与 $c_{m,c/4}$ 随攻角发生变化的数据。第二页列出了该翼型的 c_d 与 $c_{m,ac}$ 随 c_l 发生变化的数据。根据第 1 页可知 c_l 是 α 的函数,因此,可以综合两页数据标绘 c_d 与 $c_{m,ac}$ 随 α 发生变化的曲线图。附录 4 的其余各页列出了各种 NACA 标准翼型的同类数据。

下面让我们更进一步观察 c_l 随 α 发生变化的情况,其变化过程如图 5.6 所示。试验数据表明在很大的攻角范围内,c_l 随 α 做直线变化。作为更高等的空气动力学读物的研究主题,薄翼型理论也对同一类型的直线变化进行了预言。升力曲线直线部分的斜率定义为 $a_0 \equiv dc_l/d\alpha \equiv$ 升力斜率。注意:在图 5.6 中,当 $\alpha = 0°$ 时,c_l 仍然会是一个正数值;也就是说,即使翼型与气流之间的角为零攻角时,仍然会有一些升力,这是由于此时翼型弯度为正,所有正弯度翼型必须向某个负攻角倾斜,方可获得零升力。我们将升力为零时的 α 值定义为零升力攻角 $\alpha_{L=0}$,如图 5.6 所示。图 5.7 对该效应进行了进一步的论证,图中将有弯度翼型的升力曲线与对称(非弯度)翼型的升力曲线进行了对比。注意:对称翼

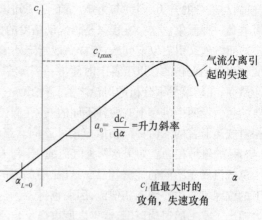

图 5.6 典型的升力曲线略图

型的升力曲线穿过了原点。另一极端情况可再参见图5.6:α 值很大时,升力曲线的线性会发生急剧变化。随着α增大至超出某个值,c_l会在某个最大值$c_{l,\max}$处达到顶峰,然后随着α进一步增大,c_l值急剧下降。在这种情况下,当α值很高时,升力将迅速减小,翼型发生失速。

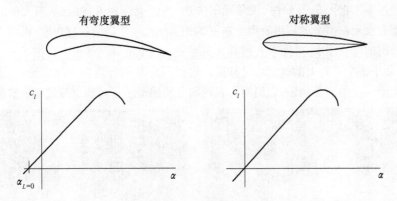

图5.7　有弯度翼型与对称翼型的升力曲线对比

翼型失速现象在飞机设计中具有至关重要的作用。它是由翼型上表面的分离流引起,图5.8对其进行了描述,再次展示了c_l随翼型的α变化而发生变化的情况。如图5.8所示,在升力曲线直线部分的点1处,翼型上的流场与翼型表面附着在一起。然而,根据第4章所述,摩擦作用将减缓翼型表面附近的气流速度;当存在逆压梯度时,边界层将呈现从翼型表面分离的趋势。随着攻角的增大,翼型上表面的逆压梯度会随之增强;在α处于某个值——失速攻角处时,气流从翼型的上表面分离。当气流发生分离时,升力大幅减小,阻力陡然增加。这是图5.8中第2点所示的情况。(此时正是读者回顾第4.21节中气流分离及其对压力分布、升力与阻力影响相关内容的良好时机。)

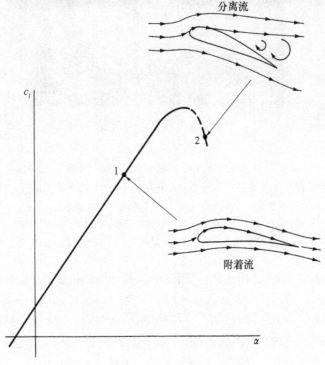

图5.8　与失速有关的气流原理

对于攻角低于失速、刚刚超过失速以及远远超过失速的飞行器,其机翼上方的流场性质分别如图5.9(a)、(b)和(c)所示。这些图片是翼展为6ft的风洞模型的照片。整个模型已经涂满了荧光油———一种由矿物油与在紫外线下发光的荧光粉混合而成的物质。在开启风洞后,荧光油将显示出模型表面的流线图案。在图5.9(a)中,攻角低于失速,气流完全附着,这点从较大的表面剪切应力已经将表面大部分荧光油擦去的可以看出。在图5.9(b)中,攻角略微超过失速,机翼上方显现出较大蘑菇状且已分离的气流图案,并附着有极具真实感的三维低能耗循环流。在图5.9(c)中,攻角大大超过了失速,几乎整个机翼上的气流均已分离。这些照片是飞行器在不同攻角时,其机翼上方可能出现的不同类型气流的显著例证,它们用图表轮廓分明地显示了可能出现流场分离的范围。

(a)

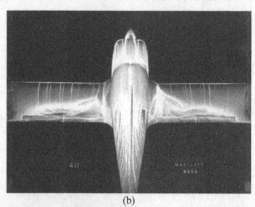
(b)

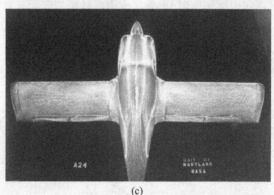
(c)

图5.9　格鲁门公司一名美裔员工的风洞模型上的表面荧光油气流图案,由艾伦·温克尔曼博士
(Dr. Allen Winkelmann)在美国马里兰大学的格伦·L· 马丁(Glenn L. Martin)风洞中拍摄。
采用的混合物为荧光油———矿物油与荧光粉的混合物,该照片是在紫外线下拍摄
(a) 低于失速,机翼处于 $\alpha = 4°$ 的位置,此时气流附着在机翼上;
(b) 非常接近失速,机翼处于 $\alpha = 11°$ 的位置,此时在蘑菇蜂巢状图案中形成极具真实感的三维分离流;
(c) 远远超过了失速,机翼处于 $\alpha = 24°$ 的位置,此时几乎整个机翼上方的气流均已分离。

图5.6～图5.8中勾画的升力曲线说明了附录4数据中根据试验观测到的那种变化。回到附录4,我们注意到失速前升力曲线几乎全部呈直线状。挑选一指定翼型——假定为 NACA 2412 翼型——同时注意:已知 $3.1 \times 10^6 \sim 8.9 \times 10^6$ 的三个不同的雷诺数值时 c_l 随 α 的变化而发生变化的情况。线型区域三个雷诺数值的升力曲线全部落在彼此的顶端。也就是说,当气流附着在翼型上时,雷诺数几乎不会对 c_l 产生影响。然而,气流分离是一种黏性效应,如第4章所述,对黏性流而言,雷诺数是一个起支配作用的参数。因此,在失速区,$c_{l,\max}$ 的试验数据受雷诺数影响是不足为奇的,这一

点可以从 α 值较高时雷诺值不同时 c_l 将会略微发生不同变化看出。事实上,这些雷诺值不同的升力曲线回答了方程(5.19)中提出的部分问题:数据表明 $c_l = f(Re)$。再次强调,除失速区外,雷诺数对 c_l 很少产生或完全不会产生任何影响。

在显示 c_l 随 α 发生变化的同一页,也给出了 $c_{m,c/4}$ 随 α 变化的情况,但它仅会随 α 发生些微变化,并且几乎完全不受雷诺数影响。同时注意: $c_{m,c/4}$ 的值略微偏负。通常情况下,正力矩为顺时针方向,它使翼型向更大的攻角倾斜,如图5.4所示。因此,就 NACA 2412 翼型而言,当 $c_{m,c/4}$ 为负值时,力矩为逆时针方向,翼型通常向下倾斜。这是所有正弯度翼型的特征。

在 c_l 与 $c_{m,c/4}$ 随 α 发生变化的下一页列出了 c_d 与 $c_{m,ac}$ 随 c_l 发生变化的情况。因为 c_l 随 α 发生直线变化,读者可以想象 c_d 与 $c_{m,ac}$ 随 α 发生变化的曲线图,且翼型将是相同的。注意阻力曲线的形状为"桶"状,最小阻力发生在 c_l 值较小时(因此攻角较小)。随着 α 向较大的负值或正值发生变化, c_d 将增大。同时注意 c_d 受雷诺数的影响很大,所有雷诺数均有明显不同的阻力曲线。我们之所以可以预料到这一点,是因为细长气动外形的阻力主要是表面摩擦阻力,根据第4章,已知雷诺数对表面摩擦力有着很强的支配作用。就 $c_{m,ac}$ 而言,气动中心的定义是非常明显的:相对 α 而言, $c_{m,ac}$ 是恒定不变的,它对雷诺数的变化也不敏感,且为较小的负值。

参照方程(5.23),附录4中的翼型数据通过试验的方法提供了 c_l、c_d 与 c_m 随 α 与雷诺数发生变化的情况。 M_∞ 对翼型系数的影响将在后文进行讨论。但是,需强调附录4中的数据是在低亚声速风洞中测量得到的,因而气流基本上为不可压缩流,因此附录4中列出的 c_l、$c_{m,c/4}$、c_d 与 $c_{m,ac}$ 是不可压流值,请读者在随后的讨论中务必记住这一点。

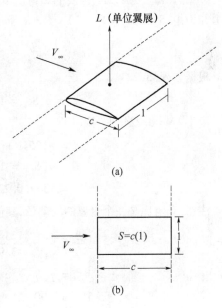

图5.10 单位翼展上的翼段

本节前面探讨了翼型的特征。正如图5.2所示,翼型就是机翼剖面的形状。图5.3~图5.5以及图5.7与图5.8中的翼型是像纸一样薄的剖面———张纸上的简单图示。因此,当我们谈论翼型上的升力、阻力与力矩时是指什么?薄如纸片的翼型上怎么可能会有升力?写下关于翼型升力的方程(5.17)时, L 到底是什么?答案已在图5.10中给出,在该图中我们可以看到一个等弦 c 的机翼剖面。翼展的剖面长度是相同的(1ft、1m,等等)。如图5.10(a)所示,该机翼剖面的升力 L 是单位翼展升力。如图5.10所示,人们总是将翼型升力、翼型阻力和翼型力矩理解为单位翼展升力、单位翼展阻力和单位翼展力矩。单位翼展上的翼段平面形状面积是指从机翼上方观察时看到的投影面积,即 $S = c(1) = c$,如图5.10(b)所示。因此,列出翼型的方程(5.17)时,我们将 L 解释为单位翼展升力 S 为单位翼展上的平面形状面积,也就是

$$L(单位翼展) = q_\infty c(1) c_l \tag{5.24}$$

或

$$c_l = \frac{L(单位翼展)}{q_\infty c} \tag{5.25}$$

最后,让我们回顾图5.1中的路线图。上文已经逐步开始对翼型项下左边一栏的内容进行介绍,其中许多内容已经介绍完毕,读者对翼型术语也已渐渐熟悉。通过量纲分析,我们引进了气动系数这个非常重要的概念,并对这些气动系数的部分试验数据进行了调查分析。在继续深入阅读前,读者必须对这些概念烂熟于心。

例 5.1

在一个低亚声速风洞中放置有一个等弦长的模型机翼,翼展占据整个试验区。机翼的翼型为 NACA2412 翼型,弦长为 1.3m。在标准海平面条件下,试验区的气流速为 50m/s。假设机翼攻角为 4°,计算:(a) c_l、c_d 与 $c_{m,c/4}$ 以及 (b) 升力、阻力与单位翼展 1/4 翼弦周围的力矩。

解

a. 根据附录 4,对于攻角为 4° 的 NACA2412 翼型,

$$c_l = 0.63$$

$$c_{m,c/4} = -0.035$$

要获取 c_d 的值,必须首先检查雷诺数的值:

$$Re = \frac{\rho_\infty V_\infty c}{\mu_\infty} = \frac{(1.225 \text{ kg/m}^3)(50 \text{ m/s})(1.3 \text{ m})}{1.789 \times 10^{-5} \text{ kg/(m)(s)}} = 4.45 \times 10^6$$

根据附录 4,当雷诺值为该值,且 $c_l = 0.63$ 时,

$$c_d = 0.007$$

b. 由于翼弦为 1.3m,且我们想得出单位翼展(沿机翼方向且与气流垂直的一个单位长度)的气动力与力矩,$S = c(1) = 1.3(1) = 1.3 \text{m}^2$,同时,

$$q_\infty = \frac{1}{2}\rho_\infty V_\infty^2 = \frac{1}{2}(1.225)(50)^2 = 1531 \text{ N/m}^2$$

根据方程(5.22),

$$L = q_\infty S c_l = 1531(1.3)(0.63) = 1254 \text{ N}$$

由于 1N = 0.2248 lb,同时

$$L = (1254\text{N})(0.2248\text{lb/N}) = 281.9\text{lb}$$

$$D = q_\infty S c_d = 1531(1.3)(0.007) = 13.9\text{N}$$

$$= 13.9(0.2248) = 3.13\text{lb}$$

注意:升阻比是一个重要的气动量,其值为

$$\frac{L}{D} = \frac{c_l}{c_d} = \frac{1254}{13.9} = 90.2$$

$$M_{c/4} = q_\infty S c_{m,c/4} c = 1531(1.3)(-0.035)(1.3)$$

$$M_{c/4} = -90.6\text{N} \cdot \text{m}$$

例 5.2

与例 5.1 中相同气流中的相同机翼的倾斜攻角应保证单位翼展升力为 700N(157lb)。

a. 攻角是多少?

b. 为了获得零升力,机翼必须向一个多大的攻角倾斜?

解

a. 根据上一示例,

$$q_\infty = 1531 \text{ N/m}^2, S = 1.3 \text{ m}^2$$

因而,

$$c_l = \frac{L}{q_\infty S} = \frac{700}{1531(1.3)} = 0.352$$

根据附录 4,当翼型型号为 NACA 2412 时,对应于 $c_l = 0.352$ 的攻角为

$$\alpha = 1°$$

b. 同样根据附录 4,当升力为零(即 $c_l = 0$)时,

$$\alpha_{L=0} = -2.2°$$

例 5.3

NASA LS(1)-0417 翼型的形状如图 4.55 所示,该翼型是例 4.44 的主题。在该例中,翼型型号为 NASA LS(1)-0417 的等弦机翼模型安装在一个两翼尖与风洞垂直侧壁平齐的风洞中。因此根据本节讨论,测得的数据为无限翼展机翼的数据。在标准海平面条件下,当试验区的气流速为 97 m/s,且攻角为 0°时,例 4.44 中给定的机翼模型上的阻力为 34.7N,翼弦长为 0.6m,横跨试验区的翼展为 1m。因此,如本节所述,在这种情况下测得的阻力 34.7N 是指单位翼展阻力。请计算阻力系数。

解

$$q_\infty = \frac{1}{2}\rho_\infty V_\infty^2 = \frac{1}{2}(1.23)(97)^2 = 5786.5 \text{ N}$$

$$c_d = \frac{D}{q_\infty S} = \frac{34.7}{(5786.5)(0.6)(1)} = 0.01$$

该结果与攻角为 0°时测得的 LS(1)-0417 翼型的阻力系数一致,该系数由罗伯特·麦基(Robert McGhee)、威廉·比斯利(William Beasley)以及理查德·惠特科姆(Richard Whitcomb)发布在 1978 年 3 月的 NASA CP2046《先进翼型研究技术》(Advanced Technology Airfoil Research)第 2 卷第 13 页的《NASA 低中速翼型开发》(NASA Low and Medium-Speed Airfoil Development)中。该值 $c_d = 0.01$ 比附录 4 中更常见的 NACA 翼型的相关数值略高。在例 4.44 中我们注意到 LS(1)-0417 翼型的压差阻力百分比似乎比更常见翼型的压差阻力百分比高。

例 5.4

对于附录 4 中的一些翼型,额外提供了适合模拟分裂式襟翼偏转 60°时的数据。(襟翼的特征及其运行将在第 5.17 节讨论。)后缘襟翼向下偏转的作用是增加翼型在指定攻角时的升力与力矩量级。下面以附录 4 中列示的 NACA 4412 翼型的数据为例进行分析。按照图表所示的规则,模拟分裂式襟翼偏转 60°时的数据是由一个倒置三角形给定。计算由于襟翼偏转 60°引起的(a)最大升力系数的百分比增加值,以及(b)1/4 翼弦周围的力矩系数量级的百分比增加值。

解

a. 根据附录 4,就 NACA4412 翼型而言,假设 $(C_{l,\max})_1$ 与 $(C_{l,\max})_2$ 分别表示有襟翼偏转的最大升力系数与无襟翼偏转的最大升力系数,可得

$$(C_{l,\max})_1 = 2.7$$
$$(C_{l,\max})_2 = 1.7$$

由襟翼偏转引起的最大升力系数的百分比增加值为

$$\text{最大升力系数的百分比增加值} = \left(\frac{2.7 - 1.7}{1.7}\right)(100) = 59\%$$

b. 同样,用 $(C_{mc/4})_1$ 与 $(C_{mc/4})_2$ 分别表示有襟翼偏转时 1/4 翼弦周围的力矩系数与无襟翼偏转时 1/4 翼弦周围的力矩系数,可得

$$(C_{mc/4})_1 = -0.305$$
$$(C_{mc/4})_2 = -0.09$$

由襟翼偏转引起的力矩系数量级的百分比增加值为

$$\text{力矩系数量级的百分比增加值} = \left(\frac{0.305 - 0.09}{0.09}\right)(100) = 239\%$$

例5.5

对于附录4中的一些翼型,额外提供了一些适合标准粗糙度情况时的数据。在这种情况下,从机翼前缘至机翼前缘下游的0.08c位置处,模型的上下两个表面均使用了0.011in的金刚砂。通过模拟比制造工艺与日常运行磨损造成的普通表面粗糙度更严重,但比在军事用途中冰、泥积聚或者损坏轻微得多的情况,NACA研究人员考察了表面粗糙度对翼型性能的影响。(如需了解更多详情,请参见本章末参考文献中列出的阿尔伯特(Abbott)与冯·邓霍夫(von Doenhoff)合著书籍的第143–148页。)就附录4中雷诺数为6×10^6的NACA 4412翼型而言,计算其由于标准粗糙度引起的(a)最大升力系数的百分比增加值,以及(b)最小阻力系数的百分比增加值。

解

a. 对于附录4中的NACA 4412翼型而言,请注意其标准粗糙度数据是在$Re = 6 \times 10^6$的条件下给出的,假定$(C_{l,\max})_1$与$(C_{l,\max})_2$分别表示$Re = 6 \times 10^6$时有标准粗糙度的最大升力系数与无标准粗糙度的最大升力系数,可得

$$(C_{l,\max})_1 = 1.39$$
$$(C_{l\max})_2 = 1.63$$

由标准粗糙度引起的最大升力系数的百分比减小值为

$$\text{最大升力系数的百分比减小值} = \left(\frac{1.63 - 1.39}{1.63}\right)(100) = 14.7\%$$

b. 同样,用$(C_{d,\min})_1$与$(C_{d,\min})_2$分别表示有标准粗糙度的最小阻力系数与无标准粗糙度的最小阻力系数,得出

$$(C_{d,\min})_1 = 0.01$$
$$(C_{d,\min})_2 = 0.0062$$

由标准粗糙度引起的最小阻力系数的百分比增加值为

$$\text{最小阻力系数的百分比增加值} = \frac{0.01 - 0.0062}{0.0062}(100) = 61\%$$

请注意:本书随后使用附录4获得的经过进一步处理的实例以及各章末课外作业题将不会牵涉有关模拟襟翼偏转或者标准粗糙度的翼型数据。这些数据是仅在例5.4与例5.5中考察的特例,其目的只是帮助读者更加熟悉附录4中的图表。

例5.6

下面我们分析攻角为8°时的NACA23012翼型。假设$Re = 8.8 \times 10^6$,计算法向力系数与轴向力系数。

解

根据附录4,对于$\alpha = 8°$时的NACA23012翼型,

$$C_l = 1.0$$
$$c_d = 0.0078$$

此处再次重申:根据方程(5.1),

$$L = N\cos\alpha - A\sin\alpha \tag{5.11}$$

$$\frac{L}{q_\infty S} = \frac{N}{q_\infty S}\cos\alpha - \frac{A}{q_\infty S}\sin\alpha$$

$$C_l = c_n\cos\alpha - c_a\sin\alpha \tag{E5.6.1}$$

式中:c_n与c_a分别为剖面法向力系数与剖面轴向力系数。同样,由方程(5.2)可以导出

$$c_d = c_n\sin\alpha + c_a\cos\alpha \tag{E5.6.2}$$

当 $\alpha=8°$ 时,将 c_l 与 c_d 代入方程(E 5.6.1)与方程(E 5.6.2),
$$1.0 = c_n \cos 8° - c_a \sin 8°$$

或
$$1.0 = 0.990268 c_n - 00.139173 c_a \quad (E 5.6.3)$$

和
$$0.0078 = 0.139173 c_n + 0.990268 c_a \quad (E 5.6.4)$$

为了求 c_n 与 c_a 的值,同时解方程(E 5.6.3)与方程(E 5.6.4),得出
$$c_n = 0.991$$
$$c_a = -0.131$$

重新分析图 5.4(b)并用 L 与 D 表示 N 与 A(实际上就是将方程(5.1)与方程(5.2)倒过来),由此可获得无需同时解两个代数方程即可解决该问题的更直接的方法。根据图 5.4,
$$N = L \cos \alpha + D \sin \alpha \quad (E 5.6.5)$$
$$A = -L \sin \alpha + D \cos \alpha \quad (E 5.6.6)$$

因而,
$$c_n = c_l \cos \alpha + c_d \sin \alpha \quad (E 5.6.7)$$

同时,
$$c_a = -c_l \sin \alpha + c_d \cos \alpha \quad (E5.6.8)$$

根据方程(E 5.6.7),
$$c_n = 1.0 \cos 8° + 0.078 \sin 8°$$
$$c_n = 1.0(0.990268) + 0.0078(0.139173)$$
$$c_n = 0.991$$

根据方程(E 5.6.8),
$$c_a = 1.0 (0.139173) + 0.0078 (0.990268)$$
$$c_a = -0.131$$

这些数字与例中早前得出的数字一致。

问题:为什么轴向力系数是负值;也就是说,为什么轴向力方向指向前缘? 通过分析图 5.4(b)可以直接找出答案。注意 L 沿翼弦线方向的分力向前作用。D 沿翼弦线方向的分力向后作用。在本例中,升力比阻力大 128 倍,因而由升力引起的向前的分力对轴向力起支配作用,因此轴向力向前作用。这是攻角完全为正时许多翼型的情况。

例 5.7

4.15 节讨论了层流翼型,图 4.45(b)所示为典型的层流翼型。在 NACA 翼型术语中,层流翼型的命名编号以 6 开始,这些就是所谓的"6 系剖面"翼型,附录 4 对其中的一部分进行了探讨。特别是当 $Re = 9 \times 10^6$ 时,比较攻角为零时两种对称翼型的升力系数与阻力系数,这两种翼型为:传统的 4 位 NACA0009 翼型与层流 NACA65 – 009 翼型。

解

根据附录 4,对于 $\alpha = 0°$ 时的 NACA0009 翼型而言,
$$c_l = 0$$

该结果实际上是微不足道的,因为对于所有攻角为零时的对称翼型而言,$c_l = 0$。现在转向分析阻力系数图,由于 $c_l = 0$,
$$c_d = 0.0052$$

对于 NACA65 – 009 翼型而言,$c_l = 0$ 并且
$$c_d = 0.004$$

注意层流翼型的阻力系数比标准的 4 位翼型的阻力系数低 23%。同时,仔细研究层流翼型 c_d 的变化情况。当 c_l 值较小时,c_d 突然下降并触底(因而攻角的值很小)。曲线的这一部分被称作阻力

桶形区,它是层流翼型的特征。同时注意附录 4 中所示的 63 – 210 翼型、64 – 210 翼型、65 – 210 翼型与 65 – 006 翼型的阻力桶形区。

例 5.8

考虑如 5.2 节讨论的一样,作用于翼型上的气动力矩。如 5.2 节所述,力矩值取决于在翼型上哪一个点的周围获取力矩。附录 4 中的翼型数据给定了两个力矩系数:一个是在 1/4 翼弦点 $c_{mc/4}$ 周围获取的力矩系数,另一个是在气动中心 c_{mac} 周围获取的力矩系数。如 5.2 节所提及的,翼型上方便于获取力矩的另一个点是前缘。请推导出一个有关前缘周围力矩系数与 1/4 翼弦点周围的升力系数和力矩系数的方程。

解

观察图 5.11,可见升力 L 以及 1/4 翼弦点周围的力矩 $M_{c/4}$ 穿过 1/4 翼弦点。(注意:作用于翼型的升力与力矩可以机械地用穿过翼型任意点的升力与作用于该点的力矩表示。在本例中,之所以选择使升力穿过 1/4 翼弦点是因为附录 4 中的翼型数据给出了试验测得的 1/4 翼弦点周围的力矩系数)。务必记住:在通常情况下,

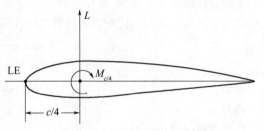

图 5.11 翼型升力与力矩略图

容易使攻角增大的力矩为正值,容易使攻角减小的力矩为负值。因此,根据图 5.11,可得

$$M_{LE} = -L\left(\frac{c}{4}\right) + M_{c/4} \tag{E 5.8.1}$$

用方程 (E 5.8.1) 除以 $q_\infty Sc$,得出

$$\frac{M_{LE}}{q_\infty Sc} = -\frac{L}{q_\infty Sc}\left(\frac{c}{4}\right) + \frac{M_{c/4}}{q_\infty Sc}$$

或

$$c_{mLE} = -\frac{c_l}{4} + c_{mc/4} \tag{E 5.8.2}$$

例 5.9

设想一个攻角为 6° 的 NACA63 – 210 翼型。计算前缘周围的力矩系数。

解

根据附录 4,对于 $\alpha = 6°$ 的 NACA63 – 210 翼型,可得

$$c_l = 0.8; c_{mc/4} = -0.04$$

根据例 5.8 中得出的方程 (E 5.8.2) 可知

$$c_{m_{LE}} = -\frac{c_l}{4} + c_{mc/4} = -\frac{0.8}{4} - 0.04 = -0.24$$

例 5.10

人们有时会问:飞行器倒飞时,翼型可以产生升力吗?本例将回答这一问题。

a. 现在以图 5.12(a) 中攻角为 6° 正向飞行的 NACA2415 翼型为例进行分析,该翼型的翼弦长为 1.5m,在 2km 标准飞行高度以 150m/s 的速度飞行。计算单位翼展升力。

b. 现在将此翼型倒置,飞行条件保持不变,攻角为 6°,计算单位翼展升力。

c. 对结果进行比较并加以讨论。

解

a. 根据附录 4,当 $\alpha = 6°$ 时,$c_l = 0.8$;根据附录 1,在标准高度 2km 处时,$\rho = 0.90926 \text{kg/km}^3$。因此,

$$q_\infty = \frac{1}{2}\rho V^2 = \frac{1}{2}(0.9026)(150)^2 = 1.023 \times 10^4 \text{ N/m}^2$$

因此，
$$L(单位翼展) = q_\infty S c_l = q_\infty c(1) c_l =$$
$$(1.023 \times 10^4)(1.5)(1)(0.90926) = 1.395 \times 10^4 \text{ N}$$

b. 分析附录 4 中 NACA2415 翼型的 c_l 数据。注意当攻角为 $-6°$ 时，翼型 $c_l = -0.44$；此时升力矢量指向下方，升力为负。现在沿相对风方向将该翼型简单旋转 $180°$，这样就可以看到如图 5.12(b) 所示的画面，这是攻角为 $6°$ 时的倒飞翼型。此时升力矢量指向上方。在这种情况下，
$$L(单位翼展) = q_\infty S c_l = (1.023 \times 10^4)(1.5)(0.44) = 0.675 \times 10^4 \text{ N}$$

c. 显然，正向飞行的翼型可以产生升力。最初所提问题的答案显然是肯定的。然而，对于像 NACA2415 这样的正弯度翼型而言，因为零升力角是一个负值（在这种情况下 $\alpha_{L=0} = -2°$），所以倒飞时翼型产生的升力将比相同攻角正飞时产生的升力小。在本例中，

正向飞行时：$L = 1.395 \times 10^4$ N

倒向飞行时：$L = 0.695 \times 10^4$ N

倒飞时翼型产生的升力是正飞时翼型产生升力的 48%。

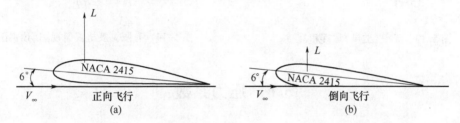

图 5.12

(a) 正飞时的 NACA2415 翼型；(b) 倒飞时的 NACA2415 翼型。

5.5 无限翼展机翼与有限翼展机翼

如 5.4 节所述，附录 4 中的翼型数据是在低亚声速风洞中测得的，在该风洞中，模型机翼从一侧壁伸展至另一侧壁，形成试验区。在这种情况下，气流实质上是流过无翼尖机翼。也就是说，机翼原则上可以在顺翼展的方向从正无穷大向负无穷大方向伸展。此无限翼展机翼如图 5.13 所示，图中机翼沿 z 方向伸展至 $\pm \infty$。由于机翼周围的气流仅在 x 方向与 y 方向发生变化，因此该气流可称作二维流。如此一来，附录 4 中的翼型数据仅适应于此类无限（或二维）翼展机翼。这点必须牢记。

相比之下，所有真实飞行器的机翼显然是有限翼展机翼，如图 5.14 所示。该图所示为有限翼展机翼的顶视图（俯视图），我们将图中两翼尖之间的距离定义为翼展 b。与前文一样，俯视图中的机翼面积用 S 表示，从而引出贯穿整个气动机翼分析的一个重要定义——展弦比 AR。

$$展弦比 \equiv AR \equiv \frac{b^2}{S} \tag{5.26}$$

随后各节将逐步凸显 AR 的重要性。

有限翼展机翼周围的流场是三维的，因而与无限翼展机翼周围的二维气流有本质区别。因此指定 α 指定翼型的有限翼展机翼的升力、阻力和力矩系数与 α 相同翼型相同的无限翼展机翼的升力、阻力和力矩系数是不同的。因此，我们用大写字母 C_L、C_D 和 C_M 表示有限翼展机翼的气动系数，以此与命名的无限翼展机翼的气动系数 c_l、c_d 和 c_m 相区别。注意附录 4 中的数据是无限（二维）翼展机翼，即 c_l、c_d 和 c_m 的数据。下一节将阐述怎样从附录 4 中的无限翼展机翼数据中获取有限翼展机翼

的气动系数。本节的目的仅仅是强调两者存在区别而已。

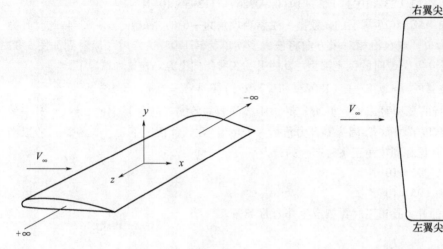

图 5.13　无限（二维）翼展机翼　　　　图 5.14　有限翼展机翼俯视图（顶视图）

5.6　压力系数

下面继续探讨空气动力学定义。分析翼型上表面上的压力分布，但是此处我们并不标出实际压力（假设单位为 N/m^2），而仅定义一个新的称之为压力系数的无量纲量 C_p：

$$C_p \equiv \frac{p - p_\infty}{q_\infty} \equiv \frac{p - p_\infty}{\frac{1}{2}\rho_\infty V_\infty^2} \tag{5.27}$$

图 5.15 从 C_p 的角度粗略地画出了压力分布情况。因为空气动力学文献中的压力分布通常是从无量纲压力系数的角度指定的，所以应该细心观察该示意图。注意：根据图 5.15，因为 $p > p_\infty$，所以机翼前缘的 C_p 为正。然而，随着气流在翼型上表面周围蔓延开来，p 迅速减小，C_p 在 $p < p_\infty$ 的这些区域变为负值。通常情况下，如图 5.15 所示，翼型的 C_p 平面图在横坐标上部通常表现为负值。

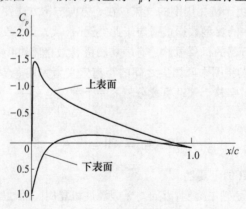

图 5.15　攻角为 3.93° 的 NACA0012 翼型上下表面上的压力系数分布，其中 $M_\infty = 0.345$，$Re = 3.245 \times 10^6$。试验数据出自俄亥俄州立大学，NACA 会议出版物 2045 第一部分，《先进翼型研究技术》（*Advanced Technology Airfoil Research*）第一卷，第 1590 页

[来源：弗洛雷（Freuler）与格雷戈雷克（Gregorek）]

压力系数是一个重要的量。例如，翼型表面上的 C_p 分布对 c_l 值具有直接的影响，这一点将在 5.11 节进行讨论。此外分析 C_p 值将直接引出有关马赫数 M_∞ 对升力系数影响的计算。准备计算前，应考虑翼型表面某一指定点的 C_p 值。翼型是固定攻角时的指定形状。可以将翼型放在风洞中进行试验以测量 C_p 值。首先，假定风洞试验区的 V_∞ 较低，且 $M_\infty<0.3$，气流基本为不可压缩流。因此在翼型某点测得的 C_p 值将为低速值。用 $C_{p,0}$ 表示低速（不可压缩）值 C_p。如果 V_∞ 增加而 M_∞ 仍然小于 0.3，那么 C_p 不会发生变化。也就是说，在低速时，C_p 基本上是一个不随速度发生变化的恒定值。然而，如果现在增加 V_∞ 从而使 $M_\infty>0.3$，那么可压缩性就成了一个因数，可压缩性的作用是使 C_p 的绝对值随 M_∞ 的增加而增加。C_p 随 M_∞ 的变化情况如图 5.16 所示。注意：当 $M_\infty \approx 0$ 时，$C_p = C_{p,0}$。当 M_∞ 增加到 $M_\infty \approx 0.3$ 时，C_p 基本上保持恒定。然而，当 M_∞ 增加到超过 0.3 时，C_p 急剧增加。（即绝对值增加：如果 $C_{p,0}$ 为负，那么 C_p 会随 M_∞ 的增加而成为一个绝对值递增的负数值。然而，如果 $C_{p,0}$ 为正，那么 C_p 会随 M_∞ 的增加而成为一个递增的正数值。）对高亚声速马赫数而言，C_p 随 M_∞ 的变化而变化是第二次世界大战之后气动研究的重中之重。经过一次近似的理论分析之后，得出

$$C_p = \frac{C_{p,0}}{\sqrt{1-M_\infty^2}} \qquad (5.28)$$

我们将方程(5.28)称为普朗特·格劳厄脱规则，当 $0.3<M_\infty<0.7$ 时，该方程相当精确，当 $M_\infty>0.7$ 时，其精确度迅速降低；确实，方程(5.28)预测当 M_∞ 变成一个不可能的物理状态时，C_p 变成无穷大。（自然界不可能出现自然科学中的数学近似理论有时预测的无穷大与不连续性。）对于近声速马赫数，有比方程(5.28)更精确但也更复杂的公式。然而，方程(5.28)对达成目的而言已经足够了。

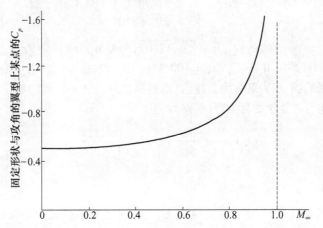

图 5.16 当 $C_{p,0} = -0.5$ 时的普朗特·格劳厄脱规则的曲线图

我们将类似方程(5.28)的公式称为压缩性修正，这些公式试图预测亚声速时 M_∞ 对 C_p 的影响，也就是说，它们修改（修正）了低速压力系数 $C_{p,0}$，以将可压缩性的影响考虑在内，这对高亚声速马赫数是非常重要的。

例 5.11

飞行器机翼上某点的压力为 $7.58 \times 10^4 \text{N/m}^2$，飞行器在 2000m 标准高度以 70m/s 的速度飞行。计算机翼上该点的压力系数。

解

就标准的 2000m 高度而言，

$$p_\infty = 7.95 \times 10^4 \text{ N/m}^2$$

$$\rho_\infty = 1.0066 \text{ kg/m}^3$$

因而 $q_\infty = \frac{1}{2}\rho_\infty V_\infty^2 = \frac{1}{2}(1.0066)(70)^2 = 2466 \text{ N/m}^2$,根据方程(5.27),得出

$$C_p = \frac{p - p_\infty}{q_\infty} = \frac{(7.58 - 7.95) \times 10^4}{2466}$$
$$C_p = -1.5$$

例 5.12

下面以安装在低亚声速风洞中的翼型为例进行分析。在标准海平面条件下,试验区的气流速度为 100ft/s,假设翼型上某点的压力为 2012 lb/ft²,则压力系数是多少?

解

$$q_\infty = \frac{1}{2}\rho_\infty V_\infty^2 = \frac{1}{2}(0.002377 \text{ slug/ft}^3)(100 \text{ ft/s})^2 = 11.89 \text{ lb/ft}^2$$

根据方程(5.27),得出

$$C_p = \frac{p - p_\infty}{q_\infty} = \frac{2102 - 2116}{11.89} = -1.18$$

例 5.13

在例 5.12 中,如果增加气流速度,以使自由流马赫数等于 0.6,翼型上相同那一点的压力系数为多少?

解

首先,例 5.12 中的气流马赫数是多少? 在标准海平面条件下,

$$T_s = 518.69° \text{ R}$$

因而
$$a_\infty = \sqrt{\gamma R T_\infty} = \sqrt{1.4(1716)(518.69)} = 1116 \text{ ft/s}$$

如此一来,在例 5.12 中,$M_\infty = V_\infty/a_\infty = 100/1116 = 0.09$,是一个非常低的值。因此,例 5.12 中的气流基本为不可压缩流,压力系数为低速值,也就是说,$C_{p,0} = -1.18$。如果将气流马赫数增加到 0.6,根据普朗特·格劳厄脱规则与方程(5.28),得出

$$C_p = \frac{C_{p,0}}{(1 - M_\infty^2)^{1/2}} = -\frac{1.18}{(1 - 0.6^2)^{1/2}}$$
$$C_p = -1.48$$

例 5.14

飞行器在 3km 标准高度以 100m/s 的速度飞行,机身上某点的压力系数是 -2.2。该点的压力是多少?

解

在 3km = 3000m 的标准高度,$p_\infty = 7.0121 \times 10^4 \text{N/m}^2$ 且 $\rho_\infty = 0.90926 \text{kg/m}^3$,因此,

$$q_\infty = \frac{1}{2}\rho_\infty V_\infty^2 = \frac{1}{2}(0.90926)(100)^2 = 4546 \text{ N/m}^2$$

根据方程(5.27),得出

$$C_p = \frac{p - p_\infty}{q_\infty}$$

或
$$p = q_\infty C_p + p_\infty = (4546)(-2.2) + 7.10121 \times 10^4 = 6.01 \times 10^4 \text{ N/m}^2$$

注意:本例从物理学的角度对压力系数进行了有益的阐述与解释。压力系数是从高于或低于自由流压力的"动压单元数"方面描述局部压力。本例中的局部压力为 $6.01 \times 10^4 \text{N/m}^2$。该值 p 等于

自由流压力减去动压的 2.2 倍；低于自由流压力时，p 是"动压"的 2.2 倍。所以，当读者看见一个 C_p 数值时，就能立即换算出用高于或低于自由流压力的 q_∞ 的倍数表示的压力本身。在本例中，由于 C_p 为负值，因此压力低于自由流压力。如果 $C_p = 1.5$，那么当压力高于自由流压力时，压力将是"动压"的 1.5 倍。

例 5.15

选取飞行速度为 80 m/s 的飞行器的机翼表面上两个不同的点进行分析。点 1 处的压力系数与气流速度分别为 -1.5 和 110m/s，点 2 处的压力系数为 -0.8。假定气流为不可压缩流，计算点 2 处的气流速度。

解

根据方程(5.27)，

$$C_{p_1} = \frac{p_1 - p_\infty}{q_\infty} \text{ 或 } p_1 - p_\infty = q_\infty C_{p_1}$$

同样，

$$C_{p_2} = \frac{p_2 - p_\infty}{q_\infty} \text{ 或 } p_2 - p_\infty = q_\infty C_{p_2}$$

将两式相减，

$$p_1 - p_2 = q_\infty (C_{p_1} - C_{p_2})$$

根据伯努利方程，

$$p_1 + \frac{1}{2}\rho V_1^2 = p_2 + \frac{1}{2}\rho V_2^2$$

或

$$p_1 - p_2 = \frac{1}{2}\rho(V_2^2 - V_1^2)$$

由于 $q_\infty = \frac{1}{2}\rho V_\infty^2$，可得出

$$\frac{p_1 - p_2}{q_\infty} = \left(\frac{V_2}{V_\infty}\right)^2 - \left(\frac{V_1}{V_\infty}\right)^2$$

将前面用 C_{p_1} 与 C_{p_2} 表示的 $p_1 - p_2$ 的关系式代入上式中，得出

$$\frac{q_\infty(C_{p_1} - C_{p_2})}{q_\infty} = \left(\frac{V_2}{V_\infty}\right)^2 - \left(\frac{V_1}{V_\infty}\right)^2$$

或

$$C_{p_1} - C_{p_2} = \left(\frac{V_2}{V_\infty}\right)^2 - \left(\frac{V_1}{V_\infty}\right)^2$$

注意：该关系式本身非常有趣。在低速不可压缩流中，两个不同点的压力系数之差等于这两点之间由自由流速度无量纲化得到的速度平方差。

代入数值，可得出

$$-1.5 - (-0.8) = \left(\frac{V_2}{V_\infty}\right)^2 - \left(\frac{110}{80}\right)^2$$

$$\left(\frac{V_2}{V_\infty}\right)^2 = 1.19$$

$$V_2^2 = 1.19 V_\infty^2 = 1.19(80)^2$$

$$V_2 = 87.3 \text{ m/s}$$

注意：求解不要求详尽的密度知识。这是因为我们是使用压力系数的差进行的压差分析，而该

系数反过来又与通过伯努利方程得出的无量纲速度的平方差有关。

5.7 根据 C_P 获取升力系数

如果已经指定了翼型上下表面上的压力系数的分布,读者就可以直接计算出 c_l 值。下面以图 5.17 中的一段无限翼展机翼为例进行分析。假设该翼段包含单元翼展与翼弦 c,机翼攻角为 α,同时假设 x 为沿翼弦测得的方向,s 为沿机翼前缘表面测得的距离。分析图 5.17 阴影区域所示表面积为长度 ds 乘以沿翼展方向单位长度的无穷小的狭长片。该表面积等于 $1ds$,虚线 ab 与翼弦 c 垂直,实线 ac 与阴影区域局部垂直,ab 与 ac 之间的夹角为 θ。阴影区域的气动力为 $p(1)ds$,且作用于与表面垂直的 ac 方向,它在垂直于翼弦方向的分力为 $(p\cos\theta)(1)ds$。增加一个下标 u 表示翼型上表面上的压力,而增加一个负号表示力的方向指向下方(按惯例,正向力指向上方),则得出的无穷小的狭长片上的压力法向力的作用力为 $-p_u\cos\theta ds$。如果将机翼前后缘之间上表面所有狭长片的作用力相加,假定 ds 接近 0,可得出积分

$$-\int_{LE}^{TE} p_u \cos\theta\, ds$$

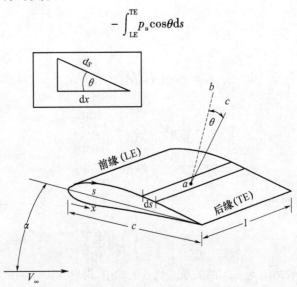

图 5.17 显示如何通过求压力分布积分得出引起单位翼展升力的单位翼展法向力的略图

这是由作用于机翼上表面上的压力分布在法向方向产生的单位翼展升力。回顾 5.2 节所述和图 5.4(a) 所示的法向力 N 与轴向力 A 的定义。上文刚刚提到的积分是由作用于上表面上的压力引起的 N 的一部分。相似术语是根据作用于翼型下表面上的压力分布获得。令 p_l 表示下表面上的压力,可写出作用于单位翼展翼型上的总法向力:

$$N = \int_{LE}^{TE} p_l \cos\theta\, ds - \int_{LE}^{TE} p_u \cos\theta\, ds \tag{5.29}$$

从图 5.17 的方框中的小三角形可以得出 $ds\cos\theta = dx$ 这一几何关系。因此,在方程(5.29)中,积分变量 s 可以用 x 进行替换,与此同时,机翼前后缘坐标 x 分别变成 0 与 c,因而方程(5.29)变成

$$N = \int_0^c p_l dx - \int_0^c p_u dx \tag{5.30}$$

加减 p_∞,方程(5.30)变成

$$N = \int_0^c (p_l - p_\infty) dx - \int_0^c (p_u - p_\infty) dx \tag{5.31}$$

将方程(5.31)暂搁一边,再分别回顾法向力 N 与轴向力 A 的定义,如图5.4(b)所示。我们可以将翼型的法向力系数与轴向力系数分别定义为 c_n 与 c_a,方法和方程(5.22)给出的升力系数与阻力系数一样,即

$$c_n = \frac{N}{q_s S} = \frac{N}{q_\infty c} \tag{5.32}$$

$$c_a = \frac{A}{q_s S} = \frac{A}{q_\infty c} \tag{5.33}$$

因此,可根据方程(5.31)与方程(5.32)计算出法向力系数 c_n 为

$$c_n = \frac{1}{c}\int_0^c \frac{p_l - p_\infty}{q_\infty}\mathrm{d}x - \frac{1}{c}\int_0^c \frac{p_u - p_\infty}{q_\infty}\mathrm{d}x \tag{5.34}$$

注意:

$\dfrac{p_l - p_\infty}{q_\infty} \equiv C_{p,l} \equiv$ 下表面上的压力系数

$\dfrac{p_u - p_\infty}{q_\infty} \equiv C_{p,u} \equiv$ 上表面上的压力系数

因此,方程(5.34)变成

$$c_n = \frac{1}{c}\int_0^c (C_{p,l} - C_{p,u})\mathrm{d}x \tag{5.35}$$

方程(5.35)用翼型表面上的压力系数的积分直接表示法向力系数。

这与升力系数有什么关系?可通过方程(5.1)得出答案:

$$L = N\cos\alpha - A\sin\alpha \tag{5.1}$$

将方程(5.1)除以 $q_\infty S = q_\infty c$,得出

$$\frac{L}{q_\infty c} = \frac{N}{q_\infty c}\cos\alpha - \frac{A}{q_\infty c}\sin\alpha$$

或

$$c_l = c_n\cos\alpha - c_a\sin\alpha \tag{5.36}$$

已知 c_n 与 c_a 的值,可通过方程(5.36)直接计算 c_l 的值。方程(5.35)是一个用压力系数积分表示 c_n 的关系式。[在方程(5.35)中,已经忽略了剪应力的影响,它对法向力的影响极小。]还可获得一个与之相似的 c_a 关系式。该式涉及压力系数积分以及表面摩擦系数积分,其推导过程见安德森所著《空气动力学基础》(第4版,麦克劳希尔出版社,2007年)的第1章;该关系式超出了本书的讨论范围。

分析攻角较小——假定 $\alpha \leqslant 5°$ 时的情况。此时,在方程(5.36)中,若 $\cos\alpha \approx 1$ 且 $\sin\alpha \approx 0$,根据该方程可得出

$$c_l \approx c_n \tag{5.37}$$

将方程(5.37)与方程(5.35)合并,得出

$$c_l \approx \frac{1}{c}\int_0^c (C_{p,l} - C_{p,u})\mathrm{d}x \tag{5.38}$$

大多数传统飞行器以小于5°的攻角巡航,在这种情况下,方程(5.38)是一个合理的用压力系数的积分表示升力系数的表示法,从中可导出一个有用的 c_l 结构图。分析图5.18 是 C_{pu} 与 C_{pl} 充当 x/c 函数的合并图。准确地说,这些曲线之间的面积等于方程(5.35)右边的积分,因此如该图阴影部分所示,其面积恰好等于法向力系数。反过来,如该图所示,攻角较小时,根据方程(5.38),该面积基本等于升力系数。

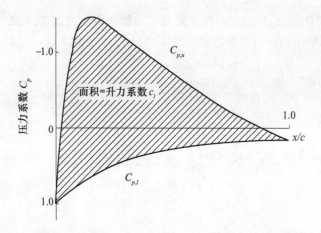

图5.18 翼型上下表面上的压力系数略图,该图显示两条曲线之间的面积等于攻角较小时的升力系数

例5.16

分析弦长为 c 且沿翼弦测得的活动距离为 x 的翼型,其前缘位于 $x/c = 0$ 处,后缘位于 $x/c = 1$ 处。得出上下表面上的压力系数变量分别为

$$C_{p,u} = 1 - 300\left(\frac{x}{c}\right)^2, \qquad 0 \leq \frac{x}{c} \leq 0.1$$

$$C_{p,u} = -2.2277 + 2.2777\frac{x}{c}, \quad 0.1 \leq \frac{x}{c} \leq 1.0$$

$$C_{p,l} = 1 - 0.95\frac{x}{c}, \qquad 0 \leq \frac{x}{c} \leq 1.0$$

计算法向力系数。

解

根据方程(5.35),

$$c_n = \frac{1}{c}\int_0^c (C_{p,l} - C_{p,u})\,\mathrm{d}x = \int_0^1 (C_{p,l} - C_{p,u})\,\mathrm{d}\left(\frac{x}{c}\right)$$

$$c_n = \int_0^1 \left(1 - 0.95\frac{x}{c}\right)\mathrm{d}\left(\frac{x}{c}\right) - \int_0^{0.1}\left[1 - 300\left(\frac{x}{c}\right)^2\right]\mathrm{d}\left(\frac{x}{c}\right)$$

$$- \int_{0.1}^{1.0} \left(-2.2277 + 2.2777\frac{x}{c}\right)\mathrm{d}\left(\frac{x}{c}\right)$$

$$c_n = \frac{x}{c}\bigg|_0^1 - 0.475\left(\frac{x}{c}\right)^2\bigg|_0^1 - \frac{x}{c}\bigg|_0^{0.1} + 100\left(\frac{x}{c}\right)^3\bigg|_0^{0.1} + 2.2277\frac{x}{c}\bigg|_{0.1}^{1.0} - 1.1388\left(\frac{x}{c}\right)^2\bigg|_{0.1}^{1.0}$$

$$c_n = 1 - 0.475 - 0.1 + 0.1 + 2.2277 - 0.22277 - 1.1388 + 0.011388 = 1.40$$

注意在本问题中通过分析给出的 C_p 变量仅仅为实际案例的粗略表示法,因而不要过于严格地对待。本例的目的仅仅是说明如何使用方程(5.35)。

5.8 升力系数的压缩性修正

方程(5.38)中的压力系数可以用方程(5.28)中给出的压缩性修正进行如下替换:

$$c_l = \frac{1}{c}\int_0^c \frac{(C_{p,l} - C_{p,u})_0}{\sqrt{1 - M_\infty^2}}\mathrm{d}x = \frac{1}{\sqrt{1 - M_\infty^2}}\frac{1}{c}\int_0^c (C_{p,l} - C_{p,u})_0\,\mathrm{d}x \tag{5.39}$$

式中:下标 0 还是表示低速不可压流值。然而,参照方程(5.38)的形式可知

$$\frac{1}{c}\int_0^c (C_{p,l} - C_{p,u})_0 \mathrm{d}x \equiv c_{l,0}$$

式中:$c_{l,0}$是升力系数的低速值。因此方程(5.39)变成

$$c_l = \frac{c_{l,0}}{\sqrt{1-M_\infty^2}} \tag{5.40}$$

方程(5.40)给出了升力系数的压缩性修正,该压缩性修正受制于普朗特·格劳厄脱规则——方程(5.28)相同的近似值与准确度限制条件。同时注意附录 4 中的翼型数据是在低速时获得的,因此,从附录 4 中获得的升力系数值是 $c_{l,0}$。

最后,参照方程(5.19),可得出 c_l 怎样随马赫数变化的合理答案。就亚声速而言,除接近 1 马赫时外,升力系数与 $(1-M_\infty^2)^{1/2}$ 成反比变化。

例 5.17

考虑攻角为 4°时的 NACA4412 翼型。假设自由流马赫数为 0.7,求升力系数。

解

根据附录 4,当 $\alpha = 4°$ 时,$c_l = 0.83$。然而,附录 4 中的数据是在低速时获得的,因此,获得的升力系数值(0.83)实际为 $c_{l,0}$。

$$c_{l,0} = 0.83$$

对于高马赫数,必须根据方程(5.40)对升力系数值进行修正:

$$c_l = \frac{c_{l,0}}{(1-M_\infty^2)^{1/2}} = \frac{0.83}{(1-0.7^2)^{1/2}}$$

$$c_l = 1.16, M_\infty = 0.7 \text{ 时}$$

例 5.18

对于与例 5.17 中的翼型型号及条件完全一样的 NACA4412 翼型,求该翼型 1/4 翼弦点周围的力矩系数。

解

如图 5.5 所示,翼型力矩由表面压力分布产生,剪切应力的影响是微乎其微的。因此,压缩率对力矩系数的影响应与其对压力系数的影响相同;换句话说,普朗特·格劳厄脱规则适用于力矩系数。因此,可写成

$$c_{m_{c/4}} = \frac{(c_{m_{c/4}})_0}{\sqrt{1-M_\infty^2}}$$

式中:$(c_{m_{c/4}})_0$ 是力矩系数的不可压缩值;$c_{m_{c/4}}$ 是力矩系数的可压缩值。根据附录 4,当 $\alpha = 4°$ 时,可得出 $(c_{m_{c/4}})_0 = -0.99$,因此,

$$c_{m_{c/4}} = \frac{(c_{m_{c/4}})_0}{\sqrt{1-M_\infty^2}} = \frac{-0.09}{\sqrt{1-(0.7)^2}} = -0.126$$

例 5.19

分析在马赫数 0.8 自由流中的 NACA23012 翼型。升力系数为 0.92,求翼型的攻角。

解

升力系数值 $c_l = 0.92$ 是 $M_\infty = 0.8$ 时的实际可压缩值。反过来,相等的不可压缩值可以根据下式得出:

$$c_l = \frac{c_{l,o}}{\sqrt{1-M_\infty^2}}$$

或

$$c_{l,o} = c_l \sqrt{1-M_\infty^2} = 0.92\sqrt{1-(0.8)^2} = 0.92(0.6) = 0.552$$

不可压缩值为附录 4 中列出的值。因此,根据附录 4,当 $c_{l,o} = 0.552$ 时,

$$a = 4°$$

5.9 临界马赫数与临界压力系数

下面我们分析翼型上的气流。当气体在前缘附近的上表面周围扩散时,速度与由此产生的马赫数将迅速增加。确实,翼型表面有一些区域的局部马赫数可能大于 M_∞。假设将一个指定翼型置于 $M_\infty = 0.3$ 的风洞中,并且观察到翼型上表面的最高局部马赫数为 0.435,如图 5.19(a)所示。然后再假设将 M_∞ 的值增加到 0.5,最高局部马赫数将相应增加到 0.772,如图 5.19(b)所示。如果继续将 M_∞ 的值增加到 0.61,将观察到最高局部马赫数为 1.0:翼型表面的局部声速流,如图 5.19(c)所示。注意:即使自由流马赫数是亚声速,翼型上的气流可能局部仍为声速(或更高)。根据定义,我们将最初在翼型表面某处获取声速流的自由流马赫数称作翼型的临界马赫数。在前面的例子中,翼型的临界马赫数 M_{cr} 是 0.61。正如后文将提到的,M_{cr} 是一个重要的量,这是因为当自由流马赫数为大于 M_{cr} 的某个值时,翼型阻力将显著增大。

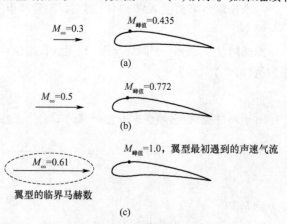

回顾图 5.19 可发现,翼型上局部 M 为峰值时的点也是最低表面压力点。根据压力系数的定义——方程(5.27),C_p 在该点将有相应的最大负值。并且根据普朗特·格劳厄脱规则与方程(5.28),随着 M_∞ 的值从 0.3 增加到 0.61,该点的 C_p 负值逐渐增大,如图 5.20 所示。我们将与声速流对应的 C_p 特定值定义为临界压力系数 $C_{p,cr}$。在图 5.19(a)与图 5.19(b)中,翼型最低压力点的 C_p 是比 $C_{p,cr}$ 大的负值。然而,在图 5.19(c)中,$C_p = C_{p,cr}$(根据定义)。

图 5.19 临界马赫数图解

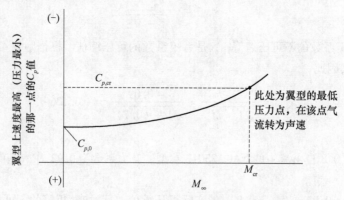

图 5.20 临界压力系数的图解

现在以图 5.21 中由薄到厚排列的三个不同翼型为例进行分析。首先集中精力分析薄翼型。由于翼型剖面很薄、呈流线型,薄翼型上的气流仅略微受到自由流值的干扰,其上表面上的气流扩散较轻微,速度仅略微增加,压力也仅下降一个相对较小的值,因此,在最低压力点,C_p 的量级很小。因此,C_p 随 M_∞ 发生变化的情况如图 5.21 底部曲线所示。对于薄翼型而言,$C_{p,0}$ 的量级较小,C_p 随 M_∞ 的增大而增大的比率也相对较小。事实上,因为薄翼型表面上的气流扩散较轻微,M_∞ 可以在翼型表面遇到声速流之前增加至一个大亚声速值。与薄翼型上的声速流条件对应的点在图 5.21 中被标为点 a。根据定义,对薄翼型而言,点 a 处的 C_p 与 M_∞ 值分别为 $C_{p,cr}$ 与 M_{cr}。

现在再分析中等厚度的翼型。中等厚度翼型前缘上的气流扩散将更强,速度将增加到更大值,压力将下降至更低值,C_p 的绝对量级更大,因此中等厚度翼型的压力系数曲线将位于薄翼型的压力系数曲线上面,如图 5.21 所示。并且,由于气流扩散更强,因此不久就将达到声速条件(在 M_∞ 值更低处)。中等厚度翼型的声速条件标注在该图的点 b 处。注意点 b 在点 a 的左边,也就是说,中等厚度翼型的临界马赫数低于薄翼型的 M_{cr}。同样的逻辑适用于厚翼型的压力系数曲线,该曲线给出了点 c 处的 $C_{p,cr}$ 与 M_{cr} 值。要强调的是,翼型越薄 M_{cr} 值越高,正如后文将提及的,这一点正好符合人们的需要,这就是为什么相对而言所有现代高速飞行器的翼型均比较薄的原因。

图 5.21 中的压力系数曲线用实线表示。根据定义,在这些曲线中,仅点 a、点 b 与点 c 处的值是临界压力系数。然而,这些临界点本身构成了图 5.21 中用虚线表示的轨迹。也就是说,该图标出的 $C_{p,cr} = f(M_\infty)$ 曲线给出了临界压力系数本身。让我们继续导出该函数。这是一个很重要的结果,也是第 4 章导出的气动关系的有趣应用。

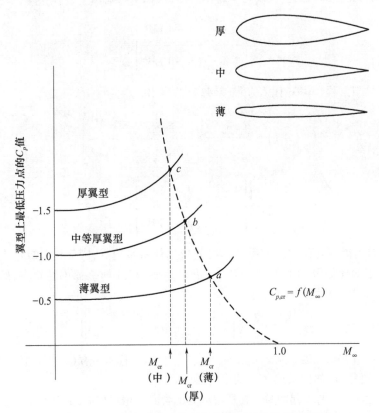

图 5.21 不同厚度翼型的临界压力系数与临界马赫数

首先，根据方程(5.27)分析C_p的定义：

$$C_p = \frac{p - p_\infty}{q_\infty} = \frac{p_\infty}{q_\infty}\left(\frac{p}{p_\infty} - 1\right) \tag{5.41}$$

根据动压的定义，

$$q_\infty \equiv \frac{1}{2}\rho_\infty V_\infty^2 = \frac{1}{2}\frac{\rho_\infty}{\gamma p_\infty}(\gamma p_\infty)V_\infty^2 = \frac{1}{2}\frac{V_\infty^2}{\gamma p_\infty/\rho_\infty}(\gamma p_\infty)$$

然而，根据方程(4.53)，$a_\infty^2 = \gamma p_\infty/\rho_\infty$，因此，

$$q_\infty = \frac{1}{2}\frac{V_\infty^2}{a_\infty^2}\gamma p_\infty = \frac{\gamma}{2}p_\infty M_\infty^2 \tag{5.42}$$

稍后将回到方程(5.42)，现在让我们一起回顾关于等熵流的方程(4.74)：

$$\frac{p_0}{p} = \left(1 + \frac{\gamma - 1}{2}M^2\right)^{\gamma/(\gamma-1)}$$

该方程将气流某点的总压力p_0与该点的静态压力p以及该点的局部马赫数M联系在一起。同时，根据相同的关系，得出

$$\frac{p_0}{p_\infty} = \left(1 + \frac{\gamma - 1}{2}M_\infty^2\right)^{\gamma/(\gamma-1)}$$

该方程将自由流中的总压力p_0与自由流静态压力p_∞以及自由流马赫数M_∞联系在一起。等熵流是一个与翼型上实际存在的亚声速流非常接近的近似值，对其而言，总压力自始至终保持恒定。（这一事实的证据参见更深入的空气动力学著作。）因此，如果将前两个方程相除，p_0将消失，得出

$$\frac{p}{p_\infty} = \left[\frac{1 + \frac{1}{2}(\gamma - 1)M_\infty^2}{1 + \frac{1}{2}(\gamma - 1)M^2}\right]^{\gamma/(\gamma-1)} \tag{5.43}$$

将方程(5.42)与方程(5.43)代入方程(5.41)中，得出

$$C_p = \frac{p_\infty}{q_\infty}\left(\frac{p}{p_\infty} - 1\right) = \frac{p_\infty}{\frac{1}{2}\gamma p_\infty M_\infty^2}\left\{\left[\frac{1 + \frac{1}{2}(\gamma - 1)M_\infty^2}{1 + \frac{1}{2}(\gamma - 1)M^2}\right]^{\gamma/(\gamma-1)} - 1\right\}$$

$$C_p = \frac{2}{\gamma M_\infty^2}\left\{\left[\frac{1 + \frac{1}{2}(\gamma - 1)M_\infty^2}{1 + \frac{1}{2}(\gamma - 1)M^2}\right]^{\gamma/(\gamma-1)} - 1\right\} \tag{5.44}$$

对于指定的自由流马赫数M_∞，方程(5.44)将流场任意指定点，因而也是翼型表面任意指定点的C_p局部值与该点的局部M值联系在一起。让我们选取$M=1$时表面的特定点，然后，根据定义，$C_p = C_{p,\text{cr}}$。将$M=1$代入方程(5.44)，得出

$$C_{p,\text{cr}} = \frac{2}{\gamma M_\infty^2}\left\{\left[\frac{2 + (\gamma - 1)M_\infty^2}{\gamma + 1}\right]^{\gamma/(\gamma-1)} - 1\right\} \tag{5.45}$$

方程(5.45)给出了期望的关系式$C_{p,\text{cr}} = f(M_\infty)$。将数字代入方程(5.45)，将产生图5.21中的虚线曲线。注意：随着M_∞的值增加，$C_{p,\text{cr}}$的值将减少。

评述：让我们暂停片刻，一起回顾上述所有内容的含义。根据作者的经验，对于初次接触该问题的读者而言，临界马赫数与临界压力系数的概念很难完全理解。因此，下面让我们详细阐述一下这两个概念。方程(5.44)与方程(5.45)完完全全属于空气动力学，它们与指定翼型的形状或攻角无

关。确实,与可压缩流有关的方程(5.44)的作用和与不可压流有关的伯努利方程的作用类似。对于不可压流,以压力与速度分别为 p_∞ 与 V_∞ 的自由流点,和压力与速度分别为 p 与 V 的另一任意流场,他们之间的关系所列出的伯努利方程(4.9)为

$$p - p_\infty = \frac{1}{2}\rho(V_\infty^2 - V^2) \tag{5.46}$$

在局部速度为 V 的不可压缩流中,另一任意点的指定自由流条件为 p_∞ 与 V_∞,该任意点的压力 p 是在此条件下根据方程(5.46)得出。现在我们集中分析方程(5.44)。此处以可压缩流为例,在该气流中,起决定作用的是马赫数而非速度。对于局部马赫数为 M 的可压缩流中另一任意点处的指定自由流马赫为 M_∞,该任意点的压力系数是根据方程(5.44)得出,因此与伯努利方程类似。这点反过来在方程(5.45)中有所体现。下面分析自由流马赫数为 M_∞ 的气流。假定在该气流中局部某点的局部马赫数为1。方程(5.45)给出了马赫数为1的该局部某点的压力系数值。继续将 $M=1$ 时的那一点的压力系数值定义为临界压力系数 $C_{p,cr}$。因此根据定义,当方程(5.44)中的 M 设定为1时,$M=1$ 时的那一相同点的相应压力系数值为临界压力系数。该系数是通过在方程(5.44)中指定 $M=1$,并根据方程(5.45)得出。如果用曲线图表示方程(5.45)中给出的函数关系,也就是说,如果画出 $C_{p,cr}$ 随 M_∞ 的变化曲线图,可得到图5.21中的虚线曲线。

从物理学的角度而言,$C_{p,cr}$ 随 M_∞ 的增加而减少的事实是说得通的。下面以 $M_\infty = 0.5$ 时的自由流为例进行分析,因为根据定义 $C_p = (p - p_\infty)/q_\infty$,所以若要将该气流扩散至马赫数为1,则气流的压力变化 $p - p_\infty$ 必须相对较大,从而导致压力系数也相对较大(在量级方面)。然而,分析 $M_\infty = 0.9$ 时的自由流可以发现,若要将该气流扩散至马赫数为1,则其压力变化应小得多,也就是说,$p - p_\infty$ 的量级小得多。因此,压力系数 $C_p = (p - p_\infty)/q_\infty$ 的量级将更小。结果,如图5.21中的虚线所示,$C_{p,cr}$ 随 M_∞ 减小。此外,该虚线是一条固定的"通用"曲线——它仅以空气动力学为基础,与所有指定翼型或指定攻角无关。

怎样估算翼型的临界马赫数,下面以指定攻角的指定翼型为例进行分析。怎样估算指定攻角翼型的临界马赫数?下面将讨论两种解决方法:图解法与分析解法。

图解法包含以下几个步骤:

1. 根据方程(5.45),获取 $C_{p,cr}$ 随 M_∞ 发生变化的曲线图。该曲线如图5.22中的曲线 A 所示。如先前讨论的一样,该曲线是一条固定的可用于解决所有此类问题的"通用"曲线。

2. 对于基本的低速不可压缩流,应获取翼型表面的最低压力系数值。最低压力系数与翼型表面的最大速度点相对应,该最低 C_p 值必须根据试验测量或理论得出,并用图5.22中点 B 所示的 $C_{p,0}$ 来表示。

3. 使用方程(5.28),用曲线画出最低系数值随 M_∞ 发生变化的情况。该曲线如图5.22中的曲线 C 所示。

4. 在曲线 C 与曲线 A 的相交处,翼型表面的最低压力系数等于临界压力系数,它们的交点以图5.22中的点 D 表示。就与该点有关的条件而言,翼型表面的最大速度恰好是声速。因此根据定义,点 D 处的 M_∞ 值是临界马赫数。

M_{cr} 的分析解法如下所示。方程(5.28)给出了翼型表面某指定点的 C_p 作为 M_∞ 的函数而发生变化的情况:

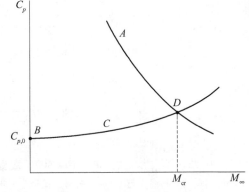

图 5.22 临界马赫数的测定

$$C_p = \frac{C_{p,0}}{\sqrt{1-M_\infty^2}} \tag{5.28}$$

在翼型表面某位置，$C_{p,0}$ 将是一个与表面最高速度点相对应的最低值，由于第 5.6 节讨论的可压缩性影响，最低压力系数值的绝对量级将随 M_∞ 的增加而增加。因此，在基本的不可压缩流条件（$M_\infty < 0.3$）下，方程(5.28)给出了 $C_{p,0}$ 给定时马赫数 M_∞ 更高时的最低压力系数值。然而，当 M_∞ 为某值时，气流速度将在最低压力系数那一点时变成声速。根据方程(5.45)，在声速条件下的压力系数值是临界压力系数。当最低压力点的气流变成声速时，方程(5.28)给出的压力系数恰恰为方程(5.45)给出的值，将这两个关系式列成一个等式，可得

$$\frac{C_{p,0}}{\sqrt{1-M_\infty^2}} = \frac{2}{\gamma M_\infty^2}\left\{\left[\frac{2+(\gamma-1)M_\infty^2}{\gamma+1}\right]^{\gamma/(\gamma-1)} - 1\right\} \tag{5.47}$$

满足方程(5.47)的 M_∞ 值是指在最高速度那一点（最低压力）气流变成声速时的值。也就是说，根据方程(5.47)得出的 M_∞ 值是翼型的临界马赫数。为强调这一点，用 M_{cr} 替换方程(5.47)中的 M_∞，得出

$$\frac{C_{p,0}}{\sqrt{1-M_{cr}^2}} = \frac{2}{\gamma M_{cr}^2}\left\{\left[\frac{2+(\gamma-1)M_{cr}^2}{\gamma+1}\right]^{\gamma/(\gamma-1)} - 1\right\} \tag{5.48}$$

利用方程(5.48)可对指定攻角指定翼型的临界马赫数进行直接的分析与估算。注意：毫无疑问为了得出 M_{cr} 的值，必须解出方程(5.48)——例如，经过反复试验与不断摸索，估计出一个 M_{cr} 值，看它是否满足方程(5.48)，然后再进行新的尝试。

请注意：方程(5.48)仅仅是图 5.22 中点 D 的分析表示法，在该图中曲线 A 与曲线 C 相交。

例 5.20

考虑 NACA0012 翼型，其形状如图 5.23 顶部所示，当攻角为零时，翼型表面的压力系数分布如该图底部所示，图中所示值是在 $Re = 3.65 \times 10^6$ 的风洞中测得的低速值。请根据这些信息，估算攻角为 0° 时 NACA0012 翼型的临界马赫数。

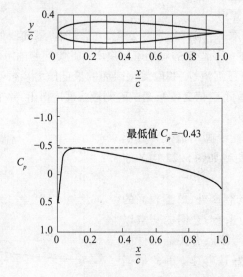

图 5.23　当攻角为 0° 时 NACA0012 翼型表面的低速压力系数分布。$Re = 3.65 \times 10^6$

[来源：R. J. 弗洛雷与 G. M. 格雷戈雷克《先进翼型技术研究》的《四种单要素翼型分析方法评估》（*An Evaluation of Four Single Element Airfoil Analytical Methods*），NASA CP2045，1978，第 133 – 162 页]

解

首先使用图解法进行分析,然后通过分析解法检验答案。

a. 图解法

让我们精确地画出 $C_{p,\text{cr}}$ 随 M_∞ 发生变化的曲线图,如图 5.22 中的曲线 A 所示。根据方程(5.45):

$$C_{p,\text{cr}} = \frac{2}{\gamma M_\infty^2} \left\{ \left[\frac{2 + (\gamma - 1)M_\infty^2}{\gamma + 1} \right]^{\gamma/(\gamma-1)} - 1 \right\}$$

当 $\gamma = 1.4$ 时,可列出如下表格:

M_∞	0.4	0.5	0.6	0.7	0.8	0.9	1.0
$C_{p,\text{cr}}$	−3.66	−2.13	−1.29	−0.779	−0.435	−0.188	0

图 5.24 给出了根据这些数字绘制的曲线,并用曲线 A 表示。

下面根据图 5.23 估算翼型表面的最低 C_p 值,该值为 $(C_p)_{\min} = -0.43$。图 5.23 所示压力系数的实验值基本是针对低速不可压缩流给出的。因此,在方程(5.28)中,$(C_{p,0})_{\min} = -0.43$,根据该方程,随着马赫数的增加,最低压力点的位置基本保持不变,但是最低压力系数值将发生变化。因此,

$$(C_p)_{\min} = \frac{(C_{p,0})_{\min}}{\sqrt{1 - M_\infty^2}} = \frac{-0.43}{\sqrt{1 - M_\infty^2}}$$

将 $(C_p)_{\min}$ 的某些值列入下列表格中:

M_∞	0	0.2	0.4	0.6	0.8
$(C_p)_{\min}$	−0.43	−0.439	−0.469	−0.538	−0.717

图 5.24 给出了根据这些数字绘制的曲线,并用曲线 C 表示。曲线 A 与曲线 C 的交点在点 D 处,与点 D 有关的自由流马赫数是临界马赫数。根据图 5.24,得出

$$M_{\text{cr}} = 0.74$$

b. 解析解法

将 $C_{p,0} = -0.43$ 代入方程(5.48)求出 M_{cr},可通过反复试验与不断摸索求解。假定不同的 M_{cr} 值,然后用迭代法找出满足方程(5.48)的值:

M_{cr}	$\dfrac{-0.43}{\sqrt{1 - M_{\text{cr}}^2}}$	$\dfrac{2}{\gamma M_{\text{cr}}^2}\left\{\left[\dfrac{2 + (\gamma - 1)M_{\text{cr}}^2}{\gamma + 1}\right]^{\gamma/(\gamma-1)} - 1\right\}$
0.72	−0.6196	−0.6996
0.73	−0.6292	−0.6621
0.74	−0.6393	−0.6260
0.738	−0.6372	−0.6331
0.737	−0.6362	−0.6367
0.7371	−0.6363	−0.6363

为了精确至小数点后 4 位,当 $M_{\text{cr}} = 0.7371$ 时,方程(5.48)的左右两边一致,也就是精确到小数点后 4 位。根据解析解法,得出

$$M_{\text{cr}} = 0.7371$$

注意：比较图解法与解析解法的结果。将图解法的答案精确至小数点后 2 位后，两个答案一致。

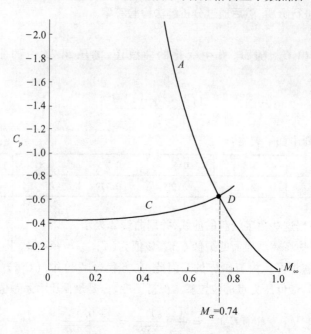

图 5.24　根据例 5.20 得出的临界马赫数的图解法

问题：例 5.20 中获得的临界马赫数的估算值有多精确？图 5.25(a) 与 (b) 中的压力系数数据提供了这一问题的答案，该图显示了在高速气流中，当 NACA0012 翼型的攻角为 0° 时，其表面压力分布的风洞测量值。在图 5.25(a) 中，$M_\infty = 0.575$，在图 5.25(b) 中，$M_\infty = 0.725$。在图 5.25(a) 中，当 $M_\infty = 0.575$ 时，如水平虚线所示，临界压力系数值 $C_{p,\mathrm{cr}} = -1.465$。根据临界压力系数的定义，在该水平线上的任意局部 C_p 值与局部超声速流一致，水平线下的任意局部 C_p 值与局部亚声速流一致。

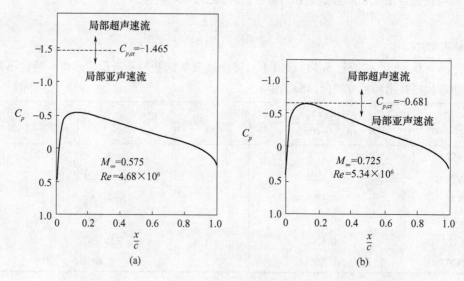

图 5.25　攻角为 0° 时 NACA0012 翼型表面压力系数分布的风洞测量值
(a) $M_\infty = 0.575$；(b) $M_\infty = 0.725$。
[来源：弗洛雷与格雷戈雷克的试验数据，NASA CP 2045]

显然，如图 5.25(a)所示，根据 $M_\infty = 0.575$ 时测得的表面压力系数分布，可知表面每一点的气流均为局部亚声速。因此，$M_\infty = 0.575$ 低于临界马赫数。在马赫数更高的图 5.25(b)中，当 $M_\infty = 0.725$ 时的临界压力系数值 $C_{p,\mathrm{cr}} = -0.681$ 用水平虚线表示。在此图中，除了在最低压力点$(C_p)_{\min}$基本等于 $C_{p,\mathrm{cr}}$ 外，局部压力系数均高于表面各点的 $C_{p,\mathrm{cr}}$。这意味着当 $M_\infty = 0.725$ 时，除了在最低压力点气流基本为声速外，表面各点的气流基本为亚声速。这些试验测量值表明：当攻角为 0°时，NACA0012 翼型的临界马赫数近似等于 0.73。将该试验结果与例 5.20 中根据计算得出的临界马赫数值 $M_{\mathrm{cr}} = 0.74$ 进行比较，可发现计算结果竟然令人惊讶地精确到了 1% 以内。

最大速度点的位置(最低压力)：本节最后将通过研究图 5.23 与图 5.25 所示的压力系数分布，以及图 5.23 顶部所示的 NACA0012 翼型的形状，进行观察。注意最低压力(因而也是最大速度)不会出现在翼型的最大厚度处。就图 5.23 所示的翼型而言，其最大厚度位于 $x/c = 0.3$ 处。根据图 5.23 与图 5.25 所示的表面压力系数分布可知，表面的最低压力点(最大速度)位于 $x/c = 0.11$ 处，即最大厚度点之前较远处。可能直觉首先会告诉我们：最大速度点(最小压力)可能位于最大厚度点处，但这种直觉是错的。自然界决定最大速度应位于一个可以满足整个流场物理现象，而非气流局部区域发生情况的那一点。最大速度点由整个翼型的形状决定，而非仅仅由局部区域的翼型形状决定。

5.10 阻力发散马赫数

现在我们将注意力转向翼型阻力系数 c_d。图 5.26 粗略画出了 c_d 随 M_∞ 而发生变化的情况。当马赫数较低，小于 M_{cr} 时，c_d 基本上保持恒定，并等于附录 4 中指定的低速值。如图 5.27 所示，在这一条件下，翼型周围的流场(假设为图 5.26 中的点 a)位于气流中 $M < 1$ 的任意处。如图 5.27(b)所示，如果将 M_∞ 增加至仅略高于 M_{cr} 时，在最低压力点周围将产生超声速流"泡沫"。相应地，如图 5.26 点 b 所示，c_d 仍将保持合理的较低值。然而，如图 5.26 点 c 所示，如果 M_∞ 仍然继续增加，阻力系数将突然显著增大。如图 5.27(c)所示，在此处气流中会突然出现激波。激波对表面压力分布的影响可以从图 5.28 中给出的试验数据中看出。此处给出的表面压力系数适合 $M_\infty = 0.808$ 的自由流中攻角为 0°时的 NACA0012 翼型。(图 5.28 与图 5.23 及图 5.25 构成一组图。)比较例 5.20 的结果与图 5.25(b)所示的数据可知，$M_\infty = 0.808$ 大于攻角为 0°时 NACA0012 翼型的临界马赫数。图 5.28

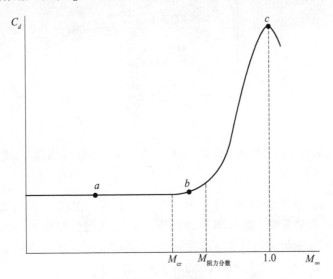

图 5.26　阻力系数随马赫数发生变化图

中的压力分布清楚地证明了这一事实,压力分布曲线形状与前面图形中的形状有着显著的差异。在

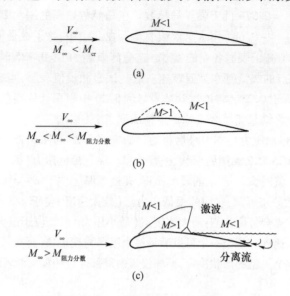

图 5.27 阻力分散的物理机制

该图中,水平虚线与 $M_\infty = 0.808$ 时的临界压力系数值 $C_{p,\mathrm{cr}}$ 一致。注意:在 $0.11 < x/c < 0.45$ 的区域,表面气流速度局部为声速。回顾 4.11.3 节有关激波的讨论可知:当穿越激波时,压力增加,而速度减少。从图 5.28 中可清楚地看出这些现象。当 $x/c = 0.45$ 时,压力突然显著增加表明该处已经出现激波,气流速度从激波前的超声速降至激波后的亚声速。(如图中所示,气流速度降至激波后的亚声速而非仅仅下降至一个较低的超声速值,这对气流而言是一个基本正常的激波特征。)

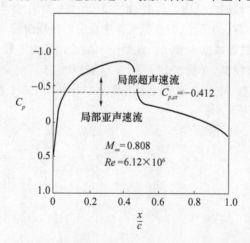

图 5.28 攻角为 $0°$,且 $M_\infty = 0.808$ 大于临界马赫数时,NACA0012 翼型表面压力系数分布的风洞测量值
[来源:试验数据由弗洛雷与格雷戈雷克提供(NASA2045),这些数据与图 5.23 及图 5.25 所示的数据互为补充。]

激波本身是增加翼型阻力的耗能现象。但是除此之外,穿越激波时,压力急剧增加产生一种强逆压梯度,引起气流从表面分离。如 4.20 节讨论的一样,此气流分离可导致阻力显著增加。因此,在图 5.26 中,c_d 急剧增加是激波与气流分离共同作用的结果。我们将 c_d 开始迅速增加时的自由流马赫数定义为阻力分散马赫数,并用图 5.26 加以说明。注意:

$$M_{\mathrm{cr}} < M_{阻力分散} < 1.0$$

图 5.27(c)所示的激波图案是被人们称作跨声速的飞行领域的特征。我们通常将 $0.8 \leqslant M_\infty \leqslant 1.2$ 时的气流命名为跨声速流,其特点在于有一些非常复杂的影响,图 5.27(c)对此稍有暗示。为了对此进行补充说明,图 5.29 展示了 c_l 与 c_d 以攻角为参数随马赫数的变化情况,翼型为标准的 NACA2315 翼型。图 5.29 以真实的风洞数据说明了大量跨声速流对升力系数与阻力系数的影响。跨声速流的分析曾是现代空气动力学的一个主要挑战。仅在近几十年,大约自 1970 年后,翼型上的跨声速流的计算机解法才渐渐发挥实际作用。这些数字解法仍处于发展与改进状态。跨声速流一直是一个亟待解决的棘手问题。

a. 与图 5.21 中点 a 有关的流场
b. 与图 5.21 中点 b 有关的流场
c. 与图 5.21 中点 c 有关的流场

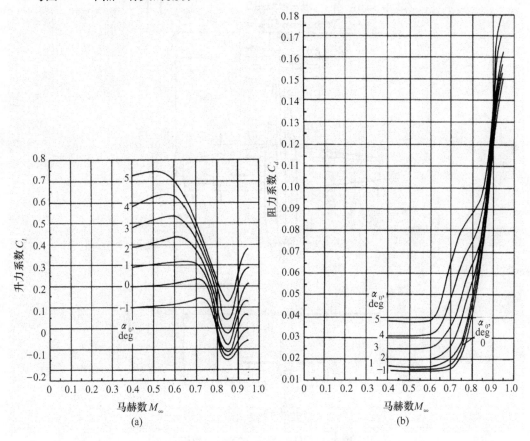

图 5.29 NACA2315 翼型的(a)升力系数与(b)阻力系数以攻角为参数随马赫数发生变化的曲线图
[来源:NACA 兰利纪念实验室风洞测量值]

设计板块

超声速飞机设计者经常寻找设计方法,使飞机在不会极大增加声速阻力的情况下确保飞行马赫数接近于1。这些设计者在选择翼型使发散马赫数增大方面有两种选择:(1)使用薄翼型;(2)采用一种特殊形状翼,称为超临界翼型。这些选择可单独使用也可配合使用。

就翼型厚度而言,图 5.21 所示的一般趋势清楚地表明:使翼型变薄将增大 M_{cr},而增大 M_{cr} 通常意味着阻力发散马赫数也将增加。因此,当其他一切条件相同时,翼型更薄的跨声速飞行器可以在遭遇阻力发散前,以更高的马赫数飞行。著名的贝尔 X-1 设计中包含了这一知识。贝尔 X-1 是首架飞行速度比声速更快的飞行器(参见第 5.22 节)。设计师们将 X-1 设计为带有两组机翼:一组 10%厚度的翼型适合更常规的飞行,另一组 8%厚度的翼型适合用于速度将会超过马赫数 1 的飞行。翼型剖面分别为 NACA65-110 与 NACA65-108,并且,在以下两种情况下,水平尾翼将更薄:NACA65-008(8%的厚度)与 NACA65-006(6%的厚度)。这样做的目的是:确保机翼在遭遇主要的可压缩性气流影响时,水平尾翼与升降舵不会受此类问题的影响,并将继续发挥稳定与控制作用。贝尔 X-1 的三视图如图 5.30 所示。

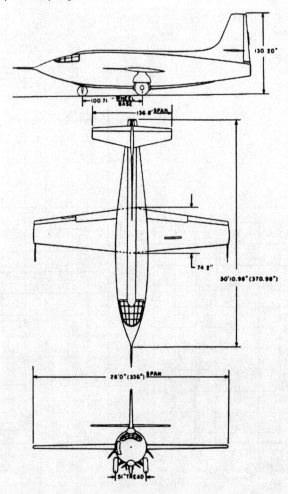

图 5.30　贝尔 X-1 试验机三视图

如图 5.29 所示,逆压缩性效应会引起阻力显著增大,升力急剧减小,通过减小翼型厚度可以延迟该效应。人们对这一事实的了解最早可追溯到 1918 年。这一年,随着第一次世界大战接近尾声,俄亥俄州代顿市美国陆军麦克库克野战试验场的两名工程师弗兰克·考德威尔与以利沙·菲尔斯在一个能够产生 465 英里/h 测试流的高速风洞中,测到了逆压缩性效应。后来,在 20 世纪 20 年代与 30 年代,NACA 开展的高速风洞试验对该知识进行了补充。[如需了解更多该时期可压缩性影响知识进展的历史论述详情,请参见 1997 年安德森所著的《空气动力学历史及其对飞行器的影响》(*A History of Aerodynamics and Its Impact on Flying Machines*)。同时还可参见 1998 年 NASA SP-4219 中,由帕梅拉·麦克(Pamela Mack)编辑,由安德森所著的《从工程科学到大科学》(*From Engineering Science to Big Science*)的第 3 章"超声速飞行及音障削弱研究"。]

更薄的翼型也对超声速飞行器有利,具体原因将在5.11节进行讨论。确实,通常情况下,在飞机设计中,设计马赫数越高,翼型剖面也就越薄。这一点在图5.31中有显著的体现,该图是第二次世界大战以来各种高速飞行器的翼型厚度随马赫数的变化曲线图。随着飞行器设计马赫数的增加,更薄的翼型成为设计师们在翼型设计时必须考虑的问题。

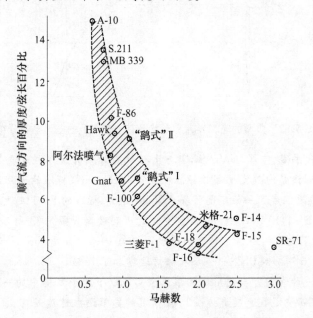

图5.31　不同飞行器典型抽样的厚度-弦长比随马赫数变化的曲线图
[来源:雷·惠特福德(Ray Whitford),《空战气动设计》(Design for Air Combat),英国萨里:简氏信息集团有限公司,1989]

　　临界翼型是增加阻力发散马赫数的一种不同方法。这种方法是在设计翼型的形状时采用相对较平的上表面,如图5.32所示。当自由流马赫数超过M_{cr}时,像往常一样,翼型上表面会产生一股超声速流。但是,由于翼型顶部相对较平,其局部超声速马赫数值会比常规翼型的马赫数值低,因此终止该股超声速流的激波更弱。反过来,在阻力发散发生前,超临界翼型可以穿透至更接近1马赫。实质上,M_{cr}与$M_{阻力发散}$之间马赫数增量(宽限期)的增大(参见图5.26)是由超临界翼型的形状引起的。得出这一结论的依据之一是:在超过M_{cr}的区域,超临界翼型比常规翼型"更舒适",并且在遭遇阻力发散前,它可以以更加接近马赫数1的速度飞行。由于它们在超过临界马赫数时的飞行状态更舒适,并且在超过M_{cr}时可以更近地穿过马赫数1,因此我们将这些翼型称作超临界翼型。此类翼型设计用于在超过M_{cr}的马赫数范围巡航。

　　图5.32所示为超临界翼型上表面上的压力系数分布,该翼型以高于M_{cr}但低于$M_{阻力发散}$的速度飞行,其前缘周围的压力急剧减小后,压力在大部分上表面上仍然保持相对恒定。这与图5.28所示的传统翼型的压力系数分布形成对比,该传统翼型以超过M_{cr}的速度飞行。显然,为了取得期望的结果,人们小心翼翼地对超临界翼型上的气流进行了修改。

　　20世纪60年代中期,NASA兰利研究中心的一名航空学工程师,理查德·惠特科姆开展了早期关于超临界翼型的空气动力学研究。NASA的一篇题为"超临界马赫数有效飞行的翼型"(NASA TM X-1109,1965年7月,由R.T.惠特科姆与L.R.克拉克合著)的评论对惠特科姆的这项工作进行了论述。惠特科姆的超临界翼型的设计是一项创举,今天所有的现代民用直升运输机均设计有超临界机翼,其中还包括专门设计的超临界气流翼型剖面,该翼型剖面包含理查德·惠特科姆最初的设计理念。

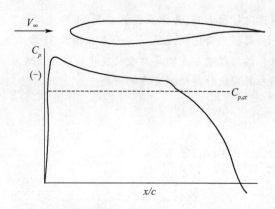

图 5.32 典型的超临界翼型形状及其上表面上的压力系数分布

在 20 世纪 70 年代早期,空军/NASA 风洞与飞行试验计划开展了被称为"跨声速飞行器技术"(TACT)的计划,该计划清楚地确定了超临界翼型的有效性。一架标准的通用动力公司 F-111 飞机(图 5.33 顶部略图)被改装成了一架带超临界机翼的飞机。标准的 F-111 飞机与 TACT 飞机(采用超临界机翼改装后的 F-111)的 C_D 随 M_∞ 发生变化的风洞数据如图 5.33 所示。F-111 的标准翼型为 NACA64-210,TACT 飞机的超临界翼型的厚度同样为 10%。如图 5.33 所示,使用超临界翼型将阻力发散马赫数从 0.76 增加到 0.88——令人惊讶地增加了 16%。

跨声速飞行器的设计者们可以使用超临界翼型实现以下两个目标中的一个:(1)就指定翼型厚度而言,超临界翼型可以使巡航速度更快;(2)就指定的更低巡航速度而言,翼型厚度可能更大。后一种选择具有一些设计优势。更厚机翼的结构设计更简单,在实际上会促进较厚的轻型机翼的使用。同时,机翼更厚使体积更大,从而增大了燃料容量。显然,使用超临界翼型为跨声速飞行器提供了更大的"设计空间"。

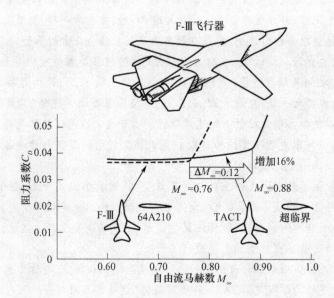

图 5.33 与标准的 F-111 相比,具有超临界机翼的 TACT 飞行器的阻力发散马赫数的增量。NASA 兰利研究中心获得的风洞数据。后掠翼 =26°。C_L 在 0.0465 时保持恒定

[来源:跨声速飞行器(TACT)技术座谈会备忘录,美国空军飞行动力学实验室技术报告 AFFDL-TR-78-100,1978 年 8 月]

5.11 超声速下的激波阻力

针对这一点,我们已经讨论了亚声速,即 $M_\infty < 1$ 时的翼型特征。当 M_∞ 为超声速时,我们引入了一个新的重要物理现象:激波。4.11.3 节有关超声速全压管测量的论述中略微提及了激波。就翼型(以及其他所有气动机身)而言,超声速流中的激波会产生一种新的阻力源,我们将其称作激波阻力。本节我们重点讨论的一些概念与激波以及随激波出现的激波阻力有关,但是关于激波现象的详细研究将留到更高级的空气动力学课本进行阐述。

为了探索激波如何产生,请设想一下现在有一个小的声波源:一个很小的"蜂鸣器"(类似音叉的物体),当时间 $t=0$ 时,假定蜂鸣器位于图 5.34 中的点 P。让蜂鸣器在该点发送声波,然后该声波将以声速 a 向各个方向传送。同时,让蜂鸣器以小于声速的速度 V 移动。如图 5.34 所示,在时间 t 时,声波已经向外移动了距离 at,与此同时,蜂鸣器已经移动了距离 Vt,并到达点 Q。因为 $V<a$,所以蜂鸣器将总是停留在声波内。如果蜂鸣器在移动过程中不断地发送声波,那么这些声波将在蜂鸣器前面不断地向外移动。只要 $V<a$,蜂鸣器将总是位于声波形成的包线内。

现在,改变一下这种情形:假定蜂鸣器正在以超声速移动,即 $V>a$。当时间 $t=0$ 时,假定蜂鸣器位于图 5.35 的点 R。让蜂鸣器在该点发送声波,此时该声波将如前文所述以声速 a 向各个方向传播。如图 5.35 所示,在时间 t 时,声波已经向外移动了距离 at,与此同时,蜂鸣器已经移动了距离 Vt,并到达点 S,然而,因为 $V>a$,所以现在蜂鸣器将处于声波外。如果蜂鸣器在移动的过程中不断地发送声波,那么此时这些声波将大量积聚在一个包线内,该包线是由一条以点 S 为端点的线与由第一条声波形成的圆相切形成的,且该圆以点 R 为圆心。这条积聚了压力干扰的切线被称为马赫波。激波的顶点在点 S 处固定至移动的蜂鸣器上。在图 5.35 中,当飞行器以超声速飞行时,蜂鸣器前面的空气没有蜂鸣

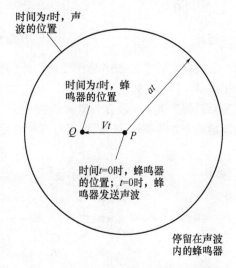

图 5.34　移动速度低于声速的蜂鸣器

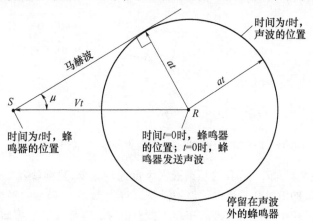

图 5.35　马赫波与激波的起因。蜂鸣器的移动速度高于声速

器靠近的预兆,只有马赫波后面的空气感应到蜂鸣器的存在,并且蜂鸣器的存在是由被限制在以马赫波为界限的锥形区域内的压力(声)波传达出来的。相比之下,在图 5.34 中,当飞行器以亚声速飞行时,蜂鸣器前面的空气预先得到声波发出的关于蜂鸣器临近的警告。在这种情况下,不会积聚压力波,也不存在马赫波。

因此,我们可以开始认为:超声速飞行时压力波的聚结或积聚可以产生某种轮廓鲜明的波。在图 5.35 中,形成的马赫波在蜂鸣器的运动方向形成角 μ。该角被定义为马赫角,根据图 5.35 中的几何图形,可以轻而易举地求出其值。

$$\sin\mu = \frac{at}{Vt} = \frac{a}{V} = \frac{1}{M}$$

因此,
$$\text{马赫角} \equiv \mu \equiv \arcsin\frac{1}{M} \tag{5.49}$$

在现实生活中,一个非常细小的物体(例如一根细针)以 $M_\infty > 1$ 移动,将对气流产生一种非常弱的干扰,即马赫波,如图 5.36 所示。相比之下,一个更粗大的物体,例如图 5.37 中的楔形机身,以超声速移动将产生一种被称为激波的强干扰,且如图所示,该激波将以斜角 β 倾斜,且 $\beta > \mu$。当气流在斜激波上方移动时,压力、温度与密度增大,同时速度与马赫数减小。

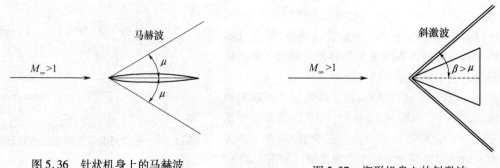

图 5.36　针状机身上的马赫波　　　　图 5.37　楔形机身上的斜激波

现在以图 5.38 中的楔形机身为例,分析其表面的压力。因为 p 沿着斜激波增大,因此在楔形表面 $p > p_\infty$,简单观察一下该图可以发现由于压力垂直作用于表面,且该表面本身又倾斜于相对风,因而楔形机身上将产生净阻力,同时从本质上说,该净阻力又是由穿过激波时压力增大引起,因此将该阻力称作激波阻力。

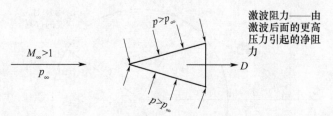

图 5.38　超声速时楔形机身上的压力分布;激波阻力的起因

为了使激波的强度减到最小,所有的超声速翼型剖面均很薄,且前缘相对较尖。(洛克希德公司 F-104 超声速战斗机的前缘几乎像剃须刀一样薄。)将图 5.39 中列举的平板视作近似的较薄超声速翼型,图中该平板以较小的攻角 α 倾斜于超声速自由流。在平板的上表面,前缘的膨胀波使流场绕开自由流。膨胀波是一个扇形区域,压力通过该区域时将减小。在后缘的上表面,斜激波使气流转回与自由流一致的方向。在平板的下表面,气流进入自由流,产生斜激波,同时压力增大。在后缘处,膨胀波使气流转回与自由流一致的方向。(膨胀波与激波的理论及详情不在本书的讨论范围内——在进行更深入的空气动力学学习之前,读者必须毫不怀疑地接受图 5.39 所示的流场)。前缘的膨胀波与激波引起表面压力分布为上表面的压力小于 p_∞,但是下表面的压力大于 p_∞,其净效应是产生一个与平板方向垂直的气动力。该力的一个分力与相对风垂直,另一个分力与相对风平行,它们分别是升力与超声速激波阻力。升力系数与阻力系数的关系与之近似,它们分别为

$$c_l = \frac{4\alpha}{(M_\infty^2 - 1)^{1/2}} \tag{5.50}$$

和

$$c_{d,w} = \frac{4\alpha^2}{(M_\infty^2 - 1)^{1/2}} \tag{5.51}$$

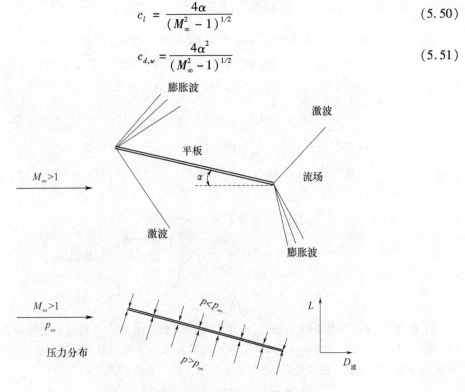

图 5.39 超声速流中有攻角平板的流场与压力分布,
激波与膨胀波产生的压力分布导致存在净升力与净阻力

阻力系数添加了下标 w,用以强调它是激波阻力系数。方程(5.50)与方程(5.51)是近似的关系式,此类关系式对超声速流中的小至中等攻角的薄翼型非常有用。注意:当 M_∞ 增大时,c_l 与 c_d 两者均会减小。这并不是说升力与阻力本身将随 M_∞ 减小。恰恰相反,对所有飞行状态而言,由于动压 $q_\infty = q_\infty = \frac{1}{2}\rho V_\infty^2$ 增加,因此随着飞行速度的加快,L 与 D 通常会增大。根据方程(5.50)与方程(5.51),在超声速飞行状态下,即使 c_l 与 $c_{d,w}$ 随 M_∞ 减小,L 与 D 仍会随速度的增快而增大。

例 5.21

设想一个在 20000 ft 的标准高度,以 3 马赫的速度飞行,翼弦长 c = 5ft 的薄超声速翼型,且该翼型攻角等于 5°。

(a) 计算升力系数与激波阻力系数以及单位翼展上的升力与激波阻力。

(b) 除马赫数 2 外,比较相同条件下相同翼型的上述这些结果。

解

a. 在方程(5.50)与方程(5.51)中,攻角 α 的单位必须以弧度表示。因此,

$$\alpha = 5° = \frac{5}{57.3}\text{rad} = 0.0873\text{rad}$$

同时，

$$\sqrt{M_\infty^2 - 1} = \sqrt{3^2 - 1} = 2.828$$

$$c_l = \frac{4\alpha}{\sqrt{M_\infty^2 - 1}} = \frac{4(0.0873)}{2.828} = 0.123$$

$$c_{d,w} = \frac{4\alpha^2}{\sqrt{M_\infty^2 - 1}} = \frac{4(0.0873)^2}{2.828} = 0.0108$$

在 20000ft 处，$\rho_\infty = 1.2673 \times 10^{-3}$ slug/ft³，且 $T = 447.43°$R。因此，

$$a_\infty = \sqrt{\gamma R T_\infty} = \sqrt{1.4(1716)(447.43)} = 1037 \text{ ft/s}$$

$$V_\infty = M_\infty a_\infty = 3(1037) = 3111 \text{ ft/s}$$

$$q_\infty = \frac{1}{2}\rho_\infty V_\infty^2 = \frac{1}{2}(1.2673 \times 10^{-3})(3111)^2 = 6133 \text{ lb/ft}^2$$

$$L(\text{单位翼展}) = q_\infty c c_l = 6133(5)(0.123) = 3772 \text{ lb}$$

$$D_w(\text{单位翼展}) = q_\infty c c_{d,w} = 6133(5)(0.0108) = 331.2 \text{ lb}$$

b.

$$\sqrt{M_\infty^2 - 1} = \sqrt{2^2 - 1} = 1.732$$

$$c_l = \frac{4\alpha}{\sqrt{M_\infty^2 - 1}} = \frac{4(0.0873)}{1.732} = 0.207$$

$$c_{d,w} = \frac{4\alpha^2}{\sqrt{M_\infty^2 - 1}} = \frac{4(0.0873)^2}{1.732} = 0.0176$$

注意：速度为马赫数 2 时，c_l 与 $c_{d,w}$ 比速度为马赫数 3 时高。这是通常的结果；根据方程(5.50)与方程(5.51)，可清楚地看出 c_l 与 $c_{d,w}$ 两者均随马赫数的增大而减小。这是否意味着 L 与 D_w 也会随马赫数的增大而减小？根据直觉，这点似乎并不正确。让我们求出：

$$V_\infty = a_\infty M_\infty = 1037(2) = 2074 \text{ ft/s}$$

$$q_\infty = \frac{1}{2}\rho_\infty V_\infty^2 = \frac{1}{2}(1.2673 \times 10^{-3})(2074)^2 = 2726 \text{ lb/ft}^2$$

$$L(\text{单位翼展}) = q_\infty c c_l = 2726(5)(0.207) = 2821 \text{ lb}$$

$$D_w(\text{单位翼展}) = q_\infty c c_{d,w} = 2726(5)(0.0176) = 240 \text{ lb}$$

这与我们的直觉不相冲突。随着超声速马赫数的增大，尽管升力系数与阻力系数减小，L 与 D_w 仍会增大。

例 5.22

洛克希德公司 F-104 超声速战斗机如图 4.45 的三视图以及图 5.40 的照片所示。这是第一架设计用于以 2 马赫的速度持久飞行的战斗机，其机翼平面形状面积为 19.5m²。设想 F-104 稳定、水平飞行，假定其重量为 7262kg$_f$，计算其在(a)海平面及(b)10km 处以 2 马赫的速度飞行时的攻角。

解

假定以超声速飞行的 F-104 机翼可以用一块平板表示，且其机翼升力系数是根据方程(5.50)得出的。尽管该方程适用于平板翼型剖面，我们假定它给出了 F-104 平直机翼的合理估算值。务必记住根据方程(5.50)仅仅是有限翼展机翼的近似计算法。

重量以 kg$_f$ 表示，单位不统一。如例 2.5 所示，1 kg$_f$ = 9.8N。同时，在稳定、水平飞行时，升力等于飞行器的重量。因此，

图 5.40 第一架设计用于以 2 马赫的速度持久飞行的飞机:洛克希德公司 F-104"星座式"战斗机

$$L = W = 7262(9.8) = 7.12 \times 10^4 \text{ N}$$

a. 在海平面处,$\rho_\infty = 1.23 \text{ kg/m}^3$ 且 $T_\infty = 288\text{K}$。因而可以通过下式得出声速:

$$a_\infty = \sqrt{\gamma R T_\infty} = \sqrt{(1.4)(287)(288)} = 340 \text{ m/s}$$

因此,

$$V_\infty = a_\infty M_\infty = (340)(2) = 680 \text{ m/s}$$

$$q_\infty = \frac{1}{2}\rho_\infty V_\infty^2 = \frac{1}{2}(1.23)(680)^2 = 2.84 \times 10^5 \text{ N/m}^2$$

$$c_l = \frac{L}{q_\infty S} = \frac{7.12 \times 10^4}{(2.84 \times 10^5)(19.5)} = 0.014$$

根据方程(5.50),得出

$$c_l = \frac{4\alpha}{\sqrt{M_\infty^2 - 1}}$$

或

$$\alpha = \frac{c_l}{4}\sqrt{M_\infty^2 - 1} = \frac{0.014}{4}\sqrt{(2)^2 - 1} = 6.06 \times 10^{-3} \text{ rad}$$

当单位用度表示时,得出

$$\alpha = (6.06 \times 10^{-3})(57.3) = 0.35°$$

注意:这是一个非常小的攻角。在海平面处,当速度为马赫数 2 时,动压非常大,以至于仅需非常小的升力系数以及由此决定的非常小的攻角即可将飞行器支撑在空中。

b. 根据附录 1,在 10km 处时,$\rho_\infty = 0.41351 \text{kg/m}^3$,且 $T_\infty = 223.26\text{K}$。

$$a_\infty = \sqrt{\gamma R T_\infty} = \sqrt{(1.4)(287)(223.26)} = 300 \text{ m/s}$$

$$V_\infty = a_\infty M_\infty = (300)(2) = 600 \text{ m/s}$$

$$q_\infty = \frac{1}{2}\rho_\infty V_\infty^2 = \frac{1}{2}(0.41351)(600)^2 = 7.44 \times 10^4 \text{ N/m}^2$$

$$c_l = \frac{L}{q_\infty S} = \frac{7.12 \times 10^4}{(7.44 \times 10^5)(19.5)} = 0.049$$

$$\alpha = \frac{c_l}{4}\sqrt{M_\infty^2 - 1} = \frac{0.049}{4}\sqrt{(2)^2 - 1} = 0.02 \text{ rad}$$

当单位用度表示时,得出 $\alpha = (0.021)(57.3) = 1.2°$

注意:10km 高度处的动压小于海平面处的动压,在 10km 处时,支撑飞行器飞行所需的攻角仍然相对较小:仅比 1°稍大一点。通过本例可了解到以超声速稳定水平飞行的飞行器,其飞行时的攻角非常小。

例 5.23

在例 5.22 中，F-104 在 10 km 高度处，以马赫数 2 的速度稳定、水平飞行时，如果其飞行员以 10°的攻角突然将飞机倾斜，计算作用于该飞行器上的瞬时升力，同时说明可能出现的结果。

解

$$\alpha = \frac{10}{57.3} = 0.175 \text{ rad}$$

根据方程(5.50)，得出

$$c_l = \frac{4\alpha}{\sqrt{M_\infty^2 - 1}} = \frac{4(0.175)}{\sqrt{(2)^2 - 1}} = 0.404$$

根据例 5.22，当飞行器以马赫数 2 的速度，在 10km 高度飞行时，$q_\infty = 7.44 \times 10^4 \text{N/m}^2$：

$$L = q_\infty S c_l = (7.44 \times 10^4)(19.5)(0.404) = 5.86 \times 10^5 \text{N}$$

将该升力值与飞行器的重量进行比较：

$$\frac{L}{W} = \frac{5.86 \times 10^5}{7.12 \times 10^4} = 8.2$$

当飞行员突然将攻角增大至 10°时，升力增加至一个比重量大 8.2 倍的值。这时飞行员将突然感觉一个等于重力加速度的 8.2 倍的加速度，有时我们将其称为 8.2 倍重力加速度。人体对这种加速度的承受能力仅能维持几秒钟，之后便会失去意识。并且，飞行器的机体结构将处于巨大的压力之下。这些就是为什么在超声速飞行时，飞行器攻角通常保持低值的原因。

例 5.24

飞行物体的升力系数是攻角的一个函数。本例的目的是检查在各种速度值（包括亚声速与超声速）下升力均保持恒定时，翼型的攻角怎样随飞行速度的变化而变化。（第 6 章将提到对于稳定飞行的飞行器而言，无论飞机以什么速度飞行，升力必须总是等于飞行器重量。因此，本例的分析结果有助于人们了解在一定的飞行速度范围内，稳定、水平飞行的飞行器，其攻角会发生什么变化。）

a. 亚声速飞行情况：分析在标准海平面条件下，翼型型号为 NACA64-210，翼弦长为 1.5m 的无限翼展机翼的单位翼展。单位翼展升力为 3300N，且不会随速度而发生变化。计算并画出当 V_∞ 从 50m/s 变为 250m/s 时，攻角作为速度的函数随速度发生变化的曲线，同时应考虑压缩性效应。

b. 超声速飞行情况：分析在标准海平面条件下，翼弦长为 1.5m 的平板无限翼展机翼的单位翼展。单位翼展升力为 3300N，且不随速度发生变化。计算并画出当 V_∞ 从 500m/s 变为 1000m/s 时，攻角随速度发生变化的曲线。

解

以下信息既适用于亚声速飞行情况，又适用于超声速飞行情况。根据 4.9 节，标准的海平面声速为 $a_\infty = 340.3 \text{m/s}$，因此，

$$M_\infty = V_\infty/340.3 \qquad \text{(E 5.24.1)}$$

同时，

$$q_\infty = \frac{1}{2}\rho_\infty V_\infty^2 = \frac{1}{2}(1.23)V_\infty^2 = 0.165 V_\infty^2$$

通过方程(5.25)得出升力系数：

$$c_l = \frac{L(单位翼展)}{q_\infty c} = \frac{3300}{(0.615 V_\infty^2)(1.5)} = \frac{3577}{V_\infty^2} \qquad \text{(E 5.24.2)}$$

a. 亚声速飞行情况:攻角变化必须根据附录4中指定的NACA64-210翼型的翼型数据得出。附录4中指定的升力系数为低速值 $c_{l,0}$,然而根据方程(E 5.24.2)计算出的升力系数 c_l 为实际升力系数,因此包含第5.8节讨论的压缩性效应。为了使用附录4,应根据方程(5.40)计算升力系数 $c_{l,0}$ 的相关低速值。

$$c_{l,0} = c_l\sqrt{1-M_\infty^2} \qquad (E\ 5.24.3)$$

然后为得到 $c_{l,0}$ 值,应从附录4中获取攻角。部分结果如下表所示:

V_∞(m/s)	$M_\infty=V_\infty/340.3$	$c_l=3577/V_\infty^2$	$c_{l,0}=c_l\sqrt{1-M_\infty^2}$	$\alpha/(°)$
50	0.147	1.43	1.41	12
75	0.22	0.636	0.605	4
100	0.294	0.358	0.342	1.5
150	0.44	0.159	0.143	-0.5
200	0.588	0.089	0.072	-1
250	0.735	0.057	0.0386	-1.5

b. 超声速飞行情况:假定翼型平板极薄,根据方程(5.50),

$$c_l = \frac{4\alpha}{\sqrt{M_\infty^2-1}}$$

因此,

$$\alpha = \frac{c_l\sqrt{M_\infty^2-1}}{4} \qquad (E\ 5.24.4)$$

式中:α 的单位为弧度。回顾前文可知

$$1\ \text{rad} = 57.3°$$

部分结果如下表所示:

V_∞(m/s)	$M_\infty=V_\infty/340.3$	$c_l=3577/V_\infty^2$	$c_{l,0}=c_l\sqrt{1-M_\infty^2}$	$\alpha/(°)$
500	1.47	0.0143	3.85×10^{-3}	0.221
600	1.76	9.94×10^{-3}	3.60×10^{-3}	0.206
700	2.06	7.30×10^{-3}	3.28×10^{-3}	0.188
800	2.35	5.59×10^{-3}	2.97×10^{-3}	0.170
900	2.64	4.42×10^{-3}	2.70×10^{-3}	0.155
1000	2.94	3.58×10^{-3}	2.47×10^{-3}	0.142

评述:(a)与(b)的结果如图5.41中的曲线所示。在亚声速飞行情况下,随着空速的增大,攻角会出现较大幅度的减小。这是因为随着速度的加快,从渐增的动压 q_∞ 处获得的升力会更多,因此保持升力稳定所需的升力系数将更小,因而攻角也更小。压缩性效应使 α 的减小更明显:根据方程(E 5.24.3),随着 M_∞ 的增大,$c_{l,0}$ 值进一步减小。

与亚声速飞行情况相比,在超声速飞行情况下,由于 q_∞ 大得多,所需的 c_l 值非常小,因此与之对应的 α 也非常小。随着 V_∞ 的增大,α 会略微减小。观察方程(E 5.24.4)可以发现 α 随 c_l 的减小而减小,随 M_∞ 的增大而增大。这种相互矛盾的趋势导致 α 随 V_∞ 的增大发生相对较小的变化。

根据这些结果,我们推断在较大速度范围内稳定、水平飞行的亚声速飞行器的攻角变化范围也

较大。相比之下,同等条件下的超声速飞行器的攻角变化将小得多,其攻角量级也将比较小。

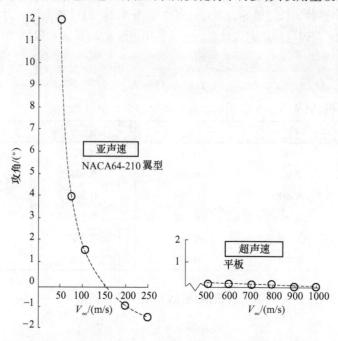

图 5.41 亚声速翼型攻角与超声速翼型攻角的典型变化

5.12 翼型阻力小结

进一步扩大方程(4.105)即可将翼型的总阻力写成三个分力的总和:

$$D = D_f + D_p + D_w$$

式中:D 为翼型总阻力;D_f 为表面摩擦阻力;D_p 为气流分离引起的阻力;D_w 为激波阻力(仅在跨声速与超声速状态下出现;在低于阻力发散马赫数的亚声速状态下激波阻力为零)。

就阻力系数而言,可以列出下式:

$$c_d = c_{d,f} + c_{d,p} + c_{d,w}$$

式中:c_d、$c_{d,f}$、$c_{d,p}$ 与 $c_{d,w}$ 分别为总阻力系数、表面摩擦阻力系数、压差阻力系数与激波阻力系数。我们将 $c_{d,f} + c_{d,p}$ 的和称为机翼剖面阻力系数,该量由附录 4 中的数据给出。在亚声速状态下,无论 M_∞ 有何变化,机翼剖面阻力系数将保持相对恒定。

c_d 随 M_∞ 从不可压缩值至超声速发生变化的情况如图 5.42 所示。应注意该曲线的性质变化。当 M_∞ 从零至阻力发散的范围内发生变化时,c_d 相对保持恒定,且完全由剖面阻力组成。当 M_∞ 从阻力发散至略大于 1 的范围内发生变化时,c_d 值突然飙升;实际上,在 $M_\infty = 1$ 周围出现的 c_d 峰值可能是一个大于剖面阻力本身的值。此处 c_d 的大幅增大是由伴随激波出现的激波阻力引起的。对于超声速马赫数而言,c_d 近似随 $(M_\infty^2 - 1)^{-1/2}$ 减小。

设计板块

超声速飞行器优良设计的重点在于将激波阻力减至最小。图 5.42 强调在超声速状态下的大部分总阻力是激波阻力。减小激波阻力的方法是减小机头处、沿机翼与尾翼的前缘以及在飞机伸进局部超声速流中的其他任一部分出现的激波的强度。配备尖机头、细长（几乎为针状）机身与超薄的机翼与尾翼前缘可以减少激波强度。图 4.52 中的三视图以及图 5.40 中的照片所示的洛克希德公司的 $F-104$ 是超声速飞机优良设计的一个非常好的实例。$F-104$ 是第一架设计成以 2 马赫持久恒定速度航行的飞行器。仔细观察图 4.52 与图 5.40 可发现图中的飞行器拥有针状尖机头、细长机身以及超薄带尖锐前缘的机翼与尾翼。机翼翼型剖面为薄的双凸面形状，其厚弦比为 $0.035(3.5\%$ 的厚度）。前缘几乎像剃须刀一样薄，实际上薄到可以使在飞机周围工作的机组人员受到伤害的程度。1953 年，著名的洛克希德公司"臭鼬工厂"开始设计 $F-104$。1958 年，$F-104$ 在美国空军正式服役，现在它已退役，不再包含在美国空军库存物资中，在写作本文时，$F-104$ 仍在全球的其他少数国家的空军中服役。

20 世纪 40 年代，接近马赫数 1 时阻力系数大大增大导致了术语声障的产生。当时许多专家认为不能突破声障，即我们不能比声速飞得更快。当然，就亚声速流状态下的压力系数方程(5.28)与超声速流状态下的激波阻力方程(5.51)而言，乍一看似乎阻力系数在 M_∞ 从亚声速一侧向 1 靠近，或者 M_∞ 从超声速一边向 1 靠近时，可能变成无穷大。然而，该推理是科学与工程领域常见陷阱的一个例子：方程在其有效范围外应用。在接近 $M_\infty = 1$ 的跨声速范围内，无论是方程(5.28)还是方程(5.51)均无效。此外，务必记住自然物质界拒绝无穷量。在现实生活中，c_d 不会变成无穷大。为了突破声障，发动机的推力（原则上）必须大到足以克服高（但有限的）阻力。

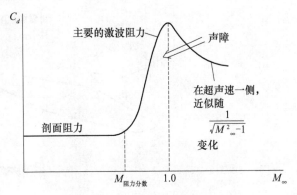

图 5.42 亚声速与超声速状态下阻力系数随马赫数变化的情况

5.13 有限翼展机翼

现在再回到 5.5 节展开的讨论。到目前为止，我们讨论的问题主要与翼型有关，此类翼型的气动性能直接适用于无限翼展机翼。然而，所有真实的机翼均为有限翼展机翼，并且因为实践方面的原因，必须将对翼型的了解运用到机翼有翼尖的情况。这是 5.14 节与 5.15 节的目的。

首先让我们看看下列问题。设想一个攻角为 6°，且有指定展弦比[根据方程(5.26)指定]的有限翼展机翼。有限翼展机翼的翼型剖面是一个 $NACA2412$ 截面。根据附录 4，当 $\alpha = 6°$ 时，翼型升力系数与阻力系数分别为

$$C_l = 0.85, C_d = 0.0077$$

问题：由于有限翼展机翼是由 $NACA2412$ 翼型剖面组成，机翼的升力系数与阻力系数是否应和翼型的升力系数与阻力系数分别相同？也就是说，对于 $\alpha = 6°$ 时的机翼而言，下列升力系数值与阻力系数值是否正确？

$$C_l \stackrel{?}{=} 0.85, C_d \stackrel{?}{=} 0.0077$$

（回顾 5.5 节可知人们通常用大写字母表示有限翼展机翼的气动系数。）根据直觉，由于机翼是由翼型剖面构成，因此机翼的 C_l 与 C_d 可能和翼型的 C_l 与 C_d 分别相同这一点听起来似乎合情合理。

但是直觉并非总是正确。我们将在下面几段一一回答先前提出的各个问题。

通过如下方式可了解有限翼展机翼上方与无限翼展机翼上方气流之间的根本不同。分析图5.43(a)中所示有限翼展机翼的前视图。如果机翼已经升起,那么显然其下表面上的平均压力将大于其上表面上的平均压力。因此,如图5.43(a)所示,翼尖周围的空气通常会从高压一侧向低压一侧"泄露"或者流动。该气流尾随机翼下游进行循环运动。这种尾随的圆周运动被称为涡流。每个翼尖均有一个主要的后缘涡流,如图5.43(b)以及图5.44的照片所示。

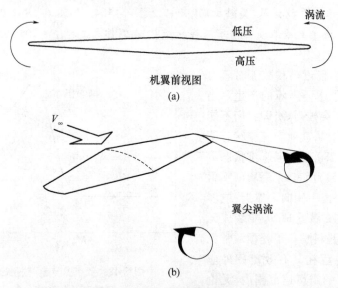

图5.43 有限翼展机翼翼尖涡流的起因

图5.44 波音727试验机的翼尖处射出的烟雾使翼尖涡流清晰可见
[来源:NASA]

机翼下方的翼尖涡流使机翼附近产生一个向下的较小空气速度分量,这一点可以从图5.43(b)中很直观地看出。这两股翼尖涡流通常会拖动其周围的空气,此附加运动导致机翼产生一个向下的较小速度分量。这个向下的速度分量称为下洗流,并用符号 w 表示。

下洗流效应如图5.45所示。按照惯例,V_∞ 表示相对风。然而,在最接近机翼的区域,V_∞ 与 w 向量产生从 V_∞ 的初始方向开始向下倾斜的"局部"相对风。这样一来将会产生以下影响:

1. 与以 V_∞ 做参照的机翼攻角相比,机翼翼型剖面的攻角得到有效减小。
2. 阻力增加。已增阻力被称为诱导阻力,对此至少有三种物理解释。首先,翼尖涡流仅通过改变机翼周围的流场,改变已增阻力方向的表面压力分布。另一种解释是由于局部相对风向下倾斜(参见图5.45),升力矢量本身也"向后倾斜",从而导致某种与V_∞平行的分力,即阻力。关于诱导阻力起因的第三种物理解释是翼尖涡流包含一定量的旋转动能。该动能必须来自某处;它是由飞行器推进系统产生的,在该系统中必须增加额外的力以克服诱导阻力所致的额外阻力增量。上述三种有关诱导阻力物理机制的观点实际是同义的。

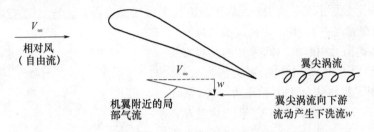

图5.45 下洗流的起因

现在我们可以回答本节开始部分提出的问题。回顾由NACA2412翼型剖面组成的攻角$\alpha = 6°$的有限翼展机翼,现在可以认识到由于下洗流的存在,机翼局部翼型剖面的攻角小于$6°$。显然,局部翼型升力系数将小于0.85。由于机翼的升力等于所有局部翼型升力的总和,因此对于有限翼展机翼,可以得出

$$C_l < 0.85$$

同时,在翼型剖面本身经历的气流分离引起的现有表面摩擦阻力与压差阻力的基础上,有限翼展机翼上将增加无限翼展机翼上不会出现的诱导阻力。值$c_d = 0.0077$是机翼剖面阻力系数,这是气流分离引起的表面摩擦力与压差阻力的总和。对于有限翼展机翼,必须将诱导阻力增加至剖面阻力中。因此,对于此情形下的有限翼展机翼而言,

$$C_d > 0.0077$$

现在可以将实例搁置一边得到结论:有限翼展机翼的升力系数小于其翼型剖面的升力系数,其阻力系数则大于其翼型剖面的阻力系数。

在5.14节与5.15节中,我们将阐述如何计算有限翼展机翼的阻力系数与升力系数。带着这个问题,我们将转入图5.1中的章节路线图的中间一栏。回顾该图片刻,并回想该路线图左栏中已经讨论到的翼型的所有不同方面。接下来即可使用该知识分析有限翼展机翼的特征,如路线图中间一栏所示。

设计板块

对于某些飞机设计而言,翼型剖面的形状沿翼展方向发生变化。例如,对于图5.33顶部所示的F-111而言,翼根处翼型剖面的型号为NACA64A210,而翼尖处翼型剖面的型号为NACA64A209。以第二次世界大战中的英国著名喷火式战斗机为例,其翼根处的翼型厚度为13%,其翼尖处的翼型厚度为7%。当设计者选择沿翼展方向改变翼型形状时,原因通常为以下两种中的一种或两种:

1. 为了取得翼展上的特定升力分布,从而增加机翼气动效率和/或减轻机翼的结构重量。

2. 为了延迟靠近翼尖部位高速可压缩效应的出现。如图5.27(c)所示,翼尖部位的更薄翼型将延迟该部位的"激波失效"模式至更高的马赫数,从而维持副翼控制效果,在靠近翼根的机翼部分则可能正经历相当大的气流分离。

参照先前的讨论,可发现翼型形状可能会沿着有限翼展机翼的翼展方向发生变化,这仍然是有

限翼展机翼的气动系数与构成部分机翼本身的翼型的气动系数不同的另一个原因。

5.14 诱导阻力计算

图 5.46 所示是将诱导阻力概念化的一种方式。设想一个如该图所示的有限翼展机翼。标有 R_1 的虚线箭头表示假想情况下翼尖处无涡流时机翼上的气动力合力。与 V_∞ 平行的 R_1 的分力是阻力 D_1,在这一假想情况中 D_1 是由表面摩擦以及气流分离所致的压差阻力引起的。标有 R 的实线箭头表示实际的气动力合力,其中包括翼尖涡流效应。涡流的存在改变了机翼表面上方的压力分布,从而使 R 相对于 R_1 向后倾斜。图中与 V_∞ 平行并用 D 表示的 R 的分力是实际总阻力,该总阻力包括翼尖涡流所致改变的压力分布的效力以及气流分离所致的摩擦阻力与压差阻力。由于 R 相对于 R_1 向后倾斜,因此 $D > D_1$。诱导阻力 D_i 是 D 与 D_1 的差,即 $D_i = D - D_1$。请记住诱导阻力是一种压差阻力。

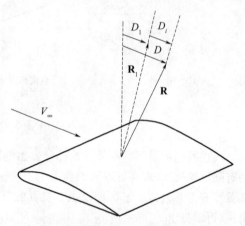

图 5.46 诱导阻力 D_i 的图解

为了计算 D_i 的量级,我们将从以下角度进行分析。首先设想一个如图 5.47 所示的有限翼展机翼剖面。机翼的平均翼弦与 V_∞(相对风)的方向之间的攻角称为几何攻角 α。然而,因为在机翼附近有下洗流,局部气流(一般而言)会向下偏离角 α_i。这个被称作诱导攻角的 α_i 是局部气流方向与自由流方向的差。因此,尽管从肉眼看来机翼攻角为 α,翼型剖面本身遇到的却是比 α 小的有效攻角。假定 α_{eff} 表示有效攻角,根据图 5.47 可知 $\alpha_{eff} = \alpha - \alpha_i$。

现在让我们采纳下面这种观点:由于就自由流而言,机翼附近的局部气流向下倾斜,升力矢量与局部相对风之间保持垂直,因而向后倾斜角 α_i,如图 5.47 所示。然而,继续分析与自由流平行的阻力可发现,倾斜升力矢量形成某种阻力分量,该阻力即诱导阻力 D_i。根据图 5.47,

$$D_i = L\sin\alpha_i$$

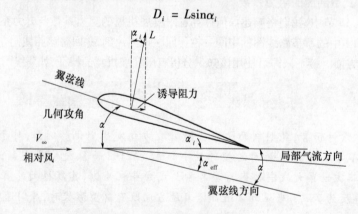

图 5.47 诱导阻力的起因

α_i 的值通常较小,因而 $\sin\alpha_i \approx \alpha_i$。因此,

$$D_i = L\alpha_i \tag{5.52}$$

注意在方程(5.52)中,α_i 的单位必须为弧度。因此,一旦求出了 α_i 的值,就可以根据方程(5.52)计算出 D_i 的值。

计算 α_i 的值不在本书的讨论范围之内。然而,可以看出:就有限翼展机翼的指定剖面而言,α_i 的值取决于沿翼展方向下洗流的分布。反过来,下洗流的分布由机翼翼展上方升力分布控制。为了更清楚地了解这一点,可分析图 5.48,该图是有限翼展机翼的前视图。由于以下原因,单位翼展升力可能会作为沿机翼方向距离的函数发生变化:

1. 翼弦长度可能会沿机翼方向发生变化。
2. 机翼可能会扭曲,以至机翼的每个翼型剖面的几何攻角均不同。
3. 翼型剖面的形状可能会沿翼展方向发生改变。

图 5.48 所示为椭圆形升力分布的情况(单位翼展升力沿翼展方向呈椭圆变化),这反过来会产生均匀的下洗流分布。在这种情况下,可以根据不可压缩流理论预测出:

$$\alpha_i = \frac{C_L}{\pi \text{AR}} \tag{5.53}$$

式中:C_L 是有限翼展机翼的升力系数;$\text{AR} = b^2/S$ 是方程(5.26)定义的展弦比。将方程(5.53)代入方程(5.52),得出

$$D_i = L\alpha_i = L\frac{C_L}{\pi \text{AR}} \tag{5.54}$$

然而,由于 $L = q_\infty S C_L$,因此,根据方程(5.54),得出

$$D_i = q_\infty S \frac{C_L^2}{\pi \text{AR}}$$

或

$$\frac{D_i}{q_\infty S} = \frac{C_L^2}{\pi \text{AR}} \tag{5.55}$$

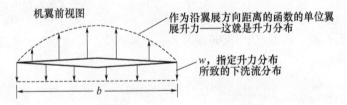

图 5.48 升力分布与下洗流分布

将诱导阻力系数定义为 $C_{D,i} = D_i/(q_\infty S)$,然后可将方程(5.55)写为

$$C_{D,i} = \frac{C_L^2}{\pi \text{AR}} \tag{5.56}$$

该结果适用于椭圆形升力分布,如图 5.48 所示。对于穿过翼展、未扭曲的相同翼型的机翼而言,椭圆形升力分布是椭圆形机翼平面的特征。(在第二次世界大战中,英国著名的喷火式战斗机是历史上少有的设计有椭圆形机翼平面的几架飞机之一。从经济的角度而言,制造带有平直前缘与平直后缘的机翼更划算。)

就所有普通机翼而言,可将翼展效率因子 e 定义为满足下式:

$$C_{D,i} = \frac{C_L^2}{\pi e \text{AR}} \tag{5.57}$$

对于椭圆形平面而言,$e = 1$;对于所有其他平面而言,$e < 1$。因此,对于椭圆形平面而言,$C_{D,i}$ 与相应的诱导阻力为最低值。对于典型的亚声速飞行器而言,e 的变化范围为 0.85~0.95。方程(5.57)是一个重要的关系式。该关系式表明诱导阻力随升力系数的平方发生变化,当升力很高,例

如接近$C_{L,\max}$时,诱导阻力可能是总阻力的一个很重要的部分。同时,方程(5.57)还表明:随着 AR 的增大,诱导阻力将减小。因此,为了尽量降低诱导阻力,可为亚声速飞行器设计展弦比很大的机翼(例如洛克希德公司 U-2 高空侦察机的狭长机翼)。

显然根据方程(5.57),诱导阻力与升力紧密相关。事实上,诱导阻力的另一种表述是升致阻力。从根本上说,飞行器发动机提供的克服诱导阻力的力是指将重于空气的飞行器维持在空中所需的力——产生与飞行中飞机重量相等的升力所需的力。

根据方程(5.57),现在可将亚声速有限翼展机翼的总阻力系数写为

$$C_D = c_d + \frac{C_L^2}{\pi e \mathrm{AR}} \tag{5.58}$$

总阻力　　剖面阻力　　诱导阻力

记住剖面阻力是由两部分组成:表面摩擦所致阻力$c_{d,f}$与分离所致压差阻力$c_{d,p}$,即$c_d = c_{d,f} + c_{d,p}$。同时记住可从附录 4 中的数据得出c_d。方程(5.58)给定的C_D随C_L变化的二次变差绘成曲线即为图 5.49 所示的曲线。我们将C_D随C_L发生变化的曲线图称为升阻系数曲线。该曲线反映了飞行器的许多基本空气动力学现象,对飞行器的设计而言是必不可少的。读者应熟悉升阻系数曲线的概念。注意附录 4 中的阻力数据是根据无限翼展机翼的升阻系数曲线给定的,也就是说,c_d曲线是相对c_l绘成的。然而,由于无限翼展机翼的$C_{D,i}$(无限展弦比)为零,因此附录 4 未包含诱导阻力。

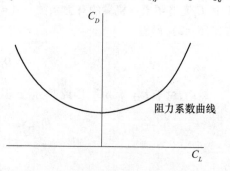

图 5.49　阻力系数曲线略图,即参照升力系数的阻力系数曲线图

例 5.25

下面以诺斯罗普公司一架机翼面积为 170ft² 的 F-5 战斗机为例进行分析。机翼产生 18000lb 升力。计算该战斗机在标准海平面处,以 250 英里/h 速度飞行时的升力系数。

解

采用统一单位时速度为

$$V_\infty = 250\left(\frac{88}{60}\right) = 366.7 \text{ ft/s}$$

$$q_\infty = \frac{1}{2}\rho_\infty V_\infty^2 = \frac{1}{2}(0.002377)(366.7)^2 = 159.8 \text{ lb/ft}^2$$

因此,

$$C_L = \frac{L}{q_\infty S} = \frac{18{,}000}{159.8(170)} = 0.6626$$

例 5.26

诺斯罗普 F-5 的翼展为 25.25ft。计算例 5.25 条件下诱导阻力系数与诱导阻力本身。假定$e = 0.8$。

解

展弦比为$\mathrm{AR} = b^2/S = (25.25)^2/170 = 3.75$。由于在例 5.25 中求出$C_L = 0.6626$,因此根据方程(5.57)可得出

$$C_{D,i} = \frac{C_L^2}{\pi e \mathrm{AR}} = \frac{(0.6626)^2}{\pi(0.8)(3.75)} = 0.0466$$

在例 5.25 中求出$q_\infty = 159.8\text{lb/ft}^2$。因此

$$D_i = q_\infty S C_{D,i} = 159.8(170)(0.0466) = 1266 \text{ lb}$$

例 5.27

设想一个正在飞行中的机翼面积为 $206m^2$、展弦比为 10、翼展有效因子为 0.95 的 NACA 4412 机翼(如 20 世纪 50 年代早期诺斯罗普公司的 YB – 49)。飞行器的重量为 $7.5 \times 10^5 N$。如果密度高度为 3km,飞行速度为 100 米/秒,计算飞行器的总阻力。

解

首先求出升力系数。当密度高度为 3km = 3000m 时, $\rho_\infty = 0.909 kg/m^3$(根据附录 1)。

$$q_\infty = \frac{1}{2}\rho_\infty V_\infty^2 = \frac{1}{2}(0.909)(100)^2 = 4545 \text{ N/m}^2$$

$$L = W = 7.5 \times 10^5 \text{ N}$$

$$C_L = \frac{L}{q_\infty S} = \frac{7.5 \times 10^5}{4545(206)} = 0.8$$

注意:该升力系数相当高,但是速度较低——接近着陆速度。因此,飞行器以一个相当大的攻角倾斜,以产生足够的升力维持飞行器的飞行。

下一步,求出诱导阻力系数:

$$C_{D,i} = \frac{C_L^2}{\pi e AR} = \frac{0.8^2}{\pi(0.95)(10)} = 0.021$$

剖面阻力系数必须根据附录 4 中的气动数据进行估计。假定 c_d 是通过附录 4 所示 NACA 4412 翼型的最高雷诺数数据得出,并且,假定它位于阻力桶形区内。因此,根据附录 4,得出

$$c_d \approx 0.006$$

因此,根据方程(5.58),总阻力系数为

$$C_D = c_d + C_{D,i} = 0.006 + 0.021 = 0.027$$

注意在此情况下诱导阻力大约比剖面阻力大 3.5 倍,因此应强调诱导阻力的重要性。

因此,总阻力为

$$D = q_\infty S C_D = 4545(206)(0.027) = 2.53 \times 10^4 \text{ N}$$

例 5.28

如 4.15 节所述,图 4.46 所示的北美航空公司 P – 51"野马式"战斗机是第一架设计有层流机翼的生产线飞机。该公司空气动力学专家使用 NACA 层流翼型理论,对 NACA 的翼型稍作修改,终于获得了他们自己专门设计定制的层流翼型。(附录 4 中列出的设计编号以 6 开头的翼型就是所谓的六系翼型,它们起源于 NACA 层流翼型系列。)就本例而言,我们假定在 P – 51 上使用的翼型为 NACA 65 – 210 层流翼型。P – 51 的总重量为 10100lb,机翼平面形状面积为 $233ft^2$,翼展为 37 ft。P – 51 机翼的形状效率高,翼展有效因子为 0.99。在 25000ft 高度处,P – 51 的最大速度为 437 英里/h。(a)根据此高度与速度,计算并比较诱导阻力与机翼剖面阻力。(b)设想 P – 51 开始在海平面处着陆,计算并比较飞行速度为 140 英里/h 时的诱导阻力以及机翼剖面阻力。(c)比较从(a)与(b)中得出的阻力结果,评价诱导阻力的相对重要性。

解

a.

$$V_\infty = 437 \text{ 英里/h} = 437\left(\frac{88}{60}\right) = 640.9 \text{ ft/s}$$

根据附录 2,在 25000ft 时, $\rho_\infty = 1.0663 \times 10^{-3} \text{ slug/ft}^3$。

$$q_\infty = \frac{1}{2}\rho_\infty V_\infty^2 = \frac{1}{2}(1.0663 \times 10^{-3})(640.9)^2 = 219 \text{ lb/ft}^2$$

假设飞行器为水平飞行,且重量 W 等于升力,因此,

$$C_L = \frac{L}{q_\infty S} = \frac{W}{q_\infty S} = \frac{10,100}{(219)(233)} = 0.198$$

$$\mathrm{AR} = \frac{b^2}{S} = \frac{(37)^2}{233} = 5.88$$

$$C_{D,i} = \frac{C_L^2}{\pi e \mathrm{AR}} = \frac{(0.198)^2}{\pi(0.99)(5.88)} = 0.00214$$

剖面阻力系数是根据附录 4 中的 NACA 65 – 210 翼型的数据得出的。此处再次使用附录 4 中列出的最高雷诺数数据。同时，计算出的机翼升力系数 0.198 基本为截面升力系数，它将剖面阻力系数置于所谓的阻力桶形区（该所谓的阻力桶形区是层流翼型的特征）的底部，如附录 4 所示，因此，

$$c_d = 0.0037$$

机翼的总阻力系数为

$$C_D = c_d + C_{D,i} = 0.0037 + 0.00214 = 0.0058$$

在此高速情况下，剖面阻力（表面摩擦阻力加上气流分离所致压差阻力）是一个比诱导阻力大 1.73 倍的系数。诱导阻力占总机翼阻力的 36.6%，其余的机翼阻力为剖面阻力。反过来，在此高速情况下，因为机翼正以较低的 C_L 值，因而也是以较低的攻角飞行，此处气流分离所致压差阻力相对较小，所以剖面阻力主要是表面摩擦阻力。本例强调表面摩擦阻力的相对重要性，并且解释了花大量精力设计层流翼型的原因。

b.

$$V_\infty = 140\left(\frac{88}{60}\right) = 205.3 \text{ ft/s}$$

$$q_\infty = \frac{1}{2}\rho_\infty V_\infty^2 = \frac{1}{2}(0.002377)(205.3)^2 = 50.1 \text{ lb/ft}^2$$

$$C_L = \frac{L}{q_\infty S} = \frac{W}{q_\infty S} = \frac{10,100}{(50.1)(233)} = 0.865$$

$$C_{D,i} = \frac{C_L^2}{\pi e \mathrm{AR}} = \frac{(0.865)^2}{\pi(0.99)(5.88)} = 0.041$$

根据附录 4，对于 NACA 65 – 210 翼型，计算出的升力系数值 $C_L = 0.865$ 近似等于剖面升力系数，在附录 4 中已给出该翼型最高雷诺数的情况下，根据该系数可得出

$$c_d = 0.008$$

机翼的总阻力系数为

$$C_D = c_d + C_{D,i} = 0.008 + 0.041 = 0.049$$

在此低速情况下，诱导阻力是一个比剖面阻力大 5.1 倍的系数。诱导阻力占总机翼阻力的 83.7%。

c. 比较（a）与（b）两部分的结果，我们发现一个相当典型的情况，即诱导阻力占高速状态下总机翼阻力的一个相当小的百分比，但它却又是低速状态下最重要的机翼阻力分力。本例解释了为什么在亚声速飞行器的设计中，诱导阻力与剖面阻力的减小均很重要的原因。注意（如 4.15 节所述）考虑到制造工艺与实际飞行操作的现状，P – 51 的机翼不会产生任何有意义的层流区域。但是，这不会改变本例的结论。

例 5.29

图 2.16 所示为沃特公司的 F4U – 1D "海盗式"战斗机，它是第二次世界大战中一种经典的海军战斗机。该飞机的一些数据包括：重量为 5461kg_f，机翼平面面积为 29.17m^2、翼展为 12.49m、在 6km 高度时的最大速度为 684km/h。在这些条件下，总机翼阻力系数为 0.00757。假定 $e = 0.9$，计算机翼

的剖面阻力系数。

解

首先，按照统一的国际单位制列出这些数据。

$$V_{\max} = 684 \text{ km/h} = \frac{684 \text{ km}}{\text{h}}\left(\frac{10^3 \text{m}}{1 \text{ km}}\right)\left(\frac{1 \text{ h}}{3600 \text{ s}}\right) = 190 \text{ m/s}$$

回顾2.4节可知1 kg_f = 9.8N。因此，

$$W = 5\,461 \text{ kg}_f = 5461 \text{ kg}_f\left(\frac{9.8 \text{ N}}{1 \text{ kg}_f}\right) = 5.3518 \times 10^4 \text{N}$$

现在可以开始进行计算。

$$\text{AR} = \frac{b^2}{S} = \frac{(12.49)^2}{29.17} = 5.35$$

根据附录1，在 h = 6km 时，可得出 ρ_∞ = 0.66011 kg/m^3，因而，

$$q_\infty = \frac{1}{2}\rho_\infty V_\infty^2 = \frac{1}{2}(0.66011)(190)^2 = 1.1915 \times 10^4 \text{ N/m}^2$$

$$C_L = \frac{L}{q_\infty S} = \frac{W}{q_\infty S} = \frac{5.3518 \times 10^4}{(1.1915 \times 10^4)(29.17)} = 0.154$$

根据方程(5.57)，得出

$$C_{D,i} = \frac{C_L^2}{\pi e \text{AR}} = \frac{(0.154)^2}{\pi(0.9)(5.35)} = 0.00157$$

根据方程(5.58)，得出

$$c_d = C_D - C_{D,i} = 0.00757 - 0.00157 = 0.006$$

注意：如图2.16所示，用于"海盗船"战斗机机翼的翼型剖面的翼根处型号、外面板型号与理论翼尖处型号分别为 NACA23018、NACA23015 与 NACA23000。附录4中所示的唯一一个"230系剖面"翼型的型号为 NACA23012。然而，就翼型剖面的翼根处与翼尖处型号分别为 NACA23018 与 NACA23000 的"海盗船"战斗机而言，其机翼的剖面阻力系数应与附录4中所示的 NACA23012 的剖面阻力系数大致相同。将书翻到附录4，记下剖面升力系数大概为0.154时的 c_d 值（忽略 c_l 与 C_L 的差值，这点将在下一节讨论）。根据附录4，可知 c_d 值 = 0.006，与本例中获得的答案相同。

在例5.28中，为了从附录4的翼型数据中获得剖面阻力系数，我们将横坐标上的剖面升力系数 c_l 视为机翼升力系数 C_L 的相同值使用。这是一个合乎情理的近似值，对翼展有效因子 e 较高的机翼尤其如此。然而，再次观察图5.47与图5.50中的几何图，可以发现翼型剖面处的有效攻角小于机翼的几何攻角，它们之间的差即为诱导攻角。在例5.28(b)中，机翼的升力系数为0.865。根据附录4，0.865的剖面升力系数与6.5°的剖面攻角是相对应的，这是在图5.47与图5.50所示的翼型剖面看到的有效攻角。机翼的实际几何攻角大于6.5°。因为在分析例5.28的升力系数时，不必关心攻角，所以也不必分析有限翼展机翼的升力斜率的变化，对于该问题，下一节将作重点讨论。

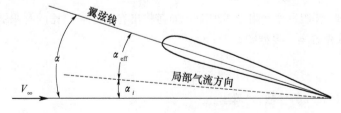

图5.50　几何攻角、有效攻角与诱导攻角之间的关系

5.15 升力斜率的变化

有限翼展机翼的气动特征与附录4中适合无限翼展机翼的气动特征数据之间的不同主要体现在两个方面。对于第一个不同,我们已经进行了讨论:有限翼展机翼增加了诱导阻力。第二个不同是指:与相应的有相同翼型剖面的无限翼展机翼升力曲线斜率相比,有限翼展机翼的升力曲线斜率更小。可以对升力斜率的这种变化进行如下分析。通过回顾可知,由于存在后缘翼尖涡流所致的下洗流,机翼附近的局部气流根据自由流相对风向下倾斜。因此从翼型剖面实际看到的、称为有效攻角 α_{eff} 的攻角小于几何攻角 α。图5.50给出了该情况的略图。α 与 α_{eff} 之间的差为诱导攻角 α_i,对该攻角已在第5.14节先行进行了介绍,即 $\alpha_i = \alpha - \alpha_{\text{eff}}$。并且,就椭圆形升力分布而言,方程(5.53)规定诱导攻角的值 $\alpha_i = C_L/(\pi \text{AR})$。将方程(5.53)扩展到所有普通平面的机翼,可以定义一个满足下式的新翼展有效因数 e_1:

$$\alpha_i = \frac{C_L}{\pi e_1 \text{AR}} \tag{5.59}$$

式中 e_1 与[在方程(5.57)中针对诱导阻力而定义的]e 从理论上讲是不同的,但实际上对指定机翼而言它们几乎为相同值。注意方程(5.59)给出了单位为弧度的 α_i 的值。当单位用度表示时,α_i 为

$$\alpha_i = \frac{57.3 C_L}{\pi e_1 \text{AR}} \tag{5.60}$$

我们强调攻角为 α 的有限翼展机翼上方气流基本与攻角为 α_{eff} 的无限翼展机翼上方的气流相同。务必记住这一点,假定绘出了有限翼展机翼的升力系数随有效攻角 $\alpha_{\text{eff}} = \alpha - \alpha_i$ 发生变化的曲线图,如图5.51(a)所示。由于目前使用的是 α_{eff},升力曲线应与无限翼展机翼的升力曲线一致。因此,图5.51(a)中的升力曲线斜率为从附录4中获取的指定翼型的 a_0。然而,在现实生活中,肉眼并不能看见 α_{eff},相反真正能观察到的是几何攻角为 α 的有限翼展机翼(自由流相对风与平均翼弦线之间的真正角度)。因此,对于有限翼展机翼而言,绘出图5.51(b)中 C_L 随 α 发生变化的曲线比绘出图5.51(a)中 C_L 随 α_{eff} 发生变化的曲线重要得多。例如,由于在风洞中试验有限翼展机翼时,可以直接测得 α(而非 α_{eff}),因此 C_L 随 α 发生变化的曲线是从该试验中获得的最直接的结果。因此,我们将有限翼展机翼的升力曲线斜率定义为 $a \equiv dC_L/d\alpha$,式中 $a \neq a_0$。根据图5.50得到的 $\alpha > \alpha_{\text{eff}}$,可以发现图5.51(b)的横坐标比图5.51(a)的横坐标大。图5.51(b)的升力曲线倾斜度小一些,即 $a < a_0$。有限翼展机翼的作用是减小升力曲线斜率。然而,当升力为零,即 $C_L = 0$ 时,根据方程(5.53),得出 $\alpha_i = 0°$。因此,当升力为零时,$\alpha = \alpha_{\text{eff}}$。就图5.51(a)与图5.51(b)而言,这意味着当升力为零,即 $\alpha_L = 0°$ 时,有限翼展机翼与无限翼展机翼的攻角相同。因此,对于有限翼展机翼而言,可以直接从附录4获得 $\alpha_L = 0$。

问题:如果已知 a_0(假设根据附录4得知),如何找出有指定展弦比的有限翼展机翼的 a? 可以通过观察图5.51获得答案。根据图5.51(a),

$$\frac{dC_L}{d(\alpha - \alpha_i)} = a_0$$

求该式积分,设 const 为常数,可得出

$$C_L = a_0(\alpha - \alpha_i) + \text{const} \tag{5.61}$$

将方程(5.60)代入方程(5.61),得出

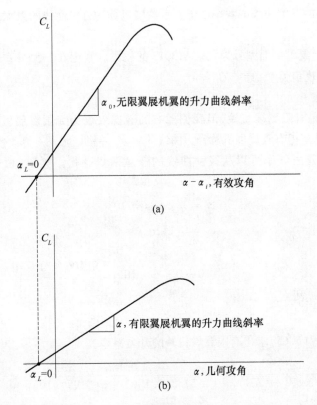

图 5.51 无限翼展机翼与有限翼展机翼的升力曲线斜率之间的差异

$$C_L = a_0(\alpha - \frac{57.3 C_L}{\pi e_1 AR}) + \text{const} \tag{5.62}$$

解方程(5.62)得出 C_L 的值为

$$C_L = \frac{a_0 \alpha}{1 + 57.3 a_0/(\pi e_1 AR)} + \frac{\text{const}}{1 + 57.3 a_0/(\pi e_1 AR)} \tag{5.63}$$

针对 α 求方程(5.63)的微分,可得出

$$\frac{dC_L}{d\alpha} = \frac{a_0}{1 + 57.3 a_0/(\pi e_1 AR)} \tag{5.64}$$

然而,根据图 5.51(b),从定义上看,$dC_L/d\alpha = a$。因此,根据方程(5.64),

$$a = \frac{a_0}{1 + 57.3 a_0/(\pi e_1 AR)} \tag{5.65}$$

已知无限翼展机翼的相应斜率 a_0 时,方程(5.65)给出指定展弦比 AR 的有限翼展机翼的期望升力斜率。记住:a_0 是从类似附录 4 数据的翼型数据中获得的。同时注意方程(5.65)证实了前文关于 $a < a_0$ 的定性声明。

总而言之,有限翼展机翼为附录 4 中翼型数据带来了两个主要变化。

1. 必须将诱导阻力加至有限翼展机翼上:

$$C_D = c_d + \frac{C_L^2}{\pi e AR}$$

总阻力　　剖面阻力　诱导阻力

2. 有限翼展机翼的升力曲线的斜率小于无限翼展机翼的升力曲线的斜率，即 $a < a_0$。

例 5.30

分析展弦比为 10、翼型剖面型号为 NACA23012 的机翼。假定 $Re \approx 5 \times 10^6$，翼展有效因子为 $e = e_1 = 0.95$，如果机翼的攻角为 $4°$，计算 C_L 与 C_D。

解

因为现在讨论的是有限翼展机翼，但我们拥有的数据仅仅为无限翼展机翼的翼型数据（附录 4），所以首先要做的是获得有限翼展机翼升力曲线的斜率，并根据附录 4 修改数据。

无限翼展机翼的升力斜率可以从线性曲线的任意两点获得。例如（根据附录 4），就 NACA 23012 翼型而言，

$$c_l = 1.2, \alpha_{\text{eff}} = 10°$$
$$c_l = 0.14, \alpha_{\text{eff}} = 0°$$

因此，

$$a_0 = \frac{dc_l}{d\alpha} = \frac{1.2 - 0.14}{10 - 0} = \frac{1.06}{10} = 0.106/(°)$$

同时根据附录 4，可知

$$\alpha_{L=0} = -1.5°, c_d \approx 0.006$$

现在可以根据方程(5.65)求出有限翼展机翼的升力斜率：

$$a = \frac{a_0}{1 + 57.3 a_0/(\pi e_1 \text{AR})} = \frac{0.106}{1 + 57.3(0.106)/[\pi(0.95)(10)]} = 0.088/(°)$$

当 $\alpha = 4°$ 时，

$$C_L = \alpha(\alpha - \alpha_{L=0}) = 0.088[4 - (-1.5)] = 0.088(5.5)$$
$$C_L = 0.484$$

根据方程(5.58)，求出总阻力系数：

$$C_D = c_d + \frac{C_L^2}{\pi e \text{AR}} = 0.006 + \frac{0.484^2}{\pi(0.95)(10)} = 0.006 + 0.0078 = 0.0138$$

例 5.31

在例 4.43 中，我们计算了作用于 1903 年"莱特飞行者一号"双翼飞机上的表面摩擦阻力。在例 4.43 中给出的飞行条件下（即在海平面处 $V_\infty = 30$ 英里/h 时），计算作用于"莱特飞行者一号"机翼上的诱导阻力，并将其与先前计算出的摩擦阻力进行比较。就该机型在 1903 年 12 月 17 日进行的有史以来的第一次飞行而言，包括飞行员（奥维尔）重量的"莱特飞行者一号"的总重量为 750lb。假定机翼的翼展效率为 $e = 0.93$。

解

根据例 4.43 中给定的数据，"莱特飞行者一号"的翼展为 $b = 40.33$ft，每个机翼的平面面积为 255ft^2。因此，每个机翼的展弦比为

$$\text{AR} = \frac{b^2}{S} = \frac{(40.33)^2}{255} = 6.38$$

就水平飞行而言，飞行器必须产生一个对抗其重量的升力，就"莱特飞行者一号"的飞行而言，升力等于其重量，即 750lb。同时"莱特飞行者一号"为双翼构型，并且两个机翼均产生升力。让我们假定升力均匀分配在两个机翼上，因此每个机翼的升力为 750/2 = 375lb。速度为 $V_\infty = 30$ 英里/h = 44 ft/s。动压为

$$q_\infty = \frac{1}{2}\rho_\infty V_\infty^2 = \frac{1}{2}(0.002377)(44^2) = 2.3 \text{ lb/ft}^2$$

每个机翼的升力系数为

$$C_L = \frac{L}{q_\infty S} = \frac{375}{2.3(255)} = 0.639$$

根据方程(5.57),

$$C_{D,i} = \frac{C_L^2}{\pi e AR} = \frac{(0.639)^2}{\pi(0.93)(6.38)} = 0.0219$$

设计板块

将传统的亚声速飞行器设计为大展弦比机翼是一个很好的做法,其原因可从方程(5.57)与方程(5.65)中清楚地看出。如方程(5.57)与方程(5.58)所示,诱导阻力系数 $C_{D,i}$ 与展弦比 AR 成反比。这一点影响非常大,如果展弦比扩大 1 倍,那么 $C_{D,i}$ 将减小 1/2。相比之下,翼展有效因子 e 的影响较小,因为机翼平面与翼型设计的变化仅会导致 e 变化几个百分点,并且根据方程(5.57),它会反过来导致 $C_{D,i}$ 变化几个百分点。(当然如果设计者对性能要求极高,可将机翼升力分布设计为尽可能实用的椭圆形,也就是说使 e 尽可能接近 1。)展弦比与升力斜率是控制 $C_{D,i}$ 的两大重要设计特征。根据方程(5.65),可知增大展弦比就会增大升力斜率。显然,根据动力学,传统的亚声速飞行器的设计者更愿意使展弦比尽可能大。

然而,尽可能大意味着什么?为什么现有飞行器的机翼看起来不像展弦比非常大的多翼机上的长缝翼与窄缝翼?原因就在于其结构。下面设想一架正在飞行的飞行器上的左右机翼,作用于每一个机翼上的升力的作用是将机翼向前弯曲,从而在机翼与机身连接处产生一个弯曲力矩。机翼结构与连接机身的结构必须牢固到足以抵抗该弯曲力矩。现在再设想作用于多翼机上的升力,如果设计者不增加足够的材料硬度来抵抗弯曲,那么缝翼在负载时将容易弯曲。增加机翼的强度可以通过增加机翼结构重量实现。如此一来,对于传统飞行器而言,其设计展弦比为权衡空气动力学与结构之后所取的折中值。

这种折中通常的结果是亚声速飞行器的展弦比近似为 5~7。各种亚声速飞行器的设计展弦比如下表所示:

飞行器	展弦比
"莱特飞行者一号"(图1.1)	6.4
沃特公司 F4U"海盗式"战斗机(图2.16)	5.35
波音 B-17 飞机(图2.17)	7.58
格鲁曼公司 X-29A 型研究机(图2.19)	3.91
格鲁曼公司 F3F-2 战斗机(图2.20)	7.85
波音 727 飞机(图5.44)	7.1

如图 5.52 的三视图所示,大展弦比重要性的一个显著实例为洛克希德公司 U-2 高空侦察机。因任务需要,人们异乎寻常地将 U-2 的展弦比设计为高达 14.3。1954 年,美国迫切地需要可在苏联上空侦察飞行的侦察机。当时正处于冷战早期,苏联刚刚进行了氢弹试验。然而,这种侦察机必须可以在拦截机或地对空导弹不能到达的高度飞行。这在当时意味着该侦察机必须在不低于70000ft 的高度巡航。U-2 是由洛克希德公司"臭鼬工厂"——一个以创新与先进思想著称的小型

精英设计团队设计的。飞行器基本符合设计要求,其设计目的是实现超高空巡航。反过来,配备展弦比极大的机翼这一要求也至关重要,其原因如下:

当飞行器稳定、水平飞行时,其升力必须等于其重量,即 $L = W$。在这种情况下,根据方程(5.18)(该方程适用整个飞行器),可得出

$$L = W = \frac{1}{2}\rho_\infty V_\infty^2 S C_L \tag{5.66}$$

设想一个以恒速 V_∞ 飞行的飞行器。当飞行器飞得更高时,ρ_∞ 将减小。因此,根据方程(5.66),必须增大 C_L 至与重量相等,以使升力保持恒定。也就是说,随着 ρ_∞ 的减小,飞行器的攻角增大,C_L 也随之增大。在某个最大高度(ρ_∞ 最小)处,C_L 达到最大值。如果将攻角增大至超过该点,飞行器将失速。在高空巡航条件下,U-2 以较高的 C_L 以及同步高攻角飞行,并濒临失速。(这与传统飞行器在常规高度进行标准巡航的条件形成鲜明的对比,在常规高度处,巡航升力系数和攻角相对较小。) C_L 值高意味着诱导阻力系数也高,注意:根据方程(5.57),$C_{D,i}$ 随 C_L 的平方成正比。因此,在 U-2 的设计高空巡航条件下,诱导阻力是一个主要的因数。为了减小诱导阻力的巡航值 $C_{D,i}$,U-2 的设计者们不得不为其选择尽可能大的展弦比,结果就有了如图 5.52 所示的机翼设计。

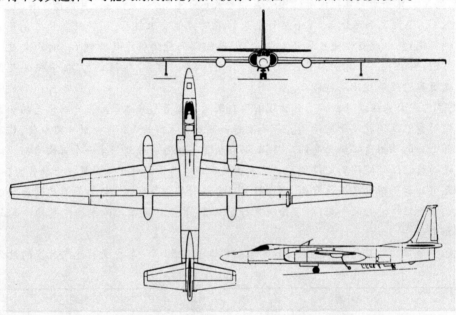

图 5.52　洛克希德公司 U-2 高空侦察机的三视图,展弦比 = 14.3

有趣的是人们注意到 U-2 在高空飞行条件下,阻力发散允许的最高速度与失速允许的最低速度几乎相等,两个速度之间只有大约 7 英里/小时的区别,这对于飞行员而言不是一件容易的事情。

与 U-2 的极端高空飞行任务相比,另一个对立的极端是在地面以上大约数百英尺的高度进行的高速飞行。下面以一架亚声速军用飞行器为例进行分析,该飞行器设计用于在低空高速突破敌人防御,并贴近地面飞行以避开雷达侦测。飞行器在接近海平面的高密度空气中高速飞行,因此,根据方程(5.66),其飞行时的 C_L 非常低、攻角非常小。在此类条件下,诱导阻力与剖面阻力相比非常小。就该设计要点而言,拥有一个表面面积较小的低展弦比机翼是非常有益的,这样可以减小剖面阻力。并且在此类飞行条件下,低展弦比还有另一个优势:它使飞机对其在低空飞行时遭遇的大气湍流的敏感度降低,根据方程(5.65),可知这是通过展弦比对升力斜率的影响实现的。如图 5.53 所示,对于低展弦比机翼而言,升力斜率更小。如图 5.53 所示,设想飞机正遭遇一股瞬间以 $\Delta\alpha$ 值扰动其攻

角的强大气流,相应地升力系数也将受到 ΔC_L 值的影响。然而,由于升力斜率更大,与低展弦比机翼经历的较小扰动 $(\Delta C_L)_1$ 相比,大展弦比机翼将经历更大的扰动 $(\Delta_{CL})_2$,如图 5.53 所示。对低展弦比机翼而言,强大气流引起的 C_L 变化更小,因此飞行也更平稳,这不仅有益于机组人员而且也有益于飞机的结构。

总而言之,在飞机设计中,考虑展弦比并非"一劳永逸"适用一切情况的办法。恰恰相反,我们讨论了反映两种不同设计要点的两种完全不同的飞行条件,一种要求大展弦比机翼,另一种要求低展弦比机翼。显然,展弦比是飞机设计者应考虑的最重要事项之一。在指定飞机设计中选择什么样的展弦比取决于很多因素与折中情况。本章的讨论中指出了其中的一些考虑因素。

各机翼的诱导阻力为

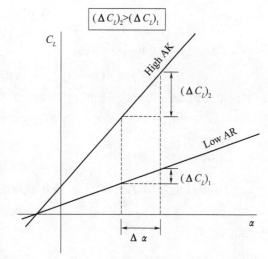

图 5.53　展弦比对升力斜率的影响。对指定 $\Delta\alpha$ 扰动而言,大展弦比机翼遭遇的 C_L 扰动比小展弦比机翼遭遇的 C_L 扰动更大

$$D_i = q_\infty S C_{D,i} = 2.3(255)(0.0219) = 12.84 \text{ lb}$$

两个机翼的诱导阻力为

$$D_i = 2(12.84) = 25.7 \text{ lb}$$

将该诱导阻力与例 4.43 中算出的 6.82 lb 摩擦阻力进行比较。显然,诱导阻力比摩擦阻力大得多,这是因为 30 英里/h 的速度相对较小,要求相当大的升力系数帮助产生 750 lb 的升力,并且因为诱导阻力系数随 C_L 的平方发生变化,所以与较低飞行速度时的摩擦阻力相比诱导阻力较大。

注意:在较复杂的双翼机的两个机翼之间存在气动干扰,但这一现象不在本书的讨论范围。由于气动干扰的存在,双翼构型的诱导阻力并非如本例中假定的一样,等于单独作用于单个机翼的诱导阻力的总和,而是比根据计算得出的总和稍大,与此同时升力减小。然而,前一计算结果是双翼机诱导阻力的一个合理的基本近似值。

例 5.32

设想两个具有 NACA 23012 翼型剖面的机翼,(a)其中一个的展弦比为 4;(b)另一个的展弦比为 10。两个机翼的翼展有效因子为 $e = e_1 = 0.95$。飞行时,两个机翼的攻角均为 2°。当攻角受到量 $\Delta\alpha = 0.5°$ 的干扰时,计算并比较两个机翼的升力系数的变化。也就是说,参照图 5.53,计算 $\Delta\alpha = 0.5°$ 时的 $(\Delta C_L)_2$ 与 $(\Delta C_\Delta)_1$。

解

a. 首先来看展弦比为 4 的机翼。在例 5.30 中求出的 NACA23012 翼型的升力斜率与零升力攻角如下:

$$a_0 = 0.106/(°)$$

且

$$\alpha_{L=0} = -1.5°$$

根据方程(5.65),当 AR=4 时,有限翼展机翼的升力斜率为

$$a = \frac{a_0}{1 + 57.3 a_0/(\pi e_1 \text{AR})}$$

$$= \frac{0.106}{1+57.3(0.106)/[\pi(0.95)(4)]} = 0.07/(°)$$

当 $\alpha = 2°$ 时,升力系数为

$$C_L = a(\alpha - \alpha_{L=0}) = 0.07[2-(-1.5)] = 0.245$$

当攻角受到 $\Delta\alpha = 0.5°$ 的干扰时,新攻角为 $2.5°$。该攻角的升力系数为

$$C_L = 0.7[2.5-(-1.5)] = 0.28$$

因此,参照图 5.53,

$$(\Delta C_L)_1 = 0.28 - 0.245 = 0.035$$

b. 对于展弦比为 10 的机翼,例 5.30 中获取的升力斜率如下:

$$a = 0.088/(°)$$

当 $\alpha = 2°$ 时,

$$C_L = a(\alpha - \alpha_{L=0}) = 0.088[2-(-1.5)] = 0.308$$

当 $\alpha = 2.5°$ 时,

$$C_L = a(\alpha - \alpha_{L=0}) = 0.088[2.5-(-1.5)] = 0.352$$
$$(\Delta C_L)_2 = 0.352 - 0.308 = 0.044$$

比较(a)与(b)两部分的结果,大展弦比机翼的 C_L 增大值比低展弦比机翼的 C_L 增大值高 26%。

例 5.33

在例 5.29 中,算出以最大速度在 6km 高度飞行的沃特公司 F4U-1D"海盗式"战斗机的升力系数为 $C_L = 0.154$。假定 $e_1 = 0.9$,估算飞行器飞行时的攻角为多大。

解

根据例 5.29,AR = 5.35。同时,假定"海盗式"战斗机的翼型数据由附录 4 中的 NACA 23012 翼型给定,根据例 5.30,可得出

$$a_0 = 0.106/(°), \alpha_{L=0} = -1.5°$$

根据方程(5.65),

$$a = \frac{a_0}{1+57.3a_0/(\pi e_1 \text{AR})} = \frac{0.106}{1+57.3(0.106)/[\pi(0.9)(5.35)]} = 0.0756/(°)$$

由于

$$C_L = a(\alpha - \alpha_{L=0})$$

可得出

$$\alpha = \frac{C_L}{a} + \alpha_{L=0} = \frac{0.154}{0.756} + (-1.5)$$
$$\alpha = 2.037 - 1.5 = 0.537°$$

注意:由于飞机正在以最快速度飞行,大部分的升力正在由气动压力产生,所需升力系数较小(仅 0.154),因而相应的攻角也较小,即 $0.537°$。

5.16 后掠翼

如图 5.54(b)所示,几乎所有的现代高速飞行器均有后掠翼。原因是什么?本节将回答这一问题。

首先分析亚声速飞行的情况。下面以图 5.54(a) 所示的直翼平面图为例进行分析。假定该机翼的翼型横截面的临界马赫数为 $M_{cr}=0.7$。（记住：根据第 5.10 节，可知由于 M_∞ 比 M_{cr} 稍大，阻力增大很多，因此，在高速亚声速飞行器设计中，尽可能增大 M_{cr} 是可取的。）现在假定将机翼以 30°角往后掠，如图 5.54(b) 所示。翼型的临界马赫数值仍然为 $M_{cr}=0.7$，该翼型现在基本上仅"遭遇"与机翼前缘垂直的气流分量，也就是说，后掠翼局部剖面的气动性能主要由与前缘垂直的气流控制。因此，如果 M_∞ 是自由流马赫数，那么图 5.54(b) 中的翼型实际面临的马赫数更小：M_∞ 为 $\cos30°$。因此，在翼型遭遇临界现象之前，实际的自由流马赫数可以增加到 0.7 以上。事实上，如图 5.54(b) 所示，我们可以预计后掠翼本身的临界马赫数将高达 $0.7/\cos30°=0.808$。这意味着直到翼型的 M_∞ 比 M_{cr} 大得多——就图5.54 而言，比 0.7 大得多，甚至可能高达 0.808 时，阻力才会大幅增加（如图5.26所示）。由此我们得出了后掠翼的主要功能：通过后掠亚声速飞行器的机翼，将阻力发散延迟至更高的马赫数。

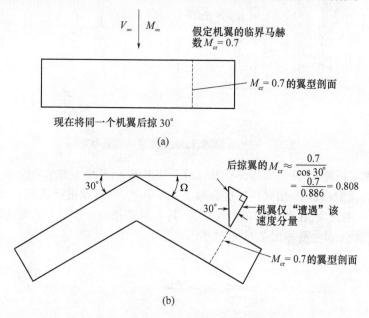

图 5.54 后掠翼对临界马赫数的影响

在现实生活中，图 5.54(b) 所示的后掠翼上方的气流是非常复杂的三维流，我们说翼型仅遭遇与前缘垂直的分量是对机翼的扫掠进行了简化。然而，这是一个不错的方法。如果如图 5.54(b) 所示，Ω 是掠角，那么后掠翼的实际临界马赫数等于

$$\text{翼型的 } M_{cr} < \text{后掠翼的实际 } M_{cr} < \frac{\text{翼型的 } M_\alpha}{\cos\Omega}$$

关于怎样通过后掠机翼增大临界马赫数还有另一种解释。下面以图 5.55(a) 中所示的直翼截面略图为例进行分析。图中的左侧略图是厚弦比为 $t_1/c_1=0.15$ 的翼型剖面。标有箭头的线条 AB 表示流过直翼上方的流线，该流线"遇到"15% 厚的翼型剖面。现在以图 5.55(b) 所示的以掠角 $\Omega=45°$ 进行后掠的同一个机翼为例进行分析。标有箭头的线条 CD 表示流过后掠翼上方的流线。（图中将流线 AB 与 CD 绘成与自由流方向一致的直线，出于简化目的而忽略了所有的三维流效应。）这样流线 CD 在后掠翼上方传播的距离更长。图 5.55(b) 的左侧略图为流线 CD 实际"遇到"的翼型剖面。与直翼的情况相比，后掠翼翼型剖面的厚度相同，但其有效弦更长，因而流线 CD 遇到的有效翼型剖面更薄。实际上，当掠角为 45°时，流线 CD 遇到的有效翼型剖面的厚弦比为 $t_2/c_2=0.106$。如果仅选取图 5.55(a) 中的直翼，并将其以 45°角进行后掠，那么对于气流而言，后掠翼的有效翼型

剖面看起来似乎比掠角为 0°时的有效翼型剖面几乎薄 1/3。根据 5.9 节所述,翼型变薄会增大临界马赫数。因此,通过后掠机翼,可以增大机翼的临界马赫数。

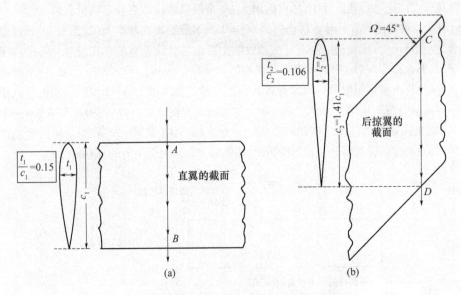

图 5.55　对于后掠翼,流线实际遇到的翼型更薄

正应了一句常见的格言——"有得必有失",对于亚声速飞行,增大掠角将使升力减小。尽管掠角有助于增大阻力发散马赫数,但它同时也会减小 C_L。图 5.56 对此进行了演示,给出了典型飞行器构型以 $M_\infty=0.6$ 的速度,在高 30000ft 处飞行时,其 L/D 随掠角发生变化的曲线图。随着掠角的增大,L/D 将显著减小,其主要原因是 C_L 的减小。

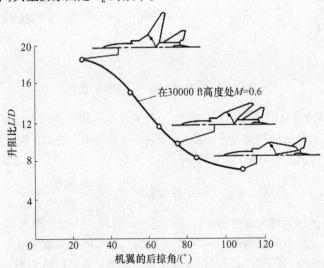

图 5.56　机翼升阻比随后掠角发生变化的曲线图。NASA 兰利研究中心的风洞测量值
[来源:洛夫廷的著作,NASA SP 468,1985]

后掠翼对超声速飞行而言也是有好处的,但与刚刚描述的与亚声速流有关的观点不完全相同。下面以图 5.57 中所示的两个后掠翼为例进行分析。对于大于 1 的指定 M_∞,存在一个马赫锥,其半顶角 μ 等于马赫角[回顾方程(5.49)]。如图 5.57(a)所示,如果后掠翼的前缘位于马赫锥外面,那

么与前缘垂直的马赫数分量为超声速。因此,机翼本身将产生相当强的斜激波,同时伴随很大的激波阻力。相比之下,如图5.57(b)所示,如果后掠翼的前缘位于马赫锥内部,那么与前缘垂直的马赫数分量为亚声速,因而机翼产生的激波阻力较小。因此,总体而言,超声速飞行的机翼后掠的好处是使激波阻力减小,并且如果机翼在马赫锥内部后掠,激波阻力将大幅减小。

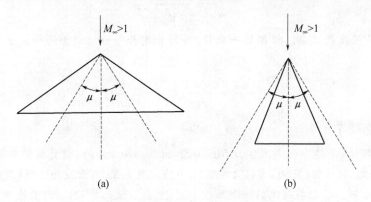

图5.57 适用于超声速流的后掠翼
(a) 位于马赫锥之外的后掠角;(b) 位于马赫锥之内的后掠角。

最大厚度与后掠角对激波阻力系数的定量影响分别如图5.58(a)与图5.58(b)所示。无论在何种情况下,机翼展弦比均为3.5,梢根比(翼梢弦与翼根弦之比)均为0.2。显然,后掠角很大的薄机翼其激波阻力最小。

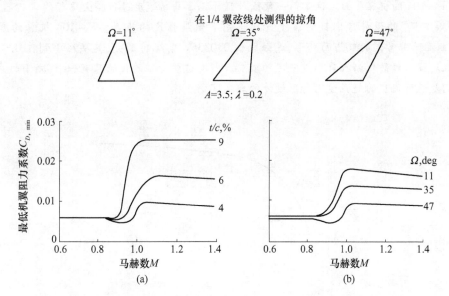

图5.58 (a)机翼厚度作为参数($\Omega = 47°$)与(b)机翼后掠角作为参数
($t/c = 4\%$)时,最低机翼阻力系数随马赫数的变化情况略图
[来源:L·洛夫廷,性能研究(Quest for Performance),NASA SP-468,1985]

设计板块

针对超声速飞行器机翼平面的设计,设计者有两个基本的选择:低展弦比直翼或后掠翼(包括三角翼)。与大展弦比直翼相比,这两种机翼平面均会导致激波阻力更低。下面对这两种可选机翼

平面进行更加详细的分析。

首先分析超声速时的低展弦比直翼。根据方程(5.51),带无限翼展的平板直翼的激波阻力系数为

$$\frac{c_{d,w}}{\alpha^2} = \frac{4}{\sqrt{M_\infty^2 - 1}} \tag{5.67}$$

式中:α 为单位为弧度的攻角。根据同一理论,可得出有限展弦比 AR 的平板直翼的激波阻力系数为

$$\frac{C_{D,W}}{\alpha^2} = \frac{4}{\sqrt{M_\infty^2 - 1}}\left(1 - \frac{1}{2R}\right) \tag{5.68}$$

式中:$R \equiv AR\sqrt{M_\infty^2 - 1}$。

(参见希尔顿的《高速空气动力学》(High-Speed Aerodynamics),朗曼格林书局,1951)注意:当展弦比趋向无限时,将方程(5.68)简化为方程(5.67)。图 5.59 用曲线将方程(5.68)表示出来,同时将 $C_{D,W}/\alpha^2$ 作为 $M_\infty = 2$ 时展弦比的一个函数。注意:当展弦比非常低时,激波阻力系数将急剧下降。该曲线是无限薄平板直翼的激波阻力变化图,在分析较厚的真实机翼时,应将其视为主要的定性因素。然而,它清楚地展示了低展弦比机翼对超声速飞行而言的优势。这与之前讨论的亚声速飞行器设计中推荐的做法完全相反。然而,由于在超声速时会出现激波,且超声速激波阻力通常比诱导阻力重要得多,因此在超声速飞行器设计中使用低展弦比机翼是一个很好的做法。图 5.40 与图 4.52 所示的洛克希德公司 F-104 超声速战斗机就是一个很有说服力的例子。现在让我们回到图 4.52,分析 F-104 的机翼平面。这是第一架设计用于以 2 马赫速度进行持久飞行的飞行器,洛克希德公司"臭鼬工厂"的设计者们针对该飞行器选用了低展弦比的直翼。F-104 机翼的展弦比为 2.45,翼型剖面为非常薄的双凸面外形,厚弦比仅 0.0336。前缘特别尖,其半径小到仅 0.016,以至对在该飞机周围工作的地勤人员形成一定的威胁。所有这些特征的目的只有一个:减小超声速激波阻力。它们是设计优良的超声速飞行器设计的典型实例。

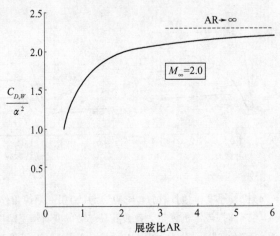

图 5.59 平板机翼的超声速激波阻力随展弦比发生变化的曲线图

我们注意到当展弦比减小时,超声速升力系数也会随之减小。图 5.60(a)对此进行了图解说明,给出了 $M_\infty = 1.53$ 时升力斜率 $dC_L/d\alpha$ 随直锥形翼展弦比发生变化的图形。此处所示为在美国获取的一些最早的超声速机翼的试验数据。这些数据是 1947 年由沃尔特·文森蒂在 NACA 艾姆斯实验室宽 1ft、长 3ft 的超声速风洞中获得的,但因其属军事类信息,因此直到 1949 年这些数据才公

诸于众。图 5.60(a) 中所示的从机翼前缘尖发散出来的虚线三角形表示 $M_\infty=1.53$ 时的马赫锥。(马赫锥是指其半顶角等于马赫角 μ 的锥形体。)注意:随着 AR 的减小,机翼限制在马赫锥之内的部分更大。从本质上看,在超声速时减小 AR 对升力斜率的影响与在亚声速时减小 AR 对升力斜率的影响是相同的。回顾 5.15 节可知在亚声速飞行时,低展弦比机翼的升力斜率更小。图 5.60(a) 清楚地表明:尽管与亚声速时相比,超声速飞行时气动流场的物理性质完全不同,但同样也有低展弦比机翼升力斜率更小的趋势。

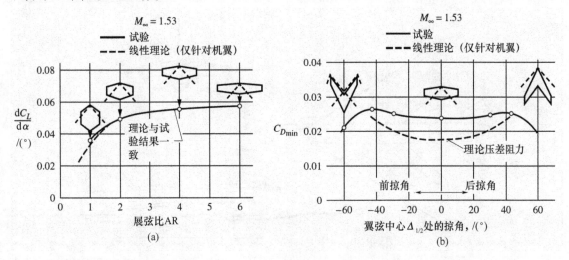

图 5.60

(a) 超声速且 $M_\infty=1.53$ 时,展弦比对直翼升力曲线的影响。出自 W·G·文森蒂(W. G. Vincenti) 的《超声速时机翼理论与试验对比》(Comparison between Theory and Experiment for Wings at Supersonic Speeds),NACA TR1033;(b) 后掠角对超声速阻力的影响,引用的阻力系数适用于指定了最低阻力的攻角。

(来源:选自文森蒂的数据)

后掠翼是超声速飞行器机翼平面的另一个选择。(可将三角或三角形平面作为后掠翼下的一个子项进行分析。)关于图 5.57,前面已经讨论过将机翼后掠至马赫锥内部,即通过一个亚声速前缘可以大大减小超声速激波阻力。这可以从文森蒂先驱性的超声速风洞工厂的试验数据中清楚看出,此类数据可见图 5.60(b),该图所示为 $M_\infty=1.53$ 时最低总阻力系数随机翼掠角变化的曲线图。记住总阻力系数是由压差阻力(基本为激波阻力)与表面摩擦阻力共同引起。正掠角表示后掠翼,负掠角表示前掠翼。注意:正掠角与负掠角的数据是基本对称的。对于度数相同的后掠角与前掠角,其超声速阻力系数基本相同。图 5.60(b) 暗含一个重要信息:当掠角大于 49°或小于 -49°时,$C_{D\min}$ 将减小。通过 $\mu=\arcsin(1/M_\infty)=\arcsin(1/1.53)=41°$ 可得出 $M_\infty=1.53$ 时的马赫角。因此,当掠角等于 49°或更大时,机翼将在马赫锥内部。请注意掠角等于 ±60°时的较低阻力系数。因为在此情况下,机翼完全处于马赫锥内部,且其前缘为亚声速。这些数据也表明当机翼扫掠至马赫锥外部(前缘为亚声速)时,阻力系数由于不受掠角约束因而较平直。因此,对于超声速飞行而言,要实现阻力随后掠翼减小,掠角必须大到可以使机翼在马赫锥内部掠过。

该设计特征的一个典型实例是 20 世纪 60 年代与 20 世纪 70 年代英国皇家空军使用的英国电气公司"闪电号"马赫 2 拦截机。如图 5.61 所示,"闪电号"的后掠翼很高,掠角 $\Omega=60°$。速度为马赫数 2 时,马赫角为 $\mu=\arcsin(1/M_\infty)=\arcsin\frac{1}{2}=30°$。当速度为 $M_\infty=2$ 时,后掠翼刚好位于马赫锥内部,此时后掠翼的掠角必须为 $\Omega=60°$ 或更大。由于马赫数 2 是设计点,因此"闪电号"的设计者们选择60°的后掠角就不足为奇了。此外,闪电号机翼的展弦比为较低值3.19,翼型剖面很薄,厚弦比为5%——这两者均为超声速飞行器的惯用优良设计方法。

仔细观察图5.61中的"闪电号",然后回顾并仔细观察图4.52中的F-104。从中可以看到两种不同的机翼平面——后掠翼与低展弦比直翼的典型实例,超声速飞行器的设计者们也可以从中进行选择。

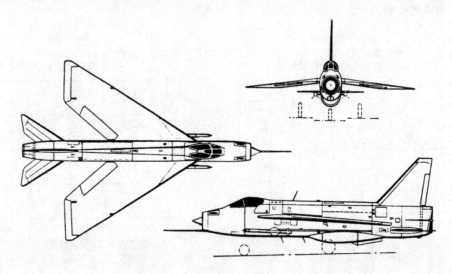

图5.61 英国电气公司"闪电号"超声速战斗机的三视图

前文分析了图5.56中掠角对亚声速升力系数(经由升阻比)的影响。掠角对超声速升力系数有什么影响?图5.62所示的文森蒂的试验数据对此进行了回答。对于与之有相似趋势的阻力系数,根据图5.62可发现只要机翼掠过马赫锥外部(前缘为超声速),则升力斜率保持相对恒定,不受掠角的约束。当机翼掠过马赫锥内部(前缘为亚声速)时,升力斜率将随掠角的增大而减小,与亚声速飞行时的情况相似。

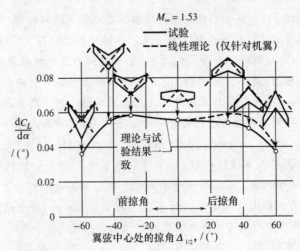

图5.62 超声速时,掠角对升力斜率的影响。选自文森蒂的数据

图5.60与图5.62所示的结果清楚地表明当掠角大到使机翼位于马赫锥内部时,机翼气动特征将发生显著变化。这是因为当机翼前缘由超声速向亚声速转变时,机翼表面上方的压力分布将彻底

发生变化。该变化的特征如图 5.63 所示,该图展示了标为 $A、B、C$ 的三个平板机翼平面,它们在超声速自由流中的掠角呈递增趋势。机翼 A 为直翼,马赫锥的影响被限制在翼尖的小部分区域里,机翼的大部分触及平板上方的二维超声速流,这点已经在 5.11 节进行了讨论,并配图 5.39 进行了说明。因此,机翼表面大部分区域上的压力分布为等压分布,这部分区域即右翼尖附近所示的垂直阴影区。机翼 B 是前缘为超声速的后掠翼,机翼有相当大一部分仍然位于马赫锥外部。在阴影区,与超声速流中的平板机翼有关的同样的等压分布仍然占据优势地位。机翼 C 则是前缘为亚声速的后掠翼,整个机翼从翼尖开始在马赫锥内部掠过。尽管机翼已卷入超声速自由流中,但其上方的压力分布与亚声速流中的压力分布相似。注意:机翼 C 右边的阴影区勾画出了之前讨论过的亚声速压力系数分布形式的轮廓;示例:与图 5.15 进行对比。马赫锥内部及掠角上方的气流的这种气动特征变化导致激波阻力与升力系数减小,这两者与超声速流中的后掠翼有关。

但是,前缘为亚声速的机翼还有另一设计优势:前缘半径可以更大,接近亚声速飞行器的前缘半径。对设计用于超声速飞行的飞行器而言,这对其在低速,尤其是着陆和起飞时是有好处的。在亚声速时,带有尖前缘与薄翼型的机翼,例如用在 F-104 上的机翼(图 4.52 与图 5.40),会在中等攻角时提早遭遇气流分离,从而减小 $(C_L)_{max}$ 值,迫使飞行器的着陆与起飞速度更快。(例如,纵观 F-104 的作战历史,在低速飞行条件下,由于机翼失速,它经历了无数次事故。)相比之下,前缘更钝、更圆的机翼其低速失速特征要好得多。具有带亚声速前缘掠翼的超声速飞行器可以采用更钝、更圆的前缘设计,从而获得更好的低速失速表现。

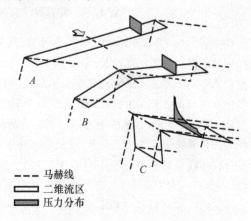

图 5.63 当超声速机翼从马赫锥外部渐渐掠至马赫锥内部,即当前缘渐渐从超声速向亚声速变化时,弦向压力分布的变化

回顾图 5.60 与图 5.62 可知,前掠翼与后掠翼的超声速阻力系数和超声速升力系数基本相同。确实,对于高亚声速飞行而言,它们可以说是相同的。然而,飞行器设计者们几乎总是选择后掠翼而非前掠翼。为什么?原因就在于在负荷下后掠翼会产生气动弹性变形。对于后掠翼而言,有效升力的位置会引起机翼在翼尖附近弯曲,从而减小机翼外面部分的攻角,当升力增大时,这有助于减轻该部分机翼的负荷——形成一种稳定状态。相比之下,对于前掠翼而言,有效升力的位置同样会引起机翼在翼尖附近弯曲,不同的是会增大机翼外面部分的攻角,从而引起升力增大,并进一步加重机翼的弯曲。这是一种容易使前掠翼弯曲,脱离飞行器的不稳定状态。在图 5.62 所示的试验数据中,此类气动弹性变形效应很明显。注意:前掠翼与后掠翼的试验数据并不对称。对于后掠翼而言,由于风洞模型产生了气动弹性变形,因而其升力斜率更小。因此,由于结构的原因,设计者们没有选择前掠翼这种机翼平面。然而,随着现代复合材料的显著改进,设计非常牢固的轻量型机翼成为可能,这让高速飞行器的设计者们可以考虑使用前掠翼。前掠翼也确实有某些设计优势。例如,翼根可以置于机身后部很远处,从而使机身内部内置部件的设计可以更加灵活。同时,前掠翼上方的三维流会使翼根附近产生分离流,因此在翼尖处副翼仍起控制作用。相比之下,对于后掠翼而言,分离流通常首先出现在翼尖附近,从而引起副翼失控。20 世纪 80 年代,一架试验飞行器——格鲁曼公司 X-29A 型研究机在设计时采用了前掠翼,这使得人们开始进一步审视前掠翼设计的实用问题。X-29 的三视图如图 5.64 所示。X-29 的研究计划已经成功,但飞行器设计者们仍然没有急于采用前掠翼的设计。

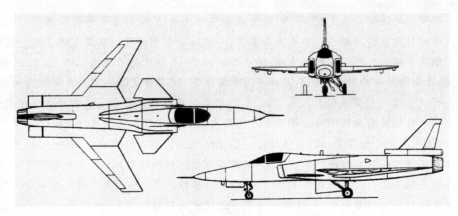

图 5.64　前掠翼示例：格鲁曼公司 X-29A 型研究机

回顾图 5.61，再次观察英国电气公司"闪电号"超声速战斗机的大型后掠翼。想像在机翼后缘与机身之间的空凹口填满机翼结构，形成一个带有三角形平面的机翼，这是一个不太明智的转变。我们将此种机翼称作三角翼。自喷气式发动机出现以来，人们就对在亚声速的高速飞行器与超声速的高速飞行器中使用三角翼产生了兴趣。三角翼的设计优势之一是通过填满凹口大大延长翼根处的翼弦长度。当 t/c 比固定不变时，这意味着可以将翼根处的机翼制造得更厚，从而为结构、燃料等提供更大的空间体积。三角翼的优点与缺点太多，在此不做详述。若需了解有关三角翼优缺点的既全面又具可读性的论述，请参阅《空战气动设计》[雷·惠特福德(Ray Whitford)，简氏信息集团有限公司，1989]。一言以蔽之，许多亚声速三角翼飞行器与超声速三角翼飞行器已经得到了广泛的设计与使用。如图 5.65 所示，法国达索"宝玑幻影"2000C 型就是其中的一个例子。"幻影"2000C 型是一架最高速度为马赫数2.2 的超声速战斗机，其前缘掠角为 $\Omega=58°$。自 20 世纪 50 年代以来，达索公司一直以生产大量成功的三角翼飞行器而闻名。注意：根据图 5.65，可知"幻影"2000C 型没有水平稳定装置，这是许多三角翼飞行器的特征。我们将后缘控制面称作升降副翼控制面，当它们向同一方向（向上或向下）偏转时，就充当升降舵的作用；当它们以相反的方向（一个向上，另一个向下）偏转时，就充当副翼的作用。

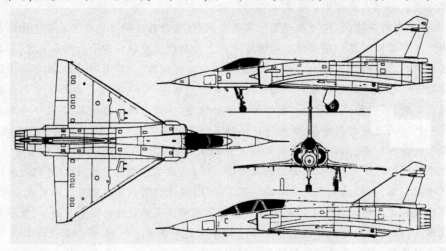

图 5.65　三角翼示例。法国达索"宝玑幻影"2000C 型，附"幻影"2000N 的侧视图（右下角）

从许多方面而言，机翼是飞行器的核心，因此，应非常注意机翼的设计。今天针对超声速飞行器机翼形状进行的设计复杂且精细。下面以图 5.66 中的英法"协和式"超声速运输机为例进行分析。"协和式"运输机是唯一一架定期航行的商用超声速运输机，由英国航空公司与法国宇航公司共同制造,于1969年3月2日首次进行飞行,并于1976年在英航与法航正式投入使用。如图5.66所示,"协和式"运输机的机翼为掠角很大的尖顶式三角平面形状,其弯度与机翼垂度(下反角)较为复杂。机翼剖面很薄,其翼根处厚弦比为3%,而从引擎舱往外的厚弦比为2.15%。(个人观点:本书作者曾与妻子在1998年夏季乘坐"协和式"运输机进行了飞行。这是一次激动人心的旅程,也是第一次仅仅用了3h15min就完成了纽约与伦敦之间的飞行——短到甚至不够放完一部机上电影。可惜的是,"协和式"运输机的票价非常贵,它的运营按大多数标准衡量是失败的。因此,2003年,该机被逐步淘汰不再使用。设计一架在经济性和环境方面均可行的二代超声速运输机将是21世纪技术含量最高的设计挑战之一。也许本书的一些读者将会成功迎接这一挑战。)

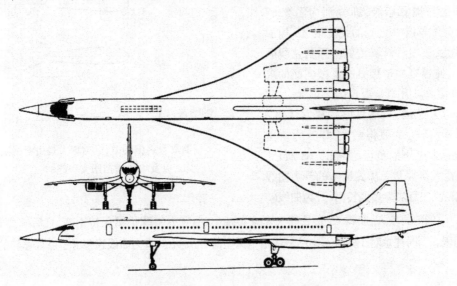

图5.66 英-法宇航公司/BAC"协和式"超声速运输机

5.17 襟翼——提高升力的结构

在起飞或着陆——最危险的两个时段时,飞行器通常会遭遇最低飞行速度。我们将飞行器可以笔直、水平飞行的最低速度定义为失速速度 V_{stall}。与使 V_{stall} 尽可能小的空气动力学方法一样,V_{stall} 的计算至关重要。

根据最高升力系数,很容易得出失速速度。根据 C_L 的定义,得出

$$L = q_\infty S C_L = \frac{1}{2}\rho_\infty V_\infty^2 S C_L$$

从而得出

$$V_\infty = \sqrt{\frac{2L}{\rho_\infty S C_L}} \tag{5.69}$$

在稳定、水平飞行时,升力刚好足够支撑飞行器的重量 W,即 $L=W$。因此

$$V_\infty = \sqrt{\frac{2W}{\rho_\infty S C_L}} \tag{5.70}$$

针对一个一定重量、尺寸与高度的飞行器,观察方程(5.70)可以发现将 V_∞ 降至最低的办法是将 C_L 增至最大。因此,失速速度与产生 $C_{L,\max}$ 的攻角一致:

$$V_{stall} = \sqrt{\frac{2W}{\rho_\infty S C_{L,\max}}} \tag{5.71}$$

要减小 V_{stall}，必须增大 $C_{L,\max}$。然而，对于指定翼型的机翼而言，$C_{L,\max}$ 本身是固定的。也就是说，翼型的升力特征，包括最大升力，取决于翼型上方气流的物理性质。为了提高性能，可以通过使用"人造"高升力装置大大改善指定翼型的升力特征。该类装置中最常见的一种是图 5.67 中位于机翼后缘处的襟翼。如图 5.67(b)所示，当襟翼通过角 δ 向下偏转时，升力系数将增加，其原因如下：

1. 如图 5.67(c)所示，翼型剖面的弯度实际增加了。当攻角一定时，翼型的弯度越大，升力系数越大。

2. 当襟翼偏转时，可以想象出一条连接翼型前缘与襟翼后缘，即分别为图 5.67(d)所示点 A 与点 B 之间的线。线 AB 构成了虚拟弦线，该线相对翼型的实际翼弦线顺时针转动，使带有偏转襟翼的翼型剖面的攻角"虚拟"增大。升力系数也随之增大。

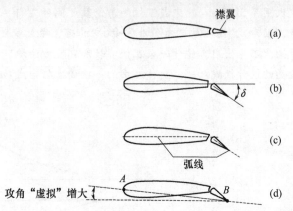

由于以上原因，当襟翼以襟翼偏转角 δ 向下偏转时，$C_{L,\max}$ 的值将增大，零升力攻角将转变为一个更小的负值，如图 5.68 所示。该图对有襟翼机翼与无襟翼机翼的升力曲线进行了比较。注意当襟翼偏转时，升力曲线转向左边，$C_{L,\max}$ 的值将增大，获得 $C_{L,\max}$ 处的失速攻角减小，但升力斜率仍然保持不变，且后缘襟翼未改变 $dC_L/d\alpha$ 的值。同时注意对于附录 4 中的一些指定翼型而言，显示的升力曲线还包含了襟翼偏转的影响。

图 5.67　当简单襟翼偏转时，升力增大是由弯度实际增大以及攻角虚拟增大引起的

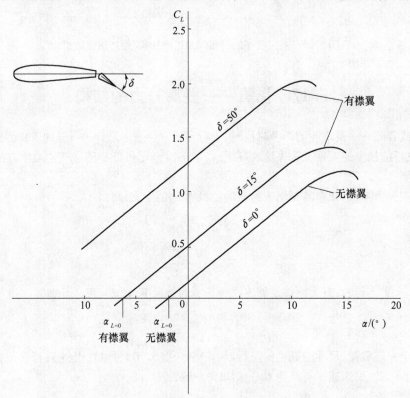

图 5.68　襟翼对升力曲线影响的图解。图中所示数据为现代中程喷气式运输机的典型数据

由襟翼引起的 $C_{L,\max}$ 增大可能非常显著。如果将襟翼设计为不仅向下转动，而且还向后转动，以增加有效机翼区域，那么 $C_{L,\max}$ 就可以增大将近 2 倍。如果使用额外的高升力装置，例如在前缘处使用缝翼，在表面使用翼缝，或者使用边界层控制的机械方式，那么 $C_{L,\max}$ 有时可以增大 3 倍或者更多，如图 5.69 所示。若想获得有关各种高升力装置的有趣而又更加详细的论述，读者可以参阅麦考密克或谢维尔所著书籍（参见本章结尾处的参考文献）以及本书作者的《飞行器性能与设计》（安德森，波士顿：麦克劳希尔出版社，1999）。

例 5.34

下面以图 4.52 的三视图与图 5.40 的照片所示的洛克希德公司的 F-104 为例进行分析。在装满燃料的情况下，该飞机重 10258kg_f，其净重量（无燃料）为 6071kg_f，机翼面积为 18.21m^2。F-104 的机翼非常薄，厚度为 3.4%，其前缘如剃须刀般的尖锐，两者的设计目的均是将超声速时的激波阻力减至最小。然而，带尖锐前缘的薄机翼其低速气动性能非常差，且在低攻角时容易失速，从而限制了最大升力系数。F-104 既有前缘襟翼又有后缘襟翼，但尽管有这些高升力装置，它在亚声速时的最大升力系数仅为 1.15。当飞行器（a）燃油箱已经装满（b）燃油箱无燃料时，计算标准海平面处的失速。比较两种情况的结果。

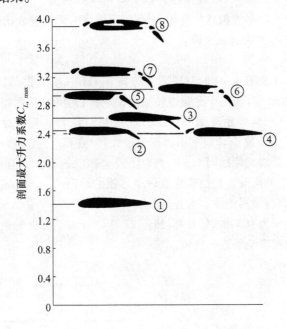

图 5.69 各种高升力装置翼型最大升力系数的典型值

(1) 单独的翼型；(2) 简单襟翼；(3) 分裂式襟翼；(4) 前缘缝翼；(5) 单缝襟翼；
(6) 双缝襟翼；(7) 与前缘缝翼结合的双缝襟翼；(8) 在翼型顶部增加边界层吸收。
[来源：出自洛夫廷的著作，NASA SP468，1985]

解

a. 通过回顾，可知 kg_f 是一个表示力的非统一单位。我们需要将其换算成单位 W，根据 2.4 节，可知 $1\ \text{kg}_f = 9.8\text{N}$：

$$W = 10258(9.8) = 1.005 \times 10^5\ \text{N}$$

在标准海平面，$\rho_\infty = 1.23\text{kg/m}^3$。因此，根据方程（5.71），

$$V_{\text{stall}} = \sqrt{\frac{2W}{\rho_\infty S C_{L,\max}}} = \sqrt{\frac{2(1.005 \times 10^5)}{(1.23)(18.21)(1.15)}} = 88.3\ \text{m/s}$$

如果单位用英里/h表示,那么使用例2.6中的换算因数60英里/h=26.82m/s,可得出

$$V_{\text{stall}} = (88.3 \text{ m/s}) \left(\frac{60 \text{ 英里/h}}{26.82 \text{ 米/s}}\right) = 197.6 \text{ 英里/h}$$

$$W = 6071(9.8) = 5.949 \times 10^4 \text{N}$$

$$V_{\text{stall}} = \sqrt{\frac{2W}{\rho_\infty S C_{L,\max}}} = \sqrt{\frac{2(5.949 \times 10^4)}{(1.23)(18.21)(1.15)}} = 68 \text{ m/s}$$

或

$$V_{\text{stall}} = (68)\left(\frac{60}{26.82}\right) = 152 \text{ 英里/h}$$

注意:(a)与(b)两部分的差为重量。因为根据方程(5.71) $V_{\text{stall}} \propto W^{1/2}$,使用(a)部分的答案简化计算(b)部分,就可以简单地得出

$$V_{\text{stall}} = (88.3)\sqrt{\frac{5.949 \times 10^4}{1.005 \times 10^5}} = 68 \text{ m/s}$$

这也是对之前结果的验算。

比较(a)与(b)两部分的结果,可发现在其他量均相等的情况下,飞行器越轻,失速速度越低。然而,由于失速速度随重量的平方根发生变化,因此失速速度的降低量成比例地小于重量的降低量。在本例中,重量减轻41%导致失速速度降低23%。

例5.35

下面以图5.44的照片及图5.70的三视图中的波音727三喷气发动机运输机为例进行分析。该运输机设计于20世纪60年代,用于在跑道较短的机场执行任务,从而将喷气式飞机带到了更小的地市机场。为了将起飞与着陆距离减至最小,727必须设计为具有相对较低的失速。根据方程(5.71),低 V_{stall} 可以通过将机翼设计成平面面积S很大和/或 $C_{L,\max}$ 值非常高实现。然而,机翼面积大会导致机翼结构更重,并增大摩擦阻力——两个不符合需求的特征。但是,当时波音飞机的工程师们选择通过设计最复杂的高升力机械装置取得尽可能的最高 $C_{L,\max}$ 值,该装置由机翼后缘处的三缝襟翼以及前缘处的襟翼与缝翼组成。配齐这些装置后,波音727的最大升力系数为3.0。当重量为160000lb,机翼平面面积为1650ft²时,计算波音727在标准海平面处的失速。同时将该结果与例5.34中获得的F-104的对应结果进行比较。

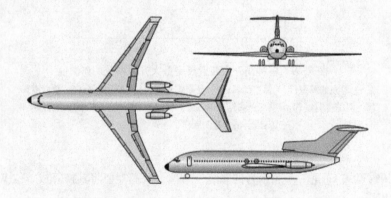

图5.70 波音727三发动机商用喷气式运输机的三视图

解

根据方程(5.71),得出

$$V_{\text{stall}} = \sqrt{\frac{2W}{\rho_\infty S C_{L,\max}}} = \sqrt{\frac{2(160,000)}{(0.002377)(1650)(3.0)}} = 165 \text{ ft/s}$$

当单位为英里/h,得出

$$V_{\text{stall}} = 165\left(\frac{60}{88}\right) = 112.5 \text{ 英里/h}$$

在例 5.34(a)中,洛克希德公司的 F-104 的 $V_{\text{stall}} = 197.6$ 英里/h,比波音 727 中对应的值高得多。这两个例子中的两架飞机,一架是设计要点为马赫数 2 的战斗机,一架是用于较短机场的商用喷气式运输机,两者分别代表了传统喷气式飞机失速时的高低两个极端。

注意:计算出的波音 727 翼型剖面上方的流线模式如图 5.71 所示,该图显示了攻角为 6°时着陆构型配备的高升力装置、攻角为 10°时起飞构型上配备的高升力装置以及在攻角为 3°时巡航用清晰构型(未配备高升力装置)。注意配备高升力装置后流场将发生很大的变化:流线曲率大大增加,表明升力系数也大大增加。

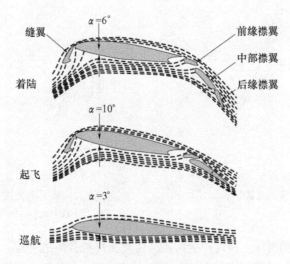

图 5.71 比较着陆、起飞与巡航情况下有高升力装置与无高升力装置的波音 727 上方的流线型式
[来源:AIAA,已获授权]

5.18 柱面与球面的空气动力学

下面将视线转到轴与气流垂直的球体或无限圆柱体上方的低亚声速流。如果气流为非黏性流(无摩擦力),那么理论上流型看起来将如图 5.72(a)所示。流线将形成对称型式,因而前后表面上方的压力分布也应对称,如图 5.72(b)所示。该对称产生了一种重要的现象,即如果气流无摩擦,那么在球体上不会产生压差阻力。只要稍微观察一下图 5.72(b)就可看出该点。正面($-90° \leq \theta \leq 90°$)压力分布在阻力方向产生了一种力,而与正面压力分布完全相同的背面($90° \leq \theta \leq 270°$)压力分布则产生一种大小相等但方向相反的力。如此一来,我们就得出了机身无阻力这一奇怪的理论结果,这与实际情况完全相反。理论与试验的这种冲突在 19 世纪末人尽皆知,人们将其称为达朗贝尔悖论。

图 4.37 是气体或圆柱体上方实际气流的略图。正如 4.20 节讨论的一样,摩擦力的存在使逆压梯度区域产生分离流。观察图 5.72(b)所示的理论非黏性流压力分布,可以发现在背面($90° \leq \theta \leq 270°$)压力沿气流方向增大,也就是说,存在逆压梯度。因此,在现实生活中,球体或圆柱体上方的气

流将从后表面分离开来是完全可能的。事实确实如此,我们最先在图 4.37 中,后来又在图 5.73(a)中对此进行了说明。与该分离流对应的真正的压力分布如图 5.73(b)中的实线曲线所示。注意正面($-90°<\theta<90°$)的平均压力比背面($90°<\theta<270°$)的平均压力高得多,因而会在机身上产生一个净阻力。因此理论与试验再一次达成一致,适量摩擦力的存在解除了达朗贝尔悖论。

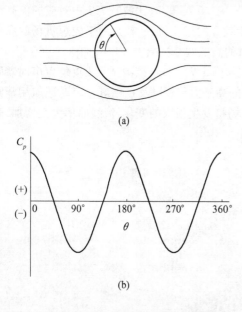

图 5.72　理想状态下球体上方的无摩擦气流
(a) 流场;(b) 压力系数分布。

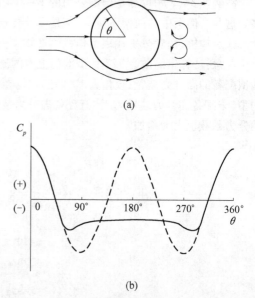

图 5.73　球体上方实际存在的分离流,
该气流分离由摩擦引起
(a) 流场;(b) 压力系数分布。

球体或圆柱体上方的气流及由此产生的阻力受背面气流分离的控制,从而导致 C_D 随雷诺数发生有趣的变化。用球半径 d 将雷诺数定义为: $Re = \rho_\infty V_\infty d / \mu_\infty$。如果我们将球体安装在低亚声速风洞中,改变自由流速度使雷诺数从 10^5 增加至 10^6 ,那么当雷诺数大约为 $Re = 3 \times 10^5$ 时,可发现 C_D 正发生奇怪的、几乎不连续的下降,我们将此时的雷诺数称为球体的临界雷诺数,并用图 5.74 对这一现象进行了描述。到底是什么引起阻力如此急剧地减小呢?原因就是层流边界层与湍流边界层对气流分离有不同的影响。在第 4.20 节的末尾,我们提到层流边界层的气流分离比湍流边界层的气流分离容易得多。当 $Re<3\times10^5$ 时,球体上方气流的边界层呈层状,因而气流完全从背面分离开来,导致机身后的尾流很大,如图 5.75(a)所示。反之,如图 5.74 左侧所示,当 $Re<3\times10^5$ 时, C_D 值较大。然而,当雷诺数增加到大于 3×10^5 时,正面将产生转捩,边界层变成湍流,分离点往后移。(当遭遇逆压梯度时,湍流边界层仍会黏着更长一段距离。)在这种情况下,如图 5.75(b)所示,机身后面的尾流要小得多。反之,如图 5.74 右侧所示,压差阻力更小, C_D 减小。

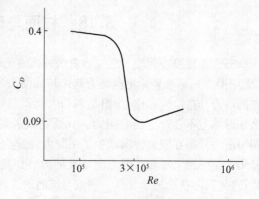

图 5.74　低速气流中球体的阻力系数
随雷诺数发生变化的曲线图

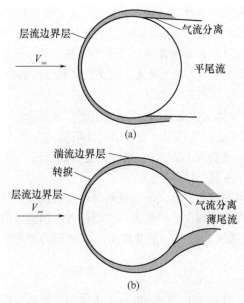

图 5.75 球体上方的层流与湍流

设计板块

与如本节讨论的圆柱体和球体等钝头机身有关的较大压差阻力,导致了流线型设计概念的出现。下面以圆柱体横截面直径为 D,且轴的方向与气流方向垂直的机身为例进行分析。圆柱体背面将有分离流,尾流相对较平,且与之相应的压差阻力很大,如图 5.76(a)所示。图 5.76(a)右侧的方框表示圆柱体的总阻力,方框的阴影部分表示摩擦阻力,非阴影部分表示压差阻力。注意就钝头机身而言,阻力相对较大,且大部分阻力是由压差阻力引起。然而,当我们在圆柱体背部缠绕一个长的、稍带锥形的后体,形成图 5.76(b)所示的泪珠状机身时,看看会发生什么?该装置为流线型机身,其厚度与圆柱体厚度 d 相等。然而,由于锥形后体的存在,沿流线型机身背部的逆压梯度将比圆柱体后表面的逆压梯度小得多,从而将流线型机身的气流分离延长至非常接近后缘的地方,并伴有小得多的尾流,如图 5.76(b)所示。因此,流线型机身的压差阻力将比圆柱体的压差阻力小得多。确实,如图 5.76(b)右侧的方框所示,低速气流中流线型机身的总阻力几乎是相同厚度的圆柱体的总阻力的 1/10。由于表面面积增大,流线型机身的摩擦阻力将更大,但是压差阻力小得多,以至它在这种比较关系中占主导地位。

这就是在飞行器设计中流线型特别引人关注的原因。直到 20 世纪 20 年代末,飞行器设计者们才完全认可流线型的价值。现在跳到图 6.79 与图 6.80,图 6.79 所示为法国斯帕德 XIII 型飞机,这

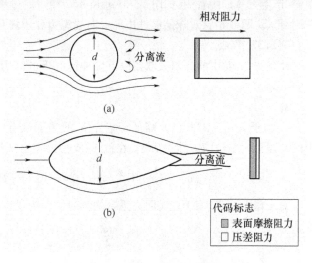

图 5.76 钝头机身与流线型机身的阻力比较
(a)钝头机身;(b)流线型机身。

是第一次世界大战中的一种典型的支撑与拉线式双翼机,该飞机显然不是流线型的。相比之下,到了20世纪30年代中期,流线型飞行器已经非常流行,图6.80所示的道格拉斯DC-3是一个经典的例子。流线型认知方面的发展以及它如何最终应用于飞行器设计中是空气动力学历史中更有趣的故事之一。(若需了解该故事,请参阅《空气动力学历史及其对飞行器的影响》,(安德森,纽约:剑桥大学出版社,1997)

因此,为了减小球体或圆柱体上的阻力,必须在其正面获得湍流边界层。通过增大雷诺数,直至其正面出现转捩,可使湍流边界层自然出现。也可通过使用粗糙表面,促使转捩早发生,或者通过在其表面周围缠绕电线或其他突出物等人工方式,迫使在更低的雷诺值时产生湍流边界层。(有时人们将使用此类人工手段称为促发湍流边界层。)

有趣的是我们注意到高尔夫球面设计凹痕的目的是促发湍流,从而减小飞行中的球的阻力。事实上,最近的一些研究表明:高尔夫球表面的多边形凹痕比传统的圆形凹痕上的阻力更小,但不管表面凹痕为何种形状,均会导致其压差阻力比光滑表面的压差阻力更小。(与高尔夫球相比,乒乓球的阻力更大。)

例 5.36

标准美国尺寸高尔夫球的直径为 1.68in。在棒头击球面受到冲击后离开球面的那一瞬间,高尔夫球的速度通常为 148 英里/h。假设球在标准海平面条件下,计算球的雷诺数,并将该值与球体的临界雷诺数进行比较。

解

直径 $d = 1.68 \text{in} = 0.14 \text{ft}$。速度为 $V = 148$ 英里/h $= 148(88/60) = 217.1 \text{ft/s}$。$\rho_\infty$ 与 μ_∞ 的标准海平面值分别为 $0.002377 \text{slug/ft}^3$ 与 $3.7373 \times 10^{-7} \text{slug/(ft·s)}$(根据 4.15 节)。

$$Re = \frac{\rho_\infty V_\infty d}{\mu_\infty} = \frac{(0.002377)(217.1)(0.14)}{3.7373 \times 10^{-7}} = 1.933 \times 10^5$$

该值略低于临界雷诺数 3×10^5。如果自然现象没有人力的干预,高尔夫球将出现层流边界层,并伴随较早的气流分离,如图 5.75(a)所示,从而导致在雷诺数小于 3×10^5 时,阻力系数值较大,如图 5.74 所示。然而,高尔夫球球面凹痕的作用是在雷诺数小于 3×10^5 时,将边界层的气流促发为湍流,产生更多的附着流,如图 5.75(b)所示。而这反过来又会将阻力系数减小至更低值,如图 5.74 右侧所示。凹痕是有效降低促发边界层向湍流边界层转化的雷诺数的一种人工装置。

例 5.37

计算例 5.36 中的高尔夫球在以下两种情况下的阻力:(a)假想的表面完全光滑的球;(b)有凹痕的真球。

解

a. 由于 $Re = 1.933 \times 10^5$ 略低于临界值,且表面没有可人工促发边界层的粗糙度,因此,图 5.74 中的球面阻力系数值大约为 0.4。在例 5.36 中的指定气流条件下,

$$q_\infty = \frac{1}{2} \rho_\infty V_\infty^2 = \frac{1}{2}(0.002377)(217.10)^2 = 56 \text{ lb/ft}^2$$

对于球面而言,用于定义阻力系数的参考面积为横截面面积。因而得出

$$S = \frac{\pi d^2}{4} = \frac{\pi (0.14)^2}{4} = 0.0154 \text{ ft}^2$$

因此,

$$D = q_\infty S C_d = (56)(0.0154)(0.4) = 0.345 \text{ lb}$$

b. 在此情况下,高尔夫球球面上有凹痕,可将边界层促发为湍流边界层,从而产生低得多的阻

力系数值 0.1,如图 5.74 所示。因而,

$$D = q_\infty S C_d = (56)(0.0154)(0.1) = 0.086 \text{ lb}$$

会打高尔夫球的读者可以理解该结果的重要性。人们可以沿平坦球道将有凹痕的低阻力球猛击至比具有阻力相应较大的光滑球面的球远得多的距离。

5.19 升力的产生——与此相关的几种解释

回顾图 5.1 的路线图,可以发现除了底部一栏标示的"升力是如何产生的"这一点之外,我们已经讨论了该图中的所有重要内容。本节将对此进行重点讨论。

令人吃惊的是,在距"莱特飞行者一号"第一次飞行后 100 多年的今天,无数工程师、科学家、飞行员及其他人可以聚集一堂,针对飞行器机翼如何产生升力展开一场激烈的辩论。人们提出了各种各样的解释,辩论的中心是哪种解释是最根本的。本节的目的是尽量如实地一一陈述各种解释、解决纷争。在本书先前的讨论中,我们自始自终提出将一种解释作为最根本的解释,并且有意不增加读者思考其他解释的负担。因此你们可能一直在疑惑这有何重要,你们已经知道了升力是如何产生的。然而,由于在文学作品中,对升力是如何产生的有着各种各样(有时完全错误)的解释,因此读者需要了解一些其他的见解。

首先分析本书作者主张什么是升力的最根本的解释。显然,根据 2.2 节的讨论可知使机身伸出并维持机身在流体(液体或气体)中移动的两种自然力是作用于机身暴露表面的压力与剪应力分布。机身上的气动合力是压力与剪应力分布对表面产生的净综合效应。由于升力是该合力中与相对风垂直的一个分力,并且有合理攻角的翼型表面的压力主要在升力方向发挥作用(而剪应力主要在阻力方向发挥作用),因此完全可以说相对于升力而言剪应力的影响是次要的,升力主要是由翼型上下表面上的压力分布的不平衡引起的。尤其是,翼型上表面上的压力低于翼型下表面上的压力,从而瞬间上升。然而,这又引出了为什么翼型上表面的压力低而翼型下表面的压力高这一问题。答案就是翼型上方的气动流遵循自然法则:质量守恒定律与牛顿第二定律。下面让我们更进一步讨论这一点,找出这些自然法则是如何使飞行器机翼产生升力的。以下依次列举了三个明智的见解:

1. 首先分析图 5.77(a)所示翼型上的气流。首先分析管状流 A 与管状流 B。用阴影表示的管状流 A 在上表面上方流动,而用阴影表示的管状流 B 在下表面下方流动,两股管状流均产生于翼型前面的自由流中。当管状流 A 流向翼型时,会感觉翼型上部分是障碍,它必须躲开这一障碍。如此一来,当管状流 A 流过翼型前缘上方时,其横截面面积就会挤压得更小。反过来,根据质量守恒定律($\rho A V = $ 恒量),在管状流受挤压区域,其气流速度必须增加,这一更高的速度用图 5.77(a)中点 a 处的长箭头表示。随着管状流沿

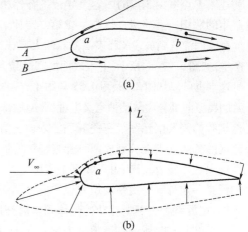

注意:表示压力的箭头的长度与 $p-p_{\text{ref}}$ 成一定比例,式中 p_{ref} 是略低于翼型最低压力的任意基准压力。

图 5.77
(a) 一般而言,与流线型 B 相比,由于流线型 A 受到挤压,上表面的气流速度比下表面的气流速度高;
(b) 因此上表面上的压力低于下表面上的压力,从而产生向上的升力。

点 a 继续流动,其横截面渐渐增大,气流速度随之减慢,如图中点 b 处的短箭头所示。注意管状流在翼型最大厚度前的前缘处受挤压最为严重,因此,在该处会产生最大速度。接下来再分析流过翼型下表面下方的管状流 B。由于翼型设计为正弯度,因而翼型下表面对管状流 B 产生的阻碍较小,因此当两股管状流流过翼型前缘时,管状流 B 的受压度小于管状流 A 的受压度。由于以上原因,管状流 B 的气流速度仍然小于管状流 A 的气流速度。因此可得出以下结论:

根据质量守恒定律,即连续方程,翼型上表面上方的气流速度增加到大于翼型下表面下方的气流速度。

为了弄清楚实际气流中管状流的受压情况,先回顾图2.6中的烟雾流照片。显然流过翼型上表面的管状流刚好在前缘下游受到挤压,因而在该处产生最大气流速度。

2. 对于不可压缩流而言,根据伯努利方程 $p + \frac{1}{2}\rho V^2 =$ 恒量,很显然当速度增大时,静压力会减小。可压缩流也有同样的趋势,根据欧拉方程 $dp = -\rho V dV$,当速度增加(dV 为正值)时,压力(dp 为负值)会减小。我们将这种一般的趋势,即当速度增加时,压力会减小,称为伯努利效应。回顾可知伯努利方程与欧拉方程是对牛顿第二定律的说明。由于在第1点中已经表明上表面上方的气流速度高于下表面下方的气流速度,因此可以得出如下结论:

由于伯努利效应,翼型上表面上方的压力低于其下表面下方的压力。

这一点在图5.77(b)中进行了图解说明,该图是翼型上下表面上的压力分布原理图。注意最低压力出现在点 a 处。

3. 最后,得出如下结论:

由于上表面上的压力较低而下表面上的压力较高,因此翼型产生向上的升力。

图5.77(b)对升力的原理进行了图解说明。

前述第1点~第3点的内容是导致飞行器机翼上方产生升力的基本自然法则。不可能得出比这更基本的法则——质量守恒与牛顿第二定律。

同时我们注意到前述解释表明机翼的大部分升力是由刚好位于前缘下游的第一个20%或30%的机翼产生,如图5.77(b)所示,上下表面之间的最大压力差是在翼型前部分。大部分升力由翼型前面部分产生这点也可以从图5.18、图4.55与图4.56中看出,它们展示了上表面最低压力出现在刚好处于前缘下游的翼型前部分。从某种意义上说,翼型后部分的主要功能就是形成流线型,以免气流分离。

这里我们需要消除一个有关翼型上表面上方气流速度增大原因的常见误解。有些著述认为进入停滞区的流体元素会分裂成两种元素,其中的一种流过上表面,另一种流过下表面,然后假定这两种元素必须在后缘处相遇,由于翼型上表面上的流动距离大于翼型下表面上的流动距离,因此上表面上的元素一定移动得更快。坦白说这完全不正确。试验结果以及计算流体动力学的计算结果清楚地表明:在翼型上表面上移动的流体元素离开后缘很久后,在下表面上移动的另一种流体元素才到达后缘,如图5.78所示。设想一个如图5.78所示在时间 t 时翼型前缘停滞区内的化合流体元素 CD。该元素分裂成在上表面移动的元素 C 与在下表面移动的元素 D。在稍后的时间 t_2,元素 C 顺着后缘向下移动,元素 D 仍未到达后缘。这两种元素不会在后缘处相遇,因此建立在这两种元素相遇基础上的解释均是有漏洞的。

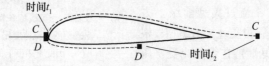

图5.78 翼型上方气流中两种流体元素的踪迹(元素 C 在翼型上方移动,元素 D 在翼型下方移动)

前面对升力产生原因的解释不仅适用于曲面翼型,同时也适用于平板翼型。与某些受欢迎的文学著作中的论述相反,翼型的曲面形状并非产生升力的必备条件。有攻角的薄平板翼型可以产生升力。有攻角的平板翼型上方的流线型原理图如图 5.79 所示,停滞点(在图 5.79 中用 s. p. 表示)位于前缘下游的下表面上。我们将通过停滞点的流线称作分离流线。分离流线之上的气流流过平板的上表面,而分离流线之下的气流流过平板的下表面。图 5.79 中用阴影表示的管状流与图 5.77 中用阴影表示的管状流 A 相似。在图 5.79 中,阴影管状流中的气流从停滞点处沿表面逆流而上,在前缘周围旋转,根据先前的讨论,可知此时前缘处气流会经历极端的挤压,然后在平板的上表面顺流而下。因此当受到挤压时,前缘处的气流速度非常

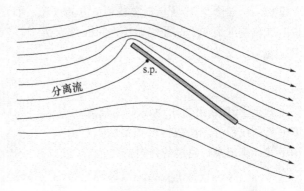

图 5.79　有攻角的平板机翼上的流线示意图

大,压力相对较低。当管状流在平板上方顺流而下时,其横截面逐渐增大,因而气流速度由前缘处的初始高值逐渐减小,表面压力由初始低值逐渐增大。然而,一般而言,上表面上的压力仍然低于下表面上的压力。像往常一样,平板上的这种压力差将产生升力。如此一来又自然而然地引出了这样一个问题:为什么不采用薄平板作为飞行器的机翼进行飞行呢? 除了明显要求机翼厚度实用,以保证其空间足够容纳内部结构、燃料与起落架外,答案还包括平板会产生阻力——大量的阻力。在攻角非常小的情况下上表面上方的气流通常在前缘处分离,引起巨大的压差阻力。因此,有攻角的平板将产生升力,其升阻比大大低于传统的流线型厚翼型的升阻比。

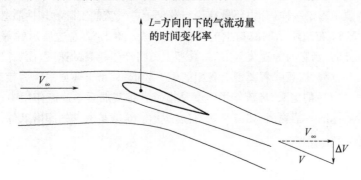

图 5.80　升力与气流动量的时间变化率之间的关系

关于升力的产生还有另外几种解释,实际上它们并非基本的解释,更像是升力产生的影响,而非原因。下面将对此加以分析。

有时人们还会给出以下几种其他的解释:机翼使气流偏转,以至机翼后面的平均速度矢量略微向下倾斜,如图 5.80 所示。因而机翼向空气传递一个向下的分动量,也就是说,机翼向空气施加一个推动气流向下的力。根据牛顿第三定律,大小相等方向相反的反作用力将产生升力。然而,这种解释实际牵涉的是升力的影响,而非原因。事实上,表面的气压推动表面,产生向上的升力。根据作用力与反作用力大小相等方向相反的原则,翼型表面将推动空气,向气流传递一个向下的力,从而使速度向下发生偏转。因此,我们可以将气流中由于机翼存在而产生的向下动量的净变化率视为表面压力分布引起的影响。压力分布本身是升力产生的基本原因。

也有人针对升力产生原因提出了第三种解释:升力环量理论。然而,结果证明这并非对升力本身的解释,倒更像是计算指定形状翼型升力的数学公式。并且,它主要适用于不可压缩流。升力环量理论完美且推导过程正确,但它不在本书的讨论范围内。该理论的重点可总结如下:

设想一个如图 5.81 所示指定翼型上方的气流。假设翼型周围绘有一个封闭的曲线 C。曲线上某点的气流速度为 V,V 与曲线切线之间的角为 θ。假定 ds 是沿 C 方向增加的一段距离。被称作环量 Γ 的量可定义为

$$\Gamma \equiv \oint_C V\cos\theta \, ds \tag{5.72}$$

也就是说,Γ 是沿封闭曲线 C 的气流速度分量的线积分。在获得 Γ 值后,可以根据下式计算出单位翼展的升力:

$$L = \rho_\infty V_\infty \Gamma_\infty \tag{5.73}$$

方程(5.73)是库塔—儒柯夫斯基定理,它是升力环量理论中的一个关键关系式。该理论的目标是在 V_∞ 与翼型已知的情况下(以某种方法)计算 Γ。然后根据方程(5.73)可得出升力。理想不可压缩流理论通常被称为势流理论,它的一个重要目标是计算 Γ。这些问题将在更加高级的空气动力学课本中进行讨论(参见《空气动力学基础》第 5 版,安德森,麦克劳希尔出版社,2011)。

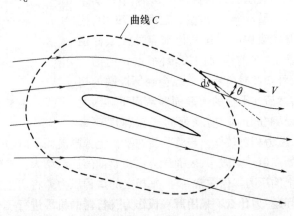

图 5.81 升力环流理论图解

如所有成功的数学理论一样,升力环量理论与翼型上方气流的实际物理性质必须是相容的。简而言之,可以将图 5.82 右边所示的翼型上的实际气流视为图 5.82 左边所示的等速流与环流的叠加。环流为顺时针方向,当它与等速流叠加时,翼型上方将产生较高的速度,而翼型下方将产生较低的速度。根据伯努利方程,这意味着翼型上表面的压力较低,翼型下表面的压力较高,因而产生向上的升力。根据方程(5.72)的定义,环流作用强度是指一旦将其加至等速流作用中,翼型上方的实际气流随即迅速离开后缘的一精确值,如图 5.82 右边所示。这就是所谓的库塔条件,它是升力环量理论的一个主要方面。

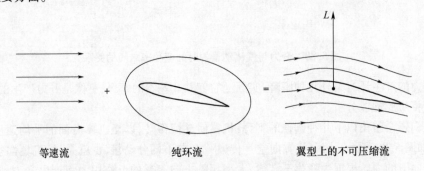

等速流   纯环流   翼型上的不可压缩流

图 5.82 两种基本气流的叠加合成一种更加复杂的气流。如果一种或多种基本气流循环流动,那么合成的气流同样也会循环流动。升力与循环流动成正比

重申一下,读者应务必记住自然界将升力传送至翼型的实际机制是翼型表面的压力分布,如图 5.77(b)所示。反过来,该压力分布最终会导致气流动量时间变化率的产生,如图 5.80 所示——这

种原理可以用作设想升力产生的一种替代方式。最后,甚至连升力环量理论也是源自翼型表面的压力分布,因为库塔—儒柯夫斯基定理——方程(5.73)的推导牵涉到了表面压力分布。若需了解更多详情,请查阅《空气动力学基础》第5版(安德森,麦克劳希尔出版社,2011)。

例 5.38

在例5.10中,我们论证了NACA 2415翼型在正面朝下飞行时也可以产生升力,但不如正面朝上飞行时大。本例将再次探讨该问题,但是此次选择的翼型不同,目的是探讨特技飞行器中经常使用的翼型。下面分别以图5.83(a)与(b)所示的正面朝上 NACA 4412翼型与正面朝下 NACA 4412翼型为例进行分析。图中两者的攻角均为与自由流相关的相同攻角。当攻角为6°时,分别获取图(a)与图(b)两种情况下的升力系数。

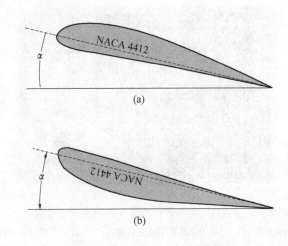

图5.83　(a)正面朝上飞行的翼型以及(b)正面朝下飞行的翼型的图解。这两种情况的翼型攻角相等

解

a. 根据附录4,对于$\alpha = 6°$时的NACA 4412,

$$c_l = 1.02$$

b. 选取图5.83(b),将其倒过来。读者看到的便是正面朝上的NACA4412,但攻角为负。因此,图5.83(b)所示正攻角倒向翼型的升力系数是根据附录4中负攻角的数据给定的。当$\alpha = -6°$时,附录4显示$c_l = -0.22$;负值c_l意味着当普通正面朝上翼型以$-6°$的负攻角倾斜时,其升力方向向下。在图5.83(b)所示的倒置方向,该升力方向向上。因此,对于在攻角为6°时正面朝下飞行的NACA4412翼型,

$$c_l = 0.22$$

注意:图5.83(b)中正面朝下飞行的翼型产生升力,但与相同攻角下正面朝上飞行的同一翼型的升力不是一样大。如果图5.83(b)中正面朝下飞行的翼型要产生与图5.83(a)中正面朝上飞行的翼型相等的升力,它必须以一个更大的攻角倾斜。

特技飞行器大部分时间用于正面朝下飞行,因此,此类飞行器的设计者们通常选择一个对称翼型作为机翼剖面。同时,各种飞行器上的水平尾翼和垂直尾翼通常都有对称的翼型。图5.84所示为最著名的特技飞行员、三次全美冠军获得者佩蒂·瓦格史朵夫(Patty Wagstaff)驾驶的特种飞行器,该飞行器配备了有对称翼型剖面的机翼。

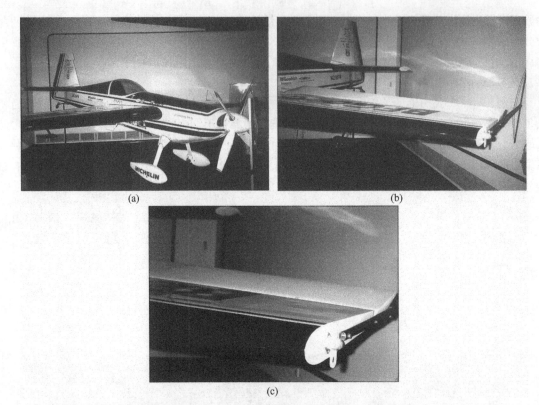

图5.84 陈列在美国国家航空航天博物馆的佩蒂·瓦格史朵夫驾驶的特种飞行器 Extra 260
(a) 飞行器的全视图；(b) 式样为方形翼尖的左机翼；(c) 左翼尖详图，展示对称机翼剖面。
[照片来源：《约翰·安德森集》]

5.20 历史事记：翼型与机翼

众所周知，早在1799年乔治·凯利就已经提出了固定翼飞行器的概念，本书的1.3节与5.1节对此进行了详细的论述。此外，凯利认为当机翼上表面压力低而下表面压力高时飞行器将产生升力，他还认识到曲面翼型比平面翼型产生的升力更大。确实，图1.5表明尽管曲率是由风吹动装配松散的纤维机翼表面引起，凯利仍然一直在考虑使用曲面做机翼。然而，无论是凯利还是紧随其后的仿效者们均未进行过哪怕仅仅是类似的翼型研发工作。

直到1884年，人类才第一次进行了严格意义上的翼型开发工作。同年，英国人霍雷肖·F·菲利普获得了一项关于一系列双表面有弯度翼型的专利，图5.85所示为菲利普已申请专利的这种翼型剖面的图纸。菲利普是19世纪后半叶航空工程领域的一个重要人物，之前我们已经在4.24节提及此人，并对其喷射器驱动风洞一并进行了讨论。事实上，图5.85中的翼型是经过无数次风洞试验后得出的结果，在这些试验中，菲利普考察了"各种想象得出的形状及各种形状组合"的曲面机翼。菲利普向大众公布了他的试验结果，对航空学界产生了重大影响。随着研究的继续，1891年菲利普取得了关于更多翼型的专利权。此后他转攻飞行器设计，1893年，他制造了一架大型多翼机模型并进行了试验，该模型由许多机翼构成，每个机翼的翼展为19ft，弦长仅为1.5in，它们看起来就像是一个软百叶帘！该飞行器由装有6.5ft螺旋桨的蒸汽发动机驱动。飞行器在环形轨道上行驶，竟然瞬间就从地面升起数英尺。在这次示范飞行表演后，菲利普休息了一段时间，直到1907年，他在英国用一架相似的汽油驱动飞行器进行了首次试验性的短程飞行，并停留在空中约500ft处。这是他对航空学最后所做的贡献。然而,他在19世纪80年代与90年代期间所做的开创性工作无疑为其赢得了现代翼型鼻祖的称号。

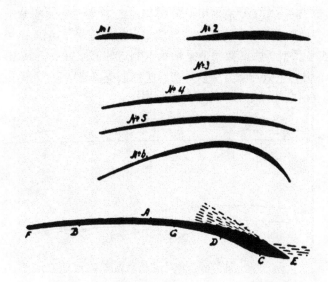

图 5.85　菲利普设计的双表面翼型剖面。菲利普于1884年获得六个
较高翼型的专利权,1891年获得较低翼型的专利权

在菲利普之后,翼型工作转为探索最有效的翼型。尽管人们已经在这方面取得了很大进展,但是今天仍在进行这方面的研究。这一进展跨越了几个历史时期,5.20.1~5.20.6节将分节讨论这几个历史时期。

5.20.1　莱特兄弟

如1.8节与4.24节所述,韦尔伯·莱特与奥维尔·莱特两兄弟在早期进行了滑翔机的试验之后,于1901年推断许多已有的关于翼型剖面的"气压"数据是不恰当的,且经常有误。为了弥补这些缺陷,他们建立了自己的风洞(参见图4.59),并于1901年9月与1902年8月,在此风洞中对几百个不同的翼型进行了试验。根据他们的试验结果,1903年,莱特兄弟为其后取得成功的"莱特飞行者一号"选择了一个最大翼弦比为1∶20的翼型。莱特兄弟进行的这些风洞试验代表了世纪之交时翼型技术的主要进步。

5.20.2　英国翼型与美国翼型(1910—1920)

在动力驱动飞行的早期,翼型设计基本为个人定制,很少会齐心协力去寻找一种标准的有效剖面。然而,英国政府在国家物理实验室(NPL)开展了一些早期工作,帮助皇家飞机制造厂(RAF)制造出了一系列在第一次世界大战中使用的飞机翼型。图5.86为RAF6翼型形状的图解。

1915年以前,美国的大部分飞行器均使用RAF剖面或者法国人亚历山大·古斯塔夫·埃菲尔设计的形状。1915年,翼型的这种不重要的地位导致NACA在其首份年度报告中强调必须"发展结构更具经济性、尺寸合适且更实用有效的翼型剖面,既允许压力中心适度移动,同时仍能经受大攻角及有效机动。"直到90多年后的今天,NASA仍然在进行这种探索。

1917年,埃德加·S·戈瑞尔上校与H·S·马丁少校在麻省理工学院(MIT)编制的第18号NACA报告"翼型与翼型结构组合"里对NACA最初开展的翼型方面的工作进行了记录。戈瑞尔与马丁对当时的翼型地位的总结如下:

迄今为止,数学理论仍未应用于经过弧面的不连续运动。因此我们只能通过借鉴已经取得成功的那些形式,运用从经验中总结出的一般规律,然后在一个可靠的风洞中试验翼型来设计翼型。

葛瑞尔与马丁在第 18 号 NACA 报告中公开了当时的一系列最大的单组翼型试验,埃菲尔在 NPL 所做的工作除外。他们在报告中介绍了美国翼型系列并记录了美国 1~6 号剖面的风洞数据。图 5.86 所示为美国 6 号翼型。该翼型模型是用黄铜制造的有限翼展机翼,其翼展为 18in,翼弦为 3in,也就是说 AR=6。升力系数与阻力系数是在 MIT 风洞中以速度为 30 英里/h 时测得的。这些翼型代表了 NACA 发起并研究的最早的成体系的系列翼型。

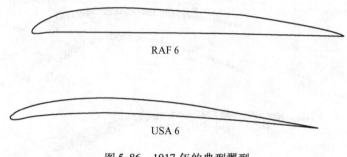

图 5.86　1917 年的典型翼型

5.20.3　1920—1930

基于其自身在 1917 年的风洞观察结果,葛瑞尔与马丁声称翼型设计中的细微变化会使气动性能发生很大变化。这是翼型研究的根本问题,它导致 20 世纪 20 年代出现了各种各样的翼型。这点从 1929 年 F·A·娄登的题为"关于普遍使用的机翼剖面风洞数据汇编"(Collection of Wind Tunnel Data on Commonly Used Wing Sections)的第 331 号 NACA 报告中可以看出,娄登在该报告中声称"本国最常用的机翼剖面是 Clark Y、Clark Y-15、Gottingen G-387、G-398、G-436、N.A.C.A. M-12、Navy N-9、N-10、N-22、R.A.F.-15、Sloane、U.S.A.-27、U.S.A.-35A 与 U.S.A.-35B。"但是,情况也在向好的方向发展。如 4.24 节所示,1923 年,NACA 在兰利航空实验室建立了一个可变密度风洞,该风洞在后来的翼型研究中承担了重大任务,这点将在 5.20.4 节进行详细介绍。

5.20.4　早期 NACA4 位数翼型

作为 1933 年的一项经典成果,美国最终将阶与逻辑引进了翼型设计。伊士曼·N·雅各布斯(Eastman N. Jacobs)、肯尼斯·E·华德(Kenneth E. Ward)与罗伯特·M·平克顿(Robert M. Pinkerton)在第 460 号 NACA 报告"从可变密度风洞试验中得出的 78 个相关翼型剖面的特征"(The Characteristics of 78 Related Airfoil Sections from Tests in the Variable-Density Wind Tunnel)中对此进行了记录。他们的翼型设计理念如下:

人们可能将翼型剖面视为是由布置在某些平均线周围的一定剖面厚度的形状组成。这样就产生了两个主要形状变量,一个是厚度形状,一个是平均线形状。从结构的角度而言,厚度形状尤其重要。另一方面,平均线形状几乎单独决定了翼型剖面的一些最重要的气动性能,例如零升力角与俯仰力矩特征。与本次研究相关的翼型剖面是通过系统地改变这些可变形状获得的。

随后他们有史以来第一次对著名的 NACA 4 位数翼型系列进行了定义和研究,本书附录 4 例举了其中一些翼型。例如,他们将 NACA2412 定义为最大弯度为翼弦的 2%(第一位),最大弯度出现在距离前缘 0.4 翼弦处(第二位),最大厚度为 12%(最后两位)的装置。雅各布斯与其同事在 NACA 可变密度风洞中使用一个 5in 宽、30in 长的有限翼展机翼(展弦比仍旧为 6)对这些翼型进行了试验。在第 460 号 NACA 报告中,他们例举了有限翼展机翼的 C_L 曲线、C_D 曲线与 L/D 曲线。此外通过使用 5.15 节中提到的相同公式,他们校正了数据同时得出了无限翼展机翼的结果。在该书出版后,标准的 NACA 4 位数翼型剖面得到了广泛使用,甚至今天有几种轻型飞行器仍在使用 NACA 2412。

5.20.5 后期 NACA 翼型

在 20 世纪 30 年代后期,NACA 开发了一种新的弧线系列翼型以增加最大升力,其中 230 弧线是最受欢迎的,它与标准的 NACA 厚度分布一起形成了 NACA 5 位数翼型系列,例如 23012,其中一些今天仍在使用(例如,塞斯纳"奖状"系列与比奇公司"空中国王"飞机)。随后又在 20 世纪 40 年代出现了高速翼型与层流翼型系列。

为了加强翼型的开发,1939 年 NACA 在兰利建立了一个新的低湍流二维风洞,专门用于进行翼型试验。该风洞有一个 3 ft 宽、7.5ft 高的长方形试验区,可以在高雷诺数试验中加压至 10 atm。最重要的是,该风洞允许翼型模型在整个试验区充分展开,从而直接提供无限翼展机翼的数据。这与先前描述的早期试验形成鲜明的对比,该试验使用的是 AR=6 的有限翼展机翼,然后将数据校正至与无限翼展机翼条件相一致。这些校正通常会受到翼尖效应的影响(例如,指定机翼的精确翼展有效因子是多少)。20 世纪 40 年代早期,人们在新的二维风洞中,针对雷诺数在 3 百万 ~9 百万变化、马赫数低于 0.17(不可压缩流)的各种新旧翼型,进行了大量的试验。翼型模型的翼弦通常为 2 ft,能在 3 ft 宽的试验区充分展开。有趣的是,人们注意到在力平衡时无法获得升力与阻力。升力是通过求风洞上下墙壁上测得的压力分布的积分计算得出,阻力是根据后缘尾流下游测得的全压管压力测量值计算得出。然而,俯仰力矩是在平衡中直接测得的。1949 年,阿尔伯特与冯·邓霍夫在《包括翼型数据摘要的机翼剖面理论》(*Theory of Wing Sections Including a Summary of Airfoil Data*)一书中编辑并公布了从兰利二维风洞中获得的大量翼型数据(参见本章末的参考文献)。务必注意附录 4 中的所有翼型数据均是从该书中获得的,也就是说,附录 4 中的所有数据均是在基本的不可压缩流条件下直接测得的无限翼展机翼的数据。

5.20.6 现代翼型工程

1950 年,由于优先发展超声速与高超声速空气动力学,NACA 暂停了翼型的开发。在此后的 15 年中,人们拆除了翼型试验的特殊设备。这一期间,美国几乎没有进行任何系统的翼型研究。

然而,在 1965 年,理查德.T. 惠特科姆(Richard T. Whitcomb)在 NASA 超临界翼型方面取得了突破性的成就。这一具有革命意义的开发使得人们能够将机翼设计成高临界马赫数(参见图 5.10),这再次激发了 NASA 内部对翼型的兴趣。自此以后,他们重新建立了现代翼型开发的健全计划,同时重新启用了兰利的低湍流加压二维风洞。此外,他们还为翼型研究引入了新工具:高速数字计算机。事实上,用于计算亚声速时翼型周围流场的计算机程序非常可靠,因此它们可承担部分迄今为止一直专由风洞执行的常规试验责任。在跨声速情况下还不能做到这一点,但是目前已经将该问题纳入了研究重点。皮尔蓬(Pierpont)在《航天学与航空学》(*Astronautics and Aeroautics*)中提到了在 NASA 内部进行的一个有趣的现代翼型活动研究(参见参考文献)。

特别值得一提的是被命名为 LS(1)的现代低速翼型系列,它由 NASA 研发,用于轻型飞行器的普通航行。典型的 LS(1)翼型形状与图 5.87 中的"传统"翼型形成鲜明对比。如图 5.88 所示,该翼型的升力特征非常出众,因此图 5.87 所示类型的飞行器采用此类翼型后的机翼面积更小,阻力也相应更小。

总之,过去 100 多年的翼型研发已经从特定的个人行为转化成非常系统而有逻辑的工程步骤。

此项工作目前进展良好,未来有望在使用风洞与计算机研究翼型方面取得重要进展。

5.20.7 有限翼展机翼

对于有限翼展机翼,有一些历史评价是恰当的。1866 年 6 月 27 日,弗朗西斯·韦纳姆(Francis Wenham)(参见第 1 章)在向大不列颠航空协会提交的题为《空中运动》的著名论文中,(正确地)推断出机翼的大部分升力在前缘附近的位置产生,因此最有效率的机翼应为长而窄的机翼。弗朗西斯·韦纳姆因此成为认识到大展弦比机翼对亚声速飞行具有很高价值的历史第一人。并且,他建议将大量长而薄的机翼相互成垛堆放以产生所需的升力,他也因此成了多翼机概念的倡导者。在 1858 年,他建立了两个全尺寸的滑翔机,每个均有五个机翼,并成功地论证了其观点的正确性。

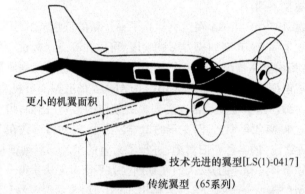

图 5.87 现代 LS(1) - 0417 翼型与传统翼型之间的形状比较。
LS(1) - 0417 获得的更高升力使得机翼面积更小,阻力也相应更小。
[来源:NASA]

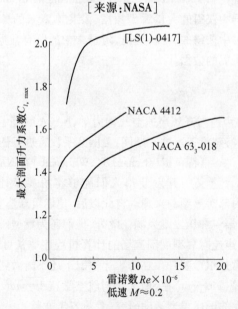

图 5.88 LS(1) - 0417 与传统翼型的最大升力系数比较
[来源:NASA]

然而,直到 1907 年,真正的空气动力学理论才出现,人们也才开始了解有限翼展机翼。这一年,英国人弗雷德里克.W. 兰切斯特(Frederick W. Lanchester)出版了《空气动力学》一书,该书概括性地讲述了升力环流理论;大约同一时期,德国的库塔(Kutta)与俄国的儒柯夫斯基(Joukowsky)也各自独立研究并发现了这一理论。更重要的是兰切斯特首次讨论了翼尖涡流对有限翼展机翼空气动力学的影响,不幸的是,由于兰切斯特行文不清晰,其想法极难为人们理解,因而未在航空学界得以运用。

1908年,兰切斯特参观了德国的哥廷根,并与路德维希·普朗特(Ludwig Prandtl)及其学生西奥多·冯·卡门(Theodore von Karman)充分探讨了他的机翼理论。普朗特不会说英语,兰切斯特不会说德语,再加上兰切斯特解释观点的方法不易让人理解,因此双方之间似乎很难相互理解。然而,1914年,普朗特提出了一种简单、清晰且正确的理论,用于计算翼尖涡流对有限翼展机翼气动特征的影响。要评价兰切斯特对普朗特的影响有多大几乎是不可能的,但是普朗特理应获得第一个建立实用有限翼展机翼理论的荣誉,该理论是第5.13节~5.15节讨论有限翼展机翼的基础。事实上,普朗特关于这一主题最先发表的言论如下:

根据作用力与反作用力的原理,飞行器产生的升力在各具体方面必定会与下行的气流有关。下行气流似乎是由一组组的涡流组成,涡流的涡旋线是从飞行器的翼尖处产生。两股涡流之间的距离等于飞行器的翼展,它们的强度等于飞行器周围的环流。飞行器附近的气流完全由等速流以及由三条直线围成的截面的涡流叠加形成。

普朗特关于有限翼展机翼理论的开创性工作及其对边界层的富有独创性的见解为其赢得了空气动力学之父的称号。在1914年之后的4年时间里,他继续忙于证明椭圆形升力分布可产生最小诱导阻力。事实上,术语诱导阻力与剖面阻力是1918年由马克思·芒克(Max Munk)在题为"飞行器升力机构空气动力学"(Aerodynamics of the Lifting Organs of the Airplane)的笔记中杜撰出来的。芒克是普朗特的同事,而该笔记是战时德国几份有关飞行器空气动力学的最经典报告之一。

如需了解更多有关翼型与机翼历史的详情,请参见《空气动力学历史及其对飞行器的影响》(安德森,纽约:剑桥大学出版社,1997)。

5.21　历史事记:恩斯特·马赫与马赫数

今天以马赫数2速度飞行的飞行器已经是司空见惯的了,像洛克希德公司的SR-71"黑鸟"之类的高性能军用飞机甚至可以超过马赫数3。因而术语马赫数已经成为了通用语言的一部分——大街上随便哪个普通人都知道马赫数2是指两倍声速的速度。在更纯粹的技术层面,5.3节讨论的量纲分析证明气动升力、阻力与力矩取决于两个重要的无量纲的乘积:雷诺数与马赫数。综合分析流体动力学,我们可以将雷诺数与马赫数视为现实流场中的主要支配参数,它们属于一系列起支配作用的无量纲参数,这些参数被称作相似参数。在4.25节,我们已经分析了雷诺数的历史来源,本节将分析马赫数的历史来源。

马赫数是以19世纪著名物理学家兼哲学家恩斯特·马赫的名字命名。马赫是一个兴趣广泛的著名人物。他是历史上第一个观察超声速流且了解其基本性质的人。下面让我们一起来快速了解此人及其对超声速空气动力学的贡献。

1838年2月18日,恩斯特·马赫生于奥地利摩拉维亚的图拉斯。他的父母都是极不善交际的内向知识分子,父亲所学为哲学与经典文学,母亲则是诗人兼音乐家。他们一家在一个农场过着独门独户、自由自在的生活,马赫的父亲发展了养蚕的兴趣——开辟了欧洲的桑蚕文化。小时候的马赫并不是一个特别优秀的学生。后来马赫称他自己是一个"成长非常缓慢、弱小而可怜的孩子"。由于其父在家给予的广泛而精心的指导,马赫学会了拉丁文、希腊文、历史、代数与几何。在小学与中学时,马赫成绩平平(原因并非智能低下,而是因其对老师们通常讲授的那些死记硬背的知识缺乏兴趣),之后马赫进入维也纳大学学习,这期间,他对数学、物理、哲学与历史产生了浓厚兴趣,因而获得了很大的进步。1860年,他撰写了一篇题为"电火花放电与感应"(On Electrical Discharge and Induction)的论文,取得了物理学博士学位。此后直到1864年,他一直在格拉茨大学担任物理学教授。(当时,他拒绝了萨尔茨堡大学外科学职位,而是选择去了格拉茨大学,这一点证明他有着广泛而深入的知识兴趣。)1867年,马赫成为了布拉格大学的一名试验物理学教授——在此后的28年里,他一直从事该项工作。

在今天的现代技术领域,工程师们与科学家们几乎迫不得已必须在极为专业的狭窄领域钻研以达到知识顶峰,有趣的是仔细回想马赫的个性,我们发现他是一个超级通才。以下仅仅是马赫的作品体现出的部分成就:物理光学、科学历史、机械学、哲学、相对论的起源、超声速流、生理学、热力学、葡萄中的糖周期、音乐物理学以及经典文学。他甚至还撰写国际事务方面的文章。(马赫的一篇论文对"将个体视为仅为国家而存在的政治家的荒谬言行"进行了评论,当时因此受到了列宁的严厉批评。)我们唯有敬畏和羡慕马赫,他——用美国哲学家威廉·詹姆斯的话说,知道"一切的一切"。

马赫对超声速空气动力学的贡献突出表现在他于1887年提交至维也纳科学院的一篇题为"通过空气投影的照相"的论文中。在这篇论文里,马赫有史以来第一次展示了一张位于子弹前的激波以超声速运动的照片,图5.89展示了这张历史照片,它摘自马赫的原始论文。从这张照片中,可以看到射弹后面的较弱激波与基区的湍流尾流下游结构。两条垂线是设计用于记录射弹经过摄影光源(或火花)的时间的激紊线。马赫在做试验时既严格又仔细,图5.89所示图形的特性以及他有能力使激波可见的事实(使用了一种称作射线照片的创新技术)证明他有着超常的试验才能。请注意,马赫没有借助电子设备的帮助就成功进行了此类有关秒级定时的试验——事实上,当时还未发明真空管。

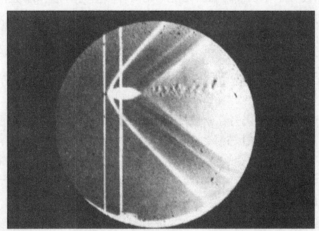

图5.89　1887年恩斯特·马赫公布的以超声速飞行的子弹的照片
(照片来源:《约翰·安德森集》)

马赫是第一个理解超声速流基本特征的人,也是第一个指出与声速有关的气流速度的重要性的人,他还是第一个记录当比率 V/a 从小于1变为大于1时,流场将发生显著的不连续变化的人。然而,他并没有将这一比率称为马赫数。1929年,著名的瑞士工程师雅各布·阿克莱特在苏黎世联邦理工学院发表了演讲,为了纪念马赫,他在这次演讲中提出了马赫这一术语,直到这时,术语马赫数才得以问世。因此马赫是一个新近使用的术语,直到1932年以后,它才写进英文文献。

作为一名积极的思想家、讲师与作家,马赫于1916年2月19日,在他的78岁生日后的第二天于慕尼黑附近去世。他对人类思想的发展贡献非常大,他关于认识论的普通哲学——本身也是一种学科研究今天仍然是大学哲学课堂里的探讨内容。航空工程师们将其称为超声速空气动力学的创始人，其他人根据 20 世纪早期著名的数学家兼空气动力学家理查德·冯·米塞斯的说法，则认为他开创了以下哲学：

> 马赫的初衷并非分析语句、句子系统或理论，而是现象本身。他的原理并非简单的句子及其理论基石，而是——至少根据他演讲的方式来看——最简单的事实、现象和我们生活并对其组成非常熟悉的这个世界的事件。我们观察与经历的世界由"颜色、声音、温度、压力、空间、时间等"及其更大与更小的复合物成分组成。我们声明、断言或制定问题及回答的一切均是这些元素彼此依存的相互关系。这些便是马赫的观点。①

本节最后附上的是马赫在 1910 年拍摄的照片，见图 5.90。照片上的人看起来深思熟虑、思维敏捷，难怪如冯·米塞斯分析的一样，他的人生哲学强调通过感官进行观察。为了纪念马赫，德国恩斯特·马赫研究院整个研究学院都以他的名字命名。该学院主要研究试验气体动力学、弹道学、高速摄影术以及电影摄影。如需更广泛地了解有关马赫技术成就的评论，请参见 1983 年《流体力学年度评论》第 15 卷第 1-28 页恩斯特·马赫学院成员 H·赖兴巴赫（H. Reichenbach）撰写的题为"恩斯特·马赫对流体力学的贡献"的论文（由加利福尼亚帕罗·奥多的美国年度评论公司出版）。

图 5.90　恩斯特·马赫

5.22　历史事记：首次载人超声速飞行

1947 年 10 月 14 日，人类有史以来第一次以超过声速的速度飞行。让我们想象一下这一成就是多么的重要——距离恩斯特·马赫观察到超声速射弹上的激波（参见 5.21 节）仅 60 年，距离莱特兄弟取得第一次动力飞行成功（见 1.1 节与 1.8 节）不到 44 年。几乎可以肯定的是马赫根本没有思考过任何重于空气的载人飞行器，当时人们仍然认为这是根本不可能的事情，不过是痴人说梦而已。同样几乎可以肯定的是莱特兄弟压根儿没想过他们在 1903 年 12 月 17 日以 30 英里/h 的速度进行的毫无经验的初次飞行最终会导致在奥维尔有生之年出现了载人超声速飞行（尽管韦尔伯死于 1912 年，奥维尔却一直活到 1948 年才去世。）载人飞行器的发展可以追溯至 15 世纪列奥拉多·达·芬奇的想法（参见 1.2 节），将超声速飞行器与它们进行比较，可以发现向超声速飞行领域的迅速发展确实异乎寻常。这一发展是怎样发生的？第一次超声速飞行发生在什么背景之下？第一次超声速飞行为何如此重要？本节将详细探讨这些问题。

超声速飞行的出现并非偶然，它是多年来航空技术进步发展的必然结果。一方面，如 5.21 节所述，从马赫的开创性工作开始，我们已在高速空气动力学理论方面取得了进展。随后两位欧洲工程师——瑞典的卡尔·G. P. 拉瓦尔（Carl G. P. de Laval）与瑞士的 A. B. 斯托多拉（A. B. Stodola）在超声速喷管方面取得了进展。1887 年，拉瓦尔使用敛散超声速喷管制造了高速蒸汽流驱动涡轮机。

---

① 《实证主义——人类理解研究》，理查德·冯·米塞斯，纽约：Braziller 出版社，1956

1903年，斯托多拉成为历史上第一个明确证明（凭借一系列的实验室试验）这种敛散超声速喷管确实可以产生超声速流的人。1905—1908年，德国的普朗特拍下了超声速喷管内的马赫波照片，首次详尽阐述了关于斜激波与膨胀波的合理理论。在第一次世界大战以后，普朗特研究了高速亚声速流中的压缩性效应。此项工作连同英国空气动力学家赫尔曼·格劳厄脱（Herman Glauert）的独立研究一起导致了20世纪20年代普朗特—格劳厄脱规则的出版（参见第5.6节对普朗特—格劳厄脱规则的探讨及其充当压缩性修正的用途）。诸如此类的重要事件形成了高速流空气动力学理论的核心——在首次超声速飞行20多年前建立的一个理论核心。（若需了解更多有关超声速飞行的空气动力学理论进展的历史详情，请参见《用历史的观点来看现代可压缩流》第3版，安德森，麦克劳希尔出版社，2003。）

另一方面，我们也在超声速飞行的必要硬件设施方面取得了进展。4.24节阐述了高速风洞的发展，首先是1927年NACA兰利纪念航空研究实验室开发的直径为12in的小型高亚声速风洞，随后发展到20世纪30年代早期德国阿道夫·布斯曼开发的首个实用超声速风洞。9.17节探讨了这一导致20世纪30年代后期火箭引擎首次取得成功的激动人心的发展。第9.16节探讨了同一时期最终为日常超声速飞行器提供必要推力的喷气式发动机的发明与发展。因此，在当时的理论与硬件设施的基础上，1947年载人超声速飞行器的出现是航空学发展中的一个自然进程。

然而，1947年理论与硬件设施均遗漏了一个环节——接近马赫数1的跨声速领域。对于跨声速流而言，起支配作用的方程是高级非线性方程，因而它很难解出来。在1947年，这些方程均没有实用的解。风洞中的相似缺口使这一理论上的缺口更糟糕。接近马赫数1时气流很敏感，这使人们难以设计出恰当的跨声速风洞，当年，人们尚且无法获得可靠的跨声速风洞数据。这一知识空白是设计第一架超声速飞行器的航空工程师们极为关注的重点，也是为什么人们对第一架超声速飞行器抱有激动、忧虑和不确定的心理并付出全部勇气的最重要原因。

有关跨声速流的悬而未决的问题丝毫没有影响人们打破20世纪30年代及40年代出现的"声障"神话。如5.12节讨论的一样，阻力系数在阻力发散马赫数外急剧增大使一些人相信人类绝不可能以超过声速的速度飞行。人们借助了一些有价值的重要材料进行辩论，1946年9月27日，英国著名飞行器设计者之子杰弗里·德哈维兰（Geoffrey deHavilland）用D·H·108"燕子号"飞机挑战世界声速记录。"燕子号"是一架试验用喷气推进式飞行器，该飞机有后掠翼而无水平尾翼。在首次高速、低空航行中尝试以超过615英里/h的速度飞行时，"燕子号"遭遇了重大的压缩问题，并在空中粉碎，德哈维兰瞬间死亡，声障让他付出了沉重的代价。正是在这样一个背景之下，1947年人们尝试了第一架超声速飞行器。

在20世纪30年代后期，以及整个第二次世界大战期间，一些有远见者发现了有必要设计一种试验飞行器，用于探测超声速飞行未解之谜。他们的努力终于在1944年获得了回报，美国陆军航空兵协同NACA与贝尔飞机公司签订了合同，授权其设计、制造以及预先测试载人超声速飞行器XS-1（试验声速-1号），该飞行器的机身设计成类似50口径子弹的形状，机翼设计成一对非常薄（厚弦比为0.08）的低展弦比直翼，如图5.91所示。飞行器由安装在尾部的四缸液体推进火箭引擎驱动。该引擎被命名为XLR11，是由反作用力飞机发动机公司制造，它通过燃烧液氧与稀酒精的混合物，可以产生6000lb的推力。

根据设计，贝尔XS-1是由一架运载飞行器例如大型波音B-29运载至空中，然后发射至一定高度。这节约了起飞及爬升至高空所需燃料的额外重量，允许设计者们专注于"速度"这一性能方面。最终一共建造了三架XS-1，第一架刚好于1945年圣诞节后完成。该机随后进行了一年半的滑翔及驱动试验，通过这些试验，XS-1小心翼翼地向声速慢慢推进。

图 5.91 贝尔 XS-1,第一架超声速飞行器
[来源:国家航空航天博物馆]

慕洛克干湖是加利福尼亚州莫哈韦沙漠的一大片平坦、坚硬的湖床。慕洛克是第二次世界大战期间美国陆军高速飞行器试验中心所在地,后来成为著名的爱德华兹空军基地,即现在的美国空军试飞员学校所在地以及空军与 NASA 的所有试验高速飞行器的试验基地。1947 年 10 月 14 日(星期二),贝尔 XS-1 套在 B-29 的机身下在慕洛克航线待命。在一大群技术人员进行了紧锣密鼓的准备工作之后,B-29 在上午 10:00 载货起飞了。XS-1 上的驾驶员是查尔斯.E(查克)耶格尔上校。由于那周早些时候,耶格尔在骑马时从马背上摔下来,摔断了两根肋骨,因此当天早晨,他经受了非常剧烈的疼痛。然而,他未告诉任何人。上午 10:26,在 20000 ft 高度,由耶格尔担任飞行员的贝尔 XS-1 脱离了 B-29。接下来发生的事情是航空史上的重要里程碑之一。下面让我们来看一下耶格尔本人对此次大事件的回忆,他的书面飞行报告如下:

日期:1947 年 10 月 14 日

飞行员:查尔斯.E. 耶格尔上校

时间:14min

　　第 9 次动力飞行

1. 在正常的飞行进入及随后的爬升过程之后,XS-1 在 20000ft 高度以 250 MPH IAS 速度脱离了 B-29,速度比预期的慢。

2. 刚一脱离,四个汽缸全部一个接一个地迅速启动,燃烧室运行稳定,并记载有最后飞行时的管路压力。此后的爬升速度为 0.85~0.88 马赫,和往常一样,必须改变安定面,使之由脱离前定位的机头向下 1°重新定位为机头向下 2°。在 35000~40000ft 高度之间两个汽缸已关闭,但是当飞行器在 42000ft 高度进入水平飞行时,速度已经增加到了马赫数 0.92。同时,在这一高度微小进入俯冲动作的过程中,液氧管路压力下降了大约 40psi,合成富混合物引起燃烧室压力略微下降。这些影响仅在 0.6G 处瞬间发生,在 1G 处所有压力恢复到了正常水平。

3. 由于预计到速度超过马赫数 0.93 时升降舵效力会降低,因此在以马赫数 0.83、马赫数 0.88 与马赫数 0.92 的速度爬升的过程中,我尝试了使用安定面进行纵向控制,并将安定面移动了增量 $\frac{1}{4} \sim \frac{1}{3}$,结果证明此举非常有效。同时在不同速度时,没有发现控制效力发生变化。

4. 在 42000ft 处进行近似水平的飞行时,又打开了一个汽缸。加速度很快,速度增加到了马赫数 0.98。马赫表的指针在这一读数时出现了瞬间的波动,然后偏离该刻度。假设刻度继续偏离,估计此时获得的速度大约为马赫数 1.05。当达到该速度,关闭发动机时,仍然有大约 30% 的燃料与

液氧。

5. 尽管飞行器在马赫数 0.88～0.90 范围内遭遇了通常的升力抖振及不稳定特征,且升降舵效力在马赫数 0.94 时大大降低,但是随着速度的增快,三轴稳定性均很好,且飞行器在速度超过马赫数 0.97 时重又获得升降舵效力。关闭发动机后,随着速度的减慢,在常速下不同现象会以相反的顺序发生,此外当速度从马赫数 0.98 向马赫数 0.96 变化时还发现飞行器出现轻微的纵向跳跃颠簸,此时仅升降舵起控制作用。同时,以马赫数 0.92 速度试飞后,安定面定位未发生改变,机头仍然保持向下 2°的位置。

6. 飞行器在 $1G$ 处抛投剩余的燃料与液氧之后,在 45000ft 处完成失速,随后开始滑翔,并在湖床上正常着陆结束飞行。

查尔斯.E. 耶格尔
空军上校

事实上,根据 NACA 官方跟踪数据判定,贝尔 SX-1 的速度已经达到了 $M_\infty = 1.06$。它的超声速飞行持续时间长达 20.5s,几乎达到 44 年前莱特兄弟的整个首次飞行时间的 2 倍。那一天,查克·耶格尔成为了第一个比声速飞得更快的人。飞行顺利且未产生意外后果是对当时的航空工程师们的一个适当证明。人们终于设计出了一架能够比较轻松地穿越"声障"的飞行器。不到一个月以后,耶格尔驾驶的同一架飞行器飞行,速度达到了马赫数 1.35,他不仅仅穿越了声障——事实上他简直已经神话般地摧毁了声障。

最后要提出的是,围绕探索并最终实现超声速飞行的人类进步和工程挑战的整个故事是令人着迷的,同时也是航空工程取得辉煌成就的活生生的例证。史密森尼学会航空航天博物馆前任馆长,即现任美国空军首席历史学家的理查德·哈莱恩,在他撰写的《超声速飞行》(参见本章末的参考文献)一书中,清楚地讲述了这个故事。读者应该研读哈莱恩的故事,了解 1947 年耶格尔飞行的前后事件。

5.23　历史事记:X-15——首架载人高超声速飞行器并向航天飞机迈进

更快更高出于一切实用目的,自 1903 年莱特兄弟首次飞行成功(参见 1.11 节、图 1.30、图 1.31)后,这一直是航空发展背后的潜在驱动力。在查克·耶格尔驾驶贝尔 XS-1 进行首次超声速飞行后的 15 年里,这一信条尤为正确,对此我们已经在 5.22 节进行了阐述。一旦突破了声障,人们就将它抛在了历史尘埃中。下一个目标就变成了载人高超声速飞行——马赫数 5 以及更快速度。

为了实现这一目标,NACA 在 20 世纪 50 年代早期发起了一系列的初步研究,其对象是超过马赫数 5 速度飞行的飞行器,超过该速度即被定义为高超声速飞行领域。该定义实际上是一个粗略而简便的方法,与飞行器以马赫数 1 飞行时流场将发生剧烈的根本变化相比,当速度超过马赫数 5 时飞行器并不会发生显著变化。相反,高超声速领域只不过是一个非常高的马赫数领域,该领域的激波非常强,且激波后的气体温度很高。下面我们以方程(4.73)为例进行分析,该方程给出了总温度 T_0,即初始马赫数为 M_1 时,以及在绝热条件下速度已减慢至零时的气体温度,该温度基本为停滞点的机身温度。根据方程(4.73)可知,如果 $M_1 = 7$,(由于 $\gamma = 1.4$)那么 $T_0/T_1 = 10.8$。如果假设飞行高度为 100000ft,且在该处 $T_1 = 419°R$,那么 $T_0 = 4525°R = 4065°F$——远远超过了不锈钢的熔点。因此,当飞行速度增快到远远超过声速时,温度渐渐接近热障:速度超过该点时,表面温度变得过高,飞行器结构可能发生解体。就声障而言时,热障只不过是一种比喻的说法而已——并非飞行速度的内在限度。当人们通过恰当设计克服了很高的气动加热后,今天的飞行器已经可以以高达马赫数

36的速度飞行了(例如"阿波罗"登月返回舱)。(若需了解更多关于高速再入气动加热的详情,请参见8.16节。)

然而,在20世纪50年代早期,载人高超声速飞行还只是一个等待人们去实现的目标——一个以高温与强激波为特征、未经尝试过的疑虑重重的领域。NACA的基本研究为高超声速飞行器的整个行业设计竞争提供了资料。1955年,北美航空公司获得了一份NACA海空军联合合同,受命设计与建造最高可在264000ft处,以马赫数7速度飞行的高超声速载人研究飞机的三架原型机。该飞行器被命名为X-15,如图5.92所示。最初的两架飞行器由反作用力飞机发动机公司的推力为8000lb的LR11火箭发动机驱动(与贝尔XS-1使用的发动机基本相同)。后来,这两架飞行器连同第三架原型机一起,全部将发动机更换成了反作用力飞机发动机公司的功率更大的XLR99火箭发动机,其推力高达57000 lb。飞行器的基本内部结构均使用钛与不锈钢制成,但其表面为铬镍铁合金X——一种能够耐高达1200°F高温的镍合金钢。(尽管如先前讨论的一样,速度为马赫数7时,理论停滞温度为4065°F,但是由于有吸热装置及散热效应,因此飞行器的实际表面温度将更低。)机翼展弦比低达2.5,厚弦比为0.05——两者的作用均是减小超声速激波阻力。

图5.92 北美航空公司X-15(飞机),第一架载人高超声速飞行器
[来源:北美航空公司/罗克韦尔公司]

1958年10月15日,第一架X-15驶出了位于洛杉矶的北美航空公司的工厂。在这次首次公开展示仪式上,副总统理查德. M. 尼克松担任荣誉嘉宾。由于仅仅一年前,苏联成功发射了首枚无人卫星"史普尼克一号"(参见8.21节),美国试图治愈其受伤的自尊心,因此X-15不仅代表美国在政治上的成就,也代表了技术上的成就。第二天,X-15用货车运至附近的爱德华兹空军基地(位于慕洛克的一个场所,贝尔XS-1正是在此进行了第一次超声速飞行)。

如XS-1一样,根据设计,X-15需用运载飞行器波音B-52喷气式轰炸机运载至空中。1959年6月8日,斯科特·克罗斯菲尔德进行了首次无动力自由飞行。随后不久在1959年9月17日又进行了首次动力飞行,在这次飞行中,X-15以小角度上升至52341 ft处时,其速度达到了马赫数2.1。1960年8月4日,在更小的LR11火箭发动机驱动下,X-15创造了马赫数3.31的速度纪录,仅仅8天后,又创造了136500 ft的高度纪录。然而,这些纪录非常短暂。在1960年11月后,X-15装配了更强大的XLR99发动机,并在该火箭的驱动下于15日进行了首次飞行,在这次飞行中,X-15的动力调节为了最低水平,且减速板完全伸展,但其速度仍然达到了2000英里/h。最后,在1961年6月23日,美国空军试飞员罗伯特·怀特少校驾驶X-15以马赫数5.3的速度飞行,完全实现了高超声速飞行,此举完成了飞行器的首次"每秒英里级"飞行,最高速度达到了3603英里/h,从而开

281

启了一系列著名的高超声速飞行试验,并于1967年10月3日,在空军少校皮特·莱特的操控下,达到了最高飞行速度6.72马赫。

试验飞行器即设计用于特定试验目的的飞行器,在实现其目的后,此类飞行器的任务最终结束。X-15就是这样,1968年10月24日,它进行了最后一次飞行——整个任务中的第199次飞行,虽然在某种程度上为了怀旧,原计划要进行第200次飞行,但是因技术问题迟迟没有进行,直到12月20日,X-15像往常一样附着在B-52运载飞行器后准备飞行,但是,没有想到一场罕见的特大暴风雪袭击了爱德华兹,飞行任务最终取消,从此X-15再也没有进行过飞行。1969年,第一架X-15被赠予了史密森尼国家航空航天博物馆,现在它与贝尔XS-1一起停放在那里,成为飞行里程碑馆的显著标志。

X-15打开了载人高超声速飞行领域。下一架高超声速飞行器是航天飞机。X-15计划期间获得的大量空气动力学与飞行动态数据沿用到航天飞机设计中。飞行员驾驶低升阻比高速飞行器进行低速飞行的经历为航天飞机的飞行准备创造了条件。就这些方面而言,X-15显然是20世纪80年代航天飞机的重要踏脚石。

5.24 总结与回顾

空天工程通常探讨的对象是飞行器及其相关的应用,尤其是飞机与航天器。本章涉及的概念与应用主要针对的是在大气层内飞行的飞行器——主要是飞机。然而,从地球表面发射出的所有航天器也会在大气层内飞行一段时间,在大气层里它们也会经历气动升力与阻力。还有一些空天飞行器设计用于在其他星球上着陆,它们在这些星球上会遭遇外行星大气层,也会经历某种程度的升力与阻力。

升力与阻力是本章的主要议题。我们理智地将我们的研究分成几个部分(准确地说在本书中)。首先我们仅仅从翼型剖面开始,分析剖面(单位翼展)的升力、阻力与力矩。然而我们并非单纯地探讨力与力矩本身,而是探讨升力、阻力与力矩系数等更加有益于工程设计与计算的定义。这些气动系数仅仅取决于翼型的形状与方向(攻角)、马赫数与雷诺数。为了便于计算一些特定的翼型,附录4中列出了各种NACA翼型的剖面升力、阻力与力矩系数的数据。

然后我们将注意力延伸至完整的有限翼展机翼,发现机翼的升力系数与阻力系数和机翼上的翼型剖面的升力系数与阻力系数不同。这种差异是由翼尖涡流往下游流动引起。这些翼尖涡流改变了机翼周围的气流,使阻力增大而升力减小。阻力增大是因为存在诱导阻力(有时称为涡流阻力)。诱导阻力是由于翼尖涡流的出现改变了机翼表面上方压力分布,从而使向后的气动力矢量的合力略微倾斜,在阻力方向产生了一个额外合力的结果。这种额外合力就是诱导阻力。升力减小是因为翼尖涡流使机翼上方气流产生的称为下洗流的向下分力,从而引起翼型剖面附近的相对风以称作诱导攻角的小攻角略微向下倾斜。这反过来又将局部翼型剖面接触的攻角减小至一个小于几何攻角(裸眼可见的攻角——翼弦线与翼型前面较远处未受干扰的自由流方向之间的攻角)的值。我们将这个更小的攻角称为有效攻角,因为该角对机翼的每个翼型剖面的局部升力、阻力与力矩系数有着决定性的影响。确实,对于有限翼展机翼的指定翼型剖面而言,附录4中的翼型数据列出了升力、阻力与力矩系数,其中横坐标上给出的剖面攻角实际上是有效攻角(而非几何攻角)。

最后,我们回顾了有限翼展机翼的气动系数是机翼特定几何特征的函数:展弦比,它的定义是翼展的平方除以平面面积。展弦比越高,翼尖涡流距离机翼其余部分越远,诱导气动例如诱导阻力与诱导攻角的影响就越小。对于亚声速飞行器而言,高展弦比是一个很好的空气动力学设计特征。(然而,从结构上来说,高展弦比机翼要求内部结构更重更结实,为机翼提供更大的力量。因此,设计展弦比一直是空气动力学与结构力学之间需相互妥协的一个值。)

气动系数受马赫数的影响很大。随着马赫数增大至 1 乃至更高,阻力系数急剧增大。阻力系数突然急剧增大马赫数称为阻力发散马赫数。我们将临界马赫数定义为最初在机身的某处获得声速流时的自由流马赫数。阻力发散马赫数通常发生在刚刚超过临界马赫数的时候。超声速时,机身会产生激波,造成被称为激波阻力的阻力大大增加。如此一来,设计用于超声速飞行的翼型形状、机翼及机身与设计用于亚声速飞行的翼型形状、机翼及机身大不相同。

下面再次强调一下本章的部分方程式及概念:

1. 翼型的升力、阻力与力矩系数的定义为

$$c_l = \frac{L}{q_\infty S}, c_d = \frac{D}{q_\infty S}, c_m = \frac{M}{q_\infty S c}$$

式中:L、D 与 M 分别指单位翼展的升力、阻力与力矩,$S = c(1)$。有限翼展机翼的升力、阻力与力矩系数的定义为

$$C_L = \frac{L}{q_\infty S}, C_D = \frac{D}{q_\infty S}, C_M = \frac{M}{q_\infty S c}$$

式中:L、D 与 M 分别指整个机翼的升力、阻力与力矩;S 指机翼平面面积。

对于指定形状而言,这些系数是攻角、马赫数与雷诺数的函数。

2. 压力系数的定义为

$$C_p = \frac{p - p_\infty}{\frac{1}{2}\rho_\infty V_\infty^2} \tag{5.27}$$

3. 普朗特—格劳厄脱规则是亚声速流的压缩性修正。

$$C_p = \frac{C_{p,0}}{\sqrt{1 - M_\infty^2}} \tag{5.28}$$

式中:$C_{p,0}$ 与 C_p 分别指不可压缩流系数与可压缩流系数。相同的规则适用于升力系数与力矩系数,即

$$c_l = \frac{c_{l,0}}{\sqrt{1 - M_\infty^2}} \tag{5.40}$$

4. 临界马赫数是指最先在机身某点获得声速流时的自由流马赫数。阻力发散马赫数是指跨声速激波的出现引起阻力系数开始迅速增大时的自由流马赫数。对于指定机身而言,阻力发散马赫数略高于临界马赫数。

5. 马赫角的定义为

$$\mu = \arcsin\frac{1}{M} \tag{5.49}$$

6. 有限翼展机翼的总阻力系数等于

$$C_D = c_d + \frac{C_L^2}{\pi e \mathrm{AR}} \tag{5.58}$$

式中:c_d 是指剖面阻力系数;$C_L^2/\{\pi e \mathrm{AR}\}$ 是指诱导阻力系数。

7. 有限翼展机翼的升力斜率 a 由下式得出:

$$a = \frac{a_0}{1 + 57.3 a_0/(\pi e_1 \mathrm{AR})} \tag{5.65}$$

式中:a_0 是相应的无限翼展机翼的升力斜率。

参考文献

Abbott, I. H., and A. E. von Doenhoff. *Theory of Wing Sections.* McGraw-Hill, New York, 1949 (also Dover, New York, 1959).

Anderson, John D., Jr. *A History of Aerodynamics and Its Impact on Flying Machines.* Cambridge University Press, New York, 1997.

———. *Fundamentals of Aerodynamics,* 5th ed. McGraw-Hill, New York, 2011.

Dommasch, D. O., S. S. Sherbey, and T. F. Connolly. *Airplane Aerodynamics,* 4th ed. Pitman, New York, 1968.

Hallion, R. *Supersonic Flight (The Story of the Bell X-1 and Douglas D-558).* Macmillan, New York, 1972.

McCormick, B. W. *Aerodynamics, Aeronautics, and Flight Mechanics.* Wiley, New York, 1979.

Pierpont, P. K. "Bringing Wings of Change," *Astronautics and Aeronautics,* vol. 13, no. 10, October 1975, pp. 20–27.

Shapiro, A. H. *Shape and Flow: The Fluid Dynamics of Drag.* Anchor, Garden City, NY, 1961.

Shevell, R. S. *Fundamentals of Flight.* Prentice-Hall, Englewood Cliffs, NJ, 1983.

von Karman, T. (with Lee Edson). *The Wind and Beyond* (an autobiography). Little, Brown, Boston, 1967.

作 业 题

5.1 使用量纲分析法,推导出用于求翼型气动力矩的表达式 $M = q_\infty Scc_m$,式中 c 表示翼弦,c_m 表示力矩系数。

5.2 设想一个翼型剖面为 NACA1412、弦长为 3 ft 的无限翼展机翼,其攻角为 5°,标准海平面条件下气流速度为 100ft/s,计算单位翼展 1/4 翼弦周围的升力、阻力与力矩。

5.3 设想一个安装在低亚声速风洞里的矩形机翼。机翼模型在试验区完全展开使得气流基本流经无限翼展机翼。假设机翼翼型剖面为 NACA23012、翼弦为 0.3m,当气流压力、温度与速度分别为 1atm、303K 与 42m/s,且攻角为 8°时,计算单位机翼 1/4 翼弦周围的升力、阻力与力矩。

5.4 5.3 题中的机翼模型以新的攻角倾斜,且用风洞测力秤测得的整个机翼升力为 200N,假设翼展为 2m,那么攻角为多少?

5.5 分析翼型剖面为 NACA 0009、且机翼在风洞试验区完全展开的矩形机翼,试验区气流条件是速度为 120 英里/h 的标准海平面,机翼攻角为 4°,风洞测力秤测得升力为 29.5lb,求机翼面积是多少?

5.6 机翼或翼型升阻比 L/D 是一个重要的气动参数,它确实是机翼气动效率的一个直接测量值。如果机翼在一定的攻角范围内倾斜,L/D 首先增加,然后变成最大值,随后减小。分析 NACA 2412 的无限翼展机翼,假设雷诺数为 9×10^6,估算 L/D 的最大值。

5.7 设想一个在标准海平面条件下自由流速度为 50 m/s 时的翼型,翼型某点的压力为 9.5×10^4 N/m^2 时,该点的压力系数为多少?

5.8 设想一个以 55m/s 速度飞行的低速飞行器,假设机身某点的速度为 62m/s,那么该点的压力系数为多少?

5.9 设想一个安装在亚声速风洞中的机翼,气流速度为 160 ft/s,假设机翼某点的速度为 195ft/s,那么该点的压力系数为多少?

5.10 分析与5.9题中相同的风洞中的相同机翼,假设试验区空气温度为510°R,气流速度增加到700ft/s,那么与5.9题中相同的那一点的气压系数为多少?

5.11 分析高速风洞中的机翼,机翼某点速度为850ft/s,假设试验区气流速度为780ft/s,压力与温度分别为1atm与505°R,计算某点的压力系数。

5.12 假设5.11题中试验区气流速度减小至100ft/s,机翼上相同点的压力系数将变为多少?

5.13 分析攻角为4°的NACA1412翼型。假设自由流马赫数为0.8,计算升力系数。

5.14 NACA4415翼型安装在高速亚声速风洞中,测得其升力系数为0.85,假设试验区马赫数为0.7,翼型攻角为多少?

5.15 设想一个指定攻角(假设为α_1)的翼型,低速时,翼型上表面的最低压力系数为-0.90,翼型的临界马赫数为多少?

5.16 设想5.15题中的翼型的攻角更小(假设为α_2),低速时,在该更低攻角时的最低压力系数为-0.65,翼型的临界马赫数为多少?

5.17 设想一个马赫数为2的等速流,相对气流方向而言,马赫波角度为多少?

5.18 设想一个位于10km高度处的马赫数2.5超声速导弹(见图5.18)。假定从机头发出的激波角近似等于马赫角(这是一股非常弱的激波)。激波在飞行器机头后多远处冲击地面?(忽略声速及此速度时的马赫角随高度发生变化的事实。)

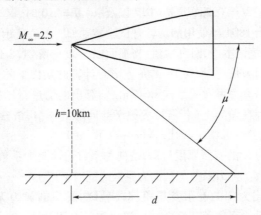

5.19 洛克希尔公司F-104直翼超声速战斗机的机翼面积近似等于210ft²,如果飞行器重16000lb,且在标准高度36000ft处以马赫数2.2的速度水平飞行,估算机翼上的激波阻力。

5.20 分析马赫数2.2气流中攻角为2°的平板机翼,(马赫数2.2是"协和式"超声速运输机的巡航马赫数。)与气流方向一致的平板长度为202ft,即该"协和式"运输机的长度。假定自由流条件与标准高度50000ft一致,该平板上的总阻力是激波阻力与表面摩擦阻力的总和。假定整个平板上方存在湍流边界层,第4章中给出的表面摩擦系数的结果仅仅适用于不可压缩流;压缩率对C_f有影响以致其值随着马赫数的增大而减小。尤其在马赫数2.2时,假定第4章中给出的C_f减小20%。

    a. 以前述所有信息为条件,计算平板的总阻力系数。

    b. 如果攻角增大至5°,假设C_f保持不变,计算总阻力系数。

    c. 在这些条件下,你能推断出激波阻力与表面摩擦阻力有什么相关影响?

5.21 塞斯纳公司"北美红雀"飞机是一种单引擎轻型飞机,其机翼面积为16.2m²,展弦比为7.31。假设翼展效率因子为0.62,如果飞行器在标准海平面条件下以251km/h的速度飞行,当总重量为9800N时诱导阻力为多少?

5.22 假设5.21题中的塞斯纳公司"北美红雀"飞机的速度为85.5km/h(在海平面处襟翼向下

时发生失速),计算诱导阻力。

5.23 分析机翼面积与展弦比分别为 21.5m² 与 5 的有限翼展机翼(可与盖茨利尔喷射机——一种双喷气式发动机行政勤务运输机的机翼相提并论)。假定机翼翼型为 NACA 65-210,翼展效率因子为 0.9,剖面阻力系数为 0.004,当机翼攻角为 6°时,计算 C_L 与 C_D。

5.24 在 20 世纪 20 年代与 20 世纪 30 年代早期,NACA 通过对展弦比为 6 的有限翼展机翼进行试验,获得了不同翼型的风洞数据,然后对这些数据进行"修正"从而获得了无限翼展机翼的翼型特征。设想一个安装在标准海平面条件下试验区气流速度为 100ft/s 的风洞中的有限翼展机翼,其面积与展弦比分别为 1.5ft² 与 6。当机翼倾斜至 $\alpha = -2°$ 时,测出无升力。当机翼倾斜至 $\alpha = 10°$ 时,测得升力为 17.9lb。假设翼展效率因子为 0.95,计算翼型的升力斜率(无限翼展机翼)。

5.25 面积为 1.5ft²、展弦比为 6 的有限翼展机翼在标准海平面条件下速度为 130ft/s 的亚声速风洞中进行试验,当攻角为 -1°时,测得的升力与阻力分别为 5.0lb 与 0.23lb,计算翼展效率因子与无限翼展机翼的升力斜率。

5.26 分析类似"小熊"超轻型飞机的轻型单引擎飞机。如果飞机的最大总重量为 7780N,机翼面积为 16.6m²,襟翼向下时最大升力系数为 2.1,计算海平面时的失速。

5.27 洛克希德公司 F-104 直翼超声速战斗机的翼型是一种厚度比为 3.5%、薄而对称的翼型。设想该翼型在气流中攻角为 5°。翼型的不可压缩升力系数可根据 $c_l = 2\pi\alpha$ 近似得出,式中 α 是单位为弧度的角,估算当 (a) $M = 0.2$,(b) $M = 0.7$ 以及 (c) $M = 2.0$ 时,翼型的升力系数。

5.28 乔治·凯利爵士 1804 年使用的旋转臂试验装置如图 1.7 所示。凯利是第一个测量斜面升力的人。在其 1804 年的笔记本中,凯利写道,当平面以 3°攻角及 21.8 ft/s 的速度在空中移动时,测得其升力为 1 盎司。平面为长、宽均为 1ft 的正方形。计算此条件下的升力系数。将测得的该值与根据不可压缩流平板翼型升力系数关系式 $c_l = 2\pi\alpha$ 估算出的值进行比较,式中 α 的单位为弧度。为什么这两个结果之间会存在差异?(若需更多关于此问题的详情,请参见《空气动力学历史及其对飞行器的影响》,安德森,剑桥大学出版社,第 68-71 页,1997)

5.29 设想一个攻角为 6°的有限翼展机翼,法向力系数与轴向力系数分别为 0.8 与 0.06,计算相应的升力系数与阻力系数。升力系数与法向力系数之间有何区别?

5.30 设想一个展弦比为 7 的有限翼展机翼;机翼的翼型剖面为无限翼展机翼升力斜率为 0.11/(°)的对称翼型。当升力系数等于 0.35 时,该机翼的升阻比为 29。如果攻角保持不变,通过增加翼展的伸展性仅将展弦比增至 10,升阻比新值为多少?假定在两种情况下翼展效率因子均为 $e = e_1 = 0.9$。

5.31 设想一个低速不可压缩流中攻角为 90°的平板机翼,假定作用于平板机翼前上方的压力是前表面上的一个恒定值,该值等于滞止压力,作用于平板机翼后上方的压力也是一个恒定值,但该值等于自由流静压。(事实上,这些假设仅仅是平板机翼上方真正气流的近似值,前表面上方的压力既非完全的恒定值又非恰好等于滞止压力,平板机翼后上方的压力则既非恒定值又非恰好等于自由流压力。然而,前述近似气流模型对本题很有用。)注意阻力基本为压差阻力,由于平板机翼定位 90°,因此表面摩擦阻力不是一个因素。证明该气流模型中平板机翼的阻力系数为 $C_D = 1$。

5.32 一些空气动力学文献将飞行器的阻力称作"阻力面积",而非阻力系数。根据定义,阻力面积 f 是指与气流方向垂直的平板机翼的面积,该气流的阻力等于飞行器的阻力。第 5.31 题假定作为该定义一部分的平板机翼阻力系数等于 1。如果 C_D 是以机翼平面面积 S 为基础的飞行器的阻力系数,证明 $f = C_D S$。

5.33 图 4.46 所示的北美航空公司 P-51"野马式"战斗机是设计最漂亮的流线型飞行器之一。该机是历史上所有飞行器中阻力系数最低的:$C_D = 0.0163$,其机翼的平面面积为 233ft²。第 5.32

题的结果表明该机的阻力面积为 3.8ft^2,也就是说,整个 P-51 飞行器上的阻力等于仅 3.8ft^2 面积的气流垂直的平板机翼的阻力。

5.34 分析低速气流中攻角为 0°且雷诺数为 8.9×10^6 的 NACA2412 翼型,计算气流分离(形成阻力)引起的压差阻力与阻力的百分比。假定翼型上方完全为湍流边界层,且翼型很薄,以致可以用第 4 章讨论的平板机翼的结果估算表面摩擦阻力。

5.35 在与 5.34 题相同的条件下,假定翼型攻角为 6°。c_d 随着翼型攻角的增大而迅速增大说明什么?

5.36 回到 5.34 题中假定边界层完全为湍流边界层的条件,设想边界层开始为层流边界层,然后在前缘下流某处转变成湍流边界层的真实情况,假定层流向湍流转变时的雷诺数为 500000,在此情况下,计算气流分离(形成阻力)造成的阻力百分比。

5.37 继续采用第 5.34~5.36 题中的相同条件,但是考察的是更厚的翼型及此类翼型的表面摩擦阻力与压差阻力的相对百分比。估算(a)层流边界层与(b)湍流边界层分别在低速不可压缩流中 $Re = 9 \times 10^6$ 零攻角时 NACA2415 翼型的表面摩擦阻力系数。将该结果与附录 4 中列出的试验测得的 NACA 2415 翼型剖面阻力系数进行对比。求每种情况下翼型上的压差阻力与表面摩擦阻力的相应百分比为多少?

5.38 事实上,第 5.37 题中讨论的翼型上的边界层既非完全的层流边界层也非完全的湍流边界层。边界层首先为层流,然后在前缘下流某点处转变为湍流(参见 4.19 节)。假定层流向湍流转变时的临界雷诺数为 650000。计算 NACA2415 翼型上的表面摩擦阻力系数,将该结果与附录 4 中试验区阻力系数进行比较。注意:读者可从本题的答案中发现 86% 的翼型剖面阻力系数是由表面摩擦引起,14% 的翼型剖面阻力系数是由气流分离所致的压差阻力引起。将该答案与 5.36 题中适合较薄翼型的结果进行比较,可以发现较厚翼型的压差阻力百分比更高。然而,就普通翼型而言,压差阻力仍然是总阻力的一个较小百分数。该阻力分解对小攻角翼型而言较为典型,目的是使翼型的流线形状产生较小的压差阻力,一般近似于总阻力的 15%。

5.39 本题将分析翼型阻力上更低雷诺数的原因与结果。除了 $Re = 3 \times 10^6$ 外,其他条件与 5.38 题相同。评论雷诺数影响阻力的方式与原因。注意:根据本题的答案,读者可发现较低雷诺数导致表面摩擦阻力百分比比 5.38 题中的较高雷诺数时的表面摩擦阻力百分比高,由此翼型剖面上的压差阻力百分比也更低。

第6章 影响飞行器性能诸要素

> 飞行将连接欧洲乃至世界,使各国紧密联系成为比邻。对太空的征服最终被将证明其为人类最伟大最辉煌的胜利。铁路为各国所带来的便利,航空亦将实现。
>
> 摘自克劳德·格雷姆—怀特(Claude Grahame-White),英国飞行员,1914年

6.1 引言:升阻系数曲线

19世纪中期,亨森(Henson)的"空中蒸汽运载器"(见图1.11)飞行至世界各地时,当时的许多艺术家都进行了摄影。当然,设计者没有考虑它如何能飞如此远。对那时多数早期航空工程师而言,他们主要考虑的仅仅是如何从地面起飞或推进飞行器,飞行器升空后所发生的事情是次要的。然而,随着1903年莱特兄弟的成功及随之而来的第一次世界大战前期航空的迅速发展,飞行器的性能突然变成了头等大事。人们开始(现在仍然)思索有关给定设计的一些重要问题。什么是飞行器的最大速度?飞行器能多快爬升至给定高度?给定一箱燃油,飞行器能飞行多远?飞行器能留空多久?对这些问题及类似问题的解答构成了飞行器性能研究,即本章的主题。

预览板块

假设你是飞行器上的一名乘客或飞行员,飞行器位于跑道起点,准备起飞。发动机油门全开,你沿着跑道加速。如何知道飞行器在行驶至跑道终点前能离地升空?

现假设你在空中,但远处有雷暴,你必须尽快爬升过雷暴。如何知道飞行器能顺利爬升?爬升至安全高度需花多长时间?

假设你在高空中顺利飞行,正飞向终点,如何知道在燃油烧尽之前能顺利到达终点?或者,如何估算一箱燃油可让飞行器飞行多远?或许,你仅仅是想享受飞行,所以打算尽情在空中翱翔。如何估算一箱燃油允许的飞行时间?

你可能是一个追求速度的狂人。全开油门,获得发动机(发动机组)的最大功率。你疯狂地加速(至少有一段时间是如此),直到飞行器达到了其所能飞行的最快速度。如何估算这一"最快"速度?

突然,你成为了"惹火的"战斗机中的"红男爵",与对手陷入了殊死空战。为了在空战中打败对手,你希望能快速实现小范围转弯(在对手"内侧"转弯)。如何知道飞行器能够实现这一功能?

遗憾的是,发动机熄火了;飞行器处在空中,动力尽失。你必须滑翔回基地。飞行器可成功滑翔回基地吗,或者你必须提前着陆?

幸运的是,发动机恢复了动力,现在你准备结束飞行并着陆。你接近跑道。跑道长度是否能让你安全着陆并完全停止?还是你打算冲进跑道终点外的树林,以保全珍贵的生命?

本章将提供上述问题的答案。这些问题都与飞行器性能相关。本章末还将探讨完整飞行器,而非单独的翼型或机翼。实际上,在本书中间部分,我们已经开始飞行。系好安全带,继续阅读。让我

们开始飞行吧!

前述章节介绍了产生飞行器升力、阻力与力矩的物理现象,强调了施加在穿过两种来流体物体表面上的气动力与力矩:

1. 压力分布。
2. 剪切应力分布。

同时还研究了控制此种现象的物理定律及其在气流上的各种应用。

本章将开始新阶段的学习。假设飞行器为刚性物体,对其施加四种自然力:升力、阻力、推力与重力。主要关注飞行器对这些力作出反应时的运动。这些探讨构成空天工程中的重要学科——飞行动力学的核心内容。飞行器性能研究(本章)和稳定与控制研究(第7章)均属于飞行动力学的范畴。

在研究中,我们不再关注空气动力学的细节,转而假设空气动力学家已经完成了此类工作并为我们提供了给定飞行器的相关气动数据。这些数据通常以完整飞行器的升阻系数曲线的形式组合,设定

$$C_D = C_{D,e} + \frac{C_L^2}{\pi e AR} \tag{6.1a}$$

式(6.1a)为式(5.58)的扩展,涵盖了整个飞行器。式中,C_D为完整飞行器的阻力系数;C_L为总升力系数,包括来自水平尾翼和机身的微小影响;$C_{D,e}$定义为寄生阻力系数,其不仅包含机翼剖面阻力[式(5.58)中的c_d],还包括来自尾翼表面、机身、发动机短舱、起落架及其他暴露在气流中的飞行器部件的摩擦阻力与压差阻力。在处于跨声速与超声速时,$C_{D,e}$也包括激波阻力。由于攻角改变时,飞行器周围流场发生改变——尤其是飞行器各部分分离气流流量发生改变,$C_{D,e}$将随攻角改变;换言之,$C_{D,e}$自身就是升力系数的函数。该函数的合理近似值为

$$C_{D,e} = C_{D,0} + r C_L^2$$

式中:r根据经验确定为常数。因此,式(6.1a)可改写为

$$C_D = C_{D,0} + \left(r + \frac{1}{\pi e AR}\right) C_L^2 \tag{6.1b}$$

式(6.1a)与式(6.1b)中,e为我们所熟悉的翼展效率因子,其将一般形状机翼上的非椭圆升力分布(第5.14节)纳入考虑。现重新定义e,使其还包括带升力寄生阻力变化的影响,即我们可将式(6.1b)列为

$$C_D = C_{D,0} + \frac{C_L^2}{\pi e AR} \tag{6.1c}$$

式中:$C_{D,0}$为零升时的寄生阻力系数且$C_L^2/(\pi e AR)$项包含诱导阻力及对升力所致的寄生阻力的影响。式(6.1c)中,重新定义的e包括式(6.1b)中r的影响,称为奥斯瓦尔德效率因子(命名源于W·贝利·奥斯瓦尔德(W. Bailey Oswald),其于1932年在第408号NACA报告中首次确立这一术语)。本章中,式(6.1c)描述了飞行器的基本气动属性,且我们假设$C_{D,0}$与e均为从空气动力学家处获得的已知气动量。继续用$C_{D,i}$表示$C_L^2/(\pi e AR)$,其中$C_{D,i}$现在具有更广泛的意义,定义为升致阻力系数,其包括诱导阻力的影响及攻角不为0°所产生的寄生阻力增量。令$C_{D,0}$仅表示零升阻力系数,当$C_L = 0$时,它在式(6.1c)中十分明显;然而,我们应注意:更准确来说,$C_{D,0}$为零升力时的寄生阻力系数,即$\alpha = \alpha_{L=0}$时阻力系数的值。

式(6.1c)的图解如图6.1所示,也称为升阻系数曲线。使用式(6.1c)中的近似法可知,升阻系数曲线为抛物线,轴线为零升力轴,顶点为$C_{D,0}$。图6.1(a)中,C_D对应C_L;图6.1(b)中,C_L对应C_D。两种表示法相同,图6.1(b)为图6.1(a)侧向旋转的镜像。两种表示法均在文献资料中予以采用。

图 6.1 中,C_L 的负值属于负升力,在飞行器攻角小于 $\alpha_{L=0}$ 时出现。在飞行器性能分析中不会经常遇到这种情况,因此,通常仅显示出与正 C_L 相关的升阻系数曲线部分。

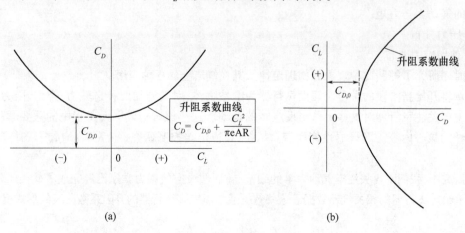

图 6.1 升阻系数曲线图解

特定飞行器的升阻系数曲线图如图 6.2 所示,其提供了洛克希德公司 C-141A 型飞机的实际数据。图片左侧为飞行器的三视图。通过仔细观察可知,实际飞行器的升阻系数曲线与式(6.1c)得出的、图 6.1 所示的近似图形存在细微差异。注意图 6.2 中的零升力阻力系数并非最小阻力系数,即抛物线阻力系数曲线的轴线不是零升力轴,而是位于稍高于零升力轴的位置。图 6.2 中,最小阻力系数为 $C_{D,\min}=0.015$,出现在升力系数的值为 $C_{L\text{最小阻力}}=0.16$ 时。在 $C_L=0$ 时,零升力阻力系数为 $C_{D,0}=0.017$。$C_{D,0}$ 并非最小阻力系数,因为 $\alpha_{L=0}$ 对多数飞行器设计而言是一个很小的有限负值;换言之,飞行器沿这一方向稍稍下俯,分离流所产生的压力阻力(形状阻力)稍高于飞行器处于稍大攻角时、更靠近零攻角时的压差阻力。飞行器与相对风对齐时,即攻角 α 稍大于 $\alpha_{L=0}$ 时,最小阻力系数出现。鉴于这种情况,升阻系数曲线可以表述为

$$C_D = C_{D,\min} + \frac{(C_L - C_{L\text{mindrag}})^2}{\pi e \text{AR}} \tag{6.2}$$

相应的升阻系数图解如图 6.3 所示。

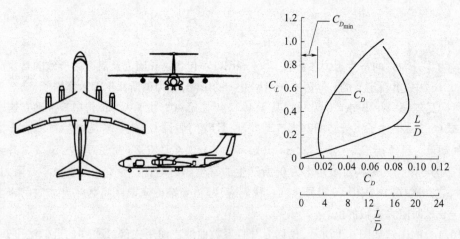

图 6.2 洛克希德公司 C-141A 型飞机的低速升阻系数曲线与升阻比变化。
升阻系数曲线左侧为飞行器的三视图

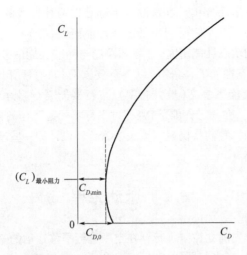

图6.3 升阻系数曲线,图中的零升力阻力系数不同于最小阻力系数

既然已经区分了图6.1与图6.3所示的两类升阻系数曲线,为论述飞行器性能,本章采用式(6.1c)与图6.1所表示的升阻系数曲线。该升阻系数曲线简化了分析与陈述,同时还具有普遍性。定量上来说,两种表示法之间所存在的差异很小。然而,就特定飞行器的行业标准详细程度的性能分析而言,想获得飞行器尽可能精确的升阻系数曲线,就必须使用图6.3及式(6.2)所示的更为精确的表示法。

回顾图2.1中的整个路线图。本章将开始一个全新的重要科目——飞行力学——图2.1中已列出。具体来说,本章论述飞行器性能,飞行力学下属的副标题如图2.1的中心位置所示。本章路线图如图6.4所示。飞行器性能研究通常基于牛顿第二定律,该定律规定了飞行器在大气中的运

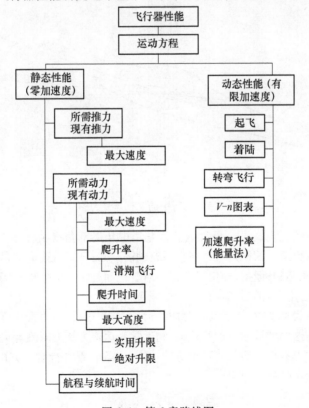

图6.4 第6章路线图

动。首先,我们将推导出这些运动方程。本章的余下部分以两种形式的方程为基础:(1)与非加速飞行假设相关的方程,导向图 6.4 左侧所列出的静态性能研究;(2)与飞行器加速度相关的运动方程,导向图 6.4 右侧所列出的动态性能研究。(静态性能与动态性能的差异类似于学习静力学和动力学两门不同的课程。)在静态性能下,将探讨以下重要方面:如何计算飞行器的最大速度、飞行器能爬升多快(爬升率)、飞行器能飞多高(最大高度)、飞行器能飞行多远(航程)以及飞行器能在空中停留多长时间(续航时间)。在动态性能下,将探讨飞行器的起飞与着陆特征、转弯飞行与加速爬升率。当进行到路线图底部时,我们将快速浏览关于飞行器设计的一些基本内容并涉及航空工程的某些重要领域。出发吧!

6.2 运动方程

研究飞行器性能,必须首先确立控制飞行器在空中进行平移运动的基本方程。设飞行器处于飞行中,如图 6.5 所示。飞行航迹(飞行器的运动方向)以角 θ 倾斜于水平面。根据第 5 章的定义,飞行航迹方向与相对风均沿着同一条直线。平均翼弦线处于飞行航迹方向的几何攻角 α 处。四种自然力作用于飞行器上:

1. 升力 L,垂直于飞行航迹方向。
2. 阻力 D,平行于飞行航迹方向。
3. 重力 W,垂直作用指向地心(因此与升力方向倾斜的角为 θ)。
4. 推力 T,一般来说与飞行航迹方向倾斜的角为 α_T。

图 6.5 所示的受力图非常重要。仔细研究该图直到弄懂为止。

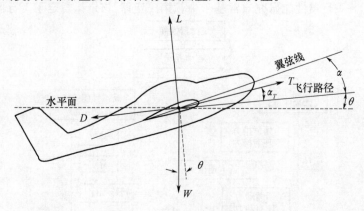

图 6.5 飞行中的飞行器受力图

图 6.5 所示的飞行航迹画成了一条直线。这是集中从局部角度关注整个飞行器所看到的图。然而,若我们往后退,以更宽广的视角观察飞行器行驶的空间,飞行航迹通常是弯曲的。如果飞行器正在运动,这很明显是正确的;但是,即使飞行器相对于地面处于"直线水平"飞行,它仍旧是以相当于绝对高度 h_a(3.1 节已定义)的曲率半径进行曲线飞行。

当物体沿着曲线路径移动时,该运动称为曲线运动;与此相反,沿着直线所进行的运动称为直线运动。牛顿第二定律在这两种情形下均有效,其物理学表达式为受力 = 质量×加速度。现考虑曲线路径。在该路径的已知点处确立两条相互垂直的轴线,一条沿着飞行航迹方向,另一条则垂直于飞行航迹。沿飞行航迹运用牛顿定律得出

$$\sum F_{\parallel} = ma = m\frac{\mathrm{d}V}{\mathrm{d}t} \tag{6.3}$$

式中：$\sum F_\parallel$ 为平行于飞行航迹的所有力之和；$a = \mathrm{d}V/\mathrm{d}t$ 为沿飞行航迹的加速度；V 为飞行器飞行速度的瞬时值。(根据定义，速度 V 总是沿着飞行航迹方向。)在垂直于飞行航迹方向运用牛顿定律，得出

$$\sum F_\perp = m \frac{V^2}{r_c} \tag{6.4}$$

式中：$\sum F_\perp$ 为垂直于飞行航迹的所有力之和；V^2/r_c 为垂直于曲率半径为 r_c 的曲线路径的加速度。法向加速度 V^2/r_c 在基础物理学中比较常见。式(6.4)右侧正是离心力。

观察图6.5可知，平行于飞行航迹的力（正表示向右，负表示向左）为

$$\sum F_\parallel = T\cos\alpha_T - D - W\sin\theta \tag{6.5}$$

垂直于飞行航迹的力（正表示向上，负表示向下）为

$$\sum F_\perp = L + T\sin\alpha_T - W\cos\theta \tag{6.6}$$

将式(6.3)与式(6.5)、式(6.4)和式(6.6)合并得出

$$T\cos\alpha_T - D - W\sin\theta = m\frac{\mathrm{d}V}{\mathrm{d}t} \tag{6.7}$$

$$L + T\sin\alpha_T - W\cos\theta = m\frac{V^2}{r_c} \tag{6.8}$$

式(6.7)与式(6.8)为水平飞行的飞行器的运动方程。(注意飞行器还能够绕轴旋转，将在第7章予以讨论。同时，注意我们对图6.5中飞行器可能发生的垂直于页面的侧向运动不予考虑。)

式(6.7)与式(6.8)描述了飞行器加速飞行时两种基本的二维平移运动。然而，本章的前部分主要关注这些方程的特殊运用，即加速度为零的情况。非加速飞行状态下的飞行器性能称为静态性能。乍一想，这种状态太具限制性；然而，静态性能分析可合理计算出最大速度、最大爬升率、最大航程及类似参数——这些参数在飞行器设计与操作中具有重要意义。

牢记此点：考虑水平非加速飞行。参见图6.5，水平飞行表示飞行航迹沿着水平面，即 $\theta = 0°$。非加速飞行表示式(6.7)与式(6.8)右侧为零。因此，将这些方程化简为

$$T\cos\alpha_T = D \tag{6.9}$$

$$L + T\sin\alpha_T = W \tag{6.10}$$

对于多数传统飞行器而言，α_T 较小，使得 $\cos\alpha_T \approx 1$ 且 $\sin\alpha_T \approx 0$。所以，由式(6.9)与式(6.10)可得出

$$T = D \tag{6.11}$$

$$L = W \tag{6.12}$$

式(6.11)与式(6.12)为水平非加速飞行的运动方程。也可以通过直接观察图6.5得出以上方程。水平非加速飞行时，气动阻力通过发动机推力实现平衡，气动升力通过飞行器的重力实现平衡——这是非常明显但却很重要的结论。

现在将这些结论运用到飞行器的静态性能分析中。以下章节构成了此类分析的基础材料，最终将得出以下问题的答案：给定的飞行器能飞行多快、多远、多久及多高。同时，在这些章节的探讨中，主要通过图形法来计算飞行器性能。在现代空天工程中，此类计算可以直接通过高速数字计算机实现。然而，以下章节中的图示对于此类计算机求解的编程及理解非常重要；此外，这些图示也可以阐明和解释所呈现的概念。

6.3 水平非加速飞行所需推力

设飞行器在给定高度以给定速度稳定水平飞行。为实现该速度的飞行,飞行器的动力装置(如涡轮喷气发动机或往复式发动机与螺旋桨组合)必须产生一个等于阻力的净推力。可以通过以下方式轻松计算出获得特定的稳定速度所需的推力。由式(6.11)与式(5.20)可得出

$$T = D = q_\infty S C_D \tag{6.13}$$

且由式(6.12)与式(5.17)可得出

$$L = W = q_\infty S C_L \tag{6.14}$$

用式(6.13)除以式(6.14)得出

$$\frac{T}{W} = \frac{C_D}{C_L} \tag{6.15}$$

因此,由式(6.15)可知飞行器以给定速度保持水平非加速飞行所需的推力为

$$T_R = \frac{W}{C_L/C_D} = \frac{W}{L/D} \tag{6.16}$$

(注意给推力 T 增加下标 R 是为了强调其为所需推力。)

给定飞行器在给定高度所需的推力 T_R 随速度 V_∞ 变化。所需推力曲线为此种变化的图示,其一般形状如图 6.6 所示。计算曲线上某一点的步骤如下所示:

1. 选定 V_∞ 的值。
2. 根据式(6.14),用选定的 V_∞ 计算升力系数:

$$C_L = \frac{W}{\frac{1}{2}\rho_\infty V_\infty^2 S} \tag{6.17}$$

注意:根据给定高度可知 ρ_∞,根据给定飞行器可知 S。由式(6.17)计算出的 C_L 为平衡飞行器已知重力 W 所需升力的值。

3. 由飞行器的已知升阻系数曲线计算 C_D:

$$C_D = C_{D,0} + \frac{C_L^2}{\pi e AR}$$

式中:C_L 为式(6.17)中求得的值。

4. 构成 C_L/C_D 之比。
5. 根据式(6.16)计算所需推力。

由步骤 5 所求得的 T_R 值为飞行器以步骤 1 所选择的特定速度飞行时所需的推力。那么,图 6.6 所示的曲线为飞行器在航程范围内从所有速度所取的此类点的轨迹。研究本节末尾处的例 6.1 以熟悉以上各步骤。

注意式(6.16)中 T_R 与 L/D 成反比。因此当飞行器以 L/D 最大时的速度飞行时,可获得最小所需推力。此种情形如图 6.6 所示。

升阻比 L/D 为飞行器气动效率的测量方法。按理,最大气动效率应导向最小所需推力。因此,升阻比是飞行器设计中一个重要的气动因素。同时注意 L/D 为攻角的函数,如图 6.7 所示。对于多数传统的亚声速飞行器而言,在 α 为 2°~5°的某一特定值时,L/D 达到最大值。因此,飞行器以实现最小 T_R 的速度飞行时,如图 6.6 所示,它同时也以实现最大 L/D 的攻角飞行,如图 6.7 所示。

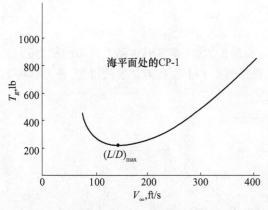

图 6.6 所需推力曲线。本图示及后续图示中的结果与本章中的某些样本问题的答案相对应

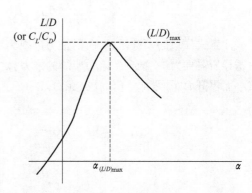

图 6.7 升阻比对攻角

结论：所需推力曲线上不同的点对应不同的攻角。图 6.8 强调了这一结论并表明飞行器攻角随所需推力曲线从右向左移动渐增，这也有助于从物理学上解释 T_R 经过最小值的原因。回顾可知，$L = W = q_\infty S C_L$。高速时（图 6.8 中的点 a 处），大部分所需升力来自于高动压 q_∞，因此，C_L 与 α 都很小。同时，在相同条件下，阻力（$D = q_\infty S C_D$）相对较大，因为 q_∞ 较大。随着在所需推力曲线上向左移动，q_∞ 减小，因此，C_L 与 α 必须增大，以支持给定飞行器的重力。因为 q_∞ 减小，所以 D 及 T_R 开始减小。然而，回顾可知升致阻力为总阻力的分量，且 $C_{D,i}$ 随 C_L^2 变化。低速时，如在图 6.8 所示的点 b 处，q_∞ 较低，因而 C_L 较大。在此种条件下，$C_{D,i}$ 快速增大——增速大于 q_∞ 减速——因而 D 与 T_R 增大。这就解释了为何 T_R 从点 a 处开始首先随 V_∞ 减小而减小，随后经过最小值处又开始增大，如点 b 处所示。

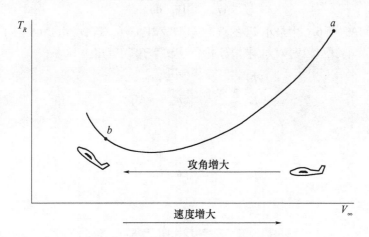

图 6.8 所需推力曲线与相关攻角变化

回顾式（6.1c）可知，飞行器的总阻力为零升力阻力与升致阻力之和，相应的阻力系数分别为 $C_{D,0}$ 与 $C_{D,i} = C_L^2/(\pi e \mathrm{AR})$。在实现最小 T_R 的条件下，$C_{D,0}$ 与 $C_{D,i}$ 之间存在有趣的关系，如下所述。由式（6.11）可知：

$$T_R = D = q_\infty S C_D = q_\infty S(C_{D,0} + C_{D,i})$$
$$= q_\infty S \left(C_{D,0} + \frac{C_L^2}{\pi e \mathrm{AR}} \right)$$

$$T_R = \underbrace{q_\infty S C_{D,0}}_{\text{零升力}T_R} + \underbrace{q_\infty S \frac{C_L^2}{\pi e \text{AR}}}_{\text{升力诱导}T_R} \tag{6.18}$$

注意式(6.18)所表示的,所需推力可视为零升力所需推力(平衡零升力阻力所需的推力)与升力诱导所需推力(平衡升致阻力所需的推力)之和。观察图 6.9 可知,随着速度的增加,升力诱导 T_R 减小而零升力 T_R 增加。(为什么呢?)

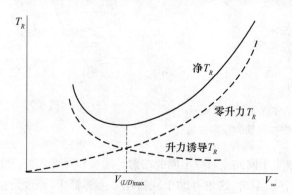

图 6.9 升力诱导所需推力与零升力所需推力比较

回顾可知,$C_L = W/(q_\infty S)$。由式(6.18)可知:

$$T_R = q_\infty S C_{D,0} + \frac{W^2}{q_\infty S \pi e \text{AR}} \tag{6.19}$$

且

$$\frac{dT_R}{dq_\infty} = \frac{dT_R}{dV_\infty} \frac{dV_\infty}{dq_\infty} \tag{6.20}$$

通过微积分可知,图 6.6 中最小 T_R 的点对应 $dT_R/dV_\infty = 0$。因此,由式(6.19)可知,最小 T_R 也对应 $dT_R/dq_\infty = 0$。将式(6.19)对 q_∞ 求微分并令导数等于零,得出

$$\frac{dT_R}{dq_\infty} = SC_{D,0} - \frac{W^2}{q_\infty^2 S\pi e \text{AR}} = 0$$

因此,

$$\frac{dT_R}{dq_\infty} = SC_{D,0} - \frac{W^2}{q_\infty^2 S \pi e \text{AR}} = 0 \tag{6.21}$$

然而,

$$\frac{W^2}{q_\infty^2 S^2} = \left(\frac{W}{q_\infty S}\right)^2 = C_L^2$$

因此,式(6.21)变为

$$C_{D,0} = \frac{C_L^2}{\pi e \text{AR}} = C_{D,i} \tag{6.22}$$

零升力阻力 = 升致阻力

式(6.22)得出了有趣的气动结论,即:在最小所需推力处,零升力阻力等于升致阻力。因此,零升力 T_R 曲线与升力诱导 T_R 曲线相交于实现最小 T_R 的速度(换言之,即实现最大 L/D 的速度),如图 6.9 所示。将在第 6.13 节再次讨论该结论。

例 6.1

本章中出现的所有例题将考虑两种类型的飞行器:a. 轻型单发动机螺旋桨私人飞机,其建模类似于图 6.10 所示的塞斯纳公司"天巷号"飞机。为方便起见,我们将构想飞行器指定为 CP-1,具有以下特征:

翼展 = 35.8ft

机翼面积 = 174ft^2

标准总重 = 2950lb

燃油量:65gal 航空汽油

动力装置:海平面处 230hp 的单活塞发动机

燃油消耗比 = 0.45lb/(hp·h)

图 6.10 在此展示塞斯纳公司"天巷号"飞机供第 6 章样本问题中所研究的构想 CP-1 飞机建模
[来源:塞斯纳飞机公司]

寄生阻力系数 $C_{D,0}$ = 0.025

奥斯瓦尔德效率因子 e = 0.8

螺旋桨效率 = 0.8

b. 喷气发动机行政勤务飞机,其建模类似于图 6.11 所示的塞斯纳"奖状 3"型飞机。为方便起见,我们指定构想喷气式飞机为 CJ-1,具有以下特点:

图 6.11 在此展示塞斯纳"奖状 3"型飞机供第 6 章样本问题中所研究的构想 CJ-1 飞机建模
[来源:塞斯纳飞机公司]

翼展 = 53.3ft

机翼面积 = 318ft²

标准总量 = 19815lb

燃油量:1119gal 航空煤油

动力装置:海平面处各自带 3650lb 推力的双涡轮风扇发动机

燃油消耗比 = 0.6 油耗(以 lb 计)/(推力(以 lb 计))(h)

寄生阻力系数 $C_{D,0}$ = 0.02

奥斯瓦尔德效率因子 e = 0.81

在本章末尾处,整合所有例题将呈现出这两种飞行器的基本性能分析。

在本例中,仅考虑所需推力。计算 CP-1 与 CJ-1 在海平面处的 T_R 曲线。

解

a. 假定 CP-1 的 V_∞ = 200ft/s = 136.4 英里/h。由式(6.17)可知:

$$C_L = \frac{W}{\frac{1}{2}\rho_\infty V_\infty^2 S} = \frac{2950}{\frac{1}{2}(0.002377)(200)^2(174)} = 0.357$$

展弦比为

$$AR = \frac{b^2}{S} = \frac{(35.8)^2}{174} = 7.37$$

因此,由式(6.1(c))可知:

$$C_D = C_{D,0} + \frac{C_L^2}{\pi e AR} = 0.025 + \frac{(0.357)^2}{\pi(0.8)(7.37)} = 0.0319$$

因此,

$$\frac{L}{D} = \frac{C_L}{C_D} = \frac{0.357}{0.0319} = 11.2$$

最终,由式(6.16)可知:

$$T_R = \frac{W}{L/D} = \frac{2950}{11.2} = 263 \text{lb}$$

用大量不同的 V_∞ 值重复以上计算可获得所需推力曲线。取某些样本结果制成表格,如下所示:

V_∞ (ft/s)	C_L	C_D	L/D	T_R/lb
100	1.43	0.135	10.6	279
150	0.634	0.047	13.6	217
250	0.228	0.028	8.21	359
300	0.159	0.026	6.01	491
350	0.116	0.026	4.53	652

上表旨在让读者尝试此类计算并比较所得结果。整个章节中都提供了此类表格。表格源于计算机计算,使用了 100 种不同速度来生成数据。由这些计算得出的 T_R 曲线如图6.6 所示。

b. 假定 CJ-1 的 V_∞ = 500ft/s = 341 英里/h。由式(6.17)可知:

$$C_L = \frac{W}{\frac{1}{2}\rho_\infty V_\infty^2 S} = \frac{19,815}{\frac{1}{2}(0.002377)(500)^2(318)} = 0.210$$

展弦比为

$$AR = \frac{b^2}{S} = \frac{(53.3)^2}{318} = 8.93$$

因此,由式(6.1c)可知:

$$C_D = C_{D,0} + \frac{C_L^2}{\pi e AR} = 0.02 + \frac{(0.21)^2}{\pi(0.81)(8.93)} = 0.022$$

因此,

$$\frac{L}{D} = \frac{C_L}{C_D} = \frac{0.21}{0.022} = 9.55$$

最终,由式(6.16)可知:

$$T_R = \frac{W}{L/D} = \frac{19,815}{9.55} = 2075 \text{ lb}$$

根据一些不同速度制成的表格如下所示:

V_∞ (ft/s)	C_L	C_D	L/D	T_R/lb
300	0.583	0.035	16.7	1188
600	0.146	0.021	6.96	2848
700	0.107	0.021	5.23	3797
850	0.073	0.020	3.59	5525
1000	0.052	0.020	2.61	7605

所需推力曲线如图 6.12 所示。

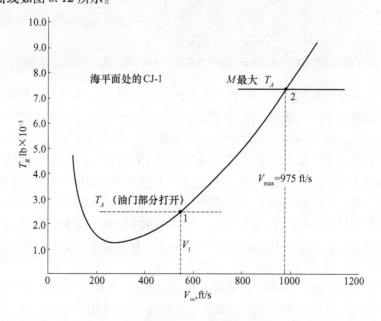

图 6.12 CJ-1 所需推力曲线

6.4 现有推力与最大速度

所需推力 T_R,如6.3节所述,由飞行器自身的空气动力特性及重力表示,其为与飞机结构相关的参数。与此相反,现有推力 T_A 与飞行器发动机紧密相关,为发动机与螺旋桨组合、涡轮喷气发动机、火箭发动机等所提供的推力。推进理论为第9章的主题。在此补充一点,带螺旋桨的往复式活塞发动机呈现了推力随速度的变化,如图6.13(a)所示。在零速度时的推力(静推力)为最大值,随后随着前进速度增加而减小。在近声速飞行时,桨叶的桨梢遭遇第5章所探讨的类似压缩性难题,且现有推力快速减小。与此相反,涡轮喷气发动机的推力与速度保持相对恒定,如图6.13(b)所示。这两种动力装置在当今的航空中都非常普遍,往复式发动机与螺旋桨组合为普通轻型通用航空飞行器提供动力;而喷气式发动机几乎为所有大型商用运输机与军用战斗机所用。由于以上原因,本章的性能分析仅考虑这两种推进机构。

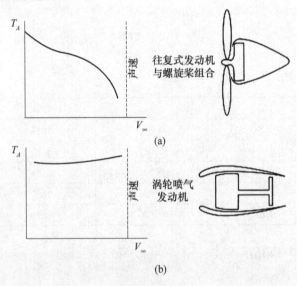

图6.13
(a)活塞发动机与螺旋桨组合的现有推力曲线;(b)涡轮喷气发动机的现有推力曲线。

设喷气式飞机在给定高度以速度 V_1 水平非加速飞行,如图6.12所示。所需推力曲线上的点1给出了飞行器以速度 V_1 飞行所需推力 T_R 的值。飞行员调整油门,使得喷气式发动机提供的现有推力正好等于该点所需推力: $T_A = T_R$。该部分油门 T_A 在图6.12中用虚线表示。若飞行员现将油门向前推并增加发动机推力至更高的 T_A 值,飞行器将加速至更高的速度。若油门增加至全开位置,喷气式发动机将产生最大 T_A。在此种情况下,飞行器的速度将进一步增加,直至所需推力等于最大 T_A(图6.12中的点2处)。飞行器现在的飞行速度不可能高于点2处的速度,否则所需推力将会超过动力装置的最大现有推力。因此,T_R 曲线(取决于飞机结构)与最大 T_A 曲线(取决于发动机)的交点即飞行器在给定高度的最大速度 V_{max},如图6.12所示。计算最大速度是飞行器设计过程的一个重要部分。

传统喷气式发动机根据推力(通常用磅表示)划分。因此,图6.12中的推力曲线对于喷气式飞机的性能分析而言非常有帮助。然而,活塞发动机根据动力(通常用马力表示)划分,因此,T_A 与 T_R 的概念不适用于螺旋桨飞机。在此种情况下,所需动力与现有动力这两个量更具相关性。此外,对动力因素的考虑可得出喷气式飞机与螺旋桨飞机的相关结果,例如爬升率与最大高度。因此,本章的余下部分将重点关注动力而非推力,如第6.5节所述。

例 6.2

计算 CJ-1 在海平面的最大速度(见例 6.1)。

解

例 6.1 中的信息表明,CJ-1 的动力装置包括两台涡轮风扇发动机,在海平面处每台各自带 3650lb 推力。因此,

$$T_A = 2(3650) = 7300\text{lb}$$

观察例 6.1 的结果可知,当 $V_\infty = 975\text{ft/s}$ 时,$T_R = T_A = 7300\text{lb}$(见图 6.12)。因此,

$$V_{\max} = 975\text{ft/s} = 665 \text{ 英里}/\text{h}$$

有意思的是,因为海平面声速为 1117ft/s,最大海平面马赫数为

$$M_{\max} = \frac{V_{\max}}{a} = \frac{975}{1117} = 0.87$$

在之前的例题中,$C_{D,0}$ 假定为常数;因此,升阻系数曲线不包括阻力发散效应,如第5章所述。由于该类型飞行器的阻力发散马赫数通常近似于 0.82~0.85,先前的计算表明 $M_{\max}$ 大于阻力发散,在这么高的马赫数下,我们之前所假定的常数 $C_{D,0}$ 是不精确的。

6.5 水平非加速飞行所需动力

动力即功率,是精确定义的机械术语,以单位时间内的能量表示。与活动物体相关的动力,可通过受恒力 F 影响的积木块以恒速 V 的移动来表示,如图 6.14 所示。积木在时间间隔 $t_2 - t_1$ 内从左至右移动的距离为 d。(假定在图 6.14 中未显示的反向相等的力由摩擦产生,阻止了积木的加速。)功是另一个精确定义的机械术语,以力乘以力所移动的距离表示。此外,功是能量,具有和能量相同的单位。因此,

$$\text{动力(功率)} = \frac{\text{能量}}{\text{时间}} = \frac{\text{力} \times \text{距离}}{\text{时间}} = \text{力} \times \frac{\text{距离}}{\text{时间}}$$

应用到图 6.14 中的活动积木上,则变为

$$\text{动力(功率)} = F\left(\frac{d}{t_2 - t_1}\right) = FV \tag{6.23}$$

式中:$d/(t_2 - t_1)$ 为物体的速度 V。因而式(6.23)论证得出一个重要结论:与施加到活动物体上的力相关的动力(功率)为力×速度。

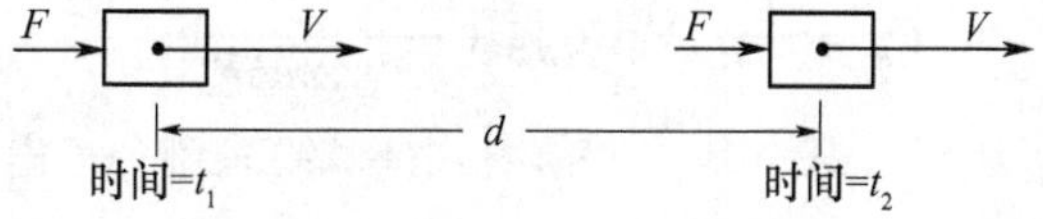

图 6.14 活动物体的力、速度与动力(功率)

设飞行器在给定高度以速度 V_∞ 水平非加速飞行,所需推力为 T_R。由式(6.23)可知所需动力(功率)为

$$P_R = T_R V_\infty \tag{6.24}$$

飞行器空气动力学(C_L 与 C_D)对 P_R 的影响可通过合并式(6.16)与式(6.23)轻易获得:

$$P_R = T_R V_\infty = \frac{W}{C_L/C_D} V_\infty \qquad (6.25)$$

由式(6.12)可知:

$$L = W = q_\infty S C_L = \frac{1}{2}\rho_\infty V_\infty^2 S C_L$$

因此,

$$V_\infty = \sqrt{\frac{2W}{\rho_\infty S C_L}} \qquad (6.26)$$

将式(6.26)代入式(6.25),得出

$$P_R = \frac{W}{C_L/C_D}\sqrt{\frac{2W}{\rho_\infty S C_L}}$$

$$P_R = \sqrt{\frac{2W^3 C_D^2}{\rho_\infty S C_L^3}} \propto \frac{1}{C_L^{3/2}/C_D} \qquad (6.27)$$

所需推力与 C_L/C_D 成反比[见式(6.16)],而所需动力(功率)与 $C_L^{3/2}/C_D$ 成反比。

所需动力(功率)曲线定义为 P_R 对 V_∞ 的曲线图,如图6.15所示;注意,定性来说,其与图6.6中的所需推力曲线相似。随着飞行器速度的增大,P_R 首先减小,随后经过最小值,最终增大。在实现最小所需动力(功率)的速度时,飞行器以对应最大 $C_L^{3/2}/C_D$ 的攻角飞行。

在6.3节论证得出:从空气动力学上来说,最小 T_R 相当于零升力与升力诱导阻力之和。在最小 P_R 处具有类似但不同的关系。由式(6.11)与式(6.24)可知:

$$P_R = T_R V_\infty = D V_\infty = q_\infty S\left(C_{D,0} + \frac{C_L^2}{\pi e \mathrm{AR}}\right) V_\infty$$

$$P_R = \underbrace{q_\infty S C_{D,0} V_\infty}_{\text{零升力所需动力(功率)}} + \underbrace{q_\infty S V_\infty \frac{C_L^2}{\pi e \mathrm{AR}}}_{\text{升力诱导所需动力(功率)}} \qquad (6.28)$$

因此,如早前 T_R 实例一样,所需动力(功率)分别用于克服零升力阻力与升致阻力。这些分力如图6.16所示。与之前一样,通过设定 $\mathrm{d}P_R/\mathrm{d}V_\infty = 0$,由式(6.28)可获得与最小 P_R 相关的空气动力条件。为实现这一目标,回顾一下 $q_\infty = \frac{1}{2}\rho V_\infty^2$ 且 $C_L = W/\left(\frac{1}{2}\rho_\infty V_\infty^2 S\right)$,可首先获得用 V_∞ 清楚表示的式(6.28):

$$P_R = \frac{1}{2}\rho_\infty V_\infty^3 S C_{D,0} + \frac{1}{2}\rho_\infty V_\infty^3 S \frac{\left[W/\left(\frac{1}{2}\rho_\infty V_\infty^2 S\right)\right]^2}{\pi e \mathrm{AR}}$$

$$P_R = \frac{1}{2}\rho_\infty V_\infty^3 S C_{D,0} + \frac{W^2/\left(\frac{1}{2}\rho_\infty V_\infty S\right)}{\pi e \mathrm{AR}} \qquad (6.29)$$

为实现最小所需动力(功率),$\mathrm{d}P_R/\mathrm{d}V_\infty = 0$。对式(6.29)求微分得出

$$\frac{\mathrm{d}P_R}{\mathrm{d}V_\infty} = \frac{3}{2}\rho_\infty V_\infty^2 S C_{D,0} - \frac{W^2/\left(\frac{1}{2}\rho_\infty V_\infty^2 S\right)}{\pi e \mathrm{AR}} = \frac{3}{2}\rho_\infty V_\infty^2 S\left[C_{D,0} - \frac{W^2/\left(\frac{3}{4}\rho_\infty^2 S^2 V_\infty^4\right)}{\pi e \mathrm{AR}}\right]$$

$$= \frac{3}{2}\rho_\infty V_\infty^2 S\left(C_{D,0} - \frac{\frac{1}{3}C_L^2}{\pi e \mathrm{AR}}\right) = \frac{3}{2}\rho_\infty V_\infty^2 S\left(C_{D,0} - \frac{1}{3}C_{D,i}\right) = 0 \qquad \text{适用于最小 } P_R$$

因此,在最小所需动力(功率)处所具有的空气动力条件为

$$C_{D,0} = \frac{1}{3}C_{D,i} \tag{6.30}$$

观察图 6.16 可知,这再次证实了零升力阻力为最小 P_R 处 1/3 的升致阻力这一事实。同时注意图 6.16 中的点 1 处对应 $C_{D,0} = C_{D,i}$(即最小 T_R),因此,最小 P_R 所需的 V_∞ 小于最小 T_R 所需的 V_∞。

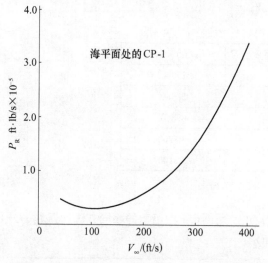

图 6.15　CP-1 在海平面处所需动力(功率)曲线

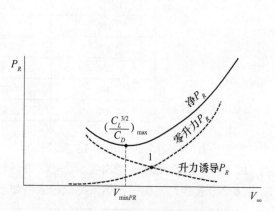

图 6.16　升力诱导所需推力、零升力所需推力与净所需推力比较

通过画一条经过原点并与 P_R 曲线相切的直线可轻易得出所需动力曲线上对应最小 T_R 的点,如图 6.17 所示。切点对应最小 T_R(因而也对应最大 L/D)。为证明这一观点,设经过原点并与 P_R 曲线相交的任一直线,如图 6.17 中的虚线,该线的斜率为 P_R/V_∞。随着我们沿着 P_R 曲线向右移动,交叉线的斜率将首先减小,随后达到最小值(切点处),然后再次增大。仅通过观察图 6.17 的几何图形就可以清楚地发现这一情况。因此,切点对应最小斜率,因而也对应 P_R/V_∞ 的最小值。那么,根据微积分其也对应:

$$\frac{\mathrm{d}(P_R/V_\infty)}{\mathrm{d}V_\infty} = \frac{\mathrm{d}(T_R V_\infty/V_\infty)}{\mathrm{d}V_\infty} = \frac{\mathrm{d}T_R}{\mathrm{d}V_\infty} = 0$$

这一结果得出:切点处 $\mathrm{d}T_R/\mathrm{d}V_\infty = 0$,此为实现最小 T_R 的精确数学标准。相应地,在切点处 L/D 实现最大值。

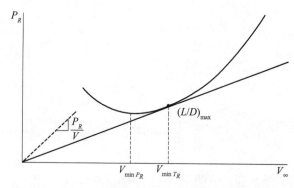

图 6.17　与所需动力(功率)曲线相切的点位于最小所需推力点(因而也为最大 L/D 的点)

例 6.3

计算:(a)CP-1 在海平面所需动力(功率)曲线;(b)CJ-1 在 22000ft 处所需动力(功率)曲线。

解

a. 对于 CP-1 而言,在海平面处的 T_R 值已在例 6.1 中制表并以图示表示。因此,由式(6.24)可知:

$$P_R = T_R V_\infty$$

获得下表:

$V/(\text{ft/s})$	T_R/lb	$P_R/(\text{ft} \cdot \text{lb/s})$
100	279	27860
150	217	32580
250	359	89860
300	491	147200
350	652	228100

所需动力(功率)曲线如图 6.16 所示。

b. CJ-1 位于 22000ft 的高度,$\rho_\infty = 0.001184\text{slug/ft}^3$。用例 6.1 中给出的相同方法计算 T_R,并通过式(6.24)求得 P_R。由一些结果制成的表格如下所示:

$V_\infty/(\text{ft/s})$	C_L	C_D	L/D	T_R/lb	$P_R/(\text{ft} \cdot \text{lb/s})$
300	1.17	0.081	14.6	1358	0.041×10^7
500	0.421	0.028	15.2	1308	0.065×10^7
600	0.292	0.024	12.3	1610	0.097×10^7
800	0.165	0.021	7.76	2553	0.204×10^7
1000	0.105	0.020	5.14	3857	0.386×10^7

读者应尝试重新求得此类结果。

所需动力(功率)曲线如图 6.18 所示。

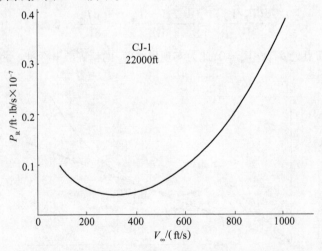

图 6.18　22000ft 处 CJ-1 所需动力(功率)曲线

6.6 现有动力与最大速度

再次注意 P_R 为飞行器气动设计与自身重力的特征。与此相反,现有动力(功率)P_A 为动力装置的特征。第9章才会详细探讨推进理论;然而,为方便性能分析,特进行以下评述。

6.6.1 往复式发动机与螺旋桨组合

活塞发动机产生动力的原理为:在封闭汽缸内燃烧燃油并利用燃烧所产生的能量移动活塞,反过来,活塞将动力传输至旋转曲轴,如图 6.19 所示。通过曲轴传输至螺旋桨的功率定义为轴制动功率 P(制动一词源于一种实验室试验方法,该方法通过用校正制动机构加载发动机来测量发动机的功率)。然而,并非所有 P 都可用于驱动飞行器,其中一些通过螺旋桨自身的低效率(将在第9章对其进行探讨)而消散。因此,用于推进飞行器的现有动力(功率)P_A 定为

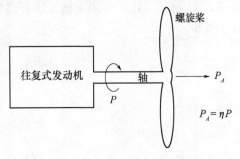

图 6.19 轴制动功率与现有功率的关系

$$P_A = \eta P \tag{6.31}$$

式中:η 为螺旋桨效率且 $\eta<1$。螺旋桨效率是一个非常重要的量,为螺旋桨空气动力学的直接产物。它总是小于1。在此所进行的探讨中,η 与 P 均假定为给定飞行器的已知量。

有必要谈论一下单位。在工程体系中,功率用英尺·磅每秒表示(ft·lb/s);在国际单位制中,功率用瓦特[相当于牛顿·米每秒(N·m/s)]表示。但是,工程学的历史演变留下的是与之前完全不一致的(但是却非常方便)且运用广泛的功率单位:马力。所有往复式发动机均根据马力(hp)划分,且应特别注意:

$$1\text{hp} = 550\text{ft·lb/s} = 746\text{W}$$

因此,通常用轴制动功率 bhp 代替 P,并用现有马力 hp_A 代替 P_A。式(6.31)仍然保留其形式,为

$$\text{hp}_A = (\eta)(\text{bhp}) \tag{6.32}$$

然而,请保持谨慎。由于一直要处理基本的物理关系,单位必须保持一致;因此,在开始分析前最好是立即将马力转换成英尺·磅每秒或瓦特。在此我们运用了该方法。图 6.20(a)描绘了典型的活塞发动机与螺旋桨组合的现有动力曲线。

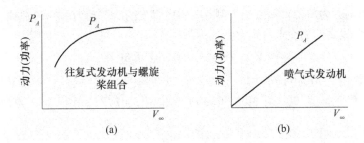

图 6.20
(a)单活塞发动机与螺旋桨组合的现有动力(功率);(b)喷气式发动机的现有动力(功率)。

6.6.2 喷气式发动机

喷气式发动机(见第9章)通过燃烧加热传入的气流并通过喷嘴以高速排出该热气流来获得推力。喷气式发动机的现有动力(功率)可由式(6.23)得出：

$$P_A = T_A V_\infty \tag{6.33}$$

回顾图 6.13(b)可知,喷气式发动机的 T_A 与速度保持适度恒定。因此,现有动力(功率)曲线与 V_∞ 基本上呈线性变化,如图 6.20(b)所示。

对于螺旋桨飞机与喷气式飞机而言,最大飞行速度由最大 P_A 与 P_R 曲线的高速交点决定,如图 6.21 所示。由于可用于确定飞行器的其他性能特征,这些曲线对于任何性能分析而言都必不可少。

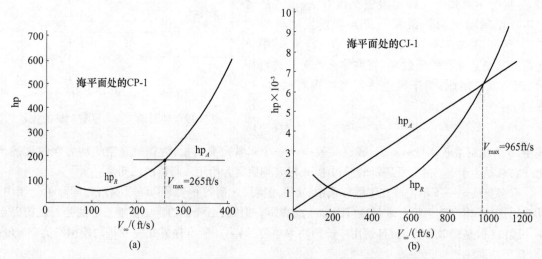

图 6.21　现有动力(功率)曲线与所需动力(功率)曲线及最大速度的确定
(a) 螺旋桨飞机；(b) 喷气式飞机。

例 6.4

计算：(a) CP-1 在海平面处的最大速度；(b) CJ-1 在 22000ft 处的最大速度。

解

a. 由例 6.1 提供的信息可知,CP-1 动力装置在海平面的额定马力为 230hp。因此,

$$hp_A = (\eta)(bhp) = 0.80(230) = 184 hp$$

图 6.21(a)以马力为单位重新绘制了例 6.3 中所得出的所需动力(功率)曲线,并描绘了现有马力曲线,且 V_{max} 由曲线之间的交点决定,为

$$V_{max} = 265 ft/s = 181 \text{ 英里}/h$$

b. 由例 6.1 提供的信息可知,CJ-1 各发动机在海平面的静推力为 3650lb。有两台发动机,因而 $T_A = 2(3650) = 7300 lb$。由式(6.33)可知,$P_A = T_A V_\infty$；且根据马力,T_A 用磅表示,V_∞ 用英尺每秒表示：

$$hp_A = \frac{T_A V_\infty}{550}$$

令 $hp_{A,0}$ 为海平面的马力。我们将在第9章发现喷气式发动机的推力大致上与空气密度成比例。若我们在此使用该近似法,高空推力变为

$$T_{高空} = \frac{\rho}{\rho_0} T_{A,0}$$

因此,

$$\text{hp}_{高空} = \frac{\rho}{\rho_0} \text{hp}_{A,0}$$

CJ-1 位于 22000ft 的高度,其中 $\rho = 0.001184 \text{slug/ft}^3$,

$$\text{hp}_{A,\text{alt}} = \frac{(\rho/\rho_0) T_A V_\infty}{550} = \frac{(0.001184/0.002377)(7300) V_\infty}{550} = 6.61 V_\infty$$

图 6.21(b) 以马力为单位重新绘制了例 6.3 中所得出的所需动力(功率)曲线,并描绘了由前方程得出的现有马力的曲线,且 $V_{\max}$ 由曲线之间的交点决定,为

$$V_{\max} = 965 \text{ft/s} = 658 \text{ 英里/h}$$

6.7 高度对所需动力与现有动力的影响

关于 P_R,可通过重复前述章节的计算及采用适合于给定高度的 ρ_∞ 得出高空曲线。然而,一旦通过该方法计算出海平面 P_R 曲线,就可以更快地通过简单的比率求得高空曲线,如下所示。令下标 0 表示海平面状态。由式(6.26)与(6.27)可知:

$$V_0 = \sqrt{\frac{2W}{\rho_0 S C_L}} \tag{6.34}$$

$$P_{R,0} = \sqrt{\frac{2W^3 C_D^2}{\rho_0 S C_L^3}} \tag{6.35}$$

式中:V_0、$P_{R,0}$ 与 ρ_0 分别为海平面处的速度、动力(功率)与密度。在高空中,密度为 ρ,它们的关系为

$$V_{高空} = \sqrt{\frac{2W}{\rho S C_L}} \tag{6.36}$$

$$P_{R 高空} = \sqrt{\frac{2W^3 C_D^2}{\rho S C_L^3}} \tag{6.37}$$

现在,完全出于计算方便,令 C_L 在海平面与高空之间保持固定。由于 $C_D = C_{D,0} + C_L^2/(\pi e \text{AR})$,因此 C_D 也保持固定。用式(6.36)除以式(6.34),并用式(6.37)除以式(6.35),可得出

$$V_{高空} = V_0 \left(\frac{\rho_0}{\rho}\right)^{1/2} \tag{6.38}$$

及

$$P_{R,高空} = P_{R,0} \left(\frac{\rho_0}{\rho}\right)^{1/2} \tag{6.39}$$

从几何学来说,这些方程允许我们通过海平面曲线上的已知点绘制出高空 P_R 曲线上的点。例如,设海平面 P_R 曲线上的点 1 如图 6.22 所示。将点 1 处的速度与动力(功率)均乘以 $(\rho_0/\rho)^{1/2}$,可获得一个新点——图 6.22 中的点 2。由之前的分析可知,点 2 一定位于高空曲线上。按照此种方法,整个高空 P_R 曲线可轻易地根据海平面曲线得出。图 6.23 定性给出了这些结果,图中高空曲线倾向于向上平移、向右平移及轻微的顺时针旋转。

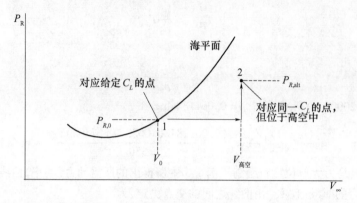

图 6.22 海平面所需动力(功率)曲线与高空所需动力(功率)曲线之间的点对应

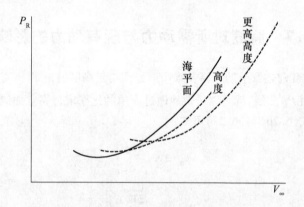

图 6.23 高度对所需动力(功率)的影响

关于 P_A，高空中较低的空气密度总是引起往复式发动机与喷气式发动机动力减小。本书中，假定 P_A 和 T_A 与周围介质密度成比例，如例 6.4 所述。第 9 章将清楚地解释做出这一假设的理由。对于往复式发动机，可通过使用增压器延缓动力损失。然而，高度对飞行器性能所产生的影响如图 6.24(a) 及 6.24(b) 所示。图 6.24(a) 适用于螺旋桨飞机；6.24(b) 适用于喷气式飞机。图中描绘了

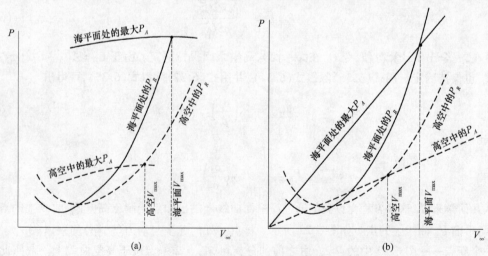

图 6.24 高度对最大速度的影响
(a) 螺旋桨飞机；(b) 喷气式飞机。

P_R与最大P_A;实线曲线对应海平面曲线,虚线曲线对应高空曲线。由这些曲线可以观察出V_{max}随高度变化。同时注意,位于足够高的高度时,低速极限(通常用$V_{失速}$表示)可能反过来由最大P_A决定。图6.25强调了这一影响,图中将最大P_A减小到一定程度:在速度刚大于失速速度时,P_R超过P_A。对于这一情况,可得出一个有意思的结论:水平稳定飞行不能达到失速速度。

在探讨中说明一点,我们仅强调了水平速度性能——稳定水平飞行的最大速度与最小速度。飞行器的最大速度由P_A曲线与P_R曲线的高速交点决定,而最小速度由失速速度或动力(功率)曲

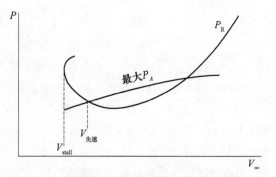

图6.25 高空中的最小速度大于失速速度的情形

线间的低速交点决定。对这些速度的探讨是飞行器性能中的一个重要部分;事实上,对于某些飞行器而言,如许多军用战斗机,提升飞行器最大速度是关键的设计特征。然而,这仅仅是飞行器性能叙述的开端;在本章的余下部分将探讨其他重要特征。

设计板块

到达给定高度的最大速度V_{max}通常为新型飞行器设计参数之一。设计飞行器给定V_{max}时,飞行器设计者应该考虑哪些特征?换言之,飞行器设计的哪些方面决定最大速度?对该问题的解答揭示了一些关键设计参数,这些参数对V_{max}及飞行器的其他性能都很重要。让我们通过推导V_{max}的方程并观察方程中的参数来解答这一问题。合并式(6.1c)与式(6.13),得出

$$T = q_\infty S d C_D = q_\infty S \left(C_{D,0} + \frac{C_L^2}{\pi e AR} \right) \tag{6.40}$$

为实现稳定水平飞行,由式(6.14)得出

$$C_L = \frac{W}{q_\infty S} \tag{6.41}$$

将式(6.41)代入式(6.40),得出

$$T = q_\infty S \left(C_{D,0} + \frac{W^2}{q_\infty^2 S^2 \pi e AR} \right) = q_\infty S C_{D,0} + \frac{W^2}{q_\infty S \pi e AR} \tag{6.42}$$

将式(6.42)乘以q_∞并重新整理方程可得出

$$q_\infty^2 S C_{D,0} - q_\infty T + \frac{W^2}{S \pi e AR} = 0 \tag{6.43}$$

式(6.43)为q_∞的二次方程。通过使用二次方程公式、回顾$q_\infty = \frac{1}{2}\rho_\infty V_\infty^2$并令式(6.43)中的$T$等于最大现有推力(油门全开推力),求式(6.43)中q_∞的解,可得出最大速度(详细计算留作课外作业)。

$$V_{max} = \left[\frac{\left(\frac{T_A}{W}\right)_{max}\left(\frac{W}{S}\right) + \left(\frac{W}{S}\right)\sqrt{\left(\frac{T_A}{W}\right)_{max}^2 - \frac{4C_{D,0}}{\pi e AR}}}{\rho_\infty C_{D,0}} \right]^{1/2} \tag{6.44}$$

仔细观察式(6.44)。注意$(T_A)_{max}$不单独出现,它仅出现在比率$(T_A/W)_{max}$中。同时注意,机翼平面形状面积S也不单独出现,仅出现在比率W/S中。因此,V_{max}不是单独依赖推力、重力或机翼面

积,而是依赖这些量的特定比率:

$$\left(\frac{T_A}{W}\right)_{\max} : 最大推重比$$

$$\frac{W}{S} : 机翼负载$$

我们刚刚确定了两个最重要的飞行器设计参数:推重比与机翼负载。此外,由式(6.44)可知,$V_{\max}$ 依赖于 ρ_∞(高度)、零升力阻力系数 $C_{D,0}$ 及乘积 eAR。稍后,我们将在第 6.15 节中揭示乘积 eAR 等于 $4C_{D,0}(L/D)_{\max}^2$,式中 $(L/D)_{\max}$ 为飞行器升阻比的最大值。因此 $(L/D)_{\max}$ 也属于重要的设计参数。

由式(6.44)可得出结论——能通过以下方式增大 $V_{\max}$:
1. 增大最大推重比 $(T_A/W)_{\max}$。
2. 增大机翼负载 W/S。
3. 减小零升力阻力系数 $C_{D,0}$。

除开增大机翼负载可能得到的益处,即使不分析式(6.44),这些趋势也非常明显。为帮助理解在此种情况下高机翼负载的优势,假设通过减小 S 来增大 W/S。若平面形状面积变小,则机翼上的总表面摩擦阻力也减小(剪切应力作用的表面变小),因此 $V_{\max}$ 增大。

此处探讨得出的结论对于飞行器性能的其他方面非常重要。从后续章节可知:设计参数 T/W 与 W/S 除了影响 $V_{\max}$,还极大地影响着其他性能量。

例 6.5

运用本节中的方法,根据例 6.4 中 CJ-1 位于 22000ft 时所需动力(功率)曲线求得 CJ-1 在海平面所需动力(功率)曲线。比较处于两种高度的最大速度。

解

由式(6.38)与式(6.39)可知,海平面所需动力(功率)曲线与高空所需动力(功率)曲线上对应的点分别为

$$V_0 = V_{高空}\left(\frac{\rho}{\rho_0}\right)^{1/2}$$

及

$$\mathrm{hp}_{R,0} = \mathrm{hp}_{R,高空}\left(\frac{\rho}{\rho_0}\right)^{1/2}$$

由例 6.4 中的 CJ-1 曲线可知 22000ft 处的 $V_{高空}$ 与 $\mathrm{hp}_{R,高空}$。使用此处的公式,可得出下表所示的 V_0 与 $\mathrm{hp}_{R,0}$,注意:

$$\left(\frac{\rho}{\rho_0}\right)^{1/2} = \left(\frac{0.001184}{0.002377}\right)^{1/2} = 0.706$$

已知点		$\left(\dfrac{\rho}{\rho_0}\right)^{1/2}$	生成点	
$V_{高空}/(\mathrm{ft/s})$	$\mathrm{ht}_R,高空$		$V_0/(\mathrm{ft/s})$	$\mathrm{hp}_{R,0}$
200	889	0.706	141	628
300	741		212	523
500	1190	↓	353	840
800	3713		565	2621
1000	7012		706	4950

图 6.26 绘制了以上结果及海平面的 hp_A 曲线与 22000ft 处的 hp_A 曲线。仔细观察图 6.26，注意 22000ft 处 hp_A 曲线上的点 1 用于生成海平面 hp_A 曲线上的点 2，这就解释了本节的观点。同时注意海平面的 V_{max} 为 975ft/s = 665 英里/h，稍大于 22000ft 处的 V_{max}（965ft/s = 658 英里/h）。

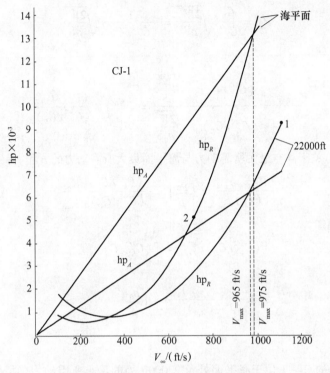

图 6.26　高度对 CJ–1 的 V_{max} 的影响

例 6.6

设给定飞行器稳定水平飞行，证明式(6.39)使高空最小所需动力 $(P_{R,高空})_{min}$ 与海平面最小所需动力 $(P_{R,0})_{min}$ 相关。换言之，证明：

$$\frac{(P_{R,高空})_{min}}{(P_{R,0})_{min}} = \left(\frac{\rho_0}{\rho}\right)^{1/2} \tag{E6.6.1}$$

解

式(6.39)使高空所需动力（功率）曲线上的点（图 6.22 中的点 2）与海平面所需动力（功率）曲线上相应的点（图 6.22 中的点 1）相关，其中，C_L 在两点处具有相同的值。鉴于这一特殊情况，即图 6.22 中点 1 属于海平面的最小 P_R，我们希望证明图 6.22 中点 2 属于高空中的最小 P_R。由式(6.39)的推导不能立即得出这一结果，该推导仅依赖于假设点 1 与点 2 处的 C_L 相同。

由式(6.27)可知，P_R 的一般公式为

$$P_R = \sqrt{\frac{2W^3 C_D^2}{\rho_s S C_L^3}} = \left(\frac{C_D}{C_L^{3/2}}\right)\sqrt{\frac{2W^3}{\rho S}} \tag{E6.6.2}$$

由式(E6.6.2)可知，P_R 与气动比 $C_L^{3/2}/C_D$ 成反比，且当飞行器以最大 $C_L^{3/2}/C_D$ 飞行时出现 $(P_R)_{min}$。回顾可知，C_L 与 C_D 为飞行器的空气动力特性；对于给定的飞行器而言，它们是攻角、马赫数与雷诺数的函数，如 5.3 节所述。若忽略马赫数与雷诺数的影响，则 C_L 与 C_D 仅为攻角的函数。因此，比率 $C_L^{3/2}/C_D$ 仅为攻角的函数，且 $C_L^{3/2}/C_D$ 的最大值为特定攻角的特定值。所以，给定飞行器

具有一个由飞行器空气动力学所指定的$(C_L^{3/2}/C_D)_{max}$特定值,且无论飞行器的飞行高度如何,该值保持不变。

回顾式(E6.6.2),得出

$$P_R = \frac{C_D}{C_L^{3/2}}\sqrt{\frac{2W^3}{\rho S}} = \frac{1}{(C_L^{3/2}/C_D)}\sqrt{\frac{2W^3}{\rho S}}$$

因此,

$$\frac{P_{R,\text{高空}}}{P_{R,0}} = \frac{(C_L^{3/2}/C_D)_0 \sqrt{\frac{2W^3}{\rho S}}}{(C_L^{3/2}/C_D)_{alt} \sqrt{\frac{2W^3}{\rho_0 S}}} = \left(\frac{\rho_0}{\rho}\right)^{1/2} \frac{(C_L^{3/2}/C_D)_0}{(C_L^{3/2}/C_D)_{alt}} \quad (\text{E6.6.3})$$

列出式(E6.6.3)关于高空最大所需动力与海平面最大所需动力的方程,得出

$$\frac{(P_{R,\text{高空}})_{\min}}{(P_{R,0})_{\min}} = \left(\frac{\rho_0}{\rho}\right)^{1/2} \frac{[(C_L^{3/2}/C_D)_0]_{\max}}{[(C_L^{3/2}/C_D)_{alt}]_{\max}} \quad (\text{E6.6.4})$$

但由以上探讨可知:

$$[(C_L^{3/2}/C_D)_0]_{\max} = [(C_L^{3/2}/C_D)_{alt}]_{\max}$$

因此,式(E6.6.4)变为

$$\frac{(P_{R,\text{高空}})_{\min}}{(P_{R,0})_{\min}} = \left(\frac{\rho_0}{\rho}\right)^{1/2}$$

由此证明了式(E6.6.1)。

例 6.7

将例 6.5 中求得的 CJ-1 位于海平面处及 22000ft 处的最小所需动力(功率)的数值结果与例 6.6 中所得出的解析结果进行比较。

解

由例 6.5 中的数值表可知:

$$(\text{hp}_{R,0})_{\min} = 523$$
$$(\text{hp}_{R,\text{高空}})_{\min} = 741$$

因此

$$\frac{(\text{hp}_{R,\text{高空}})_{\min}}{(\text{hp}_{R,0})_{\min}} = \frac{741}{523} = 1.417(\text{数值解})$$

根据例 6.6 中的式(E6.6.1)可知:

$$\frac{(P_{R,\text{高空}})_{\min}}{(P_{R,0})_{\min}} = \left(\frac{\rho_0}{\rho}\right)^{1/2}$$

高度为 22000ft 时,$\rho = 1.1836 \times 10^{-3}$ slug/ft³。因此,

$$\frac{(P_{R,\text{高空}})_{\min}}{(P_{R,0})_{\min}} = \left(\frac{0.002377}{1.1836 \times 10^{-3}}\right)^{1/2} = 1.417(\text{解析值})$$

不出所料,这些结果是相同的。事实上,这证明了例 6.5 中计算机得出的数值结果是有效的。

例 6.8

用式(6.44)解析计算 CJ-1 位于 22000ft 高度时的 $V_{\max}$,并将其与例 6.5 中所得出的图解结果进行比较。

解

从前述例题中可知,CJ-1 海平面的 $W = 19815 \text{lb}, T_A = 7300 \text{lb}, C_{D,0} = 0.02, e = 0.81$ 且 $AR = 8.93$。由附录 2 可知,高度为 22000ft 时,$\rho_\infty = 0.001183 \text{slug/ft}^3$。因此,22000ft 处的现有推力为

$$(T_A)_{\text{高空}} = \frac{\rho_0}{\rho}(T_A) = \left(\frac{0.0011836}{0.002378}\right)(7300) = 3633 \text{lb}$$

因此,

$$\left(\frac{T_A}{W}\right)_{\max} = \frac{3633}{19815} = 0.1833$$

$$\frac{W}{S} = \frac{19815}{318} = 62.3 \text{lb/ft}^2$$

$$\frac{4C_{D,0}}{\pi e AR} = \frac{4(0.02)}{\pi(0.81)(8.93)} = 3.521 \times 10^{-3}$$

在此重复式(6.44):

$$V_{\max} = \left[\frac{\left(\frac{T_A}{W}\right)_{\max}\left(\frac{W}{S}\right) + \left(\frac{W}{S}\right)\sqrt{\left(\frac{T_A}{W}\right)^2_{\max} - \frac{4C_{D,0}}{\pi e AR}}}{\rho_\infty C_{D,0}}\right]^{1/2}$$

$$V_{\max} = \left[\frac{(0.1833)(62.3) + (62.3)\sqrt{(0.1833)^2 - 3.521 \times 10^{-3}}}{(0.0011836)(0.02)}\right]^{1/2}$$

$$= \left[\frac{11.42 + (62.3)\sqrt{0.0336 - 3.521 \times 10^{-3}}}{2.367 \times 10^{-5}}\right]^{1/2}$$

$$= \left(\frac{11.42 + 10.80}{2.367 \times 10^{-5}}\right)^{1/2} = 969 \text{ft/s}$$

由例 6.2 可知,图解结果得出 $V_{\max} = 965$ ft/s。解析结果与图解结果的差异为 4%,符合预期。图解结果与解析结果均源于相同的基本方程。然而,注意图解结果在"图解精度范围内",而解析结果在数学上来说具有精确性。同时,与例 6.1 与例 6.2 中所提供的计算和绘制所需推力曲线与现有推力曲线的多重数值计算相比,式(6.44)的解析式提供了 $V_{\max}$ 的更加简便快速的计算方法。

例 6.9

例 6.8 中,可发现项 $4C_{D,0}/\pi e AR$ 从数值上来说小于 $(T_A/W)^2_{\max}$。在式(6.44)中忽略该项,重新计算 $V_{\max}$。评述其含义。

解

忽略式(6.44)中的项 $4C_{D,0}/\pi e AR$,得出

$$V_{\max} \approx \left[\frac{\left(\frac{T_A}{W}\right)_{\max}\left(\frac{W}{S}\right) + \left(\frac{W}{S}\right)\sqrt{\left(\frac{T_A}{W}\right)^2_{\max}}}{\rho_\infty C_{D,0}}\right]^{1/2}$$

$$= \left[\frac{2\left(\frac{T_A}{W}\right)_{\max}\left(\frac{W}{S}\right)}{\rho_\infty C_{D,0}}\right]^{1/2} = \left[\frac{2(0.1833)(62.3)}{(0.0011836)(0.02)}\right]^{1/2} = 982 \text{ft/s}$$

此处所得结果与例 6.8 中的结果存在的误差仅为 1.34%。由此可知,式(6.44)中所忽略不计的项的影响不大。

从物理学上来说这个忽略不计的项是什么呢?观察预览板块中式(6.44)的推导式,该推导源

于升致阻力。在第 5 章与第 6 章中反复提到：飞行器以高速飞行时，其升致阻力远远小于零升力阻力。事实上，若仅设定飞行器稳定水平飞行时，$T=D$，同时假设阻力仅仅源于零升力阻力，可得出

$$T_A = D = \frac{1}{2}\rho_\infty V_\infty^2 S C_{D,0}$$

求 V_∞ 的解，得出

$$V_\infty = \left[\frac{2T_A}{\rho_\infty S C_{D,0}}\right]^{1/2} = \left[\frac{2\left(\frac{T_A}{W}\right)\left(\frac{W}{S}\right)}{\rho_\infty C_{D,0}}\right]^{1/2}$$

当发动机实现最大推力时，出现最大速度，因此得出

$$V_{\max} = \left[\frac{2\left(\frac{T_A}{W}\right)_{\max}\left(\frac{W}{S}\right)}{\rho_\infty C_{D,0}}\right]^{1/2}$$

这是由忽略式 (6.44) 中的项 $4C_{D,0}/\pi e \mathrm{AR}$ 所得出的精确公式。

结论：为尽快合理估算飞行器的最大速度，设定 $(T_A)_{\max} = \frac{1}{2}\rho_\infty V_\infty^2 S C_{D,0}$，并得到 $V_{\max}$ 的解。

6.8 爬升率

设波音 777 运输机（见图 6.27）以起飞速度在机场跑道启动。它以约 180 英里/h 的速度逐渐起飞，机头向上抬升，飞行器快速爬升至视线外。在几分钟之内，它就在 30000ft 的高度巡航。这一画面引起了以下疑问：飞行器能爬升多快？达到某一特定高度需要多长时间？以下两节将解答这些问题。

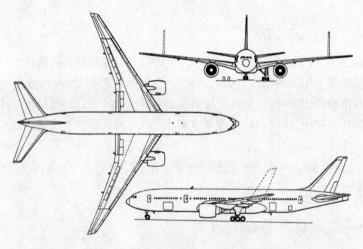

图 6.27　波音 777-200 双涡轮风扇式高动力商务机三视图

设飞行器稳定非加速爬升飞行，如图 6.28 所示。沿飞行航迹的速度为 V_∞，且飞行航迹自身向水平面倾斜的角为 θ。与往常一样，升力垂直于 V_∞，阻力平行于 V_∞，且重力垂直于水平面。假定推力 T 与飞行航迹对准。此处与之前探讨的水平飞行之间的物理学差异在于：T 不仅要做功以克服阻力，为实现爬升飞行，其还要支持重力的分量。对平行于飞行航迹的所有力求和，得出

$$T = D + W\sin\theta \tag{6.45}$$

对垂直于飞行航迹的所有力求和，得出

$$L = W\cos\theta \tag{6.46}$$

注意式(6.46)中升力现在小于重力。式(6.45)与式(6.46)表示稳定爬升飞行的运动方程且他们类似于之前求得的稳定水平飞行式(6.11)与式(6.12)。

将式(6.45)乘以 V_∞ 得出

$$TV_\infty = DV_\infty + WV_\infty \sin\theta$$

$$\frac{TV_\infty - DV_\infty}{W} = V_\infty \sin\theta \tag{6.47}$$

仔细观察式(6.47)。式右侧的 $V_\infty \sin\theta$ 为飞行器的垂直速度,如图6.28所示。该垂直速度称为爬升率 R/C:

$$R/C \equiv V_\infty \sin\theta \tag{6.48}$$

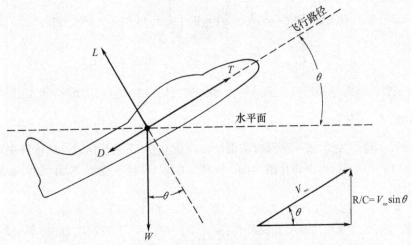

图6.28 爬升飞行的飞行器

由式(6.33)可知,式(6.47)左侧的 TV_∞ 为现有动力(功率)且由图6.20中的 P_A 曲线表示。式(6.47)左侧第二项是 DV_∞,为水平飞行所需动力(功率),由图6.15中的 P_R 曲线表示。然而,为实现爬升飞行,DV_∞ 不再正好是所需动力,因为动力必须用于克服重力与阻力的分量。虽然如此,对于较小的爬升角而言,例如 $\theta < 20°$,则可忽略这一事实并假定式(6.47)中的 DV_∞ 由图6.15中的水平飞行 P_R 曲线设定。由此得出

$$TV_\infty - DV_\infty = 过剩动力 \tag{6.49}$$

式中:过剩动力(功率)为现有动力(功率)与所需动力(功率)之差,如图6.29(a)与6.29(b)所示,6.29(a)适用于螺旋桨飞机,6.29(b)适用于喷气式飞机。将式(6.47)并入式(6.49)得出

$$R/C = \frac{过剩动力}{W} \tag{6.50}$$

图6.29清晰描绘了过剩动力(功率)。

为方便起见,再次强调将图6.29(a)与图6.29(b)中的 P_R 曲线视为在水平飞行时已经计算出来。因此,连同这些曲线,式(6.50)为爬升率的近似值,仅适用于小的 θ。具体来说,爬升飞行时的 DV_∞ 对 V_∞ 曲线图[正好由式(6.47)命名]与水平飞行时的 DV_∞ 对 V_∞ 曲线图[图6.29所假定的、式(6.50)所采用的曲线]的区别仅仅在于:相同 V_∞ 时,爬升飞行阻力小于水平飞行阻力。为更清楚地认识这一点,设飞行器 $W = 5000\text{lb}$、$S = 100\text{ft}^2$、$C_{D,0} = 0.015$、$e = 0.6$ 且 AR = 6。若海平面速度 $V_\infty = $

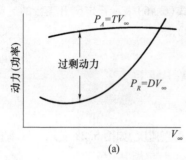
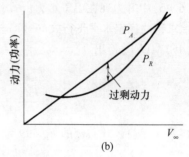

图 6.29 过剩动力(功率)图示
(a) 螺旋桨飞机;(b) 喷气式飞机。

500ft/s 且飞行器处于水平飞行,则 $C_L = L/(q_\infty S) = W/\left(\frac{1}{2}\rho_\infty V_\infty^2 S\right) = 0.168$。那么,

$$C_D = C_{D,0} + \frac{C_L^2}{\pi e AR} = 0.015 + 0.0025 = 0.0175$$

现设同一飞行器与海平面形成的爬升角为 30°,速度同样为 $V_\infty = 500\text{ft/s}$。此处,升力小于重力,$L = W\cos\theta$,因此,$C_L = W\cos 30°/\left(\frac{1}{2}\rho_\infty V_\infty^2 S\right) = 0.145$。那么,$C_D = C_{D,0} + C_L^2/(\pi e AR) = 0.015 + 0.0019 = 0.0169$。将其与之前水平飞行时求得的较高值 0.0175 进行比较。从该例中可知,稳定爬升飞行时,L(即 C_L)小一些,因而诱导阻力也小一些。所以,相同速度下,爬升飞行的总阻力小于水平飞行的总阻力。

再次回顾图 6.29,其对应给定的高度。注意,在不同的 V_∞ 值下,过剩动力(功率)不同。事实上,螺旋桨飞机与喷气式飞机均具有相同特性:某一 V_∞,在该 V_∞ 下过剩动力(功率)最大。此时,由式(6.50)可知,R/C 将为最大值:

$$\max R/C = \frac{\text{最大过剩动力}}{W} \tag{6.51}$$

图 6.30(a)描绘了这一情形,其中,现有动力(功率)为油门全开时的动力(功率),即最大 P_A。通过式(6.51),用最大过剩动力(功率),如图 6.30(a)所示,得出飞行器在给定高度能生成的最大爬升率。用于确定最大 R/C 的简便图解法是绘制 R/C 对 V_∞ 曲线图,如图 6.30(b)所示。水平切线定义了最大 R/C 点。另一种有效的方法是速度图,绘制飞行器垂直速度 V_v 对水平速度 V_h 曲线图。该速度图如图 6.31 所示。记住:R/C 定义为垂直速度,R/C ≡ V_v;因此,速度图的水平切线定义为最大 R/C 点(图 6.31 中的点 1)。同时,任何经过原点并与速度图相交(如点 2)的直线斜率为 V_v/V_h;因此,由速度分量的几何图形可知,这样一条线与水平轴形成的爬升角为 θ,如图 6.31 所示。此外,该线长度等于 V_∞。由于该线逆时针方向旋转,故 R/C 首先增大,随后经过其最大值,最终减小。最

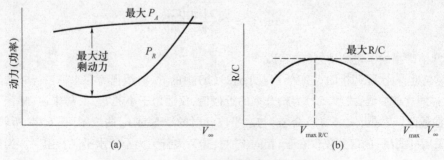

图 6.30 给定高度最大爬升率的确定

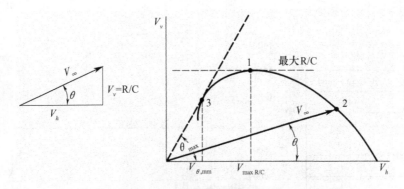

图 6.31 给定高度爬升性能速端平面

终,直线与速度图在点 3 处相切。该切线给出了飞行器保持稳定飞行所需的最大爬升角,如图 6.31 中的 θ_{max} 所示。有趣的是,最大 R/C 不出现在最大爬升角处。

现代飞行器的大量过剩动力(功率)与较高的现有推力允许飞行器进行几乎任何角度的爬升飞行。前述探讨不适用于大爬升角。相反,处理较大的 θ 时,必须用代数方法解原始运动方程[式(6.45)与式(6.46)],以得出适用于任何 θ 值的精确解。在多玛仕(Dommasch)等的著作及珀金斯(Perkins)与海格(Hage)的著作(见本章末的参考文献)中可找到该方法的细节。

简要回顾分别适用于螺旋桨飞机与喷气式飞机的图 6.29(a)与图 6.29(b)可知,两种型号的飞机在低速爬升率性能方面存在重大差异。由于活塞发动机与螺旋桨组合的现有动力特征,在低 V_∞ 值(V_∞ 仅大于失速速度)时,存在大量过剩动力(功率)。对于进行着陆进场的飞行器而言,这提供了较大的安全边际以防飞行器突然复飞(这对航空母舰而言尤为重要)。与此相反,喷气式飞机在 V_∞ 较低时可用的过剩动力较小,因而爬升率能力也相应减小。

图 6.30(b)与图 6.31 给出了给定高度的 R/C。将在第 6.10 节探寻 R/C 如何随高度变化。在寻找这一答案的同时,也能得出另一问题的答案:飞行器能飞多高?

例 6.10

计算:(a)CP-1 与(b)CJ-1 在海平面处速度所对应的爬升率。

解

a. 由式(6.50)可知,CP-1 的爬升率为

$$R/C = \frac{过剩动力}{W} = \frac{P_A - P_R}{W}$$

用英尺·磅每秒表示动力(功率),用磅表示 W,适用于 CP-1 的方程变为

$$R/C = \frac{P_A - P_R}{2950}$$

由例 6.3 可知,$V_\infty = 150 \text{ft/s}$ 时,$P_R = 0.326 \times 10^5 \text{ ft·lb/s}$。由例 6.4 可知,$P_A = 550(\text{hp}_A) = 550(184) = 1.012 \times 10^5 \text{ft·lb/s}$。因此,

$$R/C = \frac{(1.012 - 0.326) \times 10^5}{2950} = 23.3 \text{ft/s}$$

用英尺每分钟表示为

$$V_\infty = 150 \text{ft/s 时}, R/C = 23.3(60) = 1398 \text{ft/min}$$

反复计算不同速度下的爬升率,得出下表:

图 6.32 描绘了上述结果。

V_∞/(ft/s)	R/C/(ft/min)
100	1492
130	1472
180	1189
220	729
260	32.6

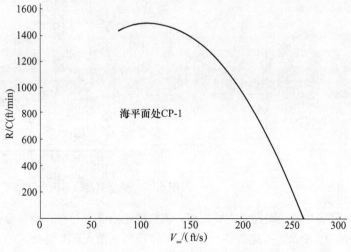

图 6.32　CP-1 的海平面爬升率

b. 由式(6.50)可知,CJ-1 的爬升率为

$$R/C = \frac{P_A - P_R}{W} = \frac{550(hp_A - hp_R)}{19815}$$

由例 6.5 中的结果与曲线图可知,$V_\infty = 500$ft/s 时,$hp_R = 1884$ 且 $hp_A = 6636$。因此,

$$R/C = 550\left(\frac{6636 - 1884}{19815}\right) = 132\text{ft/s}$$

或

$$V_\infty = 500\text{ft/s 时}, R/C = 132(60) = 7914\text{ft/min}$$

下表提供了不同速度下的爬升率供读者检验:

图 6.33 描绘了上述结果。

V_∞/(ft/s)	R/C/(ft/min)
200	3546
400	7031
600	8088
800	5792
950	1230

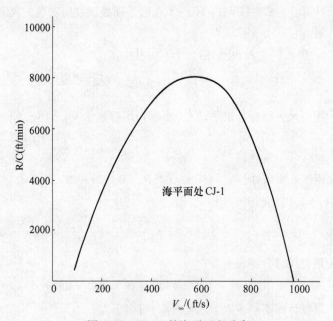

图 6.33　CJ-1 的海平面爬升率

设计板块

哪些飞行器设计参数决定最大爬升率？本节中所进行的图解分析给出的答案不够清晰。然而，可通过推导最大爬升率的方程与确定方程中所出现的设计参数来获得清晰的答案。推导过程很长，而我们在此仅关注推导的最终结果。详细的推导见安德森（Anderson）著作《飞行器性能与设计》（*Aircraft Performance and Design*）（纽约：麦克劳希尔集团，1999.）

用$(R/C)_{max}$表示最大爬升率，简便起见，令符号Z表示

$$Z = 1 + \sqrt{1 + \frac{3}{(L/D)_{max}^2 (T/W)_{max}^2}}$$

式中：$(L/D)_{max}$为给定飞行器升阻比的最大值，则喷气式飞机的最大爬升率可表示为

$$(R/C)_{max} = \left[\frac{(W/S)Z}{3\rho_\infty C_{D,0}}\right]^{1/2} \left(\frac{T}{W}\right)_{max}^{3/2} \times \left[1 - \frac{Z}{6} - \frac{3}{2(T/W)_{max}^2 (L/D)_{max}^2 Z}\right] \quad (6.52)$$

螺旋桨飞机的最大爬升率可表示为

$$(R/C)_{max} = \left(\frac{\eta P}{W}\right)_{max} - 0.8776 \sqrt{\frac{W/S}{\rho_\infty C_{D,0}}} \frac{1}{(L/D)_{max}^{3/2}} \quad (6.53)$$

式中：η为式（6.31）所定义的螺旋桨效率；P为来自发动机（或来自多发动机飞机的发动机组）的轴制动功率。

观察式（6.52），可再次发现W、S与T不是单独出现而以比率形式出现。由式（6.52）可知，决定喷气式飞机$(R/C)_{max}$的设计参数为

- 机翼负载W/S。
- 最大推重比$(T/W)_{max}$。
- 零升力阻力系数$C_{D,0}$。
- 最大升阻比$(L/D)_{max}$。

这些参数与式（6.44）中决定V_{max}的设计参数相同。同时注意，回顾6.14节可知，$(L/D)_{max}$由$C_{D,0}$、e与AR决定，即我们将看到的$(L/D)_{max}^2 = \pi e AR/(4C_{D,0})$。因此，确定$(L/D)_{max}$为设计参数等同于确定$e$、AR与$C_{D,0}$的特定组合为设计参数。在后续章节中将更多地谈及$(L/D)_{max}$在飞行器设计中的重要性。

回顾可知，对于螺旋桨飞机而言，根据动力（功率）来划分发动机与螺旋桨组合比根据推力划分更恰当。因此，式（6.53）给出了用功率重量比$\eta P/W$表示的螺旋桨飞机的最大爬升率。[回顾式（6.53）可知，ηP为螺旋桨飞机的现有动力（功率）P_A。]因此，规定螺旋桨飞机最大爬升率$(R/C)_{max}$的重要设计参数为功率重量比。

6.9 滑翔飞行

设飞行器无动力滑翔，如图6.34所示。作用于该飞行器上的力为升力、阻力与重力；因为没有动力，所以推力为零。滑翔飞行航迹向与水平面成角θ。为实现平衡非加速滑翔，所有力之和必须为零。对沿飞行航迹的所有力求和，得出

$$D = W\sin\theta \quad (6.54)$$

对垂直于飞行航迹的所有力求和，得出

$$L = W\cos\theta \quad (6.55)$$

通过将式(6.54)除以式(6.55)计算平衡下滑角,得出

$$\frac{\sin\theta}{\cos\theta} = \frac{D}{L}$$

或

$$\tan\theta = \frac{1}{L/D} \tag{6.56}$$

很明显,下滑角严格来说为升阻比的函数;L/D 越高,下滑角越小。由此可知,最小平衡下滑角出现于 $(L/D)_{max}$ 处,这也对应了最大滑翔航程。

例 6.11

CP-1 的最大升阻比为 13.6。计算最小下滑角及沿地面所测定的 CP-1 从高度为 10000ft 处开始无动力滑翔的最大距离。

解

由式(6.56)求得最小下滑角为

$$\tan\theta_{min} = \frac{1}{(L/D)_{max}} = \frac{1}{13.6}$$

$$\theta_{min} = 4.2°$$

沿地面所覆盖的距离为 R,如图 6.35 所示。若 h 为开始滑翔的高度,则

$$R = \frac{h}{\tan\theta} = h\frac{L}{D}$$

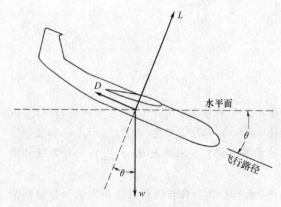

图 6.34 无动力滑翔飞行的飞行器

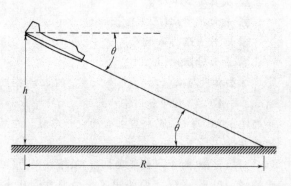

图 6.35 平衡下滑的距离

因此,

$$R_{max} = h\left(\frac{L}{D}\right)_{max} = 10000(13.6)$$

$$R_{max} = 136000\text{ft} = 25.6 \text{ 英里}$$

例 6.12

设 CJ-1 的 $(L/D)_{max}$ 为 16.9,重复例 6.11 中的步骤,计算最小下滑角及沿地面所测定的 CJ-1 从高度为 10000ft 处开始无动力滑翔的最大距离。

解

$$\tan\theta_{min} = \frac{1}{(L/D)_{max}} = \frac{1}{16.9}$$

$$\theta_{min} = 3.39°$$

$$R_{\max} = h\left(\frac{L}{D}\right)_{\max} = 10000(16.9)$$

$$R_{\max} = 169000\text{ft} = 32 \text{ 英里}$$

注意以下显而易见的事实：CJ-1 的 $(L/D)_{\max}$ 值较高，因而 CJ-1 的下滑距离比 CP-1 的下滑距离大。

例 6.13

计算 CP-1 在高度为 10000ft 与 2000ft 时的平衡下滑速度及各自对应的最小下滑角。

解

$$L = \frac{1}{2}\rho_\infty V_\infty^2 S C_L$$

将其与式(6.55)合并，得出

$$W\cos\theta = \frac{1}{2}\rho_\infty V_\infty^2 S C_L$$

或

$$V_\infty = \sqrt{\frac{2\cos\theta}{\rho_\infty C_L}\frac{W}{S}}$$

式中：W/S 为我们所熟悉的机翼负载。由该式可知，机翼负载越高，下滑速度越大。这样就可理解为何机翼面积较小，但较重的飞行器能以更快的速度滑翔至地球表面。但是，请注意下滑角与下滑距离不依赖飞行器的重量与机翼负载，而是完全依赖于 $(L/D)_{\max}$ 值，它是飞机结构设计的气动特性。较高的机翼负载仅意味着飞行器将更快地滑翔并更快到达地球表面。由例 6.1 可知，CP-1 的机翼负载为

$$\frac{W}{S} = \frac{2950}{174} = 16.95 \text{lb/ft}^2$$

同时，由例 6.1 中的表格可知 $(L/D)_{\max} = 13.6$，其对应的升力系数为 $C_L = 0.634$。（注意，$(L/D)_{\max}$ 与 C_L 均为飞行器攻角的函数；它们为与飞机结构相关的气动数据，不受飞行状态的影响。因此，无论飞行器水平飞行、爬升飞行或滑翔飞行，在 L/D 为最大值时，$C_L = 0.634$。）所以，在高度为 10000ft 处时，$\rho_\infty = 0.0017556 \text{slug/ft}^3$，可得出

$$V_\infty = \sqrt{\frac{(2\cos 4.2°)(16.95)}{0.0017556(0.634)}}$$

$$h = 10000\text{ft 时}, V_\infty = 174.3\text{ft/s}$$

在高度为 2000ft 处时，$\rho_\infty = 0.0022409 \text{slug/ft}^3$。因此，

$$V_\infty = \sqrt{\frac{(2\cos 4.2°)(16.95)}{0.0022409(0.634)}}$$

$$h = 2000\text{ft 时}, V_\infty = 154.3\text{ft/s}$$

注意平衡下滑速度随着高度的降低而减小。

6.10 绝对升限与实用升限

6.7 节已经探讨了高度对 P_A 与 P_R 的影响，其图示见图 6.24(a) 与图 6.24(b)。为方便讨论，以螺旋桨飞机为例；定性来说，本节结论同样适用于喷气式飞机。随着高度的增加，最大过剩动力（功率）减小，如图 6.36 所示。最大 R/C 亦随之减小，图 6.37 描绘了此种情况，它为最大 R/C 对高度的图示，其中 R/C 为横坐标。

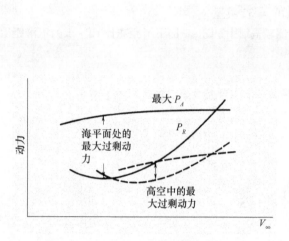

图 6.36 过剩动力(功率)随高度的变化

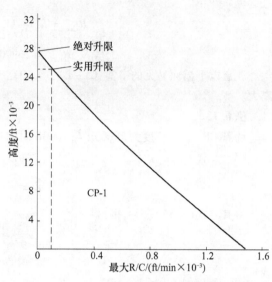

图 6.37 CP-1 的绝对升限与实用升限的确定

在达到一定高度时,P_A 曲线与 P_R 曲线相切(图 6.38 中的点 1 处)。该点的速度为实现稳定水平飞行的唯一值;此外,该点处过剩动力(功率)为零,因而最大爬升率亦为零。最大 R/C = 0 处的高度定义为飞行器的绝对升限。实用升限更有用,定义为最大 R/C = 100ft/min 处的高度。实用升限表示稳定水平飞行的实际上限。

绝对升限与实用升限可由下述几点确定:

1. 采用 6.8 节的方法计算不同高度所对应的最大 R/C 值。

2. 绘制最大爬升率对高度的图示,如图 6.37 所示。

3. 将曲线分别外推至 100ft/min 与 0ft/min 来求得实用升限与绝对升限,如图 6.37 所示。

例 6.14

计算:(a) CP-1 与(b) CJ-1 的绝对升限和实用升限。

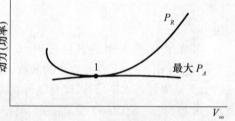

图 6.38 绝对升限处所需动力(功率)曲线与现有动力(功率)曲线

解

a. 对于 CP-1 而言,如例 6.1 所述,本章例题中所呈现的所有结果均来自于计算机程序,该程序处理了不同高度(从海平面开始增加至 2000ft 高度)的 100 种不同速度。在现代工程学中,运用计算机来进行大量重复且繁重的计算工作十分常见。例如,例 6.10 中 CP-1 在海平面处的最大爬升率为 1500ft/min。实质上,这一结果根据例 6.1~6.5 与例 6.10 所进行的计算得出。现在,为求得绝对升限与实用升限,必须重复计算不同高度处的爬升率以发现在何处 R/C = 0,在何处等于 100ft/min。将其中一些结果制表和绘图,如下所示;读者应花点时间来检验以下部分数据。

高度/ft	最大 R/C(ft/min)	高度/ft	最大 R/C(ft/min)
0	1500	16,000	537
4,000	1234	20,000	331
8,000	987	24,000	135
12,000	755	26,000	40

以上结果绘制成图 6.37。由以上数据可知,

绝对升限(R/C=0)为 27000ft。

实用升限(R/C=100ft/min)为 25000ft。

b. 对于 CJ-1 而言,运用例 6.1~6.5 与例 6.10 所得结果,进行不同高度处的类似计算,将结果制表为:

高度/ft	最大 R/C/(ft/min)	高度/ft	最大 R/C/(ft/min)
0	8118	24,000	3369
6,000	6699	30,000	2502
12,000	5448	36,000	1718
18,000	4344		

将以上结果绘制成图 6.39。

由以上结果可知:

绝对升限(R/C=0)为 49000ft。

实用升限(R/C=100ft/min)为 48000ft。

例 6.15

推导以机翼负载 W/S 与功率负加载 $W/(P_{A,0})_{max}$ 的函数形式所表示的给定飞行器绝对升限的闭合式方程,其中 $(P_{A,0})_{max}$ 为海平面处的最大现有动力(功率)。

解

观察图 6.38 可知,飞行器以绝对升限飞行,最小所需动力(功率)$(P_{R,alt})_{min}$ 等于最大现有动力(功率)$(P_{A,alt})_{max}$;该情形如图 6.38 中的点 1 处所示,设

$$(P_{R,alt})_{min} = (P_{A,alt})_{max} \tag{E6.15.1}$$

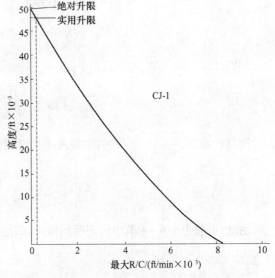

图 6.39 CJ-1 的绝对升限与实用升限的确定

6.7 节已经探讨了高度对现有动力(功率)的影响,且假定 P_A 与周围介质密度成比例。这一合理的近似法适用于涡轮喷气发动机与非增压往复式发动机。因此,

$$(P_{A,alt})_{max} = \frac{\rho}{\rho_0}(P_{A,0})_{max} \tag{E6.15.2}$$

由例 6.6 得出用海平面最小所需动力(功率)$(P_{R,0})_{min}$ 所表示的高空中最小所需动力(功率)$(P_{R,alt})_{min}$ 关系式,即式(E6.6.1):

$$(P_{R,alt})_{min} = \left(\frac{\rho_0}{\rho}\right)^{1/2}(P_{R,0})_{min}$$

将式(E6.15.2)与式(E6.6.1)代入式(E6.15.1),得出

$$\left(\frac{\rho}{\rho_0}\right)^{1/2}(P_{R,0})_{min} = \frac{\rho}{\rho_0}(P_{A,0})_{max}$$

或

$$(P_{R,0})_{min} = \left(\frac{\rho}{\rho_0}\right)^{1.5}(P_{A,0})_{max} \tag{E6.15.3}$$

323

式中:密度 ρ 为绝对升限处的密度。

例 3.2 中近似地将 ρ/ρ_0 表示为 h 的函数,

$$\frac{\rho}{\rho_0} = e^{-\frac{h}{29800}} \tag{3.16}$$

式中:h 以英尺为单位。将式(3.16)代入式(E6.15.3),现在,式中 h 属于绝对升限,用 H 表示,可得出

$$(P_{R,0})_{\min} = e^{\frac{-1.5H}{29800}}(P_{A,0})_{\max}$$

$$(P_{R,0})_{\min} = e^{\frac{-H}{19867}}(P_{A,0})_{\max}$$

$$e^{\frac{-H}{19867}} = \frac{(P_{R,0})_{\min}}{(P_{A,0})_{\max}}$$

$$-\frac{H}{19867} = \ln\left[\frac{(P_{R,0})_{\min}}{(P_{A,0})_{\max}}\right]$$

$$H = -19867\ln\left[\frac{(P_{R,0})_{\min}}{(P_{A,0})_{\max}}\right] \tag{E6.15.4}$$

回顾式(6.27)可知,海平面的 P_R 为

$$P_{R,0} = \sqrt{\frac{2W^3}{\rho_0 S}}\left(\frac{1}{C_L^{3/2}/C_D}\right) \tag{E6.15.5}$$

当飞行器以 $\left(\dfrac{C_L^{3/2}}{C_D}\right)_{\max}$ 飞行时,出现最小所需动力(功率)。因此,由式(E6.15.5)可知:

$$(P_{R,0})_{\min} = \sqrt{\frac{2W^3}{\rho_0 S}}\frac{1}{(C_L^{3/2}/C_D)_{\max}} \tag{E6.15.6}$$

由此,提前得出 6.14 节中所证明的结论,即给定飞行器的 $\left(\dfrac{C_L^{3/2}}{C_D}\right)_{\max}$ 值仅为飞行器的气动特性,换言之,由式(6.87)可知:

$$\left(\frac{C_L^{3/2}}{C_D}\right)_{\max} = \frac{(3C_{D,0}\pi e\mathrm{AR})^{3/4}}{4C_{D,0}}$$

将该结果代入式(E6.15.6),得出

$$(P_{R,0})_{\min} = \sqrt{\frac{2W^3}{\rho_0 S}}\left[\frac{4C_{D,0}}{(3C_{D,0}\pi e\mathrm{AR})^{3/4}}\right]$$

或

$$(P_{R,0})_{\min} = W\sqrt{\frac{2}{\rho_0}\left(\frac{W}{S}\right)}\left[\frac{0.7436C_{D,0}^{1/4}}{(e\mathrm{AR})^{3/4}}\right] \tag{E6.15.7}$$

将式(E6.15.7)代入式(E6.15.4),得出

$$H = -19867\ln\left\{\frac{W}{(P_{A,0})_{\max}}\right\}\sqrt{\frac{2}{\rho_0}\left(\frac{W}{S}\right)}\left[\frac{0.7436C_{D,0}^{1/4}}{(e\mathrm{AR})^{3/4}}\right] \tag{E6.15.8}$$

式(E6.15.8)为绝对升限 H 的闭合式解析方程,其中 H 以英尺为单位。

例 6.16

使用例 6.15 中的分析结果计算 CP-1 的绝对升限,并将该结果与例 6.14 求得的精确数值结果进行比较。

解

重复例 6.15 中的式(E6.15.8):

$$H = -19867\ln\left\{\frac{W}{(P_{A,0})_{\max}}\right\}\sqrt{\frac{2}{\rho_0}\left(\frac{W}{S}\right)}\left[\frac{0.7436C_{D,0}^{1/4}}{(eAR)^{3/4}}\right]$$

由例 6.1 中给出的 CP-1 数据可知:

$$AR = \frac{b^2}{S} = \frac{(35.8)^2}{174} = 7.366$$

$$(P_{A,0})_{\max} = (230\text{hp})\eta = (230)(0.8) = 184\text{hp} = (184)(550) = 1.02\times 10^5 \text{ft lb/s}$$

$$\frac{W}{(P_{A,0})_{\max}} = \frac{2950}{1.012\times 10^5} = 0.02915 \text{s/ft}$$

$$\sqrt{\frac{2}{\rho_0}\left(\frac{W}{S}\right)} \sqrt{\frac{2}{0.002377}\left(\frac{2950}{174}\right)} = 119.44\left(\frac{\text{ft}\cdot\text{lb}}{\text{slug}}\right)^{1/2}$$

$$(eAR)^{3/4} = [(0.8)(7.366)]^{3/4} = (5.8926)^{3/4} = 3.782$$

$$(C_{D,0})^{1/4} = (0.025)^{1/4} = 0.3976$$

$$\frac{0.7436C_{D,0}^{1/4}}{(eAR)^{3/4}} = \frac{(0.7436)(0.3976)}{3.782} = 0.07817$$

由式(6.15.8)得出

$$H = -1987\ln[(0.02915)(119.44)(0.07817)]$$
$$= (-19867)\ln(0.27216) = (-19867)(-1.301) = 25850\text{ft}$$

由例 6.14 可知 CP-1 绝对升限的精确数值为 27000ft。由式(6.15.8)所得出的近似分析结果与精确值之间的差异为[(27000-25800)/27000](100)=4.26%)。因此,无需通过例 6.14 中所述的详细数值计算,例 6.15 中所推导的解析式提供了一种更快速合理的绝对升限估算方法。

6.11 爬升时间

为充分发挥其防御作用,战斗机必须能尽快从海平面爬升至高于敌机的高度。在另一种情况下,商用飞机必须能尽快爬升至高空中以减小恶劣天气引起的不便与风险及减小航空交通问题。因此,飞行器爬升至给定高度所需的时间成为了重要的设计因素。由前述探讨可直接计算出爬升时间,其计算如下所述。

6.8 节将爬升率定义为飞行器的垂直速度。简单来说,速度即距离改变的时间变化率,此处距离即高度 h。因此,R/C = dh/dt。从而得出

$$dt = \frac{dh}{R/C} \tag{6.57}$$

式(6.57)中,dt 为爬升至较小高度增量所需的较小时间增量。因此,根据微积分,可通过求式(6.57)的积分获得从高度 h_1 爬升至高度 h_2 所需的爬升时间:

$$t = \int_{h_1}^{h_2} \frac{dh}{R/C}$$

一般来说,通常考虑的是从海平面处的爬升时间,其中 $h_1 = 0$。因此,至任何给定高度 h_2 的爬升时间为

$$t = \int_0^{h_2} \frac{dh}{R/C} \tag{6.58}$$

用图形来计算 t,首先绘制 $(R/C)^{-1}$ 对 h 的曲线图,如图 6.40 所示。曲线以下 $h=0$ 至 $h=h_2$ 的区域为爬升至高度 h_2 所需的爬升时间。

例 6.17

计算并比较:(a) CP-1 与 (b) CJ-1 爬升至 20000ft 所需的时间。

解

a. 由式(6.58)可知,CP-1 的爬升时间等于图 6.40 所示曲线以下的阴影区域。所得区域给出的爬升时间为 27.0min。

b. 图 6.41 描绘了 CJ-1 所对应的式(6.58),所得区域给出的爬升时间为 3.5min。

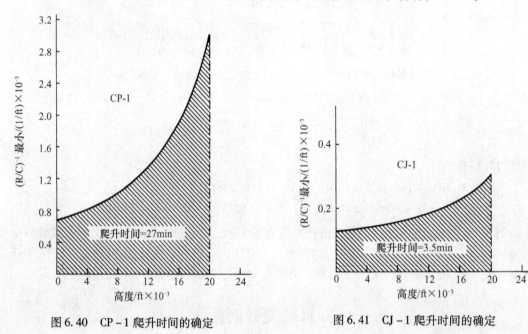

图 6.40　CP-1 爬升时间的确定　　　　图 6.41　CJ-1 爬升时间的确定

注意 CJ-1 爬升至 20000ft 所需时间为 CP-1 所需时间的 1/8,此为高性能喷气发动机行政勤务运输机与螺旋桨活塞发动机飞机相比所预期的差距。

6.12　航程与续航时间:螺旋桨飞机

当查尔斯·林德伯格(Charles Lindbergh)于 1927 年 5 月 20 日至 21 日进行横跨大西洋的惊人单人飞行时,他不得不考虑最大速度、爬升率、或爬升时间。但他最关心的还是依靠"圣路易斯精神号"飞机的燃油供给所能飞行的最长距离。因此,航程是林德伯格飞行器的设计与建构过程中必须全面考虑的因素。事实上,航程已经成为了整个 20 世纪航空业的一个重要设计特征,尤其对跨洲与跨洋运输机及军用战略轰炸机而言非常重要。

航程在学术上定义为飞行器消耗一箱燃油所横越的(相对于地面所测定)总距离。相关的量为续航时间,其定义为飞行器消耗一箱燃油能停留在空中的总时间。在不同的应用中,可能需要将这两种特征中的一种最大化。最大化航程的参数不同于最大化续航时间的参数;对于螺旋桨飞机与喷气式飞机而言,这些参数也不同。本节旨在探讨适用于螺旋桨飞机的此类变化,6.13 节将探讨喷气式飞机。

6.12.1 物理因素

影响航程与续航时间的一个关键因素为发动机的燃油消耗比特征。往复式发动机的燃油消耗比(通常缩写为 SFC)定义为单位时间内单位功率的燃油消耗量。之前提到往复式发动机根据马力来划分,燃油消耗比的单位通常(尽管不一致)为

$$\text{SFC} = \frac{\text{lb(油耗)}}{(\text{bhp})(\text{小时})}$$

如 6.6 节所述,式中 bhp 表示轴制动功率。

首先考虑续航时间。定性来说,要在空中停留最长的时间,根据常识可知必须实现每小时最小油耗(磅)。定量来说,该量与飞行器所需马力及 SFC 成比例:

$$\frac{\text{油耗(以 lb 计)}}{\text{小时}} \propto (\text{SFC})(\text{hp}_R)$$

因此,可由最小 hp_R 求得每小时最小油耗(磅)。由于每小时最小油耗(磅)给出了最长续航时间,则可快速得出结论:

螺旋桨飞机的最长续航时间出现于飞行器以最小所需动力飞行时。

图 6.42 描绘了这一情形。此外,6.5 节已经证明了最小所需动力对应 $C_L^{3/2}/C_D$ 的最大值[见式(6.27)]。因此:

螺旋桨飞机的最长续航时间出现于飞行器以 $C_L^{3/2}/C_D$ 为最大速度飞行时。

现考虑航程。为实现最长距离(如以英里为单位),根据常识可知必须实现每英里最小油耗(磅)。定量来说,可用以下比例表示:

$$\frac{\text{lb(油耗)}}{\text{英里}} \propto \frac{(\text{SFC})(\text{hp}_R)}{V_\infty}$$

(检查一下单位,假定 V_∞ 以英里每小时为单位。)因此,可由最小 hp_R/V_∞ 求得每英里最小油耗(磅)。该 hp_R/V_∞ 最小值正好对应图 6.17 中的切点,其也对应最大 L/D,如 6.5 节所证明的。因此:

螺旋桨飞机的最大航程出现于飞机以 C_L/C_D 最大的速度飞行时。

图 6.42 描绘了这一情形。

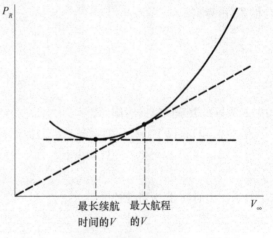

图 6.42 螺旋桨飞机所需动力(功率)曲线上的最大航程与最长续航时间的点

6.12.2 定量公式

第 6.12.1 节中的重要结论通过单纯的物理因素推理得出。以下我们将推导证实这些结论并允许直接计算给定情形下的航程与续航时间的量化公式。

在该推导中,燃油消耗比用一致的单位表示:

$$\frac{\text{油耗(以 lb 计)}}{(\text{ft} \cdot \text{lb/s})(\text{s})} \text{ 或 } \frac{\text{油耗(以 N 计)}}{(\text{J/s})(\text{s})}$$

为方便阐述,c 将指代单位一致的燃油消耗比。

考虑乘积 $cPdt$，式中，P 为发动机功率，dt 为较小时间增量。该乘积的单位（以英国工程单位制表示）为

$$cPdt = \frac{\text{油耗(以 lb 计)}}{(\text{ft} \cdot \text{lb/s})(\text{s})} \frac{\text{ft} \cdot \text{lb}}{\text{s}}(\text{s}) = \text{油耗(以 lb 计)}$$

因此，$cP\,dt$ 表示在较短时间 dt 内燃油消耗量。飞行器的总重量 W 为固定结构重量与有效负载重量及燃油变动重量之和。因此，假定 W 的任何变动是由燃油重量的变动引起的。回顾可知，W 表示任何情况下的飞行器重量。同时，令 W_0 = 飞行器总重量（包含满燃油重量及有效负载重量），W_f = 燃油负载重量，W_1 = 飞行器不带燃油的重量。考虑这些因素，得出

$$W_1 = W_0 - W_f$$

且

$$dW_f = dW = -cPdt$$

或

$$dt = -\frac{dW}{cP} \tag{6.59}$$

式(6.59)中的负号是必要的，因为 dt 本身为正（时间不可能倒退，除了科幻小说中），而 W 减小（因此 dW 为负）。求式(6.59)从时间 $t=0$，即 $W=W_0$（油箱满油）到时间 $t=E$，即 $W=W_1$（油箱耗空）的积分，得出

$$\int_0^E dt = -\int_{W_0}^{W_1} \frac{dW}{cP}$$

$$E = \int_{W_1}^{W_0} \frac{dW}{cP} \tag{6.60}$$

式中：E 为以秒表示的续航时间。

将式(6.59)乘以 V_∞，得出适用于航程的类似表达式：

$$V_\infty dt = -\frac{V_\infty dW}{cP} \tag{6.61}$$

式中：$V_\infty dt$ 为时间 dt 内所覆盖的距离增量 ds：

$$ds = -\frac{V_\infty dW}{cP} \tag{6.62}$$

飞行所覆盖的总距离等于式(6.62)从 $s=0$，即 $W=W_0$（油箱满油）到 $s=R$，即 $W=W_1$（油箱耗空）的积分：

$$\int_0^R ds = -\int_{W_0}^{W_1} \frac{V_\infty dW}{cP}$$

或

$$R = \int_{W_1}^{W_0} \frac{V_\infty dW}{cP} \tag{6.63}$$

式中：R 为以一致的单位（如用英尺或用米）所表示的航程。

式(6.60)与(6.63)可用图形计算，如图 6.43(a)与图 6.43(b)所示，分别适用于航程与续航时间。通过绘制 $V_\infty/(cP)$ 对 W 的曲线图，取曲线以下从 W_1 至 W_0 的区域可准确计算出航程，如图 6.43(a)所示。同样地，通过绘制 $(cP)^{-1}$ 对 W 的曲线图，取曲线以下从 W_1 至 W_0 的区域可准确计算出续航时间，如图 6.43(b)所示。

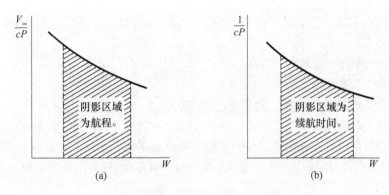

图 6.43　航程与续航时间的确定

式(6.60)与式(6.63)为续航时间与航程的精确公式。原则上,该式能包含整个飞行——起飞、爬升、巡航与着陆——前提是已知沿飞行航迹各点的 W、V_∞、c 与 P 的瞬时值。然而,式(6.60)与式(6.63)尽管具有准确性,但通过上述方法来计算则过于冗长和繁重。因此,用于计算 R 与 E 的较简单的近似解析表达式更实用。第 6.12.3 节将推导此类公式。

6.12.3　布拉奎特公式(螺旋桨飞机)

为实现水平非加速飞行,6.5 节论证了 $P_R = DV_\infty$。为维持稳定状态,飞行员调节油门使来自发动机与螺旋桨组合的现有动力(功率)正好等于所需动力(功率):$P_A = P_R = DV_\infty$。式(6.59)中,P 为发动机自身的制动功率输出。回顾式(6.31)可知,$P_A = \eta P$,式中 η 为螺旋桨效率。因此,

$$P = \frac{P_A}{\eta} = \frac{DV_\infty}{\eta} \tag{6.64}$$

将式(6.64)代入式(6.63):

$$R = \int_{W_1}^{W_0} \frac{V_\infty \mathrm{d}W}{cP} = \int_{W_1}^{W_0} \frac{V_\infty \eta \mathrm{d}W}{cDV_\infty} = \int_{W_1}^{W_0} \frac{\eta \mathrm{d}W}{cD} \tag{6.65}$$

将式(6.65)乘以 W/W,且注意稳定水平飞行时,$W = L$,可得出

$$R = \int_{W_1}^{W_0} \frac{\eta}{cD} \frac{W}{W} \mathrm{d}W = \int_{W_1}^{W_0} \frac{\eta}{c} \frac{L}{D} \frac{\mathrm{d}W}{W} \tag{6.66}$$

不同于式(6.63)的精确性,式(6.66)现包含水平非加速飞行这一直接假设。然而,出于实用性考虑,通过假定 η、$L/D = C_L/C_D$ 及 c 在整个飞行中保持不变可进一步简化该式,此即巡航飞行状态下的合理近似值法。因此,式(6.66)变为

$$R = \frac{\eta}{c} \frac{C_L}{C_D} \int_{W_1}^{W_0} \frac{\mathrm{d}W}{W}$$

$$R = \frac{\eta}{c} \frac{C_L}{C_D} \ln \frac{W_0}{W_1} \tag{6.67}$$

式(6.67)是航空工程中的经典公式,称为布拉奎特航程公式,其提供了快速实际又准确的航程估算法,误差通常在 10%~20%。务必牢记此点:与所有适当的物理推导类似,式(6.67)处理的单位一致。因此,当 c 为以 lb/(ft·lb/s)(s) 或 N/(J/s)(s) 表示的燃油消耗量时,R 分别以英尺或用米表示,如 6.12.2 节所述。若 c 用制动功率给出,R 以英里表示,则在使用式(6.67)前应正确进行

单位转换一致。

观察式(6.67),其表述了根据常识所预期的一切事物,为使往复式发动机螺旋桨飞机的航程最长,应达到下述几点:

1. 尽可能大的螺旋桨效率 η。
2. 尽可能低的燃油消耗比 c。
3. W_0/W_1 的最高比率,其由最大燃油重量 W_F 获得。
4. 最重要的是以最大 L/D 飞行。这证实了 6.12.1 中的论点,即:为实现最大航程,必须以最大 L/D 飞行。事实上,布拉奎特航程公式表明航程与 L/D 成正比。这就清楚地解释了为何 L/D 高值(高气动效率)总是在飞行器设计中十分重要。20 世纪 70 年代,随着节约燃油意识的增长,其重要性得到强调。

可得出续航时间的类似公式。回顾可知 $P = DV_\infty/\eta$ 且 $W = L$,则式(6.60)变为

$$E = \int_{W_1}^{W_0} \frac{dW}{cP} = \int_{W_1}^{W_0} \frac{\eta}{c} \frac{dW}{DV_\infty} = \int_{W_1}^{W_0} \frac{\eta}{c} \frac{L}{DV_\infty} \frac{dW}{W}$$

因为 $L = W = \frac{1}{2}\rho_\infty V_\infty^2 S C_L, V_\infty = \sqrt{2W/(\rho_\infty S C_L)}$。所以,

$$E = \int_{W_1}^{W_0} \frac{\eta}{c} \frac{C_L}{C_D} \sqrt{\frac{\rho_\infty S C_L}{2}} \frac{dW}{W^{3/2}}$$

假定 C_L、C_D、η、c 与(恒定高度的)ρ_∞ 均为常数,则该式变为

$$E = -2 \frac{\eta}{c} \frac{C_L^{3/2}}{C_D} \left(\frac{\rho_\infty S}{2}\right)^{1/2} \left[W^{-1/2}\right]_{W_1}^{W_0}$$

或

$$E = \frac{\eta}{c} \frac{C_L^{3/2}}{C_D} (2\rho_\infty S)^{1/2} (W_1^{-1/2} - W_0^{-1/2}) \tag{6.68}$$

式(6.68)为布拉奎特续航时间公式,式中 E 以秒表示(单位一致)。

观察式(6.68),其表明,为使往复式发动机螺旋桨飞机续航时间最长,应达到下述几点:

1. 最高螺旋桨效率 η。
2. 最低燃油消耗比 c。
3. 最大燃油重量 W_f,其中 $W_0 = W_1 + W_f$。
4. 以最大 $C_L^{3/2}/C_D$ 飞行。这证实了第 6.12.1 节的论点,即:为实现最长续航时间,必须以 $C_L^{3/2}/C_D$ 最大飞行。
5. 在海平面飞行,因为海平面处 ρ_∞ 最大且 $E \propto \rho_\infty^{1/2}$。

值得注意的是,为与我们所做假设相符,续航时间依赖于高度,而航程[见式(6.67)]则不受高度的影响。

记住,本节的探讨仅适用于活塞发动机与螺旋桨组合。对于喷气式飞机而言,情形将发生变化,如 6.13 节所述。

例 6.18

估算 CP-1 的最大航程与最长续航时间。

解

式(6.67)给出了螺旋桨飞机的布拉奎特航程公式。该式为

$$R = \frac{\eta}{c}\frac{C_L}{C_D}\ln\frac{W_0}{W_1}$$

燃油消耗比以一致单位表示,用油耗(以 lb 计)/(ft·lb/s)(s)或仅用每英尺的油耗磅数表示。然而,例6.1中SFC给定为0.45油耗(以 lb 计)/(hp)(h)。将其转换成一致单位:

$$c = 0.45\frac{\text{lb}}{(\text{hp})(\text{h})}\frac{1\text{hp}}{550\text{ft·lb/s}}\frac{1\text{h}}{3600\text{s}} = 2.27\times10^{-7}\text{ft}^{-1}$$

例6.1中,已计算出 $C_L/C_D = L/D$ 对速度的变化。用同种方式可计算出 $C_L^{3/2}/C_D$ 的变化。其结果如图6.44所示。

由这些曲线可知:

$$\max\left(\frac{C_L}{C_D}\right) = 13.62, \max\left(\frac{C_L^{3/2}}{C_D}\right) = 12.81$$

此类结果属于飞行器的空气动力学范畴;即使例6.1中已经计算出了海平面曲线图,C_L/C_D 与 $C_L^{3/2}/C_D$ 的最大值仍不受高度、速度等的影响,它们仅取决于飞行器的气动设计。

CP-1的总重量为 $W_0 = 2950\text{lb}$。例6.1中给出的燃油量为65gal的航空汽油,重 5.64lb/gal。因此,燃油重量 $W_p = 65(5.64) = 367\text{lb}$。那么,空重 $W_1 = 2950 - 367 = 2583\text{lb}$。

回顾式(6.67),得出

$$R = \frac{\eta}{c}\frac{C_L}{C_D}\ln\frac{W_0}{W_1}$$

$$= \frac{0.8}{2.27\times10^{-7}}(13.62)\left(\ln\frac{2950}{2583}\right)$$

$$R = 6.38\times10^6\text{ft}$$

由于 1 英里 = 5280ft,

$$R = \frac{6.38\times10^6}{5280} = 1207\text{ 英里}$$

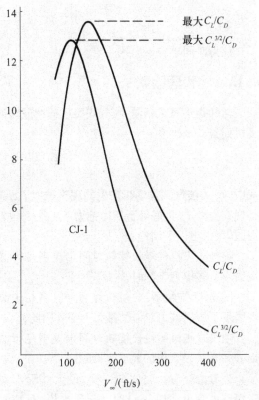

图6.44 CP-1海平面处的气动比

式(6.68)给出的续航时间为

$$E = \frac{\eta}{c}\frac{C_L^{3/2}}{C_D}(2\rho_\infty S)^{1/2}(W_1^{-1/2} - W_0^{-1/2})$$

因为续航方程中 ρ_∞ 的作用明显,最长续航时间将出现在海平面处,$\rho_\infty = 0.002377\text{slug/ft}^3$。因此,

$$E = \frac{0.8}{2.27\times10^{-7}}(12.81)[2(0.002377)(174)]^{1/2}\left(\frac{1}{2583^{1/2}} - \frac{1}{2950^{1/2}}\right)$$

$$E = 5.19\times10^4\text{s}$$

因为 3600s = 1h,则续航时间为

$$E = \frac{5.19\times10^4}{3600} = 14.4\text{h}$$

6.13 航程与续航时间:喷气式飞机

喷气式飞机的燃油消耗比定义为单位时间内单位推力的燃油消耗量。注意,在此使用的推力与之前往复式发动机与螺旋桨组合中所使用的动力(功率)形成对比。喷气式发动机的燃油消耗从物理上来说取决于发动机所产生的推力,而往复式发动机的燃油消耗量则取决于所产生的制动功率。这一简单差异导致了喷气式飞机航程公式与续航时间公式相异。文献资料中,喷气式飞机的推力-燃油消耗比(TSFC)通常设为

$$\text{TSFC} = \frac{\text{油耗(以 lb 计)}}{(\text{推力(以 lb 计)})(h)}$$

注意时间单位不一致。

6.13.1 物理因素

与螺旋桨飞机相同,喷气式飞机的续航时间出现于每小时最小油耗(磅)时。然而,对于喷气式飞机而言,

$$\frac{\text{油耗(以 lb 计)}}{\text{小时}} = (\text{TSFC})(T_A)$$

式中:T_A 为喷气式发动机产生的现有推力。回顾可知,稳定、水平非加速飞行时,飞行员调节油门使得现有推力 T_A 正好等于所需推力 T_R,即 $T_A = T_R$。因此,每小时最小油耗(磅)对应最小所需推力。因此,可得出以下结论:

喷气式飞机的最长续航时间出现于飞行器以最小所需推力飞行时。

图 6.45 描绘了这一情形。此外,第 6.3 节中展示了所需推力对应的最大 L/D。因此,

喷气式飞机的最长续航时间出现于飞行器以 C_L/C_D 为最大值的速度飞行时。

现考虑航程。与之前一样,最大航程出现于每英里最小油耗(磅)时。定量来说,对喷气式飞机而言,

$$\frac{\text{油耗(以 lb 计)}}{\text{英里}} = \frac{(\text{TSFC})(T_A)}{V_\infty}$$

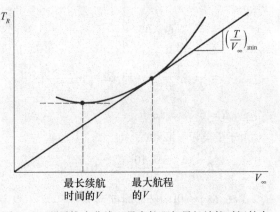

图 6.45 所需推力曲线上最大航程与最长续航时间的点

回顾可知,稳定水平飞行时,$T_A = T_R$,且每英里最小油耗(磅)对应于最小 T_R/V_∞。而 T_R/V_∞ 为经过原点并与所需推力曲线相交的线的斜率;其最小值出现于直线与所需推力曲线相切时,如图 6.45 所示。该切点处的气动条件可通过以下方式获得。回顾可知,稳定水平飞行时,$T_R = D$。则,

$$\frac{T_R}{V_\infty} = \frac{D}{V_\infty} = \frac{\frac{1}{2}\rho_\infty V_\infty^2 S C_D}{V_\infty} = \frac{1}{2}\rho_\infty V_\infty S C_D$$

因为 $V_\infty = \sqrt{2W/(\rho_\infty S C_L)}$,得出

$$\frac{T_R}{V_\infty} = \frac{1}{2}\rho_\infty S \sqrt{\frac{2W}{\rho_\infty S C_L}} C_D \propto \frac{1}{C_L^{1/2}/C_D}$$

因此,最小 T_R/V_∞ 对应于最大 $C_L^{1/2}/C_D$。那么,可得出以下结论:喷气式飞机的最大航程出现于

飞行器以 $C_L^{1/2}/C_D$ 为最大值的速度飞行时。

6.13.2 定量公式

令 c_t 为以一致单位表示的推力燃油消耗比：

$$\frac{\text{油耗(以 lb 计)}}{(\text{推力(以 lb 计)})(\text{s})} \text{ 或 } \frac{\text{油耗(以 N 计)}}{\text{推力(以 N 计)}(\text{s})}$$

令 dW 表示时间增量 dt 内燃油消耗所引起的飞行器重量的基本变化。则

$$dW = -c_t T_A dt$$

或

$$dt = \frac{-dW}{c_t T_A} \tag{6.69}$$

求式(6.69)从 $t=0$，即 $W=W_0$ 时至 $t=E$，即 $W=W_1$ 时的积分，得出

$$E = -\int_{W_0}^{W_1} \frac{dW}{c_t T_A} \tag{6.70}$$

回顾可知，$T_A = T_R = D$ 且 $W = L$，得出

$$E = \int_{W_1}^{W_0} \frac{1}{c_t} \frac{L}{D} \frac{dW}{W} \tag{6.71}$$

假定常数 c_t 且 $C_L/C_D = L/D$，式(6.71)变为

$$E = \frac{1}{c_2} \frac{C_L}{C_D} \ln \frac{W_0}{W_t} \tag{6.72}$$

注意，由式(6.72)可知，为实现喷气式飞机的最长续航时间，应达到下述几点：

1. 最小推力燃油消耗比 c_t。
2. 最大燃油重量 W_f。
3. 以最大 L/D 飞行。这证实了 6.13.1 节中的论点，即：为实现喷气式飞机的最长续航时间，必须以最大 L/D 飞行。

注意，为与我们所做假设相符，喷气式飞机的续航时间 E 不取决于 ρ_∞，即：E 不受高度的影响。

现考虑航程。回顾式(6.69)并将该式乘以 V_∞，得出

$$ds = V_\infty dt = -\frac{V_\infty dW}{c_t T_A} \tag{6.73}$$

式中：ds 为喷气式飞机在时间增量 dt 内所穿越的距离增量。求式(6.73)从 $s=0$，即 $W=W_0$ 到 $s=R$，即 $W=W_1$ 的积分，得出

$$R = \int_0^R ds = -\int_{W_0}^{W_1} \frac{V_\infty dW}{c_t T_A} \tag{6.74}$$

然而，再次指出，为实现稳定水平飞行，发动机油门已调整至 $T_A = T_R$，且回顾式(6.16)可知：$T_R = W/(C_L/C_D)$，可将式(6.74)改写为

$$R = \int_{W_1}^{W_0} \frac{V_\infty}{c_t} \frac{C_L}{C_D} \frac{dW}{W} \tag{6.75}$$

因为 $V_\infty = \sqrt{2W/(\rho_\infty S C_L)}$，式(6.75)变为

$$R = \int_{W_1}^{W_0} \sqrt{\frac{2}{\rho_\infty S}} \frac{C_L^{1/2}/C_D}{c_t} \frac{dW}{W^{1/2}} \tag{6.76}$$

再次假定常数 c_t、C_L、C_D 与(恒定高度的)ρ_∞，将式(6.76)改写为

$$R = \sqrt{\frac{2}{\rho_\infty S}} \frac{C_L^{1/2}}{C_D} \frac{1}{c_t} \int_{W_1}^{W_0} \frac{dW}{W^{1/2}}$$

$$R = 2\sqrt{\frac{2}{\rho_\infty S}} \frac{1}{c_t} \frac{C_L^{1/2}}{C_D}(W_0^{1/2} - W_1^{1/2}) \tag{6.77}$$

注意，由式(6.77)可知，为实现喷气式飞机的最大航程，应达到下述几点：

1. 最小推力燃油消耗比 c_t。
2. 最大燃油重量 W_f。
3. 以最大 $C_L^{1/2}/C_D$ 飞行。这证实了 6.13.1 节中的论点，即：为实现最大航程，喷气式飞机必须以 $C_L^{1/2}/C_D$ 为最大值的速度飞行。
4. 在高空中飞行，换言之，ρ_∞ 较低。当然，由式(6.77)可知：随着 ρ_∞ 减小至零时(即接近外太空时)，R 变为无穷。然而，这种情况从物理学上来说是荒谬的，因为飞行器需要大气产生升力与推力。在到达外太空很久之前，式(6.77)中所包含的假设已不成立。此外，在极度高的高空中，普通的涡轮喷气发动机性能退化且 c_t 开始增大。由式(6.77)可得出结论：喷气式飞机的航程在海平面处最小，并在某种程度上随着高度增加。亚声速商用喷气式运输机典型的巡航高度为 30000～40000ft；超声速运输机典型的巡航高度为 50000～60000ft。

例 6.19

估算 CJ-1 的最大航程与最长续航时间。

解

由例 6.1 中的计算可知，可绘制出 C_L/C_D 与 $C_L^{1/2}/C_D$ 对速度的变化，如图 6.46 所示。由这些曲线可知 CJ-1 的

$$\max\left(\frac{C_L^{1/2}}{C_D}\right) = 23.4$$

$$\max\left(\frac{C_L}{C_D}\right) = 16.9$$

例 6.1 中燃油消耗比给定为 TSFC = 0.6 油耗(以 lb 计)/(推力(以 lb 计))(h)，以一致单位表示为

$$c_t = 0.6 \frac{\text{lb}}{(\text{lb})(\text{h})} \frac{1\text{h}}{3600\text{s}} = 1.667 \times 10^{-4} \text{s}^{-1}$$

同时，总重量为 19815lb。燃油量为 1119gal 煤油，其中 1gal 煤油重 6.67lb。因此，$W_f = 1119(6.67) = 7463$lb。所以，空重为 $W_1 = W_0 - W_f = 19815 - 7463 = 12,352$lb。

喷气式飞机的航程取决于高度，如式(6.77)所示。假定巡航高度为 22000ft，其中，$\rho_\infty = 0.001184 \text{slug/ft}^3$。使用例 6.1 提供的信息，由式(6.77)可得出

$$R = 2\sqrt{\frac{2}{\rho_\infty S}} \frac{1}{c_t} \frac{C_L^{1/2}}{C_D}(W_0^{1/2} - W_1^{1/2})$$

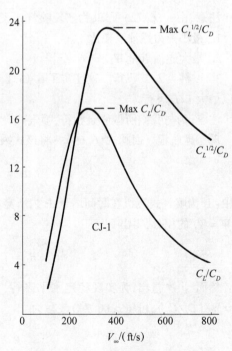

图 6.46 CJ-1 海平面处的气动比

$$= 2\sqrt{\frac{2}{0.001184(318)}}\left(\frac{1}{1.667\times 10^{-4}}\right)(23.4)(19815^{1/2} - 12352^{1/2})$$

$$R = 19.2\times 10^6 \text{ft}$$

以英里为单位表示为

$$R = \frac{19.2\times 10^6}{5280} = 3630 \text{ 英里}$$

由式(6.72)可求得续航时间：

$$E = \frac{1}{c_t}\frac{C_L}{C_D}\ln\frac{W_0}{W_1} = \frac{1}{1.667\times 10^{-4}}(16.9)\left(\ln\frac{19815}{12352}\right)$$

$$E = 4.79\times 10^{-4}\text{s}$$

或以小时为单位表示为

$$E = \frac{4.79\times 10^4}{3600} = 13.3\text{h}$$

6.14 $C_{D,0}$ 与 $C_{D,i}$ 之间的关系

我们在前述章节中已观察到各类飞行器各方面性能取决于气动比 $C_L^{1/2}/C_D$、C_L/C_D 或 $C_L^{3/2}/C_D$。此外，第6.3节已证明在最小 T_R 时，升致阻力等于零升力阻力，即：$C_{D,0} = C_{D,i}$。类似地，6.5节已证明最小 P_R 时 $C_{D,0} = \frac{1}{3}C_{D,i}$。本节中的此类结果严格由空气动力学探讨获得。$C_{D,0}$ 与 $C_{D,i}$ 之间的关系完全取决于实现最大 $C_L^{1/2}/C_D$、C_L/C_D 或 $C_L^{3/2}/C_D$ 的条件，故它们的推导无需像6.3节与6.5节一样与最小 T_R 或最小 P_R 关联。

例如，考虑最大 L/D。回顾可知，$C_D = C_{D,0} + C_L^2/(\pi e \text{AR})$，可得出

$$\frac{C_L}{C_D} = \frac{C_L}{C_{D,0} + C_L^2/(\pi e \text{AR})} \tag{6.78}$$

为实现最大 C_L/C_D，将式(6.78)对 C_L 求微分并令其结果等于0：

$$\frac{\mathrm{d}(C_L/C_D)}{\mathrm{d}C_L} = \frac{C_{D,0} + C_L^2/(\pi e \text{AR}) - C_L[2C_L/(\pi e \text{AR})]}{[C_{D,0} + C_L^2/(\pi e \text{AR})]^2} = 0$$

因此，

$$C_{D,0} + \frac{C_L^2}{\pi e \text{AR}} - \frac{2C_L^2}{\pi e \text{AR}} = 0$$

或

$$C_{D,0} = \frac{C_L^2}{\pi e \text{AR}}$$

$$C_{D,0} = C_{D,i} \text{ 适用于 }\left(\frac{C_L}{C_D}\right)_{\max} \tag{6.79}$$

因此式(6.79)与式(6.22)完全一致，直接源于 L/D 为最大这一事实。同时也对应最小 T_R 仅因为当 L/D 为最大时，T_R 正好最小。

现考虑最大 $C_L^{3/2}/C_D$。设定 $\mathrm{d}(C_L^{3/2})/\mathrm{d}C_l = 0$，进行之前的类似推导得出

$$C_{D,0} = \frac{1}{3}C_{D,i} \text{ 适用于 } \left(\frac{C_L^{3/2}}{C_D}\right)_{\max} \tag{6.80}$$

同样,式(6.80)与式(6.30)完全一致,直接源于 $C_L^{3/2}/C_D$ 为最大这一事实。同时也对应最小 P_R 仅因为当 $C_L^{3/2}/C_D$ 为最大时,P_R 正好最小。

同样地,当 $C_L^{1/2}/C_D$ 为最大时,设定 $d(C_L^{1/2})/dC_L = 0$,得出

$$C_{D,0} = 3C_{D,i} \text{ 适用于 } \left(\frac{C_L^{\frac{1}{2}}}{C_D}\right)_{\max} \tag{6.81}$$

不应认为式(6.80)与式(6.81)理当如此,而应亲自推导得出以上方程。

我们在例6.18中阐明 $C_L^{1/2}/C_D$、C_L/C_D 与 $C_L^{3/2}/C_D$ 的最大值不受高度、速度等因素的影响,而仅仅取决于飞行器的气动设计。本节中的结果允许我们证明这一观点,如下所述。

首先,再次考虑最大 C_L/C_D 的情形。由式(6.79)可知:

$$C_{D,0} = C_{D,i} = \frac{C_L^2}{\pi eAR} \tag{6.82}$$

因此,

$$C_L = \sqrt{\pi eAR C_{D,0}} \tag{6.83}$$

将式(6.82)与式(6.83)代入式(6.78),得出

$$\frac{C_L}{C_D} = \frac{C_L}{2C_L^2/(\pi eAR)} = \frac{\pi eAR}{2C_L} = \frac{\pi eAR}{2\sqrt{\pi eAR C_{D,0}}} \tag{6.84}$$

因此,可由式(6.84)得出 C_L/C_D 的最大值为

$$\left(\frac{C_L}{C_D}\right)_{\max} = \frac{(C_{D,0}\pi eAR)^{1/2}}{2C_{D,0}} \tag{6.85}$$

注意,由式(6.85)可知,$(C_L/C_D)_{\max}$ 仅取决于 e、AR 与 $C_{D,0}$ 这些飞行器的气动设计参数。尤其应注意,$(C_L/C_D)_{\max}$ 不取决于高度。但是,由图(6.44)与图(6.46)可知,最大 C_L/C_D 出现于某一特定速度,且获得 $(C_L/C_D)_{\max}$ 处的速度不随高度发生变化。

同样,可轻易得出

$$\left(\frac{C_L^{1/2}}{C_D}\right)_{\max} = \frac{\left(\frac{1}{3}C_{D,0}\pi eAR\right)^{1/4}}{\frac{4}{3}C_{D,0}} \tag{6.86}$$

及

$$\left(\frac{C_L^{3/2}}{C_D}\right)_{\max} = \frac{(3C_{D,0}\pi eAR)^{3/4}}{4C_{D,0}} \tag{6.87}$$

请自己证明以上方程。

例6.20

根据本节中所给的方程直接计算 CP-1 的 $(C_L/C_D)_{\max}$ 与 $(C_L^{3/2}/C_D)_{\max}$。

解

由式(6.85)可知:

$$\left(\frac{C_L}{C_D}\right)_{\max} = \frac{(C_{D,0}\pi eAR)^{1/2}}{2C_{D,0}} = \frac{[0.025\pi(0.8)(7.37)]^{1/2}}{2(0.025)} = 13.6$$

由式(6.87)可知：

$$\left(\frac{C_L^{3/2}}{C_D}\right)_{\max} = \frac{(3C_{D,0}\pi e \mathrm{AR})^{3/4}}{4C_{D,0}} = \frac{[(3)(0.025)\pi(0.8)(7.37)]^{3/4}}{4(0.025)} = 12.8$$

回顾例6.18，可通过图形求得$(C_L/C_D)_{\max}$与$(C_L^{3/2}/C_D)_{\max}$的值；换言之，绘制C_L/C_D与$C_L^{3/2}/C_D$图形，并找出它们的峰值。注意，由式(6.85)与式(6.87)求得的结果与例6.18中的图解（与预期一样）一致；然而，运用式(6.85)与式(6.87)比绘制一系列数值再找出其最大值这一方法要更加简便迅速。

例6.21
根据本节中所给的方程直接计算CJ-1的$(C_L^{1/2}/C_D)_{\max}$与$(C_L/C_D)_{\max}$。

解
由式(6.77)可知：

$$\left(\frac{C_L^{1/2}}{C_D}\right)_{\max} = \frac{\left(\frac{1}{3}C_{D,0}\pi e \mathrm{AR}\right)^{1/4}}{\frac{4}{3}C_{D,0}} = \frac{\left[\frac{1}{3}(0.02)\pi(0.81)(8.93)\right]^{1/4}}{\frac{4}{3}(0.02)} = 23.4$$

由式(6.76)可知：

$$\left(\frac{C_L}{C_D}\right)_{\max} = \frac{(\pi e \mathrm{AR} C_{D,0})^{1/2}}{2C_{D,0}} = \frac{[\pi(0.81)(8.93)(0.02)]^{1/2}}{2(0.02)} = 16.9$$

这些值与例6.19中用图解法所求的最大值相一致。

例6.22
运用本节中的结论及式(6.44)、式(6.52)与式(6.53)解析计算：
a. CP-1海平面处的$V_{\max}$。
b. CP-1海平面处的$(R/C)_{\max}$。
c. CJ-1海平面处的$V_{\max}$。
d. CJ-1海平面处的$(R/C)_{\max}$。
将以上结果与例6.2、例6.4与例6.10所得出的图解进行比较。

解
a. 式(6.44)给出了最大速度，在此重复一下，为

$$V_{\max} = \left[\frac{\left(\frac{T_A}{W}\right)_{\max}\left(\frac{W}{S}\right) + \left(\frac{W}{S}\right)\sqrt{\left(\frac{T_A}{W}\right)_{\max}^2 - \frac{4C_{D,0}}{\pi e \mathrm{AR}}}}{\rho_\infty C_{D,0}}\right]^{1/2}$$

由例6.1给出的信息可知CP-1的

$$\frac{W}{S} = \frac{2950}{174} = 16.95 \mathrm{lb/ft}^2$$

$$\eta P = 0.8(230)(550) = 1.012 \times 10^5 \frac{\mathrm{ft \cdot lb}}{\mathrm{s}}$$

由式(6.85)与例6.20的结果可知：

$$\frac{4C_{D,0}}{\pi e \mathrm{AR}} = \frac{1}{(L/D)_{\max}^2} = \frac{1}{13.6^2} = 5.4066 \times 10^{-3}$$

同时，

$$\rho_\infty C_{D,0} = 0.002377(0.025) = 5.9425 \times 10^{-5} \mathrm{slug/ft}^3$$

现有动力与所需推力的关系为

$$T_A V_\infty = P_A = \eta P$$

为实现最大 T_A 与最大 P_A,$V_\infty = V_{max}$。因此,

$$(T_A)_{max} = \frac{\eta P}{V_{max}}$$

或

$$\left(\frac{T_A}{W}\right)_{max} = \frac{\eta P}{W}\frac{1}{V_{max}} = \frac{1.012 \times 10^5}{2950}\frac{1}{V_{max}}$$

或

$$\left(\frac{T_A}{W}\right)_{max} = \frac{34.305}{V_{max}} \tag{E6.22.1}$$

将之前的数据代入式(6.44),得出

$$V_{max} = \left[\frac{(T_A/W)_{max}(16.95) + 16.95\sqrt{(T_A/W)_{max}^2 - 5.4066 \times 10^{-3}}}{5.9425 \times 10^{-5}}\right]^{1/2} \tag{E6.22.2}$$

或

$$V_{max} = 558.97\left[\left(\frac{T_A}{W}\right)_{max} + \sqrt{\left(\frac{T_A}{W}\right)_{max}^2 - 5.4066 \times 10^{-3}}\right]^{1/2}$$

必须通过尝试错误法求得式(E6.22.1)与式(E6.22.2)中 V_{max} 的解。假定 V_{max},根据式(E6.22.1)计算 $(T_A/W)_{max}$,将其代入式(E6.22.2),根据式(E6.22.2)计算 V_{max},并观察其是否与原始假定的 V_{max} 相匹配。若不匹配,则假定另一 V_{max} 值,再次尝试。下表列出了一些反复计算的结果:

V_{max}/(ft/s)(假定)	$\left(\frac{T_A}{W}\right)_{max}$ [由式(E6.22.1)得出]	V_{max}/(ft/s) [由式(E6.22.2)得出]
265	0.1295	271.6
270	0.12706	268.5
269	0.1275	269.1

由此可计算出 CP-1 海平面处的最大速度为

$$V_{max} = 269\text{ft/s}$$

将其与例 6.4 中图解法求得的 $V_{max} = 265\text{ft/s}$(受图解精度的限制)进行比较。此处求得的解析解 $V_{max} = 269\text{ft/s}$ 更精确。

b. 式(6.53)给出了螺旋桨飞机的最大爬升率为

$$(\text{R/C})_{max} = \left(\frac{\eta P}{W}\right)_{max} - 0.8776\sqrt{\frac{W/S}{\rho_\infty C_{D,0}}}\frac{1}{(L/D)_{max}^{3/2}}$$

已经获得了以下数据:

$$\left(\frac{\eta P}{W}\right)_{max} = \frac{1.012 \times 10^5}{2950} = 34.305\text{ft/s}$$

$$\rho_\infty C_{D,0} = 5.9425 \times 10^{-5}\text{slug/ft}^3$$

$$\frac{W}{S} = 16.95\text{lb/ft}^2$$

$$\left(\frac{L}{D}\right)_{max} = 13.6$$

因此,式(6.53)变为

$$(R/C)_{max} = 34.305 - 0.8776\sqrt{\frac{16.95}{5.9425 \times 10^{-5}}}\frac{1}{(13.6)^{3/2}}$$

或

$$(R/C)_{max} = 34.305 - 9.345 = 24.96 \text{ft/s}$$

因此,

$$(R/C)_{max} = 24.96(60) = 1497.6 \text{ft/min}$$

将其与例6.10的图6.22中图形峰值读数$(R/C)_{max} = 1500 \text{ft/min}$进行比较。

c. 由例6.1中给出的CJ-1相关信息可知:

$$\left(\frac{T_A}{W}\right)_{max} = \frac{7300}{19815} = 0.3684$$

$$\frac{W}{S} = \frac{19815}{318} = 62.31 \text{lb/ft}^2$$

$$\rho_\infty C_{D,0} = 0.002377(0.02) = 4.754 \times 10^{-5} \text{slug/ft}^3$$

同时,由例6.21可知:

$$\frac{4C_{D,0}}{\pi e\text{AR}} = \frac{1}{(L/D)_{max}^2} = \frac{1}{(16.9)^2} = 3.501 \times 10^{-3}$$

将这些数据代入式(6.44),得出

$$V_{max} = \left[\frac{\left(\frac{T_A}{W}\right)_{max}\left(\frac{W}{S}\right) + \left(\frac{W}{S}\right)\sqrt{\left(\frac{T_A}{W}\right)_{max}^2 - \frac{4C_{D,0}}{\pi e\text{AR}}}}{\rho_\infty C_{D,0}}\right]^{1/2}$$

$$= \left[\frac{0.3684(62.31) + 62.31\sqrt{(0.3684)^2 - 3.501 \times 10^{-3}}}{4.754 \times 10^{-5}}\right]^{1/2}$$

或

$$V_{max} = 979.5 \text{ft/s}$$

将其与例6.2中图解法求得的$V_{max} = 975 \text{ft/s}$进行比较。

d. 式(6.52)给出了喷气式飞机的最大爬升率为

$$(R/C)_{max} = \left[\frac{(W/S)Z}{3\rho_\infty C_{D,0}}\right]^{1/2}\left(\frac{T}{W}\right)_{max}^{3/2}\left[1 - \frac{Z}{6} - \frac{3}{2(T/W)_{max}^2(L/D)_{max}^2 Z}\right]$$

式中

$$Z = 1 + \sqrt{1 + \frac{3}{(L/D)_{max}^2(T/W)_{max}^2}}$$

代入适用于CJ-1的数据,得出

$$Z = 1 + \sqrt{1 + \frac{3}{(16.9)^2(0.3684)^2}} = 2.038$$

且

$$(R/C)_{max} = \left[\frac{(62.31)(2.038)}{3(4.754 \times 10^{-5})}\right]^{1/2}(0.3684)^{3/2}\left[1 - \frac{2.038}{6} - \frac{3}{2(0.3684)^2(16.9)^2(2.038)}\right]$$

$$= 135.28 \text{ft/s}$$

或

$$(R/C)_{\max} = 135.28(60) = 8117 \text{ft/min}$$

将其与例 6.10 的图 6.33 中图形峰值读数 $(R/C)_{\max} = 8100 \text{ft/min}$ 进行比较。

设计板块

升阻比是测定给定飞行器气动效率的直接参数。例如,若给定飞行器的 $(L/D)_{\max} = 15$,则意味着飞行器仅消耗 1lb 阻力就能提升 15lb 的重量——相当了不起的杠杆作用。事实上,对于大气飞行而言,飞行器的机翼(目前为止通常为飞行器的最强提升部件)可被近似比拟为一根杠杆,允许我们提升比所消耗的发动机推力(来平衡阻力)大得多的重量。20 世纪飞行器演变的典型特征为 $(L/D)_{\max}$ 的稳步增长,第 6.26 节详细探讨了这一演变过程。下表列出了一些典型飞行器的 $(L/D)_{\max}$ 值:

飞行器	$(L/D)_{\max}$
莱特飞行器(1903 年)	5.7
法国斯帕德 XIII 型(第一次世界大战)	7.4
道格拉斯 DC-3(20 世纪 30 年代)	14.7
波音 747(当代)	20

再怎么强调 $(L/D)_{\max}$ 作为飞行器设计参数的重要性也不为过——其是规定飞行器构型的决定性因素。在与飞行器其他设计方面相协调的情况下,飞行器设计者通常努力获得新飞行器最大可能 $(L/D)_{\max}$。我们已经观察到 $(L/D)_{\max}$ 在决定 $V_{\max}$、$(R/C)_{\max}$,尤其是航程与续航时间方面发挥的重要作用。从历史上来说,寻求更长的航程已成为带动 $(L/D)_{\max}$ 设计值的主要因素。(见安德森(Anderson).《空气动力学历史及其对飞行器的影响》(*A History of Aerodynamics and Its Impact on Flying Machines*). 纽约:剑桥大学出版社,1997.)

严格来讲,由第 6.12 节与 6.13 节可知 $(L/D)_{\max} = (C_L/C_D)_{\max}$ 的值决定螺旋桨飞机的最大航程与喷气式飞机的最大续航时间,而 $(C_L^{3/2}/C_D)_{\max}$ 决定螺旋桨飞机的最大续航时间,$(C_L^{1/2}/C_D)_{\max}$ 决定喷气式飞机的最大航程。但是,使 C_L/C_D 最大化的飞行器几何特征及气动特性也将使 $C_L^{1/2}/C_D$ 与 $C_L^{3/2}/C_D$ 最大化,如式(6.85)~式(6.87)所示。为获得这些气动比的最大值,式(6.85)~式(6.87)明确规定了飞行器设计者应尽可能达到以下几点:

1. 减小零升力阻力系数 $C_{D,0}$。
2. 增大奥斯瓦尔德效率因子 e。
3. 增大展弦比 AR。

当然,最后一点——增大展弦比——仅适用于亚声速飞行。根据前述探讨可知,对跨声速飞行器与超声速飞行器而言,激波阻力起主导作用,且通过使用低展弦比机翼仅能稍微减小激波阻力。对于设计用于超声速巡航的高速飞行器而言,设计机翼展弦比所考虑的因素不同于亚声速飞行中实现最大航程所考虑的因素。如图 4.52 所示的低展弦比、马赫数 2 的洛克希德公司 F-104 飞机就是一个例子。

$(L/D)_{\max}$ 的值通过 $C_{D,0}$、e 与 AR 由给定飞行器构型的空气动力特性及几何形状确定。因此,$(L/D)_{\max}$ 不随高度发生变化。但是,飞行器为实现 $(L/D)_{\max}$ 所必需的飞行速度随高度变化。为解释这一原因,首先回顾作为飞行器攻角函数的 L/D。例如,图 6.47 展示了专用 F-111 TACT 飞行器(如图 5.33 所示)的 L/D 对 α 的变化。注意, $(L/D)_{max}$ 出现于攻角为 $6°$ 时;在该攻角处, $C_L = 0.44$。若飞行器在海平面飞行,为实现以 $(L/D)_{max}$ 飞行,则飞行器必须以 $\alpha = 6°$、$C_L = 0.44$ 飞行。对于给定的重力,该条件通过以下关系确定了飞行器必需飞行的 $W = q_\infty S C_L$,或

$$V_\infty = \sqrt{\frac{2W}{\rho_\infty S C_L}} \quad (6.88)$$

以 $(L/D)_{max}$ 飞行于更高的高度,飞行器必须仍然以 $\alpha = 6°$、$C_L = 0.44$ 飞行。但是,由于 ρ_∞ 减小,根据式(6.88), V_∞ 必须增大。换言之, V_∞ 必须增大至正好等于右侧的值,使在攻角 $\alpha = 6°$ 处固定 C_L 的升力与重力保持相等。因此,以 $(L/D)_{max}$ 飞行时所需速度随高度升高而增大。

尽管 $(L/D)_{max}$ 的值在飞行器设计中非常重要,以 $(L/D)_{max}$ 飞行并非总是航空工程中的"必杀技"。与往常一样,飞行器设计者面临折中方案,这次涉及与实现 $(L/D)_{max}$ 的速度相关的 V_{max}。实现 $(L/D)_{max}$ 的速度能大大低于最大速度。例如,图 6.46 中,CJ-1 实现 $(L/D)_{max}$ 的海平面处的速度约为 300ft/s,而图 6.26 中, $V_{max} = 975ft/s$——差异很明显。由图 6.44 可知,海平面处的 CP-1 实现 $(L/D)_{max}$ 的速度约为 150ft/s,

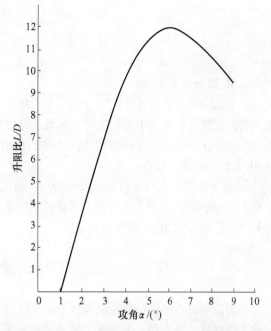

图 6.47 图 5.33 所示 F-111 TACT 飞行器的升阻比对攻角飞行数据。$M_\infty = 0.7$;机翼掠角 $= 26°$
[来源:数据来自鲍德温(Baldwin)等编著,跨声速飞机技术座谈会(TACT).《美国空军飞行动力学实验室技术报告 AFFDL-TR-78-100》(*Air Force Flight Dynamics Laboratory Technical Report AFFDL-TR-78-100*).俄亥俄:莱特帕森空军基地,1978.]

而图 6.21(a)中,海平面的 $V_{max} = 265ft/s$。若 CP-1 的飞行员选择以 $V_\infty = 150ft/s$ 高效飞行,以使得 L/D 最大,则与以 V_{max} 飞行相比,从点 A 到点 B 所花费的飞行时间要多 75%。因为时间宝贵(事实上,大部分乘客选择飞机是为了节省时间),所以给定飞行器的设计巡航速度可能不对应 $(L/D)_{max}$。飞行器设计者必须准备接受更高速的巡航,该巡航的 $(L/D)_{max}$ 小于 $(L/D)_{max}$ 的值。然而,这并不影响 $(L/D)_{max}$ 作为设计参数的重要性。例如,具有较高 $(L/D)_{max}$ 值的飞行器在以不同于实现 $(L/D)_{max}$ 的速度飞行时仍将具有相对较高的 $(L/D)_{max}$ 值。同时,美国海军学院航空航天工程系教授、已故的伯纳德·卡森(Bernard Carson)建议了一种理性的折中方案,其合并了为实现 $(L/D)_{max}$ 以较低速度飞行所获得的较长航程概念与以较高速度飞行所获得的较短飞行时间。他的分析推导出飞行速度的最优折中方案,被称为卡森速度,该速度比实现 $(L/D)_{max}$ 的速度大 1.32 倍。详情见安德森的著作《飞行器性能与设计》(*Aircraft Performance and Design*)(纽约:麦克劳希尔集团,1999 年)。

例 6.23

设飞行器的 $C_{D,0} = 0.025$,AR $= 7.37$ 且 $e = 0.80$。飞行器在升力系数为 $C_L = 0.228$ 的条件下飞行。计算该条件下的升阻比。

解

$$C_D = C_{D,0} + \frac{C_L^2}{\pi e \text{AR}}$$

因此,

$$\frac{C_L}{C_D} = \frac{C_L}{C_{D,0} + \frac{c_L^2}{\pi e \mathrm{AR}}} = \frac{0.228}{0.025 + \frac{(0.228)^2}{\pi(0.80)(7.37)}}$$

$$\frac{C_L}{C_D} = 8.2$$

关于本例,有两点要说明:

1. $C_{D,0}$、AR 与 e 的设计特征与 CP-1 的相同,如例 6.1 所述。因此,可以将我们在此用解析方法求得的答案与例 6.1 中的数值计算结果进行核对。特别是例 6.1 中的表格清晰地列出飞行速度为 250ft/s 时,$C_L = 0.228$(与该例中规定的 C_L 相同)且所得的计算值为 $L/D = 8.21$(与此处求得的结果相同,误差在舍入精度之内)。

2. 对于给定的飞行器而言,L/D 仅为 C_L 的函数。当然,因为 C_L 仅为攻角的函数,换言之,即:L/D 仅为 a 的函数,如图 6.7 所示。本例说明的是对于给定飞行器而言,若具有给定的 C_L,则可直接计算出相应的 L/D 值,如本例所示。

6.15 起飞性能

到目前所进行的飞行器性能探讨为止,均假定所有的加速度为零,即:我们探讨的是 6.2 节所定义的静态性能的各方面。本章余下部分将放松限制,考虑涉及有限加速度的飞行器性能方面的内容,如起飞滑行距离、落地滑行距离、转弯飞行与加速爬升率。我们现在移动至本章路线图的右列,如图 6.4 所示。现在将开始动态性能的研究。

首先要问的问题是:从零速度开始到获得飞行速度升空,飞行器需沿地面滑行多长距离?该距离定义为离地滑行距离或离地距离 s_{LO}。

为解答这一问题,首先考虑质量为 m 的物体在受恒力 F 时所进行的直线加速运动,如图 6.48 所示。由牛顿第二定律可知:

$$F = ma = m\frac{\mathrm{d}V}{\mathrm{d}t}$$

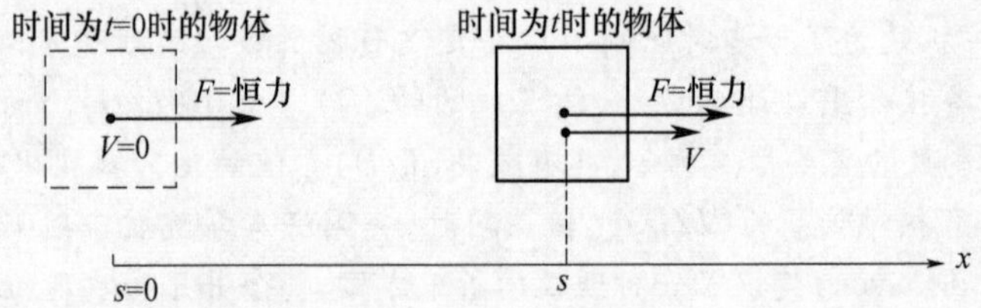

图 6.48 恒力 F 影响下的物体移动略图,从 $s=0$ 处静止($V=0$)到加速至距离为 s 处的速度 V

或

$$\mathrm{d}V = \frac{F}{m}\mathrm{d}t \tag{6.89}$$

假定物体在位置 $s=0$,时间 $t=0$ 时静止($V=0$),在经过时间 t 后加速至距离为 s 处的速度 V,求两点间式(6.89)的积分,且记住 F 与 m 均为常数,可得出

$$\int_0^V \mathrm{d}V = \frac{F}{m}\int_0^t \mathrm{d}t$$

或

$$V = \frac{F}{m}t \tag{6.90}$$

求 t 的解,得出

$$t = \frac{Vm}{F} \tag{6.91}$$

考虑速度为 V 的瞬间,时间增量 dt 内所覆盖的距离增量 ds 为 $ds = Vdt$。由式(6.90)可知:

$$ds = Vdt = \frac{F}{m}tdt \tag{6.92}$$

求式(6.92)的积分,得出

$$\int_0^s ds = \frac{F}{m}\int_0^t tdt$$

或

$$s = \frac{F}{m}\frac{t^2}{2} \tag{6.93}$$

将式(6.91)代入式(6.93)中,得出

$$s = \frac{V^2 m}{2F} \tag{6.94}$$

式(6.94)给出了质量为 m 的物体受恒力 F 影响下加速至速度 V 所需的距离。

现参看飞行器离地滑行时的受力图,如图 6.49 所示。飞行器除了受我们所熟悉的升力、阻力、推力与重力外,还受轮胎与地面之间滚转摩擦所产生的阻力 R。该阻力表示为

$$R = \mu_r(W - L) \tag{6.95}$$

式中:$W-L$ 为施加在轮胎与地面之间的净法向力;μ_r 为滚转摩擦系数。对平行于地面的所有力求和,同时运用牛顿第二定律,得出

$$F = T - D - R = T - D - \mu_r(W - L) = m\frac{dV}{dt} \tag{6.96}$$

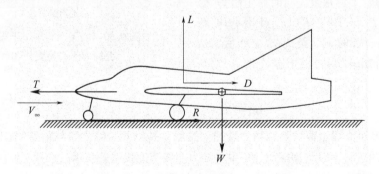

图 6.49 起飞与着陆时作用于飞行器的力

仔细观察式(6.96)。该式以 T、D、W 与 L 的函数形式给出了飞行器的局部瞬时加速度 dV/dt。对起飞而言,在几乎整个离地滑行过程中,T 相对恒定(对于喷气式飞机而言尤其如此)。同时,W 为常数。然而,L 与 D 均随速度变化,因为,

$$L = \frac{1}{2}\rho_\infty V_\infty^2 S C_L \tag{6.97}$$

且

$$D = \frac{1}{2}\rho_\infty V_\infty^2 S\left(C_{D,0} + \Phi \frac{C_L^2}{\pi e AR}\right) \quad (6.98)$$

需要对式(6.98)中的量 Φ 做出解释。当飞行器接近地面飞行时,由于与地面的相互作用,翼尖涡流的强度稍微减小。因为这些翼尖涡流诱导机翼处的下洗流(见5.13节),而下洗流又产生诱导阻力(见5.14节),因此飞行器靠近地面飞行时,下洗流与诱导阻力减小。这一现象称为地面效应,这也是飞行器在离地接近着陆的瞬间倾向于外展或"浮动"的原因。出现于地面效应中的减小的阻力即为式(6.98)中的 Φ,且 $\Phi \leq 1$。基于空气动力学理论,麦考密克(McCormick)(见本章末的参考文献)给出了 Φ 的近似表达式为

$$\Phi = \frac{(16h/b)^2}{1 + (16h/b)^2} \quad (6.99)$$

式中:h 为机翼高于地面的高度;b 为翼展。

根据前述探讨可知,为精确计算出离地滑行期间速度随时间的变化,并最终计算出离地距离,必须用数值表示式(6.96)的积分,并分别考虑式(6.97)与式(6.98)中 L 与 D 的相应速度变化及任何速度对 T 的影响。图6.50描绘了起飞期间这些力随滑行距离的典型变化。注意,由式(6.94)可知 s 与 V^2 成比例,所以图6.50中的水平轴正好为 V^2。因为 D 与 L 均与动压 $q_\infty = \frac{1}{2}\rho_\infty V_\infty^2$ 成比例,所以在图6.50中均呈线性变化。同时,图6.50适用于喷气式飞机,因此,T 相对保持恒定。

可通过以下方式获得离地距离 s_{LO} 的简单近似表达式。假定 T 为常数。同时假定阻力之和的平均值为 $[D + \mu_r(W-L)]_{平均}$ 且该平均值视为恒力,产生合适的离地距离 s_{LO}。然后,设在起飞离地滑行期间作用于飞行器上的有效恒力为

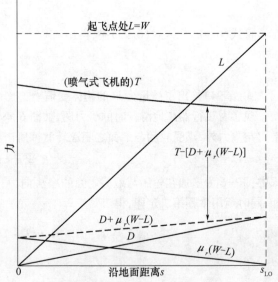

图 6.50 起飞期间作用于飞行器上的力的典型变化图解

$$F_{有效} = T - [D + \mu_r(W-L)]_{平均} = 恒力 \quad (6.100)$$

根据图6.50可知以上假设是相当合理的。注意 $D + \mu_r(W-L)$ 之和与距离(或 V^2)相对恒定,如图6.50中的虚线所示。因此,由图6.50中的推力曲线与虚线之差表示的加速力 $T[D + \mu_r(W-L)]$ 也相对恒定。现回到式(6.94)。考虑式(6.100)中的 F,$V = V_{LO}$(离地速度),且 $m = W/g$,式中 g 为重力加速度,则由式(6.94)得出

$$s_{LO} = \frac{(V_{LO}^2)(W/g)}{2\{T - [D + \mu_r(W-L)]_{平均}\}} \quad (6.101)$$

为确保起飞时的安全边际,离地速度一般高于失速速度20%。因此,由式(5.71)得出

$$V_{LO} = 1.2 V_{失速} = 1.2\sqrt{\frac{2W}{\rho_\infty S C_{L,\max}}} \quad (6.102)$$

将式(6.102)代入式(6.101),得出

$$s_{LO} = \frac{1.44W^2}{g\rho_\infty SC_{L,\max}\{T - [D + \mu_r(W-L)]_{av}\}} \tag{6.103}$$

运用式(6.103)进行计算,谢维尔(Shevell)(见本章末的参考文献)建议将式(6.103)中的平均力设定为速度等于$0.7V_{LO}$时的瞬时值,即

$$[D + \mu_r(W-L)]_{av} = [D + \mu_r(W-L)]_{0.7V_{LO}}$$

同时,根据经验可知,式(6.103)中的滚转摩擦系数μ从相对平滑铺面的0.02到草地的0.10不等。

进一步假设起飞期间推力远远大于D或R。参见图6.50中的情形可知,这一简化是合理的。因此,与T相比,可忽略D与R,则式(6.103)简化为

$$s_{LO} = \frac{1.44W^2}{g\rho_\infty SC_{L,\max}T} \tag{6.104}$$

式(6.104)阐释了以下重要物理趋势:

1. 离地距离与飞行器的重量紧密相关,其变化直接为W^2。若飞行器重量加倍,离地滚行距离则翻两番。

2. 离地距离取决于周围介质密度ρ_∞。若假设推力与ρ_∞成正比,如第6.7节所述(即$T\propto\rho_\infty$),则式(6.104)论证了

$$s_{LO} \propto \frac{1}{\rho_\infty^2}$$

这就解释了为何在炎热的夏天,当空气密度小于凉爽天气的空气密度时,给定的飞行器需要更长的离地滚行距离来飞离地面。同时,在位于较高海拔(如科罗拉多州丹佛市,高于海平面1英里)的机场需要更长的离地距离。

3. 可通过增大机翼面积、$C_{L,\max}$及推力来缩短离地距离,以上方法均为常识。

根据美国联邦航空规章(FAR)的定义,总起飞距离为离地滑行距离s_{LO}与升空35ft高(适用于喷气式民用运输机)或50ft高(适用于其他飞机)所经距离(沿地面测定)之和。关于此类规章的探讨及总起飞距离的更多细节参见安德森的著作《飞行器性能与设计》(*Aircraft Performance and Design*)(纽约:麦克劳希尔集团,1999年)。此外,关于该主题的更多信息可见本章末参考文献所列出的谢维尔与麦考密克的著作。

例6.24

估算CJ-1在海平面处的离地距离。假定铺砌的跑道$\mu_r = 0.02$。在离地滑行期间,飞行器攻角受以下要求限制:机尾没有拖拽地面,因此假定离地滑行期间$C_{L,\max}$限制为1.0。同时,当飞行器处于地面上时,机翼高出地面6ft。

解

运用式(6.103)。为计算出式(6.103)中的平均力,首先根据式(6.99)获得地面效应因数,其中$h/b = 6/53.3 = 0.113$:

$$\Phi = \frac{(16h/b)^2}{1 + (16h/b)^2} = 0.764$$

由式(6.102)可知:

$$V_{LO} = 1.2V_{失速} = 1.2\sqrt{\frac{2W}{\rho_\infty SC_{L,\max}}} = 1.2\sqrt{\frac{2(19,815)}{0.002377(318)(1.0)}} = 230\text{ft/s}$$

因此 $0.7V_{LO} = 160.3\text{ft/s}$。应在速度为 160.3ft/s 时计算式(6.103)中的平均力。为此,由式(6.97)得出

$$L = \frac{1}{2}\rho_\infty V_\infty^2 SC_L = \frac{1}{2}(0.002377)(160.3)^2(318)(1.0) = 9712\text{lb}$$

由式(6.98)得出

$$D = \frac{1}{2}\rho_\infty V_\infty^2 S\left(C_{D,0} + \phi\frac{C_L^2}{\pi e\text{AR}}\right)$$

$$= \frac{1}{2}(0.002377)(160.3)^2(318)\left[0.02 + 0.764\frac{1.0^2}{\pi(0.81)(8.93)}\right] = 520.7\text{lb}$$

最后,由式(6.103)得出

$$s_{LO} = \frac{1.44W^2}{g\rho_\infty SC_{L,\max}\{T - [D + \mu_r(W - L)]_{av}\}}$$

$$= \frac{1.44(19815)^2}{32.2(0.002377)(318)(1.0)\{7300 - [520.7 + (0.02)(19815 - 9712)]\}}$$

$$= 3532\text{ft}$$

注意 $[D + \mu_r(W - L)]_{平均} = 722.8\text{lb}$,为推力的10%。因此,导出式(6.104)过程中研做的假设是相当合理的,即:与 T 相比,有时可忽略 D 与 R。

6.16 着陆性能

设飞行器正在着陆。在飞行器接触地面后,落地滑行期间的受力图正好与图6.49一样,且式(6.96)给出了瞬时加速度(在此情形下为负)。但是,我们假定在着陆时飞行员已经将推力减小至零以使飞行器完全停止所需落地滚行距离最短。因此 $T = 0$ 时,由式(6.96)得出着陆落地滚行的运动方程:

$$-D - \mu_r(W - L) = m\frac{dV}{dt} \quad (6.105)$$

图6.51描绘了着陆期间作用于飞行器上的力的典型变化。令 s_L 表示以速度 V_T 着陆至完全停止期间的落地滑行距离。通过求式(6.105)、式(6.97)与式(6.98)的数值积分可精确计算出 s_L。

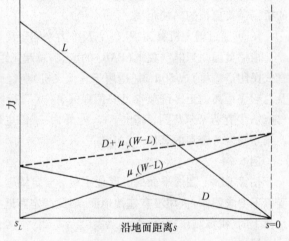

图6.51 着陆期间作用于飞行器上的力的典型变化图解

但是,让我们采用类似于第6.15节的原理来推演 s_L 的近似表达式。假定 $D + \mu_r(W - L)$ 的平均常数值能有效得出着陆时的正确落地滑行距离。再次假定 $[D + \mu_r(W - L)]_{平均}$ 等于其在 $0.7V_T$ 时所计算的瞬时值。

$$F = -[D + \mu_r(W - L)]_{av} = -[D + \mu_r(W - L)]_{0.7V_T} \quad (6.106)$$

注意图6.51中净减速力 $D + \mu_r(W - L)$ 可随距离发生较大变化,如虚线所示。因此,在此假设着陆比起飞更加微妙。回到式(6.92),求着陆点(即 $s = s_L$ 且 $t = 0$)与飞行器运动停止点(即 $s = 0$ 且时间等于 t)之间的积分:

$$\int_{s_L}^{0} \mathrm{d}s = \frac{F}{m} \int_{0}^{t} t\mathrm{d}t$$

或

$$s_L = -\frac{F}{m}\frac{t^2}{2} \tag{6.107}$$

注意由式(6.106)可知 F 为负值,因此式(6.107)中的 s_L 为正。

合并式(6.91)与式(6.107),得出

$$s_L = -\frac{V^2 m}{2F} \tag{6.108}$$

式(6.108)给出了由初始速度 V 减速至恒力 F 作用下的零速度所需距离。式(6.108)中的 F 由式(6.106)给出,且 V 为 V_T。因此,式(6.108)变为

$$s_L = \frac{V_T^2(W/g)}{2[D + \mu_r(W - L)]_{0.7V_T}} \tag{6.109}$$

考虑安全因数:

$$V_T = 1.3 V_{\text{stall}} = 1.3\sqrt{\frac{2W}{\rho_\infty S C_{L,\max}}} \tag{6.110}$$

将式(6.110)代入式(6.109),得出

$$s_L = \frac{1.69 W^2}{g\rho_\infty S C_{L,\max}[D + \mu_r(W - L)]_{0.7V_T}} \tag{6.111}$$

在着陆落地滑行期间,飞行员运用了制动器,因此式(6.111)中滚转摩擦系数为制动期间的滚转摩擦系数,近似于铺砌表面值 $\mu_r = 0.4$。

在着陆落地滑行期间,现代喷气式运输机运用推力反向。推力反向指将喷气式发动机中的空气导出至上游方向,与通常产生正常推力的下游方向相反。因此,伴随推力反向,图 6.49 中的推力矢量反向且指向阻力方向,因而对减速起辅助作用并缩短了落地滑行距离。令反向推力表示为 T_R,则式(6.105)变为

$$-T_R - D - \mu_r(W - L) = m\frac{\mathrm{d}V}{\mathrm{d}t} \tag{6.112}$$

假定 T_R 为常数,式(6.111)变为

$$s_L = \frac{1.69 W^2}{g\rho_\infty S C_{L,\max}\{T_R + [D + \mu_r(W - L)]_{0.7V_T}\}} \tag{6.113}$$

另一种缩短落地滚行的方法是将升力减小至接近零,从而在轮胎与地面之间施加飞行器的全部重量并增加由摩擦所产生的阻力。可通过扰流板影响飞行器机翼上的升力,扰流板为沿机翼翼展的狭长面,直接偏转至气流中,因而产生大量分离流并显著减小升力。

根据 FAR 的定义,总着陆距离为落地滑行距离与(沿地面所测定的)从 50ft 高度滑翔至着陆的距离之和。此类细节超出了本书的范畴;详见谢维尔与麦考密克的著作(本章末所列的参考文献)及安德森的著作《飞行器性能与设计》(*Aircraft Performance and Design*)(纽约:麦克劳希尔集团,1999年)。

例 6.25

估算 CJ-1 在海平面处的着陆落地滑行距离。不运用推力反向,但采用扰流板使 $L = 0$。扰流板使零升力阻力系数增大 10%。油箱基本上是空的,因而忽略飞行器所携带的燃油重量。着陆时,

充分展开襟翼,最大升力系数为2.5。

解

CJ-1 的空重为 12352lb。因此,

$$V_T = 1.3 V_{stall} = 1.3 \sqrt{\frac{2W}{\rho_\infty S C_{L,max}}} = 1.3 \sqrt{\frac{2(12352)}{0.002377(318)(2.5)}} = 148.6 \text{ft/s}$$

因此,$0.7V_T = 104$ft/s。同时,$C_{D,0} = 0.02 + 0.1(0.02) = 0.022$。$C_L = 0$(记住利用了扰流板影响升力),由式(6.98)可知:

$$D = \frac{1}{2}\rho_\infty V_\infty^2 S C_{D,0} = \frac{1}{2}(0.002377)(104)^2(318)(0.022) = 89.9 \text{lb}$$

$L = 0$,由式(6.111)可知:

$$s_L = \frac{1.69 W^2}{g\rho_\infty S C_{L,max}(D + \mu_r W)_{0.7V_T}}$$

$$= \frac{1.69(12352)^2}{32.2(0.002377)(318)(2.5)[89.9 + 0.4(12352)]} = 842 \text{ft}$$

6.17 转弯飞行与 $V-n$ 图表

到目前为止,我们所进行的飞行器性能探讨,所考虑的均为直线运动。静态性能分析探讨了沿直线路径恒速运动的零加速度情况。起飞性能与着陆性能的探讨涉及直线加速度,同时引起沿直线路径的运动。现考虑涉及径向加速度的情形,其形成曲线飞行航迹;换言之,让我们来考虑飞行器的转弯飞行。我们将重点观察以下三种特殊情形:水平转弯、拉升动作与下拉动作。研究飞行器沿三维飞行航迹的广义运动不属于本书的范畴。

图6.52 描绘了水平转弯。图中,飞行器的机翼倾斜成角 ϕ,因此升力矢量与垂直方向倾斜成角 ϕ。倾斜角 ϕ 与升力 L 使得垂直方向上的升力分量正好等于重力:

$$L\cos\phi = W$$

因此,飞行器维持恒定的高度,在同一水平面移动。然而,L 与 W 结合产生了合力 F_r,作用于水平面。该合力垂直于飞行航迹,使飞行器以曲率半径为 R 的圆形路径转弯。我们将研究该转弯半径 R 及转弯角速度 $d\theta/dt$。

由图6.52 中的受力图可知,该合力的量级为

$$F_r = \sqrt{L^2 - W^2} \tag{6.114}$$

引入新术语——负载因子 n,定义为

$$n \equiv \frac{L}{W} \tag{6.115}$$

负载因子通常用"$g's$"表示,例如,升力等于重力5倍的飞行器被称为所受负载因子为5 $g's$。因此,式(6.114)可列为

$$F_r = W\sqrt{n^2 - 1} \tag{6.116}$$

飞行器以速度 V_∞ 沿圆形路径飞行,因此径向加速度为 V_∞^2/R。由牛顿第二定律可知:

$$F_r = m\frac{V_\infty^2}{R} = \frac{W}{g}\frac{V_\infty^2}{R} \tag{6.117}$$

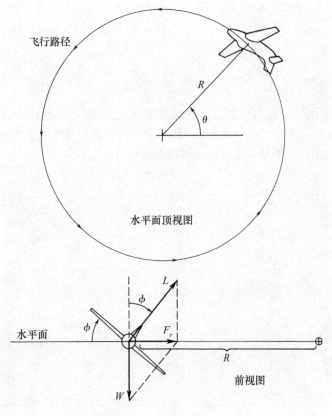

图 6.52 水平转弯的飞行器

合并式(6.116)与式(6.117)并求 R 的解,得出

$$R = \frac{V_\infty^2}{g\sqrt{n^2-1}} \tag{6.118}$$

用 $\omega \equiv d\theta/dt$ 表示的角速度被称为转弯角速度,给定为 V_∞/R。因此,由式(6.118)得出

$$\omega = \frac{g\sqrt{n^2-1}}{V_\infty} \tag{6.119}$$

为实现飞行器的军用或民用机动性能,尽可能采用最小的 R 与最大的 ω 通常是非常有利的。式(6.118)与式(6.119)表明为获得较小转弯转弯半径与较大转弯角速度,应达到以下几点:

1. 尽可能高的负载因子(即尽可能高的 L/W)。
2. 尽可能低的速度。

考虑转弯飞行的另一种情形,开始处于直线水平飞行($L=W$ 时)的飞行器升力突然增大。因为 $L>W$,飞行器开始向上转弯,如图 6.53 所示。为实现这一拉升动作,使垂直面内的飞行航迹变为曲线,转弯角速度为 $\omega = d\theta/dt$。由图 6.53 中的受力图可知合力 F_r 是垂直的,为

$$F_r = L - W = W(n-1) \tag{6.120}$$

由牛顿第二定律可知:

$$F_r = m\frac{V_\infty^2}{R} = \frac{W}{g}\frac{V_\infty^2}{R} \tag{6.121}$$

合并式(6.120)与式(6.121)并求 R 的解,得出

$$R = \frac{V_\infty^2}{g(n-1)} \qquad (6.122)$$

且因为 $\omega = V_\infty/R$,

$$\omega = \frac{g(n-1)}{V_\infty} \qquad (6.123)$$

另一种相关的情形为下拉动作,如图 6.54 所示。此处,开始处于水平飞行的飞行器突然滚转至倒飞位置,使得 L 与 W 均朝下。飞行器开始以转弯半径为 R 且转弯角速度为 $\omega = \mathrm{d}\theta/\mathrm{d}t$ 的圆周飞行航迹向下转弯。通过前述类似分析可轻易获得以下结果:

$$R = \frac{V_\infty^2}{g(n+1)} \qquad (6.124)$$

$$\omega = \frac{g(n+1)}{V_\infty} \qquad (6.125)$$

请自己证明以上结果。

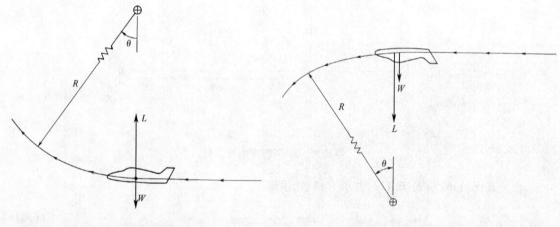

图 6.53 拉升动作　　　　　　图 6.54 下拉动作

关于转弯半径与转弯角速度的考量对于军用战斗机尤为重要;在其他条件相同的情形下,具有最小 R 与最大 ω 的飞行器在空战中具有明显优势。高性能战斗机被设计为以高负载因子(典型的为 3~10)运行。当 n 较大时,则 $n+1 \approx n$ 且 $n-1 \approx n$;在这种情形下,式(6.118)、式(6.119)与式(6.122)~式(6.125)化简为

$$R = \frac{V_\infty^2}{gn} \qquad (6.126)$$

以及

$$\omega = \frac{gn}{V_\infty} \qquad (6.127)$$

进一步研究这些方程。因为,

$$L = \frac{1}{2}\rho_\infty V_\infty^2 S C_L$$

则

$$V_\infty^2 = \frac{2L}{\rho_\infty S C_L} \qquad (6.128)$$

将式(6.128)与式(6.115)代入式(6.126)与式(6.127)中,得出

$$R = \frac{2L}{\rho_\infty SC_L g(L/W)} = \frac{2}{\rho_\infty C_L g} \frac{W}{S} \tag{6.129}$$

以及

$$\omega = \frac{gn}{\sqrt{2L/(\rho_\infty SC_L)}} = \frac{gn}{\sqrt{[2n/(\rho_\infty C_L)](W/S)}} = g\sqrt{\frac{\rho_\infty C_L n}{2(W/S)}} \tag{6.130}$$

注意式(6.129)与式(6.130)中出现了因数 W/S。在前述章节的探讨中,该因数频繁出现于飞行器性能分析,被称为

$$\frac{W}{S} \equiv 机翼负载$$

式(6.129)与式(6.130)明确表明:在其他条件等同的情形下,机翼负载较低的飞行器转弯半径更小,转弯角速度更大。然而,飞行器的机翼负载设计通常不由机动因素决定,而由有效负载、航程及最大速度等因素决定。因此,轻型、通用航空飞行器的机翼负载相对较低,而高性能军用战斗机的机翼负载相对较高。以下列出了某些典型飞行器的机翼负载:

飞行器	$W/S/(\text{lb/ft}^2)$
"莱特飞行器"(1903)	1.2
比奇"富豪"	18.8
麦道公司 F-15	66
通用动力公司 F-16	74

由上表可得出以下结论:由于其较小的转弯半径与较大的转弯速度,小型轻型飞行器(如比奇"富豪"飞机)能以机动制胜大型重型飞行器(如 F-16 飞机)。但是,这就像比较两种完全不同的事物。反过来,观察式(6.129)与式(6.130)中给定飞行器的给定机翼负载并询问:对于该特定飞行器而言,在什么条件下 R 最小且 ω 最大?由以上方程可知,显而易见在 C_L 与 n 均为最大值时,R 将最小,ω 将最大,即

$$R_{\min} = \frac{2}{\rho_\infty g C_{L,\max}} \frac{W}{S} \tag{6.131}$$

$$\omega_{\max} = g\sqrt{\frac{\rho_\infty C_{L,\max} n_{\max}}{2(W/S)}} \tag{6.132}$$

同时注意由式(6.131)与式(6.132)可知最佳性能出现于海平面处,ρ_∞ 最大时。

前述探讨中存在一些实际性制约。首先,低速时,$n_{\max}$ 自身为 $C_{L,\max}$ 的函数,因为

$$n = \frac{L}{W} = \frac{\frac{1}{2}\rho_\infty V_\infty^2 SC_L}{W}$$

因此,

$$n_{\max} = \frac{1}{2}\rho_\infty V_\infty^2 \frac{C_{L,\max}}{W/S} \tag{6.133}$$

高速时,$n_{\max}$ 受飞行器结构设计的限制。观察图 6.55 即可更好地理解这些因素,图中描绘了给定飞行器的负载因子对速度图示:V-n 图表。式(6.133)给出了曲线 AB。设飞行器以图 6.55 所示的速度 V_1 飞行。假定飞行器处于使 $C_L < C_{L,\max}$ 的攻角处。该飞行状况由图 6.55 中的点 1 表示。现假定攻角增大以获得 $C_{L,\max}$,使速度保持 V_1 不变。升力增大至适用于给定 V_1 的最大值,因此负载因子 $n = L/W$ 达到适用于给定 V_1 的最大值。式(6.133)给出了 $n_{\max}$ 的值,且图 6.55 中的点 2 给出了相应的飞行状况。若攻角进一步增大,则机翼失速且负载因子减小。因此,图 6.55 中的点 3 在飞行中是不可能实现的。点 3 处于 V-n 图表的失速区中。因此,点 2 表示在给定速度 V_1 处可实现的最大可能负载因子。现在随着 V_1 增大,如增大至 V_4 值,则最大可能负载因子也增大,如图 6.55 中的点 4 所示,且可根据式(6.133)将其计算出来。然而,不允许将 $n_{\max}$ 增加至无穷大。超过一定值的负载因

子定义为正极限负载因子,如图 6.55 中的水平线 BC 所示,在此种情形下飞行器可能出现结构破损。对应点 B 的速度用 V^* 表示。当速度高于 V^* 时,如速度为 V_5 时,飞行器必须以小于 $C_{L,\max}$ 的 C_L 值飞行以不超过正极限负载因子。若在速度 V_5 处以 $C_{L,\max}$ 飞行,对应图 6.55 中的点 5 处,将出现结构破损。V–n 图表右侧的线 CD 为高速极限。大于该速度时,动压极大增强以致飞行器可能出现结构破损。(根据设计,该最大速度极限远远大于 6.4 节~6.6 节所计算出来的水平飞行 $V_{\max}$。事实上,多数飞行器的结构设计为 V–n 图表所允许的最大速度远大于飞机的最大俯冲速度。)最后,V–n 图表的底部,由图 6.55 中的曲线 AE 与 ED 表示,对应负绝对攻角,即负的负载因子。曲线 AE 定义了失速极限。(在绝对攻角小于 0 处,升力为负,且作用方向朝下。若机翼以足够大的负攻角下俯,则气流将在机翼下表面分离且向下作用的升力量级将减小;换言之,机翼失速。)线 ED 为负极限负载因子,超出该极限将出现结构破损。

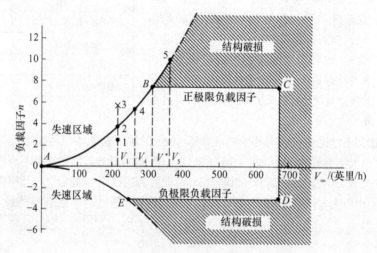

图 6.55 典型喷气式教练机的 V–n 图表
[来源:美国空军学院]

关于 V–n 图表,最后值得注意的一点是考虑图 6.55 中的点 B,该点称为机动点,该点处的 C_L 与 n 均为飞行器允许飞行包线中任意位置可获得的最大可能值。因此,由式(6.131)与式(6.132)可知,该点同时对应飞行器最小可能转弯半径与最大可能转弯角速度。对应点 B 处的速度称为转弯速度,用图 6.55 中的 V^* 表示。通过求式(6.133)中速度的解可得出转弯速度为

$$V^* = \sqrt{\frac{2 n_{\max}}{\rho_\infty C_{L,\max}} \frac{W}{S}} \tag{6.134}$$

由式(6.134)可知,$n_{\max}$ 值对应图 6.55 中的点 B。转弯速度是一条有趣的分界线。飞行速度小于 V^* 时,不可能由于产生过多升力而造成飞行器结构破损。与此相反,飞行速度大于 V^* 时,可获得的升力能造成飞行器结构破损(如图 6.55 中的点 5 处),且飞行员必须确保避免此类情形。

例 6.26

设 CJ-1(例 6.1)在海平面处进行水平转弯。计算最小转弯半径与最大转弯角速度。最大负载因子与最大升力系数(无襟翼偏转)分别为 5 与 1.4。

解

由式(6.134)可知,当飞行速度为转弯速度 V^* 时,可求得最小转弯半径与最大转弯角速度:

$$V^* = \sqrt{\frac{2 n_{\max} \left(\dfrac{W}{S}\right)}{\rho_\infty C_{L,\max}}} \tag{6.134}$$

满燃油负载的 CJ-1 的机翼负载为

$$\frac{W}{S} = \frac{19815}{318} = 62.3 \text{lb/ft}^2$$

因此,由式(6.134)可知:

$$V^* = \sqrt{\frac{2n_{\max}\left(\dfrac{W}{S}\right)}{\rho_\infty C_{L,\max}}} = \sqrt{\frac{2(5)(62.3)}{(0.002377)(1.4)}} = 43.6 \text{ft/s}$$

$V_\infty = V^*$ 且 $n = n_{\max}$,由式(6.118)得出

$$R_{\min} = \frac{(V^*)^2}{g\sqrt{n_{\max}^2 - 1}} = \frac{(43.6)^2}{32.2\sqrt{(5)^2 - 1}} = 1186 \text{ft}$$

且由式(6.119)得出

$$\omega_{\max} = \frac{g\sqrt{n_{\max}^2 - 1}}{V^*} = \frac{32.2\sqrt{(5)^2 - 1}}{43.6} = 0.365 \text{rad/s}$$

用度表示,回顾可知 1rad = 57.3°,得出

$$\omega_{\max} = 20.9°/\text{s}$$

6.18 加速爬升率(能量法)[①]

现代高性能飞行器,如图 6.56 所示的通用动力公司 F-16 超声速飞机,具有高加速爬升率。因此,此类飞行器的性能分析方法要求超越第 6.8 节 ~ 6.11 节静态爬升率探讨中所使用的方法。本节旨在引入一种处理飞行器能量的方法。其不同于前述探讨中用于明确处理飞行器受力的方法。

设质量为 m 的飞行器在某一高度 h 以速度 V 飞行。由于其高度,飞行器具有等于 mgh 的势能 PE。由于其速度,飞行器具有等于 $\frac{1}{2}mV^2$ 的动能 KE。飞行器总能量为这些能量之和:

$$\text{飞行器总能量} = \text{PE} + \text{KE} = mgh + \frac{1}{2}mV^2 \tag{6.135}$$

将式(6.135)除以 $W = mg$ 可得出飞行器单位重量的能量。这一结果为比能,用 H_e 表示:

$$H_e \equiv \frac{\text{PE} + \text{KE}}{W} = \frac{mgh + \dfrac{1}{2}mV^2}{mg}$$

或

$$H_e = h + \frac{V^2}{2g} \tag{6.136}$$

比能 H_e 的单位为高度,因此其也被称为飞行器的能量高度。故请习惯用能量高度表示飞行器的能量,即单位重量的动能与势能之和。图 6.57 描绘了恒定 H_e 的等高线,即高度-马赫数图示。图中,纵坐标与横坐标分别为 h 与马赫数 M,且虚线为恒定能量高度线。

[①] 本节的部分内容基于美国空军学院航空系工作人员在每年七月于科罗拉多州斯普林斯(Colorado Springs)举行的年度空气动力学研讨会上所陈述的资料。从 1979 年该研讨会全面启动以来,作者就拥有参加该研讨会的特殊权限。特别感谢资料的提供者詹姆斯.D.朗(James D. Lang)上校、托马斯·派诺特(Thomas Parrot)少校与丹尼尔·戴利(Daniel Daley)上校。

图 6.56 90°垂直加速爬升的通用
动力公司 F-16 飞机
[来源:美国空军]

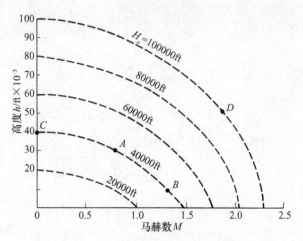

图 6.57 展示恒定能量高度曲线的高度与马赫数图。
这些曲线为表示单位重量的动能与势能变化的
通用曲线,其不取决于给定飞行器的特定设计要素

为证明图 6.57 的重要性,设两架飞行器,一架以马赫数 0.81 在 30000ft 的高空飞行(图 6.57 中的点 A),另一架以马赫数 1.3 在 10000ft 的高空飞行(点 B)。两架飞行器具有相同的能量高度,为 40000ft(请通过计算验证这一结果)。然而,与飞行器 B 相比,飞行器 A(单位重量的)势能更多,动能更少。若两架飞行器均维持相同的总能量状态,则它们均能仅通过将其所有动能转化成势能来以零速度(点 C)"迅速上升"至 40000ft 的高度。设另一架飞行器以马赫数 1.85 飞行在 50000ft 的高空,用图 6.57 中的点 D 表示。该飞行器将具有 100000ft 能量高度且能通过将其所有动能转化成势能来迅速上升至 100000ft 的实际高度。与飞行器 A 和 B(H_e = 40000ft)相比,飞行器 D 具有更高的能量状态(H_e = 100000ft)。因此,与飞行器 A 和 B 相比,飞行器 D 具有更强的速度性能与高度性能。在空战中,在其他条件等同的情形下,具有更高的能量状态(即具有更大的 H_e)意味着你将具有比对手更大的优势。

飞行器如何改变其能量状态?例如,图 6.57 中,飞行器 A 与 B 如何能将其能量高度增加至等于飞行器 D 的能量高度?为解答这一问题,回顾图 6.5 中的受力图及所得的沿飞行航迹的运动方程,即式(6.7)。假定 α_T 较小,式(6.7)变为

$$T - D - W\sin\theta = m\frac{dV}{dt} \tag{6.137}$$

回顾可知 $m = W/g$,重新将式(6.137)列为

$$T - D = W\left(\sin\theta + \frac{1}{g}\frac{dV}{dt}\right)$$

将以上方程乘以 V/W,得出

$$\frac{TV - DV}{W} = V\sin\theta + \frac{V}{g}\frac{dV}{dt} \tag{6.138}$$

观察式(6.138)并回顾第 6.8 节中的某些定义,得出 $V\sin\theta = R/C = dh/dt$ 且

$$\frac{TV-DV}{W} = \frac{\text{过剩功率}}{W} \equiv P_s$$

式中:单位重量的过剩功率定义为比过剩功率,用 P_s 表示。因此,式(6.138)可列为

$$P_s = \frac{dh}{dt} + \frac{V}{g}\frac{dV}{dt} \tag{6.139}$$

式(6.139)表明具有过剩功率的飞行器能将该过剩功率用于增大爬升率、或沿飞行航迹加速或用于两者。例如,设飞行器以 800ft/s 的速度水平飞行。假定当飞行员一直向前推动油门时,过剩功率以 P_s =300ft/s 的量生成。式(6.139)表明飞行员能选择使用所有过剩功率来获得 300ft/s 的最大未加速爬升率($dV/dt=0$,因此 $P_s = dh/dt = R/C$)。在此种情况下,沿飞行航迹的速度保持为 800ft/s 不变。或者,飞行员可选择持续水平飞行($dh/dt=0$),且将所有过剩功率用于以 $dV/dt = gP_s/V = 32.2(300)/800 = 12.1\text{ft/s}^2$ 速率加速。另一方面,可以实现某些组合,例如爬升率为 $dh/dt=100\text{ft/s}$ 且沿飞行航迹的加速度为 $dV/dt = 32.2(200)/800 = 8.1\text{ft/s}^2$。[注意式(6.138)与式(6.139)为式(6.50)的归纳形式。在第 6.8 节中假定 $dV/dt=0$,此为由式(6.50)得出的实现稳定爬升的条件。前述章节中探讨了具有有限加速度的一般爬升情形。]现在,返回至能量高度的式(6.136)。求时间的积分,得出

$$\frac{dH_e}{dt} = \frac{dh}{dt} + \frac{V}{g}\frac{dV}{dt} \tag{6.140}$$

式(6.139)与式(6.140)的右侧相同,因此得出

$$P_s = \frac{dH_e}{dt} \tag{6.141}$$

换言之,能量高度的时间变化率等于比过剩功率,此即为本段开篇问题的解答。飞行器仅通过运用过剩功率就能增加其能量状态。图 6.57 中,若它们具有足够的过剩功率,则飞行器 A 与 B 能达到飞行器 D 的能量状态。

这就立刻引发了下一问题:我们如何能确定给定飞行器是否具有足够的 P_s 来达到特定的能量高度?为解答这一问题,回顾图 6.29 中过剩功率的定义,即:现有功率与所需功率之差。对于给定的高度而言,如 h,能绘制过剩功率(因而 P_s)对速度(或马赫数)的曲线图。对于低于阻力发散马赫数的亚声速飞行器而言,所得曲线与图 6.58(a)中的略图相似。在给定高度 h_1 处,P_s 将为反向的 U 形曲线。(其与图 6.32 与图 6.33 所示的曲线图为同种类型。)对于逐渐增高的高度而言,如 h_2 与 h_3,P_s 将变小,如图 6.58(a)所示。因此,图 6.58(a)仅为 P_s 对马赫数的曲线图,其中高度为参数。以上结果能与用 P_s 作为参数的高度与马赫数图制成交会图,如图 6.58(b)所示。例如,考虑图 6.58(a)中 P_s=0 的所有点,这些点对应沿水平轴处经过 P_s=0 的各点,如图 6.58(a)中的点 a、b、c、d、e 与 f。现在图 6.58(b)中的高度与马赫数

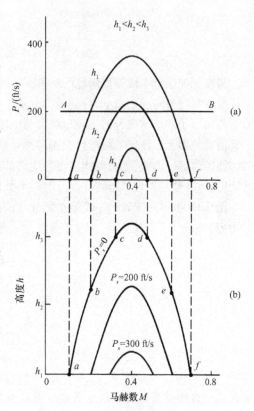

图 6.58 低于阻力发散马赫数的亚声速飞行器高度与马赫数图中比过剩功率等高线的建构。这些等高线建构适用于固定负载因子;若负载因子改变,则 P_s 等高线也随之转变

图中重新绘制这些点。图中,点 a、b、c、d、e 与 f 形成钟形曲线,沿着该曲线 $P_s=0$。该曲线被称为 $P_s=0$ 的 P_s 等高线。类似地,$P_s=200\text{ft/s}$ 的各点位于图 6.58(a) 中的水平线 AB 上,且可将这些点制成交会图来生成图 6.58(b) 中的 $P_s=200\text{ft/s}$ 等高线。按照此种方式,可在高度与马赫数图中生成完整系列的 P_s 等高线。

对于超声速飞行器而言,不同高度的 P_s 对马赫数曲线如图 6.59(a) 所示。在 1 马赫附近 U 形曲线上的"凹痕"源于跨声速飞行状态(见 5.10 节)中阻力的突增。反过来,这些曲线可以与高度与马赫数图制成交会图,产生如图 6.59(b) 所示的 P_s 等高线。由于 6.59(a) 中 P_s 曲线为双驼峰型,图 6.59(b) 中的 P_s 等高线在亚声速区与超声速区具有不同的形状。图 6.59(b) 所示的 P_s 等高线形状为多数超声速飞行器的特征。

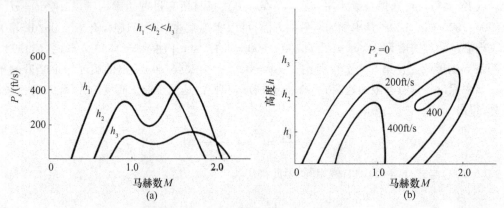

图 6.59　超声速飞行器的比过剩功率等高线

现在更加接近本段开篇问题的解答了。将图 6.59(b) 中的等高线与图 6.57 所示的能量状态全部叠加在高度与马赫数图上,可获得类似图 6.60 的图示。在该图中,注意 P_s 等高线总是对应具有给定负载因子的给定飞行器,而 H_e 线为与给定飞行器无关的通用基本物理曲线。图 6.60 的用处在于其清楚地表示了给定飞行器可获得的能量状态。飞行器的持续飞行区位于由 $P_s=0$ 等高线形成的包线的内部。因此,飞行器能获得包线内部所有 H_e 值。将不同飞行器的类似于图 6.60 的图示进行比较,可清楚地发现飞行器在高度与马赫数图的哪一区域与另一飞行器相比具有机动性优势。

图 6.60 也可用于表示实现最小爬升时间的正确飞行航迹。例如,设两种能量高度 $H_{e,1}$ 与 $H_{e,2}$,其中 $H_{e,2}>H_{e,1}$。可由式(6.141)求得能量状态之间的移动时间,表示为

$$dt = \frac{dH_e}{P_s}$$

求 $H_{e,1}$ 与 $H_{e,2}$ 间的积分,得出

$$t_2 - t_1 = \int_{H_{e,1}}^{H_{e,2}} \frac{dH_e}{P_s} \tag{6.142}$$

由式(6.142)可知,当 P_s 最大时,爬升时间将为最小。观察图 6.60,每一 H_e 曲线上都存在一点,在该点处 P_s 最大。事实上,该点处 P_s 曲线与 H_e 曲线相切。此类点如图 6.60 中的点 A 至点 I 所示。经过此类点的带箭头的线描绘了为实现最小爬升时间而沿飞行航迹的高度与马赫数变化。D 与 D' 之间的飞行航迹部分表示在 1 马赫附近的阻力发散区内以恒定能量俯冲至加速。

最后值得注意的是现代高性能飞行器分析广泛运用了前述能量概念。军事飞行员在飞行时实际随身携带 P_s 图表。在此我们仅旨在引入一些涉及此类概念的定义与基本观点,更加广泛的探讨超出了本书的范畴。

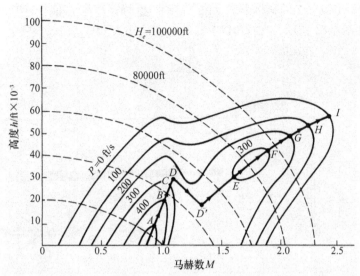

图6.60 高度与马赫数图上的 P_s 等高线与特定能量状态叠加图。图中所示的 P_s 值近似对应洛克希德公司 F-104G 超声速战斗机。负载因子 $n=1$, $W=18000$lb。飞行器处于最大推力处。点 A 至 I 给出的路径为最小爬升时间的飞行航迹

6.19 超声速飞行器专题探讨

亚声速流与超声速流的物理特性完全不同——就好比白天与黑夜的差别。本书已经在第 4 章及第 5 章探讨了某些差异。但这些差异并不影响本章所探讨的飞行器性能方法。此类方法具有普遍性,适用于亚声速飞行器与超声速飞行器。性能分析中区分亚声速飞行器与超声速飞行器的唯一方法是通过升阻系数曲线与发动机特征。回顾 5.3 节的探讨可知, C_L 与 C_D 为自由流马赫数的函数;因此,升阻系数曲线为 M_∞ 的函数。给定的升阻系数曲线适用于特定的马赫数。例如,图 6.2 所示的洛克希德公司 C-141A 型飞机升阻系数曲线适用于低速流 $M_\infty \leq 0.3$。图 6.61 描绘了同一架飞行器的给定亚声速马赫数与给定超声速马赫数升阻系数曲线之间的一般对比。对于给定的 C_L 而言,由于超声速激波阻力的出现,超声速时的 C_D 大于亚声速时的 C_D。因此,超声速升阻系数曲线位于亚声速升阻系数曲线右侧,为形状更为紧密的抛物线,如图 6.61 所示。

设升阻系数曲线上的任意点,如图 6.61 中所示的点 1。经过原点 0 至点 1 处的直线 $O-1$ 将具有等于 $C_{L,1}/C_{D,1}$ 的斜率;换言之,该斜率等于与点 1 处飞行相关的升阻比。随着点 1 在升阻系数曲线上的向上移动,直线 $O-1$ 的斜率将随着 L/D 值的增大而增大。令点 A 为直线变为切线的点。因此,直线 OA 的斜率为最大可能斜率。该斜率等于 $(L/D)_{max}$,且点 A 对应最大升阻比时的飞行。这演示了根据作图法可由升阻系数曲线求得 $(L/D)_{max}$,画一条经过原点并与升阻系数曲线相切的直线,该直线斜率等于 $(L/D)_{max}$。

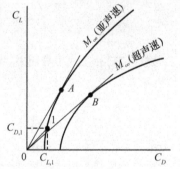

图 6.61 同一飞行器的亚声速升阻系数曲线与超声速升阻系数曲线一般对比

牢记此点,比较图 6.61 中的两条升阻系数曲线。线 OA 与亚声速升阻系数曲线相切,其斜率为给定亚声速马赫数处的 $(L/D)_{max}$。线 OB 与超声速升阻系数曲线相切,其斜率为给定超声速马赫数

处的$(L/D)_{max}$。显而易见，OB的斜率小于OA的。超声速时的$(L/D)_{max}$值小于亚声速时的$(L/D)_{max}$值，且差异明显，如图6.62所示。飞行器以1马赫加速时，其$(L/D)_{max}$值大幅减小。

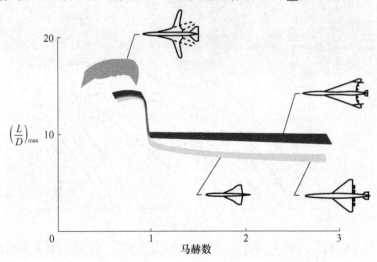

图6.62 几种一般飞行器构型的$(L/D)_{max}$随马赫数的变化

[来源：M·R·尼克尔斯(M. R. Nichols)、A·L·凯斯(A. L. Keith)和W·E·弗斯(W. E. Foss). 第二代超声速运输机(*The Second-Generation Supersonic Transport*).《七十年代及以后时期的民用航空飞行器技术》(*Vehicle Technology for Civil Aviation: The Seventies and Beyond*). NASA SP-292:409-428.]

超声速时$(L/D)_{max}$的减小对飞行器性能可能的最严重影响就是影响航程。由式(6.77)可知，喷气式飞机的航程与$C_L^{1/2}/C_D$成比例。若$(L/D)_{max}$小于给定的超声速马赫数，则$(C_L^{1/2}/C_D)_{max}$的值也将小于超声速马赫数。此即为在同等条件下给定飞行器超声速巡航的航程小于亚声速巡航航程的主要原因。

回顾式(6.75)：

$$R = \int_{W_1}^{W_0} \frac{V_\infty}{c_t} \frac{C_L}{C_D} \frac{dW}{W} \tag{6.75}$$

式(6.77)由上式推导而来。假定飞行器以常数V_∞、c_t与C_L/C_D飞行，式(6.75)变为

$$R = \frac{V_\infty}{c_t} \frac{L}{D} \ln \frac{W_0}{W_1} \tag{6.143}$$

在文献资料中经常看到式(6.143)作为喷气式飞机的航程方程。注意由式(6.143)可知最大航程并非与最大L/D一起实现，而是与乘积$V_\infty(L/D)$的最大值一起实现。如式(6.77)的推导过程所示，当$C_L^{1/2}/C_D$最大时，该乘积最大。无论怎样，式(6.143)为喷气式飞机航程的实用表达。

设计板块

基于前述探讨，超声速巡航飞行器(如民用超声速运输机)的设计者必须接受式(6.143)体现的事实。例如，在20世纪90年代，美国工业进行了一项有关第二代超声速运输机[称为高速民用运输机(HSCT)]的拓展研究，该项研究由NASA的高速研究(HSR)计划支持。(与此相比，设计于20世纪60年代的英法"协和式"飞机为第一代超声速运输机，如图5.66所示。)适用于HSCT的基准设计规范为以2.4马赫巡航，航程为5000英里，携带300乘客。此为极端设计挑战，属于现代航空技术尖端水平。由式(6.143)可知，L/D减少几个百分比就会使特定的航程难以实现。这就强调了致力

于改善超声速 L/D 的超声速空气动力学研究的重要性。发动机必须在产生尽可能大的推力燃油消耗比的同时在排气喷口排出符合环境标准的低量大气污染物以保护大气臭氧层。此外,在起飞与着陆过程中发动机噪声必须较低并符合标准,此为用于超声速飞行的喷气式发动机设计的主要挑战,因排气喷流速度较大,因此噪声较严重。所以,用于 HSCT 的发动机设计本身就是一个巨大的挑战。同时还存在主要的结构挑战与材料挑战。HSCT 的设计目标为结构重量分数(结构重量除以总起飞重量)仅 0.2,其明显小于范值 0.25 但高于传统亚声速运输机的值。具有更小结构重量分数的HSCT 能运载更多燃油和/或更多乘客来符合其他设计规范。若仅这样还不够,HSCT 的基线尺寸很大,其长度大于足球场,使得机身(纵向)存在弹性弯曲的问题;因此,稳定性与控制受到极大影响。该问题由于受到气动力、推力及实时控制输入的相互作用而更具复杂性。其被称为 APSE(气动推进伺服弹性)效应,是影响 HSCT 飞行与着陆的一个难题。(了解更多关于设计挑战的细节,见"超声速商用飞机:NASA 高速研究计划评估"(*Supersonic Commercial Aircraft: Assessing NASA's High-Speed Research Program*).《美国国家研究委员会报告》(*National Research Council Report*).华盛顿:美国国家科学院出版社,1997.)注意不将音爆视为 HSCT 面临的难题,因为预先决定了其能以亚声速飞跃陆地——"协和式"SST 飞机也遭遇同样的限制。同时,由于经济原因,对 HSCT 的研究已经中断。但是,NASA 仍然大体上继续进行超声速商用飞机技术问题的低水平研究计划,并期待第二代超声速运输机成为现实。

总之,符合环境标准且具有经济可行性的超声速运输机的设计是航空技术目前尚未解决的主要难题。它将成为 21 世纪早期最具挑战性的航空活动尝试,有可能许多阅读本书的读者将会参与迎接这一挑战。

式(6.77)与式(6.143)均清楚地表明用于补偿超声速飞行器在航程中的 $(L/D)_{max}$ 损失及 $C_L^{1/2}/C_D$ 损失的方法:

1. 减小推力燃油消耗比 c_t。
2. 增大燃油重量 W_f,因而增大式(6.143)中的 W_0/W_1 比及式(6.77)中的 $W_0^{1/2}-W_1^{1/2}$ 差。

增大燃油重量通常并不是合理的设计解决方案,因为燃油增加通常意味着飞行器的实用有效负载减小。同时,对于涡轮喷气发动机与低旁通比涡轮风扇发动机而言(见第 9 章),推力燃油消耗比随超声速马赫数的增大而增大,进一步加剧了航程的减小。

6.20 无人飞行器

在莱特兄弟努力将人类用飞行器载入空中 100 年后,一些空天工程师致力于将人类带离飞行器。无人飞行器(UAV)即指飞行器上不载人,通过地面上或其他飞行器上的飞行员遥控飞行的飞行器。此类飞行器于 20 世纪 50 年代随着雷声公司"火蜂"遥控飞行器进行遥控侦察活动而进入人类的视野,被广泛用于越战。使用初期,此类飞行器被称为遥控飞行器(RPV),以色列是第一个在战斗中使用 RPV 的国家,坚称进行侦察活动任务时,损失相对不那么严重的 RPV 比损失飞行员与价值上百万的飞行器要好。20 世纪下半叶,RPV 发展成熟并更名为 UAV,表示"无人操纵的"(unmanned)飞行器。然而无人操纵一词并不恰当,因为即使飞行员不在飞行器内,此类飞行器还是由飞行员遥控操纵的。这就产生了近来所使用的无人(uninhabited)飞行器一词,其描述更为准确。

同时,UAV 及其附属产品无人战斗机(UCAV)日渐成为空天工程中的重要组成部分。仅美国就至少有 60 个 UAV 设计计划在进行中,整个欧洲、中东及亚洲则更多。它已成为价值数十亿美元的业务,并处于快速增长中。就飞行器设计而言,UAV 提供了广阔的设计空间,部分原因在于其不再需要飞行员、乘客、相关生命保障设备与安全舒适设备,这就减小了重量并降低了复杂性。此外,不存在由于人体极限所带来的自然限制,如即使仅加速至9g's及更大加速度几秒钟,人类就会失去意识。无人飞行器为空天工程师带来了新的令人兴奋的设计挑战,此类飞行器提供了大幅度改善性能的可能性与许多新型独特应用的可能性。由于其日渐增长的重要性,本节将探讨UAV,使其作为整个飞行导论的一部分。

现观察几种现有UAV。迄今为止,UAV的主要任务是侦察。最著名的UAV为通用原子公司"捕食者"无人机,如图6.63中的三视图所示。该飞行器被用于波斯尼亚战争、阿富汗战争与伊拉克战争中。"捕食者"的翼展为14.85 m(48.7ft),大展弦比为19.3,且最大起飞重量为1020kg_f (2250lb),由105hp的罗塔克斯四缸往复式发动机驱动双叶变距推进螺旋桨来提供动力。作为侦察机,"捕食者"设计用于在空中长时间停留,其最长续航时间大于40h。(若飞行员在飞行器上,则如此长的续航时间是不切实际的。)大展弦比为允许长续航时间的一种设计特征。在低空的续航时间为该飞行器的主要性能特征;其最大速度较慢,为204km/h(127英里/h),盘旋速度介于111~130km/h(69~81英里/h)之间,且实用升限较低,为7.925km(26000ft)。"捕食者"近来作为UCAV被成功用于在阿富汗地区向地面目标发射导弹。

与低空"捕食者"相比,诺斯罗普·格鲁曼公司"全球鹰"无人机为高空监视UAV,如图6.64所示。观察图6.64可知,"全球鹰"展弦比极大,为25,与第5.15节设计板块详细描述的洛克希德公司高空U-2飞机的大展弦比机翼一样,为飞行器提供了有利的气动特性。"全球鹰"远大于"捕食者",翼展为35.42m(116.2ft),起飞重量为11612 kg(25600 lb)。实用升限为19.8 km(65000ft),设计盘旋速度为635km/h(395英里/h),盘旋高度为15.2~19.8 km(50000~65000ft),最长续航时间为42h。与"捕食者"采用的活塞式发动机不同,"全球鹰"由劳斯莱斯-艾利森AE3007H型涡轮风扇发动机提供动力,在标准海平面产生7600lb的推力。

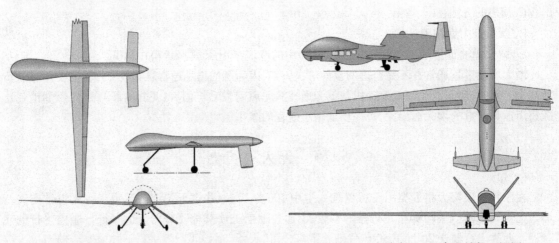

图6.63 通用原子公司"捕食者"UAV续航三视图　　图6.64 "全球鹰"UAV高空续航三视图

在其众多应用中,"全球鹰"已成为大气科学研究的重要工具。2010年4月7日,NASA德莱登研究中心的工程师们驾驶全球鹰飞行了14.1个h,覆盖航程4500英里,飞越太平洋,最远向北飞到了阿拉斯加科迪亚克岛,飞行高度达69900ft,远远高于传统有人驾驶飞行器所能实现的高度(仅图5.52中的U-2飞机能飞到这一高度,但是很难将U-2飞机划分为"传统"飞行器)。"全球鹰"承载11种测量地球大气层化学成分、大气动力学及云层与气溶胶粒子分布的工具,被工程师及科学家(与美国国家海洋和大气管理局的人员合作)打上印记,从赤道飞行至北极圈及夏威夷西部。此外,在2010年5月27日,NASA计划在2012-2014年间的大西洋飓风季从瓦罗普斯飞行研究所将两架"全球鹰"飞行至大西洋以研究飓风的性质、能量过程及其速度改变。

此外还存在隐身 UAV,如洛克希德·马丁公司"暗星"无人机,如图 6.65 所示。其为实验性飞行器,在生产了两种原型机后于 1999 年计划终止。不管怎样,"暗星"代表着低可察性的高空续航 UAV。其尺寸介于"捕食者"与"全球鹰"之间,翼展为 21.03 m(69ft),展弦比为 14.8,起飞重量为 3901 kg(8600 lb)。设计盘旋高度为 13.7~19.8 km(45000ft~65000ft)。在 13.7km(45000ft)的高空,最大巡航速度为 463km/h(288 英里/h)。最长续航时间约 12h,比"捕食者"与"全球鹰"的更短——这可能反映了往往烦扰隐身机设计的糟糕气动特性。

让我们展望未来发展。图 6.66 描绘了反映先进 UAV 新观点的设计研究,其为俄亥俄州代顿市莱特-特帕森空军基地美国空军研究实验室的传感飞行器研究的一部分。传感飞行器设计为续航时间长的高空 UAV,用于在大航程范围内长时间执行指挥、控制、侦查、追踪、分程传递及目标导向功能。设计目标在于将其续航时间增长至"全球鹰"的 150% 以上。观察图 6.66 可知传感飞行器研究考虑三种基本构型:类似的传统机翼—机身—尾翼(上左)构型、机翼(下左)构型与联接翼(上右与下右)构型。以上构型由大天线尺寸及视野要求(各要求可能存在冲突)决定,同时具有极高水平的气动效率。

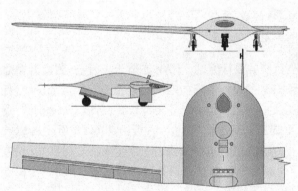
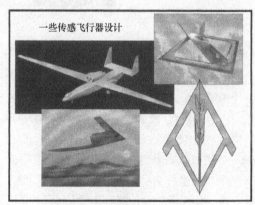

图 6.65 "暗星"隐身 UAV 三视图　　图 6.66 一些先进的 UAV 设计

[来源:美国空军]

无人战斗机。前述章节所探讨的 UAV 不运载武器、导弹或炸弹,是用于侦察、指挥与控制及类似任务的非作战飞行器。与此相反,专用无人飞行器设计用于直接空对空战斗与空对地战斗。这些飞行器被称为无人战斗机(UCAV),它们形成一类特殊飞行器。通过使飞行员处于战斗机或轰炸机之外,UVAC 能在重力(负载因子)远高于人体承受能力的情形下以大幅提升的加速度与机动性来优化作战性能。与载人飞行器相比,UCAV 具有极大的可扩展设计空间;与那些旨在保护机上人员生命的飞行器相比,UCAV 的战术运用更具侵略性。

UCAV 的一个示例为波音 X-45 飞机,如图 6.67 所示,是为未来作战型 UCAV 做准备的实验性飞行器。如图 6.67 所示,X-45 飞机为隐身构型;低雷达横截面对作战 UCAV 而言绝对必要。X-45 飞机的翼展为 33.75ft,总重量为 15000lb。其由霍尼韦尔 F-124 涡轮风扇发动机提供动力,能达到 0.95 的马赫数。X-45 飞机及其代表的设计方案是军用飞机的范式转移,代表着未来的发展方向。

评述。再次观察图 6.63~图 6.67,图中的构型与普通飞行器相比为非传统构型,但是对于现阶段 UAV 与 UCAV 而言为传统构型。这仅仅是开始。20 年后你再回顾图 6.63~图 6.67 中的构型,会将它们视为无人飞行器中的"莱特飞行者"。

361

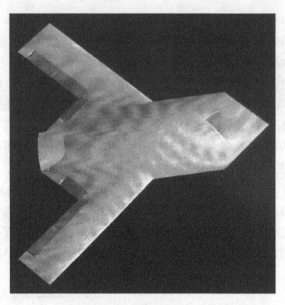

图 6.67　X-45 隐身 UCAV

[来源：美国空军]

UAV 设计流程。第 6.22 节中探讨了概念飞行器的设计原理。UAV 亦属于飞行器，因此其概念设计遵循第 6.22 节中概括的七步骤流程。新型 UAV 的设计要求（步骤一）通常受有效负载（基于任务所需的仪器和/或武器）、航程、续航时间及高度的影响。因为 UAV 相对较新，所以与传统飞行器的情形不同，不存在相同深度的飞行器重量（步骤二）历史数据。然而，可由图 6.68 所示的以往 UAV 的类似数据得出首次重量估算。根据要求，有效负载（电子仪器等）的重量及航程可能已知。图 6.68 中横坐标为（航程）×（有效负载重量），则起飞重量的首次估算可由图 6.68 中的纵坐标获得。这就允许概念设计流程遵循第 6.22 节概括的余下步骤。

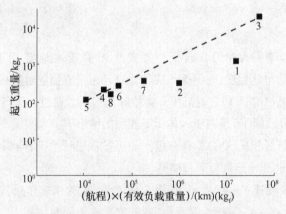

图 6.68　UAV 设计流程中首次重量估算图示

数据点：(1)通用原子公司 RQ-1A"捕食者"无人机；(2)洛克希德·马丁公司"暗星"无人机/波音 RQ-3A"暗星"无人机；(3)诺斯罗普·格鲁曼公司 RQ-4A"全球鹰"无人机；(4)BAE 系统公司"凤凰"无人机；(5)美捷特公司 ASR-4 "幽灵"无人机；(6)IAI"搜索者"无人机；(7)银箭公司赫尔墨斯 450 型无人机；(8)AAI/IAI RQ-2 先锋号无人机。

例 6.27

考虑前例中的 CP-1 飞行器。若从飞行器上移除飞行员、乘客、座椅及仪表盘并将 CP-1 转换为 UAV，观察该飞行器的性能改变。这纯粹作为学术练习。事实上，UAV 从一开始就需要进行概要设计以优化其性能,与本例中所考虑的仅具有必要装置的 CP-1 不同。无论如何,保持飞行器上的其他设备不变,仅移除人员及相关设备,此时观察 CP-1 的性能改变是有意义的。此种情形下,计算:(a)海平面的 V_{max};(b)海平面的最大爬升率;(c)最大航程;(d)海平面的最长续航时间,所移除的人员及设备重量包括:4 名人员(包括飞行员),每名重 180lb,合计重 720lb;4 个座椅,每个重 30lb,合计重 120lb;仪表盘重 40lb。所减少的总重量为 880lb。

解

由前例中的探讨可知 CP-1 的燃油空重为 2583lb,燃油重量为 367lb。则"UAV 版本"的 CP-1 的燃油空重为

$$W_1 = 2583 - 880 = 1703\text{lb}$$

总重量为

$$W_0 = W_1 + W_f = 1703 + 367 = 2070\text{lb}$$

且

$$AR = 7.37, C_{D,0} = 0.025, e = 0.8, S = 174\text{ft}^2$$

a. 如第 6.5 节与 6.6 节所述,通过绘制所需动力曲线图并找出该曲线与现有动力曲线的交点可求得 V_{max}。但是我们采用以下解析方法。回顾式(6.42):

$$T = q_\infty S\left(C_{D,0} + \frac{W^2}{q_\infty^2 S^2 \pi e AR}\right)$$

将该式乘以 V_∞,同时注意 $TV_\infty = P_A$,得出

$$TV_\infty = P_A = q_\infty V_\infty S\left(C_{D,0} + \frac{W^2}{q_\infty^2 S^2 \pi e AR}\right)$$

$$P_A = \frac{1}{2}\rho_\infty V_\infty^3 S C_{D,0} + \frac{W^2}{\frac{1}{2}\rho_\infty V_\infty S \pi e AR} \tag{E6.27.1}$$

由例 6.4 可知 CP-1 的现有动力为

$$P_A = \eta(bhp) = (0.80)(230) = 184\text{hp}$$

或

$$P_A = (184)(550) = 1.012 \times 10^5 \text{ft}\cdot\text{lb/s}$$

且

$$\frac{1}{2}\rho_\infty S C_{D,0} = \frac{1}{2}(0.002377)(174)(0.025) = 5.17 \times 10^{-3}$$

$$\frac{W^2}{\frac{1}{2}\rho_\infty S \pi e AR} = \frac{(2080)^2}{\frac{1}{2}(0.002377)(174)\pi(0.8)(7.37)} = 1.119 \times 10^6$$

因此式(E6.27.1)变为

$$1.012 \times 10^5 = 5.17 \times 10^{-3} V_\infty^3 + \frac{1.119 \times 10^6}{V_\infty} \tag{E6.27.2}$$

求式(E6.27.2)中 V_∞ 的解:

$$V_\infty = 266\text{ft/s}$$

由于式(E6.27.1)中的 P_A 为最大现有动力,则 $V_\infty = V_{max}$。因此,

$$V_{max} = 266\text{ft/s}$$

将该结果与例 6.4 中求得的 CP-1 的结果(即 $V_{max} = 265$)进行比较,几乎不存在变化。仅减小重量同时保持其他条件不变不会对 V_{max} 造成实际影响。尤其是机翼面积保持不变,导致其低于

CP-1的机翼负载。新的机翼负载为

$$\text{UAV}: \frac{W}{S} = \frac{2070}{174} = 119 \text{lb/ft}^2$$

与 CP-1 的机翼负载相比:

$$\text{CP}-1: \frac{W}{S} = \frac{2950}{174} = 17 \text{lb/ft}^2$$

最大速度依赖于 W/S,由第 6.8 节的设计板块可知 $V_{\max}$ 随着 W/S 的增大而增大。即使 UAV 的动力重量比增大,$V_{\max}$ 随之增大,但减小的机翼负载使得增大的动力重量比无效。若减小样本 UAV 的机翼面积使其 W/S 与 CP-1 的相同,则 $V_{\max}$ 将会显著增大。这就表明了从一开始利用新设计空间来进行 UAV 要点设计的重要性。

b. 由式(6.53)可知:

$$(R/C)_{\max} = \left(\frac{\eta P}{W}\right)_{\max} - 0.8776 \sqrt{\frac{W/S}{\rho_\infty C_{D,0}}} \frac{1}{(L/D)_{\max}^{3/2}}$$

由式(6.85)可知:

$$\left(\frac{C_L}{C_D}\right)_{\max} = \left(\frac{L}{D}\right)_{\max} = \frac{\sqrt{C_{D,0} \pi e \text{AR}}}{2 C_{D,0}} = \frac{\sqrt{(0.025)\pi(0.8)(7.37)}}{2(0.025)} = 13.6$$

同时,

$$\frac{W}{S} = \frac{2070}{174} = 119 \text{lb/ft}^2$$

且

$$\left(\frac{\eta P}{W}\right)_{\max} = \frac{(0.8)(230)(550)}{2070} = 48.9 \text{ft/s}$$

因此,由式(6.53)得出

$$(R/C)_{\max} = 48.9 - 0.8776 \sqrt{\frac{11.9}{(0.002377)(0.025)}} \frac{1}{(13.6)^{3/2}} = 48.9 - 7.8 = 41.1 \text{ft/s}$$

或

$$(R/C)_{\max} = (41.1)(60) = 2466 \text{ft/min}$$

将该结果与例 6.10 中求得的 CP-1 的结果进行比较。CP-1 海平面处的 $(R/C)_{\max}$ 值为 1494ft/min。通过将人员及相关设备移出 CP-1,我们将最大爬升率增大了 65%——显著增长。

c. 由下式(6.67)可求得最大航程:

$$R = \frac{\eta}{c} \frac{C_L}{C_D} \ln \frac{W_0}{W_1}$$

式中:$\eta = 0.8$;$c = 2.27 \times 10^{-7} \text{ft}^{-1}$(由例 6.18 可知),$(C_L/C_D)_{\max} = 13.6$ 且 $W_0/W_1 = 2070/1703 = 1.216$。由式(6.67)得出

$$R = \frac{0.8}{2.27 \times 10^{-7}} (13.6) \ln(1.216) = 9.37 \times 10^6 \text{ft}$$

或

$$R = \frac{9.37 \times 10^6}{5280} = 1775 \text{ 英里}$$

将该结果与例 6.18 中求得的 CP-1 最大航程(即 $R = 1207$ 英里)进行比较。通过将人员及相关设备移出飞行器,我们将最大航程增大了 47%。

d. 由下式(6.68)可求得海平面的最长续航时间：

$$E = \frac{\eta}{c}\frac{C_L^{3/2}}{C_D}(2\rho_\infty S)^{1/2}(W_1^{-1/2} - W_0^{-1/2})$$

由式(6.87)可知：

$$\left(\frac{C_L^{3/2}}{C_D}\right)_{\max} = \frac{(3C_{D,0}\pi eAR)^{3/4}}{4C_{D,0}} = \frac{[3(0.025)\pi(0.8)(7.37)]^{3/4}}{4(0.025)} = 12.8$$

$$E = \frac{(0.8)(12.8)}{2.27\times 10^{-7}}\sqrt{2(0.002377)(174)}\left[(1703)^{-1/2} - (2070)^{-1/2}\right]$$

$$E = 9.24\times 10^4 s = \frac{9.24\times 10^4}{3600} = 25.7 h$$

将该结果与例6.18中求得的CP-1最长续航时间(即$E=14.4h$)进行比较。通过将人员及相关设备移出飞行器,我们将最长续航时间增大了78%！

注:本例论证了仅通过将人员及相关设备移出飞行器就可极大增大最大爬升率、航程及续航时间。设想一下,不是仅仅对现有飞行器进行修改,而是从一开始就进行UAV要点设计能更大地增加飞行器性能。

例6.28

设两架军用飞行器:一架为传统有人驾驶飞行器,最大负载因子限定为9;另一架为UCAV,所设计的最大负载因子25。以相同速度飞行,比较两架飞行器的转弯半径与转弯角速度。

解

回顾式(6.118)可知转弯半径R为

$$R = \frac{V_\infty^2}{g\sqrt{n^2-1}}$$

令R_1表示UCAV的转弯半径,R_2表示传统飞行器的转弯半径。V_∞相同时,由式(6.118)得出

$$\frac{R_1}{R_2} = \sqrt{\frac{n_2^2-1}{n_1^2-1}} = \sqrt{\frac{(9)^2-1}{(25)^2-1}} = 0.36$$

回顾式(6.119)可知转弯角速度ω为

$$\omega = \frac{g\sqrt{n^2-1}}{V_\infty}$$

令ω_1与ω_2分别表示UCAV与传统飞行器的转弯角速度,V_∞相同时,由式(6.119)得出

$$\frac{\omega_1}{\omega_2} = \sqrt{\frac{n_1^2-1}{n_2^2-1}} = \sqrt{\frac{(25)^2-1}{(9)^2-1}} = 2.8$$

注:UCAV能以几乎为传统飞行器1/3的半径进行圆形转弯,且其转弯角速度几乎为传统飞行器的3倍——机动性显著增强。

6.21 微型飞行器

20世纪90年代,一种特殊的微小UAV进入航空领域,其翼展约为15 cm及以下,重量小于0.09 kg。此类UAV被称为微型飞行器,其任务通常为检测局部区域内的生物制剂、化合物与核物质,通常将其用于防犯罪监测与反恐监测。可将微型飞行器制成昆虫大小,它们能飞过走廊并在建筑物的角落附近飞行。其重要性日渐增长,因此值得在此一提。关于微型飞行器设计的评论,见汤姆·穆

勒(Tom Mueller)等的著作(固定翼微型航空飞行器设计概论,*Introduction to the Design of Fixed - Wing Micro Air Vehicles*,弗吉尼亚州雷斯顿:美国航空航天学会,2007.)。

图6.69描绘了一类微型飞行器的基准构型,图6.70还展示了类似的飞行器照片。这些微型飞行器的小尺寸与低速度使其直接进入了低雷诺数气动区域,$Re<100000$。本书中的所有传统飞行器及日常生活中所使用的飞行器以数百万的雷诺数飞行。与微型飞行器相关的低雷诺数被证明是这类飞行器最大的设计挑战。低雷诺数的翼型及机翼的空气动力特性与高雷诺数时的非常不同。

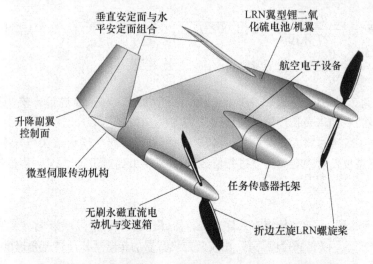

图6.69　由海军研究实验室的R. J. 福煦(R. J. Foch)设计的概念微型飞行器

图6.70　设计于比利时根特大学的微型飞行器 UGMAV 15
[杨·维尔兰迪尔教授(Prof. Jan Vierendeels)友情提供图片]

例如,图6.71中描绘了 $Re=100000$ 时翼型上的流线,根据计算流体力学(CFD)的计算机程序得出。低雷诺数时,流经翼型的气流是层流[(图6.71(a))]。即使处于零攻角时,分离流区也出现与该翼型上,如图6.71(a)所示,此由正好位于翼型前缘下游的层流分离气泡造成。此类层流分离气泡及之后的分离流为流经公称厚度的翼型的低雷诺数气流特征。分离流的结果(类似于翼型位于高攻角时的失速现象)是升力突增,阻力飞涨,且对翼型十分重要的 L/D 急剧减小。与此相反,若用相同的 CFD 计算机计算人为使气流成为湍流,则可获得附着流,如图6.71(b)所示。湍流附着流的升力系数为0.45,层流分离流的升力系数为0.05。[见 A. P. 科萨里(A. P. Kothari)& 小约翰·

D. 安德森（J. D. Anderson, Jr.）. 低雷诺数翼型上的气流——可压缩的纳维尔-斯托克斯数值解（*Flows over Low Reynolds Number Airfoils—Compressible Navier - Stokes Numerical Solutions*）. AIAA 论文 85-0107（AIAA Paper 85-0107）. 于 1985 年 1 月 14 日至 17 日在内华达州雷诺市提交于第 23 届航空航天科学会议]

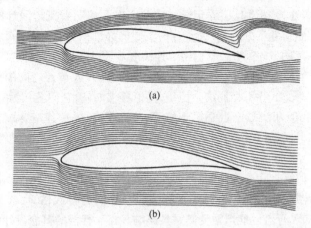

图 6.71　沃特曼 FX63-137 型翼型的计算流体力学计算。$Re = 100000, M = 0.5$
(a) 层流；(b) 湍流。
[本书作者与 A. J. 科萨里（A. J. Kothari）博士计算]

同时注意图 6.69 与图 6.70 所示的微型飞行器的展弦比较低，近似于 1~2。因此，微型飞行器的气动特性为那些流经低展弦比机翼的低雷诺数气流的气动特性——它们共同减小了升力并增大了阻力。介于 4~6 的最大升阻比比较典型。

一旦已知给定飞行器的气动特性及微型发动机的推力或阻力，就可使用本章所推演的方法与方程来计算出其性能。由性能计算可知气动特性，由气动特性可设计低雷诺数、低展弦比构型。

6.22　概念飞行器设计原理

本书并非关于飞行器设计，而所探讨的基本主题却是飞行器设计的基本内容。分散在本书中的设计板块旨在为这些基本内容增添一些设计视角。本节将探讨如何理性地开始新飞行器的实际设计流程。

多数情况下，新飞行器设计经历三个阶段：

1. 概念设计：飞行器设计者开始为新飞行器设计符合一系列规范（要求）的具体目标——或者有时候仅具有实施某些开拓性创新性的观点或技术的想法。（图 5.91 所示的贝尔 X-1 试验机及图 5.92 所示的高超声速 X-15 飞行器就是实现以上目标的范例。）实现这些目标的第一个步骤构成了概念设计阶段。本阶段，新设计的整体形状、尺寸、重量及性能在设计者的头脑中模糊成形，且飞行器的初步构型已通过图纸或计算机屏幕成形。这一效果图称为构型布局图。

2. 初步设计：本阶段，对构型布局图进行更改（通常是微小的更改），并开始进行认真的结构与控制系统分析和设计。进行大量的风洞试验，对飞行器的整个流场进行主要 CFD 计算。以上所有活动旨在对设计进行微调。

3. 详细设计：本阶段，飞行器的整体构型已经固定；详细设计阶段顾名思义即飞行器的"基本零件"设计阶段。在此，飞行器被视为可装配的机械。本阶段进行单个翼肋、翼梁、蒙皮截面等的精确设计及生产工具和夹具的设计，确定紧固件（铆钉、焊接接头及类似设备）的尺寸、数量及位置。在细部设计阶段后期,飞行器已经准备好装配。

回到概念设计阶段,因为设计者正是在这一阶段首先开始智力设计活动,并在头脑中构造新飞行器。设计流程是一种创造行为,与所有创造性行为一样,不存在单一的方法。不同人、不同公司及不同书本从不同角度进行着不同的事件,处理着同一主题。然而,作者基于哲学基础建议整个概念设计流程应由七个知识性的"枢轴点"固定——这七个方面控制着概念设计的思维过程,但允许不同的、更详细的见解延伸到各个方向。(关于这一主题的详细探讨,见安德森著作《飞行器性能与设计》,纽约:麦克劳希尔集团,1999年。)我们将以连续七步骤的形式来探讨这些知识性的"枢轴点"。

步骤一:要求。任何新飞行器的设计都有一组要求。如同人与人之间的指纹一样,飞行器之间的这些设计要求是独一无二、各不相同的。但是,无论要求如何,它们统一为完整设计的总体目标服务。它们可能以条款组合的形式出现,适用于航程、起飞距离、失速速度、续航时间、最大速度、爬升率、转弯角速度与转弯半径、最大负载因子、实用升限、成本、可靠度与可维护性及最大尺寸。以上仅为少数几个例子。

步骤二:首次重量估算。除非飞行器能产生一个大于其重量的升力,否则没有飞行器能够飞离地面。因此,不在飞行器设计流程中进行飞行器总起飞重量的首次估算,飞行器则不能飞离地面。根据本章所学知识可知飞行器性能严重受其重量影响。在飞行器的概念设计中,只有进行总起飞重量的首次估算,才能进一步进行设计。例如,可通过观察之前的类似飞行器设计,使用以往经验来获得首次重量估算。

步骤三:关键性能参数。根据本章所学知识可知飞行器性能依赖一系列参数,如最大升力系数、升阻比、零升阻系数、机翼负载 W/S 与推重比 T/W。有必要对这些参数进行首次估算,以计算设计的性能及观察其如何与步骤一的要求紧密匹配。

步骤四:构型布局图。构型布局图是指飞行器演化至本阶段的形状与尺寸(大小)图。步骤三所述的关键性能参数与步骤二的首次重量估算为飞行器的近似尺寸设计及构型制图提供了足够的信息。

步骤五:更好的重量估算。由步骤四的构型布局图可进行详细的部件重量分解;换言之,可估算机翼、发动机、机身、尾翼、有效负载、燃油等的单独重量。将各单独重量合计,详细的部件重量估算比步骤二所得出的飞行器总重量估算更为精确。

步骤六:性能分析。本步骤为"橡胶接触路面道路(理论联系实际)"之处——对步骤四中所绘制的构型的性能进行评价,评估其是否符合步骤一中所列的所有原始规格。以上评价基于利用本章所探讨的概念与技巧所进行的性能分析。实际上不可能首个构型就符合所有的规格,可能其超过了某些规格,而又不符合其他规格。本阶段,设计者的创造性评价尤为重要。开始以下迭代过程:对构型进行修改,期望其逐步符合所有要求。设计者返回至步骤三,重新调整关键的性能参数以改善设计的性能。这些调整反过来改变了步骤四中的构型及步骤五中的重量估算。修改的性能在步骤六中得到评定。一直重复以上过程直到得到的概念飞行器设计符合所有要求。

本阶段,对设计团队的一些成熟评价是非常重要的,因为迭代过程可能不会使设计符合所有要求。可能某些规格是不切实际的,或现有的技术不够先进,或成本估算不允许。所以,通过与客户合作,可放宽某些规格以优先实现其他要求。例如,高速很重要,但允许高速的机翼负载将起飞距离与着陆距离增大至超出原始规格,则可放宽对起飞与落地的要求。

步骤七:最优化。当设计团队满意地通过步骤三与步骤六的迭代过程生产出可行的飞行器后,接下来的问题就是该飞行器是否为最佳设计。这就产生了最优化分析。当今设计最优化技巧所使用的是超出本书范畴的复杂数学运算。最优化理论研究以实现最佳设计为目标,带来了可能变革 21 世纪整个设计流程的新技巧。

伴随以上内容,我们结束对概念飞行器设计原理的简短探讨。将以上内容置于本章末尾是因为其强调了本章飞行器性能探讨各方面的实用性与重要性。飞行器设计是一门专业,建议感兴趣的读者研究本章末参考文献处列出的雷默的最终设计文本。

6.23 评　述

我们通过提及 NASA 及航空航天工程中用于准确估算飞行器性能的详细计算机程序来结束本章技术部分的探讨。这些程序通常适用于特定型号的飞行器——例如,普通航空飞行器(轻型单发动机或双发动机私人飞行器)、军用战斗机及商用运输机。此类考量超出了本书的范畴。但是,本章所探讨的原理将成为进一步研究飞行器性能的跳板;本章末的参考文献提供了一些用于此类研究的建议。

6.24 历史事记:减少阻力——NACA 整流罩与整流片

第一次世界大战期间及第一次世界大战后,星形活塞发动机广泛运用于航空中。如第 9 章所述,星形发动机的活塞呈圆形围绕曲轴排列,汽缸通过流经外翅片散热面的气流冷却。直到 1927 年,这些汽缸通常直接暴露于飞行器的主要气流中,如图 6.72 所示,因此发动机——机身组合上的阻力非常高。这一问题过于严重,使得一群飞行器制造商于 1927 年 5 月 24 日在兰利机场会面,强烈要求 NACA 研究减少阻力的方法。因此,在弗雷德.E. 威克(Fred E. Weick)的指导下,在兰利的 20ft 螺旋桨研究风洞对安装在传统机身上的莱特"旋风"系列 J-5 星形发动机进行了一系列广泛研究。在这些试验中,不同类型的气动表面被称为整流罩,用于部分或完全覆盖发动机汽缸,直接将汽缸上的部分气流引导用于冷却,同时又不干扰流经机身主要平滑气动流。最好的整流罩如图 6.73 所示,完全覆盖了发动机。效果引人注目:与未加整流罩的机身相比,完整整流罩竟然将阻力减小了 60%！直接摘自第 331 号 NACA 技术报告中威克名为"带各种型号整流罩的旋风星形气冷式发动机的阻力与冷却"(Drag and Cooling with Various Forms of Cowling for a Whirlwind Radial Air-Cooled Engine)的报告(出版于 1928 年)的图 6.74 描绘了这一现象。从 1928 年开始,几乎所有配备星形发动机的飞行器都设计配备了完整的 NACA 整流罩。整流罩的发展是 20 世纪 20 年代最重要的空气动力学进步之一,它引领通向飞行器速度与效率激增的道路。

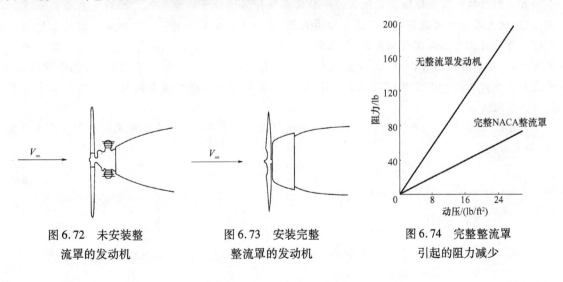

图 6.72　未安装整流罩的发动机　　图 6.73　安装完整整流罩的发动机　　图 6.74　完整整流罩引起的阻力减少

几年后的第二个主要进步由一个完全不同的团体在飞行器的另一个完全不同的部件上实现。20世纪30年代早期,加利福尼亚州帕萨迪纳市的加利福尼亚理工学院在西奥多·冯·卡门的指导下制定了一个航空计划。冯·卡门是路德维希·普朗特(Ludwig Prandtl)的学生,可能是1920—1960年间最顶尖的空气动力学家。在加利福尼亚理工学院,冯·卡门成立了一个高质量航空实验室,其包括由古根海姆基金会提供资金赞助的大型亚声速风洞。该风洞的首个主要实验性计划是道格拉斯飞机公司的一个商业项目。道格拉斯飞机公司当时正在设计DC-1飞机,它是一系列非常成功的运输机的先驱(包括著名的、彻底变革20世纪30年代商用航空DC-3飞机)。DC-1飞机的机翼与机身连接处受到异常抖震的困扰。连接处的尖角引起了严重的分离流场,带来高阻力及导致机尾抖震的发散涡流。加利福尼亚理工学院的解决方案具有新颖性与开创性,使机翼后缘平滑贴合机身。这些整形片称为整流片,通过实证设计在DC-1的风洞模型上用黏土建构出来。通过尝试错误法寻找其最佳形状。增加整流片(见图6.75)通过平整分离流解决了抖震问题,因此也减小了干扰阻力。从那时起,整流片成为了标准的飞行器设计特征。此外,整流片也是用于展示20世纪30年代大学实验室研究如何直接为实际飞行器设计进步做贡献的范例。

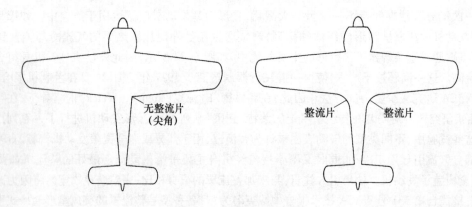

图6.75 机翼整流片图示

设计板块

第5章与第6章已经强调了机翼的展弦比在飞行器设计中的重要性。特别是在亚声速飞行中,通过增大展弦比可获得更低的诱导阻力系数,因而可获得更高的最大升阻比。既然已经接近飞行器气动特性与性能探讨的尾声,那么就有必要询问以下问题来扩展这一探讨:飞行器水平稳定飞行时,与诱导阻力系数相比,什么设计参数决定诱导阻力自身?凭直觉而言,是展弦比吗?还是其他设计参数?以下探讨给出了解答,能帮助我们进一步理解诱导阻力并从物理上深入理解展弦比定义。

由方程(6.1c)可知,升致阻力系数(以正常攻角进行的亚声速飞行主要阻尼是由于诱导阻力系数)给定为

$$C_{D,i} = \frac{C_L^2}{\pi e \mathrm{AR}} \tag{6.144}$$

那么,升致阻力为

$$D_i = q_\infty S C_{D,i} = q_\infty S \frac{C_L^2}{\pi e \mathrm{AR}} \tag{6.145}$$

水平稳定飞行时，$L=W$。因此，

$$C_L^2 = \left(\frac{L}{q_\infty S}\right)^2 = \left(\frac{W}{q_\infty S}\right)^2 \tag{6.146}$$

将式(6.146)代入式(6.145)，得出

$$D_i = q_\infty S \left(\frac{W}{q_\infty S}\right)^2 \frac{1}{\pi e \mathrm{AR}} \tag{6.147}$$

因为 $\mathrm{AR} = b^2/S$，式(6.147)可列为

$$D_i = \frac{1}{\pi e} q_\infty S \left(\frac{W}{q_\infty S}\right)^2 \left(\frac{S}{b^2}\right) \tag{6.148}$$

注意式(6.148)中的机翼面积已抵消，因而得出

$$D_i = \frac{1}{\pi e q_\infty} \left(\frac{W}{b}\right)^2 \tag{6.149}$$

这一结果非常明显，即：水平稳定飞行时，升致阻力——该力本身——明显不依赖于展弦比而是依赖于另一被称为翼展负载的设计参数 W/b：

$$\text{翼展负载} \equiv \frac{W}{b} \tag{6.150}$$

升致阻力随翼展负载的平方而变化。

由式(6.149)可知，对于给定重量的飞行器而言，仅通过增大翼展就能减小升致阻力。在此过程中，翼尖涡流(诱导阻力的物理源头)被直接移动到更远处，因此减小了它们对机翼余下部分的影响，因而也减小了诱导阻力。这给出了很直观的理解。

鉴于此，翼展负载 W/b 成为了飞行器设计者在新飞行器的概念设计流程中能进行调整的另一设计参数。当然，翼展负载与展弦比通过以下关系相联系：

$$\frac{W}{b} = \left(\frac{W}{S}\right) \frac{b}{\mathrm{AR}} \tag{6.151}$$

式中：W/S 为我们所熟悉的机翼负载。

回顾展弦比的概念，现在它具有了更重要的意义。首先注意零升力阻力，用 D_0 表示，其表达式为 $q_\infty S C_{D,0}$，因此其与机翼面积成比例；而实现水平稳定飞行的升致阻力通过式((6.149)与翼展负载的平方成比例。两种阻力之比为

$$\frac{D_i}{D_0} = \left[\frac{1}{\pi e q_\infty}\left(\frac{W}{b}\right)^2\right] \frac{1}{q_\infty S C_{D,0}} \tag{6.152}$$

式(6.152)中的比例 $(W/b)^2/S$ 能转换为

$$\frac{(W/b)^2}{S} = \frac{(W/S)^2}{b^2/S} \frac{(W/S)^2}{\mathrm{AR}} \tag{6.153}$$

将式(6.153)代入式(6.152)，得出

$$\frac{D_i}{D_0} = \frac{1}{\pi e q_\infty^2 C_{D,0}} \frac{(W/S)^2}{\mathrm{AR}} \tag{6.154}$$

由式(6.154)可得出以下观点：对于设计参数 W/S 与 $C_{D,0}$ 的给定值而言，增大设计展弦比将减小与零升阻力相关的升致阻力。因此，展弦比主要控制升致阻力与零升阻力之比；而翼展负载控制升力诱导阻力的实际值。

6.25　历史事记：飞行器性能的早期预测

当代飞行器是艺术与工程结合的现代作品。因而，本章所述的飞行器性能预测有时被视为相对现代的学科。然而，与直觉相反，某些基本概念根植于历史中；事实上仅仅在莱特兄弟1903年的首次成功飞行几年后，前述章节中详细介绍的某些特定技巧就已经被用于实践了。本节追溯飞行器性能的某些基本观点的历史发展路径：

1. 乔治·凯利给出了飞行器所需动力（功率）P_R的理解。他认为飞行器在万有引力作用下稳定滑翔时的能量消耗比必须基本上为发动机维持稳定水平飞行所提供的动力。1853年凯利写道：

当整个飞行器负载重量等于最终准备实施试验的人的重量，且飞行器配备先前发送文件中规定的方向舵（升降舵）（调整舵面使飞行器从某一高度开始倾斜下滑到适当的倾斜角），可期望其在仅受自身重力作用下以与水平面呈11°的角度下滑；或者，若试验进行状况良好，所受直接阻力较小，且设每平方英尺表面负载1b重量，期望其以约36ft/s的速度下掠。通过在完全无风的天气下进行反复试验，已经确定了这一观点，为保障人身安全及所需数据，令机翼具备承载人的最大能力；并记录更大范围的水平航程内测定的下掠角；通过反复试验后，已经找到该点的准确位置，我们将能确定用于计算重力与表面相同条件下发动机实现水平飞行所需功率的有效实际基础……

2. 第5.14节与6.1节所引入的、图5.49与图6.1所描绘的、式((6.1a)所体现的升阻系数曲线概念简单代表了C_D对C_L的曲线图，表示C_D随C_L的平方变化。升阻系数曲线是飞行器性能计算必不可少的要素。有趣的是第一个升阻系数曲线是由奥托·利林塔尔（见第1.5节）在1889年绘制和发布的，尽管他不这么称呼此类曲线。1909年，古斯塔夫·埃菲尔（Gustave Eiffel）为这些图示引入了曲线一词。埃菲尔，即巴黎埃菲尔铁塔的设计者，从1909年到1923年去世时建造了两个风洞并进行了大量气动试验。

3. 对爬升率要求的理解可追溯至1913年，当格朗维尔.E.布拉德肖（Granville E. Bradshaw）12月在格拉斯哥向苏格兰航空协会演讲时，做出了以下评述：" 所有成功飞行器的基本特征中最重要的就是其必须能快速爬升。这就几乎完全依赖于发动机的重量效率。爬升率直接随所发展的动力变化，间接随所提升的重量变化。"以上说法本质上为式(6.50)的部分陈述。

4. 20世纪前不存在对飞行器性能预测的一般理解。1894年奥克塔夫·沙尼特（Octave Chanute）的著作《飞行器进展》（*Progress in Flying Machines*）是对航空学的极佳总结，但是其不包括任何与本章所述的程序稍稍相似的计算技巧。当时最深入的理解也仅限于升力与阻力首先受到面积的影响，其次受到速度的影响，但这不构成性能计算。然而，1911年这一情形被彻底改变。那一年，弗伦奇曼·迪谢纳（Frenchman Duchène）的著作《飞机力学：飞行原理研究》（*The Mechanics of the Airplane: A Study of the Principles of Flight*）获得了巴黎科学院颁发的蒙松奖章。迪谢纳上校是一名法国工程技术员，出生于1869年12月27日，在著名的巴黎综合理工学院接受教育，后被派遣至图尔城堡，法国"浮空学"中心之一。1910—1911年间，迪谢纳上校就是在这一岗位完成著作。该书首次提出了如本章所述的飞行器性能基本要素。迪谢纳给出了所需动力（功率）曲线与现有动力（功率）曲线，如图6.21(a)所示；他探讨了飞行器的最大速度，并给出了与式(6.50)一样适用于爬升率的关系式。因此，某些现有的飞行器性能计算概念可追溯至1910-1911年——第一次世界大战爆发前4年，莱特兄弟1903年的首次飞行后7年。随后，在1917年，迪谢纳的著作被约翰·莱德博尔（John Ledeboer）与T. O'B.哈伯德（T. O'B. Hubbard）翻译为英文（见本章末的参考文献）。最后，在1918-1920年间，出现了另外三本关于飞行器性能的书籍（见参考文献），最著名的当属伦纳德·贝尔斯托(Leonard Bairstow)所著的权威性《应用空气动力学》(*Applied Aerodynamics*)。到此时本章所探讨的基础得以建立完善。

6.26　历史事记:布拉奎特及其航程公式

路易斯·查尔斯·布拉奎特是一名著名的法国飞行员、飞行器设计者与工业家。他出生于1880年1月2日,就读于康多赛中学、加诺中学与高等电力学院的电气工程专业。毕业后,他进入了父亲梅森·布拉奎特(Maison Breguet)的电气工程公司。但是,1909年布拉奎特建造了自己的首架飞行器并从此开始投身航空事业。第一次世界大战期间,他设计的飞行器被大量生产装备法国空军。1919年他建立了商用航空公司,随后该公司发展为法国航空公司。他的飞行器在20世纪20年代及30年代间创造了多个长航程纪录。布拉奎特一直积极地经营自己的飞机制造公司直至1955年5月4日逝世。他的名字与相当一部分法国航空历史相关。

式(6.67)所给出的螺旋桨飞机的航程公式也与布拉奎特的名字相关,通常称为布拉奎特航程公式。但是,这一关联从历史上来说较为模糊。事实上,本书作者进行过历史研究,直到发现1922年布拉奎特在伦敦向皇家航空学会做过报告才发现布拉奎特与式(6.67)的关系。另一方面,1919年前的所有飞行器性能文献资料中完全没有关于飞行器航程或续航时间的参考,更不要说关于布拉奎特的了。令人惊讶的是考利(Cowley)与李维(Levy)(1918)、贾奇(1919)及贝尔斯托(1920)的权威书籍(见本章末的参考文献)也没有探讨这一主题。另一方面,在1919年第69号NACA报告中,J. G. 柯芬(J. G. Coffin)题为"飞行器航程与有效负载研究"(A Study of Airplane Ranges and Useful Loads)的报告给出了航程公式方程(6.67)与续航公式方程(6.68)的完整推导。但作为柯蒂斯工程公司的研究部主任,柯芬完全没有提及引用任何人的参考。柯芬的作品看上去是原创且很明显是文献资料中第一次关于航程与续航时间的陈述。但是,令事情更复杂的是,几年后我们在第173号NACA报告中发现沃尔特·S·迪尔(Walter S. Diehl)(第3.6节曾提及迪尔)题为"评估飞行器性能及重量、机翼面积或动力变化影响的可靠公式"的报告给出了以下陈述:"通常归功于布拉奎特,常见的航程公式可轻易推导出来。"迪尔的报告随后使用了式(6.67),没有进一步提及布拉奎特。该报告出版于1923年,柯芬作品出版4年后。

因此,退一步说,式(6.67)的所有权不清晰。在作者看来,至少在美国有许多文件证实了柯芬—布拉奎特航程方程这一名称。但是,显然没有文字记载,流传到我们这一时代就仅仅称为布拉奎特方程了。

6.27　历史事记:飞行器设计——演变与革新

休息一会,回顾始于乔治·凯利爵士1804年手动升空滑翔机的飞行器演变历程。事实上,图1.8(凯利自己所绘制的飞行器草图)展示了具有现代构型的首架飞行器。现在将时间向后推一个世纪,回顾图1.2中的飞行器设计,即莱特兄弟1903年首次成功飞行的历史性照片,这才是实用飞行器的真正开端。最后,再将时间往后推80年,回顾图6.11,该图展示了一架现代喷气式飞机。将这三种飞行器并存在你脑海中:凯利的滑翔机、"莱特飞行者"与塞斯纳"奖状3"型飞机。这就是飞行器设计演变的最好证明! 每架飞行器完全不同,是三种不同的科学与工程理解和实践观的产物。我们不得不感叹技术的飞速进步,尤其是20世纪的技术进步,为我们带来了以图6.11所示的现代、快速、高空飞行的喷气式飞机为代表的飞行器设计现状。这一进步中的主要技术里程碑是什么呢? 是哪些演变性(有时候是变革性的)发展使得凯利开创性的概念得以延伸发展为现代飞行器？这些问题的答案令人大开眼界又激动万分,需要另外著述单独讲解,但本节将采用本章飞行器性能所涉及的某些技术来强调飞行器技术进步的几个方面。

为了给以下探讨提供一个技术关注点,我们选择两个气动参数作为品质系数来比较和评估不同的飞行器设计。第一个为零升力阻力系数 $C_{D,0}$,是飞行器的重要特征,因为其对最大飞行速度具有重大影响。回顾可知飞行器处于 V_{max} 时,由于攻角(因而诱导阻力)较小,高速时式(6.1c)中升阻系数曲线所给的总阻力由 $C_{D,0}$ 决定。其他条件等同的情况下,$C_{D,0}$ 越低,则飞行器速度越快。在此强调的另一气动品质系数为升阻比,尤其是其最大值 $(L/D)_{max}$。我们已知 L/D 是飞行器气动效率的测量方法,且其影响如续航时间与航程等飞行特征。我们将使用 $C_{D,0}$ 与 $(L/D)_{max}$ 来阐释飞行器设计的历史进程。

从 20 世纪早期凯利的飞行器开始探讨,因为这些飞行器是我们所知的用于例证固定翼航空器的首次设计。再次回顾图 1.8,图中展示了具有现代构型的首个飞行器,固定翼用于产生升力,尾翼用于实现稳定性,机身连接固定翼与尾翼。推力机构(在本例中为手动升空)与升力机构相分离。凯利在其设计中涵盖的技术知识在其 1809 – 1810 年间著名的"分三次发表的论文"(见第 1.3 节)中得到最好体现。在凯利那个年代不存在 $C_{D,0}$ 与 L/D 的技术概念,但他在其分三次发表的论文中对这些量做出了基本的直观反映。例如,凯利使用牛顿理论(第 11 章将推导出该理论)的方法来估算斜面(机翼)上的气动力。这一理论仅考虑了作用于表面的压力;当时,并未充分重视表面剪切应力及摩擦阻力,因而就不存在此类预测方法。牛顿理论预测了垂直于斜面的合力,因此也包含了阻力的分量。凯利提及该"减速力"是由沿气流方向起作用的气动压力分量产生。用现代术语表示,将这一阻力分量称为升致阻力。凯利继续谈到(探讨鸟类的飞行),"除开减速力,多数鸟类还受到应对气流的直接阻力。这一问题与我们现在所探讨的原则不同。"凯利在此所探讨的就是我们现在所称的零升力阻力(分离与表面摩擦阻力所产生的压力阻力之和),该阻力主要由鸟类的身体产生。尽管从概念上来说凯利的方向是正确的,但他并没有计算零升力阻力的方法,且(图 1.7 所示用旋转臂得出的)测量值完全不可靠。因此,我们不具有图 1.8 中所示的凯利 1804 年的滑翔机的 $C_{D,0}$ 值。

尽管凯利没有直接明确并使用 L/D 的概念,在其论文中提到了其从山顶"宏伟的"滑翔航行,降落时与水平面成 18°角。使用第 6.9 节中的结论处理无动力滑翔,则现在可快速计算出滑翔机的 L/D 比为 3.08——不算一个令人印象深刻的值。现代飞行器的 L/D 范值为 15~20,现代滑翔机的 L/D 范值大于 40。凯利没有一架高效率的飞行器,且他也不清楚展弦比的效果。现在我们得知低展弦比机翼效率非常低,如凯利所使用的机翼展弦比约为 1,因为它们产生了大量的诱导阻力。

在 19 世纪的余下时间内,凯利之后的飞行器技术发展比较缓慢并具有演变性。"莱特飞行者"(图 1.1 与图 1.2)带来的改变具有变革性,因为:(1)莱特兄弟最终几乎没有依赖以往数据而独立完成了所有事情(见第 1.8 节);(2)"莱特飞行者"是第一架成功飞行的飞行器。卡里克(Culick)与杰克斯(Jex)探讨了"莱特飞行者"的气动特性,并报告了"莱特飞行者"升阻系数曲线的现代计算法与测量值(图 6.76)。从加利福尼亚理工学院风洞内安装的"莱特飞行者"模型可获得试验数据。理论数据则由用于计算低速不可压缩无黏性流的现代涡格法计算机程序提供。(由于这些方法不包括摩擦影响,所以它们不能用于预测分离流。)图 6.76 中的数据显示 $C_{D,0}$ 约为 0.10 且最大升力系数接近 1.1。此外,画一条经过原点并与升阻系数曲线相切的直线,可知 $(L/D)_{max}$ 约为 5.7。按照目前的标准,"莱特飞行者"不算是空气动力学的杰作,但是在 1903 年,它是实际存在的唯一一架成功飞行的飞行器。此外,与凯利的飞行器相比,"莱特飞行者"从设计上来说是变革性的进步。

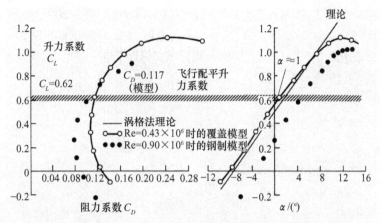

图6.76　1903年"莱特飞行者"的升阻系数曲线与升力曲线。试验数据来自于在现代风洞中使用"莱特飞行者"模型进行的现代试验。涡格法理论为现代的计算机计算方法。$\hat{C}_L$、$\hat{C}_D$与$\hat{\alpha}$值对应平衡配平飞行状态（见第7章），用横穿图中的单杠线强调

[来源：卡里克与杰克斯]

"莱特飞行者"之后，在20世纪下半叶飞行器设计的进步几乎呈指数增长。运用两种品质系数，即$C_{D,0}$与$(L/D)_{max}$，可将20世纪的飞行器设计进步明确划分为三个一般时期，如图6.77与图6.78所示。典型飞行器的$C_{D,0}$（图6.77）与$(L/D)_{max}$（图6.78）值与时间（用年表示）相对应。这些数据从洛夫廷（Loftin）著作获得，建议感兴趣的读者阅读这一权威出版物，其包含许多著名飞行器的详细技术设计案例研究。图6.77中的$C_{D,0}$数据表明飞行器设计经历了三个主要的演变时期，每一时期具有一个不同于另一时期的重大变革。例如，带支撑与拉线的双翼机时期（如图6.79所示的斯帕德公司XIII型飞机）从"莱特飞行者"时期延伸至20世纪20年代中期或末期。在此期间，典型的$C_{D,0}$值近似于0.04，这是由于大形状阻力（分离流产生的压力阻力）所产生的值较大，与支撑双翼机两翼间的支撑与拉线相关。20世纪20年代后期，设计变革伴随着配备NACA整流罩的采用单翼构

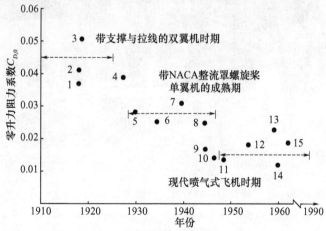

图6.77　使用零升力阻力系数说明20世纪飞行器设计的三个一般时期

(1)斯帕德公司XIII型飞机；(2)福克公司D-VII型飞机；(3)柯蒂斯公司JN-4H詹尼飞机；
(4)雷声公司NYP飞机（"圣路易斯精神号"飞机）；(5)洛克希德公司"织女星"飞机；(6)道格拉斯公司DC-3飞机；
(7)波音B-17飞机；(8)波音B-29飞机；(9)北美航空公司P-51飞机；(10)洛克希德公司P-80飞机；
(11)北美航空公司F-86飞机；(12)洛克希德公司F-104飞机；(13)麦道公司F-4E飞机；
(14)波音B-52飞机；(15)通用动力公司F-111D飞机。

型的机型出现(见第 6.24 节)。所产生的第二个设计演变时期(以图 6.80 所示的 DC-3 飞机为例证)以近似于 0.027 的 $C_{D,0}$ 值为特征。20 世纪 40 年代中期,主要的设计变革为喷气式螺旋桨飞机的出现。该时期以近似于 0.015 的 $C_{D,0}$ 值为特征,我们现在仍处于这一时期(以图 6.81 所示的用于朝鲜战争时期的著名 F-86 飞机为代表)。

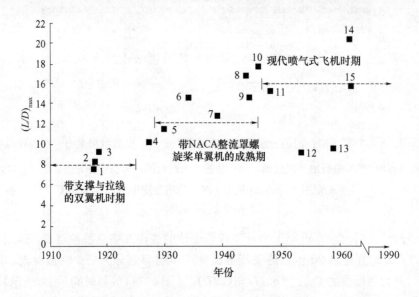

图 6.78　使用升阻比说明 20 世纪飞行器设计的三个一般时期

图 6.79　带支撑与拉线的双翼机时期示例——法国斯帕德公司 XIII 型飞机。飞机前方为埃迪·里肯巴克上校(Eddie Rickenbacker)
[来源:美国空军]

在前述章节已探讨气动品质系数 $(L/D)_{max}$ 的用途。如图 6.78 所示,图中 $(L/D)_{max}$ 与年份对应,图 6.77 中相同飞行器的数据点根据图 6.77 所推导的三个相同设计时期划分。注意,与"莱特飞行者"的值 5.7 相比,第一次世界大战中的飞行器 $(L/D)_{max}$ 平均值约为 8——不算是较大的改善。在引入带 NACA 整流罩的单翼机之后,典型的 $(L/D)_{max}$ 平均值极大增大,近似于 12 或有时远大于此值。

图 6.80　带 NACA 整流罩与机翼整形片螺旋桨单翼机的成熟期示例——
道格拉斯公司 DC-3 飞机
（来源：道格拉斯飞机公司）

图 6.81　20 世纪 50 年代初期最成功的现代喷气式飞机之一——北美航空公司 F-86 飞机
[来源：北美航空公司/罗克韦尔公司]

[第二次世界大战中声名远播的波音 B-29 轰炸机的 $(L/D)_{max}$ 值接近 17，为该时期最高值。部分是由于那时机翼平均展弦比近似于 6~8，而该飞行器机翼展弦比极大，为 11.5。]当今，就整个现代飞行器规模而言，高性能军用喷气式战斗机的 $(L/D)_{max}$ 值约为 12 或 13，大型喷气式轰炸机与民用运输机（如波音 747）的 $(L/D)_{max}$ 值约为 20 及以上。

本节提供了根据本章所述的某些气动性能参数考虑飞行器设计进步的空间。

6.28　总结与回顾

本章第一部分探讨了飞行器的静态性能，即当加速度为零时的性能。根据此假设，作用于飞行器上的力是平衡的。换言之，稳定水平飞行时，升力等于重力，且推力等于阻力。运用这一简单方法可得出多得惊人的飞行器性能信息。由本部分可知如何计算在给定高度飞行的给定飞行器的最大速度与最小速度。对于爬升飞行的飞行器而言，升力小于重力，即：$L = W\cos\theta$，式中 θ 为爬升角；同时，推力大于阻力，即：$T = D + W\sin\theta$。然而，假设无加速度时，作用于爬升飞行的飞行器上的力再次处于平衡,这就允许我们计算在给定高度的给定飞行器的爬升率。按照同种方式处理滑翔飞行,即推力为零时的飞行。下滑角仅仅依赖升阻比,这一发现是不是很有意思? 虽然这一发现并不十分直观,但是对下滑角的静态性能分析得出了公式 $\tan\theta = (L/D)^{-1}$。静态性能这一假设同时还得出了实现最大航程与最长续航时间的重要结论与关系。

必须从动态角度分析起飞距离、着陆距离与转弯飞行,因为飞行器的加速度不为零。本章后部分探讨了带有限加速度的飞行器性能,即动态性能的本质。在此,运用了牛顿第二定律 $F = ma$ 来求得起飞性能与着陆性能的结果及适用于转弯飞行分析的径向加速度等价方程。最后,基于能量考虑而非基于力学考虑,可进行动态性能计算。这是用于动态爬升率计算的能量法的本质。

最后,牢记一点,本章采用了两种方法来计算飞行器性能:图形法及解析法。图形法中,我们处理了升力、阻力、推力及重力等量的数值。对这些超出飞行速度范围的数值的处理得出了提供最大速度、爬升率、绝对升限等结果的图示。相比之下,解析法得出了适用于飞行器性能特征的闭合方程。此外,这些公式表明飞行器性能不仅仅依赖于升力、阻力、推力与重力,还依赖于某些连接这些力的重要比率。例如,最大速度主要依赖于推重比(T/W)、机翼负载(W/S)与零升阻系数 $C_{D,0}$ [见式(6.44)]。最大爬升率主要依赖于推重比(或动力负载 P/W)、机翼负载、最大升阻比与零升阻系数[见式(6.52)与式(6.53)]。以下量

$$\frac{T}{W}, \frac{W}{S}, \frac{P}{W}, \frac{L}{D}, C_{D,0}$$

基本决定了飞行器的性能,它们是飞行器最重要的一些设计参数。通过解析法得出飞行器性能的闭合方程可轻易确定以上参数,但纯粹的图形分析较难确定。

本章重点如下所示:
1. 完整飞行器的升阻系数关系式为

$$C_D = C_{D,0} + \frac{C_L^2}{\pi e \mathrm{AR}} \qquad (6.1\mathrm{c})$$

式中:$C_{D,0}$ 为零升力阻力系数且 $C_L^2/(\pi e \mathrm{AR})$ 项包含诱导阻力及升致寄生阻力影响。

2. 水平非加速飞行所需推力为

$$T_R = \frac{W}{L/D} \qquad (6.16)$$

当 L/D 最大时,所需推力最小。

3. 水平非加速飞行所需动力(功率)为

$$P_R = \sqrt{\frac{2W^3 C_D^2}{\rho_\infty S C_L^3}} \qquad (6.27)$$

当 $C_L^{3/2}/C_D$ 最大时,所需动力(功率)最小。

4. 爬升率 $R/ = \mathrm{d}h/\mathrm{d}t$ 给定为

$$\frac{\mathrm{d}h}{\mathrm{d}t} = \frac{TV - DV}{W} - \frac{V}{g}\frac{\mathrm{d}V}{\mathrm{d}t} \qquad (6.139)$$

式中:$(TV-DV)/W = P_s$,即比过剩动力(功率)。未加速爬升时,$\mathrm{d}V/\mathrm{d}t = 0$,因此,

$$\mathrm{R/C} = \frac{\mathrm{d}h}{\mathrm{d}t} = \frac{TV - DV}{W} \qquad (6.50)$$

5. 无动力滑翔时,下滑角为下式确定

$$\tan\theta = \frac{1}{L/D} \qquad (6.56)$$

6. 绝对升限定义为最大 R/C = 0 处的高度。实用升限为最大 R/C = 100ft/min 处的高度。
7. 螺旋桨飞机的航程 R 与续航时间 E 为

$$R = \frac{\eta}{c} \frac{C_L}{C_D} \ln \frac{W_0}{W_1} \tag{6.67}$$

及

$$E = \frac{\eta}{c} \frac{C_L^{3/2}}{C_D} (2\rho_\infty S)^{1/2} (W_1^{-1/2} - W_0^{-1/2}) \tag{6.68}$$

最大航程出现于最大 C_L/C_D 处。最长续航时间出现于具有最大 $C_L^{3/2}/C_D$ 的海平面处。

8. 喷气式飞机的航程与续航时间为

$$R = 2\sqrt{\frac{2}{\rho_\infty S}} \frac{1}{c_t} \frac{C_L^{1/2}}{C_D} (W_0^{1/2} - W_1^{1/2}) \tag{6.77}$$

及

$$E = \frac{1}{c_t} \frac{C_L}{C_D} \ln \frac{W_0}{W_1} \tag{6.72}$$

9. 在最大 $C_L^{3/2}/C_D$ 时,$C_{D,0} = \frac{1}{3} C_{D,i}$。此种情况下,

$$\left(\frac{C_L^{3/2}}{C_D} \right)_{\max} = \frac{(3C_{D,0} \pi e \mathrm{AR})^{3/4}}{4 C_{D,0}} \tag{6.87}$$

在最大 C_L/C_D 时,$C_{D,0} = C_{D,i}$。此种情况下,

$$\left(\frac{C_L}{C_D} \right)_{\max} = \frac{(C_{D,0} \pi e \mathrm{AR})^{1/2}}{2 C_{D,0}} \tag{6.85}$$

在最大 $C_L^{1/2}/C_D$ 时,$C_{D,0} = 3 C_{D,i}$。此种情况下,

$$\left(\frac{C_L^{1/2}}{C_D} \right)_{\max} = \frac{\left(\frac{1}{3} C_{D,0} \pi e \mathrm{AR} \right)^{1/4}}{\frac{4}{3} C_{D,0}} \tag{6.86}$$

10. 起飞离地滑行距离为

$$s_{LO} = \frac{1.44 W^2}{g \rho_\infty S C_{L,\max} \{ T - [D + \mu_r (W - L)]_{av} \}} \tag{6.103}$$

11. 着陆落地滑行距离为

$$s_L = \frac{1.69 W^2}{g \rho_\infty S C_{L,\max} [D + \mu_r (W - L)]_{0.7V_t}} \tag{6.111}$$

12. 负载因子定义为

$$n \equiv \frac{L}{W} \tag{6.115}$$

13. 水平转弯飞行时,转弯半径为

$$R = \frac{V_\infty^2}{g \sqrt{n^2 - 1}} \tag{6.118}$$

且转弯角速度为

$$\omega = \frac{g \sqrt{n^2 - 1}}{V_\infty} \tag{6.119}$$

14. 图 6.55 描绘了 $V - n$ 图表,其为展示给定飞行器负载因子对速度的图表,同时还展示了结

构限制对 n 与 V 的制约。$V-n$ 图表阐明了整个飞行器性能中某些特别重要的方面。

15. 飞行器的能量高度（比能）为

$$H_e = h + \frac{V^2}{2g} \qquad (6.136)$$

比过剩功率为：

$$P_s = \frac{TV - DV}{W}$$

能量高度与比过剩功率一起构成仅从能量因素考虑所进行的加速爬升性能分析。

参考文献

Anderson, J. D., Jr. *Aircraft Performance and Design.* McGraw-Hill, New York, 1999.

———. *The Airplane: A History of Its Technology.* American Institute of Aeronautics and Astronautics, Reston, VA, 2002.

Bairstow, L. *Applied Aerodynamics.* Longmans, London, 1920.

Cowley, W. L., and H. Levy. *Aeronautics in Theory and Experiment.* E. Arnold, London, 1918.

Culick, F. E. C., and H. R. Jex. "Aerodynamics, Stability, and Control of the 1903 Wright Flyer," pp. 19–43 in Howard Wolko (ed.), *The Wright Flyer: An Engineering Perspective.* Smithsonian Press, Washington, 1987.

Dommasch, D. O., S. S. Sherbey, and T. F. Connolly. *Airplane Aerodynamics*, 3rd ed. Pitman, New York, 1961.

Duchène, Captain. *The Mechanics of the Airplane: A Study of the Principles of Flight* (transl. by J. H. Ledeboer and T. O'B. Hubbard). Longmans, London, 1917.

Hale, F. J. *Introduction to Aircraft Performance, Selection, and Design.* Wiley, New York, 1984.

Judge, A. W. *Handbook of Modern Aeronautics.* Appleton, London, 1919.

Loftin, L. *Quest for Performance: The Evolution of Modern Aircraft.* NASA SP-468, 1985.

McCormick, B. W. *Aerodynamics, Aeronautics, and Flight Mechanics.* Wiley, New York, 1979.

Perkins, C. D., and R. E. Hage. *Airplane Performance, Stability, and Control.* Wiley, New York, 1949.

Raymer, D. P. *Aircraft Design: A Conceptual Approach*, 4th ed. American Institute of Aeronautics and Astronautics, Reston, VA, 2006.

Shevell, R. S. *Fundamentals of Flight.* Prentice-Hall, Englewood Cliffs, NJ, 1983.

作 业 题

6.1 设飞行器根据双发动机比奇"空中皇后"行政勤务运输机建模。飞行器重量为38220N，机翼面积为27.3m²，展弦比为7.5，奥斯瓦尔德效率因子为0.9，且零升力阻力系数为 $C_{D,0} = 0.03$。计算：(a) 标准海平面处以 350 km/h 的速度飞行时所需推力；(b) 高度为4.5km时，以 350 km/h 的速度飞行时所需推力。

6.2 重5000lb 的飞行器在标准海平面以 200 英里/h 的速度飞行。在该速度时，L/D 比为最大值。机翼面积与展弦比分别为200ft² 与 8.5，奥斯瓦尔德效率因子为0.93。计算飞行器上的总阻力。

6.3 设飞行器根据费尔柴尔德公司的 A-10 飞机（双喷气式发动机攻击机）建模。飞行器具有以下特征:机翼面积 $=47m^2$,展弦比 $=6.5$,奥斯瓦尔德效率因子 $=0.87$,重量 $=103047N$,且零升力阻力系数 $=0.032$。飞行器配备双发动机,每一发动机在海平面的净推力为 $40298N$。

    a. 计算并绘制海平面所需动力曲线。
    b. 计算海平面处的最大速度。
    c. 计算并绘制高度为 $5km$ 处的所需动力(功率)曲线。
    d. 计算高度为 $5 km$ 处的最大速度。(假设发动机推力直接随自由流密度变化。)

  6.4 设飞行器根据比奇"富豪"V 型尾翼、单发动机轻型私人飞机建模。飞行器特征如下所示:展弦比 $=6.2$,机翼面积 $=181ft^2$,奥斯瓦尔德效率因子 $=0.91$,重量 $=3000lb$,且零升力阻力系数 $=0.027$。飞行器由海平面最大马力为 $345hp$ 的单活塞发动机提供动力。假定发动机动力与自由流密度成比例。双叶桨的效率为 0.83。

    a. 计算海平面处的所需动力(功率)。
    b. 计算海平面处的最大速度。
    c. 计算高度为 $12000ft$ 处的所需动力(功率)。
    d. 计算高度为 $12000ft$ 处的最大速度。

  6.5 根据第 6.3 题中得出的信息计算双喷气式发动机飞机在海平面处的最大爬升率及在高度为 $5km$ 处的最大爬升率。

  6.6 根据第 6.4 题中得出的信息计算单发动机轻型螺旋桨飞机在海平面处的最大爬升率及在高度为 $12000ft$ 处的最大爬升率。

  6.7 根据第 6.5 题中双喷气式发动机飞机爬升率的信息估算飞行器的绝对升限。(注:假设最大 R/C 随高度呈直线变化——假设不算准确,但也并非非常不准确。)

  6.8 根据第 6.6 题中单发动机轻型飞机的爬升率信息估算飞行器的绝对升限。(再次做出如第 6.7 题所述的线性假设。)

  6.9 第一次世界大战期间的索普维斯公司"骆驼"战斗机的最大升阻比为 7.7。若飞行器在 $5000ft$ 高空飞行时发动机失去动力,根据沿地面测量的距离,飞行器能滑翔多远?

  6.10 计算第 6.9 中索普维斯公司"骆驼"战斗机在 $3000ft$ 处最小下滑角所对应的平衡下滑速度。飞行器的展弦比为 4.11,奥斯瓦尔德效率因子为 0.7,重量为 $1400lb$,且机翼面积为 $231ft^2$。

  6.11 设飞行器的零升力阻力系数为 0.025,展弦比为 6.72,且奥斯瓦尔德效率因子为 0.9。计算 $(L/D)_{max}$ 值。

  6.12 考虑第 6.4 题中的单发动机轻型飞机。若燃油消耗比为每小时每马力 $0.42lb$ 油耗,燃油量为 $44gal$,且最大总重量为 $3400lb$,计算标准海平面处的航程与续航时间。

  6.13 考虑第 6.3 题中所述的双喷气式发动机飞机。推力燃油消耗比为每小时每牛推力 $1.0N$ 油耗,燃油量为 $1900gal$,且最大总重量为 $136960N$。计算标准高度为 $8km$ 时的航程与续航时间。

  6.14 推导式(6.80)与式(6.81)。

  6.15 推导式(6.86)与式(6.87)。

  6.16 估算第 6.3 题中飞行器海平面处的离地距离。假设跑道为铺砌的跑道,且离地滑行期间,攻角受机尾不拖拽地面这一要求的限制。因此,假设离地滚行期间的 $C_{L,max}$ 限定为 0.8。飞行器处于地面时,机翼高于地面 $5ft$。

  6.17 估算第 6.4 题中飞行器海平面处的离地距离。假设跑道为铺砌跑道,且离地滑行期间 $C_{L,max}=1.1$。飞行器处于地面时,机翼高于地面 $4ft$。

  6.18 估算第 6.3 题中飞行器海平面处的着陆落地滑行距离。设飞行器以全总重量着陆,着陆时运用全部襟翼的最大升力系数为 2.8。着陆后,设升力为零。

6.19 估算第6.4题中飞行器海平面处的着陆落地滑行距离。设飞行器着陆时的重量为2900lb,着陆时运用襟翼的最大升力系数为1.8。着陆后,设升力为零。

6.20 考虑第6.3题中的飞行器,海平面的转弯速度为250英里/h,无襟翼偏转的最大升力系数为1.2。计算海平面处的最大转弯半径与最大转弯角速度。

6.21 考虑第6.3题中的飞行器在15000ft高空飞行,速度为375英里/h。计算该情形下飞行器的比能。

6.22 推导式(6.44)。

6.23 根据图6.2所示数据估算洛克希德公司C-141A飞机的奥斯瓦尔德效率因子的值。C-141A飞机的机翼展弦比为7.9。

6.24 从第二次世界大战末开始,普遍的航空文献资料示例中出现了各种说法,表示强劲的螺旋桨战斗机从那时起已经打破了垂直、动力俯冲的声速。本题旨在展示这一技术上不能实现的事件。例如,考虑第二次世界大战中典型的格鲁曼公司F6F-3"地狱猫"战斗机。该飞行器(低速时)的零升力阻力系数为0.0211,机翼平面形状面积为334ft^2,且总重量为12441lb。其由普惠R-2800往复式发动机产生1500hp,增压至17500ft高度。设飞行器全动力垂直俯冲至(a)30000ft,随后俯冲至(b)20000ft。证明在这两处高度飞行器不可能达到1马赫。

注:飞行器1马赫时的气动特性未被测定过。因此,我们得做出某些合理的假设。例如,什么是1马赫时的零升力阻力系数?作为估算,可从NACA TR 916处获得北美航空公司的P-51"野马式"战斗机的零升力阻力系数,将马赫数外推至1马赫时,该系数比其低速值增加了7.5。对于F6F的钝头构型而言,假设(M=1时)的$C_{D,0}$比(低速时)的$C_{D,0}$大10倍。同时,1马赫时的螺旋桨效率将接近为零(事实上,螺旋桨可能正在产生净阻力而非推力)。保守来说,假设1马赫时的螺旋桨效率为0.3。

6.25 "捕食者"UAV(见图6.63)具有以下特征:翼展=14.85m,机翼面积=11.45m^2,最大重量=1020hp且燃油重量=295kg$_f$。动力装置为双叶变距推进螺旋桨驱动的罗塔克斯四缸四冲程发动机,功率为85hp。设奥斯瓦尔德效率因子为0.7,零升力阻力系数为0.03,螺旋桨效率为0.9,且燃油消耗比为0.2kg$_f$/(h·hp)。计算"捕食者"在海平面处的最大速度。

6.26 计算第6.25题中给出的"捕食者"UAV的最大航程。

6.27 计算第6.25题中给出的"捕食者"UAV在海平面处的最长续航时间。

6.28 飞行器在亚声速稳定水平飞行的特定情形下,通过以下关系式可知,升致阻力D_i直接依赖于设计参数W/b(即翼展负载)的平方:

$$D_i = \frac{1}{\pi e q_\infty}\left(\frac{W}{b}\right)^2$$

推导这一关系式。

6.29 考虑图4.46中的北美航空公司P-51D"野马式"战斗机。其翼展为37ft,机翼面积为233.6ft^2,总重量为10100lb。假设奥斯瓦尔德效率因子为0.8。飞行器在5000ft标准高度以300英里/h的速度稳定水平飞行。(a)运用第6.28题中的结果计算升致阻力;(b)运用升致阻力系数计算$C_{D,i}$升致阻力。两种结果应相同。

6.30 在设计民用喷气式运输机时,例如如图6.27所示的波音777飞机,发动机大小的选择通常是基于其从爬上顶点至巡航高度具有300ft/min的爬升率能力,此为安全边际。假定在爬升顶点的波音777飞机具有以下巡航条件:$L/D=18$,高度=31000ft,$M_\infty=0.085$,$W=550000$ lb。(a)求发动机所需推力方程,假定爬升角非常小使得$L=W$;(b)(根据海平面的净推力)计算所需发动机的大小,并将所得结果与设计者为波音777选择的劳斯莱斯特伦特型双发动机(每台发动机的海平面净推力为34000lb)进行比较。

注:凭直觉,对于新飞行器设计而言,必须设计合适大小的发动机以提供足够的起飞推力让飞行器在特定的起飞距离内飞离地面。然而,运用在此所述的全速爬升,所得的发动机推力通常足够使飞机起飞。

6.31 图6.56所示的洛克希德·马丁公司F-16飞机处于垂直加速爬升。由《简氏世界飞机》可知该飞行器的某些特征如下所示:机翼面积 = 27.87 m^2,典型作战重量 = 8273 kg_f,单个GE F110喷气式发动机的海平面净推力 = 131.6 kN。(注意简氏所引用的重量单位为千克力;关于该单位的探讨见第2.4节。)假设零阻力系数的亚声速值为0.016(与图6.77所示的数据一致)。同时假设1马赫时,零升力阻力系数的跨声速值为亚声速值的2.3倍,此为出现于阻力发散跨声速飞行区的典型增长。具有以上条件,F-16飞机是否有可能打破垂直方向的声速?

6.32 考虑第6.31题中所述的洛克希德·马丁公司F-16飞机。设图6.56中的照片拍摄于飞行器以100m/s的速度经过2000m高空的垂直爬升瞬间。计算飞行器在该瞬间的最大加速度。

6.33 第6.13节定义了喷气式发动机的推力燃油消耗比TSFC。发动机制造商一直致力于减小TSFC以减小给定时间段内给定飞行的油耗重量。通过减小燃油重量,有效负载重量就可相应增加。但是,那些导致TSFC减小的设计变更通常也导致发动机自身重量的稍稍增大,这将随之减小有效负载重量。均衡点在于所减少的燃油重量正好被所增加的发动机重量所抵消,从而完全不减少有效负载重量。用$(TSFC)_{新} = (TSFC)(1-\varepsilon_f)$表示新减小的推力燃油消耗比,用$W_{新} = W(1+\varepsilon_W)$表示由发动机重量增加所产生的飞行器新重量,式中$\varepsilon_f$与$\varepsilon_w$为小的分数值,证明发动机重量与TSFC变化的平衡点给定为

$$\varepsilon_f = \varepsilon_w\left(1 + \frac{W}{W_f}\right) = \varepsilon_W[1 + (L/D)/(TSFC)t]$$

式中:W与W_f分别为发动机或TSFC任何设计变更前飞行器巡航时的重量及巡航时所消耗的燃油重量,t为巡航飞行的总时间。

6.34 飞行结束前,消耗了500000lb燃油。假定发动机性能改善,将TSFC减小了1%。运用第6.33题中的结果计算起飞重量条件不变的情况下,每个发动机所允许增加的最大重量。

6.35 观察本章中的式(6.44)。该方程为用飞行器推重比表示的V_{max}的显式关系,因此其允许用解析法快速计算出螺旋桨飞机的V_{max}。根据功率重量比(功率负载)推导出适用于螺旋桨飞机的V_{max}的类似关系式。注:你将发现该关系式将功率负载与V_{max}相连,同时你还会发现不可能明确地解出关系式中的V_{max}。即便如此,与第6.6节探讨的数值解相比,该关系式仍允许更快地解出螺旋桨飞机的V_{max}。

6.36 运用第6.35题中所得的结果计算CP-1海平面处的最大速度,并将结果与第6.6节的数值解进行比较。

6.37 解析计算CJ-1海平面处最大速度,并将结果与第6.4节中的数值解进行比较。

6.38 解析计算CP-1在12000ft处的最大爬升率,并将结果与第6.10节中的数值解进行比较。

6.39 解析计算CP-1在24000ft处的最大爬升率,并将结果与第6.10节中的数值解进行比较。

6.40 道格拉斯公司DC-3飞机(图6.80)在高度为7500ft时最大速度为229英里/h。两台发动机各自提供1200 hp的最大马力。重量为25000lb,展弦比为9.14,且机翼面积为987ft²。设螺旋桨效率为0.8,且奥斯瓦尔德效率因子为0.7。计算DC-3飞机的零升力阻力系数。

第7章 稳定与控制原理

航空的一个重要问题在于改善飞行器特性,使其固有稳定性达到一定程度,在不严重损害设计效率的情况下,既可使飞行员的注意力得到极大放松,又可保持足以维持所需路径的灵活性与操控性。

摘至NACA首期年度报告,1915年

7.1 引　言

场景:巴黎郊外依西雷莫里诺(Issy‐les‐Moulineaux)的法国军队训练机场。

时间:1908年1月13日早晨。

人物:亨利·法曼(Henri Farman),一位生于英国但讲法语的长须飞行员。4个月前,其进行了第一次飞行。

行动:精心建构的瓦赞‐法曼Ⅰ型双翼机(见图7.1)已做好准备在巴黎凉爽的风中起飞,同时法曼亦端端正正地坐在了50hp的安托瓦内特发动机前。当法曼发动马力颠簸着起飞时,风在瓦赞箱型鸢式尾翼上的蒙布上形成波纹。法曼迎着逆风操纵飞行器,将其置于离起飞点1000m的标台。在挣扎着进行圆弧转弯时,法曼偏转方向舵,驾驶着飞行器在标台附近飞行,机翼始终保持与地面平行。继续进行狭长圆弧飞行后,飞行器掉头返回。最终,法曼在原始起飞点着陆,迎来早已聚集在此观看其表演的人群的欢呼。法曼在空中飞行了1min28s,这是当时欧洲最长的飞行时间。他还首次表演了1km长的圆周飞行。为此,他被授予了"航空奖"。(无独有偶,人群中有一位匈牙利工程师,名为西奥多·冯·卡门(Theodore von Karman),他是在女伴的坚持要求下才来的。女伴凌晨5点起来就是为了观看这一历史时刻。然而,冯·卡门也被这次飞行深深地吸引,并对航空科学产生浓厚兴趣。冯·卡门后来成为动力飞行前半个世纪的气动学领军人物。)

图7.1　瓦赞‐法曼Ⅰ型双翼机
(来源:美国国家航空航天博物馆)

预览板块

试想一下你已经设计好了自己的飞行器并准备进行首次飞行。你遵循了本书前面章节所列出的各项原理,且非常确信飞行器将飞得与你设计的一样快、一样高、一样远且一样久。你充满信心地起飞,开始了新飞行器的首次飞行。起飞后不久,碰上了阵风,阵风立刻使飞行器上仰,将飞行器旋转至一个高于预期的攻角。现在该怎么办?是打算继续飞行让飞行器处于你的控制之下,还是让飞行器稍后自动恢复到其之前的方向?你是否正确设计了飞行器,可以使其回到原始方向?你是怎么做的?即,你如何确保飞行器在受到阵风扰动时不会继续上仰并完全脱离控制?这些都是十分重要的问题,在本章中将会给出答案。这些问题及答案涉及飞行器的稳定性,是本章讨论的主题。

假设你的飞行器是稳定的,即在经历某种扰动后将自动回到原始方向。飞行时,你希望加速的同时保持水平飞行。从第6章的内容中你得知必须相应减小攻角。而减小攻角可通过改变尾翼上的升降舵偏转来实现。但是需要偏转升降舵多少呢?应该给升降舵施加多大的力才能使其偏转恰到好处?这些问题看上去可能有点平凡,但是如果你不知道正确的答案,且不能在设计中正确解释这些问题,就极有可能造成无法控制飞行器。本章的第二个主要议题是飞行器控制,在本部分你将找到这些问题的答案。

如果飞行器不稳定或不受控制,它们极有可能会坠毁。这个问题需要严肃对待,因此本章是一个非常重要的章节。请仔细阅读本章。同时,相信你也会享受本章的阅读之旅,因为它将带你进入一个与飞行器飞行相关的新领域,其中还包含一些不同于我们之前所讨论的物理学知识及数学知识。

场景转换至法国勒芒(Le Mans)附近一条小跑道。

时间:7个月后,1908年8月8日。

人物:韦尔伯·莱特(Wilbur Wright),热情、矜持且满怀信心。

行动:新式莱特A型双翼机(见图1.25),用板条箱装运至法国,在勒芒附近一个朋友的工厂内完成了组装,正准备飞行。成群的人们受到前期宣传及好奇心的驱使聚集在训练场,想亲眼见证所报道的莱特兄弟的成功是否名副其实。韦尔伯起飞了。采用莱特专属的翼尖扭转(扭翘翼)概念,韦尔伯可实现任意倾斜与转弯。他优雅地转了两圈,在飞行了1min45s后轻松着陆。人们报以欢呼声。法国媒体几乎目瞪口呆,随后报道称这次飞行具有划时代的意义。见证这次演示的欧洲飞行员们惊诧地盯着飞行过程,很快便承认莱特飞行器远远领先于当时欧洲最好的飞行器。年底之前,韦尔伯在法国继续进行了104场飞行,在该过程中改变了欧洲航空的方向。

两种场景的区别及韦尔伯相较于法曼艰难的圆周飞行表现出的航空掌控力,涉及到我们本章将要谈到的稳定与控制原理。代表当时欧洲技术发展水平的瓦赞-法曼飞行器仅具有方向舵控制,只能通过简单地改变尾翼方向勉强实现水平转弯。与此相反,莱特飞行器的机翼扭转机构采用滚转控制,一旦与方向舵控制组合就能轻松实现转弯飞行、倾斜飞行和"8"字形盘旋飞行等。莱特兄弟本是飞行员出身(见第1章),他们在为动力飞行增加发动机前专注于飞行器总控设计。从那时起,飞行器的稳定与控制成为了飞行器设计的主导方面。它们也是本章的主题。

正如第6章所讨论的,飞行器性能受(平行于和垂直于飞行路径的)力控制,飞行器的平移运动是对这些力的反应。与此相反,本章所讨论的飞行器稳定与控制受重力中心力矩控制,飞行器旋转运动是对这些力矩的反应。因此力矩与旋转运动是本章的重点。

假设飞行器处于飞行中,如图7.2所示。重力中心(整个飞行器的重力通过该点起作用)用 cg 表示。飞行器的 xyz 正交坐标轴系统是固定的,x 轴沿着机身,y 轴沿着翼展垂直于 x 轴,z 轴直接向下垂直于面 xy。原点位于重力中心。飞行器平移运动沿 x、y 与 z 轴给定的速度分量分别为 U、V 与 W。(注:自由流合速度 V_∞ 是 U、V 与 W 的矢量和。)旋转运动关于 x、y 与 z 轴给定的角速度分量分别为 P、Q 和 R,这些旋转速度分别由 x、y 与 z 轴的力矩 L'、M 与 N 产生。(在 L 上标记角分符号,这样读者就不会将其与升力混淆。)关于 x 轴的旋转运动称为滚转,L' 与 P 分别为滚转力矩和滚转速度。关于 y 轴的旋转运动称为俯仰,M 和 Q 分别为俯仰力矩和俯仰速度。关于 z 轴的旋转运动称为偏航,N 和 R 分别为偏航力矩和偏航速度。

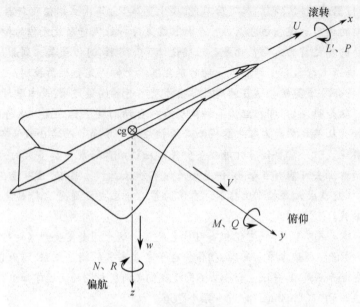

图 7.2 飞行器的轴及沿轴和有关轴的平移运动与旋转运动的定义

飞行器的三种基本控制——副翼控制、升降舵控制与方向舵控制——设计用于改变和控制 x、y、z 轴上的力矩。这些控制面如图 2.14 所示,并在图 7.3 中重复出现;它们属于襟翼形表面,能够根据飞行员的指挥来回偏转。副翼安装在机翼后缘,靠近襟翼的位置。升降舵位于水平安定面上。在某些现代飞行器中,整个水平安定面是旋转的,而不是仅仅只有升降舵旋转(即所谓的全动水平尾翼)。方向舵位于垂直安定面的后缘。正如在第 5.17 节中所讨论的襟翼实例一样,控制面的向下偏转将增加机翼或尾翼的升力。那么,如图 7.4 所示,力矩将发生改变。参见图 7.4(a)。一个副翼向上偏转,另一个副翼向下偏转,产生机翼上的升力差异,从而影响滚转力矩 L'。图 7.4(b) 中,升降舵向上偏转,在尾翼处产生一个负升力,从而影响俯仰力矩 M。图 7.4(c) 中,方向舵向右偏转,在尾翼上产生一个向左的气动力,从而影响偏航力矩 N。

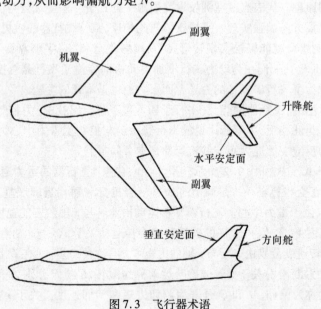

图 7.3 飞行器术语

（关于 x 轴的）滚转也称为横向运动。参见图7.4(a)，我们发现副翼控制滚转，因此副翼也被称作横向控制装置。（关于 y 轴的）俯仰也称为纵向运动。在图7.4(b)中，我们发现升降舵控制俯仰，因此升降舵也被称作纵向控制装置。（关于 z 轴的）偏航也称为航向运动。图7.4(c)显示方向舵控制偏航，因此方向舵也被称作航向控制装置。

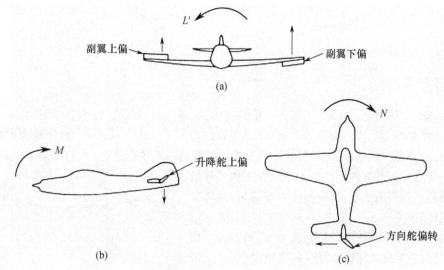

图7.4 控制装置偏转对滚转、俯仰及偏航的影响
(a) 副翼偏转的影响，横向控制；(b) 升降舵偏转的影响，纵向控制；(c) 方向舵偏转的影响，航向控制。

所有这些定义及概念都属于飞行器稳定与控制的基础语言，我们必须对其进行仔细研究。在此过程中，会出现以下问题：稳定与控制这两个词本身包含什么意思？在第7.2节将对其进行解答。

回顾本书中图2.1所示的总路线图。在本章中，我们仍然研究飞行力学这一整体主题，但我们更关注的是飞行力学下第二个方框内的内容，即稳定与控制。本章的路线图如图7.5所示。存在两条主线，左列为稳定性，右列为控制。稳定与控制这两个主题又可以进一步分为静态和动态两个范畴，如图7.5所示。我们将在下一节确定这些范畴的区别。本章主要（但并非局限于）关注纵向稳定性与纵向控制。我们探讨静态纵向稳定性关于重力中心的纵向力矩的计算，以及那些用于帮助我们确定飞行器是否稳定的方程。此外，还定义了用于描述稳定性特征的两个概念，即：中性点与静态稳定裕度。在本章的后部分，我们将快速浏览路线图7.5右侧的内容，主要探讨静态纵向控制。在本部分，我们更详细地研究配平这一概念，并探讨配平所需的升降舵偏转及升降舵的相关铰链力矩。此外还考虑了固定驾驶杆稳定性与自由驾驶杆稳定性之间的区别。所使用的许多术语可能不太常

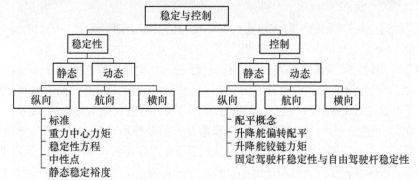

图7.5 第7章路线图

见或有点古怪。但本章的余下部分将引导读者学习这些概念,使读者对飞行器稳定与控制的相关语言更加熟悉。学习本章的过程中,经常回顾图 7.5 大有裨益,可以使自己时刻明确本章的细节及其所属的范围。

7.2 稳定与控制的定义

稳定性存在两种形式:静态和动态。

7.2.1 静态稳定性

假设弹珠处于曲面上,例如处于向上放置的碗内,如图 7.6a 所示。弹珠静止不动,其处于平衡状态,即作用在弹珠上的力矩为零。若干扰弹珠[如图 7.6(a)中虚线圆圈所示,使弹珠滚向一边],然后将其松开,弹珠将滚回碗底,回到其平衡位置。此系统则为静态稳定。一般而言,可以规定:

如果由于干扰在某物体上产生的力和力矩从一开始就有趋势使其回到平衡位置,则该物体静态稳定,且具有正静态稳定性。

再假设将碗倒过来,将弹珠放在碗底顶端,如图 7.6(b)所示。若弹珠精确地处在碗底顶端,其力矩则为零,且处于平衡状态。但是,若干扰弹珠[如图 7.6(b)中虚线圆圈所示],弹珠则会往旁边滚落,离开平衡位置。此系统则为静态不稳定。一般而言,可以规定:

如果物体受到干扰后产生的力和力矩使之离开平衡位置,则该物体静态不稳定,且具有负静态稳定性。

最后,假设弹珠处在平整且水平的表面,如图 7.6(c)所示,其力矩为零且处于平衡状态。弹珠受到干扰移动到另一位置时,其力矩仍然为零且仍然处于平衡位置。此系统则为中性稳定。因为该情况在飞行器中极少出现,故在此不予考虑。

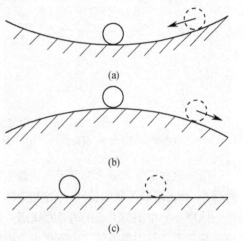

图 7.6 静态稳定性图示
(a)静态稳定系统;(b)静态不稳定系统;
(c)静态中性系统。

需要强调的是静态稳定性(或缺乏静态稳定性)涉及的是飞行器受到干扰后回到平衡位置(或偏离平衡位置)的初始趋势,并不涉及飞行器是否处于平衡位置或怎样达到平衡位置,此类问题属于动态稳定性的范畴。

7.2.2 动态稳定性

动态稳定性涉及的是飞行器对静态稳定性做出反应后其运动随时间的变化。例如,假设飞行器以 α_e 的攻角起飞,其重力中心的力矩为零,因此飞行器角度为 α_e 时处于平衡状态,在此情况下,飞行器受到配平,α_e 叫做配平攻角。现在假设飞行器受到扰动(例如遇到阵风),俯仰至一个新的攻角 α,如图 7.7 所示。飞行器的俯仰角位移为 $\alpha - \alpha_e$。下面我们来看飞行器受到阵风扰动后发生的抬升运动,该动作可以通过绘制即时位移对时间曲线图来进行描述,如图 7.8 所示,此处 $\alpha - \alpha_e$ 为时间 t 的函数。$t = 0$ 时,角位移等于阵风所导致的抬升角度。如果静态稳定,飞行器从一开始将趋于回到其平衡位置,即 $\alpha - \alpha_e$ 从一开始会减小。一段时间后,飞行器将单调"寻的"至其平衡位置,如图 7.8(a)所示。该运动被视为非周期性运动。另外一种可能是,飞行器刚开始可能冲过平衡位置,在经过一系列振幅逐渐减小的振荡后,趋向 α_e,如图 7.8(b)所示。此运动称为减幅振荡。

图7.8(a)和图7.8(b)所示的两种情况下,飞行器最终都将在一定的时间间隔后回到平衡位置。这两种情况均为飞行器动态稳定性示例。因此,可以规定:

若某物体在一定时间后最终自动回到或者保持在平衡位置,则该物体动态稳定。

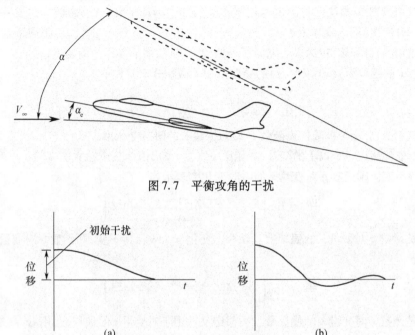

图7.7　平衡攻角的干扰

图7.8　动态稳定性示例

(a)非周期性运动;(b)减幅振荡。

与上述相反,飞行器在静态稳定性的初始反应之后,可能以增长的振幅振荡,如图7.9所示。这种情况下任何时间都不可能保持平衡位置,且飞行器会完全偏离,此为飞行器动态不稳定(即使其静态稳定)。而且,理论上飞行器可能以恒定的振幅来回振荡,这是动态中性物体的例子,在此处这种情况几乎没有什么实际意义。

重要的是,从之前的例子要注意到动态稳定的飞行器都一定是静态稳定的,然而静态稳定性则不足以保证动态稳定性。但是,设计飞行器时静态稳定性通常是首要的稳定性特征。(有些情况例外,下文将予以说明。)对于传统飞行器来说,考虑到这些因素是至关重要的,因此,本章的大部分内容都是关于静态稳定性和控制的。虽然动态稳定性的研究也非常重要,但它需要采用先进的分析技术,超出了本书的范围。

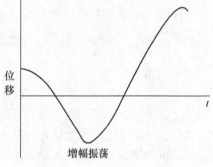

图7.9　动态不稳定性示例

7.2.3　控制

7.1节讨论了飞行器的常规控制面(升降舵、副翼及方向舵),其示意图见图7.3及图7.4。它们的功能通常为:(1)改变飞行器的平衡位置;(2)产生非平衡加速运动,如机动操纵。研究副翼、升降舵及方向舵,使飞行器实现我们所需用途所必需的偏转,研究飞行员(或液压助力系统),获得这些偏转控制所必需施加的总的力,这些是"飞行器控制"这门学科的一部分,将在本章后部分对其进行讨论。

7.2.4 偏导数

7.2.1 节~7.2.3 节给出了与稳定与控制相关的一些物理定义。此外,数学定义——偏导数的数学定义——对后文(即本章与第 8 章——航天学)导出的方程十分有益。对稍微了解微积分的读者来说,本节内容一目了然;对深入研究微积分的读者来说,本节仅作为简要概述。

设单变量 x 的函数为 $f(x)$,则 $f(x)$ 的导数用初等微积分定义如下:

$$\frac{df}{dx} \equiv \lim_{\Delta x \to 0} \left[\frac{f(x+\Delta x) - f(x)}{\Delta x} \right]$$

从物理学上来说,这个极限代表函数 $f(x)$ 对变量 x 的瞬时变化率。

现设函数依赖超过一个以上的变量,如函数 $g(x,y,z)$,依赖三个独立的变量 x、y 和 z。令 x 变化,y 和 z 保持不变。则函数 g 对变量 x 的瞬时变化率表示如下:

$$\frac{\partial g}{\partial x} \equiv \lim_{\Delta x \to 0} \left[\frac{g(x+\Delta x, y, z) - g(x, y, z)}{\Delta x} \right]$$

式中:$\partial g / \partial x$ 是函数 g 对变量 x 的偏导数。现令 y 变化,x 和 z 保持不变,则函数 g 对变量 y 的瞬时变化率表示如下:

$$\frac{\partial g}{\partial y} \equiv \lim_{\Delta y \to 0} \left[\frac{g(x, y+\Delta y, z) - g(x, y, z)}{\Delta y} \right]$$

式中:$\partial g / \partial y$ 是函数 g 对变量 y 的偏导数。类似定义适用于对变量 z 的偏导数,用 $\partial g / \partial z$ 表示。

本书中偏导数概念仅作为定义使用。偏导数的微积分对工程学几乎任一领域的深入研究都起关键作用,但此类研究不属于本书范畴。

例 7.1

若 $g = x^2 + y^2 + z^2$,求 $\partial g / \partial z$。

解

根据前述讨论中给出的定义,令 x、y 保持不变,即可得出对 z 的偏导数:

$$\frac{\partial g}{\partial z} = \frac{\partial (x^2 + y^2 + z^2)}{\partial z} = \frac{\partial x^2}{\partial z} + \frac{\partial y^2}{\partial z} + \frac{\partial z^2}{\partial z} = 0 + 0 + 2z = 2z$$

7.3 飞行器所受力矩

对稳定与控制的研究集中在力矩方面:飞行器所受力矩与控制面所受力矩。在本阶段,读者有必要回顾一下第 5.2 节有关气动力产生力矩的探讨。回想一下,机翼上的压力分布和剪切应力分布产生俯仰力矩。在任意点(如前缘、后缘、1/4 弦或其他地方)都可产生该力矩。然而,存在一个特定点,该点的力矩不受攻角支配。该点被定义为机翼的气动力中心。气动力中心的力矩及其力矩系数分别用 M_{ac} 和 $C_{M,ac}$ 表示,且此处 $C_{M,ac} \equiv M_{ac}/(q_\infty S c)$。

再次回顾第 5.2 节的内容,回想一下受力图 5.5。假设机翼正以零升力状态飞行,因此 F_1 和 F_2 为等值反向力。因此,两者所产生的力矩为力偶,从基础物理学中我们知道力偶可以以定值在物体各处移动。所以,零升力时,$M_{ac} = M_{c/4} = M_{任意点}$。那么,

$$C_{M,ac} = (C_{M,c/4})_{L=0} = (C_{M,任意点})_{L=0}$$

也就是说当机翼处于零升力攻角 $\alpha_{L=0}$ 时,可以从任意点的力矩系数值求得 $C_{M,ac}$ 值(相对于攻角保持不变)。因此,有时候 M_{ac} 也称为零升力力矩。

气动力中心在研究稳定与控制方面是一个非常实用的概念。事实上,机翼的受力和力矩可以完全通过作用于气动力中心的升力和阻力及气动力中心的力矩来说明,如图 7.10 所示。在本章的余下部分我们将采用这一惯例。

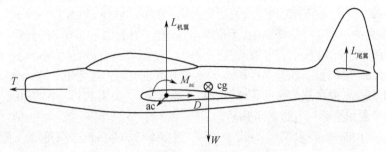

图 7.10　飞行器重力中心的力矩所受的影响

现假设一架完整的飞行器,如图 7.10 所示。在此,我们最关心的是飞行器重力中心的俯仰力矩 M_{cg}。从图 7.10 可明显看出,M_{cg} 的产生源于:(1)机翼的 L、D 及 M_{ac};(2)尾翼升力;(3)推力;(4)飞行器其他部分所受的气动力和力矩,例如机身与发动机短舱。(注:重力不产生力矩影响,因为其通过重力中心起作用。)将在后文详细探讨 M_{cg} 所受到的这些影响。图 7.10 仅用于阐释以下重要结论:力矩确实存在于飞行器的重力中心,且该力矩对于飞行器的稳定与控制至关重要。

重力中心的力矩系数定义如下:

$$C_{M,cg} = \frac{M_{cg}}{q_m S c} \tag{7.1}$$

结合之前第 7.2 节所讨论的概念,可发现当重力中心的力矩为零时,飞行器处于平衡(俯仰);即 $M_{cg} = C_{M,cg} = 0$ 时,飞行器实现配平。

7.4　绝对攻角

继续用我们搜集的工具来分析稳定与控制,设机翼处于某一攻角,此时升力为零;即机翼处于零升力攻角 $\alpha_{L=0}$,如图 7.11(a)所示。在机翼保持这一方向时,沿尾翼画一条平行于相对风流 V_∞ 的直线,该直线被定义为翼型零升力线,其是固定的;设想一下该线固定在翼型的几何图形中,如图 7.11(a)所示。正如第 5 章所讨论的,传统有弯度翼型零升力角为负,因此零升力线稍稍高于翼弦线,(特别强调)如图 7.11(a)所示。

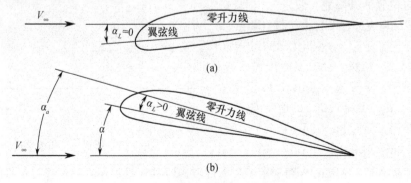

图 7.11　零升力线与绝对攻角图示
(a)零升力;(b)带升力。

现假设机翼俯仰至一个能产生升力的几何攻角 α,如图 7.11(b)所示。(回顾第 5 章的内容可知,几何攻角是指自由流相对风与翼弦线之间的角度。)同样,图 7.11(b)所演示的是零升力线与相对气流之间的角等于几何攻角 α 与 $\alpha_{L=0}$ 的绝对值之和。该角被定义为绝对攻角 α_a。从图 7.11(b)中可知,$\alpha_a = \alpha + \alpha_{L=0}$($\alpha_{L=0}$ 用于绝对意义)。请仔细研究图 7.11(a)和图 7.11(b)的几何图形。

定义绝对攻角的一个主要优势在于,无论翼型的弯度如何,当 $\alpha_a = 0°$ 时,则 $L = 0$。为进一步说明,假设升力曲线如图 7.12 所示。常规 C_L 对 α 曲线图(第五章已进行详细讨论)如图 7.12(a)所示。图中,升力曲线不经过原点,且不同的翼型 $\alpha_{L=0}$ 当然也不同。与此相反,当绘制 C_L 对 α_a 曲线图时,如图 7.12(b)所示,曲线总是通过原点(按照 α_a 的定义)。图 7.12(b)中的曲线与图 7.12(a)中的曲线相同,但横坐标按照 $\alpha_{L=0}$ 进行了移动。

在研究稳定与控制时,经常用 α_a 替代 α。我们将在本章的余下部分采用这一惯例。

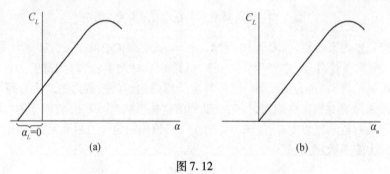

图 7.12
(a)升力系数对几何攻角;(b)升力系数对绝对攻角。

7.5 静态纵向稳定性标准

如图 7.2 所示,关于三个轴向的静态稳定性与控制通常是设计传统飞行器所必需的。然而,完整描述三种类型(即横向、纵向与航向)的静态稳定性与控制(见图 7.4)超出了本书的范畴。在此,仅打算提供一些稳定性与控制的基本概念,为此,我们仅详细讨论飞行器的纵向运动(围绕 y 轴的俯仰运动)。俯仰运动如图 7.4(b)所示,其通常在飞行器的对称面进行。在静态稳定模式中,纵向稳定性最为重要;在飞行器设计、风洞试验及飞行研究中,纵向稳定性也往往比横向稳定性或航向稳定性更受关注。

设一架刚性飞行器,带固定控制装置,如位于某一固定位置的升降舵。假定飞行器已经通过了风洞试验或进行了自由飞行且 M_{cg} 随攻角的变化已经被测量。该变化如图 7.13 所示,图中 $C_{M,cg}$ 与 α_a 相对。对于多数传统飞行器来说,这条曲线近似于直线,如图 7.13 所示。在零升力处(即 $\alpha_a = 0°$ 时),$C_{M,cg}$ 的值用 $C_{M,0}$ 表示。$M_{cg} = 0$ 时,α_a 的值用 α_e 表示,如 7.3 节所规定的,此即为平衡攻角或配平攻角。

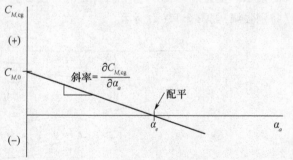

图 7.13 负斜率力矩系数曲线

假设飞行器以配平攻角 α_e 保持稳定平衡飞行,如图 7.14(a)所示。突然飞行器被阵风扰动,攻角立刻发生了变化。现在存在两种可能性:α_a 增加或 α_a 减小。若飞行器上仰,如图 7.14(b)所示,则 $\alpha_a > \alpha_e$。从图 7.13 可知,若 $\alpha_a > \alpha_e$,则重力中心的力矩为负。

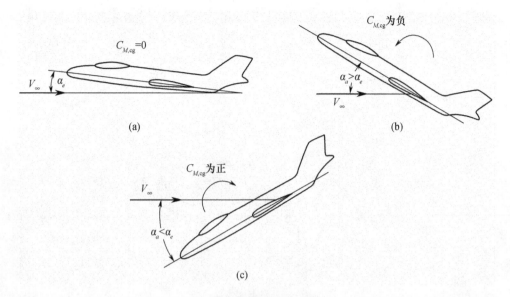

图 7.14 静态稳定性图示

(a)平衡位置(配平);(b) 受扰动上仰;(c) 受扰动下俯;在(b)和(c)中,飞行器首先趋向于返回其平衡位置。

如第 5.4 节所讨论,负力矩(按惯例)为逆时针方向,趋向于使机头下俯。因此,图 7.14(b)中,飞行器在被扰动后首先趋向于返回其平衡位置。与此相反,若飞行器由于阵风而下俯,如图 7.14(c)所示,则 $\alpha_a < \alpha_e$。从图 7.13 中可知,重力中心的合力矩将为正(顺时针方向),且趋向于使机头上仰。因此,我们再一次碰到以下情况,即飞行器在受到扰动后首先趋向于返回其平衡位置。从第 7.2 节可知,这正是静态稳定性的定义。因此,我们得出以下结论:若飞行器的 $C_{M,\text{cg}}$ 对 α_a 的变化如图 7.13 所示,则飞行器处于静态稳定状态。注意图 7.13 中 $C_{M,0}$ 为正,曲线斜率 $\partial C_{M,\text{cg}}/\partial \alpha_a$ 为负。此处,第 7.2.4 节所定义的偏导数用于表示力矩系数曲线的斜率。这是因为(正如我们所观察到的)$C_{M,\text{cg}}$ 除了依赖 α_a 外还依赖许多其他变量,因此在图 7.13 中采用 $\partial C_{M,\text{cg}}/\partial \alpha$ 而非 $\mathrm{d}C_{M,\text{cg}}/\mathrm{d}\alpha_a$ 表示斜率线更为精准恰当。如第 7.2.4 节所规定的,$\partial C_{M,\text{cg}}/\partial \alpha$ 表示其他变量保持不变时,$C_{M,\text{cg}}$ 对 α_a 的瞬时变化率。

现设另一架飞行器,具备测定的 $C_{M,\text{cg}}$ 变化,如图 7.15 所示。设想飞行器正以配平攻角 α_e 飞行,如图 7.16(a)所示。若飞行器受阵风扰动,机头上仰,如图 7.16(b)所示,则 $\alpha_a > \alpha_e$。从图 7.15 可知,这产生了一个正(顺时针方向)力矩,趋向于使机头进一步上仰,偏离其平衡位置。同样地,若阵风使机头下俯[图 7.16(c)],则产生一个负(逆时针方向)力矩,趋向于使机头进一步下俯,偏离其平衡位置。由于飞行器在受扰动时总趋向于从平衡位置偏离,其静态不稳定。注意图 7.15 中飞行器的 $C_{M,0}$ 为负,$\partial C_{M,\text{cg}}/\partial \alpha_a$ 为正。

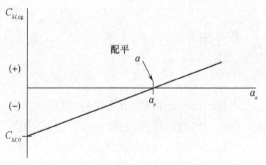

图 7.15 正斜率力矩系数曲线

如图 7.13 与图 7.15 所示,两架飞行器中的 α_e 为正值。回顾图 6.8 可知,在其速度范围内从失速速度 $V_{\text{失速}}$(此时 α_a 最大)到最大速度 $V_{\max}$(此时 α_a 最小)进行飞行时,飞行器穿过了一系列攻角。α_e 值必须在攻角的变化范围内,否则飞行器无法配平实现稳定飞行。(记住,我们假定升降舵位置固定:我们所讨论的是固定驾驶杆稳定性。)若 α_e 确实在该范围内,飞行器纵向平衡。

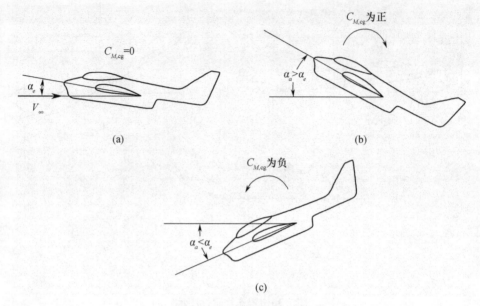

图 7.16 静态不稳定性图示

(a) 平衡位置(配平);(b) 受扰动上仰;(c) 受扰动下俯;在(b)和(c)中,飞行器首先趋向于偏离其平衡位置。

从前述讨论中,我们可得出以下结论:纵向平衡及静态稳定性所需的必要标准为:

1. $C_{M,0}$ 必须为正。
2. $\partial C_{M,cg}/\partial \alpha_a$ 必须为负。

即 $C_{M,cg}$ 必须与图 7.13 类似。当然,这些标准所暗含的一条是 α_e 必须在飞行器攻角的变化范围内。

现在我们可解释为何传统飞行器采用水平尾翼(水平安定面,如图 7.3 所示)。首先,假设带传统翼型的(单独)普通机翼,如 NACA 2412 翼型剖面。从附录 4 的翼型数据中可知,气动力中心的力矩系数为负。此为所有正弯度翼型的特征。现假定机翼处于零升力,在此种情况下,机翼所受的唯一力矩为纯力偶,如第 7.3 节所述。因此,零升力时,某点的力矩等于其他任意点的力矩。特别是

$$C_{M,ac} = C_{M,cg} \quad \text{零升力时(仅适用于机翼)} \tag{7.2}$$

然而,观察图 7.3 可知,根据定义,在零升力时(即 $\alpha_a = 0°$ 时),$C_{M,0}$ 为重力中心的力矩。因此,由方程(7.2)可得出

$$C_{M,0} = C_{M,ac} \quad \text{(仅适用于机翼)} \tag{7.3}$$

方程(7.3)证明机翼具有正弯度($C_{M,ac}$ 为负),则 $C_{M,0}$ 也为负。该机翼自身是不平衡的。为矫正此种情形,必须在飞行器上增加水平尾翼,如图 7.17(a) 及图 7.17(b) 所示。若尾翼安装在机翼后部,如图 7.17(a) 所示,且尾翼向下倾斜产生如图所示的负尾翼升力,则会产生重力中心的顺时针方向力矩。若该顺时针方向力矩足够大,则其能克服负的 $C_{M,ac}$ 且机翼-尾翼组合 $C_{M,0}$ 将为正,飞行器就能实现平衡。

图 7.17(a) 所示的设置是多数传统飞行器的典型特征。但尾翼也可置于机翼之前,如图 7.17(b) 所示,此即前翼构型。对前翼而言,尾翼向上倾斜产生正升力,因而产生了重力中心的顺时针方向力矩。若该力矩足够大,则机翼-尾翼组合 $C_{M,0}$ 将为正,且飞行器将再次实现平衡。可惜的是,前翼前置的尾部干扰了机翼上平滑的气动流。因为种种原因,前翼构型未得以普及。唯一值得注意的特例是"莱特飞行器",其采用的是前翼。事实上,直到 1910 年,莱特兄弟才改进飞行器的

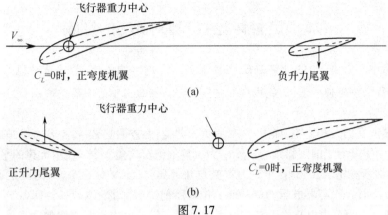

图 7.17

(a) 传统机翼-尾翼组合。尾翼置于能产生负升力的某一角度,因而提供正 $C_{M,0}$;

(b) 前翼机翼-尾翼组合。尾翼置于能产生正升力的某一角度,因而提供正 $C_{M,0}$。

传统设置。采用 rudder(方向舵)一词来表示升降舵,奥维尔(Orville)在 1909 年给韦尔伯的信中写到,"我们的飞行器操作的难处在于升降舵位于机身前部,这使得飞行器很难保持水平航道……我认为没必要延长飞行器,但有必要将升降舵置于后部而非前部。"起初,莱特兄弟认为前置的升降舵能保护他们免于遭受利林塔尔曾遭遇的致命坠机事件。直到 1910 年设计飞行器模型 B 之前,他们一直沿用这一基本原理。最后,采用前翼的现代范例是北美航空公司 XB-70 飞机,其为 20 世纪 60 年代为美国空军研发的实验性超声速轰炸机。机翼前部的前翼面在图 7.18 所示的照片中清晰可见。近年来,前翼重返航天领域,用于高性能军用飞行器及特殊的通用航空器设计。图 5.64 所示的 X-29 飞机即前翼构型。

图 7.18 北美航空公司 XB-70 飞机。注意前翼面正好位于座舱后面
[来源:德莱登飞行研究中心]

回顾一下,通过运用物理推理而非依靠复杂的数学公式来进行定性讨论,我们已经得出了静态纵向稳定性的一些基本结论。我们在定性讨论的基础上所进行的讨论成果的确令人惊异。但是,现在我们要转而探讨一些定量问题。对于给定的飞行器,机翼与尾翼应相隔多远以实现稳定性?尾翼应该制成多大?我们如何设计出所需的配平角 α_e?我们将在本章的余下部分来探讨这些问题或其他类似问题。

7.6 定量讨论:机翼对 M_{cg} 的影响

飞行器重力中心力矩 M_{cg} 的计算是研究静态纵向稳定性的关键,前述章节已经强调了这一事实。因此,现在我们将单独考虑机翼、机身及尾翼对飞行器重力中心力矩的影响,最后综合这些影响求得总 M_{cg}。

仅考虑机翼所受的力和力矩,如图 7.19 所示。此处,为方便起见,将零升力线画成一条水平线;因此,相对气流对零升力线的倾斜角为 α_w,α_w 为机翼的绝对攻角。令 c 表示机翼的平均零升力翼弦(即沿着零升力线所测定的翼弦)。零升力翼弦与几何翼弦(定义见第 5 章)的区别通常无关紧要,因而在此可忽略不计。飞行器的重力中心所在位置距前缘后部的距离为 hc,且高于零升力线 zc,如图所示。因此 h 和 z 为重力中心关于翼弦长度的坐标。气动力中心距前缘的距离为 $h_{ac_w}c$。机翼的气动力中心力矩用 M_{ac_w} 表示,且机翼升力和机翼阻力分别为 L_w 和 D_w,如图所示。按例,L_w 垂直于相对风,D_w 平行于相对风。

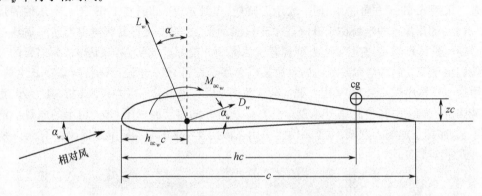

图 7.19 翼型术语与几何图形

我们通常希望在处理重力中心力矩时,使上仰力矩为正。从图 7.19 中显而易见,L_w、D_w 与 M_{ac_w} 都影响重力中心力矩。为方便起见,将 L_w 与 D_w 分解为垂直于和平行于翼弦的分量。然后,参考图 7.19,可知飞行器机翼重力中心力矩为

$$M_{cg_w} = M_{ac_w} + L_w \cos\alpha_w (hc - h_{ac_w} \cdot c) + D_w \sin\alpha_w (hc - h_{ac_w} \cdot c) +$$
$$L_w \sin\alpha_w zc - D_w \cos\alpha_w zc \tag{7.4}$$

[仔细研究方程(7.4)及图 7.19,确保在进一步研究前理解了每个术语。]对于传统飞行器的正常航程而言,α_w 较小,因此可采用近似值,使 $\cos\alpha_w \approx 1$ 且 $\sin\alpha_w \approx \alpha_w$(式中 α_w 用弧度表示)。则方程(7.4)变为

$$M_{cg_w} = M_{ac_w} + (L_w + D_w\alpha_w)(h - h_{ac_w})c + (L_w\alpha_w - D_w)zc \tag{7.5}$$

用方程(7.5)除以 $q_\infty Sc$,回顾可知 $C_M = M/(q_\infty Sc)$,可得出重力中心的力矩系数为

$$C_{M,cg_w} = C_{M,ac_w} + (C_{L,w} + C_{D,w}\alpha_w)(h - h_{ac_w}) + (C_{L,w}\alpha_w - C_{D,w})z \tag{7.6}$$

由于多数飞行器的重力中心位于靠近零升力线的地方,所以 z 通常较小($z \approx 0$),可以忽略不计。此外,α_w(用弧度表示)通常远远小于 1,且 $C_{D,w}$ 通常小于 $C_{L,w}$;因此与 $C_{L,w}$ 相比,所产生的 $C_{D,w}\alpha_w$ 较小。根据这些假设,方程(7.6)可简化为

$$C_{M,cg_w} = C_{M,ac_w} + C_{L,w}(h - h_{ac_w}) \tag{7.7}$$

参考图 7.12(b),可知 $C_{L,w} = (\mathrm{d}C_{L,w}/\mathrm{d}\alpha)\alpha_w = a_w\alpha_w$,式中 a_w 为机翼的升力斜率。因此,方程

(7.7)可表述为

$$C_{M,cg_w} = C_{M,ac_w} + a_w \alpha_w (h - h_{ac_w}) \tag{7.8}$$

方程(7.7)与方程(7.8)给出了机翼对飞行器重力中心力矩的影响,当然其受之前所讨论的假设制约。仔细观察方程(7.7)、方程(7.8)及图7.19。基于物理学基础,它们表明机翼对 M_{cg} 的影响本质上归于两个因素:气动力中心力矩 M_{ac_w} 及作用于力臂 $(h - h_{ac_w})c$ 的升力。

若机身增加了机翼,则这些结论必须稍加改动。设雪茄形的机身处于一个与气流相对的攻角。此类机身受到气动力中心力矩及机身附近气流所产生的升力和阻力。现设机身与机翼组合到一起形成机翼-机身组合。流过机翼-机身组合的气流不同于单独流过机翼或机身的气流;在机翼气流影响机身气流处会产生气动干扰,反之亦然。由于此种干扰,机翼-机身组合力矩并非简单地为单独的机翼力矩与机身力矩之和。同样地,机翼-机身组合的升力和阻力受气动干扰的影响。很难从理论上对此类干扰效应进行预测。因此,机翼-机身组合的升力、阻力及力矩通常从风洞测定中获得。令 $C_{L_{wb}}$ 与 $C_{M,ac_{wb}}$ 分别为机翼-机身组合气动力中心的升力系数和力矩系数。与仅适用于机翼的方程(7.7)与方程(7.8)类似,机翼-机身组合对 M_{cg} 的影响为

$$C_{M,cg_{wb}} = C_{M,ac_{wb}} + C_{L_{wb}}(h - h_{ac_{wb}}) \tag{7.9}$$

$$C_{M,cg_{wb}} = C_{M,ac_{wb}} + a_{wb}\alpha_{wb}(h - h_{ac_{wb}}) \tag{7.10}$$

式中:a_{wb} 与 α_{wb} 分别为机翼-机身组合的升力曲线斜率及绝对攻角。总而言之,机身增加机翼使气动力中心向前移动,增加了升力曲线斜率,并为气动力中心的力矩产生了负增量。再次强调方程(7.9)与方程(7.10)中的气动系数通常源于风洞数据。

例7.2

对于给定机翼-机身组合,气动力中心位于重力中心前的0.05弦长处。气动力中心的力矩系数为-0.016。若升力系数为0.45,求重力中心的力矩系数。

解

由方程(7.9)可知,

$$C_{M,cg_{wb}} = C_{M,ac_{wb}} + C_{L_{wb}}(h - h_{ac_{wb}})$$

式中:

$$h - h_{ac_{wb}} = 0.05$$
$$C_{L_{wb}} = 0.45$$
$$C_{M,ac_{wb}} = -0.016$$

因此,

$$C_{M,cg_{wb}} = -0.016 + 0.45(0.05) = 0.0065$$

例7.3

机翼-机身模型在亚声速风洞进行试验。在几何攻角 $\alpha = -1.5°$ 时,升力为零。在 $\alpha = 5°$ 时,升力系数测定为0.52。且在 $\alpha = 1.0°$ 及 $\alpha = 7.88°$ 时,重力中心的力矩系数分别测定为-0.01与0.05。重力中心位于 $0.35c$ 处。求气动力中心位置及 $C_{M,ac_{wb}}$ 值。

解

首先求升力斜率:

$$a_{wb} \equiv \frac{dC_L}{d\alpha} = \frac{0.52 - 0}{5 - (-1.5)} = \frac{0.52}{6.5} = 0.08/(°)$$

列方程(7.10),

$$C_{M,cg_{wb}} = C_{M,ac_{wb}} + a_{wb}\alpha_{wb}(h - h_{ac_{wb}})$$

当 $\alpha = 1.0°$ 时,求方程的值[记住 α 在此为几何攻角,而方程(7.10)中 α_{wb} 为绝对攻角。]:

$$-0.01 = C_{M,ac_{wb}} + 0.08(1 + 1.5)(h - h_{ac_{wb}})$$

当 $\alpha = 7.88°$ 时,求方程的值:

$$0.05 = C_{M,ac_{wb}} + 0.08(7.88 + 1.5)(h - h_{ac_{wb}})$$

以上两个方程有两个未知数,即 $C_{M,ac_{wb}}$ 与 $h - h_{ac_{wb}}$。可以同时解这两个未知数。用第一个方程减去第二个方程,可得出

$$-0.06 = 0 - 0.55(h - h_{ac_{wb}})$$

$$h - h_{ac_{wb}} = \frac{-0.06}{-0.55} = 0.11$$

已知 h 的值为 $h = 0.35$。因此,

$$h_{ac_{wb}} = 0.35 - 0.11 = 0.24$$

那么,

$$-0.01 = C_{M,ac_{wb}} + 0.08(1 + 1.5)(0.11)$$
$$C_{M,ac_{wb}} = -0.032$$

7.7 机尾对 M_{cg} 的影响

分析独立于飞行器的尾翼单独所产生的力矩与分析机翼单独产生的力矩一样。然而,显而易见在现实生活中尾翼总是与飞行器连接在一起,而非独立的。且尾翼通常安装在机翼后面,所以它会感受到流经机翼的气流尾流。因此,两种干扰效应影响着尾翼的空气动力特性:

1. 尾翼气流由于有限翼展机翼的作用通过下洗流向下偏转(见第5.13节和5.14节),即尾翼所受的相对气流与机翼所受的相对气流 V_∞ 不在同一方向上。

2. 由于机翼上存在来自表面摩阻及压差阻力的减速力,到达尾翼的气流被减缓。因此尾翼所感受的相对气流速度小于 V_∞。那么,尾翼受的动压也小于 q_∞。

图7.20 描绘了这些效应。图中,V_∞ 为机翼所受的相对气流,V' 为尾翼处的相对气流,其通过下洗角 ε 向下倾斜,低于 V_∞。尾翼升力 L_t 与阻力 D_t(据定义)分别垂直于 V' 和平行于 V'。与此相反,整个飞行器的升力和阻力(据定义)总是分别垂直于和平行于 V_∞。因此,设 L_t 与 D_t 的分量垂直于 V_∞,从图7.20中可证明,尾翼对飞行器总升力的影响为 $L_t\cos\varepsilon + D_t\sin\varepsilon$。通常情况下,下洗角 ε 非常小,因此 $L_t\cos\varepsilon + D_t\sin\varepsilon \approx L_t$。因此,事实上可以直接将尾翼升力加进机翼-机身组合来求得整个飞行器的升力。

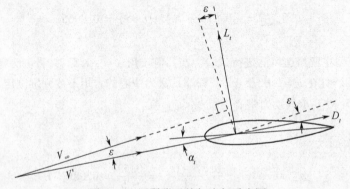

图7.20 尾翼附近的气流与受力图

设尾翼与机翼-机身组合零升力线相关,如图 7.21 所示。有必要暂停一下来仔细研究该图。机翼-机身组合处于绝对攻角 α_{wb}。尾翼向下扭转提供一个正 $C_{M,0}$,如第 7.5 节末尾所讨论。因此,尾翼的零升力线倾向于以尾装角 i_t 向机翼-机身组合的零升力线倾斜。(尾翼的翼型剖面通常是对称的,因此尾翼零升力线与尾翼翼弦线相同。)尾翼的绝对攻角 α_t 测定为介于局部相对气流 V' 及尾翼零升力线之间。尾翼具有气动力中心,其气动力中心的力矩为 M_{ac_t},通过气动力中心 L_t 与 D_t 分别垂直于和平行于 V'。与之前一样,V' 通过下洗角 ε 向下倾斜,低于 V_∞;因此 L_t 与纵轴形成角 $\alpha_{wb}-\varepsilon$。尾翼的气动力中心所在位置距飞行器重力中心的距离为 l_t,且低于重力中心 z_t。务必仔细研究图 7.21 所示的几何图形,这对以下推导至关重要。

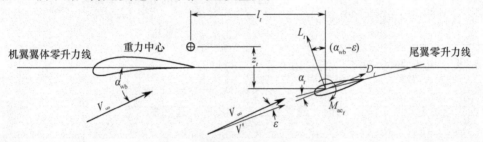

图 7.21 机翼尾翼组合几何图形

将 L_t 与 D_t 分解为垂直分量 $L_t\cos(\alpha_{wb}-\varepsilon)$、$D_t\sin(\alpha_{wb}-\varepsilon)$ 和水平分量 $L_t\sin(\alpha_{wb}-\varepsilon)$、$D_t\cos(\alpha_{wb}-\varepsilon)$。观察图 7.21 可知,尾翼的 L_t、D_t 及 M_{ac_t} 所产生的重力中心的力矩和为

$$M_{cg_t} = -l_t[L_t\cos(\alpha_{wb}-\varepsilon)+D_t\sin(\alpha_{wb}-\varepsilon)] + \\ z_tL_t\sin(\alpha_{wb}-\varepsilon) - z_tD_t\cos(\alpha_{wb}-\varepsilon) + M_{ac_t} \tag{7.11}$$

式中:M_{cg_t} 表示水平尾翼对飞行器重力中心力矩的影响。

方程(7.11)右侧的第一项 $l_tL_t\cos(\alpha_{wb}-\varepsilon)$ 的量级目前为止最大。事实上,对于传统飞行器来说,以下简化是合理的:

1. $z_t << l_t$。
2. $D_t << L_t$。
3. 角 $\alpha_{wb}-\varepsilon$ 很小,因此 $\sin(\alpha_{wb}-\varepsilon)\approx 0$ 且 $\cos(\alpha_{wb}-\varepsilon)\approx 1$。
4. M_{ac_t} 的量级很小。

根据经验,采用之前所述的近似值法,明显可将方程(7.11)简化为

$$M_{cg_t} = -l_tL_t \tag{7.12}$$

用自由流动压 $q_\infty = \frac{1}{2}\rho_\infty V_\infty^2$ 及尾翼平面形状面积 S_t 定义尾翼升力系数为

$$C_{L,t} = \frac{L_t}{q_\infty S_t} \tag{7.13}$$

合并方程(7.12)和方程(7.13),可得

$$M_{cg_t} = -l_tq_\infty S_tC_{L,t} \tag{7.14}$$

将方程(7.14)除以 $q_\infty Sc$,其中 c 为翼弦线,S 为机翼平面形状面积,可得出

$$\frac{M_{cg_t}}{q_\infty Sc} \equiv C_{M,cg_t} = -\frac{l_tS_t}{cS}C_{L,t} \tag{7.15}$$

观察方程(7.15)右侧,可注意到 l_tS_t 为尾翼尺寸和位置的体积特性,且 cS 为机翼尺寸的体积特性。这两个体积之间的比例称为尾翼体积比 V_H,式中:

$$V_H \equiv \frac{l_t S_t}{cS} \tag{7.16}$$

因此方程(7.15)转化为

$$C_{M,cg_t} = -V_H C_{L,t} \tag{7.17}$$

方程(7.17)中的简单关系表示尾翼对飞行器重力中心力矩的总体影响。通过采用前述的化简及参考图7.21,方程(7.12)及方程(7.17)表明力矩等于作用于力臂 l_t 的尾翼升力。

与机翼 - 机身组合的方程(7.10)中所表示的一样,用攻角来表示方程(7.17)将十分有用。记住图7.13所示的稳定性标准涉及 $\partial C_{M,cg}/\partial \alpha_a$,因此用 α_a 来表示的方程将非常实用。准确来说,参考图7.21的几何图形,可知尾翼的攻角为

$$\alpha_t = \alpha_{wb} - i_t - \varepsilon \tag{7.18}$$

令 a_t 表示尾翼的升力斜率。因此,由方程(7.18)可得

$$C_{L,t} = a_t \alpha_t = a_t(\alpha_{wb} - i_t - \varepsilon) \tag{7.19}$$

很难从理论上预测下洗角 ε,因此通常通过实验求得 ε,其可表示为

$$\varepsilon = \varepsilon_0 + \frac{\partial \varepsilon}{\partial \alpha} \alpha_{wb} \tag{7.20}$$

式中:ε_0 为机翼 - 机身组合在零升力时的下洗角。ε_0 与 $\partial \varepsilon / \partial \alpha$ 通常源于风洞数据。因此,合并方程(7.19)与方程(7.20)得到

$$C_{L,t} = a_t \alpha_{wb} \left(1 - \frac{\partial \varepsilon}{\partial \alpha}\right) - a_t(i_t + \varepsilon_0) \tag{7.21}$$

将方程(7.21)代入方程(7.17),得出

$$C_{M,cg_t} = -a_t V_H \alpha_{wb} \left(1 - \frac{\partial \varepsilon}{\partial \alpha}\right) + a_t V_H (\varepsilon_0 + i_t) \tag{7.22}$$

虽然方程(7.22)比方程(7.17)稍长一些,但它明确表示了对攻角的依赖性,有益于后续的探讨。

7.8 重力中心的总俯仰力矩

设飞行器为一整体,总 M_{cg} 为机翼 - 机身组合与尾翼共同作用产生:

$$C_{M,cg} = C_{M,cg_{wb}} + C_{M,cg_t} \tag{7.23}$$

式中:$C_{M,cg}$ 为整个飞行器重力中心的总力矩系数。将方程(7.9)与方程(7.17)代入方程(7.23),可得出

$$C_{M,cg} = C_{M,ac_{wb}} + C_{L_{wb}}(h - h_{ac_{wb}}) - V_H C_{L,t} \tag{7.24}$$

用攻角表示,通过将方程(7.10)与方程(7.22)代入方程(7.23),可得到另一表达式:

$$C_{M,cg} = C_{M,ac_{wb}} + a_{wb}\alpha_{wb}\left[h - h_{ac_{wb}} - V_H \frac{a_t}{a_{wb}}\left(1 - \frac{\partial \varepsilon}{\partial \alpha}\right)\right] + V_H a_t(i_t + \varepsilon_0) \tag{7.25}$$

需要对攻角进行进一步阐释。再次参考图7.13,可知力矩系数曲线通常源于风洞数据,最好是用完整的飞行器模型。因此图7.13中的 α_a 应解释为关于完整飞行器零升力线的绝对攻角,该零升力线无需与机翼 - 机身组合的零升力线相同。两者之间的比较如图7.22所示。但是,对于多数传统飞行器而言,两者的差异很小。因此,在本章的余下部分,我们假定图7.22所示的两条零升力线

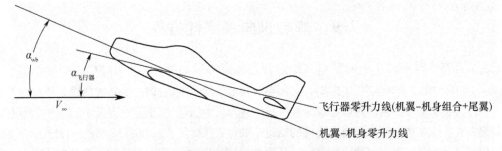

图 7.22 机翼-机身组合零升力线与完整飞行器零升力线对比

为同一直线。因此,α_{wb} 变为了完整飞行器的攻角 α_a。与该假设一致的是,飞行器总升力由机翼-机身组合产生,尾翼升力忽略不计。因此,$C_{M,cg} = C_L$ 且升力斜率 $a_{wb} = a$,式中 C_L 和 a 适用于完整飞行器。根据这些解析,方程(7.25)可以改写为

$$C_{M,cg} = C_{M,ac_{wb}} + a\alpha_a\left[h - h_{ac_{wb}} - V_H\frac{a_t}{a}\left(1 - \frac{\partial\varepsilon}{\partial\alpha}\right)\right] + V_H a_t(i_t + \varepsilon_0) \tag{7.26}$$

除了某些项的下标 wb 已省去以符合整个飞行器的特征外,方程(7.26)与方程(7.25)相同。

例 7.4

设例 7.3 中的机翼-机身模型。机翼面积为 0.1m^2,翼弦长 0.1m。现假设在该模型上添加水平尾翼。飞行器重力中心至尾翼气动力中心的距离为 0.17m;尾翼面积为 0.02m^2;尾装角为 $2.7°$;尾翼升力斜率为 $0.1/(°)$。且从实验测定可知,$\varepsilon_0 = 0$,$\partial\varepsilon/\partial\alpha = 0.35$。若 $\alpha = 7.88°$,求飞行器模型的 $C_{M,cg}$。

解

方程(7.26):

$$C_{M,cg} = C_{M,ac_{wb}} + a\alpha_a\left[h - h_{ac_{wb}} - V_H\frac{a_t}{a}\left(1 - \frac{\partial\varepsilon}{\partial\alpha}\right)\right] + V_H a_t(i_t + \varepsilon_0)$$

式中:

$C_{M,ac_{wb}} = -0.032$ 由例 7.3 可知

$a = 0.08$ 由例 7.3 可知

$\alpha_a = 7.88 + 1.5 = 9.38°$ 由例 7.3 可知

$h - h_{ac_{wb}} = 0.11$ 由例 7.3 可知

$V_H = \dfrac{l_t S_t}{cS} = \dfrac{0.17(0.02)}{0.1(0.1)} = 0.34$

$a_t = 0.1/(°)$

$\dfrac{\partial\varepsilon}{\partial\alpha} = 0.35$

$i_t = 2.7°$

$\varepsilon_0 = 0$

因此,

$$C_{M,cg} = -0.032 + 0.08(9.38)\left[0.11 - 0.34\left(\frac{0.1}{0.08}\right)(1 - 0.35)\right] +$$
$$0.34(0.1)(2.7 + 0) = -0.032 - 0.125 + 0.092 = -0.065$$

7.9 静态纵向稳定性方程

已经在第7.5节探讨了纵向平衡与静态稳定性所必须的标准,即:(1)$C_{M,0}$必须为正;且(2)$\partial C_{M,cg}/\partial \alpha_a$必须为负。两项条件均要求$\alpha_e$必须在攻角的实际范围内,即力矩系数曲线必须与图7.13所示的类似。接下来的章节转而对静态稳定性进行定量形式的探讨,该稳定性由关于$C_{M,cg}$的方程(7.26)得到最终方程。本节的目的在于整合之前的结论来获得直接计算$C_{M,0}$和$\partial C_{M,cg}/\partial \alpha_a$的公式。然后我们才能对给定飞行器的静态纵向稳定性进行定量评估,并指出有关飞行器设计的一些基本原理。

回顾定义,$C_{M,0}$为$\alpha_a = 0°$(即升力为零)时$C_{M,cg}$的值。将$\alpha_a = 0°$代入方程(7.26),可直接得出

$$C_{M,0} \equiv (C_{M,cg})_{L=0} = C_{M,ac_{wb}} + V_H a_t (i_t + \varepsilon_0) \tag{7.27}$$

观察方程(7.27)可知,$C_{M,0}$必须为正以使飞机实现平衡。但是,前述章节已经指出传统飞行器的$C_{M,cg}$为负。因此,$V_H a_t(i_t + \varepsilon_0)$必须为正,且应足够大以抵消负的$C_{M,ac_{wb}}$。$V_H$与$a_t$均为正量,且$\varepsilon_0$通常很小,仅产生微小的影响。因此$i_t$必须为正量。这证实了我们之前作出的物理学论证:尾翼必须按图7.17(a)和图7.21所示的方式与机翼成一定角度安装,以允许尾翼产生足够的负升力来形成正的$C_{M,0}$。

现考虑力矩系数曲线的斜率。将方程(7.26)对α_a求微分,可得出

$$\frac{\partial C_{M,cg}}{\partial \alpha_a} = a \left[h - h_{ac_{wb}} - V_H \frac{a_t}{a} \left(1 - \frac{\partial \varepsilon}{\partial \alpha}\right) \right] \tag{7.28}$$

该方程清晰地展示了重力中心的位置h与尾翼体积比V_H在确定静态纵向稳定性中所发挥的重大影响。

假定具有风洞数据a、a_t、$C_{M,ac_{wb}}$、ε_0与$\partial \varepsilon/\partial \alpha$,则方程(7.27)与方程(7.28)允许我们检验给定飞机的静态稳定性。同时,这两个方程也创建了飞行器设计的特定原理。例如,设飞行器重力中心的位置h本质上用有效负载或其他任务要求来表述。在此种情况下,所需的静态稳定性量可单纯通过将方程(7.28)中的V_H设计得足够大来实现。一旦V_H通过此种方式固定,所需的$C_{M,0}$(或所需的α_e)可通过合理设定方程(7.27)中的i_t实现。因此,$C_{M,0}$与$\partial C_{M,cg}/\partial \alpha_a$的值基本上分别指示了$i_t$和$V_H$的计算值(适用于固定的重力中心位置)。

例7.5
考虑例7.4中的机翼-机身-尾翼风洞模型。请问该模型是否具有静态纵向稳定性与平衡?
解
由方程(7.28)可知:

$$\frac{\partial C_{M,cg}}{\partial \alpha_a} = a \left[h - h_{ac_{wb}} - V_H \frac{a_t}{a} \left(1 - \frac{\partial \varepsilon}{\partial \alpha}\right) \right]$$

由例7.3与例7.4可知式中:

$$a = 0.08$$
$$h - h_{ac_{wb}} = 0.11$$
$$V_H = 0.34$$
$$a_t = 0.1/(°)$$
$$\frac{\partial \varepsilon}{\partial \alpha} = 0.35$$

因此，

$$\frac{\partial C_{M,cg}}{\partial \alpha_a} = 0.08\left[0.11 - 0.34\frac{0.1}{0.08}(1 - 0.35)\right] = -0.0133$$

力矩系数曲线的斜率为负，因此飞行器模型处于静态稳定。

但是，该模型纵向平衡吗？为解答这一问题，我们必须求得 $C_{M,0}$，将其与之前得出的 $\partial C_{M,cg}/\partial \alpha$ 相结合可求得平衡攻角 α_e。由方程(7.27)可知：

$$C_{M,0} = C_{M,ac_{wb}} + V_H a_t(i_t + \varepsilon_0)$$

由例7.3与例7.4可知式中：

$$C_{M,ac_{wb}} = -0.032$$
$$i_t = 2.7°$$

因此，

$$C_{M,0} = -0.032 + 0.34(0.1)(2.7) = 0.06$$

由图7.13可知，平衡攻角可由下式求得：

$$0 = 0.06 - 0.0133\alpha_e$$

因此，

$$\alpha_e = 4.5°$$

显而易见，该攻角在合理的航程范围内。因此飞行器纵向平衡且静态稳定。

7.10 中 性 点

设以下情形，即允许重力中心位置 h 移动，但其他一切保持固定。事实上，方程(7.28)表示静态稳定性为 h 的强函数。确实，通过合理定位重力中心通常可以使 $\partial C_{M,cg}/\partial \alpha_a$ 的值为负。同样，也存在一个特定的重力中心位置，在该位置 $\partial C_{M,cg}/\partial \alpha_a = 0$。在此种情况下 h 的值定义为中性点，用 h_n 表示。当 $h = h_n$，力矩系数曲线的斜率为零，如图7.23所示。

通过设定 $h = h_n$ 且 $\partial C_{M,cg}/\partial \alpha_a = 0$，可从方程(7.28)中轻易地得出中性点的位置，如下所示：

$$0 = a\left[h_n - h_{ac_{wb}} - V_H\frac{a_t}{a}\left(1 - \frac{\partial \varepsilon}{\partial \alpha}\right)\right] \quad (7.29)$$

求方程(7.29)中 h_n 的解，可得出

$$h_n = h_{ac_{wb}} + V_H\frac{a_t}{a}\left(1 - \frac{\partial \varepsilon}{\partial \alpha}\right) \quad (7.30)$$

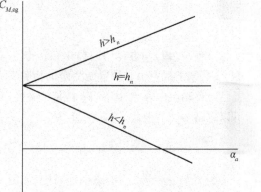

图7.23 重力中心相对于中性点的位置对静态稳定性的影响

观察方程(7.30)，实际上右侧的量由飞行器的设计构型来确立。因此，对于给定的飞行器设计而言，中性点为定量，即中性点固定于飞行器的某处。它独立于重力中心的实际位置 h。

中性点概念作为可供替代的稳定性标准引入。例如，观察方程(7.28)和方程(7.30)可知，$\partial C_{M,cg}/\partial \alpha_a$ 为正、为零或为负依赖于 h 是否小于、等于或大于 h_n。此类情况如图7.23所示。记住 h 从机翼的前缘处测定，如图7.19所示。因此，$h < h_n$ 表示重力中心位于中性点的前方。因而，替代的稳定性标准表述如下：

为实现静态纵向稳定性,重力中心的位置必须一直位于中性点前方。

回顾机翼的气动力中心定义可知气动力中心的力矩独立于攻角。再次参见图7.23可知此概念现可外推至整个飞行器。显而易见,当 $h = h_n$ 时,$C_{M,cg}$ 独立于攻角。因此,中性点可视为整个飞行器的气动力中心。

再次观察方程(7.30),可知尾翼对中性点的位置有极大影响。通过合理选定尾翼参数,主要是参数 V_H,设计者能将 h_n 置于任意位置。

例7.6

求例7.3~例7.5中风洞模型的中性点位置。

解

由方程(7.30)可知:

$$h_n = h_{ac_{wb}} + V_H \frac{a_t}{a}\left(1 - \frac{\partial \varepsilon}{\partial \alpha}\right)$$

式中:$h_{ac_{wb}} = 0.24$(由例7.3得知)。因此,

$$h_n = 0.24 + 0.34\left(\frac{0.1}{0.08}\right)(1 - 0.35)$$

$$h_n = 0.516$$

注意,例7.3中 $h = 0.35$。比较该重力中心位置与中性点位置0.516,重力中心远远位于中性点前方。这再次证明了例7.5的结论:飞行器处于静态稳定。

7.11 静态稳定裕度

从前述讨论中可以得出以下推论。求方程(7.30)中 $h_{ac_{wb}}$ 的解:

$$h_{ac_{wb}} = h_n - V_H \frac{a_t}{a}\left(1 - \frac{\partial \varepsilon}{\partial \alpha}\right) \tag{7.31}$$

静态稳定裕度

注意方程(7.29)与方程(7.31)中,V_H 的值与方程(7.28)中的值不完全一致。实际上,方程(7.28)中 V_H 是基于重力中心位置所测定的力臂 l_t,如图7.21所示。与此相反,方程(7.29)中,重力中心位置已经移动至中性点,因而 V_H 是基于中性点位置所测定的力臂。然而,该差异通常非常小,其影响可以忽略不计。因此,将方程(7.31)代入方程(7.29),消去涉及 V_H 的项,可得出

$$\frac{\partial C_{M,cg}}{\partial \alpha_a} = a(h - h_n) \tag{7.32}$$

距离 $h_n - h$ 定义为静态稳定裕度,如图7.24所示。因此,由方程(7.32)可知:

$$\frac{\partial C_{M,cg}}{\partial \alpha_a} = -a(h_n - h) = -a \times 静态稳定裕度 \tag{7.33}$$

方程(7.33)表明静态稳定裕度可以直接测定静态纵向稳定性。为实现静态稳定性,静态稳定裕度必须为正。此外,静态稳定裕度越大,则飞行器静稳定性越好。

例7.7

求之前例题中风洞模型的静态稳定裕度。

解

由例7.6可知,$h_n = 0.516$ 且 $h = 0.35$。因此,据定义:

$$静态稳定裕度 \equiv h_n - h = 0.516 - 0.35 = 0.166$$

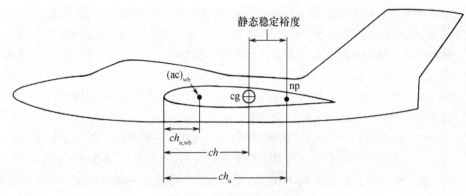

图 7.24　静态稳定裕度图示

为检验计算的一致性,思考方程(7.33)。

$$\frac{\partial C_{M,cg}}{\partial \alpha_0} = -a \times 静态稳定裕度 = -0.08(0.166) = -0.0133/(°)$$

这与例 7.5 中求得的值相同,因而我们的计算确实具有一致性。

设计板块

让我们用直白的言语总结一下先前关于飞行器处于静态稳定或配平时,作用于飞行器的升力位置与重力中心关系的讨论。直白的言语能给飞行器设计者清晰的概念,使其明白如何设计规定量的稳定性(或不稳定性)。

经常用于表示飞行器静态稳定的图解如图 7.25(a)所示。从图中可知升力作用于重力中心后方的一点,我们称之为实现静态稳定性的必要条件。但这究竟表示什么意思?图 7.25(a)的实际意义何在?让我们进一步仔细观察。

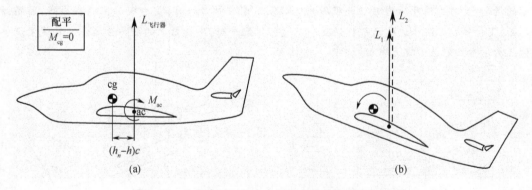

图 7.25　升力作用于重力中心后方的静态稳定性图示

首先回顾飞行器的升力由飞行器外部表面(即机翼、机身、尾翼等)的净综合压力分布产生,且该压力分布垂直于相对气流。该压力分布在整个飞行器上实施分布负载。然而,与往常一样,我们使这种分布负载的机械效应概念化,将其用作用于任意点的单一集中力与作用于该点的力矩替代,此即图 7.25(a)所示的内容。我们将升力表示为作用于某一点的单一集中力,同时也表示该点的力矩。图 7.25(a)中所选择的点为飞行器的气动力中心(中性点)。图 7.25(a)中所示的升力为飞行器的总升力,包括来自尾翼的影响。

第 7.10 节中论证了若飞行器要实现静态稳定性,则气动力中心(中性点)必须位于重力中心后方。图7.25(b)中的简图轻易地证明了该观点。图7.25(a)中,飞行器处于配平,即 $M_{cg}=0$。设想飞行器遭遇阵风,使飞行器攻角突增。升力随之突增,如图7.25(b)所示。图中,L_1 为阵风前的升力,而 L_2 为遭遇阵风后所增加的升力。由于升力作用于重力中心后方的某一点,增加的升力产生了重力中心的负(下俯)力矩,如图7.25(b)所示。因而在遭遇阵风后,初始趋向为机头下俯,减小攻角并恢复飞行器的配平条件——静态稳定性的准确概念。图7.25中显而易见,若作用于气动力中心的升力位于重力中心后方,飞行器将实现静态稳定。

顺便注意一下,图7.25(a)中的飞行器处于配平,$M_{cg}=0$。所示升力作用于力臂 $(h_n-h)c$,产生了一个值为 $-[(h_n-h)cL]$ 的对重力中心的下俯力矩。因而,飞行器气动力中心的力矩 M_{ac} 必须相等且反向,以使重力中心的总力矩为零,即 M_{ac} 必须为正(上仰)力矩,如图7.25(a)所示。通常,上仰力矩的一大部分是由尾翼上的向下负载产生的,类似于图7.17(a)。若飞行器构型为前翼构型,正 M_{ac} 则来自于前翼上的向上负载,类似于图7.17(b)。实际上,此种情况是支持前翼的一大优势。图7.25中,所示的升力为飞行器的总升力,等于稳定水平飞行的重力。对传统的机尾构型而言,尾翼上的向下负载要求机翼产生更多的升力来使总升力等于重力。与此相反,前翼构型中,前翼上的向上负载影响总升力,因而所需的来自机翼的升力较少。那么,这减小了机翼所产生的诱导阻力。

图7.25为表示静态纵向稳定性的常用图示,所示的升力作用于重力中心后方。另一展示静态稳定性的图片如图7.26所示。该图片并不常见,但它可能为静态纵向稳定性性质更为"精准"地阐释。回想一下飞行器升力由作用于整个飞行器表面的压力分布的净综合效应产生,该压力分布具有一个中心(类似于面积的中心或立方体的中心,可由微分学计算得出)。压力分布的中心称为压力中心。压力中心,作为中心是指在该点处分布压力所产生的净力矩为零。因此,当我们用单一集中力来模拟压力分布的机械效应时,最好是将该集中力置于压力中心。实际上,压力中心可以视为"飞行器上的一点,通过该点升力可以发挥有效作用"。具体来说,我们可以通过首先定位压力中心,然后画出通过该压力中心的升力及该点的零力矩来模拟飞行器上分布压力负载的机械效应,这就是图7.26所示的内容。此外,当飞行器配平时,压力中心正好位于重力中心处,此即图7.26(a)所示的情形:升力作用于压力中心并且压力中心位于重力中心处时,重力中心不存在力矩,因而,根据定义,飞行器处于配平。这是规律使然。当飞行器配平时,飞行器上的压力分布已经实现了调整,以使压力中心正好位于重力中心。

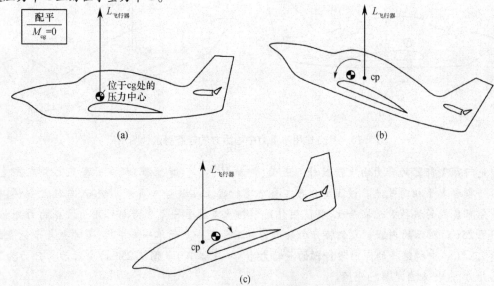

图7.26 作用于压力中心升力的静态稳定性图示

当飞行器攻角发生变化时,表面的压力分布也发生了变化,因而压力中心发生了移动——它的位置为攻角的函数。为实现静态纵向稳定性,压力中心的移动方向应如图7.26(b)所示。为实现静态稳定性,压力中心必须向后方移动以产生重力中心的恢复力矩,如图7.26(b)所示。同样,设想原已配平的飞行器遭遇阵风,使攻角减小,如图7.26(c)所示。为实现静态稳定性,压力中心必须向前方移动以产生重力中心的恢复力矩,如图7.26(c)所示。因此,静态稳定的飞行器必须设计为具有图7.26(b)和7.26(c)所示的压力中心移动方向。

总而言之,图7.25与图7.26为可相互替换但都相当实用的、用于阐释静态纵向稳定性必要条件的图示。这些图示不仅充实了第7.6节~7.11节详细的数学描述,而且与这类描述完全一致。

7.12 静态纵向控制概念

稳定与控制研究具有双重意义。前者——稳定性自身——已在前述章节重点论述,本章的余下部分将转而集中讨论后者:控制。我们已经转移至图7.5中路线图的右列。

设静态稳定的飞行器进行配平(平衡)飞行。回顾图7.13,可知飞行器必以配平攻角飞行。那么,α_e的值对应升力系数的定值:配平升力系数$C_{L_{trim}}$。为实现稳定水平飞行,该值对应特定的速度,由方程(6.26)可得出

$$V_{配平} = \sqrt{\frac{2W}{\rho_\infty S C_{L_{配平}}}} \tag{7.34}$$

现假设飞行员希望以较低的速度$V_\infty < V_{配平}$飞行。速度较低,因而必须增大升力系数和攻角来抵消动压的降低(回顾第6章可知升力必须一直与重力保持平衡以实现稳定水平飞行)。然而,从图7.13可知,若α增大,则$C_{M,cg}$变为负(重力中心的力矩不再为零),且飞行器也不再处于配平。因此,若飞行器的其他方面不发生改变,则它仅能在配平速度$V_{配平}$和配平攻角α_e处实现稳定、水平、平衡飞行。

显而易见,此种情形是无法忍受的——飞行器必须能任由飞行员改变速度而仍然保持平衡。实现这一效果的唯一方法在于有效改变飞行器的力矩系数曲线。飞行员可能希望飞行器保持稳定、水平、平衡飞行的同时能以更快的速度飞行。升力系数必须增大,因而必须获得一个新的攻角α_n,且$\alpha_n < \alpha_e$。同时,必须改变力矩系数曲线以使在α_n处$C_{M,cg}=0$。图7.27与图7.28演示了实现这种改变的两种方法。图7.27中,使斜率大幅度为负,令$C_{M,cg}$在α_n处为零。由方程(7.28)或方程(7.32)可知,能通过移动重力中心来改变斜率。在本例中,重力中心必须向前移动。奥托·利林塔尔(见第1.5节)的滑翔飞行就是采用的此种方法。图1.15显示利林塔尔松散地悬挂在他的滑翔机下,他简单摇动臀部就可以移动重力中心并改变飞行器的稳定性。至今,体育用现代悬挂式滑翔机还沿用这项原理。

然而,对传统飞行器而言,移动重力中心是非常不现实的。因此,必须采用另一种方法来改变力矩系数,如图7.28所示。图中,斜率保持不变,但$C_{M,0}$改变了,使得在α_n处$C_{M,cg}=0$。可以通过偏转水平尾翼上的升降舵实现这一效果。因而,我们得出了静态纵向稳定控制的一个主要概念:升降舵偏转可用于控制配平攻角,因而也可控制飞行器的平衡速度。

参见图7.28。早前在没有证据的情况下我们说过,仅通过偏转升降舵可以实现力矩曲线不改变斜率的平移。但是升降舵偏转是如何改变$C_{M,cg}$的?可以改变到何种程度?为得出答案,首先设尾翼带升降舵,且升降舵固定于中性点(即不存在升降舵偏转),如图7.29所示。根据之前定义,尾翼的绝对攻角为α_t。尾翼升力系数随α_t的变化如图7.29所示,注意其与第5章所探讨的翼型升力曲线和机翼升力曲线具有相同的形状。现假设升降舵通过角δ_e向下偏转,如图7.30所示,该图与

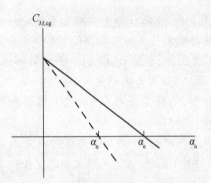

图7.27 力矩系数曲线斜率的改变
所引起的配平攻角的改变

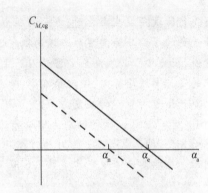

图7.28 $C_{M,0}$的改变所引起的
配平攻角的改变

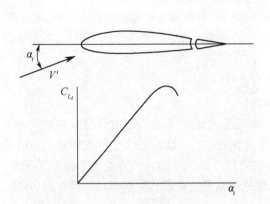

图7.29 无升降舵偏转的尾翼升力系数曲线

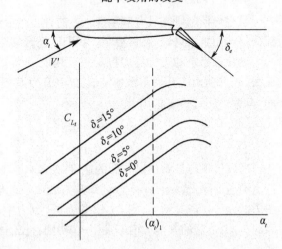

图7.30 带升降舵偏转的尾翼升力系数

第5.17节所述的带偏转襟翼的机翼图相同。因而,与偏转襟翼的情形一样,偏转的升降舵使得尾翼升力系数曲线向左移动,如图7.30所示。按惯例(为方便起见),升降舵下偏为正。因此,若升降舵偏转角度为(比如)5°,且在整个尾翼俯仰 α_t 的范围内保持固定,则尾翼升力曲线向左移动。若升降舵进一步偏转,比如偏转10°,则升力曲线进一步向左移动。图7.30清晰地展示了这一行为。注意所有的升力曲线的斜率$\partial C_{L,t}/\partial \alpha_t$ 相同。

牢记之前的探讨,现设尾翼处于固定攻角处,即$(\alpha_t)_1$。若升降舵从0°向15°偏转,则$C_{L,t}$将随着图7.30中所示的垂直虚线增大。该变化可以绘制成$C_{L,t}$对δ_e的交会图,如图7.31所示。对于大多数传统飞行器而言,图7.31所示的曲线本质上为直线,且其斜率$\partial C_{L,t}/\partial \delta_e$ 称为升降舵控制有效度。此量可以用于直接测定升降舵作为控制装置的"力度";因为在向下偏转时,δ_e 定义为正,所以$\partial C_{L,t}/\partial \delta_e$ 总是为正。

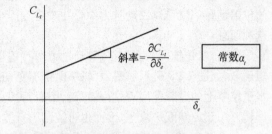

图7.31 在恒定攻角处的尾翼升力
系数对升降舵偏转(与图7.30的交会图)

因此,尾翼升力系数为α_t和δ_e两者的函数(所以,根据之前的讨论,在此使用偏导数符号)。牢记一点,从物理上来说,$\partial C_{L,t}/\partial \alpha_t$ 为δ_e 保持不变时$C_{L,t}$对α_t的变化率;同样,$\partial C_{L,t}/\partial \delta_e$ 为α_t 保持不变

时 $C_{L,t}$ 对 δ_e 的变化率。因此,根据物理学基础可得出

$$C_{L,t} = \frac{\partial C_{L,t}}{\partial \alpha_t}\alpha_t + \frac{\partial C_{L,t}}{\partial \delta_e}\delta_e \tag{7.35}$$

回顾可知,尾翼升力斜率为 $a_t = \partial C_{L,t}/\partial \alpha_t$,可知方程(7.35)可改写为

$$C_{L,t} = a_t\alpha_t + \frac{\partial C_{L,t}}{\partial \delta_e}\delta_e \tag{7.36}$$

将方程(7.36)代入方程(7.24),可得出重力中心的俯仰力矩:

$$C_{M,cg} = C_{M,ac_{wb}} + C_{L,wb}(h - h_{ac}) - V_H\left(a_t\alpha_t + \frac{\partial C_{L,t}}{\partial \delta_e}\delta_e\right) \tag{7.37}$$

方程(7.37)清楚地显示了升降舵偏转对飞行器重力中心力矩的影响。

据定义,仅由升降舵偏转所产生的 $C_{M,cg}$ 变化率为 $\partial C_{M,cg}/\partial \delta_e$。其他一切保持不变,将方程(7.37)对 δ_e 求微分可得出该偏导数:

$$\frac{\partial C_{M,cg}}{\partial \delta_e} = -V_H\frac{\partial C_{L,t}}{\partial \delta_e} \tag{7.38}$$

注意由图 7.31 可知,$\partial C_{L,t}/\partial \delta_e$ 不变;此外,V_H 为给定飞行器的比值。因此,方程(7.38)右侧为常数。根据物理学基础,仅由给定的升降舵偏转 δ_e 所产生的 $C_{M,cg}$ 增量为

$$\Delta C_{M,cg} = -V_H\frac{\partial C_{L,t}}{\partial \delta_e}\delta_e \tag{7.39}$$

方程(7.39)回答了之前提出的问题,即升降舵偏转如何改变 $C_{M,cg}$?可以将其改变到何种程度?参见图 7.32 中标示了 $\delta_e = 0$ 的力矩曲线。该曲线为升降舵固定于中性点位置的曲线;它也是我们在图 7.13 中最初引入的曲线。若升降舵偏转角为正角(下偏),则方程(7.39)表示该曲线上的所有点将按照定量的 $\Delta C_{M,cg}$ 向下移动。因此,力矩曲线的斜率得以保持,升降舵仅改变了 $C_{M,0}$ 的值。这也证明了之前结合图 7.28 所得出的观点。

为了强调其重要性,重复一下本节的主要观点:升降舵可以用于改变和控制飞行器的配平。实质上,它控制着飞行器的平衡速度。例如,通过下偏的升降舵可获得一个小于原始配平攻角 α_e 的新攻角 α_n(如图 7.32 所示),其与飞行器速度的增长相对应。

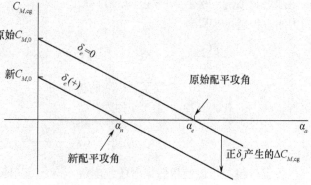

图 7.32　升降舵偏转对力矩系数的影响

另一例子为两个极端速度——失速速度和最大速度。图 7.33 阐释了在这两个极端处飞行器实现配平所需的必要的升降舵偏转。首先参见图 7.33(a),其对应飞行器以 $V_\infty \approx V_{失速}$ 的速度飞行。举例来说,此为着陆进场的情形。飞行器以 $C_{L_{max}}$ 飞行,因此攻角相当大。由前述讨论可知,飞行器必须通过上偏的升降舵位置(即负的 δ_e)来实现配平。与此相反,图 7.33(b)对应飞行器以 $V_\infty \approx V_{max}$(油门几乎全开)的速度飞行。因为 q_∞ 较大,飞行器只需较小的 C_L 来产生所需的升力,所以攻角较小。故而,飞行器必须通过下偏的升降舵位置(即正的 δ_e)来实现配平。

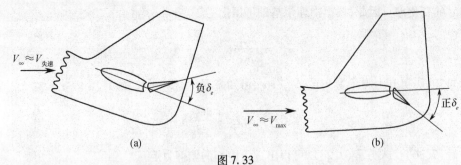

图 7.33

(a)低速飞行时配平所需的升降舵偏转；(b)高速飞行时配平所需的升降舵偏转。

7.13 升降舵角调整计算

第 7.12 节所推演的概念与关系式使我们可以计算出在给定攻角处飞行器配平所必需的精确升降舵偏转。设飞行器及其力矩系数曲线如图 7.34 所示。不带升降舵偏转的平衡攻角为 α_e。我们期望在新的攻角 α_n 处配平飞行器。为实现这一目的，所需的 δ_e 应为多少呢？

为解答这一问题，首先列出 $\delta_e = 0$ 时力矩曲线(图 7.34 中的实线)的方程。该曲线为一条直线，其斜率不变且等于 $\partial C_{M,cg}/\partial \alpha_a$，在 $C_{M,0}$ 处与纵轴相交。因此，通过解析几何可知该直线的方程为

$$C_{M,cg} = C_{M,0} + \frac{\partial C_{M,cg}}{\partial \alpha_a}\alpha_a \quad (7.40)$$

现假设升降舵通过角 δ_e 实现偏转。$C_{M,cg}$ 的值将随增量 $\Delta C_{M,cg}$ 改变，则方程(7.40)列出的力矩方程现可改写为

$$C_{M,cg} = C_{M,0} + \frac{\partial C_{M,cg}}{\partial \alpha_a}\alpha_a + \Delta C_{M,cg} \quad (7.41)$$

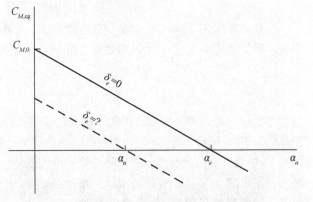

图 7.34 已知无升降舵偏转时的平衡攻角，为确立一个给定的新平衡攻角，需要如何来偏转升降舵？

在方程(7.39)中已得到了 $\Delta C_{M,cg}$ 的值。将方程(7.39)代入方程(7.41)，可得出

$$C_{M,cg} = C_{M,0} + \frac{\partial C_{M,cg}}{\partial \alpha_a}\alpha_a - V_H \frac{\partial C_{L,t}}{\partial \delta_e}\delta_e \quad (7.42)$$

方程(7.42)可以使我们算出任意攻角 α_a 和任意升降舵偏转 δ_e 的 $C_{M,cg}$。然而，我们更感兴趣的是以下特定情形，即在 $\alpha_a = \alpha_n$ 处 $C_{M,cg} = 0$、且为达到该条件所需的 δ_e 值为 $\delta_e = \delta_{配平}$ 时。换言之，我们想求得产生图 7.34 中虚线的 δ_e 值。将前述的数值代入方程(7.42)，可得出

$$0 = C_{M,0} + \frac{\partial C_{M,cg}}{\partial \alpha_a}\alpha_n - V_H \frac{\partial C_{L,t}}{\partial \delta_e}\delta_{配平} \quad (7.43)$$

求 $\delta_{配平}$ 的解，可得出

$$\delta_{配平} = \frac{C_{M,0} + (\partial C_{M,cg}/\partial a_a)a_n}{H_H(\partial C_{L,t}/\partial \delta_e)} \quad (7.43)$$

方程(7.43)即为所需答案，它给出了在给定的攻角 α_n 处飞行器配平所必需的升降舵偏转。在

方程(7.43)中,V_H 为飞行器设计中的已知值,且 $C_{M,0}$、$\partial C_{M,cg}/\partial \alpha_a$ 及 $\partial C_{L,t}/\partial \delta_e$ 均为已知值,可从风洞数据或自由飞行数据中获得。

例 7.8

设全尺寸的飞行器,气动力特性与设计特点与例 7.3 ~ 例 7.7 的风洞模型相同。飞行器机翼面积为 $19 m^2$,重力为 $2.27 \times 10^4 N$,且升降舵控制有效度为 0.04。求飞行器在海平面以 61m/s 的速度飞行时实现配平所需的升降舵偏转角。

解

我们首先求飞行器在 $V_\infty = 61 m/s$ 时的攻角。回想一下:

$$C_L = \frac{2W}{\rho_\infty V_\infty^2 S} = \frac{2(2.27 \times 10^4)}{1.225(61)^2(19)} = 0.52$$

由例 7.3 可知,升力斜率 $a = 0.08/(°)$。因此,飞行器的绝对攻角为

$$\alpha_a = \frac{C_L}{a} = \frac{0.52}{0.08} = 6.5°$$

由方程(7.43)可知,在该攻角处飞行器实现配平所需的升降舵偏转角为

$$\delta_{配平} = \frac{C_{M,0} + (\partial C_{M,cg}/\partial \alpha_a)\alpha_n}{V_H(\partial C_{L,t}/\partial \delta_e)}$$

式中:

$C_{M,0} = 0.06$ 由例 7.5 可知

$\dfrac{C_{M,cg}}{\partial a_a} = -0.0133$ 由例 7.5 可知

$\alpha_n = 6.5°$ 其为之前求得的 α_a

$V_H = 0.4$ 由例 7.4 可知

$\dfrac{\partial C_{L,t}}{\partial \delta_e} = 0.04$ 根据前述信息可知

因此,由方程(7.43)可知:

$$\delta_{配平} = \frac{0.06 + (-0.0133)(6.5)}{0.34(0.04)} = -1.94°$$

回顾可知正 δ 表示下偏,所以在攻角为 6.5° 时配平飞行器必须使升降舵上偏 1.94°。

7.14 固定驾驶杆静态稳定性与自由驾驶杆静态稳定性

从第 7.5 节第二段起我们开始研究带固定控制装置的刚性飞行器,例如以给定偏转角固定的升降舵。在接下来的章节探讨在此种情况下的稳定性,始终假定升降舵能偏转至所需 δ_e 且在该角处保持固定。此种情况指飞行员(人为或自动)移动驾驶杆到给定位置然后牢牢地保持其位置。因此,我们针对此情况所探讨的静态稳定性称为固定驾驶杆静态稳定性。设计用于近声速或超声速飞行的现代高性能飞行器具有液压助力控制装置,因此对此类飞行器进行固定驾驶杆静态稳定性分析非常合适。

但是考虑一下用钢绳连接至升降舵的驾驶杆不带任何动力助推器。这是 20 世纪 40 年代前大多数早期飞行器的特征,也是现在许多轻型、通用航空的私人飞行器的典型特征。在此种情况下,为保持驾驶杆固定在给定位置,飞行员必须持续施加手动力。这既不方便也不切实际。因此,在稳定水平

飞行时,驾驶杆处于完全自由的状态;那么,升降舵受到尾翼处自然气动力及力矩的影响,也处于自由浮动状态。因而,此类飞行器的静态稳定性称为自由驾驶杆静态稳定性。这是以下两节探讨的主题。

7.15 升降舵铰链力矩

设带升降舵的水平尾翼,升降舵绕铰链轴旋转,如图 7.35 所示。假设尾翼的翼型剖面对称,这通常为水平尾翼和垂直尾翼的情形。首先,设尾翼处于零攻角处,如图 7.35(a)所示。升降舵顶面和底面的气动压力分布相同,即关于翼弦对称。因此升降舵上没有施加铰轴线的力矩。现假设尾翼俯仰至攻角 α_t 处,但升降舵不发生偏转,即 $\delta_e = 0$。图 7.35(b)描绘了此种情况。如第 5 章所探讨的,翼型顶面存在低压而表面存在高压。升降舵上的气动力不平衡,且铰链轴的力矩倾向于使升降舵上偏。最后,设水平尾翼处于零攻角处,但升降舵下偏并在角 δ_e 处保持固定,如图 7.35(c)所示。回顾第 5.17 节,襟翼偏转可有效地改变翼型弯度与压力分布。因此,图 7.35(c)中,升降舵的顶面存在低压,底面存在高压。结果,铰轴线上被再一次施加力矩,倾向于使升降舵上偏。从而,可知尾翼攻角 α_t 与升降舵偏转 δ_e 一起产生了升降舵铰轴线的力矩,此力矩定义为升降舵铰链力矩。如第 7.16 节所讨论,它是影响自由驾驶杆静态稳定性的主导因素。

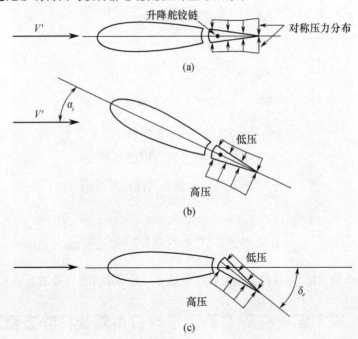

图 7.35 升降舵铰链力矩气动生成图示
(a)无铰链力矩;(b)攻角产生的铰链力矩;(c)升降舵偏转产生的铰链力矩。

令 H_e 表示升降舵铰链力矩。同时,参考图 7.36 可知尾翼弦为 c_t;升降舵前缘至铰轴线的距离为 c_b;铰轴线至后缘的距离为 c_e;且升降舵平面形状面积位于铰轴线后方(之后)的部分为 S_e。则升降舵铰链力矩系数 C_{h_e} 定义为

$$C_{h_e} = \frac{H_e}{\frac{1}{2}\rho_\infty V_\infty^2 S_e c_e} \tag{7.44}$$

式中:V_∞ 为飞行器的自由流速度。

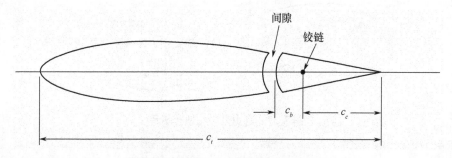

图 7.36 铰链力矩系数术语与几何图形

回顾可知升降舵铰链力矩由尾翼攻角与升降舵偏转产生。因此，C_{h_e} 为 α_t 与 δ_e 的函数。此外，根据经验可知，处于亚声速速率与超声速速率时，C_{h_e} 近似于 α_t 与 δ_e 的线性函数。因而，回顾第 7.2.4 节的偏导数定义，可将铰链力矩系数的方程列为

$$C_{h_e} = \frac{\partial C_{h_e}}{\partial \alpha_t}\alpha_t + \frac{\partial C_{h_e}}{\partial \delta_e}\delta_e \tag{7.45}$$

式中：$\partial C_{h_e}/\partial \alpha_t$ 与 $\partial C_{h_e}/\partial \delta_e$ 近似于常数。然而，这些常数值的实际大小较为复杂，依赖于 c_e/c_t、c_b/c_e、升降舵头锥外形、间隙、后缘角和平面形状。此外，H_e 对局部边界层分离非常敏感。因此，方程(7.45)中偏导数的值几乎总可以根据给定设计的经验（如风洞试验）来获得。

按照惯例，升降舵下偏为正，倾向于使升降舵下偏的铰链力矩也定义为正。注意图 7.35(b)中，正 α_t 从物理上来说倾向于产生负铰链力矩（倾向于使升降舵上偏）。因此，$\partial C_{h_e}/\partial \delta_e$ 通常为负。（但是，若铰链轴位置太远，靠近后缘处，则所检测的 H_e 可能变为正。这通常不适用于传统飞行器。）注意图 7.35(c)中，正 δ_e 通常产生负 H_e，因此 $\partial C_{h_e}/\partial \delta_e$ 也为负。

7.16 自由驾驶杆静态纵向稳定性

让我们回到第 7.14 节所引入的自由驾驶杆静态稳定性概念。若升降舵可以自由浮动，则它将一直寻求平衡偏转角以使铰链力矩为零，即 $H_e=0$。显而易见，只要在自由升降舵上存在力矩，则升降舵将一直保持旋转。只有在处于力矩为零的位置时，升降舵才会停止旋转（保持平衡）。

回顾第 7.5 节关于静态纵向稳定性的定性探讨。设想飞行器以平衡攻角保持稳定水平飞行。现假设飞行器受阵风扰动，立即俯仰至另一攻角，如图 7.14 所示。若飞行器处于静态稳定，则它将首先趋向于返回其平衡位置。在后续章节我们发现水平尾翼的设计是控制静态稳定性的强大机制。然而，到目前为止，我们总是将升降舵视为固定的。但是在飞行器受到扰动发生俯仰时，若允许升降舵自由浮动，则它将会寻找瞬时平衡位置，该位置不同于受扰前的平衡位置。自由升降舵的这种偏转将改变飞行器的静态稳定性特征。事实上，此种自由驾驶杆稳定性通常小于固定驾驶杆稳定性。为此，通常在设计飞行器时采用它来缩小自由驾驶杆纵向稳定性与固定驾驶杆纵向稳定性的差别。

牢记这一点，然后考虑自由升降舵的平衡偏转角。用 $\delta_{自由}$ 表示该角，如图 7.37 所示。在此角处，$H_e=0$。因此，由方程(7.45)可知：

$$C_{h_e} = 0 = \frac{\partial C_{h_e}}{\partial \alpha_t}\alpha_t + \frac{\partial C_{h_e}}{\partial \delta_e}\delta_{自由} \tag{7.46}$$

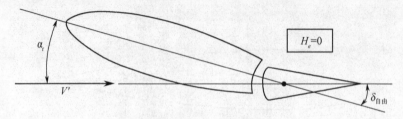

图 7.37 自由升降舵偏转图示

求方程(7.46)中 $\delta_{自由}$ 的解,得出

$$\delta_{自由} = -\frac{\partial C_{h_e}/\partial \alpha_t}{\partial C_{h_e}/\partial \delta_e}\alpha_t \tag{7.47}$$

方程(7.47)以尾翼攻角的函数形式给出了升降舵的平衡、自由浮动角。从前述可知,方程(7.47)中的偏导数通常均为负,因此正 α_t 产生负 $\delta_{自由}$(下偏)。从直观上来看,这一结论也正确。图 7.37 显示 $\delta_{自由}$ 为负,证实了这一观点。

显而易见 $\delta_{自由}$ 影响尾翼升力系数,尾翼升力系数转而影响飞行器的静态稳定性。方程(7.36)已给出攻角 α_t 的尾翼升力系数及固定升降舵偏转 δ_e,在此重述:

$$C_{L,t} = a_t\alpha_t + \frac{\partial C_{L,t}}{\partial \delta_e}\delta_e$$

然而,对自由升降舵而言,$\delta_e = \delta_{自由}$。将自由升降舵的尾翼升力系数表示为 $C'_{L,t}$,将方程(7.47)代入方程(7.36)得出

$$C'_{L,t} = a_t\alpha_t + \frac{\partial C_{L,t}}{\partial \delta_e}\delta_{自由}$$

$$C'_{L,t} = a_t\alpha_t - \frac{\partial C_{L,t}}{\partial \delta_e}\frac{\partial C_{h_e}/\partial \alpha_t}{\partial C_{h_e}/\partial \delta_e}\alpha_t$$

或

$$C'_{L,t} = a_t\alpha_t F \tag{7.48}$$

式中: F 为自由升降舵因数,定义为

$$F = 1 - \frac{1}{a_t}\frac{\partial C_{L,t}}{\partial \delta_e}\frac{\partial C_{h_e}/\partial \alpha_t}{\partial C_{h_e}/\partial \delta_e}$$

自由升降舵因数通常小于 1 且通常介于 0.7~0.8。其表示升降舵自由时,尾翼对静态稳定性影响的减少。减少的量级如下所述。

现考虑飞行器重力中心的力矩。对固定升降舵而言,其力矩系数由方程(7.24)表示为

$$C_{M,cg} = C_{M,ac_{wb}} + C_{L_{wb}} + (h - h_{ac_{wb}}) - V_H C_{L,t}$$

对自由升降舵而言,其尾翼升力系数现改变为 $C'_{L,t}$。因此,自由升降舵的力矩系数 $C'_{M,cg}$ 为

$$C'_{M,cg} = C_{M,ac_{wb}} + C_{L_{wb}}(h - h_{ac_{wb}}) - V_H C'_{L,t} \tag{7.49}$$

将方程(7.48)代入方程(7.49)中,可得

$$C'_{M,cg} = C_{M,ac_{wb}} + C_{L_{wb}}(h - h_{ac_{wb}}) - V_H a_t\alpha_t F \tag{7.50}$$

方程(7.50)给出了带自由升降舵的飞行器重力中心的力矩系数的最终形式。

通过运用方程(7.50),我们可以采用第 7.9 节所给的相同分析法来获得自由驾驶杆静态纵向稳定性。结果如下所示:

$$C'_{M,0} = C_{M,ac_{wb}} + FV_H a_t (i_t + \varepsilon_0) \tag{7.51}$$

$$h'_n = h_{ac_{wb}} + FV_H \frac{a_t}{a}\left(1 - \frac{\partial \varepsilon}{\partial \alpha}\right) \tag{7.52}$$

$$\frac{\partial C'_{M,cg}}{\partial \alpha} = -a(h'_n - h) \tag{7.53}$$

方程(7.51)~方程(7.53)用角分符号表示,适用于自由驾驶杆情形。应将它们分别与固定驾驶杆稳定性的方程(7.27)、方程(7.30)和方程(7.33)做比较。注意 $h'_n - h$ 为自由驾驶杆静态稳定裕度;因为 $F<1.0$,所以自由驾驶杆静态稳定裕度小于固定驾驶杆静态稳定裕度。

由方程(7.51)~方程(7.53)可知自由升降舵通常减小飞行器的静态稳定性。

例 7.9

设例 7.8 中的飞行器,其升降舵铰链力矩导数 $\partial C_{hc}/\partial \alpha_t = -0.008$,$\partial C_{ht}/\partial \delta_t$ 且 $= -0.013$。评定该飞行器的自由驾驶杆静态稳定性。

解

首先由方程(7.48)的定义获得自由升降舵因数 F:

$$F = 1 - \frac{1}{a_t}\frac{\partial C_{L,t}}{\partial \delta_e}\frac{\partial C_{h_e}/\partial \alpha_t}{\partial C_{h_e}/\partial \delta_e}$$

式中:

$$\alpha_t = 0.1 \quad \text{由例 7.4 可知}$$

$$\frac{\partial C_{L,t}}{\partial \delta_e} = 0.04 \quad \text{由例 7.8 可知}$$

$$F = 1 - \frac{1}{0.1}(0.04)\left(\frac{-0.008}{-0.013}\right) = 0.754$$

方程(7.51)~方程(7.53)已经给出了自由驾驶杆稳定性特征。首先,由方程(7.51)可知:

$$C'_{M,0} = C_{M,ac_{wb}} + FV_H a_t (i_t + \varepsilon_0)$$

式中:

$$C_{M,ac_{wb}} = -0.032 \quad \text{由例 7.3 可知}$$
$$V_H = 0.34 \quad \text{由例 7.4 可知}$$
$$i_t = 2.7° \quad \text{由例 7.4 可知}$$
$$\varepsilon_0 = 0 \quad \text{由例 7.4 可知}$$

因此,

$$C'_{M,0} = -0.032 + 0.754(0.34)(0.1)(2.7)$$
$$C'_{M,0} = 0.037$$

将其与例 7.5 中固定驾驶杆情形下的求得的 $C_{M,0} = 0.06$ 进行比较。

由方程(7.52)可知:

$$h'_n = h_{ac_{wb}} + FV_H \frac{a_t}{a}\left(1 - \frac{\partial \varepsilon}{\partial \alpha}\right)$$

式中:

$$h_{ac_{wb}} = 0.24 \quad \text{由例 7.3 可知}$$

$$\frac{\partial \varepsilon}{\partial \alpha} = 0.35 \quad \text{由例 7.4 可知}$$

$$\alpha = 0.08 \quad \text{由例 7.4 可知}$$

$$h'_n = 0.24 + 0.754(0.34)\left(\frac{0.1}{0.08}\right)(1 - 0.35)$$

$$h'_n = 0.448$$

将其与例 7.6 中固定驾驶杆情形下求得的 $h_n = 0.516$ 进行比较。注意中性点在自由驾驶杆情形下已经向前移动,减小了稳定性。实际上,自由驾驶杆静态稳定裕度为

$$h'_n - h = 0.448 - 0.35 = 0.098$$

它与例 7.7 中的固定驾驶杆静态稳定裕度相比,减小了 41%。最终,由方程(7.53)可知:

$$\frac{\partial C'_{M,cg}}{\partial \alpha} = -a(h'_n - h) = -0.08(0.098) = -0.0078$$

因此,与预期一样,自由驾驶杆力矩系数曲线的斜率尽管仍然为负,但从绝对值意义上来说其值非常小。

总之,该示例表明自由驾驶杆情形将构想飞行器的静态稳定性减小了将近一半,它使得固定驾驶杆情形与自由驾驶杆情形之间的区别增大了。

7.17 航向静态稳定性

回到图 7.2,我们注意到前述章节已经探讨了涉及 y 轴的角运动——俯仰运行的纵向稳定性与控制。在本节,我们简略地观察 z 轴的角运动——偏航运动相关的稳定性。偏航稳定性称为航向稳定性。就图 7.5 中的路线图而言,我们现在已经移动至左列底部的第二个方框。

观察图 7.3,可知垂直安定面(垂直安定面或垂直尾翼)是用于航向稳定性的传统机构,其功能在图 7.38 中清晰可见。设飞行器不偏航,保持平衡飞行,如图 7.38(a)所示。带有对称翼型剖面的垂直尾翼处于自由流的零攻角处,不受垂直于 V_∞ 的净气动力。假定飞行器突然受到扰动,向右偏航,如图 7.38(b)所示。垂直尾翼现处于攻角 θ 处,且受到垂直于 V_∞ 的气动力 F_{vt}。该气动力产生了对重力中心的恢复偏航力矩,该力矩倾向于使飞行器向后旋转以回到其平衡位置。当飞行器受到扰动向左偏航时,出现同样情形,如图 7.38(c)所示。

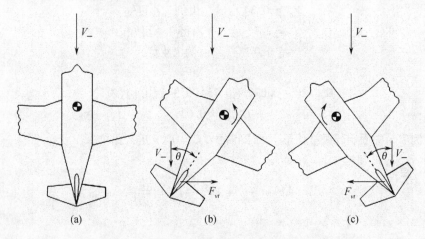

图 7.38 垂直安定面对航向稳定性的影响
(a) 不偏航;(b) 向右偏航;(c) 向左偏航。

雷默(Raymer)(见参考文献)给出的传统飞行器的 V_{vt} 范值如下所示：

	V_{vt}
通用航空单发动机飞机	0.04
双涡轮螺旋桨飞机	0.08
喷气式战斗机	0.07
喷气式运输机	0.09

这些数值远远小于 V_H 的范值，V_H 的范值介于 0.4～1.0(例 7.4 中,我们使用的 V_H = 0.34)，是因为在 V_{vt} 的定义中我们使用的是 b 而非 c。

偏航时恢复力矩的量级等于 $F_{vt}l_{vt}$，其中，l_{vt} 为从垂直尾翼的气动力中心至飞行器重力中心的力臂，如图 7.39 所示。因为垂直尾翼上的气动力 F_{vt} 与垂直尾翼的面积 S_{vt} 成比例，如图 7.39 所示，决定航向稳定性的设计参数可用垂直尾翼体积比表示，定义为

$$垂直尾翼体积比 = V_{vt} = \frac{l_{vt}S_{vt}}{bS} \quad (7.54)$$

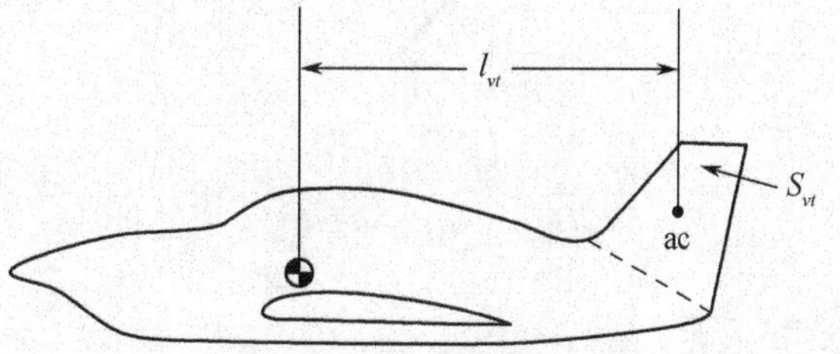

图 7.39　垂直尾翼的力臂

式中，b 为翼展，S 为机翼平面形状面积。除了在分母处 V_H 使用 b 而非翼弦 c 作为标准长度外，方程(7.54)中 V_{vt} 的定义类似于方程(7.16)中水平尾翼体积比 V_H 的定义。

7.18　横向静态稳定性

返回图 7.2。在本节我们简略地观察与 x 轴的角运动——滚转运动相关的稳定性。滚转稳定性称为横向稳定性。就图 7.5 中的路线图而言，我们现在已经移动至左列底部的第三个方框。

设飞行器稳定水平飞行。我们从后方观察飞行器的飞行方向，如图 7.40(a)所示。

升力等于重力。它们大小相等，但方向相反，故不存在净侧向力。飞行器突然受到阵风的扰动，右翼倾斜；换言之，发生了向右滚转。图 7.40(b)描绘了此种情况。升力矢量现在从垂直方向旋转角 φ，角 φ 称为倾斜角。L 与 W 的矢量分解产生了侧向力 F，该力引起飞行器在 F 方向加速。飞行器的此种侧向运动称为侧滑。相对于飞行器而言，产生了侧滑速度 V_S，如图 7.40(b)所示。

考虑侧滑速度对右翼与左翼所产生升力的影响，其影响如图 7.41 所示。图 7.41(a)中所示的飞行器右翼与左翼位于同一面，垂直于机身的对称面。令 L_1 与 L_2 分别为右翼与左翼产生的升力。侧滑速度 V_S 将影响各机翼所产生的升力，但是由于两翼处于同一面上，V_S 与两翼形成相同的角 θ；因此，$L_1 = L_2$，如图 7.41(a)所示。所以，不存在恢复力矩使飞行器返回其原始平衡位置，如图 7.40(a)所示。然而，考虑此种情况，两翼以 Γ 向上弯曲，如图 7.41(b)所示；换言之，将机翼设计为 V 型。这称为上反角，且 Γ 为上反角。此处，侧滑速度与右翼形成角 θ_1，与左翼形成较大的角 θ_2。因此，左翼的升力 L_2 小于右翼的升力，故产生了一个恢复力矩，倾向于使飞行器返回其平衡位置，如图 7.41(b)所示。因此，反角是提供横向稳定性的飞行器设计特征。

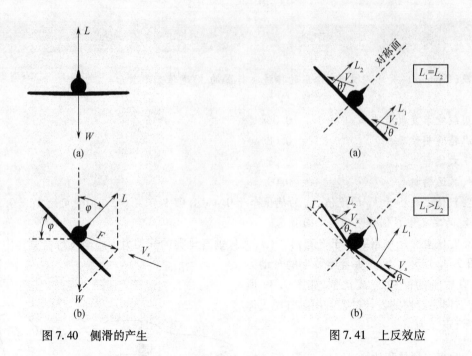

图 7.40 侧滑的产生　　　　　图 7.41 上反效应

设计板块

对于给定的飞行器设计而言,上反量依赖机翼相对于机身的位置,即低翼、中翼或高翼位置。图 7.40 与图 7.41 中的图解展示了低翼设计。在低翼位置所需的上反量比中翼位置和高翼位置多,且后掠翼所需的上反比直翼少。传统飞行器通常需要一定程度的横向稳定性,但过多的横向稳定性使得飞行器对副翼控制输入反应迟缓。事实上,带后掠翼的中翼位置或高翼位置可能具有过多的固有横向稳定性,下反角(负上反角)必须用于抵消这种稳定性。雷默(见参考文献)给出了适用于不同种类飞行器的上反角(及下反角)度数的范值:

	机翼位置		
	低翼	中翼	高翼
无后掠翼(民用)	5~7	2~4	0~2
亚声速后掠翼	3~7	−2~2	−5~2
超声速后掠翼	0~5	−5~0	−5~0

图 7.41(b)所示的上反量用于图解时被大大地放大了。可以从本书中早前所示的三视图中看到实际飞行器的上反量(或下反量):F-86 飞机(图 2.15)、F4U"海盗式"战斗机(图 2.16)、X-29 飞机(图 2.19)、F3F 飞机(图 2.20)、F-104 飞机(图 4.52)、X-1 飞机(图 5.30)、U-2 飞机(图 5.52)、英国电气公司"闪电"飞机(图 5.61)、米拉奇 C 型飞机(图 5.65)、"协和式"飞机(图 5.66)、P-38 飞机(图 7.42)。

上反效应存在更加复杂的阐释。同时,偏航运动与滚转运动间存在耦合,因此它们总是同时出现。对这类问题的深入探讨不属于本书的范畴。在着手进一步研究稳定与控制时,将观察这些效应。本节及第 7.17 节仅旨在引入一些关于定向稳定性和横向稳定性的基本概念。

7.19 评　述

本节结束对稳定与控制的技术性探讨。前述章节仅构成了该主题的导论部分；然而，我们仅触及了表面知识。还有许多其他需要考虑的事项，如控制力、动态稳定性等。此类问题将成为稳定与控制的深入研究主题，不属于本书的范畴。但是，这一主题是航空工程的基本支柱，感兴趣的读者可以在帕金斯(Perkins)、海格(Hage)和埃特肯(Etkin)(见本章末的参考文献)的著作中找到更为详尽的叙述。

7.20 历史事记：莱特兄弟与欧洲稳定及控制理论

第7.1节所描述的两个对比鲜明的场景——法曼迟缓费力的飞行与韦尔伯·莱特相对轻松的操纵——强调了在动力飞行前10年的两种不同的航空理念。其中一派包括几乎所有的早期欧洲与美国航空工程师，他们支持固有稳定性概念(静态稳定的飞行器)；另一派仅由韦尔伯·莱特和奥维尔·莱特组成，他们在实践中设计出必须由飞行员时刻控制的静态不稳定飞行器。两种原理各有利弊，且由于它们均影响现代飞行器设计，因此我们将仔细观察它们产生的背景。

在乔治·凯利(George Cayley)时期，飞行器稳定与控制的基本原理开始发展。凯利1804年的滑翔机，如图1.8所示，包含可以进行上下调整的垂直水平尾翼。照这样，整个尾翼装置充当升降舵。

飞行器稳定性的下一个主要进步由阿方斯·潘瑙(Alphonse Penaud)取得。他是一名聪明的航空工程师，于1880年30岁时自杀身亡。潘瑙建造了由扭转的橡胶圈提供动力的小型模型飞行器，是当今木纸制飞行器模型的先驱。潘瑙的设计与凯利的一样具有固定机翼与尾翼，即使在那时候潘瑙并未意识到凯利的设计。值得特别注意的是潘瑙的水平尾翼设计，它设置为处于与翼弦线相对应的 $-8°$ 处。在此，我们才第一次真正理解尾装角 i_t（见第7.5与7.7节）在飞行器的静态稳定性中所起的作用。于1871年8月18日在巴黎的杜伊勒里宫，在所有航空公司成员面前，潘瑙驾驶模型进行了飞行。飞行器飞行了11s，航程131ft。到目前为止，这一事件连同潘瑙的稳定性理论一直对未来航空设计产生影响。

在潘瑙的设计之后，获得"固有"(静态)稳定性成为了航空设计的主要特征。利林塔尔、皮尔彻(Pilcher)、沙尼特(Chanute)及兰利都为之努力。然而静态稳定性存在一个弊端：飞行器越稳定，则越难操控。高度稳定的飞行器在飞行中反应迟缓，它倾向于返回其平衡位置的天然趋向某种程度上击败了飞行员通过控制偏转来改变飞行器方向的目的。莱特兄弟在1900年意识到了这一问题。因为韦尔伯和奥维尔属于最严格意义上的飞行员，他们期望快捷又简便的可操纵性。因此，他们抛弃了凯利与潘瑙所确立的固有稳定性。韦尔伯写道："我们……决定尝试一种完全不同的原理。我们将设计飞行器使其不倾向于回到自己的平衡位置。"莱特兄弟所设计的飞行器是静态不稳定的，这一特征与通过扭翘翼所发展的横向控制一道主要决定他们1903—1912年间(韦尔伯于1912年逝世)所有飞行器的高超飞行性能。当然，该设计特征极大地增加了飞行员的负担，飞行员必须时刻保持飞行器处于控制之下，需要一直操作控制装置来抵消飞行器的不稳定特征。因此，莱特飞行器很难飞行，且需要花费很长的时间来训练此类飞行器的飞行员。同样，不稳定的飞机更具危险性。

这些不利特征变得越来越引人注目。1908年韦尔伯在法国进行了极具轰动效应的演示之后(见图1.8)，欧洲设计者很快采用了莱特兄弟的专利性概念，通过协调扭翘翼(或副翼)及升降舵偏转来合并横向控制和定向控制。但是他们拒绝接受莱特兄弟的静态不稳定性原理。直到1910年，欧洲人所设计和飞行的飞行器才用长久以来确立的静态稳定性原理与莱特的控制理念正确匹配。然而，莱特兄弟固执地坚持他们的基本不稳定设计。结果，到1910年，欧洲设计已经开始超过莱特兄弟的飞行器，且1903年所确立的美国航空航天工程的领先地位转移至法国、英国和德国，在这些国家保持了近20年。在此过程中,直到20世纪70年代,静态稳定性成为了所有成功的飞行器无可争议的设计特征。

有趣的是,非常现代的飞行器设计已经完全回归到莱特兄弟的原始原理,至少在某些情况下是如此。近来,轻型军用战斗机设计,如F-16和F-18,均设计为静态不稳定以使操纵的灵活性大增。同时,通过计算机计算与电动调节控制面位置(即电传操纵飞行控制概念)来即时控制飞行器。照这种方式,可实现静态不稳定性的可操纵性优势,无需增加飞行员的负担:该工作由电子设备完成。即使可操纵性不是主要特征,如在民用运输机中,静态不稳定性也具有一些优势。例如,不稳定飞行器的尾翼表面可以更小,从而节省了结构重量并减小了气动阻力。因此,随着电传操纵飞行控制系统的出现,静态稳定性的基本飞行器设计原理将在未来有所松懈。莱特兄弟可能再一次成为主导!

7.21 历史事记:飞行控制的发展

图7.3描绘了飞行器上的基本气动控制面——副翼、升降舵、方向舵。它们在20世纪内的大部分时间被视为飞行器的一个整体部分,且我们也一直这么认为。但是它们的源头是什么?何时首次实际使用此类控制?谁首次考虑到此类控制?

在第7.3节已经提到在1804年乔治·凯利在其设计中运用了移动式尾翼——首次进行某种纵向控制尝试。凯利通过移动整个水平尾翼来获得这种控制的观点一直延续至20世纪的前10年。亨森(Henson)、斯特林费洛(Stringfellow)、潘瑙、利林塔尔与莱特兄弟都设想或运用了移动整个水平尾翼表面来实现纵向控制。直到1908—1909年,首个"现代"尾翼控制构型才得以实施,由法国设计师勒瓦瓦瑟尔(Levavasseur)在其著名的安托瓦内特飞行器上实现。该飞行器具有固定垂直尾翼表面和固定水平尾翼表面,在后缘处带移动式、襟翼形方向舵表面和襟翼形升降舵表面。所以图7.3所示的方向舵和升降舵构型可追溯至1908年,进行首次动力飞行那个黄昏的5年之后。

副翼(aileron,法语单词,用于描述鸟翅膀的末端)的起源包含更多的历史与争议。众所周知,英国人M. P. W. 博尔顿(M. P. W. Boulton)在1868年由于通过副翼进行横向控制的概念获得专利。当然,那时候还不存在实际的飞行器,所以不能演示和证实这一概念。博尔顿的发明很快就退到幕后被人遗忘了。在19世纪末期至20世纪前10年,扭翘翼或在翼尖处嵌入垂直面(扰流器)的观点在欧洲偶有出现,但总是出现在制动面的情况下,即令飞行器的一个机翼减速,让飞行器关于纵轴偏转。直到奥维尔和韦尔伯在他们的飞行器(见第1章)引入扭翘翼时,副翼或扭翘翼的真正功能——用于横向控制以实现飞行器的倾斜继而实现转弯——才被充分意识到。莱特兄弟宣称是他们首次发明的扭翘翼,这一说法在历史上来说并不准确,但显而易见是他们首次演示扭翘翼的功能,并获得了使用它(结合同步方向舵操作实现倾斜的总控制)的合法专利。直到韦尔伯1908年在法国进行了极具轰动效应的公开飞行后,早期欧洲飞行器设计者们才重视横向控制的必要性。尽管韦尔伯已经于1901年9月1日及1903年6月24日在芝加哥的报纸上充分阐述了扭翘翼概念,奥克塔夫·沙尼特(Octave Chanute)于1903年4月在巴黎为法国航空俱乐部(Aviation Club De France)做的演讲中又详细地阐述了莱特兄弟的这一概念。在那时,其他航空工程师即使听了这个演讲,也没对演讲十分在意。因此,1908年前欧洲的飞行器即使能够进行一些持续的飞行,却很难控制。

然而,1908年后情形发生了改变,莱特兄弟的控制系统具有无可争议的优势,最终人人都转而寻求某种类型的横向控制。扭翘翼很快被复制并运用到许多不同的设计上。此外,这一趋势还被优化为包括翼尖附近的可移动面。这些就是起初单独安装在机翼之上、机翼之下或两翼之间的"翼翘"。但在1909年,亨利·法曼(Henri Farman)(见第7.1节)设计了一架名为亨利·法曼III型的双翼机,其在所有四个翼尖的后缘处包含一个襟翼形副翼;这是传统现代副翼的真正鼻祖,如图7.3所示。法曼的设计很快被多数设计者采用,于是扭翘翼很快就过时了。只有莱特兄弟坚持他们的固有概念。莱特飞行器直到 1915 年(法曼发明飞行器 6 年后)才包含副翼。

7.22 历史事记:"高速自动俯冲趋势"难题

快速观察图 7.21 及生成的稳定性方程(7.26)~方程(7.28),很明显,它们都强调了下洗角 ε 在决定静态纵向稳定性方面的重要性。下洗流是一种相当活泼的气动力学现象,很难精确计算实际飞行器的下洗流,因此通常通过风洞试验或自由飞行来测定。由下洗流造成的稳定性问题的范例是在第二次世界大战中风洞试验如何发挥帮助作用,如下文所述。

在 1941—1942 年间的多次飞行中,洛克希德公司 P-38 战斗机,一种双发动机双尾撑高性能战斗机(见图 7.42),进行了突然俯冲,从俯冲中返回非常困难,一些飞行员已经由于这种情况而丧命。问题出现在高亚声速时,通常是在俯冲时,飞行器倾向于翻转,使飞行器置于一个更加急剧的俯冲。有时,飞行器可能锁定在这一位置,甚至伴随着最大的升降舵偏转,不可能实现改出俯冲。专门用于作战用途的战斗机不能承受这种"高速自动俯冲"趋势。

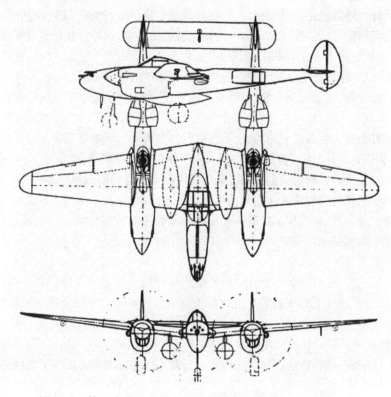

图 7.42　第二次世界大战中闻名的洛克希德公司 P-38 战斗机

因此,NACA 被紧急要求调查该问题。因为这一效应仅出现在高速时,通常为高于 0.6 马赫时,所以压缩流成了罪魁祸首。在兰利的 30ft×60ft 低速风洞与 8ft 高速风洞(见第 4.24 章)试验使高速自动俯冲趋势与机翼表面激波同时形成关联。在第 5.9 节与 5.10 节已经探讨了此类压缩性效应,并指出:若超过关键的机翼马赫数,激波将在上表面成形,促使分离流远远位于后缘上部。P-38 战斗机显然是首个遭遇这一难题的作战飞行器。兰利的测试工程师为改善这一情形提出了一些建议,但都涉及飞行器的大幅修改。对于已经在制造的模型而言,需要的是较快的解决方法。

之后,在加利福尼亚的NACA艾姆斯航空实验室(Ames Aeronautical Laboratory)(同样见第4.24章)的16ft高速风洞为解决P-38战斗机的难题被加紧投入使用。在这里的进一步实验表明流经机翼的激波诱导分离流极大地减小了升力。反过来,由于下洗流与升力直接相关,如第5.13节与5.14节所讨论的,所以下洗角ε也大大缩小了。因此(见图7.21),尾翼攻角α_t明显增大。这造成了尾翼上正升力的急剧增加,产生了强大的俯仰力矩,使飞行器置于更加急剧的俯冲。于1943年4月在艾姆斯进行了一系列试验后,NACA的艾尔·埃里克森(Al Erickson)建议在机翼下表面的0.33c点处增加襟翼来增大升力,进而增强下洗流。这就是洛克希德公司(Lockheed)所寻求的解决之法,其也确实行之有效。

7.23 总结与回顾

作为自由体,飞行器在飞行中受升力、阻力、推力及力矩,将绕其重力中心旋转。只有这些力或力矩的位置或大小合计为重力中心的净零力矩时,飞行器才不会旋转。对于多数飞行应用而言,我们期望飞行器在飞行时移动但并不需要一直旋转。调整飞行器上的力和力矩使重力中心的力矩为零,飞行器就称为处于配平。

若飞行器设计为静态稳定或动态稳定,且飞行器以给定的速度配平飞行,其自然属性一定得或多或少地保持飞行器配平。若静态稳定的飞行器遭遇扰动影响,如阵风立即使飞行器偏离其平衡位置,则飞行器应初始趋向于返回其平衡(配平)位置。若飞行器也处于动态稳定,它迟早将会返回其平衡位置。显而易见,静态稳定性是动态稳定性的必要条件但并非充分条件。若飞行器被有意或无意地设计为静态稳定和/或动态不稳定,则需要人或者(更有可能)是计算机操作的自动驾驶仪通过正确偏转控制面(副翼、方向舵与升降舵)来掌控飞行器,从而恢复重力中心的零力矩。

本章探讨了静态稳定性与控制的属性,动态稳定性分析不属于本章范畴。此外,我们集中探讨了纵向稳定性(俯仰运动)。通过探讨可发现,为实现静态纵向稳定性,气动力中心(中性点)必须位于重力中心之后。相关的方程为我们提供了如何将飞行器设计为静态稳定的相关信息。

我们也研究了通过升降舵偏转而实现的飞行器纵向控制,计算了在飞行速度发生改变时飞行器配平所需的升降舵偏转量,并探讨了将升降舵旋转至新设定时所需的力。总而言之,在本章我们了解了静态稳定性与控制的基本方面。

本章的重点如下所示:

1. 如果由于干扰在某物体上产生的力和力矩从一开始就有趋势使其回到平衡位置,则该物体静态稳定。反之,如果物体受到干扰后产生的力和力矩一开始趋向于使之离开平衡位置,则该物体静态不稳定。

2. 纵向平衡与静态稳定性的必需标准为:(a)$C_{M,0}$必须为正;(b)$\partial C_{M,cg}/\partial \alpha_a$必须为负;(3)配平攻角$\alpha_e$必须属于飞行器攻角的范围内。给定飞行器的这些标准可以由以下方程进行定量评估:

$$C_{M,0} = C_{M,ac_{wb}} + V_H a_t (i_t + \varepsilon_0) \tag{7.27}$$

以及

$$\frac{\partial C_{M,cg}}{\partial \alpha_a} = a\left[h - h_{ac_{wb}} - V_H \frac{a_t}{a}\left(1 - \frac{\partial \varepsilon}{\partial \alpha}\right)\right] \tag{7.28}$$

其中,尾翼体积比表示为

$$V_H = \frac{l_t S_t}{cS}$$

3. 中性点为重力中心处$\partial C_{M,cg}/\partial \alpha_a = 0$的位置,可由以下方程计算得出:

$$h_n = h_{ac_{wb}} + V_H \frac{a_t}{a}\left(1 - \frac{\partial \varepsilon}{\partial \alpha}\right) \tag{7.30}$$

4. 静态稳定裕度定义为 $h_n - h$。为实现静态稳定性,重力中心的位置必须位于中性点之前;换言之,静态稳定裕度必须为正。

5. 升降舵偏转 δ_e 对重力中心的俯仰力矩的影响表示为

$$C_{M,cg} = C_{M,ac_{wb}} + C_{L,wb}(h - h_{ac}) - V_H\left(a_t\alpha_t + \frac{\partial C_{L,t}}{\partial \delta_e}\delta_e\right) \tag{7.37}$$

6. 在给定的攻角 α_n 处飞行器配平所必需的升降舵偏转为

$$\delta_{配平} = \frac{C_{M,0} + (\partial C_{M,cg}/\partial \alpha_a)\alpha_n}{V_H(\partial C_{L,t}/\partial \delta_e)} \tag{7.43}$$

参考文献

Etkin, B. *Dynamics of Flight*. Wiley, New York, 1959.

Gibbs-Smith, C. H. *Aviation: An Historical Survey from Its Origins to the End of World War II*. Her Majesty's Stationery Office, London, 1970.

Perkins, C. D., and R. E. Hage. *Airplane Performance, Stability, and Control*. Wiley, New York, 1949.

Raymer, D. P. *Aircraft Design: A Conceptual Approach*, 4th ed. American Institute of Aeronautics and Astronautics, Reston, VA, 2006.

问 题

7.1 给定机翼-机身组合,气动力中心位于重力中心前方 0.03 翼弦长处。重力中心的力矩系数为 0.0050,且升力系数为 0.50。求气动力中心的力矩系数。

7.2 设机翼机身外形模型在风洞内安装好。试验段的气流条件为标准的海平面性质,速度为 100m/s。机翼面积为 $1.5m^2$,弦长为 0.45m。采用风洞的力与力矩测定平衡,在升力为零时,重力中心的力矩为 -12.4 N·m。当该模型俯仰至另一攻角时,重力中心的升力与力矩分别测定为 3675N 与 20.67 N·m。求气动力中心的力矩系数的值及气动力中心的位置。

7.3 设问题 7.2 中的飞行器模型。若将大量的导向力增加到模型后方,使得重力中心向后转移,转移的长度为翼弦的 20%,求升力为 4000N 时,重力中心的力矩。

7.4 设问题 7.2 中的机翼机身模型。假定在该模型上增加不带升降舵的水平尾翼。飞行器重力中心距尾翼的气动力中心的距离为 1.0 m。尾翼面积为 0.4 m^2,且尾装角为 2.0°。尾翼的升力斜率为 0.12/(°)。通过实验性测定可知 $\varepsilon_0 = 0$ 且 $\partial \varepsilon/\partial \alpha = 0.42$。若该模型的绝对攻角为 5° 且在攻角处的升力为 4134N,求重力中心的力矩。

7.5 设问题 7.4 中的机翼机身尾翼模型。该模型具有静态纵向稳定性并平衡吗?

7.6 对于问题 7.4 中的构型而言,若 $h = 0.26$,求中性点与静态稳定裕度。

7.7 假设在问题 7.4 中构型的垂直尾翼增加升降舵。升降舵控制有效度为 0.04,求在攻角为 8° 时配平飞行器构型所需的升降舵偏转。

7.8 设问题 7.7 中的构型。升降舵铰链力矩导数 $\partial C_{h_e}/\partial \alpha_t = -0.007$ 且 $\partial C_{h_e}/\partial \delta_e = -0.012$。评估该构型的自由驾驶杆静态稳定性。

7.9 设图 7.17(b) 所描绘的前翼构型,以图 7.18 中所示的 XB-70 飞机为代表。有时会碰到或书面或口头的陈述,宣称前翼构型固有静态不稳定。这一说法绝对是不正确的。证明前翼构型能够实现静态稳定。为确保其稳定性,必须具有哪些设计条件呢?

第8章 空天飞行理论(航天学)

> 很难说什么是不可能的,因为昨天的梦想,即是今天的希望,明天的现实。
>
> 罗伯特.H.戈达德在其高中毕业典礼上的演说,1904年

> 休斯顿,这里是静海基地。"鹰"着陆成功。
>
> 尼尔·阿姆斯特朗在第一次载人登月到达月球的瞬间,通过无线电广播传达到太空飞行地面控制中心的话,1969年7月20日

8.1 引 言

太空——那最后一道防线,那远远超越我们最强望远镜所及的无限广阔的世界,那可能在数不尽的星球中存在其他智慧文明的地区;太空——其未知的秘密吸引了几个世纪以来人类的想象力,其技术发展使得20世纪后半期被称为太空时代;太空——本章的主题。

关于这一点,在我们关于飞行的介绍中,已经强调了航空学,以及设计用于在大气中运动和其提升及推进依赖于大气的飞行器相关科学与工程。然而,正如第1.11节所示,航空领域进步的驱动力一直以来都是希望飞得更高更快。最终目标,当然,是飞得如此高、如此快而进入太空,超越大气的极限。在太空中,飞行器只在重力与可能某种类型的推进力的影响下运动;然而,推进模式必须是完全独立于空气动力的。因此,与空天飞行器有关的物理基础和工程原则与飞机有所不同。本章的目的是介绍一些空天飞行的基本概念,即介绍航天学学科。特别的是,在本章前部分,我们将重点介绍只在重力影响下(比如在自由空间的真空)运行的空天飞行器的轨道、轨迹计算与分析。在后部分我们将讨论空天飞行器进入地球大气层的几方面问题,特别是飞行器的进入轨迹与气动加热。

预览板块

想象一下,你处在飞得如此之快、如此之高的飞行器中,突然发现自己在地球大气层以外——你在太空中。太空中没有空气,所以飞行器没有气动升力或阻力。是什么让你停留在这里呢?另外,很明显你没有吸气推进技术——没有带往复式发动机与喷气发动机的推进器将你送上去。火箭发动机可能已将你送入太空,但这些发动机现在已烧毁。是什么让你停留在太空?此外,你不会在太空静止不动;你在移动——在这个时间点,你的飞行器具有一定的速度与方向。飞行器将带你去哪里呢?换言之,你在太空中的飞行路线是什么?这些是关于空天飞行的绝对根本问题,你会在本章中找到答案。

这些答案涉及与本书目前为止讨论问题完全不同的一套物理和数学理论。本章是一个新的开始,将我们带入一个空天飞行的不同世界。

在空天飞行的某个阶段,你会想回家,回到地球表面。飞行不是易事。在你离开太空,进入大气外缘时,你会以至少26000ft/s(大约8 km/s)的速度飞行,且很有可能更快。(你怎么知道你会以这个速度飞行呢?继续读下去。)在你以这样的速度穿透大气层时,飞行器上的气动阻力,特别是飞行

器的气动加热,会频繁出现。事实上,这种气动加热是如此之高,已成为驱动进入任何大气(地球大气或其他行星大气)的任何空天飞行器设计的首要考虑因素。2003 年 2 月 1 日"哥伦比亚号"航天飞机的失事,是与高速进入地球大气层有关的急剧加热的不幸证明。现在,你骤然跌入大气层,从太空接近地球表面。高阻力会产生大量拉伤你身体的重力。你怎么能预测这些重力的大小?你必须受到保护,以免被强烈的气动加热伤害。气动加热施加了多少能量在你飞行器的表面?你如何保护自己免受这种加热伤害?本章将为你一一作答。

继第 1 章~7 章对飞行器和大气飞行的介绍之后,本章将对空天理论进行介绍。

空天时代正式始于 1957 年 10 月 4 日,当时苏联发射了"斯普特尼克一号",第一颗进入环绕地球轨道的人造卫星。莱特兄弟 1903 年首次飞行经过多年才对社会造成影响,而此事不同,"斯普特尼克一号"对世界的影响是立竿见影的。12 年内人类登上了月球;再过了 7 年,无人探测器到达了金星和火星表面。自 1957 年以来,人类发射了各种各样的为不同任务设计的空天飞行器。大部分飞行器可以归为三大类:

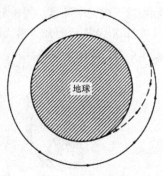

1. 地球卫星,以进入地球轨道(如 8.1 所示)所需的速度发射。正如后文所示,将飞行器推入地球轨道需要 26000ft/s(7.9 km/s)的速度,这些轨道一般是椭圆形的。图 8.2 为一颗人造地球卫星的照片。

图 8.1　地球轨道

图 8.2　太空实验室——一颗地球卫星

[来源:NASA]

2. 月球和行星际飞行器,以克服地球引力所需的速度[36000ft/s(大约11 km/s)或以上]发射,并进入深空。这样的轨迹是抛物线或双曲线。图8.3描绘了从地球到月球的典型路径。如图所示,空天飞行器首先放置在地球轨道,随后由其携带的火箭送入月球轨道,最后降落于月球表面。这是所有"阿波罗"载人登月任务采用的模式,启用于1969年7月20日,人类历史性地首次登上月球。图8.4为"阿波罗"航天器的照片。

3. 航天飞机,设计为从地球表面起飞,在太空中执行任务,然后回到地球,降落于地球表面,所有设备在同一个飞行器内。这些是升力再入飞行器,设计有一个合理的L/D比,以使驾驶员能将飞行器像飞机一样降落。图8.5描绘了带升力再入路径的地球轨道。第一次航天飞机进入太空的成功飞行,以及随后的升力再入与着陆,均由NASA的"哥伦比亚"号于1981年4月12-14日完成。图8.6为一张航天飞机照片。

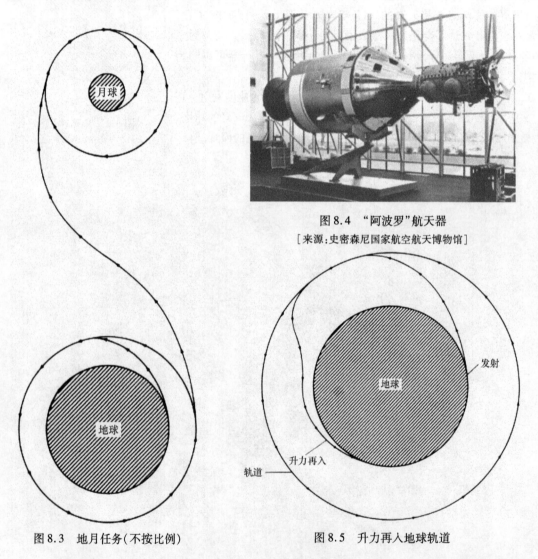

图8.4 "阿波罗"航天器
[来源:史密森尼国家航空航天博物馆]

图8.3 地月任务(不按比例)

图8.5 升力再入地球轨道

最后,关于航天学,即使是目前这种入门水平,也需要比基础微积分略微深奥的数学理论。因此,本章的数学严格性将高于本书其他部分,特别是会使用微分方程的一些概念。但是,我们会假设读者没有接触过这样的数学,因而将独立介绍一些必要的概念。

图 8.6 航天飞机

[来源:NASA]

本章的路线图请见图 8.7。我们航天学的学习分为三个部分,根据空天飞行任务的三个主要连续阶段划分,如图 8.8 所示:

1. 穿过大气层上升。大多数空天飞行器从地球表面发射升空,穿过可感知大气,加速达到轨道或逃逸速度(有关速度定义,请见 8.5 节),开始它们的使命。此阶段称为上升段,主要由将飞行器推入太空的火箭发动机支配。火箭发动机将在第 9 章"推进理论"中进行介绍。因此,虽然为了完整性,将上升阶段显示在本章的路线图中(图 8.7 左上方),但实际会在第 9 章进行讨论。

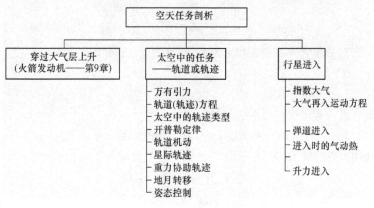

图 8.7 第 8 章路线图

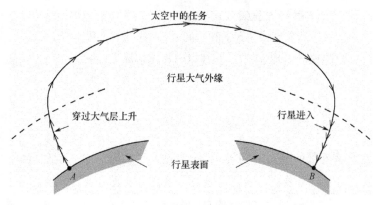

图 8.8 空天飞行任务剖析

2. 太空中的任务。本章将在开头部分对此阶段进行介绍:研究空天飞行器进入轨道或轨迹、以及在火箭发动机耗尽燃料将其带离地球之后的运动。见图8.7的中间方框。

3. 行星再入。一些空天飞行器继续在其轨迹上不确定地移动,进入深空后没有再遇到大气。还有许多,尤其是那些载有宇航员的载人飞行器,将最终返回地球表面,并以非常高的速度穿过地球大气层,这被称为地球进入(entry)(或者有时误称为reentry)。或者空天飞行器可能进入太阳系另一行星的大气,这被称为行星进入(这一术语是包括地球再入等更概括的术语)。此阶段如图8.7右边方框所示,具体介绍见本章后半部分。

8.2 微分方程

假设因变量 r 取决于自变量 t。因此 $r = f(t)$。r 对 t 的导数概念,以 dr/dt 表示,为本书常用表示方法。dr/dt 的物理解释就是 r 对 t 的变化率。若 r 是距离,t 是时间,则 dr/dt 就是距离对时间的变化率,即速度。r 对 t 的二阶导数是

$$\frac{d(dr/dt)}{dt} \equiv \frac{d^2 r}{dt^2}$$

这是导数本身对 t 的变化率。若 r 和 t 分别是距离和时间,则 d^2r/dt^2 就是速度对时间的变化率,即加速度。

微分方程是指在其某些所含项中有导数的方程。例如,

$$\frac{d^2 r}{dt^2} + r\frac{dr}{dt} - 2t^3 = 2 \tag{8.1}$$

是一个微分方程,它本身包含导数与变量 r 和 t。相比之下,方程

$$r + \frac{t^2}{r} = 0$$

是一个代数方程,它只包含 r 和 t,而不包含导数。

求微分方程(8.1)的解,就是找到满足 $r = f(t)$ 方程的函数关系。例如,假设 $r = t^2$,则 $dr/dt = 2t$,$d^2r/dt^2 = 2$。将其代入方程(8.1):

$$2 + t^2(2t) - 2t^3 = 2$$
$$2 + 2t^3 - 2t^3 = 2$$
$$2 = 2$$

由此可知 $r = t^2$ 的确满足微分方程(8.1)。因此 $r = t^2$ 称为该方程的解。

空天飞行器运动轨迹的计算涉及距离 r 和时间 t。一些基本方程涉及 r 对 t 的一阶与二阶导数。为了简化这些方程中的符号,我们现在为时间导数引入点记法:

$$\dot{r} \equiv \frac{dr}{dt}$$

$$\ddot{r} \equiv \frac{d^2 r}{dt^2}$$

变量上面一个点表示该变量的一阶时间导数;两个点表示二阶导数。例如,微分方程(8.1)可以写成

$$\ddot{r} + r\dot{r} - 2t^3 = 2 \tag{8.2}$$

方程(8.1)和方程(8.2)是完全相同的,只有符号不同。时间导数的点记法在自然科学中是常

见的,在科学和工程的高级研究中将经常遇到这种点记法。

8.3 拉格朗日方程

在自然科学中,对物体的力和运动的研究称为力学。若该物体静止,该项研究便被进一步确定为静力学;若该物体在运动,该研究就是动力学。本章涉及的是空天飞行器的动力学。

动力学的问题通常涉及牛顿第二定律的使用,$F = ma$,式中 F 指力,m 指质量,a 指加速度。也许读者熟悉 $F = ma$ 在基础物理方面的各种应用;的确,我们在第4章运用该定律获得了空气动力学的动量方程,又在第6章运用该定律获得了飞行器运动方程。然而,在本节我们将介绍拉格朗日方程,其本质上是牛顿第二定律的推论。拉格朗日方程的使用代表了代替 $F = ma$ 解决动力问题的另一种方法。在空天飞行器轨道与轨迹的研究中,拉格朗日方程大大简化了分析过程。我们未对拉格朗日方程进行推导,只是通过示例介绍该方程,但在第8.4节中,将利用其得出轨道方程。拉格朗日方程的严格推导过程将留待更深层次的力学学习中讨论。

请看如下示例。质量为 m 的物体在地球的引力场中自由下落,如图8.9所示。设 x 为物体到地面的垂直距离。若忽略阻力,物体的唯一受力便是其重量 w(向下)。根据定义,物体的重量等于质量 m 乘以重力加速度 g,即 $w = mg$。根据牛顿第二定律,

$$F = ma \tag{8.3}$$

力即重量,朝向下方。因为正方向 x 是向上的,所以向下的作用力是负的。
因此,

$$F = -w = -mg \tag{8.4}$$

根据第8.2节,加速度可以表示为

$$a \equiv \frac{d^2 x}{dt^2} \equiv \ddot{x} \tag{8.5}$$

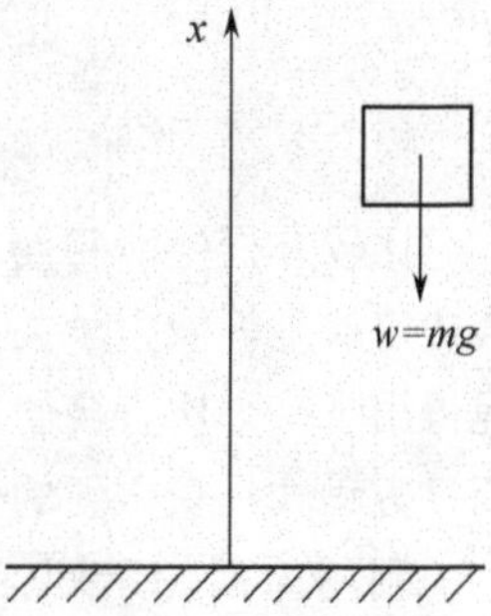

图8.9 自由落体

将方程(8.4)和方程(8.5)代入方程(8.3)得到

$$-mg = m\ddot{x}$$
$$\ddot{x} = -g \tag{8.6}$$

方程(8.6)是该示例中物体的运动方程。它是一个微分方程,利用其解能得出 $x = f(t)$。此外,方程(8.6)是应用牛顿第二定律得出的。

再来看看如何利用拉格朗日方程得出该示例所示公式,这也是对拉格朗日方程的初步介绍。令 T 表示物体的动能,根据定义

$$T = \frac{1}{2}mV^2 = \frac{1}{2}m(\dot{x})^2 \tag{8.7}$$

令 Φ 表示物体的势能。根据定义,物体相对地球表面的势能是物体的重量乘以与地面的距离:

$$\Phi = wx = mgx \tag{8.8}$$

然后将拉格朗日函数 B 定义为动能与势能之差:

$$B \equiv T - \Phi \tag{8.9}$$

在该示例中,结合方程(8.7)~方程(8.9),可得出

$$B = \frac{1}{2}m(\dot{x})^2 - mgx \tag{8.10}$$

然后写出拉格朗日方程,并且不加证明地予以接受,它仅仅是牛顿第二定律的推论:

$$\frac{d}{dt}\left(\frac{\partial B}{\partial \dot{x}}\right) - \frac{\partial B}{\partial x} = 0 \tag{8.11}$$

在拉格朗日方程中,回顾一下第7.2.4节中的偏导数定义。例如,$\partial B/\partial \dot{x}$ 表示 B 对 $\dot{x}$ 的导数,其他都保持不变。因此从方程(8.10)

$$\frac{\partial B}{\partial \dot{x}} = m\dot{x} \tag{8.12}$$

和

$$\frac{\partial B}{\partial x} = -mg \tag{8.13}$$

将方程(8.12)与方程(8.13)代入方程(8.11),得出

$$\frac{d}{dt}(m\dot{x}) - (-mg) = 0$$

或者如果 m 是一个常数,则得出

$$m\frac{d}{dt}(\dot{x}) - (-mg) = 0$$
$$m\ddot{x} + mg = 0$$
$$\ddot{x} = -g \tag{8.14}$$

比较方程(8.14)与方程(8.6);它们是相同的运动方程。因此,我们看到拉格朗日方程和牛顿第二定律是等效力学关系,能为力学系统得出相同的运动方程。在前面的示例中,利用拉格朗日方程得出了一个比直接使用 $F = ma$ 稍微复杂的公式。然而,在空天飞行器轨道与轨迹的分析中,拉格朗日方程式是最方便的公式,这一点将在第8.4节中详细说明。

利用前面的示例,我们可以得出一个更通用的拉格朗日方程。同样,未提供直接证明,读者应满足于下面"食谱"给出的配方,使用前面的示例作为归纳的基础。假设物体在三维空间中移动,由广义的空间坐标 q_1、q_2 和 q_3(在球面坐标系中可能是 r、θ 和 ϕ;在直角坐标系中是 x、y 和 z;或类似符号)表示。设置物体的动能表达式,这可能取决于坐标 q_1、q_2 和 q_3 本身和速度 $\dot{q}_1$、$\dot{q}_2$ 和 $\dot{q}_3$

$$T = T(q_1, q_2, q_3, \dot{q}_1, \dot{q}_2, \dot{q}_3) \tag{8.15}$$

然后设置物体势能的表达式,它只取决于空间位置:

$$\Phi = \Phi(q_1, q_2, q_3) \tag{8.16}$$

然后便形成了拉格朗日函数

$$B = T - \Phi \tag{8.17}$$

最后,通过为每个坐标写拉格朗日方程得出三个运动方程(沿每个坐标方向):

$$q_1 \text{坐标}: \frac{d}{dt}\left(\frac{\partial B}{\partial \dot{q}_1}\right) - \frac{\partial B}{\partial q_1} = 0$$
$$q_2 \text{坐标}: \frac{d}{dt}\left(\frac{\partial B}{\partial \dot{q}_2}\right) - \frac{\partial B}{\partial q_2} = 0 \tag{8.18}$$
$$q_3 \text{坐标}: \frac{d}{dt}\left(\frac{\partial B}{\partial \dot{q}_3}\right) - \frac{\partial B}{\partial q_3} = 0$$

现在让我们应用这种形式体系得出空天飞行器的轨道或轨迹方程。

8.4 轨 道 方 程

空天飞行器通过火箭助推器从行星表面发射。驱动这些助推器的火箭发动机将在第9章进行讨论。本章涉及的是飞行器的运动,该运动发生于所有助推器已经耗尽,卫星、行星际探测器或其他物体在重力的作用下在太空中平稳运动之后。最后一个助推器耗尽时,空天飞行器处于离行星中心给定的距离处,以特定的速度向特定的方向运动。很明显,自然规定了助推器耗尽时这些给定条件下的特定路线(围绕行星的特定轨道或者可能是远离行星的特定轨迹)。本节的目的是导出描述该路线的方程。请参看图8.7的路线图,我们从中间一栏开始介绍。

8.4.1 受力与能量

假设质量为 m 的飞行器在质量为 M 的行星附近以速度 V 运动,如图8.10所示。两个物体中心之间的距离是 r。17世纪最后一个季度,艾萨克·牛顿做出了一个天才之举,发现了万有引力定律,指出两个物体之间的引力与其中心之间距离的平方成反比。特别的是,该力表示为

$$F = \frac{GmM}{r^2} \tag{8.19}$$

式中:G 是万有引力常量,$G = 6.67 \times 10^{-11}$ m^3/(kg·s)^2。

拉格朗日方程涉及能量,包括势能和动能。首先参看图8.10所示系统的势能。势能总是基于一定的参考点;在航天学引力问题中,通常设 r 无穷大时,势能为零。因此,距离 r 处的势能定义为将质量为 m 的物体从无穷远移到位置 r 所做的功。设 Φ 为势能。若 M 与 m 之间的距离因一个小增量 dr 改变,则产生这种变化所做的功为 Fdr。这也是势能 $d\Phi$ 的改变。利用方程(8.19)可得出

$$d\Phi = Fdr = \frac{GmM}{r^2}dr$$

将上述方程求积分,当 r 为无穷量时,将 Φ 定义为0,当 $r = r$ 时,势能 $\Phi = \Phi$,得出

$$\int_0^\Phi d\Phi = \int_\infty^r \frac{GmM}{r^2}dr$$

或

$$\Phi = \frac{-GmM}{r} \tag{8.20}$$

方程(8.20)给出了小质量飞行器 m 在大质量行星 M(它们之间距离为 r)的引力场中的势能。r 处的势能是个负值,因为我们设定 r 为无穷大时 $\Phi = 0$。然而,若负能量的概念对你来说是陌生的,不要担心。在力学系统中,我们通常会关心能量的变化,而且这种变化不受我们选择的势能参考值影响。

现在开始考虑动能。我们需要更精确地建立坐标系。在更深层次的力学学习中,可以证明物体在(如本节所述的)有心重力场中的运动发生在一个平面上。因此,我们只需要两个坐标来指定质量为 m 的物体位置。在这种情况下极坐标是特别有用的,如图8.11所示。图中所示原点为物体 M 的中心,r 是 m 和 M 之间的距离,θ 是 r 的角定向。质量为 m 的飞行器速度为 V 与 r 平行的速度分量是 $V_r = dr/dt = \dot{r}$。垂直于 r 的速度分量等于矢径 r 乘以 θ 的时间变化率,即乘以角速度,$V_\theta = r(d\theta/dt) = r\dot{\theta}$。因此,飞行器的动能为

$$T = \frac{1}{2}mV^2 = \frac{1}{2}[\dot{r}^2 + (r\dot{\theta})^2]m \tag{8.21}$$

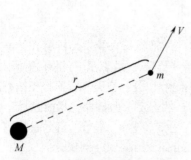

图 8.10 小质量飞行器在大质量行星的引力场中的运动

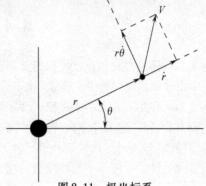

图 8.11 极坐标系

8.4.2 运动方程

根据方程(8.17)、方程(8.20)和、方程(8.21),拉格朗日函数为

$$B = T - \Phi = \frac{1}{2}m[\dot{r}^2 + (r\dot{\theta})^2] + \frac{GmM}{r} \tag{8.22}$$

在轨道分析中,通常用 k^2 表示乘积 GM。若讨论对象为地球,且 $M = 5.98 \times 10^{24}\text{kg}$,则

$$k^2 \equiv GM = 3.986 \times 10^{14} \text{m}^3/\text{s}^2$$

方程(8.22)便变成

$$B = \frac{1}{2}m[\dot{r}^2 + (r\dot{\theta})^2] + \frac{mk^2}{r} \tag{8.23}$$

现在使用拉格朗日方程(8.18),式中 $q_1 = \theta$ 且 $q_2 = r$。首先,θ 方程为

$$\frac{\mathrm{d}}{\mathrm{d}t}\left(\frac{\partial B}{\partial \dot{\theta}}\right) - \frac{\partial B}{\partial \theta} = 0 \tag{8.24}$$

从方程(8.23)得出

$$\frac{\partial B}{\partial \dot{\theta}} = mr^2 \dot{\theta} \tag{8.25}$$

且

$$\frac{\partial B}{\partial \theta} = 0 \tag{8.26}$$

将方程(8.25)与方程(8.26)代入方程(8.24),得出

$$\frac{\mathrm{d}}{\mathrm{d}t}(mr^2 \dot{\theta}) = 0 \tag{8.27}$$

方程(8.27)为 θ 方向空天飞行器的运动方程。可以立刻求得其积分为

$$mr^2 \dot{\theta} = 常数 = c_1 \tag{8.28}$$

根据物理学基础,线动量定义为质量乘以速度。与此相似,对于角运动,角动量定义为 $I\dot{\theta}$,其中 I 表示惯性矩,$\dot{\theta}$ 表示角速度。对于点质量 m,$I = mr^2$。因此,结果 $mr^2 \dot{\theta}$ 表示空天飞行器的角动量,且根据方程(8.28),

$$mr^2\dot{\theta} = 角动量 = 常数$$

对于有心重力场,方程(8.28)表明角动量为常数。

接下来介绍 r 方程。根据方程(8.18),式中 $q_2 = r$,

$$\frac{\mathrm{d}}{\mathrm{d}t}\frac{\partial B}{\partial \dot{r}} - \frac{\partial B}{\partial r} = 0 \tag{8.29}$$

根据方程(8.23),

$$\frac{\partial B}{\partial \dot{r}} = m\dot{r} \tag{8.30}$$

$$\frac{\partial B}{\partial r} = -\frac{mk^2}{r^2} + mr\dot{\theta}^2 \tag{8.31}$$

将方程(8.30)与方程(8.31)代入方程(8.29),得出

$$\frac{d}{dt}m\dot{r} + \frac{mk^2}{r^2} - mr\dot{\theta}^2 = 0 \tag{8.32}$$

或

$$m\ddot{r} - mr\dot{\theta}^2 + \frac{mk^2}{r^2} = 0 \tag{8.33}$$

方程(8.28)表明,由于 m 是常数,所以 $r^2\dot{\theta}$ 也是常数。用 h 来表示这个量:

$$r^2\dot{\theta} \equiv h = 单位质量角动量$$

将方程(8.33)第二项的分子分母同时乘以 r^3,然后去掉 m 得出

$$m\ddot{r} - m\frac{r^4\dot{\theta}^2}{r^3} + \frac{mk^2}{r^2} = 0$$

或

$$\ddot{r} - \frac{h^2}{r^3} + \frac{k^2}{r^2} = 0 \tag{8.34}$$

方程(8.34)是 r 方向空天飞行器的运动方程。注意 h^2 与 k^2 都是常数。如第8.2节所述,方程(8.34)是一个微分方程,它的解将为 r 提供时间函数关系,即 $r = f(t)$。

然而,根据图8.11,飞行器在太空中的轨迹方程在几何上应用 $r = f(\theta)$ 来表示,而不是 $r = f(t)$。我们对此路径感兴趣,希望飞行器运动方程以其几何坐标 r 和 θ 来表示。因此,方程(8.34)必须按如下方式重写。

将方程(8.34)变换为新的因变量 u,式中:

$$r = \frac{1}{u} \tag{8.35}$$

则

$$h \equiv r^2\dot{\theta} = \frac{\dot{\theta}}{u^2} \tag{8.36}$$

因此

$$\dot{r} \equiv \frac{\mathrm{d}r}{\mathrm{d}t} = \frac{\mathrm{d}(1/u)}{\mathrm{d}t} = -\frac{1}{u^2}\frac{\mathrm{d}u}{\mathrm{d}t} = -\frac{1}{u^2}\frac{\mathrm{d}u}{\mathrm{d}\theta}\frac{\mathrm{d}\theta}{\mathrm{d}t} = -\frac{\dot{\theta}}{u^2}\frac{\mathrm{d}u}{\mathrm{d}\theta} = -h\frac{\mathrm{d}u}{\mathrm{d}\theta} \tag{8.37}$$

将方程(8.37)对 t 求微分,得出

$$\ddot{r} = -h\frac{\mathrm{d}}{\mathrm{d}t}\frac{\mathrm{d}u}{\mathrm{d}\theta} = -h\left(\frac{\mathrm{d}}{\mathrm{d}\theta}\frac{\mathrm{d}u}{\mathrm{d}\theta}\right)\frac{\mathrm{d}\theta}{\mathrm{d}t}$$

$$= -h\left(\frac{d^2 u}{d\theta^2}\right)\frac{d\theta}{dt} = -h\frac{d^2 u}{d\theta^2}\dot{\theta} \tag{8.38}$$

但是根据方程(8.36),$\dot{\theta} = u^2 h$,将其代入方程(8.38),得出

$$\ddot{r} = -h^2 u^2 \frac{d^2 u}{d\theta^2} \tag{8.39}$$

将方程(8.39)与方程(8.35)代入方程(8.34)得出

$$-h^2 u^2 \frac{d^2 u}{d\theta^2} - h^2 u^3 + k^2 u^2 = 0$$

或通过除以 $h^2 u^2$,得出

$$\frac{d^2 u}{d\theta^2} + u - \frac{k^2}{h^2} = 0 \tag{8.40}$$

方程(8.40)是与原方程(8.34)一样有效的运动方程。方程(8.40)为微分方程,其解为 $u = f(\theta)$。具体而言,方程(8.40)的解为

$$u = \frac{k^2}{h^2} + A\cos(\theta - C) \tag{8.41}$$

回到原始转换方程(8.35)。将 $u = 1/r$ 代入方程(8.41)得出

$$r = \frac{1}{k^2/h^2 + A\cos(\theta - C)} \tag{8.42}$$

将方程(8.42)的分子分母同时乘以 h^2/k^2:

$$r = \frac{h^2/k^2}{1 + A(h^2/k^2)\cos(\theta - C)} \tag{8.43}$$

方程(8.43)是空天飞行器路径(轨道或轨迹)所需的方程。它是一个代数方程,因为 $r = f(\theta)$,它为给定路径给出了几何坐标 r 与 θ。特定路径取决于方程(8.43)中常数 h^2、A 与 C 的值。相反,则参照图 8.12,这些常数由火箭助推器耗尽的瞬间条件确定。耗尽时飞行器与地球中心的距离为 r_b,其速度值为 V_b,方向为相对于 r 垂线的方向 β_b。这些耗尽条件完全限定了飞行器的路径;也就是说,它们决定了方程(8.43)中 h^2、A 与 C 的值。

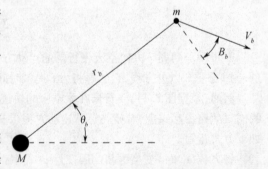

图 8.12 耗尽时的条件

方程(8.43)有时统称为轨道方程。然而,它适用于从地球引力场脱离的飞行器轨迹,以及地球轨道上的人造卫星。实际上,方程(8.43)描述了什么样的轨道或轨迹?它是什么样的数学曲线?物体进入轨道或脱离地球需要哪些物理条件?如第 8.5 节所述,可以通过进一步研究方程(8.43)获得答案。

8.5 空天飞行器轨迹——基本介绍

仔细研究方程(8.43)。它具有一般形式:

$$r = \frac{p}{1 + e\cos(\theta - C)} \tag{8.44}$$

式中:$p = h^2/k^2$;$e = A(h^2/k^2)$;C 是一个相位角。根据解析几何,方程(8.44)被公认为极坐标中圆锥

曲线的标准形式;即方程(8.44)是一个圆、椭圆、抛物线或双曲线的方程,取决于 e 的值,式中 e 为圆锥曲线的偏心率。具体而言,

若 $e=0$,路径是一个圆。

若 $e<1$,路径是一个椭圆。

若 $e=1$,路径是抛物线。

若 $e>1$,路径是双曲线。

这些可能性如图8.13所示。注意图中点 b 表示燃料耗尽点,θ 是以通过 b 的虚线为参照的,即在燃料耗尽时任意选择 θ 为零。C 则只是一个确定 x 轴与 y 轴相对于燃料耗尽点方向的相位角,x 轴是圆锥曲线的对称线。通过研究图8.13,圆形路径与椭圆形路径是质量为 M 的物体(地球)轨道,抛物线与双曲线路径则表示脱离地球。

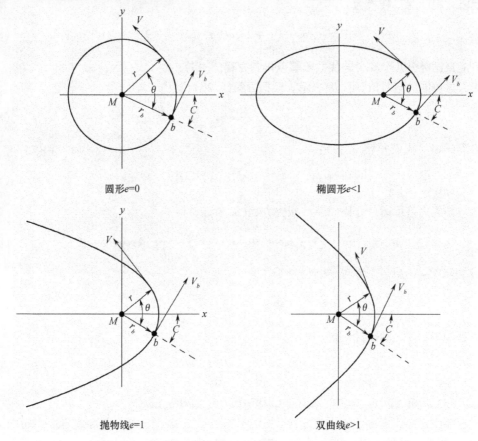

图8.13 轨道与轨迹的四种类型,用对称轴表示耗尽点与相位角的关系

以物理学为基础,偏心率以及空天飞行器的路径类型,由飞行器的动能与势能之差决定。为了证明这一点,首先考虑动能 $T=\frac{1}{2}mV^2$。从方程(8.21)可得出

$$T = \frac{1}{2}m[\dot{r}^2 + (r\dot{\theta})^2]$$

将方程(8.44)对 t 求微分:

$$\frac{dr}{dt} = \dot{r} = \frac{[re\sin(\theta - C)]\dot{\theta}}{1 + e\cos(\theta - C)} \tag{8.45}$$

将方程(8.45)代入方程(8.21):

$$T = \frac{1}{2}m\left\{\frac{[r^2e^2\sin^2(\theta-C)]\dot{\theta}^2}{[1+e\cos(\theta-C)]^2} + r^2\dot{\theta}^2\right\} \tag{8.46}$$

回顾一下 $r^2\dot{\theta} \equiv h, \dot{\theta}^2 = h^2/r^4$。此时方程(8.46)变为

$$T = \frac{1}{2}m\left\{\frac{h^2e^2\sin^2(\theta-C)}{r^2[1+e\cos(\theta-C)]^2} + \frac{h^2}{r^2}\right\} \tag{8.47}$$

将方程(8.47)右边项至于同一个公分母下,且利用方程(8.44)得出

$$r^2[1+e\cos(\theta-C)]^2 = \left(\frac{h^2}{k^2}\right)^2$$

然后将方程(8.47)转换为

$$T = \frac{1}{2}m\frac{k^4}{h^2}[1 + 2e\cos(\theta-C) + e^2] \tag{8.48}$$

读者应自己补全几个缺少的代数步骤以得到方程(8.48)。

然后考虑势能的绝对值,用|Φ|表示。根据方程(8.20),得出

$$|\Phi| = \frac{GMm}{r} = \frac{k^2m}{r} \tag{8.49}$$

将方程(8.44)代入方程(8.49):

$$|\Phi| = \frac{k^4m}{h^2}[1 + e\cos(\theta-C)] \tag{8.50}$$

动能与势能之差可通过方程(8.48)减去方程(8.50)获得:

$$T - |\Phi| = \frac{1}{2}m\frac{k^4}{h^2}[1 + 2e\cos(\theta-C) + e^2] - \frac{k^4m}{h^2}[1e\cos(\theta-C)] \tag{8.51}$$

令 H 表示 $T - |\Phi|$。则方程(8.51)变为

$$H \equiv T - |\Phi| = -\frac{1}{2}m\frac{k^4}{h^2}(1 - e^2) \tag{8.52}$$

求方程(8.52)中 e 的解,得出

$$e = \sqrt{1 + \frac{2h^2H}{mk^4}} \tag{8.53}$$

方程(8.53)为预期结果,将偏心率 e 用动能与势能之差 H 表示。

研究方程(8.53)。若动能小于势能,则 H 为负且 $e < 1$。若动能与势能相等,则 $H = 0$ 且 $e = 1$。同样地,若动能大于势能,H 为正且 $e > 1$。再次参照图8.13,可做出以下表格:

轨迹类型	e	能量关系
椭圆形	< 1	$\frac{1}{2}mV^2 < \frac{GMm}{r}$
抛物线	= 1	$\frac{1}{2}mV^2 = \frac{GMm}{r}$
双曲线	> 1	$\frac{1}{2}mV^2 > \frac{GMm}{r}$

由此可得出如下重要结论,打算脱离地球并进入深空的的飞行器(抛物线或双曲线轨迹)发射必须满足:推进器燃料耗尽时动能等于或大于其势能。这是一个无需前述推导也能凭直觉得出的结论。

我们还能从方程(8.53)了解更多信息。例如,圆形轨道需要怎样的速度? 要回答这个问题,只需记得圆的偏心率为零。将 $e=0$ 代入方程(8.53),可得出

$$0 = \sqrt{1 + \frac{2h^2 H}{mk^4}}$$

或

$$H = -\frac{mk^4}{2h^2} \tag{8.54}$$

$H = T - |\Phi| = \frac{1}{2}mV^2 - GMm/r$。因此方程(8.54)变为

$$\frac{1}{2}mV^2 = -\frac{mk^4}{2h^2} + \frac{GMm}{r} \tag{8.55}$$

根据方程(8.44),$e=0$ 时,

$$r = \frac{h^2}{k^2} \tag{8.56}$$

将方程(8.56)代入方程(8.55)并求 V 的解:

$$\frac{1}{2}mV^2 = -\frac{m}{2}\frac{k^2}{r} + \frac{k^2 m}{r} = \frac{k^2 m}{2r}$$

因此,

$$V = \sqrt{\frac{k^2}{r}} \quad \text{圆形轨道速度} \tag{8.57}$$

方程(8.57)给出了获得圆形轨道所需的速度。如第 8.4.2 节所述,$k^2 = GM = 3.986 \times 10^{14} \text{m}^3/\text{s}^2$。假设 $r = 6.4 \times 10^6$ m,即地球半径。则

$$V = \sqrt{\frac{3.986 \times 10^{14}}{6.4 \times 10^6}} = 7.9 \times 10^3 \text{m/s}$$

这个数值很容易记住:圆形或轨道速度为 7.9km/s,或约为 26000ft/s。

脱离地球所需的速度可以用几乎相同的方式获得。我们之前已证明飞行器若具有抛物线($e=1$)或双曲线($e>1$)轨迹就会脱离地球。设一个抛物线轨迹。我们知道该轨迹的动能和势能相等:$T = |\Phi|$。因此,

$$\frac{1}{2}mV^2 = \frac{GMm}{r} = \frac{k^2 m}{r}$$

求 V 的解,得出

$$V = \sqrt{\frac{2k^2}{r}} \quad \text{抛物线轨道速度} \tag{8.58}$$

方程(8.58)给出了获得抛物线轨道所需的速度。该速度被称为脱离速度。通过比较方程(8.57)与方程(8.58),可以发现脱离速度比轨道速度多一个系数 $\sqrt{2}$。再一次假设 r 是地球半径,$r = 6.4 \times 10^6$m,则脱离速度为 11.2km/s,或约为 36000ft/s。回到图 8.12,若耗尽时 $V_b \geq 11.2$km/s,则飞行器脱离地球,不依赖于运动方向 β_b。

例 8.1

在空天飞行器火箭发射结束时,耗尽速度为 9km/s,方向为偏出正北方 3°。海拔高度为 500 英里。耗尽点位于赤道上空第 27 条纬线处(27°)。计算并画出空天飞行器的轨道。

解

耗尽时情况见图 8.14。海拔高度为

$$h_G = 500 \text{ 英里} = 0.805 \times 10^6 \text{m}$$

地心到耗尽点的距离为(地球半径为 $r_e = 6.4 \times 10^6$ m)

$$r_b = r_e + h_G = 6.4 \times 10^6 + 0.805 \times 10^6 = 7.2 \times 10^6 \text{m}$$

如第 8.4.2 节所述,

$$k^2 \equiv GM = 3.986 \times 10^{14} \text{m}^3/\text{s}^2$$

并且,根据之前的定义,

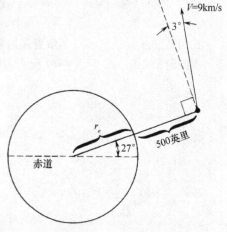

图 8.14 例 8.1 中的耗尽点情况

$$h = r^2 \dot{\theta} = r(r\dot{\theta}) = rV_\theta$$

式中:V_θ 为垂直于矢径 r 的速度分量。因此

$$h = rV_\theta = r_b V \cos\beta_b = (7.2 \times 10^6)(9 \times 10^3)\cos 3° = 6.47 \times 10^{10} \text{m}^2/\text{s}$$

$$h^2 = 4.188 \times 10^{21} \text{m}^4/\text{s}^2$$

则

$$p \equiv \frac{h^2}{k^2} = \frac{4.188 \times 10^{21}}{3.986 \times 10^{14}} = 1.0506 \times 10^7 \text{m}$$

方程(8.44)给出了轨迹方程,其中上述的 p 值是方程右边的分子。为进一步计算,需要提供偏心率 e。根据方程(8.53),可得出

$$e = \sqrt{1 + \frac{2h^2 H}{mk^4}}$$

式中:$H/m = (T - |\varPhi|)/m$

$$\frac{T}{m} = \frac{V^2}{2} = \frac{(9 \times 10^3)^2}{2} = 4.05 \times 10^7 \text{m}^2/\text{s}^2$$

$$\left|\frac{\varPhi}{m}\right| = \frac{GM}{r_b} = \frac{k^2}{r_b} = \frac{3.986 \times 10^{14}}{7.2 \times 10^6} = 5.536 \times 10^7 \text{m}^2/\text{s}^2$$

因此,$\frac{H}{m} = (4.05 - 5.536) \times 10^7 = -1.486 \times 10^7 \text{m}^2/\text{s}^2$

则 $e = \left[1 + \frac{2h^2}{k^4}\left(\frac{H}{m}\right)\right]^{1/2} = \left[1 + \frac{2(4.188 \times 10^{21})(-1.486 \times 10^7)}{(3.986 \times 10^{14})^2}\right]^{1/2} = \sqrt{0.2166} = 0.4654$

我们立即能确认该轨迹是椭圆形轨道,因为 $e < 1$ 且 $T < |\varPhi|$。根据方程(8.44),可得出

$$r = \frac{p}{1 + e\cos(\theta - C)} = \frac{1.0506 \times 10^7}{1 + 0.4654\cos(\theta - C)}$$

要找到相位角 C,只要将耗尽位置($r_b = 7.2 \times 10^6$ m 且 $\theta = 0°$)代入上述方程。(注意耗尽时 $\theta = 0°$,因此 θ 是相对于耗尽时的矢径测量的,沿运动方向增大;具体见图 8.13。)

$$r_b = \frac{p}{1 + e\cos(-C)}$$

438

$$7.2 \times 10^6 = \frac{1.0506 \times 10^7}{1 + 0.4654\cos(-C)}$$

求 $\cos(-C)$:

$$\cos(-C) = 0.9878$$

因此,
$$C = -8.96°$$

最后,完整的轨道方程是

$$r = \frac{1.0506 \times 10^7}{1 + 0.4654\cos(\theta + 8.96°)}$$

式中:θ 以度为单位;r 以米为单位。

图 8.15 中的轨道按比例绘制。注意 b 表示耗尽点,位于赤道上方 27°。x 轴与 y 轴是椭圆形轨道的对称轴,相位角朝向位于通过 b 点的矢径下方(因为 C 在此情况下为负)8.96° 的 x 轴。角 θ 是由通过 b 点的半径测得,正 θ 表示逆时针方向。航天器在椭圆形轨道中逆时针移动。近地点和远地点分别为 7.169×10^6 m 和 1.965×10^7 m。(近地点和远地点的定义,请参阅下一节。)

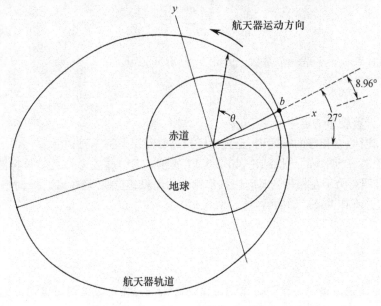

图 8.15　例 8.1 中的航天器轨道

8.6　开普勒定律

在这一点上,我们的讨论都是关于从地球发射的人造空天飞行器。然而,大部分之前的分析和结果都停留在有心重力场任何质量物体的一般轨道与轨迹。这种运动最为人熟知的自然例证是太阳系,即行星围绕太阳的轨道。这种运动从早期文明开始就引起了人们的注意。行星运动的早期观察和绘图经过了千年演变,从巴比伦人到埃及人到希腊人再到罗马人,经过阿拉伯人的黑暗时代,到达 15 世纪的哥白尼时代(大约为克里斯托弗·哥伦布发现美洲时)。然而,这时的天文观测仍然不精确且不确定。之后从 1576 年到 1597 年,第谷·布拉赫,一位丹麦贵族,进行了大量精确的天文观测,将精度提高到已有表格的 50 倍。到其临终前,约翰内斯·开普勒(一位年轻的德国天文学家及数学家)加入了布拉赫,进一步改善了这些观测。而且,开普勒得出了一些关于行星运动几何学的开拓性结论。1609—1618 年,开普勒推导出并发布了行星运动三大定律,这些定律均是通过对天文数据的详尽研究得出。开普勒定律没有胜过牛顿万有引力定律或牛顿力学(75 年后面世)。然而,开普勒的推导本质上是正确的,他的经典三大定律在今天对于理解人造卫星运动与 17 世纪理解行星运动一样重要。因此,我们将在本节讨论他的结论。我们将利用之前轨道运动的推导来导出开普勒定律,这种方法远远优于开普勒自身的推导方式。

开普勒的第一个主要结论是:

开普勒第一定律:卫星围绕其引力中心的路径是椭圆。

我们已经在第 8.4 节和 8.5 节证明了这一事实,此处不再赘述。

为了证明开普勒第二定律,回顾一下方程(8.28),便知角动量是恒定的,即 $mr^2 \dot{\theta}$ = 常数。参看图 8.16,矢径 r 扫过一个极小的角 $d\theta$,扫出的小三角面积是 $dA = \frac{1}{2}rdh$。然而,$dh = rd\theta$。因此,$dA = \frac{1}{2}r^2 d\theta$。则半径扫过面积的时间变化率为

$$\frac{dA}{dt} = \frac{\frac{1}{2}r^2 d\theta}{dt} = \frac{1}{2}r^2 \dot{\theta} \tag{8.59}$$

然而,根据方程(8.28),$r^2 \dot{\theta}$ 是一个常数。因此方程(8.59)表明

$$\frac{dA}{dt} = 常数 \tag{8.60}$$

这便证明了开普勒第二定律:

开普勒第二定律:在相等的时间内,卫星矢径扫过的面积是相等的。

从该定律得出一个明显的定性结论,如图 8.17 所示。图中质量为 m 的物体椭圆形轨道以质量为 M 的物体为参照。为了在相等的时间内扫出相等的面积,卫星必须在靠近 M 时速度变大,远离 M 时速度变小。这是所有卫星运动的特点。

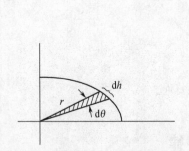
图 8.16 矢径通过角 $d\theta$ 运动扫过的面积

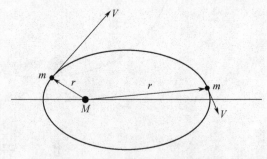
图 8.17 沿轨道不同点的速度变化说明

为了得到开普勒第三定律,参看图 8.18 中所示的椭圆形轨道。最接近点(r 为最小)定义为近地点;最远点(r 为最大)定义为远地点。质量为 M 的物体(可能是地球或太阳)处在椭圆形的焦点。椭圆的主轴是从近地点到远地点的距离,该距离的 1/2 定义为半长轴 a。半短轴 b 也标示于图8.18。为简单起见,我们假设轨道的相位角 C 为零。因此,根据方程(8.44),最大半径和最小半径分别为

$$r_{max} = \frac{h^2/k^2}{1-e} \tag{8.61}$$

$$r_{min} = \frac{h^2/k^2}{1+e} \tag{8.62}$$

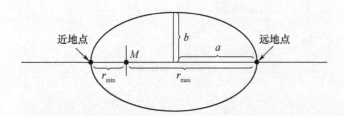

图 8.18 远地点、近地点、半长轴和半短轴图解

根据 a 的定义,使用方程(8.61)与方程(8.62),可得出

$$a = \frac{1}{2}(r_{max} + r_{min}) = \frac{1}{2}\frac{h^2}{k^2}\left(\frac{1}{1-e} + \frac{1}{1+e}\right) = \frac{h^2/k^2}{1-e^2} \tag{8.63}$$

椭圆的偏心率 e 在几何学上与半长轴和半短轴相关;根据解析几何的结论,我们得到

$$e = \frac{(a^2 - b^2)^{1/2}}{a}$$

求 b 的解,得出

$$b = a(1 - e^2)^{1/2} \tag{8.64}$$

若我们利用解析几何的另一结论,会发现椭圆的面积为

$$A = \pi ab \tag{8.65}$$

将方程(8.64)代入方程(8.65)得出

$$A = \pi a[a(1-e^2)^{1/2}] = \pi a^2(1-e^2)^{1/2} \tag{8.66}$$

现在回到方程(8.59):

$$dA = \frac{1}{2}r^2\dot{\theta}dt = \frac{1}{2}hdt \tag{8.67}$$

因此我们可以通过将方程(8.67)求积分得到完整轨道周围椭圆面积。也就是说,假设卫星在时间为零时从近地点开始运动。然后允许卫星围绕完整轨道运动,最终回到近地点。矢径扫出的面积就是椭圆 A 的全部面积。卫星围绕完整轨道运动所花费的时间定义为周期,用 τ 表示。因此,对围绕完整轨道的方程(8.67)求积分,可得出

$$\int_0^A dA = \int_0^\tau \frac{1}{2}hdt$$

或

$$A = \frac{1}{2}h\tau \tag{8.68}$$

我们现在得出了有关 A 的两个独立结果:从解析几何得到的方程(8.66)与从轨道力学得到的方程(8.68)。等化这两个关系,可得出

$$\frac{1}{2}h\tau = \pi a^2(1-e^2)^{1/2} \tag{8.69}$$

求方程(8.63)中 h 的解:

$$h = a^{1/2}k(1-e^2)^{1/2} \tag{8.70}$$

将方程(8.70)代入方程(8.69):

$$\frac{1}{2}\tau a^{1/2}k(1-e^2)^{1/2} = \pi a^2(1-e^2)^{1/2}$$

将两边进行平方,得到

$$\frac{1}{4}\tau^2 ak^2 = \pi^2 a^4$$

或

$$\tau^2 = \frac{4\pi^2}{k^2}a^3 \tag{8.71}$$

观察方程(8.71)。系数 $4\pi^2/k^2$ 是常数。因此

$$\tau^2 = (\text{常数})(a^3) \tag{8.72}$$

这就是说,周期的平方与半长轴的立方成正比。若有两个卫星处于同一行星的轨道上,值分别为 τ_1、a_1 和 τ_2、a_2,则开普勒第三定律可写成如下形式:

开普勒第三定律:同一行星的任何两颗卫星的周期与其轨道半长轴的关系为

$$\frac{\tau_1^2}{\tau_2^2} = \frac{a_1^3}{a_2^3}$$

例 8.2

地球围绕太阳公转的周期是 365.256 天。地球轨道的半长轴是 $1.49527\times10^{11}\mathrm{m}$。火星轨道的半长轴是 $2.2783\times10^{11}\mathrm{m}$。计算火星的周期。

解

根据开普勒第三定律,可得出

$$\tau_2 = \tau_1\left(\frac{a_2}{a_1}\right)^{3/2}$$

式中:
$$a_1 = 1.49527\times10^{1}1\mathrm{m}(\text{地球})$$
$$\tau_1 = 365.256\text{ 天}(\text{地球})$$

且
$$a_2 = 2.2783\times10^{11}\mathrm{m}(\text{火星})$$

因此,
$$\tau_2 = 365.256\left(\frac{2.2783}{1.49527}\right)^{3/2}$$
$$\tau_2 = 686.96\text{ 天}(\text{火星})$$

8.7 活力(能量)方程

在本节及其后四节中,我们会更详细讨论航天器沿其轨道与轨迹的运动。关于轨道运动,我们还有更多需要讨论的(见第8.8节)。我们将着眼于将航天器从地球带到其他行星的行星际轨道设计(见第8.9节),并将讨论探月轨道的设计(见第8.10节)。所有这些问题与新的地球——月球和地球——火星载人航天任务直接相关,这些任务(在写作本书时)已做好未来10年左右的计划,但目前处于暂停状态。所有这些问题也与无数已经进行的并将在可预见的未来继续进行的无人行星际任务和深空任务直接相关。

航天器沿其轨迹运动的最重要物理性质之一就是其总能量。图8.13中航天器沿任何轨迹运动的总能量是其动能和势能之和。根据方程(8.21),

$$\text{动能} = \frac{1}{2}mV^2$$

且根据方程(8.20)，

$$势能 = -\frac{GmM}{r} = \frac{k^2 m}{r}$$

因此总能量 H 为

$$H \equiv \frac{1}{2}mV^2 - \frac{k^2 m}{r} \tag{8.73}$$

[注意 H 首次是以 $H = T - |\Phi|$ 的类似形式出现在方程(8.52)中。]

具体的总能量或比能 E_t 是飞行器每单位质量的总能量：H/m。因此，根据方程(8.73)，

$$E_t = \frac{V^2}{2} - \frac{k^2}{r} \tag{8.74}$$

回顾一下，每单位质量的势能是以其最大值零从 r 到无限值为参照的，且所有较小势能值是绝对值逐渐增大的负数。对于有心重力场中的运动(即，沿特定圆锥曲线)，E_t 是常数。与第8.5节所述相似，如果

$E_t < 0$，航天器的路径是椭圆。

$E_t = 0$，航天器的路径是抛物线。

$E_t > 0$，航天器的路径是双曲线。

注意后两条路径是脱离轨迹，因为 $E_t \geq 0$。

让我们稍微扩大一点图 8.13 中的椭圆、抛物线和双曲线飞行路径的几何特征。首先来看图8.19中的椭圆轨道。之前我们将航天器最接近地球的点定义为近地点，离地球最远的点定义为远地点。这种命名方法通常针对处于地球椭圆轨道的航天器。若航天器在太阳轨道上，则最近点和最远点被称为近拱点和远拱点，且适用于位于任何有心重力受力体 M 的椭圆轨道上的航天器。这些一般术语见图 8.19。另外，在图 8.13 中，极角 θ 从火箭助推器的耗尽位置开始测量。图 8.19 中显示的极角 θ_A 则从近拱点开始测量。角 θ_A 称为实际近点角。在图 8.13 中，$\theta - C = \theta_A$。远拱点与近拱点之间的距离是主轴，半长轴则由 a 表示。中心由 c 表示。主要对称线称为拱线。

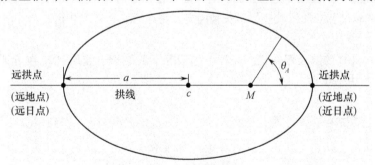

图 8.19 椭圆轨道术语

航天器沿圆锥曲线运动更令人惊奇的一点是，比能 E_t 仅由 E_t 飞行路线半长轴决定。为了证明这一点，让我们回顾一下关于比能的方程(8.52)，$E_t = H/m$：

$$E_t = -\frac{1}{2}\frac{k^4}{h^2}(1 - e^2)$$

根据下面重复的方程(8.63)

$$a = \frac{h^2/k^2}{1 - e^2} \tag{8.63}$$

可得

$$\frac{k^2(1-e^2)}{h^2} = \frac{1}{a} \tag{8.76}$$

结合方程(8.75)和方程(8.76),得出

$$E_t = -\frac{k^2}{2}\left[\frac{k^2(1-e^2)}{h^2}\right] = -\frac{k^2}{2a}$$

这个结果

$$E_t = \frac{-k^2}{2a} \tag{8.77}$$

证明了半长轴是航天器比能的唯一影响因素。

E_t 的定义,即动能与势能之和,由方程(8.74)表示。结合方程(8.74)与方程(8.77),可得出

$$\frac{V^2}{2} - \frac{k^2}{r} = \frac{k^2}{2a}$$

或

$$V^2 = k^2\left(\frac{2}{r} - \frac{1}{a}\right)$$

或

$$V = \sqrt{\frac{2k^2}{r} - \frac{k^2}{a}} \tag{8.78}$$

方程(8.78)称为活力方程或能量方程。当航天器处于由 r 决定的给定飞行路径的位置上,可利用方程(8.78)直接计算该位置上的航天器速度的大小——结果非常有用。

方程(8.77)和方程(8.78)适用于图 8.13 中所示的所有 4 种基本空天飞行器飞行路径。这些方程假设轨道或轨迹的半长轴 a 是已知的。对于圆来说,a 就是半径。我们已经讨论过椭圆轨道中 a 的性质。抛物线轨迹和双曲线轨迹的半长轴的定义将在第 8.9 节中介绍。

例 8.3

参看例 8.1 中计算的航天器轨道。计算下列情况下的航天器速度:(a)在近地点;(b)在远地点;(c)实际近点角为 120°时。

解

(a) 首先从轨道方程获得近地点与远地点时 r 的值,根据示例 8.1 得到

$$r = \frac{1.0506 \times 10^7}{1 + 0.4654\cos(\theta + 8.96°)}$$

查看图 8.15 中该轨道的图示,我们知道 θ 是以耗尽点为参照的。实际近点角 θ_A 是从对称轴开始测量的,因此 $\theta_A = \theta + 8.96°$,轨道方程可写成

$$r = \frac{1.0506 \times 10^7}{1 + 0.4654\cos\theta_A} \tag{E8.3.1}$$

航天器在近地点时 $\theta_A = 0$。设 r_p 为近地点时半径,根据方程(E8.3.1),得出

$$r_p = \frac{1.0506 \times 10^7}{1 + 0.4654\cos(0°)} = \frac{1.0506 \times 10^7}{1 + 0.4654} = 7.169 \times 10^6 \text{m}$$

航天器在远地点时 $\theta_A = 180°$。设 r_a 为远地点时半径,根据方程(E8.3.1),得出

$$r_a = \frac{1.0506 \times 10^7}{1 + 0.4654\cos(180°)} = \frac{1.0506 \times 10^7}{1 - 0.4654} = 1.965 \times 10^7 \text{m}$$

注:在例8.1最后,我们随意给定近地点和远地点时半径分别为 7.169×10^6 m 与 1.965×10^7 m,并未进行证明。本示例中的计算则证明了此结果。

椭圆轨道的半长轴为

$$a = \frac{r_a + r_p}{2} = \frac{1.965 \times 10^7 + 7.169 \times 10^6}{2} = 1.341 \times 10^7 \text{m}$$

设 V_p 表示近地点时速度,根据 $r = r_p$ 时的活力方程(8.78),可得出

$$V_p = \sqrt{\frac{2k^2}{r_p} - \frac{k^2}{a}} = k\sqrt{\frac{2}{r_p} - \frac{1}{a}}$$

对于地球轨道而言,$k^2 = GM = 3.986 \times 10^{14} \text{m}^3/\text{s}^2$。因此 $k = 1.9965 \times 10^7 \text{ m}^{3/2}/\text{s}$。

$$V_p = 1.9965 \times 10^7 \sqrt{\frac{2}{7.169 \times 10^6} - \frac{1}{1.341 \times 10^7}}$$

$$V_p = 9026 \text{m/s} = 9.026 \text{km/s}$$

通过回顾轨道上航天器每单位质量的角动量 $h = rV_\theta$ 为恒定值,可验证该答案。根据例8.1,$h = 6.47 \times 10^{10} \text{m}^2/\text{s}$。在近地点时航天器速度的方向垂直于半径,所以 $V_\theta = V_p$:

$$V_p = V_\theta = \frac{h}{r_p} = \frac{6.47 \times 10^6}{7.169 \times 10^6} = 9025 \text{m/s} = 9.025 \text{km/s}$$

在手工计算的舍入误差内,该结果验证了活力方程中对 V_p 的原有计算。

(b) 将远地点时速度表示为 V_a,根据活力方程,

$$V_a = k\sqrt{\frac{2}{r_a} - \frac{1}{a}} = 1.9965 \times 10^7 \sqrt{\frac{2}{1.965 \times 10^7} - \frac{1}{1.341 \times 10^7}} = 3293 \text{m/s} = 3.293 \text{km/s}$$

使用等角动量验算该结果,

$$V_a = \frac{h}{r_a} = \frac{6.47 \times 10^{10}}{1.965 \times 10^7} = 3293 \text{m/s}$$

该结果与活力方程得到的结果是相同的。

(c) $\theta_A = 120°$时,从轨道方程(E8.3.1)获得的 r 对应值为

$$r = \frac{1.0506 \times 10^7}{1 + 0.4654\cos\theta_A} = \frac{1.0506 \times 10^7}{1 + 0.4654\cos(120°)} = 1.3692 \times 10^7 \text{m}$$

根据活力方程,

$$V = k\sqrt{\frac{2}{r_a} - \frac{1}{a}} = 1.9965 \times 10^7 \sqrt{\frac{2}{1.3692 \times 10^7} - \frac{1}{1.341 \times 10^7}} = 5388 \text{m/s} = 5.388 \text{km/s}$$

评述:航天器的速度始终是在近地点时最大,在远地点时最小。在该示例中,最大速度为 $V_p = 9.025$ km/s,最小速度为 $V_a = 3.293$ km/s。根据例8.1,耗尽速度为 9km/s,略小于近地点时的最大速度。这与轨道上的耗尽位置(离近地点只有 8.96°)是一致的。在 $\theta_A = 120°$时的位置时,5.338km/s 的速度大于远地点时速度,但小于近地点时速度。

例8.4

根据例8.1中确定的轨道,计算当实际近点角为120°时,相对于局部半径方向垂直线的航天器

速度矢量的局部倾角。局部倾角 β 如图 8.20 所示。

解

根据例 8.3,计算出实际近点角为 $120°$ 时速度值 $V = 5338\text{m/s}$。垂直于局部矢径的速度分量为 V_θ,可从等角动量定律获得

$$V_\theta = \frac{h}{r} = \frac{6.47 \times 10^{10}}{r}$$

根据例 8.3, $\theta_A = 120°$, $r = 1.3692 \times 10^7 \text{m}$。因此 $\theta_A = 120°$ 时,

$$V_\theta = \frac{6.47 \times 10^{10}}{1.3692 \times 10^7} = 4725\text{m/s}$$

由于 V_θ 是垂直于矢径的 V 的分量,且 β 是 V 与 V_θ 方向之间的夹角,则根据方程 8.20,

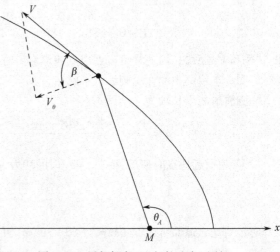

图 8.20 局部倾角(飞行航迹角)图解

$$\cos\beta = \frac{V_\theta}{V} = \frac{4725}{5338} = 0.8852$$

则

$$\beta = 27.7°$$

8.8 轨 道 机 动

航天器的轨道或轨迹仅由火箭助推器耗尽时的条件决定,如第 8.4 节所述。耗尽后航天器的运动受重力的支配,其飞行轨迹成为预定的数学曲线,除非该轨迹因附加力(比如由航天器上的火箭推进器提供的力)的应用而改变。

受有心重力场(如地球的引力)影响的航天器运动,不仅是太空中的特定曲线,也可发生于给定平面,且运动平面的方向也由火箭助推器耗尽时的条件决定。但是有时可能要在执行任务中途改变飞行轨迹数学曲线或平面。这种变化称为轨道机动,即本节的主题。

8.8.1 平面变化

假设航天器处于给定的地球轨道。该轨道平面具有相对于赤道平面的特定倾角。要想改变轨道平面的倾角,同时保持轨道所有其他方面(偏心率、半长轴等)不变,该怎么办呢?

要回答这个问题,就要记住,航天器在围绕轨道运动时每单位质量的角动量是恒定的。还得记得角动量严格来说是一个矢量,尽管我们到现在还没有利用这一事实。初始轨道为图 8.21 所示的水平面,角动量 h 垂直于该平面。当原来平面的倾角 v 改变时,角动量矢量随之倾斜,从而垂直于新的轨道平面;为了保持轨道形状,新的角动量矢量的大小保持不变;但其方向会变得不同,通过平面变化角 v 倾斜。因此,角动量矢量的变化为 Δh,如图 8.21 所示,原来的矢量 h 和 Δh 相加得到一个与原来角动量具有同样大小 h 的新矢量。h、Δh 与 v 的大小通过适用于图 8.21 中三角形的余弦定律产生关系:

$$(\Delta h)^2 = h^2 + h^2 - 2h^2\cos v$$

或

$$(\Delta h)^2 = h^2[2(1 - \cos v)] \tag{8.79}$$

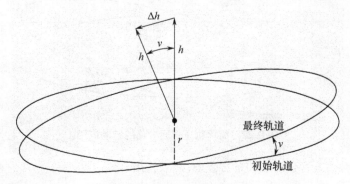

图 8.21 轨道平面变化图解

利用三角恒等式

$$1 - \cos v = 2\sin^2 \frac{v}{2}$$

方程(8.79)变为

$$(\Delta h)^2 = h^2 \left(4\sin^2 \frac{v}{2}\right)$$

或

$$\Delta h = 2h\sin \frac{v}{2} \tag{8.80}$$

由于 h 的大小为

$$h = rV_\theta$$

式中: V_θ 为垂直于矢径的航天器速度 V 的分量。可将方程(8.80)写成

$$\Delta h = 2rV_\theta \sin\left(\frac{V}{2}\right) \tag{8.81}$$

让我们先暂停讨论方程(8.81)并回到矢量角动量 h 的概念。如何使角动量发生变化(Δh,如图 8.21 所示)? 答案可从适用于角运动的牛顿第二定律得出:

转矩 = 角动量时间变化率

设 Q 为每单位质量的矢量转矩。根据牛顿第二定律,

$$\mathbf{Q} = \frac{d\mathbf{h}}{dt} \tag{8.82}$$

转矩 Q 乘以其所用时间 Δt 即脉冲 $Q\Delta t$。根据方程(8.82),

$$Q\Delta t = \Delta t\left(\frac{dh}{dt}\right) = \Delta h \tag{8.83}$$

让我们也暂停讨论方程(8.83)。

转矩是由通过距离作用的力产生的。请看显示初始轨道和最终轨道的图 8.22。考虑应用于位于 A 点(两条轨道相交处)的航天器的每单位质量推进力 F。力 F 作用于垂直于初始轨道平面的方向,即平行于初始角动量矢量 h 的方向。这样的话由 F 通过半径 r 起作用而产生的转矩 Q 不会改变 h 的大小,但会改变其方向,这正是我们想要的。Q 的大小为

$$Q = Fr$$

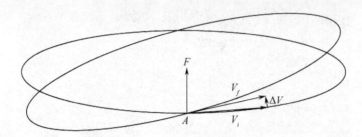

图 8.22 简单轨道平面变化的脉冲应用

将这个表达式代入只写有标量(大小)的方程(8.83),得出

$$\Delta h = Q\Delta t = Fr\Delta t \tag{8.84}$$

推进力 F 导致了航天器的平移加速度,方向为垂直于轨道平面,根据适用于平移运动的牛顿第二定律得出

$$F = \frac{dV}{dT} \tag{8.85}$$

(F 为每单位质量的力)。

因 F 施加于时间增量 Δt 的脉冲,根据方程(8.85),

$$F\Delta t = \frac{dV}{dT}\Delta t = \Delta V \tag{8.86}$$

式中:ΔV 为时间间隔 Δt 内航天器速度的变化。

将方程(8.86)代入方程(8.84),得出

$$\Delta h = rF\Delta t = r\Delta V \tag{8.87}$$

将这个 Δh 的结果代入方程(8.81),得出

$$r\Delta V = 2rV_\theta \sin\left(\frac{v}{2}\right)$$

或

$$\Delta V = 2V_\theta \sin\left(\frac{v}{2}\right) \tag{8.88}$$

方程(8.88)是一个重要的结果。它提供了实现轨道平面夹角 v 变化的所需速度变化 ΔV,该速度变化垂直于初始轨道平面。如图 8.22 所示,F 在初始轨道上施加的受力点成为交点——点 A,为初始轨道和最终轨道所共有。根据图示,初始轨道和最终轨道的最大空间分离发生于离点 A ±90°处。

产生脉冲 ΔV 的成本很高。它必须由推进装置提供,如安装在航天器上的火箭发动机,并且实现 ΔV 所需的燃料由航天器携带。对于轨道平面夹角 v 给定的预期变化,方程(8.88)表示最小的 ΔV 对应于 V_θ 最小时轨道上的点——即远地点。因此,最高效率是在远地点(V_θ 为最小)时执行平面变化机动。

轨道平面变化机动的更高级处理表明,本节中讨论的案例(只改变倾角 v)发生于脉冲 ΔV 作用于起始轨道交点线时(轨道与作为参考平面的赤道平面相交的两点中的一点)。若脉冲施加于起始轨道上任何其他点,轨道会进动,也同时会改变其倾角。有关详细信息,请参阅本章参考文献中列出的布朗、卡普兰、格里芬与法兰奇的书籍。

例 8.5

参看例 8.1 中确定、图 8.15 中描绘的轨道。给定耗尽条件,耗尽飞行速度方向为正北。因此图

448

8.15 所示轨道平面垂直于赤道平面,且包含南北两极。该轨道平面的侧视图如图 8.23 所示,垂直于赤道平面。将脉冲施加于航天器以将轨道倾角改变 10°,如图 8.23 所示。注意初始轨道和最终轨道平面与轨道平面都包括椭圆轨道的焦点 F,该点是地球中心(有心重力场的假定原点)。脉冲施加于起始轨道的升交点。计算执行平面变化机动所需的冲量 ΔV 的值。

解

脉冲施加于起始轨道的升交点。升交点是轨道与赤道平面的交点,如图 8.15 所示。该交点的实际近点角为 $\theta_A = 8.96° - 27° = -18.04°$。在这个角度,根据例 8.1 确定的轨道方程,

$$r = \frac{1.0506 \times 10^7}{1 + 0.4654\cos\theta_A}$$

$$= \frac{1.0506 \times 10^7}{1 + 0.4654\cos(-18.04°)}$$

$$= 7.283 \times 10^6 \text{m}$$

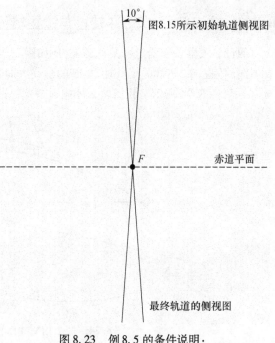

图 8.23 例 8.5 的条件说明:初始轨道与最终轨道的侧视图

根据例 8.1,航天器每单位质量的角动量为 $h = 6.47 \times 10^{10} \text{m}^2/\text{s}$。因此,

$$V_\theta = \frac{h}{r} = \frac{6.47 \times 10^{10}}{7.283 \times 10^6} = 8884 \text{m/s}$$

根据方程(8.88),

$$\Delta v = 2V_\theta \sin\left(\frac{v}{2}\right) = 2(8884)\sin(5°) = 1549 \text{m/s}$$

例 8.6

重复例 8.5,施加脉冲于降交点。比较下面示例中的脉冲与例 8.5 中得到的升交点处脉冲的结果。

解

根据图 8.15,航天器与赤道平面相交,实际近点角为 $\theta_A = -18.04°$(升交点,见例 8.5),以及 $\theta_A = 180° - 18.04° = 161.96°$(降交点)。$\theta_A = 161.96°$时,起始轨道上,

$$r = \frac{1.0506 \times 10^7}{1 + 0.4654\cos(161.96°)} = 1.885 \times 10^7 \text{m}$$

$$V_\theta = \frac{h}{r} = \frac{6.47 \times 10^{10}}{1.885 \times 10^7} = 3432 \text{m/s}$$

根据方程(8.88),

$$\Delta V = 2V_\theta \sin\left(\frac{v}{2}\right) = 2(3432)\sin 5° = 598.2 \text{m/s}$$

因为降交点处 r 大于升交点处 r,在降交点时航天器速度较小,因此倾角改变 10°所需的脉冲较小。在这一点上执行平面变化机动比升交点上更有效,需要的 ΔV 更小,因此执行该机动的星载火箭发动机燃料消耗更少。在第九章,我们将会学习如何计算实现 ΔV 特定值所需的燃料质量。

8.8.2 轨道转移:单脉冲转移与霍曼转移

假设航天器位于给定椭圆轨道上,比如图8.24中的轨道1。我们要将其变成新的轨道,新轨道有不同的偏心率,不同的半长轴,与新的拱线方向,但是与起始轨道在同一个平面。该新轨道标记为轨道2,如图8.24所示。我们怎么才能实现这一改变?答案就是本节的主题。

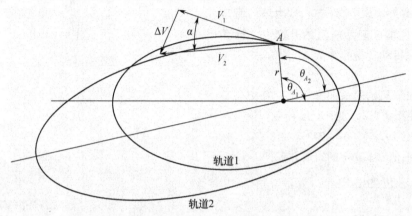

图8.24 两个相交共面轨道转移图解(不按比例)

一种做法是在起始轨道上选择一点,如图8.24中的点A,并将单脉冲ΔV施加于航天器点A,使ΔV保持在起始轨道平面。该机动称为单脉冲轨道转移,将引起航天器沿不同的轨道运动,如图8.24的轨道2。点A处的初始速度V_1、施加的脉冲ΔV与产生的点A处新速度V_2如图8.24和图8.25所示。这两个速度矢量与ΔV都与轨道1处于同一平面,所以得到的轨道2也会在同一平面上。观察图8.24,可以看到轨道2与轨道1相交于点A。设α表示V_1与V_2的夹角,根据余弦定律,

$$(\Delta V)^2 = V_1^2 + V_2^2 - 2V_1V_2\cos\alpha \quad (8.89)$$

注意,从方程(8.89)可知,发生轨道转移所需脉冲最小(最小能量)时,$\alpha = 0°$,即发生于两个轨道彼此相切的点。

作为如何为指定面内单脉冲轨道转移计算

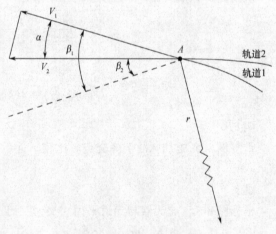

图8.25 图8.24所示点A详情

ΔV的示例,考虑如何将近拱点与偏心率从起始轨道上的$r_{p,1}$与e_1改成新轨道的$r_{p,2}$与e_2。从其他方面来说,这改变了近地点与地球表面的距离(特定的任务可能需要)。为了根据方程(8.89)计算ΔV,首先需要获得三个额外的有关给定轨道元素的方程。

首先我们需要建立半长轴作为r_p和e的函数关系。重复方程(8.62),

$$r_p = \frac{h^2/k^2}{1+e} \quad (8.62)$$

可得

$$\frac{h^2}{k^2} = r_p(1+e) \quad (8.90)$$

再次利用方程(8.63):

$$a = \frac{h^2/k^2}{1+e^2} \tag{8.63}$$

结合方程(8.63)与方程(8.90),得出

$$a = \frac{r_p(1+e)}{(1-e)(1+e)}$$

因此,

$$a = \frac{r_p}{1-e} \tag{8.91}$$

方程(8.91)是所需的 a、r_p 与 e 的关系。

接下来,我们需要建立实际近点角 θ_A 作为 r_p、e 与半径 r 的函数关系。将方程(8.44)写成有关于实际近点角的公式,$\theta_A = \theta - C$,得出

$$r = \frac{h^2/k^2}{1+e\cos\theta_A} \tag{8.92}$$

将方程(8.90)代入(8.92),方程得出

$$r = \frac{r_p(1+e)}{1+e\cos\theta_A}$$

或

$$1 + e\cos\theta_A = \frac{r_p(1+e)}{r}$$

$$e\cos\theta_A = \frac{r_p(1+e)}{r} - 1$$

$$\cos\theta_A = \frac{r_p(1+e)}{er} - \frac{1}{e} \tag{8.93}$$

方程(8.93)是所需的 θ_A、r_p、e 与 r 之间的关系。对于给定 r_p 与 e 的给定轨道,方程(8.93)中的 θ_A 可作为 r 的函数计算。

最后,我们需要建立飞行航迹角 β 作为 θ_A 与 e 的函数关系。飞行航迹角如图8.26所示。回顾一下,轨道上任何点的 β 是该点航天器速度矢量与该点上 r 的本地垂线之间的夹角,如图8.26所示。(图8.12说明了耗尽时的飞行航迹角,β_b。)参看图8.26,并假设 r 无限小的变化为 $\mathrm{d}r$,相应 θ 的无限小的变化为 $\mathrm{d}\theta$,得出如图8.26所示的三角形:

$$\tan\beta = \frac{\mathrm{d}r}{r\mathrm{d}\theta} = \frac{\mathrm{d}r/\mathrm{d}\theta}{r} \tag{8.94}$$

将方程(8.92)对 θ 求微分,并回顾一下,θ 与实际近点角 θ_A 相同,可得

$$\frac{\mathrm{d}r}{\mathrm{d}\theta} = \frac{h^2/k^2(e\sin\theta_2)}{(1+e\cos\theta_A)^2} \tag{8.95}$$

将关于 r 的方程(8.92)和关于 $\mathrm{d}r/\mathrm{d}\theta$ 的方程(8.95)代入方程(8.94),得出

$$\tan\beta = \frac{(h^2/k^2)e\sin\theta_A(1+\cos\theta_A)}{(h^2/k^2)(1+e\cos\theta_A)^2}$$

或

$$\tan\beta = \frac{e\sin\theta_A}{1+e\cos\theta_A} \tag{8.96}$$

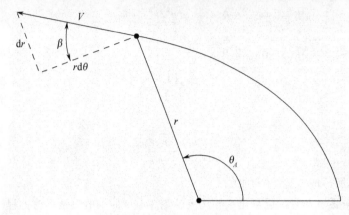

图 8.26 飞行航迹角计算图

方程(8.96)给出了作为 e 与 θ_A 的函数的飞行航迹角 β。

对于我们选择的场景——从给定轨道到新轨道(具有新的近拱点与偏心率)的面内单脉冲轨道转移——方程(8.91)、方程(8.93)与方程(8.96)允许我们根据方程(8.89)计算所需脉冲 ΔV。

例 8.7

假设航天器在例 8.1 计算出的轨道上运动。对于该轨道,根据例 8.1,偏心率为 $e_1 = 0.4654$,近拱点与远拱点分别为 $r_{p,1} = 7.169 \times 10^6$ m 与 $r_{a,1} = 1.965 \times 10^7$ m。实际近点角为 $\theta_A = 90°$ 时轨道上给定的点处,有一个单脉冲施加于航天器,将航天器转移到新的轨道,$e_2 = 0.6$,$r_{p,2} = 8000$ km。计算该脉冲的 ΔV 值。

解

该例的略图如图 8.27 所示。转移点,标记为 A,位于实际近点角 $\theta_A = 90°$ 时起始轨道(轨道1)上。首先使用活力方程(8.78)计算轨道 1 上点 A 的航天器速度,

$$V_1 = \sqrt{\frac{2k^2}{r_1} - \frac{k^2}{a_1}} \tag{E8.7.1}$$

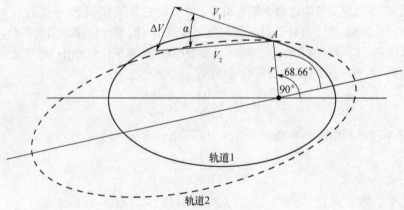

图 8.27 例 8.7 略图(不按比例)

根据方程(8.44),

$$r_1 = \frac{h^2/k^2}{1+e\cos\theta_A} = \frac{1.0506 \times 10^7}{1+0.4654\cos 90°} = \frac{1.0506 \times 10^7}{1+0} = 1.0506 \times 10^7 \text{ m}$$

且根据半长轴的定义，

$$a_1 = \frac{r_{p,1} + r_{a,1}}{2} = \frac{7.169 \times 10^6 + 1.965 \times 10^7}{2} = 1.341 \times 10^7 \text{m}$$

将 r_1 与 a_1 的值代入方程(E8.7.1)，得出

$$V_1 = \sqrt{\frac{2k^2}{r_1} - \frac{k^2}{a_1}} = \sqrt{\frac{2(3.986 \times 10^{14})}{1.0506 \times 10^7} - \frac{3.986 \times 10^{14}}{1.341 \times 10^7}}$$
$$= \sqrt{7.588 \times 10^7 - 2.972 \times 10^7} = 6794 \text{m/s}$$

位于点 A 的航天器沿新轨道(轨道2)运动的速度，也可利用活力方程得出：

$$V_2 = \sqrt{\frac{2k^2}{r_2} - \frac{k^2}{a_2}} \tag{E8.7.2}$$

因为轨道1和轨道2共有焦点(如图8.27)，在 A 点时 $r_2 = r_1 = 1.0506 \times 10^7$m。可利用方程(8.91)得出 a_2 的值：

$$a_2 = \frac{r_{p,2}}{1-e} = \frac{8 \times 10^6}{1-0.6} = 2 \times 10^7 \text{m}$$

将 r_2 与 a_2 的值代入方程(E8.7.2)，得出

$$V_2 = \sqrt{\frac{2(3.986 \times 10^{14})}{1.0506 \times 10^7} - \frac{3.986 \times 10^{14}}{2 \times 10^7}} = \sqrt{7.588 \times 10^7 - 1.993 \times 10^7} = 7480 \text{m/s}$$

剩下的只要根据方程(8.89)计算 ΔV 和 V_1 与 V_2 间夹角的值，如图8.27所示。观察图8.25，注意 α 为两个飞行航迹角 β_1 与 β_2 之差：

$$\alpha = \beta_1 - \beta_2 \tag{E8.7.3}$$

方程(8.86)给出了飞行航迹角，作为 θ_A 与 e 的函数。对于轨道1，$\theta_A = 90°$ 且 $e_1 = 0.4654$。因此，根据方程(8.96)，

$$\tan\beta_1 = \frac{e_1 \sin\theta_A}{1 + e_1 \cos\theta_A} = \frac{0.4654 \sin 90°}{1 + 0.4654 \cos 90°} = 0.4654$$

因此，

$$\beta_1 = 24.957°$$

为了根据方程(8.96)获得 β_2，需要根据方程(8.93)计算轨道2上点 A 的实际近点角：

$$\cos\theta_A = \frac{r_{p,2}(1 + e_2)}{e_2 r_2} - \frac{1}{e_2}$$

$$\cos\theta_A = \frac{(8 \times 10^6)(1 + 0.6)}{(0.6)(1.0506 \times 10^7)} - \frac{1}{0.6}$$

$$\cos\theta_A = 2.036 - 1.6667 = 0.3639$$

$$\theta_A = 68.66°$$

轨道2上点 A 的实际近点角值如图8.27所示。根据方程(8.96)可得出

$$\tan\beta_2 = \frac{e_2 \sin\theta_A}{1 + e_2 \cos\theta_A} = \frac{(0.6)\sin(68.66°)}{1 + (0.6)\cos(68.66°)} = \frac{0.5589}{1.21834} = 0.4587$$

因此，

$$\beta_2 = 24.64°$$

根据方程(E8.7.2),
$$\alpha = \beta_1 - \beta_2 = 24.957 - 24.64 = 0.317°$$

最后,根据方程(8.89),
$$(\Delta V)^2 = V_1^2 + V_2^2 - 2V_1V_2\cos\alpha$$
$$= (6794)^2 + (7480)^2 - 2(6794)(7480)\cos(0.317°)$$
$$= 10.211 \times 10^7 - 10.164 \times 10^7 = 4.7 \times 10^5$$

因此,
$$\Delta V = 685.6 \text{m/s}$$

考虑下面条件下的空天飞行器面内转移:从给定轨道(轨道1)到新轨道(轨道2),两轨道不相交,如图8.28所示。这样的转移需要两个单独的冲量。第一个冲量 ΔV_1 施加于轨道1上点1,并将空天飞行器推入新轨道——转移轨道(图8.28中的虚曲线);第二个冲量 ΔV_2 施加于转移轨道上点2,以将空天飞行器送入目标轨道2。任务设计师指定转移轨道后,按例8.7中概述的相同方法计算所需的 ΔV_1 与 ΔV_2。

考虑一条特定的转移轨道,它在轨道1的近拱点与其相切,在轨道2的远拱点与其相切。这样的轨道转移称为霍曼轨道转移,图8.29所示为其特例,图中轨道1和轨道2都为圆。霍曼转移是两个共面不相交轨道的最低能量转移。部分原因是轨道1上点1的航天器速度与其在转移轨道上点1的速度相切,点2处的速度同理,所以所需冲量只要增加速度的大小,不用改变方向。事实上,参照图8.29,

$$\Delta V_1 = V_{pt} - V_1 \tag{8.97}$$

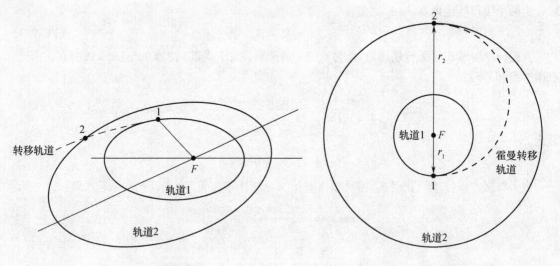

图8.28 转移轨道略图　　　图8.29 霍曼转移轨道图解

且
$$\Delta V_2 = V_2 - V_{at} \tag{8.98}$$

式中:ΔV_1 为点1处冲量;ΔV_2 为点2处冲量;ΔV_{pt} 为转移轨道上近拱点速度;ΔV_{at} 为转移轨道上远拱点速度;V_1 为轨道1上点1处速度;V_2 为轨道2上点2处速度。

例8.8

假设航天飞机位于海平面以上200km时的近地圆形轨道上。航天飞机的有效载荷是通过霍曼转移推进至位于海平面以上35700km的圆形地球同步轨道的卫星。计算该转移所需的总冲量。

解

参看图8.29,根据方程(8.78),轨道1上点1处的航天器速度为

$$V_1 = \sqrt{\frac{2k^2}{r_1} - \frac{k^2}{a_1}}$$

对于圆形轨道,$a_1 = r_1$。因此,

$$V_1 = \sqrt{\frac{k^2}{r_1}}$$

[注:该表达式与方程(8.57)给出的圆形轨道速度一样。]因为地球半径为6.4×10^6m,所以$r_1 = 6.4 \times 10^6 + 2 \times 10^5 = 6.6 \times 10^6$m。

因此,

$$V_1 = \sqrt{\frac{3.986 \times 10^{14}}{6.6 \times 10^6}} = 7771 \text{m/s}$$

观察图8.29可知霍曼转移椭圆轨道的半长轴为

$$a = \frac{r_1 + r_2}{2}$$

式中:$r_1 = 6.6 \times 10^6$m 且 $r_2 = 3.57 \times 10^7 + 6.4 \times 10^6 = 4.21 \times 10^7$m。

因此,

$$a = \frac{6.6 \times 10^6 + 4.21 \times 10^7}{2} = 2.535 \times 10^7 \text{m}$$

根据方程(8.78),

$$V_{pt} = \sqrt{\frac{2k^2}{r_1} - \frac{k^2}{a_1}} = \sqrt{\frac{2(3.986 \times 10^{14})}{6.6 \times 10^6} - \frac{3.986 \times 10^{14}}{2.435 \times 10^7}}$$

$$= \sqrt{1.2079 \times 10^8 - 0.1637 \times 10^8} = 10,219 \text{m/s}$$

因此,根据方程(8.97),点1处进入霍曼转移轨道所需冲量为

$$\Delta V_1 = V_{pt} - V_1 = 10,219 - 7771 = 2448 \text{m/s}$$

轨道2上点2处所需航天器速度为

$$V_2 = \sqrt{\frac{k^2}{r_2}} = \sqrt{\frac{3.986 \times 10^{14}}{4.21 \times 10^7}} = 3077 \text{m/s}$$

霍曼转移轨道上点2处速度为

$$V_{at} = \sqrt{\frac{2k^2}{r_2} - \frac{k^2}{a}} = \sqrt{\frac{2(3.986 \times 10^{14})}{4.21 \times 10^7} - \frac{3.986 \times 10^{14}}{2.435 \times 10^7}}$$

$$= \sqrt{1.8936 \times 10^7 - 1.637 \times 10^7} = 1602 \text{m/s}$$

然后,在点2处,根据方程(8.98),

$$\Delta V_2 = V_2 - V_{at} = 3077 - 1602 = 1475 \text{m/s}$$

该转移所需要的总冲量为

$$\Delta V = \Delta V_1 + \Delta V_2 = 2448 + 1475 = 3923 \text{m/s}$$

8.9 行星际轨道

要使从地球发射的航天器能在行星际空间飞行,唯一方法是使火箭助推器耗尽速度等于或大于脱离速度,脱离速度由方程(8.58)表示:

$$V = \sqrt{\frac{2k^2}{r}} \tag{8.58}$$

若耗尽速度恰好等于脱离速度,则航天器的轨迹为抛物线;但若耗尽速度大于方程(8.58)所给速度,则轨迹为双曲线。几乎所有行星际空天飞行器最初,是以双曲线轨迹发射,我们对抛物线轨道兴趣不大。在本节,我们更有兴趣介绍从地球发射的、任务为探索太阳系中一个或更多行星的空天飞行器的飞行航迹。由于发射后的初始轨迹是双曲线,我们需要停下来研究双曲线轨道的一些特征。

8.9.1 双曲线轨道

双曲线相关几何结构如图8.30所示。近拱点半径r_p照例为最接近点到焦点F的距离。渐近线在图8.30中用虚线表示;它们相交于中点C。双曲线的半长轴a是中点到近拱点的距离;注意不同于椭圆的是,a不在双曲线凹陷区域,因此被视为负值。沿双曲线飞行轨迹运动的航天器速度由活力方程(8.78)给出:

$$V = \sqrt{\frac{2k^2}{r} - \frac{k^2}{a}} \tag{8.78}$$

对于双曲线飞行航迹,a为负数。

从行星脱离的轨迹开始为抛物线轨迹;对于抛物线,半长轴为无限值,且方程(8.78)变为

$$V = \sqrt{\frac{2k^2}{r}} = V_{es}$$

这正是方程(8.58)定义的脱离速度。因此,在方程(8.78)中,根号下第一项为脱离速度的平方,方程(8.78)可写成

$$V = \sqrt{V_{es}^2 - \frac{k^2}{a}} \tag{8.99}$$

因此,在方程(8.99)中,$-k^2/a$与位于双曲线飞行路径的航天器过剩能量相关,大于足够脱离行星的能量。对于从地球脱离,我们引入速度V_{HE}:

$$V_{HE}^2 = -\frac{k^2}{a} \tag{8.100}$$

式中;V_{HE}为超过脱离速度的速度,称为双曲线超高速。根据此定义,方程(8.78)可写成

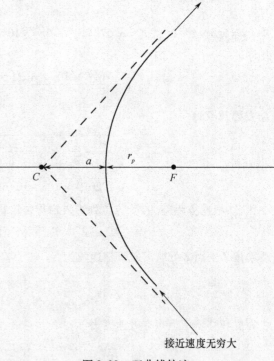

图 8.30 双曲线轨迹

$$V = \sqrt{\frac{2k^2}{r} - V_{HE}^2} \qquad (8.101)$$

设方程(8.101)中 r 为无穷远。无穷远处的速度由 V_∞ 表示。根据方程(8.101)，

$$V_\infty = V_{HE}$$

V_∞ 与 V_{HE} 是同义的。对于行星而不是地球，V_∞ 用于双曲线超高速。V_∞ 如图 8.30 所示；在图 8.30 底部，V_∞ 为接近速度；在图 8.30 顶部，V_∞ 为脱离速度。它们的大小一样，但是方向不同。

例 8.9

"海盗 1 号"火星着陆器离开地球后的初始双曲线轨迹半长轴为 -1.885×10^4 km。计算由空天飞行器"泰坦三 E"运载火箭提供的双曲线超高速。

解

根据方程(8.100)，

$$V_{HE} = \sqrt{\frac{k^2}{a}} = \sqrt{\frac{3.986\times10^{14}}{(-1.885\times10^7)}} = \sqrt{2.115\times10^7}$$

$$V_{HE} = 4598\text{m/s} = 4.598\text{km/s}$$

回顾一下，从地球脱离速度为 11.2km/s。为了启动着陆器到火星的飞行路径，"泰坦"运载火箭为着陆器提供 4.598km/s 的额外助力。

8.9.2 影响范围

第 8.9.1 节中讨论的双曲线飞行路径时，假设空天飞行器在单一行星的引力影响下运动。质量为 m 的航天器在质量为 M 的行星附近运动，唯一作用于航天器的力是 m 与 M 之间的引力，这称为二体问题。航天器与太阳、月亮或其他行星之间的额外引力忽略不计。这是一个合理的假设，只要航天器在质量为 M 的行星影响范围内。由于空天飞行器在太阳系内，太阳的引力发挥了重要作用。行星影响范围的传统定义为该行星引力大于太阳引力的区域。例如，地球影响范围半径为 9.25×10^5 km，这远远大于地球半径(6.4×10^3 km)，但远远小于行星轨道间距离，如地球与金星轨道间距离 4.19×10^7 km，以及地球与火星轨道间距离 7.774×10^7 km。关于太阳系内所有行星影响范围的广泛讨论以及影响范围半径的表格，请参阅格里芬与法兰奇的著作(本章的参考文献所列)。

8.9.3 日心轨道

从某一行星(称为脱离行星)发射的空天飞行器一旦离开该行星的影响范围，该飞行器首先在太阳的引力影响下运动。若该空天飞行器的任务为到达另一行星(称为目标行星)，它会进入这两个行星围绕太阳的各自轨道之间的转移轨道。这一飞行轨迹请见图 8.31。图 8.31 中所示行星和空天飞行器的运动是相对于太阳的——与我们之前关于沿椭圆及双曲线飞行轨迹、相对于行星运动的讨论相反(如环绕地球的轨道)。图 8.31 所示转移轨道是围绕太阳的轨道。空天飞行器以相对于太阳的速度 $\mathbf{V}_1$ 在点 1 处进入转移轨道，该速度为脱离行星在其围绕太阳的轨道上的速度 $\mathbf{V}_{dp}$ 与相对于脱离行星的双曲线超高速 $\mathbf{V}_\infty$ 的矢量和：

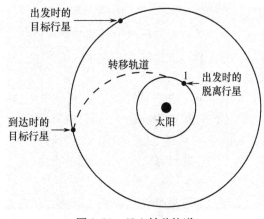

图 8.31 日心转移轨道

$$\mathbf{V}_1 = \mathbf{V}_{dp} + \mathbf{V}_\infty \tag{8.102}$$

同样地,空天飞行器于转移轨道上点 2 到达目标行星时相对于太阳的速度 $\mathbf{V}_2$,为目标行星在其围绕太阳的轨道上的速度 $\mathbf{V}_{tp}$ 与到达目标行星时的双曲线超高速 $\mathbf{V}_{\infty,tp}$ 的矢量和:

$$\mathbf{V}_2 = \mathbf{V}_{tp} + \mathbf{V}_{\infty,tp} \tag{8.103}$$

在行星际空天飞行任务的初步设计中,图 8.31 所示转移轨道经常被视为最小能量的霍曼转移(参见第 8.8.2 节),无需对其严格限制。日心转移轨迹可以由任务设计者任意调整,它甚至不必与出发行星或到达行星共面。关于该问题的深入讨论,请参阅格里芬与法兰奇和布朗的著作(本章参考文献所列)。

8.9.4 圆锥曲线拼接法

行星际任务的详细设计包含对空天飞行器飞行轨迹进行现代数值求解,以求解运动方程,并考虑太阳、行星和各种卫星的引力场同时影响的多体问题。该问题远远超出了本书的范围。然而,对于行星际任务的初步设计,有一个更简单的方法经常使用,即圆锥曲线拼接法。执行该方法有三个步骤:

1. 首先计算日心转移轨道。出发行星和到达行星的影响范围与它们之间的距离相比很小,以致于日心转移轨道的计算简单地忽略了这些行星。

2. 然后设计出发行星的双曲线轨迹,以产生转移轨道出发端所需的 $\mathbf{V}_\infty$ 值(图 8.31 中点 1 处)。见方程 (8.102)。

3. 沿其转移轨道运动的航天器以相对于目标行星的双曲线超高速 $\mathbf{V}_{\infty,tp}$ 到达图 8.31 中点 2 处的目标行星 [见方程 (8.103)]。然后根据 $\mathbf{V}_{\infty,tp}$ 计算由此产生的目标行星双曲线轨迹。

前面部分的步骤 1~3 已讨论过了轨道的重要方面,因此在此不再进一步阐述。

圆锥曲线拼接法只是一个大概的初步设计方法。它假设从一条圆锥飞行轨迹到另一条时,影响范围半径有突变,因此忽略了其中的渐变。它为飞行任务提供了关于 ΔV 合理的预测,但经常导致飞行时间数小时或数日的错误。它可以通过手工计算得出,因此,这也是快速可行性评估的一个巨大优势。此外,为实现本章目的,它说明了行星际任务的航天器飞行轨迹基本要素。

8.9.5 引力辅助飞行轨道

考虑下列情况:空天飞行器在日心轨道上(如图 8.31 所示虚线),飞入一颗与最终目标行星不同的中间行星影响范围。由此产生的相对于中间行星的双曲线相遇,如图 8.32 所示。接近渐近线的实际近点角为 $-\theta_a$,脱离渐近线的实际近点角为 θ_a,如图 8.32 所示。由于相遇,空天飞行器的轨迹通过相对于行星的角 ψ 改变。接近速度与脱离速度的大小为相同的值 V_∞ 但速度矢量的方向已改变。

现在让我们集中讨论日心参照系中的这一问题(如图 8.31 中问题)。因为中间行星在其围绕太阳的轨道上以一定速度运行,日心系中的空天飞行器脱离速度为向行星的出发速度与行星本身速度的矢量和。因此,日心系中的空天飞行器在与行星相遇后的速度大小会与之前不同——即,因为此次相遇,空天飞行器的能量

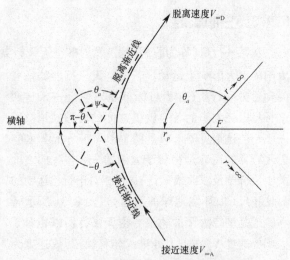

图 8.32 航天器接近行星及脱离行星的双曲线轨道几何关系:引力辅助机动

得到改变。空天飞行器得到能量时,其能量变化是以行星能量为代价,这不会造成多大影响,因为行星质量 M 远远大于空天飞行器质量 m。空天飞行器对行星释放能量时会发生相反的情况。

此处涉及的机动称为引力辅助机动,产生的轨迹为引力辅助飞行轨迹。你可以认为行星是改变空天飞行器能量的弹弓。引力辅助对深空任务是至关重要的,在该任务中,将空天飞行器直接从地球发射至其目标行星所需的初始冲量 $\Delta \mathbf{V}$ 不用太大。以"伽利略号"木星探测计划为例,航天器在得到达到木星的足够能量之前,引进了金星引力辅助机动,以及两次地球引力辅助机动。

引力辅助机动对空天飞行器速度的影响见图 8.33 中的矢量图。图 8.33(a)展示了空天飞行器相对于行星的到达速度与脱离速度。脱离速度 $\mathbf{V}_{\infty D}$ 为到达速度 $\mathbf{V}_{\infty A}$ 与因转弯角 ψ 产生的速度变化量 $\Delta \mathbf{V}$ 的矢量和:

$$\mathbf{V}_{\infty D} = \mathbf{V}_{\infty A} + \Delta \mathbf{V}$$

日心速度如图 8.33(b)所示。日心系中的行星速度为 $\mathbf{V}_p$。空天飞行器相对于行星的接近速度为 $\mathbf{V}_{\infty A}$。因此,日心系中空天飞行器的接近速度为 $\mathbf{V}_{SA}$:

$$\mathbf{V}_{SA} = \mathbf{V}_p + \mathbf{V}_{\infty A}$$

与行星相遇后,日心系中空天飞行器的脱离速度为 $\mathbf{V}_{SD}$:

$$\mathbf{V}_{SD} = \mathbf{V}_p + \mathbf{V}_{\infty D}$$

或

$$\mathbf{V}_{SD} = \mathbf{V}_{SA} + \Delta \mathbf{V}$$

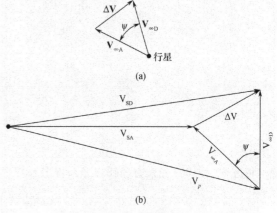

图 8.33 引力辅助机动的速度矢量
(a)相对于行星的速度矢量;(b)日心系中的速度矢量。

很明显,在日心系中相遇后,空天飞行器的速度大小与相遇前不同,引力辅助机动改变了空天飞行器的能量。对于图 8.33 所示的情况,引力辅助机动增加了空天飞行器的能量。在定性的基础上,这点是说得通的。在图 8.33(b)中,行星以速度 $\mathbf{V}_p$ 从左至右移动。在相对于行星而制的图 8.32 中,我们注意到航天器以到达速度 $\mathbf{V}_{\infty A}$ 到达行星左边,即行星背面或后退侧。因此,航天器速度向脱离速度 $\mathbf{V}_{\infty D}$ 转变时,冲量方向与行星速度一般方向相同,因此日心系中航天器速度(能量)增加了。你可能会觉得行星在一段时间内拖曳航天器,与其一起运动。若航天器到达行星前方(即图 8.32 中 F 的右侧),会发生相反情况;假若这样,双曲线轨道会向相反方向转变,如图 8.32 所示,且行星运动会减慢航天器速度,导致航天器能量减少。这点适用于内行星任务,比如,在金星执行到水星的引力辅助机动。

图 8.33 所示与引力辅助机动有关的冲量 ΔV 可使用之前章节已形成的工具进行计算。该计算需要几个中间步骤。首先需计算图 8.32 所示转弯角 ψ(作为双曲线偏心率 e 的函数)的值。想象有一航天器在图 8.32 的双曲线轨迹中运动。当 $r \to \infty$,径向坐标 r 与渐近线平行。用 θ_a 表示 $r \to \infty$ 时的实际近点角。如图 8.32 所示,该角与相对于横轴的渐近线得到的角相同。根据方程(8.44),

$$r = \frac{h^2/k^2}{1 + e\cos\theta_A}$$

$r \to \infty$ 时,得出

$$\frac{h^2/k^2}{1 + e\cos\theta_a} \to \infty$$

因此,

$$1 + e\cos\theta_a = 0$$

$$\cos\theta_a = -\frac{1}{e} \tag{8.104}$$

459

根据三角恒等式

$$\cos\theta_a = \sin\left(\frac{\pi}{2} - \theta_a\right)$$

方程(8.104)可写成

$$\sin\left(\frac{\pi}{2} - \theta_a\right) = -\frac{1}{e} \tag{8.105}$$

暂不讨论方程(8.105)，回到图8.32，注意从横轴测量的右伸渐近线(向上并向右倾斜)得到的角 θ_a 为

$$\theta_a = \pi - \theta_a + \psi$$

或

$$2\theta_a = \pi + \psi$$

或

$$\frac{\psi}{2} = \theta_a - \frac{\pi}{2}$$

或

$$\frac{\pi}{2} - \theta_a = -\frac{\psi}{2} \tag{8.106}$$

将方程(8.106)代入方程(8.105)，得出

$$\sin\left(-\frac{\psi}{2}\right) = -\frac{1}{e}$$

或

$$\sin\left(\frac{\psi}{2}\right) = \frac{1}{e} \tag{8.107}$$

方程(8.107)给出了作为双曲线轨道偏心率 e 的函数的转弯角 ψ。

接下来计算冲量 $\Delta \mathbf{V}$，将其作为图8.32中接近速度 $\mathbf{V}_{\infty A}$ 与双曲线轨道偏心率的函数。相对于行星的图8.33(a)所示，接近速度与脱离速度分别为 $\mathbf{V}_{\infty A}$ 与 $\mathbf{V}_{\infty D}$。该矢量图见图8.34，该图还显示了转弯角的二等分角 $\psi/2$。根据图8.34可知

$$\frac{\Delta V}{2} = \mathbf{V}_{\infty A} \sin\frac{\psi}{2}$$

或

$$\Delta V = 2\mathbf{V}_{\infty A} \sin\frac{\psi}{2} \tag{8.108}$$

将方程(8.107)代入方程(8.108)，得出

$$\Delta V = \frac{2V_{\infty A}}{e} \tag{8.109}$$

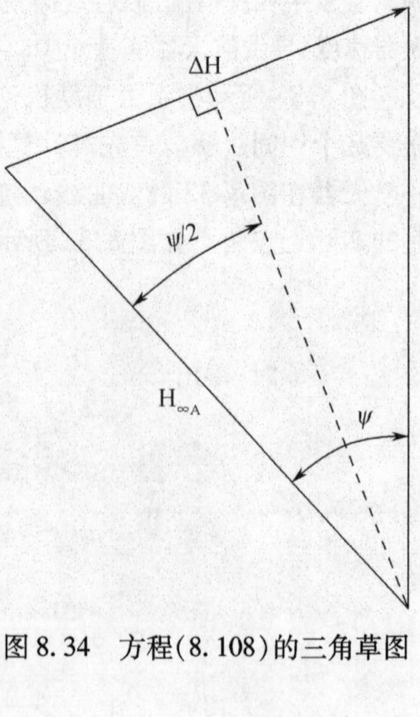

最后，为了利用方程(8.109)得出引力辅助机动的 $\Delta \mathbf{V}$，需要获得主要行星附近双曲线轨迹的 $\mathbf{V}_{\infty A}$ 与 e 值。考虑下列情形：空天飞行器正在其日心转移轨道上运动，如图8.31所示。根据计划，空天飞行器的轨迹会进入用于引力辅助轨道机动的中间行星影响范围。空天飞行器与图8.35中的行星相遇。空天飞行器以相对于行星的矢量速度 $\mathbf{V}_{\infty A}$ 接近；我们可以从日心轨道上航天器

图8.34 方程(8.108)的三角草图

矢量速度 $\mathbf{V}_{SA}$ 以及行星的矢量速度 $\mathbf{V}_p$ 得到 $\mathbf{V}_{\infty A}$ 值，从而得出图 8.33(b)所示 $\mathbf{V}_{\infty A}$ 的值。由此可知接近速度 $\mathbf{V}_{\infty A}$ 的大小，并将其用于方程(8.109)中。

相对于行星的航天器双曲线轨道的偏心率由 $\mathbf{V}_{\infty A}$ 与错开距离 β 决定，如图 8.35 所示。错开距离为航天器最接近点距行星的假设距离，此时，假设航天器日心轨迹不受行星引力影响，即假设航天器将继续沿其原日心轨迹运动，速度很快，好似行星并不存在。β 的值可从航天器及行星到达时所在的日心路径得出。详细说明请参见格林芬与法兰奇的著作(本章参考文献所列)。假设已知 $\mathbf{V}_{\infty A}$ 与 β 的值，根据方程(8.28)，在其双曲线轨迹上的航天器单位质量的角动量为

$$h = r^2 \dot{\theta} = rV_\theta = \beta V_{\infty A} \tag{8.110}$$

根据方程(8.63)——任何圆锥曲线(尽管该方程是针对椭圆推导得出)的一般结果，

$$a = \frac{h^2/k^2}{1-e^2}$$

可得

$$\frac{h^2}{k^2} = a(1-e^2) \tag{8.111}$$

根据方程(8.100)形式的活力方程，可得

$$V_{\infty A}^2 = -\frac{k^2}{a}$$

或

$$a = -\frac{k^2}{V_{\infty A}^2} \tag{8.112}$$

结合方程(8.111)与方程(8.112)，可得

$$\frac{h^2}{k^2} = -\frac{k^2}{V_{\infty A}^2}(1-e^2)$$

或

$$(1-e^2) = \frac{h^2}{k^2}\left(-\frac{V_{\infty A}^2}{k^2}\right) = -\frac{h^2}{k^4}V_{\infty A}^2$$

因此，

$$e^2 = 1 + \frac{h^2}{k^4}V_{\infty A}^2 \tag{8.113}$$

将方程(8.110)代入方程(8.113)，可得

$$e^2 = 1 + \frac{\beta^2 V_{\infty A}^4}{k^4} \tag{8.114}$$

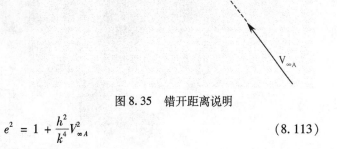

图 8.35　错开距离说明

回顾第 8.4.2 节可知 $k^2 \equiv GM$，式中 G 为万有引力常量，M 为相遇行星的质量，因为我们正在讨论该行星的双曲线轨道。从方程(8.114)得出 $\mathbf{V}_{\infty A}$ 与 e 的值后，可根据方程(8.109)计算由引力辅助机动产生的冲量 $\Delta \mathbf{V}$。

8.10　地月转移

前面关于行星际轨道的讨论大部分在某种程度上可应用于登月任务。然而，从宇宙范围来讲，月球和地球的质量没有很大不同，且考虑到地球与月球之间的距离，月球的影响范围不可忽略。许

多执行地月任务的空天飞行器飞行轨迹接近或进入地球或月球的影响范围。因此,第8.9.4节描述的圆锥曲线拼接法对于地月任务的初步任务分析来说不是那么可靠,尽管它仍用于概念上的任务设计。此类任务需要详细的运动方程数值解,这些方法远远超出了本书范围。相反,在本节中,我们将研究地月任务的一些一般定性问题。

迄今为止,将人类带到月球并返回地球的唯一飞行器是"阿波罗号"飞船(图8.4)。"阿波罗"计划于20世纪60年代构思并成功执行。"阿波罗号"飞行轨迹简图见图8.3。该飞行器首先被推进近地轨道,在此进行其系统的最后检查,以保证一切处于正常运转状态。在地球轨道上,"阿波罗号"保留"土星"助推火箭的第三级。系统检查完毕后,第三级火箭发动机启动,提供冲量将"阿波罗号"推入转移轨道(与月球轨道相交于月球前60~80英里处)。若保持轨道不变,"阿波罗号"在月球附近的飞行轨迹会与引力辅助轨道相似,导致弹弓效应,将"阿波罗号"拉到月球背面并将其弹回地球。为了避免这种情况,需要另一火箭点火,以提供轨道转移机动冲量,将"阿波罗号"推入绕月球的圆形轨道,如图8.3所示。"阿波罗号"宇航员登陆月球表面的实际转移轨道,由独立的登月舱(LEM)完成。宇航员在完成月球表面的旅行后,使用LEM的升空火箭发动机返回月球轨道中的"阿波罗号"。然后点燃"阿波罗号"的船载火箭发动机,为轨道转移机动提供适当的冲量,以将飞行器带回地球。

在2000—2010年间,NASA研究了一个新的人类登月计划。用于此新任务的"猎户座"空天飞行器见图8.36中的设计图。"猎户座"的设计是在"阿波罗号"技术的基础上加以改进及现代化,特别是在船载电子设备(仪器仪表与计算机)方面。该任务的飞行路径有点像20世纪60年代的"阿波罗号"飞行轨迹,使用了与"阿波罗号"同类型的月球轨道交会(LOR)计划。

图8.36 NASA研究的"猎户座"宇航员探索飞行器,是人类探索者重返月球、然后到达金星以及更远星球的星座计划的一部分
[来源:NASA]

"猎户座"从月球任务与金星任务返回时会成为地球再入飞行器。"猎户座"的设计建立在早期的"阿波罗号"配置上,但"猎户座"更大,会包含21世纪的计算机、电子装置、生命支持、推进与热防护系统技术。

8.11 航天器姿态控制

关于本章的太空飞行理论，我们已经讨论了航天器在太空中的运动轨迹。尽管没有明言，但航天器一直被视为质量 m 的点质量，其轨迹运动不依赖于航天器实际配置。回顾第 2.7 节，并观察图 2.24、图 2.28 和图 2.29 所示配置。我们看到带太阳能电池板阵列（必须始终朝向太阳光照）的航天器。我们看到必须朝向地球的无线电天线，我们看到需要朝向特定方向的其他仪器与传感器。很明显，空天飞行器沿其轨迹运动的姿态角是空天飞行的一个重要方面。

航天器姿态控制学科涉及航天器的角定向：固定于机身的坐标系（相对于单独定义的外部坐标系）的角定向。外部坐标系可以固定在地球上，称为地心惯性（GCI）坐标系，或者固定在太阳上，称为日心惯性（HCI）坐标系。

在太空中沿其轨迹运动的航天器的角定向可以通过各种机械装置进行改变与控制，最常见的就是使用小型喷流推进装置。姿态控制气体喷射装置（推进器）如图 2.28 所示，位于"水手 6 号"和"水手 7 号"探测器 4 个太阳能电池板的尖端处。显然，姿态控制喷气装置必须成对安装，以产生方向相反、大小相等的推力，进而产生唯一一对纯粹的力矩使航天器旋转；若推力不平衡，推力将扰乱飞行轨迹。

航天器姿态控制研究是包含大量数学应用的课程，通常作为大学毕业水平课程。本小节的目的只是进行概念定义，并使读者对其有所了解。

就此，我们结束了关于空天飞行器轨道与轨迹的讨论，即完成了路线图（图 8.7）的中间一列。与本书范围一致，我们只是提供该主题的入门知识。现代轨道与轨迹分析均在高速数字计算机上进行，同时考虑了几个天体的引力（如月球空天飞行器上的地球、太阳与月球引力）、地球的非球形真实形状造成的引力场扰动、在飞行中推进所引起的轨迹修正与轨道转移等等。另外，卫星姿态控制备受关注。我们鼓励读者在航天学更高层次的学习中探索此类问题。

8.12 地球与行星进入[①]简介

对于所有当代载人空天飞行器，以及许多无人飞行器，在某个时间都必须终止轨道或轨迹，返回地球。显然这使得研究高速进入大气成为必须。回顾第 8.5 节可知轨道飞行器会以接近 26000ft/s 的速度进入大气外部区域，从登月任务回来的飞行器（如"阿波罗号"飞船）甚至会以更高的速度（将近 36000ft/s）进入大气。这些速度相当于飞行马赫数 30 或更多！这样的高超声速飞行状况与几个特别困难的空气动力学问题有关。这些问题如此独特且困难，以至在 20 世纪 50 年代末以及整个 20 世纪 60 年代的空气动力学家研究工作中占据了主导地位。"水星号"、"双子星号"与"阿波罗号"航天器的成功载人进入地球是高超声速技术研究成功的有力证明。高超声速飞行器的某些方面将在第 11 章进行讨论。

假设空天飞行器位于地球轨道上，如图 8.37 所示。我们想终止该轨道并使飞行器降落于地球表面某处。首先通过制动火箭点火改变飞行器轨迹，减小飞行器速度。按照轨道方程（8.43）或方程（8.44），制动火箭的点火有效地改变了 h、e 与 C 的值，所以飞行器向地球弯曲。当飞行器与大气（图 8.37 中以虚线圆表示）外部区域相遇，可能会有三种进入轨迹：

[①] 在许多文献中，可以找到地球再入而不是地球进入的说法。单词再入意味着空天飞行器之前已经进入过大气，现在又一次进入。除了航天飞机，这通常是不正确的。所以本书会使用单词进入；它似乎在语法上更正确，并且符合现代用法。

1. 弹道式进入。这种情况飞行器很少或没有气动升力。飞行器在阻力与重力的影响下落入大气,于图8.37中点 a 撞击表面。撞击点由首次进入大气的条件预先决定,飞行员无法控制其在弹道轨迹中的着陆位置。这一类轨迹与坠落于地球表面相同。在航天飞机以前,事实上所有已有的空天飞行器都是弹道式进入。(有一点不同的可能是"阿波罗号"太空舱,如图8.4所示,它是以可以产生小升阻比($L/D<1$)的攻角进入。然而,实际上,这仍然是弹道式进入飞行器。)

2. 跳跃式进入。这种情况下飞行器会产生一个 $1\sim4$ 的 L/D 值,并利用此提升能力首先摩擦大气,然后放慢一点速度,再上仰,以便升力将其带出大气。这样重复几次,像一个扁平的石头在池塘表面跳跃,直到最后飞行器速度适当减慢,并穿透大气,在图8.37中点 c 着陆。可惜跳跃式进入飞行器的气动升力非常大,所以这样的进入方式从来没有使用过,也没有计划在未来使用。

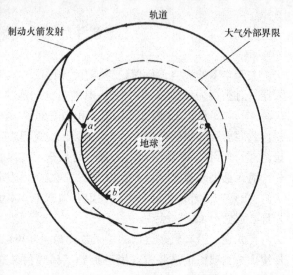

图8.37 进入路径的三种类型
(a) 弹道式;(b) 滑翔式;(c) 跳跃式。

3. 滑翔进入。这类飞行器本质上就是飞机,产生的升阻比为4或更大。该飞行器以大攻角(30°或更大)进入大气,并飞向地面,在图8.37中点 b 着陆。这种升力再入飞行器的示例见图8.6。航天飞机引人注目的优势是,原则上驾驶员可以选择着陆位置,且飞行器可以完好着陆,即可以再次使用。

所有这些进入方式展示了两大技术问题:最大负加速度与气动加热。考虑到载人进入飞行器中人员的安全,最大负加速度应不超过重力加速度的10倍,即 $10g$。此外,飞行器的气动加热应足够低,以保持太空舱内的容许温度;若飞行器未载人,应避免飞行器在大气中燃烧。由于上述原因,本章剩余部分将对进入轨迹、最大负加速度与气动加热进行介绍。也就是说我们将开始讨论路线图(图8.7)右列主题。

最后,还需考虑从登月或行星任务返回的载人空天飞行器进入问题。这样的飞行器会以抛物线轨道或双曲线轨道接近地球,如图8.38所示。若飞行器沿图8.38中路径 A 移动,穿透大气会过快,

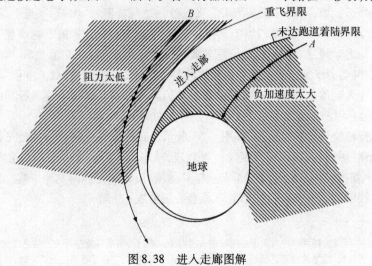

图8.38 进入走廊图解

最大负加速度会太大。与此相反,若飞行器沿路径 B 移动,将不会完全穿透大气;阻力会太低,速度不会降低至足以使地球捕获飞行器,并且它会像射击一样快速运动,回到太空,再也不会回来。因此,必须引导飞行器进入一条狭窄的进入走廊,才能保证飞行器成功返回地球表面。进入走廊如图 8.38 所示,上界限为重飞界限,下界限为未达跑道着陆界限。

8.13 指数大气

因为进入大气涉及通过大气的运动,认为进入大气性能取决于大气物理性质是合理的。这种性质已在第 3 章讨论过,其中图 3.4 给出了大气温度分布情况。在计算机上进行的详细进入轨道计算考虑了第 3 章给出的标准大气精确变化。然而,对于第一近似值,可以假设恒温的完全等温大气参数值为图 3.4 所示的一些变化平均值。假若这样,随高度的密度变化值是一个简单的指数,见方程(3.10)。[关于这一点,读者应回顾方程(3.10)的推导过程。]将海平面处的点 1 写入方程(3.10),可得出

$$\frac{\rho}{\rho_0} = e^{-g_0 h/(RT)} \tag{8.115}$$

方程(8.115)建立了指数大气模型。它合理地符合 450000ft(大约 140km)高处地球标准大气的实际密度变化;此高度以上,空气如此稀薄,对进入轨道没有重大影响。该指数大气模型在 NASA 与其他实验室对地球进入的早期研究中(20 世纪 50 年代以及 60 年代初)投入使用。我们将在本章剩余部分采用该模型。

8.14 大气进入运动基本方程

假设一空天飞行器进入大气,如图 8.39 所示。在给定高度 h,飞行器速度为 V,向当地水平线下方倾斜角度为 θ。重力 W 指向地心,阻力 D 照例与飞行轨迹平行,升力 L 与飞行轨迹垂直。取平行于和垂直于飞行轨迹的力之和,并使用牛顿第二定律,分别得出

$$-D + W\sin\theta = m\frac{dV}{dt} \tag{8.116}$$

以及

$$L - W\cos\theta = m\frac{V^2}{r_c} \tag{8.117}$$

式中:r_c 是飞行轨迹的曲率半径。方程方程(8.116)与方程(8.117)和第 6 章得出的运动方程(6.7)与方程(6.8)是一样的,$T=0$,且 θ 在水平线下方而不是上方测量。

我们希望建立相关分析,以导出作为高度 h 的函数的速度 V。先处理阻力方程(8.116),可得出

$$-D + W\sin\theta = m\frac{dV}{dt} = m\frac{dV}{ds}\frac{ds}{dt} = mV\frac{dV}{ds}$$

$$-D + W\sin\theta = \frac{1}{2}m\frac{dV^2}{ds} \tag{8.118}$$

式中:s 表示飞行轨迹上的距离。根据阻力系数定义,

$$D = \frac{1}{2}\rho V^2 S C_D \tag{8.119}$$

另外,根据图 8.40 中的几何关系,

$$ds = -\frac{dh}{\sin\theta} \tag{8.120}$$

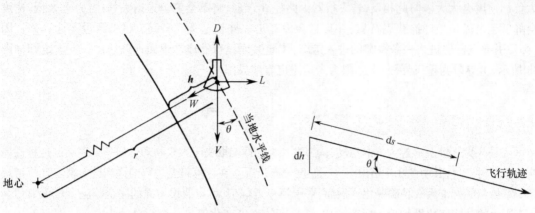

图 8.39 进入飞行器力与运动的几何关系　　图 8.40 飞行轨迹几何关系

将方程(8.119)与方程(8.120)代入方程(8.118):

$$-\frac{1}{2}\rho V^2 S C_D + W\sin\theta = -\frac{1}{2}m\sin\theta \frac{\mathrm{d}V^2}{\mathrm{d}h} \tag{8.121}$$

我们感兴趣的是得到作为 h 的函数的 V。然而,回顾方程(8.115)中 $\rho = f(h)$:

$$\frac{\rho}{\rho_0} = \mathrm{e}^{-g_0 h/(RT)} = \mathrm{e}^{-Zh} \tag{8.122}$$

这里 $Z \equiv g_0/RT$ 是为了简化表示。因此,若反过来得出速度与密度的关系 $V = f(\rho)$,仍然可以使用方程(8.122)作为中介得到 V 关于 h 的变化。下面让我们采用这种方法并寻求 V 关于 h 的如下方程。

将方程(8.122)求微分,可得

$$\frac{\mathrm{d}\rho}{\rho_0} = \mathrm{e}^{-Zh}(-Z\mathrm{d}h) = \frac{\rho}{\rho_0}(-Z\mathrm{d}h)$$

或

$$\mathrm{d}h = -\frac{\mathrm{d}\rho}{Z\rho} \tag{8.123}$$

将方程(8.123)代入方程(8.121):

$$-\frac{1}{2}\rho V^2 S C_D + W\sin\theta = -\frac{1}{2}m\sin\theta \frac{\mathrm{d}V^2}{\mathrm{d}\rho}(-Z\rho) \tag{8.124}$$

将方程(8.124)除以 $-\frac{1}{2}\rho Z m\sin\theta$:

$$\frac{V^2 S C_D}{Z m \sin\theta} - \frac{2mg}{Z\rho m} = -\frac{\mathrm{d}V^2}{\mathrm{d}\rho}$$

或

$$\frac{\mathrm{d}V^2}{\mathrm{d}\rho} + \frac{1}{m/(C_D S)} \frac{V^2}{Z\sin\theta} = \frac{2g}{Z\rho} \tag{8.125}$$

方程(8.125)是精确的关于飞行器进入大气的运动方程——它包含的唯一近似值是指数大气模型。还要注意参数 $m/(C_D S)$,即方程(8.125)第二项,本质上是给定空天飞行器的常数,它被确定为

$$\frac{m}{C_D S} = 弹道参数$$

$m/(C_D S)$ 的值对进入轨道起决定作用,稍后会加以证明。

方程(8.125)也是微分方程,原则上可以求解该方程得到 $V=f(\rho)$,从而根据方程(8.122)得出 $V=f(h)$。然而,一般而言,方程(8.125)中的角 θ 也随高度 h 而变化,且应在解出方程(8.125)之前求得这种变化关系。这便是我们第二个运动方程(8.117)——升力方程的作用。可以改写方程(8.117),以获得关于 $d\theta/d\rho$ 的微分方程,该方程可以与方程(8.125)同时求解,从而为已知 $m/(C_D S)$ 与 L/D 的飞行器获得 V 作为 ρ 的函数的显式关系。本节不会对此进行详细说明;正如前文所述,我们的意图只是找出计算升力进入轨迹的方法。读者可以从本章末尾参考文献中 NACA 与 NASA 的报告获得更多细节。

完成上述分析后,实际进入轨迹究竟是怎样的?答案见图 8.41,该图展示了速度(横坐标)随密度(纵坐标)的变化。根据方程(8.122),ρ 是关于高度的函数,h 也显示于纵坐标上。因此图 8.41 显示了关于速度对高度的进入轨迹——所谓的进入速度—高度图。这样的速度—高度图经常用于进入轨迹设计与分析。请更加仔细地观察图 8.41。想象空天飞行器刚开始穿透大气。它处于非常高的高度,具有非常高的速度,如图 8.41 中的点 a。在进入的早期阶段,大气密度如此低,阻力几乎微不足道;飞行器速度小幅增大并穿透大气层上部,如图 8.41 中从点 a 到点 b。然而,在点 b 表示的高度,空气密度迅速上升,伴随阻

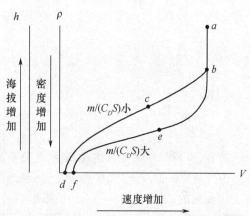

图 8.41 速度—高度图的进入轨迹

力显著增加,导致速度迅速下降,这是图 8.41 中点 c 处的情况。最后飞行器到达地面点 d。图 8.41 中路径 $a-b-c-d$ 是对于给定的弹道参数而言。若 $m/(C_D S)$ 变大,飞行器在减速之前更深地穿透大气,则由路径 $a-b-e-f$ 表示。因此,观察方程(8.125)后可推测,弹道参数是进入飞行器设计的一个重要方面。

8.15 弹道式进入应用

为求精确运动方程如方程(8.125)的解,必须在高速计算机上进行数值计算。也就是说,图 8.41 中的曲线是由计算机生成的数据得来的,而不是从简单的闭合解析方程得来。然而,对于纯弹道式进入(无升力),仅根据一些假设即可得出此类解析解。

回到飞行器进入大气的图,如图 8.39 所示。若该轨迹是纯弹道式,根据定义 $L=0$。再回顾一下,初始进入速度很高——圆形轨道上为 26000ft/s,抛物线空天运动轨道上为 36000ft/s,等等。因此,在速度—高度图大部分区域,与进入速度有关的动压很大。因此,阻力也大——事实上远远大于飞行器的重力:$D \gg W$。考虑到这一点,可以忽略 W,且原阻力方程(8.116)变为

$$-D = m\frac{dV}{dt} \qquad (8.126)$$

对方程(8.126)使用与方程(8.125)同样的推导方法,可得

$$\frac{dV^2}{d\rho} + \frac{1}{m/(C_D S)}\frac{V^2}{Z\sin\theta} = 0 \qquad (8.127)$$

(读者应完成推导过程以满足自己的好奇心。)方程(8.127)与方程(8.125)一样,右边为零,因为忽略了 W。

此外,假设方程(8.127)中 θ 是恒定的。参见图 8.39,该图隐含一条穿入大气的直线进入路径。这对于许多实际的弹道进入飞行器是合理的近似值。若 θ 是恒定的,方程(8.127)可求积分为如下闭型方程。首先重新整理方程(8.127):

$$\frac{\mathrm{d}V^2}{V^2} = - \frac{\mathrm{d}\rho}{[m/(C_D S)]Z\sin\theta} \tag{8.128}$$

求 $\rho = 0$ 且 $V = V_E$(初始进入速度)时,方程(8.128)从与大气初步接触点到大气中密度为 ρ 且飞行器速度为 V 的某点的积分:

$$\int_{V_E}^{V} \frac{\mathrm{d}V^2}{V^2} = - \frac{1}{[m/(C_D S)]Z\sin\theta} \int_0^\rho \mathrm{d}\rho$$

或

$$\ln \frac{V^2}{V_E^2} = 2\ln \frac{V}{V_E} = - \frac{\rho}{[m/(C_D S)]Z\sin\theta}$$

因此,

$$\frac{V}{V_E} = \mathrm{e}^{-\rho/2[m/(C_D S)]Z\sin\theta} \tag{8.129}$$

方程(8.129)是闭型表达式,表示 V 关于 ρ 的变化,根据方程(8.122)可知这也是 V 关于 h 的变化。它是速度—高度图(图 8.41)中进入轨道的显式方程,只是方程(8.129)现在精确地告知了速度是怎样变化的,之前我们不得不相信图 8.41 中的曲线形式。例如,观察方程(8.129)。随着 ρ 增加(即随着高度减小),V 会减小。这便证实了图 8.41 中曲线的形状。而且,若 $m/(C_D S)$ 变大,方程(8.129)的指数项在 ρ 变大(即直到高度降低)之前不具有如此强烈的效果。因此,$m/(C_D S)$ 值大的飞行器以高速穿入更深大气,如图 8.41 所示。因此,方程(8.129)的形式直接证明了图 8.41 中的变化。

在第 8.12 节中,我们确定了最大负加速度是重要的进入考虑因素,现在又有足够的背景知识更详细地讨论负加速度。首先考虑运动方程(8.126),该方程忽略了飞行器的重量。按照定义,方程(8.126)中 $\mathrm{d}V/\mathrm{d}t$ 为加速度,且根据方程(8.126),进入时加速度是负值:

$$\frac{\mathrm{d}V}{\mathrm{d}t} = - \frac{D}{m}$$

另外,按照定义,加速度的负值是负加速度,由 $|\mathrm{d}V/\mathrm{d}t|$ 表示。根据前面的方程,

$$\text{负加速度} = \left|\frac{\mathrm{d}V}{\mathrm{d}t}\right| = \frac{D}{m} \tag{8.130}$$

根据阻力系数的定义,$D = \frac{1}{2}\rho V^2 S C_D$,方程(8.130)变为

$$\left|\frac{\mathrm{d}V}{\mathrm{d}t}\right| = \frac{\rho V^2 S C_D}{2m} \tag{8.131}$$

[为了方便起见,省去方程(8.131)中 ρ 与 V 的下标 ∞。]注意方程(8.131)中,$|\mathrm{d}V/\mathrm{d}t|$ 随 ρ 增大而增大,随 V 减小而减小。这使我们能够定性地画出负加速度对高度的变化曲线,如图 8.42 所示。在高海拔地点,速度大但相对恒定(见图 8.41 中点 a 到点 b),但是 ρ 开始增大。因此,根据方程(8.131),随着飞行器进入大气,负加速度会首先增加,见图 8.42 中高海拔情景。然而,在更低海拔处,图 8.41 说明速度会快速下降。根据方程(8.131),此时速度降低会使密度的增加变得微不足道,

所以负加速度大小会减小。这种情况见图 8.42 中低海拔情景。因此,飞行器进入时的负加速度首先会增加,然后达到最大,最后减小;图 8.42 清楚地显示了这种变化。

最大负加速度的定量值是我们的关注点。第 8.12 节中已表明,载人进入飞行器的最大负加速度应不超过 $10\ g$;而且,甚至无人飞行器也有限制,它取决于飞行器本身或其部件的结构失效。因此,让我们推导出最大负加速度的方程。首先,方程(8.131)给出了直线弹道上的任何点的负加速度表达式。我们希望找到最大负加速度。因此,根据微积分学,将方程(8.131)求微分,并设结果等于零,以找到最大负加速度的条件。将方程(8.131)对时间求微分,并且指出 ρ 与 V 随轨迹变化而变化,由此得出

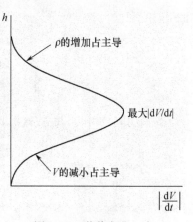

图 8.42 弹道式进入时负加速度随高度的变化

$$\left|\frac{d^2V}{dt^2}\right| = \frac{SC_D}{2m}\left(2\rho V\frac{dV}{dt} + V^2\frac{d\rho}{dt}\right) \tag{8.132}$$

根据方程(8.126),

$$\frac{dV}{dt} = -\frac{D}{m} = -\frac{1}{m}\left(\frac{1}{2}\rho V^2 SC_D\right) \tag{8.133}$$

将方程(8.133)代入方程(8.132):

$$\left|\frac{d^2V}{dt^2}\right| = \frac{SC_D}{2m}\left[2\rho V\left(-\frac{\rho V^2 SC_D}{2m}\right) + V^2\frac{d\rho}{dt}\right]$$

$$\left|\frac{d^2V}{dt^2}\right| = \frac{SC_D V^2}{2m}\left(-\frac{\rho^2 VSC_D}{m} + \frac{d\rho}{dt}\right) \tag{8.134}$$

设定 $|dV/dt|$ 最大时方程(8.134)等于零,得出

$$\frac{d\rho}{dt} = \frac{\rho^2 VSC_D}{m} \tag{8.135}$$

根据指数大气模型,将方程(8.122)对时间求微分得出

$$\frac{d\rho}{dt} = -\rho_0 Z e^{-Zh}\frac{dh}{dt} = -Z\rho\frac{dh}{dt} \tag{8.136}$$

然而,根据图 8.40 的几何关系,且根据方程(8.120),

$$\frac{dh}{dt} = -\frac{ds}{dt}\sin\theta = -V\sin\theta \tag{8.137}$$

将方程(8.137)代入方程(8.136):

$$\frac{d\rho}{dt} = \rho ZV\sin\theta \tag{8.138}$$

将方程(8.138)代入方程(8.135):

$$\rho ZV\sin\theta = \frac{\rho^2 VSC_D}{m} \tag{8.139}$$

求方程(8.139)中 ρ 的解:

$$\rho = \frac{m}{C_D S}Z\sin\theta \tag{8.140}$$

方程(8.140)给出了最大负加速度所在点的密度值。将其代入方程(8.131)以得到最大负加速

469

度,得出

$$\left|\frac{dV}{dt}\right|_{max} = \frac{1}{2m}\frac{m}{C_D S}Z(\sin\theta)V^2 SC_D$$

$$\left|\frac{dV}{dt}\right|_{max} = \frac{1}{2}V^2 Z\sin\theta \tag{8.141}$$

结合方程(8.140)与方程(8.129)可得出最大负加速度所在点的速度:

$$V = V_E e^{-1/2} \tag{8.142}$$

将方程(8.142)代入方程(8.141),得出

$$\left|\frac{dV}{dt}\right|_{max} = \frac{V_E^2 Z\sin\theta}{2e} \tag{8.143}$$

方程(8.143)是预期的结果。它给出的是闭型表达式,由此我们可以为直线弹道式进入轨道迅速计算出最大负加速度。从方程(8.143)可知

$$\left|\frac{dV}{dt}\right|_{max} \propto V_E^2, \left|\frac{dV}{dt}\right|_{max} \propto \sin\theta$$

因此,从抛物线或双曲线轨迹($V_E \geq 11.2 km/s$)进入比从近圆轨道($V_E = 7.9 km/s$)进入要剧烈得多。然而,对于进入,我们不能调整 V_E 的值——它首先由进入前的轨道或轨迹决定,而这又是由所需的太空任务决定的。所以,根据方程(8.143),应首先通过进入角度 θ 调整最大负加速度。事实上,我们可以从方程(8.143)得出,要在进入时得到合理的较低值,飞行器必须以低角度(即小 θ)进入大气。

最后,方程(8.143)产生了一个令人吃惊的结果:最大负加速度仅取决于 V_E 与 θ。注意,飞行器的设计——即,弹道参数 $m/(C_D S)$——不影响最大负加速度的值。但是,有理由怀疑 $m/(C_D S)$ 决定了最大负加速度产生的高度。

关于负加速度与进入轨道的讨论到此结束。在第8.16节中,我们将讨论第8.12节中提到的进入第二大问题:气动加热。

例8.10

假设一固体铁球以13km/s(稍微超过脱离速度)的速度与当地水平线以下的15°角进入地球大气。该球体直径为1m。处于高超声速的球体阻力系数约为1。铁的密度为6963kg/m³。计算:(a)最大负加速度发生的高度;(b)最大负加速度的值;(c)球体撞击地球表面时的速度。

解

首先计算弹道系数 $m/(C_D S)$:

$$m = \rho v = \rho\left(\frac{4}{3}\pi r^3\right), S = \pi r^2$$

式中:r 为球体半径。因此,

$$\frac{m}{C_D S} = \frac{4}{3}\frac{r\rho}{C_D} = \frac{4}{3}\left[\frac{0.5(6963)}{1.0}\right] = 4642 kg/m^2$$

另外,按照定义,$Z = g_0/(RT)$。假设我们的指数大气具有288K的恒温(回顾第8.13节,指数大气为第3章讨论过的详细标准大气的近似值)。因此

$$Z = \frac{g_0}{RT} = \frac{9.8}{287(288)} = 0.000118 m^{-1}$$

a. 为求得最大负加速度时的高度,根据方程(8.140)计算相应的密度:

$$\rho = \frac{m}{C_D S} Z\sin\theta = 4642(0.000118)(\sin 15°) = 0.1418 \text{kg/m}^3$$

该值可通过方程(8.115)转换成高度值：

$$\frac{\rho}{\rho_0} = e^{-Zh}$$

或

$$h = -\frac{1}{Z}\ln\frac{\rho}{\rho_0} = \frac{1}{0.000118}\ln\frac{0.01418}{1.225} = 18.275 \text{km}$$

因此最大负加速度时的高度为

$$h = 18.275 \text{km}$$

b. 最大负加速度的值可通过方程(8.143)得出：

$$\left|\frac{dV}{dt}\right|_{max} = \frac{V_E^2 Z\sin\theta}{2e} = \frac{(13,000)^2(0.000118)(\sin 15°)}{2e} = 949.38 \text{m/s}^2$$

因为9.8m/s^2是海平面重力加速度，所以最大负加速度用g表示为

$$\left|\frac{dV}{dt}\right|_{max} = \frac{949.38}{9.8} = 96.87g$$

这个负加速度非常大，远远超过了人类可以承受的程度。

c. 撞击地球表面时的速度可通过方程(8.129)得出：

$$\frac{V}{V_E} = e^{-\rho/2[m/(C_D S)]Z\sin\theta}$$

式中：ρ的值为标准海平面值$\rho_0 = 1.225 \text{kg/m}^3$。因此，

$$\frac{V}{V_E} = e^{-1.225/2(4642)(0.000118)\sin 15°} = 0.01329$$

因此，

$$V = 0.01329 V_E = 0.01329(13,000)$$

$$V = 172.8 \text{m/s}$$

有趣的是，球体在撞击之前已减速至亚声速。在海平面上，$a_s = 340.9 \text{m/s}$。因此撞击时的马赫数为

$$M = \frac{V}{a_s} = \frac{172.8}{340.9} = 0.507$$

实际上，铁球在进入时会遇到极大的气动加热，尤其是以13km/s这样高的速度进入。因此，铁球很可能会在大气中蒸发，不再撞击地表，这是大部分从太空中进入大气的流星的命运。气动加热是第8.16节的主题。

8.16 进入加热

想象一个进入物体(例如"阿波罗号"太空舱)进入大气。从后面的内容得知，该物体具有钝机头，如图8.43所示。进入速度非常高，且相应的马赫数是高超声速的。根据第4章中的空气动力学内容，我们知道飞行器前面会有激波——如图8.43的弓形激波。因为进入速度很高，激波会很强。因此，激波后的空气温度非常高。例如，以11.2km/s的速度进入的"阿波罗号"，激波后的温度达到11000K——高于太阳表面的温度！在这些温度下，空气本身会分解，氧分子和氮分子离解成氧原子

和氮原子,并且电离成氧离子和氮离子以及电子。空气变成了发生化学反应的气体。更重要的是,这样高的温度造成了进入飞行器本身的大规模热量输入。如图 8.43 所示,飞行器被一层热空气覆盖:首先是机头的热激波层,然后是前后表面的热边界层。这些热气顺着飞行器尾流向下流动。进入飞行器设计的主要目标之一是保护飞行器免受严重的气动加热影响。

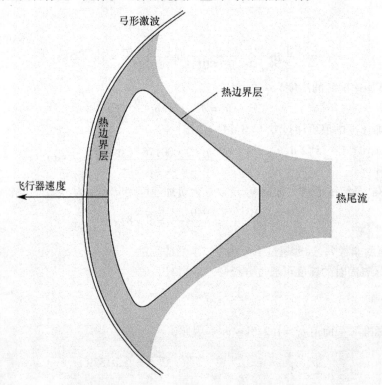

图 8.43 钝头进入飞行器周围的高温流场

考虑这个问题的另一种方法是考虑进入飞行器动能与势能的结合。在进入开始时,V_E 与 h 很大,结合的能量也很大。在进入结束时(即在撞击时),V 与 h 基本上为零,飞行器没有动能或势能。然而,能量是守恒的,那么能量哪儿去了?答案就是飞行器的动能与势能最后都转发成了热能。回到图 8.43,我们看到热量的一部分进入飞行器本身,其余的进入了空气。成功的进入飞行器设计的目标是使进入飞行器的热量减到最少,使进入空气的热量达到最大。

气动加热主要的物理机制与边界层的摩擦力作用有关,如第 4 章中有关剪应力与阻力的讨论一样。如果你的手掌用力摩擦桌子表面,皮肤会很快变热。这点也适用于气动表面的高速气流。造成皮肤摩擦阻力的摩擦力也会使空气变热。最终结果是传热到表面:气动加热。

顺便提一下,在速度远远小于进入速度时气动加热成为一个问题。例如,即使速度在海平面为马赫数 2、飞行器处于边界层较深处时,正激波后的温度也可高达 520K。因此,超声速飞行器(如 F-15)表面的气动加热很重要,并影响其建造使用的材料类型。例如,这正是钛而非更传统的铝被广泛用于高速飞行器上的原因:钛在高温下具有更高的强度。然而,随着太空时代极高速进入飞行器的出现,气动加热危及飞行器的生存。如下文所述,它甚至决定了飞行器的形状。

对于气动加热的定量分析,可以方便地引入一个无量纲传热系数斯坦顿数 C_H,定义为

$$C_H = \frac{\mathrm{d}Q/\mathrm{d}t}{\rho_\infty V_\infty (h_0 - h_w) S} \tag{8.144}$$

式中:ρ_∞ 与 V_∞ 分别为自由流密度与速度;h_0 为总热焓(定义为绝热条件下减速至零速度的流体元素

热焓,与第4章 T_0 的定义一样);h_w 为气动表面热焓(请记住,由于摩擦,表面速度为零);S 为参考面积(机翼的平面形状面积,球形进入飞行器的横截面积,诸如此类);dQ/dt 为进入表面的热导率(热能每秒)。让我们利用方程(8.144)得出进入飞行器加热的数量表达式。

改写方程(8.144)得出

$$\frac{dQ}{dt} = \rho_\infty V_\infty (h_0 - h_w) S C_H \tag{8.145}$$

根据能量方程(4.41)以及 h_0 的定义,可得

$$h_0 = h_\infty + \frac{V_\infty^2}{2} \tag{8.146}$$

高速进入时,V_∞ 是非常大的。而且,远在飞行器前面的周围空气比较凉,因而 $h_\infty = c_p T$ 比较小。因此,根据方程(8.146),

$$h_0 \approx \frac{V_\infty^2}{2} \tag{8.147}$$

表面温度尽管在正常标准下很高,但仍小于几千开——低于表面融化或分解温度。相反,与 h_0 相关的温度很高(如上所述,"阿波罗号"进入时为 11000 K)。因此我们很容易做出如下假设:

$$h_0 \gg h_w \approx 0 \tag{8.148}$$

将方程(8.148)与方程(8.147)代入方程(8.145),可得

$$\frac{dQ}{dt} = \frac{1}{2} \rho_\infty V_\infty^3 S C_H \tag{8.149}$$

注意方程(8.149)表明气动热导率与速度的立方成正比。这与气动阻力相反,气动阻力只与速度的平方成正比(见第4章与第5章)。为此,速度非常高时,气动加热成为主要方面而阻力成为次要因素。另外,回顾用方程(8.131)推导出如图 8.42 所示负加速度与高度关系曲线的推理过程。同样的推理过程可将方程(8.149)推导为热导率与高度关系曲线,如图 8.44 所示。在进入的早期,dQ/dt 因大气密度增加而增大。相反,在进入后期,dQ/dt 因速度迅速减小而减小。因此,dQ/dt 会经历一个最大值,如图 8.44 所示。

除局部热导率 dQ/dt 之外,我们还会讨论总加热 Q,即从进入开始到结束传递给飞行器的总能量。Q 的结果会带来一些关于进入飞行器所需形状的重要信息。首先建立气动加热与表面摩擦的关系,即雷诺比。事实上,这说明气动加热与表面摩擦之间有某种联系,因为两者都受边界层的摩擦影响。基于实验与理论,我们粗略估计雷诺比(未经证明)为

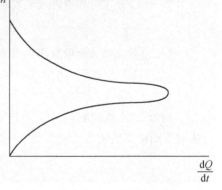

图 8.44 弹道式进入时热传递率的变化

$$C_H \approx \frac{1}{2} C_f \tag{8.150}$$

式中:C_f 为整个表面的平均表面摩擦系数。将方程(8.150)代入方程(8.149),可得

$$\frac{dQ}{dt} = \frac{1}{4} \rho_\infty V_\infty^3 S C_f \tag{8.151}$$

回到运动方程(8.126),可得

$$\frac{dV_\infty}{dt} = -\frac{D}{m} = -\frac{1}{2m} \rho_\infty V_\infty^2 S C_D \tag{8.152}$$

473

在数学上,我们可以将 dQ/dt 写成 $(dQ/dV_\infty)(dV_\infty/dt)$,其中 dV_∞/dt 由方程(8.152)给出:

$$\frac{dQ}{dt} = \frac{dQ}{dV_\infty}\frac{dV_\infty}{dt} = \frac{dQ}{dV_\infty}\left(-\frac{1}{2m}\rho_\infty V_\infty^2 SC_D\right) \tag{8.153}$$

等化方程(8.153)与方程(8.151),得出

$$\frac{dQ}{dV_\infty}\left(-\frac{1}{2m}\rho_\infty V_\infty^2 SC_D\right) = \frac{1}{4}\rho_\infty V_\infty^3 SC_f$$

或

$$\frac{dQ}{dV_\infty} = -\frac{1}{2}mV_\infty\frac{C_f}{C_D}$$

或

$$dQ = -\frac{1}{2}m\frac{C_f}{C_D}\frac{dV_\infty^2}{2} \tag{8.154}$$

将进入开始时的方程(8.154)求积分,其中 $Q=0$ 且 $V_\infty = V_E$,并将结束时的方程也求积分,其中 $Q = Q_{\text{total}}$ 且 $V_\infty = 0$:

$$\int_0^{Q_{\text{total}}} dQ = -\frac{1}{2}\frac{C_f}{C_D}\int_{V_E}^0 d\left(m\frac{V_\infty^2}{2}\right)$$

$$Q_{\text{total}} = \frac{1}{2}\frac{C_f}{C_D}\left(\frac{1}{2}mV_E^2\right) \tag{8.155}$$

方程(8.155)是进入飞行器的总热量输入的预期结果。这是一个重要关系,请仔细观察。它反映了两个重要的结论:

1. 量 $\frac{1}{2}mV_E^2$ 是飞行器刚进入大气时的初始动能。方程(8.155)说明总热量输入与初始动能成正比。

2. 总热量输入和表面摩擦阻力与总阻力之比 C_f/C_D 成正比。

第二个结论尤其重要。回顾第5章可知无升力物体的总阻力为压力阻力加上表面摩擦阻力:

$$C_D = C_{D_p} + C_f$$

方程(8.155)说明要使进入加热减到最小,需将下面比率减到最小:

$$\frac{C_f}{C_{D_p} + C_f}$$

现在考虑气动构型的两个极端:尖头、细长体[如图8.45(a)所示的锥体]和如图8.45(b)所示的钝头机体。对于细长机体,表面摩擦阻力与压力阻力相比较大,因此 $C_D \approx C_f$ 且

$$\frac{C_f}{C_D} \approx 1 \quad \text{细长体}$$

与此相反,对于钝头机体,压力阻力与表面摩擦阻力相比较大,因此 $C_D \approx C_{D_p}$ 且

$$\frac{C_f}{C_D} \ll 1 \quad \text{钝头体}$$

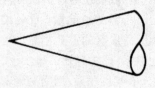

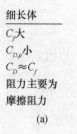

细长体
C_f 大
$C_{D,p}$ 小
$C_D \approx C_f$
阻力主要为
摩擦阻力
(a)

钝头体
$C_{D,p}$ 大
C_f 小
$C_D \approx C_{D,p}$
阻力主要为
压力阻力
(b)

图 8.45 钝头体与尖头体比较

根据方程(8.155),可得出如下重要结论:

要使气动加热减到最小,飞行器必须采用钝头外形。

由于这个原因,所有实践成功的进入飞行器,从洲际弹道导弹(ICBMs)到"阿波罗号",都使用钝圆体。

回到围绕图 8.43 的定性讨论,可以看出钝头体的优势也可以从纯粹的物理基础推断出来。若机体为钝头,如图 8.43 所示,弓形激波会很强,即机头附近激波的大部分会接近正常。在这种情况下,空气广泛区域的温度会很高,此高温空气的一大部分会仅仅流过机体而不会与表面相遇。因此,钝头体会将其初始动能与势能的一大部分用来加热空气,一小部分用来加热机体。这样的话,钝头体趋向于将输入飞行器的总热量最小化,正如方程(8.155)定性证明的一样。

之前讨论的气动加热的原理称为对流加热。在结束本节有关热传递的讨论之前,会提到另一原理——激波层辐射加热。请看图 8.46,该图显示了高速的钝头进入机体。前面提到,在与登月计划相关的速度(11.2km/s 或 36000ft/s)下,冲击波后的气温高达 11000 K。在这样的高温下,激波层确实向所有方向辐射能量,如图 8.46 所示——就像你在寒冷的冬日感觉到从壁炉辐射出来的温暖。这种辐射的一部分射入飞行器并被其吸收,引起附加的热传递分量 Q_R。此辐射传热率与许多速度(从 V_∞^8 到 V_∞^{12})成正比,具体比率取决于头部半径、密度与速度。对于 ICBM 与轨道飞行器,辐射加热并不重要。但是如图 8.47 所示,因为强烈依赖于速度,所以辐射加热在速度非常高时成为主导。对于"阿波罗号"从月球返回的任务(V_E = 36000ft/s),辐射加热略小于对流加热。然而,对于未来行星载人飞行任务($V_E \approx$ 50000ft/s),辐射加热会超过对流加热。图 8.47 对此进行了图示说明。而且,进入其他大行星的大气,尤其是木星,很大程度上受辐射加热影响。为此,先进太空任务飞行器的设计者需要尤为关心进入大气层时来自激波层的辐射加热。感兴趣的读者可以从 AIAA 论文(安德森所著,列于本章结尾处的参考文献中)找到更多有关辐射加热的细节。

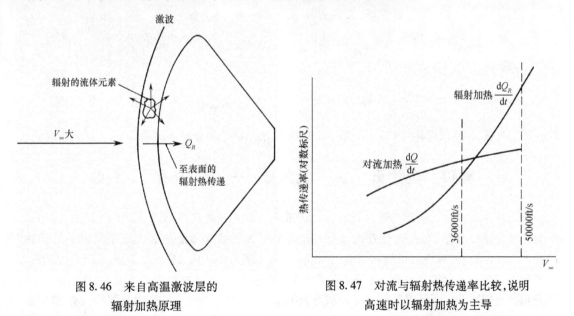

图 8.46 来自高温激波层的辐射加热原理

图 8.47 对流与辐射热传递率比较,说明高速时以辐射加热为主导

例 8.11

设想两个物体位于地球表面以上 800km 处的地球圆形轨道上,每个物体质量为 1800kg。一物体为细长锥体,总顶角为 10°。另一物体为球体。对于锥体,高超声速马赫数时压力阻力系数为 0.017,表面摩擦阻力系数为 0.01。对于球体,压力阻力系数为 1.0,表面摩擦阻力系数为 0.001。计

算并比较大气进入时输入每个物体的总气动热量。

解

两个物体从轨道的进入速度由方程(8.57)得到,其中 $r = r_e + h_G$ 且 r_e 为地球半径,$r_e = 6.4 \times 10^6$ m,且 h_G 为几何海拔高度,$h_G = 800$ km $= 0.8 \times 10^6$ m。

$$V_E = \sqrt{\frac{k^2}{r}} = \sqrt{\frac{3.986 \times 10^{14}}{(6.4 + 0.8) \times 10^6}} = 0.789 \times 10^4 \text{ m/s}$$

方程(8.155)给出了总热量输入:

$$Q_{\text{total}} = \frac{1}{2} \frac{C_f}{C_D} \left(\frac{1}{2} m V_E^2 \right) \tag{8.155}$$

式中:

$$\frac{1}{2} m V_E^2 = \frac{1}{2}(1800)(0.789 \times 10^4) = 5.60 \times 10^{10} \text{ J}$$

a. 对于锥体:

$$C_D = C_{D_p} + C_f = 0.017 + 0.01 = 0.027$$

$$\frac{C_f}{C_D} = \frac{0.01}{0.027} = 0.37$$

根据方程(8.155),

$$Q_{\text{total}} = \frac{1}{2}(0.37)(5.6 \times 10^{10}) = 1.036 \times 10^{10} \text{ J (锥体)}$$

b. 对于球体:

$$C_D = C_{D_p} + C_f = 1.0 + 0.001 = 1.001$$

$$\frac{C_f}{C_D} = \frac{0.001}{1.001} = 0.999 \times 10^{-4}$$

根据方程(8.155),

$$Q_{\text{total}} = \frac{1}{2}(0.999 \times 10^{-4})(5.6 \times 10^{10}) = 2.8 \times 10^6 \text{ J (球体)}$$

不出所料,球体的机体更钝圆,与细长锥体相比,经历的总热量输入更小。

8.17 利用升力进入大气层——应用于航天飞机

1981年4月14日,航天飞机"哥伦比亚号"进入大气并成功返回地面,结束了独特的太空运输系统进入地球周围太空的历史性首次飞行。安装于其火箭助推器上的航天飞机轨道飞行器图解如图8.48所示。航天飞机的进入轨道与第8.15节讨论的弹道轨迹十分不同,因为航天飞机是产生升力的气动飞行器。的确,在进入的开始阶段,航天飞机以非常大的攻角(大约40°)飞行。以高超声速大攻角从近地轨道进入(最初马赫数25)时,具有钝机头、高后掠翼和三角翼配置的航天飞机(见图8.6和图8.48)的升阻比 L/D 约为2——从第6章的传统亚声速飞机标准来看不算高,但肯定足以在高超声速时产生大量升力。因为航天飞机返回地球的飞行本质上是穿过大气(在几乎全球范围内)无动力的滑行,速度—高度图上的航天飞机轨迹应与如图8.41所示的弹道轨迹明显不同。本节将更深入地讨论这些问题,并获得速度—高度图上的升力进入飞行器飞行轨迹。

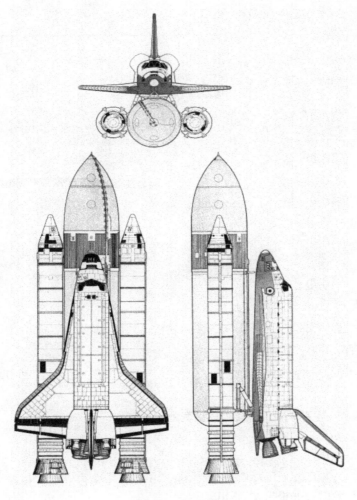

图 8.48 航天飞机

[来源：罗克韦尔国际公司]

回到大气进入的一般运动方程(8.116)与方程(8.117)。在第 8.15 节对于弹道进入的学习中，运用了方程(8.116)作为平行于飞行器飞行路径的运动方程。它由气动阻力决定，如弹道飞行器所预期。对于本节关于升力进入的讨论，我们利用方程(8.117)作为垂直于飞行路径的运动方程；不出所料，它由气动升力决定。方程(8.117)需要比其在第 8.14 节中更多的解释。尤其是，方程(8.117)右边为正项的形式适合向上弯曲的飞行路径，如图 8.49 中的虚曲线所示；此时的升力大于重力分量，飞行器上升。相反，$L < W\cos\theta$ 时，飞行器会下降（如图 8.49 中实线曲线所示）。这种情况下，方程(8.117)的右边一定为负（因为左边为负），且方程(8.117)可以写成

$$L - W\cos\theta = -m\frac{V^2}{r_c} \qquad (8.156)$$

方程(8.156)是航天飞机升力滑翔的相关形式，如图 8.50 所示。飞行器滑翔速度为 V，且飞行航迹角 θ 是从当地水平线下测量。假设飞行路径很浅（θ 较小，因此 $\cos\theta \approx 1$）。此外，假设局部曲率半径 r_c 近似于地球半径 r_e。因此方程(8.156)变为

$$L - W = -\frac{mV^2}{r_e} \qquad (8.157)$$

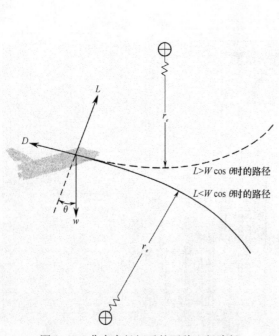
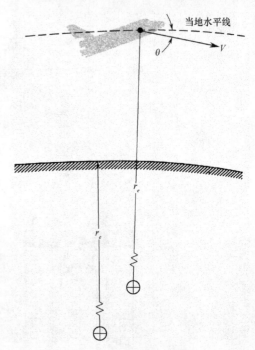

图 8.49 曲率半径相反的两种飞行路径　　　　图 8.50 滑翔角与速度

因为 $L = \frac{1}{2}\rho V^2 S C_L$ 且 $W = mg$,方程(8.157)变为

$$\frac{1}{2}\rho V^2 S C_L + \frac{mV^2}{r_e} = mg \tag{8.158}$$

将方程(8.158)除以 m 并提出 V^2,得出

$$V^2\left(\frac{\rho}{2}\frac{C_L S}{m} + \frac{1}{r_e}\right) = g$$

或

$$V^2 = \frac{g}{(\rho/2)[m/(C_L S)]^{-1} + 1/r_e} \tag{8.159}$$

ρ 与 g 都是已知的关于高度的函数,所以方程(8.159)给出了速度—高度图中升力进入飞行器的航迹。而且,方程(8.159)引入了升力参数 $m/(C_L S)$,与第 8.14 节中定义的弹道参数 $m/(C_D S)$ 类似。显然,我们可以从方程(8.159)看出,$m/(C_L S)$ 的值在很大程度上决定了进入滑翔航迹。

$m/C_L S$ 的影响如图 8.51 所示,该速度—高度图说明了两种不同 $m/C_L S$ 值时的升力进入航迹。曲线 B 近似于航天飞机航迹。因为 $m/C_L S$ 值更高相当于升力更小,飞行器会以更大的速度穿入更深大气。为了便于比较,图 8.51 也显示了弹道航迹 C、D 与 E。曲线 E 从脱离速度开始,近似于"阿波罗号"进入太空舱航迹。虽然"阿波罗号"进入时在攻角处产生少量升力,以调整其飞行路径,它本质上还是弹道式进入飞行器。航迹 C 与 D 代表从轨道速度开始的地球进入航迹。

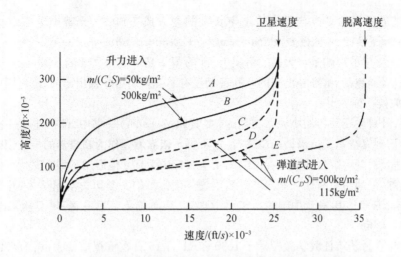

图 8.51　速度—高度图中升力进入航迹与弹道式进入航迹的比较

8.18　历史事记:开普勒

16 世纪是天文学处于窘境的一段时期。科学思想的保守派认为地球是宇宙的中心,太阳、行星与恒星在各种天体领域围绕地球转动。这种地心系统在希腊人中很流行。克罗狄斯·托勒密(Claudius Ptolemy)在公元 2 世纪将地心系统演变为稍微合理的形式,该体系便被西欧教会奉为真理,一直到 16 世纪。然而,大约在哥伦比亚发现美洲时,波兰科学家尼古拉·哥白尼(Nicolaus Copernicus)开始提出不同的观点。哥白尼认为,地球与所有其他行星在日心系中围绕太阳转动。他在其主要作品《天体运行论》(*Six Books Concerning the Revolutions of the Heavenly Spheres*)中建立了自己的思路,该书出版于他去世当年,1543 年。在该书中,哥白尼有策略地与教会教条进行对抗。他声明他的日心说理论不是新鲜事物,该理论得到了一些早期希腊天文学家认同,而且他只是"做出假设并理论化",未必是在宣扬绝对真理。然而,很明显哥白尼本人相信自己所写的内容。另一位天文学家,乔尔丹诺·布鲁诺(Giordano Bruno),传播了哥白尼的理论,但未能有策略地进行,因而于 1600 年被绑在火刑柱上烧死。伽利略·伽利莱(Galileo Galilei)继续举起了日心说的旗帜,并最终因其异端邪说被放逐。最后,丹麦天文学家第谷·布拉赫(Tycho Brahe),在避免与有争议的日心说理论产生直接联系的同时,几乎将其一生时间(1546—1602 年)都用于行星与恒星运动的天文观测,使现有知识的精确度有了惊人的提高。

在这个脆弱的时代,约翰尼斯·开普勒(Johannes Kepler)于 1571 年 12 月 27 日出生在了德国符腾堡州。通过赢得奖学金,他得以完成从小学至图宾根大学的学业。在图宾根大学,他转攻迈克尔·马斯特林(天文学教授)的日心说理论。后来他成为了一名数学老师及热心的天文学家。凭借其关于天体运动的著作,开普勒引起了第谷·布拉赫(当时居住在布拉格)的关注。1599 年,开普勒前往布拉格为布拉赫工作,仅仅两年后布拉赫去世。开普勒留在了布拉格,扩展并改进现有的天体运动表。1627 年,他出版了鲁道夫星表(*Rudolphine Tables*),比当时任何现有表都精确得多。

然而,开普勒还在思考其观察结果并进行理论化,尝试赋予天体运动理论以理性和秩序。例如,哥白尼的日心说假设行星围绕太阳的圆形轨道,但是开普勒的精确观察结果并不完全与圆周运动相符。1609 年,他发现椭圆轨道恰好符合其测量结果,由此提出了开普勒第一定律(见第 8.6 节)。在同一年,他推导出,从太阳画一根到行星的线,这根线在相等的时间内扫过相等的面积——开普勒第二定律。他的第一定律与第二定律于 1609 年发表在《新天文学》(*New Astronomy*)一书中。9 年后,他发现,行星轨道周期的平方与椭圆轨道半长轴的立方成正比——开普勒第三定律。该定律于1618年发表在《哥白尼天文学概要》(Epitome of the Copernican Astronomy)一书中。

开普勒对天文学的影响是巨大的。事实上,他的著作是现代天文学的发端。他的贡献最突出,因为其定律是从经验观测值推导出来的。开普勒没有掌握之后由牛顿提出的方法,因此无法利用第8.6节中的相关技巧推导出其定律。

有趣的是,开普勒还写科幻小说。在他的《梦魇》(Somnium)一书中,他描述了一次从地球到月球的旅行。认识到真空不支持借助翅膀飞行,他不得不依靠魔鬼作为超自然的推进模式。这些魔鬼会携带人类,适当将其麻醉以使其能在严酷的太空旅行中生存。他运用了那个时代可知的最多天文细节来描述月球,但他想象有住在洞穴的月球生物。现代科幻文学历史学家认为,开普勒实际上是以《梦魇》为媒介来表达其关于月球的严肃科学理念,从而避免宗教迫害。《梦魇》出版于1634年(开普勒去世后4年)。

开普勒晚年在林茨市任数学教授。于1630年11月15日在雷根斯堡去世,为当代航天学留下了跨越数世纪的遗产。

8.19 历史事记:牛顿与重力定律

牛顿的万有引力定律[方程(8.19)]是每本现代高中与大学物理教科书的必备内容,它的存在事实上是理所当然的。而且,该方程正是本章所讨论的所有现代飞越太空的航天运动的计算基础。然而,方程(8.19)足以解除重力疑惑的简单性及其在经典物理学上的普遍接受性,掩饰了这一状况,即17世纪以前和牛顿生活的17世纪重力概念充满的混乱。

有关"重力"的最早概念由亚里士多德于大约公元前350年的时期提出。亚里士多德学派相信宇宙的四大基本元素为土、水、空气和火,认为宇宙万物有其指定的位置,且在最初移位后趋向于回到其位置。由"土"做成的物体位于最低位置,因此重的实物会落地,寻找其合适的位置。相反,火和空气位于高位置,会通过升入天空寻找其位置。这些观念持续到哥白尼时代,那时人们开始寻找关于重力更加实质性的解释。

1600年,英国科学家威廉·吉尔伯特(William Gilbert)提出,磁性是重力之源,而地球只不过是巨大的天然磁石。开普勒接受了这些观点,表示重力是"同源物体趋向于结合或连接的相互吸引力,类似于磁性"。开普勒力图使用该观点证明其行星运动定律(见第8.18节),但未成功获得重力的定量公式。大约在同一时间,法国科学家和数学家勒内·笛卡儿(将笛卡儿坐标系引入数学世界)提出重力来自在涡动中旋转的天文流体将重物推向涡流的核心。克里斯汀·惠更斯(Christian Huygens),荷兰绅士和业余科学家,似乎在实验室中证实了笛卡儿的理论;他在一只碗内建立水的漩涡,并观察到鹅卵石"被吸引到"碗的中心。

在这种混乱的情势下,艾萨克·牛顿(Isaac Newton)于1642年12月25日出生在了英国林肯郡格兰瑟姆附近的伍尔索普。牛顿的父亲在他出生前几个月时去世,牛顿由祖母抚养。他最终于1661年进入剑桥大学三一学院,在那里他很快就表现出了数学天赋。1666年,他离开剑桥回到伍尔索普庄园,以躲避1665—1666年的大瘟疫。正是在这里,年仅24岁的牛顿取得了一些对科学和数学有着革命性意义的发现与结论,其中最重要的是微分学的发展。后来他留在乡间,推导出了向心力定律:做圆周运动的物体受到与到中心距离成反比的径向力作用。(用当代语言来说即圆周运动的向心加速度等于V^2/r,可见于所有基础物理学书籍。)根据开普勒第三定律的结果,牛顿进一步推导出两物体之间的重力与它们之间的距离成反比,即万有引力定律,如方程(8.19)所示。然而,牛顿并没有立即发表或公布其发现。公众被隐瞒了30年!

在科学与工程历史上,有许多情况是:发表观点的"时机已到"但几乎同时被几个不同的人提出。同样的情况是,克里斯汀·惠更斯使用钟摆和进行圆周运动的物体进行实验,由此于 1673 年发现了向心力定律。根据这一定律,罗伯特·虎克(以虎克定律闻名)、克里斯多佛·雷恩(后来成为世界闻名的建筑师)和爱德蒙·哈雷(以哈雷彗星闻名)都于 1679 年推导出了重力平方反比定律。虎克在同年写信给牛顿,告诉他平方反比定律,并请牛顿使用其证明行星在椭圆轨道上自转。牛顿没有回复。1685 年,这个问题又一次摆在牛顿面前,这一次是哈雷提出来的。牛顿寄回他的证明过程。哈雷非常受感动,并强烈鼓励牛顿尽快发表其所有发现和思想。这便促成了牛顿的《自然哲学的数学原理》(*Philosophiae Naturales Principia Mathematica*)——著名的《原理》(*Principia*)一书的出版,该书也成为了经典物理学的基础。有趣的是,《原理》原定由英国皇家学会出版。但虎克宣称首先发现平方反比定律,他是皇家学会馆长,显然不鼓励此书出版。因而《原理》这本当时历史上最重要的科学文献是由哈雷自费出版的。

1693 年,虎克又一次在皇家学会会议上提出其关于平方反比定律的声明。其后不久,牛顿得了神经衰弱症,持续了大约一年。恢复后,牛顿终于宣布自己早在 1666 年就已发现向心力定律和重力平方反比定律。凭借他当时及之后的崇高地位和声誉,其声明在当时得到了普遍接受。然而,记录表明我们只知道他做出了声明。因此,罗伯特·虎克的声明肯定是合法的,至少在精神上合法。方程(8.19)这一流传至今的牛顿万有引力定律可以合法地称为"牛顿—虎克定律"。

当然这不是贬低牛顿本身,他是 17 世纪科学的巨人。他晚年进入公共生活,1696 年成为英国造币厂的监管,1699 年升为厂长。在这个岗位上,他为当时英国巨大的重铸计划做出了许多重要的贡献。1703 年,他当选为皇家学会会长,之后 25 年一直在这个岗位工作。在此期间,牛顿被卷入另一场争论中,这次是与德国数学家戈特弗里德·冯·莱布尼茨(Gottfried Von Liebiz),争论的焦点是关于微积分的发现声明。而且,此后几年,利用皇家学会获得的强大威信和权利,牛顿显然易于压制年轻科学家提出的某些想法。为此,一些科学史家暗示,牛顿可能阻碍了 18 世纪前 30 年科学的发展。

牛顿于 1727 年 3 月 20 日在肯辛顿(Kensington)去世。他葬于威斯敏斯特教堂的一个显眼位置。如果没有牛顿,没有他之前的开普勒,就不会有本章航天学的内容。

8.20 历史事记:拉格朗日

第 8.3 节引入了牛顿第二定律的推论:拉格朗日方程。拉格朗日生活在牛顿之后的时代。他是 18 世纪为发展和扩展牛顿(经典)物理学而工作的欧洲科学家和数学家小团体成员;他与拉普拉斯(Laplace)生活在同一时代,还是雷奥哈德·欧拉(Leonhard Euler)的朋友。

拉格朗日于 1736 年 1 月 25 日出生于意大利都灵,父母是法国人。他的父亲是法国军队的军官,因此不必奇怪拉格朗日 19 岁时被任命为都灵炮兵学院数学教授。他科学思想很活跃,帮助创立了都灵科学院。1756 年,他写信给欧拉(见第 4.22 节),信中附带了变分法的原始论著,该论著有助于建立拉格朗日的名声。事实上,1766 年他受普鲁士腓特烈二世(腓特烈大帝)邀请,取代欧拉成为柏林学院院长。在接下来的 20 年,拉格朗日在力学领域非常多产。他的著作是关于分析式的,并且他努力将力学的许多方面归纳为一些通式。这点清楚地反映在第 8.3 节中讨论的形式体系上。第 8.3 节中使用的拉格朗日方程发表在拉格朗日 1787 年的一本重要书籍——《分析力学》(*Mécanique Analytique*)中。因为这些贡献,一些历史学家认为他是 18 世纪最伟大的数学家。

拉格朗日于 1786 年搬到巴黎。法国大革命期间,他是改革度量衡标准委员会会长。1813 年 4 月 10 日,他在巴黎去世的时候,正忙于他的《分析力学》修订版。

8.21 历史事记：无人航天器

1957年10月4日晚上，本书作者还是航空工程专业的学生。收音机开着。集中于学习的注意力突然被新闻公告打断：苏联刚刚已经成功发射了历史上第一颗人造地球卫星。该卫星名为"斯普特尼克一号"，如图8.52所示，这个184lb重的球体沿椭圆轨道围绕地球运动，远地点和近地点分别为560英里和140英里，周期为$1\frac{1}{2}$h。不过，这种因人类终于在太空探索方面迈出一大步的个人兴奋感，却让位于对美国在太空飞行领域技术地位的质疑。这些感觉在未来的几周、几个月和几年内在整个美国得到反映和放大。"斯普特尼克一号"开启了一场几乎影响社会所有方面（从教育到商业，从生物学到哲学）的科技革命。1957年10月4日是人类历史上一个浓墨重彩的日子，是太空时代的开端。

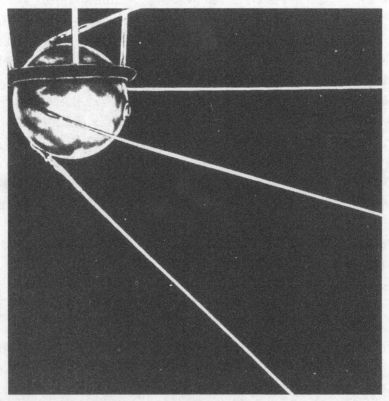

图8.52 第一颗人造地球卫星——"斯普特尼克一号"——1957年10月4日发射
[图片来源约《翰·安德森集》]

虽然"斯普特尼克一号"的发射让大部分公众吃了一惊，但西方世界的技术团体已事先从苏联科学家处得到了一些清楚的提示。例如，1953年11月27日，在维也纳的世界和平理事会上，苏联院士A. N. 涅斯梅亚诺夫（A. N. Nesmeyanov）说"科学已经到达这样的一个阶段……创造人造地球卫星有现实的可能性。"后来，1955年4月，苏联科学院宣布建立星际通信部际委员会，负责为气象应用发展人造地球卫星。同年8月，备受尊敬的苏联科学家谢多夫（Leonid I. Sedov）在哥本哈根第六届国际宇航大会上说道，"在我看来，在未来两年内可能发射人造地球卫星，而且创造各种尺寸和重量的人造卫星在技术上是可能的。"显然苏联的计划是按时间表进行的。的确，1957年6月，"斯普特尼克一号"发射前仅仅4个月,同样是A. N. 涅斯梅亚诺夫公然表示,运载火箭与人造卫星都已准备好,且即将在几个月之内发射。明确的迹象和明确的字眼——但是"斯普特尼克一号"的发射像巨石一般给西方世界带来了压力。

1957年,美国对人造卫星的概念并不陌生。的确,美国海军和美国陆军航空兵从1945年开始对发射这种卫星的前景进行了有远见的思考和技术分析。1946年5月(第二次世界大战德国战败仅仅一年后),名为"实验性绕地宇宙飞船的初步设计"的兰德计划报告被提交给了俄亥俄州代顿莱特机场。该报告证实了将500lb的卫星推入大约300英里高的轨道的可行性,并且概述了如何在5年的时间期限内完成该计划!该报告的作者做出了预言声明:

水晶球虽然模糊不清,但有两件事似乎是清楚的:

1. 带有适当仪器的人造卫星有望成为20世纪最有效的科学工具之一。
2. 美国卫星技术的成就会点燃人类的想象力,并且很可能在全世界引起堪比原子弹爆炸的反响……

作者继续陈述:

由于掌握自然基本原理是物质文明的可靠指标,率先在太空旅行方面取得重大成就的国家会得到承认,成为军事和科学技术上的世界领导者。为了将对世界的影响形象化,你可以想象,如果美国突然发现其他国家已经成功发射卫星之后,在此感受到的震惊和钦佩。

这些确实是预言的话语,它们写于"斯普特尼克一号"发射之前整整11年。

1946年的兰德报告,与加利福尼亚理工学院喷气推进实验室的一些现代技术报告一起,为运载火箭与人造卫星创立了一些基本工程原则和设计。然而,这些想法并没有被美国政府采用。第二次世界大战后国防预算缩水,钱根本不可能花在这样一次太空冒险上。可能更重要的是缺乏使命感。如果卫星发射又能怎么样?它会带来什么效益,尤其是军事效益?要记住这时还没有微电子与先进的传感和遥测设备。因此,美国建立卫星计划的首次认真努力未能成功,而且该想法在未来9年内都处于静止状态。

尽管被"斯普特尼克一号"抢了风头,但美国在1957年终于有了一个进行中的、将人造卫星送入轨道的项目。1955年7月29日,德怀特. D. 艾森豪威尔(Dwight D. Eisenhower)总统宣布,美国将与国际地球物理年联合发射一个小型地球卫星。为了达到这个目标,美国利用10年来累积的高空探空火箭技术(从一些缴获的德国V-2火箭开始),制定了"先锋号"运载火箭计划,由美国海军研究办公室管理,马里兰州巴尔的摩的马丁公司被选为主承包商。之后两年,设计并建造了发射小型3lb试验人造卫星的火箭助推器。政府法令要求"先锋号"运载火箭计划不能利用或影响迅速发展的、有高优先级的ICBM(洲际弹道导弹)计划(为军队开发大型火箭发动机)。因此,约翰. P. 哈根(John P. Hagen)博士,"先锋号"运载火箭计划的负责人,以及他的科学家和工程师组成的小团队,不得不几乎像作为二等公民一样努力,在相对较低优先级的氛围中设计"先锋号"火箭。(这与从最初开始就利用苏联军队ICBM开发并从中得益的苏联太空计划形成鲜明对比。因为当时苏联核弹头比美国同类设备重,苏联不得不开发更强大的火箭助推器。他们的太空计划从中受益,使得"斯普特尼克"一号和二号惊人的重,分别为184lb和1120lb。)

到1957年10月,两个"先锋号"火箭在卡纳维拉尔角成功进行了试验,且试验计划(目的是在1958年年底之前将卫星送入轨道)合理接近进度表。之后10月4日,"斯普特尼克一号"发射成功。其实没有完全被抢风头,白宫于10月11日宣布,"先锋号"计划将"在不久的将来"发射一颗美国人造卫星。突然引起公众关注,现在又处于强大的政治压力下,第三个试验火箭于10月23日成功完成测试了,将4000lb的虚拟有效载荷运至109英里的高空且顺发射方向335英里的位置。1957年12月6日,在世界媒体的关注下,第一个"先锋号"运载火箭已准备好将一颗小卫星推入轨道。不幸的是,"先锋号"运载火箭一级发动机发生了该计划第一次(也是最后一次)失败。因推力无效,火箭从发射台升空不久就掉落,引起惊人的爆炸。用哈根博士的话来说,"虽然我们连续三次试射成功,但 TV-3[这次特定飞行器的名称]的失败也传到了世界各地。"

尽管最初具有低优先级、"斯普特尼克一号"发射后的情感压力,以及 12 月 6 日不光彩的失败等劣势,"先锋号"计划仍进行得非常成功。由于哈根博士及其团队的不懈努力,"先锋"一号、二号和三号分别于 1958 年 3 月 17 日、1959 年 2 月 17 日和 1959 年 9 月 18 日被送入轨道。

但"先锋一号"并不是美国第一颗人造卫星。1955 年 7 月艾森豪威尔总统宣告美国的卫星发射计划后,引发了诸多关于是否应该使用军用火箭技术的辩论。当时的一项提议就是使用在沃纳·冯·布劳恩(Wernher Von Braun)博士技术指导下、正在阿拉巴马州亨茨维尔的陆军红石兵工厂开发的火箭飞行器。决定实施"先锋号"计划后,亨茨维尔的陆军弹道导弹局工程师们继续提出使用已得到验证的中程"木星 C 型"探空火箭的卫星计划。所有此类提议都被否决了。然而,"斯普特尼克一号"发射后,局面改变了。在此后的 1957 年 10 月,冯·布劳恩的团队得到发射卫星的批准:目标日期为 1958 年 1 月 30 日。"木星 C 型"探空火箭增加了第四级,这项新配置称为"朱诺一号",目标日期只推迟了一天。1958 年 1 月 31 日,"探险家一号",美国第一颗人造卫星,由来自亨茨维尔的冯·布劳恩的科学家和工程师团队推入轨道。"探险家一号",如图 8.53 所示,重 18lb,轨道远地点和近地点分别为 957 英里和 212 英里,周期为 115min。随着"斯普特尼克一号"和"探险家一号"的发射,世界上两大技术强国——美国和苏联开始了太空领域的竞争。

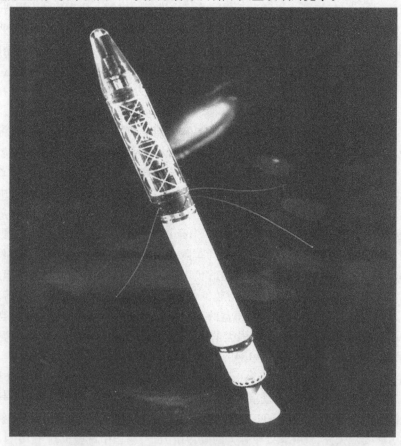

图 8.53 "探险家一号",美国第一颗人造地球卫星,发射于 1958 年 1 月 31 日

[图片来源:《约翰·安德森集》]

本节的目的并非进行太空探索的详尽调查。有关权威介绍，请参见冯·布劳恩和奥德韦的优秀著作，以及本章结尾处参考文献列出的其他书籍。

8.22　历史事记：载人航天器

第8.21节、本章节关于载人航天器以及第9.16节关于火箭发动机的早期历史内容是有联系的——本书将其分为三个不同的部分纯粹是人为的。的确，人类关于太空飞行的第一个富有想象力的想法就涉及人类（而不是无生命物体）到月球的旅行。后来，在19世纪和20世纪科技革命期间，已正确推理出载人太空旅行首先要有无人航天器的尝试，以获知可能遇到的问题。而且在这期间，人们意识到火箭发动机是在真空中推进的唯一可行机械装置。事实上，火箭发动机的三位早期先驱者——齐奥尔科夫斯基（Tsiolkovsky）、戈达德和奥伯特（参见第9.16节）在其工作中，是从太空旅行出发而不是最终产生第一个成功的大型军事应用火箭受到激发。很明显，无人航天器和载人航天器的历史与火箭技术的历史重叠，且在许多情况下不可区分。

载人航天器实际上来源于科幻小说，且可以追溯到公元2世纪，当时希腊萨摩萨塔作家琉细安（Lucian）构思了一次月球旅行。在《真实的历史》(Vera Historia)一书中，琉细安的船遇到暴风雨，被狂风卷入空中，七天七夜后意外地被吹到了月球。在那里他发现了一片"已耕种的且充满居民的"土地。在接下来几个世纪，其他科幻小说的幻想紧随琉细安的著作的步伐，包括在第8.18节中提到的开普勒的《梦魇》。这些科幻小说故事有一个用处：增加人们的想象力且激励他们进行更深的技术思考。特别值得注意的是19世纪儒勒·凡尔纳（Jules Verne）和H. G. 威尔斯（H. G. Wells）的著作，许多早期火箭工程师都热切地阅读过。特别的是，齐奥尔科夫斯基和戈达德都热切地读过威尔斯的《世界大战》(War of the World)和凡尔纳的《从地球到月球》(From the Earth to the Moon)，且都公开表明受到这些作品的启发。

考虑到威尔斯和凡尔纳写书是不到100年前，而且40年前火箭还只是一些空想主义者的玩物，令人震惊的是载人航天器现在成为了现实——并且在公众心中，几乎成为了普遍现实。1961年4月12日这一局面被打破，当时苏联发射了重达10400lb的载有尤里. A. 加加林（Yuri A. Gagarin）少校（在太空飞行的第一人）的"东方一号"航天器。加加林是苏联空军少校，他的轨道飞行持续了1h 48min，远地点为203英里。"东方号"进入地球时，首先由制动火箭减速，然后由降落伞减速，接着在苏联境内某处坚实地面降落。然而，据说就在降落之前，加加林离开航天器并且用他自己的降落伞飘至地面。这种进入地球模式在接下来的几年被许多其他宇航员沿用。不幸的是，加加林后来在1968年3月27日的飞机坠毁事件中丧生。

此后人类开始进军太空！不到一年后，第一位进入太空并持续停留了一段时间的美国人、海军上校小约翰. H. 格伦（John H. Glenn, Jr.），1962年2月20日被送入轨道。此次飞行中，格伦在"水星号"太空舱内飞行了三个轨道周期，远地点和近地点分别为162.7英里和100.3英里，从升空到着陆持续了4h 56min。与所有后来的美国载人航天器一样，格伦乘坐"水星号"太空舱返回地面时，撞击海面并被轮船救起。图8.54展示了单座"水星号"太空舱的图片并给出其相对于航天员的尺寸和形状的清晰画面。1962年格伦成功飞行是"水星计划"的重要事件，是美国第一个载人太空计划。该计划来源于一项名为"载人弹道火箭研究系统"的空军研究，该研究开始于1956年3月（"斯普特尼克一号"发射前整整一年半）。在该计划实施的两年内，空军、NACA以及11个私人公司在航天器设计和生命维持系统方面做了很多基本的工作。"斯普特尼克一号"发射以及1959年NASA成立后，这项工作由NASA集中管理，并命名为"水星计划"。因此，加加林1961年进入轨道时，美国没有落后很多。

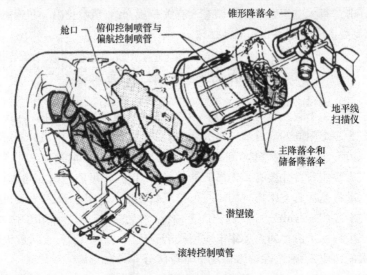

图 8.54 "水星号"航天器

[来源:NASA]

约翰.F. 肯尼迪总统在 1961 年 5 月 25 日对国会的演讲确实激励了美国载人太空飞行计划,他声明:"我相信我们国家应该致力于在 10 年内实现登陆[将人送上]月球并使其安全返回地球的目标……"几乎一瞬间,"阿波罗计划"诞生。接下来的 8 年内,"阿波罗号"载人月球飞行器的工作占据了美国航天资源人力和物力的主要部分。然后——几乎和科幻小说写的一样——1969 年 7 月 20 日下午 4:18(美国东部时间),一个被命名为"鹰"的登月飞行器,运载着尼尔.A. 阿姆斯特朗(Neil A. Armstrong)和小埃德温·E. 奥尔德林(Edwin E. Aldrin, Jr.),降落于月球表面,而迈克尔·科林斯(Michael Collins)则守护着在轨道上运行的"阿波罗号"指挥舱。肯尼迪总统的目标已经达到;人类几个世纪以来的梦想和期望已经完成;而如哥白尼、开普勒、牛顿和拉格朗日这样的天才的工作也取得了显著成果。

载人航天器的技术故事展现了超乎人类努力的不可思议的科学与工程进步,以及坚定不移的奉献精神。这个故事仍在继续,尽管在"阿波罗号"狂潮后有所减少,但只要现代社会存在它就会继续发展。曾有多位作者仅就这个主题就写成了整卷书,因此不可能只用这样短短一节来详述整个故事。同样,有关特别权威和现代的评论,读者可以参见参考文献中所列的冯·布劳恩和奥德韦的著作。

8.23 总结与回顾

从地球发射的典型空天飞行器的寿命至少有两个、有时有三个阶段:(1)从地表发射;(2)在太空旅行;(3)回到地球,或者降落于其他某个行星。发射阶段通常使用火箭动力助推器进行。第 9 章部分章节将讨论火箭发动机和火箭助推器。

第二个阶段"在太空中旅行"已经在本章讨论过。在火箭助推器燃料耗尽的一瞬间,空天飞行器有一个特定的速度大小和方向,并且离地心有一段特定的距离。在这样的燃料耗尽条件下,自然力接管飞行器并将其送入太空中的轨迹,其后便只受引力控制。本章许多内容涉及该路径(轨迹)和空天飞行器沿其轨迹运动的动力学研究。我们已经了解如何获得该轨迹的数学方程,以及如何计算空天飞行器沿该轨迹从一点移动到另一点的变化速度。

最后,若空天飞行器的任务是在太空中无限期地旅行,比如"旅行者二号"空间探测器(图 2.29)的深空探测任务,那么飞行器只在其生命中经历前两个阶段。然而,若空天飞行器被指定返回地球或在另一行星表面着陆,就会经历第三个阶段,在此期间它必须安全进入并穿过大气。这种大气进入的关键方面是飞行器承受的、与其从太空进入非常高的速度有关的巨大负加速度和气动加热。本章讨论了大气进入的上述方面,并得出了飞行器最大负加速度和总进入加热的方程。

本章的重点概括如下:

1. 航天器在一个有心重力场、平方反比引力场的影响下的轨道或轨迹方程为

$$r = \frac{p}{1 + e\cos(\theta - C)} \tag{8.44}$$

式中:e是偏心率;C是相位角。若$e=0$,轨道为圆;若$e<1$,轨道为椭圆;若$e=1$,轨迹为抛物线;若$e>1$,轨迹为双曲线。

2. 偏心率取决于航天器的动能和势能之差H:

$$e = \sqrt{1 + \frac{2h^2 H}{mk^4}} \tag{8.53}$$

3. 圆形轨道速度由下式得出:

$$V = \sqrt{\frac{k^2}{r}} \tag{8.57}$$

对于人造地球卫星,圆形轨道或轨道速度为7.9km/s或约26000ft/s(根据$r=$地球半径)。

4. 脱离速度由下式得出:

$$V = \sqrt{\frac{2k^2}{r}} \tag{8.58}$$

对于从地球脱离的情况,根据地球半径,该速度为11.2km/s或约36000ft/s。

5. 开普勒定律为:

(1)卫星围绕其引力中心的路径是椭圆;(2)在相等的时间内,卫星矢径扫过的面积是相等的;(3)同一行星的任何两颗卫星的周期与卫星轨道半长轴的关系为

$$\left(\frac{\tau_1}{\tau_2}\right)^2 = \left(\frac{a_1}{a_2}\right)^3$$

6. 活力方程(以航天器在太空中沿其轨迹移动的总能量为基础)给出了航天器的速度,作为其轨迹上的径向坐标r和半长轴a的函数:

$$V = \sqrt{\frac{2k^2}{r} - \frac{k^2}{a}} \tag{8.78}$$

7. 若将一个垂直于轨道的脉冲施加于正在沿轨道运行的航天器,轨道的倾角就会改变,轨道会进动。在特殊情况下,冲量$\Delta \mathbf{V}$施加于起始轨道的交点线上,则只有倾角会改变。这种情况下得到给定倾角变化v所需的冲量为

$$\Delta \mathbf{V} = 2V_\theta \sin\left(\frac{v}{2}\right) \tag{8.88}$$

式中:V_θ为在轨道上施加脉冲的点垂直于矢径的航天器速度分量。

8. 考虑航天器从一个轨道转移到另一个共面轨道,此轨道机动需要的最小能量的转移轨道为霍曼转移轨道。

9. 实际行星际轨迹是双曲线。沿双曲线轨迹的速度表示如下:

$$V = \sqrt{\frac{2k^2}{r} - V_{HE}^2} \tag{8.101}$$

式中:V_{HE}为超过航天器从行星发射的脱离速度的速度量。符号V_∞可与V_{HE}互换使用。

10. 星际任务的初步设计经常使用圆锥曲线拼接法。该方法涉及脱离行星的双曲线轨迹与日心转移轨道以及目标行星的双曲线轨迹拼接。

11. 引力辅助机动用于某些行星际任务；此时的航天器飞行路径特意设计为位于中间行星的影响范围内，这样航天器会因中间行星在其关于太阳的轨道上的速度而增加或损失能量。中间行星相当于改变航天器能量的弹弓。由于引力辅助机动而改变的航天器速度为

$$\Delta \mathbf{V} = \frac{2\mathbf{V}_{\infty A}}{e} \tag{8.109}$$

式中：$\mathbf{V}_{\infty A}$ 为航天器相对于中间行星的接近速度；e 为航天器相对于行星的双曲线轨迹偏心率。反过来，$\mathbf{V}_{\infty A}$ 从航天器在其日心轨道上的矢量速度得出，e 则从下式得出：

$$e^2 = 1 + \frac{\beta^2 \mathbf{V}_{\infty A}^4}{k^4} \tag{8.114}$$

式中：$k^2 = GM$，是以用于引力辅助的中间相遇行星质量 M 为基础；β 为图 8.35 中的错开距离。

12. 弹道式进入飞行器进入大气的速度变化为

$$\frac{V}{V_E} = e^{-\rho/2[m/(C_D S)] Z \sin\theta} \tag{8.129}$$

式中：ρ 为高度函数；$m/(C_D S)$ 为弹道参数；θ 为进入角；V_E 为初始进入速度；$Z = g_0/(RT)$。进入时的最大负加速度为

$$\left|\frac{dV}{dt}\right|_{max} = \frac{V_E^2 Z \sin\theta}{2e} \tag{8.143}$$

13. 进入气动加热与速度的立方成正比：

$$\frac{dQ}{dt} = \frac{1}{2}\rho_\infty V_\infty^3 S C_H \tag{8.149}$$

为了将气动加热最小化，飞行器应为一个钝头体。

14. 升力进入路径取决于升力参数 $m/(C_L S)$。

参考文献

Allen, H. J., and A. J. Eggers. *A Study of the Motion and Aerodynamic Heating of Missiles Entering the Earth's Atmosphere at High Supersonic Speeds.* NACA TR 1381, 1958.

Anderson, J. D., Jr. "An Engineering Survey of Radiating Shock Layers." *AIAA Journal,* vol. 7, no. 9, Sept. 1969, pp. 1665–1675.

Brown, C. D. *Elements of Spacecraft Design.* American Institute of Aeronautics and Astronautics, Reston, VA, 2002.

Chapman, D. R. *An Approximate Analytical Method for Studying Entry into Planetary Atmospheres.* NASA TR R-11, 1959.

Emme, E. M. *A History of Space Flight.* Holt, New York, 1965.

Griffin, M. D., and French, J. R. *Space Vehicle Design,* 2nd ed. American Institute of Aeronautics and Astronautics, Reston, VA, 2004.

Hartman, E. P. *Adventures in Research: A History of Ames Research Center 1940–1965.* NASA SP-4302, 1970.

Kaplan, M. H. *Modern Spacecraft Dynamics and Control.* John Wiley and Sons, New York, 1976.

Nelson, W. C., and E. E. Loft. *Space Mechanics.* Prentice-Hall, Englewood Cliffs, NJ, 1962.

Von Braun, W., and F. I. Ordway. *History of Rocketry and Space Travel,* 3rd rev. ed. Crowell, New York, 1975.

Wiesel, W. E. *Spacecraft Dynamics,* 2nd ed. McGraw-Hill, New York, 1997.

作业题

8.1 从地球发射的空天飞行器火箭发射结束时,耗尽速度为 13km/s,方向为正南方,当地水平线上方 10°。耗尽点位于赤道正上方,海拔高度为 400mi。计算空天飞行器轨迹。

8.2 根据以下信息,计算并比较从金星、地球、火星和木星的脱离速度:

	金星	地球	火星	木星
$k^2/(m^3/s^2)$	3.24×10^{14}	3.96×10^{14}	4.27×10^{13}	1.27×10^{17}
r/m	6.16×10^6	6.39×10^6	3.39×10^6	7.14×10^7

8.3 地球卫星月球的质量与半径分别为 7.35×10^{22} kg 和 1.74×10^6 m。计算月球的轨道速度和从月球的脱离速度。

8.4 众所周知,地球围绕太阳的公转周期为 365.3 天,地球轨道的半长轴为 1.495×10^{11} m。天文学家注意到,一颗遥远行星的周期为 29.7 个地球年。该遥远行星轨道的半长轴是多少?查阅参考资源(百科全书、网络等),了解该行星可能是太阳系中的哪一颗。

8.5 假设你想将一颗卫星送入轨道,该卫星一直处于地球赤道正上方同一点。那么该卫星在火箭助推器耗尽时应该具有怎样的速度和高度?

8.6 假设一颗坚实的铁球进入地球大气,速度为 8 km/s,方向为当地水平线下方 30°。球体直径为 1.6 m。计算(a)最大负加速度出现的高度;(b)最大负加速度的值;(c)球体撞击地球表面时的速度。

8.7 位于 200000ft 高、以 27000ft/s 的速度飞行的给定进入飞行器的气动热导率为 $100\text{Btu}/(\text{ft}^2 \cdot \text{s})$。若它在同一高度速度为 36000ft/s,则热导率是多少?

8.8 小行星撞击地球的灾难性事件具有有限概率。已知在地球历史上有这样的碰撞发生,并且一些负责的科学和技术组织,包括美国航空航天学会(AIAA),已经研究过如果在可预知的未来存在这样的事件威胁地球,我们可以采取什么措施。设想小行星与地球正面相撞。假设小行星速度(在固定于太阳的参考系上)等于从太阳脱离速度的 9/10。在同一参考系内,地球围绕太阳的速度为 29.77km/s。计算小行星进入地球大气的速度(相对于地球)。假设地球在围绕太阳的圆形轨道上运动,轨道半径为 147×10^9 m。注:该题代表最坏的情况,即向一方向移动的地球与向相反方向运动的小行星正面碰撞。

8.9 LANDSAT C 地球资源卫星具有近圆轨道,偏心率为 0.00132。卫星在近地点时,高度(从地表开始测量)为 417 km。计算它在远地点时的高度。

8.10 根据作业题 8.9 中描述的 LANDSAT C 卫星轨道条件,计算其周期。

8.11 根据作业题 8.9 中描述的 LANDSAT C 卫星轨道条件,计算该卫星在近地点时的速度。

8.12 对于例 8.1 中的航天器,使用(a)方程(8.74)或(b)方程(8.77)计算比能。比较两个结果。为节省时间,使用例 8.3 中最合适的结果求解。

8.13 设想一个按例 8.1 确定的、如图 8.15 所示的轨道。施加脉冲于降交点,以将轨道倾角改变 20°。计算执行平面变化机动所需冲量 ΔV 的值。该冲量的大小与例 8.6 中计算出的倾角变化为该例 1/2 时所需冲量比较,会有什么区别?

8.14 设想一个航天器在例 8.1 中计算出的轨道上移动。在实际近点角为 $\theta_A = 90°$ 时给出的轨道上一点处,施加单脉冲于航天器,将航天器转移至同一平面内的新轨道,其偏心率为 0.8,近拱点为 10000km。计算冲量 ΔV 的值。

8.15 设想一架航天飞机位于海拔高度 200km 处的近地圆形轨道上。想要使用霍曼转移将航天飞机推进更高的、海拔高度为 500km 的圆形轨道。计算该转移所需的总冲量 ΔV。

8.16 设想一颗火星卫星位于围绕火星的圆形轨道(半径为 8000km)上。想要使用霍曼转移将该卫星推进更高的、半径为 15000km 的圆形轨道。计算该转移所需的总冲量。

8.17 下面 5 个问题都是根据 2002 年 8 月 3 日从地球发射的"信使号"航天器提出的。经过围绕地球、金星和水星的引力辅助机动后,(在写此书时)预定"信使号"于 2011 年 3 月 18 日进入围绕水星的轨道。水星的半径和质量分别为 2440 km 和 3.3×10^{23} kg。该轨道被设计为高椭圆轨道,最接近点(近拱点)的高度为 200km,最远距离点(远拱点)的高度为 15193km。(注:这些都是水星表面上空的高度,不是到行星中心的距离。)计算信使号轨道的周期。忽略航天器轨道上太阳引力的影响。

8.18 针对围绕水星的轨道上的"信使号"航天器(参见作业题 8.17),计算近拱点和远拱点航天器的速度。

8.19 针对围绕水星的轨道上的"信使号"航天器(参见作业题 8.17 和作业题 8.18),计算其单位质量角动量。

8.20 "信使号"围绕水星的轨道偏心率是多少?

8.21 根据轨道的特性和性能(作业题 8.17 给出了一些),不可能求出"信使号"航天器的质量,为什么?

第9章 推进理论

我们曾试图运用燃烧产生的热能使飞行器在空中飘浮。首先映入脑海的是反作用力,它应用起来无需任何装置,也无需任何费用:如欲飞行器朝一端所指方向运行,仅需在其另一端设置一个或几个开口。

约瑟夫·蒙戈尔菲耶(Joseph Montgolfier),
1783——历史上关于飞行器喷气推进的首个技术记载

我开始意识到牛顿定律终归还是有些道理的。

罗伯特. H. 戈达德(Robert H. Goddard),1902

9.1 引 言

谚语有言:不劳而获是不可能的。其用于工程是再恰当不过了。前几章探讨了升力与阻力的气动产生;飞行器的性能、稳定与控制;以及航天器的运动。这些均涉及发动机或某种推进装置提供的动力或能量的消耗。"推进"研究即为本章主题。我们将探究飞行器或航天器的运行机制。

预览板块

本书第1章~8章探讨了飞行器飞行中的空气动力学与飞行动力学,以及穿越外太空飞行器相关航天学的某些方面。我们想当然地认为飞行器升空与续航由发动机提供动力,空天飞行器从地球表面进入太空也有发动机助推。现在是时候来瞧瞧发动机自身了——以揭秘飞行推进原理。

本章首先介绍历史上的经典推进装置——往复式发动机—螺旋桨组合,莱特兄弟1903年的"飞行者"便采用此类动力装置(见图1.2),且其实质上也是20世纪上半叶所采用的唯一的飞行器推进装置类型。现在绝大部分小型通用航空飞行器依然使用往复式发动机和螺旋桨。且如今往复式发动机也装载于汽车上。它们如何工作?如何产生动力?对汽车而言,该动力用于驱动车轮;对飞行器而言,则用于驱动螺旋桨,螺旋桨再产生推力驱动飞行器前行。这一切是怎样发生的?在本章中,你将找到该问题及前述问题的答案。

20世纪40年代中期,推进器革命发生——以第一架实用喷气式发动机的开发为标志。喷气式发动机变革了大气飞行领域,其发明无疑是飞行历史上继莱特兄弟在世纪之交发明的首架实用飞行器后的第二座最重要的里程碑。喷气式发动机使接近甚至超过声速的高速飞行成为可能。它使跨洋和跨国旅行变得安全可靠、方便快捷。当今的任何飞行推进研究都以喷气式发动机研究为主,本章亦不例外。

喷气式发动机有何神奇之处?它们如何能产生使飞行器速度达到1马赫甚至更高的足够推力?这其中一定存在一些有趣的物理学知识。是什么呢?如何计算一台喷气式发动机的推力?你将在本章找到答案。

喷气式发动机与火箭发动机均为喷气式推进装置大家族的成员,但火箭发动机的本质和设计特

点与喷气式发动机的相去甚远，有必要将两者分开讨论。实际上，某些大学的课程安排里，吸气推进与火箭推进分属不同（但相关）的课程。两者的区别是什么？本章最后一部分将介绍火箭发动机，对两者的差异加以说明。

火箭发动机能产生巨大推力，因其自带燃料和氧化剂，运行中无需空气助燃，为目前推动飞行器从地球表面进入太空的唯一发动机类型。火箭发动机如何产生如此大的推力？怎样计算其推力？大多数空天飞行器并非由一个发动机助推进入太空，而是由串联的两个或多个火箭发动机推进，每一级在燃料耗尽后从机身分离，同时下一级点燃。该过程如何发生的？为何大多数空天飞行器都使用多级火箭助推器进入太空？假设你是空天飞行器里的宇航员，你的最后一级火箭燃料耗尽，你怎样计算空天飞行器的速度？它足够使你进入太空并且一路上助你完成太空任务吗？你当然能领悟到这些问题答案的重要性，而本章会给出一些回答。

请记住，飞行器是一个包括空气动力学、飞行动力学、结构学和推进理论的系统。飞行器的成功运作需要这四个学科有效协调。推进为该系统一个特别重要的元素，因此本章也是全书至关重要的一部分。此外，运用推进理论探讨复杂机器以及控制和转换巨大能量来产生相应巨大推力的问题是十分有趣的。推进研究充满乐趣，笔者希望你阅读本章时发现确实如此。请系好安全带，打开油门，欣赏推进理论沿路的风景吧。

第1章中，载人飞行发展进程中推进技术的主导作用显而易见。乔治·凯利于1799年首先关注推进问题，他在自己的飞行器设计图上添加了桨叶。汉森和斯特林费罗想到了由蒸汽机驱动的"螺旋桨"，尽管未获成效，但该想法却比乔治·凯利的更胜一筹。1874年，亚历克斯·杜·坦普尔凭借一台由热气发动机驱动的机器短暂脱离了地面。1884年，莫扎伊斯基追随坦普尔，沿用蒸汽机（见图1.13和图1.14）。19世纪晚期，早期航空工程师明确意识到成功的载人飞行依赖于轻型且动力强劲的发动机发展。幸运的是，1860年第一台实用内燃机的出现为这一成功铺平了道路。可是，尽管汽油发动机发展迅速，在早期汽车工业的作用也日益显著，但为了获得飞行需要的高马力重量比，一些人，如兰利（第1.7节）和莱特兄弟（第1.8节），依然不得不自己设计发动机。而驱动螺旋桨的往复式内燃机最终证明是一种成功的动力装置组合，并且是直至第二次世界大战以前唯一实用的飞行器推进工具。这个过程中，发动机从1903年莱特兄弟设计的12hp发展到1945年径向发动机的2200hp，相应地使飞行速度从28英里/h提升到500英里/h以上。

随后，推进技术革命发生。弗朗克·惠特尔（Frank Whittle）于1930年在英国获得喷气式发动机的专利，并在10年里坚持不懈地改进这种发动机。1939年，德国的海因克尔（Heinkel）He 178飞行器成功飞行，飞行器上配备的是汉斯·冯·奥海因博士（Dr. Hans von Ohain）开发的涡轮喷气发动机。它是首架成功的喷气推进式飞行器，催生出第二次世界大战末德国Me 262喷气式战斗机。突然间，喷气发动机成为高性能飞行器的主要动力装置，使飞行速度在20世纪50年代达到声速，并在20世纪六、七十年代超过声速。今天飞行器工业依靠喷气推进，商用和军用飞行器的喷气式超声速飞行也早已屡见不鲜。

同时，又一场影响更大的推进革命发生了：火箭发动机的发功研制。由于苏联的康斯坦丁·齐奥尔科夫斯基（Konstantin Tsiolkovsky，1857—1935）、美国的罗伯特.H.戈达德（Robert H. Goddard，1882—1945）以及德国的赫尔曼·奥伯特（Hermann Oberth，1894—1989）等几位先驱者的努力，火箭发动机在1944年与德国V-2导弹首次配合使用。作为向太空发射飞行器的唯一实用方式，火箭发动机很快证明了其在空天时代的意义：助人们登上月球，探索太阳系的广大未知领域。

以上简略历史记述表明：推进引领了飞行速度方面所有重大发展。推进是空天工程学的重要课题之一，因此，后续章节讨论螺旋桨、往复式发动机、涡轮喷气发动机、冲压喷气发动机和火箭发动机的基本原理。这些推进装置是与空气相关的。可见深入透彻理解第4、5章的空气动力学和热力学基础有助于掌握本章推进概念。

图 9.1 展示了本章路线图。空天飞行器的推进装置可分为图 9.1 中的三大类：吸气式发动机，火箭发动机和先进太空推进装置。图 9.1 左栏为吸气式发动机；从名称可看出该类发动机使用大气中的氧气作为氧化剂。本章首先讨论螺旋桨和往复式发动机，这一组合是成功的动力飞行头 50 年里主要的动力装置。然后讨论喷气式推进原理，并推导出喷气推进装置（包括喷气发动机和火箭发动机）的推力方程。再来看看左栏的其余部分，这里探讨三种主要的吸气式喷气发动机：涡轮喷气发动机、涡轮风扇发动机和冲压式喷气发动机。图 9.1 中间一栏介绍火箭发动机——自带燃料和氧化剂因而不依赖大气层的推进装置。我们将探讨如何计算一台火箭发动机的性能（推力和效率），如何预测火箭将多大的有效负载加速到多大的速度（火箭方程）。随后讨论并计算多级火箭运载器（与单级大火箭相对应）的性能。同时提及化学燃料火箭发动机推进剂的重要方面。最后探讨先进太空推进（图 9.1 右栏）的一些基本概念。

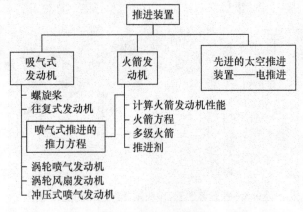

图 9.1　第 9 章路线图

9.2　螺 旋 桨

飞行器机翼与螺旋桨有某些相同之处：都由产生空气动力的翼型组成。机翼提供维持飞行器在空中飞行的升力；螺旋桨提供推动飞行器穿过空气运行的推力。图 9.2 是一个简单的三叶螺旋桨草图，

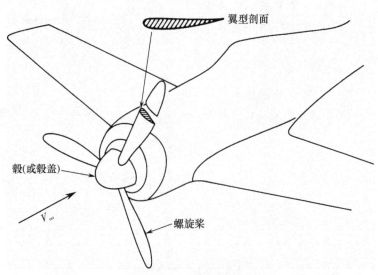

图 9.2　飞行器螺旋桨，强调螺旋桨截面为一种翼型

由图可见螺旋桨横截面其实是一种翼型;然而,与机翼不同,翼型剖面的弦线实质上均朝同一个方向,同时,螺旋桨扭转以使弦线在桨根几乎与 V_∞ 平行,而在桨梢则变得几乎与 V_∞ 垂直,如图 9.3 所示,其展示了螺旋桨的侧视图和两个截面图(桨梢截面图与桨根截面图)。仔细研究该图示。弦线与螺旋桨旋转平面之间的夹角定义为螺距角 β。螺旋桨桨根至给定截面的距离为 r。注意 $\beta = \beta(r)$。

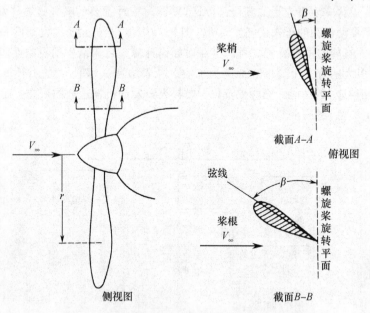

图 9.3 螺旋桨图示,表明桨叶螺距角的变化情况

设螺旋桨截面经受的气流由飞行器前进运动与螺旋桨自身旋转运动共同产生,如图 9.4(a) 所示。图中飞行器相对风速为 V_∞,由螺旋桨旋转引起的桨叶截面速度是 $r\omega$。ω 表示螺旋桨的角速度,单位为 rad/s。因此,螺旋桨截面经受的相对风速为 V_∞ 与 $r\omega$ 的矢量和,如图 9.4(b) 所示。

显然,如果翼型剖面弦线与当地相对风 V 成攻角 α,则升力和阻力(分别垂直和平行于 V)产生。因此,如图 9.5 所示,L 与 D 在 V_∞ 方向的分量产生净推力 T。

$$T = L\cos\phi - D\sin\phi \qquad (9.1)$$

式中:$\phi = \beta - \alpha$。螺旋桨桨叶全长的总推力产生可用净推力(T_A,定义见第 6 章),驱动飞行器前进。

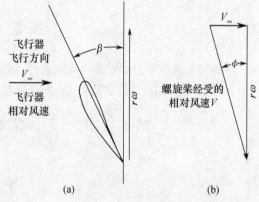

图 9.4 气流速度相对于螺旋桨的速度图

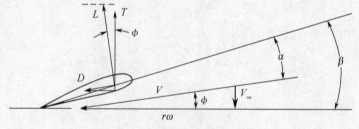

图 9.5 螺旋桨推力的产生

该简图表明了螺旋桨的工作原理,但螺旋桨性能的实际预测要复杂得多。螺旋桨类似扭转的有限翼展机翼,因此,与第5.13和5.14节中所讨论的有限翼展机翼相同,螺旋桨的空气动力也受到桨梢涡流诱发的气流影响。并且,由于螺旋桨的扭转及旋转运动,其空气动力学理论更为复杂。然而,螺旋桨理论已得到广泛发展,详情请阅读多玛斯奇(Dommasch)等以及戈洛瑞特(Glauret)著作(见章末参考文献)。该理论不在本书讨论范围之内。

现在集中理解第6.6节介绍的螺旋桨效率 η。根据式(6.30),螺旋桨效率为

$$\eta = \frac{P_A}{P} \tag{9.2}$$

式中:P 为轴制动功率(发动机曲轴传递给螺旋桨的功率);P_A 为螺旋桨产生的可用功率。据式(6.31)可得 $P_A = T_A V_\infty$。故式(9.2)变为

$$\eta = \frac{T_A V_\infty}{P} \tag{9.3}$$

如前所述,式(9.3)中 T_A 基本属于空气动力现象,取决于图9.5中的攻角 α。反过来,α 由螺距角 β 和 ϕ 决定,其中 ϕ 取决于 V_∞ 与 $r\omega$ 的量级。角速度 $\omega = 2\pi n$,n 为螺旋桨每秒的转速。因此,T_A 一定至少是关于 β、V_∞ 与 n 的函数。最后可见推力还一定取决于螺旋桨的大小(以直径 D 表示)。根据式(9.3),螺旋桨效率一定取决于 β、V_∞、η 和 D。事实上,理论和实验均表明对于固定的螺距角 β,η 为无量纲量 J 的函数。

$$J = \frac{V_\infty}{nD} \quad \text{前进比}$$

β 固定时,η 随 J 的典型变化如图9.6所示,图中三条曲线对应三个螺距角值。图9.6具有重要意义,从这些曲线可获得用于飞行器性能分析的 η,如第6章所述。

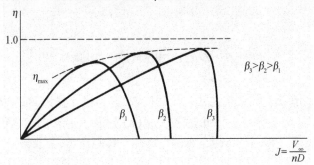

图9.6 螺旋桨效率对前进比变化示意图。D 表示螺旋桨直径

仔细研究图9.6。注意 $\eta < 1$,这是因为发动机曲轴传递给螺旋桨的功率总有一部分受到损耗,所以 $P_A < P$。这些损耗由几个因素导致。首先假设你置身一块空地,周围空气静止不动,没有速度。之后一架螺旋桨驱动的飞行器跃升至你身旁。螺旋桨经过后,你将感觉到一股强风朝飞行器运行方向相反的方向吹过。这股风是螺旋桨产生的部分滑流,即螺旋桨的经过使空气发生平移和旋转运动。所以你会察觉到空气的部分平移和旋转动能,这在之前是没有的。此动能来源于曲轴传递给螺旋桨的部分功率,它没有做有用功,因而剥夺了螺旋桨的部分可用功率。这样,滑流向飞行器前方静止空气传递的能量是功率损失的一个源头。第二个源头是螺旋桨表面摩阻与压差阻力(翼型阻力)导致的摩擦损耗。任何类型的摩擦都会降低功率。第三个源头是压缩性损耗。螺旋桨运动最快的部分是桨梢。对许多高性能发动机而言,螺旋桨桨梢速度会导致近声速的相对风速。这种情况下,导致机翼阻力发散增多,(见第5.10节)同类型激波与边界层分离损耗剥夺螺旋桨的部分可用功率。如果桨梢速度超过声速,则 η 大幅下降,这是跨声速与超声速飞行器不使用螺旋桨的主要原因。

(第二次世界大战后,受后掠翼在高速飞行中成功运用的激发,NACA 和其他实验室对后掠翼螺旋桨进行了实验,但均毫无成效。)由于上述所有损耗,螺旋桨效率总是小于1。

回顾图9.6。注意,对于固定的 β,$J=0$ 时,螺旋桨效率为零,之后随 J 的增大而增高,增至最大值后随 J 的增大急剧减小,最后再次回到零,此时 J 为某个较大的有限值。为何 J 为两个不同值时,η 都为零？在原点时,答案很简单。设螺旋桨 n 与 D 为既定值,因此,J 仅取决于 V_∞。当 $V_\infty=0$ 时,$J=0$。而 $V_\infty=0$ 时,$P_A=T_A V_\infty=0$,从而 $\eta=P_A/P=0$。所以,$J=0$ 时螺旋桨效率为零。因为飞行器没有运动,因而没有产生可用功率。另一个极限情况下,设 V_∞ 较大,因此 J 也较大,因为攻角小,螺旋桨失去升力,如图9.7所示。设一给定螺旋桨翼型剖面与中心的距离为 r。假定 ω,则 $r\omega$ 保持不变。如果 V_∞ 较小,则相对风速将如图9.7(a)所示,图中翼型剖面成一合理攻角,故产生一合理升力。现如果 V_∞ 值增加,相对风速接近弦线,因此 α 及升力系数减小。如果 V_∞ 使得相对风速对应零升力线,则升力(因此导致推力)为零,此时 $\eta=T_A V_\infty/P=0$。事实上,如果 V_∞ 继续增大,翼型剖面将产生负升力,并因此产生反推力,如图9.7(b)所示。

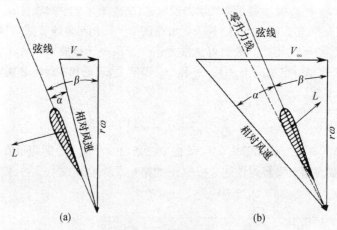

图9.7　螺旋桨效率随前进比变化阐释
(a) 低 V_∞ 时速度图；(b) 高 V_∞ 时速度图。

对相对风的考虑也解释了螺旋桨桨叶为什么扭转,且桨根 β 较大,而桨梢 β 较小,如图9.3所示。桨根附近,r 较小,故 $r\omega$ 亦较小。因此,如图9.8(a)所示,β 必须为较大值,方能获得一合理的 α。相比之下,在桨梢附近,r 和 $r\omega$ 均较大。因此,如图9.9(a)所示,为获得一合理的 α,β 必须较小。

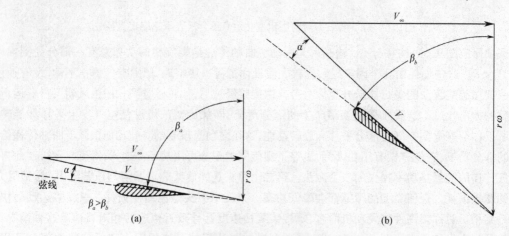

图9.8　螺旋桨桨叶上相对风的差异
(a) 桨根附近；(b) 桨梢附近。

回顾图 9.6。1930 年之前的所有早期飞行器均配备定距螺旋桨,即早在桨叶设计和制造中即从几何上固定了各截面 β 的取值。一旦螺旋桨牢牢安装于发动机曲轴上,飞行员不能再改变桨叶角度。因此,由图 9.6 中曲线可知,螺旋桨最大效率只有在特定前进比 J 值时方能获得。以其他速度飞行时,螺旋桨效率总是低于最大值。该特征严格限制了飞行器性能。1916 年,位于英国范堡罗(Farnborough)的皇家飞机制造厂尝试设计双位变距螺旋桨,尽管成效甚微,但仍有所改进。最终由英国的 H. S. 海利 – 肖博士(H. S. Hele – Shaw)及 T. E. 比查姆(T. E. Beacham)于 1924 年取得专利,并于 1932 年在美国首次投入实际生产。变距螺旋桨固定于桨毂—机械装置上,该机械装置使桨叶整体绕桨叶总长的轴旋转。如此,螺旋桨螺距可不断改变以使任何飞行速度下的效率保持最大。该情况可形象地表示为图 9.6 中螺旋桨效率曲线峰值的连线,如图中表示 η_{max} 的虚线所示。此概念的进一步发展是 1935 年定速螺旋桨的引入,该类螺旋桨的螺距角可不断自动改变,以使发动机扭矩始终适宜,从而使发动机转速在飞行速度范围内保持恒定。这种设计极为有利,因为飞行器活塞发动机的制动功率输出通常在一定转速时最佳。20 世纪 30 年代变距定速螺旋桨的引入仍然是航空工程史上最重要的发展之一。因此,大多数现代螺旋桨 η 值介于 0.83 ~ 0.90。

以下探讨螺旋桨所用翼型剖面。第一次世界大战以来的早期螺旋桨一般采用 RAF – 6 翼型,不久后改用庄重的克拉克 Y 型。20 世纪 30 年代晚期,一些标准的 NACA 翼型得以使用。然而,随着第二次世界大战期间飞机速度迅速提升,一些特殊的高速翼型纳入螺旋桨中。NACA 开发了一整套(包括 16 个系列)专用于螺旋桨的翼型。该系列翼型与附录 4 中所列举的翼型有所不同,一些典型的翼型如图 9.9 所示。这些翼型偏薄,旨在使螺旋桨桨梢附近的跨声速流效应最小。其与更传统翼型的对比见附录 4。

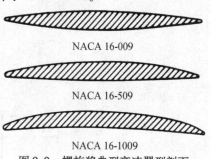

图 9.9 螺旋桨典型高速翼型剖面

9.3 往复式发动机

成功载人飞行的头 50 年里,内燃往复式汽油发动机为飞行器推进领域的中流砥柱。如今,此类发动机依然用于飞行速度小于 300 英里/h 的飞行器,而绝大部分轻型、通用的私人航空器速度均在 300 英里/h 以下(如第 6 章示例中的 CP – 1 构想飞行器)。图 9.10 展示了典型内燃往复式发动机图。

图 9.10 大型径向气冷式内燃飞行器发动机:普惠 R – 2000"双黄蜂"发动机,于 1941 年至 1959 年投产
[来源:普惠飞机发动机公司,联合技术公司旗下一员]

该类发动机的基本运行方式是活塞在汽缸内来回(往复)运动,同时气门相应打开和关闭,以注入新的油气混合物和排出燃烧废气。活塞通过连杆与曲轴连接,连杆将活塞的往复式运动转换成曲轴的旋转运动。典型的四冲程工作循环如图9.11所示。进气行程中[图9.11(a)],活塞向下运动,进气门

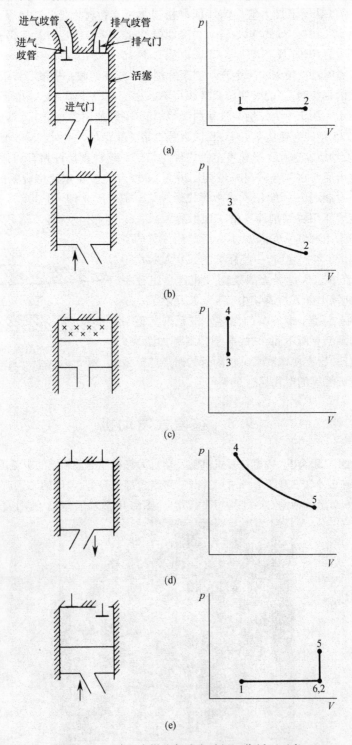

图 9.11 四冲程内燃往复式发动机工作循环要素
(a) 进气行程;(b) 压缩行程;(c) 定容燃烧;(d) 做功行程;(e) 排气行程。请注意,V表示汽缸内气体体积。

开启,新注汽油—空气混合物进入汽缸。此过程的 $p-V$ 图(气压对容积图)如图9.11(a)所示。图中点 1 对应行程开始(此时活塞位于汽缸顶部,称为上止点),点 2 对应行程结束(此时活塞位于汽缸底部,称为下止点)。体积 V 为汽缸顶部与活塞上表面之间混合物的总体积。整个进气行程中,气压基本不变,汽缸内燃油—空气混合物总质量增加。进气行程底部,进气门关闭,压缩行程开始[图9.11(b)]。此时,活塞将恒定质量的气体从低气压 p_2 压缩至高气压 p_3,如图9.11(b)中 $p-V$ 图所示。如果忽略摩擦效应,则由于无热量增加或减少,压缩过程等熵进行(见第4.6节)。压缩行程顶部,混合物通常被电火花点燃。燃烧即刻发生,此时活塞运行距离极小,完全可忽略不计。因此,实际而言,燃烧过程为定容过程[图9.11(c)]。因为能量释放,温度显著升高;相应地,由于容积不变,由状态方程(2.9)可知气压从 p_3 上升至 p_4。该高气压对活塞表面施加一个强大的力,驱使活塞向下运动,做功行程发生[图9.11(d)]。再次假设摩擦和热传递效应可忽略不计,汽缸内气体等熵膨胀至气压 p_5。做功行程底部,排气门开启,汽缸内气体立即调整至排气歧管气压 p_6,此气压值通常等于 p_2。排气行程中[图9.11(e)],活塞将燃烧废气推出汽缸,回到点 1 的状态。因此,传统飞行器活塞发动机的基本过程由四冲程工作循环组成:进气、压缩、做功和排气。

因为定容燃烧释放热量,该工作循环对曲轴传送正功。通过完整的工作循环 $p-V$ 图,可计算该功的大小,如图9.12 所示。回顾式(4.15)可知,因体积 dV 变化对气体所做的功大小为 $\delta w = -pdV$,故气体所做的功为

$$\delta w = pdV$$

对工作循环中任一部分而言,比如做功行程中,气体所做的功的大小等于图9.12 中高度 p 与基部 dV 构成扇形面积的大小。因此,整个做功行程中气体对活塞所做的功为

$$W_{做功行程} = \int_{V_4}^{V_5} pdV \tag{9.4}$$

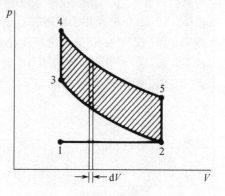

图9.12　火花点火束式内燃发动机的完整四冲程循环(奥托循环)

即图9.12 中点 4 至点 5 之间曲线下方的面积。与之类似,压缩行程中活塞对气体所做的功为

$$W_{压缩行程} = \int_{V_4}^{V_5} pdV \tag{9.5}$$

即点 2 至点 3 之间曲线下方的面积。因此,整个工作循环中,所做的净功 W 为

$$W = W_{做功行程} - W_{压缩行程} \tag{9.6}$$

即图9.12 所示 $p-V$ 图中阴影部分面积。由此可见, $p-V$ 图的作用在于分析闭合系统中的热动力过程:整个工作循环在 $p-V$ 图上界定的面积等于该循环中所做的功。

该装置的功率输出为单位时间内所做的功。假设发动机曲轴转速为每秒 n 圈(r/s)。曲轴每转一圈,活塞向上和向下各运动一次。因此,每秒重复的完整发动机循环次数为 $n/2$ 次。由式(9.6)可得,每个循环的功输出为 W。如果整台发动机配置 N 个汽缸,则其功率输出为

$$IP = \frac{n}{2}NW \tag{9.7}$$

式中:符号 IP 表示指示功率,为发动机内热动力及燃烧过程产生的功率。然而,该功率向曲轴的传递通过机械连动装置发生,故总因活动件相接触而导致摩擦损失。因此,传递至曲轴的功率小于 IP。如果轴制动功率为 P(见第6.6节),则

$$P = \eta_{机械}(IP) \tag{9.8}$$

式中：$\eta_{机械}$为机械效率，表明因发动机活动件导致的摩擦损失。根据式(6.30)可知，驱动发动机螺旋桨组合的可用功率为

$$P_A = \eta\eta_{机械}(\mathrm{IP}) \tag{9.9}$$

或由式(9.7)可知：

$$P_A = \eta\eta_{机械}\frac{n}{2}NW \tag{9.10}$$

设 rpm 表示发动机每分钟转数，则 $n = \mathrm{rpm}/60$，且式(9.10)变为

$$P_A = \frac{\eta\eta_{机械}(\mathrm{rpm})NW}{120} \tag{9.11}$$

式(9.11)证明了一个显而易见的事实，即：螺旋桨飞行器可用功率与发动机每分钟转数成正比。

式(9.10)中每工作循环所做的功可以用更详细的形式表示。假设活塞如图 9.13 所示。活塞运动距离称为行程 s；活塞直径称为缸径 b。活塞排出的气体体积称为排量，等于$(\pi b^2/4)s$。假设做功行程中，恒定压力 p_e 作用于活塞表面，则 p_e 为平均有效压力。p_e 并非作用于活塞上的实际压力，其在做功冲程中实际在 p_4 至 p_5 之间变化。p_e 是一个与发动机功率输出相关的人为定义量，为实际压力的平均表征。假设所有有用功均在做功行程中产生，则 W 等于作用于活塞上的力 $(\pi b^2/4)p_e$ 与该力运动距离 s 的乘积，即

$$W = \frac{\pi b^2}{4}sp_e \tag{9.12}$$

合并式(9.11)与式(9.12)，可得

$$P_A = \eta\eta_{机械}(\mathrm{rpm})N\frac{\pi b^2}{4}\frac{sp_e}{120} \tag{9.13}$$

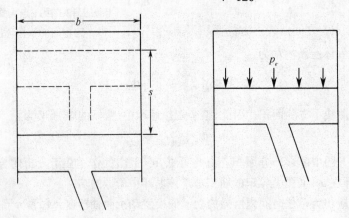

图 9.13 缸径、行程与平均有效压力图示

发动机总排量 d 等于各汽缸排量与汽缸个数的乘积：

$$d = \frac{\pi b^2}{4}sN \tag{9.14}$$

合并式(9.13)与式(9.14)，可得

$$P_A = \frac{\eta\eta_{机械}(\mathrm{rpm})dp_e}{120} \tag{9.15}$$

式(9.15)表明可用功率与发动机每分钟转数、排量和平均有效压力成正比。

第6章中,对于往复式发动机螺旋桨组合,我们假定作用于 P_A 的高度效应取决于周围介质密度,即假定 P_A 与 ρ_∞ 成正比。现在,基于前述讨论,该假定可以得到更多论证。例如,式(9.15)表明 P_A 与 p_e 成比例。然而,p_e 表示空气质量,该空气最初在环境条件下获得,然后在进气歧管内与少量燃油混合,之后在进气行程中注入汽缸。如果通过增加飞行高度减小空气质量,p_e 相应减小。根据式(9.15)可知,P_A 随之相应减小。因此,$P_A \propto \rho_\infty$ 假定合理。

如果发动机使用增压器,则 P_A 随高度的减小将延迟。增压器实质上为一个泵,从发动机曲轴处启动(齿轮传动增压器),或由一个置于发动机排气管内的小型涡轮驱动(涡轮增压器)。增压器压缩进气,然后空气进入进气歧管,密度增加,因此避免高度增加时 P_A 的耗损。20世纪20年代,NACA兰利研究所对增压器进行了早期研究,该研究作用显著,因为当时未增压飞行器的飞行高度限制在20000ft或以下。然而,1929年5月18日,海军上尉阿波罗·索切克(Apollo Soueck)驾驶一架由普惠"黄蜂"增压发动机驱动的"阿帕奇"飞机(Apache)飞行至39140ft的高空,创造了当时飞行高度的纪录。随后,绝大部分NACA推进研究转至增压器研究,这使第二次世界大战中军用飞机使用的发动机的性能大大提高。对目前的现代通用航空飞行器而言,增压发动机成为许多设计的选配装置,并成为其他设计的标配装置。

对往复式内燃发动机更为详尽的探讨超出本书范围。然而,该类发动机对于通用航空产业至关重要。此外,其对汽车产业的重要性不言而喻,尤其是考虑到对效率及低污染排放的现代要求。因此,在此强烈建议感兴趣的读者深入研究此课题。更多详细内容可参考欧贝特(Obert)著作(见本章末参考文献)。

例 9.1

设一六缸内燃发动机行程为9.5cm,缸径长9cm。压缩比为10。(请注意,内燃发动机术语里压缩比定义为活塞位于下止点时汽缸内气体体积与活塞位于上止点时气体体积之比。)进气歧管中压力和温度分别为0.8atm和250K。混合物的燃油空气比为0.06(质量比)。发动机机械效率为0.75。如果连接螺旋桨的曲轴效率为0.83,计算该发动机螺旋桨组合在每分钟转数为3000时的可用功率。

解

设理想工作循环如图9.12所示。为最终求得总功率输出,我们需要计算每循环所做的功。为此,首先需要获得 p_3、p_4、$V_2 = V_5$ 及 $V_3 = V_4$。因为压缩行程等熵,根据第4.6节可得

$$\frac{p_3}{p_2} = \left(\frac{V_2}{V_3}\right)^r = 10^{1.4} = 25.1$$

$$p_3 = 25.1(0.8) = 201 \text{atm}$$

$$\frac{T_3}{T_2} = \left(\frac{V_2}{V_3}\right) = (10)^{2.4} = 2.5$$

$$T_3 = 2.5(250) = 625\text{K}$$

参照图9.12,可知点3至点4的燃烧过程中体积不变。1kg汽油燃烧释放的化学能量约为 4.29×10^7 J。因此每千克燃油空气混合物释放的热量为(回顾知燃油空气比为0.06)

$$q = \frac{(4.29 \times 10^7)(0.06)}{1.06} = 2.43 \times 10^6 \text{J/kg}$$

根据热力学第一定律,即式(4.16),以及式(4.23)可知,对于定容过程,

$$\delta q = de + pdv = de + 0 = c_v dT$$

因此，
$$q = c_v(T_4 - T_3)$$
或
$$T_4 = \frac{q}{c_v} + T_3$$

根据式(4.68)可得出 c_v 值。回顾例 4.5 可知，空气的 $c_p = 1008\text{J}/(\text{kg}\cdot\text{K})$。假设燃油空气混合物的比热和气体常数仅取决于空气，因混合物中仅有少量燃油，故该假设合理。因此，$c_v = c_p - R = 1008 - 288 = 720\text{J}/(\text{kg}\cdot\text{K})$。故

$$T_4 = \frac{q}{c_v} + T_3 = \frac{2.43 \times 10^6}{720} + 625 = 4000\text{K}$$

根据状态方程，可知 $V_4 = V_3$ 且 R 不变，可得 $p_4/p_3 = T_4/T_3$。则

$$p_4 = p_3 \frac{T_4}{T_3} = 20.1 \frac{4000}{625} = 128.6\text{atm}$$

由于做功行程等熵进行，因此，

$$\frac{p_5}{p_4} = \left(\frac{V_4}{V_5}\right)^\gamma = \left(\frac{1}{10}\right)^{1.4} = 0.0398$$

$$p_5 = 128.6(0.0398) = 5.12\text{atm}$$

现在已具备足够的热力学信息，可计算每循环所做的功。根据式(9.5)，

$$W_{压缩行程} = \int_{V_3}^{V_2} p\,dV$$

对于等熵过程，$pV^\gamma = c$，其中 c 为常量。因此 $p = cV^{-\gamma}$，且

$$W_{压缩} = c\int_{V_3}^{V_2} V^{-\gamma} dV = \frac{c}{1-\gamma}(V_2^{1-\gamma} - V_3^{1-\gamma})$$

因为

$$c = p_2 V_2^\gamma = p_3 V_3^\gamma$$

$$W_{压缩} = \frac{p_2 V_2 - p_3 V_3}{1-\gamma}$$

需得出 V_2 和 V_3 以进行进一步演算。参照图 9.13。活塞行程为 9.5cm，压缩比为 10。设 x 表示汽缸顶部至活塞上止点之间的距离，则根据压缩比定义可得

$$\frac{x + 9.5}{x} = 10$$

$$x = 1.055\text{cm}$$

$$V_2 = \frac{\pi b^2}{4}(9.5 + 1.05) \quad\quad 其中\ b = 缸径 = 9\text{cm}$$

$$= \pi(9)^2 \frac{9.5 + 1.05}{4}$$

$$= 671.2\text{cm}^3 = 6.712 \times 10^{-4}\text{m}^3 \quad （注意使用一致单位）$$

$$V_3 = \frac{V_2}{10} = 0.6712 \times 10^{-4}\text{m}^3$$

因此，

$$W_{压缩} = \frac{p_2 V_2 - p_3 V_3}{1-\gamma} = \frac{[0.8(6.712 \times 10^{-4}) - 20.1(0.6712 \times 10^{-4})]1.01 \times 10^5}{-0.4} = 205\text{J}$$

同理可得，点 4 至点 5 间做功行程所做的功(等熵)为

$$W_{做功行程} = \int_{V_5}^{V_4} p\mathrm{d}V$$

$$W_{做功} = \frac{p_5V_5 - p_4V_4}{1-\gamma} = \frac{[5.12(6.712 \times 10^{-4}) - 128.6(0.6712 \times 10^4)]1.01 \times 10^5}{-0.4} = 1312\mathrm{J}$$

最后,根据式(9.6),每循环所做的净功为

$$W = W_{做功} - W_{压缩} = 1312 - 205 = 1107\mathrm{J}$$

根据式(9.11),可得发动机螺旋桨组合的总可用功率

$$P_A = \frac{1}{120}\eta\eta_{机械}(\mathrm{rpm})NW = \frac{0.83(0.75)(3000)(6)(1107)}{120}$$

$$P_A = 1.034 \times 10^5 \mathrm{J/s}$$

由第6.6.1节可知

$$1\mathrm{hp} = 746\mathrm{J/s}$$

故

$$\mathrm{hp}_A = \frac{1.034 \times 10^5}{746} = 138.6\mathrm{hp}$$

注:该例计算过程冗长且繁复,但它阐明了内燃机的许多性质,希望读者仔细探究。

例 9.2

计算图9.1所示发动机的平均有效压力。

解

根据式(9.15),

$$P_A = \frac{1}{120}\eta\eta_{机械}(\mathrm{rpm})dp_e$$

式中:d表示排量;p_e表示平均有效压力。根据式(9.14)可得

$$d = \frac{\pi b^2}{4}sN = \frac{\pi(9)^2(9.5)(6)}{4} = 3626\mathrm{cm}^3 = 3.626 \times 10^{-3}\mathrm{m}^3$$

因此,根据式(9.15)及例9.1的结果可得

$$103366 = \frac{1}{120}(0.83)(0.75)(3000)(3.626 \times 10^{-3})p_e$$

$$p_e = 1.83 \times 10^6 \mathrm{N/m}^2 = 18.1\mathrm{atm}$$

9.4 喷气推进理论——推力方程

第9.2节与9.3节探讨了活塞发动机螺旋桨组合产生的推力和功率。第2.2节提到,自然对固体表面施加力的基本机制由表面压力与剪切应力分布情况实现。螺旋桨便是一个恰当的例子。螺旋桨桨叶表面压力与剪切应力分布的净结果产生气动力,即推力,驱动飞行器前行。推力作用于螺旋桨导致一个大小相等而方向相反的反作用力,该力产生作用于空气自身的力,推动空气朝与螺旋桨推力相反的方向运动,即螺旋桨引发空气的动量变化。推力得以产生的另一个物理学阐述为:T等于气流动量的时间变化率。对螺旋桨而言,该动量变化以施加于大量空气上较小速度增量(约10m/s)体现。但必须牢记:产生推力的基本机制仍然是压力和剪切应力的分布情况。与机翼产生升力类似,推力也主要取决于压力分布[见式(9.1)与图9.5];剪切应力则主要为一种阻力发生机制,影响螺旋桨的扭矩。

上述原理同样适用于喷气推进。如图 9.14(a)所示，喷气发动机基本以自由流速度 V_∞ 吸入空气，通过燃油在导管内燃烧加热空气，随后以更高速度 V_e 将空气与燃烧产物的热混合物排出发动机尾端。(严格说来，发动机进气口处空气速度稍大于 V_∞，但这对目前的讨论没有影响。)与螺旋桨不同，喷气发动机通过吸入少量空气并大大增加速度(数百米每秒)使气体发生动量变化。根据牛顿第三定律，大小相等、方向相反的反作用力产生推力。然而，尽管该反作用力定律常常视为喷气推进的基本发生机制，实际上却和前述讨论一样，仅仅作为一种物理学阐述。喷气发动机推力本质源于

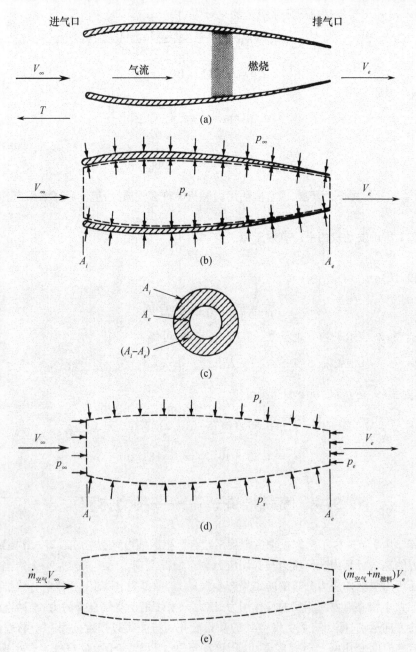

图 9.14　喷气推进原理阐述
(a) 喷气发动机；(b) 导管内表面与外表面压力；(c) 前视图，表明进气口与排气口面积；
(d) 流经导管气流的控制体积；(e) 流经发动机气流的动量变化。

发动机表面压力与剪切应力分布产生的净力,如图9.14(b)所示。该图说明了分别作用于管道内表面的压力 p_s 及外表面的周围压力(即 p_∞)的分布情况。表面压力作用显著,相比之下,剪切应力通常居于从属地位,在此忽略不计。探讨图9.14(b),设 x 表示飞行方向,则发动机在此方向的推力等于整个内表面中 p_s 在 x 方向的分量与整个外表面中 p_∞ 在 x 方向的分量之和。以数学符号表示为

$$T = \int (p_s \mathrm{d}S)_x + \int (p_\infty \mathrm{d}S)_x \tag{9.16}$$

由于 p_∞ 恒定不变,上式最后一项变为

$$\int (p_\infty \mathrm{d}S)_x = p_\infty \int (\mathrm{d}S)_x = p_\infty (A_i - A_e) \tag{9.17}$$

式中:A_i、A_e 分别表示导管进气口与排气口面积,如图9.14(b)所示。式(9.17)中,导管面积在 x 方向的分量 $\int (\mathrm{d}S)_x$ 在物理上为正面所见导管面积,如图9.14(c)所示。表面积在 x 方向的分量几何上为图9.14(c)中阴影部分表示的投影正面面积。因此,将式(9.17)代入式(9.16),可得喷气发动机的推力 T

$$T = \int (p_s \mathrm{d}S)_x + p_\infty (A_i - A_e) \tag{9.18}$$

式(9.18)中的积分以目前的形式难以处理,不妨利用气体流经导管的速度与质量流来简化该积分。设图9.14(b)中虚线界定的气体体积在空气动力学中称为控制体积。该体积的正面面积为 A_i,压力 p_∞ 作用其上。该控制体积的侧面面积等同于发动机导管的内侧面积。由于气体对导管施加压力 p_s,如图9.14(b)所示,根据牛顿第三定律,导管对控制体积中的气体施加一个大小相等、方向相反的压力 p_s,如图9.14(d)所示。最后,控制体积的背面面积为 A_e,压力 p_e 作用其上。压力 p_e 为导管出口处的静压力。结合上述讨论及图9.14(d),可得作用于控制体积内气体上的力在 x 方向上的分量为

$$F = p_\infty A_i + \int (p_s \mathrm{d}S)_x - p_e A_e \tag{9.19}$$

现在回顾牛顿第二定律:$F = ma$。该式也可写成 $F = \mathrm{d}(mV)/\mathrm{d}t$,即力等于动量的时间变化率(事实上,这也是牛顿表述其第二定律的最初形式)。流经控制体积的空气动量时间变化率为多少?答案可由图9.14(e)得出。进入导管的空气质量流(kg/s 或 slug/s)为 $\dot{m}_{\mathrm{air}}$,其动量为 $\dot{m}_{\mathrm{air}} V_\infty$。排出导管(请记住有燃油注入并在导管内燃烧)的气体质量流为 $\dot{m}_{\mathrm{air}} + \dot{m}_{\mathrm{fuel}}$,其动量为 $(\dot{m}_{\mathrm{air}} + \dot{m}_{\mathrm{fuel}}) V_e$。故流经控制体积的空气动量时间变化率为排出气体与进入空气的动量差值:$(\dot{m}_{\mathrm{air}} + \dot{m}_{\mathrm{fuel}}) V_e - \dot{m}_{\mathrm{air}} V_\infty$。根据牛顿第二定律,该差值等于作用于控制体积上的力的大小:

$$F = (\dot{m}_{\mathrm{air}} + \dot{m}_{\mathrm{fuel}}) V_e - \dot{m}_{\mathrm{air}} V_\infty \tag{9.20}$$

合并式(9.18)与式(9.20)可得

$$(\dot{m}_{\mathrm{air}} + \dot{m}_{\mathrm{fuel}}) V_e - \dot{m}_{\mathrm{air}} V_\infty = p_\infty A_i + \int (p_s \mathrm{d}S)_x - p_e A_e \tag{9.21}$$

求解式(9.21)中的积分,得

$$\int (p_s \mathrm{d}S)_x = (\dot{m}_{\mathrm{air}} + \dot{m}_{\mathrm{fuel}}) V_e - \dot{m}_{\mathrm{air}} V_\infty + p_e A_e - p_\infty A_i \tag{9.22}$$

现在已得出原推力方程(9.18)关于速度和质量流的积分,符合预期。将式(9.22)代入式(9.18),则得发动机推力的最终结果:

$$T = (\dot{m}_{\mathrm{air}} + \dot{m}_{\mathrm{fuel}}) V_e - \dot{m}_{\mathrm{air}} V_\infty + p_e A_e - p_\infty A_i + p_\infty (A_i - A_e) \tag{9.23}$$

抵消 A_i 项，得

$$T = (\dot{m}_{\text{air}} + \dot{m}_{\text{fuel}})V_e - \dot{m}_{\text{air}}V_\infty + (p_e - p_\infty)A_e \tag{9.24}$$

式(9.24)为喷气推进的基本推力方程。该式是一条重要结论,在后续章节将详尽论述。请牢记该结论的推理过程。首先以纯机械术语表示发动机推力,即推力由作用于导管内外表面的压力分布所致,这也是式(9.18)的本质。然后内表面的压力分布由流经导管的气体动量变化来表示,这是式(9.22)的本质。最后结合两条思路得出式(9.24)。请反复阅读本节概念,直至熟记本节理念与结论。利用控制体积概念推导推力方程是许多空气动力学问题求解中常用方法示例,空气动力学和推进理论对其做出了更详尽的研究。

9.5 涡轮喷气发动机

1944 年,德国空军引进世界上首架可操作的喷气战斗机:ME 262。到 1950 年,喷气发动机成为所有高性能军用飞机的主流。1958 年,商业航空公司已在使用喷气推进波音 707 和麦克唐纳 – 道格拉斯 DC – 8。如今,喷气发动机更是高亚声速与超声速飞行中唯一实用的推进装置。(第 6 章亦提到 CJ – 1 构想飞行器由两台小型喷气发动机驱动。)图 9.15 展示了典型涡轮喷气发动机图片。

图 9.15　J52 涡轮喷气发动机
[来源:普惠飞机发动机公司]

涡轮喷气发动机的推力直接由式(9.24)得出。喷气发动机基本以速度 V_∞ 吸入冷空气质量流 $\dot{m}_{\text{air}}$,然后以速度 V_e 排出热空气与燃烧产物质量流 $\dot{m}_{\text{air}} + \dot{m}_{\text{fuel}}$,此过程如图 9.16 所示。与空气质量相比,燃油质量通常极小:$\dot{m}_{\text{fuel}}/\dot{m}_{\text{air}} \approx 0.05$,故 $\dot{m}_{\text{fuel}}$ 可忽略不计,式(9.24)简化为

$$T = \dot{m}_{\text{air}}(V_e - V_\infty) + (p_e - p_\infty)A_e \tag{9.25}$$

式(9.25)明确表明 T 随 $V_e - V_\infty$ 的增加而增加。喷气发动机的功能在于以高于前端进气速度的速度将气体排出后端,常规涡轮喷气发动机则是通过进气口(图 9.16 点 1 至点 2)吸入空气来完成上述功能。气流通过扩散器时,速度减至一低亚声速马赫数,$M \approx 0.2$。该扩散器恰好类似于第 4 章讨论的风洞扩散器。如果 V_∞ 为亚声速,扩散器必须增加气流面积以降低气流速度,即所用扩散器为渐扩导管[见式(4.83)]。如果 V_∞ 为超声速,则扩散器必须为收缩—扩张导管,气流穿过激波时速度部分降低,如图 9.16 所示。此类超声速进气口有时使用中心体控制激波的强度和位置,并通过收缩—扩张流管促进减速气流的形成。扩散过程中,气体静压力从 p_1 上升至 p_2。气体通过扩散器后,被压缩机(点 2 至点 3)进一步压缩,静压力从 p_2 跃至 p_3。压缩机通常由一系列交替分布的旋转和静止叶片组成。旋转部分称为转子,静止部分称为定子。转子和定子叶片均为翼剖面,用以交替加速和减缓气流,压缩机提供的功则用于增加气流的总压力。图 9.16 所示的压缩机允许气流基本上直

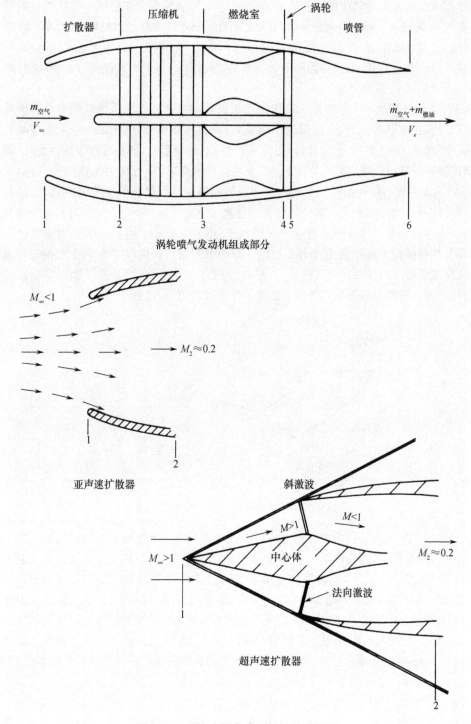

图 9.16 涡轮喷气发动机与扩散器构型

线通过叶片,方向不发生较大偏转,该类装置称作轴流式压缩机。这与早期喷气发动机使用的离心式压缩机不同,空气通过离心式压缩机时发生的偏转有时超过 90°。空气离开压缩机后,燃油注入气流,在燃烧室(图 9.16 点 3 至点 4)内燃烧,压力基本保持不变,气温约升至 2500°R。燃烧后,热气流通过涡轮(图 9.16 点 4 至点 5)。涡轮为一组从流动气体处获得功的旋转叶片(同样,基本上属于

507

翼型)。所获得的功随后通过曲轴从涡轮传递至压缩机,即涡轮驱动压缩机。气流通过涡轮为膨胀过程,压力从 p_4 降至 p_5,但 p_5 仍大于发动机外的周围气压。气体穿过涡轮后,在喷管(图9.16点5至点6)内膨胀,随后以高速 V_e 排向大气,此时压力 $p_6 = p_e$。如果发动机用于亚声速飞行,喷管通常设计为收缩型,V_e 为亚声速,或至多为声速。然而,如果发动机用于超声速飞行,排气喷管则通常采用收缩—扩张型,且 V_e 为超声速。

图9.17中 $p-v$ 图展示了理想涡轮喷气发动机的热动力过程。此理想过程忽略摩擦效应与热量损失。在进气扩散器内,空气从 p_1 等熵压缩至 p_2;通过压缩机后,气压进一步等熵增至 p_3。此过程沿等熵线变动 $pv^\gamma = c_1$,其中 c_1 为常量(见第4.6节)。燃烧室内,燃烧过程恒压发生(与第9.3节所述内燃往复式发动机的定容燃烧不同)。因为燃烧使气温升高,且压力恒定不变,所以状态方程 $pv = RT$ 表明燃烧室内 v 必须从 v_3 升至 v_4。气体在涡轮室中的膨胀使气压等熵降至 p_5,随后在喷管中进一步等熵膨胀,气压降为 p_6。涡轮与喷管膨胀遵循等熵线 $pv^\gamma = c_2$,c_2 为不同于 c_1 的常量。理想发动机过程进一步假设喷管使气体膨胀至周围气压,则 $p_e = p_6 = p_1 = p_\infty$。当然,在真实的发动机过程中,摩擦与热量损耗无可避免,扩散器、压缩机、涡轮及喷管过程均非精确等熵,燃烧过程也非完全恒压发生,且喷管排气口压力 p_e 不等于 p_∞。然而,如图9.17所示的理想涡轮喷气发动机过程与真实情况合理近似。发动机非等熵过程的论述属于推进理论更深入的研究课题。

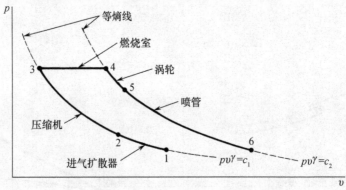

图9.17 理想涡轮喷气的压力—比容图

再次回到涡轮喷气发动机推力方程(9.25)。现在不难理解第6章中涉及涡轮喷气发动机可用推力 T_A 的一些假设了。之前对 CJ-1 的性能分析中,假设:(1)推力不随 V_∞ 变化;(2)高度对推力的影响仅与 ρ_∞ 成比例。根据进气口运用的连续性方程(4.2),可发现 $\dot{m}_{\text{air}} = \rho_\infty A_i V_\infty$。故随着 V_∞ 升高,$\dot{m}_{\text{air}}$ 增加,根据式(9.25),此情形趋于增大 T。然而,随着 V_∞ 升高,因数 $V_e - V_\infty$ 值减小,此情形又趋于减小 T。这两种效应相互抵消,净结果为亚声速时推力相对恒定。至于高度效应,$\dot{m}_{\text{air}} = \rho_\infty A_i V_\infty$ 随 ρ_∞ 的减小相应减小,因数 $V_e - V_\infty$ 相对不受影响。式(9.25)中因式 $(p_e - p_\infty)A_e$ 通常远远小于 $\dot{m}_{\text{air}}(V_e - V_\infty)$;因此,尽管 p_e 与 p_∞ 随高度改变,该压力因式对 T 的影响甚微。故高度的主要影响在于降低 ρ_∞,从而使 $\dot{m}_{\text{air}}$ 相应减小,$\dot{m}_{\text{air}}$ 的减小又使 T 减小。所以第6章中 $T \propto \rho_\infty$ 的假设合理。

例9.3

设一架涡轮喷气飞机飞行于30000ft的标准高度,速度为500英里/h。涡轮喷气发动机自身的进气口和排气口面积分别为 7ft^2 和 4.5ft^2。排气口排出气体的速度和压力分别为1600ft/s 和 $640\text{lb}/\text{ft}^2$。计算该涡轮喷气发动机的推力。

解

在30000ft的标准高度,根据附录2可知,$p_\infty = 629.66\text{lb}/\text{ft}$,$\rho_\infty = 8.9068 \times 10^{-4} \text{slug}/\text{ft}^3$。自由流速度 $V_\infty = 500$ 英里$/\text{h} = 500(88/60) = 733\text{ft/s}$。因此,通过发动机的质量流为

$$\dot{m}_{air} = \rho_\infty V_\infty A_i = (8.9068 \times 10^{-4})(733)(7) = 4.57 \text{slug/s}$$

根据式(9.25),可得推力

$$\begin{aligned} T &= \dot{m}_{air}(V_e - V_\infty) + (p_e - p_\infty)A_e \\ &= 4.57(1600 - 733) + (640 - 629.66)(4.5) \\ &= 3962 + 46.5 = 4008.5 \text{lb} \end{aligned}$$

9.5.1 大推力涡轮喷气发动机

喷气推进装置的推力本质上由流经其内外表面的气流沿表面各处的压力分布产生,由这一基本理念可推导出第9.4节中的推力方程。为了强调涡轮喷气发动机压力分布的本质,以及更好地理解压力分布如何对发动机产生推力,请参看图9.18。图9.18(a)为涡轮喷气机图解,标注出扩散器、压缩机、燃烧室、涡轮与喷管部分。各部分静压力随轴距离的变化如图9.18(b)所示。[实际上,各部分的压力呈现复杂的三维变化,而图9.18(b)展示的是平均压力的变化情况,为各局部横截面压力的平均值。]图9.18(c)阐明了涡轮喷气机各组件对推力的影响,该图实质上为发动机的推力累积图。扩散器和压缩机的内导管有一部分表面积朝向推力方向(图9.18中朝左)。扩散器内,尤其是压缩机内不断增加的高压作用于该朝前表面,在推力方向产生一个巨大的作用力。注意,图9.18(c)中累积的推力F随通过扩散器(1-2)和压缩机(2-3)的距离增加。此高压也作用于燃烧室朝向前方的区域,因此累积推力值F继续随通过燃烧室(3-4)的距离增加,如图9.18(c)所示。然而,涡轮与收敛喷管中净表面面积一部分朝向后方,则作用于朝后表面的压力产生一个与推力方向相反的作用力(图9.18中朝右)。因此累积推力F在涡轮和喷管中减小,如图9.18(c)所示。然而,直到气体到达喷管出口处(点6),净累积推力$F_{净}$仍然为一个正值,如图9.18(c)所示。这便是发动机产生的净推力,也是式(9.25)计算的推力,即$T = F_{净}$。

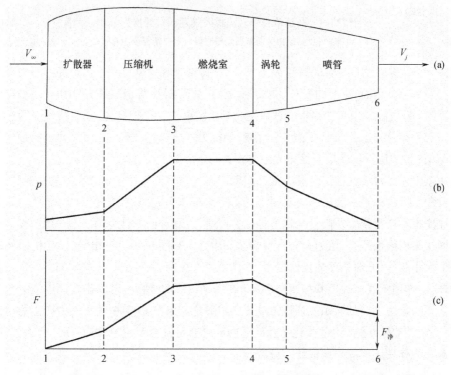

图9.18 平均压力分布与一般涡轮喷气发动机累积推力示意图

图 9.19 展示了作用于一般涡轮喷气发动机的累积推力示意图。白箭头表示推力朝前的分量,黑箭头表示朝后的分量。注意,大部分朝前的推力由压缩机和燃烧室提供,而负推力方向的反作用力则由涡轮和排气喷管产生。对于本图所示的情形,作用于发动机各部分内表面的压力分布产生一个向左的、大小为 57836lb 和一个向右的、大小为 46678lb 的力,合力产生朝前的净推力 11158 lb。

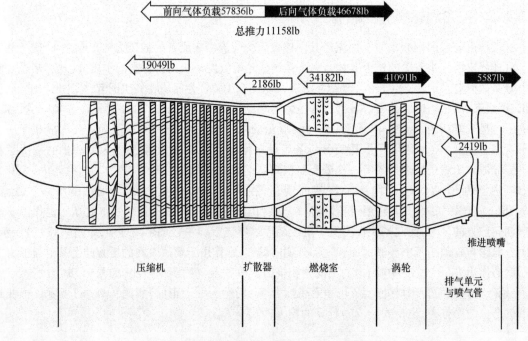

图 9.19 典型单转子轴流式喷气发动机的推力分布
[来源:英国德比劳斯莱斯股份有限公司友情提供图片]

即使在计算流体动力学(CFD)高度发展的今天,详细计算发动机整个内表面的压力分布也是一项极其困难的任务。然而,主要的喷气发动机制造商,如劳斯莱斯、普惠和通用电气,正在研发能够完成此计算的 CFD 技术。幸运的是,通过在发动机周围虚拟一个控制体积、观察气流通过发动机时动量的时间变化率及结合牛顿第二、第三定律求得推力的方式,可极大简化发动机的推力计算。第 9.4 节即采用此种方法得出简单的推力代数方程,即式(9.24)。

一般文献中通常将喷气推进装置的推力归因于排气喷管及气体排出喷管时的高速度。然而,图 9.18(c)与图 9.19 清楚地表明喷管自身对净推力产生负作用,喷管自身并不产生推力。气体排出喷管时的高速度也不产生推力。高排气速度是推力产生的效应,而非推力的基本来源。发动机内气体对发动机固体表面施加压力,压力分布产生朝前的净力。根据牛顿第三定律,发动机固体表面对气体施加一个大小相等、方向相反的反作用力,该作用力方向向后,从而加速气体向后运动。发动机产生的推力越大,作用于气体并使其加速向后运动的反作用力也越大,所以排气速度变大。这便是高排气速度与推力产生之间的联系。请注意类比上述讨论与第 5.19 节中关于升力产生的讨论。图 5.77 所示的机翼上气流动量的时间变化率及向下的分量亦是升力产生的效应,而非升力的基本来源,其基本来源在于作用于机翼表面的压力分布。

9.6 涡轮风扇发动机

第9.4节确立了推力与一定空气动量时间变化率之间的联系。在涡轮喷气发动机中(见第9.5节),该空气流经发动机本身,并在通过排气喷管时加速至高速。尽管这产生了一个巨大的推力,但此过程的效率亦受到高排气速度的不利影响。第9.2节提及导致螺旋桨效率降低的损耗之一是残留于相对于周围空气的尾流中的动能。对涡轮喷气发动机而言,残留于排气流中的动能也是一种损耗,喷气发动机产生的高排气速度则加剧了这种情形。这便是活塞发动机螺旋桨组合效率基本高于涡轮喷气发动机的原因。(记住,切勿混淆效率与推力——它们是不同的概念。喷气发动机能产生巨大推力,但其效率相对较低。)因此,纯涡轮喷气发动机和螺旋桨概念在涡轮风扇发动机中得以结合。如图9.20所示,涡轮风扇发动机是一种在压缩机前面曲轴上安装有一个大型导管风扇的涡轮喷气发动机。由导管风扇流经内外保护罩的空气,该未燃烧的空气然后与喷管下游排气流混合。涡轮风扇发动机的推力由风扇叶片产生的推力与排气喷管喷气共同产生。故涡轮风扇发动机的效率比涡轮喷气发动机的要高。该效率由推力燃油消耗比 TSFC 表示(见第6.12节)。典型的涡轮喷气发动机每小时每磅推力消耗燃油 TSFC = 1.0lb,而典型的涡轮风扇发动机每小时每磅推力消耗燃油 TSFC = 0.6lb,后者优越得多。因此,所有现代商用喷气式运输机,如波音747与麦道公司 MD-11 飞机均装备涡轮风扇发动机。涡轮风扇发动机图片见图9.21(a),其剖视图见图9.21(b)。

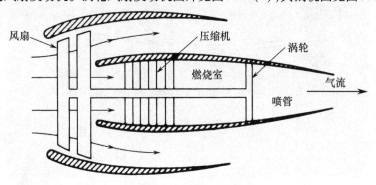

图 9.20 涡轮风扇发动机

图 9.21
(a) 普惠 JT9D 涡轮风扇发动机;(b) 剖视图
[来源:普惠飞机发动机公司]

当然，此概念的进一步延伸则完全利用螺旋桨替代导管风扇与外层保护罩，且涡轮同时驱动压缩机和螺旋桨。此类组合装置称为涡轮螺旋桨发动机，其85%的推力来自螺旋桨，其余的15%来自排气流。涡轮螺旋桨发动机是高效的动力装置，用于速度在300~500英里/h范围内的飞机，其中一个极佳的例子是20世纪50年代洛克希德公司的厄勒克特拉运输机。

9.7 冲压式喷气发动机

第9.6节探讨的涡轮喷气机添加了风扇和螺旋桨装置，现在不妨逆向思考，抛却所有旋转装置，即考虑如图9.22所示的直通导管。直通导管中空气以速度V_∞引进，然后在扩散器中减速(点1至点2)，并在燃油注入区燃烧(点2至点3)，最后以高速V_e排出排气喷管(点3至点4)。该简单装置称为冲压式喷气发动机，其剖视图如图9.23所示。因其造型简便且推力巨大，其往往能激起空天工程师的研究兴趣。但由于存在一些严重缺陷，冲压式喷气发动机尚未成为载人飞行器的主要推进装置。尽管如此，它们依然用于众多导弹，也似乎是未来高超声速飞行器的最佳选择。鉴于此，以下详细探讨冲压式喷气发动机。

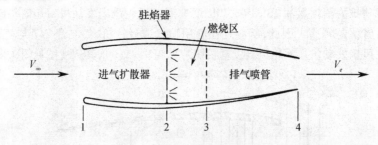

图9.22 冲压式喷气发动机

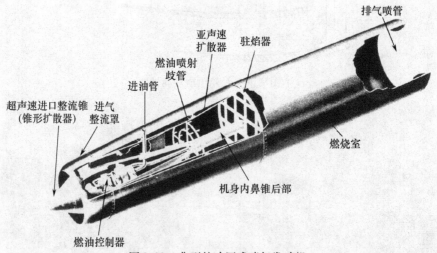

图9.23 典型的冲压式喷气发动机

[来源：麦夸特飞机公司]

理想的冲压式喷气过程如图9.24 $p-v$图所示。p_1至p_2的所有压缩都发生在扩散器内，即冲压式喷气发动机仅仅迎面"冲过"大气就实现了对空气的压缩。显然，压缩比p_2/p_1是关于飞行马赫数的函数。实际上，为充分燃烧，气流以低亚声速马赫数进入燃烧室；因此，假设$M_2 \approx 0$，则$p_2 \approx p_0$(总压力)，根据式(4.74)，

$$\frac{p_2}{p_1} \approx \left(1 + \frac{\gamma-1}{2}M_\infty^2\right)^{\gamma/(\gamma-1)} \tag{9.26}$$

空气在扩散器内等熵减速,故 p_1 至 p_2 的压缩遵循图 9.24 中的等熵线。燃油喷射进扩散器尾端空气后发生燃烧,由驻焰器稳定。燃烧过程中压力不变,因此比容从 v_2 上升至 v_3。然后热高压气体在排气喷管中等熵膨胀,压力由 p_3 降至 p_4。

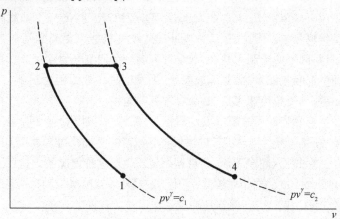

图 9.24 理想冲压式喷气发动机压力—比容图

从上述讨论,尤其是式(9.26)中可明显看出冲压式喷气发动机的一大劣势:冲压式喷气必须始终在运行条件下启动和操作,否则扩散器无法压缩;即根据式(9.26), $M_\infty = 0$ 时, $p_2/p_1 = 1$。因此,所有冲压式喷气飞行器必须由独立装置(弹射器或火箭)发射,或者必须加装一个不同型号的发动机,实现足够的飞行速度以启动冲压式喷气发动机。以亚声速飞行时,冲压式喷气发动机出现另一个劣势。尽管这种发动机能产生巨大推力,其亚声速效率却极低——亚声速冲压式喷气发动机每小时每磅推力燃油消耗一般为 TSFC ≈ 3 至 4。然而,如图 9.25 所示,以超声速飞行时,TSFC 下降至 2 或者更低。

诚然,图 9.25 明确表明了冲压式喷气发动机对于超声速飞行的一大优势。在超声速马赫数时,涡轮喷气发动机与冲压式喷气发动机的 TSFC 基本接近,而且图 9.25 中的涡轮喷气发动机曲线因某种原因在 3 马赫时终

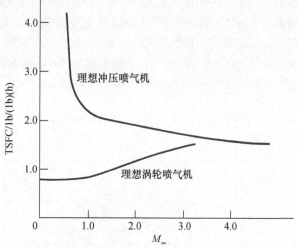

图 9.25 理想冲压式喷气发动机和涡轮喷气发动机的推力燃油消耗比对比

止。为在更高马赫数下运作,涡轮喷气发动机必须增加其燃烧温度。然而,由于材料限制,如果离开涡轮喷气发动机燃烧室进入涡轮的气体温度过高,将导致涡轮叶片融化。这是一个现实问题。涡轮叶片耐高温材料的属性使常规涡轮喷气飞行速度限制在中等超声速以下。而冲压式喷气发动机因为没有涡轮,其燃烧温度可以达到更高,故冲压式喷气机可以高马赫数速度飞行。因此,对于马赫数超过 3 或 4 的持续高效的大气飞行,从目前的技术来看,冲压式喷气发动机实质上是唯一的选择。

本书从第 9.22 节开始描述一种常规冲压式喷气发动机,这种装置首先将空气吸入进气口,之后

在扩散器内将其减速至一低亚声速马赫数后进入燃烧室。设这种冲压喷气机以 $M_\infty = 6$ 的速度飞行。与式(9.26)相似,温度比 T_2/T_1 可根据式(4.73)估算

$$\frac{T_2}{T_1} \approx 1 + \frac{\gamma - 1}{2} M_\infty^2 \tag{9.27}$$

(注意,符号 T 同时表示推力和温度,但结合上下文不会将两者混淆。)如果 $M_\infty = 6$,由式(9.27)可得 $T_2/T_1 \approx 7.9$。如果环境温度 $T_\infty = T_1 = 300\text{K}$,则 $T_2 = 2370\text{K} = 4266°\text{R}$。如此高的温度下,冲压式喷气发动机的壁面结构将失效。因此,尽管常规冲压式喷气机能以更高的马赫数飞行,但与涡轮喷气机类似,它也受到材料问题的限制。并且,如果进入燃烧室的空气温度过高,燃油注入时将被高温分解,而不会燃烧,即燃油吸收能量,而非释放能量,则发动机将成为阻力机器,而非推力产生装置。显然,要实现极高马赫数的高超声速飞行,必须寻求其他途径。

该问题催生出超声速燃烧冲压式喷气发动机概念,简称超燃冲压发动机。该类发动机中,气流以高马赫数进入扩散器,如 $M_1 = M_\infty = 6$。但扩散器仅将气流减速至能获得合理压力比的程度,气流进入燃烧室时仍为超声速。燃油注入超声速流,超声速燃烧发生。这种情况下,通过超燃冲压发动机的流场完全为超声速,因而静态温度仍然相对较低,避免了常规冲压式喷气发动机遭遇的材料和分解问题。因此,超燃冲压发动机极有可能成为未来高超声速运输机的动力装置。对此类装置的研究目前正在进行中。实际上,超燃冲压发动机研究构成了如今推进研究的最前沿领域。NASA 兰利研究中心自 20 世纪 60 年代中期以来开创的超燃冲压发动机设计理念即为其中一例。兰利超燃冲压发动机由一系列与飞行器下侧融合的并联式模块组成,用于高超声速运输机,如图 9.26 右上角图片所示。飞行器下侧的朝前部分作为压缩表面,即流经飞行器底面的空气从机头穿过激波时得到压缩(压力增大)。独立模块构型如图 9.26 中间图片所示。在底面经过压缩的空气进入进气口,被进气口前缘的附加激波进一步压缩。再次压缩后的空气依然为高超声速,之后流经三个支柱上方,此时氢注入该高超声速流。支柱横截面如图 9.26 左下部图片所示。燃烧发生在支柱下游,之后燃烧气体混合物在每个模块后部的喷管中膨胀。气流在流经飞行器后部平滑底部时进一步膨胀,该平滑底部构型作为发动机喷管的延伸部分。出于实用目的,整个飞机底部即为超燃冲压发动机,故该设计理念称为机身集成式超燃冲压发动机。

机身集成式超声速燃烧冲压式喷气发动机

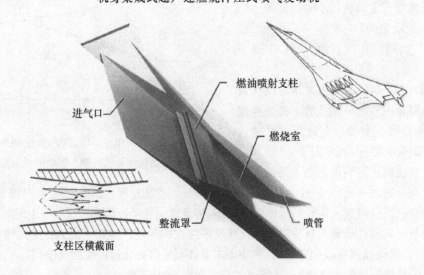

图 9.26　机身集成式超声速燃烧冲压式喷气发动机理念,由 NASA 兰利研究中心研发

[来源:NASA]

9.8 火箭发动机

随着"斯普特尼克一号"人造卫星在1957年10月4日的成功发射,以及随后美国和苏联大量的太空项目的出现,火箭发动机应运发展。火箭为终极大推力推进装置。它帮助人们登上月球,将重量巨大的太空飞行器送往地球轨道或太阳系的其他行星。而且,火箭已经用于实验飞行器。火箭助推的贝尔X-1试验机是第一架突破声障的载人飞机(见第5.22节),而火箭助推的北美X-15为第一架载人高超声速飞行器(见第5.23节)。最后,自第二次世界大战中德国V-2导弹开始,几乎所有类型的导弹都由火箭推进。在此背景下,本节将探讨火箭发动机的特征。

前述章节讨论的所有推进发动机均在吸气式发动机、活塞发动机、涡轮喷气发动机、冲压式喷气发动机之列——所有这些都依赖燃油与空气的燃烧,其中空气直接来自大气。相反,火箭发动机自带燃料和氧化剂,其燃烧完全无需依赖大气,如图9.27所示。因此火箭发动机可以在太空的真空条件下运行,而吸气式发动机显然不能。图9.27中,燃料与氧化剂喷入燃烧室燃烧,产生高温高压的燃烧混合产物。该混合物速度极低,基本为零。因此,火箭发动机的燃烧室相当于超声速风洞的储液罐(见第4.13节)。燃烧室内温度与压力总值分别为T_0与p_0。同样与超声速风洞类似,燃烧产物通过火箭收缩—扩张喷管时膨胀至超声速,以速度V_e排出。该排气速度远远高于喷气式发动机排气速度;因此,相比之下,火箭发动机推力更大,但效率较低。图9.28展示了一台典型的火箭发动机。

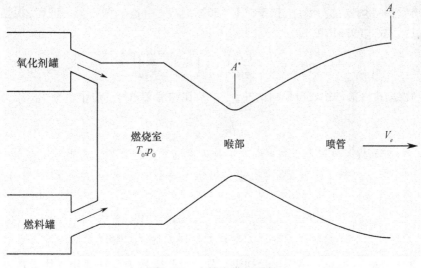

图9.27 火箭发动机图解

火箭发动机推力可由式(9.24)获得,其中$\dot{m}_{air}=0$,且$\dot{m}$为燃烧产物的总质量流,$\dot{m}=\dot{m}_{燃料}+\dot{m}_{氧化剂}$。故对于火箭发动机,

$$T = \dot{m}V_e + (p_e - p_\infty)A_e \tag{9.28}$$

排气速度V_e不难从第4章的空气动力关系式获得。以下为燃烧室与喷管出口的能量方程(4.41):

$$h_0 = h_e + \frac{V_e^2}{2} \tag{9.29}$$

$$c_p T_0 = c_p T_e + \frac{V_e^2}{2} \tag{9.30}$$

图9.28 航天飞机的主火箭发动机
[来源:美国罗克韦尔国际公司、普惠洛克达因公司]

求解式(9.30)的 V_e^2:

$$V_e^2 = 2c_p(T_0 - T_e) = 2c_p T_0 \left(1 - \frac{T_e}{T_0}\right) \tag{9.31}$$

膨胀在喷管内等熵发生。因此,根据式(4.36), $T_e/T_0 = (p_e/p_0)^{(\gamma-1)/\gamma}$。同时,根据式(4.69), $c_p = \gamma R/(\gamma-1)$。故式(9.31)变为

$$V_e = \left\{\frac{2\gamma R T_0}{\gamma - 1}\left[1 - \left(\frac{p_e}{p_0}\right)^{(\gamma-1)/\gamma}\right]\right\}^{1/2} \tag{9.32}$$

不同火箭发动机性能的比较可以由比冲 I_{sp} 获得,比冲定义为每单位重量流率的推力:

$$I_{sp} \equiv \frac{T}{\dot{w}} \tag{9.33}$$

式中: $\dot{w} = g_0 \dot{m}$。(前面提及重量等于海平面重力加速度与质量的乘积。)据此定义可知,任何统一单位系统中, I_{sp} 的单位仅为秒。此外,假设喷管出口压力等于周围气压,合并式(9.28)与式(9.33)可得

$$I_{sp} = \frac{T}{\dot{w}} = \frac{T}{g_0 \dot{m}} = \frac{\dot{m} V_e}{g_0 \dot{m}} = \frac{V_e}{g_0} \tag{9.34}$$

将式(9.32)代入式(9.34),根据化学知识可知比气体常数 R 等于通用气体常数 $\overline{R}$ 与分子量 $\overline{M}$ 之比,即 $R = \overline{R}/\overline{M}$。

$$I_{sp} = \frac{1}{g_0}\left\{\frac{2\gamma R T_0}{\gamma - 1}\left[1 - \left(\frac{p_e}{p_0}\right)^{(\gamma-1)/\gamma}\right]\right\}^{1/2} \tag{9.35}$$

式(9.35)尤为重要,它揭示了获得高比冲的必要条件:高燃烧温度 T_0 和低分子量 $\overline{M}$。其中,燃烧温度主要取决于氧化剂和燃料的化学属性;给定组合,如氧—氢组合,在称为绝热火焰温度的特定温度 T_0 下燃烧, T_0 值取决于化学反应产生的热量。推进剂反应率越高, T_0 越高。 $\overline{M}$ 同样受化学属性的影响。若使用轻型推进剂,则 $\overline{M}$ 较小。因此,对于给定的推进剂组合,欲彻底改变 I_{sp},除了调整其氧化剂燃料比(O/F),工程师别无他法,因为这基本取决于推进剂本身。然而,式(9.35)明显显示应选择轻型、高能的推进剂组合,如下表所示:

燃料—氧化剂组合	绝热火焰温度/K	燃烧产物的平均分子量	I_{sp}/s
煤油—氧	3144	22	240
氢—氧	3517	16	360
氢—氟	4756	10	390

曾将"阿波罗号"宇航员送往月球的"土星5号"运载火箭的第一级使用的就是煤油—氧组合;第二、三级使用的是氢—氧组合。实际上,氢—氟才是最佳组合,其比冲达390s,几乎接近所有推进剂组合的极限。然而遗憾的是,氟气为剧毒、腐蚀性物质,难以操作。尽管如此,使用氢—氟组合的火箭发动机已经造成。

回顾图9.27中的火箭发动机图解。前面已提及燃烧室中 T_0 基本取决于推进剂反应产生的热量,是一种化学现象。但是什么决定燃烧室压力 p_0 呢?答案基本可以肯定是从燃料和氧化剂罐泵送进燃烧室的推进剂质量流,以及喷管喉部面积 A^*。以下将给出证明。根据喉部的连续性方程,

$$\dot{m} = \rho^* A^* V^* \tag{9.36}$$

式中:上标*表示喉部情况。根据第4章所述,收缩—扩张超声速喷管喉部速度为声速,即 $M^* = 1$。因此 V^* 为声速,根据式(4.54)可得

$$V^* = \sqrt{\gamma R T^*} \tag{9.37}$$

同时,由状态方程可得

$$\rho^* = \frac{p^*}{RT^*} \tag{9.38}$$

将式(9.37)和式(9.38)代入式(9.36):

$$\dot{m} = \frac{p^*}{RT^*} A^* \sqrt{\gamma R T^*} = \frac{p^* A^*}{\sqrt{RT^*}} \sqrt{\gamma} \tag{9.39}$$

根据式(4.73)与式(4.74)得出燃烧室与喷管喉部的温度及压力比:

$$\frac{T_0}{T^*} = 1 + \frac{\gamma-1}{2} M^{*2} = 1 + \frac{\gamma-1}{2} = \frac{\gamma+1}{2} \tag{9.40}$$

$$\frac{p_0}{p^*} = \left(1 + \frac{\gamma-1}{2} M^{*2}\right)^{\gamma/(\gamma-1)} = \left(\frac{\gamma+1}{2}\right)^{\gamma/(\gamma-1)} \tag{9.41}$$

将式(9.40)和式(9.41)代入式(9.39):

$$\dot{m} = \sqrt{\frac{\gamma}{R}} A^* \left(\frac{\gamma+1}{2}\right)^{-(\gamma+1)/[2(\gamma-1)]} \frac{p_0}{\sqrt{T_0}}$$

或

$$\dot{m} = \frac{p_0 A^*}{\sqrt{T_0}} \sqrt{\frac{\gamma}{R}\left(\frac{2}{\gamma+1}\right)^{(\gamma+1)/(\gamma-1)}} \tag{9.42}$$

式(9.42)十分重要,它表明穿过堵塞喷管(即声速流位于喉部)的质量流与 p_0 和 A^* 成正比,且与 T_0 的平方根成反比。式(9.42)还回答了之前关于如何控制火箭发动机燃烧室内 p_0 的问题。对于给定的推进剂组合, T_0 由该组合的化学性质决定。对于固定的喷管设计, A^* 为既定值。故根据式(9.42),

$$p_0 = (常数)(\dot{m})$$

如果 $\dot{m}$ 成倍增加,则 p_0 成倍增加。而且,因为质量守恒,通过喷管的 $\dot{m}$ 正好等于从推进剂罐注入燃烧室的 $\dot{m}_{燃料} + \dot{m}_{氧化剂}$。再次强调上述结论: p_0 取决于从燃料和氧化剂罐泵送进燃烧室的推进剂质量流以及喷管喉部面积。

结束火箭发动机讨论之前,注意式(9.32)、式(9.35)与式(9.42)等中的限制性假设,即 γ 不变。真实流通过火箭发动机时一直在进行化学反应,且在喷管内膨胀时其化学成分也在不断变化。因此,γ 实际上为变量,且前述方程并非严格有效。但由于这些方程经常用于火箭性能的初步设计估算,因此 γ 视为常数均值,通常在 1.2~1.3,具体值取决于所使用的推进剂。更精确的火箭喷管流计算方案必须考虑推进剂变比热与不断变化的化学成分,且必须用数值,这超出了本书范围。

例 9.3

设一台火箭发动机燃烧氢和氧,燃烧室压力与温度分别为 25atm 和 3517K。火箭喷管喉部面积为 $0.1m^2$。喷管出口面积设计成出口压力在 30km 的标准高度精确等于周围气压。对于气体混合物,设 $\gamma=1.22$,分子量 $\overline{M}=16$。计算 30km 标准高度的(a)比冲;(b)推力;(c)出口面积;及(d)出口气流马赫数。

解

a. 通用气体常数以国际单位制单位表示为 $\overline{R}=8314J/(kg\ mol)(K)$,则比气体常数为

$$R = \frac{\overline{R}}{\overline{M}} = \frac{8314}{16} = 519.6 J/(kg \cdot K)$$

因此,根据式(9.35),

$$I_{sp} = \frac{1}{g_0}\left\{\frac{2\gamma \overline{R} T_0}{(\gamma-1)\overline{M}}\left[1-\left(\frac{p_e}{p_0}\right)^{(\gamma-1)/\gamma}\right]\right\}^{1/2}$$

$$= \frac{1}{9.8}\left\{\frac{2(1.22)(8314)(3517)}{0.22(16)}\left[1-\left(\frac{1.174\times10^{-2}}{25}\right)^{0.22/1.22}\right]\right\}^{1/2}$$

$$I_{sp} = 397.9s$$

注意,该值稍高于前面列表显示的比冲值。差异在于列表给出的膨胀至海平面气压的 I_{sp},而非本例中在 30km 高度的气压。

b. 根据式(9.28),

$$T = \dot{m}V_e + (p_e - p_\infty)A_e$$

上式中,在 30km 处,$p_e = p_\infty$。故

$$T = \dot{m}V_e \quad (30km\ 高度处)$$

利用式(9.42)求得 $\dot{m}$:

$$\dot{m} = \frac{p_0 A^*}{\sqrt{T_0}}\sqrt{\frac{\gamma}{R}\left(\frac{2}{\gamma+1}\right)^{(\gamma+1)/(\gamma-1)}}$$

$$= \frac{25(1.01\times10^5)(0.1)}{\sqrt{3517}}\sqrt{\frac{1.22}{519.6}\left(\frac{2}{2.22}\right)^{2.22/0.22}} = 121.9 kg/s$$

前面提及喷管流等熵;因此,

$$\frac{T_e}{T_0} = \left(\frac{p_e}{p_0}\right)^{(\gamma-1)/\gamma}$$

$$T_e = 3517\left(\frac{1.174\times10^{-2}}{25}\right)^{0.22/1.22} = 3517(0.2517) = 885.3K$$

同时,根据式(4.69),

$$c_p = \frac{\gamma R}{\gamma-1} = \frac{1.22(519.6)}{0.22} = 2881.4 J/(kg\cdot K)$$

根据能量方程(4.42)，

$$c_p T_0 = c_p T_e + \frac{V_e^2}{2}$$

$$V_e = \sqrt{2c_p(T_0 - T_e)} = \sqrt{2(2881.4)(3517 - 885.3)} = 3894 \text{m/s}$$

故推力变为

$$T = \dot{m}V_e = 121.9(3894) = 4.75 \times 10^5 \text{N}$$

注意，$1N = 0.2247\text{lb}$，则

$$T = (4.75 \times 10^5)(0.2247) = 106700 \text{lb}$$

c. 根据连续性方程，可求得喷管出口面积：

$$\dot{m} = \rho_e A_e V_e$$

又根据状态方程求得出口密度：

$$\rho_e = \frac{p_e}{RT_e} = \frac{1.1855 \times 10^3}{519.6(885.3)} = 2.577 \times 10^{-3} \text{kg/m}^3$$

$$A_e = \frac{\rho_e V_e}{\dot{m}} = \frac{121.9}{(2.577 \times 10^{-3})(3894)}$$

$$A_e = 12.14 \text{m}^2$$

d. 求得出口马赫数

$$a_e = \sqrt{\gamma R T_e} = \sqrt{1.22(519.6)(885.3)} = 749 \text{m/s}$$

$$M_e = \frac{V_e}{a_e} = \frac{3894}{749} = 5.2$$

9.9　火箭推进剂——简介

根据基础化学可知，产生火焰(如煤气灶上)需要燃料(如天然气或丙烷)和氧化剂(如空气中的氧气)。火箭发动机燃烧室中的燃烧过程亦如此：需要燃料与氧化剂的燃烧。燃料与氧化剂一起构成火箭推进剂。在火箭发动机的设计中，推进剂的选择是一个需要严肃考虑的问题，因此本节探讨火箭推进剂的基本方面。例如，火箭发动机的值主要受所使用的推进剂影响。根据式(9.33)给出的定义，比冲可视为1lb推进剂产生1lb推力所需要的秒数，且这个数值主要取决于推进剂本身。介绍火箭推进剂多种可能选择及其燃烧化学性质是本书主题之一，本节仅介绍推进剂的一些基本信息。

广义上说，化学推进剂分为两种类型：液体推进剂与固体推进剂。下文将逐个分析。

9.9.1　液体推进剂

火箭发动机携带的这种推进剂为液态，因压力作用喷入燃烧室，如图9.27所示。氧化剂与燃料分别注入燃烧室后相互混合。推进剂以高压注入燃烧室。例如，在航天飞机的主发动机中(图9.28)，推进剂以440atm的极高压注入。历史上，推进剂加压装置的工程设计曾经是一大挑战。该问题有如下两种基本解决方法。

就机械而言，图9.29(a)所示的挤压式系统最简单。这种系统中液态燃料与氧化剂由高压惰性气体(如氦气)施以高压分置于不同罐内，惰性气体亦储存于单独罐内(通常为球形)。当连接推进剂罐与燃烧室的阀门开启，推进剂罐内的高压推进剂被挤入燃烧室。此系统的优势在于其相对简便

性,劣势在于推进剂罐壁厚必须足以经受高压,故推进剂罐较重。为此,挤压式系统通常用于短时运作的小型火箭发动机(推力在 1000 lb 或以下)。此类发动机作为航天器姿态控制器使用,而通常不作为主要的火箭推力产生动力装置。(第 5.22 节所述的 XLR11 火箭发动机例外,它曾驱动贝尔 X-1 试验机并使其实现历史性的首次超声速飞行。因为当时尚未造出可靠的燃料泵,尽管正在积极进行设计,贝尔与 Reaction Motors 公司的工程师们不得不求助于挤压式系统。)

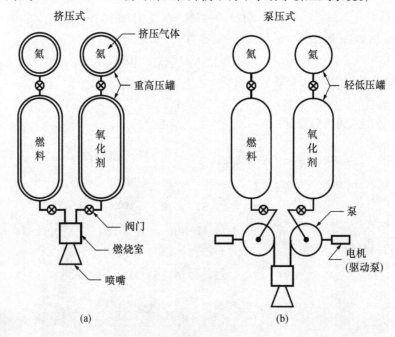

图 9.29
(a)挤压式火箭发动机;(b)泵压式火箭发动机。

第二类装置称为泵压式系统,如图 9.29(b)所示。此系统中,推进剂以相对较低的压力存储于薄壁罐(因此相对较轻)中,注入燃烧室前由泵增压。因此,泵可由电动机和电池驱动,通常情况下由涡轮驱动,涡轮动力则由少量推进剂燃烧提供。对于航天飞机总发动机(图 9.28),两台低压涡轮泵提升两台高压涡轮泵的进气压力,高压涡轮泵再以 440atm 或更高的压力将推进剂注入燃烧室。双重预燃烧室内产生驱动高压涡轮泵的气体。燃烧室压力约为 210atm。440atm 的推进剂注入压力与 210atm 的燃烧室压力差加强了推进剂的喷射与混合过程。

液体推进剂分为不同类型,以下列举其中几种。

低温推进剂。 航天飞机的主发动机利用氢气(H_2)作为燃料,氧气(O_2)作为氧化剂。要使 H_2 变为液态,温度必须位于 20K 或以下(36°R 或 -253°C 或 -424°F);而要使 O_2 变成液态,温度必须位于 135K 或以下(243°R 或 -138°C 或 -217°F)。H_2 与 O_2 都属于低温推进剂——必须以极低温度保持其液态形式。航天飞机位于发射台时,液态氧 Lox 储存于一个容积为 900000gal 的大型绝缘球罐内,液态氢(LH_2)则储存于另一个容积为 850000gal 的绝缘球罐内。在燃料注入与发射过程中,必须维持上述低温。然而,为维持低温所付出的努力是值得的,因为 H_2-O_2 推进剂组合能产生高比冲。航天飞机的真空 $I_{sp}=455s$。火箭发动机内的 H_2-O_2 组合燃耗过程以点火器点火开始,之后燃烧自动发生。

二元推进剂与单元推进剂。 上述 H_2-O_2 组合属于双元推进剂——包含两种用于燃烧的化学物质。而依靠分子分解释放化学能的物质则称为单元推进剂,通常使用固体催化剂促进分解。单元推进剂I_{sp}通常比双元推进剂组合的要小,但由于只使用了一种化学推进剂,它们更容易操作。这种推进剂的质量较小,燃烧系统简单,通常更加可靠。小型火箭发动机一般使用单元推进剂控制航天器姿态。联氨(N_2H_4)便是一种广泛使用的单元推进剂。

自燃推进剂。如上所述,用于航天飞机主发动机的H_2-O_2系统的燃烧需要点火器("火花塞"中一种)点燃,之后燃烧过程自动持续。而有些推进剂组合仅相互接触即点燃,此类推进剂称为自燃推进剂。因为此特性,操作这些推进剂变得更加危险,但其优势在于无需单独的点燃系统。氟(F_2)能与大部分燃料发生自燃,但也是所有火箭推进剂中最危险的物质,因而不常使用。航天飞机有两个推进子系统使用自燃推进剂——用于轨道进入的轨道机动子系统(OMS)及用于姿态控制的反作用控制子系统(RCS)。其燃料为甲级联氨(MMH),氧化剂为四氧化二氮(N_2O_4)。一位 NASA 航天飞机工程师曾打趣地说:"因为这两种推进剂急于自燃,其储存设备在肯尼迪航天中心 39 号发射的发射台上相隔很远。"(《NASA 简报》KSC 191-80,1980 年 11 月)。上述 MMH/N_2O_4 自燃系统产生的能量低于用于主发动机的 H_2-O_2 系统产生的能量,其比冲在 RCS 中位于 260~280s,在 OMS 中为 313s。比冲在 OMS 中比 RCS 中效率更高,这归因于火箭发动机喷管中更高的膨胀比。

9.9.2 固体推进剂

本节以上内容探讨了液体火箭推进剂。该类推进剂通常需要大型储液罐储存(尤其像 H_2 这种轻质、大体积物质)。回顾图 8.48 中航天飞机三视图,请注意图中其上安装有翼航天飞机的单个大型罐。此为液体推进剂储存罐,其两边的两个小型圆筒为捆绑式固体双火箭助推器,协助主发动机将整个航天飞机系统抬升离地面。与上述发动机使用的液体推进剂不同,这两个火箭发动机使用的是固体推进剂。固体推进剂的性质和性能与液体推进剂的截然不同。这也是为什么说不同火箭推进剂的首要区别在于液态与固态推进剂之间的差别的原因,如本节所述。

历史上,第一台火箭使用的是固体推进剂(见第 9.17 节关于火箭历史的内容),即 1300 多年前中国人使用的黑火药火箭。相比而言,第一台成功的液体推进剂火箭是 20 世纪的产物,在 1926 年由罗伯特·H·戈达德研发。

固体火箭推进剂为预先混合并以固体形式铸造的燃料和氧化剂。航天飞机的两个固体火箭助推器使用固体推进剂,以雾化铝粉(16%)为燃料、高氯酸铵(69.93%)为氧化剂,其余部分为作为催化剂的氧化铁粉末(0.7%)及作为橡胶黏合剂的聚丁二烯丙烯酸丙烯腈(14%),其中黏合剂也作为燃料燃烧。固体推进剂为战舰灰色,稠度与硬橡皮擦一样。

固体推进剂由位于推进剂药柱表面的点火器点燃。随后表面开始燃烧并蔓延,与美国独立纪念日焰火极为相似。有些推进剂药柱设计成端面燃烧器(一端点燃后逐步烧尽,类似香烟的燃烧过程),如图 9.30(a)所示。其他推进剂药柱内部有一柱形孔,内表面点燃后,推进剂药柱朝向发动机壳体燃烧,如图 9.30(b)所示。该类固体火箭称为内部燃烧器。对于图 9.30(b)所示的柱形孔,随着燃烧面蔓延,燃烧表面积增加,燃烧气体质量流量亦随之增加。由于火箭推力与质量流量成正比[见式(9.28)],推力不断增加。另一种内燃构型为带星形中空通道的固体推进剂药柱,如图 9.30(c)所示。对于此构型,点火在星形内表面发生,表面不断收缩,更趋近于圆形。因为星形内表面提供最大燃烧面积且面积随时间不断减小,所以此种形态药柱的推力在燃烧之初最大,随时间不断减小。本质上,固体火箭发动机推力随时间变化之一状况可通过改变固体推进剂药柱的形状得到改善。航天飞机固体火箭助推器内孔呈 11 角星形,提供最大发射升空推力。注意,如图 9.30(a)~9.30(c)所示的固体推进剂药柱构置于燃烧室内,推进剂燃烧产生的气体在通过收缩—扩散超声速喷管时膨胀,与液体推进剂火箭一样,如图 9.30(d)所示。

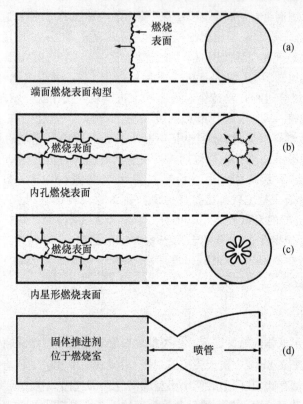

图 9.30 一些固体推进剂的燃烧构型

固体推进剂重要的物理特性之一是线性燃烧率 r,此为推进剂燃烧面朝垂直于自身的方向蔓延的时间率。燃烧率主要与燃烧室压力 p_0 和推进剂初始温度相关。r 的压力变化由下式得出:

$$r = ap_0^n \tag{9.43}$$

式中:r 为线性燃烧率;p_0 为燃烧室压力;a 和 n 为通过既定推进剂实验确定的常数。对于大多数推进剂,n 的取值为 0.4~0.8。r 的单位为英寸每秒,p_0 的单位为磅每平方英寸。

与液体推进剂比较,固体推进剂有以下优势和劣势:

优势

1. 固体火箭推进剂更简单、安全和可靠,无需泵及复杂的推进剂供给系统。
2. 固体推进剂更耐储存且更稳定。有些固体火箭可以保存几十年再投入使用。
3. 固体推进剂更稠密,因此固体火箭的总体积更小。比较图 8.48 中航天飞机双固体助推器与主液体推进剂罐的体积可知。

劣势

1. 固体推进剂的比冲远远小于液体推进剂的比冲。对航天飞机的固体火箭助推器而言,海平面上 $I_{sp} = 242s$。固体火箭的比冲通常为 200s~300s。
2. 固体火箭一旦被点燃,通常不能停止。同时,很难通过减小固体火箭推进剂流量来改变推力。相比之下,液体火箭推进剂节流则较容易,通过控制燃料和氧化剂阀门可在任何必要时阻断推力。

9.9.3 评述

新型火箭发动机设计中液体与固体推进剂的选择取决于设计参数,包括发动机性能、成本、可靠性、可维护性等。由于液体与固体推进剂之间的差异如此明显,工程设计选择通常也较为直接。本节以近年来探讨的混合火箭发动机概念的简单介绍结束。混合火箭发动机推进剂一部分为固体,一部分为液体。此类混合火箭发动机中,氧化剂为固体,燃料为液体,或者正好相反。混合火箭发动机试图结合固体推进剂和液体推进剂的优势,但是,与所有设计妥协一样,混合火箭发动机也仅仅是种妥协。在本书写作之际,混合火箭发动机仍处于试验阶段。

9.10 火箭方程

9.8节探讨了火箭发动机自身的一些性能参数。本节将介绍以比冲I_{sp}表示的火箭发动机性能与火箭飞行器(如图9.40所示的V-2火箭)获得速度的关系。

火箭飞行器整体质量由三部分组成:(1)有效负载质量M_L(卫星、载人太空舱等);(2)飞行器结构质量M_s,包括火箭发动机装置、推进剂罐、结构梁、隔框与桁条;(3)推进剂质量M_p。在火箭飞行器飞行的任何时刻,其总质量为

$$M = M_L + M_s + M_p \tag{9.44}$$

设一架火箭飞行器自地面腾空而起,不断加速直至其推进剂耗尽。起飞瞬间,飞行器速度为零;因全部推进剂耗尽而致火箭发动机关闭后,飞行器速度为耗尽速度V_b,可由牛顿第二定律得出

$$F = M\frac{dV}{dt} \tag{9.45}$$

作用于飞行器的力为火箭发动机推力、气动阻力与飞行器重力之间的净差额。假设后两项力与发动机推力相比极小,则式(9.45)可写成

$$T = M\frac{dV}{dt} \tag{9.46}$$

由式(9.33)可得推力与比冲的关系:

$$T = \dot{w}I_{sp} = g_0\dot{m}I_{sp} \tag{9.47}$$

式中:$\dot{m}$为推进剂质量流。式(9.44)中,M随M_p的减小而减小,实际上,

$$\dot{m} = -\frac{dM_p}{dt} = -\frac{dM}{dt} \tag{9.48}$$

合并式(9.47)与式(9.48),可得

$$T = -g_0 I_{sp}\frac{dM}{dt} \tag{9.49}$$

将式(9.49)代入式(9.46),则

$$-g_0 I_{sp}\frac{dM}{dt} = M\frac{dV}{dt}$$

或

$$-\frac{dM}{M} = \frac{dV}{g_0 I_{sp}} \tag{9.50}$$

求起飞($V=0$且M为初始质量M_i)至推进剂烧尽($V=V_b$且M为最终质量M_f)之间式(9.50)的积分,则有

$$-\int_{M_i}^{M_f}\frac{dM}{M} = \int_{M_f}^{M_i}\frac{dM}{M} = \frac{1}{g_0 I_{sp}}\int_0^{V_b}dV$$

或

$$\ln\frac{M_i}{M_f} = \frac{V_b}{g_0 I_{sp}}$$

亦或

$$V_b = g_0 I_{sp} \ln \frac{M_i}{M_f} \tag{9.51}$$

本节所谓的火箭方程阐释了火箭飞行器的耗尽速度与发动机比冲及质量比 M_i/M_f 的关系。转换该方程可获得给定耗尽速度与所需质量比关系的方程：

$$\frac{M_i}{M_f} = e^{V_b/(g_0 I_{sp})} \tag{9.52}$$

9.11 火箭分级

截至目前，大多数空天飞行器均由多级火箭发射进太空——多级火箭实际上是由两个或多个不同火箭串联而成（或并联，如航天飞机中，如图 8.48 所示）的火箭助推器。为何采用这种方式？为什么不使用一个大型火箭助推器完成此项工作——为什么不使用单级入轨飞行器？答案基本上为经济原因：哪种系统能以最少花费将有效负载助推进轨道？直至最近，设计选择仍是多级火箭。这是花费最少的方案，因为火箭是一次性的——火箭级按次序脱离空天飞行器（有效负载），并在大气层中坠毁后落回地面。然而，在本书写作之际，可重复使用的火箭助推器——多次修复和使用的火箭得到了广泛探讨并取得了大量技术性进展。（已经在航天飞机中部分实现。NASA 将每次发射脱落的固体火箭助推器壳从大西洋打捞出来，然后将其清理干净并刷新，之后送入工厂重新注入推进剂。通过这种方式，每个外壳可重复使用近 20 次。当然，助推器返回地球时，其主火箭发动机必须完好无损，准备投入再次使用。每次发射中损失的只有大型液体推进剂罐。）一次发射后，火箭助推器若得以完全保存，则避免了硬件更换的花费。有时，人们不考虑以最少花费的经济因素，而是选用单级入轨飞行器。现在，现代单级入轨飞行器仅处于试验阶段。

本节介绍目前作为一次性火箭设计选择的多级火箭，旨在简单解释多级火箭助推器方案相比大型单级火箭方案在将一给定有效负载送入天空方面更便宜的原因。

第 9.10 节中，M_L 表示有效负载质量，M_s 表示结构质量，M_p 表示推进剂质量。火箭方程中，M_i 为点火前整架飞行器的初始质量，M_f 为推进剂耗尽时飞行器的最终质量。首先考虑单级火箭。图 9.31(a) 中不同的阴影面积分别表示有效负载、结构和推进剂质量，该图实质上是一个质量分解条形图。该单级火箭的耗尽速度由式（9.51）得出：

$$V_b = g_0 I_{sp} \ln \frac{M_i}{M_f} \tag{9.51}$$

式中：
$$M_i = M_p + M_s + M_L$$

且
$$M_f = M_s + M_L$$

假设二级火箭如图 9.31(b) 所示。第一级推进剂质量为 M_{p1}，结构质量为 M_{s1}。第一级的有效负载为整个第二级。第二级推进剂质量为 M_{p2}，结构质量为 M_{s2}，有效负载为 M_L。图 9.31(b) 实质上是一个条形图，表示第一级和第二级各部分的重量。第一级（第二级附着其上）的耗尽速度由式（9.51）得出：

$$V_{b1} = g_0 I_{sp} \ln \frac{M_i}{M_f} \tag{9.53}$$

式中，初始质量为图 9.31(b) 所示所有质量之和：

$$M_i = M_{p1} + M_{s1} + M_{p2} + M_{s2} + M_L \tag{9.54}$$

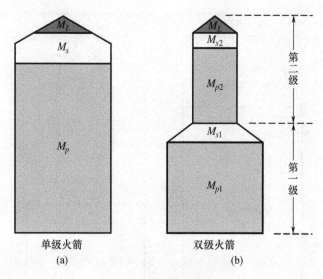

图 9.31 火箭质量组成图解
(a) 单级火箭；(b) 双级火箭。

最终质量为第一级结构质量加上第二级总质量：

$$M_f = M_{s1} + M_{p2} + M_{s2} + M_L \tag{9.55}$$

将式(9.54)与式(9.55)代入式(9.53)，可得

$$V_{b1} = g_0 I_{sp} \ln\left[\frac{M_{p1} + M_{s1} + M_{p2} + M_{s2} + M_L}{M_{s1} + M_{p2} + M_{s2} + M_L}\right] \tag{9.56}$$

在推进剂耗尽瞬间，第一级与第二级分离并坠落。第二级火箭发动机点燃，推动第二级从其初始速度 V_{b1} 升至最终耗尽速度 V_{b2}。第二级一开始即以初始速度 V_{b1} 运行，套用火箭方程式(9.51)，得出第二级速度增量 $V_{b2} - V_{b1}$：

$$V_{b2} - V_{b1} = g_0 I_{sp} \ln\left(\frac{M_i}{M_f}\right)_2 \tag{9.57}$$

式中：
$$M_i = M_{p2} + M_{s2} + M_L \tag{9.58}$$

且
$$M_f = M_{s2} + M_L \tag{9.59}$$

将式(9.58)与式(9.59)代入式(9.57)，则有

$$V_{b2} - V_{b1} = g_0 I_{sp} \ln \frac{M_{p2} + M_{s2} + M_L}{M_{s2} + M_L} \tag{9.60}$$

以下例子将体现多级火箭的优势。

例 9.4

设单级火箭与双级火箭分别如图 9.32(a)与 9.32(b)所示。两枚火箭总质量相等，$M_{总} = 5000 \text{kg}$；比冲亦相等，$I_{sp} = 350 \text{s}$。同时，两枚火箭具有相同的有效负载质量，$M_L = 50 \text{kg}$。两枚火箭的总结构质量和总推进剂质量也相等。总结构质量为 $M_{s1} + M_{s2} = 400 \text{kg} + 100 \text{kg} = 500 \text{kg}$；总推进剂质量为 $M_{p1} + M_{p2} = 3450 + 1000 = 4450 \text{kg}$。两枚火箭均将 50kg 的有效负载质量助推进太空。有效负载、结构与推进剂的质量分解纯粹随意指定，但两枚火箭的总质量相等为专门设定。此情况下，图 9.32(a)与 9.32(b)中两种火箭的唯一区别在于一枚为单级火箭，另一枚为双级火箭，但两枚火箭总质量相等。计算并比较图 9.32(a)与图 9.32(b)中两种火箭的耗尽速度。

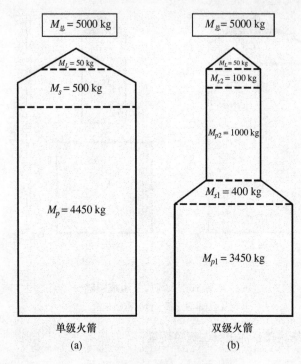

图 9.32 例 9.5 示意图

解

对于图 9.32(a) 所示的单级火箭,其初始质量和最终质量分别为

$$M_i = M_p + M_s + M_L = 4450 + 500 + 50 = 5000 \text{ kg}$$
$$M_f = M_s + M_L = 500 + 50 = 550 \text{ kg}$$

根据式(9.51),

$$V_b = g_0 I_{sp} \ln \frac{M_i}{M_f} = 9.8(350) \ln \frac{5000}{550} = 7570 \text{m/s} = 7.57 \text{km/s}$$

对于图 9.32(b) 所示的双级火箭,根据式(9.56),可得其第一级的耗尽速度:

$$V_{b1} = g_0 I_{sp} \ln \frac{M_{p1} + M_{s1} + M_{p2} + M_{s2} + M_L}{M_{s1} + M_{p2} + M_{s2} + M_L}$$

$$= 9.8(350) \ln \frac{3450 + 400 + 1000 + 100 + 50}{400 + 1000 + 100 + 50}$$

$$= 9.8(350) \ln \frac{5000}{1550} = 4017 \text{m/s}$$

根据式(9.60),可得第二级的速度增量:

$$V_{b2} - V_{b1} = g_0 I_{sp} \ln \frac{M_{p2} + M_{s2} + M_L}{M_{s2} + M_L} = 9.8(350) \ln \frac{1000 + 100 + 50}{100 + 50}$$

$$= 9.8(350) \ln \frac{1150}{150} = 6987 \text{m/s}$$

因此,第二级的耗尽速度为

$$V_{b2} = 6987 + V_{b1} = 6987 + 4017 = 11004 \text{m/s} = 11 \text{km/s}$$

对比

从本例可看出双级火箭以 11km/s 的速度将 50kg 有效负载发射进太空。尽管推进剂的总耗费量相等,单级火箭所能提供的速度仅为 7.57km/s。事实上,本例中单级火箭为有效负载提供的是轨道速度,而双级火箭提供的是逃逸速度,此速度能使空天飞行器进入太空深处。

9.12 航天器轨迹机动推进剂要求

第 8.8 与 8.9 节探讨并计算了不同航天器轨道与轨迹机动所需的冲量 ΔV。本节就实现机动所需推进剂质量分析机动成本。简言之,对于给定的 ΔV 与提供此冲量的给定火箭发动机,要消耗多少推进剂?这是一个严肃的问题,因为对于执行既定任务的既定航天器,不同轨迹机动所需推进剂质量必须加入有效负载总质量,因此增加了发射期间必须推进太空的质量。

回顾第 9.10 节中火箭方程的推导,尤其是式(9.50),其展示了随速度微小变化 dV 产生的空天飞行器质量的微小变化 dM。回顾前文可知 dM 表示因火箭推进剂消耗引起的质量变化。设某航天器的初始质量为 M_i,机动前初始速度为 V_i。随后机载火箭发动机启动,提供所需冲量 V。机动完成后,航天器的最终质量与最终速度分别为 M_f、V_f,其中 $\Delta V = V_f - V_i$。在此回顾式(9.50):

$$-\frac{dM}{M} = \frac{dV}{g_o I_{sp}}$$

求初始情况和最终情况之间式(9.50)的积分,则

$$-\int_{M_i}^{M_f}\frac{dM}{M} = \int_{M_f}^{M_i}\frac{dM}{M} = \frac{1}{g_o I_{sp}}\int_{V_i}^{V_f}dV$$

或

$$\ln\frac{M_i}{M_f} = \frac{V_f - V_i}{g_o I_{sp}} = \frac{\Delta V}{g_o I_{sp}}$$

亦或

$$\frac{M_i}{M_f} = e^{\Delta V/g_o I_{sp}} \tag{9.61}$$

式(9.61)实质上雷同于式(9.52)。式(9.61)中,以指数形式表示的速度指机动冲量 ΔV。当式(9.61)用于太空物体时,式中 g_o 的含义也许令人不解。请记住,g_o 只是根据式(9.33)和式(9.34)得出的比冲定义的一部分,其为一个等于 9.8m/s² 或 32.2ft/s² 的常量。本书引述火箭发动机的比冲时,不管发动机位于地表还是太空某处,总是依据式(9.34)所反映的比冲定义引述。事实上,根据式(9.34)

$$g_o I_{sp} = \frac{T}{m}$$

式(9.61)中项 $g_o I_{sp}$ 仅表示每单位质量流的推力,不管在太空何处,质量不变。

所消耗的推进剂质量为

$$M_p = M_i - M_f \tag{9.62}$$

根据式(9.61),

$$M_i = M_f e^{\Delta V/g_o I_{sp}} \tag{9.63}$$

将式(9.63)代入式(9.62),则有

$$M_p = M_f e^{\Delta V/g_o I_{sp}} - M_f$$

或

$$M_p = M_f(e^{\Delta V/gJ_{sp}} - 1) \tag{9.64}$$

从式(9.64)可求出获得航天器轨道或轨迹机动冲量 ΔV 所消耗的推进剂质量，即实现该种机动所需成本。

例 9.6

本例是计算推进剂质量的看似重复的三个例子中的第一个。这三个例子分别对应分析航天器各种轨道机动所需冲量 ΔV 的例 8.6、例 8.7 和例 8.9，例 9.6、例 9.7 和例 9.8 则计算并对比不同机动所需推进剂质量。以下三例虽运用了相同方法，但获得的答案却不同。

设某航天器在例 8.1 确定的轨道内运行，并如图 8.15 所示。例 8.6 中，在原轨道升交点处运用冲量以使轨道倾角改变 $10°$。计算得出所需冲量 $\Delta V = 1549 \text{m/s}$。该航天器尺寸基本等于图 8.54 所示的"水星号"航天器，其最终质量为 1300km。机载固体火箭发动机比冲为 290s。计算获得该轨道倾角变化所需的推进剂质量。

解

1300kg 为不包括获得该轨道倾斜度变化所需的推进剂质量在内的航天器质量，推进剂质量为额外添加。根据式(9.64)，

$$M_p = M_f(e^{\Delta V/gJ_{sp}} - 1)$$
$$M_p = 1300[e^{1549/(9.8)(290)} - 1] = 1300(e^{0.545} - 1) = 1300(0.7247)$$
$$M_p = 942.1 \text{kg}$$

注意，M_p 几乎等于最终质量。该航天器的发射器必须将初始质量 $M_i = M_p + M_f = 942.1 + 1300 = 2242 \text{kg}$ 助推进轨道。机载火箭发动机质量是最终质量的一部分，$M_f = 1300 \text{kg}$。显然，改变轨道是一项昂贵的机动。

例 9.7

对于例 9.6 中的航天器，如果在降交点处运用轨道倾角变化所需的冲量，例 8.7 的答案表明使轨道变化 $10°$ 只需较小冲量，$\Delta V = 598.2 \text{m/s}$。计算实现该机动所需推进剂质量。

解

根据式(9.64)，

$$M_p = M_f(e^{\Delta V/gJ_{sp}} - 1) = 1300[e^{598.2/(9.8)(290)} - 1]$$
$$= 1300(e^{0.21} - 1) = 1300(0.2337) = 303.8 \text{kg}$$

此情况下，该航天器发射器只需将 1603.8kg 质量助推进轨道——与例 9.6 中情形相比，这是一个相当大的节省。

例 9.8

设例 8.9 讨论情形中，卫星从近地轨道的航天飞机助推进与地球同步的圆形轨道。假设轨道为最小能量霍曼转移轨道，例 8.8 计算出该轨道改变所需冲量 $\Delta V = 3923 \text{m/s}$。卫星为气象卫星，最终质量为 850kg。用于该轨道转移的火箭发动机比冲为 290s。请计算该轨道转移所需推进剂质量。

解

根据式(9.64)，

$$M_p = M_f(e^{\Delta V/gJ_{sp}} - 1) = 850[e^{3923/(9.8)(290)} - 1]$$
$$= 850(e^{1.38} - 1) = 850(2.976) = 2530 \text{kg}$$

由此可见，从近地轨道的航天飞机发射气象卫星进入地球同步轨道所需推进剂质量约为卫星自

身重量的3倍。

9.13 电推进

第9.8~9.11节讨论的化学火箭均为空天飞行器的"强力"推进装置——推力大但I_{sp}相对较低。化学火箭的大推力对飞行器从地表升入太空而言是绝对必要的。然而，一旦进入太空,空天飞行器可利用推力小、I_{sp}大且能长时间甚至无限期提供源源不断推力的推进装置。进入深空的无人飞行器将从此类装置获益。这催生出一类称为先进太空推进的推进装置。本节仅讨论一种先进太空推进装置——电推进——而且仅作简要介绍。本节介绍该类装置中的一种,旨在告知读者除化学火箭外,空天飞行器还可采用其他推进装置。

电推进描述利用电力产生推力的推进装置。此概念基于低分子量推进剂具有高I_{sp}值这一事实。[回顾式(9.35)的讨论可知I_{sp}与分子量成反比]。电推进概念使用各种形式的电力加速低分子量气体,从而产生推力并在同时达到高I_{sp}。第9.13.1节~9.13.4节将讨论一些电推进装置。

9.13.1 电离子推进器

电离子推进器通过加速静电场中的正离子产生推力,其基本概念如图9.33所示。推进剂(如水银或氦氩类惰性气体)被注入一个含阳极与阴极的腔室。室内阳极与阴极之间产生电子束。这些高速电子与推进剂原子碰撞而剥夺其他电子,仅在室内留下正离子。随后这些离子通过独立设置的静电场,以离子束的形式加速冲出室外。如果不采取其他措施,由于大量带正电的推进剂离开腔室,室内负电荷急剧增加。正离子束速度将随室内负电荷增加而减弱。因此,必须使离开腔室的离子束不带电,这可通过在排放电波束中注入电子来实现。中性离子束不会受室内负电荷影响而减速。

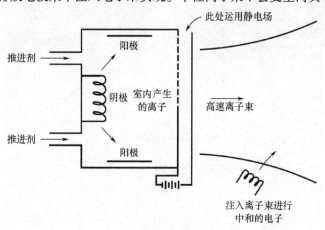

图9.33 电离子推进器图解

电离子推进器比冲达3000~5000s。

9.13.2 磁等离子流体动力推进器

磁等离子流体动力(MPD)推进器利用自诱导磁场加速阳离子,其基本概念如图9.34所示。这种推进器中一股强力的电流从位于中心的阴极涌向位于室壁的阳极。电流将推进剂离子化,其路径如图9.34中虚线所示。室内电流建立诱导磁场(正如导线内电流建立环导线的诱导磁场一样),随后加速等离子体冲出室后端。

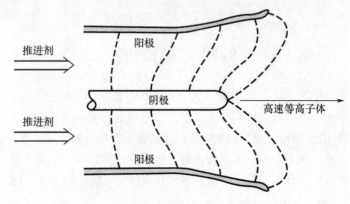

图 9.34　磁等离子流体动力(MPD)推进器图解

在比冲接近的情况下,磁等离子流体动力推进器产生的推力可能比电离子的更多。

9.13.3　电弧推进器

电弧推进器基本较简单,与前述其他电推进装置相比,其与化学火箭的联系更为紧密。电弧推进器中,氢在储液罐中由电弧加热,然后该炽热低分子量气体在通过常规收缩—扩张喷管时膨胀,如图 9.35 所示。炽热气体上没有电磁力作用,电弧仅是在储液罐中生成炽热气体的装置,类似燃烧室中化学火箭推进剂燃烧过程中的能量释放。

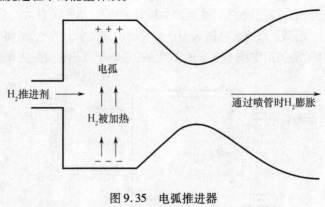

图 9.35　电弧推进器

主要由于氢分子量低,电弧推进器的比冲为 800~1200s。

9.13.4　评述

所有电推进装置都需要单独的动力源来驱动其电磁功能。驱动电推进装置的动力可以来自太阳能蓄电池、核反应器或其他可转换为电力的先进能源。此类问题超出了本书讨论范围。

关于先进太空推进的更广泛但仍为基础性的探讨见参考文献中弗里斯比(Frisbee)的文章,该篇文章亦是本节的主要参考源。

1998 年 10 月 24 日,用于深空探测器的第一台离子发动机于卡纳维拉尔角发射。其命名恰如其分——"深空 1 号",该空天飞行器的使命在于检测新型先进技术。11 月 10 日,NASA 工程师们启动了发动机,它运行了 4.5min 后自动关闭。11 月 24 日,按指示装入航天器后,该离子发动机重获生机,且在成书之际仍在顺利运行。该离子发动机由太阳能蓄电池驱动,油门全开时消耗约 2500 W 电力,产生 0.02 lb 推力——等于手掌上一张纸的重量的力。

9.14 历史事记:早期推进器的发展

飞机螺旋桨的前身可追溯到 12 世纪,那时风车开始点缀西欧风貌。这些风车的叶片实质上即大型木布制桨叶,利用风能驱动机械式研磨机。稍有常识即可理解其工作过程——机械驱动旋转桨叶以增加空气能并产生推力。实际上,列奥纳多·达·芬奇曾为一架 16 世纪的直升机顶部设计了一个螺旋装置。1783 年首次成功气球飞行的一年后,J. P. 布朗查德(J. P. Blanchard)在气球上安装了一个手动螺旋桨。这是真正意义上的首个空运螺旋桨,但它并未成为成功的实用推进装置。然而,尽管人们随后为以手动螺旋桨驱动热气球做出了许多其他努力,但未见成效。直至 1852 年,一台连接蒸汽机的螺旋桨才在一架飞艇中得以成功运用。该组合由亨利·吉法德(Henri Giffard)设计,使其操纵飞艇以 5 英里/h 的最高速度飞越巴黎。

如第 1 章所述,现代飞行器之父乔治·凯利爵士解决推进问题时避开螺旋桨,而将目光错误地投向像船桨一样的装置。而亨森的空中蒸汽运载器(见图 11)设想用两个推力螺旋桨提供驱动力;自那以后,螺旋桨成为重于空气的飞行器可接受的推进概念。同时,19 世纪早期开始,以相关方式用于蒸汽船的船用螺旋桨得以开发。最后,19 世纪末,在尝试升空的众多努力中,杜·坦普尔、莫扎伊斯基、兰利以及其他人都使用了螺旋桨(见图 1.13、图 1.14 和图 1.18)。

然而,仔细研究这些 19 世纪的飞行器,会发现其螺旋桨都是粗糙、宽大、类似船桨的叶片,实质上并未体现对螺旋桨空气动力学的理解。它们的效率一定极为低下,自然导致这些机器普遍失败。截至 1900 年,尽管轮船用船舶螺旋桨得到广泛发展,但其设计也纯粹是经验性的,且其效率至多达到 50%。世纪之交时,尚未出现有关螺旋桨设计的理性的水动力或空气动力理论。

这便是 1902 年秋天韦尔伯和奥维尔从杀魔丘返回时面临的情况。那时,在第三号滑翔机(见第 1 章)超过 1000 次的成功飞行后,两兄弟热情高涨,准备向动力机器迈出一大步。然而天真的是,韦尔伯最初期待这一步十分简单:发动机可以从当时的汽车公司订购,螺旋桨也可以根据当时的船舶技术简单设计出来。事实证明并非如此。在美国代顿市图书馆沉浸数日之后,韦尔伯发现船舶螺旋桨理论尚未存在,甚至其真实的空气动力学功能也未得到证实。形势所迫,莱特兄弟不得不再次投入前人未曾涉及的工程领域。1902 – 1903 年整个冬天,为了得出螺旋桨设计的准确运算,他们一直在研究螺旋桨概念。莱特兄弟又一次展示了他们不愧为历史上未曾受过任何工程学教育的航空工程先驱。例如,1903 年早春,他们最先意识到螺旋桨实质上是一个旋转的机翼,由能产生与螺旋桨旋转平面垂直的空气动力的翼型组成。并且,他们利用风洞数据,于前一年得出了数百个不同的翼型,并为螺旋桨截面选择了合适的曲面形状。他们证明了扭转桨叶的必要性,以解释毂至桨梢的不同相对气流速度。实际上,奥维尔曾写道:

甚至连寻找突破口都很困难,因为尚无任何关于螺旋桨或其作用介质的理论。推力取决于速度和桨叶冲击空气的角度,而桨叶冲击空气的角度取决于螺旋桨的旋转速度。机器朝前运动,空气向后滑动。向后滑动的空气速度取决于螺旋桨产生的推力以及作用空气量。这些因素相互依赖,其中任何一个改变都将导致其他因素改变,但这些还仅仅是必须考虑的某些因素……

1903 年 3 月,韦尔伯掌握的理论足以帮助其合理设计螺旋桨。凭着一把短柄小斧和刮刀,韦尔伯从云杉木薄板中雕刻出两个螺旋桨,并涂以铝漆。由于对其成就倍感兴奋,奥维尔写道:"我们无法从手头上的资料中找到任何有价值的东西,所以我们在这个课题上钻研出自己的理论,并且很快发现——像往常一样,迄今为止所有制造出来的螺旋桨都是错误的,然后我们基于自己的理论造出一对,我们的螺旋桨是合理的……"

莱特兄弟(主要是韦尔伯)设计的螺旋桨令人叹服,其效率高达 70%,并在莱特兄弟 1903 年 12

月17日的成功飞行及随后的所有飞行中发挥了重要作用。而且,莱特兄弟设计的螺旋桨在航空领域近10年内性能始终是最佳的。实际上,1908年前所有美国和欧洲的竞争者们都依赖旧式船桨状叶片。韦尔伯于1908年8月8日在法国Hunaundières进行的首次引人注目的公开飞行所使用的高效螺旋桨对欧洲工程师的影响之大堪比莱特所发明的帮助实现平稳机动飞行的控制系统。因此,后来欧洲和其他地方的飞行器都沿用莱特兄弟引进的空气动力型螺旋桨。

因此,首个合理设计的螺旋桨以及相关的空气动力理论必须归功于莱特兄弟。尽管这一事实甚少提及,也未得到广泛认可,但1903年关于螺旋桨的研究代表了航空工程重要领域的巨大飞跃;若非该研究,实用动力飞行的出现将大为推迟。

莱特兄弟的设计得到采用近10年后,威廉·F·杜兰德(William F. Durand)最终奠定了飞机螺旋桨工程理论与设计的早期基础。杜兰德为NACA创始人之一,并于1916年成为NACA主席(见第2.8节)。当时,杜兰德还是斯坦福大学机械工程学院院长。1916—1917年间,他监督了学校纯粹用于螺旋桨试验的大型风洞的建设。1917年,杜兰德发表了第14号NACA报告,题为《空气螺旋桨的实验研究》。这份报告在当时是关于螺旋桨的最详尽的工程学出版物,其囊括了众多螺旋桨的实验数据,这些螺旋桨或桨叶形状不同,或翼型剖面相异。显然,这是详尽探讨螺旋桨效率对前进比曲线图的首份技术报告。因此,如图9.6所示的螺旋桨效率曲线类型可追溯到1917年!而且,杜兰德大多数螺旋桨模型最大效率在75%~80%,这一取值在当时是可信的。有趣的是,90年后,现代螺旋桨效率在85%~90%,并未有显著提高。同时,杜兰德亦是进行螺旋桨理论量纲分析的第一人。在第14号NACA报告中,其还通过量纲分析表明螺旋桨效率一定是一个关于前进比、雷诺数与马赫数的函数。杜兰德借助这些结论与实验数据相关联。这份早期的NACA报告是飞机螺旋桨发展历程中的重要里程碑。一份该报告复印件如今已成为神圣展品,珍藏于斯坦福大学杜兰德工程楼大厅里。

9.15 历史事记:航空用内燃机的早期发展

第1章介绍了推进在动力飞行的历史性探索中的关键作用。早在1852年乔治·凯利就曾明确陈述缺乏合适发动机这一令人沮丧的难题。其有关"可操纵降落伞"(滑翔机)试验的记录如下:"无需赘言,如果我们拥有足够轻的发动机能通过风的吹送来驱动飞行器,根据螺旋原理或者其他原理,发动机动力提供水平推力,而飞行器的重力提供向下滑动的力,那么我们即刻便能掌握机械空中航行。"

事实上,凯利在推进问题上投入了大量精力。1807年前,他设想过用热气发动机取代蒸汽机,这种发动机从大气中吸入空气,空气通过火源上方加热后在汽缸内膨胀,从而对活塞做功。从广义上考虑该发明,而不考虑对飞行的任何可能应用,凯利在《尼克尔森期刊》1807年10月刊中写道:"迄今已经证明蒸汽发动机过于笨重,无法实现大部分运行目的,而空气膨胀则刚好提供了一种没有这些缺陷的原动力。"1843年,凯利致信《力学杂志》编辑,总结了他在航空推进方面的研究:

像往常一样,真正的问题在于以必要的轻质量提供足够动力的可能性。出于此目的(飞行),我已尝试多种发动机作为原动力。火药太危险,但在大量耗资下也能达到:可谁愿冒摔筋断骨或炸成灰烬的双重危险?汉弗莱·戴维爵士(Sir Humphrey Davy)计划使用的固体碳酸也是利用加热膨胀过程,天才工程师M. 伊桑巴德·布鲁纳尔证明该计划是失败的。

由于所有这些过程都需要几乎等量的热量来产生相等的动力,我曾一度将注意力转移到利用受热膨胀大气作为动力,这获得了相当大的成功。大约3年前,我向巴巴格先生(Mr. Babbage)、伦尼先生(Mr. Rennie)和其他能测试其效率的许多人展示了这种类型的5hp发动机。此发动机仅是实验性的,具有一些缺陷,但每小时燃烧约 6.5lb 焦炭就能稳步获得 1hp 的动力,且无需水,这构成了发动机的所有消耗。现在正在构建这种类型的另一台发动机,计划避免前台发动机的缺陷。如果没有更好的方式,这台机器很可能用于气球航行——这也是设计它的主要目的,或者用于目前的项目。

因此,与其对航空学各方面卓越而开拓性的思想一致,乔治·凯利表明了蒸汽机用于飞行的不实用性,并且与一些内燃机先驱们进行了充分的实验。然而,19 世纪后继航空工程师们并没有继承他的思想,而是几乎一致尝试蒸汽动力飞行(见第 1 章)。

1860 年勒努瓦的二冲程燃气发动机推动了内燃机的发展。随后,在 1876 年,尼古拉斯·奥古斯特·奥托设计并成功建造了第一台四冲程内燃机,与第 9.3 节讨论的发动机类型相同。事实上,图 9.12 所示的由定容燃烧条件下的等熵压缩和做功冲程组成的热动力循环即为奥托循环。奥托在德国工作,但奇怪的是,其于 1877 年在美国取得其发动机的专利。奥托的研究很快运用于陆地车辆推进,引领了 1990 年前汽车产业的发展。

但汽车与飞机明显是两种截然不同的机器,1900 年车用内燃机对于航空飞机而言每马力太重。塞缪尔·皮尔蓬·兰利直面这一障碍(见第 1.7 节),他正确认识到汽油内燃机适用于飞机的动力装置。为驱动其改进后的"空中旅行者",1898 年兰利联系纽约的斯蒂芬. M. 巴尔泽(Stephen M. Balzer)索取一台仅重 100 lb 的 12hp 发动机。然而遗憾的是,巴尔泽交付的产品是从汽车发动机改装而来,只能产生 8hp 动力,因而难以如愿;于是,兰利的助手查尔斯·曼利承担了完全重新设计巴尔泽交付的发动机的任务,其工作在华盛顿哥伦比亚特区史密森尼学会实验室进行。曼利于 1902 年完成了任务,制成了一台重 201lb、可产生 52.4hp 功率的动力装置。该成就意义重大;直到 16 年后第一次世界大战末"高性能"飞机的出现,这种发动机才得到改进。而且,曼利的发动机与当时的汽车发动机的显著区别在于曼利的发动机为星形发动机,5 个汽缸围绕中央曲轴环形等间距分布。这似乎是历史上首台飞机用星形发动机,当然也是最早获得成功的一台。不幸的是,兰利"空中旅行者"的失败也使曼利的发动机湮没无闻,尽管他的发动机绝不是导致飞机失败的原因。

在俄亥俄州代顿市以西 500 英里,莱特兄弟最初也计划使用标准汽车发动机作为其"飞行者号"的动力装置。1902 年秋,第 3 号滑翔机在杀魔丘获得令人惊叹的成功后,莱特兄弟惊讶地发现当时的汽车发动机太重而不能满足他们的要求。由于当时韦尔伯主要负责研发螺旋桨(见第 9.14 节),他将设计和制造合适发动机的任务分配给奥维尔。有趣的是,韦尔伯正确认识到螺旋桨相比发动机是一个更严重的问题。在莱特自行车店机修工查尔斯·泰勒(Charles Taylor)的帮助下,奥维尔利用 Pope - Toledo 汽车的发动机(已废置很久)作为模型,在不到 6 周的时间里即完成了发动机的设计和制造。1903 年 2 月的第一次试验中,发动机的铝制曲轴箱破裂。2 个月后,当地一家铸造厂重新铸造了一个曲轴箱,发动机最终于 5 月试验成功。

该发动机为四缸直列式设计,只有一个速度,约为 100r/m,且仅在切断汽油供应时(通过重力注入汽缸)才能停止运转。发动机产生 12hp 动力,重约 100lb(不含润滑油和燃油)。虽然莱特兄弟设计的发动机每磅重量产生的马力远不及曼利的设计,就其目的而言却也绰绰有余。1903 年前,莱特兄弟基本是内燃机方面的生手,他们的成功设计再次印证了他们独特的工程天分。奥维尔曾说:"尽管不知道应当如何改进这种尺寸的发动机,我们对其性能相当满意。更多经验表明我们还没有获得预期动力的一半。"

莱特兄弟凭借其 1903 年 12 月 17 日的历史性飞行(见第 1.1 节)证明他们的发动机明显为首台成功的飞行器动力装置。之后,飞行器用内燃机发展缓慢。9 年后,H. B. 怀尔德(H. B. Wild)上尉以驾驶员视角在巴黎作出了有关飞机发动机的如下演讲:

毫无疑问,我们目前(1912 年)掌握的相对粗糙且不尽可靠的发动机是导致飞机遭遇的许多事故和灾祸的原因。如果审视当前航空发动机的附件,会发现为了减少发动机的质量,所有认为不必要的部件都被除去了。正因为如此，一些增强发动机耐久性和可靠性的部件也被除去。

如今，高效、可靠和耐久的飞行器动力装置最终的成功发展已然成为事实。然而，它是通过持续深入的工程努力实现的。早期 NACA 文献里有各种关于发动机发展的报告——化油器、气门、散热器等。1940 年，随着专门研发推进的实验室——俄亥俄州克利夫兰 NACA 路易斯飞行推进实验室的建立，反映了人们对推进重要性的认识。

现在，气涡轮喷气发动机已经替代了往复式内燃发动机，成为航空推进的主要形式。但内燃机依然是速度为 300 英里/h 或以下的通用航空飞行器的最佳选择，因此其持续发展与改进将仍然是空天工程的重要部分。

9.16　历史事记：早期喷气机发明者

20 世纪 20 年代末以前，往复式发动机—螺旋桨组合完全是飞行器推进的唯一方式，其他方式都未受到重视。尤其是喷气式推进，在技术上认为是不可行的。例如，1923 年 NACA 报告称喷气推进是"不现实"的，但它旨在研究速度在 250 英里/h 或以下的飞行，而喷气推进在这个速度范围内确实是不可行的。11 年后，英国政府仍然持相同观点。

随后，弗兰克·惠特尔（现在是弗兰克·惠特尔爵士）登上了飞行历史舞台。惠特尔是英国人，1907 年 6 月 1 日出生于考文垂。其年少时即钟情于航空学，1923 年加入英国皇家空军。由于其表现出非凡才智和潜力，不久获得进入克伦威尔皇家空军技术学院学习的机会。在这里，惠特尔对气涡轮发动机驱动飞机的可能性颇感兴趣。1928 年，他在克伦威尔完成了题为《飞机设计的未来发展》的毕业论文。文中阐述了喷气推进的优势，但反响平平。然而惠特尔并未止步，于 1930 年 1 月取得气涡轮发动机的设计专利。然而，之后 5 年，该专利虽获得礼貌性的赞赏但依然得不到关注；同时，惠特尔专注于其在皇家空军的事业，基本将其喷气推进理念弃之脑后。然而，1935 年，在克伦威尔一同学的帮助下，一家银行公司同意投资一家名为"动力喷气发动机有限公司"的私人企业专门开发惠特尔喷气式发动机。因此，1935 年 6 月，弗兰克·惠特尔与一帮同事投身于他们认为将成为世界上首台喷气发动机的详细设计。该发动机不到两年即完成，并于 1937 年 4 月 12 日进行台架试验，这是世界上第一台以实用方式成功操作的喷气式发动机。

然而，它不是首台起飞的发动机。德国的汉斯·冯·奥海因完全独立开发了一台类似的气涡轮发动机，当时他对惠特尔的研究工作全然不知。在著名飞行器设计师恩斯特·海因克尔的个人支持下，冯·奥海因在 1936 年开始了他的工作。（如同美国和英国情形一样，德国政府起初对喷气推进并不感兴趣。）在冯·奥海因开始发动机工作后的第 3 年，他设计的发动机与海因克尔特别设计的飞机珠联璧合。1939 年 8 月 28 日，He 178（见图 9.36）成为历史上首架成功飞行的气涡轮喷气式飞机。严格意义上，这是一架试验机，但冯·奥海因的发动机能产生 838 lb 推力，使 He 178 的最大速度达 435 英里/h。第二次世界大战爆发后，德国政府一转之前对喷气推进漠不关心的态度，很快德国成为最先拥有可操作的军用喷气飞机的国家。

在英国，惠特尔喷气式发动机台架操作的成功最终获得了空军部的关注和支持。1938 年空军与动力喷气机有限公司签订合同开发用于飞机的改进动力装置。同时，格劳斯特飞机公司也获得合同，制造特别设计的喷气式飞机。1941 年 5 月 15 日，首台搭载惠特尔喷气式发动机的飞机——格劳斯特 E.28/39 飞机（见图 9.37）从克伦威尔成功起飞。该发动机产生 860 lb 推力，驱动格劳斯特飞机最大速度直达 338 英里/h。如今，格劳斯特 E.28/39 在伦敦科学博物馆占据显要的展位，其高高悬挂在伦敦南肯辛顿大型砖砌建筑的顶层天花板上，尤为突出。惠特尔发动机相关技术很快传到美国，最终催生了洛克希德公司 P-80"流星"战斗机，该飞机大获成功，是第一台美国生产线制造的喷气式飞机。

图 9.36　德国 He 178——世界上首架成功飞行的喷气式飞机
[图片摘自《约翰·安德森集》]

图 9.37　Gloster E.28/29——英国首架成功飞行的喷气式飞机
[图片摘自《约翰·安德森集》]

1948 年,惠特尔以空军准将身份从皇家空军退休,因其对英国航空业的卓著功勋被授予爵位。1976 年,惠特尔移居美国,在马里兰州安纳波利斯的美国海军学院从事研究和教学工作。1996 年 8 月 8 日,惠特尔逝世于马里兰州哥伦比亚家中。

汉斯·冯·奥海因是第二次世界大战末美国引进的大批德国科学家和工程师中的一员。他在俄亥俄州莱特—特帕森空军基地的空军航空研究实验室取得杰出成就,其在此带领一个推进小组研究先进的推进理念。笔者有幸与冯·奥海因在同一个实验室共事 3 年,并与这位非凡人士进行了数次令人振奋的交谈。之后冯·奥海因加入莱特机场的美国空军航空推进实验室,并于 1980 年在那里退休。退休后,他仍然保持活跃,孜孜不倦地宣扬航空学。1984 年,他在史密森尼美国国家航空航天博物馆名声赫赫的查尔斯·林德伯格(Charles Lindbergh)馆担任馆长职务一年(笔者也有幸继冯·奥海因担任该职务 2 年。)1998 年 3 月 13 日,冯·奥海因逝世于佛罗里达州墨尔本市家中,葬于俄亥俄州代顿市。两年内,世界失去了喷气式发动机的两名共同发明者。历史表明这两位伟人引发了航空学革命——喷气革命——也许其重要性可与莱特兄弟实用飞机的发明相提并论。

9.17 历史事记:火箭发动机的早期历史

"当它被点燃时,发出雷霆般的噪声,传到约24km之外。它落下的地点燃烧起来,火势蔓延超过2000英尺……这些投掷出去的铁制飞戟令蒙古人胆战心惊。"1739年传教士宋君荣(Antonine Gaubil)关于成吉思汗的书中有如上记载,描述了1232年一个中国城镇如何成功运用火箭抵御30000名蒙古侵略者。大多历史学家都用此例证明火箭起源并发展于几个世纪前的亚洲。显然中国人至少早在公元600年就开始制造黑火药,之后使用木炭、硫磺与硝石制成的混合物作为火箭推进剂。几个世纪以来,火箭逐渐作为军事武器传入西方。19世纪初英国人威廉·康格里夫爵士(William Congreve)大大改进了这种武器,使之成为弹幕拦阻用导弹。[1812年弗朗西斯·司各特·凯(Francis Scott Key)在麦克亨利堡发现的"火箭通红的火焰"即由康格里夫火箭产生。]然而,直到19世纪末20世纪初,人们才从技术视角了解火箭,火箭才开始其真正的工程发展。

苏联是第一个向太空迈进的国家,其最早发射人造卫星(1957年10月4日,"斯普特尼克一号"),并最早将宇航员(1961年4月12日,尤里·加加林)送入轨道。因此,从历史观点看,可以说首位名副其实的火箭科学家是俄国人——康斯坦丁·爱德华多维奇·齐奥尔科夫斯基(Konstantin Eduardovitch Tsiolkovsky)。1857年9月17日,齐奥尔科夫斯基出生于俄国伊热夫斯科耶镇(Izhevskoye)。年少求学时,他钻研数理知识,并热衷于行星际太空旅行理念。1876年,他在博罗夫斯克(Borovsk)一学校任教,1882年移居卡卢加村。在那里,齐奥尔科夫斯基默默无闻地研究太空飞行理论,1883年3月偶然迸发反作用力推进想法。尽管没有任何机构帮助,齐奥尔科夫斯基逐渐独立解决了火箭发动机的一些理论问题。图9.38展示了他以液氧(O_2)和液氢(H_2)为燃料的火箭设计,此图发表于1903年(莱特兄弟飞机首次成功动力飞行的同一年)俄国杂志《科学调查》。齐奥尔科夫斯基使用高比冲 H_2—O_2 组合,这一事实反映了其火箭理论的精到之处。齐奥尔科夫斯基既非实验主义者(他没有用于建立实验室的经费),也非工程师。因此,他没有进行实际实验,也未得出任何设计数据。然而,齐奥尔科夫斯基不愧为首位真正的火箭科学家,他坚持不懈地研究火箭理论,直至1935年9月19日逝世,享年78岁。晚年,齐奥尔科夫斯基的贡献最终得到认可,1919年成为社会主义学院(苏联科学院前身)成员,并在之后获得政府津贴。

图9.38 齐奥尔科夫斯基1903年的火箭设计,以液氧(O_2)和液氢(H_2)为燃料

世纪之交,罗伯特.H.戈达德引领了美国的火箭进步。1882年10月5日,戈达德出生于马萨诸塞州伍斯特,他的生活与齐奥尔科夫斯基有许多类似之处。他同样热衷物理学和数学;同样确信火箭是太空飞行的关键;同样默默无闻地将大半生投入火箭研究。但他们也有一个显著不同之处,即齐奥尔科夫斯基的贡献是纯理论性的,而戈达德则成功将理论联系实际,并研发了世界上首个可运行的液体火箭。

戈达德完全在伍斯特接受教育,1904年毕业于南方高中,1908年在伍斯特理工学院获得学士学位,1911年在克拉克大学获得物理学博士学位。之后,他在克拉克大学担任物理学教授,并在此运用科学和工程学知识实现儿时太空飞行的梦想。他也认定液体 H_2 和 O_2 将成为高效的火箭推进剂,

1912—1913年他在普林斯顿大学休假时研究了这些理论。1914年,戈达德取得包括火箭燃烧室、喷管、推进剂供给系统和多级火箭在内的多项专利。1917年,他从华盛顿的史密森尼学院获得一笔小额奖金(5000美元),这永远激励他投身火箭学事业。这笔奖金催生了火箭发动机历史上最重要的文件之一,即题为《到达极高空的方法》的专著,1919年作为《史密森尼研究系列文集》中的一部分出版。尽管当时鲜少有人能掌握戈达德的思想,但该书为火箭原理的权威性学术论述。

20世纪20年代早期,戈达德回到伍斯特进行了更多的实验研究。在进行了大量实验且获得不少工程进展后,1926年3月16日,戈达德成功发射了世界上第一台液体火箭。图9.39展示了戈达德立于该火箭旁的照片。该飞行器长10ft,其发动机本体位于最上方(图9.39中远高于戈达德头顶),通过飞行器后部推进剂罐(图中戈达德手臂下方)引出的两条长管注入液氧和汽油。燃料罐上方的鼻锥体为保护燃料罐免受火箭喷管废气影响的导流装置。该火箭最大速度达60英里/h,飞行184ft。尽管成绩一般,但1926年3月16日这次飞行对火箭学的影响不亚于1903年12月17日莱特兄弟飞行对航空学的影响。

图9.39　罗伯特.H.戈达德及其首个成功的液体火箭
该火箭于1926年3月16日的飞行是世界上首次成功的火箭飞行
[来源:美国国家航空航天博物馆]

这项工作最终使戈达德引起了因1927年横跨大西洋飞行而声名显赫的查尔斯·林德伯格的注意。林德伯格说服丹尼尔·古根海姆航空促进基金会给予戈达德50000美元补助,鼓励他继续研发火箭发动机。戈达德的研究规模得以突然扩展,并于1930年携妻移居西墨西哥州罗斯维尔附近一个更加适宜的试验地。之后 11 年,戈达德在此研制了更大更完善的火箭,但仍默默无闻。20 世纪 30 年代政府对任何形式的喷气推进研究了无兴趣。并且,戈达德与莱特兄弟一样,对其数据严格保密,以防止其设计落入剽袭者之手。第二次世界大战初期,政府对戈达德的研究兴趣大增,戈达德全部研究、人员和设备均迁至马里兰州安纳波利斯的海军工程实验站。直至 1945 年 7 月,该研究小组一直致力于开发水上飞机的喷气助力起飞装置及研究变推力火箭发动机。

1945 年 8 月 10 日,罗伯特. H. 戈达德博士于巴尔的摩逝世。人们对其在现代火箭学发展中的贡献及其重要性的认识为时较晚。事实上,在后"斯普特尼克"时代的政治热潮中,美国才开始尊敬戈达德。1959 年,戈达德受到议会敬重;同年,他获得首个航空科学学会(现在的美国航空航天学会)路易斯. W. 希尔太空运输奖。1959 年 5 月 1 日,马里兰州格林贝尔特新 NASA 戈达德太空飞行中心以其名字命名以示纪念。1960 年政府因使用数百项戈达德专利而支付古根海姆基金会及戈达德夫人 100 万美元。

20 世纪 30 年代,美国另一小组研究员完全不依赖戈达德的研究独立研发了火箭。这便是美国火箭学会(ARS),1930 年 3 月最初成立时名为美国星际学会,于 1934 年更名。由科学家与工程师组成的该研究小组相信火箭学的最终重要性。该学会不仅出版技术文件,还制造和试验实际火箭。其第一个火箭以液氧和汽油为燃料,于 1933 年 5 月 14 日在纽约斯塔恩岛发射,运行 250 ft。随后直至第二次世界大战,ARS 一直是小型火箭研发的公共焦点,全然没有政府支持。第二次世界大战爆发后,ARS 许多实验活动分裂,并为全国其他活动所吸纳。然而,作为信息传播学会,ARS 一直持续到 1963 年,出版了备受推崇的《ARS 期刊》。之后美国火箭学会与航空(当时为航天)科学学会合并,成为现在的美国航空航天学会。

下面举例简要阐述飞行历史各条线索如何相互交织。1941 年,ARS 成员建立反作用力发动机公司,继续设计和制造 XLR-11 火箭发动机。1947 年 10 月 14 日,该发动机驱动查克·杨格驾驶的贝尔 X-1 试验机完成了首次载人超声速飞行(见第 5.22 节与图 5.88)。

火箭发动机的早期发展形成一个地域三角形,三个顶点分别位于俄国(齐奥尔科夫斯基)、美国(戈达德)和德国。第三个顶点的代表人物是赫尔曼·奥伯特,1894 年 7 月 25 日出生于特兰西瓦尼亚(Transylvania),之后成为德国公民。与齐奥尔科夫斯基和戈达德一样,奥伯特从儒勒·凡尔纳的小说中获得启发,开始不懈探索进军月球的实用方式。第一次世界大战期间,奥伯特对火箭产生兴趣,向德国作战部建议使用远程液体导弹。1922 年,他综合这些想法,建议太空飞行使用火箭推进。当时,奥伯特对齐奥尔科夫斯基与戈达德的研究工作一无所知。然而,不久后,德国报纸提及戈达德的工作,奥伯特很快致信索要 1919 年史密森尼专著复印件。1923 年,奥伯特发表了其关于火箭发动机理论的研究工作,题为《进入太空的火箭》。该技术文件论述严密,奠定了德国火箭的发展基础。

为发展奥伯特的思想,德国太空旅行学会于 1927 年成立,并于 1929 年开始实验工作。(随后美国火箭学会遵循德国太空旅行学会模式成立。)奥伯特的思想引起了连锁反应,尤其对其学生,如冯·布劳恩。20 世纪 30 年代,火箭学在德国得到近乎爆发性的发展,以第二次世界大战中德国 V-2 火箭的发展为高潮。V-2 火箭研制中,冯·布劳恩担任技术指导。虽为战争武器,但 V-2 是历史上首个实用长程火箭,其示意图

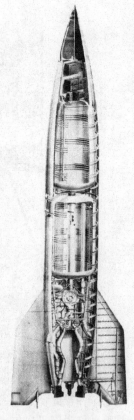

图 9.40　德国二战 V-2 火箭
[来源:NASA]

如图9.40所示。V-2火箭直径为65in,长46.1ft,重27000lb,由液氧和酒精驱动。这是人类制造的首架在可感大气层外(即太空)运行的飞行器,其高度超过50英里,航程达200英里。导弹在大气层中飞行时达到了超声速。第二次世界大战末,苏联和美国缴获数百枚V-2导弹产品,并运回各自国家。因此,所有现代火箭都可溯源于V-2,而冯·布劳恩思想也继承自赫尔曼·奥波特。

以"阿波罗"计划中的巨大"土星"助推器为高潮的现代火箭,其发展历史自成一体,不在本书讨论范围内。本节呈现发动机的早期历史,旨在从技术方面进一步鉴赏第9.8节所述的火箭发动机。关于现代火箭学的权威性历史阐述,请参阅埃姆(Emme)的著作及冯·布劳恩与奥德威(Ordway)的著作(见本章末的参考文献)。

9.18 总结与回顾

为飞行器提供推力的推进装置主要有两种:(1)往复式发动机螺旋桨组合;(2)喷气式推进发动机。喷气式推进装置可进一步细分为吸气式发动机(涡轮喷气机、涡轮风扇喷气机、冲压发动机、超燃冲压发动机)与火箭发动机。本章分章节探讨了各类发动机。

本章首先探讨螺旋桨(如莱特兄弟一样,第二次世界大战前其他所有人设计和制造的飞机均由螺旋桨推进)。该部分定性分析了实质上类似扭转机翼的螺旋桨是如何产生推力的。之后研究了与多数螺旋桨配套安装的内燃往复式发动机,并分析了螺旋桨如何将从发动机处获得的功率转换成螺旋桨的可用功率,该比值决定了螺旋桨效率。同时,本章讨论了往复式发动机的热动力循环,并用之测算该类发动机的功率输出。

至于喷气式发动机,本章先推导了该类发动机的一般推力方程。该方程的推导及方程本身都具有重要意义。推力方程的推导使用了定容概念,使发动机每平方厘米上的压力分布(推力的基本来源)与气流从发动机进气口穿过排气口期间动量的时间变化率联系起来。得出的喷气机推力方程直截了当,为计算吸气式喷气发动机和火箭发动机所产生的推力提供了一种相对简单的方式。

本章随后探讨传统涡轮喷气发动机,其主要部件包括进气扩散器、压缩机、燃烧室、涡轮及排气喷管。该部分分析了各部件内发生的热动力过程,以及各部件对发动机推力的影响——推力累积。本章还讨论了在发动机前添加一个大型风扇以便大大提高喷气发动机效率,现在绝大部分喷气机都使用涡轮风扇发动机。随后本章探讨了去除涡轮喷气发动机所有旋转部件后在发动机内创造一个直流通道的优势和劣势。本章还阐述了冲压发动机,以及用于高超声速飞行的超燃冲压发动机。

同时,还探讨了能为一切实用喷气推进装置产生最高推力的发动机——火箭发动机。利用火箭发动机推力方程得出了一个标示火箭效率的重要品质因素,即比冲,定义为通过发动机的每单位重量流量产生的推力。研究发现比冲主要与发动机中所使用的化学推进剂种类相关——该结论并非即时直观获得。随后,得出了将耗尽速度与比冲和火箭初始最终质量(差别在于所燃烧的推进剂的质量)联系起来的"火箭方程"。

最后,简要介绍了拟用于太空推进的一些先进装置,这些装置以各种电推进为基础。

本章重点如下所示:

1. 螺旋桨的横截面为翼型设计,以在飞机运行方向产生空气动力,即推力。螺旋桨效率取决于螺距角与前进比:

$$J = V_\infty/(nD)$$

2. 奥托循环往复式内燃发动机的四个冲程分别为进气、压缩、做功和排气冲程。燃烧基本上定容发生。该类发动机与螺旋桨一起产生的功率为可用功率,用下式表示:

$$P_A = \eta\eta_{\text{mech}} \frac{n}{2} NW \tag{9.10}$$

式中：η = 螺旋桨效率；η_{mech} 为机械效率；n 为发动机曲轴每秒转数；N 为汽缸个数；W 为整个四冲程循环中所产生的功。可用功率也可用下式表示：

$$P_A = \frac{\eta\eta_{\text{mech}}(\text{rpm}) d p_e}{120} \tag{9.15}$$

式中：rpm 为发动机曲轴每分钟转数；d 为排量；p_e 为平均有效压力。

3. 喷气推进装置的推力方程为

$$T = (\dot{m}_{\text{air}} + \dot{m}_{\text{fuel}})V_e - \dot{m}_{\text{air}}V_\infty + (p_e - p_\infty)A_e \tag{9.24}$$

4. 涡轮喷气发动机工作过程包括进气在扩散器内的气动压缩、旋转压缩机中的进一步压缩、燃烧室内恒压燃烧、驱动压缩机的涡轮内的膨胀以及通过排气喷管时的进一步膨胀。涡轮风扇发动机中，压缩机前的机轴上安装了一个大型导管风扇，能使发动机核心外的大量辅助空气加速，从而以更高的效率产生更多推力。冲压喷气发动机没有旋转机械，其推力产生过程为：首先进气在进气扩散器内的气动压缩，然后在燃烧室内恒压燃烧，最后通过喷管排气。

5. 火箭发动机产生的推力为

$$T = \dot{m}V_e + (p_e - p_\infty)A_e \tag{9.28}$$

火箭自带燃料和氧化剂，其推力的产生不依赖大气层空气。

6. 比冲是衡量火箭发动机推进剂组合效率的直接方式。

$$I_{\text{sp}} = \frac{T}{\dot{w}} = \frac{1}{g_0}\left\{\frac{2\gamma RT_0}{\gamma-1}\left[1-\left(\frac{p_e}{p_0}\right)^{(\gamma-1)/\gamma}\right]\right\}^{1/2} \tag{9.35}$$

若欲获得高比冲，则燃烧温度 T_0 应较高，且燃烧气体的分子量应较小。

7. 火箭方程将耗尽速度与比冲和初始最终质量之比联系起来：

$$V_b = g_0 I_{\text{sp}} \ln \frac{M_i}{M_f} \tag{9.51}$$

参考文献

Dommasch, D. O., S. S. Sherbey, and T. F. Connolly. *Airplane Aerodynamics,* 3rd ed. Pitman, New York, 1961.

Emme, E. M. *A History of Space Flight.* Holt, New York, 1965.

Frisbee, R. H. "Spacecraft Propulsion Systems—What They Are and How They Work," *Foundation Astronautics Notebook-6,* World Space Foundation, Pasadena, CA, 1983, pp. 2–20.

Glauret, H. *The Elements of Aerofoil and Airscrew Theory.* Macmillan, New York, 1943.

Gray, G. W. *Frontiers of Flight.* Knopf, New York, 1948.

Hill, P. G., and C. R. Peterson. *Mechanics and Thermodynamics of Propulsion,* 2nd ed. Addison-Wesley, Reading, MA, 1992.

Obert, E. F. *Internal Combustion Engines and Air Pollution.* Intext, New York, 1973.

Sutton, G. P. *Rocket Propulsion Elements,* 4th ed. Wiley, New York, 1976.

Von Braun, W., and F. I. Ordway. *History of Rocketry and Space Travel,* 3rd rev. ed. Crowell, New York, 1975.

Walsh, J. E. *One Day at Kitty Hawk.* Crowell, New York, 1975.

作业题

9.1 一轻型飞行器的往复式发动机模仿 Avco Lycoming O-235 发动机制成,具有以下特性:缸径 = 11.1cm,行程 = 9.84cm,活塞数 = 4,压缩比 = 6.75,机械效率 = 0.83。该发动机与一个效率为 0.85 的螺旋桨结合。设燃油空气比为 0.06,且进气歧管内压力与温度分别为 1atm 和 285 K,计算该发动机螺旋桨组合转速为 2800r/m 时的可用功率。

9.2 计算题 9.1 中发动机的平均有效压力。

9.3 设一台涡轮喷气发动机安装在海平面一固定试验台上。进排气面积相等,均为 $0.45m^2$。排气速度、压力与温度分别为 400m/s、1.0atm 和 750K。计算发动机的静推力。(注:喷气发动机静推力为发动机没进行前驱运动时的推力。)

9.4 设一涡轮喷气飞机以 530 英里/h 的速度飞行于 40000ft 的标准高度。该涡轮喷气发动机进、排气面积分别为 $13ft^2$ 与 $10ft^2$。出口排气速度与压力分别为 1500ft/s 和 $450lb/ft^2$。计算该发动机的推力。

9.5 设一涡轮喷气飞机在标准海平面以 800ft/s 的速度飞行。空气穿过压缩机的压缩比为 12.5:1,燃油空气比(质量比)为 0.05。设喷管以周围气压排出废气,计算喷管出口处气体温度。(为解决这一问题,假设扩散器内空气在进入压缩机前减速至一个极低的速度,同时假设每磅燃油释放的热量为 $1.4 \times 10^7 ft \cdot lb/lb_m$。)

9.6 设一小型冲压喷气发动机在海平面以 950ft/s 的速度飞行时的最大推力为 1000lb。设出口速度与压力分别为 2000ft/s 和 1.0atm,则进气口应多大?

9.7 设通过一火箭发动机的质量流为 25kg/s,且出口面积、速度与压力分别为 $2m^2$、4000m/s 和 $2 \times 10^4 N/m^2$。计算 50km 标准高度处的推力。

9.8 设一火箭发动机燃烧室压力与温度分别为 30atm、3756K。火箭喷管出口面积为 $15m^2$ 以使出口压力精确等于 25 km 标准高度处的周围气压。设气体混合物的 $\gamma = 1.18$,分子量为 20。计算 25km 标准高度处的(a)比冲、(b)出口速度、(c)质量流、(d)推力、(e)喉部面积。

9.9 一既定火箭发动机内,注入燃烧室的推进剂质量流为 $87.6lb_m/s$,燃烧室燃烧后的温度为 $6000°R$。燃烧产物混合物 $R = 2400(ft \cdot lb)/(sluy \cdot °R)$,$\gamma$ 为 1.21。设喉部面积为 $0.5ft^2$,计算燃烧室内压力。

9.10 设一火箭使用的燃料—氧化剂组合为煤油—氧。火箭发射前的初始质量与燃料耗尽后的最终质量比为 5.5。计算耗尽速度。

9.11 一火箭使用氢—氧作为燃料—氧化剂组合,其比冲为 360s。计算使耗尽速度等于逃逸速度所需推进剂质量与初始质量之比。

9.12 设一固体推进剂火箭发动机具有如图 9.30 所示的终端燃烧构型。该固体推进剂为硝酸铵。初始药柱温度为 60°F 时,以下经测量得出的数据反映了该推进剂的燃烧特性:燃烧压力为 $500lb/in^2$ 时,线性燃烧率为 0.04in/s;而燃烧压力为 $1000lb/in^2$ 时,线性燃烧率则为 0.058in/s。设火箭发动机以燃烧压力 $1500lb/in^2$ 运行,计算 5s 后燃烧表面蔓延距离。

9.13 设一枚二级火箭具有以下设计特征。第一级:推进剂质量 = 7200kg;结构质量 = 800kg。第二级:推进剂质量 = 5400kg;结构质量 = 600kg。有效负载质量为 60kg。两个火箭级的比冲均为 275s。计算最终耗尽速度。

9.14 探讨图 9.14(d)所示的控制体积。尽管第 9.4 节使用该控制体积是为了获得喷气推进装置的推力方程,但它一般用于探讨能够使通过控制体积的流速增加的推进装置。例如,可想象在控制体积内有一台往复式螺旋桨发动机组合,空气在螺旋桨前以速度 V_∞ 进入控制体积,在螺旋桨后以速度 V_e

离开控制体积。因此图9.14(d)所示的控制体积具有普适性,可代表螺旋桨和喷气发动机。

假设你置身室外,周围空气静止不动,此时如图9.14(d)所示的推进装置以速度 V_∞ 飞过头顶。图9.14(d)所示的进气口和出口速度 V_∞ 与 V_e 相对于推进装置。而相对于你的离开装置的排气速度与图9.14(d)中的 V_e 不同。当推进装置尚未进入你上方时,你周围的空气静止不动。而该装置从你上方飞过后,它使一股喷射空气以不同于 V_e 的速度向相反方向运动。该股喷射空气具有能量,且该能量浪费了,它没有做有用功。验证每单位时间该股喷射空气浪费的能量为

$$\frac{1}{2}\dot{m}(V_e - V_\infty)^2$$

式中:$\dot{m}$ 为通过该推进装置的质量流。

9.15 继续题9.14开始的思路,用 η_p 表示的推进效率,定义为

$$\eta_p \equiv \frac{\text{有用的可用功率}}{\text{产生的总功率}}$$

使用题9.14得出的结果并结合第6章可用功率的定义,证明

$$\eta_p \equiv \frac{2}{1 + V_e/V_\infty}$$

9.16 对于例9.3所示条件下的涡轮喷气发动机,计算如题9.15所定义的推进效率。

9.17 使用题9.15定义的推进效率验证螺旋桨是最有效的推进装置,火箭发动机效率最低,涡轮喷气发动机效率居中。

9.18 一给定涡轮喷气发动机压缩机的压缩比为11.7。压缩机进气温度 $T_2 = 585°R$。通过压缩机的质量流为 $200 lb_m/s$。假设进入和离开压缩机的流速相等,即 $V_2 = V_3$。计算压缩机提供的功率(以马力表示)。提示:因压缩机对压缩机进气口(点2)和出口(点3)之间的气体做功,为纳入压缩机所做的功,式(4.42)可修改成

$$c_p T_2 + V_2^2/2 + w_c = c_p T_3 + V_3^2/2$$

式中:w_c 为每单位质量气体的压缩功。

9.19 对于与题9.18所探讨的同类型发动机,燃料注入燃烧室燃烧。燃烧室出口的气体温度为 $2110°R$。设每磅燃料释放的热量为 $1.4 \times 10^7 ftlb/lb_m$,计算燃料消耗,单位为 lb_m/s。

9.20 一简单涡轮喷气发动机中,涡轮提供驱动压缩机的动力。对于与题9.18和题9.19所探讨的同类型发动机,涡轮进气温度等于燃烧室出口气体温度,即 $T_4 = 2110°R$。假设没有任何机械损失,则涡轮提供的功等于压缩机所做的功。设进入涡轮的流速等于离开涡轮的速度,即 $V_4 = V_5$。计算涡轮出口气体温度。

9.21 对于与题9.18~题9.20所探讨的同类型发动机,其喷管出口压力为 $2116 lb/ft^2$。进气口至压缩机的压力同为 $2116 lb/ft^2$。喷管入口处流速为 $1500 ft/s$。计算喷管出口处的流速。

9.22 对于与题9.21所探讨的同类型发动机,计算喷管出口处马赫数。根据该结果,评述可能使用该发动机的飞行器类型的马赫数状态。

9.23 题9.18~题9.22探讨了通过一给定涡轮喷气发动机的气流路径。假设该发动机驱动一超声速飞机以2马赫的速度飞行于36000ft的标准高度。计算发动机产生的推力。喷管出口直径为28 in。注:题9.18~题9.23所探讨的发动机是构想的。然而,某种程度上,它基于用于驱动F-4"鬼怪二号"战斗机与B-58"盗贼"超声速轰炸机的通用电力J79涡轮喷气发动机。

9.24 喷气发动机的比推力定义为通过发动机的每单位重量流产生的推力。(与火箭发动机比冲的定义类似。)计算题9.23所探讨的发动机的比推力。相比于空气重量流,燃料重量流极小,可忽略不计。

第10章 高超声速飞行器

最近几年,飞机和导弹的发展促使许多新的空气动力学问题浮出水面。该类问题中大多数是因极高的飞行速度而产生的,某种程度上与超声速飞行中遇到的问题截然不同。速度远远大于声速的飞行与速度至多够得上超声速的飞行中产生的流场、现象和难题是不同的,"高超声速"一词正是用于区分这种差异。高超声速流场中新特征的出现证明了使用这一新术语的必要性,以区别于广为人知的"超声速"一词。

华莱士·D·海耶斯与罗纳德·F·普罗博斯坦恩,1959年

10.1 引　言

场景:美国各地大型喷气式飞机的常规机场。

时间:21世纪。

人物:机组人员,沉着冷静,准备工作。

行动:飞机准备就绪,加满液氢燃料,停在跑道边缘。机组人员接到通知,迅速穿过候机楼,登上飞机。等待起飞的飞机光滑如新,状似飞镖。不到30min,飞行器像常规飞机一样起飞。一旦升空,强力的吸气式发动机使飞机立即加速,超过了1马赫。速度达到5马赫时,飞机转由超声速燃烧冲压发动机推进(第9.7节和图9.26),在可感知大气中继续加速——10马赫、15马赫、20马赫。到25马赫时,飞机依然位于可感知大气中,高度达200000ft,此时飞机有足够的动能惯性滑行至绕地球轨道。飞机完全借助吸气式推进力从机场起飞后单级入轨。没有使用火箭,飞机上升过程中也没有中间推进级脱离机身,坠至地面。这种飞机就是单级入轨飞行器。飞行幻想?科幻小说年报里的想象?作者认为不是。以上描述的是跨大气层飞行器构想。近期有5个国家正在积极研发以实现这一构想,其中美国有一个重大项目称这种飞行器为空天飞机。图10.1展示了一个普通艺术家对这

图10.1　艺术家的"国家空天飞机"(NASP)构想,NASP是美国1985年至1995年技术发展项目之一
[来源:NASA]

种空天飞机的构想,图 10.2 展示了这种航天器在马赫数—高度图(类似第 8 章的速度—高度图)上的飞行轨迹。作为对照,图 10.2 也给出了航天飞机的上升和再入轨迹。请注意,空天飞机的上升飞行路径恰好位于航天飞机上升和再入路径的下方,表明空天飞机停留在可感知大气层的必要性。飞机停留在可感知大气之中,吸气式发动机方能产生足够的推力使飞机加速至轨道速度。(一些新近的设计理念利用吸气式推进力加速至 12~14 马赫,然后改用火箭推进完成余下路程进入轨道。)上述飞行器是高超声速飞机的一个未来例子。高超声速飞机是指速度超过 5 倍声速的飞行器,这也是本章讨论的主题。

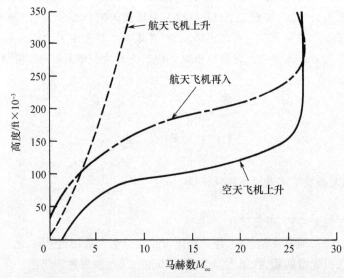

图 10.2　航天飞机上升和再入飞行路径与空天飞机上升路径对比

预览板块

飞行的未来发展如何?我们回顾过去一百年的飞行历史时,自然也会憧憬未来百年的飞行盛况。作者认为飞行的未来一片光明,现已取得的飞行成果不过是未来飞行技术和设计腾飞的跳板。本书读者未来将面临许多振奋人心的挑战,你们中许多人可以期盼自己对今天还无法想象的未来飞机和空天飞行器做出贡献。

挑战之一便是开发能在大气层中持续巡航的实用高超声速飞行器。粗略而言,高超声速飞行是指以马赫数 5 或更高的速度飞行。高超声速体现了人类对更快、更高、更远飞行的最终愿景。它们是未来的潮流,本书的许多读者将有机会成为 21 世纪这股潮流的弄潮儿。

飞行器以极高的马赫数飞行时,周围的空气动力流会发生显著变化。此时飞行器表面承受的压力巨大无比。

具体有多大?怎么计算这些压力的大小?同等或者更重要的是许多高超声速流里的超高温度。具体有多高?对流场和飞行器有何影响?如此高的温度下,气流的化学性质是否改变?请继续阅读,寻找答案。

与高超声速飞行器相关的空气动力学、飞行动力学、推进理论和结构学要求比常规飞机严苛得多。要实现持续、实用的高超声速飞行,许多技术上的挑战和难题在所难免并且必须予以解决。本书之前提到我确信在 21 世纪初第二代超声速飞行器的成功设计中,本书读者有机会发挥个人才智,我也同样确信在解决同一世纪高超声速飞行的技术难题中,你们中一些人会大展身手,并参与实用高超声速飞行器的设计。我相信这一定会发生。阅读这一章,将目光投向未来。

如果这样一架跨大气层飞机成功飞行,它也绝不是第一架高超声速飞行器。1949年2月24日,首次实现以超过5马赫的速度飞行。当天,美国在新墨西哥州白沙导弹试验场发射了一枚以旧的德国V-2为第一级、"女兵下士"火箭为第二级的探空火箭。进入大气层后,这枚火箭的最大速度达到5150英里/h。(详情请阅读参考书目中安德森的著作。)到20世纪50年代,洲际弹道导弹在其鼻锥体的再入试验中,速度达到了25马赫。1961年4月12日,苏联上校飞行员尤里·加加林(Yuri Gagarin)成为绕地球飞行的第一人,他在火箭再入时经历了25马赫的高超声速飞行。同年6月23日,X-15高超声速试验飞行器(见图5.89)在飞行中速度首次超过5马赫。1969年和70年代早期,"阿波罗"登月返回舱再入地球大气层时,速度达到36马赫。因此可以毫不含糊地说:高超声速飞行已是不争的事实,并且自1949年以来便如此。

正如本章开头引文所述,高超声速空气动力学及其对高超声速飞行器构型的影响与较低的超声速明显不同。本章旨在简单介绍高超声速流的物理性质,提出一个简单但合适的空气动力理论来预测高超声速飞行器上的压力分布,以及探讨该类飞行器的性能和设计。

在空天工程导论中加入这一章,是因为我们认识到高超声速飞行在过去的重要性,并且认为这一重要性将在未来持续发展。

图10.3展示了本章的路线图。该图极为简单。首先,我们将结合本书其他章节介绍涉及这一课题的基础物理知识,探讨高超声速流的物理性质。然后讨论牛顿力学中一条特别结论——牛顿正弦平方定律。该定律以牛顿对流体力学的研究为依据,1687年发表于《原理》一书,对估算高超声速飞行器表面的压力分布作用显著。本章末尾将讨论高超声速飞机的一些空气动力特征,并且介绍关于"乘波体"这类飞机形状设计的新理念。

```
高超声速飞行器
├ 高超声速流的物理属性
├ 牛顿正弦平方定律
├ 高超声速飞机
└ 乘波体理念
```

图10.3 第10章路线图

10.2 高超声速流的物理属性

尽管人们普遍认可高超声速空气动力学为速度超过5马赫的高速飞行领域,但是这不过是条经验规则。气流从4.99马赫加速到5.01马赫时,不会立即发生显著变化。与$M=1.0$时声速流发生显著变化不同,$M=5.0$时,无特别的气流现象发生。因此,高超声速流最好定义为高马赫数状态,即随马赫数增加,其某些物理流现象逐渐变得显著。某些情况下,该类现象在3马赫以上就突显出来;而其他情况下,该类现象在7马赫甚至更高时才变得显著。因此,指定高超声速流为速度大于5马赫的气流显然只为方便起见,是条经验法则。

本节将简要介绍高超声速流重要的物理属性。某种意义上,整节将构成高超声速流的定义。以下是对区分低速超声速流和高超声速流的5个主要属性的介绍。

10.2.1 薄激波层

假设一尖头楔形物上方的气流经历两个马赫数:(1)$M_\infty=2$时的超声速流;(2)$M_\infty=20$时的高超声速流。两种情况下的激波和流线分别见图10.4(a)和(b)。两种情况下正/斜激波都从楔形物前缘发散,如第5.11节所述。且两种情况下激波前方自由流动的直水平流线在穿越激波时,间断而均匀地发生折转,下游气流由与楔形物表面相切的平直一致的流线组成。2马赫时激波角较大(53.5°),而20马赫时激波角则小许多(25°)。激波和物面之间的流场称为激波层,从图10.4可以看出激波层在高超声速时很薄。高超声速流的一个典型特征是激波紧贴物面,形成薄激波层,这反过来又导致其他物理现象产生。例如,低雷诺数时,物体表面的边界层变得极厚,与薄激波层的厚度处于同一个级别。这使激波与边界层合并,构成完全黏性激波层。但是,利用激波层很薄这一事实又发展出一些用于预测高超声速表面压力的简化空气动力理论,其中之一如第10.3节所述。

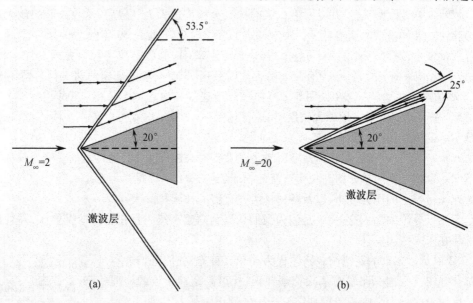

图10.4　20°半顶角楔形物上方的激波和流线,表明高超声速流具有薄激波层的特点

10.2.2　熵层

假设一高超声速流经过一钝头机身(图10.5)。与图4.28中的图片一致,钝头机身上的激波与机头微微分离,形成激波脱体距离d,如图10.5所示。激波以高超声速流向机尾,最终包围机头。在钝机头区域,激波层很薄,且激波高度弯曲。该强激波波前曲率造成机头激波后气流速度梯度较大。随大速度梯度而来的是气流热动力的巨大变化,该变化梯度区域称为熵层①,紧贴物面向后延伸。在机头下游,熵层与沿机身上方的边界层相互影响,从而使物面的加热增强,该加热程度超过了不考虑熵层时预测的加热程度。超声速时,机头的激波亦是弯曲的,但曲率远远低于高超声速情况下的曲率。这是因为熵层强度关系到激波曲率,而熵层效应主要是一种高超声速现象。

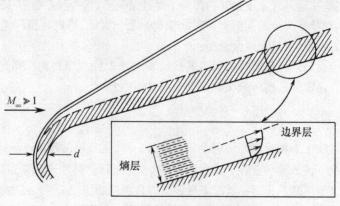

图10.5　高超声速钝头机身的熵层

---

①　熵是一个热力状态变量,第4.6节略有提及,但本书未对其给出定义,这是热力学研究讨论的问题。这里只要了解熵在图10.5表示的图层里变化巨大就足够了。

10.2.3 黏性干扰效应

在第4.16节,我们提到层流边界层的厚度与雷诺数的平方根成反比。另外,可压缩流边界层的结果表明厚度与马赫数的平方成正比。可得

$$\delta \propto \frac{M^2}{\sqrt{Re}}$$

因此,高超声速流在高马赫数时,δ 会极大。事实上,高超声速飞行器以高马赫数在极高空飞行时(图10.2右上部),边界层厚度变得很大,边界层外的气流——非黏性流——会受到极大影响,这样便形成一个黏性干扰。厚边界层流动影响外层非黏性流,非黏性流的变化也会对其产生干扰,影响边界层的扩展。黏性干扰对高超声速飞行器的实际影响是增加飞行器的表面压力和表面摩擦阻力,导致阻力和气动加热的增加。譬如,假设一高超声速流经过一尖头平板,如图10.6所示。如果气流是非黏性的,平板上的压力分布恒定不变,等于自由流压强,如图10.6中虚线所示。但在平板的实际黏性流里,边界层贴近物面,在高超声速时会变得很厚。此时,外层非黏性流不再是经过一个平板,而是一个具有由厚边界层引起的有效厚度的物体。(在边界层术语里,边界层给物面增加的有效厚度称为位移厚度。)因此,作用于平板上的实际压力大于 p_∞,黏性干扰造成的物体表面压力在前缘极高,然后沿物面向后逐渐降低,如图10.6中实曲线所示。图10.6中两条曲线之间的差值称为诱导压力增量。高超声速飞行器前缘附近的诱导压力通常容易增大阻力。

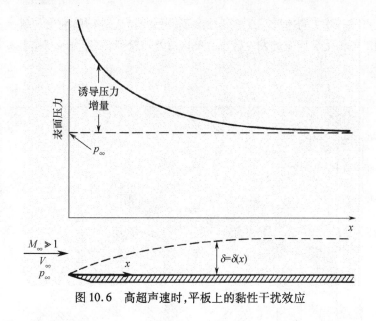

图10.6　高超声速时,平板上的黏性干扰效应

10.2.4 高温效应

高马赫数气流为高能量气流,其动能与气体内能比随马赫数平方的增加而增加。得出单位质量气体的动能内能比后,自然可得出下式:

$$\frac{V^2/2}{e} = \frac{V^2/2}{c_v T} = \frac{\gamma-1}{2}\frac{V^2}{RT} = \frac{\gamma(\gamma-1)}{2}\frac{V^2}{a^2} = \frac{\gamma(\gamma-1)}{2}M^2 \tag{10.1}$$

因此,$M_\infty = 20$ 时,高超声速自由流的动能是其内能的113倍。然而当这股气流进入边界层时

（如图10.6平板上的边界层一样），气流速度因摩擦效应而降低。此时动能迅速减少,部分动能转换为内能,导致内能增加。因气体温度与内能成正比,温度也迅速升高。因此,由于气流动能的黏性耗散,高超声速边界层成为气流高温区。气流的另一个高温区是图10.5所示的位于强弓形激波后面的激波层。气流穿过激波时,其速度间断性降低,动能再次失去,气流内能增加,故激波后面气流的温度升高。因此,钝头机身弓形激波后面的激波层是高温气流区域。

高温使气流发生化学反应。比如,在 $T>2000K$ 的空气中,双原子氧分子分解：

$$O_2 \rightarrow 2O$$

$T>4000K$ 时,双原子氮分子分解：

$$N_2 \rightarrow 2N$$

该温度范围内,氧化氮形成

$$N_2 + O_2 \rightarrow 2NO$$

且发生电离：

$$N + O \rightarrow NO^+ + e^-$$

更高温度下,原子将电离,如 $T>9000K$ 时,

$$O \rightarrow O^+ + e^- \qquad N \rightarrow N^+ + e^-$$

显然,高超声速流可能有时伴随化学反应发生。此类化学反应会改变流场属性,影响物面的气动加热。高温性质可能是高超声速流的主要特征之一,所以对高超声速流的详尽研究和分析需须将其考虑在内。

为强调这几点,图10.7的速度—高度图展示了升力式再入飞行器的飞行轨迹。图中重叠部分是飞行器头部周围各种化学反应的发生区域。可以清楚地看到,大部分飞行路径具有化学反应流场的特点。

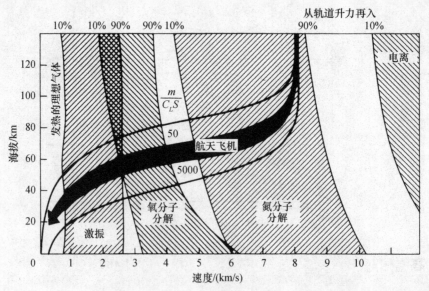

图10.7 速度—高度图,显示高超声速飞行器钝机头处各种化学反应有重要性的区域

图10.8 展示了钝头机身周围流场中几种化学物质的典型变化。图10.8 显示了 $V_\infty = 23000 ft/s$、高度为 250000ft 时的机身形状、激波形状及分别标示为 A、B 的两条流线。机头半径约为 0.5ft。图10.8(b)中,原子氧和原子氮沿流线 A、B 的浓度变化表示为沿流线的距离函数 s。请注意,分解在激波后面迅速发生,且激波层里有大量的氧原子和氮原子形成。

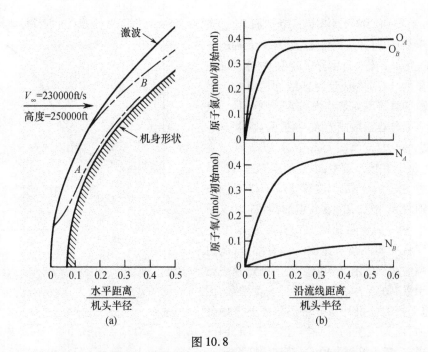

图 10.8
(a) 钝头机身上方的高超声速流,显示了激波、机头及标记为 A、B 的两条流线形状;
(b) 原子氧和原子氮沿(a)中两条流线的浓度变化。坐标中显示了激波上游流每初始摩尔氮或氧的摩尔浓度
[来源:J. G. Hall 等人,"钝头体耦合非平衡过程非黏性流"(Blunt Noise Inviscid Airflows with Coupld Nonequilibrium Process),航空科学学报(Journal of the Aeronautical Science),29(9),1962.9:1038—1051]

10.2.5 低密度流

本书中,空气被视为一种连续介质。如果你用手挥动周围的空气,会感觉空气像连续的物质。但若到达 300000ft 的高度,向周围挥手,则感觉空气不是那么连续了。你会开始感觉到单个分子对手的冲撞,空气则好像由一个个粒子构成(分子、原子、离子等),每个粒子相隔甚远。这种情况下,空气不再是一个连续介质,而是有着某些特别运动方式的低密度气体。让我们详细探讨一下这种情形。

我们周围的空气由单个随机运动的分子构成,其中主要是氧分子与氮分子。假设能从这些分子中分离出一个并观察它的运动。该分子将运动一段距离,然后与邻近的分子相撞,之后再运动一段距离,与另一个邻近的分子相撞,这一过程将无限循环。尽管碰撞之间的距离不等,但一段时间后,分子在连续的碰撞间会出现一个平均距离,该平均距离称为平均自由程 λ。在空气的标准海平面条件下,$\lambda = 2.176 \times 10^{-7}$ ft(一个极小的距离)。这表明在海平面,向空中挥手时,"感觉"气体像一个连续介质,即所谓连续体。现在假设我们到达 342000ft 的高度,此时空气密度比海平面低很多,因此分子的自由平均程比海平面时大得多(在 342000 ft 的高空,$\lambda = 1$ft)。此刻向空中挥手,更能察觉到单个分子的冲击。空气不再像连续的物质,而像被稀疏的单个物质粒子隔开的广阔区域。此类情况下,基于连续体假设之上的气动概念、方程式和结论趋于分崩离析,必须使用动能理论,以不同的理念研究空气动力学。该领域即空气动力学的低密度流理论。

低密度效应是否主导一个特定的空气动力学问题取决于一个无量纲参数值,该参数称为克努森数 K_n,其定义为

$$K_n = \frac{\lambda}{l}$$

式中:l 为特征尺寸,如高超声速飞行器的长度或球体的直径。

$\lambda \ll l$，即 $K_n \ll l$ 时，连续体条件成立。通常，连续体条件在 $K_n < 0.03$ 时方能保持成立。$\lambda \gg l$，即 $K_n > 10$ 时，出现自由分子流。自由分子流中，物体表面仅发生少量明显的分子冲击，且流场结构显得极为模糊；譬如，激波变得极厚而最终失去其识别特征。气动力系数和表面传热系数成为 K_n 的强函数（除马赫数和雷诺数之外），气动情况大幅改变。为阐明该变化，请回顾例 8.3，在该示例中，以高超声速运行的球体的阻力系数接近 1。这是个连续体结论，在 $K_n \ll 1$ 时成立。但随着 K_n 增加，C_D 逐渐增加，如图 10.9 所示。自由分子条件下，其取值接近 2，此时 $K_n > 10$。

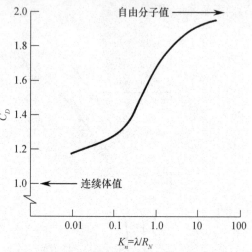

图 10.9　低密度效应对高超声速运行球体阻力系数的影响；C_D 随克努森数的变化

[来源：图片中的曲线来源于 James Moss 博士于 NASA 兰利研究中心做出的计算]

因低密度流并非高超声速流的固有部分，此讨论不属于高超声速流的定义部分。但高超声速飞行器时常飞行于极高的空中，难免经历低密度情形，因此，高超声速飞行器的设计与分析偶尔需要考虑低密度流。例如，航天飞机的机头半径接近 1ft，因此在 342000ft 高空，基于机头半径的克努森数（$K_n = \lambda/R$）将接近 1。航天飞机机头的气流在高度约为 300000ft 时，经历低密度效应，在更高的海拔，该效应扩散至整架飞行器周围。回顾图 10.2，我们可以看到航天飞机再入时大部分重要的动力学和空气动力学现象发生在高度小于 300000ft 的区域，所以对航天飞机的性能而言，低密度效应不是主要推动因素。然而，新一代高超声速飞机可能在极高的空中作业，且数量可观，对该类飞行器而言，低密度效应重要性更加显著。

10.2.6　概括

再次强调：高超声速流最好定义为随着马赫数的增大上述所有或部分物理现象变得显著的气流。对于特定形状的飞行器，该类现象有些可能在马赫数低于 5 时开始出现，而对其他飞行器而言，高超声速流的物理特性在 7 马赫或以上才开始显现。因此再次提醒大家：将高超声速流定义为速度大于 5 马赫的气流仅仅是条为方便起见的经验规则。

10.3　高超声速流中体现的牛顿定律

1687 年，牛顿发表了著名的《原理》一书，该书成为今天所有经典物理学的基础。《原理》第二卷探讨了流体力学，其中牛顿做出如下液体流动模型假设。他将气流视为粒子匀速直线流，一团类似子弹的小型丸状物。如图 10.10 所示，牛顿假设：粒子一旦冲击与气流成 θ 角的物体表面，其法向动量将转移至物面（因此对物面施加了力），但其切向动量得以保存。因此粒子在与物面碰撞后，沿物面运动。对于如图 10.10 所示的倾斜平板，因冲击粒子的法向动量损失而作用于物面上的力 N 的计算如下。自由流速度垂直于物面的分量为 $V_\infty \sin\theta$，根据牛顿模型，这是粒子冲击物面时损失的速度。倾斜表面的面积 A 在垂直于流速的方向投影了一个横截面面积，等于 $A\sin\theta$，如图

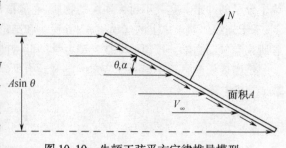

图 10.10　牛顿正弦平方定律推导模型

10.10所示。穿过该区域的质量流为密度、速度和垂直于V_∞的投影面积的乘积,如第4.1节所述,且由方程式(4.2)中的乘积得出。因此,可以得出如下结论:

动量因粒子冲击物面产生的时间变化率等于

(质量流) × (速度法向分量的变化值)

或
$$(\rho_\infty V_\infty A \sin\theta)(V_\infty \sin\theta) = \rho_\infty V_\infty^2 A \sin^2\theta$$

根据牛顿第二定律,作用于物面上的力等于动量的时间变化率:

$$N = \rho_\infty V_\infty^2 A \sin^2\theta \tag{10.2}$$

该作用力垂直于物面。根据式(10.2),单位面积的法向力为

$$\frac{N}{A} = \rho_\infty V_\infty^2 \sin^2\theta \tag{10.3}$$

现在让我们用现代空气动力学知识来解释N/A,即式(10.3)中单位面积上法向力的物理意义。牛顿模型假设由单个粒子形成的气流全部平行且平直流向物面,即粒子做完全定向直线运动。粒子无随机运动,而是形成粒子流,像猎枪射出的子弹一样。根据现代观念,我们知道运动的气体做定向运动,亦做分子运动(由分子的随机运动组成),且第4.11节所述的静压(该类情况下自由流的静压为p_∞)便是分子纯随机运动的衍生物。牛顿模型里,没有随机运动,仅有定向运动。因此,假如式(10.3)中单位面积上的法向力N/A由牛顿模型里粒子的纯定向运动推导得出,则该法向力必须解释为物面上对p_∞的"压差",即$p - p_\infty$。故式(10.3)变为

$$p - p_\infty = \rho_\infty V_\infty^2 \sin^2\theta \tag{10.4}$$

根据式(5.27)对压力系数的定义,上式可变为

$$\frac{p - p_\infty}{\frac{1}{2}\rho_\infty V_\infty^2} = 2\sin^2\theta$$

或
$$C_p = 2\sin^2\theta \tag{10.5}$$

这便是著名的牛顿正弦平方定律。根据上述方程式,我们可以计算出物面上某点的压力系数,该点在物面的切线与自由流运动方向所成的角为θ。

该定律与高超声速飞行或流体力学有何关联?式(10.5)可以追溯到17世纪晚期,当时人们头脑中全无高超声速飞行的概念。牛顿对流体力学的研究源于计算物体在液体中运行时经受的阻力的需要,如船在水中航行。可叹的是,正因为此用途,牛顿正弦平方定律并不准确。问题首先在于流动模型自身(图10.10)。实际上,在低速气流或液体流中,流线在冲击物体之前不是平直且平行的(如图10.10所示)。流线在物体远处前方开始弯曲,通常不会撞到物体表面(通常只有一条经过停滞点的流线接触物体)。该实际流动现象在图2.6烟雾图中表现得极为明显。因此不能期待式(10.5)为准确的结论,事实上我们之前对亚声速和超声速空气动力学的讨论也没有使用牛顿平方定律。现在让我们回到图10.4(b)中的高超声速流。图中激波层极薄,如果从远处看这幅图,激波前方的平直平行流线好似真的在冲击物体表面,然后与其相切,这恰好是牛顿使用的前述模型。实际的高超声速流与牛顿模型极为吻合,因此正弦平方定律可能适于测算高超声速飞行器表面的压力分布。事实确实如此,如图(10.11)所示,该图展示了一抛物面形轴对称机身表面压力的分布情况,该物体以4马赫的速度在空中运行。图中的实线基于作者利用高速数字计算机得出的流场准确数值,小方格源自正弦平方定律,该定律如下所示,在式(10.5)的基础上稍微修改得来。如需估算高超声速压力分布,最好用停滞点上出现的最大压力系数值替换式(10.5)中的纯数字2。因此,改良的牛顿定律为

$$C_p = C_{p,\max} \sin^2\theta \tag{10.6}$$

其中
$$C_{p,\max} = \frac{p_{0,2} - p_\infty}{\frac{1}{2}\rho_\infty V_\infty^2}$$

式中:$p_{0,2}$为法向激波后面的总压力,由雷里全压管公式,即式(4.79)得出。图 10.11 中的小方格由式(10.6)得出。因为牛顿正弦平方定律得出的结果与准确结果高度一致,故其在高超声速应用中作用显著。

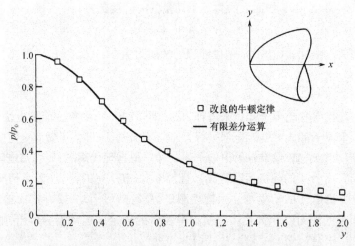

图 10.11　抛物面形轴对称机身表面压力分布,$M_\infty = 4$。根据改良的牛顿定律得出的结果与高速数字计算机精确的有限差分运算结果对比

[来源:安德森.《历史视角下的现代可压缩流》(*Modern Compressible Flow：With Historical Perspective*),第二版。麦克劳希尔出版社,纽约,1990]

回顾图 10.10,我们利用牛顿理论,计算了攻角为 α 时平板的升力和阻力系数。因图 10.10 中角 θ 为攻角,我们沿用 α 指代该角度,$\theta = \alpha$。由图 10.10 中的几何图形可得

$$L = N\cos\alpha \tag{10.7}$$

$$D = N\sin\alpha \tag{10.8}$$

将式(10.2)代入式(10.7)和式(10.8),可得

$$L = \rho_\infty V_\infty^2 A \sin^2\alpha\cos\alpha \tag{10.9}$$

$$D = \rho_\infty V_\infty^2 A \sin^3\alpha \tag{10.10}$$

结合升力和阻力系数,式(10.9)和式(10.10)变为

$$C_L = \frac{L}{\frac{1}{2}\rho_\infty V_\infty^2 A} = 2\sin^2\alpha\cos\alpha \tag{10.11}$$

$$C_D = \frac{D}{\frac{1}{2}\rho_\infty V_\infty^2 A} = 2\sin^3\alpha \tag{10.12}$$

则升阻比为

$$\frac{L}{D} = \cot\alpha \tag{10.13}$$

式(10.11)~式(10.13)的结果在图 10.12 中以攻角函数标示出来。从图中可以注意到以下几个重要特征:

1. 升力系数 C_L 随 α 增至一特定值而逐渐增大,于 $\alpha = 54.7°$ 时达到最大值,之后随攻角的增大而减小。有趣的是,对最大升力而言,$\alpha \approx 55°$ 十分符合现实,许多实用高超声速飞行器的最大升力系数在攻角

为该值左右时出现。高超声速在 α 如此大时取得 $C_{L,\max}$ 显然与第 5 章讨论的低速情形不同,亚声速飞机的 $C_{L,\max}$ 在 α 为 14°~16°时取得。

2. 高超声速条件与本书之前讨论的低速条件之间另一个不同之处是 α 较小时,C_L 随 α 的变化情况,比如 α 在 0°~15°范围内时。请注意图 10.12 中,高超声速 C_L 随 α 发生非线性变化,与亚声速及超声速中的线性变化截然不同。从理论空气动力学观点来看,高超声速流为十分"非线性"的现象。

3. L/D 的值随 α 的减小而单调递增。理论上,α→0°时,L/D→∞,但事实不然。如果图中加入表面摩擦效应,则 α = 0°时,D 变为有限值,且 L/D 在攻角极小时达到最大值,在 α=0°时降为零,如图 10.12 中虚线所示。图中假设层流表面摩阻在雷诺数为 3×10^6 及马赫数为 20 的条件下取得。

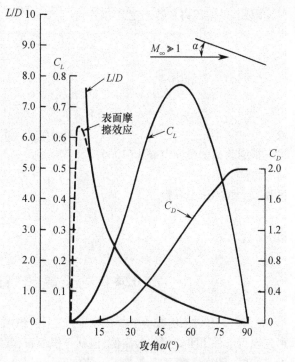

图 10.12 平板升力、阻力系数及升阻比牛顿模型结果,表示为攻角函数

例 9.9

假设一以 25 马赫速度运行的球体经历高超声速流。设 s 为停滞点沿球体表面至某处的距离,R 为球体半径。点 1 位于距停滞点 $s/R = 0.6$ 的地方。计算点 1 处的压力系数。

解

点 1 的位置如图 10.13 所示,因 1 拉德为 57.3°,且 ϕ 的拉德数由 s/R 可得,故 ϕ 的度数为

$$\phi = 57.3 \frac{s}{R} = 57.3(0.6) = 34.38°$$

球体点 1 处的切线与自由流成角 θ

$$\theta = 90° - \phi = 55.61°$$

源自

$$\frac{p_{0,2}}{p_1} = \frac{p_{0,2}}{p_\infty} \left[\frac{(\gamma+1)^2 M_\infty^2}{4\gamma M_\infty^2 - 2(\gamma-1)} \right]^{\gamma/(\gamma-1)} \left[\frac{1-\gamma+2\gamma M_\infty^2}{\gamma+1} \right]$$

(4.79)

图 10.13 例 10.1 的几何图形

式中:$p_{0,2}$ 为法向激波后方的总压力(即停滞点处的压力);p_1 为激波前方自由流的静压(即 $p_1 = p_\infty$);已知 $\gamma = 1.4, M_\infty = 25$

$$\frac{p_{0,2}}{p_\infty} = \left[\frac{2.4^2 (25)^2}{4(1.4)(25)^2 - 2(0.4)} \right]^{1.4/0.4} \left[\frac{-0.4 + 2(1.4)(25)^2}{2.4} \right]$$

或

$$\frac{p_{0,2}}{p_\infty} = 1.1045(729) = 805.18$$

为将上式转换成压力系数,首先要注意结合式(4.53)可将动压力写成

$$q_\infty = \frac{1}{2}\rho_\infty V_\infty^2 = \frac{\gamma}{2} p_\infty \frac{\rho_\infty}{\gamma p_\infty} V_\infty^2 = \frac{\gamma}{2} p_\infty \frac{V_\infty^2}{a_\infty^2} = \frac{\gamma}{2} p_\infty M_\infty^2$$

因此,根据压力系数的定义

$$C_p = \frac{p - p_\infty}{q_\infty} = \frac{2}{\gamma M_\infty^2}\left(\frac{p}{p_\infty} - 1\right)$$

停滞点处 $p = p_{0,2}$,且

$$C_{p,\max} = \frac{2}{\gamma M_\infty^2}\left(\frac{p_{0,2}}{p_\infty} - 1\right) = \frac{2}{1.4\,(25)^2}(805.18 - 1)$$

或

$$C_{p,\max} = 1.838$$

根据改良的牛顿定律式(10.6)

$$C_p = C_{p,\max} \sin^2 \theta$$

可得点 1 处的压力系数

$$C_p = C_{p,\max} \sin^2 \theta = 1.838 \sin^2 55.62°$$
$$C_p = 1.25$$

10.4 关于高超声速飞行器的评述

第 10.3 节讨论的极薄平板在高超声速飞行中是最有效的升力面。该类平板的升阻比是在高超声速飞行条件下可达到的最高值,但就容积而言,其效率最低。毫无疑问,所有实用飞行器均必须为携带燃料、有效载荷、人员等准备一定空间。因此平板结论尽管颇有启发性,但主要是引起学者的研究兴趣。本节将简要探讨一些更实际的高超声速飞行器构型。

图 10.14 为高超声速巡航飞行器(如高超声速运输机)的概念模型三视图。这一 NASA 概念自 20 世

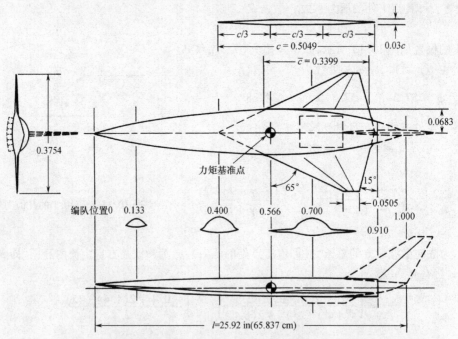

图 10.14 通用高超声速运输机构型。该尺寸符合风动模型,数据见图 10.15 ~ 10.17。
实线 = 用于风洞试验的翼—身模型,虚线 = 完整构型的尾翼和推进模块

[来源:J. A. Penlund 等人《马赫数为 8 的吹放式风洞与激波风洞中氢燃料运输机空气动力学壁温效应》
(*Wall Temperature Effects on the Aerodynamics of a Hydrogen - Fueled Transport Concept
in Mach 8 Blowdown and Shock Tunnels*),*NASA TP* 2159,1983.7]

纪 70 年代早期即存在,为高超声速飞机构型的典型示例。实线表示翼－身组合,翼—身组合在高超声速风洞中进行试验。虚线表示推进模块和垂直尾翼面,为飞机设计的一部分,但不纳入风洞模型。

$M_\infty = 8.0$ 时,该飞行器升力系数随攻角的变化情况见图 10.15。实线表示两个不同雷诺数下计算出的理论结果,符号表示风洞数据。请注意:

1. 升力系数随攻角呈非线性变化,表现为凹曲率,该趋势符合图 10.12 中的平板结果。
2. 升力系数对雷诺数极不敏感,该事实与全书讨论的低速情形相吻合。

升阻比随攻角的变化见图 10.16。图中两条实曲线为理论结果,其取得基于以下假设:(1)湍流为高雷诺数 24.32×10^6;(2)层流为低雷诺数 1.68×10^6。部分风洞数据被归入理论曲线,表明模型遇到的实际气流是过渡型的,即机头及前缘附近的气流为层流,之后过渡到湍流。较低雷诺数时,气流主要为层流,较高雷诺数时则主要为湍流。高马赫数时,向湍流的过渡通常延迟,因此相同雷诺数情况下,高超声速飞行器高速飞行中遇到的湍流区远远大于低速情况下遇到的湍流区。由图 10.16 注意到湍流中 $(L/D)_{max}$ 取值大于层流。初看起来这似乎是错误的,第 4 章中我们说到湍流的表面摩擦阻力远远大于层流的表面摩擦阻力,所以湍流的 L/D 应该小很多。雷诺数相同时事实确实如此。但图 10.16 中两条实曲线分属于不同的雷诺数。在第 4.16 和 4.17 节,我们看到层流和湍流的表面摩擦系数都随雷诺数的增大而减小。因此,图 10.16 的湍流曲线对应较低的摩擦阻力系数 C_F,因为雷诺数极高($Re = 24.32 \times 10^6$),而层流曲线对应的是低得多的雷诺数($Re = 1.68 \times 10^6$)。故湍流的 $(L/D)_{max}$ 值大于层流的 $(L/D)_{max}$ 值。从图 10.16 可以看出:

1. L/D 取值受雷诺数影响极大。
2. L/D 最大值在攻角为 $3° \sim 5°$ 的范围时出现。
3. $(L/D)_{max}$ 的值在 $4.5 \sim 6$,取决于雷诺数。

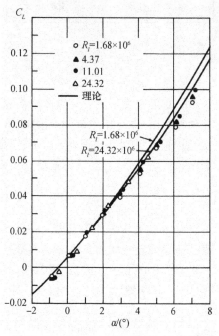

图 10.15　图 10.14 所示高超声速运输机构型的升力曲线图,$M_\infty = 8$

[来源:J. A. Penlund 等人提供的风洞数据及理论曲线,马赫数为 8 的吹放式风洞与激波风洞中氢燃料运输机空气动力学壁温效应,NASA TP 2159,1983.7]

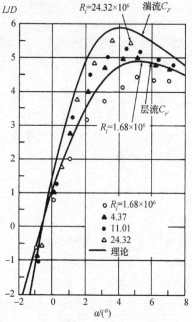

图 10.16　图 10.14 所示高超声速运输机构型升阻比,$M_\infty = 8$

[来源:J. A. Penlund 等人提供的风洞数据及理论曲线,马赫数为 8 的吹放式风洞与激波风洞中氢燃料运输机空气动力学壁温效应,NASA TP 2159,1983.7]

阻力系数曲线见图 10.17,表示 C_D 对 C_L^2 的变化,以不尽符合常规的形式绘制。图中试验数据几乎呈线性,表明由式(6.1c)得出的如下阻力系数方程式对于高超声速同样合理有效:

$$C_D = C_{D,0} + rC_L^2 \qquad (10.14)$$

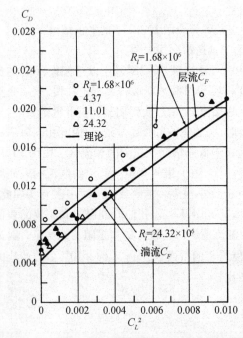

图 10.17　图 10.14 所示高超声速运输机构型的
阻力系数曲线,$M_\infty = 8$

[来源:J. A. Penlund 等人提供的风洞数据及理论曲线,
马赫数为 8 的吹放式风洞与激波风洞中氢燃料
运输机空气动力学壁温效应,NASA TP 2159,1983.7]

表 10.1　亚声速和超声速飞行器的
最大升阻比

飞机	$(L/D)_{max}$
北美 P-51	14.6
格鲁门 F6F"地狱猫"	12.6
波音 B-29	16.8
比奇"富豪"	13.8
格鲁门 A-6E	15.2
北美 F-86	15.1
通用动力 F-111	15.8
高超声速运输机	6.0

让我们重新考虑一下高超声速下的升阻比 L/D。从图 10.16 可知飞行速度马赫 8 的高超声速飞机$(L/D)_{max}$的取值接近 6。相比之下,典型的亚声速飞机取值在 14~17(见图 6.44 和图 6.46 所示 L/D 值)。表 10.1 进一步反映了这种情况。随着马赫数从超声速上升到高超声速,$(L/D)_{max}$减小,这是一个普遍的趋势。事实上,基于实际的飞行器经历,$M_\infty > 1$ 时,$(L/D)_{max}$与马赫数普遍相关。

$$(L/D)_{max} = \frac{4(M_\infty + 3)}{M_\infty} \qquad (10.15)$$

该公式如图 10.18 中实曲线所示,由著名飞机设计者和空气动力学家库彻曼恩(Kuchemann) 1978 年在英国首次提出。图 10.18 为$(L/D)_{max}$对跨超声速和高超声速领域的自由流马赫数的变化图,该图也显示了对应多种高超声速飞行器设计的开环数据点分散情况。$(L/D)_{max}$源自风洞试验、实际飞行数据或相关理论。关于这些数据点的详细内容请参阅本章末参考书目中鲍卡特(Bowcutt) 与安德森合著以及科尔达(Corda)与安德森合著的书籍。

图 10.18 中实曲线和开环数据点传达出的信息为:高超声速条件下高 L/D 难以获得,且 L/D 随马赫数增大而减小。该自然现象是因高超声速飞行中遇到的强激波和强黏性效应导致的大阻力而产生的。某种意义上,图 10.18 中的实曲线可以视为高超声速条件难以打破的一种 L/D 阻碍。注意,尽管 L/D 随马赫数减小,但在高马赫数时 L/D 减小的速度变慢,即到达曲线平稳段,L/D 随 M_∞ 的变化极小。因此,高马赫数时,L/D 几乎不受 M_∞ 影响。该"马赫数独立原则"为高超声速空气动

力学的基本原则,它表明 M_∞ 足够大(大于 10)时,某些空气动力系数,如升力、阻力、力矩和压力系数变得相对独立于马赫数。理论上,马赫数独立原则可以从高超声速的主导流方程式推导得出,见参考书目中安德森著高超声速相关文本。

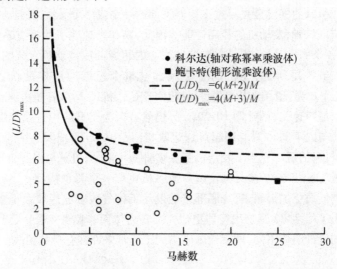

图 10.18 不同高超声速构型的最大升阻比对比。实心符号对应科尔达(Corda)、博卡特及安德森设计的高超声速乘波体(见参考文献中相关论文)

回顾图 10.18,可以看出最近的研究旨在扫除前述 L/D 障碍。其中一例为一系列称为"乘波体"的飞行器,如此命名是因为它们的构型设计使其整个前缘有一个依附其上的激波,因此飞行器看起来好像是在激波上乘行。一个现代的乘波体形状例如图 10.19 所示,该图来源为参考书目中博卡特、柯达和安德森的著作。尽管这一极其复杂且不同寻常的外形目前仅是个学术结论(该类乘波体未曾实际飞行过),图 10.18 仍以实心符号标示出了乘波体 $(L/D)_{max}$ 的高预测值。显然,这些理论结果打破了图 10.18 所示的 L/D 障碍。以上讨论仅作为新颖飞行器构型示例,这在高效的高超声速飞行中必须予以考虑。

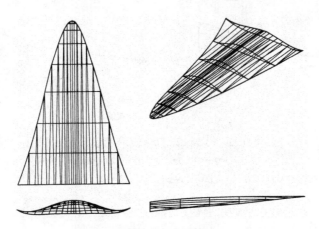

图 10.19 乘波体经典构型,$M_\infty = 6$

[来源:鲍卡特和安德森]

最后我们要提到的是高超声速飞行器设计的一个重要特性:推进系统与机身完全融合的必要性。对于亚声速飞机,设计者总是关注发动机舱与机身其余部分之间空气动力的相互作用。但这不是飞机设计的主要方面,大部分亚声速飞机中,发动机的位置十分明显。比如,图 6.11 中,喷气式飞行器的发动机舱显而易见,且其自身或多或少构成一个独立部分。相比之下,对于高超声速飞机,设计者则尤其注意确保飞机某部位(包括推进系统)遇到的激波不逆向冲击或作用于飞机其他部位。通过超燃冲压喷气式引擎的气流最先穿过飞行器头部的一个或多个激波,并且必须对这股气流的空气动力属性加以调节,以确保发动机的最高性能。因此,高超声速飞机的推进系统与机身必须高度整合。图 9.24 中有一个例子,展示了一个与机身整合的超燃冲压发动机。该图右上角是一架高超声速飞机,如第 9.7 节末尾所述,飞机的整个底部被整个超燃冲压发动机占据。另一个例子(图 10.20)比较了三个典型、通用的构型:3 马赫超声速运输机、6 马赫高超声速运输机和 12 马赫高超声速巡航飞行器。超声速飞行器[图 10.20(a)]仍然有极为明显的推进系统短舱,且发动机排气装置均不接触机身。与之不同,6 马赫高超声速运输机[图 10.20(b)]具有一个更加全面整合的推进系统,这种飞行器机身的后部充当了发动机膨胀喷管的一部分,机翼与机身也更加全面整合,机翼不及 3 马赫飞机机翼明显,即 6 马赫飞机较超声速飞机更似一个翼身构型。飞行速度为 12 马赫时[图 10.20(c)],此类性质更加突出,机身底部接触发动机排气装置的区域大得多,发动机与机身更加整合。因为机翼小了很多,12 马赫飞行器更似一个升力体而非翼身组合。显然,高超声速飞行器的设计与常规飞机的设计明显不同,这将给未来空天工程带来许多有趣的挑战。

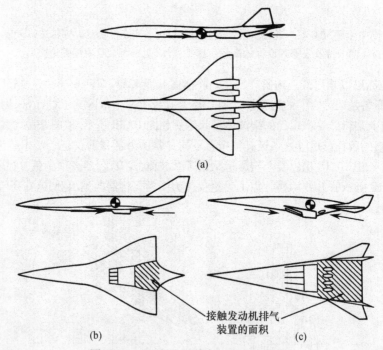

图 10.20　3 到 12 马赫高速飞机设计对比

(a)超声速运输机($M=3$),冲压阻力 = 54500lb,总推力 = 123000lb;(b)高超声速运输机($M=6$),冲压阻力 = 220000lb,总推力 = 330000lb;(c)高超声速巡航飞行器($M=12$),冲压阻力 = 1950000lb,总推力 = 2100000lb。

[来源:Johnston 等]

10.5　总结与回顾

本章介绍了高超声速空气动力学及高超声速飞行器,以这一简短的章节结束全文是契合本书标题——空天飞行导论的,因为作者认为高超声速空气动力学将成为 21 世纪飞行的重要领域。本书的许多年轻读者将有机会参与未来新颖、先进高超声速飞行器的研究、设计与试验。大多数大学通常将高超声速空气动力学纳入研究生课程,这是极为合理的。因为要了解伴随高超声速流的极端自然现象需要对空气动力学有一定程度的理解,而本书作为飞行导论,无需对其进行详细分析。然而,为与本书其他章节所述的低速超声速情形对照,介绍高超声速空气动力学的一些基本概念不乏其重要性,亦是本章目的所在。故总结如下。

随着马赫数增大,高超声速流使以下物理现象变得显著:

1. 薄激波层。
2. 熵层。
3. 黏性干扰效应。
4. 高温效应。
5. 低密度流。

根据不同的飞行器大小、形状及高度,上述高超声速现象可能在马赫数低于5的情况下发生,而其他可能在马赫数高于5的情况下发生。仅作为经验规则,高超声速流可视为马赫数大于5时的气流。

牛顿正弦平方定律,可用于预测高超声速飞行器表面压力分布,其表达公式为

$$C_p = 2\sin^2\theta \text{(原形式)} \tag{10.5}$$

$$C_p = C_{p,\max}\sin^2\theta \text{(改进形式)} \tag{10.6}$$

式中:$C_{p,\max}$为停滞点压力系数;θ为表面给定点的切线与自由流方向所成的角度。

高超声速飞行器的空气动力学特征包括以下几点:

1. C_L随攻角的变化呈非线性变化。
2. C_L最大值通常出现在攻角为极高值时,$\alpha \approx 55°$。
3. $(L/D)_{\max}$取值随M_∞增大而减小。高超声速飞行器$(L/D)_{\max}$的取值小于亚声速及超声速飞行器$(L/D)_{\max}$的取值。

参考文献

Anderson, John D., Jr. *Hypersonic and High Temperature Gas Dynamics,* 2nd ed. American Institute of Aeronautics and Astronautics, Reston, VA, 2006.

Bowcutt, Kevin G., and John D. Anderson, Jr. *Viscous Optimized Hypersonic Waveriders.* AIAA Paper 87-0272, 1987.

Corda, Stephen, and John D. Anderson, Jr. *Viscous Optimized Hypersonic Waveriders Designed from Axisymmetric Flow Fields.* AIAA Paper 88-0369, 1988.

Hayes, Wallace D., and Ronald F. Probstein. *Hypersonic Flow Theory.* Academic Press New York, 1959.

Johnston, Patrick J., Allen H. Whitehead, Jr., and Gary T. Chapman. "Fitting Aerodynamic and Propulsion into the Puzzle." *Aerospace America,* vol. 25, no. 9, September 1987, pp. 32–37.

习 题

10.1 假设一平板上出现平流边界层。平板尾缘,自由流马赫数为2,边界层厚度为0.3ft。假设雷诺数不变,计算马赫数为20时,边界层的厚度。

10.2 假设一高超声速飞行器以20马赫的速度飞行于59km的标准海拔。计算该飞行器一停滞点的空气温度,并对答案准确性做出评述。

10.3 假设航天飞机的机头为球形,机头半径为 1ft。计算马赫数为 18 时,(a)驻点的压力系数;(b)沿表面距停滞点 6 in 处的压力系数。

10.4 假设一极薄的平板。利用牛顿理论推导出 $C_{L,\max} = 0.77$ 且其发生在 $\alpha = 54.7°$ 时。

10.5 假设一极薄的平板上方有一高超声速流。$C_{D,0}$ 表示零升力阻力系数。(注意,平板的零升力阻力完全由表面摩阻导致。)假设激波阻力系数由阻力系数牛顿定律得出,即由式(10.12)得出。同时假设升力系数由式(10.11)中的牛顿定律得出。请验算与该平板 $(L/D)_{\max}$ 相关的一些结果。由于 $(L/D)_{\max}$ 在攻角较小时达到,对式(10.11)和式(10.12)中的小攻角 α 做出假设。在此情况下,推导出 L/D 最大时,(a) $(L/D)_{\max} = 0.67/C_{D,0}^{1/3}$,且在 $\alpha = C_{D,0}^{1/3}$ 时出现;(b)激波阻力系数 $= 2C_{D,0}$。

附录1 标准大气压,国际单位制

海拔高度		温度 T/K	压强 p/(N/m²)	密度 ρ/(kg/m³)
h_G/m	h/m			
-5,000	-5,004	320.69	1.7761 + 5	1.9296 + 0
-4,900	-4,904	320.03	1.7587	1.9145
-4,800	-4,804	319.38	1.7400	1.8980
-4,700	-4,703	318.73	1.7215	1.8816
-4,600	-4,603	318.08	1.7031	1.8653
-4,500	-4,503	317.43	1.6848	1.8491
-4,400	-4,403	316.78	1.6667	1.8330
-4,300	-4,303	316.13	1.6488	1.8171
-4,200	-4,203	315.48	1.6311	1.8012
-4,100	-4,103	314.83	1.6134	1.7854
-4,000	-4,003	314.18	1.5960 + 5	1.7698 + 0
-3,900	-3,902	313.53	1.5787	1.7542
-3,800	-3,802	312.87	1.5615	1.7388
-3,700	-3,702	212.22	1.5445	1.7234
-3,600	-3,602	311.57	1.5277	1.7082
-3,500	-3,502	310.92	1.5110	1.6931
-3,400	-3,402	310.27	1.4945	1.6780
-3,300	-3,302	309.62	1.4781	1.6631
-3,200	-3,202	308.97	1.4618	1.6483
-3,100	-3,102	308.32	1.4457	1.6336
-3,000	-3,001	307.67	1.4297 + 5	1.6189 + 0
-2,900	-2,901	307.02	1.4139	1.6044
-2,800	-2,801	306.37	1.3982	1.5900
-2,700	-2,701	305.72	1.3827	1.5757
-2,600	-2,601	305.07	1.3673	1.5615
-2,500	-2,501	304.42	1.3521	1.5473

(续)

海拔高度		温度 T/K	压强 p/(N/m²)	密度 ρ/(kg/m³)
h_G/m	h/m			
-2,400	-2,401	303.77	1.3369	1.5333
-2,300	-2,301	303.12	1.3220	1.5194
-2,200	-2,201	302.46	1.3071	1.5056
-2,100	-2,101	301.81	1.2924	1.4918
-2,000	-2,001	301.16	1.2778 + 5	1.4782 + 0
-1,900	-1,901	300.51	1.2634	1.4646
-1,800	-1,801	299.86	1.2491	1.4512
-1,700	-1,701	299.21	1.2349	1.4379
-1,600	-1,600	298.56	1.2209	1.4246
-1,500	-1,500	297.91	1.2070	1.4114
-1,400	-1,400	297.26	1.1932	1.3984
-1,300	-1,300	296.61	1.1795	1.3854
-1,200	-1,200	295.96	1.1660	1.3725
-1,100	-1,100	295.31	1.1526	1.3597
-1,000	-1,000	294.66	1.1393 + 5	1.3470 + 0
-900	-900	294.01	1.1262	1.3344
-800	-800	293.36	1.1131	1.3219
-700	-700	292.71	1.1002	1.3095
-600	-600	292.06	1.0874	1.2972
-500	-500	291.41	1.0748	1.2849
-400	-400	290.76	1.0622	1.2728
-300	-300	290.11	1.0498	1.2607
-200	-200	289.46	1.0375	1.2487
-100	-100	288.81	1.0253	1.2368
0	0	288.16	1.01325 + 5	1.2250 + 0
100	100	287.51	1.0013	1.2133
200	200	286.86	9.8945 + 4	1.2071
300	300	286.21	9.7773	1.1901
400	400	285.56	9.6611	1.1787
500	500	284.91	9.5461	1.1673

（续）

海拔高度		温度 T/K	压强 $p/(N/m^2)$	密度 $\rho/(kg/m^3)$
h_G/m	h/m			
600	600	284.26	9.4322	1.1560
700	700	283.61	9.3194	1.1448
800	800	282.96	9.2077	1.1337
900	900	282.31	9.0971	1.1226
1,000	1,000	281.66	8.9876 + 4	1.1117 + 0
1,100	1,100	281.01	8.8792	1.1008
1,200	1,200	280.36	8.7718	1.0900
1,300	1,300	279.71	8.6655	1.0793
1,400	1,400	279.06	8.5602	1.0687
1,500	1,500	278.41	8.4560	1.0581
1,600	1,600	277.76	8.3527	1.0476
1,700	1,700	277.11	8.2506	1.0373
1,800	1,799	276.46	8.1494	1.0269
1,900	1,899	275.81	8.0493	1.0167
2,000	1,999	275.16	7.9501 + 4	1.0066 + 0
2,100	2,099	274.51	7.8520	9.9649 − 1
2,200	2,199	273.86	7.7548	9.8649
2,300	2,299	273.22	7.6586	9.7657
2,400	2,399	272.57	7.5634	9.6673
2,500	2,499	271.92	7.4692	9.5696
2,600	2,599	271.27	7.3759	9.4727
2,700	2,699	270.62	7.2835	9.3765
2,800	2,799	269.97	7.1921	9.2811
2,900	2,899	269.32	7.1016	9.1865
3,000	2,999	268.67	7.0121 + 4	9.0926 − 1
3,100	3,098	268.02	6.9235	8.9994
3,200	3,198	267.37	6.8357	8.9070
3,300	3,298	266.72	6.7489	8.8153
3,400	3,398	266.07	6.6630	8.7243
3,500	3,498	265.42	6.5780	8.6341

(续)

海拔高度 h_G/m	h/m	温度 T/K	压强 $p/(N/m^2)$	密度 $\rho/(kg/m^3)$
3,600	3,598	264.77	6.4939	8.5445
3,700	3,698	264.12	6.4106	8.4557
3,800	3,798	263.47	6.3282	8.3676
3,900	3,898	262.83	6.2467	8.2802
4,000	3,997	262.18	6.1660 + 4	8.1935 − 1
4,100	4,097	261.53	6.0862	8.1075
4,200	4,197	260.88	6.0072	8.0222
4,300	4,297	260.23	5.9290	7.9376
4,400	4,397	259.58	5.8517	7.8536
4,500	4,497	258.93	5.7752	7.7704
4,600	4,597	258.28	5.6995	7.6878
4,700	4,697	257.63	5.6247	7.6059
4,800	4,796	256.98	5.5506	7.5247
4,900	4,896	256.33	5.4773	7.4442
5,000	4,996	255.69	5.4048 + 4	7.3643 − 1
5,100	5,096	255.04	5.3331	7.2851
5,200	5,196	254.39	5.2621	7.2065
5,400	5,395	253.09	5.1226	7.0513
5,500	5,495	252.44	5.0539	6.9747
5,600	5,595	251.79	4.9860	6.8987
5,700	5,695	251.14	4.9188	6.8234
5,800	5,795	250.49	4.8524	6.7486
5,900	5,895	249.85	4.7867	6.6746
6,000	5,994	249.20	4.7217 + 4	6.6011 − 1
6,100	6,094	248.55	4.6575	6.5283
6,200	6,194	247.90	4.5939	6.4561
6,300	6,294	247.25	4.5311	6.3845
6,400	6,394	246.60	4.4690	6.3135
6,500	6,493	245.95	4.4075	6.2431
6,600	6,593	245.30	4.3468	6.1733

(续)

海拔高度		温度 T/K	压强 $p/(\text{N/m}^2)$	密度 $\rho/(\text{kg/m}^3)$
h_G/m	h/m			
6,700	6,693	244.66	4.2867	6.1041
6,800	6,793	244.01	4.2273	6.0356
6,900	6,893	243.36	4.1686	5.9676
7,000	6,992	242.71	4.1105 + 4	5.9002 − 1
7,100	7,092	242.06	4.0531	5.8334
7,200	7,192	241.41	3.9963	5.7671
7,300	7,292	240.76	3.9402	5.7015
7,400	7,391	240.12	3.8848	5.6364
7,500	7,491	239.47	3.8299	5.5719
7,600	7,591	238.82	3.7757	5.5080
7,700	7,691	238.17	3.7222	5.4446
7,800	7,790	237.52	3.6692	5.3818
7,900	7,890	236.87	3.6169	5.3195
8,000	7,990	236.23	3.5651 + 4	5.2578 − 1
8,100	8,090	235.58	3.5140	5.1967
8,200	8,189	234.93	3.4635	5.1361
8,300	8,289	234.28	3.4135	5.0760
8,400	8,389	233.63	3.3642	5.0165
8,500	8,489	232.98	3.3154	4.9575
8,600	8,588	232.34	3.2672	4.8991
8,700	8,688	231.69	3.2196	4.8412
8,800	8,788	231.04	3.1725	4.7838
8,900	8,888	230.39	3.1260	4.7269
9,000	8,987	229.74	3.0800 + 4	4.6706 − 1
9,100	9,087	229.09	3.0346	4.6148
9,200	9,187	228.45	2.9898	4.5595
9,300	9,286	227.80	2.9455	4.5047
9,400	9,386	227.15	2.9017	4.4504
9,500	9,486	226.50	2.8584	4.3966
9,600	9,586	225.85	2.8157	4.3433

(续)

海拔高度 h_G/m	h/m	温度 T/K	压强 $p/(N/m^2)$	密度 $\rho/(kg/m^3)$
9,700	9,685	225.21	2.7735	4.2905
9,800	9,785	224.56	2.7318	4.2382
9,900	9,885	223.91	2.6906	4.1864
10,000	9,984	223.26	2.6500 + 4	4.1351 − 1
10,100	10,084	222.61	2.6098	4.0842
10,200	10,184	221.97	2.5701	4.0339
10,300	10,283	221.32	2.5309	3.9840
10,400	10,383	220.67	2.4922	3.9346
10,500	10,483	220.02	2.4540	3.8857
10,600	10,582	219.37	2.4163	3.8372
10,700	10,682	218.73	2.3790	3.7892
10,800	10,782	218.08	2.3422	3.7417
10,900	10,881	217.43	2.3059	3.6946
11,000	10,981	216.78	2.2700 + 4	3.6480 − 1
11,100	11,081	216.66	2.2346	3.5932
11,200	11,180	216.66	2.1997	3.5371
11,300	11,280	216.66	2.1654	3.4820
11,400	11,380	216.66	2.1317	3.4277
11,500	11,479	216.66	2.0985	3.3743
11,600	11,579	216.66	2.0657	3.3217
11,700	11,679	216.66	2.0335	3.2699
11,800	11,778	216.66	2.0018	3.2189
11,900	11,878	216.66	1.9706	3.1687
12,000	11,977	216.66	1.9399 + 4	3.1194 − 1
12,100	12,077	216.66	1.9097	3.0707
12,200	12,177	216.66	1.8799	3.0229
12,300	12,276	216.66	1.8506	2.9758
12,400	12,376	216.66	1.8218	2.9294
12,500	12,475	216.66	1.7934	2.8837
12,600	12,575	216.66	1.7654	2.8388

(续)

海拔高度		温度 T/K	压强 p/(N/m²)	密度 ρ/(kg/m³)
h_G/m	h/m			
12,700	12,675	216.66	1.7379	2.7945
12,800	12,774	216.66	1.7108	2.7510
12,900	12,874	216.66	1.6842	2.7081
13,000	12,973	216.66	1.6579 + 4	2.6659 − 1
13,100	13,073	216.66	1.6321	2.6244
13,200	13,173	216.66	1.6067	2.5835
13,300	13,272	216.66	1.5816	2.5433
13,400	13,372	216.66	1.5570	2.5036
13,500	13,471	216.66	1.5327	2.4646
13,600	13,571	216.66	1.5089	2.4262
13,700	13,671	216.66	1.4854	2.3884
13,800	13,770	216.66	1.4622	2.3512
13,900	13,870	216.66	1.4394	2.3146
14,000	13,969	216.66	1.4170 + 4	2.2785 − 1
14,100	14,069	216.66	1.3950	2.2430
14,200	14,168	216.66	1.3732	2.2081
14,300	14,268	216.66	1.3518	2.1737
14,400	14,367	216.66	1.3308	2.1399
14,500	14,467	216.66	1.3101	2.1065
14,600	14,567	216.66	1.2896	2.0737
14,700	14,666	216.66	1.2696	2.0414
14,800	14,766	216.66	1.2498	2.0096
14,900	14,865	216.66	1.2303	1.9783
15,000	14,965	216.66	1.2112 + 4	1.9475 − 1
15,100	15,064	216.66	1.1923	1.9172
15,200	15,164	216.66	1.1737	1.8874
15,300	15,263	216.66	1.1555	1.8580
15,400	15,363	216.66	1.1375	1.8290
15,500	15,462	216.66	1.1198	1.8006
15,600	15,562	216.66	1.1023	1.7725

(续)

海拔高度		温度 T/K	压强 p/(N/m²)	密度 ρ/(kg/m³)
h_G/m	h/m			
15,700	15,661	216.66	1.0852	1.7449
15,800	15,761	216.66	1.0683	1.7178
15,900	15,860	216.66	1.0516	1.6910
16,000	15,960	216.66	1.0353 + 4	1.6647 − 1
16,100	16,059	216.66	1.0192	1.6388
16,200	16,159	216.66	1.0033	1.6133
16,300	16,258	216.66	9.8767 + 3	1.5882
16,400	16,358	216.66	9.7230	1.5634
16,500	16,457	216.66	9.5717	1.5391
16,600	16,557	216.66	9.4227	1.5151
16,700	16,656	216.66	9.2760	1.4916
16,800	16,756	216.66	9.1317	1.4683
16,900	16,855	216.66	8.9895	1.4455
17,000	16,955	216.66	8.8496 + 3	1.4230 − 1
17,100	17,054	216.66	8.7119	1.4009
17,200	17,154	216.66	8.5763	1.3791
17,300	17,253	216.66	8.4429	1.3576
17,400	17,353	216.66	8.3115	1.3365
17,500	17,452	216.66	8.1822	1.3157
17,600	17,551	216.66	8.0549	1.2952
17,700	17,651	216.66	7.9295	1.2751
17,800	17,750	216.66	7.8062	1.2552
17,900	17,850	216.66	7.6847	1.2357
18,000	17,949	216.66	7.5652 + 3	1.2165 − 1
18,100	18,049	216.66	7.4475	1.1975
18,200	18,148	216.66	7.3316	1.1789
18,300	18,247	216.66	7.2175	1.1606
18,400	18,347	216.66	7.1053	1.1425
18,500	18,446	216.66	6.9947	1.1247
18,600	18,546	216.66	6.8859	1.1072

(续)

海拔高度		温度 T/K	压强 $p/(\text{N/m}^2)$	密度 $\rho/(\text{kg/m}^3)$
h_G/m	h/m			
18,700	18,645	216.66	6.7788	1.0900
18,800	18,745	216.66	6.6734	1.0731
18,900	18,844	216.66	6.5696	1.0564
19,000	18,943	216.66	6.4674 + 3	1.0399 − 1
19,100	19,043	216.66	6.3668	1.0238
19,200	19,142	216.66	6.2678	1.0079
19,300	19,242	216.66	6.1703	9.9218 − 2
19,400	19,341	216.66	6.0744	9.7675
19,500	19,440	216.66	5.9799	9.6156
19,600	19,540	216.66	5.8869	9.4661
19,700	19,639	216.66	5.7954	9.3189
19,800	19,739	216.66	5.7053	9.1740
19,900	19,838	216.66	5.6166	9.0313
20,000	19,937	216.66	5.5293 + 3	8.8909 − 2
20,200	20,136	216.66	5.3587	8.6166
20,400	20,335	216.66	5.1933	8.3508
20,600	20,533	216.66	5.0331	8.0931
20,800	20,732	216.66	4.8779	7.8435
21,000	20,931	216.66	4.7274	7.6015
21,200	21,130	216.66	4.5816	7.3671
21,400	21,328	216.66	4.4403	7.1399
21,600	21,527	216.66	4.3034	6.9197
21,800	21,725	216.66	4.1706	6.7063
22,000	21,924	216.66	4.0420 + 3	6.4995 − 2
22,200	22,123	216.66	3.9174	6.2991
22,400	22,321	216.66	3.7966	6.1049
22,600	22,520	216.66	3.6796	5.9167
22,800	22,719	216.66	3.5661	5.7343
23,000	22,917	216.66	3.4562	5.5575
23,200	23,116	216.66	3.3497	5.3862

(续)

海拔高度		温度 T/K	压强 p/(N/m²)	密度 ρ/(kg/m³)
h_G/m	h/m			
23,400	23,314	216.66	3.2464	5.2202
23,600	23,513	216.66	3.1464	5.0593
23,800	23,711	216.66	3.0494	4.9034
24,000	23,910	216.66	2.9554 + 3	4.7522 − 2
24,200	24,108	216.66	2.8644	4.6058
24,400	24,307	216.66	2.7761	4.4639
24,600	24,505	216.66	2.6906	4.3263
24,800	24,704	216.66	2.6077	4.1931
25,000	24,902	216.66	2.5273	4.0639
25,200	25,100	216.96	2.4495	3.9333
25,400	25,299	217.56	2.3742	3.8020
25,600	25,497	218.15	2.3015	3.6755
25,800	25,696	218.75	2.2312	3.5535
26,000	25,894	219.34	2.1632 + 3	3.4359 − 2
26,200	26,092	219.94	2.0975	3.3225
26,400	26,291	220.53	2.0339	3.2131
26,600	26,489	221.13	1.9725	3.1076
26,800	26,687	221.72	1.9130	3.0059
27,000	26,886	222.32	1.8555	2.9077
27,200	27,084	222.91	1.7999	2.8130
27,400	27,282	223.51	1.7461	2.7217
27,600	27,481	224.10	1.6940	2.6335
27,800	27,679	224.70	1.6437	2.5484
28,000	27,877	225.29	1.5949 + 3	2.4663 − 2
28,200	28,075	225.89	1.5477	2.3871
28,400	28,274	226.48	1.5021	2.3106
28,600	28,472	227.08	1.4579	2.2367
28,800	28,670	227.67	1.4151	2.1654
29,000	28,868	228.26	1.3737	2.0966
29,200	29,066	228.86	1.3336	2.0301

（续）

海拔高度		温度 T/K	压强 p/(N/m²)	密度 ρ/(kg/m³)
h_G/m	h/m			
29,400	29,265	229.45	1.2948	1.9659
29,600	29,463	230.05	1.2572	1.9039
29,800	29,661	230.64	1.2208	1.8440
30,000	29,859	231.24	1.1855 + 3	1.7861 − 2
30,200	30,057	231.83	1.1514	1.7302
30,400	30,255	232.43	1.1183	1.6762
30,600	30,453	233.02	1.0862	1.6240
30,800	30,651	233.61	1.0552	1.5735
31,000	30,850	234.21	1.0251	1.5278
31,200	31,048	234.80	9.9592 + 2	1.4777
31,400	31,246	235.40	9.6766	1.4321
31,600	31,444	235.99	9.4028	1.3881
31,800	31,642	236.59	9.1374	1.3455
32,000	31,840	237.18	8.8802 + 2	1.3044 − 2
32,200	32,038	237.77	8.6308	1.2646
32,400	32,236	238.78	8.3890	1.2261
32,600	32,434	238.96	8.1546	1.1889
32,800	32,632	239.55	7.9273	1.1529
33,000	32,830	240.15	7.7069	1.1180
33,200	33,028	240.74	7.4932	1.0844
33,400	33,225	214.34	7.2859	1.0518
33,600	33,423	241.93	7.0849	1.0202
33,800	33,621	242.52	6.8898	9.8972 − 3
34,000	33,819	243.12	6.7007 + 2	9.6020 − 3
34,200	34,017	243.71	6.5171	9.3162
34,400	34,215	244.30	6.3391	9.0396
34,600	34,413	244.90	6.1663	8.7720
34,800	34,611	245.49	5.9986	8.5128
35,000	34,808	246.09	5.8359	8.2620
35,200	35,006	246.68	5.6780	8.0191

（续）

海拔高度		温度 T/K	压强 p/(N/m²)	密度 ρ/(kg/m³)
h_G/m	h/m			
35,400	35,204	247.27	5.5248	7.7839
35,600	35,402	247.87	5.3760	7.5562
35,800	35,600	248.46	5.2316	7.3357
36,000	35,797	249.05	5.0914 + 2	7.1221 − 3
36,200	35,995	249.65	4.9553	6.9152
36,400	36,193	250.24	4.8232	6.7149
36,600	36,390	250.83	4.6949	6.5208
36,800	36,588	251.42	4.5703	6.3328
37,000	36,786	252.02	4.4493	6.1506
37,200	36,984	252.61	4.3318	5.9741
37,400	37,181	253.20	4.2176	5.8030
37,600	37,379	253.80	4.1067	5.6373
37,800	37,577	254.39	3.9990	5.4767
38,000	37,774	254.98	3.8944 + 2	5.3210 − 3
38,200	37,972	255.58	3.7928	5.1701
38,400	38,169	256.17	3.6940	5.0238
38,600	38,367	256.76	3.5980	4.8820
38,800	38,565	257.35	3.5048	4.7445
39,000	38,762	257.95	3.4141	4.6112
39,200	38,960	258.54	3.3261	4.4819
39,400	39,157	259.13	3.2405	4.3566
39,600	39,355	259.72	3.1572	4.2350
39,800	39,552	260.32	3.0764	4.1171
40,000	39,750	260.91	2.9977 + 2	4.0028 − 3
40,200	39,947	261.50	2.9213	3.8919
40,400	40,145	262.09	2.8470	3.7843
40,600	40,342	262.69	2.7747	3.6799
40,800	40,540	263.28	2.7044	3.5786
41,000	40,737	263.87	2.6361	3.4804
41,200	40,935	264.46	2.5696	3.3850

（续）

海拔高度		温度 T/K	压强 p/(N/m²)	密度 ρ/(kg/m³)
h_G/m	h/m			
41,400	41,132	265.06	2.5050	3.2925
41,600	41,300	265.65	2.4421	3.2027
41,800	41,527	266.24	2.3810	3.1156
42,000	41,724	266.83	2.3215 + 2	3.0310 − 3
42,400	41,922	267.43	2.2636	2.9489
42,400	42,119	268.02	2.2073	2.8692
42,600	42,316	268.61	2.1525	2.7918
42,800	42,514	269.20	2.0992	2.7167
43,000	42,711	269.79	2.0474	2.6438
43,200	42,908	270.39	1.9969	2.5730
43,400	43,106	270.98	1.9478	2.5042
43,600	43,303	271.57	1.9000	2.4374
43,800	43,500	272.16	1.8535	2.3726
44,000	43,698	272.75	1.8082 + 2	2.3096 − 3
44,200	43,895	273.34	1.7641	2.2484
44,400	44,092	273.94	1.7212	2.1889
44,600	44,289	274.53	1.6794	2.1312
44,800	44,486	275.12	1.6387	2.0751
45,000	44,684	275.71	1.5991	2.0206
45,200	44,881	276.30	1.5606	1.9677
45,400	45,078	276.89	1.5230	1.9162
45,600	45,275	277.49	1.4865	1.8662
45,800	45,472	278.08	1.4508	1.8177
46,000	45,670	278.67	1.4162 + 2	1.7704 − 3
46,200	45,867	279.26	1.3824	1.7246
46,400	46,064	279.85	1.3495	1.6799
46,600	46,261	280.44	1.3174	1.6366
46,800	46,458	281.03	1.2862	1.5944
47,000	46,655	281.63	1.2558	1.5535
47,200	46,852	282.22	1.2261	1.5136

(续)

海拔高度		温度 T/K	压强 p/(N/m²)	密度 ρ/(kg/m³)
h_G/m	h/m			
47,400	47,049	282.66	1.1973	1.4757
47,600	47,246	282.66	1.1691	1.4409
47,800	47,443	282.66	1.1416	1.4070
48,000	47,640	282.66	1.1147 + 2	1.3739 − 3
48,200	47,837	282.66	1.0885	1.3416
48,400	48,034	282.66	1.0629	1.3100
48,600	48,231	282.66	1.0379	1.2792
48,800	48,428	282.66	1.0135	1.2491
49,000	48,625	282.66	9.8961 + 1	1.2197
49,200	48,822	282.66	9.6633	1.1910
49,400	49,019	282.66	9.4360	1.1630
49,600	49,216	282.66	9.2141	1.1357
49,800	49,413	282.66	8.9974	1.1089
50,000	49,610	282.66	8.7858 + 1	1.0829 − 3
50,500	50,102	282.66	8.2783	1.0203
51,000	50,594	282.66	7.8003	9.6140 − 4
51,500	51,086	282.66	7.3499	9.0589
52,000	51,578	282.66	6.9256	8.5360
52,500	52,070	282.66	6.5259	8.0433
53,000	52,562	282.66	6.1493	7.5791
53,500	53,053	282.42	5.7944	7.1478
54,000	53,545	280.21	5.4586	6.7867
54,500	54,037	277.99	5.1398	6.4412
55,000	54,528	275.78	4.8373 + 1	6.1108 − 4
55,500	55,020	273.57	4.5505	5.7949
56,000	55,511	271.36	4.2786	5.4931
56,500	56,002	269.15	4.0210	5.2047
57,000	56,493	266.94	3.7770	4.9293
57,500	56,985	264.73	3.5459	4.6664
58,000	57,476	262.52	3.3273	4.4156
58,500	57,967	260.31	3.1205	4.1763
59,000	58,457	258.10	2.9250	3.9482
59,500	58,948	255.89	2.7403	3.7307

附录2 标准大气压，英国工程单位制

海拔高度		温度 $T/°R$	压强 $p/(\text{lb/ft}^2)$	密度 $\rho/(\text{slug/ft}^3)$
h_G/ft	h/ft			
−16,500	−16,513	577.58	3.6588 + 3	3.6905 − 3
−16,000	−16,012	575.79	3.6641	3.7074
−15,500	−15,512	574.00	3.6048	3.6587
−15,000	−15,011	572.22	3.5462	3.6105
−14,500	−14,510	570.43	3.4884	3.5628
−14,000	−14,009	568.65	3.4314	3.5155
−13,500	−13,509	566.86	3.3752	3.4688
−13,000	−13,008	565.08	3.3197	3.4225
−12,500	−12,507	563.29	3.2649	3.3768
−12,000	−12,007	561.51	3.2109	3.3314
−11,500	−11,506	559.72	3.1576 + 3	3.2866 − 3
−11,000	−11,006	557.94	3.1050	3.2422
−10,500	−10,505	556.15	3.0532	3.1983
−10,000	−10,005	554.37	3.0020	3.1548
−9,500	−9,504	552.58	2.9516	3.1118
−9,000	−9,004	550.80	2.9018	3.0693
−8,500	−8,503	549.01	2.8527	3.0272
−8,000	−8,003	547.23	2.8043	2.9855
−7,500	−7,503	545.44	2.7566	2.9443
−7,000	−7,002	543.66	2.7095	2.9035
−6,500	−6,502	541.88	2.6631 + 3	2.8632 − 3
−6,000	−6,002	540.09	2.6174	2.8233
−5,500	−5,501	538.31	2.5722	2.7838
−5,000	−5,001	536.52	2.5277	2.7448
−4,500	−4,501	534.74	2.4839	2.7061
−4,000	−4,001	532.96	2.4406	2.6679

(续)

海拔高度		温度 T/°R	压强 p/(lb/ft²)	密度 ρ/(slug/ft³)
h_G/ft	h/ft			
−3,500	−3,501	531.17	2.3980	2.6301
−3,000	−3,000	529.39	2.3560	2.5927
−2,500	−2,500	527.60	2.3146	2.5558
−2,000	−2,000	525.82	2.2737	2.5192
−1,500	−1,500	524.04	2.2335 +3	2.4830 −3
−1,000	−1,000	522.25	2.1938	2.4473
−500	−500	520.47	2.1547	2.4119
0	0	518.69	2.1162	2.3769
500	500	516.90	2.0783	2.3423
1,000	1,000	515.12	2.0409	2.3081
1,500	1,500	513.34	2.0040	2.2743
2,000	2,000	511.56	1.9677	2.2409
2,500	2,500	509.77	1.9319	2.2079
3,000	3,000	507.99	1.8967	2.1752
3,500	3,499	506.21	1.8619 +3	2.1429 −3
4,000	3,999	504.43	1.8277	2.1110
4,500	4,499	502.64	1.7941	2.0794
5,000	4,999	500.86	1.7609	2.0482
5,500	5,499	499.08	1.7282	2.0174
6,000	5,998	497.30	1.6960	1.9869
6,500	6,498	495.52	1.6643	1.9567
7,000	6,998	493.73	1.6331	1.9270
7,500	7,497	491.95	1.6023	1.8975
8,000	7,997	490.17	1.5721	1.8685
8,500	8,497	488.39	1.5423 +3	1.8397 −3
9,000	8,996	486.61	1.5129	1.8113
9,500	9,496	484.82	1.4840	1.7833
10,000	9,995	483.04	1.4556	1.7556
10,500	10,495	481.26	1.4276	1.7282
11,000	10,994	479.48	1.4000	1.7011

（续）

海拔高度		温度 $T/°R$	压强 $p/(\text{lb}/\text{ft}^2)$	密度 $\rho/(\text{slug}/\text{ft}^3)$
h_G/ft	h/ft			
11,500	11,494	477.70	1.3729	1.6744
12,000	11,993	475.92	1.3462	1.6480
12,500	12,493	474.14	1.3200	1.6219
13,000	12,992	472.36	1.2941	1.5961
13,500	13,491	470.58	1.2687 + 3	1.5707 − 3
14,000	13,991	468.80	1.2436	1.5455
14,500	14,490	467.01	1.2190	1.5207
15,000	14,989	465.23	1.1948	1.4962
15,500	15,488	463.45	1.1709	1.4719
16,000	15,988	461.67	1.1475	1.4480
16,500	16,487	459.89	1.1244	1.4244
17,000	16,986	458.11	1.1017	1.4011
17,500	17,485	456.33	1.0794	1.3781
18,000	17,984	454.55	1.0575	1.3553
18,500	18,484	452.77	1.0359 + 3	1.3329 − 3
19,000	18,983	450.99	1.0147	1.3107
19,500	19,482	449.21	9.9379 + 2	1.2889
20,000	19,981	447.43	9.7327	1.2673
20,500	20,480	445.65	9.5309	1.2459
21,000	20,979	443.87	9.3326	1.2249
21,500	21,478	442.09	9.1376	1.2041
22,000	21,977	440.32	8.9459	1.1836
22,500	22,476	438.54	8.7576	1.1634
23,000	22,975	436.76	8.5724	1.1435
23,500	23,474	434.98	8.3905 + 2	1.1238 − 3
24,000	23,972	433.20	8.2116	1.1043
24,500	24,471	431.42	8.0359	1.0852
25,000	24,970	429.64	7.8633	1.0663
25,500	25,469	427.86	7.6937	1.0476
26,000	25,968	426.08	7.5271	1.0292
26,500	26,466	424.30	7.3634	1.0110

(续)

海拔高度		温度 $T/°\text{R}$	压强 $p/(\text{lb/ft}^2)$	密度 $\rho/(\text{slug/ft}^3)$
h_G/ft	h/ft			
27,000	26,965	422.53	7.2026	9.9311 − 4
27,500	27,464	420.75	7.0447	9.7544
28,000	27,962	418.97	6.8896	9.5801
28,500	28,461	417.19	6.7373 + 2	9.4082 − 4
29,000	28,960	415.41	6.5877	9.2387
29,500	29,458	413.63	6.4408	9.0716
30,000	29,957	411.86	6.2966	8.9068
30,500	30,455	410.08	6.1551	8.7443
31,000	30,954	408.30	6.0161	8.5841
31,500	31,452	406.52	5.8797	8.4261
32,000	31,951	404.75	5.7458	8.2704
32,500	32,449	402.97	5.6144	8.1169
33,000	32,948	401.19	5.4854	7.9656
33,500	33,446	399.41	5.3589 + 2	7.8165 − 4
34,000	33,945	397.64	5.2347	7.6696
34,500	34,443	395.86	5.1129	7.5247
35,000	34,941	394.08	4.9934	7.3820
35,500	35,440	392.30	4.8762	7.2413
36,000	35,938	390.53	4.7612	7.1028
36,500	36,436	389.99	4.6486	6.9443
37,000	36,934	389.99	4.5386	6.7800
37,500	37,433	389.99	4.4312	6.6196
38,000	37,931	389.99	4.3263	6.4629
38,500	38,429	389.99	4.2240 + 2	6.3100 − 4
39,000	38,927	389.99	4.1241	6.1608
39,500	39,425	389.99	4.0265	6.0150
40,000	39,923	389.99	3.9312	5.8727
40,500	40,422	389.99	3.8382	5.7338
41,000	40,920	389.99	3.7475	5.5982
41,500	41,418	389.99	3.6588	5.4658

(续)

海拔高度		温度 T/°R	压强 p/(lb/ft²)	密度 ρ/(slug/ft³)
h_G/ft	h/ft			
42,000	41,916	389.99	3.5723	5.3365
42,500	42,414	389.99	3.4878	5.2103
43,000	42,912	389.99	3.4053	5.0871
43,500	43,409	389.99	3.3248 + 2	4.9668 − 4
44,000	43,907	389.99	3.2462	4.8493
44,500	44,405	389.99	3.1694	4.7346
45,000	44,903	389.99	3.0945	4.6227
45,500	45,401	389.99	3.0213	4.5134
46,000	45,899	389.99	2.9499	4.4067
46,500	46,397	389.99	2.8801	4.3025
47,000	46,894	389.99	2.8120	4.2008
47,500	47,392	389.99	2.7456	4.1015
48,000	47,890	389.99	2.6807	4.0045
48,500	48,387	389.99	2.2173 + 2	3.9099 − 4
49,000	48,885	389.99	2.5554	3.8175
49,500	49,383	389.99	2.4950	3.7272
50,000	49,880	389.99	2.4361	3.6391
50,500	50,378	389.99	2.3785	3.5531
51,000	50,876	389.99	2.3223	3.4692
51,500	51,373	389.99	2.2674	3.3872
52,000	51,871	389.99	2.2138	3.3072
52,500	52,368	389.99	2.1615	3.2290
53,000	52,866	389.99	2.1105	3.1527
53,500	53,363	389.99	2.0606 + 2	3.0782 − 4
54,000	53,861	389.99	2.0119	3.0055
54,500	54,358	389.99	1.9644	2.9345
55,000	54,855	389.99	1.9180	2.8652
55,500	55,353	389.99	1.8727	2.7975
56,000	55,850	389.99	1.8284	2.7314
56,500	56,347	389.99	1.7853	2.6669

(续)

海拔高度		温度 $T/°R$	压强 $p/(\text{lb/ft}^2)$	密度 $\rho/(\text{slug/ft}^3)$
h_G/ft	h/ft			
57,000	56,845	389.99	1.7431	2.6039
57,500	57,342	389.99	1.7019	2.5424
58,000	57,839	389.99	1.6617	2.4824
58,500	58,336	389.99	1.6225 + 2	2.4238 − 4
59,000	58,834	389.99	1.5842	2.3665
59,500	59,331	389.99	1.5468	2.3107
60,000	59,828	389.99	1.5103	2.2561
60,500	60,325	389.99	1.4746	2.2028
61,000	60,822	389.99	1.4398	2.1508
61,500	61,319	389.99	1.4058	2.1001
62,000	61,816	389.99	1.3726	2.0505
62,500	62,313	389.99	1.3402	2.0021
63,000	62,810	389.99	1.3086	1.9548
63,500	63,307	389.99	1.2777 + 2	1.9087 − 4
64,000	63,804	389.99	1.2475	1.8636
64,500	64,301	389.99	1.2181	1.8196
65,000	64,798	389.99	1.1893	1.7767
65,500	65,295	389.99	1.1613	1.7348
66,000	65,792	389.99	1.1339	1.6938
66,500	66,289	389.99	1.1071	1.6539
67,000	66,785	389.99	1.0810	1.6148
67,500	67,282	389.99	1.0555	1.5767
68,000	67,779	389.99	1.0306	1.5395
68,500	68,276	389.99	1.0063 + 2	1.5032 − 4
69,000	68,772	389.99	9.8253 + 1	1.4678
69,500	69,269	389.99	9.5935	1.4331
70,000	69,766	389.99	9.3672	1.3993
70,500	70,262	389.99	9.1462	1.3663
71,000	70,759	389.99	8.9305	1.3341
71,500	74,256	389.99	8.7199	1.3026

(续)

海拔高度		温度 $T/°R$	压强 $p/(\text{lb/ft}^2)$	密度 $\rho/(\text{slug/ft}^3)$
h_G/ft	h/ft			
72,000	71,752	389.99	8.5142	1.2719
72,500	72,249	389.99	8.3134	1.2419
73,000	72,745	389.99	8.1174	1.2126
73,500	73,242	389.99	7.9259 + 1	1.1840 − 4
74,000	73,738	389.99	7.7390	1.1561
74,500	74,235	389.99	7.5566	1.1288
75,000	74,731	389.99	7.3784	1.1022
75,500	75,228	389.99	7.2044	1.0762
76,000	75,724	389.99	7.0346	1.0509
76,500	76,220	389.99	6.8687	1.0261
77,000	76,717	389.99	6.7068	1.0019
77,500	77,213	389.99	6.5487	9.7829 − 5
78,000	77,709	389.99	6.3944	9.5523
78,500	78,206	389.99	6.2437 + 1	9.3271 − 5
79,000	78,702	389.99	6.0965	9.1073
79,500	79,198	389.99	5.9528	8.8927
80,000	79,694	389.99	5.8125	8.6831
80,500	80,190	389.99	5.6755	8.4785
81,000	80,687	389.99	5.5418	8.2787
81,500	81,183	389.99	5.4112	8.0836
82,000	81,679	389.99	5.2837	7.8931
82,500	82,175	390.24	5.1592	7.7022
83,000	82,671	391.06	5.0979	7.5053
83,500	83,167	391.87	4.9196 + 1	7.3139 − 5
84,000	83,663	392.69	4.8044	7.1277
84,500	84,159	393.51	4.6921	6.9467
85,000	84,655	394.32	4.5827	6.7706
85,500	85,151	395.14	4.4760	6.5994
86,000	85,647	395.96	4.3721	6.4328
86,500	86,143	396.77	4.2707	6.2708

(续)

海拔高度		温度 $T/°\text{R}$	压强 $p/(\text{lb}/\text{ft}^2)$	密度 $\rho/(\text{slug}/\text{ft}^3)$
h_G/ft	h/ft			
87,000	86,639	397.59	4.1719	6.1132
87,500	87,134	398.40	4.0757	5.9598
88,000	87,630	399.22	3.9818	5.8106
88,500	88,126	400.04	3.8902 + 1	5.6655 − 5
89,000	88,622	400.85	3.8010	5.5243
89,500	89,118	401.67	3.7140	5.3868
90,000	89,613	402.48	3.6292	5.2531
90,500	90,109	403.30	3.5464	5.1230
91,000	90,605	404.12	3.4657	4.9963
91,500	91,100	404.93	3.3870	4.8730
92,000	91,596	405.75	3.3103	4.7530
92,500	92,092	406.56	3.2354	4.6362
93,000	92,587	407.38	3.1624	4.5525
93,500	93,083	408.19	3.0912 + 1	4.4118 − 5
94,000	93,578	409.01	3.0217	4.3041
94,500	94,074	409.83	2.9539	4.1992
95,000	94,569	410.64	2.8878	4.0970
95,500	95,065	411.46	2.8233	3.9976
96,000	95,560	412.27	2.7604	3.9007
96,500	96,056	413.09	2.6989	3.8064
97,000	96,551	413.90	2.6390	3.7145
97,500	97,046	414.72	2.5805	3.6251
98,000	97,542	415.53	2.5234	3.5379
98,500	98,037	416.35	2.4677 + 1	3.4530 − 5
99,000	98,532	417.16	2.4134	3.3704
99,500	99,028	417.98	2.3603	3.2898
100,000	99,523	418.79	2.3085	3.2114
100,500	100,018	419.61	2.2580	3.1350
101,000	100,513	420.42	2.2086	3.0605
101,500	101,008	421.24	2.1604	2.9879

（续）

海拔高度		温度 $T/°\mathrm{R}$	压强 $p/(\mathrm{lb/ft^2})$	密度 $\rho/(\mathrm{slug/ft^3})$
h_G/ft	h/ft			
102,000	101,504	422.05	2.1134	2.9172
102,500	101,999	422.87	2.0675	2.8484
103,000	102,494	423.68	2.0226	2.7812
103,500	102,989	424.50	1.9789 + 1	2.7158 − 5
104,000	103,484	425.31	1.9361	2.6520
104,500	103,979	426.13	1.8944	2.5899
105,000	104,474	426.94	1.8536	2.5293
106,000	105,464	428.57	1.7749	2.4128
107,000	106,454	430.20	1.6999	2.3050
108,000	107,444	431.83	1.6282	2.1967
109,000	108,433	433.46	1.5599	2.0966
110,000	109,423	435.09	1.4947	2.0014
111,000	110,412	436.72	1.4324	1.9109
112,000	111,402	438.35	1.3730 + 1	1.8247 − 5
113,000	112,391	439.97	1.3162	1.7428
114,000	113,380	441.60	1.2620	1.6649
115,000	114,369	443.23	1.2102	1.5907
116,000	115,358	444.86	1.1607	1.5201
117,000	116,347	446.49	1.1134	1.4528
118,000	117,336	448.11	1.0682	1.3888
119,000	118,325	449.74	1.0250	1.3278
120,000	119,313	451.37	9.8372 + 0	1.2697
121,000	120,302	453.00	9.4422	1.2143
122,000	121,290	454.62	9.0645 + 0	1.1616 − 5
123,000	122,279	456.25	8.7032	1.1113
124,000	123,267	457.88	8.3575	1.0634
125,000	124,255	459.50	8.0267	1.0177
126,000	125,243	461.13	7.7102	9.7410 − 6
127,000	126,231	462.75	7.4072	9.3253
128,000	127,219	464.38	7.1172	8.9288
129,000	128,207	466.01	6.8395	8.5505

(续)

海拔高度		温度 $T/°\text{R}$	压强 $p/(\text{lb/ft}^2)$	密度 $\rho/(\text{slug/ft}^3)$
h_G/ft	h/ft			
130,000	129,195	467.63	6.5735	8.1894
131,000	130,182	469.26	6.3188	7.8449
132,000	131,170	470.88	6.0748 + 0	7.5159 − 6
133,000	132,157	472.51	5.8411	7.2019
134,000	133,145	474.13	5.6171	6.9020
135,000	134,132	475.76	5.4025	6.6156
136,000	135,119	477.38	5.1967	6.3420
137,000	136,106	479.01	4.9995	6.0806
138,000	137,093	480.63	4.8104	5.8309
139,000	138,080	482.26	4.6291	5.5922
140,000	139,066	483.88	4.4552	5.3640
141,000	140,053	485.50	4.2884	5.1460
142,000	141,040	487.13	4.1284 + 0	4.9374 − 6
143,000	142,026	488.75	3.9749	4.7380
144,000	143,013	490.38	3.8276	4.5473
145,000	143,999	492.00	3.6862	4.3649
146,000	144,985	493.62	3.5505	4.1904
147,000	145,971	495.24	3.4202	4.0234
148,000	146,957	496.87	3.2951	3.8636
149,000	147,943	498.49	3.1750	3.7106
150,000	148,929	500.11	3.0597	3.5642
151,000	149,915	501.74	2.9489	3.4241
152,000	150,900	503.36	2.8424 + 0	3.2898 − 6
153,000	151,886	504.98	2.7402	3.1613
154,000	152,871	506.60	2.6419	3.0382
155,000	153,856	508.22	2.5475	2.9202
156,000	154,842	508.79	2.4566	2.8130
157,000	155,827	508.79	2.3691	2.7127
158,000	156,812	508.79	2.2846	2.6160
159,000	157,797	508.79	2.2032	2.5228
160,000	158,782	508.79	2.1247	2.4329
161,000	159,797	508.79	2.0490	2.3462

附录3　单位符号和换算因数

单位符号

　　米，m

　　千克，kg

　　秒，s

　　开尔文，K

　　英尺，ft

　　磅力，lb 或 lb_f

　　磅质量，lb_m

　　兰氏度，°R

　　牛顿，N

　　大气压，atm

换算因数

　　1ft = 0.3048m

　　1slug = 14.594kg

　　1slug = 32.2lb_m

　　1lb_m = 0.4536kg

　　1lb = 4.448N

　　1atm = 2116lb/ft^2 = 1.01 × 10^{5}N/m^2

　　1K = 1.8°R

附录4 翼型数据

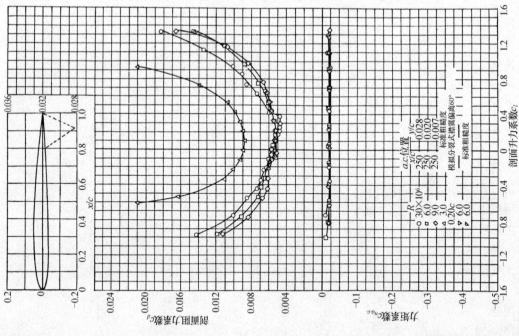

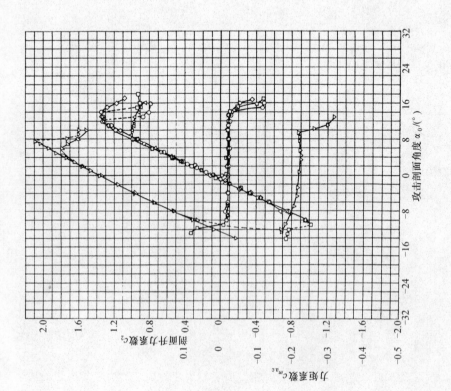

NACA 1408机翼剖面

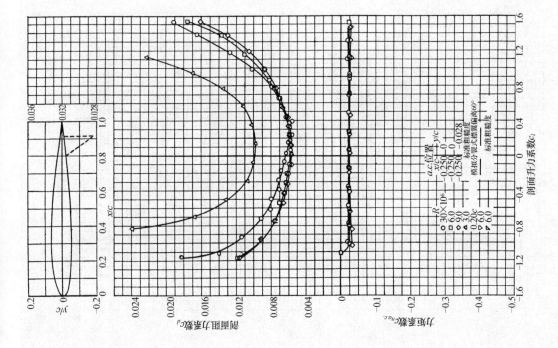
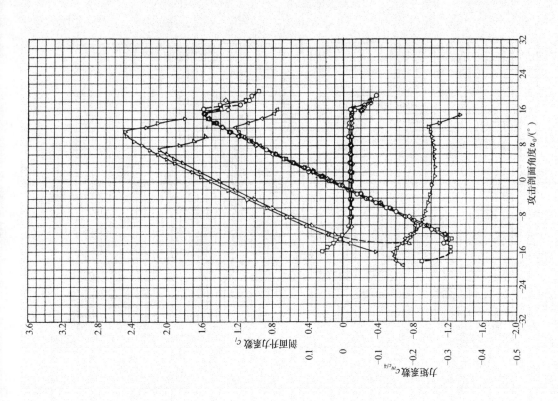

NACA 1412机翼剖面

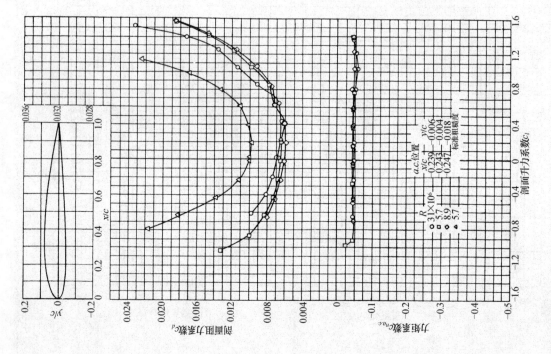
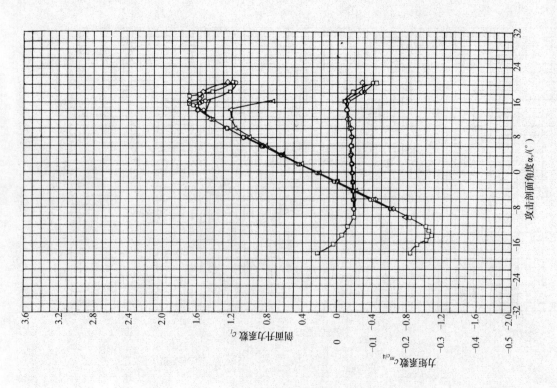

NACA 2412机翼翼剖面

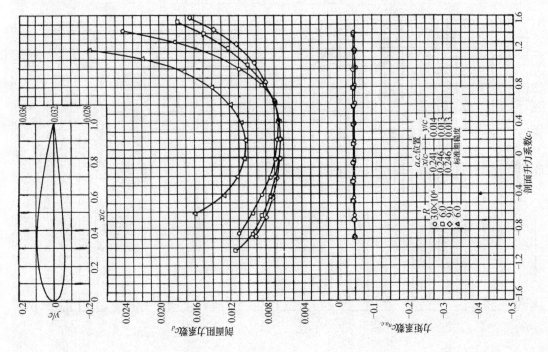
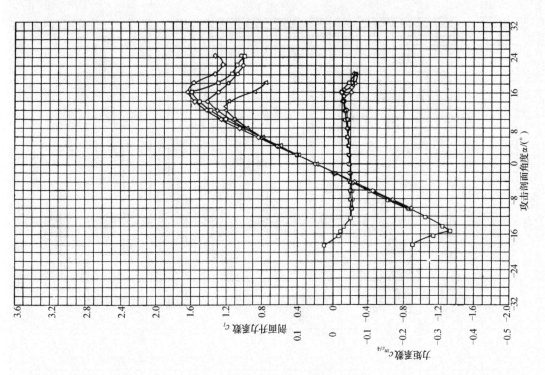

NACA 2415机翼剖面

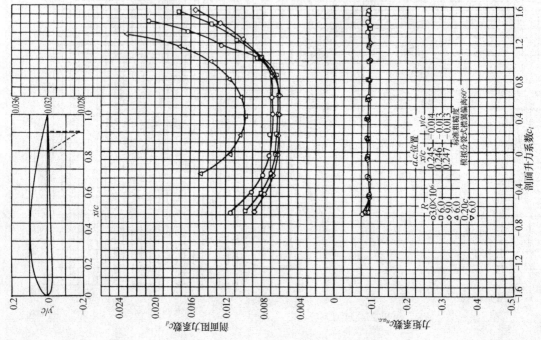
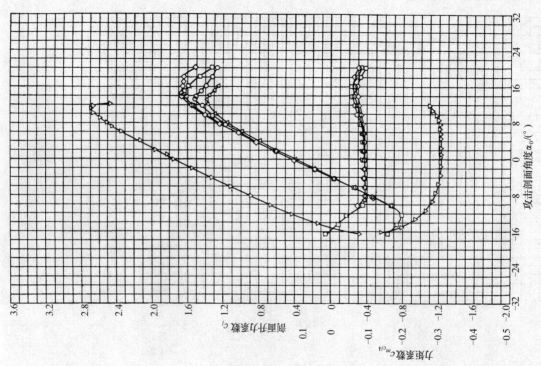

NACA 4412机翼剖面

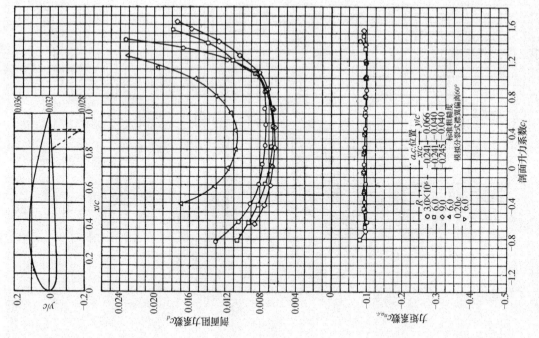
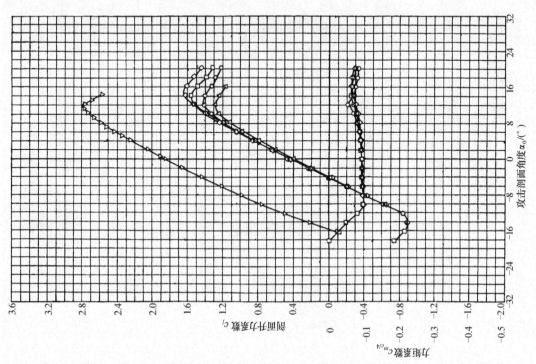

NACA 4415机翼剖面

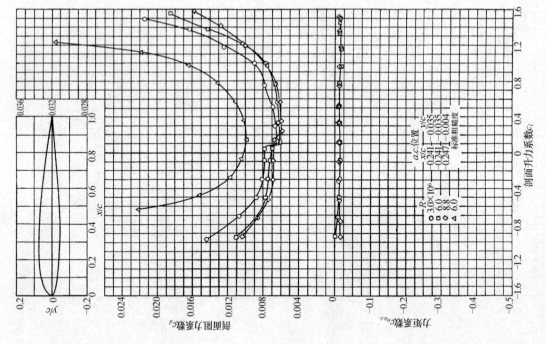
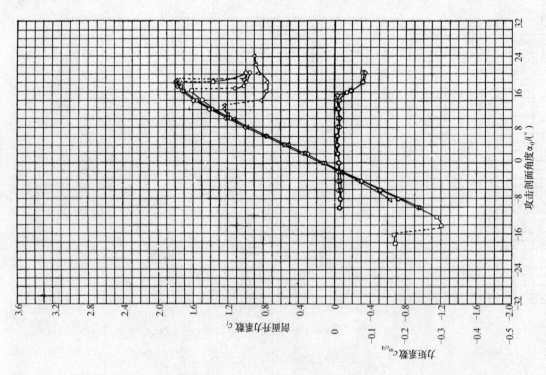

NACA 23012机翼剖面

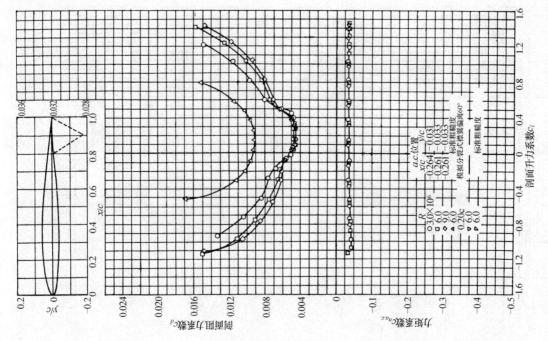
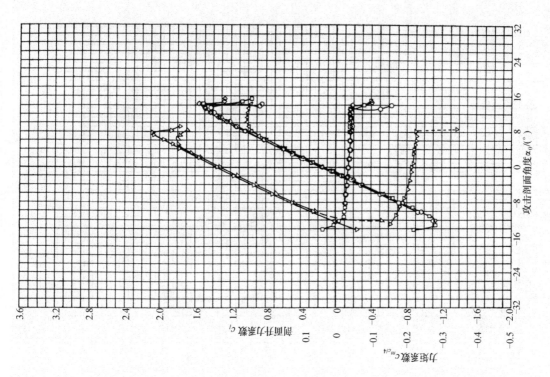

NACA 63-210机翼剖面

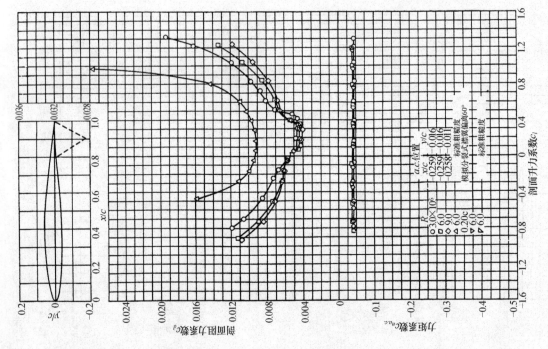

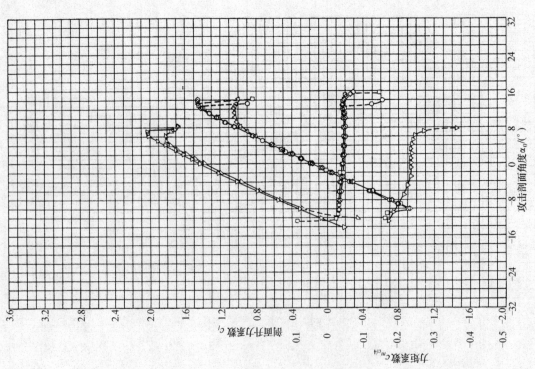

NACA 64-210机翼剖面

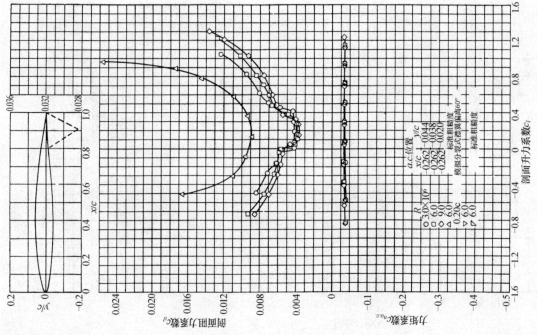
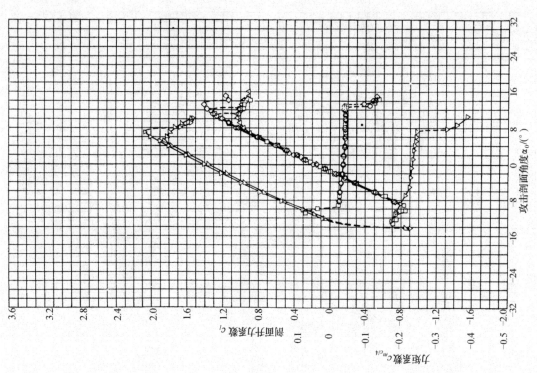

NACA 65-210机翼剖面

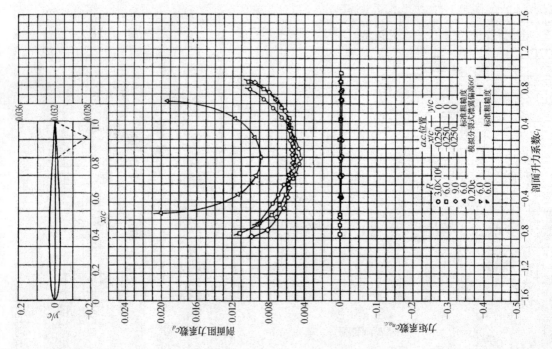
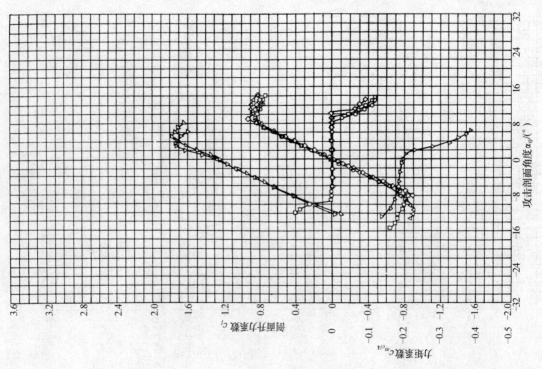

NACA 0006机翼剖面

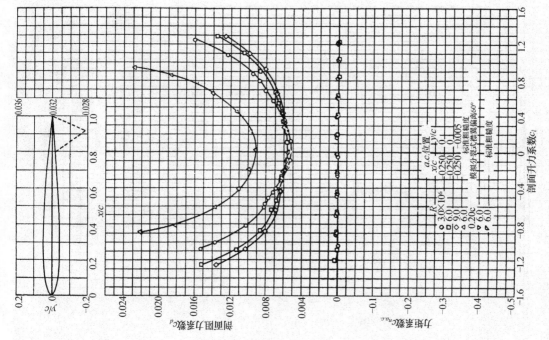
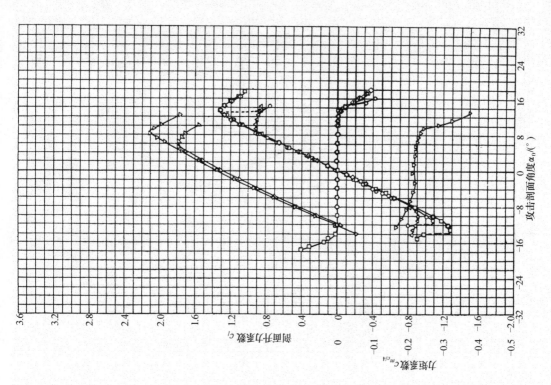

NACA 0009机翼剖面

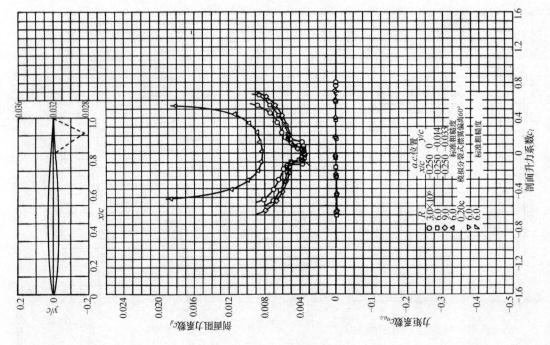
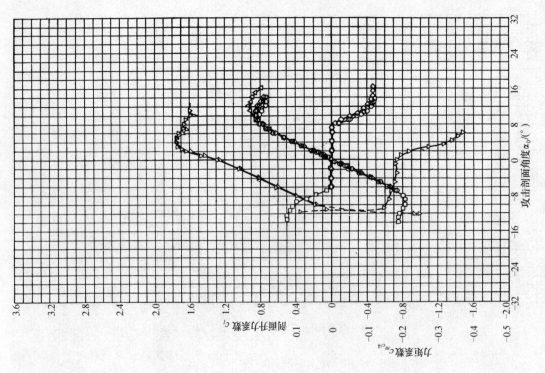

NACA 65-006机翼剖面

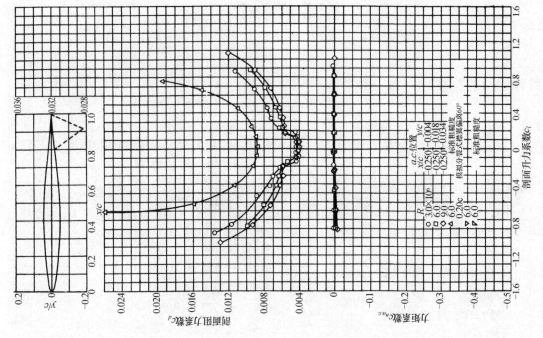
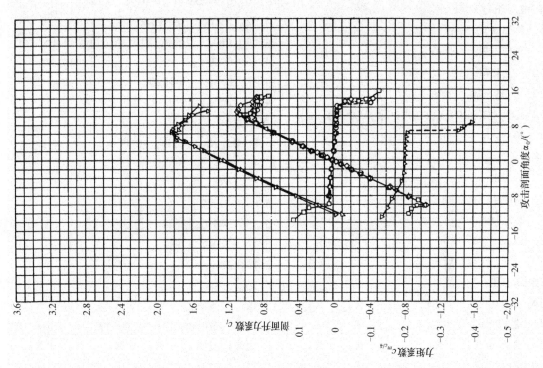

NACA 65-009机翼剖面

作业题答案

偶数作业题的答案

第 2 章
2.2　1.558×10^6 J
2.4　15.6%
2.6　0.0076 atm/s
2.8　1.38 m^3/kg
2.10　0 英里/h, 127.5 英里/h
2.12　129 atm
2.14　(a) 15.49 kg/m^3, (b) 9.29 kg/m^3
2.16　1015 ft/s, 309.3 m/s
2.18　43.35 lb/ft^2, 211.8 kgf/m^2
2.20　7.925 km/s

第 3 章
3.2　9.88 km
3.4　378°R
3.6　5.38×10^4 N/m^2
3.8　-17.17 lb/(ft$^2 \cdot$ s)
3.10　33, 156 ft
3.12　2.03×10^{-3} kg/m^3
3.14　268.43 K, 6.9807×10^4 N/m^2, 0.90599 kg/m^3
3.16　0.34%

第 4 章
4.2　22.7 lb/ft^2
4.4　67 ft/s
4.6　216.8 ft/s
4.8　155 K, 2.26 kg/m^3
4.10　4.19×10^4 N/m^2
4.12　6.3 ft/s
4.14　1.07
4.16　2283 mi/h
4.18　2.8 cm
4.20　2172 lb/ft^2
4.22　56 m/s
4.24　0.801
4.26　614.3°R = 154.3°F
4.28　$q = (\gamma/2)pM^2$
4.30　$p_0 = 1.656 \times 10^4$ lb/ft^2, $p_{02} = 1.193 \times 10^4$ lb/ft^2; 伯努利结果 = 0.804×10^4 lb/ft^2
4.32　1.35
4.34　540 N
4.36　5452 N
4.38　4.555×10^4 N/m^2
4.40　535.9, 20.3 atm, 5791 K
4.42　15377, 3390 m/sec
4.44　〖答案已在问题陈述中给出〗
4.46　(a) 340.2 m/s; (b) 68 m 及 -68 m
4.48　1.0184 kg/m^3 对比 1.0066 kg/m^3
4.50　0.99258×10^5 N/m^2
4.52　53.64 m/sec, 7.66 m/sec
4.54　(a) 3.793×10^3 N/m^3; (b) 11.05 N/m^3
4.56　0.096 m
4.58　0.309, 1709 lb/ft^2
4.60　2.00, 2817 lb/ft^2

第 5 章
5.2　23.9 lb, 0.25 lb, -2.68 ft lb
5.4　2°
5.6　112
5.8　-0.27
5.10　-0.625
5.12　-0.129
5.14　2°
5.16　0.68
5.18　22.9 km
5.20　(a) 0.00462; (b) 0.0177
5.22　1202 N
5.24　0.11/(°)
5.26　19.1 m/s

5.28　0.11,0.329

5.30　33.7

5.32　〚答案已在问题陈述中给出：$f = C_D S$〛

5.34　可忽略(基本为0)

5.36　6.7%

5.38　0.0055

第6章

6.2　98.1lb

6.4　(a) 曲线上的采样点；$V_\infty = 100$ft/s, $P_R = 53.4$hp；(b) $V_{max} = 201$ 英里/h；
(c) 曲线上的采样点；$V_\infty = 300$ ft/s, $P_R = 360$ hp；(d) $V_{max} = 198$ 英里/h

6.6　42.5ft/s, 24.6ft/s

6.8　28500ft

6.10　97.2 ft/s

6.12　719 英里, 7.4h

6.14　〚求导〛

6.16　452m

6.18　268m

6.20　312m, 0.358rad/s

6.22　〚求导〛

6.24　两种情况下，阻力高于重力和推力之和。

6.26　3440km

6.28　〚求导〛

6.30　海平面处各发动机的推力为93666lb

6.32　5.84 m/s^2

6.34　859lb

6.36　261.6ft/s

6.38　754.4ft/min

6.40　0.0243

第7章

7.2　-0.003；0.02 或 CG 前端弦长的2%。

7.4　-215Nm

7.6　$hn = 0.70$, 静态稳定裕度 $= 0.44$

7.8　自由驾驶杆的静态稳定裕度是固定驾驶杆的79%。

第8章

8.2　金星, 10.3km/s；地球, 11.3km/s；火星, 5.02km/s；木星, 59.6 km/s

8.4　1.43×10^{12}m

8.6　(a) 8710m；(b) 70.88g's；(c) 1978m/s

8.8　67.62km/s

8.10　1.56hr

8.12　-1.486×10^{-7}J/kg

8.14　5890m/s

8.16　608.6m/s

8.18　3.809km/s, 0.57 km/s

8.20　0.743

第9章

9.2　17atm

9.4　4587lb

9.6　0.42ft2

9.8　(a) 375s；(b) 3678m/s；(c) 263.5kg/s；(d) 217682lb；(e) 0.169m^2

9.10　4009.6m/s

9.12　0.36in

9.14　〚求导〛

9.16　0.63

9.18　40364hp

9.20　1514°R

9.22　1.77

9.24　61.9s

第10章

10.2　20,906 K

10.4　〚求导〛

中英文对照

"brute-force" propulsion devices "强力"推进装置
"230-secton" airfoil "230区"翼面
"6-series" airfoils "6系列"翼面
"double duty" 双重任务
"Hydrogen Tube Vehicle for Supersonic Transport: 2. Speed and Energy" 《用于超声速运输的充氢管飞行器:2.速度与能量》
"Ludwig Prandtl's Boundary Layer" 《路德维希·普朗特边界层》
"Notes on the Pitot Tube" 《全压管说明》
"Origin and Theory of the Pitot Tube" 《全压管起源与理论》
"Reliable Formulae for Estimating Airplane Performance and the Effects of Changes in Weight, Wing Area or Power," by Walter S. Diehl 沃尔特S.·迪尔"评估飞行器性能及重量、机翼面积或动力变化影响的可靠公式"
"The History, Evolution, and Use of Wind Tunnels" 《风洞的历史、演变与利用》
1221 Avenue of the Americas, New York, NY 10020. 纽约美洲大道1221号,邮编:10020
40 mph gale 40英里/小时的大风
4th ed 第4版
A Brief History of Flying 《飞行简史》
A Dream of Wings 《翼之梦》
a fixed-wing aircraft 固定翼飞机
a Grumman American Yankee 格鲁门公司美裔员工
a herculean task 极为艰巨的任务
A History of Aerodynamics and Its Impact on Flying Machines 《空气动力学历史及其对飞行器的影响》
A jet-powered executive aircraft 喷气发动机行政勤务飞机
a large multiplane model 大型多翼机模型
a light, high-volume chemical 一种质量轻、体积大的化学物质
a loosely fitting fabric surface 舒适的织物表面
a radius of curvature 曲率半径

a rule of thumb 经验法则
a single-spool axial flow jet engine 单转子轴流式喷气式发动机
a spark ignition internal combustion engine 火花点火式内燃机
A Study of Airplane Ranges and Useful Loads 飞行器航程与有效载荷研究
a two-blade, variable-pitch pusher propeller 双叶变距推进螺旋桨
a worked example 运用示例
A. H. Gibson A. H. 吉布森
A. K. Noor A. K. 努尔
A. P. Kothari & J. D. Anderson, Jr., "Flows over Low Reynolds Number Airfoils—Compressible Navier-Stokes Numerical Solutions," AIAA Paper 85-0107, presented at the AIAA 23rd Aerospace Sciences Meeting, Reno, Nevada, January 14-17, 1985. A. P. 科萨里、小约翰. D. 安德森,低雷诺数翼面上的气流——可压缩的纳维尔－斯托克斯数值解 AIAA论文85-0107,第23届航空航天科学会议,内华达州雷诺市,1985年1月14日－17日。
A. Toussaint A. 杜桑
A. Busemann A. 布泽曼
A. Eteve A·艾特夫
AAI/IAI RQ-2 Pioneer AAI/IAI RQ－2先锋号(无人飞行器)
Abbott 阿尔伯特(人名)
Aberdeen 阿伯丁
abscissa 横坐标
absolute altitude 绝对高度
absolute angle of attack 绝对攻角
absolute ceilings 绝对升限
absolute scales 绝对范围
absolute temperature scales 绝对温度范围
absolute temperature 绝对温度
absolute value 绝对值
absolute viscosity coefficient 绝对黏度系数

absolutely lowest temperature 绝对最低温度
Accelerated Rate of Climb 爬升加速率
accelerated rectilinear motion 加速直线运动
acceleration of gravity 重力加速度
Acceleration 加速度
accumulated thrust 累计推力
Action 行动
actual construction 实际施工
actual total drag 实际总阻力
actual volume 实际容积
addition, subtraction, multiplication, differentiation, integration, division 加法,减法,乘法,微分,积分,除法
adiabatic flame temperature 绝热火焰温度
adiabatic process 绝热过程
Adolf Busemann 阿道夫·布斯曼
advance ratio 前进比
advanced space propulsion devices 先进太空推进装置
Advanced Technology Airfoil Research 先进翼面研究技术
Adventures in Research: A History of Ames Research Center 1940 - 1965 《研究中的历险:艾姆斯研究中心发展史(1940 - 1965)》
adverse compressibility effect 逆压缩性效应
Adverse pressure gradient 逆压梯度
advisory committee 咨询委员会
Aerial Experiment Association 航空实验协会
Aerial Locomotion 《空中运动》
Aerial navigation 空中航行(乔治·凯利杜撰的词)
Aerial steam carriage 空中蒸汽运载器
Aero Club of America 美国航空俱乐部
aerobatic airplanes 特技飞行器
aerobatics 特技飞行
aerodrome 飞机场;航空站
aerodynamic and structural features 空气动力学与结构特点
aerodynamic body 流线型机身
aerodynamic calculations 空气动力计算
aerodynamic center 气动力中心
aerodynamic coefficient 气动系数
aerodynamic data 气动数据
aerodynamic definition 空气动力学定义
aerodynamic design 气动设计

aerodynamic drag 气动阻力
aerodynamic efficiency 气动效率
aerodynamic fairing 气动整流装置
aerodynamic flow field 气动流场
aerodynamic flow 气动流
aerodynamic force 气动力
aerodynamic force coefficient 气动力系数
aerodynamic forces and moments per unit span 单位翼展上的气动力和力矩
aerodynamic heating of a skip entry vehicle 跳跃式再入飞行器气动加热
Aerodynamic heating 气动加热
aerodynamic interference 气动干扰
aerodynamic lift 气动升力
aerodynamic literature 空气动力学文献
aerodynamic moment 气动力矩
aerodynamic pressure distribution 气动压力分布
aerodynamic properties of local section of the swept wing 后掠翼局部剖面的气动性能
aerodynamic properties 气动性能
aerodynamic quantities 气动量
aerodynamic ratio 气动比
aerodynamic relationship 气动关系
aerodynamic research 空气动力学研究
aerodynamic rigor 气动精度
aerodynamic shape 气动外形
aerodynamic surface 气动表面
aerodynamic wing 气动机翼
aerodynamic 空气动力(学)的
aerodynamicist 空气动力学家
aerodynamics laboratory 空气动力学实验室
Aerodynamics of Supersonic Flight 《超声速飞行空气动力学》
Aerodynamics 空气动力学
Aerodynamics, National Air and Space Museum 空气动力学,美国国家航空航天博物馆
aeroelastic deformation of swept wings 后掠翼气动弹性变形
Aerofoils and Aerofoil Structural Combinations 翼面与翼面结构组合
aeronautical and space research 空天研究
aeronautical engineer 航空工程师
aeronautical engineering history 航空工程历史
aeronautical engineering 航空工程

aeronautical facility 航空设备
aeronautical laboratory 航空实验室
aeronautical literature 航空文献
aeronautical propulsion 航空推进
aeronautical research 航空研究
Aeronautical Society of Great Britain 大不列颠航空协会
Aeronautical Society 航空协会
aeronautics 航空学
aeroplane leading 飞行器航向/前缘
Aeroshell 减速伞
aerospace and automobile industries 航空航天与汽车工业
aerospace applications 空天应用
aerospace engineering application 空天工程应用
aerospace engineering 空天工程
aerospace plane 空天飞机
aerospace resources 空天资源
Aerospace vehicles 空天飞行器
aerospace 空天
Aerospatiale 法国宇航公司
AFFDL-TR-78-100 AFFDL－技术报告－78－100
agricultural spraying aircraft 农用喷洒飞机
AIAA (American Institute of Aeronautics and Astronautics) 美国航空航天学会(AIAA)
AIAA Student Journal 《AIAA 杂志－学生版》
aileron control effectiveness 副翼控制效率
aileron control 副翼控制
Aileron 副翼
Air and Space Museum 美国国家航空航天博物馆
air combat 空战
air commodore 英国皇家空军准将
air conditioning system 空调系统
air density 空气密度
Air Force Flight Dynamics Laboratory Technical Report AFFDL-TR-78-100 美国空军飞行动力学实验室技术报告 AFFDL－TR－78－100
Air Force Flight Dynamics Laboratory 美国空军飞行力学实验室
Air Force inventory 空军库存物资
Air Force Research Laboratory 美国空军研究实验室
Air Force Test Pilots School 美国空军试飞员学校
Air Force/NASA wind tunnel 美国空军/NASA 风洞
air molecule 空气分子

air pressure and density 气压与密度
air pressure 气压
Air Research and Development Command 大气研究发展司令部
air temperature 空气温度
Air-breathing engine 吸气式发动机
air-breathing propulsion 吸气式推进
Aircraft Design: A Conceptual Approach 《飞机设计概念研究》
Aircraft Performance and Design 《飞行器性能与设计》
aircraft propulsion system 飞行器推进系统
airflow velocity 气流速度
airflow 气流
airfoil camber 翼面弯度
airfoil coefficient 翼面系数
airfoil cross section 翼面横截面
Airfoil curvature 翼面曲率
airfoil data 翼面数据
airfoil drag coefficient 翼面阻力系数
airfoil lift and drag coefficients 翼面升力系数与翼面阻力系数
airfoil measurement 翼面测量
airfoil model 翼面模型
airfoil nomenclature 翼面术语
airfoil of unit span 单位展长上的翼面
airfoil performance 翼面性能
airfoil profiles 翼面
airfoil section 纵向翼切面
airfoil shape 翼面形状
airfoil shapes and wings 翼型与机翼
airfoil shape 翼型
airfoil stall 翼面失速
airfoil surface 翼面
airfoil thickness 翼面厚度
airfoil with positive camber 正弯度翼面
airfoil 翼面
airframe design 飞机结构设计
Airframe 飞机结构
airframe-associated phenomenon 飞机结构相关现象
airframe-integrated SCRAMjet 机身超然冲压喷气发动机一体化
air-launched rocket booster 空中发射火箭助推器
airplane cabin 机舱

airplane configuration 飞行器构型
airplane control 飞行器控制
airplane design 飞行器设计
airplane flight speeds 飞行速度
airplane flight 飞行器飞行
airplane nomenclature 飞行器术语
Airplane performance 飞行器性能
Airplane Performance, Stability, and Control 《飞机性能、稳定性及控制》
airplane velocities 飞行器速度
airplane wing 机翼
Airplanes from the Dawn of Flight to the Present Day 《从飞行的黎明至今的飞行器》
airplanes 飞机、飞行器
airport terminal 航站楼
Airscrew 螺旋桨
Airships 飞艇
airstream velocity 气流速度
airstream 气流
Air-to-air combat 空对空战斗
Al Erickson 艾尔·埃里克森
Alaska's Kodiak Island 阿拉斯加科迪亚克岛
Alexander F. Mozhaiski 亚历山大.F.莫扎伊斯基
Alexander Graham Bell 亚历山大·格拉汉姆·贝尔
Alexandre Gustave Eiffel 亚历山大·古斯塔夫·埃菲尔
Alfred J. Wells 阿尔弗雷德·J·威尔斯
algebraic equation 代数方程
algebraic step 代数差
Allegheny Observatory 阿勒格尼天文台
Allen, H. J., and A. J. Eggers. A Study of the Motion and Aerodynamic heatingof Missiles Entering the Earth's Atmosphere at High Supersonic Speeds. NACA TR 1381, 1958. 艾伦·H·J与A·J·艾格斯,导弹以高超声速再入地球大气层的运动与气动加热研究,NACA1381号技术报告,1958。
Allison Division 阿里逊分部
allowable flight envelope 允许飞行包线
altitude 高度
altitude effect 高度效应
altitude-Mach number map 高度与马赫数图
ambient conditions 周围条件
ambient density 周围密度
ambient density 周围介质密度

ambient pressure 周围气压
American Institute of Aeronautics and Astronautics (AIAA) 美国航空航天学会(AIAA)
American Rocket Society 美国火箭学会
American Society for Engineering Education (ASEE) 美国工程教育协会(ASEE)
Ames Aeronautical Laboratory 艾姆斯航空实验室
ammonium perchlorate 高氯酸铵
amplitude 波幅、振幅
An Airfoil Shape for Efficient Flight at Supercritical Mach Numbers 超临界马赫数有效飞行的翼型
An Evaluation of Four Single Element Airfoil Analytical Methods 《四种单要素翼面分析方法评估》
an onboard rocket engine 机载火箭发动机
analytic geometry 解析几何
analytical formula 解析式
analytical solution 解析解
anatomy 结构剖析
Anderson J. D. 小约翰.D.安德森
Anderson 安德森
Anderson, *Aircraft Performance and Design*, McGraw-Hill 安德森,飞机性能与设计,麦格劳希尔集团
Anderson, J. D., Jr. "An Engineering Survey of Radiating Shock Layers." AIAA Journal, vol. 7, no. 9, Sept. 1969, pp. 1665-1675. 小约翰·D·安德森,激波层辐射的工程测量,AIAA 期刊,第7卷第9号,1969年9月,自费出版,1665-1675。
Anderson, John D., Jr. 小约翰.D.安德森
Anderson, John David 约翰·大卫·安德森
angle of attack 攻角
angles of sweepback 后掠角
Anglo-French Concorde Supersonic Transport 英法"协和式"超声速运输机
Anglo-French Concorde 英-法"协和式"超声速飞机
angular attitude of the space vehicle 空间飞行器姿态角
angular momentum 角动量
angular motion 角运动
angular orientation 方位角
angular position 角位置
angular velocity component 角速度分量
angular velocity 角速度
anhedral 下反角

annual report 年度报告
Annual Reviews 《年度评论》
anode 阳极
anti-crime and anti-terrorist surveillance 预防犯罪与反恐监测
Antoinette Engine 安托瓦内特发动机
aperiodic motion 非周期运动
apoapsis 远心点
Apollo capsule "阿波罗号"太空舱
Apollo Command Module "阿波罗号"指挥舱
Apollo entry capsule "阿波罗号"再入太空舱
Apollo lunar spacecraft "阿波罗号"登月飞船
Apollo manned lunar mission "阿波罗号"载人登月计划
Apollo space flight program to the moon 《"阿波罗"太空飞行探月计划》
Apollo spacecraft "阿波罗号"宇宙飞船
Apollo vehicle "阿波罗号"飞行器
App. D 附录 D(Appendix D)
Application to Ballistic entry 弹道式再入应用
Applied Aerodynamics 《应用空气动力学》
approach and departure velocities 接近速度与脱离速度
approximation 近似值；近似法
APSE (aeropropulsiveservoelastic) effect 气动推进伺服弹性效应
Aramon 阿拉蒙
arbitrary point 任意点
Archimedes' principle 阿基米德原理
arc-jet thruster 电弧喷气推进器
Arctic Circle 北极圈
area of interest 感兴趣面积
area ratio 面积比
area-velocity relation 掠面速度关系
argon 氩
Arizona State University-Polytechnic 亚利桑那州立大学理工学院
Army Ballistic Missile Agency at Huntsville 陆军弹道导弹局(亨茨维尔)
Army Ballistics Research Laboratory 陆军弹道研究实验室
Army's Redstone Arsenal at Huntsville, Alabama 陆军红石兵工厂(阿拉巴马州亨茨维尔)
Arnold Engineering Development Center (AEDC) 阿诺德工程发展中心(AEDC)
Arnold R. Miller 阿诺德·R·米勒
articulated instrument platform 铰接式仪表台
artificial earth satellite 人造地球卫星
artificial satellite 人造卫星
Arts and Industries Building 艺术与工业大厦
AR 展弦比
ascending node 升交点
ascent phase 上升段
aspect ratio (AR) 展弦比
Assisted powered takeoffs 辅助动力起飞
Astronautics and Aeronautics 《航天与航空学》
Astronautics 航天学
astronomical fluid 天文流体
asymptotes 渐近线
at a given number of... 给定数量的
at close range 近距离
at high speeds 高速
at long range 远距离
atmosphere 大气；大气压(做单位理解：压力单位)
atmospheric composition 大气成分
atmospheric entry 大气再入
atmospheric flight 大气飞行
atmospheric ozone layer 大气臭氧层
atmospheric turbulence 大气湍流
Atmospheric vehicles 大气飞行器
atomic oxygen 原子氧
atomized aluminum powder 雾化铝粉
attitude control 姿态控制
attractive force 吸引力
available power 所供动力
average kinetic energy 平均动能
Average Molecular Weight 平均分子量
average separation 平均分离
average value 平均值
aviation airplane 航空飞机
Aviation Club De France 法国航空俱乐部
Aviation Heritage, Inc. 航空文化公司
Aviation: An Historical Survey from Its Origins to the End of World War II 《航空：从起源至第二次世界大战末的历史调查》
Aviator 飞行员
avionics 航空电子设备
Avogadro's number 阿伏伽德罗常数

axes of symmetry 对称轴
axial flow compressor 轴流式压缩机
axial force coefficient 轴向力系数
B. Y. Chow B·Y·周
back edge 后缘
back face 背面
backshell 后壳
BAE Systems Phoenix BAE 系统公司"凤凰"号
baggage 行李
Bailey Oswald 贝利·奥斯瓦尔德
Balaji Sundararaman 巴拉吉·桑达拉拉曼
Baldwin 鲍德温
Ballistic entry vehicle 弹道式再入飞行器
Ballistic entry 弹道式再入
ballistic parameter 弹道参数
Ballistic trajectory 弹道轨迹
ballistics 弹道学
Balloon aerial navigation 气球空中航行
ballooning and military kite flying 气球和军事风筝飞行
Baltimore 巴尔的摩
bank and turn 倾斜转弯
bank angle 倾斜角
bar diagram 柱形图
barrage missile 弹幕拦阻用导弹
base region 基区
Base values 基值
Basel 巴塞尔
basic aerodynamic fundamentals of airfoils and wings 翼面与机翼的空气动力学基本原理
Basic Aerodynamics 空气动力学基础
basic equations 基本方程
basic form 基本形式
basic formulas 基本公式
basic units 基本单位
battleship gray 战舰灰
be directly proportional to 成正比
be inversely proportional to 成反比
Beasley 比斯利
Beechcraft Bonanza 比奇富豪
beeper 蜂鸣器
Belfast Collegiate School 贝尔法斯特大学
Bench-tested 实验台架
Benjamin Robins 本杰明·罗宾斯

Berlin Academy 柏林科学院
Bernard Carson 伯纳德·卡森
Bernoulli effect 伯努利效应
Bernoulli 伯努利
Bernoulli's equation 伯努利方程
Berthelot equation of state 贝特洛状态方程
better weight estimate 更好的重量估算
Bibliography 参考文献
biconvex shape 双凸面外形
Bill Gunston 比尔·冈斯顿
biological agent 生物制剂
biplane configuration 双翼构型
biplane wings of the 1903 Wright Flyer 1903年莱特飞行者号双翼飞机
biplane's induced drag 双翼飞机诱导阻力
Biplanes 双翼飞机
bipropellant 二元推进剂
Bird Flight as the Basis of Aviation 《鸟类飞行——航空基础》
bisector of the turning angle 转弯角的二等分线
Blackboard course Blackboard 数字化学习平台课程
black-powder rockets 黑火药火箭
blade section 桨叶剖面
blade 桨叶
blunt aerodynamic shape 钝头气动外形
blunt bodies 钝头机身
blunt nose 钝机头
blunt-nosed body 钝头机身
body surface 机身表面
Boeing 727 test airplane 波音727试验机
Boeing 777 transport 波音777运输机
boeing 777 波音777飞机
Boeing 777-200 twin-turbofan high-capacity commercial airliner 波音777-200双涡轮风扇式高动力商务机
Boeing B-17 bomber 波音B-17轰炸机
Boeing B-17 波音B-17飞机
boltzmann constant 波尔兹曼常数
boost 助推
booster stage 助推级
booster 助推器
bore 内径;缸径
Borovsk 波洛夫斯克
bottom dead center 下止点

bottom surface of wing 下翼面
bottom view 底视图
boundary layer control 边界层控制
boundary layer separation 边界层分离
boundary layer 边界层
boundary-layer suction 边界层吸收
bow shock wave 弓形激波
Box beam 箱形梁
box-kite-shaped tail 箱型鸢式尾翼
Boy carrier "男孩"运载号
brake power 制动力
Braunschweig 布伦瑞克
Breguet endurance formula 布拉奎特续航时间公式
Breguet Formulas 布拉奎特公式
Breguet range formula 布拉奎特航程公式
Brian Moravec 布莱恩·莫拉维茨
British Aircraft Corporation 英国航空公司
British Airways and Air France 英航与法航
British Association for the Advancement of Science 英国科学促进会
British Mint 英国皇家造币厂
British Spitfire of World War II fame 第二次世界大战英国"烈火"喷气式战斗机
Brompton 布朗普顿
Brown, C. D. Elements of Spacecraft Design. American Institute of Aeronautics and Astronautics, Reston, VA, 2002. 布朗·C·D.，航天器设计原理，美国航空航天学会，维吉尼亚州雷斯顿，2002。
Bruce D. Kothmann 布鲁斯·D·科斯曼
Bruce Slack 布鲁斯·斯莱克
brushless, rare-earth magnet, DC electric motor and gearbox 无刷永磁直流电动机与变速箱
Buckle up 系好安全带
building block 构件、基础材料
burned exhaust gases 燃烧排气
burnout point 耗尽点
burnout velocity 耗尽速度
by-pass ratio (BPR) 旁通比
C. F. Marvin C·F·马文
C. H. Eldred C·H·埃尔德雷德
cabin pressure 机舱压力
calculate and measure 计算与测量
calculus of variations 变分法
caliber 口径

calibrate 校准
calibrated brake mechanism 校正制动机构
California Institute of Technology at Pasadena, California 加利福尼亚州帕萨迪纳市加州理工学院
California Institute of Technology 加州理工学院
Caltech 加州理工学院
camber line 弧线
cambered airfoil 有弯度翼面
cambered and symmetric airfoils 有弯度翼面与对称翼面
cambered surface 弧面
cambered wing 有弯度机翼
camber-to-chord ratio 弯度弦长比
camber 弯度
Cambridge University Press 剑桥大学出版社
Cambridge University 剑桥大学
canard configuration 前翼构型
cantilevered wing 悬臂翼
Cape Canaveral 卡纳维拉尔角(美国佛罗里达州)
Captain Eddie Rickenbacker 埃迪·里肯巴克机长
carborundum grain 金刚砂
carburetor 化油器
Carl G. P. de Laval 卡尔.G.P.拉瓦尔
Carson speed 卡森速率
cartesian xyz three-dimensional space 笛卡儿坐标三维空间
catalyst 催化剂
catapult 弹射器
cathode 阴极
Catholic University of America 美国天主教大学
celestial body 天体
celestial motion 天体运动
center body 中段机身
center of gravity 重力中心
center of pressure (CP) 压力中心
center of the earth 地心
centerbody 中心体
central crankshaft 中心曲轴
central force field 有心力场
central gravitational force field 有心重力场
centrifugal flow compressor 离心式压缩机
centrifugal force 离心力
centripetal acceleration 向心加速度
centripetal force 向心力

centroid or center of pressure 质心或压力中心
centroid 质心;矩心、中心
Cessna Aircraft Corporation 塞斯纳飞机公司
Cessna Citation 3 塞斯纳"赛特星3型"
Chain-and-pulley arrangements 链条与滑轮组
Changho Nam 常和·纳姆
Chanute 沙尼特
Chapman, D. R. An Approximate Analytical Method for Studying Entry into Planetary Atmospheres. NASA TR R-11, 1959. 查普曼.D.R.,再入行星大气层研究的近似分析方法,NACA R-11号技术报告,1959。
Character 特性
characteristic dimension 特征尺寸
charcoal 木炭
Charles D. Walcott 查尔斯.D.沃尔科特
Charles Dollfus 查尔斯·多富士
Charles Lindbergh 查尔斯·林德伯格
Charles Manly 查尔斯·曼利
charter members 创始成员
chemical composition 化学成分
chemical compound 化合物
chemical reaction 化学反应
chemical rocket 化学燃料火箭
chemically reacting gas 发生化学反应的气体
chemistry and physics 化学与物理
chemistry 化学;化学作用
chord length 翼弦长
chord line 翼弦线
chord of the airfoil 翼弦
chord 翼弦
chordwise pressure distribution 弦向压力分布
Christian Huygens 克里斯汀·惠更斯
Christopher Wren 克里斯多佛·雷恩
cinematography 电影摄影学
circular arc 圆弧
circular flight 圆周飞行
circular motion 圆周运动
circular orbit 圆形轨道
circular track 圆形航迹
circular turn 圆弧转弯
circular velocity 圆形轨道速度
circulation theory of lift 升力环流理论
civil supersonic transport 民用超声速运输机
civilian transports or military airplanes 民用运输机或军用飞机
Classic World War II Aircraft Cutaways 《经典第二次世界大战飞机剖面图》
Claude Grahame-White 克劳德·格雷姆—怀特
Claudius Ptolemy 克罗狄斯·托勒密
Cleveland, Ohio 俄亥俄州克利夫兰
climatic conditions 气候条件
climbing flight 爬升飞行
clockwise motion 顺时针运动
clockwise rotation 顺时针旋转
Closed-form engineering calculations 闭环工程计算
closest approach 最接近点
cloud tops 云顶
coast 惯性飞行
cockpit 座舱
Coefficient of rolling friction 滚转摩擦系数
coke 焦碳
Collection 收藏品
color combinations 配色
Colorado Springs 科罗拉多州斯普林斯
Columbia 哥伦比亚号
combustion chamber 燃烧室
combustion gas 燃烧气体
combustion process 燃烧过程
Combustion Products 燃烧产物
combustor 燃烧室
combustor, burner 燃烧室、燃炉
commercial transport 商用运输机
Committee on the History and Philosophy of Science 历史与科学哲学委员会
common denominator 公分母
common units 公共单位
communications satellite 通信卫星
complete stop 完全停止
Complex 39's launch pads 肯尼迪航天中心39号发射复合体
composite wing 复合材料机翼
compressibility correction for the lift coefficient 升力系数压缩修正
compressibility correction 压缩修正
compressibility effect 压缩效应
compressibility 可压缩性,压缩系数
Compressible flow 可压缩流
compression ratio 压缩比

609

compression stroke 压缩行程
compression surface 压缩面
compressor 压缩机
computational fluid dynamics (CFD) 计算流体力学(CFD)
Computational Fluid Dynamics: The Basics with Applications 《计算流体力学入门》
concave curvature 凹曲率
concentrated force 集中力
Conceptual design phase 概念设计阶段
conceptual hypersonic cruise aircraft 高超声速巡航概念飞行器
Concorde supersonic transport "协和式"超声速运输机
concurrent high angle of attack 协调大攻角
con-di (convergent-divergent) nozzle 收敛—发散喷嘴
cone axis 锥体轴
configuration layout 结构设计
configuration 构型;结构;配置
Congreve rocket 康格里夫火箭
conic section 圆锥截面
conical region 锥形区域
connecting rod 连杆
consistent set of units 统一的单位制
consistent SI unit 统一的国际单位制单位
consistent unit 统一单位
constant altitude 等高
constant angular momentum 常角动量
constant force 恒力
constant mean value 常数均值
constant pressure distribution 等压分布
constant pressure 等压、恒压
constant value 常数值、定值
constant velocity 恒速
constant volume 定容
constant 常数
constant-chord wing model 等弦机翼模型
constant-chord wing 等弦机翼
constants of integration 积分常数
constant-speed propeller 恒速螺旋桨
constant-volume combustion 定容燃烧
constant-volume process 定容过程
continuity equation 连续方程

contraction ratio 收缩比
contractor 承包商
control and communications 控制与通信
control computer 控制计算机
control of roll 滚转控制
control stick 驾驶杆
control surface 控制面
Control surfaces and flaps 控制面和襟翼
control volume 控制体积
Controlled balloons 受控气球
convective heating 对流加热
conventional aeroplane 常规飞机(英国)
conventional airfoil 常规翼面
conventional airplane structure 常规飞行器结构
conventional cambered airfoil 常规有弯度翼面
conventional NACA airfoil NACA常规翼面
conventional plot 常规图标
convergent nozzle 收敛喷嘴
convergent-divergent duct 收敛—发散导管
convergent-divergent rocket nozzle 收敛—发散火箭喷管
conversion factors 换算因数
conversion of units 单位转换
coordinate system 坐标系
coordinates of the leading and trailing edges 机翼前后缘坐标
coordinates 坐标
Copenhagen 哥本哈根
corner velocity 转弯速度
Corsair "海盗船"战斗机
counterforce 反作用力
Cowley 考利
Cowley, W. L., and H. Levy. *Aeronautics in Theory and Experiment*. E. Arnold, London, 1918. W·L·考利、H·李维:《航空学理论与实验研究》E·阿诺德,伦敦,1918。
Cowling and the Fillet 整流罩与整流片
CP 内容供应商
crankcase 曲轴箱
crankshaft 曲轴
Critical Mach Number and Critical Pressure Coefficient 临界马赫数与临界压力系数
critical performance parameters 关键性能参数
critical Reynolds number 临界雷诺数

critical value 临界值
cross section 横截面
crosshatch 阴影线
cross-plot 交叉图表、综合图表
cross-sectional area 横截面积
cross-sectional shape 横截面形状
Crown 皇冠出版社
Cruciform tail 十字型尾翼
cruise lift coefficient 巡航升力系数
cruise velocity 巡航速度
cruise 巡航
cruising altitude 巡航高度
Culick, F. E. C., and H. R. Jex. "Aerodynamics, Stability, and Control of the 1903 Wright Flyer," pp. 19-43 in Howard Wolko (ed.), *The Wright Flyer: An Engineering Perspective*. Smithsonian Press, Washington, 1987. F. E. C. 卡里克、H. R. 杰克斯:"1903 年莱特飞行器的气动力学、稳定与控制",第 19-43 页,霍华德·沃尔克(编),《莱特飞行器:基于工程视角》.华盛顿:史密森尼出版社,1987。
current path 当前路径
Curtiss Aeroplane and Motor Corporation 柯蒂斯飞机与发动机公司
Curtiss Engineering Corporation 柯蒂斯工程公司
Curtiss Manufacturing Company 柯蒂斯制造公司
curvature 曲率
curved surface 曲面
curvilinear motion 曲线运动
custom-designed laminar flow airfoil shape 定制层流翼型
custom-designed supercritical airfoil section 定制超临界气流翼面剖面
cutaway drawing 剖面图
cutaway 剖面
cylinder 气缸
cylindrical coordinates 柱面坐标
d'Alembert's paradox 达朗贝尔悖论
Daedalus 代达罗斯
damped oscillation 减幅振荡
Daniel Bernoulli 丹尼尔·伯努利
Daniel Daley 丹尼尔·戴利
David Caughey 戴维·考菲
David Miklosovic 戴维·米克罗索维克
David Ostrowski 大卫·奥斯特洛夫斯基

Dayton 代顿市
Dearborn 迪尔伯恩
Debach-with-Boulge 英国地名
decompose 分解
Dedham Grammar School 迪德汉文法学校
Deep Space 1 深空一号(探测器)
deep space 深空
deep-space missions 深空计划
deep-space probe 深空探测
definite value 定值
deflection angle 偏转角
degree celsius 摄氏度
degree fahrenheit 华氏度
degree of sweepback 后掠度
degree of sweepforward 前掠度
degree rankine 兰氏度
Delaware State University 特拉华州立大学
Delta three-stage rocket "德尔塔"三级火箭
delta wing aircraft 三角翼飞机
delta wing 三角翼
density altitude 密度高度
density 密度
Denver, Colorado 科罗拉多州丹佛市
department of aeronautics 航空系
Department of Aerospace Engineering 航空航天工程系
departure planet 脱离行星
departure velocity of the space vehicle 空间飞行器脱离速度
Descartes 笛卡儿
Design Box 设计板块
design characteristic 设计特点
design cruise speed 设计巡航速度
design factor 设计要素
design feature 设计特征
Design for Air Combat 为空战而设计
design Mach number 设计马赫数
design parameter 设计参数
design process 设计流程
design space 设计空间
destabilizing effect 失稳效应
Destin, FL. 佛罗里达州德斯丁
detail design 详细设计
deviation 偏差、误差、偏航、偏向、偏差

611

dial 刻度盘
diatomic oxygen 二价原子氧
Dick Hallion 迪克·哈莱恩
differential and integral calculus 微积分
differential calculus 微分学
differential equation 微分方程
Diffuser 扩散器
dihedral angle 上反角
dihedral 上反,上反角；二面角
dimensional analysis in propeller theory 螺旋桨量纲分析理论
dimensional analysis 量纲/因次分析
dimensionless parameter 无量纲参数/无因次参数
dimensionless quantity 无量纲量
dimensionless ratio 无量纲比
dimensions and units 尺寸与单位
directed motion 定向运动
direction of motion 运动方向
direction 方向
directional control 方向控制
directional motion 定向运动
directional stability 定向稳定性
directional static stability 定向静态稳定性
directly proportional 成正比的
Dirigible 飞艇/可操纵的
discipline 学科；规律
discontinuous motion 非连续运动
displacement (*volume swept out by the piston*) 排量（活塞排出的气体体积）
displacement thickness 位移厚度
distance 距离
distributed load 分布式负载
Distribution of pressure coefficient 压力分布系数
District of Columbia 哥伦比亚特区
disturbance 扰动
divergent duct 渐扩传输管
diversion 分流/偏转
dividing streamline 分流流线
dogfight 空战缠斗
Dommasch 多玛仕
Doubleday 双日出版社
double-decker configuration 双翼构型
double-slotted flap 双缝襟翼
double-surface, cambered airfoil 双面弯度翼面

Douglas Aircraft Company 道格拉斯飞机公司
Douglas DC-3 道格拉斯DC-3
Douglas McCurdy 道格拉斯·麦科迪
down-elevator 下偏的升降舵；升降舵下偏角
download 向下负载、卸载
downwash angle 下洗角
downwash distribution 下洗流分布
downwash 下洗流
Dr. A. Heb Zahm A.希伯来·扎姆博士
Dr. Allen Winkelmann 艾伦·温克尔曼博士
Dr. Buckingham 帕金翰博士
Dr. John P. Hagen 约翰.P.哈根博士
Dr. Wernher Von Braun 沃纳·冯·布劳恩博士
Drag and Cooling with Various Forms of Cowling for a Whirlwind Radial Air-Cooled Engine 带各种型号整流罩的旋风星形气冷式发动机的阻力与冷却
drag bucket 涡轮叶片阻力
drag coefficient graph 阻力系数图
drag coefficient 阻力系数
drag curve 阻力曲线
drag divergence 阻力发散
drag due to lift 升致阻力
drag force 阻力
drag machine 阻力型机器
drag per unit span 单位翼展上的阻力
drag polar 阻力系数曲线
Drag 阻力
drag-divergence 阻力发散
drag-divergence Mach number 阻力发散马赫数
drawback 缺点；弊端；不利条件
driving force 驱动力
Dry-plate negative 阴图干板
duct 导管
ducted fan 导管风扇
due north 正北
Dwight D. Eisenhower 德怀特.D.艾森豪威尔
dynamic performance 动态性能
dynamic pressure 动压
dynamic similarity 动力相似性
dynamic stability 动态稳定性
dynamically similar flow 动态相似流
Dynamics of Flight 《飞行动力学》
Dynamics 动力学
dynes per square centimeter 达因每平方厘米

E. Langen　E. 兰根
Eagle　老鹰号
earth entry　地球进入
Earth orbit with lifting reentry　升力再入地球轨道
Earth orbit　地球轨道
earth satellite　地球卫星
Earth to the Moon　地月之旅
Earth-moon mission　登月计划
eccentricity of the conic section　圆锥曲线的离心率
École Polytechnique　巴黎综合理工学院
École Superieure d'Electricité　巴黎高等电力学院
Edmund Halley　爱德蒙·哈雷
Edna Brothers　埃德娜兄弟
Edwards Air Force Base　爱德华兹空军基地
Edwin E. Aldrin　小埃德温.E.奥尔德林
effect of compressibility　压缩效应
effective airfoil section　有效翼剖面
effective angle of attack　有效攻角
effective chord　有效翼弦
effective thickness　有效厚度
effluent　流出物
Eidgenossiche Technische Hochschule　苏黎世联邦理工学院
eight-sided magnesium centerbody　八边形镁制中段机身
ejector-driven wind tunnel　引射风洞
electric current　电流
electric propulsion　电力推进
electric spark　电火花
electromagnetic properties　电磁性能
electron　电子
electronics and sophisticated sensing and telemetering equipment　电子精密传感及遥测设备
electron-ion thruster　电离子推进器
electrons and nucleus　电子与原子核
electrostatic field　静电场
element　元素
elemental volume　基本体积
elementary physics　物理学基础
elevator control effectiveness　升降舵控制效率
elevator deflection　升降舵偏转
elevator　升降舵
Eleventh General Conference on Weights and Measures　第十一届国际度量衡大会

elevon control surface　升降副翼控制面
elevon　升降副翼
Elisha Fales　伊利沙·菲尔斯
Elizabeth Anderson　伊丽莎白·安德森
Elizabeth　伊丽莎白
ellipse　椭圆
elliptical lift distribution　椭圆形升力分布
elliptical orbit　椭圆形轨道
elliptical path　椭圆形路径
elliptical wing planform　椭圆形机翼平面
Embry Riddle Aero University　安柏瑞德航空大学
Emme, E. M. A History of Space flight. Holt, New York, 1965.　埃姆.E.M,航天器的历史,纽约州霍尔特,1965
empty weight　空重
encounter planet　行星碰撞
end product　最终产物
Endurance　续航时间
energy equation　能量方程
energy height　能量高度
energy per unit time　单位时间的能量
engine cowl　发动机整流罩
engine nacelle drag　发动机引擎机舱阻力
engine nacelle　发动机引擎机舱
engine nozzle expansion　发动机膨胀喷管
engine shaft　发动机曲轴
engine test stand　发动机试验台
engine throttles　发动机节气门
engine　发动机
engineering and science　工程与科学
engineering approximations　工程估计/近似
engineering calculations or measurements　工程计算或测量
engineering literature　工程文献
Engineering News　《工程新闻》
engineering problems　工程问题
Engineering students　工程专业学生
engineering units　工程单位
engineering work　工程工作
engineering　工程、工程学
engine-testing laboratory　发动机测试实验室
English engineering system of units　英国工程单位制
English engineering system units　英国工程系统单位
enthalpy at the aerodynamic surface　气动表面热焓

enthalpy 焓
entropy layer 熵层
entropy 熵
entry aerothermodynamics 再入气动热力学
entry corridor 再入走廊
Entry Heating 再入加热
entry modes 再入模式
entry Vostok 再入式"东方号"（宇宙飞船）
Epistemology 认识论
Epitome of the Copernican Astronomy 哥白尼天文学概要
equal-and-opposite principle 作用力与反作用力原则/相等与相反原则
equation of motion of the space vehicle 空间飞行器运动方程
equation of motion 运动方程
Equation of State for a Perfect Gas 理想气体状态方程
equation of state 状态方程
equation 方程
equations of motion 运动方程
equatorial plane 赤道平面
equilibrium glide angle 平衡下滑角
equilibrium position 平衡位置
equilibrium velocity 平衡速度/平衡流速
equivalent airspeed 等值空速
Erin Crede 艾琳·克瑞德
Ernst Mach 恩斯特·马赫
escape velocity 脱离速度
Essex 艾塞克斯
Etienne 艾蒂安
Etkin 埃特肯
Euler 欧拉
Euler's equation 欧拉方程
exacerbate 使加剧、使恶化
Example 示例
excess power 额外功率
exhaust beam 排放电波束(This can be achieved by feeding electrons into the exhaust beam.)
exhaust manifold 排气支管
exhaust nozzle 排气喷嘴
exhaust stroke 排气行程
existing literature 现有文献
exit nozzle 排气喷嘴
exit velocity 出口速度

expansion ratio 膨胀比
expansion wave 膨胀波
expendable launch vehicles 一次性使用运载火箭
expendable 可消耗的、可脱离的
expended solid rocket booster casing 已使用的固体火箭助推器壳体
experimental aircraft 试验机
experimental airfoil data 试验机翼面数据
Experimental data are from Freuler and Gregorek 弗洛雷和格雷戈雷克的试验数据
experimental physics 试验物理学
experimental satellite 试验人造卫星
expertise 专业技术
Explorer I 探险家一号
Exponential Atmosphere 指数大气
exponential model atmosphere 指数大气模型
exterior surface 外表面
external tank 外部燃料箱
extreme high-altitude mission of the U-2 U-2的超高空飞行任务
extremely high-altitude cruise 超高空巡航
F-104 wing in supersonic flight 超声速飞行的F-104机翼
fabric 织物
Fahrenheit (°F) and Celsius (°C) scales 华氏与摄氏温标
Fairchild Republic 费尔柴尔德公司
Fairing 整流罩
Falling body 自由落体
fan blade 风扇叶片
fan-shaped region 扇形区域
Farnborough, England 英格兰法恩伯勒
Favorable pressure gradient 顺压梯度
Federal Aviation Requirements (FAR) 美国联邦航空规章(FAR)
feet per second 英尺每秒
Felix Du Temple 菲利克斯·杜·坦普尔
fighter aircraft 战斗机
Fighter airplanes 战斗机
figure eight 8字形盘旋飞行
fin 鳍状物
financial resources 财政资源
Finger Lakes 芬格湖群
finite wing 有限翼展机翼

finite wings with a span of 18 in and a chord of 3 in　带18in翼展与3in翼弦的有限翼展机翼
finite-wing aerodynamic coefficient　有限翼展机翼气动系数
First Annual Report of the NACA　NACA首期年度报告
first law of thermodynamics　热力学第一定律
first mover　先驱者
first throat　首个进气口
first weight estimate　首次重量估算
fixed angle of attack　固定攻角
fixed control　固定控制
fixed path　固定路径
fixed point　固定点
fixed quantity　定量
fixed wing　固定翼
fixed-wing heavier-than-air aircraft　固定翼重于空气航空器
flame holder　驻焰器
fla Pdeflection of 60°　襟翼偏转60°
flap-like surface　襟翼形表面
Flapping wings　扑翼
Flap　襟翼
flare or float　外展或浮动
flat plate of infinite span　平板无限翼展
flat plate　平板
flat surface　平面
flat turn　水平转弯
flat-plate boundary layer　平板边界层
flat-plate infinite wing　无限平板机翼
flat-plate results　平板层流分析
flat-plate wing planform　平板机翼平面
Flexibility　柔度、柔性、弹性
flight control　飞行控制
flight crew　机组人员
flight dynamics　飞行动力学
flight Mach number　飞行马赫数
Flight Major　飞行少校
flight mechanics　飞行力学
Flight path geometry　飞行路径几何图形
flight path marker　飞行路径标记
flight path　飞行路径
flight range　航程
flight regime　飞行状态

flight research　飞行研究
flight speed　飞行速度
flight structures　飞行结构
flight system　飞行系统
flight test program　飞行试验计划
Flight through the Ages　《古往今来的飞行》
flight vehicle　飞行器
flight velocity　飞行速度
flight velocity　飞行速度
Float planes　水上飞机
flow direction　流动方向
flow equation　流动方程
flow field about a finite wing　有限翼展机翼周围流场
flow field separation　分离流场
flow field　流场
flow Mach number　气流马赫数
Flow mechanism　流动原理
flow of air　空气流
flow pattern　流型
flow quantities　流量
flow separation　分离流
flow streamline　流线
flow velocity in the test section　测试剖面的流速
flow velocity　流速
flowing gas　流动气体
FLTSATCOM spacecraft　舰队卫星通信系统航天器
fluid dynamics　流体动力学
fluid element　流体元素
fluid flow　流体流动
fluorescent oil　荧光油
fluorescent powder　荧光粉
fluorine　氟
fly-by-wire system　电传操纵飞行控制系统
flying field　飞机场
flying machine　飞行器
flying tail　全动水平尾翼
flying wing　机翼
Fokker D-VII　福克D-VII型
folding, counter-rotating, LRN propeller　折边左旋螺旋桨
Foot　英尺
force = mass × acceleration　受力=质量×加速度（牛顿第二定律）
Force and Energy　力与能量

force of gravity　重力
force per unit area　单位面积受力
Force tests　测力试验
force　受力
form drag　形状阻力
form follows function　形式服从功能
formal mechanism　正式机制
formalism　形式主义
former　样板；副板；成型器
Forward elevator　前向升降舵
forward gas load　前向气体载荷
forward motion　前进运动
forward velocity　前进速度
Foundations of Aerodynamics　《空气动力学基础》
foundry　铸造厂
Four-cycle engine　四冲程发动机
four-cylinder in-line design　直列四缸设计
four-digit NACA 0009 airfoil　NACA0009 四位数翼面
four-stroke cycle　四冲程
four-stroke engine　四冲程发动机
four-stroke, reciprocating, internal combustion engine　四冲程往复式内燃机
Fourth of July sparkler　美国独立纪念日的烟火
Francis H. Wenham　弗朗西斯·H·温汉姆
Francis J. Hale　弗朗西斯.J.黑尔
Francis Wenham　弗朗西斯·韦纳姆
Frank Caldwell　弗兰克·考德威尔
Fred E. Weick　弗雷德.E.威克
Frederick II　腓特烈二世
Frederick the Great　腓特烈大帝
Frederick W. Baldwin　弗雷德里克.W.鲍尔温
Frederick W. Lanchester　弗雷德里克.W.兰切斯特
free elevator factor　自由升降舵因数
free flight　自由飞行
free space　自由空间
free stream　自由流
free-floating angle　自由浮动角
free-molecule condition　自由分子状态
free-stream density and velocity　自由流密度与速度
Free-stream density　自由流密度
free-stream direction　自由流方向
free-stream Mach number　自由流马赫数
free-stream point　自由流点
free-stream pressure　自由流压力

free-stream relative wind　自由流相对风流
free-stream static pressure　自由流静压
free-stream velocity　自由流速度
free-stream　自由流
Freising　弗赖辛
French army drill field　法国陆军训练机场
French Dassault-Breguet Mirage 2000C　法国达索—"宝玑幻影"2000C 型
French SPAD XIII　法国斯帕德 XIII 型
French　法兰奇
Frenchman Duchène　弗伦奇曼·迪谢纳
Freuler　弗洛雷
friction drag　摩擦阻力
Friction　摩擦
frictional effect　摩擦效应
frictional losses　摩擦损失
Frictionless flow　无黏性流
frictionless incompressible flow　无黏性不可压缩流
From Engineering Science to Big Science　从工程科学到大科学
front edge　前缘
front face　正面
front view　前视图
Frontiers of Flight　飞行前沿
front-page news　头版新闻
fuel capacity　燃油量
fuel injection manifold　燃油喷射支管
fuel inlet line　进油管
fuel tanks　燃油箱
fuel　燃油、燃料
fuel-air mixture　油气混合物
Fuel-Oxidizer Combination　燃料氧化剂组合
fuel-to-air ratio　油气混合比
Full-size glider　全尺寸滑翔机
full-throttle thrust　全开油门推力
fully viscous shock layer　完全黏性激波层
function of altitude　高度函数
function of *Mach number* and *Reynolds number*　马赫数与雷诺数函数
function　函数
functional relation　函数关系
fundamental equations　基本方程
fundamental quantities　基本量
fundamental research　基础研究

Fundamentals of Aerodynamics 《空气动力学基础》
fuselage 机身
Future Aeronautical and Space Systems 未来航空与空天系统
Future Space Transportation Systems and Launch 未来空天运输系统与发射
G. M. Gregorek G. M. 格雷戈雷克
Galileo Galilei 伽利略·伽利莱
Galileo mission to Jupiter "伽利略号"木星探测计划
Gardner-Lasser History Book Award 加德纳拉塞尔历史文学奖
gas composition 气体成分
gas dynamic and chemical lasers 气动激光器与化学激光器
Gas engine 内燃机
gas flow 气流
gas mixture 气体混合物
gas molecules 气体分子
gas turbine jet engine 气涡轮喷气发动机
gas volume 气体容积
Gasdynamic Lasers: An Introduction 《气动激光器导论》
gear 齿轮
General Atomics Predator 通用原子公司"捕食者"（无人机）
general aviation aircraft 普通航空飞行器
General Dynamics F-111 通用动力公司 F-111 飞机
General Dynamics F-16 通用动力公司 F-16 飞机
General Electric 通用电气
General Equations of Motion for Atmospheric Entry 大气再入基本运动方程
general ideas 总体思路
Generated Points 生成点
Genghis Khan 成吉思汗
geocentric inertial (GCI) system 地心惯性坐标系
geocentric system 地心坐标系
Geoffrey de Havilland 杰弗里·德·哈维兰
Geometric Altitude 几何高度
geometric angle of attack 几何攻角
geometric coordinates 几何坐标
geometric effect 几何效应
geometric relationship 几何关系
Geometry for the hyperbolic approach and departure of a spacecraft to and from a planet 航天器与行星双曲线接近与脱离几何图形
Geometry of entry vehicle forces and motion 再入飞行器受力与运动的几何图形
geometry of planetary motion 行星运动的几何图形
Geopotential Altitude 位势高度
George C. Marshall Space Flight Center 乔治.C.马歇尔太空飞行中心
George Cayley 乔治·凯利
George Lewis 乔治·路易斯
George Stokes 乔治·斯托克斯
geostationary orbit 同步轨道
geosynchronous circular orbit 地球同步圆轨道
Gerard E. Sedlak 杰勒德.E.塞德拉克
German V-2 rockets 德国 V-2 火箭
Giordano Bruno 乔尔丹诺·布鲁诺
given points 给定点
given value 给定值
Gleanings in Bee Culture 《养蜂集锦》
Glenn Curtiss: Pioneer of Flight 《格林·柯蒂斯：飞行先驱》
Glenn L. Martin Wind Tunnel at the University of Maryland 马里兰大学格伦.L.马丁风洞
glide angle 下滑角
glide back to the base 滑翔至基地
Glide entry 滑翔再入
glider 滑翔机
gliding flight 滑翔飞行
global atmosphere 全球大气
Goddard Space Flight Center 戈达德太空飞行中心
Goddard 戈达德
Goetz Bramesfeld 格茨·布拉梅斯费尔德
Golden Flyer 金色飞行者号
Gordon Bennett trophy 戈登·贝内特奖
gossamer condor human-powered aircraft "飘忽秃鹰"式人力飞机
Göttingen 哥廷根（德国城市）
Gottlieb Daimler 戈特利布·戴姆勒
grace period 宽限期
Gradient regions 梯度区
gradient 梯度
gram-mole 克分子
Grand Prix d'Aviation 航空大奖赛
Grantham 格兰瑟姆
Granville E. Bradshaw 格朗维尔.E.布拉德肖

graphical accuracy 图解精度
graphical approach 图型法
graphical solution 图解法
graphical value 图解值
gravitational attraction 万有引力
gravitational field 引力场
gravitational force 万有引力
gravitational forces 万有引力
gravity-assist flyby of Venus 飞越金星引力辅助
gravity-assist maneuver 引力辅助机动
Gravity-Assist Trajectories 引力辅助轨道
Gray, George W. 乔治.W. 格雷
Great Plague 重大灾害、重大瘟疫
Greek writer Lucian of Samosata 希腊萨摩萨塔作家琉细安
Green and Co. 格林公司
Greenbelt 格林贝尔特
Greenbelt, Maryland 马里兰州格林贝尔特
Greenfield Village 格林菲尔德村
Greenwood Press 格林伍德出版社
Gregorek 格雷戈雷克
Griffin 格里芬
Griffin, M. D., and French, J. R. Space vehicle Design, 2nd ed. American Institute of Aeronautics and Astronautics, Reston, VA, 2004. 格里芬.M.D 与法兰奇.J.R, 空间飞行器设计, 第2版, 美国航空航天学会, 维吉尼亚州雷斯顿, 2004
Groningen 格罗宁根
gross takeoff weight 总起飞重量
ground control 地面控制
ground effect 地面效应
ground roll 落地滚行
ground run 起飞滚行
ground-to-air missile 地对空导弹
Grumman X-29 格鲁曼公司 X-29
Grumman X-29A research aircraft 格鲁曼公司 X-29A 型研究机
Guggenheim Foundation 古根海姆基金会
guided missile 导弹
Gustave Eiffel 古斯塔夫·埃菲尔
Guy, A. E. 盖.A.E
H. Blasius H. 柏拉修斯
H. G. Wells 赫伯特·乔治·威尔斯
H. Reichenbach H. 赖兴巴赫

Hage 海格
Hal Andrews 哈尔·安德鲁斯
halberd 戟
Hale, F. J. *Introduction to Aircraft Performance, Selection, and Design.* Wiley, New York, 1984. 哈尔.F.J:《飞机性能、选型与设计导论》, 纽约: 威利出版社, 1984。
Hampton 汉普顿
hand-launched glider 手掷滑翔机
Hang gliders 滑翔翼
Hartman, E. P. 哈特曼.E.P
Hartman, E. P. Adventures in Research: A History of Ames Research Center 1940 – 1965. NASA SP-4302, 1970. 哈特曼.E.P, 研究风云轶事: 1940 – 1965 年艾姆斯研究中心发展史, NASA SP-4302, 1970。
Harvard Observatory 哈佛大学天文台
head wind 逆风
heat dissipation effect 散热效应
heat sink 吸热装置
heat transfer 热传递
heating rate 热导率
heavier-than-air flight machines 重于空气的飞行器
Heavier-than-air flight 重于空气的飞行
heavier-than-air manned flight 重于空气的载人飞行器
heavier-than-air vehicle 重于空气的飞行器
Heidelberg 海德尔堡
Helical screw 螺旋装置
helicopter top 直升机的顶部
heliocentric inertial (HCI) system 日心惯性坐标系
heliocentric system 日心坐标系
Heliocentric Trajectories 日心轨道
heliocentric transfer trajectory 日心转移轨道
helium 氦
Henri Farman 亨利·法曼
Henri Giffard 亨利·吉法尔
Henri Pitot 亨利·皮托
Her Majesty's Stationery Office(HMSO) 英国皇家出版局(HMSO)
High aspect ratio 大展弦比
high Mach number 高马赫数
high subsonic Mach number 高亚声速马赫数
high surface shear stress 高表面剪切应力
high-altitude sounding rocket technology 高空探测火

箭技术
high-aspect-ratio straight wing 大展弦比直翼
high-aspect-ratio wing 大展弦比机翼
high-energy flow 高能流
high-gain and low-gain antennas 高增益天线与低增益天线
high-lift devices 高升力装置
high-performance executive jet transport 高性能行政勤务喷气运输机
high-performance subsonic aircraft 高性能亚声速飞行器
high-pressure air storage tank 高压储气罐
High-Speed Aerodynamics 高速空气动力学
high-speed aircraft 高速飞行器
high-speed airfoil 高速翼面
high-speed civil transport（HSCT） 高速民用运输机（HSCT）
high-speed digital computer 高速数字计算机
high-speed flight 高速飞行
high-speed flow of gas 高速气流
high-speed flow 高速流
high-speed intersection 高速相交
high-speed photography 高速摄影
high-speed reentry aerodynamic heating 高速再入气动加热
high-speed steam nozzles 高速蒸汽喷嘴
high-strength composite materials 高强度复合材料
high-temperature gas 高温气体
high-velocity plasma 高速等离子体
high-wing 高翼
Hilton 希尔顿
hinge axis 铰链轴
hinge line 铰轴线
hinge moment 绞链力矩
Historical Note：Kepler 历史事记：开普勒
Historical Note：Lagrange 历史事记：拉格朗日
Historical Note：Manned Space flight 历史事记：载人航天器
Historical Note：Newton and the Law of Gravitation 历史事记：牛顿与万有引力定律
Historical Note：Unmanned space flight 历史事记：无人航天器
historical roots 历史根源
historical significance 历史意义

History of Aviation 《航空历史》
History of Science Society 美国科学史学会
hodograph diagram 速度图
Hohmann transfer orbit 霍曼转移轨道
holy grail 圣杯（必杀技）
Honorary Fellow 荣誉院士
Horace Lamb 贺拉斯·兰姆
Horatio F. Phillips 霍雷肖.F.菲利普
horizontal and vertical stabilizers 水平和垂直安定面
Horizontal and vertical tail 水平和垂直尾翼
horizontal and vertical tails 水平和垂直尾翼
horizontal axis 水平轴
horizontal component 水平分量
Horizontal elevator 水平升降舵
horizontal force 水平受力
horizontal landing 水平着陆
horizontal plane 水平面
horizontal stabilizer 水平稳定器
horizontal tail 水平尾翼
horizontal tangent 水平切线
horizontal velocity performance 水平速度性能
horsepower 马力
horsepower-to-weight ratio 马力重量比
Hot-air balloon 热气球
Houghton Mifflin 米夫林出版公司
hub 毂
Huffman Prairie 荷夫曼牧场
Hugo Junkers 雨果·容克斯
Human-carrying glider 载人滑翔机
human-powered flapping-wing design 人力扑翼设计
Huntsville, Alabama 阿拉巴马州亨茨维尔
hybrid rocket 混合火箭
hydraulic boost system 液压助力系统
hydraulically assisted power controls 液压助力控制装置
hydrazine 联氨
Hydrodynamica 《流体动力学》
hydrogen bomb 氢弹
Hydrostatic equation 流体静力方程
hyperbola 双曲线
hyperbolic excess velocity 双曲线剩余速度
hyperbolic trajectory 双曲线轨道
hypergolic propellant 自燃推进剂
Hypersonic and High Temperature Gas Dynamics 《高

超声速与高温气体动力学》
hypersonic flight conditions 高超声速飞行条件
hypersonic flow 高超声速流
hypersonic transport configuration 高超声速运输机构型
hypersonic transport 高超声速运输机
hypersonic vehicle 高超声速飞行器
hypersonic vehicles 高超声速飞行器
I. N. Golubev I·N·哥卢别耶
IAI Searcher IAI"搜索者"（无人机）
Icarus 伊卡洛斯
ICBM program 洲际弹道导弹计划
igniter 点火器
imager 成像器
immediate layer of air 紧邻空气层
impracticability 无法实施
in flight 在飞行中
in space 在太空
in units of newtons per square meter 单位为牛顿/平方米
inclined plane 斜面
incoming air 进入的空气
incompressible flow theory 不可压缩流理论
incompressible flow value 不可压流值
Incompressible flow 不可压缩流
incompressible laminar flow 不可压缩层流
incompressible skin friction coefficients 不可压缩表面摩擦系数
incompressible turbulent flow 不可压缩湍流
incompressible value of the moment coefficient 力矩系数的不可压缩值
inconsistent units 不统一的单位
increasing oscillation 增幅振荡
increment 增量
incremental distance 增量距离
independent variable 自变量
indicated power 指示功率
induced angle of attack 诱导攻角
induced drag of the biplane configuration 双翼构型的诱导阻力
induced drag 诱导阻力
induced magnetic field 诱导磁场
induced pressure increment 诱导压力增量
industrial centers 工业中心

inert gas 惰性气体
inertia force 惯性力
infinite (or two-dimensional) wing 无限（或二维）翼展机翼
infinite and finite wings 无限翼展机翼和有限翼展机翼
infinite aspect ratio 无限展弦比
infinite wing lift slope 无限翼展机翼升力斜率
infinite wing of chord 1.5 m 弦长1.5m的无限翼展机翼
infinite wing 无限翼展机翼
infinite-wing data 无限翼展机翼数据
information dissemination society 信息传播协会
initial and final orbits 初始轨道与最终轨道
initial appropriation 初步拨款
initial disturbance 初始扰动
inlet cowling 进气整流罩
inlet 进气口
inner cylindrical bore 内缸径
inner shroud 内保护罩、内围带
instantaneous acceleration 瞬时加速度
instantaneous rate 瞬时速率
instantaneous value 瞬时值
Institute of Aeronautical Sciences in the United States 美国航空科学协会
intake stroke 进气行程
integral calculus 积分学
integral of the pressure coefficient 压力系数的积分
integral of the skin friction coefficient 表面摩擦系数的积分
integral 积分
interceptor aircraft 拦截机
intercontinental ballistic missile (ICBM) 洲际弹道导弹
interference effect 干扰效应
intermediate conversion factors 中间换算因子
intermediate planet 中间行星
intermediate propulsive stage 中间推进级
intermediate-range Jupiter C rocket 木星C型中程火箭
intermolecular force field 分子间力场
intermolecular force 分子间受力
internal burner 内部燃烧器
internal combustion engine 内燃机

internal duct 内导管
internal energy 内能
internal hollow channel 内部中空通道
internal mathematical operations 内部数学运算
internal structure 内部结构
internal volume 内体积、内部容积
international engineering circles 国际工程界
International Geophysical Year 国际地球物理年
International Journal of Hydrogen Energy 《国际氢能期刊》
international market 国际市场
interplane struts 翼间支柱
interplanetary probe 行星际探测器
interplanetary space travel 行星际太空旅行
interplanetary space 行星际空间、太空
interplanetary trajectories 行星际轨道
intersecting line 交叉线
Introduction to Earth and Planetary entry[1] 《地球与行星再入简介》
Introduction to Flight 《飞行导论》
Inventing Flight: The Wright Brothers and Their Predecessors 《飞行器的发明:莱特兄弟及其先驱》
inverse square law of gravitation 引力反平方定律
inverse square law 反平方定律
inverse-square gravitational force field 反平方引力场
inviscid flow 无黏性流
iron oxide powder 氧化铁粉末
Isaac Newton 艾萨克·牛顿
isentropic flow 等熵流
isentropic process 等熵过程
isentropically 等熵
Island of Crete 克里特岛
Isothermal regions 等温区
Issy-les-Moulineaux 依西雷莫里诺
J. A. C. Charles J. A. C. 查尔斯
J. G. Coffin J. G. 柯芬
J. J. Azar J. J. 阿扎尔
J. J. Thomson J. J. 汤姆森
J. R. French J. R. 法兰奇
Jacob Ackeret 雅各布·阿克莱特
Jacob Degen 雅克布·德根
Jacques Schneider 雅克·施耐德
Jakob Bernoulli 雅各布·伯努利
James E. Steck 詹姆斯. E. 斯特伊克

James Watt 詹姆斯·瓦特
Jane's Information Group 简氏信息集团
Janes Information Grou PLimited 简氏信息集团有限公司
Jean Joseph Etienne Lenoir 简·约瑟夫·艾蒂安·勒努瓦
Jean le Rond d'Alembert 达朗贝尔
jet aircraft 喷气式飞机
Jet engine 喷气式发动机
jet fighter 喷气式战斗机
jet propulsion device 喷气式推进装置
Jet Propulsion Laboratory 喷气推进实验室
jet propulsion 喷射推进
jet transport 喷气式运输机
jet-powered aircraft 喷气动力飞机
jet-propelled airplanes 喷气推进式飞行器
jet-propelled engine 喷气式发动机
Johann Bernoulli 约翰·伯努利
John Airey 约翰·艾雷
John Anderson Collection 《约翰·安德森集》
John Anderson 约翰·安德森
John D. Anderson, Jr. 小约翰. D. 安德森
John Daniels 约翰·丹尼尔斯
John F. Dannenhoffer 约翰. F. 丹内恩霍弗尔
John F. Kennedy Space Center 约翰. F. 肯尼迪航天中心
John F. Kennedy 约翰. F. 肯尼迪
John Lawson 约翰·劳森
John Ledeboer 约翰·莱德博尔
John Stringfellow 约翰·斯特林费洛
Johns Hopkins University Press 约翰霍普金斯大学出版社
Johns Hopkins University 美国约翰霍普金斯大学
Johnson Spacecraft Center 约翰逊航天器中心
Joseph L. Lagrange 约瑟夫. L. 拉格朗日
Joseph S. Ames 约瑟夫. S. 埃姆斯 S.
Joseph 约瑟夫
Joukowsky 儒科夫斯基
joule 焦耳
Journal of Natural Philosophy 《自然哲学期刊》
Judge, A. W. *Handbook of Modern Aeronautics*. Appleton, London, 1919. 贾奇. A. W, 现代航空学手册, 阿普尔顿出版社, 伦敦, 1919。
Jules Verne 儒勒·凡尔纳

Julie Albertson　朱莉·艾伯森
June Bug　金甲虫号
Juno I.　"朱诺一号"运载火箭
Jupiter and its moons　木星及其卫星
Jupiter　木星
Kaplan, M. H. *Modern Spacecraft Dynamics and Control*. John Wiley and Sons, New York, 1976.　卡普兰. M. H.,现代航天器动力学与控制,约翰威利国际出版公司,纽约,1976。
Kapseong Ro　凯谱斯昂·罗
Karl Benz　卡尔·本茨
Katherine　凯瑟琳
Keegan　基冈
Keith Koenig　基思·科尼格
Keith　凯斯
kelvin　开(开氏温标)
kelvins　开(开氏温标)
Kensington　肯辛顿
Kepler's first law　开普勒第一定律
Kepler's Laws　开普勒定律
Kepler's second law　开普勒第二定律
Kepler's third law　开普勒第三定律
kerosene　煤油
Keuka Lake　库克湖
Kill Devil Hill　《杀魔丘》
Kill Devil Hills　杀魔丘
Kill Devil Life Saving Station　杀魔丘救生站
kilogram force　千克力
kilogram mass　千克质量
kilogram　千克
kilogram-mole　千克-摩尔
kilograms per cubic meter　千克每立方米
kilometers per hour　千米每小时
kinetic and potential energies　动能与势能
kinetic energy (KE)　动能
kinetic energy of the body　机身动能
kinetic energy　动能
kinetic theory　动力学理论
Kitty Hawk　基蒂·霍克
Knopf　诺夫出版社
Knudson number　克努森数
Kuethe, A. M.　奎特赫·A. M.
Kutta condition　库塔条件
Kutta-Joukowsky theorem　库塔—儒柯夫斯基定理

L. R. Clark　L. R. 克拉克
L/D ratio　长径比
Labeled Sputnik I　"斯普特尼克一号"(人造卫星)
laboratory building　实验大楼
laboratory tests　实验室试验
Lagrange's Equation　拉格朗日方程
lagrangian function　拉格朗日函数
laminar and turbulent boundary layers　层流边界层与湍流边界层
laminar boundary layer　层流边界层
laminar flow　层流
Laminar flow airfoil　层流翼面
laminar flow NACA 65-009 airfoil　层流NACA65-009翼面
laminar flow wing　层流机翼
laminar separation　层流分离
Lancaster, Pennsylvania　宾夕法尼亚洲兰开斯特市
lander　着陆器
landing and takeoff performance　着陆性能和起飞性能
landing approach at sea level　海平面着陆方法
landing distance (LD)　着陆距离
landing gear　起落架
landing position　着陆位置
landing speed　着陆速度
Langley Aeronautical Laboratory　兰利航空实验室
Langley Field　兰利机场
Langley Field, Hampton, Virginia　弗吉尼亚州汉普顿兰利机场
Langley Memorial Aeronautical Laboratory　兰利纪念航空实验室
Langley Memorial Aeronautical Research Laboratory　兰利纪念航空研究实验室
Langley　兰利
Laplace　拉普拉斯
Lapse rate　直减率/温度垂直梯度
large subsonic value　大亚音速值
Lateral control　横向控制
lateral motion　横向运动
lateral static stability　静态横向稳定性
Launch Operations Center　发射操作中心
launch pad　发射台
Launching rail　发射滑轨
Laval nozzles　拉瓦尔喷管
leading and trailing edges　机翼前缘与后缘

leading edge (LE) 前缘
leading edge of a swept wing 后掠翼前缘
leading edge 前缘
Leading-edge flaps 前缘襟翼
leading-edge radius 前缘半径
leading-edge slat 前缘缝翼
Lee Atwood Award for excellence in Aerospace Engineering Education 李·阿特伍德航空航天工程教育优秀奖
left aileron 左副翼
length of the section along the span of the wing 翼展的剖面长度
length 长度
Leningrad 列宁格勒
Leonard Bairstow 伦纳德·贝尔斯托
Leonardo da Vinci's Aeronautics 《列奥纳多·达芬奇的航空学》
Leonardo da Vinci 列奥纳多·达芬奇
Leonhard Euler 雷奥哈德·欧拉
Leonid I. Sedov 列·谢多夫
Levavasseur 勒瓦瓦瑟尔
Level flight 水平飞行
level turn 水平转弯
Levy 李维
lift and drag 升力与阻力
lift and wave drag per unit span 单位翼展上的升力与激波阻力
lift buffet 升力抖振
lift coefficient 升力系数
lift constant 定常升力
lift curve 升力曲线
lift curve slope 升力曲线斜率
lift force 升力
lift parameter 升力参数
lift per unit span 单位翼展上的升力
lift slope for the finite wing 有限翼展机翼的升力斜率
lift slope 升力斜率
lift vector 升力矢量
lift-induced drag 升力诱导阻力
lift-induced thrust required 诱导升力所需推力
lifting entry path 升力进入航迹
Lifting Entry, with Application to the Space shuttle 升力再入——应用于航天飞机

lifting glide of the Space shuttle 航天飞机的升力滑翔
lifting or sustaining force 升力或持续力
lifting reentry path 升力再入航迹
lifting reentry vehicle 升力再入航天器
liftoff distance 升空距离
liftoff 升空、离地
lift-to-drag ratio(the ratio of lift to drag) 升阻比
lighter-weight (albeit thicker) wing 轻量型(较厚)机翼
lightweight wing 轻量型机翼
Lilienthal tables 利林塔尔表
Lilienthal 利林塔尔
Lincolnshire 林肯郡
line of apsides 拱线
linear burning rate 线性燃烧率
linear curve 线性曲线
linear distance 直线距离
linear function 线性函数
Linear interpolation 线性插值(方法)
linear momentum 线动量
linearity of the lift curve 升力曲线的线性度
Linz 林茨市
liquid hydrogen 液态氢
liquid oxygen 液态氧
lissaman 7769 利萨曼 7769
lithium sulfur dioxide battery 锂二氧化硫电池
load factor 负载因数
Local acceleration of gravity 当地重力加速度
local airfoil lift coefficient 局部翼面升力系数
local boundary layer separation 局部边界层分离
local flow velocity 局部流速
local heating rate 局部热导率
local inclination angle 局部倾角
local Mach number 局部马赫数
local point 局部点
local radius of curvature 局部曲率半径
local relative wind 当地相对风
Local skin friction coefficient 局部表面摩擦系数
local supersonic Mach number 局部超声速马赫数
localized area 局部区域
locally sonic flow 局部声速流
Lockheed 洛克希德公司
Lockheed "Skunk Works" 洛克希德公司"臭鼬工厂"

Lockheed Electra transport 洛克希德公司厄勒克特拉运输机
Lockheed F-104 Starfighter 洛克希德公司F-104"星座式"战斗机
Lockheed F-104 supersonic fighter 洛克希德公司F-104超音速战斗机
Lockheed F-104 洛克希德公司F-104(战斗机)
Lockheed Martin DarkStar 洛克希德·马丁公司"暗星"(无人机)
Lockheed P-80 洛克希德公司P-80(流星战斗机)
Lockheed Skunk Works 洛克希德公司"臭鼬工厂"
Lockheed U-2 high-altitude reconnaissance aircraft 洛克希德公司U-2高空侦察机
Lockheed U-2 洛克希德公司U-2(侦察机)
Lockheed Vega 洛克希德公司"织女星"(飞机)
Lockheed-Martin F-117A stealth fighter 洛克希德·马丁公司F-117A隐身战斗机
Lockheed-Martin F-16 fighter 洛克希德·马丁公司F-16战斗机
Lockheed-Martin F-22 洛克希德·马丁公司F-22(战斗机)
Loftin, L. *Quest for Performance*: *The Evolution of Modern Aircraft*. NASA SP-468, 1985. L.洛夫廷:《性能研究:现代飞行器的演变》,NASA SP-468,1985。
Loftin 洛夫廷
loiter speed 盘旋速度
longitudinal control 纵向控制
longitudinal motion 纵向运动
longitudinally balanced 纵向平衡
Longman 朗曼
Louis Bleriot 路易斯·布莱里奥
Louis W. Hill Space Transportation Award 路易斯.W.希尔太空运输奖
low densities 低密度
low power 低功率
low velocity 低速
low wing 低翼
low-aspect-ratio straight wing 低展弦比直翼
low-aspect-ratio wing 低展弦比机翼
low-bypass-ratio 低旁通比
low-density flow 低密度流
low-radar cross section 低雷达横截面
low-Reynolds-number 低雷诺数
low-speed Cessna 低速塞斯纳(飞机)

low-speed flight 低速飞行
low-speed flow 低速流
low-speed incompressible flow value 低速不可压缩流值
low-speed incompressible flow 低速不可压缩流
low-speed incompressible inviscid flow 低速不可压缩无黏性流
Low-speed pressure coefficient distribution 低速压力系数分布
low-speed pressure coefficient 低速压力系数
low-speed stall characteristics 低速失速特征
low-speed subsonic flight 低亚声速飞行
low-speed subsonic flow 低亚声速流
low-speed subsonic wind tunnel 低亚声速风洞
low-speed value of the lift coefficient 低速升力系数值
low-temperature gas 低温气体
low-turbulence two-dimensional wind tunnel 低湍流二维风洞
lox line 液氧补充管路
Ludwig Mach 路德维希·马赫
Ludwig Prandtl 路德维希·普朗特
Lunar and interplanetary vehicle 月球与行星际飞行器
lunar descent vehicle 登月飞行器
lunar module 登月舱
lunar or planetary missions 月球或星球任务
lunar orbit rendezvous (LOR)月球轨道交会
lunar trajectories 月球轨道
Lunar Transfer 地月转移
Lycée Carnot 加诺中学
Lycée Condorcet 康多赛中学
M. D. Griffin M. D. 格里芬
M. G. Nagati M. G. 纳格蒂
M. K. Olsen M. K. 奥尔森
M. Navier M. 纳维叶
Mach 0.8 free stream 0.8马赫的自由流
Mach 2 interceptor 2马赫的拦截机
Mach angle 马赫角
Mach cone with vertex angle 马赫锥的半顶角
Mach cone 马赫锥
Mach meter 马赫计
Mach number of the flow 气流马赫数
Mach number range 马赫数范围
Mach number 马赫数

Mach wave 马赫波
magnetoplasmadynamic（MPD）thruster 磁等离子流体动力推进器
magnitude and direction 幅度量与方向
magnitude of g-forces 重力量级
magnitude of the moment coefficient 力矩系数量级
magnitude of the moment 力矩量级
magnitude of the pressure 压力量级
magnitude of the spacecraft velocity 航天器速度量级
magnitude of the velocity of the space vehicle 空间飞行器速度量级
magnitudes of the approach and departure velocities 进场与离场速度量级
Main engine 主发动机
main landing gear 主起落架
maintainability 可维护性
Maison Breguet 梅森·布拉奎特
major components 主要部件、主要成分
Major Yuri A. Gagarin 尤里.A.加加林少校
maneuver point 机动点
maneuvering performance 机动性能
manmade equation 人造方程
Manned Ballistic Rocket Research System 载人弹道火箭研究系统
manned landing 载人着陆
manned space capsule 载人太空舱
manned space flight 载人航天器
Manned Spacecraft Center 载人航天器中心
manometer 压力计
margin of safety 安全边际
Marine Colonel John H. Glenn 海军上校小约翰·H.格伦
marine propeller 船舶螺旋桨
Mariner 6 and 7 spacecraft "水手6号"和"水手7号"探测器
Mariner 6 and 7 "水手6号"和"水手7号"（探测器）
marker 标台、标志
Marquis d'Arlandes 马奎斯·杜·阿兰德斯
Mars *Pathfinder* 火星探路者号
mars polar lander 火星极地登陆者号
Mars 火星
martian atmosphere 火星大气
Martin Company 马丁公司

Marvin W. McFarland 马文.W.麦克法兰
Maryland 马里兰
mass continuity 质量守恒定律
Mass flow 质量流
mass of gas 气体质量
mass per unit volume 单位体积质量
Massachusetts Institute of Technology 麻省理工学院
mathematical calculation 数学计算
mathematical curve 数学曲线
mathematical depth 数学深度
Mathematical models 数学模型
mathematical rigor 数学精度
mathematics 数学
Max Munk 马克思·芒克
maximum aerodynamic efficiency 最大气动效率
maximum altitude 最大高度
maximum angle of climb 最大爬升角
maximum deceleration 最大减速度
maximum excess power 最大过剩马力
maximum flight velocity 最大飞行速度
maximum lift coefficient 最大提升系数
maximum power 最大功率
maximum range 最大航程
maximum rate-of-climb 最大爬升率
maximum speed 最大速度
maximum thrust available 最大现有推力
maximum thrust 最大推力
maximum weight 最大重量
McClure's Magazine 麦克卢尔杂志
McCook Field 麦库克机场
McCormick 麦考密克
McDonnell-Douglas DC-8 麦道公司DC-8（飞机）
McDonnell Douglas F-15 麦道公司F-15（战斗机）
McDonnell-Douglas 麦克唐纳—道格拉斯
McDonnell-Douglas 麦道公司
McGhee 麦基
McGraw-Hill 麦克劳希尔
McGraw-Hill 麦克劳希尔出版社
mean camber line 中弧线
mean chord line 平均翼弦线
mean effective pressure 平均有效压力
mean free path 平均自由程
mean kinetic energy 平均动能
mean line 平均线

625

mean velocity vector 平均速度矢量
measure 测量、测定、量度
Mécanique Analytique 分析力学
mechanical efficiency 机械效率
mechanical engineers 机械工程师
mechanical grinding mill 机械式碾磨机
mechanical linkage 连杆机构
Mechanics 力学
Mechanics' Magazine 《力学杂志》
Mechtly, E. A. 麦奇利·E. A.
medium-range jet transport 中程喷气式运输机
medium-thickness airfoil 中厚翼面
Meggitt ASR-4 Spectre 美捷特公司 ASR-4"幽灵"无人机
melting point 熔点
Mercury capsule "水星号"太空舱
mercury manometer 水银压力计
Mercury spacecraft "水星号"航天器
Mercury, Gemini, and Apollo vehicles "水星号"、"双子星号"与"阿波罗号"航天器
Messenger spacecraft "信使号"航天器
Messerschmitt-Bolkow-Blohm 梅塞施米特-伯尔科-布洛姆
metal surface temperature 金属表面温度
meter per second 米每秒
Meter 米
meters per second 米每秒
Method of Patched Conics 圆锥曲线拼接法
metric system 公制
Michael Collins 迈克尔·柯林斯
Michael Mastlin 迈克尔·马斯特林
Micro Air Vehicles 微型飞行器
micro servo actuator 微型伺服传动机构
midcourse correction 中段修正
midcourse trajectory corrections 轨道中段修正
midwing 中翼
miles per hour 英里每小时
Milestones of Flight Gallery 飞行里程碑陈列馆
military combat aircraft 军用战斗机
military, high-performance fighters 军用高性能战斗机
mineral oil 矿物油
minimum drag coefficient 最小阻力系数
minimum for an elliptical planform 椭圆平面形最小值

minimum number of pounds of fuel per hour 每小时燃料的最小磅数
minimum pressure point on the airfoil 翼面的最低压力点
minimum surface pressure 最低表面压力
minimum thrust 最小推力
minimum wing drag coefficient 最小机翼阻力系数
minimum-energy Hohmann transfer 最小能量赫曼转移轨道
Minzner 米兹纳
mirror image 镜像
miscommunication 错误传达
missile 导弹
Mission Control 任务控制
Mission in space 太空任务
mission sensor bay 任务传感器托架
Mississippi State University 密西西比州立大学
model wing of constant chord length 等弦长模型机翼
model wing 模型机翼
modern airplane 现代飞行器
modern civilian jet transport 现代民用喷气式运输机
Modern Compressible Flow with Historical Perspective 《用历史的观点来看现代可压缩流》
Modern Compressible Flow 《现代可压缩流》
modern international aeronautical publications 现代国际航空出版物
Modern-configuration airplane 现代配置飞机
Moffett Field 莫菲特场
Mojave Desert 莫哈韦沙漠
molecular diameter 分子直径
molecular mass 分子质量
molecular translational motion 分子平移运动
molecular velocity 分子速度
molecular weight 分子量
molecules and atoms 分子与原子
moment arm 力臂
moment coefficient curve 力矩系数曲线
moment coefficient 力矩系数
moment of inertia 惯性矩
moment per unit span 单位翼展上的力矩
momentum equation in aerodynamics 空气动力学动量方程
momentum equation 动量方程
momentum 动量

moment 力矩
Mongol 蒙古人
monograph 专题著作、专题论文、专刊
monomethylhydrazine（MMH） 甲基联氨
monoplane 单翼机
monopropellant 单元推进剂
Montgolfier 孟高尔费
Monthyon Prize 蒙松奖章
moon mission from the earth 登月任务
Moravia 摩拉维亚（地名）
motion of spacecraft 航天器运动
motion 运动
motor case 电动机壳体
Mountain View, California 加利福尼亚州山景城
moving block 移动滑车
multibody problem 多体问题
multiplane 多翼飞机
multiplanet flyby 多个行星近距离飞掠探测
multiply 乘
multistage booster 多级助推器
multistage rocket vehicle 多级火箭飞行器
Muroc Dry Lake 慕洛克干湖
mushroom cell pattern 蘑菇蜂巢状图案
N. A. Otto N. A. 奥托
NACA 4412 airfoil NACA4412 翼面
NACA airfoil nomenclature NACA 翼面术语
NACA Ames Laboratory NACA 艾姆斯实验室
NACA Conference Publication NACA 会议出版物
NACA laminar flow airfoil series NACA 层流翼面系列
NACA Report No. 331, titled "Collection of Wind Tunnel Data on Commonly Used Wing Sections" 第 331 号 NACA 报告，标题为：关于普遍使用的机翼剖面风洞数据集锦
NACA Technical Report NACA 技术报告
nacelle 短舱（发动机）
naked eye 裸眼
NASA（National Aeronautics and Space Administration） laboratories 美国国家航空与航天局（NASA）实验室
NASA Dryden Flight Research Centre NASA 德莱登飞行研究中心
NASA Fact Sheet KSC 191-80 《NASA 简报》KSC 191-80
NASA Goddard Space Flight Center NASA 戈达德太空飞行中心
NASA Langley Research Center NASA 兰利研究中心
NASA Low and Medium-Speed Airfoil Development NASA 低中速翼面开发
NASA SP NASA SP
NASA 美国国家航空航天局
NASA's Columbia NASA 哥伦比亚号
National Academy of Engineering 美国国家工程学院
National Advisory Committee for Aeronautics（NACA） （美国）国家航空咨询委员会
National Air and Space Museum 美国国家航空航天博物馆
national governments 国家政府
National Oceanic and Atmospheric Administration 美国国家海洋和大气管理局
National Physical Laboratory 国家物理实验室
National Portrait Gallery 国家肖像画廊
natural inherent stability 天然固有稳定性
Naval Research Laboratory 海军研究实验室
naval surface weapons center 海军水面武器中心
Navier-Stokes equations 纳维叶—斯托克斯方程
Navy fighter 海军战斗机
Navy Lt. Apollo Soueck 海军上尉阿波罗索切克
near-sonic Mach number 近音速马赫数
near-sonic speed 近音速
near-sonic 近音速
needlelike nose 针状机头
negative angle of attack 负攻角
negative dihedral 负上反角
negative energy 负能量
negative increment 负增量
negative lift 负升力
Negative load limit factor 负极限负载因子
negative moment 负力矩
negative swee Pangle 负掠角
negative thrust direction 负推力方向
negative value 负值
negative zero-lift angle 负零升力角
Neil A. Armstrong 尼尔. A. 阿姆斯特朗
Nelson, W. C., and E. E. Loft. Space Mechanics. Prentice-Hall, Englewood Cliffs, NJ, 1962. 纳尔逊. W. C. 与 E. E. 洛夫特, 空间力学, 普伦蒂斯霍尔出版社, 新泽西州恩格尔伍德克利夫斯, 1962。
Neptune 海王星

net aerodynamic force 净气动力
net difference 净差额
net drag 净阻力
net force 净力、合力
net integrated pressure distribution 净综合压力分布
net lift and drag 净升力与净阻力
net moment 净力矩
net normal force 净法向力
net result 最终结果
net surface area 净表面积
Net thrust available 净现有推力
net thrust 净推力
net unbalance 净不平衡
neutral point 中性点
New Astronomy 新天文学
new earth-moon and earth-Mars manned missions 新地月与地火载人空天任务
Newton 牛顿
Newton's law of gravitation 牛顿万有引力定律
Newton's law of universal gravitational or Newtonian mechanics 牛顿万有引力定律或牛顿力学
Newton's law 牛顿定律
Newton's Philosophiae Naturales Principia Mathematica 牛顿的自然哲学的数学原理
Newton's second law 牛顿第二定律
Newton-Hooke law 牛顿—胡克定律
Newtonian sine-squared law 牛顿正弦平方定律
Newtonian theory 牛顿理论
newtons per square meter 牛顿每平方米
Nichols 尼克尔斯
nickel-alloy steel 镍合金钢
Nicolaus Copernicus 尼古拉·哥白尼
Nicole Baumgartner 尼科尔·鲍姆加特纳
Nikolai Joukowski 尼古拉·茹科夫斯基
nitrogen tetroxide (N_2O_4) 四氧化二氮
nitrogen 氮
nomenclature 术语、命名
nonadiabatic flow 非绝热流
nondimensional parameter 无量纲参数
nonisentropic 不等熵
nonlifting body 无升力机身
norm 规范、基准
normal acceleration 法向加速度
normal air 标准空气

normal and axial force coefficients for an airfoil 翼面的法向力系数与轴向力系数
normal and axial forces 法向力和轴向力
normal conditions 正常状态
normal direction 法向方向
normal flight 正常飞行
normal force coefficient 法向力系数
normal force per unit span 单位展翼上的法向力
normal force 法向力
normal force 法向力
normal gross weight 标准总重
normal thrust 正常推力
normal to the surface 垂直于表面
normal wave 正激波
North American aerodynamicist 北美空气动力学专家
North American Aircraft Corporation 北美航空公司 (North American Aviation Inc.)
North American P-51 Mustang 北美航空公司 P-51"野马式"战斗机
North American P-51D Mustang 北美航空公司 P-51D"野马式"战斗机
North American/Rockwel 北美航空/罗克韦尔
North Carolina State University 北卡罗来纳州立大学
Northrop F-5 fighter airplane 诺斯罗普公司 F-5 战斗机
Northrop Grumman global hawk 诺斯罗普·格鲁曼公司"全球鹰"(无人机)
Northrop YB-49 诺斯罗普公司 YB-49(飞机)
nose cone 鼻锥
nose shape 机头外形、机头形状
nose 机头
notre dame university 美国圣母大学
Now-anachronistic empirical factor 当前过时经验因数
nozzle exit 喷管出口
nozzle flow 喷管流
nozzle throat 喷管喉部
nozzle 喷管
nuclear materials 核物质
nuclear reactor 核反应堆
number of dynamic pressure unit 动压数每单元
numerators and denominators 分子与分母
numerical tabulation 数值列表
Oberth 奥伯特
object 物体

oblique shock wave 斜激波
Oblique shock waves on a wedge-type body 楔形机身上的斜激波
Octave Chanute 奥克塔夫·沙尼特
Office of Naval Research 美国海军研究办公室
Ohio State University 俄亥俄州立大学
oil streak 油污条痕
On Electrical Discharge and Induction 《电火花放电与感应》
on the surface 在表面上
onboard rocket engine 机载火箭发动机
onboard rocket 机载火箭
one-piston engine 单活塞发动机
open window 开着的窗户
open-circle data point 开环数据点
operating instruments 工作仪表
opposing equal force 反向相等的力
opposite force 反向力
optimization 最佳化
orbit equation 轨道方程
orbit or trajectory equations for a space vehicle 空间飞行器的轨道或轨迹方程
orbit or trajectory 轨道或轨迹
orbit 轨道
orbital insertion 轨道进入
orbital maneuvering subsystem 轨道机动子系统
Orbital maneuvers 轨道机动
orbital mechanics 轨道力学
orbital motion 轨道运动
orbital or escape velocity 轨道速度或脱离速度
Orbital Sciences Pegasus 轨道科学公司飞马座火箭
Orbital Transfers: Single-Impulse and Hohmann Transfers 轨道转移:单脉冲转移与赫曼转移
orbital velocity 轨道速度
Orbits and trajectories 轨道与轨迹
ordinate 纵坐标
Ordway 奥德韦
Oregon Institute of Technology 俄勒冈理工学院
original drag equation 原阻力方程
original heliocentric trajectory 原日心轨道
Orion space vehicle "猎户座"空间飞行器
Ornithopters 扑翼机
Ornithopter 扑翼机
orthogonal axis system 正交坐标轴系统

Orville Wright 奥维尔·莱特
Orville 奥维尔(Orville)
Osprey Publishing 鱼鹰出版社
Oswald efficiency factor 奥斯瓦尔德效率因子
Otto cycle 奥托循环、四冲程
Otto Lilienthal 奥托·利林塔尔
Outer finned surface 外翅片散热面
outer panel 外面板
outer planets 外行星
outer shroud 外保护罩、外围带
outer space 外太空
Outmaneuver 机动制胜
overshoot boundary 重飞边界
Owens College 欧文斯学院
oxidizer 氧化剂
oxidizer-to-fuel ratio 氧化剂燃料比
oxygen and nitrogen molecules 氧与氮分子
oxygen atom 氧原子
oxygen molecules 氧分子
Paddle 短桨
Pamela Mack 帕梅拉·麦克
parabola 抛物线
parabolic curve 抛物线
parabolic trajectory 抛物线轨迹
parasite drag coefficient 寄生阻力系数
parasite drag 寄生阻力
Paris Academy of Sciences 巴黎科学院
Partial Derivative 偏导数
partial-throttle 半油门
participating countries 与会国
particle 粒子
Pascal 帕斯卡
Patty Wagstaff 帕蒂·瓦格斯塔夫
Paul Matt 保罗·马特
payload 有效负载、有效载荷
peak value 峰值
Peenemünde 佩内明德
Penaud 潘瑙
Pendray Award for Aerospace Literature 彭德里空天文学奖
per unit mass flow 单位质量流
per unit mass 单位质量
per unit span 单位翼展
per unit time 单位时间

percentage change 变化率
Percy Pilcher 柏西·皮尔彻
perfect differential 全微分
perfect gas equation of state 理想气体状态方程
performance analysis 性能分析
performance characteristics 性能特征
performance 性能
periapsis 近拱点
perihelion and aphelion 近日点与远日点
period of mature propeller-driven monoplanes with NACA cowling 带NACA整流罩螺旋桨单翼机的成熟期
period of modern jet airplanes 现代喷气式飞机时期
period of strut-and-wire biplane 带支撑与拉线的双翼机时期
Perkins 珀金斯
Permanent Interdepartmental Commission for Interplanetary Communications 星际通信部际委员会
phase angle 相位角
Phi Eta Sigma 美国新生荣誉学会
Phi Kappa Phi 美国公共事务与行政荣誉学会
philosophy, process, and details of flight vehicle design 飞行器设计的理念、流程与细节
Photo courtesy of Prof. Jan Vierendeel 杨·维尔兰迪尔教授友情提供图片
Physical mechanism of drag divergence 阻力发散的物理机制
physical quantities 物理量
Physical Quantity 物理量
physical relationship 物理关系
physical structure 物理结构
physical units 物理单位
physical, chemical, and structural testing laboratories 物理、化学与结构测试实验室
physicists and chemists 物理学家与化学家
Physics Today 《今日物理学》
physics 物理学
Pierpont 皮尔彭
Pilatre de Rozier 彼拉特尔·德·罗其埃
Pilcher 皮尔彻
pioneering supersonic wind tunnel work of Vincenti 文森蒂先驱超音速风洞工厂
Piper Cub 小熊轻型飞机
piston engine 活塞式发动机
piston engine-propeller combination 活塞发动机与螺旋桨组合
pitch angle (of propeller) 螺旋桨螺距角
pitch down (ward) 下俯
pitch up 上仰
pitching motion 俯仰运动
pitching-moment 俯仰力矩
Pitman 皮特曼
Pitot pressure measurement 全压管压力测量
Pitot tube measurement of supersonic airspeed 超音速的全压管测量
Pitot-static tube 全静压管
plain flap 简单襟翼
Plane Changes 平面改变
plane of rotation 旋转面
plane of symmetry 对称面
planetary atmosphere 行星大气
Planetary entry 行星再入
Planetary probe 行星际探测器
planform area of a unit span 单位翼展上的平面形状面积
planform area of the segment of unit span 单位翼展上的翼段平面形状面积
planform area 平面形状面积
planform wing area 机翼平面形状面积
planview of a straight wing 直翼平面图
point design 要点设计
point property 点属性
polar angle 极角
Polar coordinate system 极坐标系
Polar coordinates 极坐标
polybutadiene acrylic acid acrylonitrile 聚丁二烯丙烯酸丙烯腈
Pope A. 蒲伯. A.
Pope-Toledo 蒲伯-托莱多
porpoising 海豚跳
positive and negative sweep angles 正掠角与负掠角
positive camber of the airfoil 翼面正弯度
positive camber 正弯度
positive force 正向力
Positive load limit factor 正极限负载因子
positive moment 正力矩
positive quantity 正量
Positive sweep angle 正掠角
positive value 正值

positive work 正功
positively charged ions 带正电离子
potential energy 势能
potential flow theory 势流理论
pound force 磅-力
pound mass 磅-质量
Pound 磅
pounds per square foot 磅每平方英尺
pounds per square inch (psi) 磅每平方英寸
Power -available curve 现有动力曲线
power available 现有动力
power levels 功率水平
power loading 动力加载
power output 功率输出
power plant 动力装置
power plant (turbojet engine or reciprocating engine-propeller combination) 动力装置（涡轮喷气发动机或往复式发动机与螺旋桨组合）
power stroke 做功行程
power 动力、功率
powered flight 动力飞行
power-off glide 无动力滑翔
Pp 自费出版
practical aerodynamicist 实践派空气动力学家
Practical airplane 实用飞行器
practical consequence 实际结果
practical information 实用信息、实践信息
practical problem 实际问题
Prague 布拉格
Prandtl-Glauert rule 普朗特—格劳厄脱规则
Pratt and Whiney 普惠
Pratt and Whitney Aircraft 惠普飞机公司
Pratt truss 普拉特桁架
predict and measure 预测与测量
Preliminary Design of an Experimental World-Circling Spaceship 《实验性绕地宇宙飞船的初步设计》
preliminary design phase 初步设计阶段
pressurant gas 挤压气体
pressure (sound) wave 压力（声）波
Pressure Altitude 气压高度
pressure coefficient curve for the thick airfoil 厚翼面压力系数曲线
pressure coefficient over the upper and lower surfaces of an airfoil 翼面上下表面的压力系数

Pressure Coefficient 压力系数
pressure difference 压差
pressure distribution curve 压力分布曲线
pressure distribution 压力分布
pressure disturbance 压力干扰
pressure drag 压力阻力
pressure gradient 压力梯度
pressure transducers 压力传感器
pressure wave 压力波
pressure 压力、气压
pressure-feed system 压力输给系统
pressurized cabin 增压舱
Preview Box 预览板块
primary function 主要功能
Principia 《基本原理》
Proceedings of the Royal Society 《皇家学会学报》
product 乘积、产品
production-line airplane 生产线飞机
Professor Herschel 赫歇尔教授
professor of aerospace engineering 空天工程教授
profile drag coefficient for the wing 机翼剖面阻力系数
profile drag coefficient 剖面阻力系数
profile drag of the wing 机翼剖面阻力
profile drag 剖面阻力
Progress in Astronautics and Aeronautics 《航天与航空研究进展》
Progress in Flying Machines 《飞行器的发展进展》
Project Mercury 水星计划
Project RAND report 兰德计划
Project Vangard 先锋号火箭计划
projected area 投影面积
projectile 射弹、抛射体
propellant feed system 推进剂供给系统
Propellant grain 推进剂药柱
propellant 推进剂
propeller blade 桨叶
propeller efficiency (of propeller) 螺旋桨效率
propeller hub 螺旋桨毂
propeller twist 螺旋桨扭转
propeller 螺旋桨，亦可译为：推进器
propeller-driven aircraft 螺旋桨飞机
Propeller-driven airplane 螺旋桨飞机
proper calculations 正确计算

propulsion device 推进装置
propulsion module 推进装置模块
propulsion nacelle 推进系统短舱
propulsion system 推进系统
Propulsion 推进
propulsive force 推进力
propulsive mechanism 推进机构
propulsive thrust 推力
Prussia 普鲁士
Public Law 公法
public subscription 公债发行
pull-down maneuver 下拉机动
pull-up maneuver 拉升机动
pure form 纯粹的形式
pure physical form 纯物理形式
push-over （飞机）进入
quadratic equation 二次方程
quadratic formula 二次公式
quadratic variation 二次变差
qualitative discussion 定性探讨
quantitative calculations 定量计算
quantitative *number* 定量数值
Quantity 量
quarter chord 四分之一弦
quarter-chord point 四分之一弦点
quasi-one-dimensional flow 准一维流
Queens College 皇后学院
Quest for Performance 性能探索
R. F. Brodsky R. F. 布罗茨基
R. J. Foch R. J. 福煦
R. J. Freule R. J. 弗洛雷
R. R. Donnelley 当纳利印刷有限公司
radar detection 雷达侦测
radial acceleration 径向加速度
Radial engines 星形发动机
radial force 径向力
radial piston engines 星形活塞发动机
radian 弧度
radiative gasdynamics 辐射气体动力学
radiative heat transfer rate 辐射热传递率
radiative heating 辐射加热
radiator 散热器
radio antenna 收音机天线
radio transmission 无线电发射

radius of curvature 曲率半径
radius vector 矢径
radius 半径
ramjet engine 冲压式喷气发动机
random fashion 随机方式
random motion 随机运动
rate of change of pressure 压力变化率
rate of change 变化率
Rate of Climb 爬升率
Rate of energy 能量比
ratio of specific heat 比热比
ratio 比率
Ray Whitford 雷·惠特福德
Rayleigh Pitot tube formula 雷里全压管公式
Raymer 雷默
Re data 雷诺数
Reaction Motors 反作用力飞机发动机公司
Reaction Motors, Inc. 反作用力飞机发动机公司
rear-tail configuration 尾翼构型
rearward gas load 后部气体负载
remaining in the wake relative to the ambient air 相对于周围空气的尾流
reciprocating engine 往复式发动机
Reciprocating Engine-Propeller Combination 往复式发动机与螺旋桨组合
reconnaissance mission 侦察飞行任务
recoverable launch vehicles 可回收运载火箭
rectangular coordinate system 直角坐标系
rectangular solar panels 矩形太阳能电池板
rectilinear acceleration 直线加速度
rectilinear motion 直线运动
Red Wing 红翼号
reference area 基准面、参考面积
refurbish 刷新、整修
Regensburg 雷根斯堡
relative wind 相对风
reliability 可靠度
remotely piloted vehicles（RPVs） 遥控飞行器
Reported in Symposium on Transonic Aircraft Technology（TACT） 跨声速飞行器技术座谈会备忘录
repulsive force 排斥力
research aircraft 研究机
research and development 研发
Research in Supersonic Flight and the Breaking of the

Sound Barrier　超声速飞行及克服音障研究
research laboratory　研究试验室
reservoir pressure　储液罐层压力
resistance force　阻力
Reston　雷斯顿
Reston, Virginia　弗吉尼亚州雷斯顿
restoring moment　恢复力矩
restrictive assumption　限制性假设
resultant aerodynamic force　气动力合力
resultant force　合力
retard　减速；使阻滞
retarding force　减速力
retrorockets　制动火箭
reusable　可重复使用的
reverse thrust　反推力
reversible process　可逆过程
revolutions per minute　每分钟转速
Reynold's analogy　雷诺模拟
Reynolds number data　雷诺数数据
Reynolds number　雷诺数
Re　雷诺数
Richard B. Mindek, Jr.　小理查德·B. 米恩德克
Richard Hallion　理查德·哈莱恩
Richard von Mises　理查德·冯·米塞斯
Richard Whitcomb　理查德·惠特科姆
right aileron　右副翼
right circular cone　直圆锥
right-side-up orientation　正面朝上的方向
rigid airplane　刚性飞行器
rigid boundary　刚性边界
road map　路线图
Robert Hooke　罗伯特·虎克
Robert McGhee　罗伯特·麦基
rocket booster　火箭助推器
rocket engine　火箭发动机
rocket equation　火箭方程
rocket launch vehicles and satellites　火箭发射飞行器与人造卫星
rocket launch　火箭发射
rocket staging　火箭分级
rocket　火箭
Rocketdyne Corporation　普惠·洛克达因公司
rocketry overlap　火箭动力重叠
Rockwell International Corporation　美国罗克韦尔国际公司
rolling friction　滚转摩擦
rolling moment　滚转力矩
rolling motion　滚转运动
rollout ceremony　下线仪式
Rolls-Royce Allison AE 300 7H turbofan engine　莱斯莱斯-艾利森 AE 300 7H 型涡轮风扇发动机
Rolls-Royee　劳斯莱斯
Ron Blackwelder　罗恩·布莱克韦尔德
root (of propeller)　螺旋桨叶根
rotating blade　旋转叶片、旋转桨叶
rotating crankshaft　旋转曲轴
rotating machinery　旋转机械
rotational kinetic energy　旋转动能
rotational motion　旋转运动
Rotax four-cylinder reciprocating engine　罗塔克斯(Rotax)四缸往复式发动机
rotor　转子
Round numbers　约整数
rounded noses　钝圆机头
roundoff accuracy　舍入精确度
Roundoff error　舍入误差
rover　自行装置
Royal Academy of Sciences　皇家科学院
Royal Aeronautical Society　皇家航空学会
Royal Aircraft Establishment　皇家飞机研究院
Royal Aircraft Establishment(RAE)　英国皇家飞机研究院(RAE)
Royal Aircraft Factory (RAF)　皇家飞机制造厂(RAF)
Royal Society　英国皇家学院
rubber-based binder　橡胶黏合剂
rudder control　方向舵操纵
rudder　方向舵
Rudolphine Tables　鲁道夫星表
runway (RWY)　跑道
runway length　跑道长度
Russian air force major　俄罗斯空军少校
Russian space program　俄罗斯航天规划
Ryan Firebee　雷恩公司火蜂(遥控飞行器)
S. L. Vennera　S. L. 温纳瓦
safe altitude　安全高度
Saint Louis University　圣路易斯大学
Saint-Cyr-l'Ecole　圣西尔·莱科勒
saltpeter　硝石、硝酸钾

Samuel Langley　塞缪尔·兰利
Samuel Pierpont Langley　塞缪尔·皮尔蓬·兰利
Sarah-Allen　萨拉-艾伦
satellite attitude control　卫星姿态控制
satellite motion　卫星运动
Saturn booster rocket　土星助推火箭
Saturn's rings and moons　土星光环与卫星
scalar quantities　标量
scale drawing　比例图
Scarborough　斯卡伯勒
Scene　场景
Schematic　原理图、图解示图
schlieren system　文影系统
Schneider Cup　施耐德杯
science and engineering　科学与工程
Science Museum in London　伦敦自然科学博物馆
Science Survey　《科学调查》(杂志)
Scientific American　《科学美国人》
scientific data　科学数据
scientific instruments　科学仪器
Scottish Aeronautical Society　苏格兰航空协会
sea level　海平面
sea-level acceleration of gravity　海平面重力加速度
seaplane　水上飞机
Seaplanes　水上飞机
Second　秒
section lift coefficient　截面升力系数
sectional view　截面图
Seine River　塞纳河
self-induced magnetic field　自诱导磁场
semiempirical theory　半经验理论
semimajor and semiminor axes　半长轴与半短轴
semivertex angle　半顶角
Sensible atmosphere　可感大气
SensorCraft　传感飞行器
sequencer　程序装置
Service Ceilings　实用升限
shadow graph system　阴影显像系统
Shadowgram　阴影显像
shaft brake power　轴制动功率
Shaft　曲轴
shape of the airfoil　翼面形状
shape variable　形状变量
sharp-pointed cone　尖头锥体

shear stress distribution　剪切应力分布
shear stress　剪切应力
shearing stress　剪切应力
Shevell　谢维尔
Shevell, R. S. *Fundamentals of Flight.* Prentice-Hall, Englewood Cliffs, NJ, 1983.　R. S. 谢维尔,飞行的基本原理,普伦蒂斯·霍尔出版社,新泽西州恩格尔伍德克利夫斯,1983。
shock curvature　激波波前曲率
shock stall　激波失速
shock wave strength　激波强度
shock wave　激波
shock-free isentropic flow　无激波等熵流
short-field commercial jet transport　短跑道商用喷气式运输机
shuttle orbiter　航天飞机轨道飞行器
side force　侧向力
side view　侧视图
side-by-side modules　并行模块
sidewise movement　侧向运动
Sigma Tau　美国机械工程荣誉学会
Signal Corps Aviation Service　美国陆军通讯兵航空处
Signal Corps Experimental Station　美国陆军通信兵实验站
Silver Arrow Hermes 450　银箭公司赫尔墨斯450型(无人机)
silver disk　银盘
similarity parameter　相似参数
Simon and Schuster　西蒙与舒斯特出版社
simulate free-flight value　自由飞行参数仿真
simulated flap deflection　模拟襟翼偏转
simulated split flap deflected 60°　模拟分裂式襟翼偏转60°
simulated split flap　模拟分裂式襟翼
single engine　单发动机
single particle　单粒子
single stage　单级
single wing　单翼
single-seat Mercury space capsule　单座"水星号"太空舱
single-slotted flap　单缝襟翼
single-stage rocket　单级火箭
single-stage-to-orbit vehicle　单级入轨飞行器
Sir George Cayley　《乔治·凯利爵士》

Sir George Cayley's Aeronautics 《乔治·凯利爵士的航空学》
Sir George Cayley's Governable Parachutes 《乔治·凯利爵士的可控降落伞式滑翔机》
Siva Thangam 希瓦·桑格姆
Sixth International Astronautical Congress 第六届国际宇航大会
skin friction distribution 表面摩阻分布
skin friction drag 表面摩擦阻力
skin friction 表面摩擦、表面摩阻或表面摩擦阻力
Skip entry 跳跃式再入
Skylab 太空实验室
slideslip velocity 侧滑速度
slideslip 侧滑
slipstream 滑流
Slug 斯勒格
slug-mole 斯勒格-摩尔
small reusable rocket booster 小型可重复使用火箭助推器
Smeaton's coefficient 斯密顿系数
Smithsonian Institution 史密森尼学会
Smithsonian National Air and Space Museum 史密森尼国家航空航天博物馆
smoke filaments 烟雾丝
smoke tunnels 烟风洞
smokestack 烟囱
Society for the History of Technology 美国技术史学会
solar array arms 基于ARM的光伏阵列
solar cell 太阳能蓄电池
solar panel arrays 太阳能电池板阵列
solar panel 太阳能电池板
Solar sunspot activity 太阳黑子活动
solar system 太阳系
solid propellants 固体推进剂
solid rocket boosters(SRBs) 固体火箭助推器
solid surface 固体表面
Solution 解
Some propellant grains are designed to be end burners 炉端燃烧器
Somerset 萨默赛特
Somnium 梦魇
sonic flow 音速流
Sopwith Snipe 索普维斯·斯奈普
sound barrier 音障
sound wave 声波
Sounding rockets 探空火箭
Sounding-balloon 探空气球
Source 资料来源
Soviet academician A. N. Nesmeyanov 苏联院士涅斯梅亚诺夫
space age 太空时代
space capsule 太空舱
space flight 太空飞行
Space Flight 太空飞行理论
space mission 空间飞行任务
space program 空间计划
Space shuttle Columbia "哥伦比亚号"航天飞机
space shuttle 航天飞机
Space Shuttle 航天飞机
space station 宇宙空间站
space technology 空间技术
Space Vehicle Design 空间飞行器设计
Space vehicle Trajectories—Some Basic Aspects 空间飞行器轨道——基本介绍
space vehicle 空间飞行器
space 太空
Spacecraft Attitude Control 航天器姿态控制
Spacecraft for Solar System Exploration 太阳系探索航天器
spacecraft orbit 航天器轨道
spacecraft 航天器
spaceflight 太空飞行
span direction 翼展方向
span efficiency factor 翼展效率因子
span of the wing 翼展
span 翼展
spanwise direction 沿翼展方向
spark plug 火花塞
spatial coordinates 空间坐标
spatial location 空间位置
special meetings 特别会议
specific energy 比能
specific excess power 比过剩功率
specific fuel consumption(SFC) 燃油消耗比
specific gas constant 比气体常数
specific heat at constant pressure 定压比热
specific heat at constant volume 定容比热
specific heat 比热

specific impulse 比冲量
specific value 比值
Specific Volume 比容
Specific weight 比重
specified in-plane single-impulse orbital transfer 指定面内单脉冲轨道转移
speed freak 追求速度的狂人
speed of sound 音速
speedometer 速度表
spent stage 耗尽级(火箭)
Sphere of influence 影响范围
spherical coordinate system 球面坐标系
spherical surface 球面
Spirit of St. Louis 圣路易斯精神号(飞机)
split flap 分裂式襟翼
spoiler 扰流板
sport aircraft 运动飞机
Sputnik I "斯普特尼克一号"(苏联人造地球卫星)
square of the lift coefficient 升力系数的平方
square root 平方根
stability and control 稳定与控制
Stabilizer 安定面、安定器
stagnation point 停滞点
stagnation region 停滞区
stagnation streamline 停滞流线
stagnation temperature 停滞温度
stall limit 失速极限
Stall region 失速区
Stalled 失速
stalling angle of attack 失速攻角
stalling region 失速区
stalling speed 失速速度
standard atmosphere 标准大气
standard atmospheric pressure 标准大气压
standard conditions 标准条件、标准状态
standard F-111 and the TACT aircraft 标准F-111与TACT飞机
standard four-digit airfoil 标准四位数翼面
standard roughness 标准粗糙度
standard sea level 标准海平面
standard value 标准值
Standard Wright type A 标准莱特A型飞机
Stanford University 美国斯坦福大学
Stanton number 斯坦顿数

static longitudinal stability 静态纵向稳定性
static margin 静态稳定裕度
static performance 静态性能
static pressure orifice 静压测量孔
static pressure 静压
static stability mode 静态稳定模式
static stability 静态稳定性
static temperatures 静态温度
static thrust 静推力
Statics 静力学
stationary blade 固定桨叶
Stationary fluid element of air 空气静止流体元素
stator 定子
stealth configuration 隐形构型
Steam engine 蒸汽机
Stevens Institute of Technology 史蒂文斯科技学院
stick-fixed stability 固定驾驶杆稳定性
stick-free stability 自由驾驶杆稳定性
Stollen 史多伦
straight wing of low aspect ratio 低展弦比直翼
straight wing 直翼
straight-line entry path 直线再入路径
straight-line flight 直线飞行
straight-through duct 直通导管
strategic bomber 战略轰炸机
stream tube 流管
streamline curvature 流线曲率
streamlines 流线
stress and strain 应力与应变
stringer 纵梁
structural beams, formers, and stringers 结构梁、隔框与桁条
strong function 强函数
structural design 结构设计
structural failure 结构破坏
structural strength 结构强度
structural weight fraction 结构重量部分
structural weight of the wing 机翼结构重量
structures 结构
strut 支柱、支撑
strut-and-wire biplane 带支撑与拉线的双翼飞机
Subheading 副标题
subscript 下标、注脚
subsonic airfoil 亚声速翼面

subsonic and supersonic flight 亚声速与超声速飞行
Subsonic Case 亚声速毂体
subsonic commercial jet transport 亚声速商用喷气式运输机
subsonic compressible flow 亚声速可压缩流
subsonic flight 亚声速飞行
subsonic flow 亚声速流
subsonic leading edge 亚声速机翼前缘
subsonic military aircraft 亚声速军用飞机
subsonic speed 亚声速
subsonic velocity 亚声速
subsonic wind tunnel test 亚声速风洞试验
Suffolk 萨福克
sulfur 硫
sum of moments 力矩和
Summary and Review 总结与回顾
supercharger 增压器
supercritical airfoil shape 超临界翼型
supercritical airfoil 超临界翼面
supercritical wing 超临界机翼
Superimpose 重叠
Superimposed wings 叠加翼
Supermarine S.6B 超级马林S.6B(竞速机)
superscript 上标
supersonic airfoil profile 超声速翼面剖面
supersonic airplane design 超声速飞行器设计
supersonic airplanes 高超声速飞行器
supersonic and hypersonic flight 超声速与高超声速飞行
supersonic bomber 超声速轰炸机
Supersonic Case 超声速毂体
supersonic combustion ramjet engine 超声速燃烧冲压式喷气发动机
supersonic combustion ramjet 超声速燃烧冲压式喷气发动机
Supersonic Commercial Aircraft: *Assessing NASA's High-Speed Research Program* National Research Council Report, National Academy Press, Washington, DC, 1997 "超声速商用飞机：NASA高速研究计划评估",《美国国家研究委员会报告》,华盛顿：美国国家科学院出版社,1997。
supersonic cruise airplane 超声速巡航飞机
supersonic drag 超声速阻力
supersonic flight 超声速飞行
supersonic flow 超声流
supersonic free stream 超声速自由流
supersonic projectile 超声速射弹、抛射体
supersonic regime 超声速飞行状态
supersonic speed 超声速
supersonic spike 超声速进口整流锥
supersonic tunnel 超声速风洞
supersonic vehicles 超声速飞行器
supersonic wave drag 超声速激波阻力
supersonic wind tunnel 超声速风洞
supplant 替代
supporting struts 支柱、撑杆
surface area 表面积
surface heat transfer coefficient 表面传热系数
Surface oil flow pattern 表面油流谱
surface pressure coefficient distribution 表面压力系数分布
surface pressure 表面压力
surface shear stress distribution 表面剪切应力分布
Surrey 萨里
Susan Cunningham 苏姗·坎宁安
sustained flight 持久飞行
sweep angle 掠角
sweepback angle 后掠角
swept ogival delta planform 掠翼尖顶式三角平面形状
swept wing 后掠翼
swept-back wing 后掠翼
swept-forward wing 前掠翼
symmetric (no camber) airfoil 对称(无弯度)翼面
symmetric airfoil 对称翼面
Symposium on Transonic Aircraft Technology (TACT) 跨声速飞机技术研讨会
Syracuse University 雪城大学
system of units 单位制
Système International d'Unités (the SI units) 国际单位制
T. O'B. Hubbard T. O'B. 哈伯德
tabulation 表格
Tail boom 尾桁架
tail configuration 机尾构型
tail lift coefficient 尾翼升力系数
Tail planes 尾翼平面
tail planform area 尾翼平面形状面积

tail setting angle 尾装角
tail surface 尾翼表面
tail volume ratio 尾翼体积比
Tail 机尾
tail 尾翼
takeoff distance（TOD） 起飞距离
Takeoff 起飞
Tandem-winged vehicles 双主翼飞行器
tangent line 切线
tangent point 切点
tangential momentum 切向动量
tangentially 成切线
tangible quantities 有形数量
taper ratio（tip to root chord） 锥度比（翼梢弦与翼根弦之比）
tapered wing 锥形翼
target planet 目标行星
Tau Beta Pi 国家工程学荣誉学会
technical advancements 技术进步
technical community of the Western world 西方世界的技术界
technical journals 技术期刊
technical reports 技术报告
technical research 技术研究
television cameras 电视摄像机
Temperature Altitude 温度高度
temperature 温度
test pilot 试飞员
test section 试验段
test stand 试验台
testing facilities 试验设备
Texas A&M University 德州农工大学
the Academy of Sciences 科学院
the acceleration of gravity 重力加速度
The Airplane: A History of Its Technology 《飞机：技术发展历程》
The American Heritage Dictionary of the English Language 美国传统英语字典
The American Heritage History of Flight 《美国飞行传承历史》
the American Interplanetary Society 美国星际航行学会
the American Rocket Society（ARS） 美国火箭学会
the Apollo lunar return capsule "阿波罗"登月返回舱

The Apollo spacecraft "阿波罗号"航天器
the Army Air Force 美国陆军航空兵
the Beech King Air 比奇公司空中王（飞机）
The Bishop's Boys 《主教之子》
the British Royal Air Force 英国皇家空军
The Bureau of Standards 美国标准局
the burned gases 燃烧废气
the Cessna Citation 塞斯纳公司奖状（系列飞机）
the Ernst Mach Institute 恩斯特马赫研究院
the first rational theory 理性选择理论
the flight path angle 飞行路径角
the Guggenheim Foundation 古根汉姆基金会
the high-speed digital computer 高速数字计算机
the initial and final masses 初始质量与最终质量
the Institute of Aeronautical Sciences 航空科学学院
The Invention of the Aeroplane 《飞行器的发明》
The Life Story of a Technology 《飞行器：一项技术的传记》
the lift and drag coefficient 升力与阻力系数
the mass flow of propellants 推进剂质量流
the Massachusetts Institute of Technology（MIT） 麻省理工学院
The McGraw-Hill Companies, Inc 麦格劳希尔公司
The Mechanics of the Airplane: A Study of the Principles of Flight 《飞机力学：飞行原理研究》
the NASA Langley Research Center NASA兰利研究中心
the National Advisory Committee for Aeronautics（NACA） NACA（美国）航空咨询委员会
the National Aeronautics and Space Administration（NASA） NASA（美国）航空航天局
the National Air and Space Museum 美国国家航空航天博物馆
the National Physical Laboratory（NPL） 英国国家物理实验室
the Newtonian sine-squared law 牛顿正弦平方定律
the normal force 法向力
The Papers of Wilbur and Orville Wright 《莱特兄弟论文集》
the parent of modern aviation 现代航空之父
the peak local Mach number 最高局部马赫数
the Pratt and Whitney Twin Was PR-2000 普惠R-2000"双黄蜂"发动机
the reaction control subsystem（RCS） 反作用控制子

系统
the reciprocating engine-propeller combination 往复式发动机与螺旋桨组合
the reservoir of a supersonic wind tunnel 超声速风洞储液罐
the Reynolds number 雷诺数
the rocket-powered Bell X-1 火箭动力贝尔X-1试验机
The Royal Aeronautical Society 英国皇家航空协会
the Royal Aircraft Factory 皇家飞机制造厂
the Saturn 5 launch vehicle "土星五号"运载火箭
The Second-Generation Supersonic Transport 第二代超声速运输机
the Smithsonian Miscellaneous Collections 史密森尼研究系列文集
the Smithsonian's National Air and Space Museum 史密森尼国家航空航天博物馆
the Socialist Academy 社会主义学院
the consistency of a hard rubber eraser 硬橡皮擦一样的稠度
the speed of sound 音速
the strap-on twin solid rocket boosters 捆绑式固体双火箭助推器
the structural beam 结构梁
the thrust per unit weight flow at sea level 海平面单位重量流的推力
the time rate of change of momentum 动量的时间变化率
the time rate of change 时间变化率
the turbulent wake downstream 湍流尾流下游
the U.S. Army's McCook Field 美国陆军麦库克机场
the U.S.S.R. Academy of Science 苏联科学院
the University of Prague 布拉格大学
the value of the free-stream Mach number 自由流马赫数值
The VIS-VIVA (Energy) Equation 活力(能量)方程
the *weight of fuel consumed per unit power per unit time* 单位时间内单位功率的燃油消耗量
The World's First Aeroplane Flights 《世界最早的飞行器》
The Wright Brothers 《莱特兄弟》
Theodore von Karman 西奥多·冯·卡门
theoretical and experimental aerodynamicists 理论与实验空气动力学家
theoretical and experimental aerodynamics 理论与实验空气动力学
theoretical curve 理论曲线
Theory of Wing Sections Including a Summary of Airfoil Data 《包括翼面数据摘要的机翼剖面理论》
thermal barrier 热障
thermodynamic equilibrium 热力学平衡
thermodynamic 热力学的
Thermodynamics 热力学
thick airfoil 厚翼面
thickness forms 厚度形式
thickness-to-chord ratio 厚弦比
thin airfoil 薄翼面
thin flat plate 薄平板
thin shock layer 薄激波层
Thin-airfoil theory 薄翼面理论
thin-walled tank 薄壁舱
Third International Mathematical Congress 第三届国际数学大会
third-stage rocket engine 三级火箭发动机
Thomas Baldwin 托马斯·鲍尔温
Thomas Crouch 托马斯·克劳奇
Thomas E. Selfridge 托马斯.E.塞尔弗里奇
Thomas N. McKnight, Jr. 小托马斯.N.麦克耐特
Thomas Parrot 托马斯·派诺特
Thomas William Strganac 托马斯·威廉·斯特格纳克
Thor intermediate-range ballistic missile 托尔中程弹道导弹
three-blade propeller 三叶螺旋桨
three-dimensional flow effect 三维流效应
three-dimensional flow 三维流
three-dimensional separated flow 三维分离流
three-dimensional space 三维空间
three-dimensional, low-energy recirculating flow 三维低能耗循环流
three-engine commercial jet transport 三发动机商用喷气式运输机.
Three-view 三视图
three-view diagram 三视图
Three-view of the Bell X-1 贝尔X-1试验机三视图
Three-view of the English Electric Lightning supersonic fighter 英国电气公司"闪电"超声速战斗机的三

面视图
thrust available 现有推力
Thrust Buildup for a Turbojet Engine 强推力涡轮喷气发动机
thrust buildup 推力增强
thrust reversal 推力反向
thrust specific fuel consumption 推力燃料消耗率比
thrust vector 推力矢量
thrust 推力
thrust-required curve 所需推力曲线
thrust-to-weight ratio 推重比
Tierney Glabus 蒂尔尼·格拉布斯
tilted back 向后倾斜
tilted-lift vector 倾斜升力矢量
time interval 时间间隔
time rate of change 时间变化率
time rate of increase 时间增加率
time to climb 爬升时间
Time 时间
times distance 时间距离
tip (of propeller) 桨梢
tip effect 翼尖效应、末端效应
tip vortice 翼尖涡流
tire 轮胎
Titan IIIE launch vehicle 泰坦三E型运载火箭
titanium 钛
Tom Crouch 汤姆·克劳奇
Tom Mueller et al., Introduction to the Design of Fixed-Wing Micro Air Vehicles, American Institute of Aeronautics and Astronautics, Reston, VA, 2007. 汤姆·穆勒等,固定翼微型航空飞行器设计概论,美国航空航天学会,弗吉尼亚州雷斯顿,2007。
top and bottom surfaces of an NACA 0012 airfoil NACA0012翼面的上表面与下表面
top dead center 上静点
top surface of an airfoil 翼面上表面
top view 顶视图
torque 扭矩
total energy per unit mass of the space vehicle 空天飞行器单位质量的总能量
total heat input 总热量输入
total heating 总加热
total lift coefficient 总升力系数
total mass 总质量

total mixture volume 总混合气体积
total pressure 总压力
Total skin friction coefficient 总表面摩擦系数
total surface 总表面
total temperature 总温度
total volume 总体积、总容积
total weight 总重量
touch down point 着陆点
touchdown 着陆
Toul 图尔
tracking data 追踪数据
trailing edge 后缘
trailing vortex 后缘涡流
trailing wing-tip vortice 后缘翼尖涡流
trailing-edge control surface 后缘控制面
trajectory adjustment 轨迹调整
trajectory maneuver 轨迹机动
trajectory 轨道、轨迹
Tranquillity Base 静海基地
transatmospheric vehicle 跨大气层飞行器
transfer orbit 转移轨道
transition point 过渡点
transition region 过渡区
translate 转化、移动
translational flight 水平飞行
translational motion 平移运动
Transonic Aircraft Technology (TACT) program 跨声速飞行器技术计划
transonic aircraft 跨声速飞行器
transonic airplane 跨声速飞机
transonic and supersonic speed 跨声速与超声速
transonic drag rise 跨声速阻力上升
transonic flight regime 跨声速飞行状态
transonic flow 跨声速流
transonic 跨声速
trial and error 反复试验、尝试错误法
triangular planform 三角平面
Tricycle landing gear 三轮起落架
trigonometric identity 三角恒等式
trijet transport 三喷气发动机运输机
trim 配平,调整
trim angle of attack 配平攻角
Trimotor 三引擎飞机
Trinity College 三一学院

trip wire	激索线、拉发线
Triplane	三翼飞机
tripping the boundary layer	边界层激流
true anomaly	实际近点角
TRW	TRW 公司
Tsiolkovsky	齐奥尔科夫斯基
Tübingen	图宾根大学
Tubular beam	管形梁
Tuck-Under	高速自动俯冲趋势
Tuileries Garden	杜伊勒里宫花园
Tuileries Gardens	杜伊勒里宫花园
tuning fork	音叉
tunnel test section	风洞试验段
Turas	图拉斯（地名）
turbine	涡轮
turbofan engine	涡轮风扇发动机
turbofan	涡轮风扇
turbojet engine	涡轮喷气发动机
turboprop	涡轮螺旋桨飞机
turbosupercharger	涡轮增压器
turbulent boundary layer	湍流边界层
turbulent flow	湍流
Turin Artillery School	都灵炮兵学院
Turin	都灵
turn radius	转弯半径
turn rate	转弯角速度
turning flight	转弯飞行
Twin turboprop	双涡轮螺旋桨飞机、双涡轮螺旋桨发动机
twin-engine, twin-boomed, high-performance fighter plane	双发动机双尾撑高性能战斗机
twin-jet close-support airplane	双喷气式发动机近距空中支援飞机
twin-jet executive transport	双喷气式发动机行政勤务运输机
two-body problem	双机身问题
two-cycle gas-burning engine	二冲程燃气发动机
two-dimensional flow about an infinite wing	无限翼展机翼周围的二维流
two-dimensional flow	二维流
two-pitch propeller	双位变距螺旋桨
Tycho Brahe	第谷·布拉赫
U.S. Air Force Research Laboratory	美国空军研究实验室
U.S. Army Air Force	美国陆军航空队
U.S. Naval Academy	美国海军学院
U.S. Naval Ordnance Laboratory	美国海军军械实验室
U.S. Navy	美国海军
U.S. satellite	美国人造卫星
U.S. Weather Bureau	美国气象局
U.S.S.R. Academy of Sciences	苏联科学院
ultraviolet light	紫外线
Unaccelerated Flight	非加速飞行
underbody	下机身
Undercarriage	起落架
underlying problem	潜在问题、根本问题
undershoot boundary	未达跑道着陆界限
underside	下侧
undersurface	下表面
uninhabited combat aerial vehicles (UCAVs)	无人飞行器（UAVs）
unit mass	单位质量
unit of force	力单位
unit of mass	质量单位
unit of power	功率单位
unit span and chord	单位翼展与单位翼弦
United Technologies	美国联合技术公司
universal gas constant	通用气体常数
universal gravitation	万有引力
universal gravitational constant	万有引力常量
universal law of gravitation	万有引力定律
University of Colorado-Colorado Springs	科罗拉多大学科罗拉多泉分校
University of Ghent, Belgium	比利时根特大学
University of Graz	格拉茨大学
university of maryland	美国马里兰大学
University of Pennsylvania	宾夕法尼亚大学
University of Salzburg	萨尔茨堡大学
University of Southern California	南加州大学
unknown	未知数
unmanned probe	无人探测器
unmanned space flight	无人航天器
unmanned vehicles	无人飞行器
unobstructed view	无阻挡视界
unsupercharged reciprocating engine	非增压往复式发动机
up-elevator	上偏的升降舵、升降舵上偏度或角

upload 向上负载、加载
upper surface of the airfoil 翼面上表面
upside-down airfoil 倒飞翼面
upside-down orientation 倒飞方向
upside-down triangle 倒置三角形
upward force 向上力
upwash 上洗流
Uranus 天王星
urin Academy of Sciences 都灵科学院
usable volume 可用容积
U-tube manometer U形管压力计
vacuum tube 真空管
value of Re 雷诺数值
value of the Reynolds number 雷诺数值
values of lift coefficient 升力系数值
Vangard first-stage engine "先锋号"运载火箭一级发动机
Vangard program "先锋号"运载火箭计划
Vangard project "先锋号"运载火箭项目
variable of integration 积分变量
variable specific heat 变比热
variable 变量
variable-density wind tunnel 可变密度风洞
variable-pitch propeller 变距螺旋桨
variable-thrust rocket engine 变推力火箭发动机
Variation of thickness-to-chord ratio with Mach number 随马赫数变化的厚弦比
Vaughn College 沃恩学院
vector quantity 矢量
vector resolution 矢量分解
vector sum 矢量和
Vehicle Technology for Civil Aviation: The Seventies and Beyond 《民用航空的飞行器技术:70年代及以后时期》
velocity component 速度分量
velocity field 速度场
velocity profile 流速分布图
velocity variation of a Ballistic entry vehicle 弹道式再入飞行器的速度变量
Velocity 速度
velocity-altitude map for entry 再入速度-高度图
venetian blind 软百叶窗
Venturi tube 文氏管
Venus 金星

vertex 顶点
vertical and horizontal tail surface 垂直尾翼面与水平尾翼表面
vertical component 垂直分量
vertical dashed line 垂直虚线
vertical projection 垂直投影
Vertical rudder 垂直方向舵
vertical stabilizer 垂直安定器
vertical tail surface 垂直尾翼表面
Vice President & Editor-in-Chief 副社长兼总编辑
Vice President EDP/Central Publishing Services EDP/中心出版社副社长
Viking I Mars Lander "海盗1号"火星着陆器
Virginia Tech 弗吉尼亚理工大学
virtual chord line 虚拟弦线
viscosity coefficient 黏度系数
Viscosity coefficient 黏度系数
viscous boundary layer 黏性边界层
viscous dissipation 黏性耗散
viscous effect 黏性效应
viscous flow 黏性流
viscous interaction 黏性干扰
Visions of a Flying Machine 《飞行机器设想》
visualization technique 可视化技术
vis-viva equation 活力方程
Voisin-Farman I-bis biplane 瓦赞-法曼I型双翼机
volume of gas 气体容积
volume of interest 感兴趣体积
volume per unit mass 单位体积质量
Von Braun, W., and F. I. Ordway. History of Rocketry and Space Travel, 3rd rev. ed. Crowell, New York, 1975. 布劳恩·W.与F. I. 奥德韦,火箭与太空旅行历史,第3次再版,纽约州克罗威尔,1975。
von Doenhoff 冯·邓霍夫
von Karman Lectureship 冯·卡门讲师
vortex filament 涡旋线
vortex motion 涡动
vortex-lattice computer program 涡格法计算机程序
Vought F4U Corsair 沃特公司F4U"海盗式"战斗机
Vought F4U-1D Corsair 沃特公司F4U-1D"海盗式"战斗机
Vought F4U-1D 沃特公司F4U-1D"海盗式"战斗机
Voyager 2 "旅行者二号"空间探测器
Voyager Interstellar Mission 旅行者探测器星际使命

W. E. Foss　W. E. 弗斯
WAC Corporal second-stage　"陆军妇女队下士"二级火箭
wake of airflow　气流尾流
Walter S. Diehl　沃尔特.S. 迪尔
Walter Vincenti　沃尔特·文森蒂
War of the Worlds　世界大战
Washington Academy of Sciences　华盛顿科学院
watt　瓦特
Wave Drag (At Supersonic Speeds)　超音速下的激波阻力
wave drag coefficient　激波阻力系数
wave drag　激波阻力
web page　网页
Wedge　楔、楔形
weight breakdown　重量分配
weight　重量
weights and measures standards　度量衡标准
well-equipped laboratory　装备精良的实验室
Western Michigan University　西密歇根大学
Western New England College　西新英格兰学院
Westminster Abbey　威斯敏斯特教堂
wheels　轮、机轮
Whig Club of York　约克郡辉格党俱乐部
Whirling-arm　旋转臂
Whitcomb　惠特科姆
White House　白宫
white pigment　白色颜料
White Sands proving ground　白沙导弹试验场
White Wing　白翼号
Who's Who in America　《美国名人录》
whole flow field　总流场
Wichita State University　威奇塔州立大学
wide-angle and narrow-angle scanning　广角扫描与窄角扫描
Wiesel, W. E. Spacecraft Dynamics, 2nd ed. McGraw-Hill, New York, 1997.　威塞尔. W. E.,航天器动力学,第2版,麦克劳希尔集团,纽约,1997。
Wilbur Wright　威尔伯·莱特
Wilbur　威尔伯
William Beasley　威廉·比斯利
William F. Durand　威廉.F. 杜兰德
William Gilbert　威廉·吉尔伯特
William Samuel Henson　威廉·塞缪尔·亨森
Willis Ray Gregg　威利斯·雷·格雷格
Wind tunnel data　风洞数据
wind tunnel design　风洞设计
wind tunnel experiment　风洞实验
wind tunnel measurement　风洞测定
Wind tunnel measurements at the NACA Langley Memorial Laboratory　NACA 兰利纪念实验室风洞测定
Wind tunnel measurements of the surface pressure distributions　表面压力分布的风洞测定
wind tunnel model with a wingspan　翼展风洞模型
wind tunnel model　风洞模型
wind tunnel nozzle　风洞喷管
wind tunnel test　风洞试验
wind tunnel testing　风洞试验
wind tunnel time　风洞时间
wind tunnel　风洞
windmill　风车
wing airfoil section　机翼剖面与翼面剖面
wing area　机翼面积
Wing camber　机翼弯度
wing drag coefficient　机翼阻力系数
wing flap　襟翼
wing leading-edge apex　机翼前缘尖
wing lift coefficient　机翼升力系数
wing loading　机翼负载
wing of the Corsair　海盗式战斗机机翼
wing planform area　机翼平面形状面积
wing planform　机翼平面形状
wing root　翼根
wing section　机翼剖面
wing segment of unit span　单位翼展上的翼段
wing spar　翼梁
wing structural weight　机翼结构重量
wing sweep angle　机翼掠角
Wing sweep　后掠翼
wing thickness　机翼厚度
wing tip　翼尖
Wing twist　扭转翼
wing warping　扭翘翼
wing　机翼
wing-body combination　翼身组合、机翼机身组合
winged shuttle orbiter　有翼航天飞机
winged space vehicles　有翼空天飞行器
Wings　机翼

wingspan 翼展
wing-tip vortice 翼尖涡流
wing-tip vortices downstream of the wing 翼尖涡流下游
wing-tip vortices 翼尖涡流
wingtip 翼尖
wing-twisting mechanism 机翼扭转机构
wood-and-cloth paddle 木布制桨叶
Woolsthorpe Manor 伍尔索普庄园
Woolsthorpe 伍尔索普
work of art 艺术品
World Peace Council 世界和平理事会
World War II Navy fighter airplane 二战海军战斗机
World War II 第二次世界大战
Wortmann FX63-137 airfoil 沃特曼 FX63 – 137 型翼面
Wright Aeronautical Corporation 莱特航空公司
Wright Field 莱特机场
Wright Flyer I 莱特飞行者一号
Wright Flyer 莱特飞行者
Wright Whirlwind J-5 radial engine 莱特旋风系列 J – 5 星型发动机
Wright-Patterson Air Force Base 莱特 – 特帕森空军基地
Württemberg 符腾堡
yaw 偏航
yawing moment 偏航力矩
yawing 偏航
Yorkshire Philosophical Society 约克郡哲学学会
zero angle of attack 零攻角
zero degrees 零度
zero lift 零升力
zero maximum rate of climb 零最大爬升率
zero-lift angle of attack 零升力攻角
zero-lift angle 零升力角
zero-lift line 零升力线
zero-lift line 零升力线
zero-lift moment 零升力力矩
zero-lift thrust required 零升力所需推力
zooming 动能攒升、迅速上升